CIPS 中国知识产权研究会◎编

各行业专利技术现状及其发展趋势报告（2014—2015）

GEHANGYE ZHUANLI JISHU XIANZHUANG JIQI FAZHAN QUSHI BAOGAO（2014—2015）

知识产权出版社
全国百佳图书出版单位

图书在版编目（CIP）数据

各行业专利技术现状及其发展趋势报告．2014—2015/中国知识产权研究会编．—北京：知识产权出版社，2015.2

ISBN 978-7-5130-3235-3

Ⅰ.①各… Ⅱ.①中… Ⅲ.①专利－技术发展－研究报告－中国－2014—2015 Ⅳ.①G306.72

中国版本图书馆 CIP 数据核字（2014）第 285390 号

内容提要

本书以稠油开采等 15 个领域的专利数据分析为基础，通过对国内外专利数据库的检索和分析，全面地阐述了相关技术领域内专利申请和保护的状况，同时针对重点技术的竞争情况给出了明晰的结论，并对相关技术的发展趋势进行了预测。

本书紧扣国家发展规划涉及的重点领域和新兴产业，提出了我国相关产业技术创新和专利保护的战略方向与发展重点，研究成果对企业技术发展方向和政府部门政策决策具有一定的参考价值。

责任编辑：纪萍萍　　**责任校对：**谷　洋

责任出版：刘译文

各行业专利技术现状及其发展趋势报告（2014—2015）

中国知识产权研究会　编

出版发行：知识产权出版社有限责任公司　　**网　　址：**http://www.ipph.cn
社　　址：北京市海淀区马甸南村 1 号　　**邮　　编：**100088
责编电话：010-82000860 转 8387　　**责编邮箱：**jpp99@126.com
发行电话：010-82000860 转 8101/8102　　**发行传真：**010-82000893/82005070/82000270
印　　刷：北京中献拓方科技发展有限公司　　**经　　销：**各大网上书店、新华书店及相关专业书店
开　　本：787mm×1092mm　1/16　　**印　　张：**36.75
版　　次：2015 年 2 月第 1 版　　**印　　次：**2015 年 2 月第 1 次印刷
字　　数：759 千字　　**定　　价：**98.00 元

ISBN 978-7-5130-3235-3

编　委　会

序　言

当前我国正处于经济转型升级的关键阶段，党中央、国务院把实施创新驱动发展战略提到了前所未有的高度。知识产权作为创新驱动发展的重要支撑和保障，面临着难得的发展机遇，也面临着艰巨的发展任务。知识产权与经济社会发展的紧密融合，必将进一步激发创新驱动发展的内生动力和活力，因此加强知识产权工作已成为国家经济社会发展的内在要求。围绕经济社会发展需要，国家知识产权局正在深入实施知识产权战略，谋划和推进知识产权强国建设，不断强化知识产权工作链条，实现更高水平的创造、运用、保护、管理和服务，进一步把知识产权工作做深、做细、做实、做专、做强。

中国知识产权研究会秉承“服务社会，服务创新主体”的理念，自 2003 年，组织开展各行业专利技术现状及其发展趋势的研究工作，通过对国内外有关专利信息数据的深度挖掘、整理和科学分析，对技术发展趋势做出预测，对行业的发展方向提出合理建议，在此基础上形成了《各行业专利技术现状及其发展趋势报告》系列丛书，及时向社会提供专业、高效的专利信息服务。

这一次，《各行业专利技术现状及其发展趋势报告（2014－2015）》向读者奉献出了新的研究成果。本报告集中了新能源、新材料、互联网、生物医药等行业和领域的 15 篇技术评价与预测分析报告，希望对创新主体的研发工作、知识产权战略的实施以及管理部门制定行业规划起到有益的参考和借鉴作用，促进相关行业更好更快发展，推动经济提质增效升级。

国家知识产权局局长 申长雨

二〇一五年一月

目　　录

1. **稠油开采关键技术现状及其发展趋势** … 严律　王跃庭　刘琼　许可　李全晓　1

2. **电动汽车再生制动能量回收专利技术现状及其发展趋势**
………………………………… 尚颖　张虹　牛跃文　于晓唤　孙雪　65

3. **感应加热领域中国专利技术现状及其发展趋势**
………………………………… 胡潇　薛霏　罗文辉　陈洁　常莎莎　99

4. **医学图像三维重构专利技术现状及其发展趋势**
………………………………… 陶玲　孙蕾　姚天宇　孙泽竑　李芳　128

5. **无线智能照明控制系统专利技术现状及其发展趋势**
……………………………… 刘世茹　蔡国利　耿文慧　黄慧　喻文芳　168

6. **裸眼3D显示技术专利现状及其发展趋势**
………………………………… 李靖　马辉　严佳琳　姚楠　王旸　207

7. **织物液体洗涤剂专利技术现状及其发展趋势**
宫宝珉　郑红蕾　赵小凌　雷耀龙　陈伊诺　刘开建　李凤云　梁敬臣　董丽雯　246

8. **含有聚硅氧烷的洗护发专利技术现状及其发展趋势**
……………… 郭亦欣　陶可鑫　王荧　陈矛　韦轶　林瀚云　张祥瑞　孙镜沂　287

9. **PM2.5防护口罩专利技术及其发展趋势** ……………… 冯璐　沈琏　冯洁　330

10. **液体肥料专利技术现状及其发展趋势** ……………… 靖瑞　余爱丽　田瑞增　357

11. **生物传感器的技术发展研究** …………………… 王晓媛　杨冀川　黄斌　392

12. **数码相机防抖专利技术现状及其发展趋势** ………… 聂泽锋　刘经凤　刘伟　441

13. **垃圾焚烧技术专利状况分析** …… 顾晓燕　段晓宁　李凯　倪建民　杨斐　470

14. **太阳能热泵专利技术现状及其发展趋势**
……………………………… 张旭　刘怀涛　巩建华　李玉红　郝荣荣　492

15. **双离合变速器专利技术现状及其发展趋势**
………………………… 袁泉　贺博　王晓宁　郑慧莹　刘杨洋　陈佶　523

稠油开采关键技术现状及其发展趋势

严律　王跃庭[1]　刘琼　许可　李全晓

（国家知识产权局专利局机械发明审查部）

一、引言

稠油是世界经济发展的重要资源，其储量为4000亿～6000亿m^3。我国也拥有丰富的稠油资源，据不完全统计，探明和控制储量已达16亿t，重点分布在胜利、辽河、新疆、河南等油田。稠油油藏具有埋藏深、压力高、黏度大等特点，被称为“不能流动的石油”，是世界公认的原油开采难题。稠油集中了原油中70%左右的硫和90%左右的氮，稠油中占总量约70%的较轻部分，是采用当前技术可以转化的部分，但如何实现高效转化仍很困难。以前，蒸汽吞吐是稠油热采的主要方式，即把水加热成蒸汽后，通过注气锅炉注入地层。经过几天“焖井”，让蒸汽扩散，稠油遇热变软变稀后开井抽油。但是经过一段时间后，稠油黏度又开始变大，逐渐恢复到原状。于是新一轮的注气→焖井→采油又开始了。从生产原理上看，经过多轮次的蒸汽吞吐开发后，稠油油藏进入高含水、多轮次深度开发阶段，产量开始递减，经济效益变差。目前，我国的稠油开采大都面临这样的状况。因此，我国已成熟的稠油蒸汽吞吐技术，不能满足老油田大幅度提高采收率的需要。

在世界范围内，荷兰、美国、俄罗斯、加拿大等国家的多个大型石油开采巨头企业均在稠油开采领域有着很深的研究，在专利申请上已经具有一定的优势，而由于我国的稠油资源也相对丰富，对稠油开采技术也有着迫切的需求，因此，对矿井安全及救生专利技术现状及其发展趋势做进一步研究，已是迫在眉睫。

本报告由国家知识产权局专利局机械发明审查部承担完成，报告以热采领域、冷采领域以及二者细分领域的专利数据分析为基础，通过对该技术领域国内外专利数据库的检索和分析，对相关技术领域专利申请和保护状况，以及重点技术和主要申请人的竞争情况作出了较明确的结论，并预测了相关技术的发展趋势。在总结主要研究结论的基础上，报告提出了企业研发的重点，并对知识产权风险进行了分析，最后借鉴

[1] 王跃庭等同于第一作者。

国外稠油开采技术普及推广的经验，为政府部门决策和企业安全生产提出了技术和政策建议。

本报告对于我国政府安全生产决策部门制定或修改稠油开采技术领域的标准、促进稠油资源的充分利用、帮助我国油田开采企业规避使用矿井安全设备的知识产权风险、切实保障职工生命和国家财产安全，以及提高其运用自主知识产权的能力等方面均有一定的参考和指导作用。

二、稠油开采技术现状

（一）稠油概况

稠油是一种高黏度、高密度的原油，成分相当复杂，一般都含有沥青质、胶质成分，是石油烃类能源中的重要组成成分，国外将重油和沥青砂油统称为重质原油（heavy oil），其特点如下：

稠油中的胶质与沥青含量高，轻质馏分很少。而且随着胶质和沥青质含量增高，稠油的相对密度和黏度也相应增加。

稠油的黏度对于温度特别敏感，随着温度的增加，黏度急剧下降。且原油黏度越大，这种变化越明显。

稠油中硫、氧、氮等杂原子较多。

稠油中石蜡含量一般较低，但也有极少数油田是“双高油田”，即沥青质含量高、石蜡含量也高，表征为高黏度、高凝点原油。

同一稠油油藏，原油性质在垂向油层的不同井段及平面上各井之间常常有很大的差别。

国内外稠油的分类标准不一致，一般用黏度 μ、密度 ρ、重度 API 表示。稠油分类不仅直接关系到油藏类型划分与评价，也关系到稠油油藏开采方式的选择及其开采潜力。联合国培训研究署（UNITAR）推荐的重油分类标准见表 1。

表 1 UNITAR 推荐的分类标准

分类	第一指标	第二指标	
	黏度（MPa·s）60μ	（5.6℃）相对密度 60μ	（5.6℃）重度,°API
重质油	100～10 000	0.934～1.000	10～20
沥青	>10 000	>1.000	<10

我国稠油沥青质含量低，胶质含量高，金属含量低，稠油黏度偏高，相对密度则较低。

世界上稠油资源极为丰富，其地质储量远远超过常规原油储量。据统计，世界上已证实的常规原油地质储量约为 4200 亿 t，而稠油（包括沥青）油藏地质储量高达 155 500 亿 t。稠油资源丰富的国家有加拿大、委内瑞拉、美国、苏联、中国、印度尼西亚等。稠油在世界油气资源中占有较大的比例。据统计，世界稠油、超稠油和天然沥青的储量约占世界原油和天然气总储量的 71.4%。

我国的稠油储量丰富，稠油年产量约占原油总产量的 10%，根据中国第二次全国资源评价资料，稠油资源量约有 198.7 亿 t。我国稠油资源分布很广，储量丰富，陆上稠油、沥青资源占石油总资源量的 20%以上。目前已在松辽盆地、渤海湾盆地、准噶尔盆地、南襄盆地、二连盆地等 15 个大中型含油盆地和地区发现了 70 多个稠油油藏。稠油开采具有很大的潜力，而且随着轻质油开采储量的减少，21 世纪开采稠油所占的比重将会不断增大。

（二）稠油开采技术分类

稠油是石油资源的重要组成部分，随着稠油开采技术的日臻成熟，稠油油藏的勘探越来越受到重视。稠油一般是指黏度高、密度大、胶质和沥青质含量较高的重质原油，即高黏度重质原油，一般含蜡量较少，因而原油黏度较高，流动阻力较大，开采难度大。

针对稠油油藏的特点，常规的开采技术很难采出。因此要采取一些特殊的工艺措施，现将稠油开采技术依据开采方式的不同分为三个大的方面：稠油冷采技术、稠油热采技术和复合开采技术。

热采也就是热力采油，其主要通过一些工艺措施使油层温度升高，降低稠油年度，使稠油易于流动，从而将稠油采出。其主要方法有蒸汽注入、电加热、蒸汽辅助重力泄油、火烧油层以及热水驱等其他热采技术。

冷采是指无供热条件下，利用某种施工技术和特殊的抽油设备积极开采稠油的方法。其主要方法包括：出砂冷采、气驱、水驱、化学降黏以及其他冷采技术。而复合开采技术则是指在开采过程中，应用多种开采技术。

由于单一技术对处于开采后期的稠油油藏效果非常有限，复合开采稠油油藏成为了近年来开发稠油油藏的主要发展方向。目前开采较多的复合开采稠油技术主要有降黏剂+蒸汽吞吐开采稠油技术等。这些技术提供了更好的稠油高效开采的技术支持，提高了稠油油藏的采收率。

稠油开采技术的分类体系如图 1 所示。

（三）稠油开采技术简介

1. 热采

蒸汽注入开采方法包括蒸汽吞吐和蒸汽驱两种方法。蒸汽吞吐是一种相对简单和成熟的注蒸汽开采稠油的技术，它的机理主要是加热近井地带原油，使之黏度降低，当生产压力下降时，为地层束缚水和蒸汽的闪蒸提供气体驱动力。

蒸汽驱是目前大规模工业化应用的热采技术，它的机理主要是降低稠油黏度，提

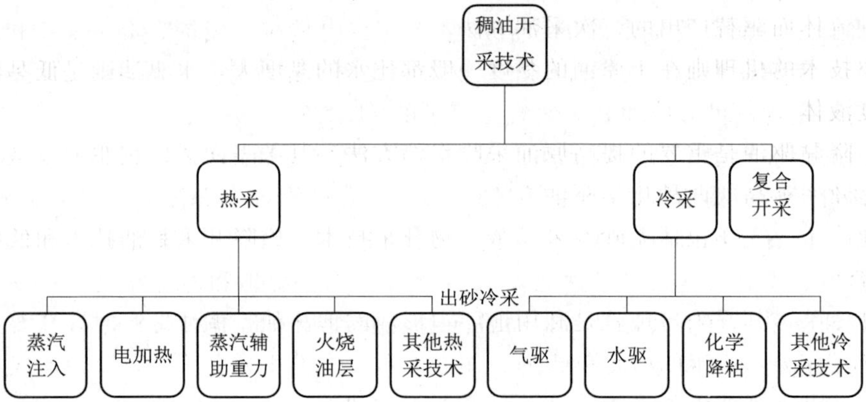

图 1　稠油开采技术的分类体系

高原油的流度。蒸汽相不仅由水蒸气组成，同时也含烃气与蒸汽一起凝结，驱替并稀释前缘原油，从而留下较少的但较重的残余油。

蒸汽辅助重力泄油的基本原理是把热传导和流体热对流相结合，将加热蒸汽作为热源来加热地层原油，蒸汽腔中的蒸汽垂向和侧面不断扩展，当垂向的扩展受到油层顶部的限制时，蒸汽腔开始只有侧面扩展，被加热的原油和凝析液在重力的作用下流向位于油层下方的水平井生产井而采出。蒸汽辅助重力泄油（SAGD）技术作为开发超稠油的一项前沿技术，能获得很高的采收率，通常可以达到 70%，日益受到人们的重视。

火烧油层是利用各种点火方式把注气井的油层点燃，并继续向油层中注入氧化剂（空气或氧气）助燃形成移动的燃烧前缘（又称燃烧带）。在高温下地层束缚水、注入水蒸发，裂解生成的氢气与注入的氧气合成水蒸气，携带大量的热量传递给前方的油层，把原油驱向生产井。

其他热采技术主要包括热水驱等，热水驱的作用机理主要是两方面：一是热水将能量传给地层油，使其温度升高，从而降低黏度；二是可以补充地层能量，将原油驱替至井底。

2. 出砂冷采

出砂冷采指的是在没有人工能量补充的条件下，依靠天然能量，并通过调节压差使地层达到出砂，同时又保持地层骨架不被破坏，从而大幅度改善地层的渗透率，提高产量的一种方法。

依据注气类型，气驱被分为烃类混相驱、氮气驱和二氧化碳驱、烟道气驱和空气驱五类。注二氧化碳气体提高采收率技术已有几十年的历史。从 1950 年起，许多国家在实验室和现场均对注二氧化碳提高采收率方法进行了大规模的研究。而注烟道气方法是将稠油热采的锅炉烟道气经过处理，增压后注入油层，与油层中的残油原油混溶成一种流体而驱替产出的三次采油方法。

水驱技术的机理则在于原油的黏度一般都比水的黏度大，水驱油则是低黏渡体排驱高黏度液体。

化学降黏驱油是重要的提高原油采收率的方法，其中表面活性剂驱油及微乳状液驱油又是效率最高的两种化学驱油方法。

其他冷采方式还包括无砂冷采、微生物开采技术、磁降开采黏油技术和低频脉冲采油法等。

无砂冷采，其开采机理就是利用地层中形成的泡沫油。稠油生产时，只要油藏压力大于泡点压力，产出的将是单相油。如果油藏压力低于泡点压力，就会形成一种泡沫油，这就大大降低了稠油的黏度并且增加了稠油的流动性。

微生物开采技术则是利用微生物技术采油，主要是利用微生物的各种特性进行采油，主要有两种方法；一种是生物表面活性剂技术，一种是微生物降解技术。

而磁降黏开采稠油技术的主要原理是磁场作用于烷烃分子中质子外围的电子，产生一个瞬时的诱导磁矩，它的产生破坏了石蜡分子结晶时的定向排列，破坏和延长蜡晶的生成，起到防蜡降凝的作用；同时，磁化作用破坏了原油各烃类分子间的作用力，使分子间的聚合力减弱，其中的胶质和沥青质以分散相而不是缔结相溶解在原油中，从而使原油的黏度降低，流动性增强。

低频脉冲采油法，是通过井下压力脉冲器在油层中进行脉冲放电，在井内液体中瞬时产生高强度低频脉冲振动波，使油层产生微裂缝，从而提高油层渗透率的一种采油方法。

3. 复合开采

复合开采技术是指在开采过程中，根据实际情况结合多种开采技术。

三、稠油开采技术现状及发展分析

我国20世纪80年代就着手对稠油的研究和开发，因稠油油藏的特点不同，其开采方式也各异，但总是朝着降黏和使分子变小、变轻的方向发展着。目前，提高采收率最成功的开采方法分两大类：一类是注入流体热采或驱替型方法，如热水驱、蒸汽吞吐、蒸汽驱、火驱等；另一类是增产型开采方式，包括水平井、复合分支井、水力压裂、电加热、化学降黏等。这两类技术的结合使用，已成为当今稠油开发的主要手段。其中，胜利油田采用热采、注蒸汽、电加温、化学降黏（注聚合物驱）等技术；辽河油田的中深层热采稠油技术；大港油田的化学辅助吞吐技术；新疆油田的浅层稠油面积驱技术；河南油田的稠油热采技术等，均处于国内领先水平。尤其是河南油田原油的黏度特别高（普通稠油为10 000MPa·s，特稠油为10 000～50 000MPa·s超稠油为50 000MPa·s以上），热采需要的参数很大，需要注气压力7.5MPa，注气速度为100t/d，蒸汽干度为75%，蒸汽温度为290℃，油层深度为300m，放喷时地层温度为140℃，压力为5.5MPa，合理优选参数，是有效开发稠油的关键。

近年来，我国第三大油田辽河油田依靠科技进步，攻克一道道稠油开采技术和工艺难关，使油田至今保持稳产状态。专家们认为，这些稠油开采技术已居世界领先水平。辽河油田位于渤海湾畔的辽河盆地，地跨辽宁省和内蒙古自治区13个市（地）34个县（旗），石油总资源量34亿t，现已探明储量19.46亿t，年石油开采量稳定在1300万t，仅次于大庆油田和胜利油田。

辽河油田是地质结构复杂、油藏品类丰富的复式断块油气田，稠油、高凝油藏量尤为丰富，被称为“流不动的油田”。油田中大部分稠油、高凝油的含蜡高达50%，最高凝固点达67℃，是目前世界公认的凝固点最高、开采难度最大的原油。

重油有望成为重要的战略接替资源，近20年来，全球重油工业的发展速度比常规油快，重油和沥青砂的年产量由2000万t上升到目前的近1亿t。委内瑞拉是重油储量最大的国家，人们预期在不远的将来，其重油日产量可达120万桶；加拿大目前的油砂日产量达50万桶；欧洲北海的重油日产量达14万桶；中国、印度尼西亚等国的重油工业近年来也发展迅猛，年产量都在1000万t以上。

此外，还有一些国家重油储量很大，但由于油藏分布于海上，或在地面2000m以下，现在还难以大量开采利用。比较常规油、重油和天然气这三大类烃类资源的状况，可以看到重油的前景是最好的，因为它的储量是年产出量的几千倍，而常规油的这个指标只有50倍。

目前，在全球大约10万亿桶剩余石油资源中，70%以上是重油资源。而在我国，陆上重油、沥青资源占石油资源总量的20%以上。油砂预计地质资源量超过60亿t，可采资源量超过30亿t。油页岩地质资源量超过470亿t，技术可采资源量超过160亿t，可回收量超过120亿t。

我国政府在“十一五”发展规划中，明确提出将大力开展油页岩、油砂、天然气水合物等非常规油气资源的勘探开发，增加科技投入，降低开采成本，增加我国油气资源的保障程度。据了解，由于我国大规模的勘探评价工作还处于起步阶段，关于重油勘探开发的鼓励政策尚在研究制定中，重油资源将成为我国重要的战略接替资源之一。

（一）稠油冷采技术现状及发展分析

冷采是指无供热条件下，利用某种施工技术和特殊的抽油设备积极开采稠油的方法。稠油冷采工艺是采用物理或化学的方法改善稠油的流动性。冷采方法不仅可以降低开采成本，而且可以减少对地层的伤害。它具有开采工艺简单、生产成本低的优点。

1. 出砂冷采技术现状及发展概述

最初，为了降低采油成本，提高稠油开采的经济效益，在20世纪80年代末，加拿大的一些小石油公司率先开展了稠油的出砂冷采，其主要做法是，不注蒸汽，也不采取防砂措施，射孔后直接应用螺杆泵进行开采，矿场实施取得了令人振奋的效果。到了20世纪90年代中期，稠油出砂冷采已成为热点，除了众多小石油公司外，一些大的石油公司也纷纷涉足这一领域，国际上，尤其是加拿大有关研究机构竟相开展相应的理论研究。1995年以来召开的有关石油开发的大型国际会议均将此作为重要交流内容。

经过这几十年的发展，特别是近几年的发展，这项技术尤其是开采工艺已相当成熟。稠油出砂冷采已显示出良好的经济效益，单井日产油基本上大于10立方米，采收率为10%左右，采油成本大大低于蒸汽吞吐等原有开采方式。目前该技术已由摸索、试验阶段转入工业化推广应用阶段。

现在，出砂冷采技术在加拿大和委内瑞拉是一种较普遍的稠油冷采开发技术，它的突出优点在于：成本低、产能高、风险小。不利的一面在于采收率低，一般为15%左右，另外对油砂的处理是个较大的问题。油砂处理费占开采成本的比例最高。

目前稠油出砂冷采技术已得到广泛应用，而且，薄层稠油的出砂冷采、水平井出砂冷采均取得了矿场试验的成功，并呈现出良好的发展势头。由于有关理论研究起步相对较晚，而大规模矿场应用又需要成熟理论做指导，目前各国有关研究机构正和大石油公司联手对该项技术进行更为深入的研究，同时，针对出砂冷采采收率相对较低这一问题，各个国家及研究机构也正致力于如何进一步提高采收率，搞好后续开采方式的接替。

虽然稠油出砂冷采技术的采油成本低，但是，其不利的一面在于采收率低，一般为15%左右，仍有90%左右的资源留在地下，因此如何进一步经济有效地提高采收率，是有关研究机构和石油公司普遍关心的课题。

另外对油砂的处理也是个较大的问题。油砂处理费占开采成本的比例最高。

还有一点，由于稠油的出砂冷采机理非常复杂，开发指标定量预测方法和行之有效的油藏工程数模软件尚未问世，所以开发指标的预测和井距的确定主要是借鉴相关油藏矿场经验。

2. 气驱技术现状及发展分析

随着油田开发的需求、开发机理认识的深入和工艺技术的进步，注气技术不断得到发展，已从保持地层能量的二次采油技术发展到三次采油提高采收率技术的混相驱、非混相驱。

依据注气类型，气驱被分为烃类混相驱、氮气驱和二氧化碳驱、烟道气驱和空气驱五类。

（1）烃类混相驱主要指通过天然气与原油的混相，气—液传质作用、气体的溶解使原油体积膨胀、黏度降低，以及重力稳定驱替等机理提高原油采收率。与国外相比，我国开展天然气驱研究时间较晚，仅在长庆、吐哈、大庆、中原等油田进行了小规模试验。由于较高的吸气能力，注天然气在低渗透油藏提高采收率具有一定的潜力。同时在一些地区，政府熄灭火炬计划也要求天然气回注，从而使天然气驱具有一定的前景。

（2）氮气的密度小于油藏气顶气的密度，黏度则与气顶气接近，并且具有良好的膨胀性，形成的弹性能量大，这种特性适合于块状油藏和倾斜油藏采用顶部注气按重力分异方式驱替原油，并且不存在腐蚀问题。氮气驱始于 20 世纪 70 年代中期，美国在这方面处于技术领先的地位。不仅在实验室进行了系统的实验研究，而且对不同类型油田的不同开采方式成功地进行了注氮气现场开发，并取得了一定的效果。我国注氮气提高采收率技术发展较晚，1995 年华北雁翎油藏开始了注氮气先导试验，到 1998 年，采收率提高幅度只能达到 3%～5%。

我国目前开展的注氮气矿场研究主要在低渗透油藏，对其他油藏类型还处在试验阶段。由于油藏条件的不同，国内开展的氮气驱均为非混相驱。

（3）注二氧化碳气体提高采收率技术已有几十年的历史。从 1950 年起，许多国家在实验室和现场均对注二氧化碳提高采收率方法进行了大规模的研究。一般是利用二氧化碳在地层中处于超临界状态，在原油中具有较高的溶解性能和萃取作用，进而具有易形成混相状态和低界面张力，降低原油黏度及增加原油弹性能量等方面的机理，从而使二氧化碳驱成为重要的、最具前景的注气开采技术。由于受陆相原油不易与二氧化碳混相、天然二氧化碳气源紧张、防窜、防腐技术尚未过关等条件的制约，二氧化碳驱在中国还未工业化推广，需要在以下几个方面进一步攻关：一是加强非混相或近混相机理的研究；二是攻关低成本的工业废气提纯技术和输送技术；三是加快现场试验步伐，形成完整的油藏采油和地面工程等方面的配套技术。

（4）注烟道气方法是将稠油热采的锅炉烟道气经过处理、增压后注入油层，与油层中的残油原油混溶成一种流体而驱替产出的三次采油方法。烟道气驱组分中80%～85%的氮气和 15%～20%的二氧化碳是其驱油的有效成分，作为驱油剂需要脱水、除尘，其驱油机理主要是二氧化碳非混相驱和氮气驱。烟道气驱一般为非混相驱和重力驱，由于经济的原因，尤其是捕集、处理和输送的原因，导致其应用规模较小。但由于温室气体减排的要求，烟道气的埋存和利用正引起高度关注。

（5）相比其他气驱来说，空气驱具有气源丰富、成本低等优点，是一种很有发展前景的提高采收率技术，比较适合高温油藏。空气驱油机理包括烟道气驱油机理、升温降黏作用、混相驱机理和原油膨胀机理等，但是由于地下氧化反应的不可控性、低温氧化导致油品性质变差以及腐蚀问题，目前空气驱项目很少。20 世纪 60 年代以来，国外针对空气驱提高轻质油藏采收率，在室内研究、数值模拟等方面做了大量工作，现场空气驱油配套技术逐渐完善，各试验区块采收率提高 5%～15%。

国内胜利油田、大庆油田进行了注水后期空气驱矿场实验，现场应用收到初步效果。随着国外空气驱配套技术以及国内中小型空气压缩机的迅速发展，以及低温氧化理论的进一步完善，有必要扩大空气驱现场试验规模。

3. 水驱技术现状及发展分析

水驱是应用规模最大、开采期限最长、调整工作量最多、开发成本（除天然能量外）最低的一种开发方式。驱技术的机理则在于原油的黏度一般都比水的黏度大，水驱油则是低黏渡体排驱高黏液体。改善水驱技术，可从高渗透高含水油藏、低渗透油藏两个方面考虑。

（1）高含水油田储层以中、高渗透为主体，所占储量规模最大。随着开发程度的越来越高，剩余油分布越来越复杂，高含水、地面设施老化和套管损坏等问题日益严重，给进一步提高采收率带来了严峻挑战。开发调整的做法可以概括为如下几个方面。① 层系划分越来越细，井网越来越密；② 注采系统调整力度逐渐加大；③ 水平井成为厚油层韵律段的挖潜手段；④ 周期注水方法得到广泛应用；⑤ 调堵调驱技术普遍受到关注。

（2）低渗透储层具有油层喉道半径很小、比表面积较大、黏土矿物发育、压敏效应强、裂缝发育等特点，在开采中一般难以建立有效的驱动体系，单井产量低，经济效益差，产量递减快，采收率低，甚至难以动用。为改善开发效果，除注气外，国内外发展了以下几种具有代表性的注水开发技术。① 超前注水开发；② 采用大井距、小排距开发压裂一体化；③ 实施活性水降压增注；④ 采取多井段分段压裂水平井技术。

由此可见，在陆相油藏高含水后期开发阶段，需要进一步加大层系细分重组、井网立体加密调整、水平井单层开发、改善水质、注水产液结构调整等技术措施的应用，在井网优化调整的基础上，综合应用各种工艺技术对储层进行控制和改造，实施精细注水和有效注水开发，提高注采系统的针对性和有效性，探索驱替剖面的均匀控制。

4. 化学降黏技术现状及发展分析

稠油化学降黏开采技术，化学驱油是重要的提高原油采收率的方法。

表面活性剂驱油及微乳状液驱油又是效率最高的两种化学驱油方法。前者是将较低浓度的表面活性剂胶团溶液注入油井；后者则是用高浓度的表面活性剂，并且这种注入的浆液是由三种或更多组分构成的微乳液。

（1）表面活性剂驱油是在注水驱的基础上发展起来的。注水驱替应用较早，通过向地层注水把石油驱替至采油井。早期使用普通河水或海水，后来出现了注入表面活性剂和活性水驱油，根据油藏不同的物理化学性质和地质条件，发展了相关的碱水驱、酸水驱以及其他的化学驱油工艺。

（2）微乳液驱油：微乳液是由油、水、表面活性剂、助表面活性剂组成的各向同性的透明和热力稳定的分散体系，液滴被表面活性剂和助表面活性剂的混合膜所稳定。表面活性剂一般用石油磺酸盐；助表面活性剂一般用 C3～C5 的醇；水相常是氯化钠水溶液。微乳液驱油的机理很复杂，如改变岩的润湿性，改变油水界面的黏度等，但能产生超低的油—水驱替液界面张力是起重的主要原因之一。

目前表面活性剂降黏技术发展比较成熟，已广泛应用于国内外稠油开采和输送。近年来，纳米技术应用于原油降黏中，在表面活性剂中加入一些改性的纳米材料，使油、水、表面活性剂和助表面活性剂一起形成纳米乳液，这种乳液具有热稳定性和各向同性的多组分分散体系。

由此可以看出，稠油化学降黏技术是建立在多学科基础上的综合技术，其发展有赖于相关的石油化学、原油流变学、高分子合成、表面活性剂合成、输油工艺、采油工艺等学科的发展。

5. 其他冷采技术现状及发展分析

稠油微生物开采技术主要是利用微生物的各种特性进行采油。

稠油微生物开采技术主要有两种方法，一种是生物表面活性剂技术，一种是微生物降解技术。

生物活性剂驱油是微生物在特定的条件下生长过程中分泌并排出体外的具有表面活性的代谢产物。一方面具有化学表面活性剂的共性，另一方面又有稳定性好、抗盐性较强、受温度影响小、能被生物降解、无毒、成本低的特点。

利用微生物降解技术对原油中的沥青等重质组分进行降解，可以降低原油黏度，提高原油采收率。该技术的理论依据是使用添加氮、磷盐、氨盐的充气水使地层微生物活化。其机理包括就地生成二氧化碳以增加压力来增强原油中的溶解能力；生成有机酸而改善原油的性质；利用降解作用将大分子的烃类转化为低分子的烃；产生表面活性剂以改善原油的溶解能力；产生生物聚合物将固结的原油分散成滴状；对原油重质组分进行生化活性的酶改进；改善原油黏度。

生物表面活性剂已经广泛用于提高原油采收率，即用生物表面活性剂注入地下或在岩石中就地培养微生物产生生物表面活性剂用于强化采油。例如，从桉树叶毛虫体内分离出的一种菌注入油层后产生大量自然清洁剂，将原油采收率提高至70%，但这种生物表面活性剂的生成量受地层多种条件的影响。

我国在20世纪80年代已筛选出了多种生物表面活性剂。生物表面活性剂在采油中的应用已扩展到小规模成片的油田，对地面法和地下法均进行了尝试，即用生物表面活性剂注入地下或在岩石中就地培养微生物产生生物表面活性剂用于强化采油。

在未来的稠油开采中，最理想的开采方法就是在井下对稠油降解，将高分子的稠油降解为低分子的轻质油，这样就可以开采到地面上来，也减少了冶炼厂的工作量。为了达到这一目的，就需要大力发展两种开采方式，一是利用微生物开采，通过微生物的作用将稠油降解，为此，需要积极寻找优良菌种，对其进行研究开发，使其达到降解的目的。二是在井下进行催化降解反应，将稠油降解，使其黏度降低，分子链变短，需要寻找合适的催化剂。

（二）稠油热力开采技术现状及发展分析

热力采油主要是通过一些工艺措施使油层温度升高，降低稠油黏度，使稠油易于流动，从而将稠油采出。

热力开采是当前应用非常普遍和有效的稠油开采方法，它可以大大提高油井产量，提高油田采收率。就其对油层加热方式可分为两类：一是把热流体注入油层，如注热水、蒸汽吞吐、蒸汽驱等；二是在油层内燃烧产生热量，即火烧油层。

1. 蒸汽吞吐采油技术现状及发展分析

蒸汽吞吐方法，即所谓的循环注蒸汽方法或油井激励方法。该方法是指在一定时间内向油层注入一定数量的高温高压湿饱和蒸汽，关井一段时间使热量传递到储层和原油中去，然后再开井生产，注入的热使原油黏度大大降低，从而提高了油井中原油的流动能力，起到增产作用。目前已成为我国主要的稠油热采方法。

对于稠油油藏，如果常规采油的速度很低或根本无法采油时，必须采用蒸汽吞吐方法，然后再进行蒸汽驱开采。该方法的优点是投资较少，工艺技术较简单，增产快，经济效益好。

蒸汽吞吐采油包括以下四个基本概念。

① 蒸汽。蒸汽是由水在锅炉中加热到沸腾后产生的。常压下水的沸腾温度是100℃，随着压力的升高，水的沸腾温度也跟着上升。注蒸汽开采稠油所用的水蒸气是在一定的压力条件下得到的，其锅炉出口蒸汽压力一般为10MPa～20MPa，蒸汽温度为250℃～300℃。

② 蒸汽压力和蒸汽温度。蒸汽压力是指产生水蒸气时的压力，在此压力下，蒸汽具有的温度称为蒸汽温度。稠油注气开采中的蒸汽压力和蒸汽温度指的是锅炉出口和井口两种情况下的压力和温度。采油生产中一般指的是井口蒸汽压力和蒸汽温度。

③ 饱和水、饱和蒸汽及蒸汽干度。当水沸腾汽化后，汽化的水分子与回到水中的水分子数相等时达到动态平衡，这种状态称为饱和状态。处于饱和状态的蒸汽和水称为饱和蒸汽和饱和水。饱和蒸汽所占饱和水与饱和蒸汽之和的百分数称为蒸汽干度。蒸汽干度越大，说明单位质量水蒸气中所含热量越高。

④ 吞吐周期。是指从向油层注气、焖井、开井生产到下一次注气开始时的一个完整过程，即一个吞吐周期。

蒸汽吞吐的开采过程可以分为三个阶段，即注气阶段、焖井阶段及开井生产阶段。注气阶段。注蒸汽作业前，要准备好机械采油设备，油井中下入注气管柱——隔热油管及耐热封隔器。将隔热油管及封隔器下到注气目的层以上几米处。由锅炉产生的高温高压水蒸气，经地面管线通过注气管柱由井口注入油层，使油层在较大范围内受到高温蒸汽的热力影响。在注气阶段主要是控制注气量、注气速度和蒸汽干度三个工艺参数，应根据油藏地质参数及原油黏度等进行优化设计。注入时间一般几天到十几天。

焖井阶段。焖井是指注气完成后停注关井，使蒸汽的热量与地层充分进行热交换的过程。油井注气后，为了使蒸汽的热量与地层充分进行热交换，使热量进一步向地层深处扩散，扩大加热区域，同时也使井筒附近地层的温度比注气时降低一些，必须进行焖井。焖井时间的长短也是影响蒸汽吞吐效果的重要因素之一，一般2～7天，使注入热量分布尽可能均匀。只有焖井时间合适，才能使蒸汽热量充分地传递到油层中去，若焖井时间过长，则井底附近地层温度下降太大，稠油黏度又会升高，原油流动能力下降，使得开井产量降低。若焖井时间过短，则蒸汽热量还没有充分与油层进行热交换，使油层的受热半径减小，开井生产时供油面积不大，同样会降低稠油产量。

开井生产阶段。此阶段一般又包括自喷和抽油两个阶段。自喷阶段一般持续几天到数十天，主要产出油井周围的冷凝水和大量加热的原油，因高温高压注气使得井底附近压力较高，为自喷提供了能量。当井底流压与地层压力接近而小于自喷流压时，即转入抽油阶段，该阶段持续时间为几个月到1年以上，这是原油产出的主要时期。

近几年蒸汽吞吐技术的发展主要是应用各种助剂改善蒸汽吞吐效果，在注气之前或注气过程中通过注入各种表面活性剂，即注入助剂改善蒸汽吞吐效果，有效地调整吸汽剖面、增大蒸汽波及体积、降低原油黏度、防止黏土膨胀、改善驱油效果等，进而增加周期产油量及油汽比。

2. 蒸汽驱采油技术现状及发展分析

油田经过常规采油、蒸汽吞吐采油阶段后，地层预热、压力下降，为蒸汽驱创造了有利条件，这时进行蒸汽驱采油更易于获得较高的经济效益。蒸汽驱是指在一定注气方式下，由一口井连续注入蒸汽，驱替原油流向其周围生产井的开采方式。蒸汽驱同时具有蒸汽吞吐和油田注水的双重作用，具有加热降黏、压力驱动、提高油层波及系数的综合作用。

蒸汽驱采油机理为：

（1）降黏作用。当高温高压蒸汽注入油层后，稠油黏度因温度的升高而急剧下降，提高了稠油在油层和井筒中的流动能力，使原来不易流动的原油成为易于流动的原油，这是蒸汽驱的主要降黏原因。在蒸汽驱油井中，当温度达到热解温度后，稠油裂解出的较轻组分在油层中反过来溶解稠油，从而降低稠油黏度，使得稠油易于流动。稠油在高温高压作用下，较轻的组分发生蒸汽蒸馏形成烃类蒸汽，这些烃类蒸汽在降黏油富集带向采油井流动过程中，随温度下降而凝结，形成轻质油（稀油），而轻质油则具有溶解稠油的能力，使得稠油黏度下降。

（2）热膨胀作用。随着油层温度的升高，油发生膨胀，饱和度增加，且更易流动。热膨胀可采出5%～10%的原油储量，其大小取决于原油类型、初始含油饱和度和受热带的温度。

（3）蒸汽驱动作用。脱气作用及溶解气驱作用溶解天然气及轻质组分在高温作用下脱出，溶解气膨胀形成驱油动力，产生类似气驱及溶解气驱的作用，增加原油产量。

(4) 油的混相驱作用。水蒸气蒸馏出的大部分轻质馏分，由蒸汽带和热水带被携带至较冷的区域，此时轻质组分与水蒸气同时冷凝。当水蒸气冷凝成热水时，减少了蒸汽的指进速度，凝析的油和热水混合物形成热水驱。这就是蒸汽驱前缘的热水带的重要采油机理。凝析的轻质馏分与地层中的原油混合并将其稀释，降低了原油的密度和黏度，随着蒸汽前缘向油井推进，轻质馏分将会从接触到的原油中不断抽提出更多的轻质组分，形成轻质油带向前推进，其尺寸在不断增大，结果形成了油的混相驱。

(5) 乳化作用。由于水蒸气的作用，在地层形成乳化液，其黏度均比油和水的黏度大，起到调剂作用，通过降低蒸汽的指进改善蒸汽波及状况而有利于蒸汽驱生产。

这些机理作用在油层中各个带程度不一样，主要取决于原油及油层的性质。在蒸汽带中，蒸汽驱的主要机理是蒸汽的蒸馏作用及蒸汽驱油作用。在降黏油富集带中，主要是降黏、热膨胀、高温渗透率变化及溶剂驱油作用。在未被加热原油带中，主要是常规水驱及重力分离作用。

在蒸汽驱生产过程中，从注蒸汽到蒸汽突破油井，最后淹没油井，一般经历下述三个过程：① 注气初始阶段；② 注气见效阶段；③ 蒸汽突破阶段（汽窜阶段)。

目前蒸汽驱技术已在国外（美国、委内瑞拉等）获得大规模工业应用，成为继蒸汽吞吐后提高稠油采收率的有效方法，也取得了良好的应用效果。如美国加利福尼亚州的克恩河油田蒸汽驱采油量达 460 万 m^3/a，蒸汽驱采收率超过 50%，油汽比大于 0.25。

3. 水平井注蒸汽辅助重力泄油技术现状及发展分析

蒸汽辅助重力泄油开采技术适合于开采原油黏度非常高的特稠油油藏或天然沥青。该过程的基本机理是热传导与液体热对流相结合。它是以蒸汽作为热源、依靠沥青及凝析的液的重力作用开采稠油。它可以通过两种方式来实现。

(1) 水平井注气，水平井采油的双水平井，即在靠近油藏底部钻一对垂直间距 6m～10m 水平井，上部井向油层中注蒸汽，加热地层原油，使其在重力的作用下流入下部井中。

(2) 直井注气，水平吉采油的直井-水平井组合，即在底部钻一口水平井，在其正上方打一口或多口垂直井。蒸汽从上面的注入井注入油层，注入的蒸汽向上及侧面移动。

重力泄油开采超稠油的优势在于利用蒸汽潜热加热原油，不仅油层得到了必要的热量，而且补充了生产过程中所需的驱替能量，弥补了因吞吐造成的油层能量衰竭，削弱了因蒸汽指进所产生的一系列问题，使超稠油开采获得了较高的采收率。

蒸汽辅助重力泄油的机理如下：① 在界面的蒸汽冷凝；② 油和冷凝物流向生产井；③ 靠重力的流动；④ 蒸汽室向上和向侧面的扩展。

影响蒸汽辅助重力泄油开采技术效果的因素有：油层厚度、油层渗透率、孔隙度与含油饱和度、油藏深度、薄夹层的影响、底水的影响、岩石湿润性、蒸汽干度、注气速度、注气压力、生产井排液能力、注采井距等。

蒸汽辅助策略泄油主要工艺包括注气工艺、井筒举升、地面集输、动态监测等。

从国内技术发展上来看，辽河油田已掌握一系列国内领先、国际一流的中深层稠油、超稠油开采技术，目前辽河油田已形成蒸汽辅助重力泄油（SAGD）和蒸汽驱两大核心技术工艺，其SAGD技术获得发明专利7项、实用新型专利56项。这两种专利发明核心技术辅之以水平井等相关配套技术，可将中深层稠油采收率从25%提高到60%。

4. 火烧油层技术现状及发展分析

火烧油层是将空气注入井底，在井底将油层点燃，利用地下原油自身提供燃料建立起的燃烧带的推移而波及油层。

火烧油层是提高油田采收的重要方法之一，它与其他开采方法不同之处，在于它是利用油层本身的部分裂解产物作为燃料，不断燃烧生热，依靠热力和其他综合驱动力的作用，实现提高采收率的目的。因此，它又称地下（层内）燃烧、火驱开采法。火驱法的驱油效率是其他采油方法无法比拟的。实验室试验证明，已燃烧区的残余油饱和度几乎为零，采收率可达85%～90%；在已实施的现场火驱方案中，采收率也能达到50%～80%。另外，它的应用范围较广，在适当条件下，既可用于稠油油藏，又可用于轻质油藏，还可用于注蒸汽或水驱后的油藏开采的残余油。因此，它是一种适应性强，并能充分利用石油资源的开采技术。

火烧油层有三种类型，即干式正向燃烧、反向燃烧、湿式燃烧。

干式正向燃烧法是指当空气连续注入时，燃烧前缘从注入井向生产井方向移动，并与空气的运动方向相同，是火烧油层中常用的方法。

湿式燃烧法是正燃法的改良，也叫正向燃烧和水驱相结合的方法，可用来弥补干式正向燃烧的缺点，有效地利用燃烧前缘后面储存的热能量。

反向燃烧法是系指燃烧带从生产井向注入井方向发展的一种应对特稠油的火烧油层法，即燃烧带与注入的空气逆向而行。它可以弥补干式正向燃烧的缺点。克服黏度高的油藏中的流体阻塞。

影响火烧效果的因素有：原油黏度、孔隙度、原油饱和度、点火温度、通风强度、湿烧水汽比等。

火烧油层的关键工艺技术包括油层点火、维持油层燃烧的管火及不断提供助燃剂（空气或富氧）的压缩设备三大配套技术。

运用火烧油层工艺，地层中的稠油可以被“吃干榨净”，是迄今为止能耗最小、温室气体排放最少、开发效果最好的一项稠油开采工艺。

5. 其他热采技术现状及发展分析

(1) 稠油掺热生产技术

20世纪80年代初，辽河油田科技人员在引进消化吸收国外稠油热采技术的基础上，研究出适合中国稠油开采的蒸汽吞吐采油工艺技术。1982年首次利用这种工艺技术在辽河高升油田试采成功，使流不动的油田“流”起来。1985年起又自行设计施工、建成了国内第一个年产百万吨的稠油油田。然而，这种工艺技术只能用于开采普通稠油，不适合超稠油和特稠油开采。于是科技人员又进行科技攻关，研究出越泵电加热技术、工频电加热技术、中频电加热技术、掺活性水替代电加热和掺稀油技术、非混相驱和蒸汽驱技术以及特稠油、超稠油蒸汽辅助重力泄油技术等世界先进技术，解决了超稠油和特稠油开采问题。

其主要包括以下技术：① 掺稀油降黏；② 热水循环降黏采油；③ 空心抽油杆电加热采油。

(2) 多元热流体稠油开采技术

多元热流体稠油开采技术是将火箭发动机固定安装在主机舱内点火燃烧，并将燃烧后产生的高压多元热流体（水蒸气、二氧化碳、氮气等）直接注入油层，从而增加油层压力，降低原油黏度，提高驱油效率，是目前提高稠油油藏开发效果的重要方法。由于地下高温高压气体出不来，地面低温液体也不能进入地下，循环反洗井只在上部油管完成，所以既使油层免受污染，又可减少安全隐患，还因为减少了压井工艺，施工效率也大大提高。另外，相比传统蒸汽吞吐方式开采稠油，其最大的特点是热效率要高出30%。

（三）稠油复合开采技术现状及发展分析

复合开采技术则是指在开采过程中，应用多种开采技术。由于单一技术对处于开采后期的稠油油藏效果非常有限，复合开采稠油油藏成为近年来开发稠油油藏的主要发展方向。目前应用较多的复合开采稠油技术主要有降黏剂＋蒸汽吞吐开采稠油技术等。这些技术的结合提供了技术支持，提高了稠油油藏的采收率。

稠油开采的核心问题就是如何有效降低原油的黏度，提高驱替或者吞吐的扫油面积。在稠油开采过程中，要因地制宜地应用稠油开采技术，不同的油藏特点和开发阶段要选择不同的合适的开采技术。在稠油开采的后期，含水率大幅上升，单纯考虑稠油的降黏，效果不大，只有多种工艺相结合，才能取得较好的开采效果。

四、稠油开采总体专利态势分析

为了了解国内外稠油开采专利技术布局的整体情况，本文利用定量分析的方法，对稠油开采领域的全球和中国专利从技术发展趋势、区域分布、专利技术主题或重点技术、主要专利申请人的专利布局等多个角度进行分析。

（一）全球专利状况分析

截至本次检索截止时间2014年7月3日，经检索和人工筛选，最终确定涉及稠油开采领域相关的全球专利申请共计为11 564件，其中，中国发明专利申请共计2627件，其数据采集的时间范围为公开日1985～2014年。下面在这一数据基础上从专利申请整体发展趋势、专利申请国家或地区分布、专利申请技术主题分析、主要专利申请人分析等角度对稠油开采领域的专利技术进行分析。

1. 发展趋势分析

通过对全球稠油开采领域相关专利申请随年代变化趋势的分析，可以初步掌握自1961年以来，全球稠油开采技术的发展过程和趋势，从而对其未来发展方向形成简单判断。

图2和图3所示分别为1961年以来公开的稠油开采技术领域全球申请总量逐年变化的趋势。需要说明的是，由于专利申请公开存在一定迟滞性，1961年以后公开的专利申请包括部分申请日在1990年以前的专利申请。从图中可以看出，自1961年以来，稠油开采技术一直处于持续发展过程中。其全球技术专利申请的发展大致经历了以下三个主要发展阶段。

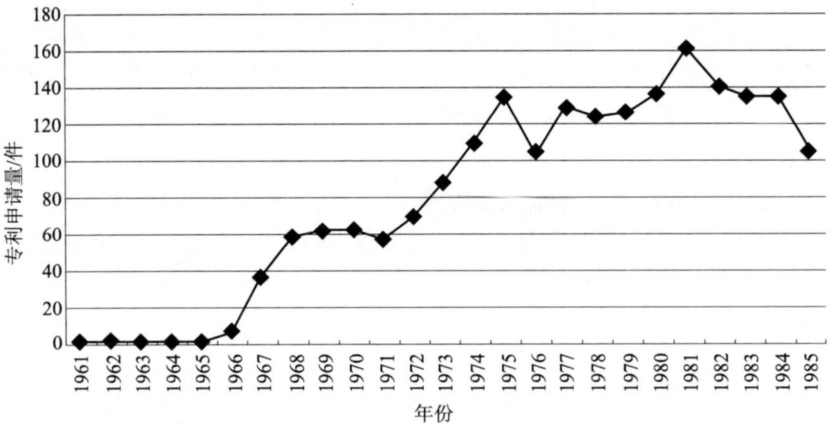

图2　稠油开采技术全球专利申请逐年分布趋势（1961～1985年）

第一阶段（1961～1965年）为起步期。在此阶段，每年专利申请量均为个位数，稠油开采技术处于打基础、摸索阶段。

第二阶段（1966～1999年）为快速发展期。各国对稠油资源开始重视，在此期间稠油开采专利申请逐步增长，但在1986年和1993年，由于世界石油市场第一次和第二次油价暴跌，从一定程度上影响了专利申请的发展，随后一直到1999年长时间稳定在每年100件左右。

第三阶段（2000年至今）为迅猛发展期。在经历1998年世界石油危机，出现油

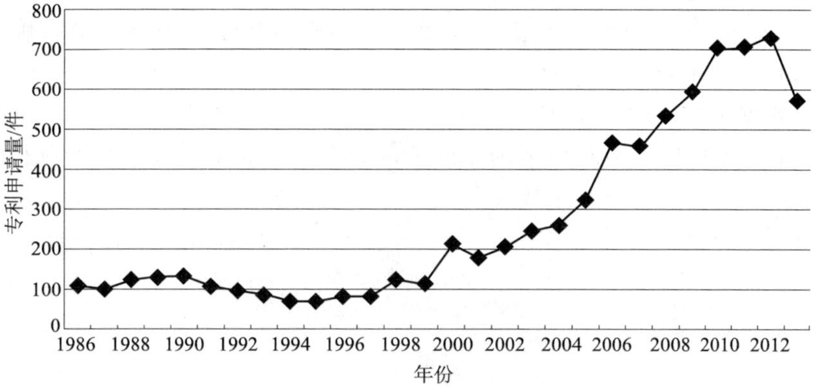

图 3 稠油开采技术全球专利申请量逐年分布趋势（1986～2012 年）

价暴跌之后，石油领域出现了跨世纪的兼并高潮，形成埃克森美孚、壳牌集团、BP、道达尔、雪佛龙、康菲等实力明显超过其他公司的六大“超级石油巨头”。油田服务业形成了哈里伯顿、斯伦贝谢、贝克休斯三个综合性服务巨头。随着资本的重组，带来了石油业的繁荣发展，同时也使各国、各大公司有充足的人力和财力研究稠油开采技术，以弥补不断减少的石油资源。1999 年后，与之相关的专利申请量呈现了爆炸式的增长，经过短短的 10 多年，稠油专利申请不断增加，2011 年的申请量已达到 700 余件。

2. 国家（区域）分布分析

稠油开采技术的全球专利申请主要来自 9 个国家（地区），从稠油开采技术在全球的布局区域分析能够较为真实地反映出该领域内各个国家（地区）的科技实力与知识产权布局和保护意识，通过国家（地区）间的对比分析清楚地表明了中国稠油开采技术在世界范围内所处的位置以及与其他国家（地区）相比的专利优势或差距。

图 4 所示为稠油开采技术全球专利申请国家（地区）的分布情况。

从图中可以看出，来自美国的专利申请量最多，一枝独秀，接近全球申请总量的 50%，达到 40%，充分显示了美国在稠油开采技术方面的优势。中国以 1856 件、占比 18%的申请量排名第二，这表明中国在稠油开采技术领域也具有相当的技术储备。另外，苏联、俄罗斯、加拿大、德国和英国作为老牌的油气开发强国紧随其后，虽然数量上没有明显优势，但俄罗斯石油公司、卢克公司、苏尔古特公司及英国石油等在业内具有显著地位的油气公司、研究机构等在油气勘探开发领域拥有众多关键技术，使得其在非常规油气勘探开发领域也具有相当的优势。

图 5 所示为稠油开采技术全球专利申请的布局（国家或地区）情况。

由图可知，美国不仅是稠油开采技术的主要来源国，也是该项技术的主要布局国家（地区），这主要是因为美国是目前全球范围内真正实现稠油产业化生产的国家

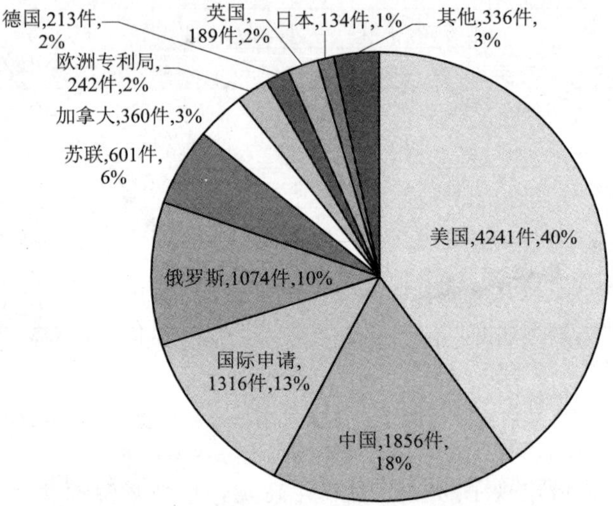

图 4　稠油开采技术全球专利申请国家（地区）分布

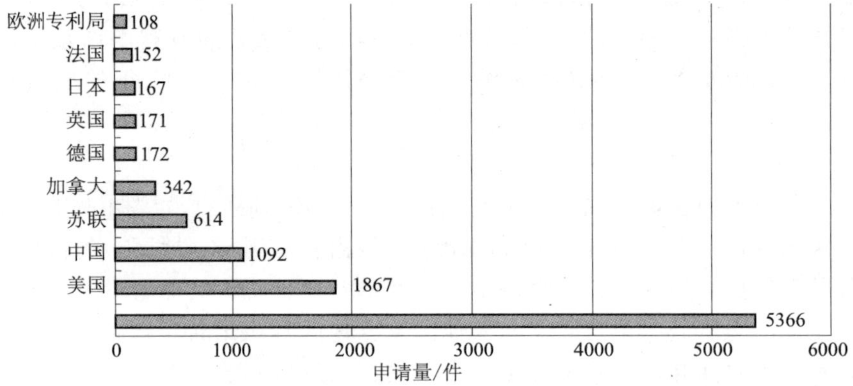

图 5　稠油开采技术全球专利申请布局情况（国家或地区）

（地区）之一，为稠油开采技术提供良好的应用平台。中国、俄罗斯、加拿大等国家，由于初步探明拥有丰富的石油资源，从而成为各申请人争相布局的首选。而国际局和欧专局具有成员国众多、指定布局国家（地区）数量较多的优势，也成为各国进行专利布局的选择之一。

3. 主要申请人分析

专利申请人是专利申请的载体，也是专利布局的谋划者，因此通过分析该领域主要申请人的状况，能够对该项专利技术的整体态势产生更深入的认识。全球拥有稠油开采技术专利申请的专利申请人与权利人共计 7283 位，本文根据专利申请量排名，选取排名前十的申请人进行简单分析，以便初步掌握业内优势企业的专利信息。

分析过程中，对于同一件申请涉及多位共同申请人的，将该申请针对每位申请人分别单独计算；同时，采用 VEN 数据库中提供的申请人代码统一不同名称表述的申请人。

图 6 所示为稠油开采技术领域全球主要专利申请人的排名情况。从图中可以看出，专利申请量前三名分别为 SHEL、HALL、CNPC，其申请量分别为 456 件、443 件和 354 件，可见这三家公司作为传统的油气服务公司巨头，其在稠油开采技术领域内也具有不容忽视的优势地位。中石油为唯一跻身世界排名榜的中国公司，而中国的另一个石油巨头中石化未进入申请量排名前十，这说明在稠油开采技术方面，中石油优势明显，其申请量远超中石化，也说明稠油开采并不是中石化的主要发展方向。

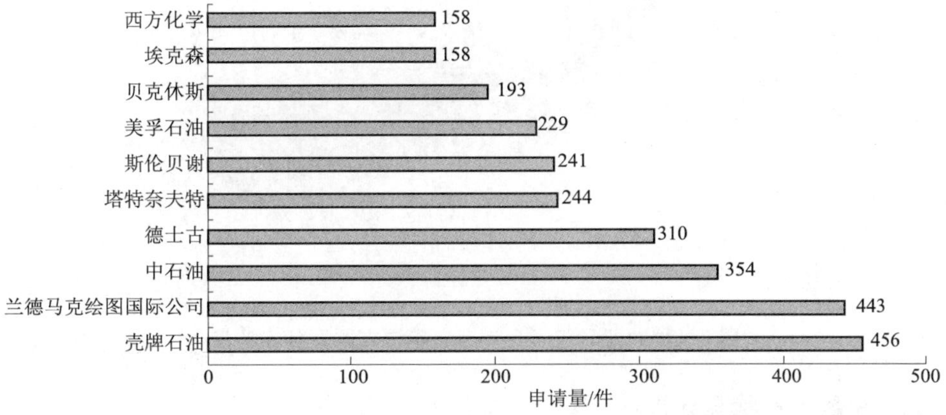

图 6　稠油开采技术全球重要申请人的申请量分布

4. 技术主题分析

根据稠油开采技术自身的特点及行业分类方式，并结合课题的研究目的及意义，对稠油开采的相关技术作了技术分支的划分，一级技术分支包括冷采和热采，二级分支包括注入蒸汽、蒸汽辅助重力、火烧油层、化学降黏等。这里将以各技术分支的全球专利申请数据作为分析对象，从申请量分布、申请来源和申请人分布等方面对稠油开采技术领域全球申请的特点进行分析。

图 7 为稠油开采领域各技术全球专利申请主题的专利申请量分布图。

从图中可以看出，在稠油开采技术领域的各二级技术分支中，涉及注入蒸汽和气驱这两项技术分支的专利申请量最多，发展速度也最快，这主要是由于在稠油开采中，对热采方面所需研发最多，特别是与注入蒸汽和气驱相关的热采技术，使得在这两个分支的相关专利申请量最高。而冷采技术领域中的出砂冷采技术列第三名，其发展速度仅次于注入蒸汽和气驱。从整体上看，热采技术的发展要快于冷采技术。

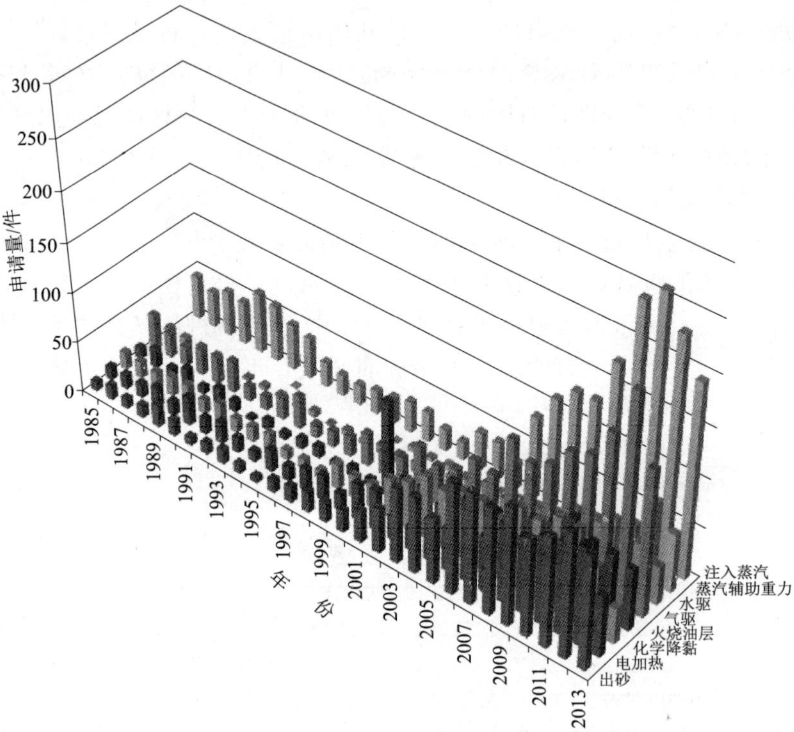

图 7　稠油开采技术全球专利申请主题逐年申请量

（二）中国专利状况分析

以检索得到的向中国国家知识产权局专利局提交并公开的全部涉及稠油开采技术的专利申请为研究对象，此部分数据统称为中国专利申请，对稠油开采技术在中国的整体申请状况进行统计与分析，其中，由中国大陆及港澳台地区申请人提交的申请称为国内专利申请，外籍申请人通过不同方式向中国国家知识产权局专利局提交的申请则称为国外来华专利申请。❶

截至本次检索截止时间 2014 年 7 月 3 日，在中国专利检索与服务系统 CNABS 数据库中，经检索式检索与人工筛选，最终确定的涉及稠油开采的专利申请量为 2627 件。其中国内专利申请 2367 件，占全部申请总量的 90.10%，国外来华专利申请 270 件，占全部申请总量的 12.29%。国内申请总量占有明显优势，为国外来华申请总量的 8.76 倍，可见在中国申请中，稠油开采领域中国内申请量占有极大优势。下面在这一数据基础上从专利申请整体发展趋势、专利申请国家（地区）分布、专利申请技术主题分析、主要专利申请人分析等角度对稠油开采领域的专利技

❶ 说明：上述统一的命名规则适用于本报告所有统计数据。

术进行分析。

1. 发展趋势分析

专利发展趋势分析从涉及稠油开采技术的中国专利申请趋势以及专利授权趋势两个方面进行，其中，又分别针对国内申请与国外来华申请两种情况加以详细区分，以便充分掌握该领域国内申请人以及国外来华申请的专利申请趋势和布局态势。

2. 专利申请发展趋势

图 8 所示的稠油开采技术领域中国专利申请总量以及国内申请人与国外来华申请人申请总量逐年变化的趋势。

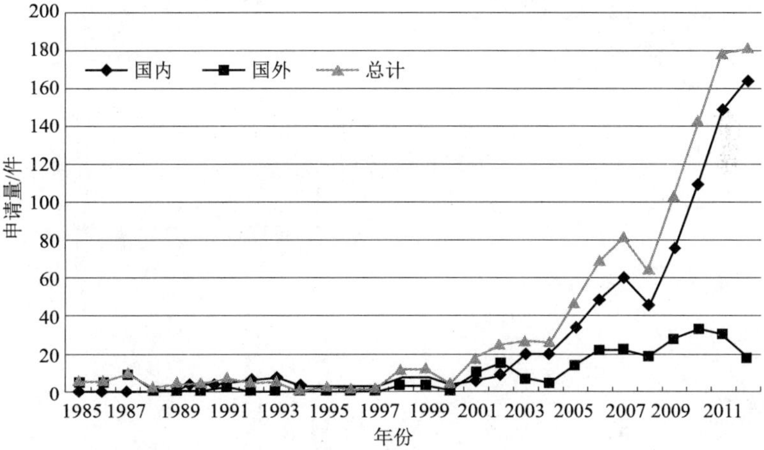

图 8 稠油开采技术领域中国专利申请趋势变化

从图中可以看出，1985～2000 年，与稠油开采相关的专利申请量一直保持在较低水平，年申请量仅在 100 件左右。从 2000 年开始，加入世贸组织后，为履行入世承诺，我国政府严格遵循世界贸易组织《与贸易有关的知识产权协定》（TRIPS）的有关规定对国内知识产权立法进行了修改和完善，同时中国追踪美国石油工业发展，与稠油开采技术相关的专利申请量开始攀升，2009 年申请量即超过 100 件，达到 104 件，此后，逐年增长。从图中可以看出，中国专利申请中，国内申请占主要地位，国外来华申请量一直保持在较低的水平，仅在中国出台相关产业政策之后，才出现了一定幅度的增长。

图 9 所示为冷采领域中国专利申请逐年分布。

图 10 所示为热采领域中国专利申请逐年技术分布。

由以上两图可见，热采领域中国专利申请的增长速度明显大于冷采领域的增长速度。

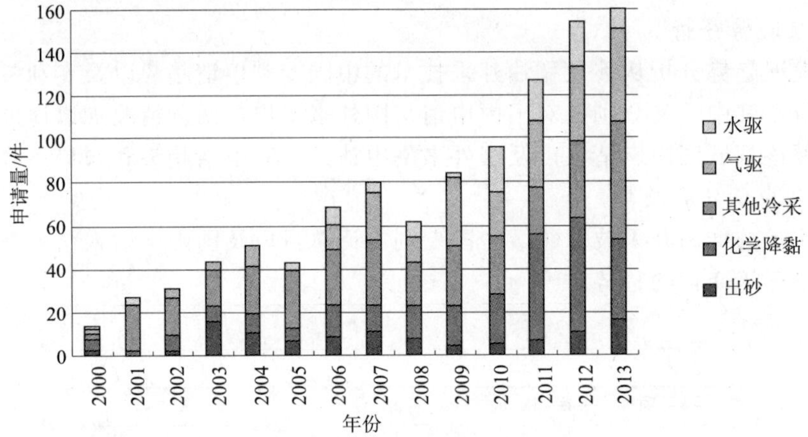

图9　冷采领域中国专利申请逐年分布（一）

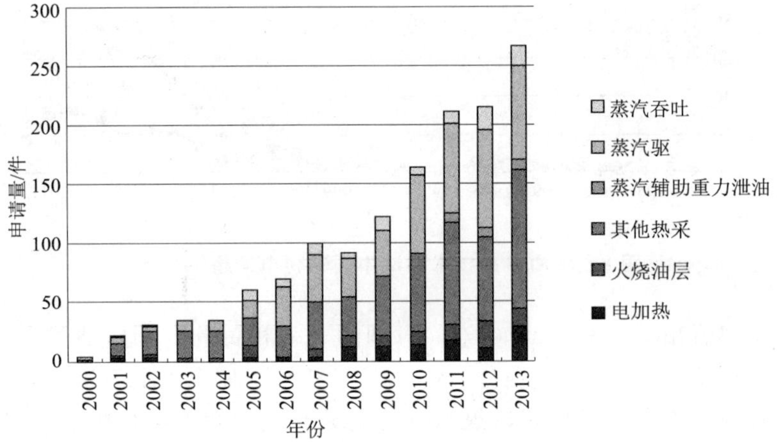

图10　热采领域中国专利申请逐年技术分布（二）

3. 专利授权发展趋势

图11所示为稠油开采技术领域中国发明专利授权量以及国内申请人与国外来华申请人发明授权量逐年变化的趋势。

从该图可以看出，中国发明专利授权趋势与中国专利申请趋势总体保持一致，但存在细微差异，主要体现在2006年以前，国外来华发明专利授权量与国内申请发明专利授权量始终保持着并驾齐驱之势，并在1994～2001年相当长的一段时期内，表现出国外来华发明专利申请授权超越国内申请授权量的态势。通过对比可以看出，在2001年以前，虽然国外来华申请数量少于国内申请数量，但国外来华授权发明量却

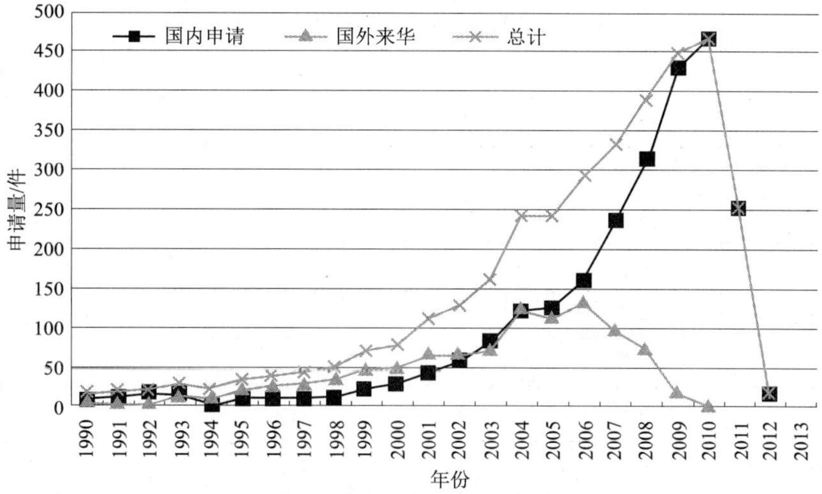

图 11 稠油开采技术领域中国发明专利授权量变化趋势

大致相当于甚至超过国内授权发明量，这表明国外申请人来华布局时，比较注意申请质量，所申请的发明专利技术含量较高。但在 2006 年以后，受国内产业政策影响，国内申请量呈现大幅攀升，进而导致授权量大幅攀升，国内申请授权量才远超国外来华授权量。

4. 国家（区域）分布分析

图 12 所示为稠油开采技术领域中国专利申请总量中实用新型、发明和 PCT 申请所占的比例，其中，实用新型所占比例在一半以上。

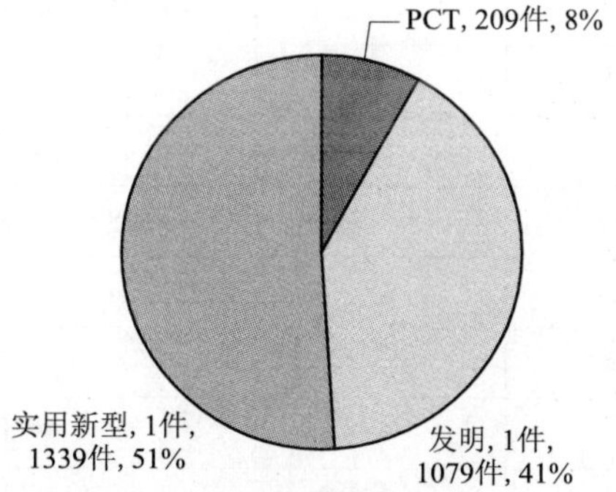

图 12 稠油开采技术领域中国专利申请类型分布

表 2 所示为各个细分领域中国专利申请总量中实用新型、发明和 PCT 申请的数量（区分国内申请人和国外申请人）。

表 2　稠油开采技术领域中国专利申请类型的分布

（区分国内申请人和国外申请人）（单位：件）

技术领域	申请人	PCT	发明	实用新型	总计
出砂	总量	4	24	95	123
	国内		24	95	119
	国外	4			4
电加热	总量	28	31	69	128
	国内		30	69	99
	国外	28	1		29
化学降黏	总量	9	199	71	279
	国内		189	71	260
	国外	9	10		19
火烧油层	总量	16	54	41	111
	国内		51	41	92
	国外	16	3		19
其他冷采	总量	28	131	242	401
	国内		128	242	370
	国外	28	3		31
其他热采	总量	53	180	363	596
	国内		173	363	536
	国外	53	7		60
气驱	总量	18	127	107	252
	国内		118	107	225
	国外	18	9		27
水驱	总量	7	63	42	112
	国内		59	42	101
	国外	7	4		11
蒸汽辅助重力泄油	总量	2	18	19	39
	国内		17	19	36
	国外	2	1		3

续表

技术领域	申请人	PCT	发明	实用新型	总计
蒸汽驱	总量	43	200	252	495
	国内		178	251	429
	国外	43	22	1	66
蒸汽吞吐	总量	1	52	38	91
	国内		52	38	90
	国外	1			1
	总计	209	1079	1339	2627

由表 2 可以看出，国内申请人中，实用新型的申请量都占相当的比例，发明专利申请所占比例不高，PCT 申请则更少甚至没有，这与企业专利布局策略和相关产业政策有着密不可分的关系。国内的企业更加注重在中国市场的专利布局，倾向于通过实用新型的申请方式来尽快确定专利权，而对专利权的稳定性重视程度不够，对海外的专利布局也有所忽视，这需要国内出台相关政策，鼓励国内企业加强在海外的专利布局。至于国外来华申请人，则主要通过 PCT 途径进入中国，在中国市场进行专利布局。同时，从表中可以看出，中国专利申请最活跃的独立领域依次为蒸汽驱、化学降黏和气驱，其发明专利数量均超过 100 件，蒸汽辅助重力泄油，发明专利数量仅为 18 件。

分析中国专利申请中专利的来源，可以客观反映其他国家（地区）对中国市场的重视程度以及在国内本土稠油开采技术上的发展程度。从检索数据来看，稠油开采技术的中国专利申请分别来自 15 个国家（地区）以及国内 40 个省（直辖市）。

图 13 为稠油开采技术领域中国专利申请地区分布图。

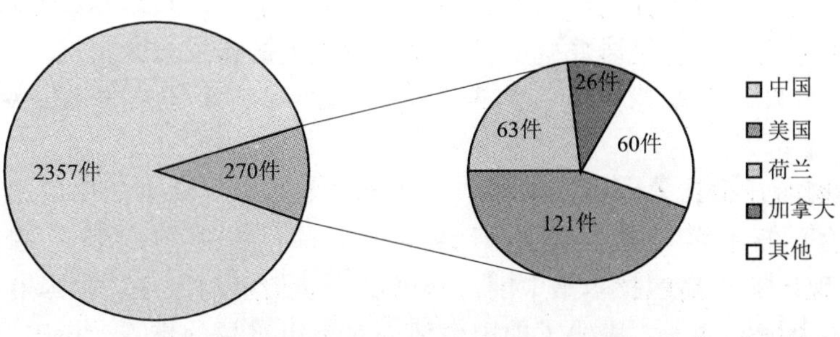

图 13　稠油开采技术领域中国专利申请地区分布

从图 13 中可以看出，在中国专利申请中，国内申请和国外来华申请分别占

89.72%和10.28%的比例，这表明在有关稠油开采的中国专利申请中，国内申请占主导地位，是主要的申请来源。在国外来华申请中，美国申请所占比例最高，达到4.61%，这说明在稠油开采技术领域，美国占有较为明显的专利技术优势，并且比较重视在中国的专利布局。在欧洲国家中，荷兰占比最高，达到2.40%，这主要源于荷兰的格库技术有限公司、施蓝姆伯格技术公司（斯伦贝谢子公司）掌握较多的关键技术；其次是加拿大，占比达0.99%。

图14所示为稠油开采技术领域中国专利申请数量（包括发明和新型）前三名的地区分布。

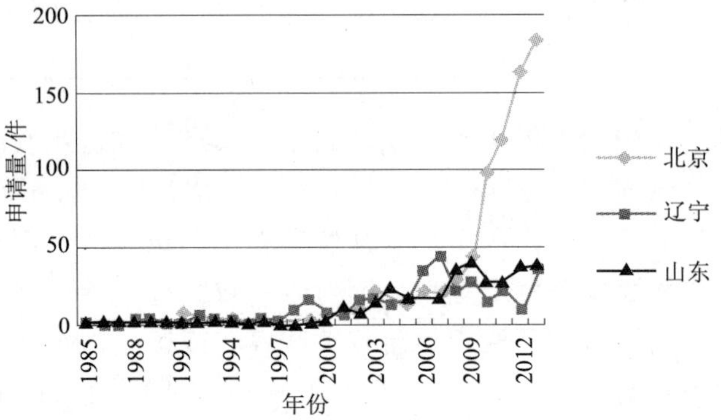

图14　稠油开采技术领域中国专利申请数量（包括发明和新型）前三名的地区分布

从图14中可以看出，北京地区的专利申请数量自2009年之后迅速增长，远远超过排名第二和第三的辽宁和山东。这主要是因为各石油公司的总部和研究机构多数位于北京，以及北京的石油研究院所和高校的申请也相对较多。辽宁的稠油专利申请多来自于辽河石油勘探局，而山东的专利申请多来自于胜利油田。

5. 主要申请人分析

专利申请人的申请量排名反映了某一领域专利申请人的技术掌握情况及其专利布局策略。一般来说，专利申请数量可以反映某申请人的研发投入情况、专利申请积极性和市场重视程度。下面从申请人的角度对稠油开采技术领域的中国专利申请进行分析。

图15为稠油开采技术领域中国专利申请排名前十名申请人的申请量分布图。

数据显示，前十名申请人总申请量为880件，占中国专利申请总申请量的33.50%，体现出了较高的技术集中度。排名前十名的申请人中，中国申请人占9位，前三名全部为中国申请人，表明了中国申请人对本土市场的重视。中国三大油气公司中的中石油、中海油分列第一名、第四名，中国石油大学和西南石油大学作为国内主要的石油院校，在稠油开采领域也体现出不俗的研发能力。而胜利油田分公司采油工艺研究院和辽河石油勘探局，由于其开采时间较长，稠油所占比例较大，因此对稠油

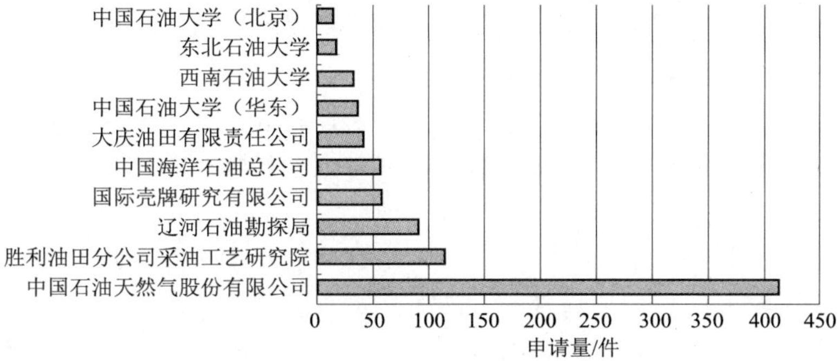

图 15　稠油开采技术领域中国专利申请前十名申请人分布

技术需求更强烈，从而在稠油开采技术领域有着较强的竞争力。国外来华申请人中，壳牌一枝独秀，为 58 件，与其较早进入中国参与中国油气产业活动有关，体现了老牌油气公司巨头在稠油开采技术领域内的不俗实力和对中国市场的重视。

图 16 所示为冷采领域中国专利申请排名前十名申请人的申请量分布。其中值得注意的是，壳牌并未进入冷采领域前十名，而国外公司普拉德研究及开发股份有限公司在冷采领域进入了前十名，说明其在冷采领域有较强的实力。

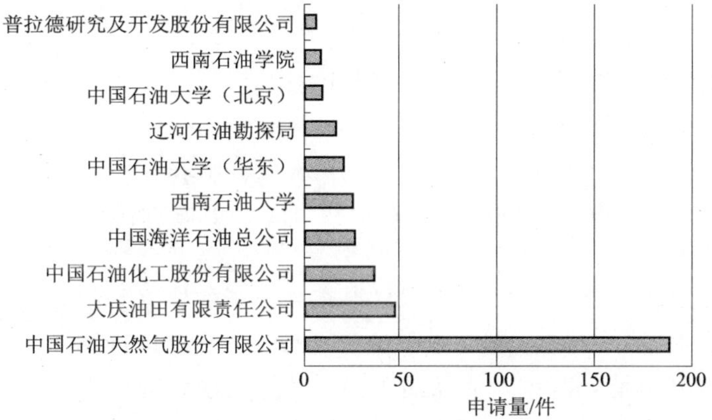

图 16　稠油开采冷采领域中国专利申请前十名申请人分布

五、蒸汽注入专利技术分析

（一）蒸汽注入技术综述

蒸汽注入开采方法包括蒸汽吞吐和蒸汽驱两种方法。

蒸汽吞吐就是先向油井注入一定量的蒸汽，关井一段时间，待蒸汽的热能向油层扩散后，再开井生产的一种开采重油的增产方法。蒸汽吞吐作业的过程可分为三个阶段，即注气、焖井及回采。蒸汽吞吐是一种相对简单和成熟的注蒸汽开采稠油的技术，它的机理主要是加热近井地带原油，使之黏度降低，当生产压力下降时，为地层束缚水和蒸汽的闪蒸提供气体驱动力。

蒸汽驱是目前大规模工业化应用的热采技术，它的机理主要是降低稠油黏度，提高原油的流度。蒸汽相不仅由水蒸气组成，同时也含烃气与蒸汽一起凝结，驱替并稀释前缘原油，从而留下较少的但较重的残余油。

蒸汽驱是一种驱替式采油方法，类似于水驱；它是指将蒸汽注入到一口或多口井中，将地下黏度较大的稠油加热降黏，然后在蒸汽蒸馏的作用下，把原油驱向邻近多口生产井采出。由注入井到生产井的过程中，形成几个温度不同的区：蒸汽和冷凝水带、热水带、热油带和原始油带。

蒸汽驱是目前大规模工业化应用的热采技术，成为蒸汽吞吐后提高采收率的有效方法，并取得了良好的效果。

（二）中国专利申请现状分析

1965年在胜利油田、新疆、吉林等油田开辟了注蒸汽小型试验区，但由于注气设备、井筒隔热设备等工艺不完善而告失败。

1978年，辽河油田发现高生油田，组织了稠油攻关指挥部；1980～1982年，热力采油取得了较大发展，先后在北京石油勘探开发研究院、辽河、胜利、新疆油田组建了研究队伍。

国内对这方面的研究分为以下几个阶段：

“六五”期间，（1980～1985年）：吞吐工艺；

“七五”期间，（1985～1990年）：以蒸汽驱为重点；

“八五”期间，（1990～1995年）：以水平井稠油开采为重点；

“九五”期间，（1995～2000年）：吞吐转汽驱、电磁加热、火烧油层（针对特超稠油）。

本文以向中国国家知识产权局专利局提交并公开的检索到的全部涉及注入蒸汽的专利申请为研究对象，对注入蒸汽技术在中国的申请状况进行统计与分析。此部分数据统称为中国专利申请，其中，涉及由中国大陆及港澳台地区申请人提交的申请称为国内专利申请；国外企业或个人通过不同方式进入中国的申请则称为国外来华专利申请。

1. 中国专利申请整体状况

在数据基础上，从专利申请整体发展趋势、专利申请国家或地区分布、主要专利申请人分析、专利申请技术分支分析等角度对稠油蒸汽注入的专利技术进行分析。

专利申请发展趋势分析从总体发展趋势和授权专利分析角度对中国专利申请总量、国内申请和国外来华申请进行分析。

专利申请量表征了专利申请的趋势信息，可以表示申请人对该技术的关注程度、投入的精力，间接地说明了该技术领域的专利活跃程度。

图 17 为稠油蒸汽注入技术中国专利申请年份及类型分布趋势图。由图可见，关于稠油蒸汽注入技术的中国专利申请最早开始于 1985 年，是国内发明申请。而国外来华申请最早是在 2006 年，这说明国内研究机构对于稠油蒸汽注入技术的研究比较早。虽然国内专利申请较早，但是在 2005 年之前的申请量非常少，其中 1992～1999 年间基本上没有关于该稠油蒸汽注入领域的专利申请。直至 2003 年，国内稠油蒸汽注入技术开始有了大幅度的增长，尤其是 2009 年后，该领域的国内申请量直线上升，由此表明此项技术开始成为技术热点。需要特别指出的是，在此期间，国外来华申请非常少，寥寥几个，这从侧面说明国外来华申请人在此项技术上的关注度不高。综上所述，在蒸汽注入技术领域，国内申请人起步时间较早，而国外来华申请人相对较晚，并且近几年国内申请快速增长，已成为技术热点。

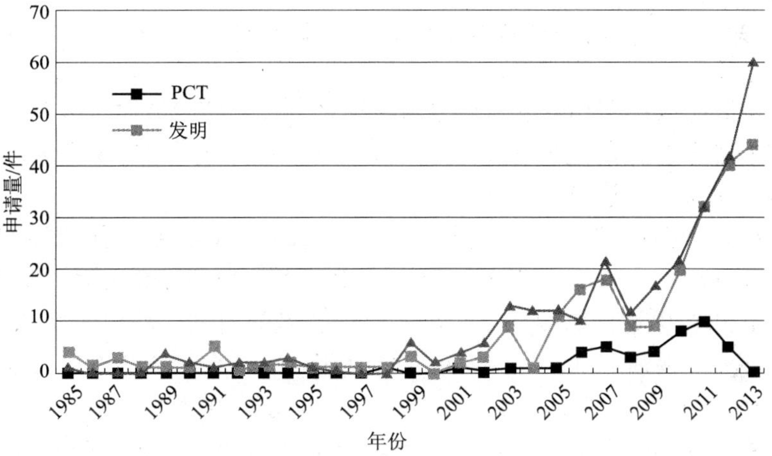

图 17 稠油蒸汽注入技术中国专利申请年份及类型分布趋势

2. 区域分布分析

稠油蒸汽注入专利技术的国内申请数量与国外来华申请数量的对比可以反映稠油蒸汽注入技术上国内外专利技术力量的对比。而国内各地区的分布份额则反映各地区在稠油蒸汽注入技术上的发展情况以及保护意识。

图 18 为稠油蒸汽注入技术中国专利申请地区分布图。在稠油蒸汽注入技术领域，国内申请的最集中的地区主要分布在北京、辽宁、山东、陕西等地区。这些地区均是拥有稠油矿藏丰富，或者是油藏开发科研院校密集的地区。辽宁省的高升油田是我国第一个年产上百万吨稠油的油田，也大范围地应用了蒸汽注入技术开采稠油。

3. 中国专利申请人及发明人

专利申请人的申请量排名反映了某一领域专利申请人的技术活跃度情况及其专利

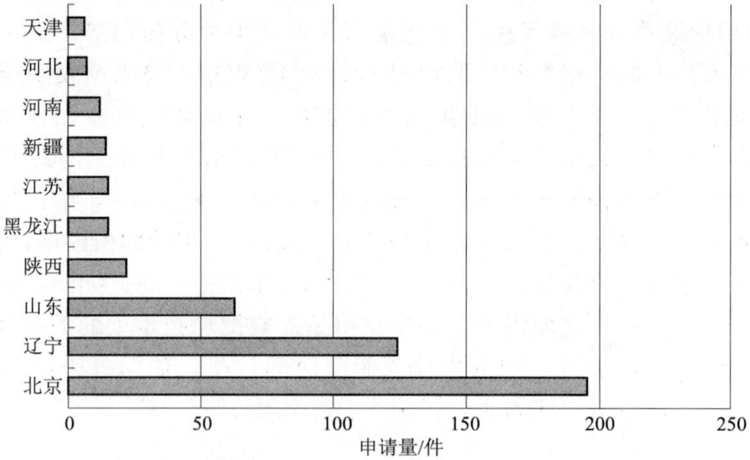

图 18　稠油蒸汽注入技术中国专利申请地区分布

布局策略。一般来说，专利申请数量可以反映某申请人的研发投入情况、技术开发活跃度、专利申请积极性和专利布局。以下将从申请人和发明人的角度对稠油蒸汽注入技术领域的中国专利申请进行分析。

图 19 所示为稠油蒸汽注入技术国内外申请人的中国发明专利申请逐年分布趋势，可以看出，蒸汽注入这一技术首先是由国外申请人在中国申请专利，国外申请人自 1985 年起就向中国申请涉及稠油蒸汽注入这一技术的专利。而国内申请人直到 1992 年才有第一件涉及稠油蒸汽注入的申请，这表明，我国在稠油蒸汽注入这一领域的起步较晚。但是自 1997 年开始，国内申请人的申请趋势和国外申请人的申请趋势保持一致，这表明，我国的稠油蒸汽注入技术经过大量科研的投入，经短时间的快速发

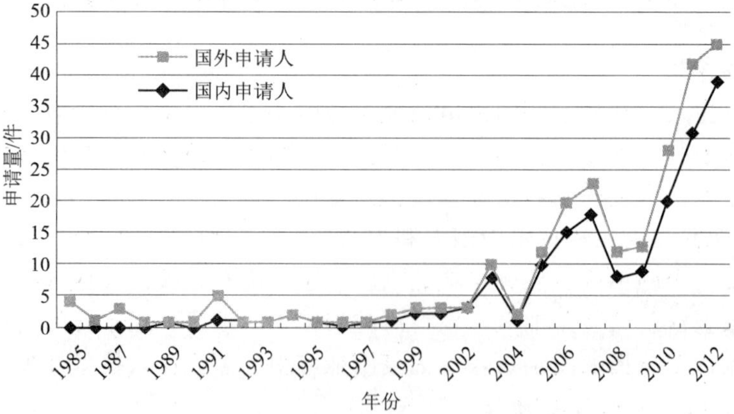

图 19　稠油蒸汽注入技术国内外申请人的中国发明专利申请逐年分布趋势

展，已经赶上了国外申请人的步伐，现阶段，国内、国外的稠油蒸汽注入技术都开始进入快速发展期。

图 20 所示为稠油蒸汽注入采油领域国内的主要申请人排名情况。从图中可以看出，中国石油天然气股份有限公司的申请量占有绝对的领先地位，此外，其他申请人还包括辽河石油勘探局、国际壳牌研究有限公司、尤尼斯油气技术（中国）有限公司等国内外企业。由此可以看出，稠油蒸汽注入开采技术领域的主要申请人大部分都是公司，个人申请非常少，这是由稠油蒸汽注入开采的技术领域专业性较强、技术要求较高的特性所决定的。

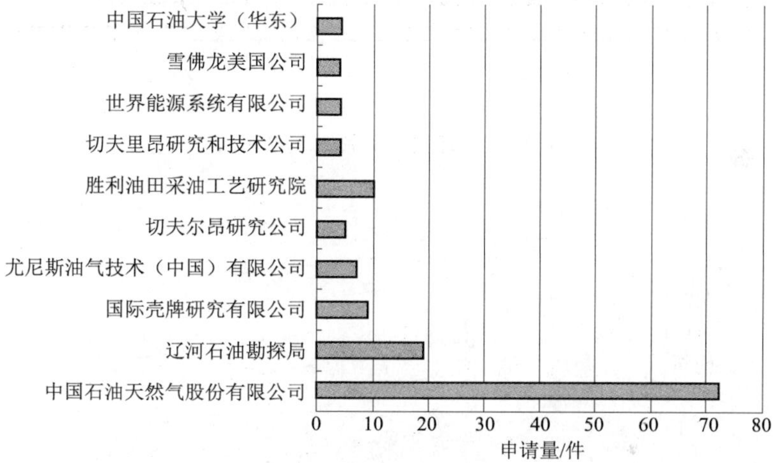

图 20　中国发明专利主要申请人排名

图 21 所示为稠油蒸汽注入领域国内的主要发明人。排名第一的发明人张芳礼为辽宁勘探开发研究院开发综合所员工，而辽宁正是我国稠油油藏丰富的省份，辽宁省的高升油田是我国第一个年产上百万吨稠油的油田，也大范围地应用了蒸汽注入技术开采稠油。而其他发明人都来自中国石油天然气股份有限公司、尤尼斯油气技术（中国）有限公司等。由此可以看出，在整个关于稠油蒸汽注入的专利技术研发中，公司占有明显优势，其技术的研发是公司主导型。这是因为该技术是实现稠油开采市场化的基础，是整个产业的上游，正是基于这种考虑，各公司才纷纷加大稠油蒸汽注入开采的研发和应用。

图 22 所示为国内申请人和国外申请人发明专利申请法律状态。可以看出，国内申请人的申请数量明显大于国外申请人的申请数量，但是其驳回、视撤的申请数量也大于国外申请人，这表明国内申请人的申请发明高度还不够。而从国内申请人和国外申请人的实审中的申请量来看，蒸汽注入这项技术是一个热点技术，以至国内外的申请人均开始在国内进行专利布局。

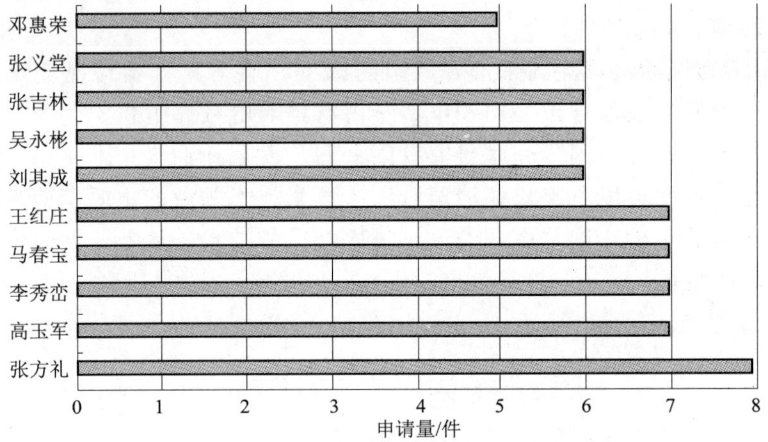

图 21 中国发明专利主要发明人

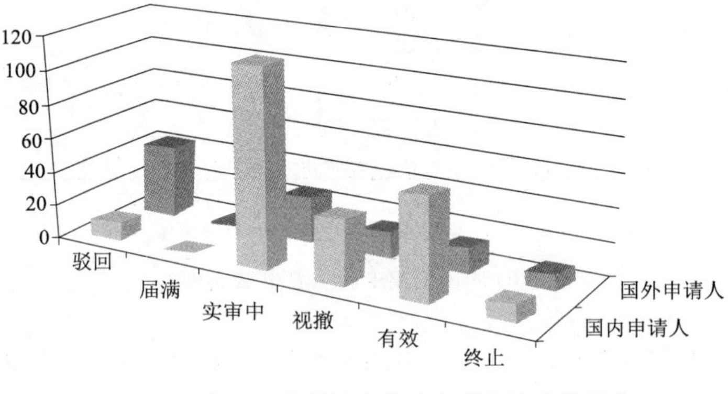

图 22 国内、国外申请人发明专利申请法律状态

（三）全球专利申请现状分析

早在 1931 年，在美国德克萨斯洲一油田注蒸汽，揭开了热力采油的历史，但真正工业化应用是在 1960 年以后，才大规模发展起来，20 世纪 70～80 年代以后开始实施蒸汽吞吐转蒸汽驱。

1960 年委内瑞拉 Mene Crande 油田在进行蒸汽驱先导试验过程中，当试图释放地层压力把一口注气井打开时，意外地获得了 5.9～31.8m^3/d 的产油量，这就是第一口蒸汽吞吐井。同年美国加利福尼亚州的 Yorba Linda 油田也传出蒸汽吞吐获得成功的消息。

目前，全世界已探明的稠油储量近 1000 亿 t，注蒸汽年采油量在 2 亿 t 以上。其中，委内瑞拉 95％的产油量是用注蒸汽方法得到的。

加拿大、美国和中国的注蒸汽采油技术和装备最为先进。罗马尼亚的火烧油层规模最大，技术最为先进。

在 WPI（德温特世界专利文摘）中对涉及蒸汽注入的国外专利申请进行了检索，检索的截止时间为 2014 年 6 月，共检索到相关专利申请 1995 件（WPI 中对专利申请的同族专利进行了处理，每件专利实际上代表一个专利族）。

1. 全球专利申请整体状况

图 23 为稠油蒸汽注入技术的全球专利申请逐年分布趋势图。从图中可以看出，稠油蒸汽注入技术一直处于持续发展过程中。检索到的涉及稠油电加热领域最早的专利申请出现在 1967 年，这表明蒸汽注入开采技术的起步时间较早，而且 1966～2004 年，整体上保持一个稳定的可持续发展的状态。而从 2004 年起，全球蒸汽注入专利申请进入了一个快速发展期。

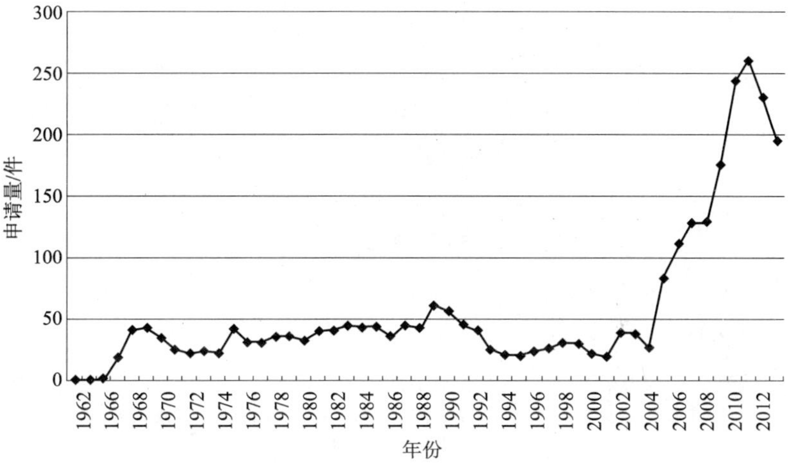

图 23 稠油蒸汽注入技术的全球专利申请逐年分布趋势

2. 国家分布分析

稠油蒸汽注入技术在全球的逐年布局区域分析能够较为真实地反映在该领域各个国家的科技实力与知识产权布局和保护意识，通过国家间的对比分析，清楚地表明了我国稠油蒸汽注入技术在世界范围内所处的位置以及与其他国家相比的专利优势与差距。

图 24 所示为稠油蒸汽注入采油技术的全球专利申请地区分布情况，由图可知，来自于美国的专利申请量最多，占了所有申请量的 49%；而中国以占比 32%的申请量排名第二。此外，俄罗斯和加拿大也在其中占有一席之地，这与各国稠油油藏含量有关，这四个国家恰好是世界四大稠油生产国，因此提升稠油开采蒸汽注入的技术，也就是提高稠油开发的效率。

图 25 所示为在稠油蒸汽注入技术领域申请量排前五名的国家（地区）的原创申请的年份分布趋势。排名第一的美国自 20 世纪 90 年代初期就开始规模申请，一直维持稳定而持续地增长，尤其是在进入 2000 年以后而出现爆发式增长。而排名第二的中国则起步较晚，直到 2005 年才出现井喷式申请，专利申请大部分集中在 2005～2013 年，这与在 1999～2005 年期间初步完成含油气盆地稠油油藏的调研工作，确认我国拥有丰富的稠油资源有关。从图 25 可看出，俄罗斯（含苏联）在稠油电加热技术领域的专利申请较早、申请量峰值出现的时间较早，但整体数量并不具有优势。可见俄罗斯（含苏联）虽较早进入稠油蒸汽注入技术领域，但并未带来发展的高潮期。

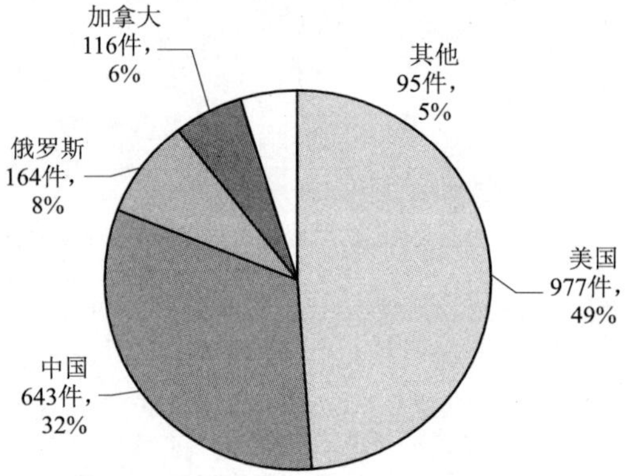

图 24　稠油蒸汽注入采油技术的全球专利申请地区分布

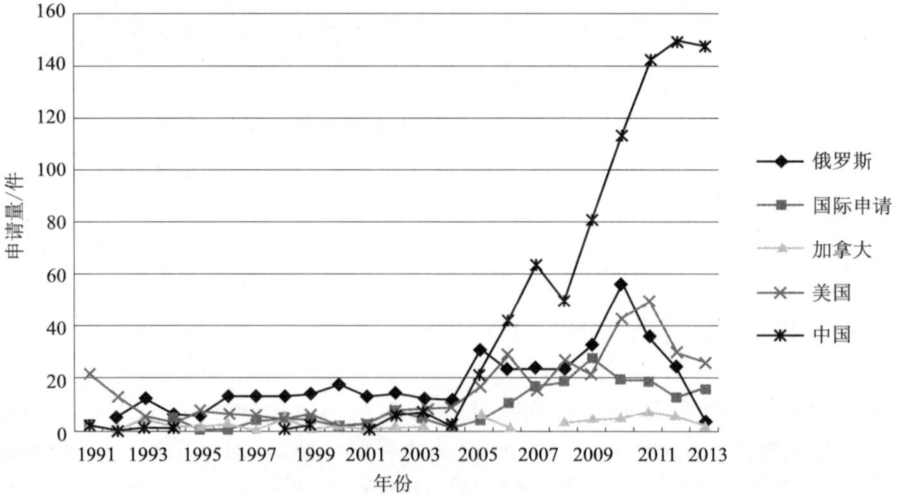

图 25　稠油蒸汽注入采油技术的全球专利申请主要国家逐年分布趋势

3. 主要申请人分析

专利申请人是专利申请的载体，也是专利布局的谋划者。稠油蒸汽注入技术的专利在全球范围内主要掌握在哪些企业手中，哪些企业在专利布局上占有优势地位，这些企业在全球所关注的市场热点在哪里，该领域历年来申请人排名变化情况都是专利布局研究中应该关注的热点，因此通过分析该领域主要申请人的状况，进一步对该项专利技术的整体态势有更深入的认识。

图 26 所示为稠油蒸汽注入采油技术的全球专利主要申请人的申请量分布情况。其中，俄罗斯第六大石油公司鞑靼石油公司以 150 多件专利申请量排名第一，但是德士古和中石油的申请量也都超过了 150 件，可见各国的石油公司都非常注重稠油的蒸汽注入开采，这是 ·个值得关注的技术热点。综上所述，稠油蒸汽注入技术仍旧掌握在大型油气公司或者油服公司手中，这些公司的申请动向和合作动向值得关注。

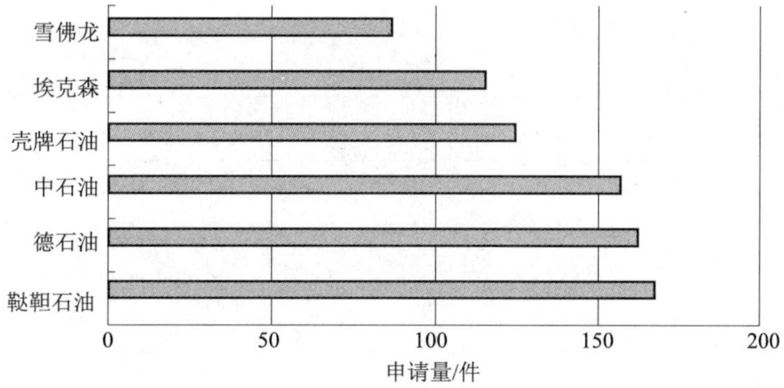

图 26 稠油蒸汽注入采油技术的全球专利主要申请人的申请量分布

4. 国外原创专利申请的地区分布及分析

专利一般首先在本国申请，而后以本国申请为优先权向其他国家申请。所以通过统计上述专利申请的优先权情况，分析专利申请的原创国家排名及主要原创国逐年申请情况，可获得上述国家在稠油蒸汽注入技术领域的专利技术发展情况。

由图 27 可知，在稠油电加热采油技术领域，专利申请优先权数量排在前三名的是美国、中国、俄罗斯。这些国家的稠油油藏含量在世界上位于前列，因而该三国在蒸汽注入稠油开采方面也投入了很大的力量，科研、生产方面均位居世界前列。

由图 28 可知，在稠油蒸汽注入采油技术的前四大原创国中，美国稠油蒸汽注入技术起步最早，但之后一直保持稳定，直至 2004 年才开始迅猛发展，进入高速发展期。值得注意的是，虽然俄罗斯和中国的蒸汽注入技术起步较晚，但两国也都从 2004 年起进入了高速发展期。而原创国加拿大的稠油蒸汽注入技术一直处于低迷状态，没有进入发展期，其原因在于，虽然加拿大稠油油藏分布较为丰富，但是加拿大地广人稀，暂时还处于石油矿藏丰富阶段，没有意识到稠油油藏开采的紧迫性，没有

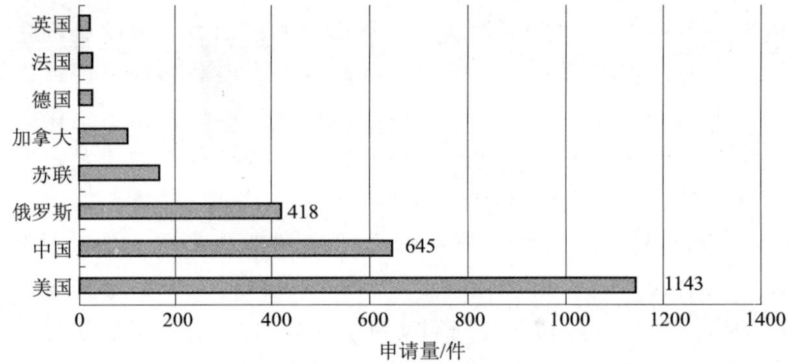

图 27 稠油电加热采油技术原创国排名

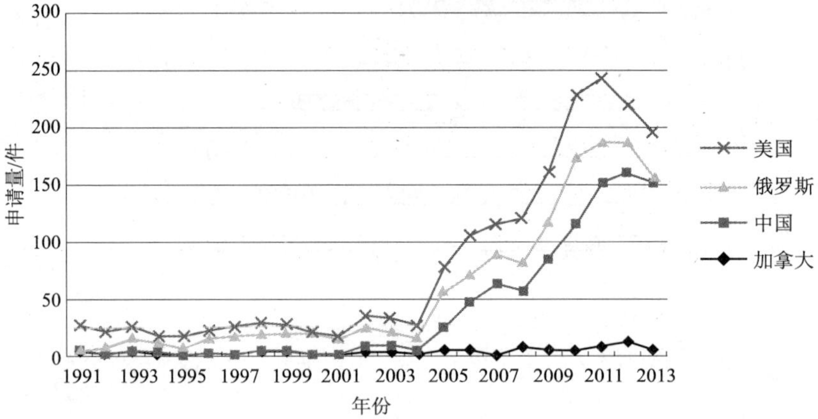

图 28 稠油电加热采油技术前四大原创国美国、中国、俄罗斯、加拿大逐年申请情况

进行有针对性的研究。

图 29 所示为三大技术原创国的专利申请流向。从该技术所有国的专利布局研究的情况，可发现各国的优先权专利技术基本上没有向别国申请专利。可以看出，稠油蒸汽注入技术专利流动性不大，各国专利布局均集中在本国。

六、电加热专利技术分析

（一）电加热技术综述

采用电加热采油工艺开采稠油、超稠油，在技术上是成熟的。对于远离油田基地的中小规模稠油油藏，其面临的主要开发瓶颈来自地面稠油的输送加热、降黏、脱水工艺等。同时点热采油工艺还存在比较突出的成本问题：电热采油工艺单井平均加热功率 80kW/h，日耗电费约 1000 元。

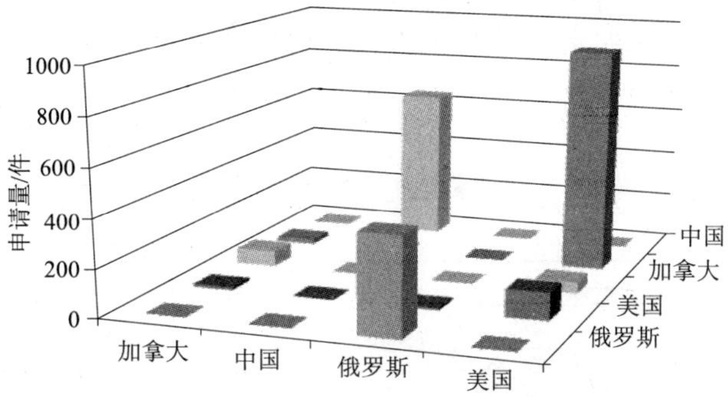

图 29 稠油电加热采油技术排名前三大原创国美国、中国、俄罗斯技术流向

（二）中国专利申请现状分析

以向中国国家知识产权局专利局提交并公开的检索到的全部涉及电加热的专利申请为研究对象，对电加热技术在中国的申请状况进行统计与分析。此部分数据统称为中国专利申请，其中，涉及由中国大陆及港澳台地区申请人提交的申请称为国内专利申请；国外企业或个人通过不同方式进入中国的申请则称为国外来华专利申请。

1. 中国专利申请整体状况

在数据基础上，从专利申请整体发展趋势、专利申请国家或地区分布、主要专利申请人分析、专利申请技术分支分析等角度对稠油电加热的专利技术进行分析。

专利申请发展趋势分析从总体发展趋势和授权专利分析角度对中国专利申请总量、国内申请和国外来华申请进行分析。

专利申请量表征了专利申请的趋势信息，可以表示申请人对该技术的关注程度、投入的精力，间接地说明了该技术领域的专利活跃程度。

图 30 为稠油电加热中国专利申请年份及类型分布趋势图。由图 30 可见，关于稠油电加热技术的中国专利申请最早开始于 1986 年，是国内申请。而国外来华申请最早是在 2000 年，这说明国内研究机构对于稠油电加热技术的研究比较早。虽然在 2004 年之前，申请量较少，但是仍旧具有持续申请的趋势，这表明此项技术虽不是技术热点，但是对于整个行业来说是不可或缺的、需要持续关注的技术。需要特别指出的是，在此期间，国外来华申请非常少，仅有寥寥几件，这从侧面说明国外来华申请人在此项技术上的关注度不高。而 2004 年之后，稠油电加热技术的中国专利申请量开始迅速增加，各种类型的专利都有了快速的增长，并保持高速增长的趋势。但是需要注意的是，从 2005 年开始，国外来华申请量远远超过国内申请量，并持续保持高的申请量。这表明国外来华申请人开始关注稠油电加热技术，并开始着重发展。综上所述，在稠油电加热技术领域，国内申请人起步时间较早，而国外来华申请人发展

得相对较慢，但是这几年有了较快的发展。同时发现，国内申请中实用新型专利申请的数量大于国内发明专利申请，这是因为，国内申请人更倾向于采用实用新型的方式来尽快确定专利权，而对专利权的稳定性重视程度不高。

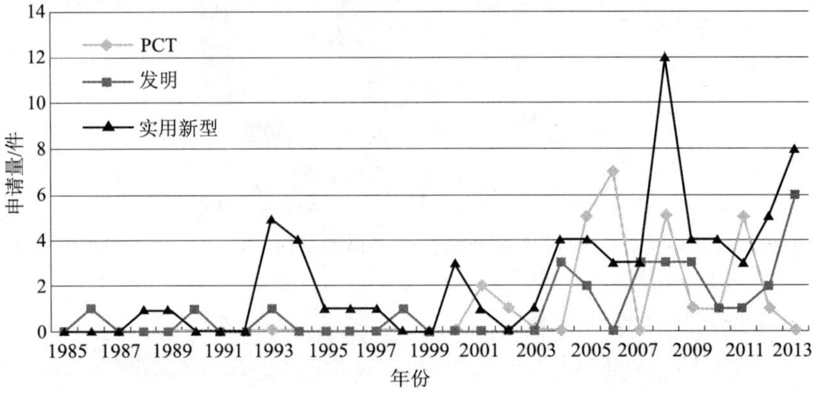

图 30　稠油电加热中国专利申请年份及类型分布趋势

2. 区域分布分析

稠油电加热专利技术的国内申请数量与国外来华申请数量的对比，可以反映稠油电加热技术上国内外专利技术力量的对比。而国内各地区的分布份额则能反映各地区在稠油电加热技术上的发展情况以及保护意识。

图 31 为稠油电加热技术中国专利申请地区分布图。从图中可看出，在稠油电加热技术领域，国内申请的最集中的地区主要分布在辽宁、河北、山东、北京等地区。

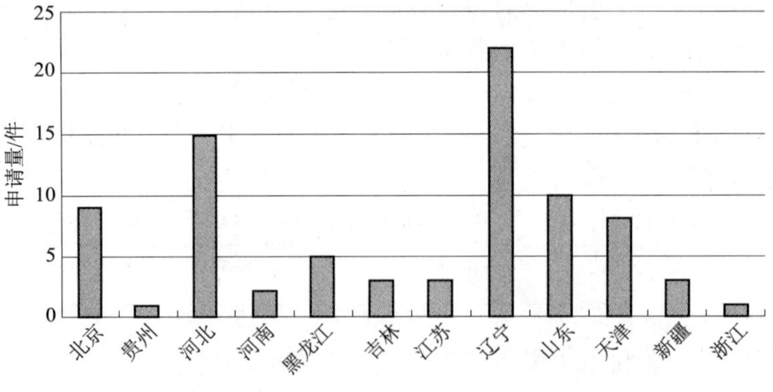

图 31　稠油电加热技术中国专利申请地区分布

3. 中国专利申请人及发明人

专利申请人的申请量排名反映了某一领域内专利申请人的技术活跃度情况及其专利布局策略。一般来说，专利申请数量可以反映某申请人的研发投入情况、技术开发活跃度、专利申请积极性和专利布局。以下将从申请人和发明人的角度对稠油电加热技术领域的中国专利申请进行分析。

图 32 所示为电加热采油领域国内的主要申请人排名情况。从图中可以看出，国际壳牌研究有限公司的申请量占有绝对的领先地位，此外，其他申请人还包括中国石油天然气股份有限公司、中国石油大学（华东）以及道达尔公司、美国页岩油有限责任公司等国内外企业。由此可以看出，电加热稠油开采技术领域的主要申请人大部分都是公司，个人申请非常少，这是由电加热开采稠油的技术领域专业性较强、技术要求较高的特性所决定的。

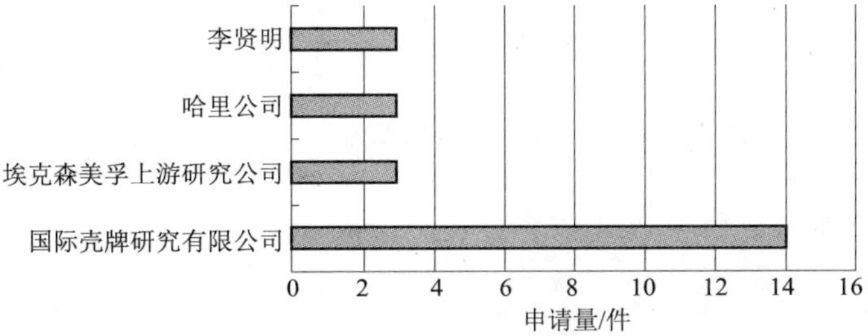

图 32　国内发明的主要申请人排名

图 33 所示为电加热采油领域国内的主要发明人。从图中可以看出，排名前八的发明人均为国际壳牌研究有限公司的职员，属于职务发明。由此可以看出，在整个关于稠油电加热采油的专利技术研发中，公司占有明显优势，该领域技术的研发为公司主导型。这是因为该技术是实现稠油开采市场化的基础，是整个产业的上游，正式基于这种考虑，各公司才纷纷加大稠油电加热开采。

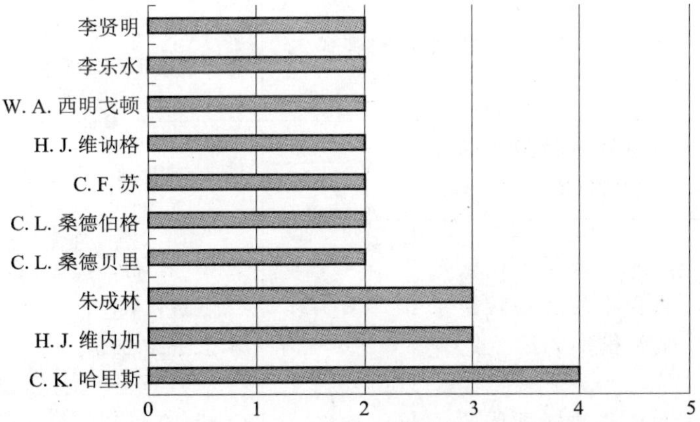

图 33　国内发明专利主要发明人排名

图 34 所示为国内主要申请人发明专利申请法律状态。可以看出，申请量排名第一的申请人国际壳牌研究有限公司已经有已终止的专利，也拥有最多的有效专利，这表明，在稠油电加热领域国际壳牌研究有限公司是最早进入中国进行专利布局的企业，而后的申请人的专利都处于在审状态。

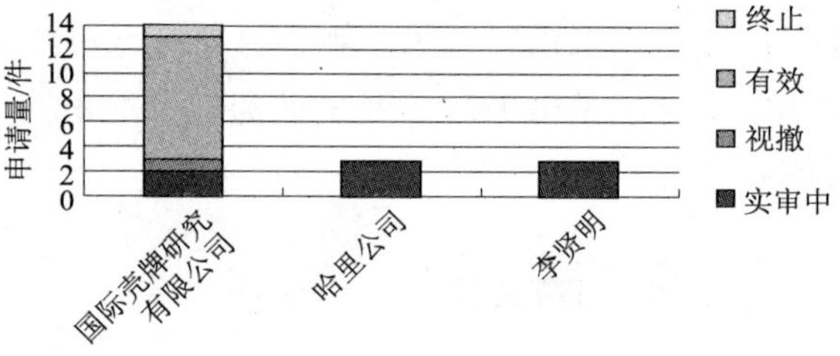

图 34　国内主要申请人发明专利申请法律状态

4. 国际壳牌研究有限公司有效专利统计

有效专利统计见表 3。

表 3　国际壳牌研究有限公司有效专利统计

申请号	发明名称	申请日	发明人	授权公告日
01809704	处理含烃岩层的方法，生产合成气、烃类及能源的方法	2001-4-24	I. E. 伯肯克；E. 德鲁菲格纳克；H. J. 万嘉；S. L. 威灵顿；G. L. 斯特戈美尔；K. A. 玛尔	2006-8-30
200580016609	用于对地下地层进行加热的温度受限加热器	2005-4-22	C. K. 哈里斯；C. L. 桑德贝里；H. J. 维内加	2010-12-29
200580012727	使用氮化物绝缘的地下电加热器	2005-4-22	H. J. 维内加	2012-2-8
200680013121	从地下地层生产碳氢化合物的现场转换系统及相关方法	2006-4-21	T. D. 福勒；C. L. 桑德伯格；W. 肖贝尔；H. J. 维纳加尔	2012-2-22
200680013090	利用非铁磁导体的温度限制加热器	2006-4-21	C. K. 哈里斯；H. J. 维纳格	2012-6-20

续表

申请号	发明名称	申请日	发明人	授权公告日
200680013320	成组的暴露金属加热器	2006-4-21	W.G. 科伊特；P.T. 格里芬；P.T. 汉密尔顿；C-F. 苏；S.L. 梅森；A.J. 塞缪尔；H.J. 维讷格；R.W. 沃特金斯	2012-6-20
200680013312	利用井眼在地层的至少两个区域中的现场转化处理系统	2006-4-21	H.J. 维讷格；C-F. 苏	2012-10-10
200880017267	用于地下地层的并联加热器系统	2008-4-18	C.K. 哈里斯；J. M. 卡拉尼卡斯；S.V. 恩古彦	2013-5-29
200680039493	用于加热含烃地层的系统和方法以及将所述系统安装在地层开口中的方法	2006-10-20	H.J. 文格尔；C. L. 桑德伯格	2013-6-19
200580016608	用于对地下地层进行加热的温度受限加热器	2005-4-22	C.L. 桑德贝里；H.J. 维内加	2013-7-24

表 3 列出了国际壳牌研究有限公司在我国的有效专利。从表中可以发现，该公司对电加热稠油开采技术的改进主要分为电加热器的改进以及电加热稠油开采方法的改进。下面将针对中国重点专利技术进行分析。

（三）全球专利申请现状分析

在 WPI（德温特世界专利文摘）中对涉及的国外专利申请进行了检索，检索的截止时间为 2014 年 7 月 3 日，共检索到相关专利申请 1302 件（WPI 中对专利申请的同族专利进行了处理，每件专利实际上代表一个专利族）。

1. 全球专利申请整体状况

图 35 为稠油电加热采油技术的全球专利申请逐年分布趋势图。可以看出，稠油电加热采油技术一直处于持续发展过程中。检索到的涉及稠油电加热领域最早的专利申请出现在 1963 年，这表明电加热稠油开采技术的起步时间较早，而且从整体上看

该领域国外专利申请是一直在稳步发展的。在 20 世纪 80 年代初，稠油电加热采油技术的专利申请量出现一次小高峰，但是发展并不迅猛，直到近十来年，才出现一个快速发展的阶段。

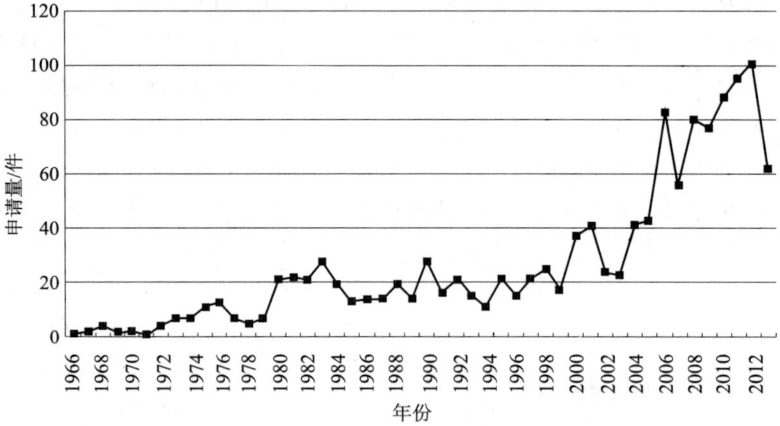

图 35　稠油电加热采油技术的全球专利申请逐年分布趋势

2. 国家分布分析

稠油电加热采油技术在全球的专利申请分布区域分析能够较为真实地反映在该领域各个国家的科技实力与知识产权布局和保护意识，通过国家间的对比分析，清楚地表明了我国稠油电加热采油技术在世界范围内所处的位置以及与其他国家相比的专利优势与差距。

图 36 所示为稠油电加热采油技术的全球专利申请地区分布情况。由图可知，来自于美国的专利申请量最多，占了所有申请量的 32%；而中国以占比 23%的申请量排名第二。此外值得注意的是，国际申请和欧洲其他国家的申请量也在其中占有一席之地，表明某些申请人旨在通过地区性机构进行专利申请，以提高专利申请的影响力。

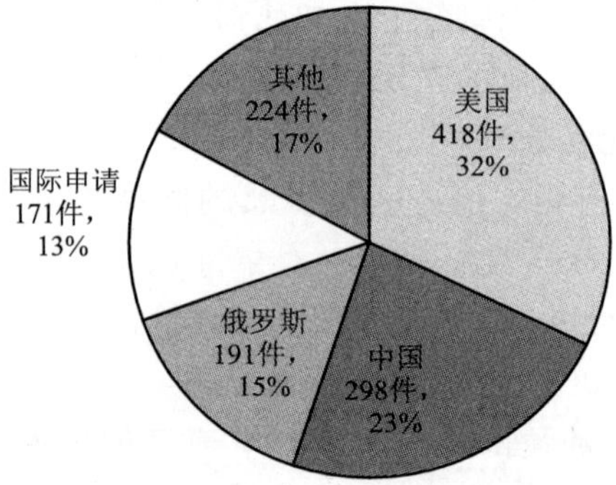

图 36　稠油电加热采油技术的全球专利申请地区分布

图 37 所示为在稠油电加热技术领域申请量排名前四的国家（地区）的原创申请的逐年分布趋势。排名第一的美国自 20 世纪 90 年代初期就开始规模申请，一直维持稳定而持续的增长，尤其是在进入 2000 年以后出现爆发式增长。排名第二的中国则起步较晚，直到 2005 年才出现了井喷式申请，专利申请大部分集中在 2006—2013 年，这与美国稠油电加热技术在 2002 年得到突破性发展，从而带动全球稠油电加热的技术热潮有关，还与我国在 1999—2005 年年初步完成含油气盆地稠油油藏的调研工作，确认我国拥有丰富的稠油资源有关。从图 37 可看出，俄罗斯（含苏联）在稠油电加热技术领域的专利申请较早、申请量峰值出现的时间较早，但整体数量并不具有优势。可见俄罗斯（含苏联）虽较早进入稠油电加热技术领域，但并未带来发展的高潮期。

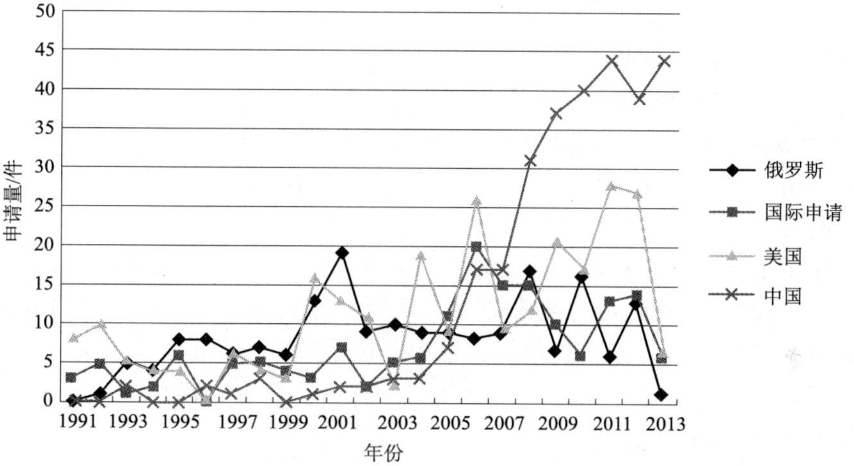

图 37　稠油电加热采油技术的全球专利申请主要国家逐年分布趋势

3. *主要申请人分析*

专利申请人是专利申请的载体，也是专利布局的谋划者。稠油电加热技术专利在全球范围内主要掌握在哪些企业手中，哪些企业在专利布局上占有优势地位，这些企业在全球所关注的市场热点在哪里，该领域历年来申请人排名变化情况都是专利布局研究中应该关注的热点，因此通过分析该领域主要申请人的状况，可进一步对该项专利技术的整体态势有更深入的认识。

图 38 所示为稠油电加热采油技术的全球专利主要申请人的申请量分布情况。其中，壳牌石油公司以 101 件专利申请量排名第一，远远超过了排名第二的贝克公司。壳牌石油公司是世界上五大石油工具公司之一，作为主要的石油机械生产供应商，拥有一定的技术储备是很必要的。中石油以第八的排名跻身于世界排名榜。可见，全球主要的油服公司都关注稠油电加热开采技术的开发，其在专利申请上的优势非常明

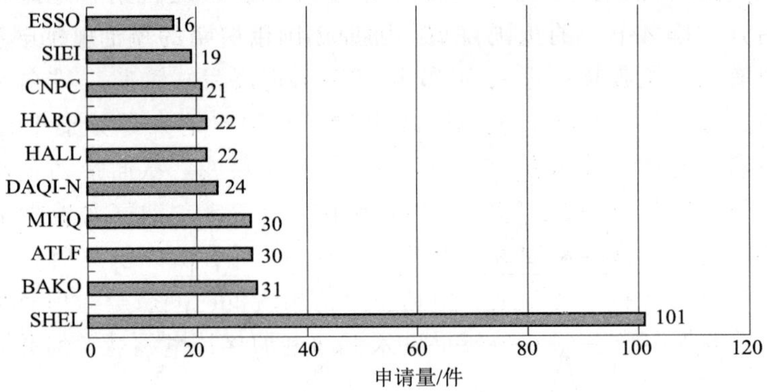

图 38　稠油电加热采油技术的全球专利主要申请人的申请量分布

显。综上所述，稠油电加热采油技术仍旧掌握在大型油气公司或者油服公司手中，这些公司的申请动向和合作动向值得关注。

4. 国外原创专利申请的地区分布及分析

专利申请一般首先在本国申请专利，而后以本国申请为优先权向其他国家申请专利，所以通过统计上述专利申请的优先权情况，分析专利申请的原创国家排名及主要原创国逐年申请情况，可获得上述国家在稠油电加热技术领域的专利技术发展情况。

由图 39 可知，在稠油电加热采油技术领域，专利申请优先权数量排在前六位的是美国、中国、俄罗斯、苏联、德国、日本，这些国家的稠油油藏含量在世界上位于前列。其中，美国、中国、俄罗斯三国在电加热稠油开采方面也投入了很大的力量，科研、生产方面均位于世界前列。

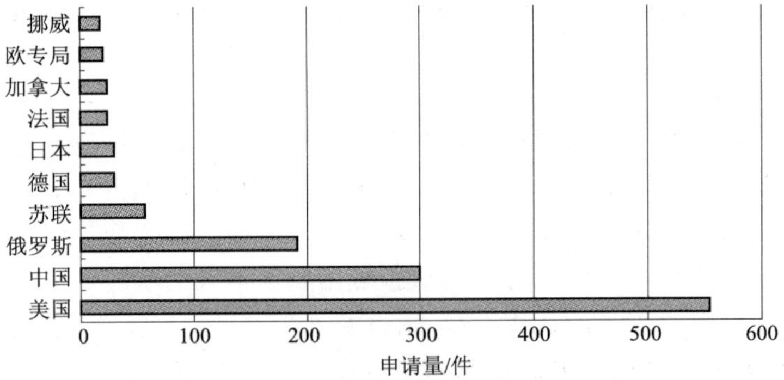

图 39　稠油电加热采油技术原创国排名

由图 40 可知，在稠油电加热采油技术前三大原创国中，美国稠油电加热技术起步最早，在 1990 年就有一个发展高峰，而之后一直保持稳定增长，直到 2006 年达到高峰。而中国稠油电加热技术起步较晚，直到 2006 年，美国对稠油电加热技术有了大的发展之后，中国才开始有大的发展。而原创国俄罗斯的稠油电加热技术一直处于平稳状态，没有太大的发展。

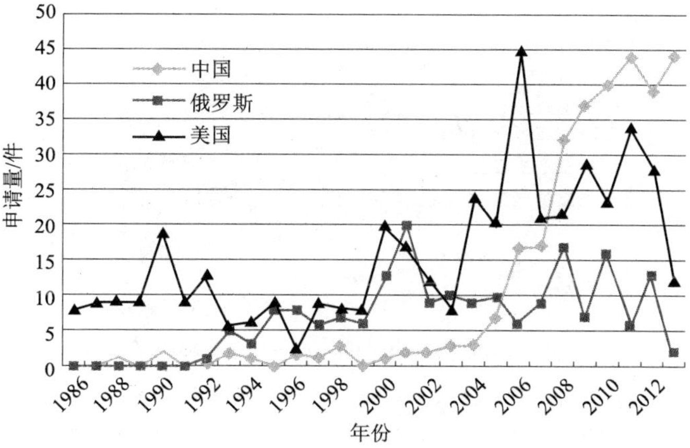

图 40　稠油电加热采油技术排名前三大原创国美国、中国、俄罗斯逐年专利申请情况

统计国外原创专利申请流向（图 41）可以看出技术所有国在各国的专利布局，研究其专利布局的情况，其中以俄罗斯、中国为优先权的专利技术没有向别国申请专利；从美国专利技术流向可以看出，以美国为优先权的专利技术的主要还是在本国内申请，但也有 20％的专利流向国外，如国际局、加拿大等。从上面的分析可以看出，稠油电加热采油技术专利流动性不大，各国专利布局均集中在本国。而基本上只有美国进行了专利布局，其专利布局也主要在欧洲各国。

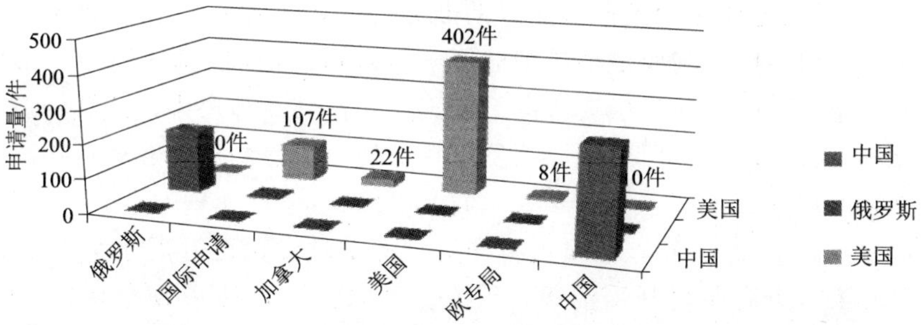

图 41　稠油电加热采油技术排名前三大原创国美国、中国、俄罗斯的技术流向

七、蒸汽辅助重力重点技术研究

（一）蒸汽辅助重力技术简介

蒸汽辅助重力泄油技术（steam assisted gravity drainage，SAGD）是开发超稠油

的一项前沿技术。其机理是在注气井中注入蒸汽，蒸汽向上超覆在地层中形成蒸汽腔，蒸汽腔向上及侧面扩展，与油层中的原油发生热交换，加热后的原油和蒸汽冷凝水靠重力作用泄到下面的水平生产井中产出（图 42）。

图 42　蒸汽辅助重力泄油的布置原理图

SAGD 技术最早是 1994 年由 Butler 等提出来的，并将其作为蒸汽驱的特殊形式。它一般是在接近油柱底部油水界面以上钻一口水平生产井，蒸汽通过该井上方与前者相平行的第二口水平井或一系列垂直井持续注入，从而在生产井上方形成蒸汽室。蒸汽在注入上升过程中通过多孔介质与冷油接触，并逐渐冷凝，凝析水和被加热的原油在重力驱替下泄向生产井并由生产井产出。蒸汽辅助重力泄油与水平井技术相结合被认为是近十年来所建立的最著名的油藏工程理论。

目前，国外重油开采在现场试验成功并得到工业化应用的主要技术就是蒸汽辅助重力泄油技术。蒸汽辅助重力泄油必须通过注气井和采油井来实现（注气井位于采油井的上部）。对于在地层原始条件下无流动能力的高黏度原油，首先要实现注采井之间的热连通（油层温度达到原油可流动温度），该阶段为油层预热阶段。形成热连通后，由注气井连续不断地向油层注入高干度蒸汽，使其在地层中形成蒸汽腔，通过蒸汽腔向上及侧面移动，与油层中的原油发生热交换，加热的原油和蒸汽冷凝水依靠重力作用泄流至下部的生产井中。

在国际上，截至 2010 年，加拿大不同类型的重油油田已开展了十多个 SAGD 试验区，并建成了 7 个商业化开采油田，SAGD 开采方式最终采收率超过 50%，最高可达 70%以上。在国内，辽河油区为了探索超稠油油藏蒸汽吞吐后的转换方式，于 1997 年开展了双水平井蒸汽辅助重力泄油试验，由于受工艺设备等方面的限制，该试验于 1998 年年底停止。随着 SAGD 工艺技术的不断成熟以及配套设备的完善，结合大量的室内物理模拟实验以及数值模拟研究，于 2005 年首次在馆陶组油层开展了直井与水平井 SAGD 先导试验，获得成功，为超稠油油藏蒸汽吞吐后期转换开发方式、实现产量接替提供了依据。

下面，结合国内和全球的专利数据对蒸汽辅助重力泄油技术做进一步的深入探讨。

（二）国内专利数据分析

根据国内的蒸汽辅助重力泄油数据，对蒸汽辅助重力泄油技术的申请人、发明人等数据做出分析。

图 43 为蒸汽辅助重力中国专利申请年份及类型分布趋势图。由图可见，在国内申请中，关于蒸汽辅助重力的申请最早是在 2005 年，相对于 1994 年蒸汽辅助重力方法正式提出，中国的相关专利研究开始较晚，直到 2013 年，专利申请量一直不高，都在 10 件以下，这说明对该项技术的关注度不高，还需要进一步地持续投入。但从专利申请类型上来分析，蒸汽辅助重力领域的发明申请量所占比例较大，到 2011 年为止，发明的申请量都超过了实用新型的申请量，这说明该领域的专利申请的技术含量较高，这也与蒸汽辅助重力的较为先进的技术特点相符。另外，国外来华的 PCT 申请较少，仅 2007 年和 2008 年各有 1 件，这说明蒸汽辅助重力领域国外企业对国内市场还没有完全重视起来，这也给国内企业带来了机遇。

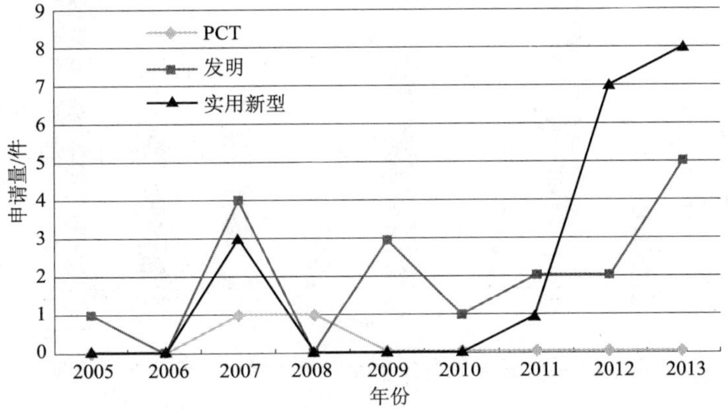

图 43 蒸汽辅助重力中国专利申请年份及类型分布趋势

蒸汽辅助重力专利技术的国内申请数量与国外来华申请数量的对比，可以反映蒸汽辅助重力技术上国内外专利技术力量的对比。而国内各地区的分布份额则能反映各地区在稠油电加热技术上的发展情况以及保护意识。

图 44 为蒸汽辅助重力技术中国专利申请地区分布图。在稠油电加热技术领域，国内申请的最集中的地区主要分布在北京、辽宁、山东等地，这些主要分布地区可分为两种类型，一种是大学和研究院所比较集中的地区，如北京，另一种是油田，特别是稠油油田分布比较集中的地区，如山东、辽宁等。从地区分布图上看，重点地区分布情况与实际情况比较相符。

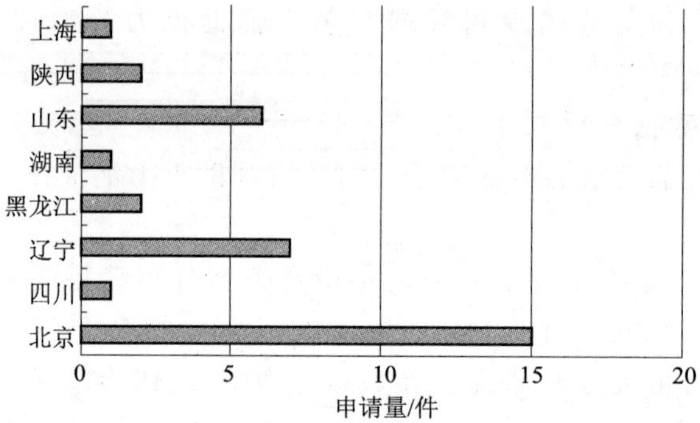

图 44 蒸汽辅助重力技术中国专利申请地区分布

图 45 为蒸汽辅助重力技术专利申请国别年份分布图。

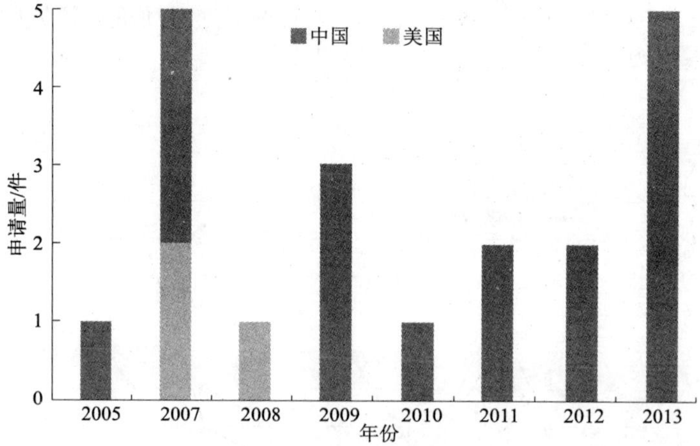

图 45 蒸汽辅助重力技术专利申请国别年份分布

从图中可以看出，蒸汽辅助重力技术的专利申请的申请人以国内为主，国外来华申请仅美国 3 件，且申请年份集中在 2007 年和 2008 年。这说明蒸汽辅助重力技术方面的国内市场还未得到国外企业足够的重视，国内企业应当抓住机遇，加大投入，进一步稳固自己的领先优势。

图 46 为蒸汽辅助重力技术主要申请人分布图。从图中可以看出，蒸汽辅助重力的主要申请人包括辽河石油勘探局、哈里伯顿能源服务公司等。上述主要申请人包括国内外的大型石油公司，从中可以看出，国外某些大型的石油企业，如哈里伯顿已经开始重视中国的市场，并积极地参与到专利技术申请当中，国内企业应当做好应对的准备。另外，与其他领域相比，大专院校和研究所在蒸汽辅助重力技术领域的专利申请数量较少，申请热情不高，还需要进一步加大投入和研究力度。

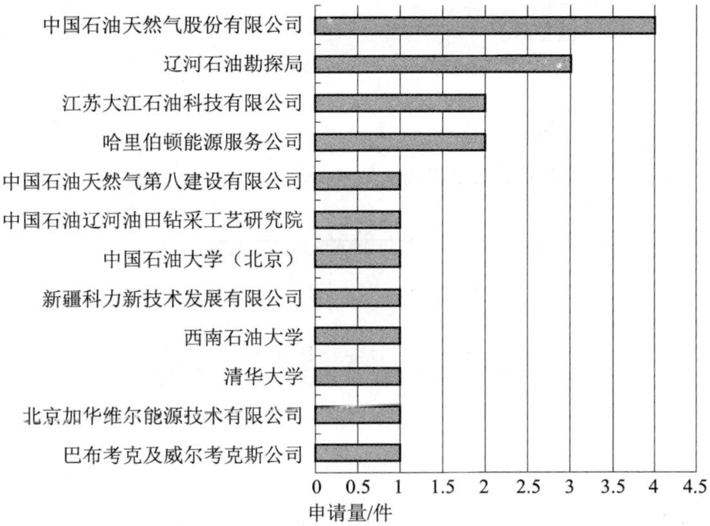

图 46 蒸汽辅助重力技术主要申请人

图 47 所示为蒸汽辅助重力技术专利主要发明人分布。从图中可以看出，该领域发明人的分布比较零散，最多的发明人也仅有 4 件申请。由此看见，该领域还没有形成核心的研究团队，对技术的研究还处于起步阶段。

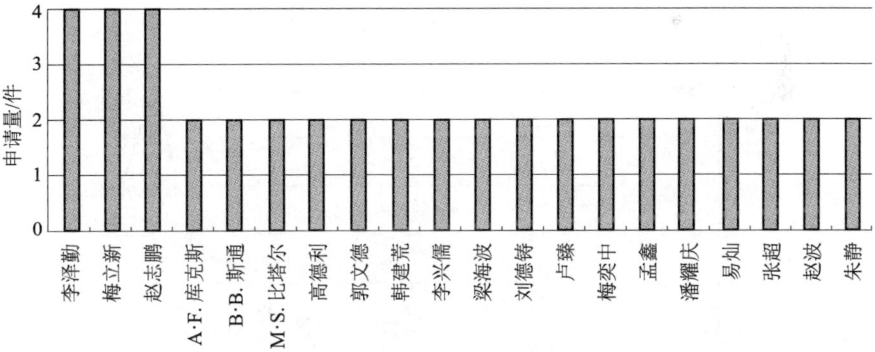

图 47 蒸汽辅助重力技术主要发明人

图 48 所示为蒸汽辅助重力技术发明申请的法律状态。从图中可以看出，该领域大部分的申请处于授权保护和审查阶段，驳回的数量较少，这一方面说明该领域专利申请的技术含量较高，另一方面也说明该领域是新兴领域，大部分的专利申请都属于近期申请。从申请人方面来看，国内申请人的有效专利数量和实审中的专利数量都远远多于国外申请人来华申请的数量，显示了在国内市场中蒸汽辅助重力领域占有一定

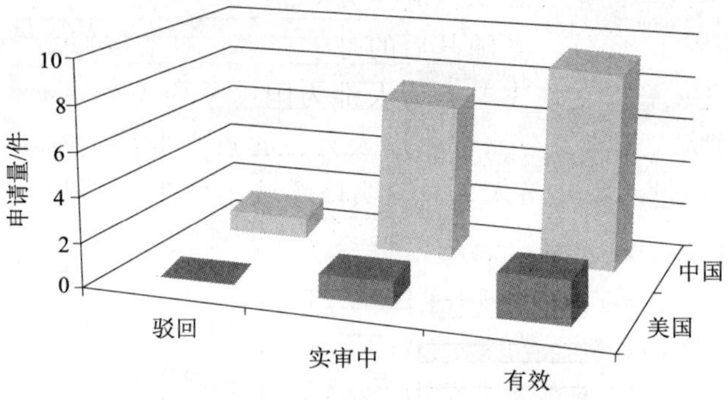

图 48 蒸汽辅助重力技术发明申请法律状态

的优势。

（三）全球专利数据分析

图 49 为蒸汽辅助重力发明申请年份国别分布图。从图中可以看出，蒸汽辅助重力领域的专利申请从 1999 年开始，申请量呈逐年上升趋势，1999～2007 年是第一阶段，此阶段的增长趋势较缓，申请的总数量也相对较少，年申请量没有超过 20 件。从 2008 年至今为第二阶段，此阶段的增长速度开始快速上升，尤其是 2011～2012 年，增长速度非常快，年申请量从不到 50 件上升到 80 多件。2012 年以后，申请量出现下滑，这是由于还有部分申请未公开所致，根据趋势预测，申请量还应当进一步增长。

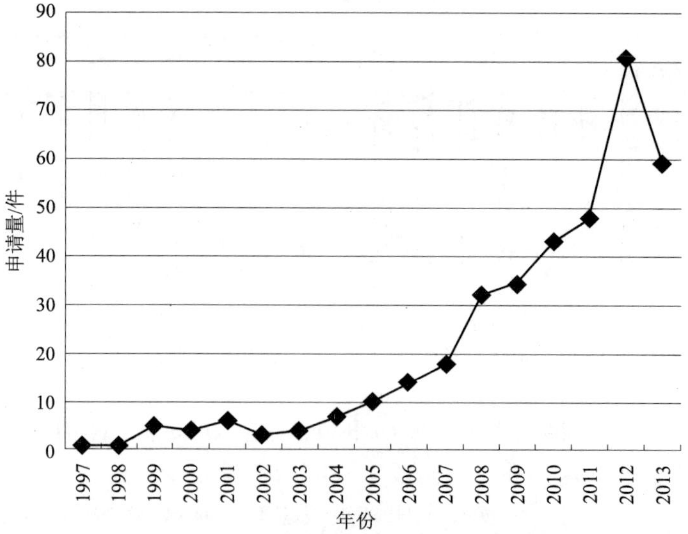

图 49 蒸汽辅助重力年份、国别分布

图 50 所示为蒸汽辅助重力技术专利主要申请人。从图中可以看出，科诺菲利普的申请量最多，达到了 34 件，紧随其后的是中石油，申请量为 33 件，其他申请人的申请量则都在 10 件左右。上述主要申请人都为国内外的大型石油企业，说明该领域走的是产业主导的路线，这与石油行业投入大、起点高的特点有关。从申请量来看，各主要申请人的申请量差距并不太大，说明该领域还没有形成某一主导申请人。

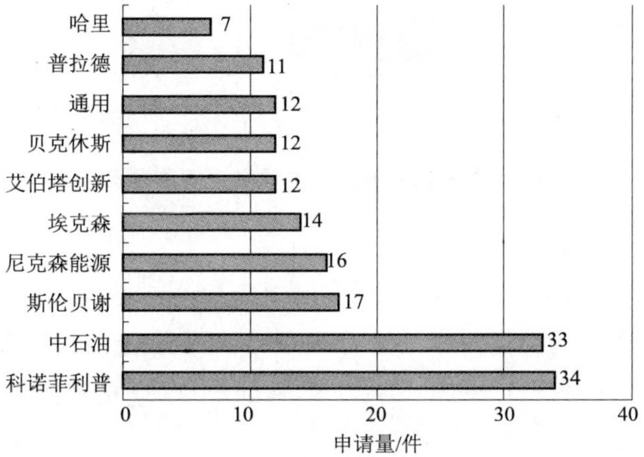

图 50 蒸汽辅助重力技术主要申请人

图 51 为蒸汽辅助重力技术原创申请数量图。从图中可以看出，美国是原创申请最多的国家地区，原创申请超过了 200 件，这充分显示了美国在稠油开采蒸汽辅助重力领域的技术实力，其次是加拿大的原创申请，其数量不到 100 件，中国和加拿大的原创申请数量相差不大，显示了在该领域的一定技术实力。

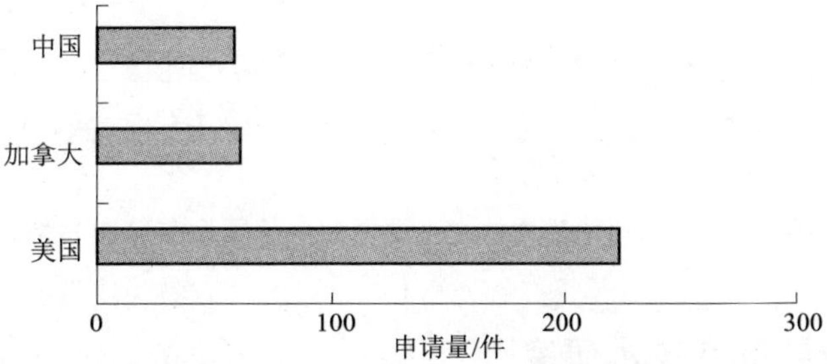

图 51 蒸汽辅助重力技术原创申请数量

图 52 为蒸汽辅助重力技术专利原创申请国别分布图。美国的原创申请占到总原创申请的 62%，超过 50%的原创申请是由美国申请人提出的，而加拿大和中国的原创申请分别占到 17%和 16%，其他国家的原创申请仅占 5%。这表明在蒸汽辅助重力技术领域，美国占绝对优势，而加拿大和中国则紧随其后，其他国家的研究所占比

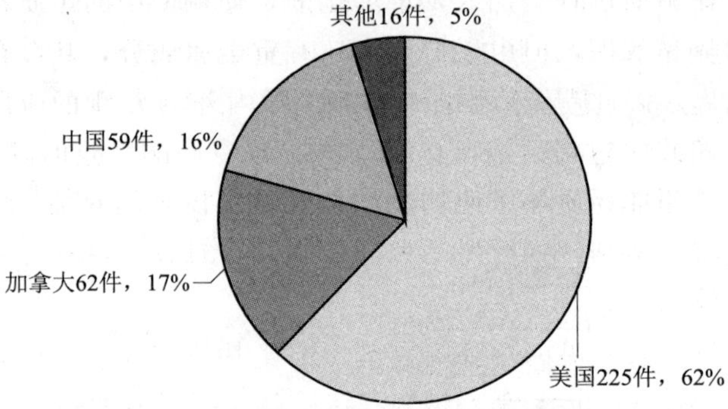

图 52　蒸汽辅助重力技术原创申请国别分布

重较小，无法与美国、加拿大和中国相提并论。

图 53 为蒸汽辅助重力技术主要原创申请国逐年分布图。从图中可以看出，上述申请曲线与全球申请曲线类似，申请量都呈逐年上升趋势，2011 年后进入快速增长阶段。从国别来分析，美国、中国、加拿大三国的增长趋势基本相同，显示了各国投入都比较均衡。

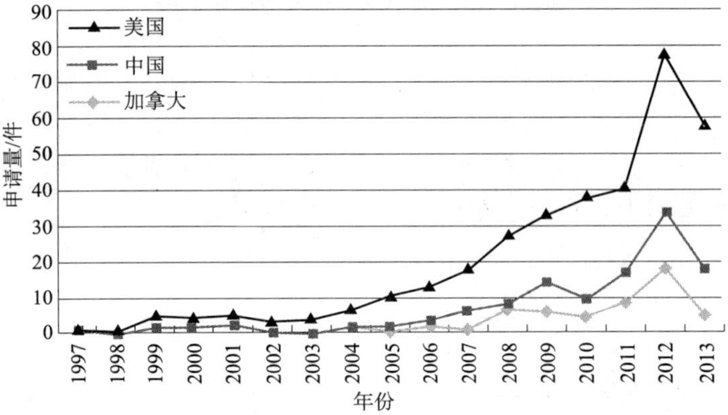

图 53　蒸汽辅助重力技术主要原创申请国逐年分布趋势

八、化学降黏重点技术研究

（一）化学降黏技术简介

稠油化学降黏是指在开采稠油时，通过加入化学制剂降低稠油的黏度，从而达到可开采标准的方法，化学降黏开采技术是一种重要的提高稠油采收率的方法。

油田中常用的稠油化学降黏法包括催化降黏、加碱降黏、加表面活性剂降黏、加降凝剂降黏等。

催化降黏通过在驱油过程中加入少量催化剂，使稠油中的焦质、沥青质在硫键处断裂，产生理想的降黏效果，但由于稠油中还有重金属成分，其存在会使催化剂中毒而迅速降低催化效果，因此严重影响了催化降黏在实际生产中的应用和推广。

原油中还有一些酸性物质，如脂肪酸、环烷酸等，这些酸可以与碱性物质反应，被碱性物质活化后的酸性物质可以使稠油与水形成乳状液，大幅度降低稠油黏度。但加碱降黏仅适用于酸值达到一定程度的稠油油体，且对添加量有严格的限制，否则会极大地影响其降黏效果。

表面活性剂是目前最常见的驱油降黏剂之一，其技术发展比较成熟，已广泛应用于国内外稠油开采和输送。近年来，纳米技术应用于原油降黏中，在表面活性剂中加入一些改性的纳米材料，使油、水、表面活性剂和助表面活性剂一起形成纳米乳液，这种乳液具有热稳定性和各向同性的多组分分散体系，可以大大提高表面活性剂的驱油降黏效果。加表面活性剂降黏虽然可以较好地解决稠油的降黏问题，但开采需要加入大量的水，不符合现在环保开采的需要，且开采出的稠油破乳脱水难度高，处理量大，成本较高。

对于石蜡基稠油，由于石蜡的含量高，从而使原油凝固点高，这就可以采用加入降凝剂的方法，降低原油的凝固点，改善稠油的低温流动性。常见的降凝剂包括丙烯酸聚合物、甲基丙烯酸聚合物、乙酸乙烯酯-乙烯聚合物等。添加降凝剂减黏仅适用于石蜡基稠油，适用面较窄，在实际生产中应用不多。

（二）国内专利数据分析

图 54 为化学降黏申请量的逐年分布图。从图中可以看出，化学降黏的专利年度分布基本分为 3 个阶段。第一阶段是起始阶段（1985～1997 年），化学降黏的专利最早开始于 1985 年，但申请量一直很少，年申请量不超过 5 件，这表明在早期，石油

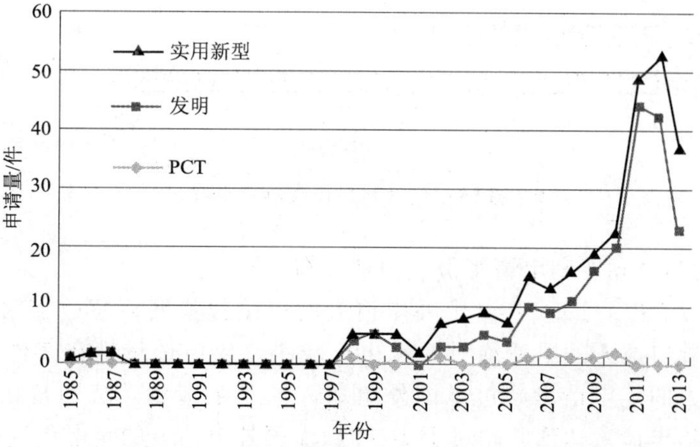

图 54　化学降黏申请量的逐年分布趋势

开采主要是以优质油田为主，稠油开采由于经济原因暂时没有被考虑，相应的专利技术研究也很少。第二阶段是发展阶段（1997～2007年），专利的申请量开始了缓慢增长，年申请量逐渐达到了10件左右，这显示了随着经济的发展，能源越来越重要，很多企业已开始将稠油开采提上了议事日程。第三阶段是快速增长阶段（2007年至今），年申请量达到了10件以上，且申请量快速增长，到2002年，发明申请的年申请量超过了40件，实用新型的年申请量超过了50件，这显示了随着经济的增长和技术的发展，稠油开采带来的经济效益越来越显著，企业的热情也越来越高涨，对化学降黏的研究投入也越来越大，带来了专利申请的爆炸性增长。

图55为化学降黏技术中国专利申请地区分布图。从图可看出，在化学降黏技术领域，国内申请的最集中的地区主要分布在北京、辽宁、山东等地区，这些地区或者是拥有丰富稠油矿藏，如辽宁、山东，或者是研究油藏开发科研院校密集，如北京。其他如黑龙江、江苏、四川等也有部分申请，但其数量与北京、辽宁、山东等的数量相比较少，还没有形成规模申请。

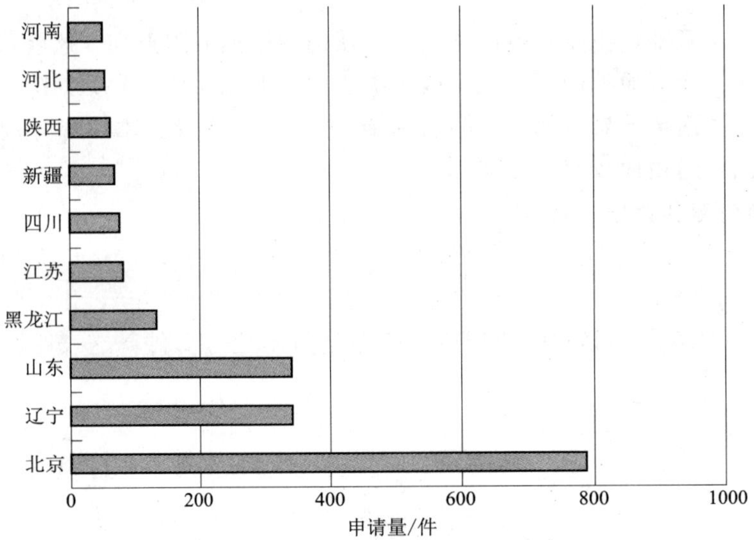

图55 化学降黏申请地区分布

图56为化学降黏专利申请年份、国别分布图。

从图中可以看出，1998年，国外申请人的申请数量明显超过了国内申请人的申请数量，但国外申请人的申请绝对数量也比较小，年申请量都在5件以下。1998年后，国内申请人的年申请量超过了国外申请人的年申请量，特别是在2006年以后，国内申请人的年申请量达到并超过了10件，而国外申请人的年申请量仅在2件左右。这说明，国内申请人已经逐渐意识到化学降黏领域的重要性，投入逐渐增加，反映到

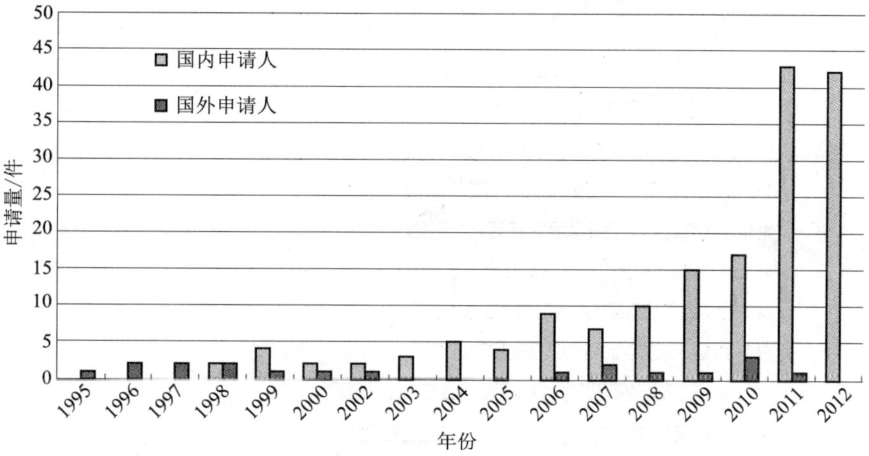

图 56　化学降黏专利申请年份、国别分布

专利上就体现在专利申请量的大幅上升。

图 57 所示为化学降黏技术的主要申请人。从图中可以看出，重点申请人有三类，分别为企业、科研院所和个人。企业包括中石油、中海油和大庆油田，科研院所包括中国石油大学、胜利油田采油工艺研究院和石油化工科学研究院，个人包括何丽和罗钰明。在这些主要申请人中，中石油的申请量遥遥领先，达到了 30 多件，远远超过了其他申请人，显示了其在化学降黏领域的优势。其他申请人的申请量都在 10 件左右，显示了该领域第二梯队研究比较均衡的现状。

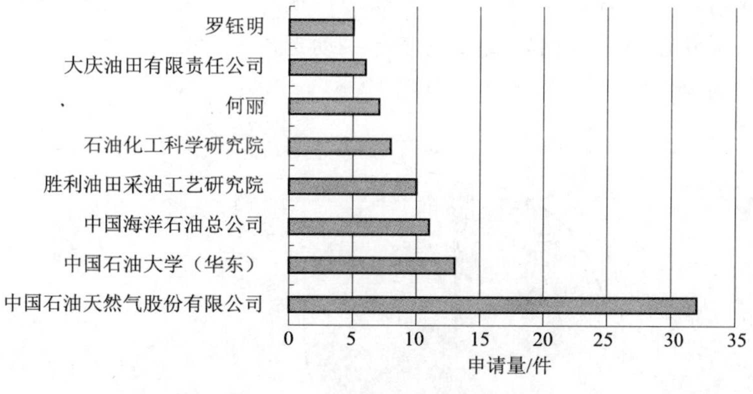

图 57　化学降黏技术主要申请人

图 58 所示为化学降黏技术主要发明人。从图中可以看出，该领域发明人的分布比较零散，最多的发明人也仅有 6 件申请。由此看见，该领域还没有形成核心的研究

团队，对技术的研究还处于起步阶段。

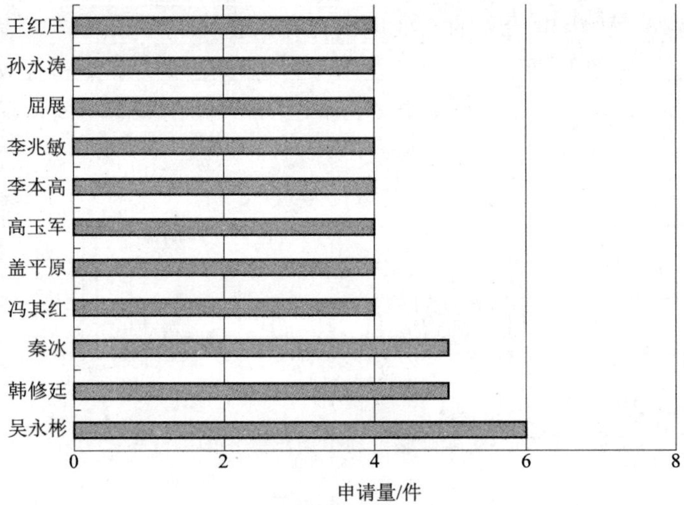

图 58　化学降黏技术主要发明人

图 59 所示为化学降黏申请人类型。从图中可以看出，该领域的申请人多数是企业或个人申请，占到申请量的 80%，高校申请位居其次，占到申请量的 18%，高校和企业的合作申请仅有 3 件，仅占申请量的 2%。可以看出，化学降黏领域的企业和高校基本处于各自为政的状态，交流比较少，这与化学降黏技术需要更多的现场环境支持有关，高校很难通过实验室模拟来研究化学降黏方面的技术。因此，一方面，国内企业应当利用自身优势，主动寻找高校的合作伙伴，利用高校的技术优势结合现场环境进行技术研发，另一方面，高校也应当主动走出校门，结合实际进行技术方面的革新。

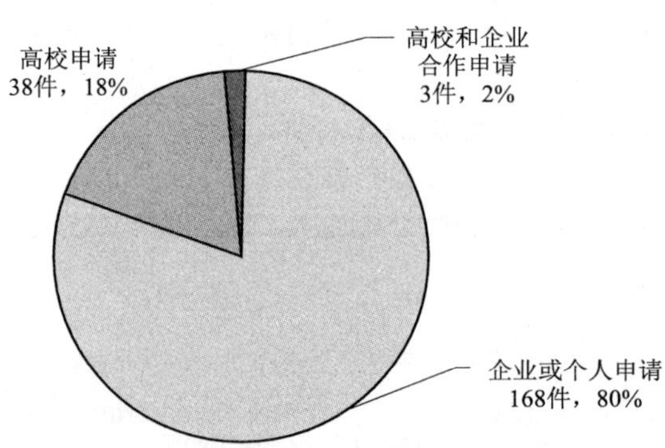

图 59　化学降黏专利申请人类型

图 60 所示为化学降黏发明申请法律状态。从图中可以看出，国内申请人的大部分申请都处于实审中，这说明该领域大部分的申请都是近期申请，与其近期快速增长的形势相符。另外，国内申请人的有效申请也比视撤申请多出很多，表明该领域申请的质量较高。国外申请人的发明申请总量不大，大多处于实审中和有效状态，由于存在早期申请，还有部分专利处于终止状态，国内申请人在有需要的情况下可以对这部分专利加以利用。

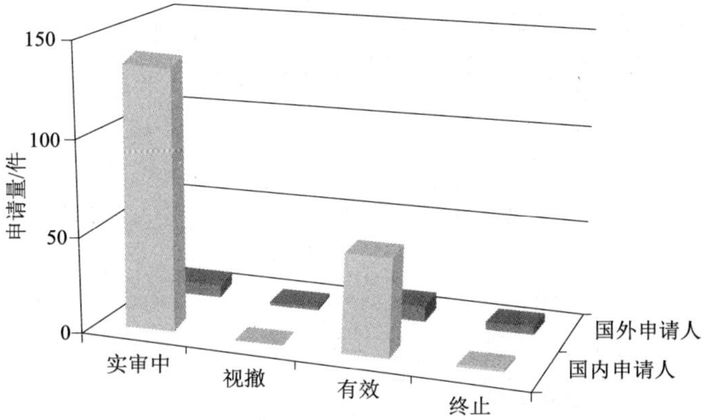

图 60　化学降黏专利发明申请法律状态

（三）全球专利数据分析

图 61 为化学降黏申请量年份分布图。从图中可以看出，化学降黏领域的专利研究开始时间较早，最早的专利申请开始于 1964 年，申请量一直维持在 20 件左右。

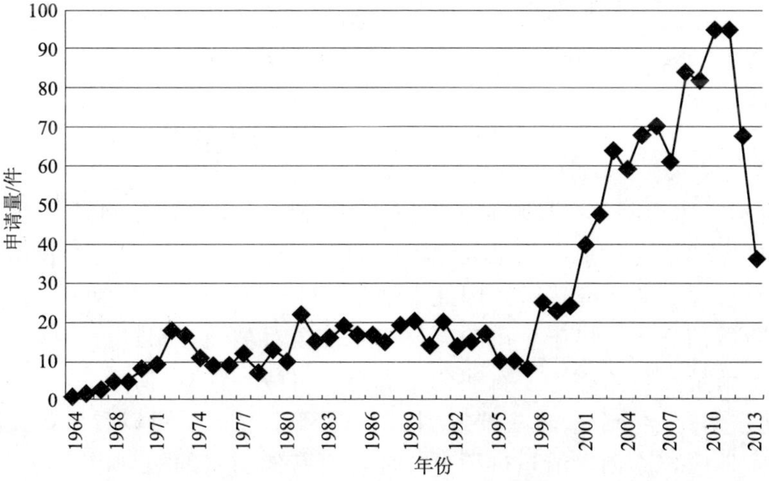

图 61　化学降黏专利申请量逐年分布趋势

1998 年出现一个年申请量的低谷，这是由全球的经济危机造成的。之后，申请量得到了快速的恢复，并很快超过了 30 件，到 2011 年，年申请量超过了 90 件，接近 100 件。2012 年以后，申请量出现下滑，这是由于有部分申请还未公开所致，根据趋势预测，申请量还应当进一步增长。

图 62 为化学降黏年份国别分布图。从图中可以看出，1999 年前，各国的技术发展比较均衡，除中国外，几大申请国的申请量互有上下。1999 年后，各国的技术申请都开始快速增长，但美国的增长更为突出，远远超过其他国家（地区）的增长，到 2005 年左右，美国的年申请量已超过了 40 件，而其他国家（地区）都没有超过 15 件，但从 2005 年开始，各国的年申请量增长速度开始放缓，各国的年申请量基本都保持一个稳定状态。这是由于环境问题越来越严重，而化学降黏往往会带来污染，这极大地限制了化学降黏技术的发展。但从另一个角度来说，化学降黏的污染处理问题可能会给其发展带来极好的机遇，值得各相关企业进行深入的研究。

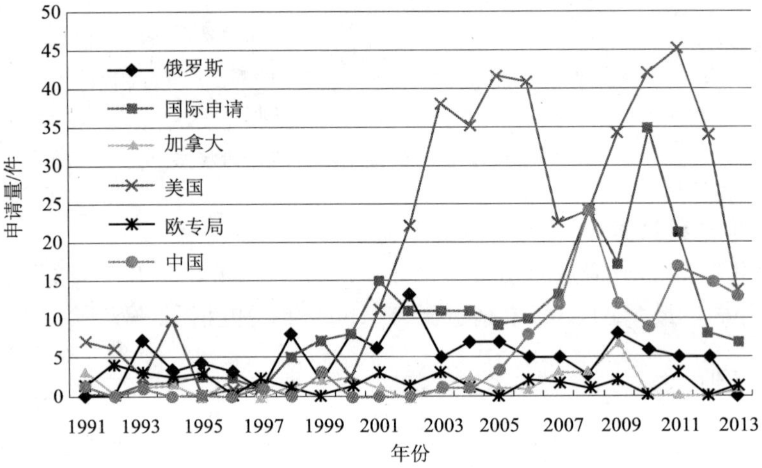

图 62　化学降黏专利申请年份、国别分布

图 63 所示为化学降黏主要申请人。从图中可以看出，位于申请人前三名的哈里伯顿、斯伦贝谢和贝克休斯，都是大型国际油服公司，其具有丰富的技术积累，对化学降黏领域有着深厚的研究经验，因此申请量处于领先地位。其他如普拉德、壳牌等都是大型国际石油公司，出于生产的需要，其都会对稠油开采进行一些各种层次的研究，体现在申请量上，这些大型石油公司也有 40 件左右的申请量。

图 64 所示为化学降黏技术主要原创国（地区）。从图中可以看出，美国是原创申请最多的国家地区，原创申请超过了 800 件，而其他国家的原创申请均没有超过 200 件，这充分显示了美国在化学降黏领域远超其他国家的技术实力。

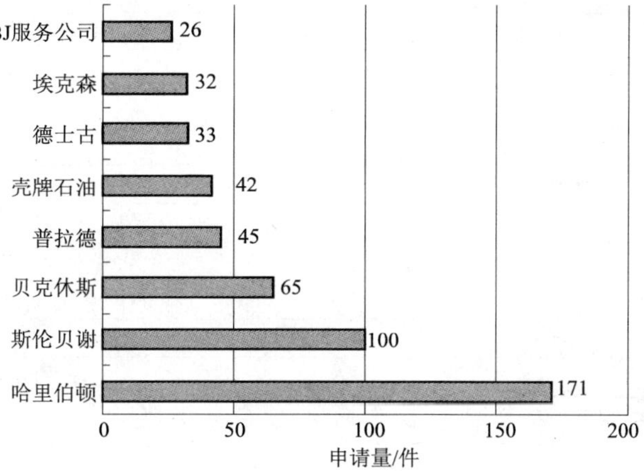

图 63 化学降黏专利技术主要申请人

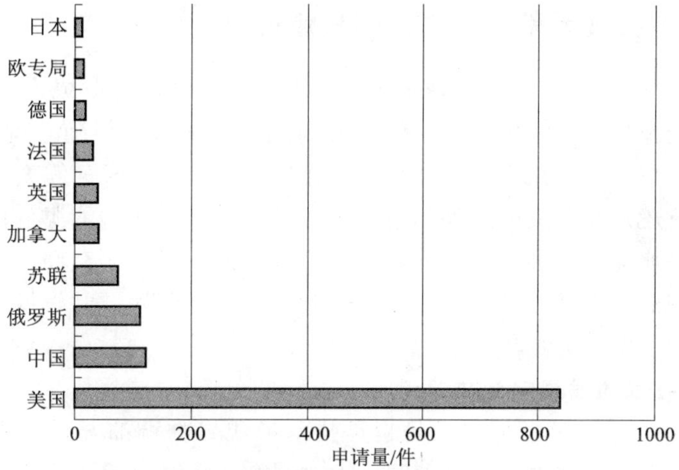

图 64 化学降黏专利技术主要原创国（地区）

图 65 为化学减黏技术主要原创国申请量逐年分布图。从图中可以看出，美国、俄罗斯、中国、加拿大等国的原创申请量自 2005 年起都呈增长趋势。但加拿大的增长趋势较缓，且绝对申请量也不大，可见其不属于重点技术研究区域；俄罗斯和中国比较相似，都呈平缓的增长状态，年原创申请量在 30 件左右，体现了两国在化学降黏领域的一定的研究实力；美国的年申请量很多，且增长速度快，仅 2012 年一年就有超过 90 件的原创申请，这也与其在稠油开采领域的实力相匹配，体现了其在化学降黏领域极大的技术优势。

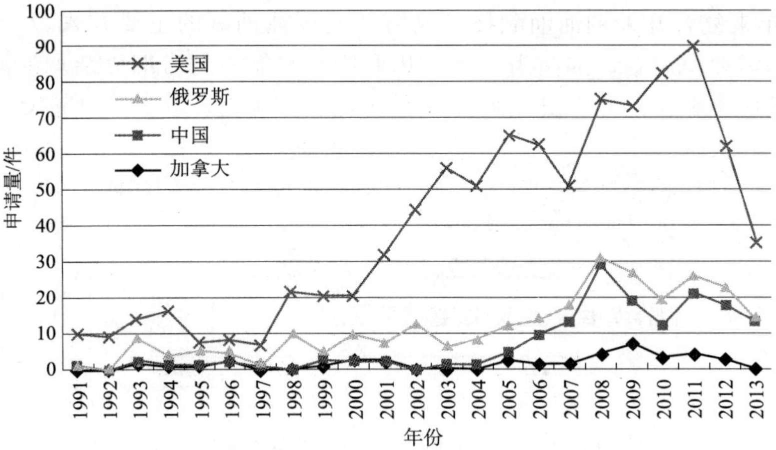

图 65 化学降黏技术专利主要原创国申请量逐年分布

九、稠油开采技术发展趋势预测与建议

稠油作为一种高黏度、高密度的原油，其开采困难，开发成本较高，经济效益差，在现有的能源产业技术中，属于发展较为迟缓的部分。但随着世界经济的发展，对能源的需求越来越大，现有的石油生产已无法满足经济增长的需要。而稠油储量占石油储量的比重还是非常大的，如何更好地开发稠油，对缓解能源危机有着非常重要的作用，而更好地开发稠油的关键问题就是稠油开采技术的研究和应用。针对上述问题，下面将对稠油开发技术的未来发展趋势做出分析和预测，并根据技术现状和上述预测对稠油开发技术研究提出一些建议。

（一）热采技术的发展趋势与建议

1. 蒸汽吞吐开采是该领域最常见也是技术最成熟的稠油开采技术，但到了开采的中后期，往往需进一步改善吞吐效果，这也是蒸汽吞吐开采需要进一步研究发展的方向。从技术上来说，提高蒸汽吞吐开采的开采效果可以从钻井入手，采用先进的钻井技术，提高钻井质量，同时，大力发展二次热采技术，在不明显增加成本的情况下，尽可能充分利用现有的吞吐渠道，从而提高稠油采收率；从工艺角度上来说，要发展新型的蒸汽吞吐工艺步骤和方法，通过改善蒸汽注入和油气回收效果来提高稠油采收率，增加稠油开采的经济效益。

2. SAGD 技术具有经济、高效的特点，是目前比较先进的稠油开采技术，从现有的技术发展情况来看，是一种比较有前途的稠油开采方法，值得进一步研究和大规模推广。这就要求加强对 SAGD 技术的室内试验油田研究，依据实验结果来不断改进开采方法，并不断结合实际经验来研究创新，开发更新更好的 SAGD 相关设备和工艺，使其在稠油开采中发挥更大的作用。

3. 近年来复合开采稠油油藏技术成为开发稠油油藏的主要方式。一方面是由于油田开发的需要，另一方面是由于单一开采技术不能满足后期复杂稠油油藏的开采。目前国内外应用较多的复合开采稠油技术主要有：蒸汽＋表面活性剂复合采油技术、蒸汽＋碱复合采油技术、蒸汽＋聚合物复合采油技术、CO_2＋蒸汽吞吐开采稠油技术、蒸汽＋CO_2＋表面活性剂开采稠油技术、蒸汽＋非凝析气体＋耐高温起泡剂等。这些技术的结合不但克服了单一技术的局限性，而且为稠油油藏的后续开采提供了技术支持和保障，对于油田开发稠油油藏具有十分重要的意义。

（二）冷采技术的发展趋势与建议

1. 可靠的油藏研究是油藏开发的重要一环。因为研究结果会决定开采计划的制订以及投资计划的确定，确保油藏开发最终利润的获得。目前石油工业面临着油藏研究现代化的转变，在油藏的描述上应将不同专业领域知识综合，确保包括稠油开采在内的石油开采能够获得更大的利润。具体到稠油的开采上，需要把完整的油藏描述融入到流动模型当中，在稠油生产领域建立强有力的数学模型和数值模拟方法。

2. 随着适合冷采油藏深度的加深，冷采举升工具主力螺杆泵也要朝高扬程、大排量和低转速方向发展。不断改进电潜螺杆泵的性能，增强电潜泵携砂能力，用以取代普通螺杆泵。

3. 随着稠油开采技术的提升，在对疏松砂岩稠油油藏的出砂管理上不应再局限于排砂与防砂两种相互对立的方式上，而应根据客观的油藏情况，决定是否采取有限排砂采油的方式，使单井经济效益最大化，这就需要用客观的经济评价手段来确定在整个油田开发上应该采取何种开采方式，以更好地保护产能，进一步有效地提高采收率。

（三）稠油开采政策建议

目前，大部分国家并没有出台过单独针对稠油的开采鼓励政策，只有俄罗斯为保持石油产量而对稠油开采下调过税率。可以预见的是，如果能制定一套符合中国国情的稠油开采鼓励政策，将会对我国稠油的开采起到极大的促进作用，使中国的稠油开采处于世界的领先地位。

1. 优惠政策

稠油开采难度较大，相对普通油气资源，其开采成本较高，经济效益较低。为了加快稠油开采，国家应借鉴国外关于石油、天然气等能源的相关鼓励政策，出台一系列优惠扶持政策，从稠油的勘探、开发、利用等方面进行国家层面的引导，还可以从税费政策方面进行优惠，引导社会资金进入稠油开采领域。

2. 技术引导

稠油地层中的流动性差，地质赋存条件复杂，尤其是中国国内稠油的埋深很多都是超过 2000m 的深层稠油，开采难度极大，即使可以开采，其经济效益也很低。为更好地利用稠油，就需要在技术方面有所突破，加大技术攻关力度，提高稠油开采率。对于经过现场确认的优秀稠油勘探、开发、利用技术，可以从政策的角度在行业内进行推广，引导更多的企业进入稠油开采领域。

参考文献

［1］于连东．世界稠油资源的分布及其开采技术的现状和展望［J］．特种油气藏，2001，8（2）：98－104．

［2］董本京，穆龙新．国内外稠油冷采技术现状及发展趋势［J］．钻采工艺，2002，11（4）：18－21．

［3］张锐．稠油热采技术［M］．北京：石油工业出版社，1999：471－484．

［4］董本京，穆龙新．国内外稠油冷采技术现状及发展趋势［J］．钻采工艺，2002，11（4）：18－21．

［5］宋育贤译．稠油热采技术的进展［J］．国外油田工程，1997，10（2）：12，13．

［6］刘斌．蒸汽驱采油技术［J］．石油知识，1996（2）：22．

［7］赵福麟．EOR原理［M］．北京：中国石油大学出版社，2006：173－182．

［8］刘艳平，任福平，秦守栋，等．低频脉冲稠油技术及其应用［J］．试采技术，2003，24（2）：55－57．

［9］顿铁军，等．中国稠油油藏［M］．西安：西北大学出版社，1996．

［10］毛成栋，等．加快稠油资源勘探开发的思考与建议［J］．中国国土资源经济，2013：40－44．

附　　录

文献检索及数据处理

数据来源及数据范围

本课题对全球专利数据采用 EPODOC 和 WPI 数据库进行检索，中国专利数据采用国家知识产权局开发的全文数据库 CNTXT 和摘要数据库 CNPAT 进行检索。

检索截止时间是 2014 年 7 月 3 日。选取数据范围：中国专利分析采用的是 1985～2014 年向中国国家知识产权局提交的并已公开的涉及稠油的相关专利申请；全球专利的数据范围为截止检索日在全球范围内的相关专利申请。

数据检索

首先在技术分解的基础上，对稠油技术进行初步分析，对该技术进行分级，每一级再分为多个技术分支进行检索。

根据各领域的特点，优先选取分类号，再配合关键词；分类号不能完全表达技术领域时，则综合采用分类号、关键词。

检索所用主要分类号和关键词

冷　采					热　采				
水驱	化学降黏	出砂	气驱	其他	电加热	火烧油层	蒸汽辅助重力	注入蒸汽	其他
E21B 43/16，17，20	E21B 43/22	E21B 43，C01G	E21B 43	E21B 43	E21B 36/＋	E21B 43/24＋	E21B 43/＋	E21B 43/24＋	E21B 43
注，驱，水 Inject＋water	黏，Chemi＋，mucosity	砂，sand	Gas，Nitrogen carbon dioxide		电，Electrical，heater?	火驱 火烧 fire	重力辅助 gravity	注，蒸汽，Inject＋，steam	

数据处理

检索结果包括一定量的噪声。去噪时，针对中、外文数据量，采用了不同的策略。中文的去噪，采用人工筛选的策略，正确率比较高；外文的去噪，采用批量清理与人工清理相结合，正确率相对低一些。

外文数据清理时，根据各技术领域和技术分支的特点，采用的具体策略也不完全相同。通常，先寻找完全不符合的大组、小组分类号，但同时考虑可能包含多个分类号的情形；然后再通过研究人员所掌握的本领域基础知识、浏览发现的易引起噪声的关键词进行区分。

电动汽车再生制动能量回收专利技术现状及其发展趋势

尚颖　张虹[1]　牛跃文　于晓唤　孙雪

（国家知识产权局专利局机械发明审查部）

一、引言

当今时代，汽车作为代步和运输工具，已成为人们日常生活的必需品。但是，随着全球汽车产量及保有量急剧增加，传统内燃机汽车所引起的环境污染、资源短缺、能源枯竭等问题也日益严重。因此，如何实现汽车行业的可持续发展已成为业界密切关心的问题。目前，各国政府也纷纷制定相应的对策，以尽快开发出新一代低能耗和低排放汽车，如电动汽车。

电动汽车具有高效、节能、低噪声、零排放等显著特点，在环保和节能方面具有传统燃料汽车所不可比拟的优势，是解决能源危机和环境污染的最有效途径，因此电动汽车具有成为21世纪主流交通工具的潜力。电动汽车是指以车载电源为驱动力，利用电机驱动车辆行驶，符合道路交通、安全法规各项要求的车辆。虽然电动汽车技术趋于成熟，但是续航里程不足成为阻碍电动汽车商品化的瓶颈，因此提高电动汽车续航里程是亟待解决的一个关键问题。考虑到在城市运行工况下频繁制动及下坡制动能量基本没有回收，而合理利用电制动，不仅能为电动汽车提供辅助制动功能，提高整车的制动性能，而且能够通过回收制动能量来节约能源，延长电动汽车的单次充电续航里程，所以可以说在现有情况下再生制动能量回收技术研究是一项非常有意义的工作。

所谓再生制动能量回收是指汽车在制动或下坡时将本身的势能和动能，通过电动机（发电机）转化为电能，并储存于电储能装置中的过程。即在制动时将车辆行驶的惯性能量由传动系的差速器传递到变速器，然后经电动机（发电机）把机械能转化为电能回收到动力电池。再生制动能量回收技术最早应用于电力机车领域，在机车减速时回收制动能量。随着电动汽车的发展，20世纪60年代汽车设计师们开始尝试在直流电机驱动的电动汽车上引用再生制动能量回收系统，并获得了成功。但是，由于电

---

[1] 张虹等同于第一作者。

动汽车的关键技术——电池技术一直没有取得突破性进展，这在很大程度上制约了再生制动能量回收技术在电动汽车领域的发展速度。随着混合动力汽车的发展，再生制动能量回收技术又受到了人们的重视，1997 年丰田公司推出了第一辆产品化的混合动力轿车 Prius，1999 年本田公司也推出了一辆产品化的混合动力轿车 Insight，这两款成熟的混合动力轿车都应用了再生制动能量回收系统。

再生制动能量回收既实现了车辆的减速和制动，又有效地降低了整车的燃油消耗和污染物排放，并且降低了制动器摩擦片的磨损。再生制动能量回收对电动汽车的能量利用率的提高和行驶安全性有直接影响，是电动汽车的关键技术之一。在再生制动能量的回收过程中，再生制动能量回收控制策略根据当前电动机或发电机、动力电池、车速等状态计算出最佳的再生制动力和摩擦制动力的分配方案，根据分配得到的摩擦制动力调节液压控制单元，将分配得到的再生制动力发送给电机控制器，从而达到最佳的制动效果。从能量回收的角度来说，再生制动力参与的制动力分配越多，用于回收的制动能量就越多，但是，由于受电池的容量、充电能力和电动机（发电机）的发电能力的限制，以及约束前后轮制动力分配的 ECE 法规的限制，再生制动能量回收受到了极大的限制。目前电动汽车回收制动能量主要采用的电池储能方式，但其存在功率密度低、充放电频率小、无法快速转化所吸收的大量能量等缺点，在车辆制动时，短时间内会产生大量由惯性能量转化来的电能，使得蓄电池的应用受到了很大的限制。因此，如何实现再生制动与常规液压制动之间的协调，在车辆行驶制动稳定的前提下，充分利用电机的再生制动，实现能量回收最大化是再生制动能量回收系统亟待解决的问题。进入 21 世纪后，各国加快了对电动汽车的研发进程，再生制动能量回收技术也日趋成熟。目前国内对再生制动能量回收这一电动汽车的关键性技术的研究还很薄弱，相关理论和技术的研究文献较少，基本上处于起步阶段。国内的汽车厂商和科研院所在这一领域进行的研究虽然取得了初步的成果，但是均没有达到比较成熟的阶段，主要存在着制动力难以准确控制、制动性能较差和制动能量回收率较低等问题。

本文将对国内外电动汽车再生制动能量回收领域的专利申请总量、申请年份分布、申请国家分布、技术领域分布和申请人分布等进行统计分析，通过统计分析，拟在纵向上尽可能全面系统地反映出电动汽车再生制动能量回收技术的历史、现状和发展趋势；在横向上力争能全面系统地反映出拥有相关专利技术的主要国家、主要研究机构或企业以及产业界的实际水平，并对重点技术进行介绍，以期为我国电动汽车再生制动能量回收行业的研究机构和生产企业提供参考。

二、电动汽车再生制动专利技术现状分析

（一）分析样本的构成

1. 检索数据库及起止时间

基于现有数据系统的特点，本文中所分析的电动汽车再生制动能量回收技术的分

析样本源于S系统中的VEN数据库和CNPAT数据库的检索。检索截止日期为2014年5月5日。

2. 检索策略及数据处理

电动汽车再生制动能量回收技术主要分布的分类号为B60L和B60T，其中，B60L涉及电动汽车的电力装备或动力装置；用于车辆的磁力悬置或悬浮；一般车用电力制动系统。B60T涉及车辆制动控制系统或其部件；一般制动控制系统或其部件；一般制动元件在车辆上的布置；用于防止车辆发生不希望的运动的便携装置；便于冷却制动器的车辆的改进。为了全面系统地获得电动汽车再生制动能量回收技术的相关专利，检索的过程通过关键词、分类号及其组合的方式，进行IPC分类统计，反复提取、排除、进而验证可靠的分类号和关键词，最终确定多个分类号和主要关键词。

主要分类号：如上所述的B60L和B60T，其中B60L 7/10涉及动态电能量回收式制动，B60L 7/12涉及用于直流电动机推进的车辆，B60L 7/14涉及用于交流电动机推进的车辆，B60L 7/16涉及用于电源与电动机之间具有变流器的车辆，B60L 7/18涉及制动效果的控制，B60L 7/20涉及通过向车辆原动机供给回收功率的制动，原动机则包括发动机驱动的发电机。上述B60L7/所辖分类号与本技术领域相关度较高。在IPC分类统计的过程中，还获取了B60W和B60K，其中B60W涉及不同类型或不同功能的车辆子系统的联合控制；专门适用于混合动力车辆的控制系统；不与某一特定子系统的控制相关联的道路车辆驾驶控制系统，其中也包含本技术的相关文献。B60K涉及车辆动力装置或传动装置的布置或安装；两个以上不同的原动机的布置或安装；辅助驱动装置；车辆用仪表或仪表板；与车辆动力装置的冷却、进气、排气或燃料供给结合的布置。此外还有H部涉及电学和F部涉及机械工程的部分分类号，然而经过多次抽样阅读，这些分类号的噪声较大，经分析最终放弃了H部和F部的分类号。

主要关键词包括：混合、电动、燃料电池、新能源；回收、再生；刹车、制动；再生制动；汽车，车辆；并且在检索过程中，通过抽样阅读，对出现的噪声提取共性，通过关键词：自行车、摩托车等进行了初步去噪处理。

3. 检索结果

通过上述检索领域和关键词，获取电动汽车再生制动能量回收技术的样本总量为：在CNPAT数据库中检索到633项专利文献；在S系统中的VEN数据库中检索到8599项专利文献。

（二）世界范围内专利技术现状分析

本文首先对世界范围内的专利申请进行分析，基于VEN数据库检索到的样本，对电动汽车再生制动能量回收领域的申请量年度变化、国际或地区分布情况、主要申请人及其活跃度情况进行统计分析。

1. 世界范围内专利申请量的年度变化情况分析

截至 2014 年 5 月 5 日，VEN 数据库中电动汽车再生制动能量回收领域的专利申请量为 8599 件。以下分析数据的时间截取自 1960 年。近 54 年来世界范围内电动汽车再生制动能量回收领域的相关申请量分布趋势如图 1 所示。

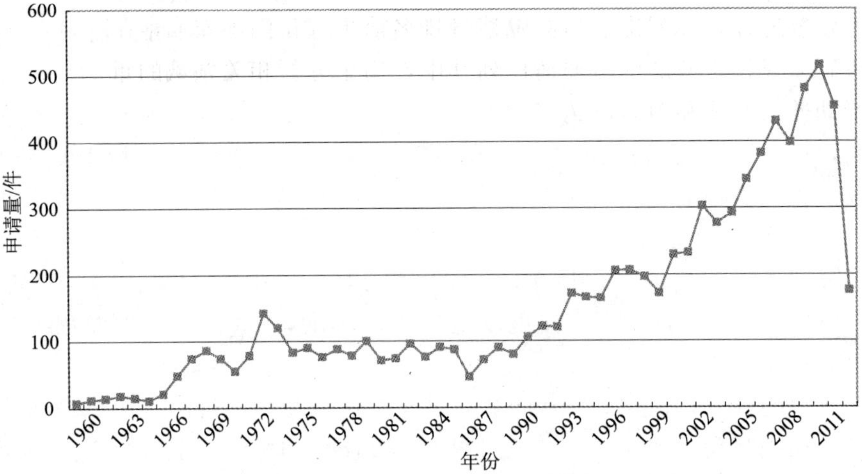

图 1 世界范围内电动汽车再生制动领域专利申请量逐年分布趋势

从图 1 中可以看出，近年来世界范围内的相关专利申请量曲线上升，而由于发明专利申请通常自申请日（有优先权的，自优先权日）起满 18 个月才能公开（要求提前公开的除外），从而才能被检索查询。因此，截至 2014 年 5 月 5 日检索完毕时，2012 年和 2013 年的相关专利申请仍然有部分没有被公开，导致 2012 年和 2013 年的数据呈现下降曲线。并且由于检索截止日为 2014 年 5 月，2014 年对应的数据无研究价值，因而直接删除了 2014 年的数据。之后的在中国专利申请量年份变化图也删除了同样的年份数据。

从图 1 可以看出，早期该技术处于萌芽发展阶段，研发投入较少，因而专利申请数量不高。20 世纪 70 年代的石油危机已经使得西方主要工业国家意识到，能源的稀缺性和需求的迫切性之间的矛盾，进而加强了对电动汽车的研发工作，通过国家政策、规划等鼓励措施，为电动汽车的研发做了一系列的技术储备。从而 20 世纪 90 年代，电动汽车再生制动能量回收领域的专利申请量已经达到平稳发展的初期阶段，2000 年虽然出现小幅下降，但是随后随着经济的增长以及人们对环境问题和能源匮乏的进一步认识，相关领域的研发需求得到进一步的满足，相关专利申请量进入快速上升阶段，增长量迅速提升，增长率保持稳定。2009 年由于世界范围内爆发经济危机时企业需求和市场竞争等方面的影响，导致企业研发投入下降，反映在专利申请量上，使得 2009 年的相关专利申请量也出现了一个下行拐点。然而，在总的技术发展趋势下，之后的相关专利申请量还是迅速回升，呈现总体上升的趋势。在世界性的环境问题和能源危机冲突日益突出的今天，电动汽车再生制动能量回收领域仍然是当前技术发展的热点。

2. 各个国家或地区的专利申请情况分析

我们对电动汽车再生制动能量回收领域的世界范围内相关专利申请按照国家或地区进行了分布统计，并列出了当前申请量排名前十五位的国家或地区，其中电动汽车再生制动能量回收领域的国际申请位列其中，用于分析相关领域的重点技术的申请情况，具体情况如图 2 和图 3 所示。

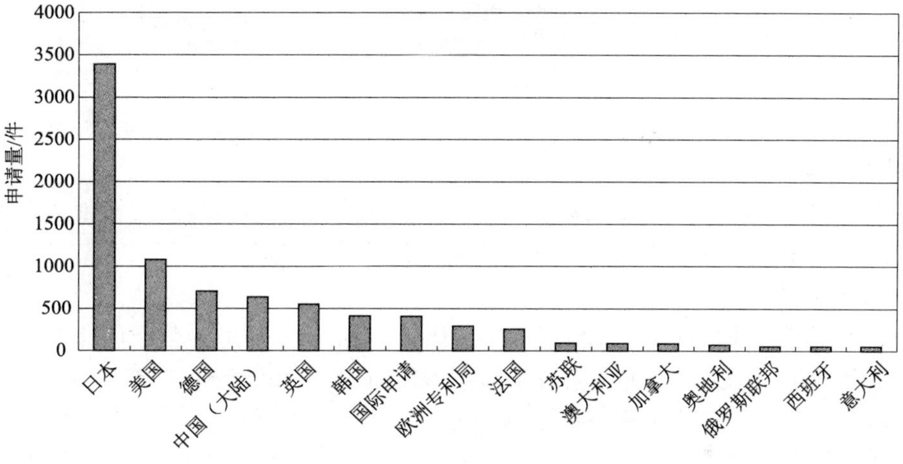

图 2　申请量排名前 15 位的国家或地区

从图 2 和图 3 所示的数据可以看出，申请量最多的是日本，其具有相关专利申请 3391 件，占总量的 39.43%，申请量远远超过其他国家或地区；其次是来自美国的申请 1080 件，占总量的 12.56%；中国（大陆）排名第四，申请量为 634 件，占总量的 7.37%。日本和美国是世界上的主要汽车生产国，汇聚了大量的汽车生产企业，其在电动汽车领域的关注度也远远高于其他国家或地区，从其专利申请的数量就能够表明其技术开发活动的程度。从图 2 可以看出，日本和美国这两个国家在电动汽车再生制动能量回收领域占有绝对优势。排名第一的日本申请量远超其他国家，这就说明大量在日本的专利申请没有进入其他国家，这些专利申请主要集中在日本本土。这一现象不单出现在日本，其他国家也主要将本土市场作为重点，只有关键技术才会提交国际申请，因而国际申请的数量只有 405 件，只占总量的 4.7%。这种现象体现出这些国家对本土技术保护的重视和认可。中国（大陆）在该领域这几年也有了飞速发展，政府对电动汽车产业给予了高度重视，并出台了一系列的政策扶持。虽然中国（大陆）和日本、美国在电动汽车再生制动能量回收技术方面还存在较大差距，但在

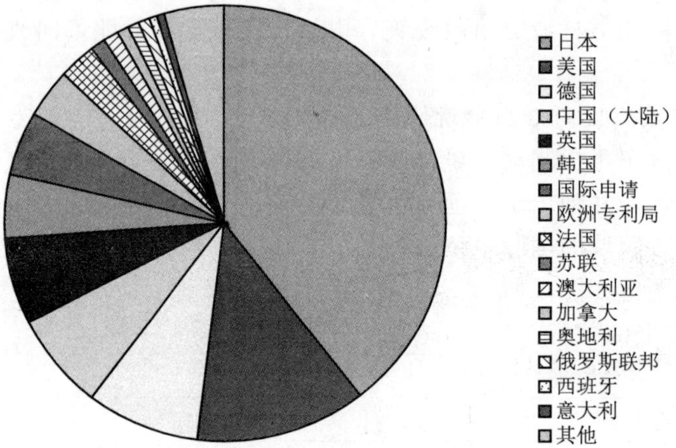

图 3　申请量排名前 15 位的国家或地区的申请占比

这些持续的政策激励下，我国电动汽车再生技术领域也将继续加强技术创新，紧跟汽车产业强国的步伐，以减小与这些汽车产业强国之间的差距。

3. 主要申请人的申请情况分析

如表 1 所示，我们对电动汽车再生制动能量回收领域的世界范围内所有申请进行分析，从中找出全球专利申请量排名前十位的申请人。其中包括 6 家日本公司、1 家韩国公司、2 家美国公司以及 1 家德国公司。

表 1　世界范围内电动汽车再生制动能量回收领域主要申请人排序

排名	申请人	国别	总申请量/件	在中国申请量/件
1	丰田自动车株式会社	日本	748	99
2	日产自动车株式会社	日本	331	33
3	本田技研工业株式会社	日本	193	39
4	现代自动车株式会社	韩国	171	20
5	株式会社日立制作所	日本	137	21
6	通用电气公司	美国	125	65
7	福特世界范围内技术公司	美国	123	38
8	罗伯特·博世有限公司	德国	88	34
9	株式会社东芝	日本	84	9
10	日本三菱汽车公司	日本	77	3

从专利申请数量可以看出，在排名前十位的申请人中，日本申请人所占的比例最大，10 家企业有 6 家是日本企业，而且排名前三位的申请人均是日本企业，这与图 2 中日本申请量排名世界范围内第一位相呼应。日本是个能源缺乏的国家，因此其非常关注能源危机问题。其电动汽车以及电动汽车再生制动能量回收技术一直处于世界领先水平，而且非常重视专利申请，因此日本在电动汽车再生制动能量回收领域的专利技术具有很大优势。在日本的众多汽车企业中，丰田自动车株式会社脱颖而出，电动汽车再生制动能量回收领域的总申请量（748 件）占日本该领域总申请量（3391 件）的 22%，这也从另一个角度说明丰田自动车株式会社在日本乃至世界范围内汽车企业中的霸主地位。丰田早在 1997 年就推出了世界上最早开发混合动力汽车-普锐斯（Prius），并在之后一直致力于研发第一代、第二代以及第三代产品，研发过程中形成了大量的专利技术，其电动汽车再生制动能量回收领域专利申请量在全世界也位居第一。前五位申请人中唯一一家非日本的企业是韩国的现代自动车株式会社，它是韩国最大的汽车企业，其在电动汽车方面也投入了较大研发。现代开发了电动车 i10、伊兰特 LPI 混合动力车、索兰托 R 混合动力车、cee'd 混合动力车和途胜 ix 氢燃料电池电动车，这些汽车车型的研发积累了大量的专利技术，其电动汽车再生制动能量回收领域的总申请量（171 件）占韩国该领域总申请量（411 件）的 41.6%。

同时，可以注意到上述世界范围内十大申请人在中国申请量占其总申请量的比例都很小，也就是说，关于电动汽车再生制动能量回收技术的大量申请都没有进入中国。这一点不独发生在中国。如图 4 所示，各国的汽车企业将专利申请重点放在本土，主要是为了尽可能减小他国企业对专利技术的入侵。然而这种举措对专利保护来说是一把双刃剑。

目前这种技术发展形势，对于中国申请人来说，既是机遇又是挑战。一方面说明中国的电动汽车再生制动能量回收技术与日本等国家存在很大差距，另一方面也促使中国的企业更加注重技术的创新，以增强与国外企业的核心竞争力。

4. 活跃度分析

对于上述世界范围内排名前十位的申请人，我们选取了 2007～2012 年的平均申请量数据与 1992～2012 年对应的平均申请量数据进行了活跃度分析，分析结果如图 4 所示。

世界范围内前十位申请人的相关申请量主要集中在近 20 年，其中丰田自动车株式会社近 20 年的申请量（689 件）占其总申请量（748 件）的 92%。可以发现，丰田自动车株式会社和日产自动车株式会社的申请量在近 5 年来仍然是位居前列，尤其是丰田，其近 5 年来的申请量也远大于其他申请人。然而丰田在电动汽车再生制动能量回收领域的起步阶段领先于其他企业，其总申请量也较其他企业更多，因而丰田和日产近 5 年的活跃度指数一直处于行业较稳定的阶段，其活跃度反而不因为其总申请

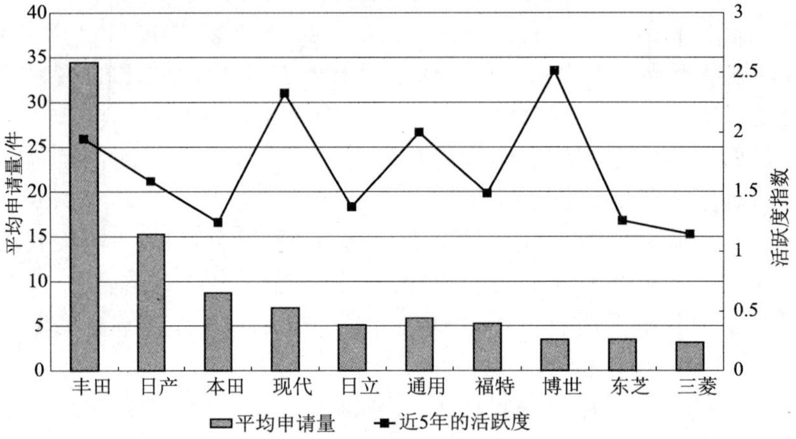

图4　世界范围内电动汽车再生制动领域排名前十位申请人年平均申请量与活跃度指数

量排名第一而排在前列，这表明丰田和日产在该领域保持着持续稳定的专利产出。罗伯特·博世有限公司和现代自动车株式会社起步相对较晚，总申请量比其他企业少，尤其是博世，其总申请量（44件）只占日本总申请量（335件）的13%。然而这5年来他们加大了研发力度，博世近几年每年投入4亿欧元用于研发电动汽车，现代也在近几年持续加大资金投入力度，重点研发节能环保，因而虽然它们的总申请量排在前十位的靠后位置，但其近5年来的活跃度名列前茅。

（三）在中国专利申请情况分析

世界范围内中国（大陆）的总申请量为634件，位居全球第4位，排名在前面的分别为日本（3391件）、美国（1080件）和德国（703件）。这说明我国的总申请量与日本、美国相比还有较大差距。而相关领域在中国专利申请量为633件。下面对各个国家或地区在中国专利申请情况、在中国专利申请量年度变化、地区分布情况、主要申请人情况进行统计分析，以寻找不足，缩小我国与发达国家之间的差距。

1. 各个国家或地区在中国专利申请情况分析

首先对电动汽车再生制动能量回收领域相关申请的申请人在中国申请，按照国家或地区进行了分布统计，具体情形如图5所示。

按照图5所示数据，电动汽车再生制动能量回收技术领域的在中国633项专利申请中，排名第1位的是来自中国（大陆）的申请435件，占总申请量的66.7%；其次是来自日本的申请95件，占总申请量的15%。由此可以看出，电动汽车再生制动能量回收领域的中国企业已对专利保护有了强烈的意识和积极地参与。日本在中国专利申请量排名第2位，体现出其对中国的市场比较关注，然而其重点关注仍然是世界范围内的专利申请。

图6对来自中国（大陆）的435件申请进行了分析。

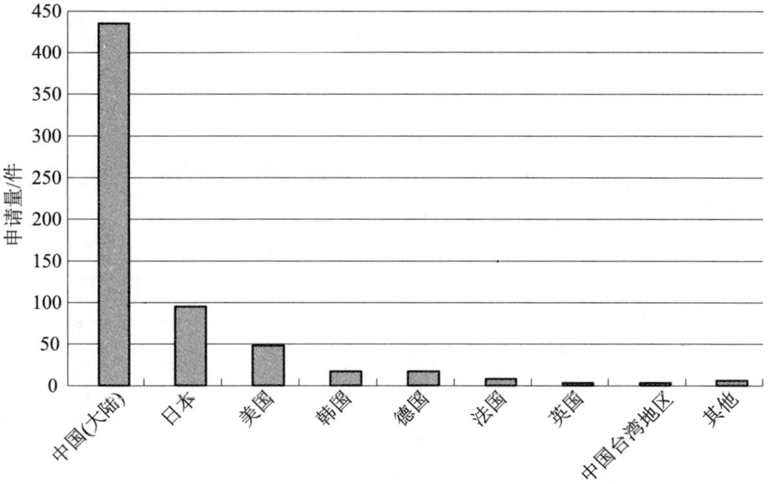

图 5　在中国相关申请按国家或地区的分布及其比例情况

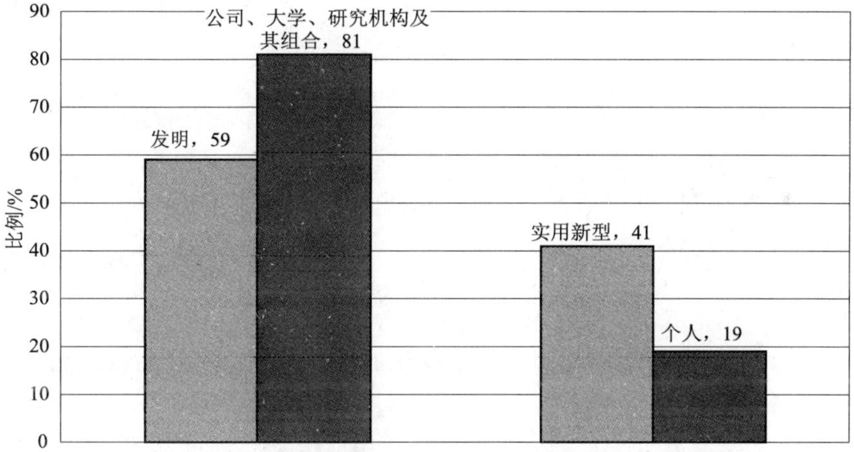

图 6　来自中国（大陆）的申请情况

来自中国（大陆）的 435 件申请中，发明专利申请 257 件，占比 59%，实用新型专利申请 178 件，占比 41%，没有外观设计专利申请。通常情况下，关键技术或者说技术含量较高的申请一般都会提交发明专利申请。中国（大陆）的 435 件申请中，虽然发明专利申请占比相对高一些，但实用新型专利申请的比例也比较大。国外申请人通常提交的都是发明专利申请，实用新型专利申请比例很小。在这一点上，说明我国电动汽车再生制动能量回收专利技术领域的技术仍需要做精做细，真正把研发落到实处，提高发明专利申请的比例。上述中国（大陆）的申请中，个人申请量 83

件，占比 19%，公司、大学、研究机构及其组合申请人的申请量 350 件，占比 81%。在电动汽车再生制动能量回收这一复杂的技术领域，主要还是依靠完备的技术团队进行研发。

2. 在中国专利申请量年份变化情况分析

中国（大陆）在电动汽车再生制动能量回收领域起步较晚，图 7 所示为在中国相关申请量的逐年分布趋势。

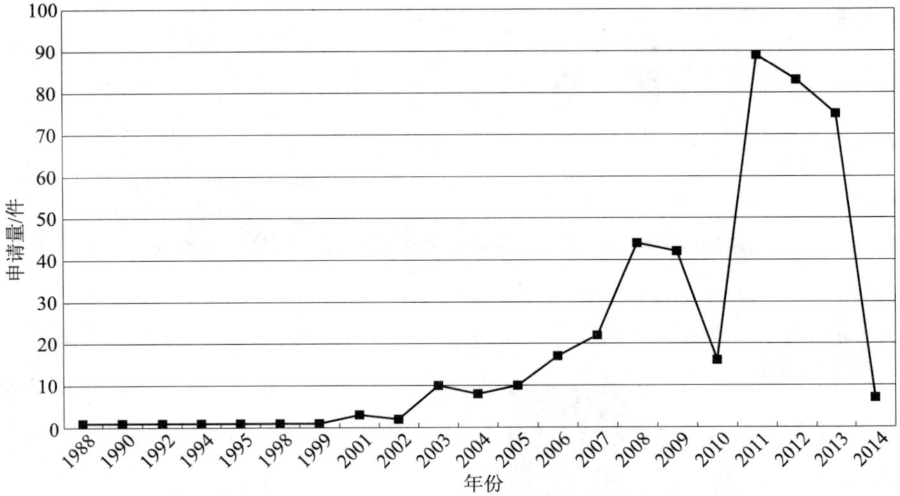

图 7　电动汽车再生制动领域在中国申请量逐年分布趋势

从图 7 可以看出，涉及电动汽车再生制动能量回收的专利申请量呈逐年上升趋势，从 2003 年开始上升趋势变得较为明显。由于该领域的在中国申请中，将近 70% 源于中国（大陆）提交，因此我国申请量变化的因素对图 7 所示曲线趋势有着决定性的影响。

2006 年 2 月“十五”期间国家“863”计划“电动汽车重大科技专项”通过验收，项目在整车技术开发、关键零部件研发和共性研发技术平台等方面取得了一系列成果，并在北京、武汉、天津、威海、株洲、杭州、深圳 7 个城市开展商业化示范运营。同年 4 月，科技部建立“十一五”期间“863”计划“节能与新能源汽车重大项目”，继续坚持“三纵三横”（三纵：混合动力汽车、纯电动汽车、燃料电池汽车；三横：电池、电机、电控）的研发布局，以动力系统技术平台为核心、聚焦动力系统技术平台和关键零部件的研发。这些政策上的鼓励措施的累积，使得 2008 年相关申请量出现显著上升。之后，由于 2009 年世界范围内的经济危机，2009～2010 年的相关申请量又呈现下降的趋势。然而，随着经济的复苏，以及国家政策的持续扶持，财政部、科技部在多个城市开展节能与电动汽车示范推广试点工作，以财政政策鼓励在公交、出租、公务、环卫和邮政等公共服务领域率先推广使用节能与电动汽车，并对推广使用单位购买节能与电动汽车给予补助。2010 年 5 月财政部等四部委发布《关于开展私人购买新能源汽车补贴试点的通知》和《私人购买新能源汽车试点财政补助资金管理暂行办法》，选择多个城市开展私人购买电动汽车补贴试点工作。同年 10 月国务院发布《关于加快培育和发展战略性新兴产业的决定》。在一系列政策鼓励、财政扶持的刺激下，2011 年相关专利申请量继续呈现上升趋势，电动汽车再生制动能量回收领域当前所处的阶段依然是增长期、发展期。

3. 在中国专利申请地区分布情况分析

电动汽车再生制动能量回收领域在中国专利申请在中国大陆的地区分布情况见图 8。

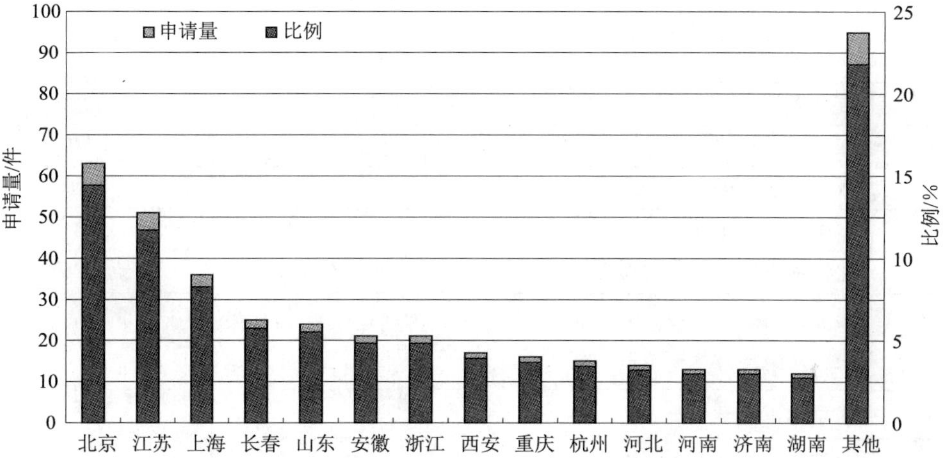

图 8 相关专利申请在中国大陆的地区分布及其比例

图 8 所示数据中，排在前三位的北京、江苏和上海的相关申请量较多，其他地区申请量相对较少。这主要是由于经济发展定位的原因，汽车产业格局分布不均，这些省市汽车企业比较集中，尤其是汽车企业的研发部门一般都设在这些经济发达、政策扶持的省市，随之导致电动汽车再生制动能量回收领域呈现在各地发展不平衡的局面。北京汽车股份有限公司投资 50 亿元建设其电动汽车设计制造产业基地，旗下北汽福田汽车股份有限公司、北京汽车新能源汽车有限公司都一直致力于电动汽车的产业化发展，北汽福田汽车将混合动力的城市大巴车以及纯电动的轻卡、大巴车产业化进军市场，并不断研发乘用类的纯电动汽车。而北京汽车新能源汽车有限公司已经成为国内主要的电动汽车研发设计、生产基地，并不断通过合资、入股等形式获得电动汽车技术支持。江苏省现有电动汽车企业 30 余家，涉及整车研发制造、动力电池及管理系统研发制造、驱动电机及控制系统研发制造、电附件研发制造等各领域。上海

的上汽集团、上海华普、上海万象、上海申龙等整车企业开发形成了超级电容、纯电池、电池电容等纯电动客车，弱混、中混、强混等混合动力汽车，燃料电池汽车等多条技术路线的电动汽车产业链。大量的人力、物力研发投入，使得北京、江苏和上海脱颖而出，位列前茅。

4. 在中国专利申请国内主要申请人情况分析

相关领域在中国申请的申请人分布情况比较分散，我们选取了申请量排名前15位国内申请人进行了分析，见表2。

表2　在中国专利申请量排名前列的国内申请人及其申请量

排名	国内申请人	申请量/件
1	清华大学	19
2	奇瑞汽车股份有限公司	17
3	北京工业大学	12
3	吉林大学	12
3	江苏大学	12
6	西安交通大学	11
7	中国第一汽车集团公司	8
8	北汽福田汽车股份有限公司	7
8	华北电力大学（保定）；国家电网公司；国网辽宁省电力有限公司经济技术研究院	7
10	北京理工大学	6
10	北京汽车新能源汽车有限公司	6
10	常州海科新能源技术有限公司	6
10	何伟斌	6
10	上海瑞华（集团）有限公司	6
10	浙江吉利汽车研究研有限公司；浙江吉利控股集团有限公司	6

从表2可以看出，主要申请人在专利数量方面没有显著差异，申请量比较分散，名列前十位的国内申请人主要是大专院校和企业。清华大学在电动汽车领域就一直位于国内申请的前列，在电动汽车再生制动能量回收领域也名列前茅。从其专利申请的情况来看，其电动汽车再生制动能量回收技术领域的申请主要以控制策略的改进为主。以奇瑞为首的汽车企业抓住市场趋势，也在该领域投入大量人力物力进行研发，并积累了一定的专利申请量。奇瑞在该领域的专利申请同样较集中于控制策略的改

进，同时还涉及车辆的相关结构和车辆的工作模式。虽然排名前十位中有一位个人申请人，然而其 6 项申请为系列申请，并且其中有一半是实用新型。个人申请采用这种申请策略，一项技术同时申请发明和实用新型，虽然累积了数量，然而在专利质量方面存在较大弊端。

我们进一步对全部来自中国（大陆）的 435 件申请进行了申请人类型的分析，如图 9 所示。

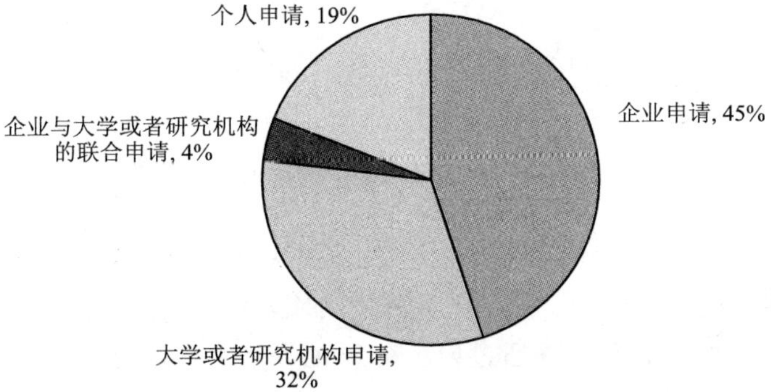

图 9　国内专利申请申请人类型和比例

从图 9 可以看出，国内申请人主要是企业和大学或者研究机构，其中，企业申请占 45%，大学或者研究机构申请占 32%，两者的联合申请占 4%，个人申请占 19%。在这 19%的个人申请（83 件）中，有 43 件发明专利申请、40 件实用新型专利申请。个人申请中将近 50%是实用新型专利申请，这也从一定程度上说明在该领域个人申请的技术含量较低。企业和大学或者研发机构都具有较强的技术开发和研究能力，然而两者又有区别。大学或者研究机构的研发目的与企业不同，大学或者研究机构在技术研发上没有市场作为推动力，多从学术角度开展技术研发，并且大学里的研究人员通常是教师和学生的组合，一届学生在校时间有限，往往是学生刚进入状态就面临写毕业论文的毕业阶段，没有办法系统全面地将一项技术研究到底，而下一届的学生又从头开始进入状态。企业则大不相同，企业的研究是以市场为导向，以经济利益为动力，并且享有国家政策扶持，有完整的研究团体和生产体系做保障，在充足的人力物力支撑下长期积累技术。因而，企业的专利申请较其他类型的实际应用性更高。而正是出于这些原因，企业与大学或者研究机构的联合申请较少，只占 4%。

5. 在中国专利申请涉及的技术领域分析

我们通过逐一阅读电动汽车再生制动能量回收领域的 633 件在中国相关专利申请，按照申请的改进点进行分类，并对相关申请进行了统计，具体情况如图 10 所示。

从上述电动汽车再生制动能量回收所涉及的改进点来看，占将近 50%的申请是对控制策略进行改进；其次，将近 40%是对再生制动能量回收相关结构进行改进；

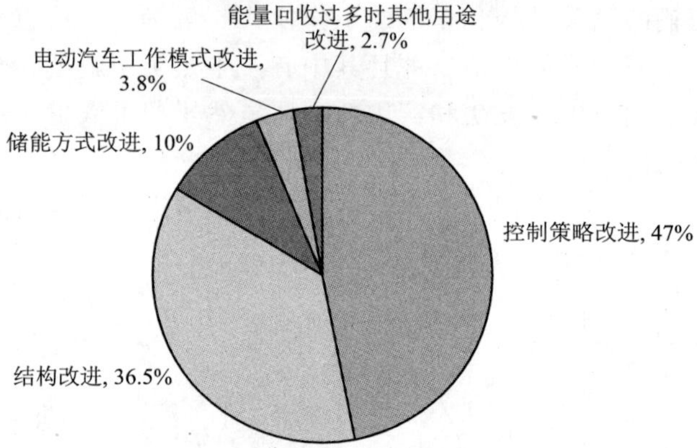

图 10　在中国相关申请技术分类

约 10％的申请是对再生制动回收能量的储能方式进行改进；3.8％的申请是对电动汽车的工作模式进行改进；2.7％是关于再生制动回收能量超过蓄电池储能能力时，多余的能量如何处理方面的改进。通过以上分析也可以发现，电动汽车再生制动能量回收领域的关键技术在于控制策略和结构。

我们进一步对其中占比 47％的 292 件控制策略改进技术申请进行了细致分析。图 11 所示为主分类号的分布情况。

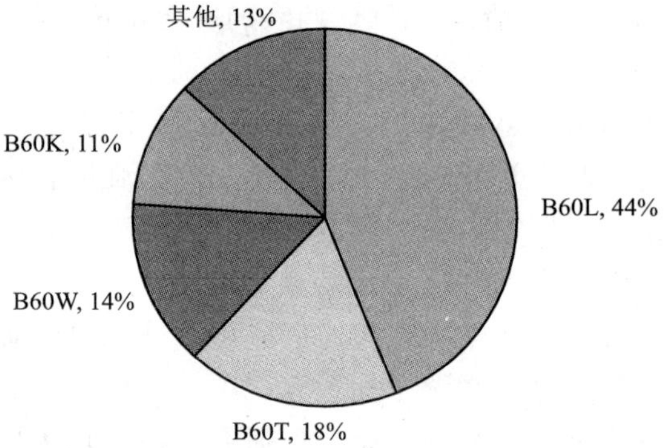

图 11　在中国相关申请中控制策略改进技术分类号分布

有关控制策略改进技术的 292 件专利申请中，44％的申请主分类号为 B60L，18％的申请主分类分布在 B60T，14％的申请主分类分布在 B60W，11％的申请主分类号分布在 B60K，此外还有部分主分类号分布在其他分类。

图 12 所示为相关申请的申请人国家（省市）分布情况。

从申请人国家（省市）分布情况来看，日本和美国在该关键技术领域的申请量不仅排在前列，而且结合图 5 中它们在中国的申请量可以发现，其在该关键技术领域的

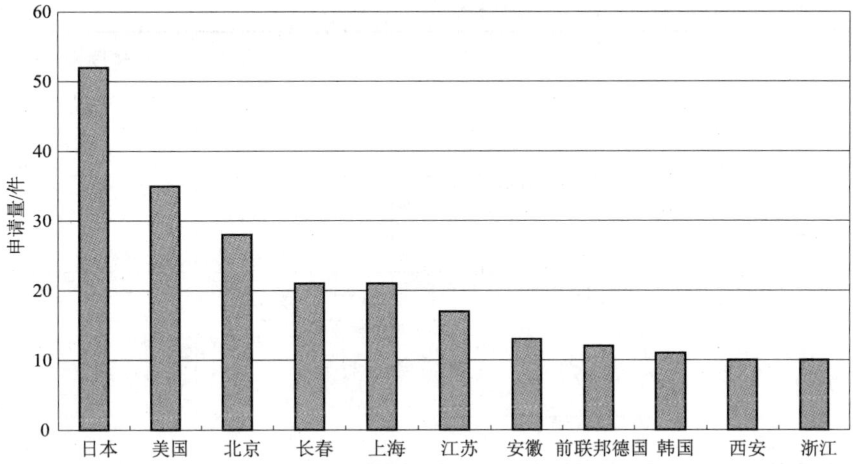

图 12 在中国相关申请中控制策略改进技术申请人国家（省市）分布

申请量均占各自在中国相关申请总量的 50%以上。电动汽车再生制动能量回收领域技术首先并主要以日本和美国为代表开展了研究，日本和美国在控制策略改进部分的申请量的占比之高，也从另一个侧面表明了该技术分支在再生制动能量回收领域的重要性。而北京、长春、上海、江苏紧随其后，也把握这一脉路，将研究重心放在了这一关键技术上。

表 3 所示为相关申请的申请人在关键技术方面申请量排名情况，并结合表 2 中对应申请人在中国全部申请量情况，分析了相关的占比。

表 3 在中国专利中控制策略改进技术申请量排名前列的申请人及其申请量

排名	申请人	在中国专利全部申请量/件	关键技术申请量/件	占比/%
1	清华大学	19	10	52.6
1	奇瑞汽车股份有限公司	17	10	58.8
3	吉林大学	12	9	75
4	西安交通大学	11	8	72.7
4	中国第一汽车集团公司	8	8	100
6	北京汽车新能源汽车有限公司	6	6	100
6	何伟斌	6	6	100
8	北京理工大学	6	4	66.7
8	江苏大学	12	4	33.3

续表

排名	申请人	在中国专利全部申请量/件	关键技术申请量/件	占比/%
8	上海瑞华（集团）有限公司	6	4	66.7
11	徐工集团工程机械股份有限公司，江苏徐州工程机械研究院	5	4	80
12	北汽福田汽车股份有限公司	7	3	42.8
12	上海燃料电池汽车动力系统有限公司，万钢	3	3	100
12	项青松	3	3	100
15	安徽江淮汽车股份有限公司	2	2	100

我们同样选取了15位在控制策略改进技术领域的申请人，并结合表2进行分析。从申请人的角度来看，无论是以理论研究为主导的大学或者研究机构，还是以产业化为目的的企业，都将控制策略作为重中之重。清华大学和奇瑞汽车股份有限公司的相关占比也都在50%以上，中国第一汽车集团公司、北京汽车新能源汽车有限公司甚至全部申请都涉及控制策略。

三、电动汽车再生制动能量回收的关键技术及重点申请人分析

（一）关键技术分析

根据目前产业的技术现状和在中国专利申请所得出的改进点（控制策略改进、结构改进、储能方式改进、工作模式改进和能量回收过多时其他用途改进），以及从全球专利出发，特别是对日本、美国相关专利的分析得出。再生制动能量回收领域中的四项关键技术（制动力分配控制、能量回收充分性、制动平稳性、复合制动协调兼容）进行分析，希望借此能够发现目前我国企业的强项和不足，进而帮助我国企业找到自身的不足和发展的方向。其中各部分的重点专利，均为通过检索以及人工筛选得出的在中国专利申请。

1. 制动力分配控制

由于再生制动力矩随车速变化大，它的制动过程与只具有摩擦制动系统的制动过程有所不同。对于后驱动型汽车由于再生制动力矩是加在后轴上，当再生制动力矩过大时会使后轴提前抱死，从而使汽车出现后轴侧滑丧失稳定性，对于前驱动型，再生制动力矩位于前轴上，过大的再生制动力矩会使前轴过早于后轴抱死。不但使前轮丧失转向能力，还会使附着利用率降低，因此，汽车制动时的方向稳定性和路面附着力与其

前后轴制动力的分配有很大的关系。当制动力足够制动时可能出现以下三种情况：

（1）前轮制动力过大，前轮先抱死拖滑，然后后轮抱死拖滑，这时汽车丧失转向能力，地面附着力较低；

（2）后轮制动力过大，后轮先抱死拖滑，然后前轮抱死拖滑，这时后轮可能出现侧滑，地面附着力较低；

（3）前、后轮制动力分配合理，前、后轮同时抱死拖滑，这是一种理想工况，地面附着力利用充分。

制动时，丧失转向能力和后轮拖滑都是非常危险的工况，因此应该尽可能避免出现上述（1）、（2）的情况，而前、后轮同时抱死则对汽车的方向稳定性和地面附着力的利用极为有利。

电动汽车的制动系统同传统燃油汽车一样，是为汽车减速或停车而设置的，然而在很多情况下，单独的再生制动不能满足汽车的制动要求，因此，还必须保留传统的机械摩擦制动，所以电动汽车制动系统通常是由再生制动和传统机械制动组成的复合制动。再生制动系统参与制动后实际上改变了车辆原有的制动力分配特性，车轮的制动力矩大小与电动机制动系统产生的再生制动力矩和传统机械制动系统产生的摩擦制动力矩有关。电动汽车中传统机械制动系统通常是液压驱动的机械摩擦制动，当驾驶员踩下制动踏板时，电动泵使制动液增压产生所需的制动力，制动控制与电动机控制协同工作，确定电动汽车上的再生制动力矩和前后轮上的液压机械摩擦制动（以下简称液压制动）力矩。再生制动时，制动主缸中的压力传感器产生一个与制动系统压力成正比的电信号，当制动系统压力未上升到液压阀导通压力时，电信号输入电动机控制单元，触发旁通液压阀导通，制动能量回收系统将每个车轮的驱动电机变为发电机，产生与传感器信号值成正比的反扭矩，阻止车轮运转。驾驶员通过调节制动踏板力来调节控制转矩及车速，这时电动汽车处于“再生制动”状态。随着制动踏板力的增大，系统最后达到最大制动能量回收状态，这时压力增大到一个值，使液压阀开启，制动液进入液压制动系统中，液压制动和再生制动共同作用。液压制动和再生制动之间的稳定制动和回收能量之间往往是矛盾的，因为要提高回收能量，就要求增大再生制动轴的制动力，但这样势必使前后轴的制动力分配偏离理想曲线，从而会使稳定性和制动效能变差。因此，为了实现汽车的稳定制动，前、后轮上的制动力必须进行合理的分配，这样就需要解决两个问题：① 如何在前、后轮上分配制动力，从而实现汽车的稳定制动；② 如何分配再生制动力与机械摩擦制动力，从而尽可能多地回收汽车的制动能量。由于制动稳定性与回收能量的要求不同，现在制动力分配方式主要有以下三种方式。

（1）并联制动

并联制动主要是在制动系统中完全保留传统的摩擦制动系统，再生制动力是一种施加在前轴的附加制动力，并且再生制动力与摩擦制动力之间按固定的比例分配。当制动减速度较小时，将只应用再生制动；当制动减速度较大时，为保证可靠制动同时保护储能装置，此时只使用摩擦制动，再生制动不起作用；当制动减速度处于中间时，再生制动和摩擦制动按固定的比例共同提供制动力。

在该技术领域，丰田自动车株式会社、日产自动车株式会社、本田技研工业株式会社和通用电气公司在中国均有专利布局，其中，丰田自动车株式会社在该领域占有较强的技术优势。

该技术领域中代表性的重点专利之一为丰田自动车株式会社的授权专利CN1245296C，其名称为：车辆制动控制装置及其制动控制方法。该专利基于车辆减速度参考值计算出再生制动力目标值和摩擦制动力目标值，其中的减速度参考值取决于驾驶员所执行的制动操作量。通常是在既作用有再生制动也作用有摩擦制动的协作制动模式中对车轮制动力进行控制。对于预定的制动控制，在第一次或最后一次执行制动控制时，要在仅有摩擦制动的单制动模式中实施对车轮制动力的控制，并在该制动控制过程中，以车辆参考减速度与实际减速度的比值作为修正系数。通过将摩擦制动力目标值与修正系数相乘来对其进行修正。这样，当车辆的制动力控制模式在协作制动模式与单制动模式之间转换时，能防止车辆的总制动力出现波动。因而，就能防止车辆减速度发生剧变。

（2）串联制动

当制动减速度较小时，将只应用再生制动；当制动减速度较大时，施加在前、后轴的制动力沿制动力理想分配曲线分配。前轮制动力包括再生制动和摩擦制动，这两者之间的分配以尽可能使再生制动力最大为原则，即当所需要的制动力小于电动汽车所能产生的最大制动力时，将只应用再生制动力，否则，电动汽车提供其最大再生制动力，不满足的部分再由摩擦制动力补充，这种制动方式使汽车的制动效能和制动稳定性最好。

在该技术领域中，除了国外主要的专利申请人丰田自动车株式会社、日产自动车株式会社、本田技研工业株式会社和三菱电机株式会社的专利申请外，中国申请人也申请了一些重要的专利。

其中，该技术领域中代表性的重点专利之一为北京长城华冠汽车技术开发有限公司的授权专利CN102582447B，其名称为：一种电动汽车可调节制动力回收比例装置和方法。该专利通过七个实施例对制动能量可变比例的回收做出了说明，指出电动汽车可调节制动力回收比例的装置，带有比例调节按键的比例调整单元与控制和运算单元连接，控制和运算单元依次与CAN总线、整车控制器连接，控制和运算单元与显示单元连接，整车控制器与采集单元连接，采集单元包括采集动力电池电量、动力电池电压、动力电池温度的电池参数采集模块，采集发电电流、发电效率的发电机参数采集模块，以及采集车速、传动比、踏板位置的车况采集模块。其通过调整比例调节按键，可调整电动车制动能量回收的比例，满足驾驶员不同的驾驶习惯和不同的路况要求，增强了制动的安全性，更有效地提高了制动能量的回收，增加了汽车的续航里程和动力电池的使用寿命。

另一代表性的重点专利是丰田自动车株式会社提出的CN102653238A专利申请，该申请公开了一种车辆控制装置以及车辆控制方法。其基于蓄电池的充电和放电历史，调节对于蓄电池的充电功率上限以便防止蓄电池的负电极电势降到锂基准电势；根据制动踏板下压量，对于期望的制动力确定由制动装置产生的液压制动力和再生制动力之间的分配比率，使得电动发电机产生在充电功率上限范围内的制动力；根据所检测的液压响应率来可变地设定在通过限制充电功率的上限来限制对于蓄电池的充电电流时的充电功率上限的限制程度。

（3）最优能量回收串联制动

当制动强度要求小于路面的附着系数时，如果电动机最大制动力大于前轮所允许的最大制动力，不管是前轮抱死还是为保证制动效能而限定的前轮最大制动力，都应控制电动机制动力为前轮的最大允许制动力，前轮摩擦制动力为零；如果电动机最大制动力小于前轮所允许的最大制动力，但大于制动强度时制动力分配理想曲线所对应的前轮制动力，则应控制电动机发挥其最大制动力，前轮摩擦制动力为零；如果电动机最大制动力小于制动力分配理想曲线所对应的前轮制动力，此时，为保证制动稳定性和制动效能，应控制制动力在制动力分配理想曲线上，即电动机制动力应发挥最大值，前轮再生制动力不满足的部分有液压制动力弥补。当制动强度大于路面的附着系数时，汽车只能获得等于附着系数的制动强度，此时前轮再生制动力与机械摩擦制动力的分配按再生制动力的大小，由再生制动力单独提供或与摩擦制动力共同提供。这种制动方式充分利用了电动机的再生制动力，使得能量回收率最大化。

在该技术领域，除了一些国外专利申请人，也包括了众多的国内申请人：奇瑞汽车股份有限公司、清华大学、北京工业大学和北汽福田汽车股份有限公司等。

其中，该技术领域中代表性的重点专利之一为奇瑞汽车股份有限公司提出的CN102975702A号申请，该申请公开了一种串联式再生制动控制方法，包括以下步骤：整车控制器监测驾驶员的意图及整车的状态判断是否进入再生制动控制模式；判定允许进入再生制动时，整车控制器综合考虑电池及电机状态，计算当前允许的最大再生制动扭矩，并将最大再生制动扭矩发送给制动控制单元；制动控制单元监测驾驶员的制动需求，在整车控制器允许的范围内，协调再生制动扭矩与常规液压制动扭矩，在满足驾驶员制动需求的前提下，优先回馈再生制动扭矩，实现制动能量回收的最大化。

该技术领域的另一个重点专利为清华大学提交的专利CN102556034A，名称为：一种电动汽车可调节制动力回收比例装置和方法。其是一种基于液压ABS压力调节器的制动能量回收系统，包括具有液压ABS功能的压力调节器、制动主缸、主缸真空助力器、驱动电机、制动控制器、整车控制器和电机控制器，在制动主缸出油管路上设置一个压力传感器，在ABS压力调节器中的一个前轮轮缸处设置一个压力传感器。两传感器的信号均反馈给制动控制器，驱动电机由电机控制器控制，制动控制器与整车控制器进行CAN通信，整车控制器与电机控制器进行CAN通信。压力调节器控制左前轮和右后轮两路制动油路。该发明运用电机回馈制动力进行制动能量回收，利用ABS压力调节器实现轮缸压力的增加、保持、减小，保证行车安全，可以实现制动能量回收与ABS一体化控制。

从以上的分析可以看出，在该领域中，国内外主要申请人均对制动力分配控制技术进行了深入的研究，并提交了众多的专利申请，进行了相应的专利布局，显然该技术点已成为业内重点研究的技术。

2. 能量回收充分性

在再生制动能量回收系统中，电池的充电能力受蓄电池特性、电机工作特性、充电的快慢等因素的影响，制动能量回收时常存在过充电及急速充电等问题，使得电机和蓄电池工作条件变得复杂。从能量回收的角度来说，再生制动力参与越多的制动力分配，用于回收的制动能量就越多，但是，由于电池的容量、充电能力和电动机（发电机）的发电能力的有限，以及约束前后轮制动力分配的ECE法规的限制，再生制动能量的回收受到了极大的限制。因此通过改进电机控制技术、蓄电池储能技术和采用先进的储能方式来提高短时间内充电系统的充电效率是保证制动能量回收充分性的关键。

汽车制动时，能量回收的方法有空气储能、液压储能、飞轮储能和电储能等。空气储能装置结构庞大，密封性能要求很高，实用化困难；液压储能装置功率密度大，但能量密度低，其零部件密封性能要求高，具有控制结构复杂和存在工作噪声等问题；飞轮储能装置功率密度较大，其体积小、质量轻，但要求高转速和周围空间真空，技术上实现较复杂，且只能短时间储能；电储能各方面性能均很好，且结构简单，只是功率密度低，能量转换环节多。随着汽车驱动电机技术和储能技术的进一步发展，采用电机来回收与利用制动能量越来越显现出其优势，特别是在纯电动或混合动力汽车中，电储能的再生制动方式是实现低油耗和低排放的重要措施。目前能量回收系统主要包括能量转换和能量存储两个过程，能量回收的装置主要有以下两种。

（1）能量转换装置

在电储能再生制动中，能量转换装置的作用是进行制动和驱动转矩的变换，把汽车惯性动能转换成为电能，是一个发电过程。为了实现制动能量的回收和释放，还需要有合适的传动装置，目前普遍采用集成电机形式，用一个电机和一个行星齿轮机构组合，既担当发电机再生制动电机又担当电动机驱动电机，与两个离合器联用来满足功能要求。用作汽车再生制动的集成电机主要有直流电机、交流异步电机、无刷永磁电机和开关磁阻电机系统。

直流电机在单极性斩波器的调速系统中，在斩波调压时能量不能回馈，制动时能量回收率低。双极性斩波器能够保持电流有一定的连续性，可以使电机在四象限中运行，在斩波调压时能量能够回收，回收效率较高，调速范围也更大一些，最高转速可达 4000～6000r/min，低速平稳性好。

交流异步电机驱动时要采用宽调制型逆变器来构成变压变频的调速控制系统。这种调速系统最高转速可以达到 15 000r/min，电机能够实现四象限运行，制动时能量能够回收，大大地扩大了交流电机的使用范围。逆变器有频率控制、矢量控制和伺服控制等控制方式，若采用矢量控制技术，交流电机可以扩大其使用范围，并且可以获得较理想的动态特性。

永磁无刷电机也是采用逆变器来控制调速，同时还要利用转子位置检测装置作为控制反馈元件，以及用电子开关换向，如果采用双向导通开关进行换向，可以控制永磁无刷电机实现四象限运行。由于永磁无刷电机最高转速可达到 10 000r/min，体积小，质量轻，控制性能很好。在轮毂电机驱动系统中的轮毂电机多采用永磁无刷电机，有利于制造机电一体化驱动系统，并有利于电子化控制。

开关磁阻电机是一种新型电机，它的控制系统由控制部分、功率部分、检测元件等组成。控制器是一个具有较强信息处理功能的微处理器，它综合位置检测器、电流检测器反馈的电机转子位置、转速和电流的信息，并接受外部输入的控制指令，通过微机的分析和处理，按照指令的要求，向功率转换器发出执行命令，控制开关磁阻电机按新的状态运行。功率转换器（逆变器）的开关元件采用损耗小、可靠性好的 IGBT 管，而且每个开关元件都与电机绕组相串联来控制电机转速，电路简单，可靠性高。根据开关磁阻电机相数的不同，功率转换器的线路也不同。开关磁阻电机的位置检测器是电机转子位置和转速等信号的检测器件，要求能够反应瞬间转子之间实际相对位置和转子速度的信号，并能以较高的开关频率来降低电机的噪声和振动，以及开发高性能的软件来提高控制器微机信息处理功能。开关磁阻电机系统结构紧凑牢固，适合于高速运行，并且驱动电路简单成本低、性能可靠，在宽广的转速范围内效率都比较高，而且可以方便地实现四象限控制，是汽车驱动及再生制动能量回收与利用集成电机的发展趋势。在该技术领域，主要的申请人是北京工业大学、北京汽车新能源汽车有限公司和丰田自动车株式会社等。

该技术领域中代表性的重点专利之一为北京工业大学提出的 CN102259596B 号授权专利，该专利公开了一种汽车制动能量的回收利用装置及方法。该专利通过添加汽车转动轴发电装置——磁阻电机来避免大量制动能量的浪费，进而实现机械能向电能的转化，然后，利用发电机发出的电能一部分用于燃料催化重整，产生的重整气引入柴油机进气管与柴油混合燃烧，另一部分用于加热柴油机进气。该发明通过汽车转动轴发电装置、燃料催化重整装置、柴油机进气加热装置和控制系统的综合作用，不但回收了汽车的制动能量，还大幅度改善了柴油机怠速时的燃烧和排放性能，实现了柴油机的节能和减排。

（2）能量存储装置

为了实现更充分地回收和利用制动能量，储能系统需要在比能量、比功率、效率、充放电速度、充电次数、成本、安全等方面符合要求。当前主要有四种储能装置被考虑用于汽车制动能量回收储能，它们是电化学电池、超级电容、飞轮电池与复合储能系统。

a. 电化学电池

电化学电池是汽车储能的传统选择，主要包括铅酸电池，镍金属电池、锂电池。

铅酸蓄电池可靠性高、原料易得、成本低、适用温度和电流范围大，一直在汽车储能中使用最广泛。可分为两大类，即注水式和阀控式，目前使用的铅酸蓄电池一般采用阀控式，因为这种电池较之普通铅酸电池使用更为方便，在比能量、比功率等方面有一定的提高，有些产品循环使用寿命能达到1000～1200次。但铅酸电池作为制动能量储能系统存在的缺点主要是充电速度慢、循环使用寿命过低等。

镍金属电池有Cd-Ni和MH-Ni电池，但由于镉对环境有污染，很多国家限制发展和使用Cd-Ni电池。MH-Ni电池是一种绿色镍金属电池，具有很高的能量存储能力，高能量MH-Ni电池的比能量可达到95W·h/kg，高功率MH-Ni电池的比功率能达到900W/kg，而且循环使用寿命长，超过1000次。它具有比能量比铅酸电池高，充电速度快，过充放电、深度放电性能都较好，循环寿命也较长的优点，但它的单元电池额定电压较低，这就导致构成相同额定电压的镍金属电池单元数目比铅酸电池要多，增加了电池系统的复杂性。另外，镍金属电池还存在记忆效应和充电发热等方面的问题。

锂电池是20世纪末发展起来的高容量可充电电池，能够比MH-Ni电池存储更多的能量，比能量大，循环寿命长，自放电率小，无记忆效应和无环境污染，是当今各国能量存储技术研究的热点。该领域的主要的申请人有中信国安盟固利新能源科技有限公司、浙江吉利汽车研究研有限公司和丰田自动车株式会社等。

该技术领域的重点专利之一是中信国安盟固利新能源科技有限公司提出的CN201457108U号授权专利，该专利公开了一种电动汽车用电池-电池混合动力源，将两种不同性能的锂离子动力电池以及限流元件结合为一体，可用于清洁能源汽车的动力系统。锂离子电池组要满足混合动力车启动、加速时大电流迅速放电，提升车辆速度的要求，在刹车制动、下坡时能快速回收反馈制动能量，存储于锂离子电池组。

b. 超级电容

超级电容器，也称双层电容器，在最近几年随着新电极材料的出现而提出的能满足汽车能量和功率实时变化要求的一种能量存储装置。超级电容容量是同等体积下的普通电容器容量的2000～6000倍，放电电流可达几千安培，能量密度高于传统电容器近百倍，瞬时放电功率比蓄电池高十倍以上，充放电效率高，不需要维护和保养，寿命长达10年以上。与一般蓄电池结合使用，可增强电动汽车加速及爬坡能力，并对蓄电池起保护作用，极有发展前途。该技术领域的主要申请人有国内申请人奇瑞汽车股份有限公司、惠州市亿能电子有限公司等。

该技术领域中代表性的重点专利之一为惠州市亿能电子有限公司提出的CN103612630A号申请，该申请公开了一种油电混联式超级电容管理系统及控制方法。该系统包括主控芯片MCU模块，整车控制器，充电机，CAN通信模块，电源电路模块，开关控制模块，以及继电器及控制电路模块。当汽车启动时，利用相应的继电器，实现电容供电；当达到一定速度时，切换为汽油发动机作为动力源，断开相应继电器，停止电动机；当汽车要进行非紧急制动时，打开发电机，将汽车动能回收，供电容充电，电容电压不足时，充电机作为后备充电源。与现有技术相比，该发明降低了汽车油耗，减轻了对环境的污染，同时把汽车制动时的能量回收到电容中，提高了能源利用率。

c. 飞轮电池

飞轮电池是一种以动能方式存储能量的机械电池，近年来由于高强度碳素纤维和玻璃纤维的出现以及电磁悬浮、超导磁悬浮技术、真空技术的发展，飞轮允许线速度可达500～1000m/s，单位质量的动能储量大大增加，机械摩擦与风力损耗又极大地降低，从而飞轮储能技术已成为汽车储能的研究热点之一。西安交通大学和北京理工大学高校申请人是该领域中的重要申请人。

该技术领域的重点专利之一为西安交通大学提出的CN100386221C号授权专利，该专利公开了一种电动车飞轮电池辅助电源系统的构建方法，在电动车主电源的基础上增加一个飞轮电池辅助电源，用于存储电动车再生制动回馈能量，以及车辆加速或爬坡时协助主电源向电机供电。辅助电源系统由飞轮电池单元和直流变换DC/DC调压器组成。飞轮电池辅助电源系统不但可以使主电源的寿命得到提高，而且由于飞轮电池功率密度较大，在电动车加速时能以很大的放电电流协助主电源供电，因此电动车的加速性能有所改善。该系统不需对原电动车控制系统在原理和结构上进行大的改动，可以很方便地实施技术改造。另外，该系统具有使用广泛的特点，可以用于电动汽车、电动摩托车、电动自行车、电动三轮车等电动车辆，具有很高的社会效益和经济效益。

由北京理工大学提交的专利申请CN102582456A，名称为：用于混合动力车辆的制动能量回收装置。其中包含的飞轮储能系统用于回收车辆的制动能量，并在车辆启动和爬坡时向车辆提供额外的动力；离合装置，其可断开地连接驱动电机和飞轮系统；控制装置，其用于控制驱动电机、飞轮系统和离合装置，并且，在车辆制动时，所述控制装置使得离合装置闭合。

d. 复合储能系统

由于单纯一种储能电池往往很难适应汽车储能的要求，特别是对具有再生制动的汽车能量的充分回收与利用，要考虑到储能系统的比能量、比功率、使用寿命、充电效率、成本等各方面的因素，这时可以采用复合储能的方式，扬长避短，实现能量回收最大化与能量利用的最优化。

复合储能系统是将两个或多个能量存储装置组合在一起，使每个能量存储装置都能发挥其优势。复合储能系统通常采用一个具有高比能量，而另一个具有高比功率的双能源系统。在电动汽车正常行驶条件下，高比能量的能源通过功率变换器向负载传送功率，并对高比功率的能源充电，以使其在任何时候都具有高功率输出能力。在车辆加速或爬坡行驶时，双能源系统同时向负载提供功率。当车辆制动或下坡行驶时，再生能量主要由高比功率的能源所吸收，而仅有少部分由高比能量的能源所吸收。

基于现有的能源技术，典型的双能源系统包括蓄电池-蓄电池、蓄电池-超级电容、燃料电池-蓄电池和蓄电池-飞轮电池等。其中，超级电容具有良好的快速充电能力和较高的比功率密度，能在加速或上坡时为汽车提供较高的峰值辅助功率，在减速或制动时为汽车提供良好的快速回收电能的能力。因此，目前复合储能系统大多是采用超级电容与其他动力电池组合应用，国内外许多研究机构都在对超级电容与其他电源共同工作进行研究。该领域的主要申请人为日产自动车株式会社、株式会社日立制作所、奇瑞汽车股份有限公司、浙江工业大学以及福建省福工动力技术股份公司等。

代表性的重点专利之一为浙江工业大学提出的 CN103009987A 号申请，该申请公开了一种并联液压电动汽车再生制动能量回收系统，包括蓄电池、电机、机械传动装置、减速器、油箱、驱动桥、飞轮和蓄能器，所述的蓄电池与所述的电机电连接；所述的电机的输出轴、所述的驱动桥均与所述的机械传动装置相接；所述的机械传动装置的输出轴分别与汽车的车轮以及所述的减速器的输入端连接，所述的减速器与带有变量泵的油箱相连，所述的飞轮通过离合器与所述的变量泵接合；所述的蓄能器通过三位四通换向阀与所述的变量泵连接，且所述的蓄能器与所述的三位四通阀、所述的变量泵与所述的三位四通阀之间均通过液压管道相连。该发明适用范围广、结构成熟、成本低、便于改装，实现了能量回收再利用。

另一重点专利是福建省福工动力技术股份公司提出的 CN102700428 A 号申请，该申请公开了一种锂电池和超级电容复合储能系统，其包括三相异步发电机、变频器 A 和变频器 B、超级电容、锂电池和驱动电机，所述超级电容与锂电池并联，锂电池和超级电容一端分别与变频器 A 连接，变频器 A 另一端连接三相异步电机，超级电容和锂电池另一端分别与变频器 B 连接，变频器 B 另一端连接驱动电机。该发明采用锂电池和超级电容共同作为辅助储能元件，锂电池在夜间用电低峰时，利用充电接口给锂电池充电。当车辆处于轻载和制动时，三相异步发电机再生发电，将动能转化成电能储存于超级电容中，节能减排的效果明显降低。同时，变频器开关电源的输入端连接的恒定电源使变频器能在控制系统允许的所有电压范围内工作。

3. 制动平稳性

制动平稳性就是指在制动过程中，制动踏板能够良好响应驾驶员制动操纵，反馈制动路感的能力，制动平稳性越好则越能良好响应制动操纵，越能反馈制动路感，制动踏板感觉越好。再生制动力矩作为辅助制动力矩将影响制动踏板跳动与驾驶平顺性，需要对再生制动力矩的大小进行优化控制以使汽车制动与常规汽车制动系制动感觉一样。再生制动能量回收系统中根据制动模式的变化，机电制动的切换与结合都会对制动踏板感觉产生不良的影响，从而增加驾驶员的劳动强度，甚至导致制动不平顺等问题。

再生制动能量回收系统是在原有的机械摩擦制动硬件系统中增加电机再生制动而组成的，电机制动量分配是制动需求的函数，而制动踏板运动信号是驾驶员表达制动需求的唯一方式，另外，由于电机制动的参与存在机械制动与电制动之间的过渡，必然会反映到制动踏板上。因此具有能量回收的制动系统，制动踏板信号不再是单纯液压信号，而是液压与电信号同时作用，以满足驾驶员接收反馈信号液压信号和制动控制系统进行制动需求的判别电信号，同时为了具有原有制动系统的制动踏板感觉，制动踏板控制应能实现原有制动踏板感觉特性。该技术领域中，主要申请人有丰田自动车株式会社、本田技研工业株式会社和日产自动车株式会社等。

该技术领域具有代表性的重点专利之一为丰田自动车株式会社提出的CN101795907B号授权专利，该专利公开了一种制动装置，包括：压力制动单元，其具有对应操作部件的操作对工作流体施加操作压力的操作压力施加单元、对工作流体施加加压压力的加压单元和通过操作压力与加压压力的总压力对车轮产生压力制动力的制动力产生单元；再生制动单元，其对车轮产生再生制动力；以及控制单元，其执行将再生制动力替代为与加压压力对应的压力制动力的替代控制，并且，当进行该替代控制时，在使操作部件返回之际减小控制目标制动力，在使操作部件返回后保持或踩下该操作部件之际将控制目标制动力设定为比上次的控制目标制动力小的值，并禁止由加压单元进行加压压力的增加。该制动装置可以在确保制动力的同时抑制制动操作感觉变差。

4. 复合制动协调兼容

在电动汽车再生制动能量回收系统中制动电机不仅起到制动及能量回收转换作用，还起到车辆系统制动动态稳定性控制作用。要在保证制动安全的条件下实现能量充分回收，再生制动就要与常规制动系统、ABS系统良好协调兼容，合理设计电机制动转矩和制动器制动转矩调整的综合控制策略，实现电机同馈能量制动与ABS制动协调控制。电机再生制动系统、液压ABS制动系统、能量回收系统及车辆制动动态稳定性控制系统相互之间是紧密联系、相互制动约的几个子系统。按照协调控制的集成方法，将各个子系统集成控制，成为一个完整的再生制动及稳定性控制系统。

制动控制策略的原则是：① 制动稳定性；② 驾驶员制动感觉；③ 能量回收最大化。在制动踏板动作时，根据制动需求大小，决定采用何种机电制动模式，再确定前后制动力分配比，然后根据前轴制动需求量及储能系统荷电状况进行机电制动力分配和能量回收；前轴电机制动进行 ABS 控制，控制方式是对电机输入一个驱动电压，后轴制动仍为原有的 ABS 制动方式；在紧急制动中前后轴全为液压 ABS 制动；机电制动比变化时制动踏板平稳过渡控制；根据集成系统输入状况确定能量回收最大化控制方法。整个系统以协调控制器为中心，车辆稳定性控制、再生制动控制、能量回收控制及液压制动控制相互关联制约。该技术领域中，主要申请人有丰田自动车株式会社、本田技研工业株式会社、日产自动车株式会社以及国内申请人清华大学、北京航空航天大学等。

该技术领域具有代表性的重点专利之一是北京航空航天大学提出的 CN103332184A 号申请，该申请公开了电动汽车用电液复合制动控制方法及其控制装置。根据驾驶员制动意图，选择相应的制动模式，包括电机制动模式、电液复合制动模式一、电液复合制动模式二、液压制动模式；电液复合制动 ECU 根据制动液压意图计算出所需要的再生制动力和车轮制动器制动力；并根据电池 SOC 信号以及电机当前转速信号，确定当前所能提供的最大电机再生制动力，并判断电机再生制动是否参与制动过程。电液复合制动 ECU 将计算出制动力控制信号传输到相应的控制模块（包括电机控制模块、液压制动模块、ABS 控制模块），并由相应的控制模块将相应控制信号分别输入给相应执行器（车轮制动器和电机），对执行器进行制动力控制以达到制动目标。在制动过程中轮速、车速、电池 SOC、电机转速等将被作为输入信号参与制动控制过程。ABS 控制模块需要根据监控的车速信号与轮速信号，在适当的时候启动，防止车轮抱死，确保制动安全性。

（二）重点申请人分析

1. 制动力分配控制

（1）国内重要申请人

该领域国内重要申请人主要有奇瑞汽车股份有限公司和清华大学。

a. 奇瑞汽车股份有限公司

奇瑞汽车股份有限公司在再生制动能量回收领域的专利申请量达 17 件，其专利技术涉及了再生制动控制策略技术的各个方面，并且侧重点在于再生制动力和传统摩擦制动力的分配控制。

其专利技术 CN102975702 A 极具代表性，该专利公开了一种串联式再生制动控制方法，包括以下步骤：整车控制器 VMS 监测驾驶员的意图及整车的状态判断是否进入再生制动控制模式；判定允许进入再生制动时，整车控制器 VMS 综合考虑电池及电机状态，计算当前允许的最大再生制动扭矩，并将最大再生制动扭矩发送给制动控制单元 BCU；制动控制单元 BCU 监测驾驶员的制动需求，在整车控制器 VMS 允许的范围内，协调再生制动扭矩与常规液压制动扭矩，在满足驾驶员制动需求的前提下，优先回馈再生制动扭矩，实现制动能量回收的最大化。可广泛应用于再生制动控制领域。

b. 清华大学

清华大学是国内较早从事电动汽车再生制动能量回收研究的重要研究机构之一，从 2003 年就开始了再生制动控制技术的专利申请，在其 19 件相关专利的申请中，关于制动力分配控制技术的申请达到 9 件，可见该技术点是其研究的重要方向。公告号为 CN101913352B 的清华大学授权发明专利，公开了一种电动汽车的协调制动控制方法，其通过设置一协调制动控制系统当车辆处于制动或滑行的情况下，整车控制器根据下几种情况对制动命令进行分析处理：① 电机制动系统与液压制动系统共同制动的起始阶段的动态协调控制；② 以制动安全性为主，即需求制动力矩较大情况下的协调控制；③ 以制动能量回收为主，即小强度制动的协调制动控制；④ 综合考虑电动汽车的电池荷电状态及电机转速，当电池荷电状态较高，电池不需要充电时，减小电机能提供的最大制动力矩，但仍用电机来提供需求制动力矩的动态部分；最后将分析结果在电机制动系统与液压制动系统之间按比例进行分配，最终达到对电动汽车进行协调制动控制的目的。

（2）国外重要申请人

该领域国外重要申请人主要有丰田自动车株式会社和日产自动车株式会社。

a. 丰田自动车株式会社

丰田自动车株式会社在再生制动能量回收领域的专利申请量达 748 件，其专利技术涉及了再生制动技术的各个方面，在该领域全球范围内处于技术领先地位。

该公司在制动力分配控制方面有很多专利，其中 WO2009077835A1 公开了一种车辆行为控制设备以及车辆行为控制方法，其基于车辆行为来计算需要各个车轮产生的要求转矩，相对于计算得到的要求转矩，为车轮均一设置的转矩值被设定为由摩擦控制装置引起车轮产生的摩擦制动转矩的值，而为各个车轮彼此独立设置的转矩值被设定为由车轮的电动机中的相应一个电动机引起车轮产生的驱动转矩或再生制动转矩的值。此时，测量车载电池的剩余电量，并且根据测量得到的剩余电量来改变通过摩擦控制装置得到的摩擦制动转矩与通过各个电动机得到的驱动转矩或再生制动转矩之间的分配。

b. 日产自动车株式会社

日产自动车株式会社在再生制动能量回收领域的专利申请量达 331 件，其中 JP2004189056A 提供了一种车辆制动控制系统，它控制至少三个制动装置，包括再生制动装置、液压制动装置和电制动装置。这种车辆制动控制系统基本包括一个制动方式选择部分、一个需要的制动力确定部分和一个目标制动力设定部分。制动方式选择部分设定多种制动方式之一，每种制动方式具有对于每种目标制动力来说不同的制动控制优先。需要的制动力确定部分确定整个车辆的需要的制动力。目标制动力设定部分在选择的制动方式的制动控制优先的基础上，设定每种目标制动力以产生整个车辆的需要的制动力。制动方式选择部分至少可设定电力保持优先方式和制动反应优先方式。

2. 能量回收充分性

（1）国内重要申请人

该领域国内重要申请人之一是北京工业大学。北京工业大学在再生制动能量回收技术领域中的专利申请量为10件，作为国内重要的电动汽车再生制动能量回收技术的研究机构，其于2011年起提交了一系列的专利申请：CN102147336B、CN102411100A、CN201909717U、CN202033431U等，主要涉及的技术有：电动车辆再生制动及能源系统综合实验装置系统，包括微处理器单元，蓄电池组、超级电容组、电压传感器、电流传感器、温度传感器、转速转矩传感器、电机、电机控制器、磁粉制动器、张力控制器、外部存储设备、触摸显示器、滤波电路、加速踏板模块、制动踏板模块和声光报警电路。对电动车辆再生制动及能源系统综合实验装置运行的各项参数进行检测，并对检测的数据进行分析计算，根据分析结果对电动车辆再生制动及能源系统综合实验装置进行控制。

（2）国外重要申请人

该领域国外重要申请人主要有现代自动车株式会社和本田自动车株式会社等。

a. 现代自动车株式会社

现代自动车株式会社在再生制动能量回收领域的专利申请量达171件，涉及多个技术方面，其专利技术KR20050070734A公开了一种控制电动车再生制动的方法和装置，在获得与司机刹车操作一致的制动力的同时，能提高再生制动的能量回收率，并且驱动轮和非驱动轮之间的制动力分配达到最优。

其核心方案为：电动车再生制动的控制方法是根据驱动轮的目标制动力与可获得的再生制动力的比较结果控制驱动轮的再生制动和液压制动。用来控制具有电机的电动车再生制动的方法包括检测刹车踏板的操作；根据刹车踏板的操作计算出加到电动车非驱动轮上的非驱动轮制动力；计算出与非驱动轮制动力相对应的驱动轮的目标制动力；计算出驱动轮可获得的再生制动力；将驱动轮的目标制动力与可获得的再生制动力进行比较；根据驱动轮的目标制动力与可获得的再生制动力的比较结果控制驱动轮的再生制动和液压制动。

b. 本田技研工业株式会社

本田技研工业株式会社在再生制动能量回收领域的专利申请量达193件，其中JP2003204602A提供一种电动车辆的再生控制装置，可根据刹车操作量或刹车操作变化量改变再生制动的有效性，同时在下坡时，通过再生制动可使用户获得舒适的行驶感。

其核心方案为：电动车辆的再生控制装置具有驱动车辆的马达、以对应刹车操作量的强度对车辆进行制动的刹车装置及刹车开关、切换装置、操作量变化量检测部、再生量确定装置。刹车开关用于输出表示刹车操作量的刹车信号；切换装置响应根据刹车信号判断的刹车装置的操作，将马达切换到再生侧；操作量变化量检测部用于输出刹车操作量的变化量；再生量确定装置根据基于刹车信号判断的刹车操作量或刹车操作量的变化量确定再生量，其中再生率映像根据刹车操作量的变化量确定再生量，再生率映像能够以作为刹车操作量变化量和车速的函数输出再生量。

3. 制动平稳性

（1）国内重要申请人

该领域国内重要申请人之一是江苏大学。江苏大学在2010～2013年的申请量最为集中，共12件，其中主要涉及制动平稳性技术的有5件，占总申请量的40%。此外江苏大学的申请还涉及能量回收充分性和复合制动兼容等方面。

公告号为CN102490617B的授权专利提出了一种具有主动辅助制动功能的混合制动系统，将摩擦制动系统与电机再生制动系统相集成，整车控制器能够根据驾驶员的制动意图以及各相关系统的状态参数进行控制，在需要增加机械摩擦制动力的工况下，独立于驾驶员主动调节真空助力器的制动助力输出，起到了较好的辅助制动系统的作用，可以减少驾驶员制动踏板力的增加，降低驾驶员的操作强度，确保制动踏板感觉，提高摩擦制动力矩，提高制动安全性。

公开号为CN102785654A的专利申请公开了一种用于电动汽车的电控液压制动系统及其控制方法，所述的电控液压制动系统除配备了一个高压蓄能器外，还装有一个低压蓄能器，形成三个制动回路（即高压制动回路、低压制动回路、备用制动回路）。高压制动回路中的高压蓄能器能够保证在液压泵不再供油的情况下，连续进行多次大强度制动；而通过并联的低压制动回路中液压大部分依靠液压泵提供，保证了在高压制动回路失效的情况仍能提供一定的制动强度，并且为开启制动能量回收系统创造了条件，采用双回路制动能明显提高制动安全性；另外，低压回路的设置还可以在不降低再生制动力矩的情况下，使汽车总的制动力矩维持在恒定值，这不仅增加了再生制动能量的回收，也改善了制动的舒适性。

（2）国外重要申请人

该领域国外重要申请人主要有福特全球技术公司和罗伯特·博世有限公司等。

1）福特全球技术公司。

福特全球技术公司在再生制动能量回收领域的专利申请量达123件，在制动平稳性方面有很多研究成果，其中US2008303340A1公开了一种具有主缸作用力模拟器的汽车制动系统，不需要踏板力感模拟器上使用的复杂的电子液压耦合装置就可以获得制动踏板作用力的通透性，制动踏板作用力在运转模式被最小化。

其核心方案为：汽车制动系统，包括主缸以及具有装到旋转悬架上的踏板的制动踏板总成，主缸作用力模拟器连接到旋转悬架，主缸作用力模拟器包含具有基座和从基座延伸的弹性体的弹性元件，当踏板被驱动而基座保持固定时，弹性体发生弹性变形，主缸的阻力/位移特性被模拟并被施加到制动踏板，电子控制的柔顺装置选择性地固定基座，以使模拟器提供的阻力可选择性地施加给制动踏板。

2）罗伯特·博世有限公司。

罗伯特·博世有限公司在再生制动能量回收领域的专利申请量达 88 件，其中 WO2011020691A1 提供了一种再生制动系统及工作方法。该方法和装置作为总制动设备，也就是由传统的部分以及再生部分构成的制动设备的一部分，借助于该方法和装置，制动液体积可以移动。根据该发明的方法和根据该发明的装置特别地用于以下情况：通过可控制的制动助力器使制动设备的液压部分中的压力情况与制动设备另一部分的附加制动作用的变化相适应。因此，实现了将不同制动系统的制动作用混合成恒定的总制动作用，即使在各制动系统在总制动作用中的所占部分发生变化的情况下也能实现。这种通过制动助力器的压力调整大多数情况下伴随着对制动踏板的反作用，特别是伴随着该制动踏板的移动。通过至少一个制动回路、补偿腔室与制动踏板中的输入腔室或液压蓄能器之间的体积移动，可以进行压力调整，驾驶员不会在制动踏板上因踏板的位置变化而意识到该压力调整且觉得该压力调整可能是干扰性的。例如所述方法可以用于这样的车辆中，在这些车辆中通过电机作为用于产生电流的发电机运转来引起制动减速，并且这些车辆还具有一个传统的液压制动系统作为另外的制动系统或者备用制动系统。

4. 复合制动协调兼容

（1）国内重要申请人

该领域国内重要的申请人之一是清华大学。将电机再生制动系统、液压 ABS 制动系统、能量回收系统及车辆制动动态稳定性控制系统各个子系统按照协调控制的集成方法集成控制，一直是再生制动回收技术中的关键热点，也是业内研究的热点，清华大学作为国内顶级的研发机构也一直致力于此项工作的研究，其专利申请数量和有效专利数量均位于前列，2003～2012 年共有 19 件专利申请，其中复合制动协调的专利共有 10 件，占 53%，并且其中有 9 件为授权发明专利。

公告号为 CN101927703B 的授权专利提出了一种符合制动能量回收并具有 ABS/ESP 功能的电动车液压制动系统，利用伺服式踏板制动阀与 ABS/ESP 液压阀块相结合，提出了既具有液压制动，又能为电机提供能量回馈的协调制动系统。该系统不仅具有液压制动能力，还可以在电机对制动动能有回收需求时，减少液压制动，提供给电机进行制动；同时，在通过 ABS/ESP 液压阀块进行液压协调制动的同时，还能实现 ABS/ESP 功能。

（2）国外重要申请人

该领域国外重要申请人主要有通用电气公司和株式会社日立制作所等。

a. 通用电气公司

通用电气公司在再生制动能量回收领域的专利申请量达 125 件，关于复合制动协调兼容方面的专利技术很多，其中US7922265B1公开了一种用于控制液压制动和再生制动的方法，包括在制动致动器的下压时命令可变再生制动，直到所述再生制动达到阈值水平为止，并命令车轮回路中的可变液压制动。命令可变液压制动包括：当所述主缸回路中的流体在所述第一压力与第二压力之间时，阻止流体压力从主缸回路通过ABS阀传递到车轮回路；当所述主缸回路中的流体在所述第二压力与第三压力之间时，部分地限制流体压力从所述主缸回路通过所述ABS阀传递到所述车轮回路；以及当所述主缸回路中的流体大于所述第三压力时，允许流体压力从所述主缸回路通过所述ABS阀完全传递到所述车轮回路。

b. 株式会社日立制作所

株式会社日立制作所在再生制动能量回收领域的专利申请量达137件，其中JP2012029461A提供了电动车辆和电动车辆的驱动控制装置。如在松开加速踏板时进行相当于发动机制动的再生以使车辆减速或者停止的情况下，因为进行的是低效率的再生，所以不仅损失了驱动能量的一部分，并且在该减速后重新加速的情况下，存在动力运行时电动机、功率模块、电池会产生能量损失的问题。该发明的由电动机驱动的电动车辆的驱动控制装置，具备在加速踏板传感器和制动踏板传感器检测到加速踏板踩踏量和制动踏板踩踏量均为零时，将电动机的再生制动扭矩指令值设定为零的最小扭矩设定部。

四、电动汽车再生制动能量回收领域的发展趋势和对我国相关领域专利技术发展的建议

（一）电动汽车再生制动能量回收领域的发展趋势

从电动汽车再生制动能量回收领域的在中国专利申请技术内容的分布情况看，控制策略改进和结构改进是当前申请人最关注并且形成专利成果最多的部分，同时从专利申请时间分布看，上述技术内容的申请量也正在快速、持续地升温。这一方面说明不同类型申请人对控制策略改进、结构改进对于推动再生制动能量回收技术整体水平进步重要性的认知高度一致，另一方面，也能推断出国内在上述两方面技术内容的人才、技术储备也处于比较集中的状态，甚至整个产业链都处于较好的良性循环状态。因此，在假设申请人在开展研究前会充分了解国内外同类技术情况的基础上，可以预测，再生制动能量回收领域中控制策略改进和结构改进的热度将在未来几年内持续上升，有关技术创新的质量也将大幅度向国际先进水平靠近。

目前电动汽车再生制动能量回收技术自身需要克服的关键问题——制动力难以准确控制、制动稳定性不足、能量回收有限，是未来电动汽车再生制动能量回收领域的重点研究方向。再生制动系统是一个复杂的综合系统，需对控制策略和系统结构做进一步的研究和优化，以回收更多的能量和提高制动性能，因此再生制动系统发展要解决上述三个关键问题，其中，对于如何精确控制制动力问题，合理分配前后制动力、

传统机械摩擦制动力与再生制动力，与汽车其他系统（如ABS系统、传统制动系统、汽车减振系统以及电机控制系统）匹配协调是重点。对于制动稳定性不足问题，采取更加先进的控制算法，尽量减少模式切换对制动平顺性的影响是追求目标。最后，对于能量回收有限的问题，能量转换装置和能量存储装置是需要统筹兼顾关注的，电储能各方面性能均很好，且结构简单，随着汽车驱动电机技术和储能技术的进一步发展，采用电机回收与利用制动能量越来越显现出其优势；关于能量转换，目前采用集成电机的形式，开关磁阻电机是汽车驱动及再生制动能量回收与利用集成电机的发展趋势。

（二）对我国相关领域专利技术发展的建议

综上所述，根据再生制动能量回收技术的发展趋势，结合我国相关领域专利申请现状及其存在的问题，我们提出以下建议。

1. 对标世界前沿，找准研究方向

从我国再生制动能量回收技术专利申请情况看，无论是发明数量还是发明质量，都明显落后于发达国家，这并不是本领域特有的，而是普遍存在于很多新兴技术领域中的。资金、人才、社会环境、历史沿袭等一系列问题困扰着申请人。然而即使资源有限，我们也要有选择地进行专利技术研发方向的突破，要在某些方面尤其是控制策略和结构方面，敢于也必须向世界水平看齐，在紧紧跟随的同时伺机弯道超车，电动汽车相关领域正是这样的方向。一是因为该领域背后广阔的市场中潜在的利益构成研发驱动力量，支持持续性的资源投入；二是因为该领域的系统性强、辐射范围广，可以带动数十个产业集群的升级。

2. 以市场为导向，加大产研结合

从世界范围与我国再生制动能量回收技术领域专利申请数量排名前十可以看出，世界范围内相关领域申请量排名前十的申请人都是企业，我国相关领域申请量排名前十的申请人大都是大学和研究机构。由此不难发现，以市场为导向、以转化为最终产能为目的的专利技术往往可以爆发出巨大的推动力，为下一轮技术进步提供源源不断的资金与技术储备，进而持续、快速提高对相关领域的技术创新的数量与质量。相反，以政策为导向、以研究或完成工作为目的的专利技术往往被束之高阁，不仅形成回报的过程漫长，甚至干脆成为纯粹的资源消耗品。为形成良性的专利与技术升级的良性循环，我国的申请人不仅要学会在政策提供的框架内捕捉和利用政策红利，更要大胆地走进市场，加大产研结合，高校或研究机构要调整心态，借助自身的技术研发优势，针对企业的实际技术难题提供技术支持；企业则要着眼长远、持续投入，加强对相关专利的改进性发明，对优秀专利权的引进、购买以及与从事相关研究生产的企业或者科研院所合作，最终形成投入—产出—再投入—再产出的专利与技术升级的良性循环。

3. 提升专业能力，夯实专利基础

随着市场的逐步放开，竞争的日趋国际化，技术革新和专利保护是企业生存发展的有力保障。对于大部分国内申请人来说，特别是经验、技术欠缺的中小型企业，要在加大培养企业内部专门人才的同时，重视专利管理的基础性工作，从规范研发日记、做好专利申请文件撰写着手，专利申请文件撰写是专利战略布局的基础，专利申请文件撰写存在的问题可能会导致有前景的专利申请无法得到有效的保护，专利申请文件撰写的优劣既关系到技术研发成果是否能够得到专利保护，也关系到专利权的稳定性，进而影响整体专利布局。面临日趋严峻的国际化竞争环境，国内企业要主动与国际接轨、熟悉国内外相关的规则，为专利权的获取和权利的稳定性打好基础。

4. 提高竞争层次，布局专利战略

与很多高新技术领域一样，我国在再生制动能量回收技术领域的专利申请情况也不容乐观。该领域的专利申请目前主要集中在日本、美国等发达国家，而且以发明专利申请居多，形成了致密的专利保护网络。相比之下，我国该领域专利申请数量较少，在技术上占主导地位的专利申请也不多，无论在数量上还是质量上都与国外申请人存在一定的差距。这预示着在已经临近的电动汽车时代，我们很可能再次面临专利壁垒、成为产业链末端的生产工厂，靠相对低廉的劳动力价格赚取微薄的加工利润，而把大量的专利转让费用、技术标准利润拱手相让。因此，我国的申请人对此要有足够的危机意识，从信息技术、移动互联网技术等领域吸取经验教训，一方面要合理有效地引进外部知识产权资源，发挥后发优势，提升市场竞争能力，另一方面更要熟悉国际通用的市场规则，积极尝试在标准制定层面参与竞争，大力发展具有自主知识产权的核心技术。

五、结束语

通过对国内外电动汽车再生制动能量回收领域专利技术文献的统计和分析，可以大体看出电动汽车再生制动能量回收技术专利申请的特点、技术发展方向及我国与国外的技术差距。电动汽车再生制动能量回收技术发展很快，国内申请人，尤其是国内企业，应当掌握当前电动汽车再生制动能量回收领域的技术热点和发展趋势，与大专院校和科研机构加强合作，使我国的电动汽车再生制动能量回收技术早日达到世界先进水平。

参考文献

[1] 陈清泉．现代电动汽车技术 [M]. 北京：北京理工大学出版社，2002.

[2] 叶敏，郭金刚．电动汽车再生制动及其控制技术 [M]. 北京：人民交通出版社，2013.

[3] 胡骅，宋慧．电动汽车 [M]. 北京：人民交通出版社，2012.

[4] 陈全世，朱家链，田光宇．先进电动汽车技术 [M]. 北京：化学工业出版社，2013.

［5］王贵明，王金懿．电动汽车及其性能优化［M］．北京：机械工业出版社，2010.

［6］陈庆樟．汽车再生制动稳定性与制动踏板平稳性控制研究［D］．江苏：江苏大学，2008.

［7］徐建化．电动汽车制动能量回收系统［J］．汽车维护与修理，2014（1）：71－74.

［8］阎树田，徐明辉，孙会伟，等．HEV再生制动控制策略的研究与优化［J］．机械制造与自动化，2013（2）：130－133.

［9］陈庆樟，何仁，商高高．汽车能量再生制动技术研究现状及其关键技术［J］．拖拉机与农业运输车，2008（12）：9－11.

［10］姚亮，初亮，周飞鲲，等．纯电动轿车制动能量回收节能潜力仿真分析［J］．吉林大学学报：工学版，2013（1）：6－11.

感应加热领域中国专利技术现状及其发展趋势

胡潇　薛霏　罗文辉　陈洁　常莎莎

（国家知识产权局专利局电学发明审查部）

一、引言

（一）感应加热的原理与应用

感应加热的实现来源于电磁感应（electromagnetic induction）原理，也被称为法拉第原理，于1831年由英国物理学家、化学家迈克尔·法拉第所发现。电磁感应原理是指放在变化磁通量中的导体，会产生电动势。此电动势称为感应电动势或感生电动势，若将此导体闭合成一回路，则该电动势会驱使电子流动，形成感应电流（感生电流）。反映该现象的法拉第电磁感应定律的定义为：穿过闭合回路所围曲面磁通量发生变化时，回路中产生的感应电动势与该磁通量对时间的变化率成正比。对应地，交流的磁场在金属内感应产生了涡流，而由于金属导体本身所具有电阻，该涡流则随之引起金属导体发热，这一过程被称为感应加热。

感应加热时，会出现“集肤效应”，即涡流在金属内并不均匀分布，越靠近金属表面，其中的涡流越大，随之产生的热量也更大。并且，用不同频率的交流电可以获得不同的加热深度。利用集肤效应，可以选择不同的频率应用于不同的加热需求。工业上，通常将感应加热按照频率分为四种：工频（50Hz）；中频（0.5～8kHz）；超音频（20～60kHz）；高频（60～600kHz）。感应加热方式具有非常突出的优点，其加热温度高、速度快，同时具有较高的加热效率，能量转换比率可高达90%，加热温度容易进行控制。此外，感应加热对环境影响很小，几乎不产生噪声、粉尘之类的污染，并且能够实现对复杂形状的工件进行加工。在感应加热方法进入工业生产以来的100多年间，逐渐得到了非常广泛的应用。已经成为铸造行业以及飞机、船舶、汽车制造业中的重要设备。与此同时，感应加热装置由于其具有节能环保、安全快速等优势，也逐步进入寻常百姓的家庭生活中，例如电磁炉以及其他电磁加热器等常见的家用电器。

（二）感应加热的发展与现状

早在19世纪初人们就发现了电磁感应现象，知道处于交变磁场中的导体内会产生感应电流而引起导体发热。但是长期以来人们视这种发热为损耗，并为保护电气设备和提高效率而千方百计地减少这种发热。直到19世纪末才开始开发和利用这种热源进行有目的的加热、熔炼、淬火、焊接、热处理等，随之出现了各种形式的感应加热设备。1890年瑞典人发明了第一台感应熔炼炉——开槽式有芯炉，1916年美国人制造出闭槽式有芯炉，用于有色金属的冶炼，1921年无芯炉在美国出现，采用火花式中频电源，后来出现了中频机组电源和现在的晶闸管变频电源。工频炉产生于20世纪30年代。高频电源、倍频电源等也由于不同的工艺要求而相继出现。感应加热装置最早使用于表面热处理，以后普及焊接领域和各种透热。现在感应加热技术已广泛应用于国民经济的各个领域。自工业上开始应用感应加热能源以来，感应加热的理论和感应加热装置都有很大的发展，感应加热的应用领域亦随之扩大，其应用范围越来越广。在应用领域方面，感应加热已广泛应用于金属熔炼、透热、热处理和焊接等过程，服务于冶金、国防、机械加工等部门及铸、锻造和船舶、飞机、汽车制造等行业中。

在感应加热技术逐步成熟的过程中，以电磁炉为代表的民用感应加热装置开始得到发展。1957年，世界上第一台家用电磁炉在德国诞生。但真正意义上作为炊具的家用电磁炉，是1978年在日本研制成功的。我国在20世纪80年代中后期开始进行家用电磁炉的生产和销售，受到研发和设计水平的限制，早期的国产电磁炉产品技术并不成熟，质量稳定性较差，没有得到广泛的使用。直到20世纪90年代末，随着国内电力电子技术水平大幅度提高，涌现了一大批实力雄厚、研发能力突出的生产企业，制造出了一系列高品质的电磁炉产品。

二、专利技术现状

（一）专利技术分析样本构成（以检索到的专利文件为基础）

1. 检索数据库

本文所依据的数据检索自中国专利数据库（CNPAT），检索范围是截至2014年4月30日之前公开的中国专利申请。其中，2013年和2014年的部分专利文献由于尚未达到公布时间的关系，暂时还没有加入数据库中。因此，这两年中的部分数据会产生不完整的情况。但通过对整体进行分析，上述部分数据的缺少并不影响对趋势的预测。

2. 检索分类号及关键词

主要分类号有：H05B6（通过电场、磁场或电磁场加热的）；A47J27（烹调器皿）；F24C7（用电能加热的炉或灶）。其中，仅通过微波的方式进行加热的相关专利文献，由于加热原理存在较大的差异，同时也不属于本次分析的内容，因此通过检索的方式进行了排除。检索采用的关键词有感应、电磁、线圈等常见的感应加热装置中出现的特征词汇。经过检索，得出了涉及感应加热的6989篇中国专利文献。其中，通过标引和检索结合的方式，将上述文献分成了分别涉及民用感应加热装置以及工业用感应加热装置两个类型进行分析。其中，民用感应加热装置涉及的技术方向比较明确，主要申请人突出，是本文中感应加热装置分析的主要对象。

（二）关于感应加热领域专利技术在中国的申请和保护状况

1. 专利申请年度趋势分布情况

通过对感应加热领域中国专利申请进行年份统计，得出了图 1 的感应加热领域中国专利申请量逐年趋势。从图 1 中可以看出感应加热领域专利申请在我国的发展趋势，大致可以分为几个阶段：第一阶段（1985～1996 年），相关专利申请的数量和增长速度都比较小，年申请量均不超过 10 件，这显示出感应加热技术在中国发展较为缓慢；第二阶段（1997～2000 年），申请数量以较快速度平稳增加，年申请量达到 20～40 件；第三阶段（2001～2005 年），申请量快速增长，增幅平均约 20 件/年；第四阶段（2006 年至今），其中 2006 年相关专利申请猛增到 200 余件，2008 年申请量首次超过 400 件，2012 年申请量更是超过了 1000 件，2013 年和 2014 年由于尚有部分专利申请未公开，导致统计数据不全，但是即便从目前数据来看，2013 年的专利申请量也已经接近 1000 件。可见，感应加热领域中国专利申请近两年仍保持稳步增长的态势。从图 1 中可以预计未来感应加热领域专利申请将在一个较高的水平上平稳增长。

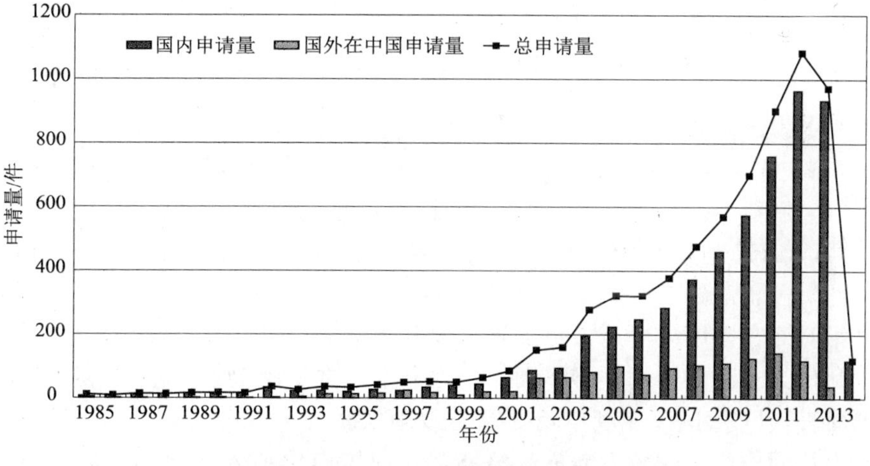

图 1 感应加热领域中国专利申请量逐年分布趋势

针对国内申请人的申请量和国外在中国申请人的申请量分别进行了统计。从图 1 中可以明显看出，国外在中国申请量在 2002 年之后基本上都保持在较低的范围内，数量为 60～120 件，而国内申请人提交的专利申请增长速度与感应加热领域专利总申请量变化基本保持一致。可见，感应加热领域的申请总量在十几年间的飞速增长，主要推动力来源于国内申请量的大幅提高。上述数据表现了2001年我国加入世贸组织以来，申请人的知识产权保护意识迅速增强，对专利这一开拓市场的重要工具逐步加以重视，形成了一定的专利规模和专利基础，也反映了感应加热领域在2006年之后国内行业整体有了快速的发展，技术进步与革新日新月异。

表1所示为感应加热领域国内外申请人类型，从表1中可以看出，国内申请人中，企业和个人占了专利申请总量的绝大多数，分别占53%和36%，而高校和科研院所的申请量只占9%和2%，反映了感应加热在技术原理和理论研究方面已经达到了相对成熟水平。当前该领域专利申请的技术革新更多来源于生产实践中的具体应用。此外，从表1中还可以看出，国内申请人占82%，国外申请人占18%，这反映出国内申请人的专利保护意识已经显著增强，感应加热的技术也在显著进步。

表1　感应加热领域国内外专利申请人类型

申请人类型	国内申请量/件	国外申请量/件	合计/件
企业	3047	1217	4264
个人	2056	38	2094
高校	501	9	510
科研院所	118	3	121
合计	5722	1267	6989

表2所示为感应加热领域国内外专利类型，从表中可以看出，国内申请人的专利申请共计5722件，发明专利有1902件，占国内申请总量的33.2%，PCT发明专利仅为1件，实用新型专利为3820件，占国内申请总量的66.8%。国外申请人在中国专利申请共计1267件，其中，发明专利共有1243件，占总量的97.4%，PCT专利共有648件，占总量的50.8%，实用新型专利申请仅占总量的2.6%。从上述数据可以看出，相对而言，国外申请人更加重视专利申请的稳定性和有效性，绝大多数都选择发明专利作为专利申请的类型，同时，也非常注重采用PCT国际专利申请的方式。对申请人而言，PCT国际专利申请更能有效地实现专利保护在各个国家的横向空间上的同步，从而构成了比较有效的战略布局。而国内申请人的PCT国际专利申请仅有1件，一定程度上也反映了虽然感应加热领域国内行业发展已具备一定规模，但是，在知识产权全球布局、走出国门方面，国内申请人还有进一步提升的空间。因此，该数据也表明，对于专利申请起步较晚、经验相对欠缺的国内申请人而言，国外申请人的申请策略是国内申请人可以加以借鉴的。

表 2 感应加热领域国内外专利类型

专利类型	国内申请量/件	国外在中国申请量/件
发明	1901	595
发明（PCT）	1	648
实用新型	3820	24

2. 民用感应加热领域

民用感应加热装置是感应加热装置一个重要的应用领域，通过检索和标引的方式，统计出我国民用感应加热领域的专利申请数量为 2414 件，约占感应加热领域专利申请量的 34.5%。民用感应加热装置又分为烹调设备和非烹调设备两大类，分别为 1549 件和 865 件，涉及多种民用及家用的电磁炉、感应热水器等。

（1）感应加热烹调设备

1）烹调设备年份分布趋势。

感应加热烹调设备年份申请量分布趋势如图 2 所示。从图 2 中可以看出，烹调设备专利申请的趋势同样在 2002 年之后开始有了较大幅度的增长，特别是在 2008 年之后，专利申请量快速增加，近几年间一直保持了较大的增幅。

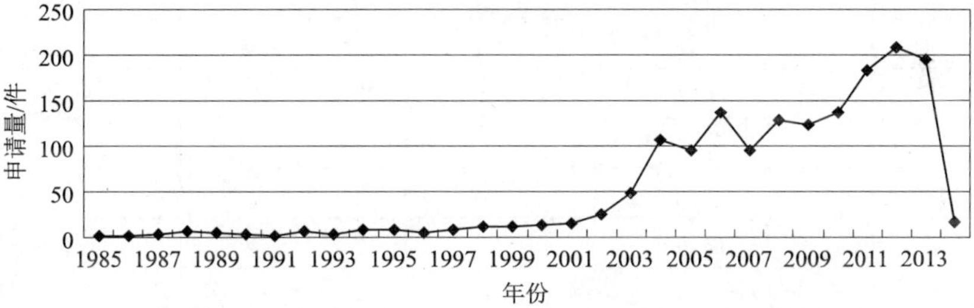

图 2 感应加热烹调设备专利申请量逐年分布趋势

表 3 所示为感应加热烹调设备专利申请量的排名，从表中可看出，国内申请人所提交的申请量占了总量的绝大多数，约为 81.21%。国外申请人中，日本申请人所占比例最高，达到了 243 件，占总申请量的 15.69%，其次是德国 36 件、韩国 27 件、美国 17 件和比利时 14 件，分别占总申请量的 2.32%、1.74%、1.10%和 0.90%。其他国家申请量则较少，均未达到 10 件。从上述数据可以看出，日本和德国作为家电行业中起步较早、技术更加领先的国家，在我国市场同样受到重视。

表3　感应加热烹调设备领域专利申请量排名

排名	国家	申请量/件	比例/%
1	中国	1258	81.21
2	日本	243	15.69
3	德国	36	2.32
4	韩国	27	1.74
5	美国	17	1.10
6	比利时	14	0.90

表4所示为感应加热烹调设备国内申请人的省份分布，其中，广东省的申请量最高，达到585件，占国内总申请量的46.50%，几乎达到了总量的50%，表现了广东省作为我国的家电行业大省，在技术研发方面也保持了一贯的优势。其次是浙江、山东、江苏等省份，申请量分别为134件、128件和63件，分别占总量的10.65%、10.17%和5.01%。从上述数据可以看出，专利申请的热点地区同样对应于感应加热烹调设备企业比较集中的省份。

表4　感应加热烹调设备国内申请人的省份分布

排序	省份	申请量/件	所占比例/%
1	广东	585	46.50
2	浙江	134	10.65
3	山东	128	10.17
4	江苏	63	5.01
5	北京	36	2.86
6	湖北	29	2.31
7	河南	26	2.07
8	福建	24	1.91
9	上海	24	1.91
10	天津	23	1.83
11	湖南	22	1.75
12	陕西	21	1.67
13	广西	19	1.51
14	台湾	18	1.43
15	四川	17	1.35
16	江西	14	1.11
17	辽宁	14	1.11

2）技术方向。

感应加热烹饪装置中，电磁炉属于最具代表性的一类，在目前我国感应加热烹饪装置的专利申请中，基本上均是涉及电磁炉（或被称为感应加热烹调器）的申请，其电路（图3）结构基本相同。主电路是一个AC-DC-AC（交流—直流—交流）变换器，由桥式整流器和电压谐振变换器构成。市电的交流电源经桥式整流器变换为直流电，再经电压谐振变换器变换成频率为20～40kHz的交流电。这个高频交流电通过在圆形平面上绕制的线圈盘耦合到锅具的底部，在锅具底部产生旋涡状电流，使锅具快速生热。电压谐振变换器是主电路的核心，其作用是使直流电逆变为高频交流电，以满足感应加热的要求。电压谐振变换器是低开关损耗的零电压型（ZVS）变换器，主开关元件是功率晶体管，一般称为功率开关管。目前，常用绝缘栅双极晶体管（IGBT）。功率开关管的开关动作是由主控制器控制，并通过为满足功率开关管驱动条件的驱动电路而完成的。

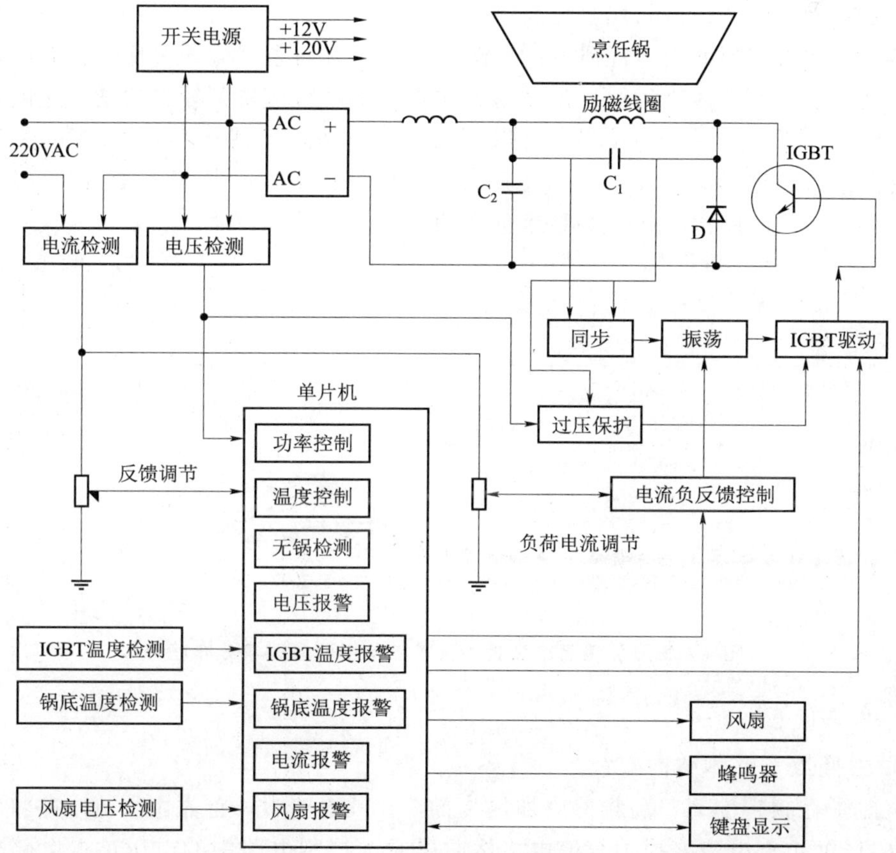

图3　电磁炉电路图

通过检索和分析，可以获得感应加热烹饪装置的技术方向主要集中在四个方面，分别是线圈配置、温度控制、冷却散热以及功率调节。在感应加热烹饪装置的专利申请中，明确涉及各方向中的专利申请数量见表5。需要说明的是，由于涉及的具体内容存在相互交叉的原因，各个技术方向的申请量之间具有一定程度上的重合，但这一误差并不影响对整体技术发展趋势的分析。

表5 感应加热烹调设备领域专利技术方向

技术方向	线圈配置	温度控制和调节	冷却和散热	功率调节
申请量/件	612	331	226	179

图4所示为各个技术方向的申请量逐年分布趋势，从图中可以看出，在2002年之后，各个方向的专利申请量都有了明显的增加，但其中温度控制、冷却散热以及功率调节三个方向的专利申请在2006年达到一个相对高的顶点之后，年均申请量始终保持在15～40件，没有明显的变化，这也表明这三个方向的技术研发已经日趋成熟。可以预见，在没有新的突破性研究的情况下，上述方向未来应该会保持现有的发展趋势。而针对线圈及整体进行配置的技术方向基本上一直保持了较高的增长速度，特别是近几年来，迅速达到了每年100件以上的专利申请，尤其是在2013年的公开数据尚未全部录入数据库的情况下，已公开专利的数量比上年增长了约20件，可见，线圈配置将在一段时间内持续作为技术创新的热点。

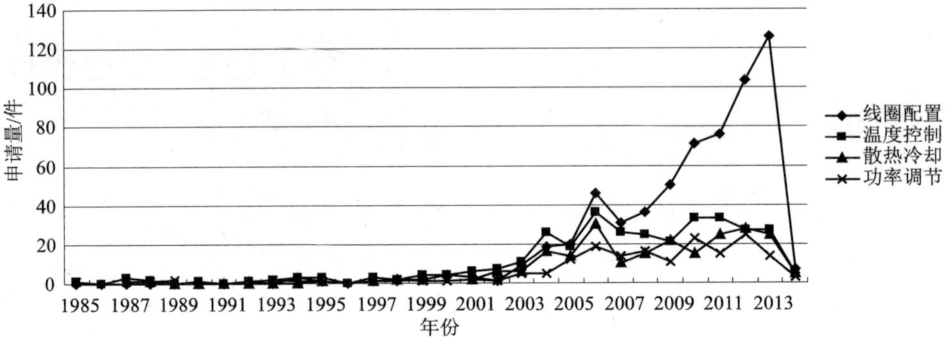

图4 感应加热烹饪装置各技术方向申请量逐年分布趋势

① 线圈以及整体结构配置。

电磁炉在频率上属于高频感应加热装置，在其电路中，首先由整流电路将频率为50～60Hz的市电电流变换为直流电，然后再通过控制电路中的电压谐振电路变换成20～40kHz的高频电流，通过线圈而产生磁场。因此，电磁炉的线圈并非是装置的发热元件，其作用是使交流电流产生交变磁场的一个载体。从电路的角度而言，感应加热线圈更相当于一个电感，因此要求具有较高的品质因数，而且高频损耗较低，同时能保证产生比较均匀的磁场分布，另外在安全方面需要线圈间的绝缘性良好，发热较小，能承受较大的电流强度。目前在线圈结构方面的专利申请中，主要也是针对以上具体需要所进行的改进，在此基础上针对电磁炉用户所关注的新技术方向作出了一定突破。

电磁炉的线圈一般均包括三个部件，即线圈本体、绕线支架（也称为线圈架）以及磁条。线圈在绕线支架上平面绕制固定，当线圈通过高频电流时，线圈上下两侧即产生了高频的交变磁场。为了提高磁场分布均匀性，可以通过改变绕线的形状、绕线圈数、层数以及绕线疏密分布的方式进行绕制。例如第 200620016256 号、第 03247130 号专利申请（下同），将若干线圈层叠设置，且上下层的线圈上下错开分布，并在绕制线圈内设置磁环以聚拢磁场；或者将整个线盘的绕线分布设置为两头密、中间疏，从而使整个线盘的磁场强度在不同直径位置更均匀。

此外在线圈组件中，通常采用铁氧体磁条（或者其他形状，如磁环等）对线圈产生的磁场进行汇聚和调整，从而便于线圈上的锅具能够获得更加集中和均匀的交变磁场，以提高使用率。针对磁条所做的改进大都涉及磁条的形状、数量以及分布位置以及对应的线圈盘上用于容纳磁条的沟槽的位置和形状。例如第 201120057289 号专利申请，将支架的内外圈体之间设置有若干条呈辐射状用以安装磁条的槽位，槽位表面设置有若干竖直的同心排列的绕线隔层，每相邻绕线隔层之间形成绕线槽，漆包线绕制在绕线槽中形成线圈绕组，通过在绕线槽底部是否设置凸筋来控制每个绕线槽绕制线圈的层数，通过设置不同的凸筋高度调整每层线圈的高度，达到均匀线圈盘磁场的分布。

在近年的专利申请趋势中，由于电磁炉的广大用户对电磁波辐射泄漏及其影响的关注度不断增加，因此在线圈结构设计时，除了另外设置防止电磁辐射泄漏的部件从而实现屏蔽的方式之外，提高感应线圈所生成磁场的分布集中程度，减小在不必要的方向产生的磁力线，已成为线圈结构改进的热点。如第 200820163711 号专利申请，在磁条上设有线圈，磁条呈丁字形，并且其 N 极和 S 极两端向上翘起，更接近锅底，阻碍辐射向四周扩散，能有效屏蔽辐射。

此外，针对线圈绕线支架的材料进行改进，使其具有一定的导磁能力，能够进一步提高约束磁场分布的能力，也属于线圈配置方面一个比较集中的发展趋势。如第 201010532076 号专利申请，直接将线圈绕线支架与磁条两者在材料上统一起来，使磁条具有了支架的功能，从而从整体上简化生产工序，同时能增强对磁场分布的作用效果。

在我国最常见的厨具中，炒锅锅底通常都是凸面或者球面的，而普通电磁炉表面通常都为平面状，因此，在电磁炉进入我国之后，设计人员便开始针对电磁炉炉面以及内部的线圈结构进行了一系列改良，使其能够与炒锅锅底形状相配合，以使球面锅体均匀发热。例如第97113637号专利申请公开了一种用于圆底烹饪锅的凹形感应加热表面，由一凹形玻璃面和一位于其下方的凹形感应线圈组成，对应于圆底烹饪锅的锅底形状。

② 温度控制。

在电磁炉中，温度控制过程首先进行温度的检测和采集，检测温度的手段是采用温度传感器。除了常用的接触测温的传感器之外，现在已经出现了采用设置在感应加热单元附近的红外线传感器进行测量的形式，例如第200420014823号专利申请，由红外线传感器组成电磁炉的锅具温度检测装置，传感器直接安装在电磁炉的上方或隐藏式安装于上盖上，以获得更加及时准确的温度测量信号，从而改善温度控制的精度。

在确定了温度的测量结果之后，控制装置通过多个实测和/或预设的参数进行运行状态的判断，例如确定是否属于干烧状态或者沸腾状态等，或者是否到达预设的温度值等，随后根据实际加热的需要，如炒、炖、烤、保温等不同的加热模式，按照预先设定的程序指令，对电磁炉的加热进行更加精确的控制和调节，以实现高效节能的加热。例如第200780004617号专利申请中，感应加热烹调器具有加热线圈、红外线传感器和加热控制部；红外线传感器在烹调容器的底面温度达到高于230℃的第一规定温度以上时，输出检测信号；在底面温度低于第一规定温度时不输出检测信号，加热控制部在烹调容器的底面温度高于第一规定温度并且是比油起火温度更低的第二规定温度以上时，降低或停止向加热线圈的电力供给；从而提高少量油时的高温的检测灵敏度，并且防止在比较低温下进行烹调时加热输出下降。

③ 冷却散热。

在电磁炉运行过程中，电压谐振变换电路中的功率开关管IGBT以及整流电路是电磁炉主电路中发热量较大的两个部分，同时线圈中有电流流过时，由于自身的电阻作用，也会产生一定的热量，此外，运行时炉具所产生的热量也会通过热传递进入电磁炉中。因此，在电磁炉运行时需要开启散热风扇以排出加热装置内部的热量。常见的冷却系统中，采用轴向式或者涡轮式的冷却风扇，与散热片结合排出热量。在冷却散热方面，技术的改进集中于改善风扇的散热速度能以及优化装置内部的风道结构等方面，以提高冷却散热效率。例如第200680032382号发明专利申请，利用排气扇使主体内的高温废热通过形成第一通风路的第一吸气通风路和第一排气通风路向主体外部排出，另外，从第二排气扇吸气口通过与排气扇吸气部连通的第二通风路，由排气扇吸引主体外部的空气或主体内的温度低的场所的空气，使低温的空气通过驱动电动机的外侧并进行冷却，从而冷却主体内部和驱动电动机。在某些功率较大、发热量较高的感应烹调加热装置（例如商用电磁炉）中，为了进一步提高冷却的速度，采用了水冷等通常在工业感应加热装置中使用的冷却方式，如第200910079255号专利申请，采用线圈散热器、驱动板散热器、循环水泵、液体导管和系统散热器，将线圈散热器与驱动板散热器通过液体导管相互串联或并联后，再通过液体导管与循环水泵和系统散热器连接为闭环系统，散热效果大大高于原有风冷散热，能满足更大功率的商用电磁灶具中电磁加热线圈及驱动电路板所需要的散热要求。此外，降低风扇散热的噪声也是涉及冷却散热的专利申请比较集中的方向。

④ 功率调节。

电磁炉的加热强度通过改变其输出功率进行调节，一般采用控制功率开关管IGBT 的通断而实现。如第 200820000802 号专利申请，其主功率管控制电路包括开关电路，开关电路包括：整流桥，其输入端连接电源，其输出端连接电磁炉的负载以实现负载功率，整流桥包括单向可控硅；控制电路，其输入端连接操作电路，其输出端连接单向可控硅的控制端，控制电路根据来自操作电路的指令控制单向可控硅的通断。该主功率管控制电路，通过控制 IGBT 工作在市电的半波，实现电磁炉可低功率连续加热，控制电路减少了 IGBT 的开关损耗，降低可发热从而延长了 IGBT 的使用寿命。这一目标也是电磁炉功率调节中主要的研究方向。

(2) 感应加热式热水器

民用的感应加热装置中，除烹饪设备之外，较常见的是感应加热式热水器，共有564 件专利申请，占非烹饪设备感应加热装置申请量的 65%。从图 5 所示的感应加热热水器逐年申请量分布趋势可以看出，在刚经过 2002 年后的几年内，专利申请量快速增长，2008 年至今处于较大幅度波动的状态，申请量没有得到明显的增长。反映出电磁热水器同样属于技术比较成熟的领域，专利申请量的显著提高需要有新的技术研究成果的支撑。

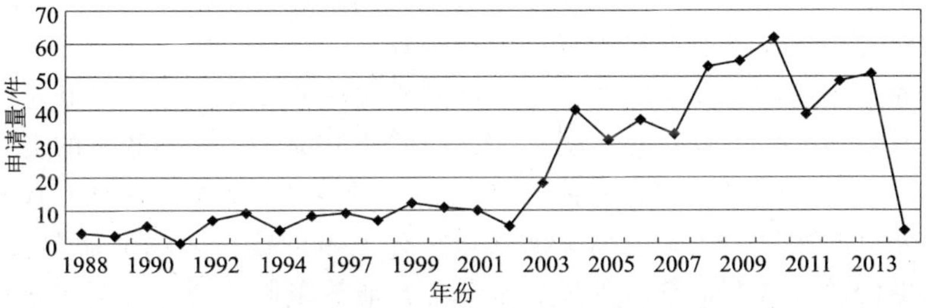

图 5 感应加热热水器申请量逐年分布趋势

电磁热水器中，安全性和加热速度是关注度最大的两个方向，明确涉及这两个技术方向的专利申请数量分别为 328 件和 138 件。数量上的差别反映了作为家用设备的领域，对安全性具有更高的关注。由图 6 可知，在最近几年中，这两个方向的专利申请数量均没有明显的增长，同样在等待新的增长热点的出现。

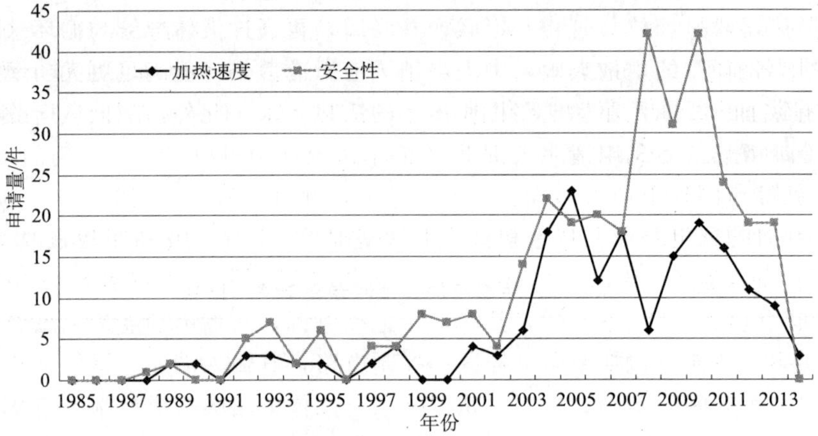

图 6　感应加热非烹调设备各技术方向申请量逐年分布趋势

热水器加热的水通常在浴室或厨房中与用户直接接触，因此这种加热装置在绝缘和防止漏电方面的要求特别高，与其对应的是，在专利申请中安全性方面的改进获得了最多的关注，涉及安全性的专利申请量在总的分布趋势中基本上始终占大多数。由于电磁热水器的实质仍然是采用电力进行加热，因此，与普通电热水器相同，水和电相互绝对隔离是实现热水器安全工作的基础。在感应加热热水器中，由于加热线圈和发热金属之间为互不接触的形式，非常便于实施水和电之间的绝缘、密封和隔离，相比于普通电热水器，感应加热本身在原理上具备明显的优势。通过进一步结合漏电保护等其他措施，能够使感应加热热水器具有非常可靠的使用安全性。由于技术发展比较成熟，涉及该方向的专利申请量在近年来已经开始有所下降，反映出申请人针对感应加热热水器安全性投入的研发力度已经开始减小。

热水器的加热速度和加热效率也是申请人所关注的重点之一，尤其是在大力提倡节能环保的发展趋势下，针对热水器这一方向的研究提交了相当数量的专利申请。在改进的手段中，增加隔热结构、增强隔热效果的方法比较常见，这种方式使热水器能够减小朝向外界的热量散失，从而保证热量传导至水的比例，保证能源的使用效率。此外，在热量传递方式上，感应加热热水器和普通热水器之间没有明显差别，都是通过将水直接或间接与发热体接触而受热，区别仅在于发热体自身发热的方式。在固定的水流速度下，与普通热水器相同，感应加热热水器也可以通过结构上的特定设计，增加与热源的接触面积而实现加热效率的提高。例如将水流通的管道设置成“S”形、“U”形或者螺旋形等多种形状，从而在相同的加热空间内，尽可能长时间、大面积地与发热体接触。例如第 200420075518 号专利申请，在水管上接螺旋加热管，加热管下部接热出水口，在螺旋加热管的外部设置保温绝缘层和感应线圈，实现了高效、快速、节能的加热效果。

(3) 民用感应加热领域主要申请人分析

表6所示为民用感应加热领域申请量在10件以上的申请人排名。从排名上可以看出，在排名前10的申请人中，中国申请人有5位，日本申请人4位，德国申请人1位；在排名前20的申请人中，中国申请人有11位，日本申请人4位，德国申请人2位，韩国申请人2位，比利时申请人1位。从统计中可以看出，国内的申请人在专利数量上已经与国外申请人形成了有力的竞争，并且占有了一定的优势。但日、韩和德国、比利时的家电企业在技术和科研上的基础深厚，依然保持了较强的竞争力。

表6 民用感应加热领域专利申请人排名

排名	申请人	国家	申请量/件	比例/%
1	美的	中国	273	11.03
2	松下	日本	121	4.89
3	九阳	中国	93	3.76
4	三菱	日本	59	2.38
5	苏泊尔	中国	35	1.41
6	东芝	日本	33	1.33
7	信多达	中国	33	1.33
8	BSH	德国	29	1.17
9	日立	日本	21	0.85
10	鑫汇科	中国	19	0.77
11	乐金	中国	15	0.61
12	伊莱克斯	比利时	14	0.57
13	拓邦	中国	13	0.53
14	三星	韩国	12	0.48
15	深圳和而泰智能控制股份有限公司	中国	12	0.48
16	广东鼎燊科技有限公司	中国	12	0.48
17	东莞市前锋电子有限公司	中国	11	0.44
18	E.G.O.电气设备制造股份有限公司	德国	11	0.44
19	LG电子株式会社	韩国	10	0.40
20	宜昌瑞英机电有限公司	中国	10	0.40
21	格力	中国	10	0.40

1）国内申请人。

① 美的。

美的在我国小家电行业中长期居领先地位，其品牌优势给电磁炉和其他产品带来了巨大的竞争力，销量一直处于第一的位置，市场占有率高达40%以上。相比于国外的企业，美的公司在专利申请上起步较晚，于2000年才开始提交民用感应加热领域的专利申请，最初的申请量年均不足10件，同时在最初几年的专利申请中，主要涉及的是采用感应加热的电饭煲，涉及电磁炉相关结构和电路的申请数量较少。但从2010年开始，企业在专利保护意识方面进一步提高，专利申请量大幅提升，到目前公开的专利申请总数已经达到273件，特别是2013年在数据尚未完全录入数据库的情况下，申请量已经超过了100件，比上一年增加了一倍多，使美的在感应加热领域的申请量又提高到了一个新的水平（图7）。

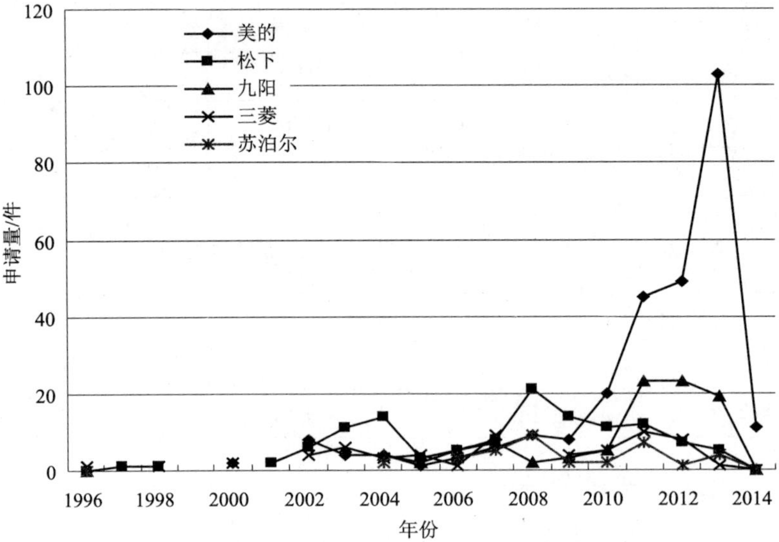

图7 民用感应加热领域重要申请人申请量逐年分布趋势

美的专利申请涉及的范围比较广，前文中讨论过的线圈配置、温度控制和调节、冷却和散热以及功率调节方面，在专利申请中都有所涉及，表现了美的公司具有全面和高水平的研发实力。同时，其申请也偏重于两个重点的技术方向，分别涉及感应线圈的线圈盘以及感应加热的驱动和控制电路。线圈盘涉及线圈和线圈支架的结构和形状的专利申请共有108件，主要也都是针对感应产生磁场的均匀性和集中性进行改进，例如第201220585024号专利申请，其线圈盘的线盘支架上绕制有至少两个相互保持电气连接的电磁线圈，底部装设有磁芯，磁芯对应每个电磁线圈的几何中心部位设置有凸起的磁柱，磁柱穿出电磁线圈几何中心部位所设的空间，采用设置有多个电磁线圈进行串联加热，并通过设有磁芯，改变了磁力线的聚集区域及电磁密度，使加热区域从中心点向周边延伸，保证了加热的均匀性和磁场分布的集中。涉及控制和驱动电路方向的专利申请共有131件，包括功率调节、温度控制等方面对电路的改进和优化，降低故障率，提高设备的操作性、可靠性和使用寿命，例如第201210163929号专利申请，针对电路中的开关元件，提供了一种电磁炉的谐振电路，其中，谐振电路包括电感线圈 L_1 与谐振电容 C_1、C_2 和 C_3，电感线圈 L_1 与谐振电容 C_2 形成并联电路，并联电路的一端与谐振电容 C_1 串联，另一端与跨接在功率管的C极与E极两端的谐振电容 C_3 串联，形成双回环谐振电路，能有效降低功率管的C极电压，从而保护开关器件。

从图8所示的美的公司主要技术方向申请量逐年分布趋势中可以看出，美的公司在2010年开始快速提高专利申请数量之后，涉及驱动电路和控制电路的专利申请量与涉及线圈盘的申请数量相比略高，但同时也能看出在这两个技术方向上的专利申请增长速率也大致相同。可以预见，在今后一段时间内，这两个技术方向也会是美的专利申请所继续关注的重点。

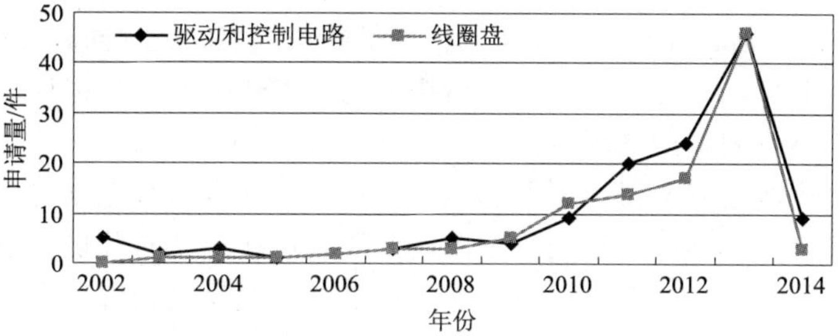

图8　美的公司主要技术方向申请量逐年分布趋势

② 九阳。

九阳从2004年起开始提交感应加热领域的专利申请，借助在小家电行业积累的研发实力和技术基础，九阳从加入感应加热市场之后保持了很高的发展速度，在国内电磁炉行业中，市场占有率迅速突破了10%，仅次于美的，并且近几年在专利申请数量上也不断提升，到目前总申请量已经达到93件。同时据相关统计，九阳在中高端的产品市场具有明显的上升趋势，同时一直保持了较高的销量。九阳公司的专利申请主要涉及提高电磁加热设备控制的智能化和精确性，同时也注重结合时代发展的趋势，对设计超薄的电磁加热设备进行了尝试，使加热设备节省空间，便于收纳、移动和集成，以符合其针对中高端市场的市场定位。九阳公司代表性的专利申请有第201320293107号专利申请，公开了一种薄型电磁线盘，包括线盘支架、磁条和线圈盘，线盘支架上设有容置槽，磁条安装在容置槽内，容置槽侧壁上设有扣位，通过扣位对磁条进行限位，磁条侧边上设有倒角，扣位对应倒角设置且扣位底面的形状与倒角的形状相配合，从而既能对磁条进行限位、方便安装，又能从整体上降低电磁线盘的厚度；第 201210295724 号专利申请，公开了一种适应不同材质锅具的电磁炉控制电路，具有连接于 IGBT 驱动模块的中央处理器、与 LC 谐振电路电连接的同步取样电路及与中央处理器连接且提供电流及电压信号的采样电路，控制电路包括对不同材质锅具工作时产生的谐振频率进行采样的谐振频率取样电路，谐振频率取样电路的取样点设置于同步取样电路的输出端，谐振频率取样电路的输出端连接于中央处理器，利用输出功率与功率预设值以及采集的谐振频率与谐振频率预设值进行比较，来判断谐振频率是否超出电磁炉安全工作的谐振频率范围，通过控制 IGBT 进行电磁线盘输出功率的调整，使主回路工作电流工作在额定范围内，从而保护电磁炉安全工作。

③ 苏泊尔

苏泊尔公司同样于 2004 年开始进行感应加热装置的专利申请，在专利申请数量上始终保持在一定规模内，至今专利申请量共计 35 件。苏泊尔公司作为生产压力锅起家的企业，在专业制造业方面具备自己特有的优势，在将这些优势转化成竞争实力的同时，更在技术研发上对电磁加热设备节能领域进行了开拓，这一方向同样也是苏泊尔在专利申请时所更加侧重的，涉及该方向的申请量达到了 8 件。比较有代表性的有第 201320209238 号专利申请，公开了一种低待机功耗的电磁加热烹调器，包括市电输入模块，副电源，与市电输入模块连接的电磁加热模块，按键控制模块，连接副电源与按键控制模块的辅助电源线路，与触发进入待机状态的主芯片及主芯片供电电路，市电输入模块通过继电器与电磁加热模块连接，继电器触点设置于市电输入模块与电磁加热模块之间，继电器线圈与辅助电源线路连接；主芯片供电电路与辅助电源线路之间设有控制开关，辅助电源线路通过该供电开关分别与继电器线圈、按键控制模块连接，控制开关受控于主芯片的触发管脚；继电器线圈和辅助电源线路接地于第一地点，副电源接地于第二地点，主芯片供电电路接地于第三地点，三个地点位置相异。在待机状态通过控制开关的切换，只通过副电源且只针对芯片电路供电，从而减小了待机状态的功率，降低了能耗。

2）国外申请人。

① 松下。

松下公司从 1997 年开始在中国进行民用感应加热设备的专利申请，2001～2004 年申请量迅速增加到年均 10 件以上，随后迅速降低到 2005～2007 年的年均 5 件。2008 年的申请量虽然突破了 20 件，但之后至今的专利申请量基本上逐年降低，2012 年的专利申请量仅为 7 件。松下公司在电磁感应加热设备的生产领域具有多年的经验，技术积累比较充分，同时，作为一个几乎覆盖全部家电行业领域的企业，松下在电磁感应加热设备的研发上也注重将各个行业通用的（例如温度或其他）传感器、触摸式按键检测、散热冷却等应用到感应加热装置中，并且尝试在技术内容之间实现相互融合，同时针对各个方面的细节进行改良和优化，以提高加热精确性和有效性，实现控制和操作过程高度自动化与智能化。例如第 200880008066 号专利申请，提供一种感应加热烹调器，在顶板的下方设置有用于检测从烹调容器辐射的红外线的传感器，经第一导光管将通过形成在顶板上的红外线入射区域后的红外线引导至红外线传感器，此外，在顶板的下方设置有朝向顶板射出光的发光体，经第二导光管将从发光体射出的光朝向顶板引导，进而将红外线入射区域配置于在加热线圈的外边缘部的内侧与不同于加热线圈的中心的部位相对的顶板上，在红外线入射区域的径方向外侧使被第二导光管引导的来自发光体的光发光，能够从外部视认，方便用户对加热位置的确认，保证红外线传感器的测量精度。第 200880002772 号专利申请，提供一种加热烹调器，具有电极部，其包括设置于顶板的下表面的键电极和与键电极电连接的接触电极，加热烹调器，输入被分配的控制命令；取消电极，其与接触电极的间隔为小于使用者手指的宽度的间隔，设置在接触电极的周边；控制部，其在检测到电极部附近被触摸时，根据被分配给电极部的控制命令控制对加热源的通电，控制部在检测到取消电极的附近被触摸时，限制基于控制命令的动作，从而在使用者无意操作触摸键时，防止出现误操作，提高操作精度。

在此基础上，松下还致力于针对预热、保温、防止干烧等复杂多变的加热要求，利用温度传感器以及定时器等手段，形成适应于多种情况下的温度控制程序，例如第 200980105603 号专利申请中感应加热烹调器所具备的控制部进行以下控制：在选择预热加热模式作为工作模式时，以用第一加热输出加热烹调容器的预热模式开始工作，当从用第一加热输出开始加热起红外线传感器的输出值的增加量超过第一规定增加量时，使报知部报知完成了预热，且转移到用比第一加热输出低的第二加热输出进行加热的待机模式；并且在预热模式中，当使用者通过火力设定部设定了火力时，禁止向该设定的火力进行变更，在待机模式中，当使用者通过火力设定部设定了火力时，允许向该设定的火力进行变更，转移到用与设定的火力对应的第三加热输出进行加热的加热模式。第 201180016739 号专利申请中，感应加热烹调器具有焦糊检测部，可以进行输出设定的加热模式中，根据检测来自烹调容器的红外线的传感器的红外线检测信息，当烹调容器的温度达到第 2 设定温度以上时输出焦糊检测信息，当焦糊检测部输出焦糊检测信息时，控制部执行加热输出抑制动作，不让焦糊恶化，控制部构成，在从开始加热动作起的计测烹调时间经过第 1 经过设定时间之前，即便焦糊检测部输出焦糊检测信息，也禁止加热输出抑制动作，继续进行加热动作。

② 三菱。

三菱公司于 1996 年开始在中国进行感应加热领域的专利申请，申请量总体变化不大，目前累计共有 59 件专利申请。其中，主要涉及的技术方向多针对具有多个加热线圈或具有特殊形状的加热线圈的感应加热装置，以适应商用或者其他特定的环境。例如第 201280007789 号专利申请中的感应加热烹调器，在配置有外侧具有凹部的多个异形线圈的线圈基座上，将各线圈间的距离保持为规定值以上，获得稳定的绝缘特性，本体具备对被加热物进行感应加热的多个感应加热部，感应加热部由线圈基座、在其上一体构成的卷绕成圆板状的主线圈、设于该主线圈的周围，以成为与主线圈的外周大致平行的方式对外周的一部分施加应力而形成有凹部的多个异形线圈构成，使绝缘构件夹设于相邻的小径线圈间，由此，将主线圈与异形线圈之间的距离保持为规定值以上，获得稳定的绝缘特性，因而，能够抑制主线圈与异形线圈之间的放电。第 201280033648 号专利申请中的感应加热烹调器，具有主加热线圈、处于该主加热线圈周围的扁平形状的多个副加热线圈、分别向主加热线圈和副加热线圈供给感应加热电力的逆变电路、对这些逆变电路的每一个指令与烹调菜单对应的通电形式的通电控制电路，通电控制电路至少具有“烧水模式”和“焯煮模式”作为使用者能够选择的烹调模式，在以“烧水模式”和“焯煮模式”加热上述被加热物的情况下，能够自动地决定上述主加热线圈单独加热或者主加热线圈和副加热线圈的协作加热，再有，在“焯煮模式”中，自动地决定主加热线圈和副加热线圈的热功率比，执行以规定的时间间隔反复加热驱动的通电形式。

3. 工业用感应加热

感应加热在工中的应用特别广泛，涉及如金属熔炼、热处理以及焊接等多种领域。工业感应加热领域的中国专利申请数量明显多于民用感应加热领域，已经达到了 4575 件，约占整个感应加热领域专利申请的 65%。

(1) 工业感应加热领域专利申请量分布趋势

从图 9 可见，工业用感应加热领域专利申请量以及其中国内申请量和国外在中国申请量的逐年分布趋势均与感应加热领域总的发展趋势基本相同，在 2001 年前从无到有，逐渐稳步增加，随后不断快速增长，至 2012 年申请量已经突破了 700 件，未来几年也会继续保持高速的增长。同时，从表 7、表 8 可知，国内专利申请中，企业

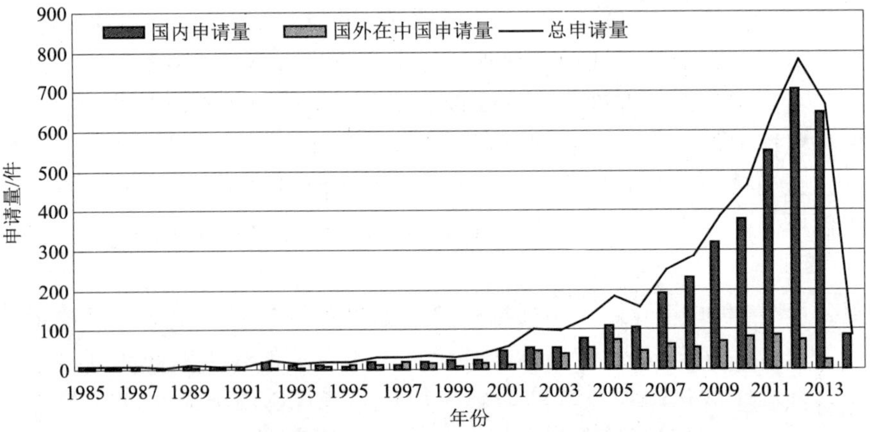

图 9 工业用感应加热领域申请量逐年分布趋势

和个人占专利申请总量的绝大多数、实用新型专利较多等现象同样存在。

表 7 工业用感应加热领域国内外专利申请人类型

申请人类型	国内申请量/件	国外申请量/件	合计/件
企业	2069	800	2869
个人	1117	21	1138
高校	455	7	462
科研院所	103	3	106
合计	3744	831	4575

表 8 工业用感应加热领域国内申请专利类型

专利类型	国内申请量/件	国外在中国申请量/件
发明	1422	404
发明（PCT）	1	420
实用新型	2321	7

从表 9 可看出，在工业用的感应加热领域，国内申请人提交的专利申请也依然是专利申请量中比重最大的一部分，约为 81.84%，同时排在第 2 位的仍然是日本，约占总量的 9.51%。与民用感应加热领域不同的是，美国在中国提交的专利申请排在第 3 位，共计 148 件，约占总量的 3.23%，这个排名是与美国作为钢铁冶炼和加工的传统强国、具有较长时间的感应加热领域的研发历史所分不开的。

表 9 工业用感应加热领域各国专利申请量排名

排序	国家	申请量/件	比例/%
1	中国	3744	81.84
2	日本	435	9.51
3	美国	148	3.23
4	前联邦德国	88	1.92
5	韩国	39	0.85
6	法国	35	0.77
7	荷兰	16	0.35
8	意大利	11	0.24
9	瑞士	10	0.22
10	加拿大	9	0.20

从表10可看出，在国内申请人中，江苏和广东的专利申请量排在前两位，并且数量几乎不分伯仲，分别为483件和460件，两省覆盖了全国四分之一的工业用感应加热领域的专利申请，总计约占全国总量的25.19%。紧随其后的浙江也有379件申请，约占全国总量的10.12%，其后为上海、山东、北京等省市。排名反映出这些省份在工业感应加热领域具有较强的研发实力。

表10 工业用感应加热领域国内专利申请量排名

排序	省份	申请量/件	比例/%
1	江苏	483	12.90
2	广东	460	12.29
3	浙江	379	10.12
4	上海	279	7.45
5	山东	265	7.08
6	北京	253	6.76
7	河南	234	6.25
8	辽宁	168	4.49
9	陕西	135	3.61
10	天津	115	3.07
11	四川	112	2.99
12	湖南	105	2.80
13	福建	100	2.67
14	安徽	91	2.43
15	河北	91	2.43
16	湖北	89	2.38
17	黑龙江	84	2.24
18	台湾	54	1.44
19	重庆	50	1.34

（2）工业感应加热领域的发展

在工业用的感应加热领域，其发展按感应加热设备的电源形式尤其是开关元件的形式大致分成三个阶段，即中频发电机、电子管高频电源、晶闸管与晶体管电源。中频发电机由于效率低下、噪声大等原因已经不适合当前对于感应加热的电源要求，工业发达国家在20世纪80年代后期、我国在20世纪90年代中期均已逐步淘汰了这类感应加热电源。同样，电子管由于体积大、能耗高、质量差和寿命短等缺点，也逐渐退出了电源领域，被晶闸管和晶体管电源所取代。共有 242 件专利申请涉及感应加热的晶闸管和晶体管电源。从图 10 可以看出，感应加热电源方面的专利申请量在 2004 年开始显著增长，特别是在近几年内均保持了较高的增长速度。

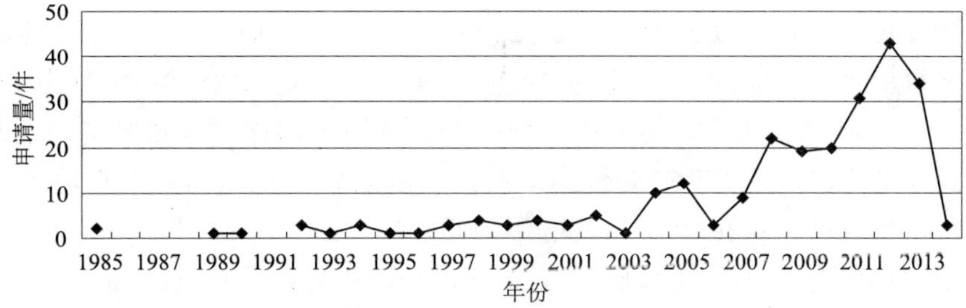

图 10　感应加热电源申请量逐年分布趋势

晶闸管（thyristor）是晶体闸流管的简称，通常又称可控硅。在提到晶闸管时，通常都指的是使用最为普遍的逆阻断型换流关断晶闸管（silicon controlled rectifier，SCR）。感应加热领域中，涉及晶闸管电源的专利申请有 54 件，基本上涉及的内容都是感应加热装置采用晶闸管电源电路结构。例如第 201320208300 号专利申请，公开了一种零电压启动的晶闸管中频感应加热装置，包括整流桥 KP、逆变桥 KK，整流桥 KP 的进线处连接熔断器 RD 和阻容吸收 RC，逆变桥 KK 的输出侧连接负载线圈 Lf 与附加电容 Cf 组成的负载谐振回路。其特点是熔断器 RD 的进线处连接水冷进线电感 LA、LB、LC，逆变桥 KK 的出线处连接水冷出线电感 Lq，负载谐振回路分别连接中频电流互感器 LH 和中频电压互感器 YH，电流信号负载电路中串联反并二极管组成高阻匹配电路，中频电流互感器 LH 和中频电压互感器 YH 输出合成信号作为调频信号连接隔离变压器 TB，进行隔离，隔离变压器 TB 连接逆变触发电路；装置电路结构简化、启动性能更加可靠，不仅适用于并联负载谐振逆变器，也适用于串并联负载。第 201310750695 号专利申请公开了一种有芯镀锌锅的感应加热电源，包括主回路和主控单元，主回路包括整流器、滤波器、逆变器及感应线圈。逆变器由四个逆变可控硅 SCR1～SCR4 和一个逆变电热电容 C2 构成全桥串联谐振电路，四个逆变可控硅 SCR1～SCR4 以逆变可控硅 SCR1 与逆变可控硅 SCR3 串联、逆变可控硅 SCR2 与逆变可控硅 SCR4 串联再并联的方式与滤波器的滤波电容 C1 并联，逆变电热电容 C2 的一端接在逆变可控硅 SCR1 与逆变可控硅 SCR3 的节点上，逆变电热电容 C2 的另一端与感应线圈串联后连接在逆变可控硅 SCR2 与逆变可控硅 SCR4 的节点上，从而使感应加热电源能输出平滑连续的功率，避免感应器输出突变的功率。

涉及晶体管感应电源的共有 113 件专利申请，基本上以采用绝缘栅双极型晶体管（insulated gate bipolar transistor，IGBT）的类型为主。在该领域中，专利申请主要涉及 IGBT 的驱动电路结构或者 IGBT 电源的冷却结构。例如第 201320121688 号专利申请，涉及一种 IGBT 感应加热电源，整流单元连接有 IGBT 逆变器，IGBT 逆变器连接 IGBT 谐振输出单元，IGBT 谐振输出单元连接感应器，整流单元、IGBT 逆变器和 IGBT 谐振输出单元三者的连接电路上设有检测电路，所述检测电路分别连接有电气控制单元和数字式高速处理器，以实现对过压、过载、短路、过热等的高速有效的限制和保护，降低开关损耗。第 201320087781 号专利申请，涉及一种全空冷数字式感应加热电源，包括主回路及用于控制主回路的控制回路，其中控制回路包括第二断路器，第二断路器的输入端连接控制电源，其输出端连接冷却风机，由冷却风机对三相桥式整流电路、IGBT 逆变桥、谐振输出电路中的变压器及谐振电容器组进行风冷，冷却风机连接开关电源，开关电源连接 DSP 主控单元，DSP 主控单元分别连接显示及按键单元与 IGBT 隔离驱动单元，IGBT 隔离驱动单元连接 IGBT 逆变桥。能够实现对整流、逆变电路进行空气冷却，实现大功率的整流、谐振。

（3）工业感应加热的应用领域

金属热处理是感应加热在工业领域最为普遍的应用之一，主要涉及金属热处理中的整体热处理和表面热处理两类，共有 454 件专利申请。金属热处理是通过加热的方法改变工件内部的微观组织，或改变工件表面的化学成分，赋予或改善工件的使用性能，一般不改变工件的形状和整体的化学成分。钢铁整体热处理大致有淬火、回火、退火和正火四种基本工艺。涉及上述四个工艺方向的分别有 220 件、52 件、66 件和 20 件专利申请。感应加热金属热处理专利的申请量逐年分布趋势如图 11 所示，可以看出涉及金属热处理的专利申请总量和其中淬火工艺的专利申请量增长速度逐年提高。

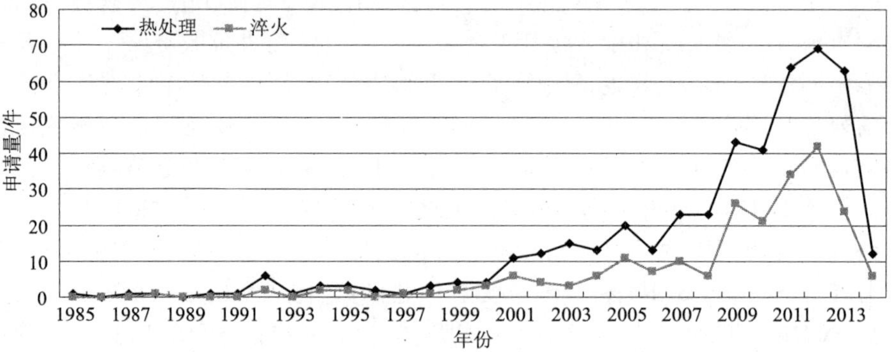

图 11 感应加热领域金属热处理及淬火专利申请量逐年分布趋势

1）金属热处理领域。

① 淬火。

淬火工艺是将工件加热保温后，在水、油或其他无机盐溶液、有机水溶液等淬冷介质中快速冷却，能够提高工件的硬度，但是其韧性也随之降低。淬火工艺涉及的专利申请量为220件，在各个热处理工艺中数量最多，接近专利申请总量的1/2，主要为利用感应加热针对不同类型、材质以及用途的工件进行淬火的装置或工艺。例如第01107504号专利申请，公开了一种杆件淬火装置，包括冷却池、加热装置、机械升降机构和控制电路板；加热装置包括高频电源以及电磁感应线圈，淬火杆件被送入机械升降机构的夹具后，自上而下穿过通以高频电源的电磁感应线圈，位于线圈内的一小段淬火杆件在高频磁场的作用下形成涡流发热并迅速达到淬火温度，继而快速进入冷却池的冷却油中，待杆件整体下降到位后，夹具松开杆件，杆件自行落入冷却池中，完成加热和快速冷却的淬火过程。第200420029838号专利申请，涉及一种连续感应加热淬火线圈，包括淬火线圈、固装在淬火线圈上的进水管、连接于淬火线圈一侧的固定板以及螺栓和螺母组成，在淬火线圈上设有与其底平面呈38°角的若干个喷水孔，过渡管固定在固定板上，淬火线圈与过渡管焊接并连通，固定板绝缘垫由螺栓和螺母固装在两固定板间，淬火线圈通过其一侧的固定板与机床连接。在进行淬火时可缩短喷水距离，使工件被加热表面在很短时间内得到冷却。

② 回火。

为了降低工件由于淬火而降低的韧性，需要采用回火工艺，将淬火后的钢件在高于室温而低于650℃的某一适当温度进行较长时间的保温，再进行冷却。回火工艺通常与淬火工艺相配合使用，从而总体提升工件的性能。例如第201320065712号专利申请，涉及一种轴类零件的加热感应器，感应器主体包括淬火线圈和回火线圈，淬火线圈和回火线圈相连接形成8字形结构，在感应器主体的末端上设置有绝缘板。淬火回火的方法为：先按常规的感应淬火工艺用淬火线圈对轴类零件进行感应淬火，喷水冷却后，感应器主体移动，使感应器主体的回火线圈的中心与轴类零件的回转中心重合，进行感应回火，回火后的轴类零件冷却后就完成了感应淬火回火工序，从而通过一次装夹完成淬火、回火，减少了零件的装夹次数，防止零件在装卸过程中造成的磕碰损伤，提高了生产效率。

③ 退火。

退火是将工件在加热到一定温度后保温一段时间再缓慢冷却，以提高金属内部组织的平衡性，或者消除弯管等变形工序产生的内部应力，提高工件内在质量。例如第200920124067号专利申请，涉及一种用于钢管退火的感应加热装置，包括加热控制器。在加热控制器上连接有由铜管构成的感应线圈，感应线圈绕在石英管上，该石英管被夹持在左夹座、右夹座之间；左夹座、右夹座内均开有供待退火钢管穿过的通孔，二者的通孔与石英管的内孔相通并且在同一条直线上，实现了钢管的快速加热退火。

④ 正火。

正火也称为常化，是将工件加热到适宜的温度后在空气中冷却，正火的效果同退火相似，只是得到的组织更细，常用于改善材料的切削性能，也有时用于对一些要求不高的零件作为最终热处理。在涉及正火工艺的专利申请中，大部分涉及针对火车钢轨的正火处理，如第 201310002691 号专利申请，涉及一种有关钢轨焊接接头处理的开合式水冷钢轨感应正火线圈，应用仿形原理，感应正火线圈左右两侧线圈均为独立管、线路，电流、水流在管路内通行，两侧线圈内水流、电流不连通，两侧各有两根铜管并联连接，两侧线圈在钢轨一侧轨底角处绝缘栓接，仿形钢轨安装，线圈顶部采用水冷软连接电缆与发生器电源、水箱连接，实现对钢轨接头的均匀正火。

2）熔炼与焊接。

熔炼和焊接同样是感应加热领域在工业中的重要应用，分别涉及 646 件和 370 件专利申请。两个技术方向中的专利申请量逐年分布趋势如图 12 所示，可以看出相对于熔炼方向连续快速增长的申请量，焊接方向在快速发展之后，近几年的增速比较稳定。

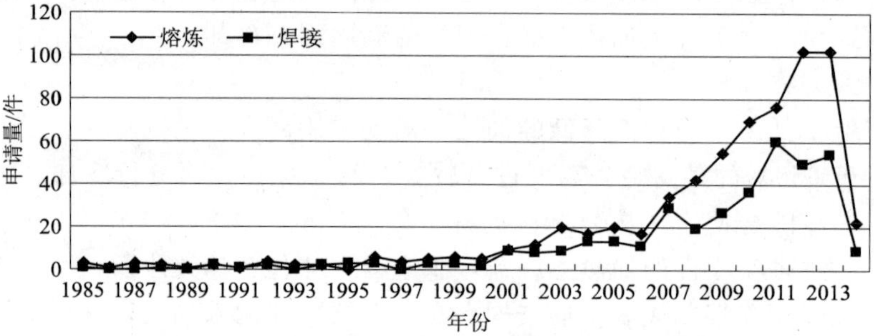

图 12　熔炼和焊接技术方向专利申请量逐年分布趋势

① 熔炼。

熔炼方面的专利申请中，主要涉及各类感应炉或感应加热装置的整体系统、冷却结构，或者采用感应加热装置通过熔炼的方式进行各种产品加工或制备的方法，分别涉及大约 211 件、156 件和 219 件专利申请（存在一定数量上的重合）。例如第 02800049 号专利申请，公开了一种感应炉系统，具有包围炉缸的有源感应线圈和无源感应线圈，无源感应线圈与电容器并联连接以形成 LC 谐振电路，给有源感应线圈提供交流电流源以产生磁场从而感应加热并熔化炉缸中的导电材料，该磁场也与无源感应线圈磁耦合以在无源感应线圈中产生感应电流，这种感应的电流产生磁场以感应加热并熔化炉缸中的材料，通过引入谐振电路的阻抗改善了线圈的功率因数，形成了更高效率的感应线圈系统。第 200820122593 号专利申请，涉及一种快冷式中频感应烧结炉，针对中频感应烧结炉的结构进行了改进，包括烧结炉壳体、位于炉体壳体腔体内下部的炉内支架、位于炉内支架上的铜感应线圈、位于炉内支架上和铜感应线圈外的保温砖壳层、位于烧结炉壳体侧壁上的保护气体通入装置、位于烧结炉壳体下底部的炉体支架，以及炉体冷却气体通入管、冷却后气体出气管、散热器、冷却气体循环风机、保温砖壳层下冷却通气孔、保温砖壳层下上出气孔。在传统立式中频感应烧结炉的基础上，增加了一套循环冷却系统，实现低温降温阶段的快速冷却，缩短冷却时间。第201310602203号专利申请，涉及一种制备微晶和非晶态粉末材料的方法，包括熔炼炉，感应线圈，气体雾化器，雾化塔，雾化塔基座，转动轴承，驱动链轮，双层冷却水装置，连接出料收集装置；利用雾化气体将感应熔炼炉熔化的金属液体分散为微小液滴，微小液滴撞击雾化塔内表面，发生变形并骤冷凝固，得到微晶或非晶态的粉末材料；该方法能够制备金属单质、金属合金或各种非金属材料的微晶和非晶态粉末材料。

② 焊接。

焊接方向的专利申请主要涉及各种类型工件的感应焊接设备，大部分均针对感应加热系统的具体结构。例如第200520029107号专利申请，涉及一种多工位钎焊感应器，对钎焊感应线圈进行了改进；采用三个以上高频线圈串联的方式；高频线圈的匝数为根据需要钎焊工件的需要2～20匝，由紫铜管绕制，在整个高频线圈的两端接有进水管和出水管，一次可进行多个工位钎焊的积极效果。第200510069264号专利申请，涉及一种不锈钢复合钢管的焊接方法，首先机械加工两管端连接面成斜对接形式，并清洗连接面及邻近管面的油污和氧化物；在连接面及邻近的管面上放置中间材料；在组装夹紧机构上使凸面管端紧紧插入凹面管端，并在连接面附近放置感应加热圈后，两管子被夹紧，刚性固定在一起；随后在连接面附近放置密封机构；引入惰性气体后，启动感应加热线圈，使中间材料熔化，在热膨胀力的作用下连接面间形成液相扩散焊接；最后停止感应加热，放松夹紧机构；停止送气，拆除密封机构，将焊接好的管移出焊接装置。实现了一种连接面液相扩散焊接。

3）工业感应加热应用的其他领域。

除了对金属进行加工处理外，感应加热装置还在塑料加工、定影装置和成像装置以及石油开采等方面有比较广泛的应用，分别有273件、138件和61件专利申请。各类应用的专利申请量逐年分布如图13所示，可以看出除了塑料加工领域专利申请在逐年增加之外，定影装置以及石油开采领域中，近年来涉及感应加热的专利申请量保持稳定，基本没有明显增长。

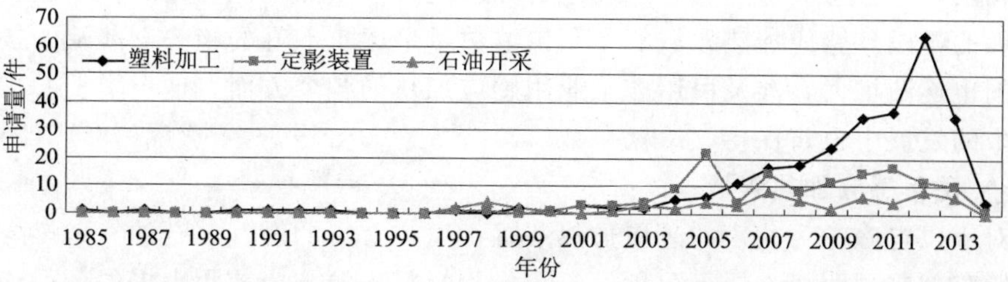

图13 塑料加工、定影装置以及石油开采领域方向的专利申请量逐年分布趋势

① 塑料加工领域。

塑料加工领域中，感应加热装置一般用于对注塑机的料筒或料管进行加热。如第200520105939号专利申请，涉及一种用于塑料、橡胶加工的电磁感应加热装置；包括电磁感应线圈、电磁感应加热电源、温度传感器、挤出机机筒。该电磁感应线圈绕制成蝶形，固定在两个半圆柱筒形的非导磁骨架上，将两个半圆柱筒形骨架扣合安装在挤出机机筒的外部，与电磁感应加热电源相连接，并在电磁感应线圈的内表面与挤出机机筒的外表面之间填充绝缘隔热材料层；工作时，电磁感应线圈使挤出机机筒的金属体发热，加热机筒内的原料，实现对各种塑料、橡胶的加工。

② 定影和成像装置领域。

定影和成像装置领域中涉及感应加热的138件专利申请，仅有5件由国内申请人提交，其他均为国外申请人的在中国申请，且其中有122件来自日本，涉及松下、佳能、理光等主要的申请人。在定影装置中，感应加热装置通常用于对装置中的加热辊进行加热，从而使成图材料或显影材料融化成型。该领域中在我国最早的专利申请为第97122907号专利申请，涉及一种带有感应加热辊的装置，该装置通过加热一定温度以将图像形成物质熔化在一片材上，可以在定影装置和图像形成装置中使用；感应式加热的加热辊包括用导电部件形成的中空辊及配设在该辊内部的线圈，设有配置在线圈内部的绕线管，以绝缘性物质形成，表面形成凹凸形状，线圈沿凹部卷装在绕线管上，使线圈的电线相互间形成间隙。

③ 石油开采领域。

石油开采领域中，感应加热装置可用于原油生产中稠油和高凝油集输时的加热。例如第98248283号专利申请，涉及一种原油井站用电加热装置，包括内管和外管，其中的内管经下面的孔与外管连通，两层管中间设有热管，热管与内管间呈密封环状空腔形成管中管结构，空腔内设有感应加热器，内管内壁固连有注入ZGM化学复合介质的介质管，内管上端设进油口，外管上侧面设出油口；具有加热和磁降黏的双重功效，节省了能耗。

三、发展趋势预测

在我国，尽管感应加热领域的理论研究已经日渐成熟，但相关的技术创新仍处于持续发展的阶段。感应加热领域的专利申请数量呈逐年上升的趋势，涉及的技术内容覆盖范围也逐渐扩大，涉及民用和工业用感应加热的各个方面。这一增长和扩大的趋势在未来的发展中也将保持。

（一）民用感应加热领域

相对于以电磁炉为代表的感应加热装置，以往常见的燃气、石油气、燃煤等加热形式的缺陷越来越明显。以不可再生资源作为燃料来源与当前大力提倡环保能源的趋势相悖。这些加热形式产生的明火、废气和烟尘也使电磁炉安全洁净的特点更加突出。尽管以往存在以电炉丝作为发热元件的灶具，能够直接利用电能进行加热，但其能量转换效率低下的缺点非常明显，为了达到相同的加热能力，电炉丝往往具有高出电磁炉几倍甚至更高的耗电功率。在普及范围不断扩大的趋势下，可以预见民用感应加热领域的专利技术发展有以下两个比较集中的发展方向。

1. 商用化

在家用领域中，电磁炉等感应加热装置已经开拓了巨大市场。例如在烹饪装置中，申请人进行技术开发所针对的主要方向也集中在采用单一灶头的电磁炉上，这一类型的专利申请占了该领域的大多数。但在餐饮行业高度发达的我国，各类餐厅、饭店、食堂的厨房中炉灶的数量相当庞大，这些灶具基本上都采用燃气炉灶，经营成本同样会受到影响，因此在餐饮行业中，感应加热装置的市场规模非常可观。设计符合商用要求的多灶头、大功率感应加热装置，是未来发展的趋势之一。此外，在城市、社区、宾馆等场所进行集中供暖和热水供应所使用的锅炉同样是一类数量多、耗能大、覆盖广的加热领域。但在这类锅炉中，利用电磁感应进行加热的数量很少。目前这一类型的专利申请相对于感应加热的其他应用而言，数量明显偏低，技术深度和广度都具有很大的开发空间。为了填补这些空白，针对上述方向进行技术创新的专利申请将在今后的持续发展中大量涌现。

2. 智能化

民用加热领域的发展脱离不了用户使用的具体需求。为了使加热的控制更加简单，操作更加便利，反应更加快捷，民用感应加热领域中对装置和方法的智能化不断提出了更高的要求。智能化的发展主要有两个方面：一是加热过程更加智能，例如前面提到的根据用户设定的加热类型，按照各类传感器定时器的实时数据，进行更加复杂准确的加热调节，在加热过程上实现更符合用户需求的加热；二是加热操作更加智能，主要涉及在加热装置的人机交互、操作控制管理等方面提升智能化的程度，使选择、调节等输入操作和提示、报警等输出反馈都能更加符合用户对于简明、便捷的需要。以电磁炉进行烹饪的操作为例，由于其加热时不具备明火，对于习惯依据火焰大小进行火力强弱判断的用户而言，烹饪时仅靠对于加热档位或者功率值的高低进行区分和选择显然不够直观和明确，从而造成了操作上的不便。从某种角度而言，电磁炉清洁安全无明火的加热特性在一定程度上反而制约了其在更广范围内的普及。如何突破这一瓶颈，同样是民用感应加热技术研究发展的一个趋势所在。在装置智能化的方面，日本和德国的专利申请起步较早，在技术上更加全面和深入，例如松下、三菱、日立、博世等申请人针对过程控制、操作界面的设计和管理等用户实际需求的各个方面，提交了较大数量的专利申请。同时，也能看出我国的主要申请人如美的、九阳等在这方面已经开始了自己的尝试并获得了突破，在近年从独有的领域和角度出发形成了一系列专利申请，涉及加热组件的系统化管理以及温度控制等多方面。在未来智能化的提升仍将是民用感应加热领域专利申请中的热点方向。

（二）工业用感应加热领域

在倡导绿色 GDP、大力发展低碳经济的形势推动下，工业用感应加热技术的发展同样处于持续上升的阶段，专利申请在现有的发展规模下会继续保持迅速增长的势头。在发展方向上，工业用感应加热领域的专利申请覆盖的种类和范围较大，细节类型众多，在多种加热工艺和加热环节中，技术热点并不十分突出，但从总体上看，可以看出其发展倾向首先是应用领域会继续扩大。针对各类不同的具体应用、不同加热类型中采用感应加热方式的专利申请会继续提出，对应的技术会得到发展。从广义上而言，民用感应加热领域的发展即是工业用感应加热技术中脱颖而出的一个典型例子，其根据自己独有的应用特点形成了自身特殊的发展历程。同样可以预见，在众多的加热应用中，会继续出现原有加热方式被感应加热技术所取代的情况。在这方面，国内申请人由于技术储备不足和起步较晚等原因，并没有在专利申请中获得领先优势，开拓性的发明较少，主要针对现有领域中的技术革新和改进。另外，在进一步扩大生产规模和提高生产效率的需求推动下，工业用感应加热领域中常见的技术热点同样在今后的专利申请中占有更大的比重，例如在感应加热的电源设计、自动化程度提升、冷却以及能耗控制方面，近年来其专利申请量继续保持较大的规模和较高的增速。

四、建议

通过对我国感应加热领域的专利申请进行的分析可以看出，国内申请在专利申请量上占有明显的优势。其中，国内申请中实用新型数量较大，相比于国外在中国申请以发明专利为绝对多数的状态，反映了我国申请人在创新高度上需要有所提升。同时，从专利技术内容上看，我国申请在感应加热领域中需要继续扩大自身核心专利及其整体体系的规模，这样才能在日趋激烈的国际专利竞争中掌握自主权。为了实现这些目标，提出以下两个方面的建议：

（1）结合国内的实际，制定中长期的发展战略。从专利申请分布以及趋势可以看出，在感应技术发展的不同时期，专利申请的关注重点也随之发生相应变化，有明显的规律和趋势可循。通过政府相关部门的引导和政策扶持，帮助行业在知识产权方面形成完整有效的发展计划，在宏观上形成具有竞争力和良好效益的产品结构和技术路线。特别是知识产权行政管理部门和各类行业协会可以深入分析和调研，在专利技术发展方面提供指引，帮助企业以自主研发为基础，针对自动化、智能控制以及商业应用等重点的技术方向和应用方向不断加大技术积累和研发力度，同时在国外专利技术藩篱中积极寻找突破口，探索新的热点领域，争取达到一定的技术高度，从而实现攻守兼备的均衡发展。

（2）扩大研发规模，吸引高校和科研院所的研发力量参与技术创新。在感应加热领域中，目前高校和科研院所的专利申请量十分有限，通过与企业之间加强合作，能够实现基础理论和具体应用的共同发展，分别使科研单位与企业在研发能力和产业化实践中的优势得到充分发挥，推出一批具有高创新水平、包含核心技术的专利申请，在我国的感应加热各个领域中构建有效、全面的专利布局，形成能够与国外专利有力抗衡和竞争的宏观专利体系。

五、结束语

通过本文关于感应加热领域专利技术发展现状及其发展趋势的介绍和分析，可以看出国内的感应加热领域正处于申请量快速提升的发展阶段，表明我国感应加热的技术发展不断进步，并且各个行业对专利申请的重要性有了较高的认识，专利保护的意识更加深入人心。同时，国外申请人借助自身的技术积累和专利申请经验，在我国也进行了相当规模的专利申请，力图在我国市场占有一席之地。国内感应加热行业应当借助推进我国知识产权战略的实施，加大研发投入力度，加深研究层次，积累专利基础，充分发挥自身优势，争取获得更好更大的发展。

参考文献

[1] 蒲卫华．感应加热发展简史（英）[J]. 电炉，1983（3）.

医学图像三维重构专利技术现状及其发展趋势

陶玲　孙蕾[1]　姚天宇　孙泽竑　李芳

（国家知识产权局专利局电学发明审查部）

一、引言

医学图像三维重构是一个多学科交叉的研究领域，是计算机图形学和图像处理在生物医学工程中的重要应用。近年来，随着成像技术的快速发展和现代大型医疗设备的广泛应用，医学图像处理和分析技术在临床诊断和医学研究中发挥着越来越重要的作用，逐渐成为国内外研究的重点。如何精确地定位患者病灶、准确真实地构建患处的组织模型以便更好地辅助临床诊断及治疗，以及如何将信息处理和模式识别技术更好地应用于医学图像处理始终是医学图像领域技术发展的动力和追求目标。医学图像领域的技术内容涵盖了多个方面，包括图像获取、图像编码与重建、图像复原与增强、图像压缩与存储、图像分析、图像可视化等，其中图像分析、图像重建、图像复原与增强、图像可视化已成为医学图像领域中的重点发展技术。本文旨在通过对三维医学图像的四类重点技术的专利技术现状，包括对各类技术中的重点专利及主要申请人等方面进行梳理分析，以获得对该技术领域的专利发展现状的认识，探寻专利技术的发展趋势，为该行业提出相关建议以供参考。

下面是四类重要技术概述。

1. 图像分析

图像分析主要通过对获取的医学图像内容进行分析、识别来获得图像目标的特征数据，其侧重于检测、测量和描述图像中感兴趣的目标，是实现医学图像三维重构的重要基础和关键所在。医学图像分割和医学图像配准是医学图像分析的两大核心技术。

医学图像分割是指根据灰度、颜色、纹理、几何形状等特征将原始的二维或三维医学图像划分成互不相交的各具特性的区域，从中提取出感兴趣的区域，作为定量、定性分析的基础。由于受成像机制的影响，医学图像常具有灰度不均和强噪声等特

---

[1] 孙蕾等同于第一作者。

征，加上人体器官的结构复杂性和不规则性，给医学图像的分割带来了一定的困难。目前在医学图像分割方面仍没有可以通用的理论方法，也没有一种普遍适用的最优分割方法，分割结果的正确与否也没有统一的评判标准，需要从分割效果和实际应用的情况进行判断。

医学图像配准是通过寻找某种空间变换，使两幅图像的对应点达到空间位置和解剖结构上的完全一致。要求配准的结构能使两幅图像上所有的解剖点，或至少是所有具有诊断意义以及手术区域的点都达到匹配。目前医学图像配准方法有基于外部特征的图像配准和基于图像内部特征的图像配准两种。

2. 图像重建

图像重建是指根据物体的投影数据来得到物体内部的断层成像，其意义在于获取被检测物体内部结构的图像而不对物体造成任何物理上的伤害。根据原始数据获取方法及重建原理不同可分为透射断层成像、发射断层成像、反射断层成像及核磁共振成像。图像重建方法可分为解析法与迭代算法两大类。

解析法中常用的算法有傅里叶变换法和滤波反投影法。滤波反投影法因其实现简单，速度快，对足够精确的投影数据能获得很好的重建质量，在图像重建领域有很广泛的应用，但它也存在明显的缺点，噪声特性不佳，对数据采集扫描方式依赖度高。

迭代算法中较常用的是代数迭代重建算法。其优点是重建所需投影数少，可在数据不完全和低信噪比条件下成像。其缺点是速度慢，不易收敛。

3. 图像复原与增强

图像复原是指对因各种因素导致的质量下降的图像进行处理，力求还原图像的本来面目。图像复原需要找出图像退化原因，建立退化模型，并沿着逆过程来重现原始图像。根据不同的退化模型、处理技巧和估计准则可以得出各种不同的复原方法。常用的复原算法有维纳滤波和约束最小平方滤波。

图像增强是指按特定需要突出一副图像中的某些信息，同时削弱或去除某些不需要的信息，以满足某些特殊应用的需求。其目的虽然也是改善图像的视觉质量，但与图像复原不同的是，不需要考虑图像退化原因，实现过程带有较强的主观性。图像增强算法可分为空间域法和频率域法两大类。基于频域的算法是在图像的某种变换域内对图像的变换系数值进行某种修正。基于空域的算法是直接对图像中像素灰度值进行运算处理，以灰度映射变换为基础。

4. 三维图像处理

三维图像处理主要涉及三维图像重构技术。医学图像的三维重构是指利用人类的视觉特性，通过计算机对二维数字断层图像序列形成的三维体数据进行处理，将其变换为具有直观立体效果的图像来展示人体组织的三维形态。

三维医学图像可视化技术通常可分为面绘制和体绘制两种方法。面绘制是通过几何单元拼接拟合物体表面来描述物体的三维结构。具有运算量小、表面显示清晰的优点，但只描绘三维标量场的一个子集，无法显示标量场的全部信息。体绘制是直接将体像素以一定的颜色和透明度投影到显示平面，能产生三维标量场的整体图像，包括每一个细节。具有图像质量高、便于并行处理等优点，但运算量较大。

二、医学图像三维重构专利技术现状分析

（一）专利分析的样本构成

1. 数据库的选择

本文研究的医学图像三维重构技术具有一定的特殊性，其属于图像处理领域与医学领域的交叉技术领域。该领域涉及的图像处理的关键技术包括图像分割、图像重建、图像复原与增强、三维图像构造，而关注的重点是处理对象为医学图像的相关专利申请。分析的样本来源于欧洲专利局 EPOQUE 检索系统中的德温特 WPI 数据库和中国专利检索系统（CPRS）的中文专利摘要数据库（CNABS）。

2. 检索策略

首先，全球专利数据选择欧洲专利局 EPOQUE 检索系统中的德温特 WPI 数据库。在该数据库中，针对医学三维图像重构技术进行关键词、分类号的检索，关键词选择了图像处理领域、医学图像领域的主要关键词，进行了充分的扩展，分类号涉及 G06T、A61B、G06F、G06K 等，从而确保数据检索的全面和准确性。全球专利量为 13 036 件。

其次，国内专利数据选择中国专利数据库（CPRS）的中文专利数据库（CNABS）。在该数据库中，对图像处理领域及医学图像领域分别进行检索，获得相关国内专利量检索结果为 3043 件。

数据库的检索完成时间为 2014 年 7 月 10 日。

（二）全球专利申请数据分析

此部分对医学图像三维重构技术领域全球专利申请总体数据进行了分析，包括对申请量的年度趋势、专利申请的分布、主要申请人申请量以及主要技术分支进行统计。其中，对于主要技术分支，分析时首先参考了 IPC、EC 等各分类体系对于相关技术的分类标准，其次对相关申请分类号涉及的技术点进行分析统计，最后在对技术文档等非专利文献阅读的基础上总结出相关的医学图像三维重构技术领域的改进侧重点，最终得到相关的主要技术分支。这里，因检索等因素得到的噪声数据不予划分。

1. 申请量逐年分布趋势分析

如图 1 所示，全球的医学图像三维重构技术领域最早的专利申请始于 1973 年，并且当年仅有 1 件专利申请。在 20 世纪 70 年代及 80 年代该领域的年专利申请量在 100 件左右。从图中可以明显看出，从 1987 年开始专利申请量显著增长，从 60 余件迅速增加到 2000 年之后年专利申请量超过 500 件，并且在 2007 年专利申请量达到历

史的最高值，即887件，之后专利申请量有所下滑，至2009年，达到了另一个较高值，2001～2012年，该领域的总体申请量一直维持在较高水平。2009年之后，申请量出现了回落迹象。这说明，2000年之后的十余年间，全球的医学图像三维重构技术领域的研发和创新变得越来越显著，并且全球医学图像仪器厂商也逐渐重视在该领域的专利布局。

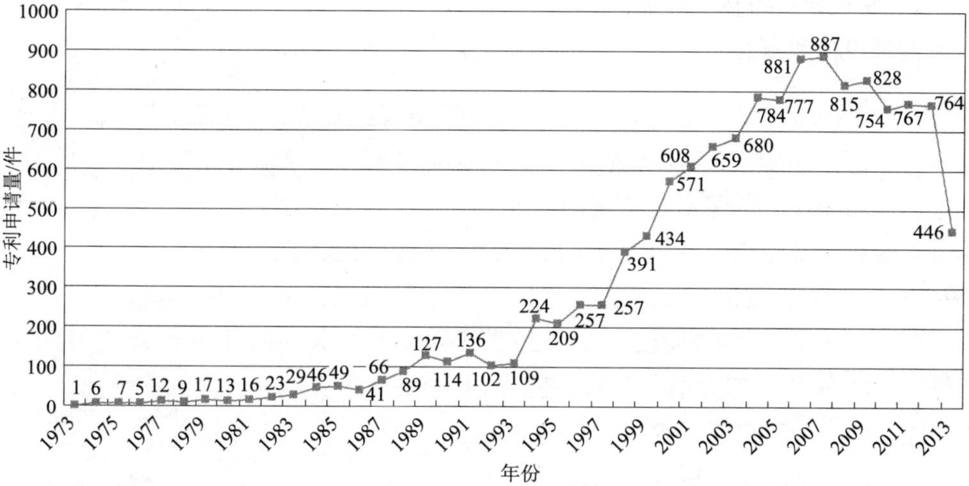

图1　全球的医学图像三维重构技术领域专利申请量逐年分布趋势

2. 国家或地区分布

如图2所示，目前的医学图像三维重构技术领域的专利主要集中在日本、美国、欧专局进行申请，这说明全球的申请人都非常注重在日本、美国、欧专局的专利布局，这也为中国申请人的专利布局提供了一定的参考。值得注意的是，在全球的医学

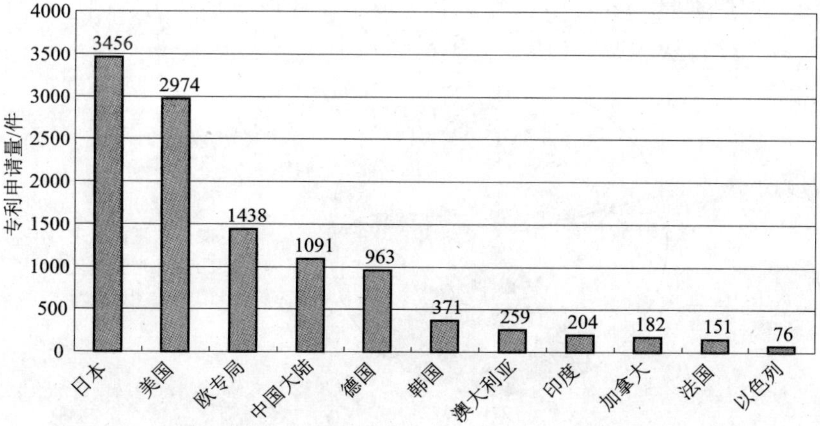

图2　全球的医学图像三维重构技术领域专利申请国家或地区分布

图像三维重构技术领域，在中国大陆进行专利申请的数量居第四位，说明全球的医学图像三维重构技术领域的申请人对于在中国大陆进行专利布局也非常重视。

3. 主要申请人申请量分析

如图3所示，总体来看，在全球的医学图像三维重构技术领域，通用电气以1265件的专利申请量排名第一，其次的主要申请人包括西门子、东芝、富士胶片、皇家飞利浦、日立等公司。值得注意的是，国内企业、高校及研发机构在该技术领域的总体专利申请量还很低，与国外的企业相比还存在较大差距。

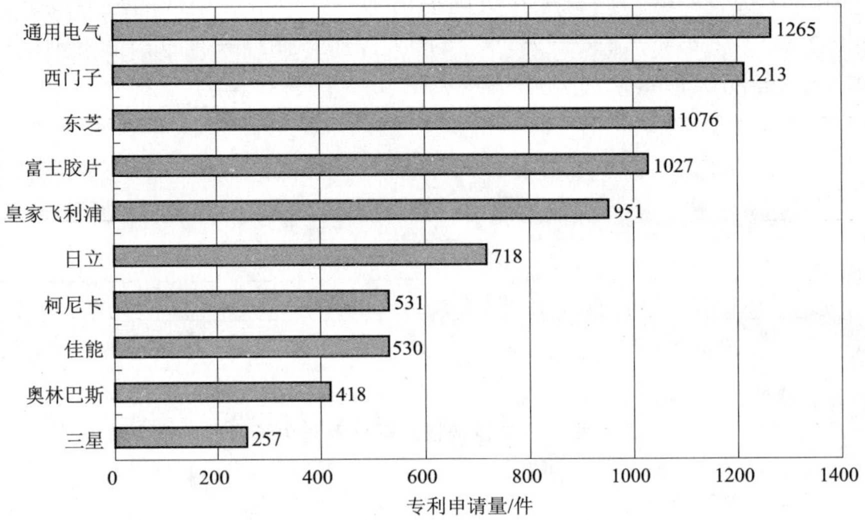

图3 全球的医学图像三维重构技术领域专利申请主要申请人申请量分布

4. 四种技术分支专利申请量对比分析

图4所示为四种技术分支的全球专利申请量对比情况，其中“图像分析”的全球专利申请量为3544件，占医学图像三维重构技术领域申请量的37%，其次是“二维

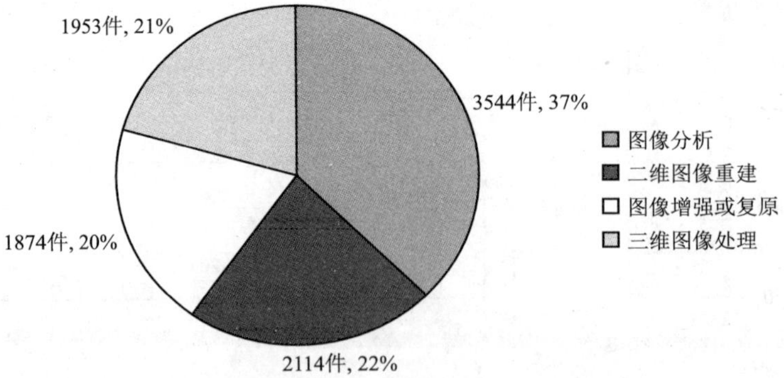

图4 全球的医学图像三维重构技术领域技术分支专利申请量对比

图像重建”，其申请量为2114件，占医学图像三维重构技术领域申请量的22%，上述两种技术分支是医学图像三维重构的主要申请类型，总共占59%的比例。“三维图像处理”的全球专利申请量为1953件，占医学图像三维重构技术领域申请量的21%，“图像增强或复原”的专利申请量只有1874件，占医学图像三维重构技术领域申请量的20%。

5. 四种技术分支专利申请量逐年分布趋势对比分析

由图5可知，医学图像三维重构技术领域的专利申请始于对“二维图像重建”的研究，1973年EMI有限公司首先在英国提出了一件使用X射线的放射线摄影装置的申请（申请号17732/73）。1973～1995年，关于医学图像三维重构的专利申请都非常少，处于研发的准备阶段；自1995年开始，业界出现了大量关于医学三维图像的专利申请，无论是“图像分析”、“二维图像重建”、“图像增强或复原”，还是“三维图像处理”，专利申请量都有了重大突破，医学图像三维重构技术领域受到越来越多的关注。

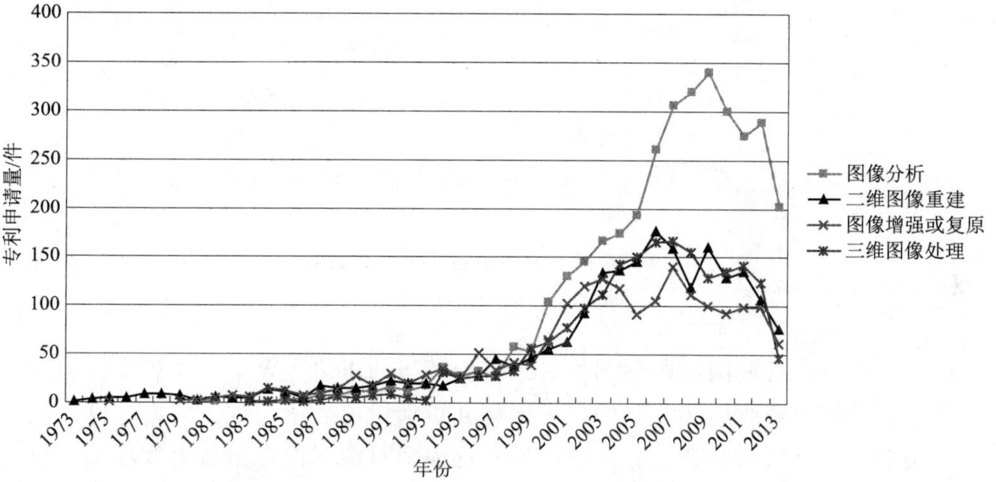

图5 全球的医学图像三维重构技术分支申请量逐年分布趋势对比

（三）中国专利申请数据分析

这部分在对中国专利申请总体数据进行分析的基础上，进一步对医学图像处理的四种关键技术的各自的情况进行了分析，尤其是增加了对各个主要技术分支的专利申请量分析。分析时首先参考了IPC、EC等各分类体系对于相关技术的分类标准，其次对相关申请分类号涉及的技术点进行分析统计，最后在对技术文档、学术论文、领域综述等非专利文献阅读的基础上，结合专利申请的分布以及主要申请人重点关注的技术内容，总结出相关医学图像处理技术的改进侧重点，最终得到相关的技术分支。这里，因检索等因素得到的噪声数据不予划分。

1. 总体数据分析

（1）申请量年度趋势分析

如图6所示，医学图像三维重构技术的第一件专利申请出现在1985年，并且当年仅有1件专利申请，1985～1995年，国内相关领域的年专利申请量一直在10件以下。从1996年开始，申请量逐年增长，并呈现明显增长趋势。至2003年，国内的年专利申请量突破100件，2006年达到了最高峰354件，之后专利申请量有所下滑，至2011年，达到了另一个小高峰，并且2006～2011年，该领域的总体申请量一直维持在较高水平。2003年之后的发展趋势与全球数据基本一致，这说明近年来全球企业也比较注重该领域在国内的专利布局。

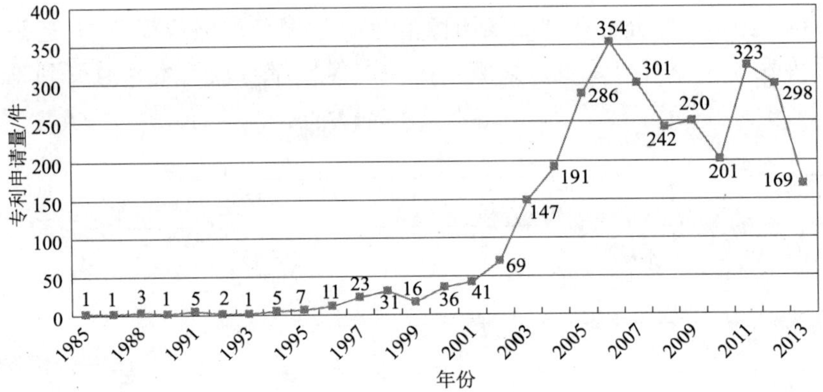

图6 中国专利申请量逐年分布趋势

（2）国家或地区分布

如图7所示，目前国内医学图像三维重构领域的申请主要集中在日本、美国、中国大陆、荷兰等国家或地区。其中，中国大陆申请量位居第三位，为552件，其申请人主要集中在个别公司及高校、科研院所。这说明目前国内在该技术领域具有较强的

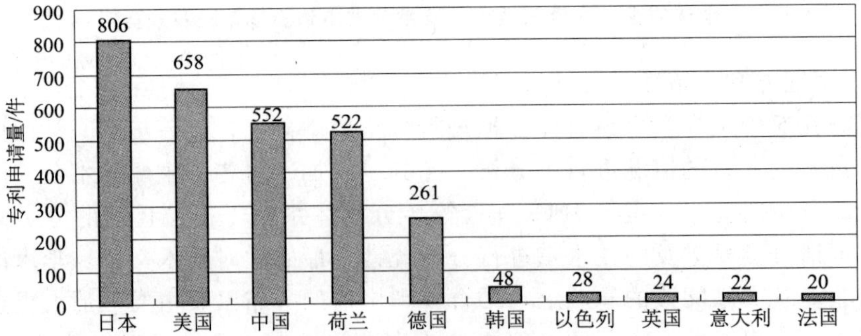

图7 中国专利申请国家或地区分布

研发实力和创新能力，尤其是个别的公司已经拥有了一定数量的专利申请。但是，日本、美国和荷兰三国则无论是在国内还是国外都占有领先地位。

（3）主要申请人申请量分析

如图 8 所示，总体来看，国内申请也是皇家飞利浦有限公司排名第 1 位，为 513 件；其次的主要申请人包括株式会社东芝、西门子、通用、佳能、奥林巴斯等公司。值得注意的是，国内企业深圳迈瑞生物医疗电子股份有限公司、清华大学、上海交通大学分别排第 10 位、第 12 位、第 13 位。由此可见，尽管国内申请人的申请量与国际公司仍有所差距，但是这种差距正在逐渐缩小。

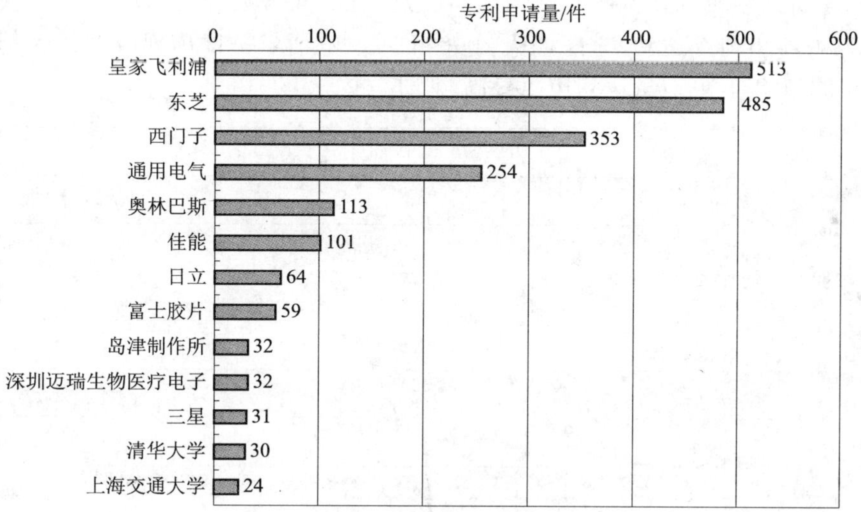

图 8　中国专利申请主要申请人申请量分布

（4）涉及的重点技术的专利申请量对比分析

图 9 所示为医学图像三维重构领域所涉及的四种重点技术的中国专利申请量对

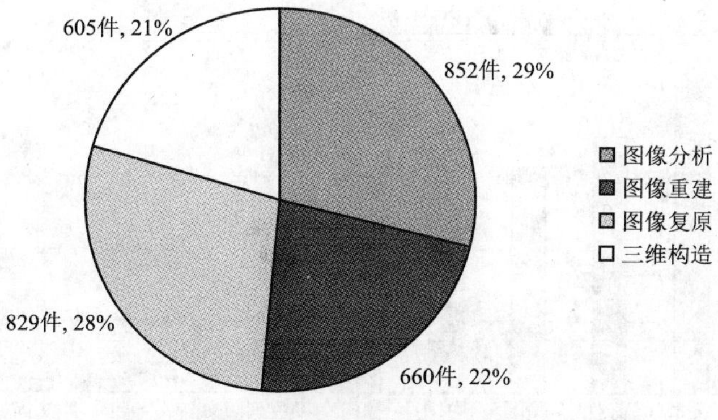

图 9　涉及的重点技术的专利申请量对比

比，其中涉及图像分析技术的中国专利申请量为852件，占总申请量的29%，其次是图像重建，其申请量为660件，占总申请量的22%，图像复原技术的中国申请量为829件，占总申请量的28%，三维构造为605件，占总申请量的21%。

2. 图像分析技术

（1）申请量逐年分布趋势分析

从图10可以看出，图像分析技术在国内申请量整体上呈现逐年增长的态势：1987年出现第一件专利申请，之后的1997年、1998年申请量均为1件，并且有部分年份申请量为零，1987～2001年，申请量一直在10件以内，可见在2001年前，该领域还属于新兴领域，技术研究刚刚起步；从2002年开始，进入了第一个快速增长期，至2006年申请量达到89件；从2006年后，申请量一度出现波动，但仍呈较高水平，至2011年，申请量达到历年最高峰122件。

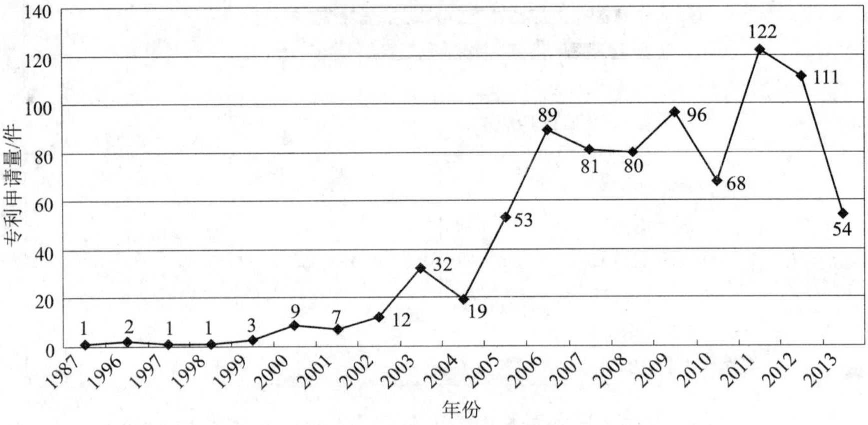

图10 图像分析技术专利申请量逐年分布趋势

（2）国家或地区分布

从图11可以看出，图像分析技术相关专利申请主要集中在日本、荷兰、美国、

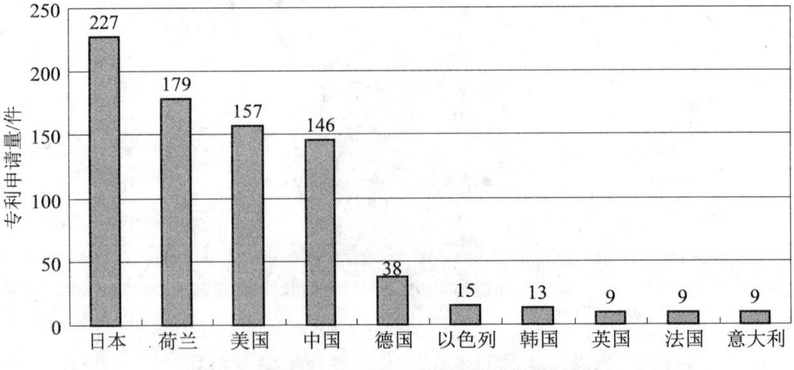

图11 图像分析技术专利申请国家分布

中国、德国等国家。其中日本申请量最大，达到了227件，占申请总量的近30%，这一方面反映出日本申请人在图像分析领域具有较强的技术实力，另一方面表明了日本申请人对专利制度的充分运用，以及对中国市场的重视。其次，荷兰、美国、中国、德国在该领域也具有一定的竞争力。尤其是国内申请人的申请量也相当多，表现出国内申请人在该领域也已经积蓄了较强的实力。

(3) 主要申请人申请量分析

从图12可以看出，申请量居前3位的分别是皇家菲利普公司175件、东芝株式会社88件和西门子公司68件。其中皇家菲利普公司在医学三维图像处理领域具有强大的实力和优势，申请量遥遥领先，这种优势也延续到该图像分析技术领域。而日本公司在前12位中占了5席，这反映出日本公司在图像分析领域同样具有很强的竞争实力。值得注意的是，国内申请人深圳迈瑞生物医疗电子公司居该领域申请量的第12位，尽管从申请量上看，与国外先进企业相比还有一定的差距，但是同时也体现了我国的企业在该领域具有了一定研发能力和竞争能力，并正在积极进行专利申请，专利保护意识正在增强。

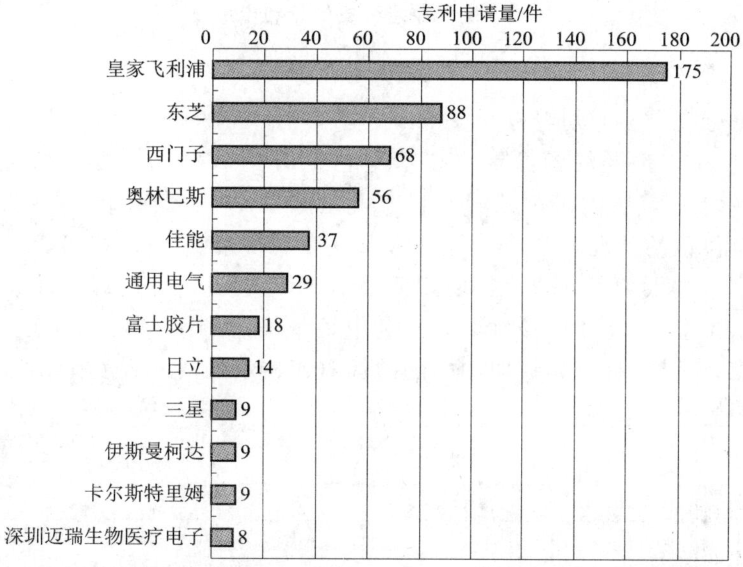

图12 图像分析技术专利申请主要申请人申请量分布

(4) 主要技术分支的专利申请量分析

参考相关领域专利申请的分类号统计、关键词检索等，并根据对该领域的专利申请的技术分解，最终得到以下四个技术分支：

第一分支：边界及区域分割技术。主要涉及从图像中分割提取出相关组织的边界、边框或区域，以及边界图像的产生和连续结构的提取。

第二分支：图像检测及校准技术。主要涉及生物学图像，如人体具体器官组织的监视和成像及图像的识别和提取，并与预先登记图像进行比较及核对。

第三分支：图像特定分析技术。主要涉及对图像中体现出的几何属性（如区域、重心、周长、区域、周长、卷直径等）的分析。

第四分支：其他处理技术。

主要技术分支的专利申请量如图 13 所示。

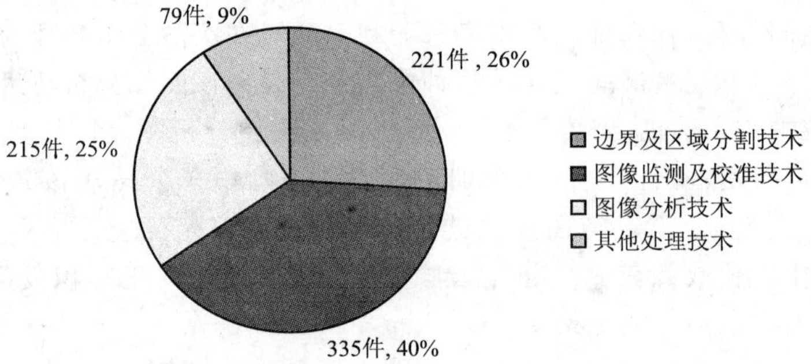

图 13　主要技术分支的专利申请量

3. 图像重建技术

(1) 申请量逐年分布趋势分析

如图 14 所示，最早的图像重建技术专利申请在 1989 年，当年的申请量仅有 1 件。1989～2001 年，国内该领域的专利申请量除 1997 年达到 13 件以外，几乎所有年份都处于个位数的状况，甚至有些年份没有专利申请。从 2002 年起，专利申请量开始迅速增多，进入了第一个增长期，至 2006 年专利申请量达到 75 件，随后几年申请量有所回落。至 2011 年，该领域的专利申请量又达到了一次小高潮，年申请量达到历史最高点，为 76 件。这说明国内的图像重建技术的活跃程度在 21 世纪初的前十

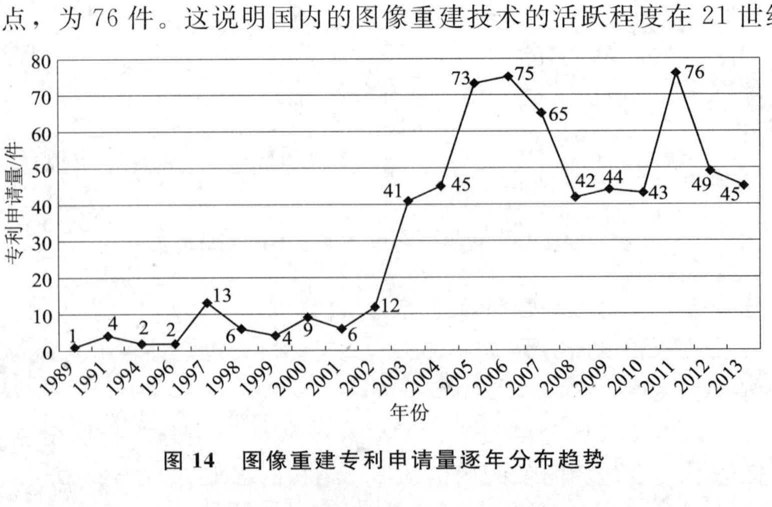

图 14　图像重建专利申请量逐年分布趋势

年达到最高。

(2) 国家或地区分布

如图 15 所示，在图像重建技术专利申请中，美国的申请量最多，荷兰位居第二，两国申请量共 338 件，超过国内该领域专利申请量的 50%，这说明美国、荷兰申请人是该领域的主要申请人。上述两国的专利申请人比较重视在中国进行图像重构技术方面的专利申请。中国申请人在该领域的申请量为 84 件，排在日本、德国之后，居第五位。可见，我国的申请人在该领域的研发整体与国外申请人相比还存在一定的差距。

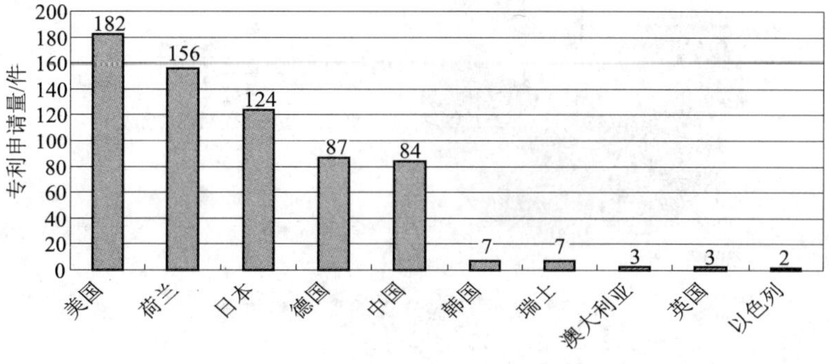

图 15 图像重建技术专利申请国家分布

(3) 主要申请人申请量分析

如图 16 所示，皇家飞利浦公司首先在该图像重构技术领域的申请量最多，达到 153 件，依旧保持着它强大的技术优势。其在开发医学图像处理技术方面具有很强的实力，处于世界领先水平。其次，GE、西门子、东芝三家公司的申请量较为接近，日立株式会社、佳能、富士等都有一定量的专利申请。值得一提的是，清华大学、南

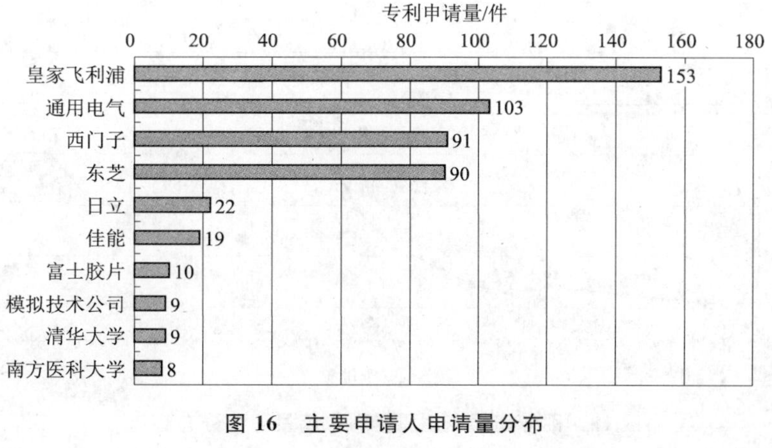

图 16 主要申请人申请量分布

方医科大学在国内的图像重建技术领域专利申请方面具有一定的优势，这说明我国高校在图像重建技术方面的科研实力亦不容忽视。

（4）主要技术分支的专利申请量分析

对图像重建相关的专利申请进行技术分解，最终得到三个主要技术分支，即图像重建预处理、图像重建和图像重建后的参数处理。每个分支所涉及的申请量如图17所示。

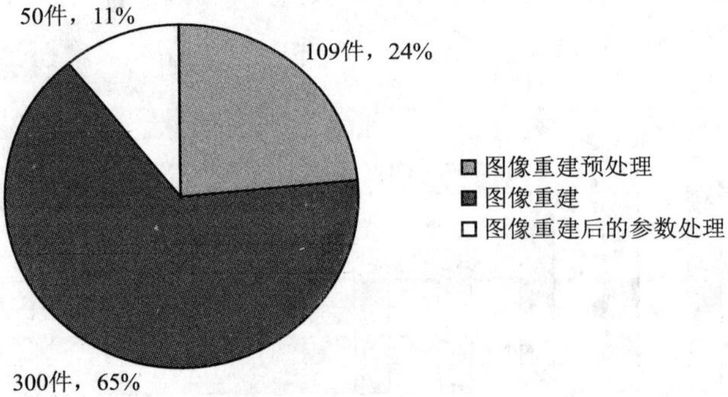

图17　主要技术分支的专利申请量

4. 图像增强或复原技术

（1）申请量逐年分布趋势分析

由图18可知，图像增强或复原领域的专利申请量自1988年以来整体呈现逐年上升的趋势。1988年，株式会社岛津制作所首先在中国提出了一件X射线摄影装置的申请（申请号88107468.3）以及一件X射线图像处理装置（申请号88108270.8）的申请。随后，更多的公司和科研机构投入图像增强或复原领域的研

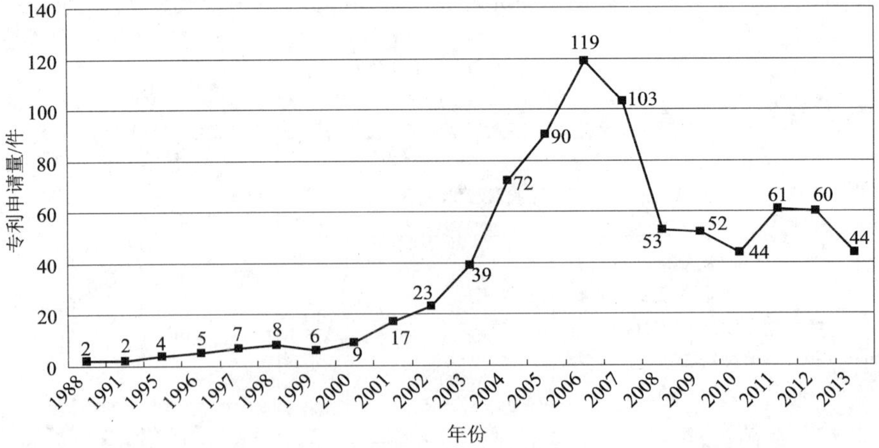

图18　图像增强或复原专利申请量逐年分布趋势

究，图像增强或复原领域的专利申请量也由最初的每年不到十件逐年增加到几十件乃至上百件。1988～2000年的申请量增幅较缓，自2001年开始图像增强或复原领域的申请量增幅加大，2006年的申请量达到峰值，2006年后，申请量出现了回落迹象。

（2）国家或地区分布

由图19可知，图像增强或复原领域专利申请集中在几个国家或地区，其中美国的专利申请量为196件，占申请总量的23.6%；日本的专利申请量为176件，占申请总量的21.2%；中国大陆的专利申请量为171件，占申请总量的20.6%；荷兰的专利申请量为118件，占申请总量的14.2%；德国的专利申请量为105件，占申请总量的12.6%。可见，美国、日本、中国大陆致力于图像增强或复原这种技术领域的研发，在专利布局方面也非常重视，此外，荷兰和德国也具有一定的代表性。

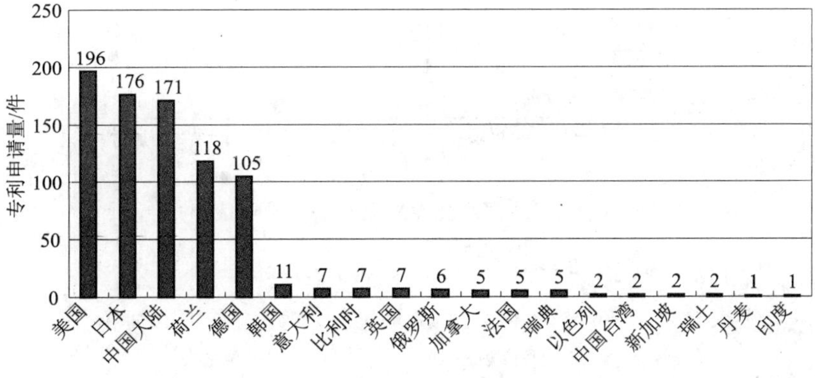

图19 图像增强或复原专利申请国家或地区分布

（3）主要申请人申请量分析

由图20可知，图像增强或复原领域的国外申请人主要是大型公司，国内申请人主要是企业和高校。其中，西门子公司是专利申请量最大的公司，可谓是图像增强或复原领域的领军企业。此外，皇家飞利浦、通用电气、东芝、佳能的申请量也位居前列。深圳迈瑞生物医疗电子股份有限公司以13件的申请量位居国内申请人的首位，清华大学、华中科技大学也在国内申请人中位居前列。值得注意的是，国内企业、高校及研发机构在该技术领域的总体专利申请量还很低，与国外的企业相比还存在较大差距。

（4）主要技术分支的专利申请量分析

对图像增强或复原领域相关的专利申请进行技术分解，最终提炼出以下三个主要技术分支：

第一分支：图像复原，包括使用多个图像或直方图进行图像复原等。

第二分支：通过不同手段获得图像，包括使用扫描仪、传真、X射线、断层分

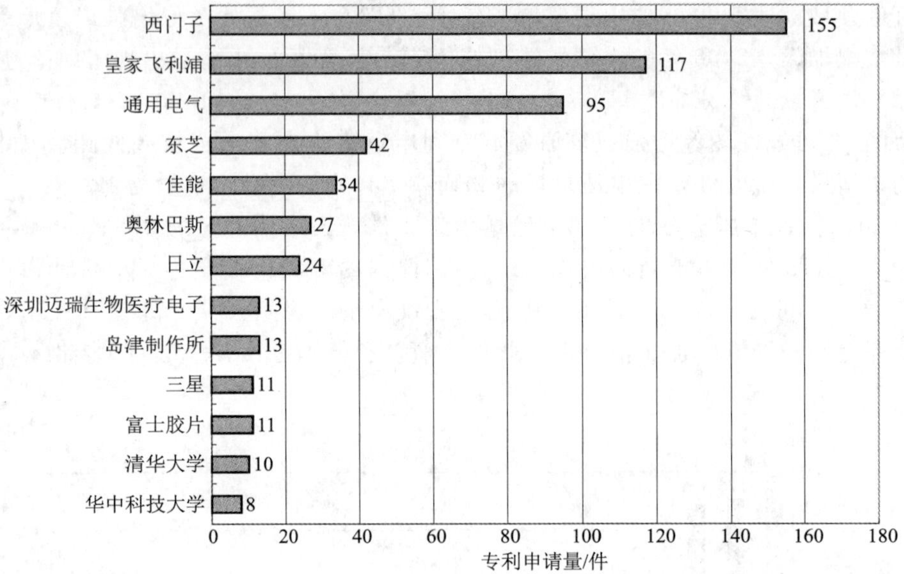

图 20　图像增强或复原主要申请人申请量分布

析、超声波、磁共振、内窥镜获得图像等。

第三分支：人体各个部位的图像处理，包括心脏、血管、血液流动、动脉、肺部、胸部、小肠、骨骼、网膜的图像处理等。

图 21 所示为图像增强或复原领域三个技术分支的专利申请量对比，其中第三分支“人体各个部位的图像处理”的申请量为 271 件，占图像增强或复原领域申请量的 37%，其次是第二分支“通过不同手段获得图像”，其申请量为 248 件，占图像增强或复原领域申请量的 34%，上述两个技术分支是图像增强或复原领域的主要申请类

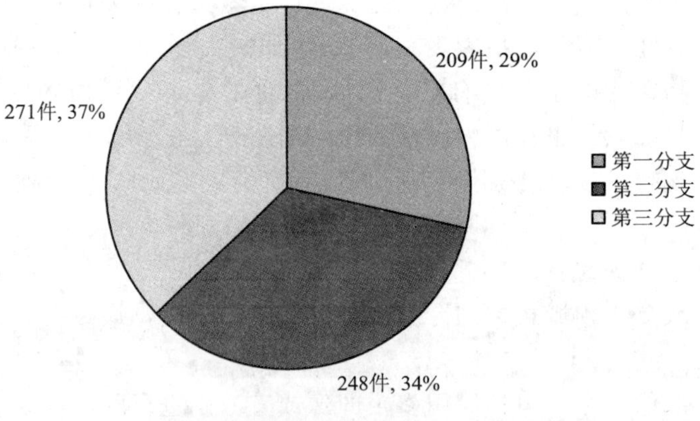

图 21　图像增强或复原主要技术分支专利申请量对比

型，总共占71%的比例。第一分支“图像复原”的专利申请量为209件，占图像增强或复原领域申请量的29%。

5. 三维图像处理技术

(1) 申请量逐年分布趋势分析

从图22可以看出，在2002年之前，有关三维图像处理的专利申请量较少，2002年之后，三维图像处理的专利申请量开始逐年递增，在2005年左右达到峰值，之后的申请量稍有减少，但是仍然维持在较高的水平。这说明2005年后该项技术进入了一个相对平稳发展的阶段，各企业及科研机构对其进行了持续的深入研究。

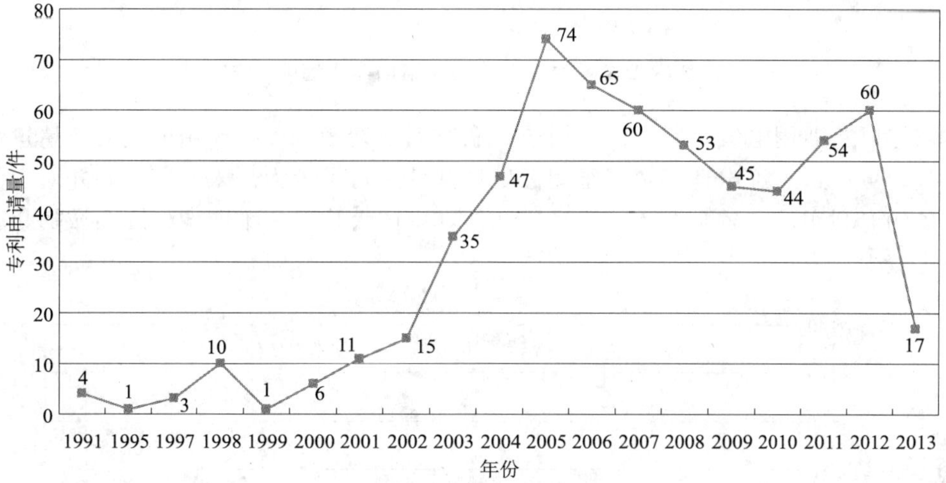

图22　三维图像处理专利申请量逐年分布趋势

(2) 国家或地区分布

从图23可以看出，日本的专利申请量为159件，排名第一，反映出日本在该领域具有非常强的研发能力，排名第二至第四的依次为美国、荷兰、德国，其中，美国和荷兰的专利申请量相差不多，而德国的专利申请量相对少一些，这在一定程度上反映出这三个国家在该领域也具有较强的研发能力，中国大陆的三维图像处理领域专利申请量也处于较高的水平，排名第五，这在一定程度上反映了中国企业和科研机构在三维图像处理领域投入了较大的研发力量，对该项技术和专利市场的布局也较为重视。

(3) 主要申请人申请量分析

从图24可以看出，皇家飞利浦在该领域的专利申请量最多，远高出排名第二的西门子公司的专利申请量，这反映出皇家飞利浦在该领域具有较强的研发能力，也反映出该申请人具有较强的专利保护意识。专利申请量排名在第二至第四的分别是西门

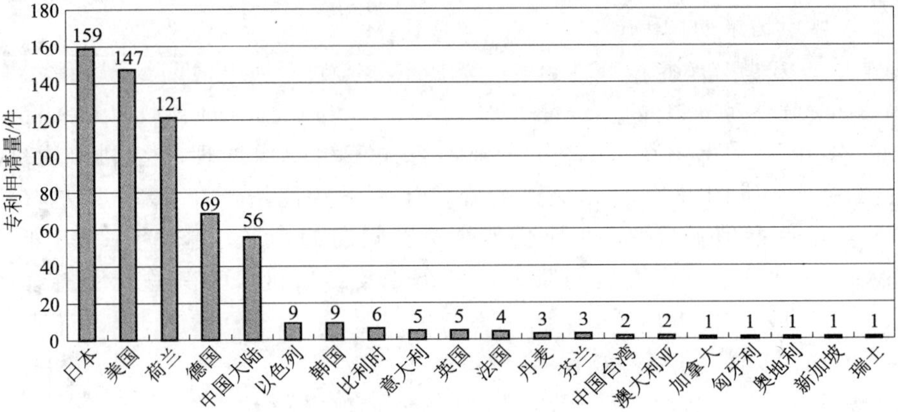

图 23　三维图像处理专利申请国家或地区分布

子、东芝以及通用电气，其中，西门子、东芝的申请量较多，通用电气的申请量相对少一些，可见这三位申请人在三维图像处理领域进行了较为深入的研究，并对中国大陆市场的专利布局有较高的重视程度。此外，中国大陆对三维图像处理领域的相关研发还比较少。

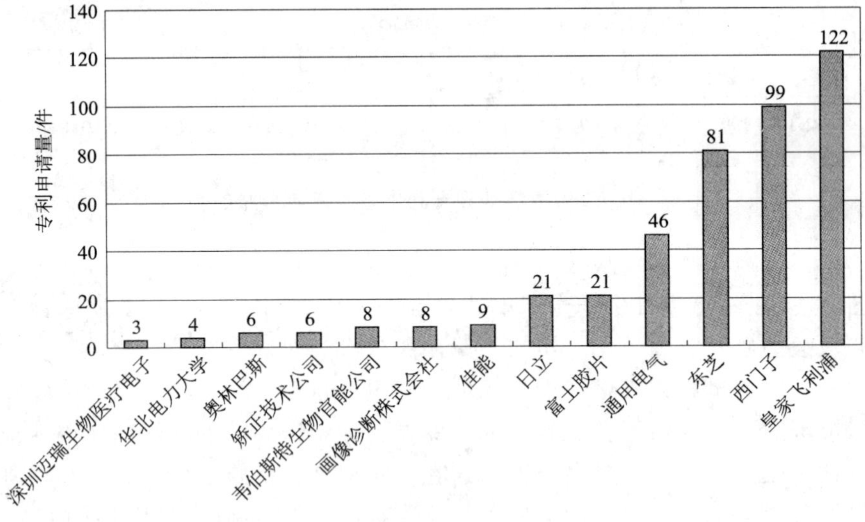

图 24　三维图像处理主要申请人申请量分布

（4）主要技术分支的专利申请量对比分析

对三维图像处理领域相关的发明专利申请进行技术分解，最终提炼出以下三个主要技术分支：

第一分支：三维图像、模型的产生；

第二分支：三维图像模型的操作；

第三分支：体绘制技术。

图 25 所示为三维图像处理领域三个技术分支的专利申请量对比，其中第二分支“三维图像模型的操作”的申请量为 233 件，占三维图像处理领域申请量的 40%，其次是第一分支“三维图像、模型的产生”，其申请量为 185 件，占三维图像处理领域申请量的 32%，上述两个技术分支是三维图像处理领域的主要申请类型，总共占 72%的比例。第三分支“体绘制技术”的专利申请量为 160 件，占三维图像处理领域申请量的 28%。

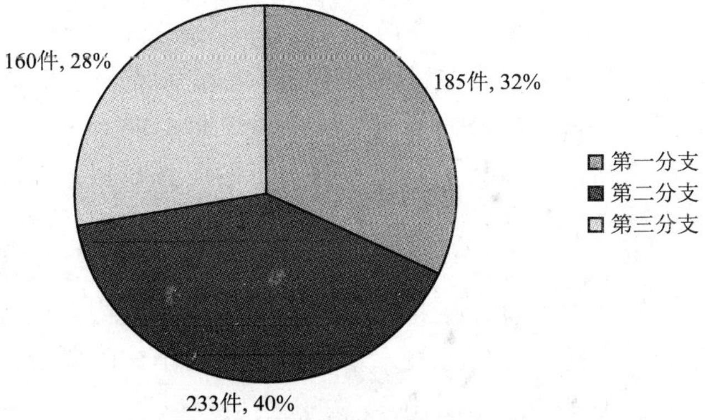

图 25　三维图像处理主要技术分支专利申请量对比

三、重点技术及主要申请人分析

（一）重点技术专利分析

在四种医学图像的处理方式主要技术分支的基础上，对其技术内容进行技术分解，获得二级技术分支，从而挖掘出四种医学图像的处理方式的重点技术。

1. 图像分析

图像分析领域的主要分为边界与区域分割、图像监测与校准、图像分析三大技术分支。其中，边界与区域分割又细化分为基于边界的分割、基于区域的分割和可变形模型的分割或边缘检测三个技术点；图像监测与校准又细化分为生物学图像监测、基于特征的方法进行图像校准、图像登记及登记图像顺序、确定对象的位置或方向以及使用基于特征的方法确定对象的位置和方向四个技术点；图像分析又细化为分析图像动作、分析图像的几何属性两个技术点。

（1）基于边界的分割

该技术点主要涉及从图像中分割提取出相关组织的边界或边框以及边界图像的产生和连续结构的提取，解决的主要问题是提高分割准确度、精确度和连续性等。

代表性的重点专利为西门子共同研究公司的公告号为CN1273935C、名称为“用于分割磁共振心脏图像中左心室的变化的方法”的专利。具体公开了一种用于分割心脏图像的方法，包含以下步骤：接收心脏图像；使用梯度向量流边界方法，确定心脏图像中的一个或多个轮廓的边界信息；根据全局明暗度参数确定区域信息，以区别心脏图像中的区域；在心脏图像中应用组合边界和区域信息的传播模型，以便将每个轮廓传播至目标边界，同时应用解剖学约束以便根据所述轮廓的相对距离连接所述轮廓的传播。该专利和申请文本及其同族曾被其他专利文献引用70次，专利权稳定。

（2）基于区域的分割

该技术点主要涉及从图像中分割出感兴趣的区域的图像，解决的主要问题是提高分割速度、精确性等。

代表性的重点专利为芝加哥大学的公开号为CN1418353A、名称为“计算机体层摄影扫描中对肺部区域进行自动分割的方法和系统”的专利。该专利用于在胸部图像中自动分割肺部区域包括：获取代表断面胸部图像的图像数据；在该图像数据的基础上于断面胸部图像中确立起始点，该起始点相当于主气道；增长起始点，以分割主气道；分割肺部区域；以及从肺部区域中排除主气道。通过应用旋转球技术而修正被分割的肺部区域，且旋转球技术设计成将可被初始灰度阈值化错误地排除的像素包含在内。执行第二隔膜分析，防止旋转球技术错误地包含属于该隔膜的像素，该专利及申请文本和其同族曾被其他专利文献引用55次。

（3）可变形模型的分割或边缘检测

该技术点主要涉及从图像中分割出可变形区域的图像或检测可变形区域边界，解决的主要问题是提高分割和检测速度、准确性和精确性等。

代表性的重点专利为佳能株式会社的公开号为CN1503169A、名称为“为数字射线照片的基于模型的解释设置初始值”的专利。具体公开了一种为根据射线照相方案得到的患者数字射线照片的基于模型的获得初始模型参数值的方法，其中基于模型的解释根据数字射线照片的内容改变模型参数，以便建立其特征的模型，所述方法包括以下步骤：确定射线照片中的兴趣区域，其中根据利用相同射线照相方案获得的多张不同射线照片共有的边界标记确定该兴趣区域；以及分析该兴趣区域以便计算初始模型参数的一个或多个候选值。根据解释结果进行分析，以便诊断射线照片中示出的病理。该专利及申请文本和其同族曾被其他专利文献引用25次。

（4）生物学图像监测

该技术点主要涉及生物学图像，如人体具体器官组织的监视和成像，解决的主要问题是提高监视的实时性、连续性和准确性。

代表性的重点专利为医学计量科学院米歇尔罗迪杰斯基金会的公开号为CN1833257A、名称为“用于分析生物组织的方法和设备”的专利。该发明涉及用于处理诸如人类或动物源性的生物样品之类的不规则形状对象的图像的方法和设备。借助于该发明的方法，还进行了生物体部分或组织的或者其中包含的任何源性的材料束点或集合体的度量量化。可将该发明的方法应用于“共焦显微”技术。具体涉及处理数字图像的方法，所述数字图像包括一个或多个要被量化的对象，所述方法包括以下主要阶段：数字图像的标准化；图像量化到一位，进一步包括以下阶段中的至少一个：从被量化到一位的所述图像计算要被量化的所述一个或多个对象的周长、面积和/或分形维数；从被量化到一位的所述图像重构要被量化的所述一个或多个对象的3D图像，和/或从所述标准化的图像计算总的图像的分形维数。该专利及申请文本和其同族曾被其他专利文献引用8次。

(5) 基于特征的方法进行图像校准

该技术点主要涉及生物学图像，如人体具体器官组织的监视和成像，解决的主要问题是提高监视的实时性、连续性和准确性。

代表性的重点专利为皇家飞利浦有限公司的授权公告号为CN1926574B、名称为“用于图像的多模式配准的设备和方法”的专利。有助于对象的第一图像与该对象的第二图像的配准，其中第一图像用第一成像方法获得，以及第二图像用不同于前者的第二成像方法获得。其中所述成像方法的差异特别体现在使用不同的模式中。例如第一图像可以是三维CT图像，第二图像可以是手术中的超声图像。所述成像方法的差异也可以体现在用于相同模式的不同曝光条件（协议）中，例如带有和不带有造影剂剂量的CT图像，或者带有不同图像参数的MR图像。该专利及申请文本和其同族曾被其他专利文献引用12次，该专利驳回后授权。

(6) 图像登记以及登记图像顺序

该技术点主要涉及对图像的识别和提取并与预先登记图像进行比较以及核对，解决的主要问题是提高图像的识别和提取的准确性，提高图像比较以及核对的速度。

代表性的重点专利为株式会社生物电子的授权公告号为CN1262970C、名称为“生物体认证装置”的专利，公开了一种生物体认证装置。具有应识别的手或手指的定位装置，对应识别的手或手指照射红外线的红外线发光装置，对上述手或手指配置与上述红外线发光装置相反侧的红外线图像输入装置，确认是生物体的生物体确认装置，处理上述红外线图像输入装置所输入的图像数据，并与预先登记的图形数据进行对照的处理装置，以及输出所述处理装置的处理结果的输出装置。该专利及申请文本和其同族曾被其他专利文献引用68次，目前该专利处于授权后保护状态。

(7) 确定对象的位置或方向以及使用基于特征的方法确定对象的位置和方向

该技术点主要涉及对向特定方向或位置移动的对象的图像的识别和提取。

代表性的重点专利为奥林巴斯医疗株式会社的授权公告号为CN101420897B、发明名称为“内窥镜插入方向检测装置以及内窥镜插入方向检测方法”的专利。根据内窥镜图像中的R图像的场景算出场景特征量，使用统计或非统计的识别器将场景特征量作为特征量向量来进行辨别分析，并分类为与内窥镜插入方向密切相关的管腔暗部、皱襞等多个特征量的类。算出主要的特征量的类，算出与该特征量对应的插入方向，并显示高精确度的插入方向标记等，由此实现在存在多个特征量的场景的情况下，也能进行高精确度的插入方向的检测的内窥镜插入方向检测装置以及内窥镜插入方向检测。该专利及申请文本和其同族曾被其他专利文献引用22次，专利权稳定。

（8）分析图像动作

该技术点主要涉及对图像中体现的诸如移动位移、变形和变形速度等图像动作进行分析。

代表性的重点专利为株式会社东芝的授权公告号为CN100525714C、发明名称为“图像处理设备和超声诊断设备”的专利。该发明涉及包括图像处理单元的超声图像设备和超声诊断设备。该图像处理设备包括图像采集单元、提取单元、跟踪单元和物理参数计算单元。图像采集单元用于采集被测对象的图像数据；提取单元根据采集的图像数据来提取多个可跟踪的特征点；跟踪单元跟踪特征点的移动；以及物理参数计算单元根据从跟踪结果中得到的信息来获取位于每个兴趣区内特征点的特定物理参数。其中的特定物理参数为位移、变形和变形速度等。该超声图像设备和超声诊断设备可更容易精确地提取特征点，并对心脏等收缩/舒张功能进行低成本的分析。该专利及申请文本和其同族曾被其他专利文献引用99次，专利权稳定。

同时申请人卡西欧计算机公司的授权公告号为CN1047012C、发明名称为“图像显示装置”的专利也极具代表性。该专利早在1999年12月1日就获得授权。该专利及申请文本和其同族曾被其他专利文献引用高达147次。该专利公开了一种图像显示装置，存储多个图像数据并显示图像数据之一，这些图像数据表示一种生长的植物（动物）或表示一只动物的一系列动作。该装置还存储用于栽培该植物（动物）的多个要素数据。当选择了要素数据之一时，便在原先显示图像数据的位置上显示该植物（动物）的另一个图像数据。该装置设置有用于探测用户的动作的一个传感器。通过探测用户的动作，该装置在原先显示图像数据的位置上显示表示该动物的一种动作的新的图像数据。

（9）分析图像的几何属性

该技术点主要涉及对图像中体现出的几何属性（如区域、重心、周长、区域、周长、卷直径等）的分析。

代表性的重点专利为爱克发-格法特公司的授权公告号为CN100538714C、发明名称为“数字医学图像中自动映射几何对象的方法”的专利。该发明涉及一种将几何对象映射到数字图像的方法。选择所述模型图像中的所述几何对象的至少一个定位对象部分；将所述定位对象映射到所述目标图像，以便获得目标定位对象；在所述至少一个定位对象和对应的目标定位对象之间的对应关系的基础上，计算线性几何变换矩阵；将所述线性几何变换矩阵分解为选自平移、比例缩放、旋转、剪切和透射的初等几何操作序列，所述初等几何操作的每一个由矩阵表示；通过使与所选的分量相关的矩阵等于单位矩阵来消除与所选的分量相关的至少一个初等几何操作；将所得到的初等几何操作矩阵序列重新组合成变换矩阵；将与所得到的变换矩阵相应的几何变换应用到模型图像的几何对象，以便将所述模型图像的几何对象映射到所述目标图像中的相应映射位置。该专利及申请文本和其同族曾被其他专利文献引用35次，专利权稳定。

同时申请人西门子共同研究公司的授权公告号为CN1781123B、发明名称为“用于跟踪运动对象的整体形状的系统及方法”的专利也极具代表性。该专利目前处于授权后保护状态。该专利及申请文本和其同族曾被其他专利文献引用33次。公开了一种用于跟踪运动对象的整体形状的系统和方法，沿着整体形状的初始轮廓定义一个或多个控制点。当对象运动时，对一个或多个控制点中的每一个进行跟踪。使用多种技术来表示运动中的控制点的位置的不确定性。使用先验的形状模型，利用该不确定性来限制整体形状。在一种替代的实施例中，针对每个控制点建立多个外观模型，并结合每个模型所产生的运动向量以便跟踪对象的形状。可使用显示器和彩色向量来视觉跟踪对象形状的运动。

2. 生成二维图像

生成二维图像领域主要分为图像的重建的预处理、图像的重建和图像重建后的特征处理三大技术分支。

(1) 图像的重建的预处理

该技术点主要涉及对图像重建前对图像的获取、传输和转换过程中质量上出现的一定程度的下降所进行的一定预处理，解决的主要问题是减少如灰度值变化、噪声污染、几何畸变、细节损失等对图形信息质量的影响，常用的手段有图像滤波、图像校正、图像配准和融合等。

侧重于使用图像滤波技术对图像进行预处理的代表性的重点专利为GE医疗系统环球技术有限公司的授权公告号为CN101032409B、发明名称为“图像显示设备和X射线CT设备”的专利。公开了一种图像显示设备，目的在于改善从三维显示图像中提取的二维显示的图像质量用于显示从三维图像提取的二维图像，包括图像滤波处理装置，用于对三维图像执行图像滤波处理，其中所述图像滤波处理根据要显示的所述二维图像的横截面方向而变化，所述图像滤波处理装置利用能够改善S/N和减少伪迹的自适应图像滤波器来执行图像滤波处理，该自适应图像滤波器适合于经受图像滤波处理的所研究的像素以及该所研究的像素附近的相邻像素的图像特征量。该专利及申请文本和其同族曾被其他专利文献引用11次，专利权稳定。

侧重于使用图像校正技术对图像进行预处理的代表性的重点专利为皇家飞利浦电子股份有限公司的授权公告号为CN101278318B、发明名称为“使用替代图像进行PET图像重建的方法和系统”的专利。发明的目的是改善所得到图像的保真度，应用与重建过程有关的各种误差校正。对在正电子发射断层摄影扫描期间探测到的多个正电子湮没事件中的每个执行乘法误差校正，以生成多个经校正的事件，所述多个探测到的湮没事件和所述多个经校正的事件包含飞行时间数据，其中，执行乘法误差校正包括使用从不同模态生成的衰减映射；使用基于列表的重建技术重建所述经校正的事件以生成第一断层数据；重组所述多个探测到的湮没事件以生成重组数据；采用基于直方图的重建技术重建所述重组数据以生成对加法误差和乘法误差进行校正的第二断层数据；使用所述第二断层数据确定加法误差校正；对所述第一断层数据应用所述加法误差校正以生成经校正的断层数据；以及生成指示所述经校正的断层数据的图像；所述加法误差校正包括扩散和随机中的至少一个，并且所述乘法误差校正包括扫描仪相关的校正和患者特异性校正中的至少一个。该专利及申请文本和其同族曾被其他专利文献引用 4 次，专利权稳定。

侧重于使用图像配准和融合技术对图像进行预处理的代表性的重点专利为上海交通大学的授权公告号为 CN1326092C、发明名称为“手术导航中基于基准面膜的多模式医学图像配准方法”的专利。该发明在手术导航等图像治疗中提高术前图像和术中图像配准精度，做到对病人的多模式医学成像信息进行便捷、高精度的配准。首先制备多模式基准面膜，基准面膜在多模式医学成像中能以高亮度信号显示，为便于基准面膜表面在术中利用 CCD 成像进行表面的三维重建，基准面膜表面涂覆了利于 CCD 成像进行精确三维模型重建的彩色图案条纹或光敏材料；再通过基准面膜的图像复原方法，高精度重建多模式医学成像中的基准面膜表面位置信息，再对高精度重建的多模式基准面膜图像进行基准面膜的边缘轮廓检测，基于以上提取的表面轮廓信息进行术前多模式图像配准；利用的术中基准面膜外表面采集方法，在手术现场通过 CCD 成像重建三维表面技术或利用 LRS 生成距离图像的方法，采集基准面膜外表面点集在手术空间的位置信息；最后采用实时术前、术中基准面膜配准融合方法，把术前提取的基准面膜表面轮廓的特征点集作为参考表面信息，把术中采集的基准面膜外表面轮廓作为浮动表面特征信息，对图像空间和手术空间提取出的基准面膜外表面轮廓进行准确配准，并进而得到术前多模式医学图像空间和术中患者坐标空间的配准融合关系。该专利及申请文本和其同族曾被其他专利文献引用 8 次，专利权稳定。

(2) 图像的重建

该技术点主要涉及对图像重建中对放射图像的重建，例如断层分析，层析成像以及逆问题、由放射空间到对象空间，例如变形方法，背景放射，代数方法。

代表性的重点专利为模拟技术公司的公开号为 CN1251975A、发明名称为“章动断层面 CT 图像重建”的专利。公开了使用螺旋锥形光束扫描生成一组投影数据的章动断层面 CT 图像重建装置和方法，用该三维投影数据重建一系列平面图像断层面。用一检测器阵列扫描该区域以生成代表该区域的扫描数据；限定与该区域的纵轴上许多位置对应的许多图像数据断层面，相继图像数据断层面不互相平行；以及使用扫描数据生成这许多图像数据断层面的图像数据这些断层面选择成：它们与受扫描物体的纵轴形成一斜角和一转动角。相继断层面的斜角（θ）相同，但转动角（Φ）变动，使得相继断层面的法线章动而由所选一维扇形光束形成。因此，投影数据可用于传统两维重建方法而生成一图像。虽然该专利没有被授予专利权，但是该专利及申请文本和其同族曾被其他专利文献引用达到163次之多。

（3）图像的重建后的特征处理

该技术点主要涉及对图像重建后的特征处理，例如三维像素体制、人工校正等。

代表性的重点专利为皇家飞利浦电子有限公司的授权公告号为CN1096658C、发明名称为“在不透明介质内部成像的方法和装置”的专利。公开了从得到第1幅图像的一种简单的反透影算法开始，然后，下一步该图像用空间变化卷积函数解卷积而被校正。该卷积函数是基于不透明介质的扩散和或吸收系数及光在不透明介质中的传播。第二次校正处理用坐标变换得到。该发明的方法的优点是相当容易实现，只需要少量的迭代步骤就能得到校正的图像，且不会遇到不稳定性问题。该专利是皇家飞利浦电子有限公司在该领域最早期在中国申请并被授予专利权的专利之一，授权公告日是2002年12月18日。该专利及申请文本和其同族曾被其他专利文献引用37次，目前仍处于专利权维持状态。

3. 图像增强和或复原

如前所述，医学图像增强或复原领域的专利申请可分为图像复原、通过不同手段获得图像和人体各个部位的图像处理三个主要技术分支，每个技术分支均涉及多项技术内容。下面将以上三个分支细化为五个技术点进行详细分析。其中，技术分支图像复原包括降低噪声和图像滤波处理以及边缘结构清晰化两个技术点，技术分支通过不同手段获得图像包括技术点解剖学异常自动检测，技术分支人体各个部位的图像处理包括数字减影以及功能成像的运动补偿两个技术点。

（1）降低噪声和图像滤波处理

对于高质量图像来说，如何消除或减少图像噪声总是作为一项重要的技术课题。主要由高频信号分量组成的图像噪声常常存在于图像中。在这种图像中，图像噪声在高能见度和更高密度分辨率的条件下查看图像中作为目标的结构对象（例如在医学图像中，对象为骨头部分）时频繁地成为障碍。也就是说，能见度和密度分辨率被严重地恶化。例如，在查看一幅医学图像时，能见度和/或密度分辨率中的恶化使得难以发现软组织中的肿瘤。在减少图像噪声时，通常有使用平滑滤波器的技术、利用噪声内在统计特性的技术，以及在频域上调节增益的技术。

该技术点下的重点专利为株式会社东芝和东芝医疗株式会社联合提出的公告号为CN100353378C的专利，目前该专利权处于授权维持状态。该专利提出了一种从由数字图像数据组成的源图像中减少噪声的方法。该方法包括以下步骤：对源图像分别应用两个滤波系数相互不同的平滑滤波器，以生成两幅平滑图像；在这两幅平滑图像之间逐个像素地互相执行减法，以生成一幅差值图像；根据差值图像或由差值图像得到的图像计算加权因子；以及使用计算的加权因子，在源图像和两幅平滑图像之一中间执行相互加权计算。作为图像去噪领域较早申请的一件专利，其通过完全消除或减少主要由高频分量组成的图像噪声，以及通过以确定的方式保持关于观察图像时重要区域的像素值信息，其中所述重要区域是指结构对象的边界或其他并且包含大量高频分量，从而使该图像总体上噪声更少并且观察对象（如结构对象）能见度和密度分辨率更高。该专利和其同族曾被其他专利文献引用 36 次。

（2）数字减影（伪影去除）

在计算机断层摄影（CT）成像技术中，高衰减物体（例如骨骼和金属物）会在数据采集电路中产生射线束硬化、局部强度突变或者低于量程等现象。这些效应又会产生阴影或条纹虚影。例如，在脊骨外科手术中常常使用钛金属框架支撑患者身体。按照一种结构，该框架设置在无脊骨部分，从而使骨骼可以在钛金属框架中生长。为了监测患者病情，必须监测框架内骨骼的生长情况。但是，利用已知的 CT 扫描机，由于钛金属框架感生的金属虚影十分严重，并且会出现明显的 CT 数偏差。结果，难以监测框架内的骨骼生长量。所以，需要校正由高衰减物体引起的虚影，而且还需要在不明显增加系统成本的前提下校正这种虚影。

该技术点下的重点专利为通用电气公司所申请的公告号为 CN100360089C 的专利，目前该项专利权自从 2008 年取得后就长期处于授权后保护状态。该专利提供了一种使用校正算法校正 CT 图像数据中由高衰减物体产生的虚影的方法。利用图像数据的 CT 数识别图像数据中的高衰减物体。使用划分的各种高衰减物质的图像数据产生各种物质的独立组分图像。然后将组分图像数据分别正向投影以产生各种物质的投影数据。再根据各种物质的衰减特性调整投影数据以产生各种物质的投影误差数据。然后将所得的投影误差数据进行滤波和反向投影处理以产生仅含误差的图像数据。该专利和其同族曾被其他专利文献引用 40 次。

（3）边缘结构清晰化

对图像进行的清晰化处理需要对包含边缘部分的图像进行高品质的清晰化处理。但是由于边缘部的高频分量与其他部分的高频分量相比其值极大，所以在将其相加而得到的清晰化图像中有时在边缘部会出现极端突出的区域。在按照原样保存图像的低频分量而增强高频分量的情况下，边缘结构会被破坏；反之，在按照原样保存图像的低频分量而抑制高频分量的情况下，边缘结构也会被破坏。上述情况中虽然不发生过调，但是会失掉边缘部分的突出性，使边缘部分以模糊形式被破坏。

该技术点下的重点专利为佳能株式会社的公告号为 CN1271567C 的专利，目前该项专利权处于授权维持状态。该项专利提出一种图像处理方法，其特征在于包括：将图像分解为第一多个频带的频率分量的第一 DWT 步骤；对上述图像进行灰度变换的灰度变换步骤；将由上述灰度变换步骤进行了灰度变换的图像分解为第二多个频带的频率分量的第二 DWT 步骤；通过将上述第二多个频带的频率分量，加上根据该第一多个频带的频率分量的值及上述灰度变换步骤的灰度变换特性对上述第一多个频带的频率分量进行变换而得到的频率分量，来对上述第二多个频带的频率分量进行变换的分量变换步骤；对由上述分量变换步骤进行了变换后的上述第二多个频带的频率分量进行合成而生成图像的逆 DWT 步骤。该方法在抑制或避免图像的边缘结构的破坏或过调的发生的同时，可以获得改变了动态范围或部分像素值范围的良好图像。该专利和其同族曾被其他专利文献引用 72 次。

(4) 解剖学异常自动检测

它主要涉及的是对利用诸如 X 射线计算断层成像设备、X 射线诊断设备、磁共振成像设备或超声诊断设备的医学图像诊断治疗设备所收集的三维图像中诸如结节异常、粉瘤异常或息肉等的解剖学异常进行诊断过程的图像诊断处理设备和图像诊断处理程序。

该技术点下的重点专利为国立大学法人神户大学和东芝医疗系统株式会社联合申请的公告号为 CN100566661C 的专利，目前该项专利权处于授权维持状态。该项专利提出一种图像诊断处理设备，其包括外周区域指定装置（12）和判断装置（13），其中外周区域指定装置指定与包括在展示对象内部图像中的异常候选区域连接的外周区域；判断装置基于异常候选区域的第一特征量和外周区域的第二特征量，判断异常候选区域是否是解剖学异常区域。所述图像诊断处理设备可以为 X 射线诊断设备、磁共振成像设备或超声诊断设备。该专利和其同族曾被其他专利文献引用 21 次。

(5) 功能成像的运动补偿

在 SPECT 成像中，放射源发出穿过成像区域中对象的至少一部分的高能粒子并被在位于对象附近的检测器阵列收集。为了接收足够的放射事件以便重建有意义的诊断图像，以 10min 或更高的量级，使对象保留在成像区域内一段延长的时间。由于对象必须保留在成像区域一段延长的时间，所以会出现几个运动源，这多个运动源都会产生对象内部器官位置的变化，并最终导致得到的 SPECT 图像的空间模糊。为了消除由多个运动源导致的图像空间模糊，多家公司都给出了自己的解决方案。

该技术点下的重点专利为皇家飞利浦电子股份有限公司的公告号为 CN101238391B 的专利，目前该项专利权处于授权维持状态。该项专利提供了一种补偿呼吸和心脏运动的诊断成像方法，所述方法包括在多个心脏和呼吸时相收集医疗图像，将这些图像变换为多个呼吸时相的一系列呼吸被补偿的图像，而且所有图像均在共同呼吸时相。将该系列的呼吸被补偿的图像变换为在所选择心动时相和共同呼吸时相的一个图像。在一些实施例中，产生门控变换矩阵的数据库。该数据库可以基于特定患者信息或者基于从患者池产生的信息，该数据库可以考虑呼吸运动、心脏收缩运动、其他生理运动或者其组合，对于要被校正运动的当前图像，采用在数据库中收集的变换矩阵来估计考虑当前图像中的运动的变换矩阵的当前集合，并基于变换矩阵的当前集合产生运动被补偿的图像。该专利和其同族曾被其他专利文献引用 26 次。

4. 三维图像处理

三维图像处理相关的专利申请，主要涉及“三维图像、模型的产生”、“三维图像模型的操作”和“体绘制技术”三个一级技术分支，其中，“三维图像、模型的产生”涉及两个二级技术分支：超声波诊断CAD、实时失踪成像；“三维图像模型的操作”涉及三个二级技术分支：利用三维图像进行管状结构分析、介入引导、感兴趣对象可视化。

(1) 超声波诊断CAD

国内外大公司以及研究机构对超声波诊断系统进行了大量研究，产生了一系列的专利，代表性的重点专利为株式会社东芝所申请、公告号为CN100525710C的专利申请。该申请提供一种超声波诊断装置，其特征在于包含：超声波探头，根据驱动信号对被检体发送超声波，接收来自该被检体的反射波；驱动信号发生器，将所述驱动信号提供给所述超声波探头；图像生成器，根据所述接收的反射波，生成超声波图像；位置检测器，检测所述超声波探头的位置；存储器，存储过去取得的表示被检体形态的参照图像和与该参照图像有关的超声波探头位置即参照位置；导航信息生成单元，该导航信息生成单元根据所述参照图像、所述参照位置、所述超声波图像和与所述超声波图像有关的超声波接收时的所述超声波探头的位置来生成导航信息，所述导航信息用于辅助取得与所述参照图像具有比预定值高的相似度的超声波图像；以及输出单元，输出所述导航信息。所述方案通过导航信息知道使用者进行操作，即使是专业外或经验少的医生或工程师，也可容易且适当地操作。该专利和其同族曾被其他专利文献引用59次。

(2) 利用三维图像进行管状结构分析

在由诊断医学成像装置（医疗设备）获取的病人的三维图像数据的基础上，需要进行管状结构（系统），例如血管、肠、气管和食道的三维观察，并对包括管状结构的厚度（包括局部变化，例如狭窄和肿块）和长度在内的对诊断有用的指标进行定量分析，通过掌握管状结构，能够容易地发现和观察待观察部位，例如狭窄或瘤疾病部位的位置和状态，能够极大地减轻实施诊断和观察的操作者的操作负担，提高操作效率。

该技术点下的重点专利为株式会社东芝和东芝医疗系统株式会社联合申请的公告号为CN100343857C的专利，目前该项专利权处于授权维持状态。该项专利提供了一种分析待检查对象的管状结构的分析器，包括：一准备单元，其用于准备同一待检查对象的多组三维图像数据；一结构提取单元，其用于从所述多组三维图像数据中逐组地提取表示三维管状结构的图像数据，由此产生多组结构图像数据；一参考方向指定单元，其用于为所述多组三维图像数据指定参考方向；一参考点指定单元，其用于为包含于所述多组结构图像数据的每一组中的管状结构的每一个芯线指定一个参考点；一伸直图像产生单元，其用于从所述多组结构图像数据中的每一组产生管状结构在多个截面中的伸直图像数据，所述多个截面在三维位置方面彼此相同并且所述多个截面基于参考方向而确定，由此产生多组伸直图像数据；一伸直图像显示单元，其用于显示基于参考点排列的多组伸直图像数据。该专利和其同族曾被其他专利文献引用142次。

(3) 介入引导

随着血管介入手术的发展，对介入引导技术的需求不断增加。为了让医生在进行介入手术的过程中可以随时观察导管的位置，国外许多大公司和科研机构都投入了大量精力从事相关技术的研究。代表性的重点专利为皇家飞利浦电子股份有限公司申请的公告号为CN101115989B的专利，目前该项专利权处于授权维持状态。该项专利提供了一种用于确定血管系统中的血管几何形状和流特征的探查系统，包括：X光设备，所述X光设备用于产生所述血管系统的不同取向的投影；数据处理单元，所述数据处理单元耦合到所述X光设备并适于以在造影剂药丸通过期间所产生的所述血管系统的不同取向的X光投影（P_1、P_k、P_N）的单个时间序列为基础来重构所述血管几何形状和所述流特征，其中，所述数据处理单元包括所述血管几何形状和造影剂动力性的参数模型，以及所述血管几何形状的重构至少部分地根据所述参数模型而以由所述药丸所引起的成像的造影剂动力性为基础，以及所述造影剂动力性为在空间中的特定点处造影剂浓度的时间进程。

(4) 实时示踪成像

神经疾病的诊断、脑外科手术的规划和其他与神经学相关的临床活动以及关于脑功能的研究都受益于轴突纤维和纤维束的非侵入式成像和跟踪。扩散张量磁共振成像（DT-MRI）已经给图像轴突纤维束提供了足够的图像对比度。在常规的MRI图像中纤维的结构通常并不容易辨认。从DT-MRI图像中抽取纤维结构的信息在计算上强度较大。如何减少计算强度和计算时间是各大公司研究的问题。

代表性的重点专利为皇家飞利浦电子股份有限公司申请的公告号为CN100454036C的专利，目前该项专利权处于授权维持状态。一种磁共振成像的方法，包括：采集具有扩散权重与方向以及没有扩散权重与方向的多个图像表示；将图像表示之一转换到人可看的显示器；通过手动输入装置选择一个体素；从图像表示中确定在所选择的体素中最大扩散特征值的方向；识别在最大扩散的所确定的方向中的相邻体素；从图像表示中确定在相邻体素中的最大扩散的方向；重复最近的两个步骤以产生相邻体素的单个纤维轨迹；将该纤维轨迹的图像叠加在人可看的显示器上；确定感兴趣区域，这个感兴趣区域的子区域包括所述纤维轨迹；根据所采集的多个图像表示计算所述感兴趣区域中的扩散张量图。

(5) 感兴趣对象可视化

血管结构首先是利用计算机断层造影（CT）技术在注入造影剂之后可以很好地可视化。现代多层CT设备使得利用较高的空间分辨率来拍摄和显示血管结构成为可能，这对冠状血管结构的可视化十分重要。基于所记录的3D图像数据组，使用者可以在适当的可视化下确定血管腔（gefaesslumen）和血管上的斑块沉积物之间的关系，以便从中估计患者血管阻塞的风险。然后根据这种分析的结果确定为患者治疗的后续步骤。

代表性的重点专利为西门子公司的公开号为CN1765321A的专利申请，目前该项专利申请已经在美国和德国得到授权。该重点专利主要涉及一种由血管结构尤其是冠状血管树的三维图像数据组可视化斑块沉积物的方法，其中，在该三维图像数据组中将具有斑块沉积物的血管结构的至少一段分割出来，以得到分割的图像数据。其特征在于，由该分割的图像数据产生该血管结构的至少一段和斑块沉积物的人工三维模型图像，该模型图像仅包含血管结构和斑块沉积物的边界面，其中，所述人工三维模型图像的产生通过在属于血管结构的边界面的图像点之间和在属于斑块沉积物边界面的图像点之间的空间插值实现，以获得三维模型图像图像点的均匀栅格，并使该人工三维模型图像或其部分体积可视化。该方法为分析提供了更好地对具有斑块沉积物的血管段的可视化。该专利和其同族曾被其他专利文献引用26次。

（6）体绘制

在医学诊断超声成像中，可以使用相同的成像模式来对不同的特征进行成像。例如，B模式数据可以显示组织和骨骼。作为另一实例，彩色多普勒流模式可以显示流体或组织的速度和功率。对于二维成像来说，可以组合不同的模式，诸如多普勒速度信息被显示为B模式组织信息上的覆盖。对于三维成像来说，典型地使用单个图像信息源。例如，表示体积的多普勒功率或B模式组织信息被绘制为二维显示。然而，使用单个信息源可能在诊断上不太有用。可以将多个成像模式用于三维绘制。

代表性的重点专利为美国西门子医疗解决公司的公告号为CN101357077B的专利，目前该项专利权处于授权维持状态。该重点专利主要涉及一种用于在医学诊断成像中对数据进行体绘制的系统，包括：存储器，可操作用于存储表示三维体积的至少一个数据集，该至少一个数据集中的每一个都来自相同成像模式；处理器，可操作用于根据该至少一个数据集体绘制体积的第一和第二二维表示，并且可操作用于将第一和第二二维表示组合成组合二维表示；以及显示器，可操作用于显示该组合二维表示作为图像；其中该至少一个数据集包括来自相同成像模式的具有不同处理的第一和第二数据集，该第一和第二二维表示被不同地绘制，或者来自相同成像模式的具有不同处理的第一和第二数据集和被不同地绘制的该第一和第二二维表示被组合。该专利可对相同成像模式的数据执行单独绘制，增强期望的图像信息。该专利和其同族曾被其他专利文献引用17次。

（二）主要申请人技术分析

1. 图像分析

（1）国内主要申请人

国内申请量排名前两位的申请人为深圳迈瑞生物医疗电子股份有限公司、中国科学院自动化研究所，申请量分别为 28 件、19 件。虽然该领域申请量最高的国内申请人是公司，但是国内的科研院所和高校才是该领域申请量最大的国内申请人，申请量达到该领域的 70%以上。申请基本上都涉及图像的分割、提取，其中存在一部分申请通过对图像灰度值的分析来完成对图像的分析。

申请人深圳迈瑞生物医疗电子股份有限公司申请的公开号为 CN101527047A、发明名称为“使用超声图像检测组织边界的方法与装置”的发明申请，通过在检测目标的超声图像中搜索目标区域的初始中心点，并依据该初始中心点确定初始区域边界曲线，计算超声图像不同位置处灰度分布能量泛函，确定灰度分布能量泛函的极小值对应的位置为目标区域的边界。该发明采用的区域分割泛函能够有效地避免超声图像噪声的影响，因此检测更加简单、快速，能够有效检测到弱边界。科研院所和高校作为该领域最重要的国内申请人团体，其发明专利申请主要集中在对图像分析领域的算法的改进上。

(2) 国外主要申请人

① 皇家飞利浦电子股份有限公司

该领域的国外申请人主要有荷兰的皇家飞利浦电子股份有限公司、德国的西门子公司、日本的东芝医疗系统株式会社、株式会社东芝等。其中皇家飞利浦电子股份有限公司的专利申请量达 263 件，2002～2012 年均有申请量，技术分支分布于图像分割、图像配准、图像边缘检测、图像分析动作以及对图像几个属性的分析等各个方面。技术分支主要集中于图像配准和图像分割方面，达到该领域申请的 45%。

其中 CN101080746B 是图像配准方面的重点专利。该专利公开了一种用于配准不同模态的图像的方法，用于对来自不同的成像模态的图像的配准，以使得这些图像可以互相重叠地一起被显示。该方法包括生成对象的至少发射诊断图像；生成至少磁共振诊断图像；生成用于对准在由核成像设备与磁共振成像设备生成的图像中共同的解剖结构的变换；应用该变换以使所述发射诊断图像和磁共振诊断图像配准；所述方法进一步包括，生成固有地与发射诊断图像对准的透射图像和固有地与磁共振诊断图像对准的辅助图像，并且其中所述变换的生成包括对准所述透射图像和所述辅助图像中共同的解剖结构；其特征在于所述辅助图像是与磁共振诊断图像不同的质子密度图像，所述质子密度图像通过插入用于生成磁诊断图像的扫描序列的扫描序列生成。该专利和其同族曾被其他专利文献引用 16 次。

在图像分割方面，重点专利技术 CN1252841B 公开了一种用于分割图像中的多个图像特征的图像分割方法。能够一个接一个地不同时地分割所述多个图像特征，每个图像特征的分割包括使初始网格适配于该图像特征的边界，每个图像特征的分割此外还包括防止该适配的网格与任何之前适配的网格交叠，其中使所述初始网格适配于所述图像特征的边界包括使用多个调整选择准则反复调整网格的各部分。该申请能够在轮廓界定或分割解决方案中避免轮廓交叠，提高的轮廓界定精确性，提高分割处理中得到的工作流程效率。该专利和其同族曾被其他专利文献引用 10 次。

② 西门子公司

西门子公司在该领域的专利申请量达 89 件，2001～2013 年均有申请量，其中 2001～2003 年申请量较小，每年仅有 1 件，从 2004 年开始逐年增加，到 2006 年达到申请量最高的 23 件后，逐年递减到 2010 年只有 1 件，2012 年和 2013 年的申请量又恢复到了 8 件以上。其技术分支也涉及各个方面，其中相当一部分申请涉及医疗设备或器械中对图像的分析和处理和显示，其专利申请 CN100552715C 非常具有代表性。该专利和其同族曾被其他专利文献引用达 38 次。该专利公开了一种用于融合图像显示的方法，用于融合显示由第一图像拍摄装置采集的第一图像信息和由第二图像拍摄装置采集的第二图像信息，图像信息涉及人体或动物体的同一检查区域，尤其是空腔器官的图像的融合显示。

2. 生成二维图像

通过分析生成二维图像领域的专利数据分布，反映出欧美、日本等国家和地区领先企业在该领域的相对先进性。而国内基本以高校的学术研究工作为主，处于向生产力转化的过程中，而企业自主研发能力亟待加强。以下详细介绍国内主要申请人清华大学和国外主要申请人皇家飞利浦电子股份有限公司、西门子公司的具体情况。

(1) 国内主要申请人

清华大学从 2002 年开始涉及生成二维图像领域的专利申请，虽然是国内申请量最多的申请人，但是申请量也仅有 9 件，大部分年份是每年仅有 1 件申请。

公告号为 CN101271583B 的清华大学的专利，涉及一种基于深度图的快速图像绘制方法。能够根据二维参考视图和与之对应的深度图来生成每一幅不同视点的二维虚拟视图，可以根据实际需要，调节绘制过程中的参数，灵活地绘制各种不同效果的二维虚拟视图，特别适合在某些需要实时处理或者系统资源非常有限的场合应用该发明，可以极大地降低整个绘制过程的计算量，同时不需要对相机进行校准，在极大地降低计算量的基础上，保证了新绘制二维虚拟视图的质量。该专利和其同族曾被其他专利文献引用 22 次。

与欧美的业界主要公司相比，清华大学更注重在生成二维图像时所涉及的各种算法的应用和改进，申请中对理论和科研的研究占了较大的比例，而涉及实际应用方面的内容所占份额较少。

(2) 国外主要申请人

① 皇家飞利浦电子股份有限公司

皇家飞利浦电子股份有限公司在中国的申请始于 2002 年。2002～2004 年逐年增加，而在 2005 年申请量猛增到最高的 27 件，而后几乎是逐年减少，直到 2012 年的 4 件，2012 年后没有关于该领域的申请，总申请量达到了 139 件。作为该领域的技术先驱之一，皇家飞利浦电子股份有限公司覆盖了各个技术分支的申请，有相当于一部分申请与医疗领域的应用相结合，其专利技术已经有相当一部分完成了向实际商业应用的转化。

公告号为CN100468458C的专利，主要涉及一种从物体的体积数据重建该物体的图像的方法。包括：基于所估计的物体运动确定物体运动最小时的第一时间点；从多个投影中基于第一时间点选择投影；根据从多个投影中选择的投影重建图像，基于迭代重建最优化来重建该图像；提供实时最优化其中该体积数据对应于冠状动脉区域和同时测量的心电图数据。在非均匀运动物体（如心脏或冠状血管树）的CT成像中，存在物体的不同部分在不同时间点静止的问题。因此，整个选定时间点的选通重建不会生成这类物体的清晰图像。根据该发明，通过描述这些物体选定区域的运动来估计物体运动。而后，基于所估计的运动，确定这些区域具有最小运动的时间点。然后，重建图像，重建各区域的所基于的数据对应于这些区域具有最小运动的各时间点。从此，可提供改善的图像质量。该申请由皇家飞利浦电子股份有限公司在2004年申请，是该公司在中国早期的重要申请。该专利和其同族曾被其他专利文献引用30次，专利权处于维持状态。

② 西门子公司

西门子公司在中国总申请量达到了79件，最早申请可以追溯到1997年，2000～2013年均有申请，在2006年达到峰值的17件，2010～2013年每年申请量都稳定在6～8件。西门子公司在中国的申请比较集中地涉及CT装置和X射线图像的处理。

公告号为CN1107289C、名称为“计算机层析X射线摄影机的图像再现方法”的专利（专利权维持）是西门子公司最早在中国申请并获得专利权的该领域申请，授权公告日为2003年4月30日。该专利和其同族曾被其他专利文献引用22次。具体涉及一种以螺旋方式工作的多行探测器-计算机层析X射线摄影机的图像再现方法。该发明的基础是王氏再现算法，通过对该算法进行了新型的插补技术的扩展，既采用了直接投影，又采用了用于反射的互补投影，最终来实现图像的再现。

公告号为CN1230781C、名称为“对用CT仪记录的原始图像进行射束硬化校正的方法”的专利（专利权维持）是西门子公司较早在中国申请并获得专利权的该领域申请，授权公告日为2005年12月7日。该发明涉及一种对于用CT仪记录的、按矩阵排列的像素组合成的原始图像进行射束硬化校正的方法。根据原始图像，通过在多个投影角度下将原始图像像素再投影求得校正数据，在对每个投影角度再投影时将原始图像的像素与一个阈值相比较，并仅对原始图像中像素值大于阈值的那些像素进行再投影；使用校正数据以由原始图像求得校正图像。

3. 图像增强和生物图像分析

通过分析医学图像领域的专利数据分布，反映出欧美、日本等国家和地区领先企业在医学成像领域的先进性。而国内基本以高校的学术研究工作为主，处于向生产力转化的过程中，而企业自主研发能力亟待加强。

（1）国内主要申请人

深圳迈瑞生物医疗电子股份有限公司为国内主要申请人。我国在此领域的申请量较小，多数还集中在科研阶段。总申请量达到31件，基本上都涉及超声成像系统中图像的处理方法。其中以深圳迈瑞生物医疗电子股份有限公司为代表的中国企业在该领域申请的数量较多，达到了13件，其中涉及了在超声成像空间中定义感兴趣容积、自动检测限束器边界或区域、使用超声图像检测组织边界、超声成像系统自适应帧相关的方法、在超声成像系统中用于优化超声图像的灰度值、宽景成像等多项技术内容。其中代表性的专利有公告号为CN100455266C的专利，目前该专利处于授权维持状态。该重点专利主要涉及一种宽景成像处理方法，用于将实时获取的或者存储在介质中的图像序列生成目标图像，取图像顺序数 $i=1, 2, 3, \cdots$，Δ 为图像顺序的提取间隔，其特征在于包括以下步骤：① 取图像序列，初始化配准图和拼接图为第一帧图像；$i=2$，$\Delta=1$；② 将第 i 帧图像 F_i 分割成若干子区域；③ 求该帧图像相对配准图的运动向量；④ 根据所述运动向量，判定 F_i 的平移量在控制范围内，则继续步骤⑤；否则，通过 $i=i-\Delta$ 将 i 值复原后，在 Δ 的取值范围内调整 Δ，再执行 $i=i+\Delta$，继续步骤②；⑤ 根据对所述运动向量的拟合来计算变换系数；⑥ 根据所述变换系数将 F_i 拼接到当前拼接图；并用 F_i 来设置或拼接配准图；⑦ $i=i+\Delta$，如果第 i 帧存在，则返回到步骤②，否则输出当前拼接图为结果图。所述方案解决了现有宽景成像处理方法的角度步进间隔难以确定，使用拼接图进行配准的准确度较差，而顺序处理不利于减少误差，还会降低成像速度等问题，可提高计算结果的速度和准确性。

（2）国外主要申请人

该领域的国外申请人主要有来自荷兰的皇家飞利浦电子股份有限公司，来自德国的西门子公司，来自美国的美国西门子医疗解决有限公司，来自日本的株式会社东芝和东芝医疗系统株式会社、佳能株式会社和奥林巴斯医疗株式会社，来自美国的GE医疗系统环球技术有限公司和通用电气公司。

1）西门子公司

西门子公司在该领域的专利申请量达155件，远远超出其他公司在该领域的申请量，其强大的研发能力可见一斑。其技术分支主要集中在用于噪声减少的图像滤波器、优化血管造影磁共振图像、对断层图像数据分段、数字减影血管造影、对周期运动检查对象进行计算机断层造影的处理，反映了其较强的技术应用能力，具体涵盖了降噪、减影、运动图像分析等多个技术点。此外，在自动区分骨骼和软组织、确定显示靶区信息、异常自动检测等方面也有专利相关申请，反映了其全面的专利布局。

其代表性的专利有公告号为CN100376211C的专利，其涉及一种用于产生周期性运动的检查对象的心脏区域的计算机断层造影图像的方法。该方法包括以下步骤：① 为了对周期性运动的检查对象进行扫描，使用从至少一个焦点发出的射线束，并利用一个用于检测该射线束的射线的、具有多个分散的检测器单元的、平面构成的检测器阵列，该至少一个焦点相对于检查对象，在至少一个绕检查对象绕行的焦点轨道上，与相对而设的检测器阵列一起运动，其中，该检测器阵列的检测器单元给出表示射线在穿过检查对象时的衰减的输出数据。② 同时收集周期性运动的检查区域的运动数据，以便能够将检测器数据和由此得出的结果数据与运动状态相对应。③ 将该输出数据过滤。④ 将过滤的输出数据进行三维反向投影，用于产生检查对象的具有一层厚的层的至少一个层析图像，其中每个层析图像代表从所述输出数据得到的、属于该检查对象层的体素的对射线束的辐射的吸收值。其中，一方面使用一个加权函数，用于反向投影，该加权函数对所观察射线与所观察体素的空间距离进行加权；另一方面也使用一加权函数，用于反向投影，该加权函数表示检查对象的各待显示的运动状态间的时间距离，其中，所述过滤在焦点轨道上属于各焦点位置的正切方向上进行。其基于 3D 反向投影提高了图像质量，并可以对周期性运动检查对象的冗余数据按照相位计算出层析图像。该专利和其同族曾被其他专利文献引用 32 次。

2） 皇家飞利浦电子股份有限公司

皇家飞利浦电子股份有限公司的专利申请量达 117 件，2002～2013 年均有相对稳定的申请量。技术分支主要集中于增强造影图像数据/剂量减小，数字图像减影，感兴趣区域的自动提取，滤波降噪，暗化处理考虑目标周围的图像属性或者探测信息以得到更好的对比度增强，散射校正，自动 4D 冠脉建模和运动矢量场估计，功能成像中的运动补偿。反映了其在医疗图像处理领域的强大优势，并且在这些技术点上的申请量相当。

该分支下的专利技术中 CN100557632C 极具代表性。该专利公开了一种观察系统，用于增强在有噪影像序列中的背景上表示的兴趣对象，并用于显示经增强的影像的序列，包括：① 用于采集影像序列的采集装置。② 用于处理所采集影像序列的处理装置，该装置包括提取装置，用于提取与所述序列的影像中的兴趣对象相关的点状特征并从所述点状特征的位置得到所述对象的位置。所述提取装置包括标志提取装置，用于将点状暗区过滤并增强为用于形成标志的候选者；对提取装置，用于基于准则装置而得到决策以便于确定形成与兴趣对象相关的标志的最佳对的标志；空间过滤装置，用于增强兴趣对象的脊特征同时消除背景的特征，所述空间过滤装置包括脊过滤装置，用于提取影像中的脊；调制装置，用于调制脊过滤装置，以便于增强特定于兴趣对象的脊特征并用于排除特定于背景的脊特征。③ 显示装置，用于在经过滤的背景上显示经增强的兴趣对象的经处理的影像。该专利和其同族曾被其他专利文献引用 12 次。

4. 三维图像处理

三维图像处理代表了医学图像重建的发展方向，国内外大公司和科研机构都投入了大量精力来研究体绘制、可视化、介入工具的跟踪引导、实时图像分析等方面的技术，而这些技术在日常医疗过程中也得到了广泛的应用，为医学诊断和治疗带来了巨大的收益。国内还是以高校的研究成果为主，以清华大学、西安电子科技大学、山东大学等为代表的高校，将目光集中在了三维图像可视化以及三维图像重建的研究领域，通过对涉及的算法等进行改进，来提高三维图像的处理速度。但其并未与医学领域进行结合，将其研究成果应用到医疗产业中，因此，中国的医学三维重建领域仍处于初级阶段。

（1）国内主要申请人

深圳迈瑞生物医疗电子股份有限公司从 2005 年开始医学图像处理领域的专利申请，其申请量虽然一直不多，但却是国内企业中的佼佼者，其率先将科研成果转换成了生产力。除了在图像增强和生物图像分析领域进行专利申请外，其在代表先进技术的三维图像处理领域也有涉及。

该公司在 2007 年就申请了公告号为 CN101290684B 的专利，已经获得授权。该发明涉及一种三维超声图像的快速体绘制方法。包括以下步骤：划分步骤，用于按照预定尺寸将视平面划分为纵横排列的一级栅格；计算步骤，用于投射计算每个栅格的四个顶点位置上像素的灰度值；判断步骤，用于比较每个栅格的四个顶点位置上像素灰度值的偏差与预定阈值；若所述偏差小于预定阈值，则该栅格为平坦栅格；若所述偏差大于预定阈值，则该栅格为非平坦栅格；填充步骤，用于对每个平坦栅格，利用其四个顶点位置上像素灰度值，通过插值得出内部所有像素的灰度值，从而填充整个栅格；其中对于所述非平坦栅格，重复执行划分步骤、计算步骤、判断步骤和填充步骤，直至将所述非平坦栅格划分为原子栅格，从而投射计算剩余的所有像素的灰度值。

（2）国外主要申请人

与第三分支的申请情况类似，国外大公司在三维图像处理领域也积极申请专利，并形成了一定规模的专利布局。其中以皇家飞利浦电子股份有限公司、西门子公司、株式会社东芝和东芝医疗株式会社为代表，仍位居专利申请量的前三甲。

① 皇家飞利浦电子股份有限公司

皇家飞利浦电子股份有限公司在该分支下的专利申请量达 122 件。其研究领域主要集中在医学图像可视化、介入引导、体绘制、虚拟内窥镜成像等方面，加上其在第三分支下的大量申请，可见其在医学图像重建领域占有行业领袖的地位。

代表性的专利有公告号为 CN101014983B 的专利。其涉及一种用于在空腔限定的结构的立体图像上执行虚拟内窥镜检查的虚拟内窥镜检查方法，该空腔限定的结构具有细长的空腔。该方法包括：确定基本上在细长的空腔内和总体上位于摄影机位置处的展开轴，该展开轴被划分成轴分段；选择总体上从展开轴的轴分段径向延伸的射线投射方向；根据相应的轴分段与摄影机位置间的距离，使至少一些射线投射方向倾斜远离摄影机位置；沿倾斜的射线投射方向进行射线投射以定义像素值；以及把像素值安排到展开的视图中。该发明可以应用在诸如膀胱、血管、气管、肠或其他器官等的基本上任何腔结构的虚拟内窥镜检查中，并可以利用基本上任何适当的成像技术生成感兴趣的器官或受限制空间的立体图像。

② 株式会社东芝和东芝医疗株式会社

株式会社东芝和东芝医疗株式会社联合申请了大量专利，其在该分支下的专利申请达到了 81 件，从 2003 年就开始了在中国的专利申请。其研究领域主要集中在超声波辅助诊断、医学图像可视化、体绘制、使用体数据实现高精度测量、管状结构分析等，覆盖了多个技术分支的申请，可见其专利布局之广泛。

其代表性的专利有公告号为 CN1307597C 的专利，涉及一种 3D 图像处理设备。包括：一个存储单元，其被配置成存储和多个与待检查对象关联的投影方向对应的多个屏蔽图像的数据，并存储和多个与该对象关联的投影方向对应的多个强反差图像的数据；一个减法单元，其被配置成通过从该多个强反差图像减掉该多个屏蔽图像来产生多个相减图像的数据；一个重建单元，其被配置成从该多个屏蔽图像重建第一体数据以及从该多个相减图像重建第二体数据；一个图像处理单元，其被配置成从该第一体数据产生代表骨结构和/或软组织结构的第一 3D 图像的数据，以及从该第二体数据产生代表对比血管的第二 3D 图像的数据；一个图像合成单元，其被配置成通过合成该第一 3D 图像和该第二 3D 图像来产生合成图像的数据；以及一个显示单元，其被配置成显示该合成图像。所述方案可以在 3D－DSA 图像中，使血管和骨以及软组织分离并且高清晰度地显示血管。该专利和其同族曾被其他专利文献引用 35 次。

四、医学图像三维重构重要技术专利发展趋势预测以及相关建议

（一）医学图像三维重构四类重要技术的专利发展趋势

1. 图像分析

图像分析领域的专利申请主要集中在图像分割和图像配准两方面。

图像分割领域专利申请的方案基本都针对明确的待分割对象来实施，分割方法根据不同的分割对象来选择，分割策略由早期的计算机视觉低水平策略（如边缘检测和区域生长）进展到基于模型的策略。

图像分割领域专利申请的技术发展趋势主要涉及以下几个方面，未来的发展趋势预期仍将延续当前的发展趋势：

（1）由采用单一分割技术朝多种分割技术有机结合的方向发展；

（2）以提高某一类分割对象的分割精度或速度为目标对分割方法进行改进或创新；

（3）分割对象由具体的器官或组织（如心脏、肿瘤）发展到异常部位（如出血性区域、损伤部位）；

（4）寻求可针对不同分割对象实施的分割方法；

（5）根据不同分割对象对模型参数进行调适；

（6）在分割过程中由半自动化向全自动化发展。

图像配准领域专利申请的技术发展主要涉及以下几方面：

（1）从研究对象来看，呈现出从外部器官（如眼球图像配准）到内部主要器官（如心脏、结肠配准），然后到复杂管状结构（心血管、支气管、神经配准）的发展顺序，预期后续图像配准专利会不断向人体的复杂组织渗透。

（2）从配准的图像类型来看，由于医学图像配准与医学成像技术紧密结合，随着医学成像技术的不断发展，并鉴于各类成像技术具有不同的优点和成像特点，图像配准技术的发展经历了对特定医学图像组合的配准（如CT与超声图像配准），到对多类医学图像组合配准，以及二维医学图像与三维医学图像配准的过程。由于各类医学成像技术的快速发展以及成像精度、成像速率的提高，预期将来的配准技术需要根据各类成像技术的最新进展来与时俱进地发展。

（3）图像配准涉及对对象运动/形变的处理，在配准过程中需要进行“空间变换”，主要包括刚体变换（如旋转和平移）和非刚体变换（如缩放、仿射、投影等非线性变换）。图像配准算法涉及标记法，特征点法，基于分割的配准，基于像素的配准，物理模型法，基于参数化空间变换的配准等。相比而言，刚性变换的图像配准较为简单与准确。而当前的非刚性变换的图像配准技术还不成熟，局限性也较大，但具有比刚性变换更大的适用范围，因此非刚性变换的图像配准也可能是未来专利申请的热点。

2. 图像重建

图像重建技术从20世纪90年代才开始起步，近十年来逐渐受到各研发机构的重视。在专利方面，专利申请量在2006年和2011年达到过两次高峰，虽近两年申请量有下降趋势，但图像重建技术仍处在不断更新和突破中，为全球各大医疗器械或相关公司所重视。

国内的图像重建技术的专利申请主要涉及在图像重建方法及装置、断层摄影图像的生成方法及装置方面，以前者申请量居多。目前该领域申请集中在以飞利浦、西门子、通用电气为代表的外国公司手里，其中飞利浦的申请量更是遥遥领先。

图像重建算法是图像重建技术的重要组成部分。虽然存在多种算法来对各种成像技术得到的图像进行重建，但近年来，图像重建领域的专利申请涉及的算法主要集中在统计迭代重建算法和滤波反投影算法，而且迭代算法凭借着需要的投影数少、具有可在数据不完全和低信噪比条件下成像等优点，逐渐被人们所重视，近年来申请人在图像重建时越来越多地用到迭代算法，预计将来对迭代算法的改进会成为重要研究方向，特别是其中的最大似然重建算法，会在医学图像重建领域有良好的应用前景。

图像重建领域有相当一部分申请关注于低辐射剂量下的图像重建问题。向患者施加辐射的剂量与图像质量成反比关系，可以通过采用不同的成像扫描方式、选择合适的降噪算法、利用先验知识等方式来弥补低辐射量引起的投影数据少、噪声大等问题。减少对患者使用的辐射剂量，降低辐射带来的风险是医学发展的必然趋势，因此如何在辐射量低或投影数据欠采样的情况下重建高质量的图像也将是 CT 图像重建的发展趋势。

3. 图像复原与增强

图像复原与增强领域的专利申请多数集中在图像增强方面，其中图像降噪技术是图像增强技术的重要组成部分。可通过不同的成像方式、噪声抑制算法等对图像进行降噪。专利申请中多数降噪方法都采用了滤波技术。由于图像中的噪声通常集中在高频区域，早期技术通过采用低通滤波或衰减高频分量的方式来去除噪声，但由于图像边界也属于图像的高频部分，因此在去除噪声的同时往往导致图像的边界变得模糊。为弥补该缺点，诸多申请人尝试着对滤波技术进行了各种改进，如今在图像去噪领域对滤波技术的运用呈现多样化，如对图像进行递归滤波，根据对象特征点位置执行平滑化滤波，多种滤波手段的结合使用等。

除了滤波降噪技术外，小波阈值降噪技术和各向异性扩散技术也是图像降噪领域的热门技术。小波阈值降噪可视为是对图像特征提取和低通滤波的综合，在对图像进行低通滤波的同时还能保留图像的特征信息。而基于偏微分方程的各向异性扩散具有在降噪同时保持图像细节的特定，在处理信噪比较低的医学图像时有其独特的优势。这两种技术在图像降噪领域有很好的应用前景，是图像降噪的发展趋势。

4. 三维图像处理

三维图像处理领域的专利申请以改善用户体验为目标，从多个角度、多个环节对三维图像设备的性能进行了改进：

（1）增加用户操作的便利性，如减少人机交互，提高视图呈现的自动性，或使人机交互趋于简单；

（2）便于用户观察待检对象，如多角度观察对象、定义感兴趣对象、自动提供与疑似病症相关的视图；

（3）便于用户诊断病情，如以同角度显示多个图像、显示同一对象的不同图像、显示彼此关联的 2D 和 3D 图像、提供更多的诊断辅助工具；

（4）提供高分辨率、少失真、少遮挡的视图。

三维图像处理技术描绘的对象从早期的单个组织或器官发展到多个关联对象，如组织和血管分布、血流情况等，其应用范围也从医学诊断扩展到了手术模拟，而为三维图像处理提供成像支撑的是体绘制技术。虽然在三维图像重构过程中常用的方法有面绘制和体绘制两种，但在该领域的专利申请中用得更多的是体绘制技术。

（二）对国内医学图像设备行业的建议

1. 图像分析

从医学图像分析领域的专利布局现状和技术发展的总体趋势来看，皇家飞利浦、西门子、通用电气仍占主导地位，并鉴于图像分割、配准技术是与高精密的医疗器械紧密结合的，因此对国内相关企业的发展形成一定的制约。

就图像分割领域而言，国内申请人和研究机构可结合自己原有的研究基础确定一个或几个研发方向：① 研发精度更高、速度更快的分割算法；② 探寻分割更细微的对象的方法；③ 进一步对形变模型进行研究；④ 减少或无须人工干预的分割方法；⑤ 有更好的自适应性、鲁棒性的分割方法等。

就图像配准领域而言，虽然国内申请人和研究机构起步较晚，但可考虑从以下几方面做进一步的研究：① 复杂组织的图像配准技术的改进与创新；② 非刚体变换的图像配准技术的改进与创新；③ 多模图像配准就技术的改进与创新；④ 图像配准的评估技术的改进与创新。

2. 图像重建

虽然迭代算法存在计算量大、不易收敛的问题，但也有其显著的优势，具有良好的应用前景。以下两方面或将成为迭代重建算法的突破点：

（1）迭代重建算法中最耗时的部分是系统光学模型和系统统计模型的建立，减少建模的计算量、提高建模速度将会提高迭代重建速度。

（2）引入合适的松弛因子和相应的收敛条件，使得迭代重建算法能有效收敛是需要进一步研究的问题。

目前图像重建领域的国内申请量非常少，而且申请人以高校和研究所居多，研发结果不易进行产业化，国内相关医疗设备生产企业在加强自身研发能力的同时，可考虑与高校和研究所加强合作，尽早将研发成果产业化，推向市场。

3. 图像复原与增强

涉及图像复原与增强的专利申请中，图像复原方面的专利申请量较少，对国内申请人来说是一个机会，可以加强对这方面的研究。

图像增强方面的专利申请比较关注降噪算法，因此国内企业和研究单位可从降噪算法的改进入手，来寻求技术创新，打破外企在该领域的垄断局面：① 滤波降噪技术的突破方向可考虑多种滤波手段的结合，还可结合其他降噪手段，寻求这些方式的最佳组合形态；② 小波阈值降噪技术的突破方向可考虑适用于非高斯噪声的小波阈值降噪算法，由于目前多数小波阈值降噪技术针对高斯白噪声进行研究，对非高斯噪声的研究较少。

各向异性扩展的瓶颈在于：① 如何提高扩散过程中边缘检测的准确性；② 如何设计扩散方程得到精确的扩散方向和力度；③ 如何提高扩散参数及收敛条件对不同统计特性图像的适应性。为解决这个问题，国内申请人可考虑从上述三方面对各向异性模型进行改进。

4. 三维图像处理

随着医学领域对图像三维重构不断提出更高的要求，例如需要对组织、器官进行更细节的展示，需要向用户提供更多的参考信息等，国内申请人可以考虑：① 在已有的产品模型或研究基础上，研发顺应市场需求的医学图像设备；② 继续改善用户体验。

医学图像设备的成像质量依赖于三维重构技术，因此对于有研发实力的国内申请人，从三维重构技术入手是必要的，且对于自身专利布局具有长远意义。国内申请人应继续在图像绘制算法上进行改进：① 可对三维纹理映射的体绘制技术进行研究；② 可对新兴的结合面绘制和体绘制特点的混合绘制技术进行研究。实现以软件发展带动硬件销量。

五、结束语

医学图像三维重构技术在诊断医学、手术规划及模拟仿真、整形及假肢外壳、放射治疗规划、解剖教学等方面具有重要的应用价值，已受到国内外企业和研究机构的广泛关注。医学图像设备性能的优劣依赖于其采用的医学图像技术，在未来的医学图像设备市场，市场份额之争也就是医学图像技术之争。虽然国外申请人已经在过去的十余年中在中国乃至世界申请了大量的专利，形成了由点及线、由线及面的专利布局，但由于医学图像三维重构技术在各国的发展起步都比较晚，各项技术都尚未成熟和完善，仍存在很大的发展空间，并且许多医学图像算法都处在不断地改进和创新中，这对国内申请人来说是很好的发展机遇。国内申请人应结合自身优势，顺应市场需求来投入研发力量，加大对医学图像设备硬件和软件的研发力度，力争在当前的专利领域占有一席之地。

参考文献

[1] 陈武凡．医学图像分析的现状和展望 [J]. 中国生物医学工程学报，2008，27 (2)：175-181.
[2] 孔晓荣．医学图像分割处理技术的应用 [J]. 兰州大学学报，2009，45：160-163.
[3] 黄文博．医学图像分割方法综述 [J]. 长春师范学院学报，2013，32 (2)：22-25.
[4] 范慧赟．CT 图像滤波反投影重建算法的研究 [D]. 西安：西北工业大学，2007.
[5] 洪峰．医学图像三维重建技术综述 [J]. 中国图像图形学报，2003，8：784-791.
[6] 门怀宇．医学图像三维重建技术的研究与应用 [D]. 成都：电子科技大学，2008.
[7] 王亮．图像重建迭代算法的研究 [J]. 黑龙江科技信息，2007 (21)：72.
[8] 裘意娜．医学图像配准和融合的若干研究 [D]. 宁波：宁波大学，2010.
[9] 芦飞坚．基于互信息的医学图像配准算法研究及应用 [D]. 北京：首都师范大学，2013.
[10] 王丽．医学图像配准技术应用研究 [D]. 济南：山东大学，2012.
[11] 俞亚青．医学图像配准方法分类及现状 [J]. 重庆大学学报，2003，26 (8)：114-118.

无线智能照明控制系统专利技术现状及其发展趋势

刘世茹　蔡国利[1]　耿文慧[1]　黄慧[1]　喻文芳[1]

（国家知识产权局专利局通信发明审查部）

一、引言

随着社会的进步，节能和环保已是大势所趋。在照明领域中，采用新型节能光源、节能电器及高效灯具来达到节约电能的目的，早已成为人们的共识。

1984 年美国出现第一座智能化楼宇至今，智能化楼宇已经成为当今智能建筑发展的趋势。随着新技术、新设备、新工艺、新材料的发展与进步，20 世纪 90 年代在北京、上海、广州等大中城市涌现出一大批智能楼宇工程。照明控制系统作为智能楼宇工程中建筑电气工程必不可少的系统，其发展随着信息技术的不断发展也发生了本质上的变革。传统的照明控制系统已被智能照明控制系统所取代；基于有线的照明控制系统，存在布线麻烦、增减设备需要重新布线、系统扩展性差、系统安装和维护成本高以及移动性能差等缺点，无线照明控制技术成为实现智能照明控制系统的理想选择。

无线智能照明控制系统是一个集多种照明控制方式、现代数字控制技术和网络技术于一体的控制系统。整个系统主要由三部分组成：现场控制级设备、包含传感器的智能照明终端和无线网络系统。无线网络系统用于在智能照明终端与现场控制级设备之间建立通信连接，现场控制级设备通过无线网络系统接收由智能照明终端中的传感器感测的信号，以此来对照明终端进行调光、调色等控制。

现场控制级设备一般包括智能开关/继电器，调光器、调色设备，控制面板等装置。其中，调光器和调色设备属于比较常用的控制设备。在照明控制系统中，对照明系统的亮度进行调节称为调光，对照明系统的色彩进行调节称为调色。在调光技术当中，一个重点技术领域是调光器技术。随着电气自动化及计算机通信技术的蓬勃发展，以及新型光源的不断涌现，照明调光及调色技术越来越趋于无线化、自动化、个性化及智能化，其应用场景也从传统的剧场、舞台扩展到酒店、体育场馆、展览厅等建筑设施，并且逐步进入家庭当中，成为现代家居不可或缺的一部分。

---

[1] 蔡国利、耿文慧、黄慧、喻文芳等同于第一作者。

智能照明终端中的传感器能够感受到被测量的信息，并按照一定规律变换成为电信号或者其他所需形式的信息输出。在无线智能照明控制系统中，基于不同的控制策略，需要采用一个或多个传感器，对不同的检测对象进行检测。针对不同的用途，可以将无线智能照明控制系统中的常见传感器分为以下几类。

（1）存在传感器，用于检测人体或者物体的存在或运动，当检测到人体或目标物体出现时，开启照明系统；当检测到人体或目标物体离开时，关闭照明系统。常见的存在传感器有无源红外传感器、超声波传感器、地磁传感器、声控传感器、压力传感器等。

（2）检测光照参数的传感器，用于检测光照强度、色温等光照参数，以照度感应器应用最为广泛。照度感应器根据环境光照强度的变化，将可见光转化为电信号，从而保证目标照明区域的照度在一定范围内。

（3）检测照明系统工作状态的传感器，用于检测照明系统的工作状态，如照明系统中是否存在故障、电路中的电压电流大小、光源的使用寿命等。

除了上述几种类型的传感器外，照明系统中常见的传感器还有定时器、用于检测周围环境的湿度、温度、有害气体等信息的传感器。

无线网络系统用于在智能照明终端中的传感器与现场控制级设备之间建立网络连接，较常用的有 GSM、GPRS 以及近距离无线通信技术，其中近距离无线通信技术的主流技术包括 IrDA 技术、蓝牙、Wi-Fi、UWB 和 ZigBee 技术等，它们都有各自的标准、特点和相应的应用领域。ZigBee 技术具有超长待机时间、低成本、高容量和高安全性的特点，完全符合发光二极管（LED）智能照明网络通信的需要，因此选择 ZigBee 技术构建智能照明网络系统是最佳解决方案。

无线智能照明控制系统，重在一个控制上。首先能够控制，其次，控制的方式是无线。众所周知，传统照明因为需要手动控制，或者线路控制，不能达到“随心所欲”的管理要求，往往一盏灯出现问题，整条线路就可能受到影响；或者灯具的损坏无法及时发现，造成照明故障；同样，在无线智能照明控制系统中，也会存在故障问题。因此，及时发现故障以及排除故障也是无线智能照明控制系统中的一个重要部分。

无线智能照明控制系统是划时代的智能技术，它把传统的照明控制与传感技术、无线技术结合起来，开创了一种新型的管理与节能技术，从而真正实现了智能化照明。LED 技术是 20 世纪以来发展最为迅速的照明技术，它节能、环保、稳定、高效，已经被大量的运用在商业照明、景观照明等领域。而无线照明控制系统因为结合了 LED、通信、计算机、传感器等技术，一方面保障了正常的照明功能，另一方面还兼具节能、环保、智能管理等优点。

二、无线智能照明控制系统专利技术总体状况分析

（一）样本构成

分析样本包括 S 检索系统中的德温特（DWPI）数据库和中国专利检索系统

（CNABS、SIPOABS）。无线智能照明控制系统的专利文献较集中，主要集中于 EC 分类号 H05B37/02B6R，以及 CPC 分类号 H05B37/0272 下。为了准确和全面获得该领域的专利文献，根据各个数据库的特点，在各个数据库中分别采用了 EC、CPC 分类号和关键词相结合的形式进行检索，最后采用的分析数据是三个数据库中的数据之和，截至 2014 年 5 月 1 日公开的专利文献，统计结果为 5494 件。由于专利公布的 18 个月期限，2013 年至 2014 年 5 月 1 日之前的部分专利申请还没有公开，因此这两年的数据并不完整。

（二）无线智能照明控制系统相关专利分析

下面针对专利公开日截至 2014 年 5 月 1 日的有关无线智能照明控制系统的 5494 件专利申请进行数据统计和分析。

1. 世界范围内的专利申请统计结果

图 1 所示为自 1980 年以来无线智能照明控制系统领域内的发明专利逐年变化情况。1980～2003 年有关无线智能照明控制系统的专利申请一直处于较低申请量的状态，从 2003 年开始申请量才开始出现显著的变化，从 2007 年开始出现了飞速发展，一直到 2012 年达到了目前的峰值。因为 2013 年和 2014 年的部分数据还未公开，因此这两年的数据仅供参考。从总体上来看，随着控制技术、网络技术等新兴技术的飞速发展，有关无线智能照明控制的申请在近些年一直处于持续增长的态势，这与人们在照明方面追求节能、环保以及提高用户体验度和满意度密切相关。

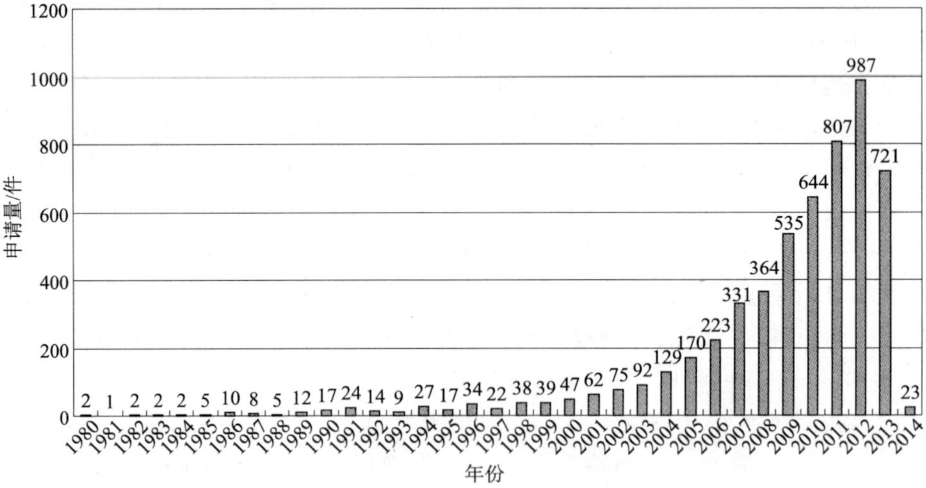

图 1 无线智能照明控制系统领域在世界范围发明专利申请逐年变化趋势

图 2 所示为在世界范围专利申请国家和地区的分布情况。从图中可以看出，在中国大陆提交的专利申请量最高，占了总申请量的大约 50.36%，其次就是美国、韩国、日本等，说明全球看好中国这个大市场，利用专利技术抢占中国市场，获得更大

的利益。

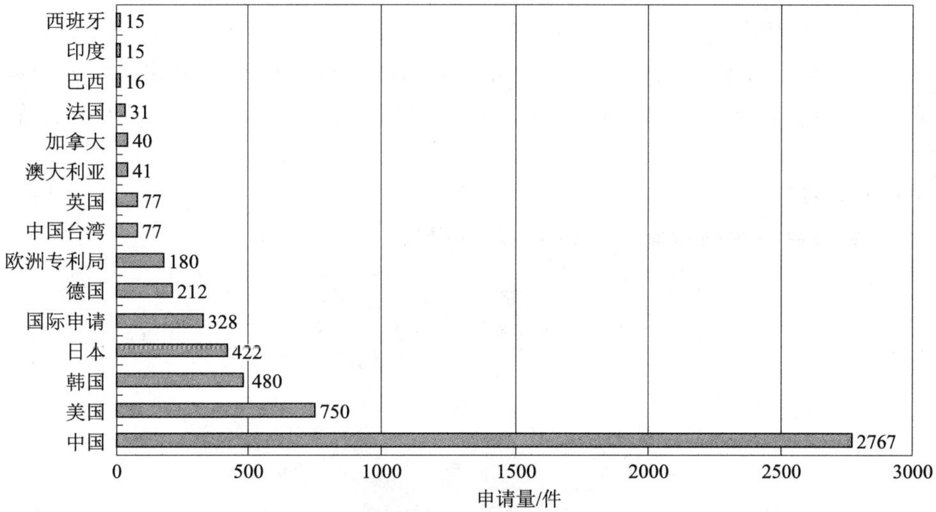

图 2 无线智能照明控制系统领域在世界范围专利申请国家和地区的分布

图 3 所示为无线智能照明控制系统领域主要申请人的分布情况，排在前五名的申请人为皇家飞利浦电子股份有限公司、松下电工株式会社、路创电子公司、东芝照明技术株式会社、松下电器产业株式会社。从图 3 可以看出，荷兰的皇家飞利浦电子股份有限公司在该领域的申请量非常大，占了约 4.00%的份额，说明其在照明领域占有举足轻重的地位，其次是日本的公司，其中有 3 个公司进入了前五名，这说明日本公司在该领域的重视程度也比较高，技术也处于领先的水平。

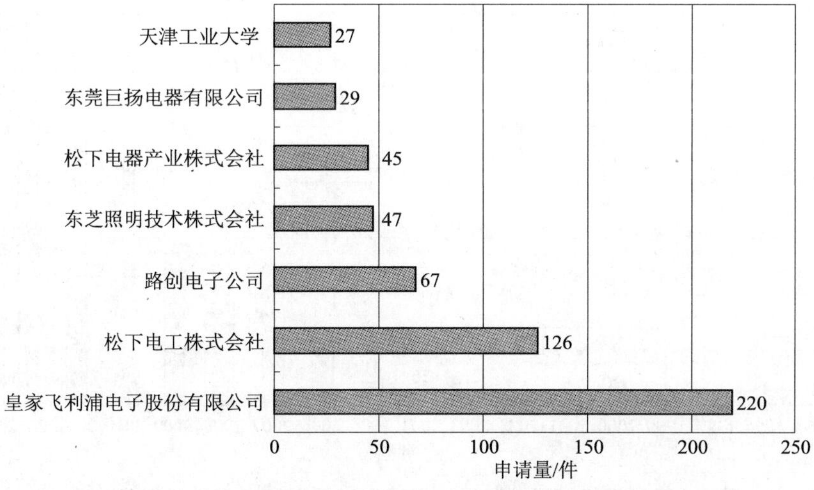

图 3 无线智能照明控制系统领域在世界范围专利主要申请人的分布

图 4 所示为在世界范围专利申请人类型分布。从图中可以看出，申请人类型包括公司、大学、研究机构、个人以及这四种方式的各种组合等。其中，公司的申请量最大，占了 58%，其次是个人申请以及各种组合的申请所占比例也较大，这说明公司与市场密切相关，成为创新主体的主要部分，另外由于照明与日常生活息息相关，也促进了个人的创新。

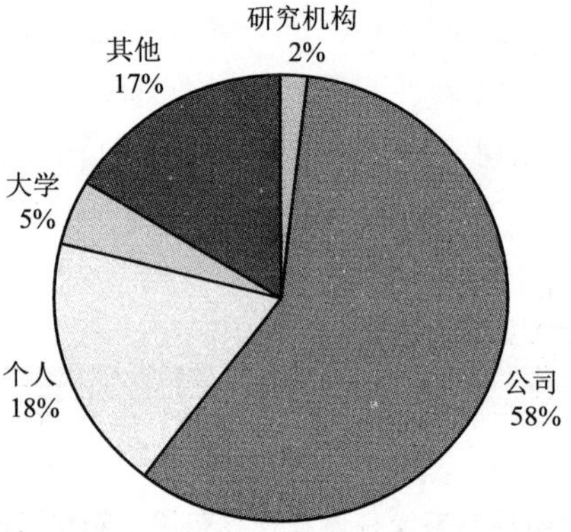

图 4　无线智能照明控制系统领域在世界范围专利申请人类型的分布

2. 在中国申请的专利申请统计结果

从图 5 可以看出，无线智能照明控制系统领域的在中国专利申请逐年分布趋势和世界分布情况相当，在 2002 年以前几乎没有什么变化，申请量也基本上为个位数，从 2003 年起申请量才稍微有了一些增长，但是增长速度极为缓慢，一直到 2007 年才

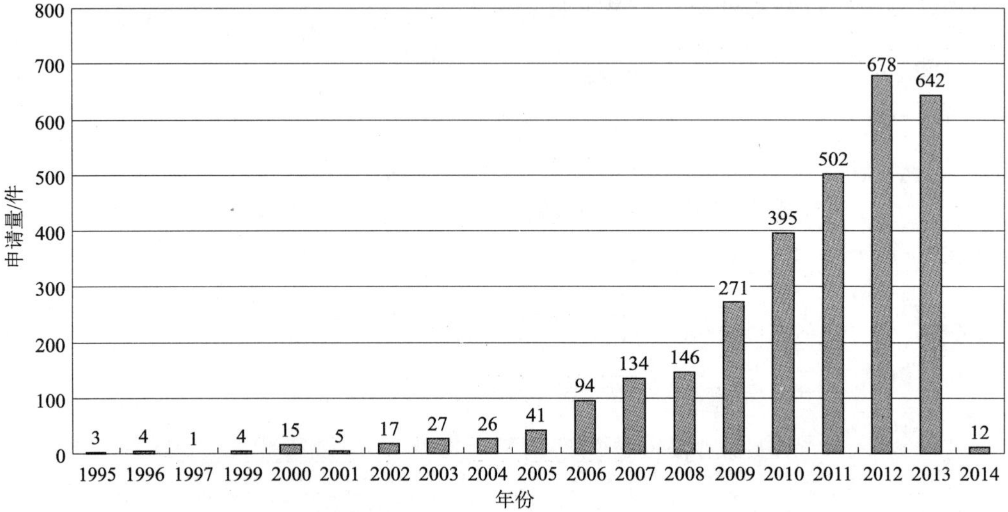

图 5　无线智能照明控制系统领域在中国专利申请逐年变化趋势

达到了年申请量100件以上。从2009年至今申请量有了显著的变化，这也与我国近几年来重视新兴技术的发展密不可分。

从图6可以看出，在中国专利申请中，国内申请人占了绝大多数，从世界范围申请国家和地区分布情况来看，国外申请人在国内的申请量比较小。对发明类型做进一步分析发现，国内申请人的申请量为2295件，其中实用新型有1695件，发明仅占了约26%，这也说明我国的专利申请虽然申请量很大，但是总体上技术含量并不高，因此今后各公司、企业等应该在这方面进行更多的创新，提升该领域整体的技术创新能力。从图7和图8可以看出，研究无线智能照明控制系统的公司、大学、个人等数量众多，且申请比较分散，这也与无线智能照明控制的应用范围广泛有关，同时也反映出该技术在我国已经引起了普遍关注。

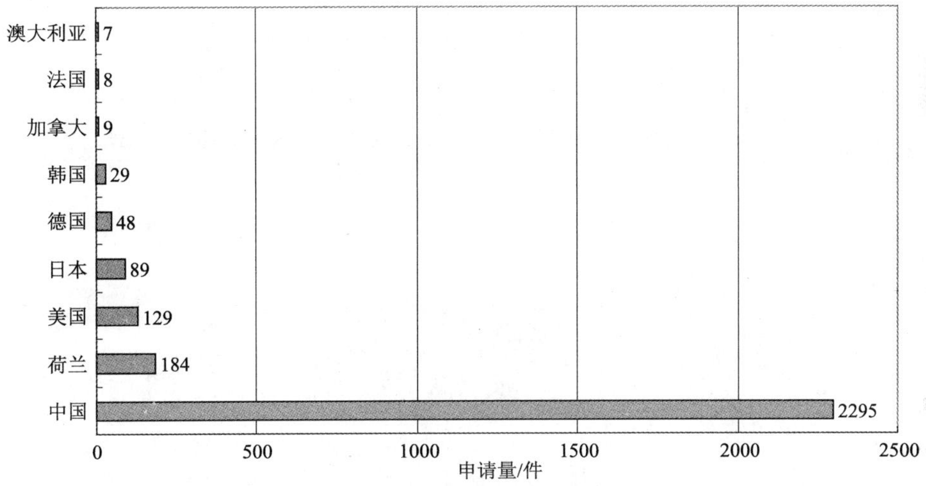

图6 无线智能照明控制系统领域在中国申请人所属国别的分布

从图7中的前十二名申请人的申请量排名来看，中国的申请人有9个，其中大学申请人3个，个人申请人1个，公司申请人5个，而排名前12名的申请人中，国外申请人仅为3个，但是皇家飞利浦电子股份有限公司专利申请在中国的主导地位仍是无法撼动的。

从图8可以看出，在中国专利申请的申请人以公司为主，其次为个人和大学，其申请量也占一定的比例。

三、关键技术分析

(一) 现场控制级设备——调光器技术及调色技术

1. 技术简介

调光技术及调色技术的发展，为人们提供了合适的工作照明环境，提高了工作效

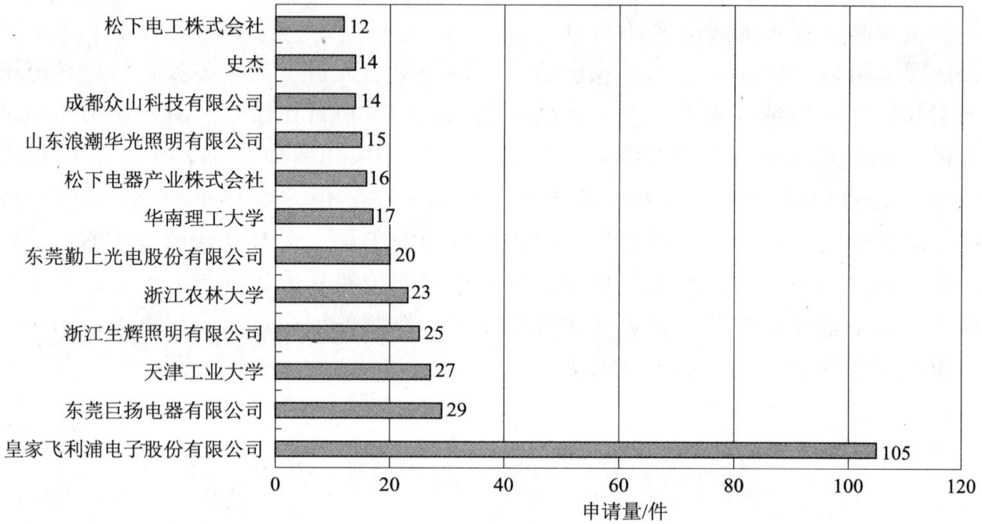

图 7　无线智能照明控制系统领域在中国申请人的分布

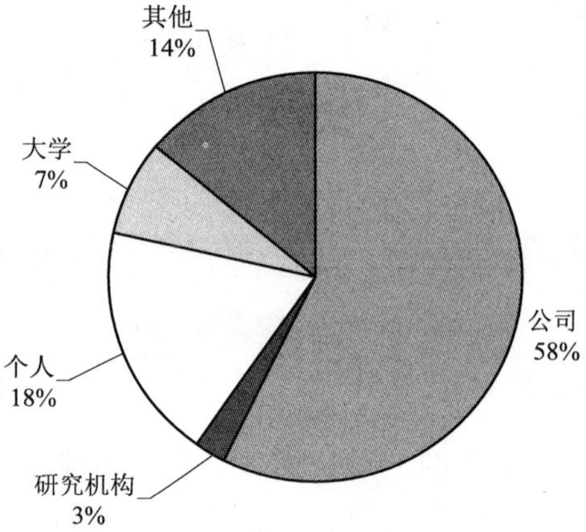

图 8　无线智能照明控制系统领域在中国申请人的类型分布

率；满足了不同场景下的照明需求，通过灵活改变光线的明暗及色彩，更好地烘托了主题；满足了人们视觉审美及心理审美的需求，增强了静态物体的艺术性；合理的调光提升了照明效率，减少了能源消耗，延长了灯具的使用寿命，避免了灯具的频繁更换。

在调光技术当中，一个重点技术领域是调光器技术。调光器的改进，决定了调光技术发展的高度。20 世纪 60～70 年代，功率电子器件迅猛发展，晶闸管和三端双向可控硅的问世，极大促进了小型、廉价、高效的光源调光器的发展与应用，也使得对光源的远程控制变得更加简单可靠。

下文对调光技术领域中的调光器技术以及调色技术做进一步的重点技术分析。

2. 专利分析

(1) 世界范围内专利申请分布情况

通过在 DWPI 及 SIPOABS 数据库中进行检索，得到无线照明控制系统领域中涉及调光器技术及调色技术的专利申请量共 1337 件。其中，涉及调光器技术的专利申请量为 974 件，涉及调色技术的专利申请量为 433 件。

图 9 所示为世界范围内有关调光器技术和调色技术申请专利的逐年分布情况。可以看出，该领域的专利申请基本上呈逐年上升趋势。1977～2009 年，该技术领域的专利申请不足 100 件，而从 2010 年开始，专利申请量有了大幅提升。

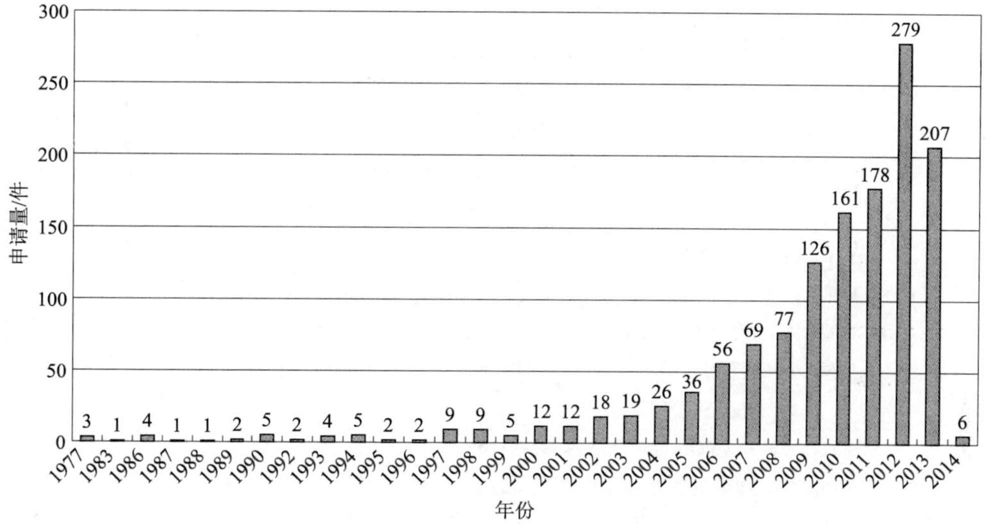

图 9　世界范围内调光器技术和调色技术年份申请专利的逐年分布

图 10 所示为按照申请号或优先权号统计出来的世界范围内主要国家和地区的分布情况。可以看出，专利申请量超过 100 件的国家和地区包括中国、美国、日本、韩国、欧专局。其中，中国的申请量是最大的，并远超美国，进一步说明全球看好中国这个大市场，并利用专利技术抢占更大的市场份额。并且在该领域，PCT 国际申请的数目也比较大，达到 168 件。

图 11 所示为世界范围内专利申请的主要申请人的分布情况。可以看出，排名前 4 位的申请人均为国外申请人，可见，在该领域的专利申请中，国外申请人占主要地位，尤其是路创电子公司和皇家飞利浦电子股份有限公司申请量远超过其他公司，在调光器和调色技术领域占有主导地位。

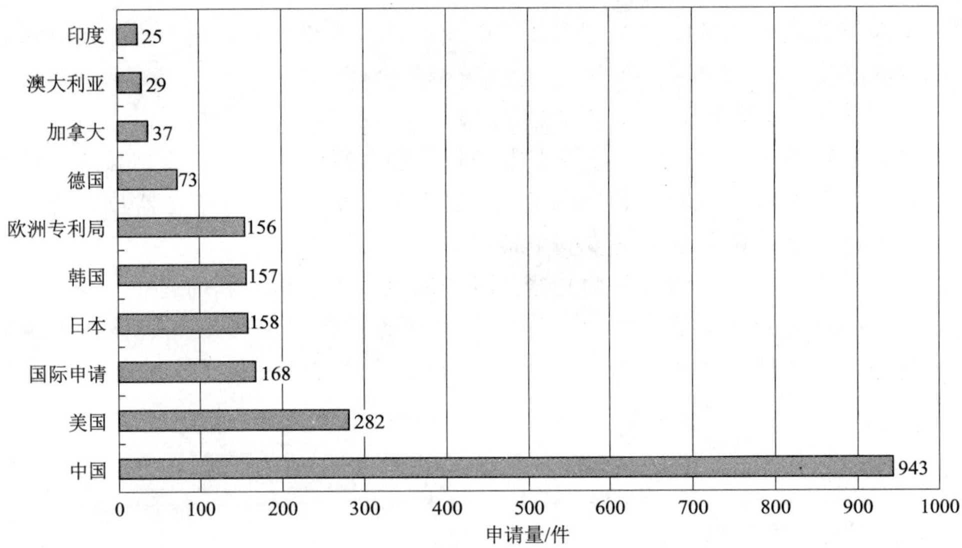

图 10　世界范围内调光器技术和调色技术申请专利的国家和地区分布

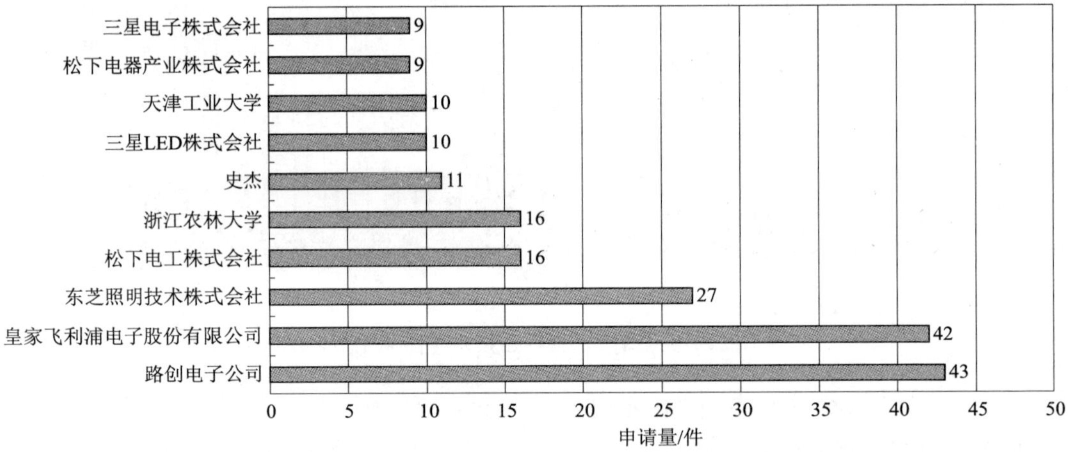

图 11　世界范围内调光器技术和调色技术主要申请人分布

图 12 所示为世界范围内专利申请的主要申请人类型的分布情况。可以看出，公司申请占该领域申请的绝大部分，达到 62%，个人申请达到 18%，这说明公司与市场密切关联，同时由于照明系统惠及大众日常生活，因此个人在此领域表现出很大的兴趣。

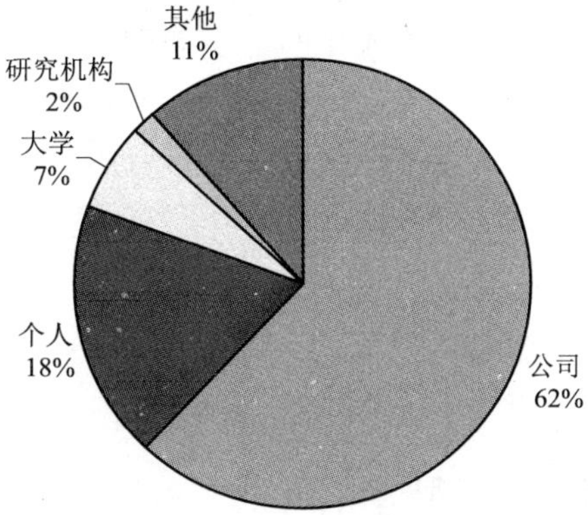

图 12 世界范围内调光器技术和调色技术申请人类型分布

(2) 在中国专利申请分布情况

通过在 CNABS 数据库中进行检索，得到无线智能照明控制系统中涉及调光器技术及调色技术的在中国专利申请量共 926 件。其中发明申请共 431 件，占总申请量的 46.5%；实用新型共 495 件，占总申请量的 53.5%。可以看出，相对于发明专利申请，技术含量较低的实用新型专利比例较大，在数量上略大于发明专利申请量。

图 13 所示为在中国专利申请各年份的分布情况。可以看出，在中国专利申请的逐年分布情况与世界申请的逐年分布趋势基本相同，大致呈逐年上升趋势，在近几年呈现迅速发展的势头。

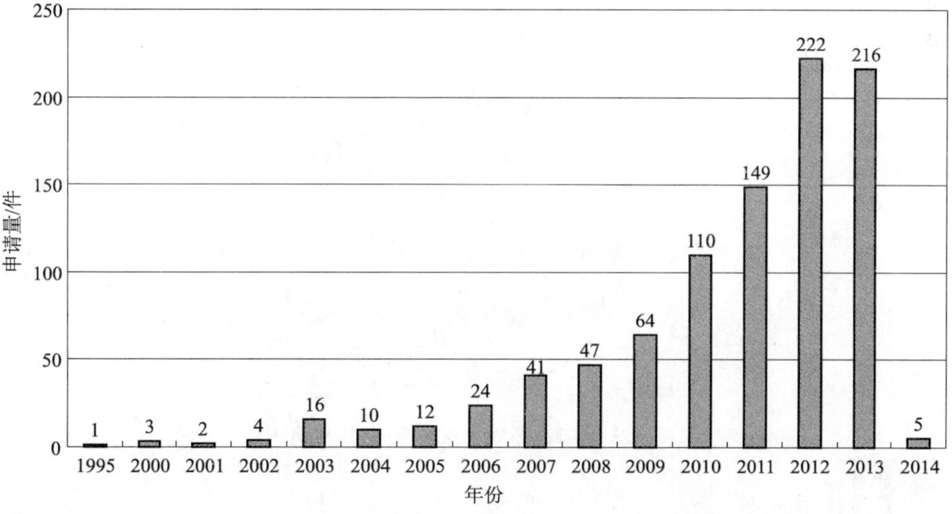

图 13 调光器技术和调色技术在中国专利申请的年份分布

图 14 所示为在中国专利申请主要申请人的分布情况。可以看出，前两名申请人与世界范围内专利申请的前两名申请人相同。不同的是，日本的申请人（包括东芝照明技术株式会社与松下电工株式会社）均不在前十名申请人中。这反映了不同申请人对专利布局地区的不同策略，皇家飞利浦电子股份有限公司在调光器技术和调色技术领域处于领先地位。

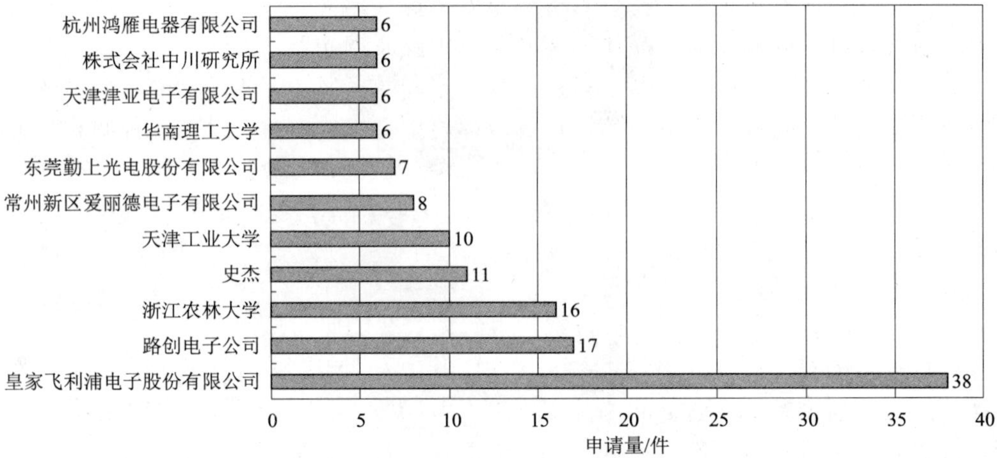

图 14 调光器技术和调色技术在中国专利申请人分布

图 15 所示为在中国专利申请的主要申请人类型的分布情况。可以看出，与世界范围内专利申请人类型分布类似，公司申请占该领域申请的绝大部分，达到了 67%。

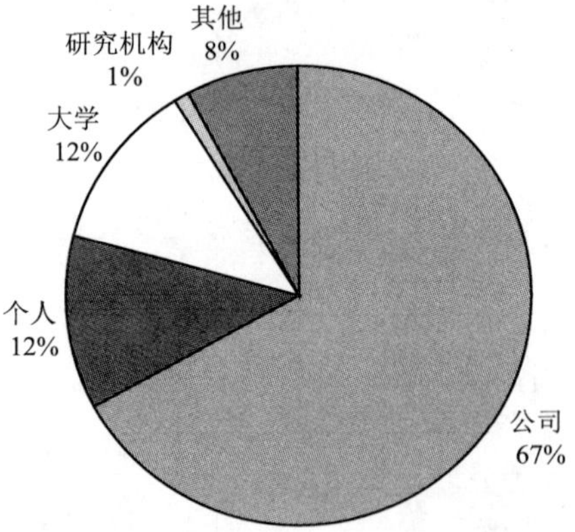

图 15 调光器技术和调色技术在中国专利申请人类型分布

3. 重点技术分解

(1) 调光器技术

调光器的发展最初是机械式调光器、电阻调光器、电抗调光器、变压器调光器等非电子式调光。非电子式调光泛指没有采用诸如晶闸管、晶体管等功率电子元件进行调光的任意一种调光方法。尽管现在大部分调光都可以通过电子元件完成，但仍然有一部分调光使用了其他方法。如杭州瑞琦信息技术有限公司提出的、申请号为CN201220415713的实用新型就采用了变压器调光器的技术方案。

随着晶闸管（可控硅）晶体管等电子元件的技术成熟，成本下降，晶闸管、晶体管等电子元件构成的电子调光器得到迅速发展。根据调光元件的不同，电子调光器可分为晶闸管或可控硅调光器，晶体管调光器与正弦波调光器。

对于晶闸管或可控硅调光器，通过控制可控硅的导通角，将电网输入的正弦波电压斩掉一部分，以降低输出电压的平均值，控制灯具供电电压，从而实现调光。可控硅调光对照明系统的电压调节速度快，调光精度高，调光参数可分时段实时调整。如南京物联传感技术有限公司提出的、申请号为CN201110126720的专利申请就属于一种晶闸管调光器，其包括的可控硅电路由单火线上取电，通过MCU电路实时检测交流电的过零点，从而发出控制信号至可控硅电路的信号接收端，实现可控硅导通角的控制，从而达到对负载灯光进行调光的目的。类似的还有路创电子公司提出的、申请号为WO2006US21862的专利申请等。

晶体管调光器可以消除晶闸管波形上升时产生的问题，有快速上升的时间，可被用来实现后沿功率控制以代替晶闸管的前沿控制。此外，与晶闸管调光器不同，晶体管调光器对容性负载并不敏感。如复旦大学提出的、申请号为CN00125744的专利申请就公开了一种后沿相位控制调光器，采用MOSFET或IGBT作为有源开关的后沿相位控制调光器，又称MOS或IGBT调光器。类似的还有杭州鸿雁东贝光电科技有限公司提出的、申请号为CN201210008343的专利申请。

然而，可控硅交流调光器在使用过程中，由于受到可控硅元件本身开关特性的限制，会产生大量谐波和无线电干扰，随着调光设备容量的增加，这种干扰更加严重。正弦波调光器中的脉宽调制（PWM）交流调光器的出现，有效地解决了上述问题。PWM调光器的调光原理是采用PWM技术控制半导体自关断电子器件对输入工频交流电正弦波进行脉宽调制，输出交流电压波形的包络线是工频正弦波，改变其占空比可以方便地调节输出电压，达到调光的目的。如申请人东莞勤上光电股份有限公司提出的、申请号为CN200910105775的专利申请公开了一种LED路灯控制器，包括PWM调光装置，其连接MCU控制装置，接受MCU控制装置发出的调光信号，PWM调光装置的输出端连接被控的LED路灯，控制LED工作状态。

此外，为了增加调光器的兼容性，还有将不同原理的调光器组合在一起进行调光的技术。如杭州意博高科电器有限公司提出的、申请号为CN201210397511的专利申请公开了一种基于Wi-Fi网络的LED双调光控制系统，包括控制终端如iPhone手机、可控硅调光器、LED、Wi-Fi控制LED双调光整流器；Wi-Fi控制LED双调光整流器，包括Wi-Fi通信模块、LED双调光驱动电路；控制终端与Wi-Fi通信模块连接，Wi－Fi 通信模块、可控硅调光器均与 LED 双调光驱动电路连接；控制终端与可控硅调光器分别输出 Wi－Fi 控制信号与可控硅调光信号至 Wi－Fi 控制 LED 双调光整流器，Wi－Fi 控制信号经 Wi－Fi 通信模块传输至 LED 双调光驱动电路，LED 双调光驱动电路处理 Wi－Fi 通信模块的 PWM 调光控制信号和可控硅调光器发送的可控硅调光信号，实现 LED 的亮灭及调光变化。

根据信号处理方式的不同，可将调光器分为模拟调光器和数字调光器。

模拟调光器主要以晶闸管模拟调光电路为主，该调光电路的特点是以模拟量作为信号的处理方式，模拟输入信号为 0～10V，即采用 0～10V 的电压变化来控制触发晶闸管的导通角，从而达到调光输出的效果。如英飞特电子（杭州）有限公司提出的、申请号为 US20100831239 的专利申请就属于典型的模拟调光器，其公开了一种适用于可控硅调光的 LED 驱动电路，包括外部控制器和 LED 驱动器。其特征在于所述的 LED 驱动器包括整流桥、主电路、相角检测电路和电流控制电路。该发明通过相角检测和电流控制电路检测晶闸管的触发角的相位，并用相位的变化控制 LED 灯的亮度，当晶闸管触发角最小时 LED 灯最亮，随着晶闸管触发角的增大，检测电路的锯齿波峰值增大，电平信号升高，电流控制电路将这一变化反馈给主电路，主电路输出电流降低，LED 灯开始变暗，反之亦然。该发明的优点是结构简单，成本极低，并可达到良好的调光效果，不需要复杂的调制解调电路或者无线传输和接收器，适用于任何可控硅控制的调光电路。

随着微处理器的发展，目前调光器技术已经进入主流的数字调光时代，即将功率电子元件与微处理器相组合进行调光。与模拟调光器相比，数字调光器具有以下基本功能和特点：

（1）调光一致性好，无须调校；

（2）调光精度高，调光范围大；

（3）具有场景备份功能，轻松实现场景切换；

（4）稳健型高，保证系统的可靠性；

（5）具有过流保护、短路保护和高压偏离保护功能；

（6）具有散热风机智能控制功能、工作状态检测功能、预热功能、过零触发开关功能、调光曲线设置功能等。

数字调光器主要由调光组件和控制组件两大部分组成。调光组件主要安装有晶闸管器件或固态继电器。控制组件通常采用一个或多个单片机或微处理器。控制组件承担着同步信号的采集、调光器数字相移触发控制以及与调光台之间的通信等工作。通过接收调光台发送的亮度数据，即可进行亮度调节。如申请人为刘付光、申请号为 CN201310453609 的专利申请公开了一种无级调光式 LED 灯，包括可控硅调光模块、主控芯片和主控开关，主控芯片为带有闪存程序的单片机，包括闪存程序存储器和 PWM 输出模块，可控硅调光模块包括过零检测电路、移相电路以及可控硅，过零检测电路与主控芯片连接，可控硅与LED光源连接，PWM输出模块通过PWM输出端口与可控硅连接；开启主控开关，单片机进入初始工作状态，LED光源从0%～100%慢慢亮起，在LED光源亮起期间，只需要关闭主控开关并在1.5s之内再次打开主控开关就能使LED光源定格在当前的亮度，可轻松实现连续无闪烁的无级调光。

由于不同光源的发光原理与电子特性各不相同，因而必须根据不同光源的特点附加特定控制部件，才可以对光源进行调光。根据调光光源的不同，调光器可分为对白炽灯进行调光的调光器，如清华大学提出的、申请号为CN201110084363的专利申请；对荧光灯进行调光的调光器，如株式会社远藤照明提出的、申请号为EP95101639的专利申请；对气体放电灯进行调光的调光器，如路创电子公司提出的、申请号为US20040824248的专利申请；以及对被称为第四代照明光源的发光二极管（LED）光源进行调光的调光器，如皇家飞利浦电子股份有限公司提出的、申请号为WO2007IB52374的专利申请。

（2）调色技术

照明系统的色彩控制主要应用于剧场、多功能厅、歌舞厅的舞台或舞池照明中，随着照明光源的发展，色彩控制也逐步进入日常家居环境中。灯光的色彩会对人的生理及心理产生一定影响，利用灯光产生的冷暖感、轻重感、前进后退感、兴奋抑制感等影响，可以提高场景效果，并进一步增强艺术表现力和气氛感染力。

过去改变照明色彩的方法是，在光源外面设置彩色的屏蔽罩，如玻璃、纸质等材质，通过改变屏蔽罩的颜色，即可改变灯光色彩。这种传统的调色技术缺乏稳定性、可靠性。此外，还有一种调色技术通过电脑发送DMX控制信号，来控制电脑变色灯的色片镜和多棱镜，可以产生十多种至数十种色彩变化。但由于其价格昂贵，应用并不广泛。

随着LED照明光源的发展，现有的调色技术主要是针对LED光源的色彩调节。LED色彩控制基于RGB三基色的原理，所发射的光遍及整个可见光谱。LED光源的采用PWM驱动控制，通过RGB组合可以产生颜色变换、色彩追逐、过程渐变、灰度变化等动态变化，实现了更好的闪、亮、跳的效果。如浙江农林大学提出的、申请号为CN201320298531的实用新型公开的一种用CPLD实现蓝牙遥控的家居LED彩灯。

在进行灯光颜色控制时，可以由用户控制特定光源发出希望的颜色。即用户可以通过远程控制颜色设备来“挑选”要传递给灯的颜色。例如，皇家飞利浦电子股份有限公司提出的、申请号为WO2006IB52047的专利申请公开了一种用于无线控制由照明系统发出的光的颜色的设备，其根据颜色控制信号调节由至少一个发光元件发出的光的颜色的装置。这种用于无线控制的设备包括用于产生颜色信息数据的装置，这种颜色数据代表照明系统将要发出的光的期望颜色；按照颜色信息数据调制第一载波信号的装置和以经过调制的第一载波信号光束的形式向照明系统发送所述颜色控制信号的装置。类似的还有皇家飞利浦电子股份有限公司提出的、申请号为 WO2007IB53759 的专利申请。

除了控制单独光源的技术方案外，对于控制多个光源构成的灯组而言，还可通过在墙上安装一组控制单元，或者借助远程无线控制单元进行控制。然而，这样的控制方案可能是耗时且容易出错的过程。针对该问题，可通过为用户指示在图像中选择的区域和可用的光源之间的关系来执行对多个光源的设置。如皇家飞利浦电子股份有限公司提出的、申请号为 WO2013IB50782 的专利公开了一种照明系统包括一组光源和远程控制单元。远程控制单元包括用户界面，用户可以通过用户界面确认图像中的区域和光源。确认的图像区域与光源相连接并且确认的图像区域的颜色信息被发送至光源。由此使得光源能够使它的光输出与该颜色信息相适应，使得用户能够通过在远程控制单元上显示的图像中选择区域来挑选要由光源输出的颜色。远程控制单元可以是移动电话、平板计算机、电子相框或电视屏幕的一部分。

上面介绍的调色控制的专利都是根据用户选择的色彩进行控制。此外，还可以通过感测特定环境参数进行自动调色控制。如昆山桑莱特新能源科技有限公司提出的、申请号为 CN201310437552 的专利申请公开了一种用于室内的仿太阳光光色的照明装置，包括太阳光色温采集模块、控制模块、传输模块和可调色温灯具，所述太阳光色温采集模块采集的信号经传输模块传输给控制模块，所述可调色温灯具电连接在控制模块的输出端。通过太阳光色温采集模块对太阳光的色温进行采集，控制模块根据采集的色温数据对灯具进行调节，使得室内的灯光和户外的太阳光的色温相一致，由于实现太阳光色温采集模块和控制模块的芯片价格低廉和 LED 固体光源的可控性，因此在低成本下实现了色温可调的目的。

（二）无线网络系统

1. 技术简介

为了建立一种成本低、功耗低、短距离、相对速率较低的无线通信网络技术标准，英国 Invensys、Motorola、日本 Misubishi、Philips 等公司在 2002 年成立了 ZigBee 联盟。ZigBee 的名称是根据蜂群中信息的传递而得来的，在蜂群中蜜蜂靠一种舞蹈来传递信息。ZigBee 网络的设计要求与蜂群信息传递相似，因此就被命名为 ZigBee。

ZigBee 的几大特点决定了其更适合组建无线智能照明控制系统：

（1）低功耗是 ZigBee 的最大特点，相比较蓝牙的数周、WLAN 的数小时而言，ZigBee 在两节 5 号干电池供电的情况下可以续航数月甚至数年之久。原因有两点：一是 ZigBee 本身是小功率器件，功耗较低；二是 ZigBee 网络中的传感器等节点、照明控制模块等电池供电终端设备大部分时间都处于睡眠状态，只有在激活或者定期的更新时才被唤醒工作。

（2）ZigBee 具有低成本的优势。ZigBee 通过大幅简化通信协议来压缩成本，它的成本不到蓝牙的1/10，这样内存容量被减小、CPU 性能要求降低，普通的8051单片机加上 ZigBee 无线模块就能够组成功能强大的无线节点。

（3）ZigBee 还有高容量的特点。ZigBee 可采用星状、片状和网状网络结构，由一个主节点管理若干子节点，最多一个主节点可管理254个子节点；同时主节点还可由上一层网络节点管理，最多可组成65 000个节点的大网，这样的网络结构十分适合无线灯光系统的运用。

（4）ZigBee 具有高安全性。ZigBee 的媒体接入控制层（medium access control，MAC）采用 CSMA/CA 的碰撞避免机制，同时为需要固定带宽的通信业务预留了专用时隙，避免了发送数据时的竞争和冲突。还提供了三级安全模式：无安全设定、使用接入控制清单（ACL）防止非法获取数据、采用高级加密标准（AES128）的对称密码，以灵活确定其安全属性，良好的安全性也是控制系统所必需的。

（5）免执照频段采用直接序列扩频在工业、科学、医疗（industrial scientific medical，ISM）频段，分别为2.4GHz（全球）、915MHz（美国）和868MHz（欧洲），ZigBee 使用免执照频段有助于 ZigBee 设备的推广和生产成本的降低。

ZigBee 技术具有超长待机时间、低成本、高容量和高安全性的特点，完全符合 LED 智能照明网络通信的需要，因此选择 ZigBee 技术构建智能照明网络系统是最佳解决方案。

2. 专利分析

本文在 S 系统的 CNABS 以及 DWPI 中利用关键词和分类号进行检索，将明确涉及 ZigBee 的专利申请纳入分析样本中，其中在 DWPI 中共检索到562件相关专利申请，在 CNABS 中共检索到445件相关专利申请。

（1）世界范围内专利申请情况分析

从图16中可以发现，世界范围内有关 ZigBee 技术的专利申请数量总体上呈上升趋势。其中2002～2005年为起步阶段，发展比较缓慢，2006～2012年申请量快速上

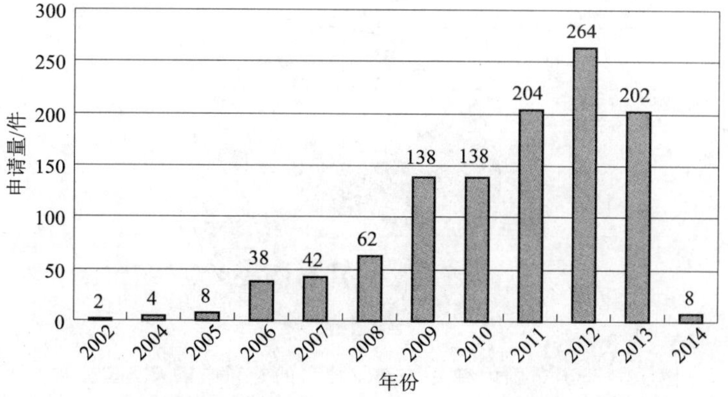

图16 世界范围内有关 ZigBee 技术的专利申请逐年变化

升，并于2012年达到高峰，这反映出ZigBee技术在世界范围内受到了高度的重视并广泛应用。

图17为世界范围内有关ZigBee技术的专利申请国家（地区）分布图，可以反映出申请人对不同国家市场的重视程度。向中国申请专利的居首位，韩国和美国分别居第二位和第三位。

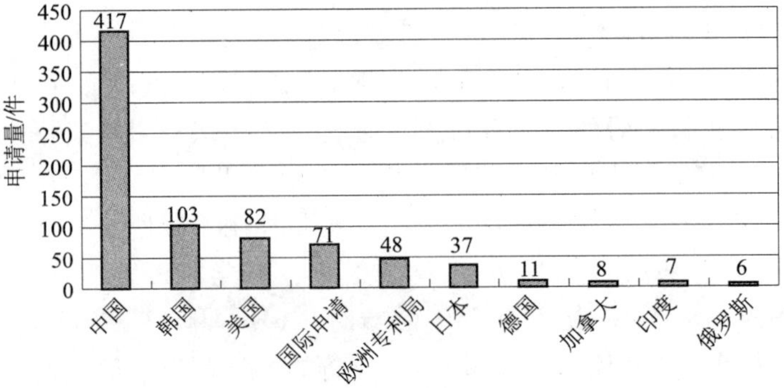

图17 世界范围内有关ZigBee技术的专利申请国家（地区）分布

从图18可以看出，世界范围内有关ZigBee技术的专利申请大部分来自公司，占总量的70%以上。这主要是由于公司研发实力雄厚，科研投入力度大，科研成果多，并且随着物联网技术的兴起，基于ZigBee的无线智能照明控制得以迅速发展，越来越多的公司开始重视专利布局，意识到专利对公司的发展具有不可替代的重要性。大学和研究机构分别占13%和5%左右的申请量。并且值得一提的是，由于基于ZigBee技术的无线智能照明控制不断成熟及普及应用，也激发了个人的发明和申请热情，从图18中可看出个人也占有11%的申请量。

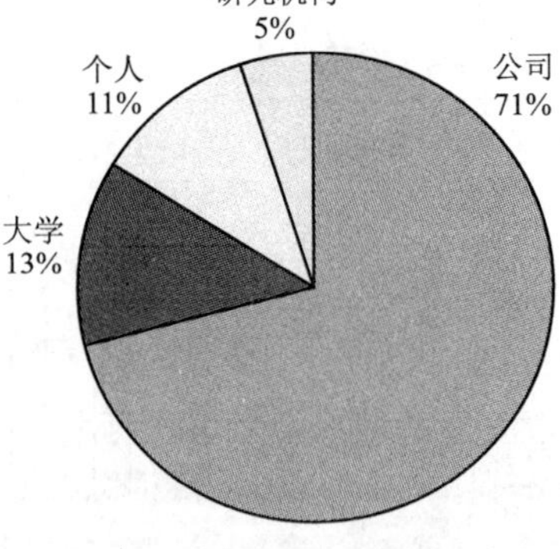

图18 世界范围内有关ZigBee技术的专利申请人类型分布

从表1可以看出，世界范围内有关ZigBee技术的专利申请人排名前十中有荷兰公司 1 家，韩国公司 2 家，中国公司 5 家及 1 所大学和 2 位个人申请（其中 1 位个人申请为个人与公司共同申请）。从申请数量上来看，皇家飞利浦电子股份有限公司在该领域具有绝对优势，而排名前十的其他申请人，大部分申请数量为个位数。

表 1 世界范围内有关 ZigBee 技术的专利申请人排名

申请人排名	专利数量/件
皇家飞利浦电子股份有限公司（荷兰）	24
东莞勤上光电股份有限公司（中国）	11
LG 伊诺特有限公司（韩国）	7
周尧达、宁波澳普网络通信设备有限公司（中国）	6
苏州市华工照明科技有限公司（中国）	6
黄涛（中国）	6
中感科技有限公司（中国）	5
杭州电子科技大学（中国）	5
东莞巨扬电器有限公司（中国）	5
LG 电子有限公司（韩国）	4

（2）在中国专利申请情况分析

通过在 CNABS 中进行检索，得到涉及无线智能照明控制系统中 ZigBee 技术的专利申请 445 件，占无线智能照明控制在中国申请总量的 19.39%。其中发明申请共 210 件，占总量的 47.19%；实用新型共 235 件，占总量的 52.81%。可以看出，实用新型占较大比例，相对于发明申请，其技术含量较低。

从图 19 可以发现，在中国专利申请逐年变化情况与世界范围内专利申请逐年变化情况基本一致。其中明确涉及无线智能照明控制系统的 ZigBee 技术的第一件专利申请为 2003 年皇家飞利浦电子股份有限公司申请的申请号为 CN03805690 的专利，该专利申请被引证次数达 75 次，成为该领域的重要专利，这也进一步说明皇家飞利浦电子股份有限公司在该领域的主导地位。

图 20 为在中国有关 ZigBee 技术专利申请人的国家（地区）分布图，从图中可以反映出申请人对中国市场的重视程度。在中国申请中，中国的申请人远远多于其他国家和地区而居首位，说明中国企业对专利保护的认识有了显著的提高，在无线智能照明控制系统中关于 ZigBee 技术领域的研究比较活跃。荷兰居第二位，主要是是皇家飞利浦电子股份有限公司向中国提出的专利申请，中国台湾地区居第三位，说明荷兰和中国台湾地区专利申请人比较重视中国大陆市场，积极进行专利布局。

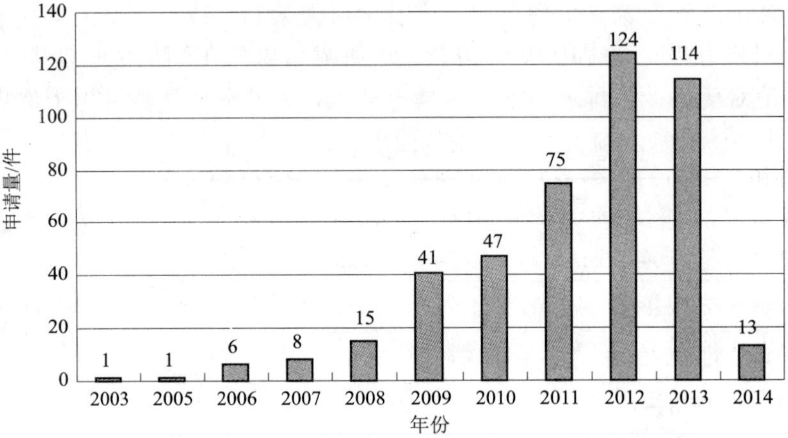

图 19　在中国有关 ZigBee 技术的专利申请逐年变化

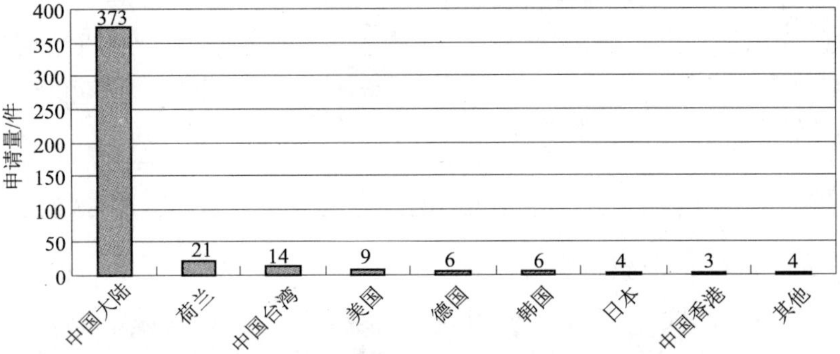

图 20　在中国有关 ZigBee 技术专利申请人的国家（地区）分布

从图 21 可以看出，与世界范围内有关 ZigBee 技术的专利申请人类型类似，在中国申请的申请人中公司占 74%，大学所占份额增大，为 19%，个人和研究机构分别

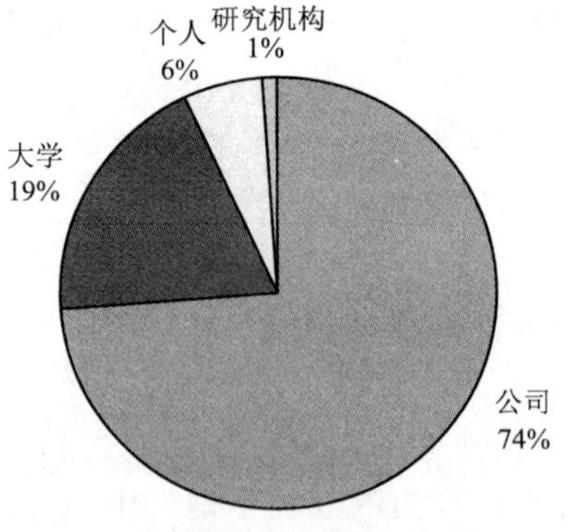

图 21　在中国有关 ZigBee 技术的专利申请人类型分布

占6%和1%。

从表2可以看出，在中国有关ZigBee技术的专利申请人排名前十中有荷兰公司1家，德国公司1家，中国公司5家及2所大学、2位个人（其中1位个人申请为个人与公司共同申请）。荷兰公司为皇家飞利浦电子股份有限公司，对比其在世界范围内的申请数量和在中国的申请数量，可以看出其对中国市场非常重视，绝大部分世界范围内的专利申请都向中国提出。中国有2所大学进入前十，说明中国高校在无线智能照明控制中投入了一定的研发力量。与世界范围内的情形类似，排名前十的其他申请人，申请数量均为个位数。这说明在无线智能照明控制中ZigBee技术除排名第一的皇家飞利浦电子股份有限公司外，其他申请人在专利申请数量上普遍较少，未形成专利布局。

表2　在中国有关ZigBee技术的专利申请人排名

申请人排名	专利申请量/件
皇家飞利浦电子股份有限公司（荷兰）	21
东莞勤上光电股份有限公司（中国）	11
周尧达、宁波澳普网络通信设备有限公司（中国）	6
苏州市华工照明科技有限公司（中国）	6
黄涛（中国）	6
中感科技有限公司（中国）	5
杭州电子科技大学（中国）	5
东莞巨扬电器有限公司（中国）	5
欧司朗股份有限公司（德国）	4
复旦大学（中国）	4

3. 重点技术分解

基于ZigBee技术的无线智能照明控制技术，皇家飞利浦电子股份有限公司于2003年9月18日提出了一件国际申请，并于2005年7月13日进入中国国家阶段，申请号为CN03805690，其为该领域的重要专利。该申请第一次提出了使用ZigBee技术建立无线控制照明系统，包括一个遥控器和多个照明单元，照明单元与系统的控制主机通过普遍接受的无线传输方式（例如ZigBee标准）进行通信。

下面从基于ZigBee技术的本地控制、基于ZigBee技术+GPRS技术的远程控制和ZigBee技术的网络建立及管理这三个方面来分析基于ZigBee技术的无线智能照明相关专利中的技术发展状况。

（1）基于 ZigBee 技术的本地控制

基于 ZigBee 自身的网络拓扑结构，通过与协调器相连的控制设备，可实现对终端节点的本地控制。

中兴通讯股份有限公司在申请号为 CN200710140695 的申请中提出了一种通过 ZigBee 的无线组网技术把系统中的设备自组织到可以自动配置和自我修复的无线网络中，从而实现智能无线灯光控制系统的具体实施方法。

当代天启技术（北京）有限公司在申请号为 CN200710177356 的申请中提出了一种照明控制方法及系统，其中照度控制装置与总控装置以及灯控装置之间通过 Zigbee 模块或蓝牙模块进行通信。

浙江大学城市学院在申请号为 CN200810060804 的申请中提出了一种基于 ZigBee 传感网的节能型室内照明无线智能控制系统及控制方法，控制系统由多个无线网络节点组成的 ZigBee 通信网络和 PC 机构成，PC 机显示界面上展现整个 ZigBee 传感器网络中各节点的拓扑图，以及显示各节点的状态。

复旦大学在申请号为 CN200910048918 的申请中提出了一种基于 ZigBee 技术和 LED 光源的智能照明控制系统及其应用，分布式体系替代原有调光系统多用的集总式结构，通过 ZigBee 技术进行信息传递，每种模块都可在使用时随时增减。

（2）基于 ZigBee+GPRS 技术的远程控制

由于 ZigBee 仅仅是一个局域网，覆盖区域有限，但是通过互联网或移动网（GPRS，CDMA）与远端的计算机或监控中心连接，可实现低成本、高效率的远程控制。目前通常是与 GPRS 技术相结合实现远程控制。GPRS 技术充分利用了 GSM 宝贵的无线信道资源，提高了信道的利用率。GSM 优秀的网络覆盖面，保证 GPRS 数据传输稳定，对于无线智能照明节能控制是一个优秀的通信资源。而且 GPRS 在夜间实行半价收费，对于路灯照明系统数据传输、远程控制一般都在夜间进行，是一种较经济的远程通信方案。

天津理工大学在申请号为 CN200810152150 的申请中提出了一种基于 ZigBee 和 GPRS 的路灯节能远程管理系统，采用了 ZigBee 和 GPRS 等无线网络通信技术，实现了城市路灯的实时远程管理，可以对单灯或任意组合的灯具进行远程控制。

杭州齐格科技有限公司在申请号为 CN200610052462 的申请中提出了一种基于 ZigBee 协议的无线智能照明开关系统，无线网关用于将 ZigBee 网络与全球互联网、GPRS 和 CDMA 网络互联，接受来自互联网、手机和手持式终端的查询、巡检和控制。

欧司朗股份有限公司在申请号为 CN201110261166 的申请中提出了一种照明控制系统，移动电话和中间控制器通过第一近程无线通信协议进行第一通信，中间控制器和多个照明装置之间通过第二近程无线通信协议进行第二通信。第一近程无线通信协议是 WLAN 或 WIFI 或 Bluetooth 协议，第二近程无线通信协议是 ZigBee 协议，可以实现利用移动电话进行控制和管理。

除了结合GPRS进行远程控制，还可以利用手机Wi-Fi远程控制。中山爱科数字家庭产业孵化基地有限公司和中山爱科数字科技有限公司在申请号为CN2010205353160的申请中提出了一种集控式家居照明控制系统，手机的指令信号依次经由家庭网关的Wi-Fi无线模块、家庭网关的ZigBee模块、无线协调器到达照明灯具的ZigBee模块以控制照明灯具。

在申请号为CN201110309214、CN201110347981、CN201110372749、CN201110223193、CN201210295644、CN201310205025、CN200920010398、CN201310249850、CN200710039151的专利申请中也提出了类似的技术方案。

（3）基于ZigBee技术的网络建立及管理

根据ZigBee协议规范，每一个ZigBee网络只允许有一个协调器存在，并保有唯一独立的PAN ID，若协调器损坏，则整个ZigBee网络就会瘫痪。中山大学在申请号为CN200810219080的申请中提出了一种基于ZigBee技术的道路照明监控系统，在ZigBee网络中设置多个协调器，使ZigBee网络工作于多中心热备份工作模式，从而大大增强网络的稳定性。

为了保证ZigBee网络的PAN ID唯一，针对不同家庭或者不同楼层，可以手动设置不同的PAN ID。但是针对大工厂对大工程批量生产的需求，PAN ID号不可能每个都用手动在程序里面设置，所以需要有一个适合的建网方式和管理网络的制度和策略。华南理工大学在申请号为CN201110365950的申请中提出了一种基于ZigBee的智能照明灯控制系统及其方法，采用10位AD拨码管理网络，使用AD拨码进行身份标识，使每个ZigBee节点都有唯一的IEEE地址。

ZigBee网络当有灯损坏时，则遥控器收不到来自这个灯的网络设备的确认信号，则遥控器将反复尝试发送命令信号，这会占用网络的通信时间并消耗遥控器的电池功耗。皇家飞利浦电子股份有限公司在申请号为CN200880001746的申请中提出了一种网络通信系统，不需要用户动作而使得能够自动去除损坏的设备。

（三）传感器

1. 技术简介

传感器能够感受到被测量的信息，并按照一定规律变换成为电信号或者其他所需形式的信息输出，以满足信息的传输、处理、存储、显示、记录和控制等要求。它是实现自动检测和自动控制的首要环节。针对不同的用途，可以将无线智能照明控制系统中的常见传感器分为以下几类。

（1）存在传感器

该类传感器可用于检测人体或者物体的存在或运动。通过使用该类型传感器可以实现以下功能：当检测到人体或目标物体出现在检测范围内时，开启照明系统或者以较高亮度进行照明；当检测到检测范围内存在人体或目标物体时，保持照明系统；当检测到人体或目标物体离开检测范围时，关闭照明系统或者以较低亮度进行照明。

常见的存在传感器主要采用以下几种技术：a）无源红外传感器（passive infared，PIR），将一个或多个探头置于特殊的红外透镜后面，通过探测运动的人体发出的热量变化而产生信号。该类型传感器结构简单、成本低、功耗低。但受环境温度干扰较大，也无法检测和环境温度区别不大的移动物体。b）超声波传感器（ultrasonic，ULT），通过超声波发送器产生一定频率的超声波，由超声波接收器接收由室内表面反射的超声波信号。如果有物体移动，超声波接收器所接收到的频率就会有变化，从而将输出探测信号。c）地磁传感器、地磁线圈检测器（geomagnetic），利用车辆通过道路时对地球磁场的影响来完成车辆检测，通过对灵敏度的设置还可以识别铁磁性物体的大小，从而大致判断出车辆类型。d）声控传感器、压力传感器等其他类型的存在传感器，通常是利用人体或物体移动时产生的声音、压力等现象对其进行检测。

（2）检测光照参数的传感器

该类传感器用于检测光照强度、色温等光照参数。在照明系统中可以使用该类型传感器对当前环境的光照强度、色温等参数进行检测，并根据检测结果调整照明系统，从而保证目标照明区域的照明效果。

常见的检测光照参数的传感器包括照度传感器、光线传感器等，其中以照度感应器应用最为广泛。照度感应器根据环境光照强度的变化，采用电子元器件（如光敏电阻、光敏二极管等）将可见光转化为电信号，从而控制照明系统对天然采光进行补偿或利用，保证目标照明区域的照度在一定范围内。

（3）检测照明系统工作状态的传感器

该类传感器用于检测照明系统的工作状态，如照明系统中是否存在故障、电路中的电压电流大小、光源的使用寿命等。通过使用该类型传感器，可以对照明系统进行实时监控，及时发现上报故障和故障位置，节省照明系统的维护成本。

2. 专利分析

（1）世界范围内专利技术分布情况

通过在DWPI中进行检索，得到涉及无线智能照明控制系统中的传感器的专利申请2883件，占整体申请量的52.48%。由此可见，传感器在无线智能照明控制系统中的广泛应用。图22为传感器技术部分在世界范围内的逐年专利申请变化趋势图。由于2000年以前每年的申请量均不超过20件，图中仅给出了2000年以后的申请量逐年变化。从图中可以看出，传感器领域的专利申请呈逐年递增的趋势，而且从2008年起进入快速增长时期，目前仍持续增长。

图23所示为按照公开号统计的主要申请国家和地区的分布情况，可以反映出该领域在专利申请所在国家和地区市场活跃程度。从图中可以看出，中国的申请量是最

大的，其次是美国、国际申请、欧专局、日本和韩国。

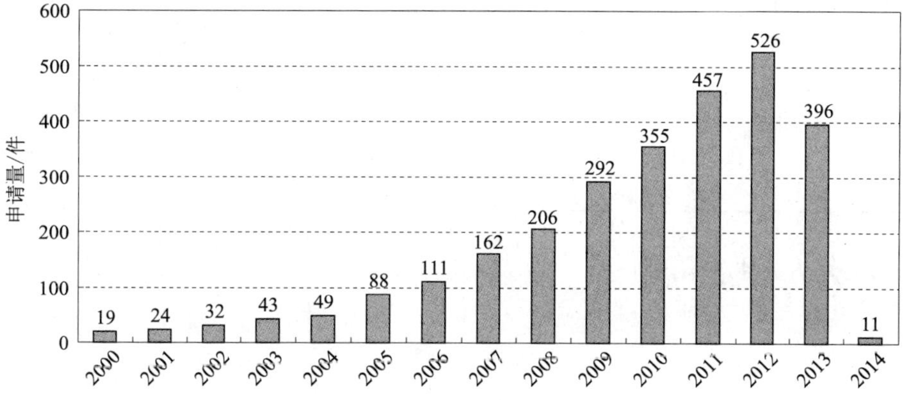

图 22 世界范围为传感器技术部分逐年专利申请变化

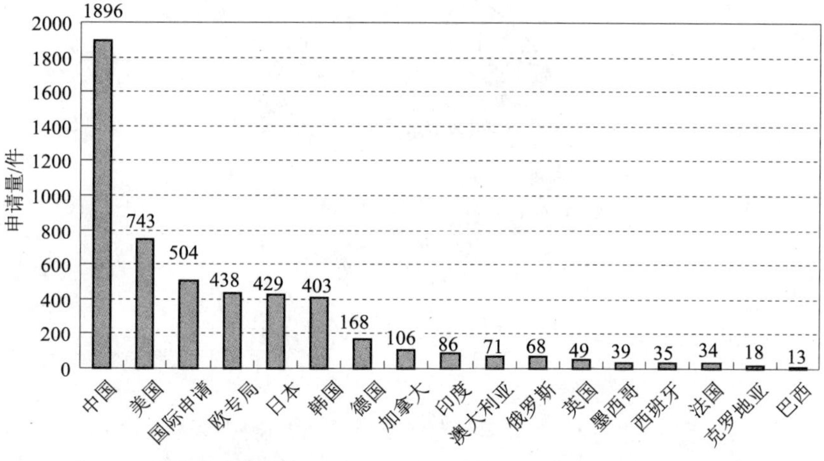

图 23 世界范围内传感器技术部分的专利申请国家和地区分布

表 3 所示为相关申请的主要申请人和申请量。从表中可以看出，荷兰的皇家飞利浦电子有限公司的申请量最大，在该领域占主导地位。虽然中国的申请量比较大，但申请人比较分散，单个申请人的申请量均不大。

表 3 世界范围内申请人分布和排名

申请人	申请量/件
皇家飞利浦电子股份有限公司	175
松下电工株式会社	57
东芝照明技术株式会社	30

续表

申请人	申请量/件
路创电子公司	30
松下电器产业株式会社	28
东莞巨扬电器有限公司	19
天津工业大学	18

图 24 所示为世界范围内申请人类型的分布情况，从图中可看出，公司申请占了该领域申请的绝大部分，约 69%；并且，在该领域个人申请也比较普遍，占了 19%。

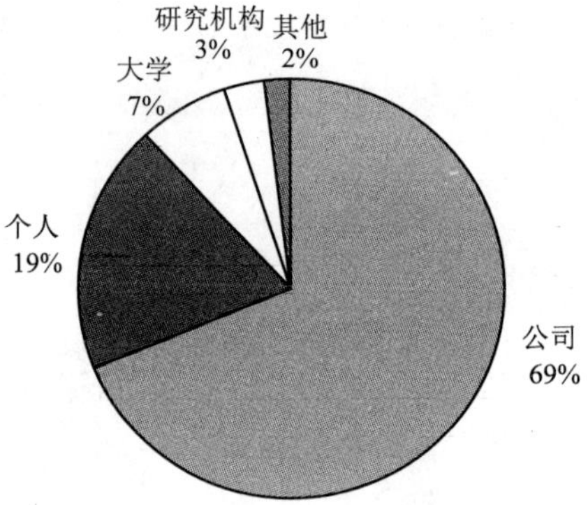

图 24 世界范围内申请人类型分布

(2) 在中国专利申请分布情况

通过在 CNABS 中进行检索，得到涉及无线智能照明控制系统中的传感器技术的专利申请 1864 件，占无线智能照明控制在中国总申请量的 56.85%。进一步分析发现，发明申请共 988 件，占总申请量的 53.00%；实用新型共 876 件，占总申请量的 47%。可以看出，其中近半数为实用新型，相对于发明申请，其技术含量较低。

图 25 为传感器技术部分在中国专利申请的逐年变化趋势图。由于 2000 年以前每年的申请量均为个位数，图中仅给出了 2000 年以后的申请量逐年变化。从图中可以看出，其变化趋势和世界范围内的趋势是一致的，都呈逐年增长的态势，2009 年之后出现了剧增。

图 26 所示为在中国申请专利的申请人国家（地区）分布。可以看出，中国大陆申请人的数量是最多的。其次是荷兰、中国台湾和美国，这说明全球都看好中国这个大市场，纷纷利用专利技术抢占市场。

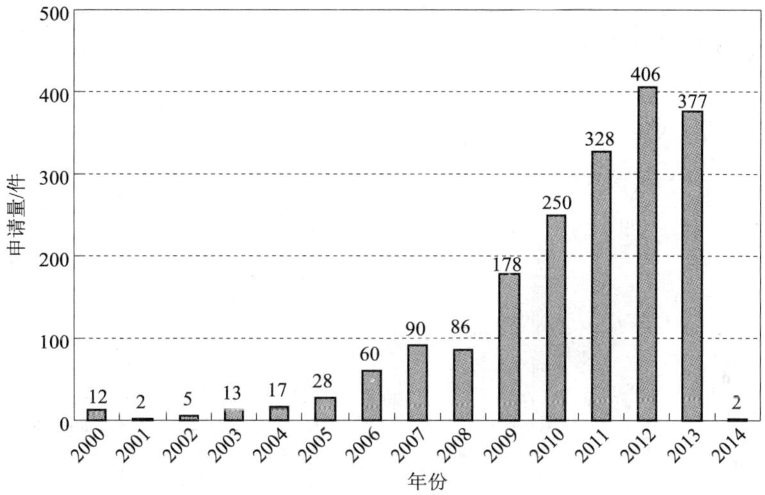

图 25 传感器技术部分在中国申请专利的逐年变化情况

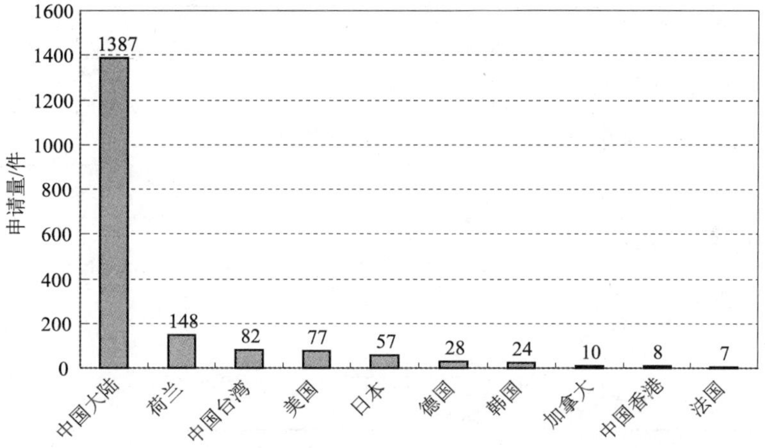

图 26 传感器技术部分在中国申请专利的申请人国家（地区）分布

图 27 所示为国内申请人的省份分布，排名前三的是广东、江苏和浙江，这与三省相关行业的企业较多、创新比较活跃相一致。

表 4 所示为传感器技术部分在中国申请的申请人分布和排名情况。在中国申请中，皇家飞利浦电子股份有限公司的申请量是最大的，其在传感器领域占主导地位，其余排在前几名的以国内申请人为主。

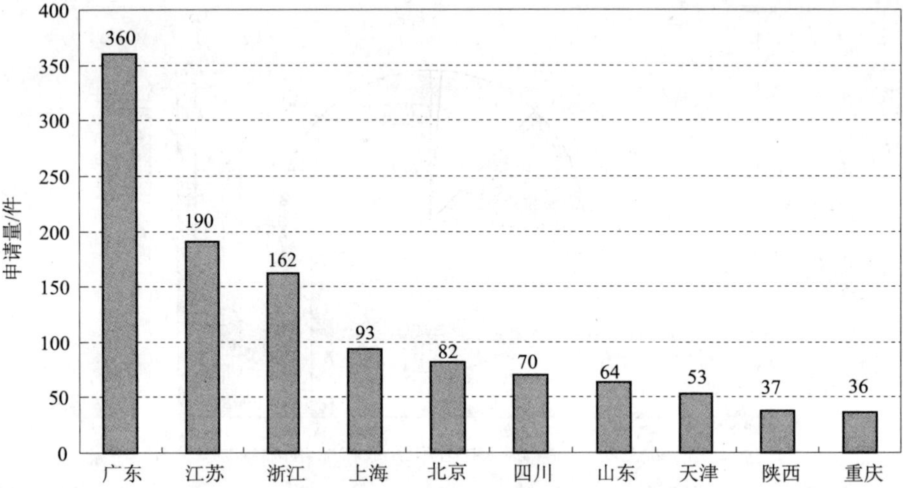

图 27　传感器技术部分的国内申请人省份分布

表 4　传感器技术部分在中国申请的申请人分布和排名

申请人	申请量/件
皇家飞利浦电子股份有限公司	134
东莞巨扬电器有限公司	19
天津工业大学	18
松下电器产业株式会社	14
成都众山科技有限公司	13
华南理工大学	13
东芝照明技术株式会社	11

图 28 所示为在中国申请专利的申请人类型的分布情况。从图中可看出，公司申请占了该领域申请的绝大部分，约 74%，成为创新的主体。

3. 重点技术分析

(1) 合作检测

通过使用存在传感器能够减少照明系统中不必要的照明。特别是在使用状况不规律和不易预期的区域，如私人办公室、储藏室、走廊、过道和仓库等，利用存在传感器的检测结果来控制光源的开关可以有效节约能源。

早期的照明系统中通常只使用单个存在传感器。然而单个传感器检测精度和检测范围有限，也无法实现预判。因此，目前的照明系统中通常由多个存在传感器进行合

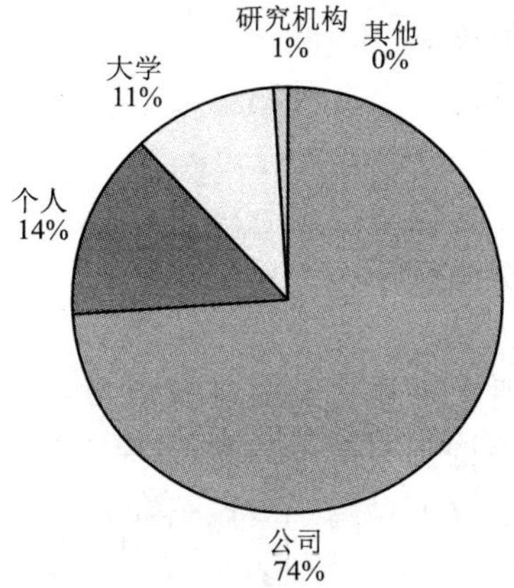

图 28 传感器技术部分在中国申请专利的申请人类型分布

作检测。

例如，由博腾电气株式会社提出的申请号为 KR20040075757 的申请，提出将多个移动体检测传感器分别设置在特定目标空间的入口侧和内部处，在检测到用户进入或离开时，根据进出方向进行计数，进而执行发光灯的自动发光开关。

类似地，由李哲提出的申请号为 CN200410090792 的申请，也提出了一种智能组合墙壁开关，其将多个红外发射管和多个红外接收模块分别放在门、窗或走廊两边，以形成多路红外线对射传感器，微处理器根据置于不同位置的传感器探测到人体信号的先后顺序，判断、记忆人的出入和进出总人数，计算确定室内是否有人。

上述这类检测方案中可能存在的问题是：由于不同传感器分别交叠检测到人体某个部位（如手，或衣服）的进/出，致使在对该人的进/出识别时产生错误。针对这一问题，金晓九提出的申请号为 KR20060050049 的专利申请中对该方案进行了改进。根据该申请，设置移动体检测传感器时，令传感器之间的距离小于可能的移动体的宽度，如人的腹部或胸部的厚度；对于设置在特定目标空间的外侧处的第一移动体检测传感器和定位在内侧处的第二移动体检测传感器，只有在同时接收到第一和第二移动体检测传感器的移动体检测信号达第一预定时段，且最后没有接收到第二移动体检测传感器的移动体检测信号时才识别为该移动装置进入；只有当同时接收到了第一和第二移动体检测传感器的移动体检测信号达第一预定时段，且最后没有接收到第一移动体检测传感器的移动体检测信号时才识别为移动。

然而，即使能够准确判断人体的移动方向，该类检测方案仍然存在其他问题：如果多个人同时进入空房间，传感器可能无法对其进行区分，仅计数一个人进入房间，那么当其中一人单独离开时，尽管还有人留在房间里，计数器将递减至零并熄灭灯。因此，L. 翁在申请号为 US20070966230 的专利中提出，当计数器判断房间中人数为零时，仍然应当检查安装在房间内部的存在传感器的检测结果，如果该存在传感器检测到人体的存在，则不应当熄灭灯。

合作检测的另一个优势是可以提高检测精度。例如，皇家飞利浦电子股份有限公司在申请号为WO2011IB55544的申请中提出，在具有多个对象检测模块的系统中，可以使一部分对象检测模块在探测主模式下操作，产生特定波长范围的探测辐射，另一部分检测模块则被设置在探测从模式下操作，对工作于探测主模式的检测模块的检测结果进行验证。

合作检测还可以对检测对象的移动方向进行预判，从而提高照明系统的工作效率和用户的使用舒适度。科姆莱特公司在申请号为WO2007NO00318的申请中就提出，设置在每个路灯上的控制器不仅可以用于监控车辆靠近的方向和速度，还可以将自己的监控结果发送给相邻的控制器，使得安装在下一个路灯上的控制器可以为车辆的靠近做准备。宇威光电股份有限公司的申请号为CN200910143384的申请、华南理工大学提出的申请号为CN201310510307、CN201310514091的申请也提出了类似的技术方案。

（2）光源识别

传统的检测光照参数的传感器通常仅对某一位置的光照参数进行检测，而对该位置接收到的光线来源并不作区分。然而，在设计具有多个光源的照明系统时，人们希望用于检测光照参数的传感器能识别来自不同光源的光线，以根据所测得的照明参数针对不同的照明单元分别进行控制。

针对这一问题，皇家飞利浦电子股份有限公司在申请号为WO2000EP07301的专利申请中提出将CMOS成像技术用于传感器以检测光照参数，其具有较高的分辨率，可以同时检测来自工作台面、来自窗户和房间周围墙面的光线并加以区分，从而确定人工照明的最佳强度。

皇家飞利浦电子股份有限公司的申请号为WO2006IB51207的申请中提出了另一种光源识别的方法。由照明装置发射包含识别码的调制光，传感器接收来自照明装置的光并且从中导出识别码的，导出的代码使得控制设备能够确定哪些照明装置对该设备所处位置处的光照做出贡献。安捷伦科技公司也在申请号为US20040938998的申请中提出了类似的方案。

上述使用识别码的方案的缺陷在于所有照明装置需要一直发光以发送识别码，使得它们对于控制设备可见，如果某个照明装置被关闭，控制设备就不能检测到对应识别码。为了解决这一问题，可以让需要关闭的照明装置以低光强度发光，从而保证它的识别码始终能够被遥控设备接收。但这种解决方式显然会造成能量的浪费和不理想的光分布。因此，在皇家飞利浦电子股份有限公司提出的申请号为WO2008IB55025的申请中对其做了进一步改进：由于许多照明应用仅需在小部分时间期间控制/调节希望的照明效果，可以将系统工作状态分为控制模式和操作模式；需要调节照明效果时系统切换到控制模式，其他时间均处于操作模式；在操作模式下，可以关闭不需要的照明装置，未关闭的照明装置也不必在光信号中包含识别码；在控制模式下，所有光模块接通并且发射包含识别码的调制光以便允许调节和控制照明效果。另外，皇家飞利浦电子股份有限公司还在申请号为 WO2009IB51705 的申请中提出，可以高于预先定义的高等级的频率来调制所发射的光以包括快速代码，并且以低于预先定义的低等级的频率来调制所发射的光以包括慢速代码，从而可以使用简单的低成本照相机系统进行感知。

上面的这几种方案都是通过使用光调制技术来区分不同照明设备，因此无法区分来自照明设备以外的光线，如日光、背景光线。萤火虫绿色科技股份有限公司提出的申请号为 US20090584143 的申请则解决了这个难题：可以在人眼不能感知的持续时间内关闭产生光的 LED，照明系统使用当前被关闭的 LED 处的检测光照参数的传感器来测量环境光。

(3) 降低功耗

无论哪一种类型的传感器在进行检测、传输检测结果时都需要一定的能耗，因此传感器的大量使用可能导致系统功耗的增加。不仅如此，无线传感器设备的能量往往是受限的。因此，如何降低传感器的功耗是无线照明系统中亟待解决的一个问题。

合理地降低传感器进行检测的次数是一种有效的降低功耗的方案。皇家飞利浦有限公司在申请号为 WO2012IB51311 的申请中提出，可以合理利用不同类型传感器以降低功耗较大的传感器的检测次数。如当无源红外传感器检测到活动区域内的实际运动时才激活图像传感器来捕获图像，由于无源红外传感器的检测功耗远低于图像传感器，因此该方法能够显著降低传感器的检测功耗。

松下电器产业株式会社则在申请号为 JP2012121178 的申请中提出了另一种减少传感器检测次数的方案。处于最外面位置的传感器的检测频率要高于其他传感器，以便及时发现进入该区域的移动体；而其他位置的传感器则以较低的频率进行检测，从而在保证检测准确性的前提下降低了所有传感器的平均检测次数。

减少传输所需的能耗是另一种有效降低传感器功耗的方案。密克罗奇普技术公司在申请号为 WO2008US62490 的申请中，提出了可以通过控制检测设备检测到的信号的基频来重激活检测设备。由于改变发射的光信号的基频不会影响照明效果，因此这个方法非常适合于照明领域。但是，该申请给出的检测设备需要包含能够检测到信号频率改变的供电部件，对于无线传感器而言能耗太大。施耐德电器工业公司在申请号为 FR1159517 的申请中对这一方案做了进一步的改进，其使用光伏模块作为独立能量发生器，该光伏模块能够产生作为所接收光信号强度的函数的充电电流，使用谐振电路从光伏模块产生的充电电流中检测出调制频率的变化，进而重激活该传感器。

上述减少传输次数的方案利用的是光线信号频率的变化，因此适用于检测光照参数的传感器。欧司朗股份有限公司提出的申请号为 WO2011IB51037 的申请则针对存在传感器给出了一种可以减少电力消耗的方案：传感器仅在超过报告时间间隔并且检测到人体或物体的存在时才接通无线电模块，其余时间可以处于断开无线电模块的低功率模式；光源如果超过预设时间间隔未收到报告，则认为未检测到人体或物体的存在。

（四）故障消除

1. 技术简介

在无线智能照明控制系统中，基本上都是在照明终端内预设程序进行控制，即按照预先设定好的程序，进行节能、调光、散热等控制。因为恒流装置及控制模块均设置在照明终端的顶端，对于照明终端故障的检测以及控制，都需要高空作业，多有不便，这就会造成无法及时发现故障和处理故障，给各项工作带来滞后性。另外，在无线控制中基本上存在两种类型的系统配置，一种是具有几个远程控制部件的分布式系统，另一种是主-从取向网络体系结构。上述系统都是采用网络控制系统来对照明终端进行控制，对于网络控制系统来说，会由于功率损耗、电路失效、控制部件故障导致整个照明系统的故障问题，此时就需要及时获知系统中存在哪些故障，并及时对故障部件进行处理。为了达到整个无线智能照明控制系统的高效、稳定、节能、智能管理等要求，能够及时发现照明终端和控制系统的故障并能消除该故障就成为一项非常重要的技术。

2. 专利分析

（1）世界范围内专利技术分布情况

通过在DWPI中进行检索，得到无线智能照明控制系统的故障部分的专利申请量为568件，占总申请量的10.34%。图29所示为故障技术部分在世界范围内的专利申请逐年变化趋势。故障技术部分和整个无线智能照明控制系统方面的逐年变化趋势相同，只是在2008年略有一些下降，之后一直呈上升趋势。

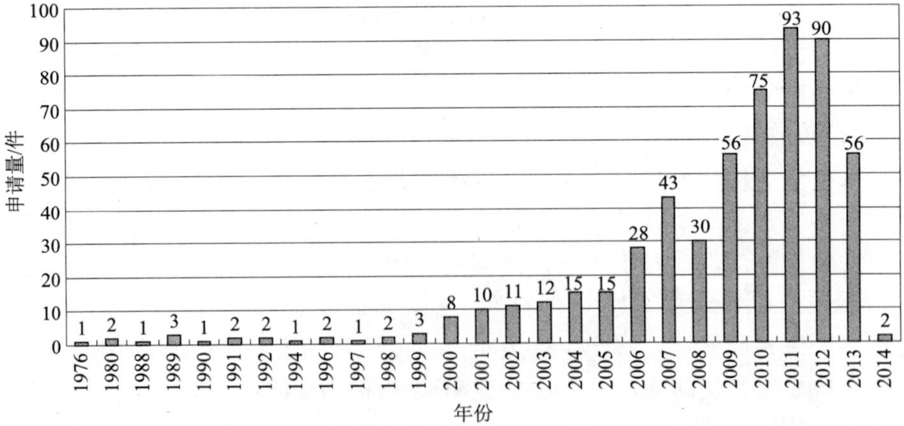

图29　世界范围内故障技术部分专利申请逐年变化

图 30 所示为按照公开号统计的主要国家和地区的分布情况。从图中可以看出，在中国申请量是最大的，其次是美国、国际申请、韩国、欧专局、日本等。

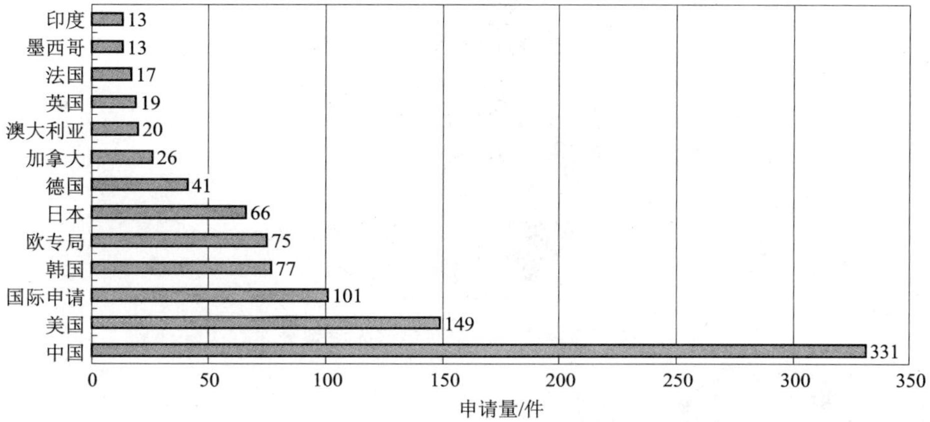

图 30　世界范围内故障技术部分专利申请国家（地区）分布

图 31 所示为世界范围内主要申请人的分布和排名情况。从图中可看出，荷兰皇家飞利浦电子股份有限公司的申请量是最大的，其次是日本的松下电工产业株式会社，从整体上来看，中国的申请量比较大，申请人相对来说比较分散，企业、高校或者个人都有所分布。

图 31　世界范围内主要申请人的分布和排名

图 32 所示为世界范围内专利申请人类型的分布情况，从图中可看出，公司申请占了该领域申请的绝大部分，约 63%；并且，在该领域个人申请也比较普遍，约占 17%。

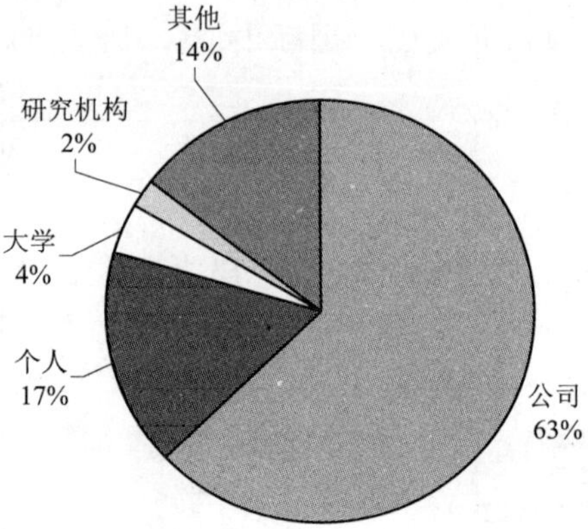

图 32　世界范围内专利申请人类型分布

（2）故障技术部分在中国专利申请的分布情况

从图 33 可以看出，故障技术部分在中国专利申请的逐年变化和世界范围内的逐年变化的趋势基本相同。

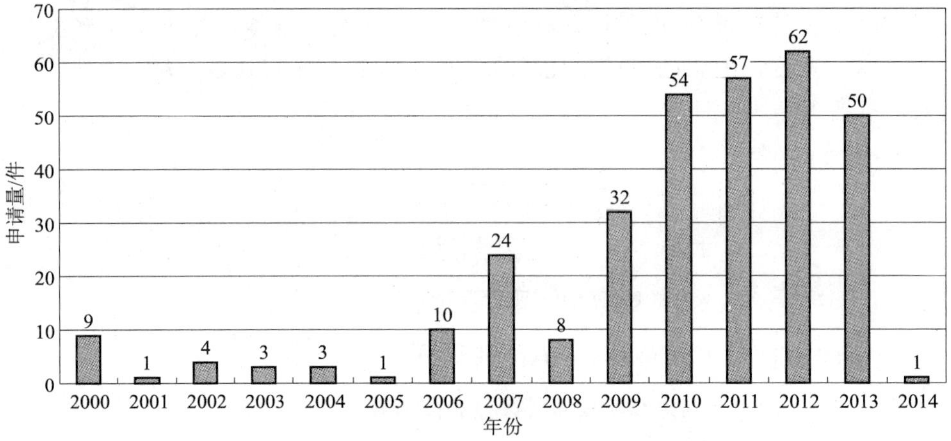

图 33　故障技术部分在中国专利申请逐年变化

从图 34 可以看出，中国申请人申请的专利数量是最多的，中国在该领域内的研究是比较多的，国外申请人在中国的申请量相对较少。但是从发明类型来看，国内申请人总申请量为 258 件，而实用新型就有 166 件，发明仅占约 35%，实用新型的技术含量比发明要低一些，这说明我国虽然在此领域内的申请量最大，但是总体上的技术含量并不高。

图 35 所示为故障技术部分在中国申请的申请人排名和分布情况。在中国专利申请中，以国内申请人为主，其中皇家飞利浦电子股份有限公司的申请量最大，其余排

在前几名的基本上都是国内公司。

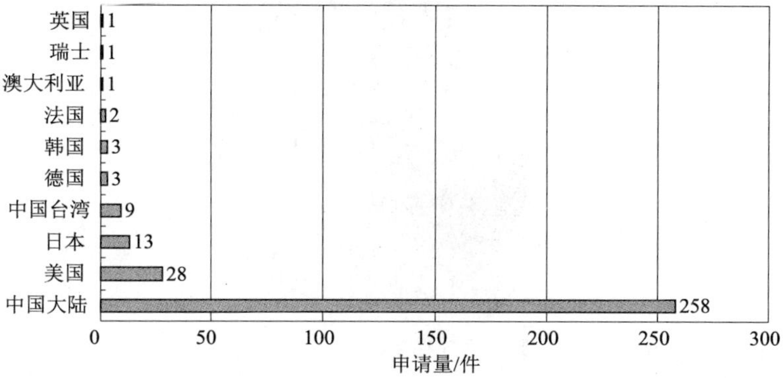

图 34 故障技术部分在中国专利申请人的国家（地区）分布

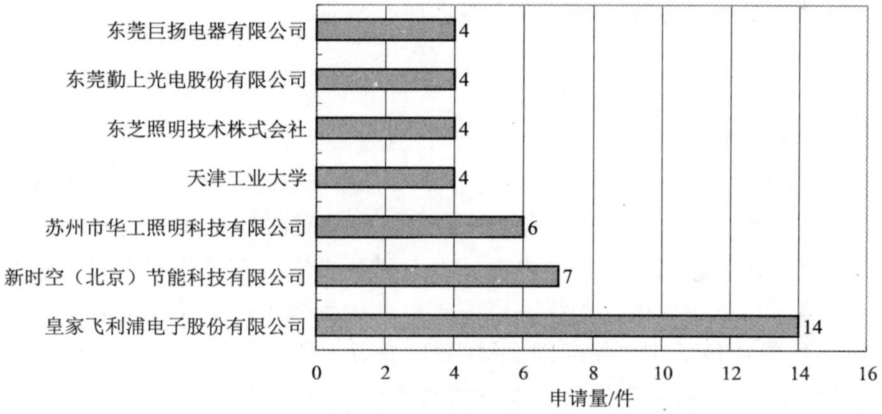

图 35 故障技术部分在中国专利申请人的分布和排名

图 36 所示为在中国专利申请人类型的分布情况，从图中可看出，公司申请占了该领域申请的绝大部分，约 60%，同时，在该领域个人申请专利也比较普遍。

3. 重点技术分解

在无线照明控制中基本上有两种类型系统配置：一种是具有几个远程控制部件的分布式系统，每个远程部件通过无线链路控制若干个照明终端。照明终端在系统初始化期间获得它们的指定控制器的标识符。随后，在正常操作期间，照明终端“监听”来自这些控制器发射的灯操作信号并且对其作出反应。另一种系统是主-从取向网络体系结构，有一个中心设备，即所谓的管理网络节点中通信的“主设备”或者“网络协调器”。照明终端和远程控制器充当网络中的从设备。有关远程控制器和照明终端之间的无线链路的所有信息被收集在系统初始配置期间保存在主设备的列表中。在正

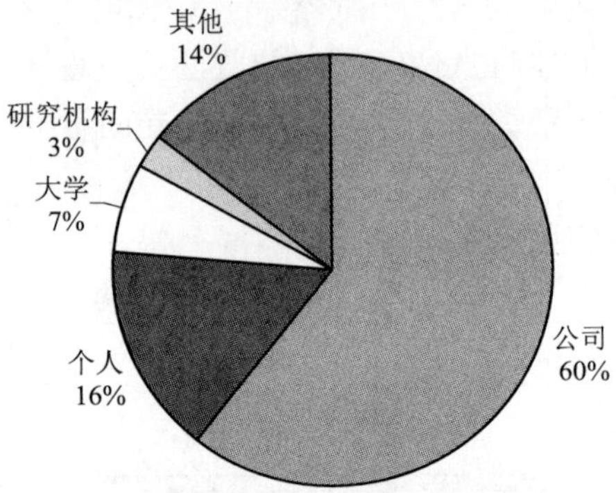

图 36　故障技术部分在中国专利申请人的类型分布

常操作期间，由远程控制器发射的信号基于列表中的链接信息通过主设备被路由到其目的地照明终端。

上述两种系统配置方式，都可能出现故障。根据故障出现的位置，主要包括系统故障和终端故障。

(1) 系统故障

上述两种系统配置出现系统故障的原因包括：

① 功率损耗：在正常操作中，镇流器将不会由于任何原因从电力网电源被切断，因为它们不得不始终保持 RF 通信有效。断开灯仅仅是将灯驱动器放入待机中的数字镇流器中，并且不关闭到该电路的电源。有时碰巧被安装在镇流器不同的电力网电力线上的控制器经历电源断电。如果是电池供电，控制器可能在其他的时间用完电池。

② 电路失效：包括在主控部件（MCU）或者 RF 收发信机中的电路故障，以及临时 RF 信号阻塞/屏蔽或者干扰，以致设备之间的通信被阻塞。

③ 主控部件故障：在无线网络中，主控部件代表单个故障点。也就是说，一旦主设备出现故障，仅仅由主设备保存的所有链接信息丢失。在点到点网络中，网络不再是可操作的。因为主设备路由所有的分组并且主设备出现故障，丢失链接信息的故障还会出现。

针对于上述的功率损耗问题，目前采用的解决办法是提供一个备用电源。例如，申请人 EDWARDS LARRY M 和 WATSON JOE W 提出的申请号为 EP92902149 的专利申请，发明名称为故障安全不中断式照明系统。该系统用于向多个照明设备提供电源，该系统中包括一个电池，在正常操作情况下，和市电点相连接的充电控制系统向该电池充电，并且该市电用于向多个照明设备供电，当市电发生故障时，采用电池对照明设备进行供电，直到该市电故障消除。

对于电路失效问题，其中一种原因在直达路径上由于距离或者 RF 干扰而遭受间歇通信。路创电子有限公司的申请号为 US19960598234 的专利申请，其采用的方法是在源设备和目标设备之间增加一个中继器。该方法包括在两个设备每一个的通信范围内提供一个中继器，中继器将从两个设备接收的信息发送给另一个设备，当主设备和镇流器在直达路径上由于距离或者 RF 干扰而遭受间歇通信时，中继器提供另外的通信路径。

另一种引起电路失效的原因是路由设备故障。皇家飞利浦电子股份有限公司的申请号为 CN201080009513 的专利申请。该申请涉及在联网的控制系统的互连设备的网络上路由消息，特别地涉及路由消息以单独地控制诸如照明系统的光源之类的联网的控制系统的设备。所述设备布置在近似矩形的网格中且每个设备适于将从网格中直接相邻的设备接收的消息路由到网格中直接相邻的设备，其中所述路由包括确定消息通过网格从发送器设备到目的地设备的路由路径，通过网格沿着确定的路由路径将消息从所述发送器设备路由到所述目的地设备，以及根据预定路由规则改变所述路由路径以绕过包含在所述确定的路由路径中的故障设备来路由消息。

针对于主从网络系统中，主设备出现故障的情况，解决的方案有增设多个备用主设备，相关专利的申请人为皇家飞利浦电子股份有限公司，申请号为 CN200380106353。在主从网络系统中，主设备中的控制器会由于电源断电（电池用完）或者失效而出现故障。但是由于主设备的重要角色，需要确保总有一个一直正常工作的主设备是至关重要的，为了避免由于主设备的故障而导致整个系统无法工作，可以在控制网络中同时设置多个备用主设备，并且主设备将自身保存的控制信息及时通过网络发送给各个备用主设备，以用于一旦主设备发生故障，多个备用主设备之一可以及时发现这一情况，并且及时将其本身转换为主设备来控制整个照明控制网络。

（2）终端故障

照明终端一旦发生故障，就需要对照明终端进行维修或者更换，传统的照明控制系统中对于照明终端的故障的维修具有一定的滞后性，因为维修人员不能迅速地得知故障发生的地点，常常需要好几天才能收到某个照明终端出现故障的情况，因此如何获知发生故障的照明终端是无线智能照明控制系统的一个重要技术部分。

LED 以其节能、光效高、显色性好、可连续闪断、可连续调光等诸多优势，成为新一代照明光源的发展方向，针对 LED 智能照明控制系统中的故障检测是目前研究的重点。

LED 智能照明系统主要由 LED 灯具终端节点、协调器和监控中心三部分组成。LED 灯具作为一个智能化的设备，它不仅是发光源，同时是光源的控制器，LED 灯具终端节点主要负责与协调器进行信息传输及 LED 的智能照明控制。协调器负责对 LED 灯具终端节点的通信状态进行监测，如果出现通信故障，则将通信故障信息上传给监控中心，监控中心发现 LED 灯具终端节点工作异常，发出报警信号，通知用户及时维修。在 LED 智能照明控制系统中，LED 灯具终端节点的控制器功能及结构独立，便于安装、更换，系统具有故障报警功能，便于用户维护。

申请人浙江西盈科技有限公司的申请号为CN201110353257的专利申请涉及一种基于ZigBee的PWM调光LED路灯控制器。主要用于控制路灯，并能及时发现并解决故障。该控制器包括一个控制模块，该控制模块包括PWM波发生器、光照强度采集传感器、故障反馈模块和执行节点；控制模块与基站之间通过ZigBee无线传感器网络连接，基站与计算机连接。光照强度采集传感器、PWM波发生器和故障反馈模块均与执行节点连接，故障反馈模块与电源模块中的故障反馈输出端连接。在故障检测方面，通过控制模块的故障反馈模块报警，并通过ZigBee无线传感网络反馈回基站，再迅速地告知维修人员。

申请人华南理工大学的申请号为CN201210112511的专利申请涉及一种LED路灯控制器。该路灯控制器包括主控制器、存储器、ZigBee传输模块以及LED驱动器，存储器、ZigBee传输模块以及LED驱动器均与主控制器电连接，其特征在于还包括GPS定位模块，所述GPS定位模块与主控制器电连接。ZigBee传输模块用于组建ZigBee网络，与LED路灯监控中心实现通信。存储器用于存储实际安装位置、运行记录等。LED驱动器用于驱动LED，通常为恒流驱动，并可根据LED路灯监控中心的指令增大或减小驱动电流，或仅驱动部分LED发光。所述LED路灯控制器还包括故障检测模块，所述故障检测模块与主控制器电连接。故障检测模块用于实时检测LED路灯是否发生故障。当发生故障时，主控制器通过ZigBee传输模块将故障类型传送给监控中心，方便维修、更换。

申请人深圳市锦粤达科技有限公司的申请号为CN201120430217的专利申请涉及一种智能控制的LED路灯。该LED路灯包括照明单元和控制单元，其中：所述照明单元与所述控制单元一体设置；并且，所述控制单元设置与所述照明单元分别连接的控制模块和故障检测模块；所述控制模块用于接收外部控制系统的控制信号，控制所述照明单元；所述故障检测模块用于检测确认所述照明单元故障，生成故障信号数据，并发送给所述外部控制系统。

申请人泰安银河光电科技有限公司的申请号为CN201220403651的专利申请涉及一种无线可调光LED路灯控制系统。该系统包括终端节点、路由和协调器；所述每个路由至少对应一个终端节点，每个终端节点分别控制一盏灯，每个灯对应一个ID，所述各个终端节点和路由将采集的电压、电流、温度等数据通过无线通信协议发送到协调器，协调器将收到的数据通过串口发送到上位机。如果LED灯出现故障，检测电路会产生报警信号，报警信号最终会发送到上位机，上位机会提示工作人员故障灯的ID，使维护更便利。

四、发展趋势预测和建议

（一）对无线智能照明控制系统今后发展趋势的预测

从上述专利分析可以看出，皇家飞利浦电子股份有限公司在无线智能照明控制系统中成为了龙头老大，无论是在调光器技术、调色技术、ZigBee 技术，还是在传感器等技术方面均占有主导地位，引领着无线智能照明控制系统的相关技术的发展趋势。

1. 调光器技术

随着电子元件的技术成熟及成本下降，电子调光器无疑在调光器技术中占主流地位。而以 PWM 技术为代表的正弦波调光器，由于可以避免谐波干扰，已成为电子调光器的发展趋势。但受限于正弦波调光器中的采用的开关元件——绝缘栅双极晶体管（IGBT）元件的损耗大，价格高，控制设备复杂，如何降低控制设备复杂度，以及寻求使用更加成熟低廉的开关元件，是调光器技术发展的关注点。

2. 调色技术

目前的技术主流是针对 LED 光源的色彩进行调节。但 LED 光源成本较高，导致 LED 调色技术很难应用在普通家居环境中。如何降低调色方案的成本，推动调色方案更加普及，是调色技术今后的发展方向。

3. ZigBee 技术

将基于 ZigBee 的无线智能照明控制系统应用于各种不同的系统，例如楼宇的灯光控制系统、景观的灯光控制系统、城市的灯光控制系统、区域的灯光控制系统等成为当前的发展趋势，并在此基础上实现照明控制的自动化、网络化以及智能化。

4. 传感器技术

无线智能照明控制系统中的传感器技术正朝着系统化、多样化、低功耗等方向发展。无线网络系统的采用使得多个传感器之间的信息共享、联合检测成为趋势。红外传感器、照度传感器等传统传感器已经不能满足不断发展的无线智能照明控制系统的需求，光源识别、光源寿命检测等多种不同功能的新型检测技术开始进入人们的视野。随着能量受限的无线传感器设备的大量使用，如何降低传感器功耗也成为目前重点关注的问题。

5. 故障方面

近几年的专利申请倾向于如何快速检测终端故障，对于系统故障，提出的解决手段相对来说较少。近些年用于无线智能照明的技术大部分集中在 ZigBee 无线网络系统，在 ZigBee 无线网络系统中的故障发现和故障消除应该是今后的一个主要创新方向。

（二）对我国无线智能照明控制技术发展提出的建议

根据上述分析，对我国无线智能照明控制技术的发展提出以下建议：

从中长期技术发展来看，首先，密切关注国际知名企业在该领域的技术发展，例如皇家飞利浦股份有限公司、路创公司等，掌握它们在无线智能照明控制系统中的上述关键技术发展的脉络和方向，并了解它们最新专利布局情况，尤其关注这些企业在中国的专利申请情况，从而了解其技术专长和技术发展重点，找到突破口。

其次，对于科研院所和具有研发能力的企业，基础研究应当有一定比例投入，并且打破各自为政的状况，组成联盟。从上面分析可知，目前国外申请人除了皇家飞利浦公司在无线智能照明控制系统的各个关键技术都具有领先优势外，其他国外企业还没有对我国市场形成有效的专利保护体系，因此，我们还是可以有所为的，联合起来集中研发能力突破无线智能照明控制领域的技术难点，有计划、有步骤地占领该领域的主要市场。

从短期技术发展来看，在上述关键技术的理论创新不容易突破，然而，可以结合我国市场的潜力，集中研发力量，针对上述关键技术各种不同的应用（例如将ZigBee技术应用在不同的系统中），为解决目前的问题而采取的改进方案，在降低传感器的能耗等技术中找到突破口，并且指定明确的专利策略，尽快申请专利，抢占先机。

（三）总结

照明控制的发展经历了手动控制、自动控制，随着计算机技术、通信技术、自动控制技术、传感器技术和微电子技术的迅速发展和相互渗透，以无线传输为特点的照明控制的智能化是未来照明控制系统的发展方向。本文通过对无线照明控制的相关专利进行统计分析和梳理，旨在为该领域的相关研究、开发提供借鉴和帮助，以便更好地把握无线照明控制系统的未来发展方向。

参考文献

[1] 王群锋. 基于无线网络的智能照明系统研究［D］. 郑州大学，2012.

[2] 蒋挺，赵成 . ZigBee紫蜂技术及其应用［M］. 北京：北京邮电大学出版社，2006：2-8.

[3] 马小军，耿晓春. 智能照明控制系统［M］. 南京：东南大学出版社，2009.

[4] 葛广军，等. 正弦波交流LED PWM调光器研究［J］. 照明工程学校，2002（6）：56-59.

裸眼 3D 显示技术专利现状及其发展趋势

李靖　马辉[1]　严佳琳　姚楠　王旸

（国家知识产权局专利局通信发明审查部）

一、引言

随着 3D 立体显示技术的诞生，观众利用 3D 显示技术，可以欣赏到更为生动、逼真的视频影像。早期的 3D 视频影像技术主要是眼镜式立体显示技术，但是我们在体验炫动的画面时，必须要戴上一副 3D 眼镜，这套配套设备使人颇感不便。同时，必须佩戴眼镜对 3D 显示技术的使用造成了很多限制。例如在移动设备上使用 3D 显示技术，在车载导航设备上使用 3D 技术等，佩戴 3D 眼镜就有很多不便。于是追求完美的人们便把目光转向寻求一种无辅助 3D 显示技术，裸眼 3D 显示技术应运而生。裸眼 3D 技术最大的优势在于不用佩戴眼镜或者其他类似的工具，而是通过在显示终端的处理，使得观众可以直接通过肉眼观看到立体视频图像，十分便捷，同时也进一步拓展了 3D 显示技术的应用领域。

目前，我国的 3D 产业主要以 3D 电影、3D 电视为主。随着 3D 电影和 3D 电视的逐渐普及，3D 电影和 3D 电视在视频产业领域中所占的比例也逐渐呈现上升趋势。而由于裸眼 3D 显示技术的上述优势，裸眼 3D 显示技术在视频产业领域中必将占领更大的市场。此外，新型 3D 设备（例如 3D 手机、3D 车载导航设备）的大量研发和应用，裸眼 3D 显示技术还存在着巨大的市场潜力。

为此，国内外的消费电子厂商、科研院所、高等院校都积极投入裸眼 3D 显示技术的研发中。各种裸眼 3D 显示技术被纷纷推出并不断完善。对于我国视频技术企业来说，这是一次提升企业核心竞争力、获得市场主导权的重要机遇。而其所拥有的专利情况，则体现了这一能力。因此，对目前裸眼 3D 技术的专利态势、技术发展趋势进行研究，为我国企业的研发和生产提供帮助，就显得尤为必要。本文通过对国内外涉及 3D 裸眼显示技术的专利在时间分布、申请人分布、技术类型以及发展趋势等方面的分析，对其未来发展趋势做出预测，以期能够对我国企业有所帮助。

[1] 马辉等同于第一作者。

二、裸眼3D技术的发展现状

看物体时，人的两只眼睛同时观察物体，不但能扩大视野而且能判断物体的远近，从而产生立体感。这是由于人的两只眼睛同时观察物体时，在视网膜上形成的像并不完全相同，左眼看到物体的左侧面较多，右眼看到物体的右侧面较多，这两个像经过大脑综合以后就能区分物体的前后远近，从而产生立体视觉，并衍生出立体显示技术。立体显示技术主要分为眼镜式3D显示技术和无辅助立体显示技术。

裸眼3D显示技术一般称为裸眼多视点技术，也就是不通过任何工具就能让左右两只眼睛从显示屏幕上看到两幅具有视差的、有所区别的画面，将它们反射到大脑，人就会产生立体感。它也利用了人眼的视差原理，通过给观看者左右两眼分别送去不同的画面，从而达到立体的视觉效果。由于观察着可以不佩戴眼镜，因此这些技术非常适合在公共场所展示的大屏幕显示器，便于多人观赏。不过，裸眼3D显示技术的缺点也非常明显：人们在观看屏幕时，必须位于一定的范围内才能观察到立体画面，若距离屏幕位置太远，或观察角度太大的时候，3D效果并不明显。此外，若离屏幕距离太近，人会有明显的头晕现象，因此该技术暂时还不适合在小尺寸显示器上使用。此外，这种技术在显示效果方面相对较差。

3D画面和常见的偏光式3D技术和快门式3D技术相比，尚有一定的差距。不过液晶面板行业巨头友达光电、研发巨头3M等已经在积极进行研发，预计部分裸眼式3D显示设备将于今明两年实现量产。

当前市面上裸眼3D显示技术主要有以下几种。

（一）光屏障式（barrier）技术

光屏障式3D技术也称视差屏障或视差障栅技术，其原理（图1）和偏振式3D较为类似，是由夏普欧洲实验室的工程师研究成功的。光屏障式3D产品与既有的LCD液晶工艺兼容，因此在量产性和成本上较具优势，但采用此种技术的产品影像分辨率和亮度会下降。光屏障式3D技术的实现方法是使用一个开关液晶屏、偏振膜和高分子液晶层，利用液晶层和偏振膜制造出一系列方向为90°的垂直条纹。这些条纹宽几十微米，通过它们的光就形成了垂直的细条栅模式，称为“视差障壁”。而该技术正是利用了安置在背光模块及LCD面板间的视差障壁，在立体显示模式下，应该由左眼看到的图像显示在液晶屏上时，不透明的条纹会遮挡右眼；同理，应该由右眼看到的图像显示在液晶屏上时，不透明的条纹会遮挡左眼，通过将左眼和右眼的可视画面分开，使观者看到3D影像。

该技术的优点在于能够与现有的LCD液晶工艺兼容，因此在量产性和成本上较具优势。其缺点在于背光模块因为被视差障壁阻挡，使得亮度也随之降低。同时3D模式下屏幕的分辨率也会下降。例如夏普公司曾经推出过一款采用这种技术的裸眼3D显示器，在3D模式下不仅亮度只有2D模式的一半，分辨率也会下降到120dpi左

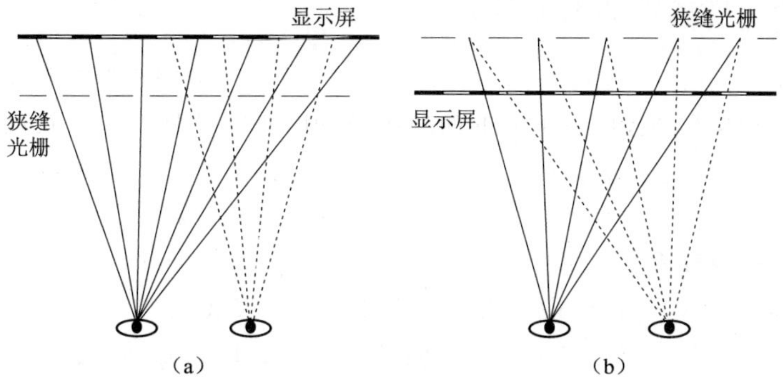

图1　光屏障式技术示意图

(a) 前置式狭缝光栅；(b) 后置式狭缝光栅

右，只有2D模式下的一半。

（二）透镜（lenticular lens）技术

透镜技术也称双凸透镜或微柱透3D技术，其最大的优势是其亮度不会受到影响。柱状透镜3D技术的原理（图2）是在液晶显示屏的前面加上一层柱状透镜，使液晶屏的像平面位于透镜的焦平面上，在每个柱透镜下面的图像的像素被分成几个子像素，这样透镜就能以不同的方向投影每个子像素。于是双眼从不同的角度观看显示屏，就看到不同的子像素。不过像素间的间隙也会被放大，因此不能简单地叠加子像素。柱状透镜与像素列不是平行的，而是呈一定的角度。这样就可以使每一组子像素重复投射视区，而不是只投射一组视差图像。之所以它的亮度不会受到影响，是因为柱状透镜不会阻挡背光，因此画面亮度能够得到很好的保障。不过由于它的3D显示

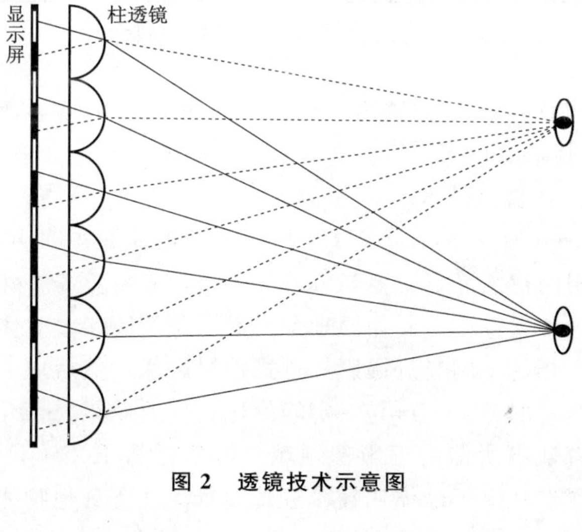

图2　透镜技术示意图

基本原理仍与视差障壁技术有异曲同工之处，所以分辨率仍是一个比较难解决的问题。

这一技术的优点在于没有阻挡背光的模块，因此显示器亮度不受影响，3D 技术显示效果更好。其缺点在于它对观众观看屏幕时的角度有较严格要求，如果角度不合适，则可能无法看到三维效果。同时，相关制造与现有 LCD 液晶工艺不兼容，需要投资新的设备和生产线。

（三）指向光源技术

对指向光源（directional backlight）3D 技术投入较大精力的主要是 3M 公司。指向光源 3D 技术搭配两组 LED，配合快速反应的 LCD 面板和驱动方法，让 3D 内容以排序（sequential）方式进入观看者的左、右眼互换影像产生视差（图 3），进而让人眼感受到 3D 效果。前不久，3M 公司刚刚展示了其研发成功的 3D 光学膜，该产品的面试实现了不用佩戴 3D 眼镜，就可以在手机、游戏机及其他手持设备中显示真正的三维立体影像，极大地增强了基于移动设备的交流和互动。

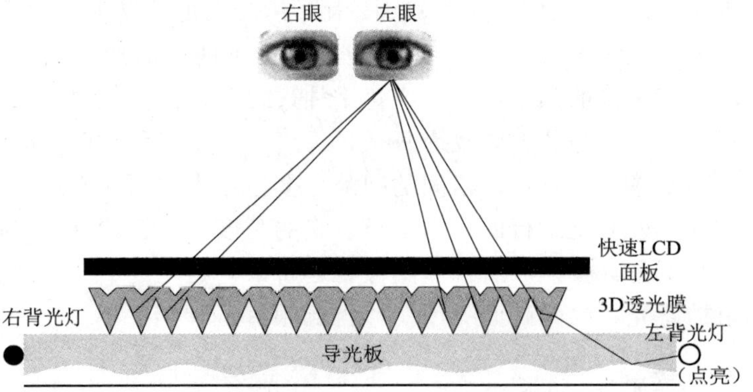

图 3　3M 的指向光源 3D 技术示意图

指向光源技术的优点在于分辨率、透光率有保证，不会影响既有的设计架构，3D 显示效果出色。其缺点在于技术尚在开发，产品不成熟。

（四）其他裸眼 3D 显示技术

DFD（depth-fused 3D）是日本 NTT 根据全新的错视原理开发的景深融合型立体影像技术，其利用两片液晶显示器与 half mirror，开发不需特殊眼镜就可以观赏的立体影像的技术，这种立体影像制作原理称为 REAL。REAL 立体影像的制作过程是先利用一般摄影机、相机、闪光灯摄影等方式拍摄影像，然后取一般摄影与闪光灯摄影拍摄影像灰色度两者的差分，再与一定峰值比较借此获得二值化（0 与 1 的数字元元化）的影像，接着抽出所谓的近影像领域，最后再将 Relief 状景深添加至近影像领域内。被照物景深形状除了球体比较接近真实景深外，其他物体都会出现某种程度的差异，只要近影像与远影像两者前后关系维持正确，且景深为连续性平滑状，通常利用肌理描绘（Texture）作补正，就可以获得非常协调的立体影像。

在2009年4月，美国PureDepth公司宣布研发出改进后的裸眼3D显示技术MLD（multi-layer display）多层显示。这种技术能够通过一定间隔重叠的两块液晶面板，实现在不使用专用眼镜的情况下，观看文字及图画时所呈现3D影像的效果。

另外，国内厂商欧亚宝龙旗下的Bolod裸眼3D显示器如今已经发展到第四代，产品也全部实现高清显示，在国内的3D显示行业处于领先水平。当然，由于非市场主流，对于MLD技术和Bolod裸眼3D显示器，这里只做简单的介绍，不做深入技术性探讨。

除3D桌面显示器外，手机、PDA等掌上设备的显示屏幕也将会采用裸眼3D显示技术。近期，三星展示了一款针对手机设备开发的3D OLED面板。考虑到便携性，这类手机3D屏幕不要求人们佩戴专用的3D眼镜。除三星外，索尼等其他厂商也相继推出了相关技术的产品，其原理就是通过覆盖在屏幕上的一层特殊的“透镜”来实现立体显示的。它可以把小型显示屏中显示的图像“分开”为两幅略微不同的画面，并分别送入左、右眼中，让画面变得立体并且看起来有深度。由于该“透镜”的厚度极薄，人用肉眼甚至无法直接看到它的存在，不会影响到画面的正常显示。

随着技术的进步，纵观3D显示技术已成功应用到了数字显示领域，3D显示技术和普通消费者的距离已经越来越近了。在三星和优派均推出游戏性3D显示器后，人们可以将3D显示器搬到卧室内，而不用和其他人一起挤在电影院观看。凭借着身临其境的立体画面，对高端游戏玩家而言，3D显示器拥有极大的吸引力。除了针对个人用户外，3D显示器同样适合于商用以及科研，如在分子结构模型展示，军事目标、文物艺术品展示，会展、大企业形象展示等各领域发挥其独特的作用。而作为新起之秀的裸眼3D显示技术必将青出于蓝而胜于蓝，未来裸眼3D显示技术发展前景良好。

三、裸眼3D技术的专利现状分析

（一）样本的构成

为全面分析目前裸眼3D显示技术的现状，本文的检索结果包括了2014年4月30日之前的WPI和CPRSABS数据库中的专利申请。

由于涉及裸眼3D显示技术的专利申请非分类号相对集中，主要集中于H04N13、H04N15和G02B27/22，因此，采用分类号结合关键词的方式，并且把年限限制在2000年之后，在WPI和CPRSABS中进行检索，获取的样本噪声相对较小。其中所采用的关键词为裸眼、立体、3D、透镜、光栅等。在CPRSABS中获得已公开的专利申请2684件，在DWPI中获得的已公开的专利申请2470件。

（二）专利申请的总体分析

图 4 和表 1 所示分别为裸眼 3D 显示技术在全球申请的专利总量、中国申请人的专利总量和国外申请人的专利总量的逐年分布。由于 2013 年的专利申请有些还未公开，因此，在此不做讨论。

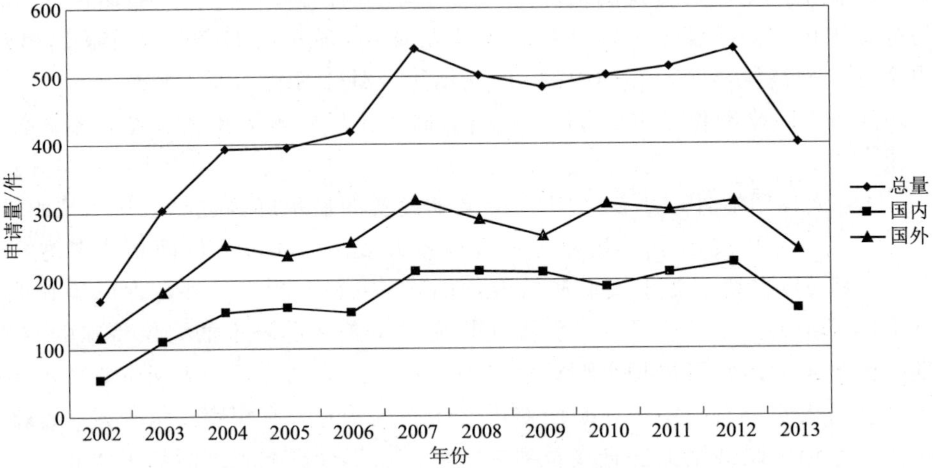

图 4　3D 显示技术在全球申请的专利总量逐年分布趋势

表 1　3D 显示技术专利申请量的逐年分布

年份	申请总量/件	国内申请量/件	国外申请量/件
2002	170	53	117
2003	302	110	182
2004	393	152	251
2005	394	159	235
2006	417	152	255
2007	539	213	316
2008	501	212	289
2009	483	210	263
2010	501	190	311
2011	513	211	302
2012	539	224	315
2013	402	157	245

涉及裸眼3D显示技术的专利申请从2002年起，总体上呈逐年上升趋势。特别是在2007年达到高峰，2008年数量略有回落，但下降不足10%。2011年开始继续出现上扬的势头。这足以说明，自2002年以来，国内和国外的申请人都开始高度关注裸眼3D显示技术，投入大量精力进行研发，裸眼3D显示技术开始快速发展。而2007年的峰值达到560件，此后每年的申请量均达到500件。与此同时，在我国申请的专利数量也在逐年增加。除了在2010年出现约13%的下降外，总体保持增长趋势，并且于2012年达到峰值244件。可以预测，裸眼3D显示技术在中国的申请量还将大幅增加。而在国外申请人的申请量的分布趋势则与全球总体数量的分布趋势一致。

（三）各项技术的分布情况

图5所示为裸眼3D显示各项技术在全球申请的专利的分布情况。从图中可以看出，涉及透镜技术的专利申请量最多，所占比例最大。其次是光屏障技术。而指向光源技术和多层显示技术所占比例较小。这表明，目前的裸眼3D显示技术是以透镜技术和光屏障技术为主，各大厂商的研发方向也集中于上述两项技术。而指向光源技术和多层显示技术所占比例较小这一事实，也印证了这项技术起步较晚，发展难度大这一缺点。

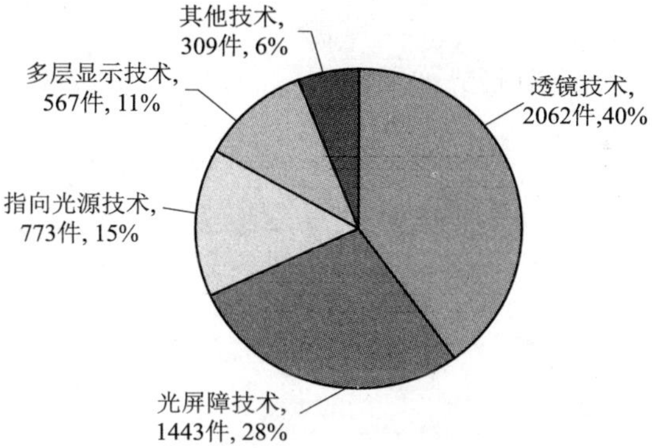

图5　3D显示技术在全球申请专利的分布

（四）申请人分析

从图6可以看出，三星、夏普、索尼、佳能和LG所拥有的申请数量远远高出其他申请人。它们构成了裸眼3D显示技术领域专利申请的最高集团。中间集团则是由三洋、飞利浦、爱普生、东芝、松下几家企业构成。最低集团则由富士通、奥林巴斯等企业构成。我国的超多维虽然进入排行榜，但其仅列入最低集团中。

裸眼3D显示技术的申请人主要以日本和韩国企业为主。而日本申请人的数量最多，每位申请人所拥有的数量也多。因此，日本申请人对裸眼3D显示技术形成了垄断之势。日本企业在传统视屏图像领域中具有强大的集团优势，在裸眼3D显示技术领域中再次得到体现。这表明，日本视屏领域企业在对新技术的研发上始终走在世界前列。韩国企业以三星、LG为代表，说明韩国企业对裸眼3D显示技术的市场前景看好。而超多维作为中国企业，也进入了排行榜。图6所示的申请人排名和分布情况。

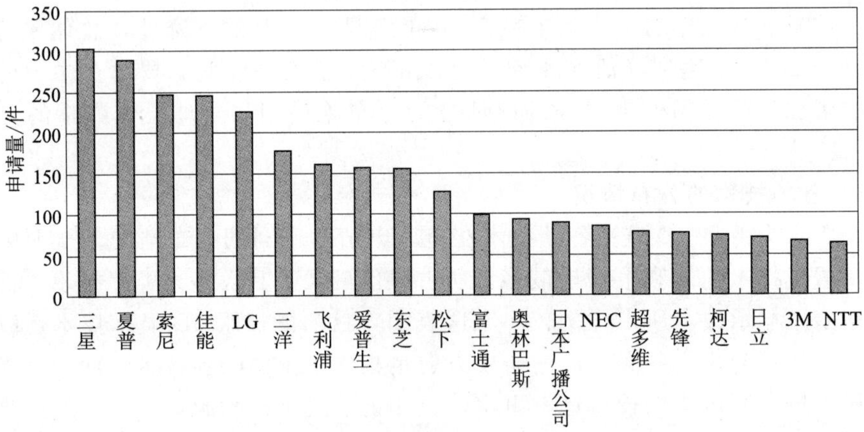

图6 3D显示技术专利申请人排名和分布

（五）中国专利分析

中国专利申请量逐年分布趋势如图7所示。

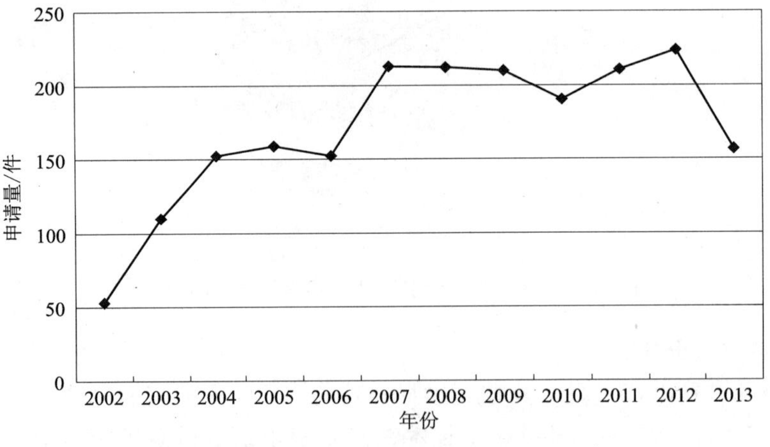

图7 中国专利申请量逐年分布趋势

2014年4月以前公开的中国专利申请总量的逐年分布表明，自2002年起，裸眼3D显示技术的专利申请量逐年增加，2003年突破100件，2004年达到150余件，直到2006年保持在150件左右，相对较为稳定。而2007年的增幅较大，达到约30%。

并且2007年出现峰值。2007年、2008年和2009年的申请量可谓又一个稳定期，且数量维持在高峰。2010年申请量有所下降，自2011年起，申请量再次出现增长。这表明，自2007年起，裸眼3D显示技术的中国申请量进入了一个稳步持续的发展阶段。此后，还将呈稳定上升趋势。

中国专利的申请人排名如图8所示。

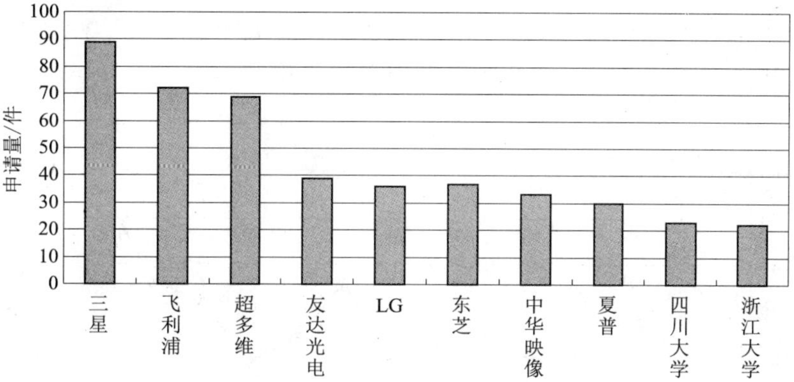

图8　中国专利的申请人排名

从图8可以看出，申请量排名前三位的是三星、飞利浦、超多维，它们的数量差距不大。超多维自2004年成立后，在裸眼3D显示技术领域颇有建树，研发了多项裸眼3D显示技术。同时，该公司基于其研发的技术开发出了裸眼3D立体显示芯片以及相应的裸眼3D显示解决方案。并且与日本的一些公司合作，将其技术应用于裸眼3D显示的笔记本电脑、游戏设备以及车载裸眼3D导航系统中。而飞利浦和三星都是传统的视频领域技术领先企业，其在中国申请量保持领先，也说明了上述企业对中国市场的重视程度。

第二集团的是以友达光电、LG、东芝、中华映像、夏普为代表的企业。这些企业的申请量较第一集团显著减少。其中友达光电作为中国台湾企业，其裸眼3D显示技术正在快速发展。而四川大学和浙江大学也榜上有名，表明我国部分高校在裸眼3D显示技术上也具有了相当的技术竞争力。

四、裸眼3D技术领域重点企业的专利分析

通过以上分析，对裸眼3D技术的总体现状已经有所了解。随着裸眼3D设备的进一步普及，观众对于裸眼3D设备所带来的体验以及便携性等各方面，都有了更高的要求。而一项技术的发展方向则必然是为了满足用户群体的需求。因此，我们对裸眼3D技术领域最为活跃的一些工作进行更为详细的分析，并据此对裸眼3D技术发展的主要趋势作出预测。

（一）三星电子株式会社

作为全球电视技术引领者，三星公司早在2008年就推出世界上首台3D等离子电视，并且已经多次在美国拉斯维加斯举办的CES大会上推出裸眼3D电视产品。

1. 历年专利申请情况

截至2014年7月31日，三星公司在全球范围内公开的关于裸眼3D显示技术的专利申请约为341件。图9所示为三星公司在全球裸眼3D显示技术专利申请的逐年分布趋势，由图可见三星公司裸眼3D显示技术的专利申请曾在2006年出现一个高峰期，其后申请量逐渐下降，近年来又开始连续稳步增长。

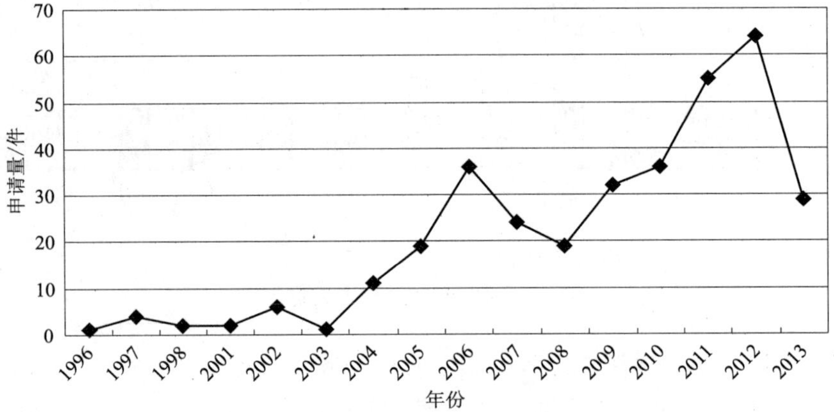

图9 三星公司在全球3D技术专利申请逐年分布趋势

图10所示为三星公司在中国裸眼3D显示技术专利申请的逐年分布趋势，同其全球专利申请的逐年分布趋势一致，2006年曾出现申请高峰，近年来申请量明显增长。

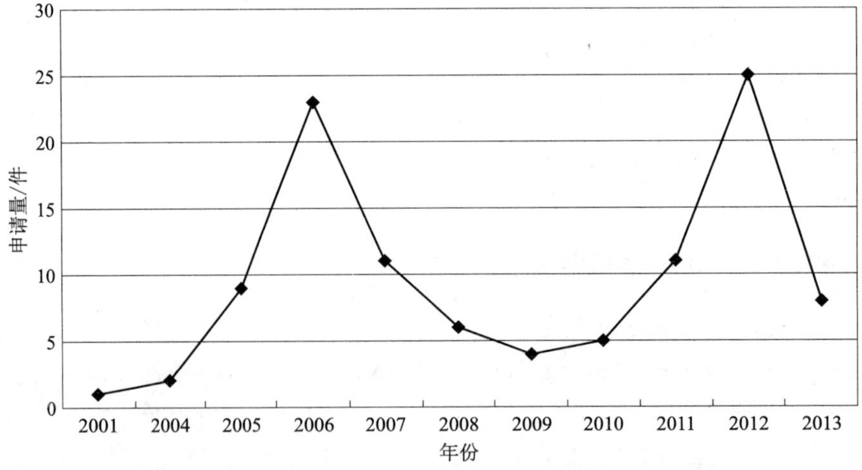

图10 三星公司在中国3D技术专利申请逐年分布趋势

2. 技术领域分布

在本文关注的四项技术领域中，三星公司的光壁障显示技术、透镜显示技术和指向光源3D显示技术的专利申请占其裸眼3D显示技术专利申请总量的89%，特别是涉及光壁障显示技术和透镜显示技术的专利申请，分别有111件和150件，其中有12件专利申请同时涉及这两项技术。从专利申请数量上看，三星公司更侧重于透镜显示技术，同时兼顾光壁障显示技术，这两项技术也是裸眼3D显示技术中相对较成熟的技术，因此专利申请数量较多。值得注意的是三星公司对指向光源3D显示技术的专利申请数量较多，为克服光壁障显示技术和透镜显示技术在亮度和分辨率上的缺陷，三星公司同样对指向光源显示技术加大了研发力度，并取得了一定的成果。详细申请数量如图11所示。

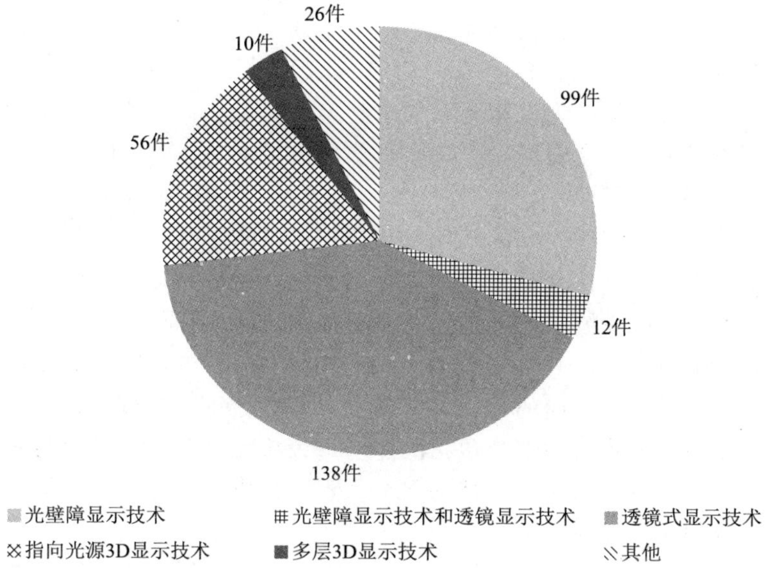

图11　三星公司技术领域分布

3. 重点专利分析

(1) 视差屏障显示技术

申请日为2006年6月19日的CN1885096A，图像显示设备的偏振转换装置根据与图像信号同步施加的电压转换入射到偏振转换装置上的光束的偏振方向；切换栅栏单元通过第一偏振单元和第二偏振单元中的至少一个来透射穿过偏振转换装置的光束。解决现有视差栅栏型立体显示器的栅栏会降低分辨率和亮度的问题。

申请日为2006年10月20日的CN1953563A，与第一图像对应的第一数据信号写在第一显示单元上，并且将第二数据信号写在第二显示单元上；通过驱动阻挡物变为第二时间段期间的第一格式从而阻挡物传送光来显示第一和第二图像。该方法以与

2D分辨率相同的分辨率来显示3D立体图像，使得整个阻挡物变为不透明来最小化串扰，可以增强所显示的立体图像的质量，可以最大化用于显示图像的时间。

申请日为2013年1月5日的CN103200412A，主动视差栅栏面板被时分驱动来显示多视点图像，多个栅栏单元包括打开部分和遮挡区域，打开部分被划分为 m 个子区域，上述面板选择性打开 m 个子区域以在（$n\times m$）个视点位置上提供 m 个视点图像。提供一种用于3D图像的显示设备，使像素结构和栅栏结构是灵活的，使显示视点数量更多且显示分辨率恶化更小。

（2）透镜显示技术

申请日为2007年7月26日的CN101123735A，一种高分辨率2D/3D可切换显示设备。其空间光调制器包括被配置为与显示面板的垂直扫描时间同步地被打开或关闭的多个室，多个室的每个被改变为透明或不透明状态，显示面板被配置为顺序地显示偶数场和奇数场。该设备达到不降低分辨率而减小串扰的效果。

申请日为2008年2月29日的CN101315474A，二维/三维显示设备，背光可扫描和发射偏振光，延迟器作为保相光和相位延迟光透射从背光发出的光，双凸透镜状阵列以指向光透射来自延迟器的光。可减少部件数量，防止亮度降低，减少交互干扰的影响，显示全分辨率图像。

申请日为2011年2月15日的CN102338951A，体图像显示器，子像素边界线可以是折线，子像素边界线优选与透镜光轴近似平行，透镜光轴和子像素参考线优选为近似地左右对称。可减少波纹图案，提高显示面板的侧面可见度和显示质量。

申请日为2012年1月30日的CN102621735A，面板包括的多个像素沿着第一方向和沿着基本垂直于第一方向的第二方向布置，并且在每一帧显示具有互不相同的多个视点的三维立体图像；透镜部分包括的多个透镜单元沿着第一方向与像素叠置地设置在面板上方并且具有在每一帧偏移的多个焦点。提供了一种能够增加三维立体图像中的视点的数量的显示设备。

申请日为2010年2月5日的CN101800029A，在以第一顺序合成的第一立体图像在显示单元的第一和第二区域中都显示之后，在以第二顺序合成的第二立体图像在第一区域中显示时，控制器可产生并施加第一控制信号作为截止信号，来关闭第一区域中的像素。能清楚地显示立体图像，在显示立体图像期间保持解析度，并降低功耗。

申请日为2011年8月22日的CN102957921A，第一液晶显示（LCD）面板控制器基于类型信号和显示区域信号将第一LCD面板的、与确定类型的内容的显示区域相应的区域状态改变为与确定类型相应的状态，第二LCD面板控制器控制第二LCD面板在与确定类型的内容的显示区域相应的区域显示确定类型的内容。实现二维/三维内容的混合或单独显示，实现不同格式的3D内容的单独或混合显示，对显示内容的亮度进行动态控制，提高显示质量。

(3) 指向光源3D显示技术

申请日为2008年3月13日的CN101334555A，背光单元包括发出用于左眼视野的光线的左眼视野片段光源；发出用于右眼视野的光线的右眼视野片段光源；左眼视野片段光源和右眼视野片段光源交替布置而形成面光源。提供一种二维/三维可切换图像显示装置及其中的背光单元，减少了光学零件的数量，提高了光使用效率。

申请日为2010年6月13日的CN101923249A，图像显示装置通过利用背光单元中的可变散射层的可变散射特性，基于输入图像的视点的数量选择性地产生多条方向光，并将产生的多条方向光施加到像素表现单元。可以通过利用包括在背光单元中的可变散射层的可变散射特性，基于输入图像的视点的数量来产生多条方向光，并可通过利用产生的多条方向光输出多视点图像。

申请日为2013年7月15日的CN103672586A，背光单元的导光件包括形成在其第一表面上的多个透镜图案以及形成在其第二表面上的多个导光图案，透镜图案和导光图案沿第一方向延伸并沿与第一方向交叉的第二方向布置。提供一种背光单元，防止入射光被扩散，提高了通过相应的发光区域传播的光的直线传播的趋向，可以防止包括背光单元的显示装置的色度亮度干扰。

(4) 多层3D显示技术

申请日为2012年1月27日的CN103348760A，该设备显示包括多层的3D图像，感测移动设备在相对于屏幕的深度方向上的移动，根据移动的方向和距离来转换和显示多层。使用户可通过在各个方向和角度上移动移动设备来搜索用户所要求的内容或功能，可观看3D图像。

申请日为2012年12月26日的CN103179416A，该方法使用至少一个输入视图产生包括关于场景的信息的参考视图的多层表现，据此产生在输出视点观看的输出视图。可使用多层表现来渲染视图。

申请日为2013年5月30日的CN103458179A，该设备中控制器通过根据从由相机模块捕获的脸部图像提取的两个眼睛图像的位置的改变，重新布置构成图像的多个屏幕层来显示图像。允许用户根据自己的凝视位置和距离来感受终端上的图像的透视性。

申请日为2013年4月3日的CN103369337A，该设备中，多视点图像产生器基于接收的图像和接收的图像的深度信息来产生深度信息小于预设深度值的多视点前景图像、深度信息等于或大于预设深度值的多视点后景图像。

申请日为2013年9月13日的CN103730062A，一种弯曲显示装置。在该弯曲显示装置中，当在具有恒定的曲率的显示装置上显示暗色图像时，设置在预定位置的发光二极管（LED）关闭，从而局部地调节背光单元的亮度。

（二）夏普株式会社

夏普株式会社（Sharp Corporation，以下简称夏普）作为“液晶之父”其液晶面板制造工艺为世界一流，其液晶屏幕的专利技术也被广大用户所认可，其于2011年在CES国际消费电子产品展览会上展示的一款手机产品，因应用了裸眼3D技术而尤为瞩目。该手机的3.8in显示屏具有480×800分辨率，并且采用视差屏障式3D液晶屏幕，可以轻松观看3D电影，玩3D游戏以及拍摄3D照片等。

1. 历年专利申请情况

图12所示为夏普专利申请的逐年分布趋势。由图可见，夏普在裸眼3D领域的专利申请高峰期主要集中在2003～2004年以及2010～2012年。

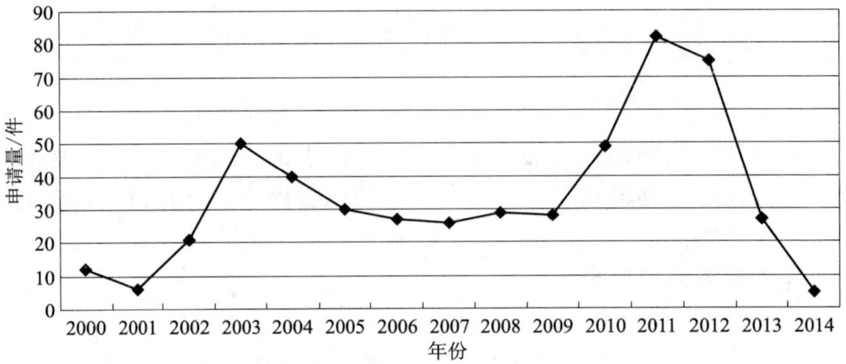

图12　夏普专利申请的逐年分布趋势

2. 技术领域分布

在本文关注的裸眼3D的四项技术中，夏普在视差障壁技术、透镜技术和指向光源技术方向的专利申请占其裸眼3D显示技术申请总量的93%，特别是涉及视差障壁技术和透镜技术的专利申请，分别有174件和102件，其中有多项专利申请同时涉及这两项技术。从专利申请数量上看，夏普兼顾视差障壁技术和透镜技术，这两项技术也是裸眼3D显示技术中相对较成熟的技术，因此专利申请数量较多。详细分布情况如图13所示。

3. 重点专利分析

通过对夏普相关专利申请的分析，发现该公司的申请主要集中在视差障壁技术方面。其涉及对视差障壁技术中的显示装置的物理结构的多种改进，包括：

（1）改进视差栅栏的制造工艺。如2003年10月14日申请的CN1705903A提供一种视差栅栏元件，可以尺寸精度良好地形成微细的栅栏图形，可以通过电方式显示或不显示栅栏图形。

（2）改进狭缝的周期间隔和数量。如2004年3月19日申请的CN1534328A涉及一种视差屏障，包括均匀相隔的多组狭缝。每组包括两个或更多条均匀间隔的狭缝，所述组之间周期相隔，所述周期大于每组中的狭缝数与每组的狭缝周期的乘积。这种屏障可与具有数列像素的空间光调制器一起使用，在多视图显示器（如自动立体显示

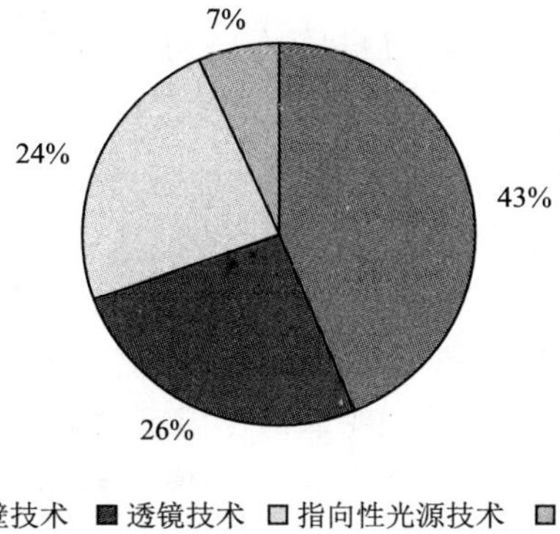

图13　夏普专利申请在技术领域的数量分布

器）向两个或更多观看者提供两个或更多不同视图的显示器中，所述空间光调制器的结构与视差屏障的结构配合以提供视图之间更宽的视角，来降低屏障的可见度，减少窗口之间的色度亮度干扰，提高观看自由度，增加亮度，改进色彩匹配。

（3）对防止串扰对视差屏障细节的改进。如2009年12月24日申请的CN102362214A涉及液晶显示装置，具备有多个像素区域的液晶面板和覆盖上述液晶面板的面板面的视差屏障，各像素区域具有显示部和非显示部。上述显示部至少在一部分具有凹部，上述视差屏障是等间隔地配置透光区域和遮光区域而成的。上述视差屏障的遮光区域具有与上述液晶面板的上述凹部并排的凸部，上述透光区域的宽度在形成有上述凸部的区域中变窄。确保必要的透光率且可以抑制右眼用图像和左眼用图像的串扰的发生。

（4）对透射部和遮光部边界漏光缺点的改进。如2011年7月25日申请的CN103038702A涉及开关液晶面板和显示装置。其包括：以夹着扭转向列型的液晶层的方式配置的一对基板。和遮光部形成用电极，其在这一对基板中的至少一个基板形成有多个，且在施加有电压时与夹着液晶层相对配置的对置电极协作而形成视差屏障的遮光部，在形成有遮光部形成用电极的基板一侧设置的取向膜的摩擦方向与遮光部形成用电极的长度方向呈45°以下的角度。

2012年7月31日申请的CN103733125A提供一种立体显示装置，在纵横对应立体显示装置中，减少驱动电极与辅助电极之间（线间区域）的漏光，提高遮光部的遮光性，由此能得到良好的立体显示。该发明的立体显示装置所具备的开关液晶面板实现透射部和遮光部交替排列的视差屏障。

（5）涉及2D和3D显示切换速度的改进。如2012年7月27日申请的CN103703411A提供一种包含开关液晶面板的立体显示装置，能防止串扰的恶化，并且提高3D显示时的亮度，不降低分辨率地切换2D显示和3D显示，且能实现与视差屏障方式同样的切换相应速度。

因为视差障壁技术使用方便，且屏障物使用可切换状态的材质时能够很好地与2D显示兼容，并且与已有的液晶工艺兼容，因此，在量产和成本上具有较大的优势，成为液晶巨头夏普的首选裸眼3D技术研发方向也就理所当然了。虽然有着水到渠成的便利，但是在进行数据分析的过程中不难发现，以技术创新为己任的夏普同时也在对透镜技术进行关注，其申请的专利中不乏兼顾视差障壁技术和柱状透镜技术的裸眼3D显示装置。如2012年7月6日申请的CN103650022A提供的一种图像显示装置，能以三维方式显示图像，具备视差实现单元，用于输出所述图像显示装置的左眼用的图像和右眼用的图像；以及显示装置，由多个像素构成，各所述像素具有多个子像素，在所述多个像素中的每隔一个像素的各像素中，该像素所包括的多个子像素的排列相对于与该像素邻接的像素所包括的多个子像素的排列进行重新排列。视差实现单元以形成视差障壁的方式构成，或者视差实现单元包括双凸透镜。

（三）索尼

索尼公司作为全球最大的电子消费巨头之一，1998年以来重视3D显示技术这一热点技术领域，其3D业务的发展战略始于2010年，如今，索尼已经拥有从3D拍摄、播放到终端显示的全产业链优势，掌握了3D产业的绝对话语权。多年来索尼公司重视裸眼3D显示技术的积累，并自2010年起，多次在美国拉斯维加斯国际会展中心的CES展会上推出裸眼3D终端显示产品。

1. 历年专利申请情况

截至2014年7月31日，索尼公司在全球范围内公开的裸眼3D显示技术的专利申请为352件。图14所示为索尼公司在全球范围内的裸眼3D显示技术专利申请的逐年分布趋势，从图中可见索尼公司在2009年裸眼3D显示技术的专利申请出现成倍增长，此后连续几年申请量稳步增长。

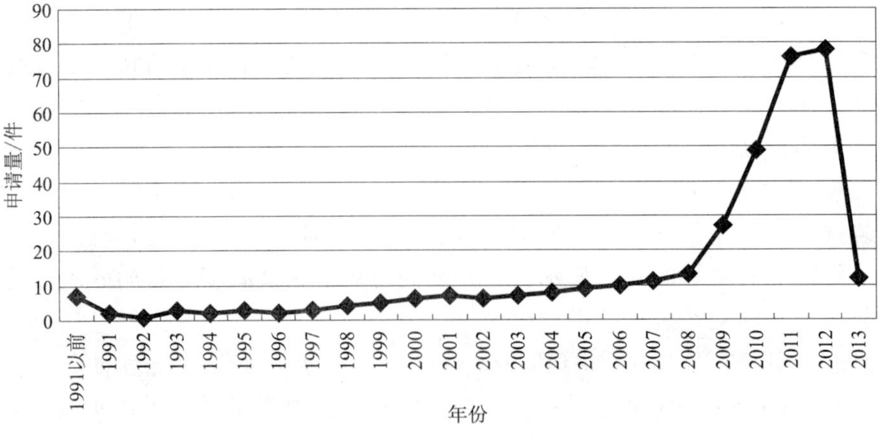

图14　索尼公司在全球专利申请的逐年分布趋势

图15所示为索尼公司在中国的裸眼3D显示技术专利申请的逐年分布趋势。索尼公司开始在中国进行裸眼3D显示技术的专利布局较晚，并且连续多年申请量仅为个位数，同其全球专利申请趋势一致，2009年开始增加申请量。

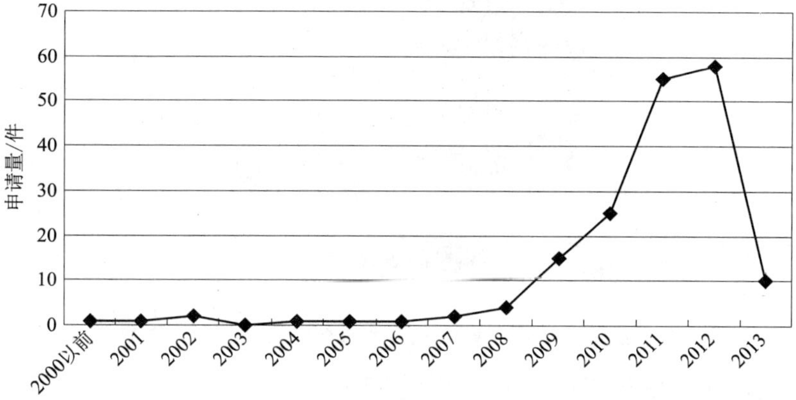

图15　索尼公司在中国专利申请的逐年分布趋势

2. 技术领域分布

在本文关注的四项技术领域中，索尼公司光壁障显示技术、透镜显示技术和指向光源3D显示技术的专利申请占其裸眼3D显示技术专利申请总量的90%，特别是涉及光壁障显示技术和透镜显示技术的专利申请，分别为134件和125件，其中有21件专利申请同时涉及这两项技术。从专利申请数量上看，索尼公司对光壁障显示技术和透镜显示技术的重视程度相当，同时这两项技术也是裸眼3D显示技术中相对较成熟的技术，因此专利申请数量较多。值得注意的是，索尼公司对指向光源3D显示技术的专利申请数量较多，由于指向光源显示技术的发展晚于光壁障和透镜显示技术，可见索尼公司对指向光源显示技术加大了研发力度，并取得了一定的成果。详细申请数量见图16。

3. 重点专利分析

(1) 视差屏障显示技术

申请日为2009年12月10日的CN102239438A，该显示器包括由驱动部驱动圆筒状旋转部，发光元件阵列安装在旋转部中并且具有发光面，狭缝布置在旋转部的周面中朝着发光面的位置，发光元件阵列包括具有凹入面的弯曲部分，凹入面被形成为发光面。在不使立体显示机构复杂化的情况下，允许以较高的再现性从所有方向观看立体图片的立体图片显示器。

申请日为2010年5月21日的CN101900886A，利用定时控制器控制二维显示部中的第一切换操作和可变视差障栅中的第二切换操作，二维显示部的切换操作可以是第一和第二显示图案的切换，可变视差障栅的切换操作可以是第一和第二障栅图案的

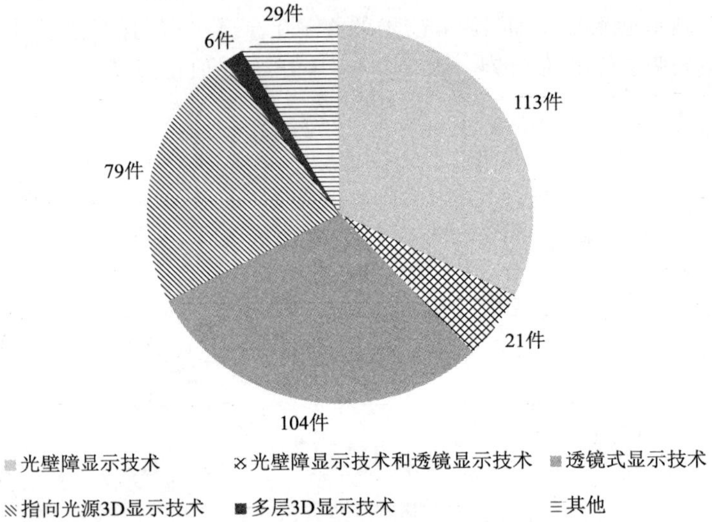

图 16　索尼公司专利申请在技术领域的数量分布

切换，使障栅图案的切换定时和显示图案的切换定时同步，避免立体显示过程中分辨率的降低。

申请日为 2011 年 2 月 1 日的 CN102162947A，视差屏障图案直接形成在元件基板或相对基板中任何一个基板的在晶体管元件相反侧的表面上。能够防止视差屏障图案的位置偏差。

申请日为 2011 年 6 月 24 日的 CN102316342A，显示设备在渐进扫描的扫描方向上分割背光，并且允许分割的背光部彼此独立发光。可以最小化由于液晶分子的响应时间而导致的图像劣化，使得能够进行立体显示。

申请日为 2011 年 8 月 26 日的 CN102387388A，显示单元中子像素沿屏幕的第一方向以第一子像素间距周期性地排列；阻挡单元的透射部分周期性地排列，透射部分具有沿第一方向的第一宽度。由阻挡单元朝向多个试点定向地分离图像的显示设备，能减少莫尔波纹，同时保证设计其中阻挡朝向多个视点定向地分离图像的构造的灵活性。

申请日为 2011 年 11 月 3 日的 CN102469331A，各个立体视点图像的单位像素是通过从分别以分时方式显示的多个显示式样选择的子像素的组合来形成的。由于画面上分配给单位像素的占用面积减小，从而改进分辨率，同时实现立体画面在垂直方向和水平方向上的分辨率平衡。

申请日为 2012 年 4 月 13 日的 CN102749763A，液晶屏障包括具有相互不同的图案的屏障电极，屏障电极包括在预定方向上延伸的主干部分以及从主干部分延伸的多个分支部分。能够减少波纹，视角特性关于左右方向和上下方向对称。

申请日为2012年12月28日的CN103200411A，使用后屏障模式，即视差屏障设置在透射式显示面板的后面上；光透射部分沿着第一方向的宽度基本上为像素阵列沿着第一方向的节距的一倍或两倍。能够防止产生衍射诱导莫尔条纹以及形状诱导莫尔条纹。

申请日为2013年6月18日的CN103513437A，立体显示光学设备的隔板部分包夹在相互面对的显示部分和视差分离部分之间，且沿着显示部分和视差分离部分的各自周界延伸。在减轻质量的同时保持硬度，从而展现出色的可操作性而不劣化显示性能，解决了树脂板引起的低尺寸精度问题。

（2）透镜式显示技术

申请日为2008年8月22日的CN10138775A，结合了时分技术和表面分段技术，对双凸透镜和二维显示部分整体移动，使同步控制更容易，解决了液晶显示器和柱面透镜阵列构成的显示系统的亮度不均匀的问题。

申请日为2010年2月1日的CN101794021A，透镜阵列中每个固定透镜具有一旦对应的可变透镜已经具有第一屈光度则允许抵消第一屈光度的屈光度。可以容易地获得与单独的可变透镜阵列的透镜效果特性不同的透镜效果特性。可控制电气特性来抑制电力消耗。

申请日为2010年10月21日的CN102053378A，能够控制多个可变透镜的光学特性以使至少一个透镜的共同光轴在给定方向上移动。允许在大的空间区域中观察立体图像而不使用任何机械装置，而且还允许迅速显示高清晰度高分辨率的立体图像。

申请日为2011年6月10日的CN102289112A，液晶透镜阵列元件根据施加于第一和第二电极组的电压，液晶层任意区域的透镜效果随着第一和第二开关组的状态的改变而改变。可用于便携电子设备中，允许平面的任意区域被设成三维显示模式且屏幕的其余部分被设为二维显示模式。

申请日为2012年6月21日的CN102854627A，可变透镜阵列包括可变相位差层和光学各向异性层。因为可变透镜阵列能够在短时间内切换穿过其的光的偏振方向，因此显示模式能够在短时间内在显示立体图像或其他类似的图像的模式与显示常规图像的模式之间切换。

申请日为2011年10月10日的CN102455520A，控制液晶面板显示像素的显示模式，顺次显示在时间上划分的多个显示模式，将在空间上划分的多个立体视点影像合成在一个屏幕里，使得无论视点数量多少都能够提高分辨率并改善纵向观看和横向观看的分辨率平衡。

申请日为2012年1月6日的CN102595173A，显示装置能够减轻观看区域的端部附近发生逆视的程度，即使在多个图像观看者从不同位置观看时也可减轻由于逆视引起的不适。不通过检测观看者位置来控制立体视点图像的显示，而是使用不同图像的视差关系来计算图像显示。

申请日为 2012 年 2 月 6 日的 CN102638696A，通过检测观看者的位置，切换立体视点图像的显示位置，在显示多个视点图像的显示装置中观看者可以在良好条件下观看图像的环境。

申请日为 2012 年 3 月 28 日的 CN102740101A，首先确定用户的观看位置再显示立体视点图像，从而减少用于显示多视点图像的显示器的功率消耗。

申请日为 2012 年 5 月 9 日的 CN103502882A，显示单元的光调制层根据电场的大小而对来自光源的光表现出散射特性或透明性，光调制层在光调制层表现出散射特性时生成偏振光，偏振光具有在平行于第一偏振片透光轴的方向上的偏振分量。从而对基于视差屏障的立体显示提高显示亮度，对基于透镜的立体显示提高显示质量。

申请日为 2012 年 5 月 17 日的 CN103548346A，通过混合右视差图像和左视差图像而生成与目标通道的像素对应的合成图像的像素，防止串扰发生，能以稳定方式显示高质量的立体图像。

（3）指向光源 3D 显示技术

申请日为 2011 年 3 月 24 日的 CN102207576A，使用导光板，利用多个反射区域和多个散射区域将光提供给显示面板以显示具有视差的图像，使得导光板自身具有作为视差屏障的功能。

申请日为 2012 年 11 月 5 日的 CN103105697A，导光板具有多个用于散射第一照明光的散射区；散射区中的凹陷和凸出形状的密度或光散射材料的浓度根据位置而改变，能以视差屏障方式实现立体视觉，并获得期望亮度分布的照明光。

申请日为 2013 年 7 月 11 日的 CN103574403A，光学元件面向导光板设置在导光板的光的出射侧，使从导光板出射的照明光的亮度角向分布发生改变，能以视差屏障方式实现立体视觉，并获得具有所需的亮度角向分布的照明光。

（4）图像处理

申请日为 2011 年 8 月 4 日的 CN102378024A，视差位移校正部分基于存储的视差位移数据校正在立体显示器上显示的立体图像，立体显示器包括二维地布置的多个像素来显示从多个视差图像创建的视差合成图像的显示部分，将视差合成图像分离成多个视差图像的视差分离结构。实现了在整个屏幕上显示具有较少的视差位移的满意的立体图像。

申请日为 2012 年 8 月 1 日的 CN102932657A，虚拟视点图像生成单元通过根据虚拟视点图像的图像质量、适当视差量或者图像的按图像区域的权重中的至少一个的处理来确定虚拟视点位置，并生成与所确定的虚拟视点位置相对应的虚拟视点图像。可生成根据相应观看位置的最佳虚拟视点图像，即具有舒适的视差范围的高质量虚拟视点图像。

申请日为 2012 年 9 月 21 日的 CN103106652A，基础图像和参考图像在彼此不同的水平位置绘制了相同的对象；视差检测部件，基于基础像素和参考像素组，从参考像素组中检测候选像素，将指示水平视差候选者与垂直视差候选者关联。可以在参考图像的垂直方向中搜索候选像素，可以高健壮度和高精确度地检测水平视差。

申请日为2013年9月30日的CN103731651A，校正单元，其基于右眼和左眼视差图之间的一个视差图来搜索近似另一视差图中的遮挡像素的近似像素，并且基于近似像素的视差向量来计算遮挡像素的校正视差向量。

(四) 飞利浦

飞利浦公司开发了与显示面板组合使用倾斜配置的双凸透镜来实现多视点裸眼3D立体显示，并在2005～2006年研发了基于双折射透镜的裸眼3D显示技术。2012年，飞利浦携手杜比共同开发杜比3D，使得用户能够在各种尺寸任意裸眼3D显示屏上欣赏清晰鲜明的全高清3D画面。

1. 历年专利申请情况

截至2014年7月31日，飞利浦公司在全球范围内公开的裸眼3D显示技术的专利申请为223项。图17所示为飞利浦公司在全球范围内的裸眼3D显示技术专利申请的逐年分布趋势。飞利浦公司的裸眼3D显示技术的专利申请曾在2006年出现一个高峰期，近年来专利申请量基本持平。

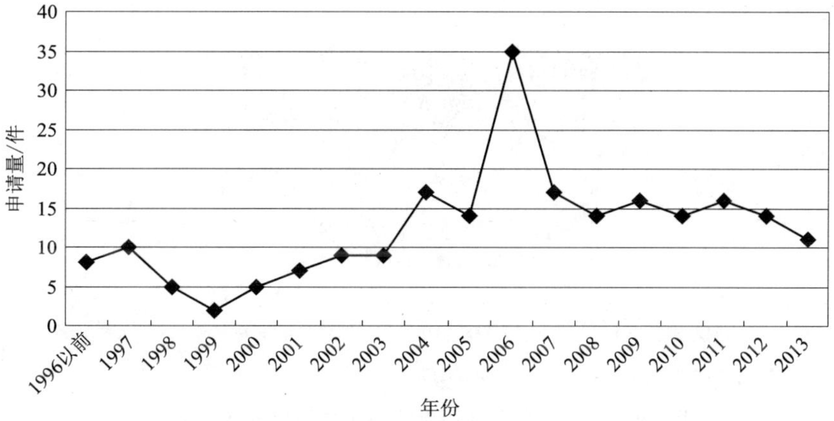

图17　飞利浦公司在全球专利申请的逐年分布趋势

图18所示为飞利浦公司在中国的裸眼3D显示技术专利申请的逐年分布趋势，同其全球专利申请趋势一致，2006年曾出现申请高峰，近年来申请量持平。

2. 技术领域分布

图19所示的飞利浦公司的裸眼3D显示技术在全球专利申请按技术领域的分布情况。从专利申请数量上看，飞利浦公司明显侧重于透镜显示技术，其透镜显示技术的专利申请占裸眼3D显示技术专利申请总量的54%，有121件。特别是近年来飞利浦公司的裸眼3D显示技术专利申请，主要围绕透镜显示技术进行专利布局。飞利浦

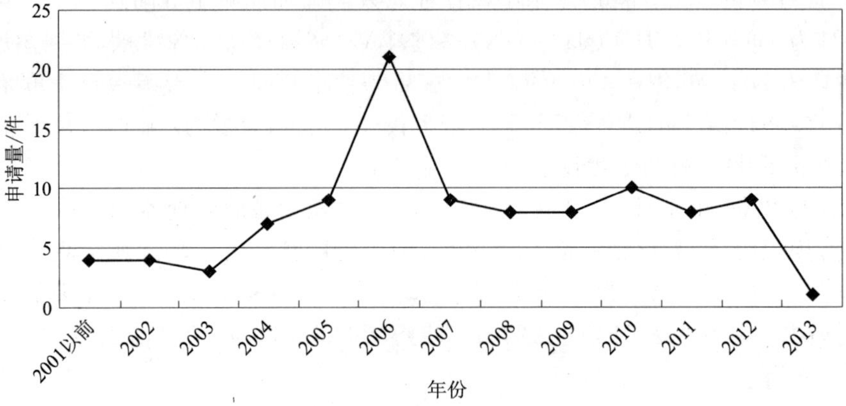

图 18　飞利浦公司在中国专利申请的逐年分布趋势

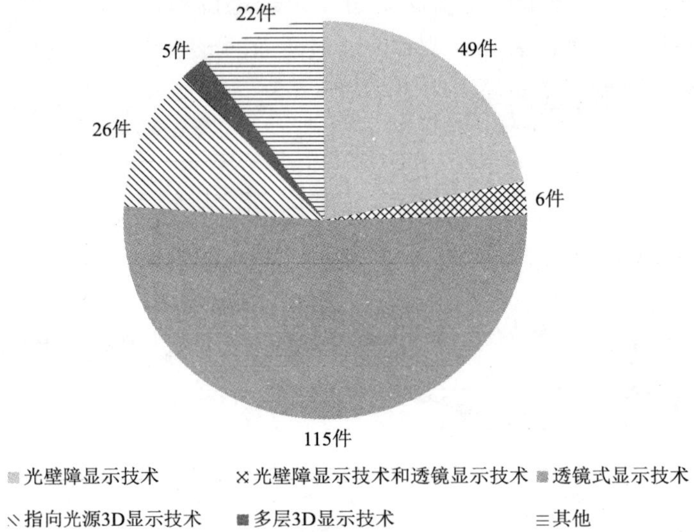

图 19　飞利浦公司专利申请在技术领域的数量分布

公司在中国的裸眼 3D 显示技术专利申请的技术分布与其在全球的技术分布情况一致，透镜显示技术的专利申请占大部分。

3. 重点专利分析

（1）视差屏障显示技术

申请日为 2002 年 6 月 26 日的 CN1476730A，自动立体图像显示设备，观看点跟踪器控制视差屏障件的狭缝，使得承载左、右眼视像的像素的出射光束可以分别会聚在与检测到的左、右眼位置重合的至少一个特定的左眼视像焦点上和至少一个特定的右眼视像焦点上。解决现有自动立体图像显示系统。只允许一个观看者确切地感觉到

3D图像，且看到的3D图像的亮度随观看者人数的增加而减小等问题。

申请日为2005年2月17日的CN1922893A，显示设备，像素被分组以使组中不同像素对应图像的不同视图；组中像素大小作为像素相对各自光源的观看角度的函数而变化，以使不同视图的特征独立于观看角度。可消除或减轻随着观看角度的增加视图角度间距的变化，减小亮度假象。

申请日为2006年4月17日的CN101164348A，设备的处理器用于从显示器的至少两种运行模式尤其是三维模式和混合模式中进行选择，混合模式在空间上将所显示的图像分成同时分别以二维和三维在立体效果显示器上显示的区域。提供一种设备及用于立体效果显示的方法，其能在空间上将图像分成2D和3D区域。

(2) 透镜显示技术

申请日为2006年12月11日的CN101444105A，该设备中的成像装置将来自不同像素的输出指向不同的空间位置，以使立体图像能够被观看到。该成像装置在至少三个模式中可电切换，该至少三个模式包括2D模式和两个3D模式，且该成像装置包括可电配置的渐变折射率透镜阵列。可用于不同的分辨率、多个视点或显示方向，且该设备可在多个模式之间切换且没有分辨率损失。

申请日为2007年8月23日的CN101512414A，自动立体显示设备，光会聚装置的第一轴和垂直的第二轴，横过第一轴光会聚度最大，横过垂直的第二轴光会聚度最小，其中光会聚装置的第二轴与透镜光栅元件的细长轴对齐。减小了在透镜光栅阵列内穿透的光量，提高了显示亮度和对比度。

申请日为2010年3月9日的CN102356424A，驱动方法，每个照明周期包含至少通过利用第一颜色照明第一像素集合并利用第二颜色照明第二像素集合来照明显示器的像素，两个周期的第一、第二颜色一起包含了用于形成图像的该组的全部三种颜色。使显示器分辨率最大化，在一个周期内输出多种颜色，响应于图像或观看者的快速移动，图像品质损失被视为分辨率。

申请日为2012年2月13日的CN103348687A，显示面板中每个像素含至少四个子像素，且子像素包括至少三种不同颜色；柱状透镜阵列布置于显示面板上以用于朝向使用者在不同方向上投影多个视图，且柱状透镜阵列含柱状透镜以将这些子像素的组的输出投影至朝向使用者在不同方向上投影的多个视图中。实现在像素结构、分辨率损失均衡和/或视图中的亮度性质（色密度）方面获得最佳效能。

申请日为2012年4月10日的CN103620666A，第一、第二发光区域以它们之间的小间隔沿着至少一个轴被布置在面板平面中，小间隔使发光区域之间的边界通过边界区的光的混合而是较少可见的或模糊的，当两个发光区域提供不同彩色的光时，不同着色的光形成边界混合以给出混合彩色。能降低或防止彩色分裂。

申请日为2004年2月11日的CN1751525A，自动立体显示设备包括的分裂屏幕是一个动态分裂屏幕，并且显示设备包括控制动态分裂屏幕的装置，用于控制显示阵列的像素所发送的通过分裂屏幕发送的光的出射角。解决现有显示装置中存在的眼镜佩戴不方便、观看区域窄、需要一个很专用的平面阴极射线管的问题，提供一种自动立体显示器。

（3）指向光源3D显示技术

申请日为2004年3月26日的CN1768537A，显示设备包括两个光源，通过在两个被限定和限制的角锥内发射光来产生立体图像。提供一种如膝上型电脑、桌上型PC等的三维显示设备，解决了现有三维显示设备中包括复杂的光学系统，体积大、不易弯曲等问题。

申请日为2005年11月7日的CN101061416A，背光装置包括沿相反的两个方向耦合两束光的光学透明光导，以及具有起伏结构的偏振选择分束界面。控制电路采用由该分束界面分离的第一射束和第二射束提供三维感受。解决了现有显示系统不能提供一种容易的方法在普通的二维观看模式和三维观看模式之间切换，同时保持图像分辨率和多色彩能力的问题。

申请日为2006年10月23日的CN101297414A，发光设备衬底第一和第二区域具有面向不同方向的法线方向，其中发光元件包括定向发光元件，并且其中发光元件在第一和第二区域上提供，从而定义第一和第二发光方向。可对所发射的光的角分布进行电调节，而无须机械移动的部件，可避免不同方向输出之间的串扰而无须屏障。

（4）其他显示技术

申请日为2009年11月3日的CN102204264A，被一个或更多个另外的层和参考视图覆盖的视域在尺寸和/或形状上是不同的，并且生成表达在参考视图视域与一个或更多个另外的层的视域之间的关系的缩放数据。解决了对于精确构建3D图像有用的部分遮挡信息不能在遮挡层中被表示，降低了3D成像的质量，产生了图像误差和不完美的3D图像的可能性的问题；使得遮挡层可以以不同的分辨率和高宽比被自动存储。

（五）三洋电机

三洋电机很早就拥有大量裸眼3D显示技术专利，早在1993年就推出了全球首台裸眼式3D电视。三洋电机于2003年与夏普、索尼、NTT数据和伊藤忠商一起发起建立3D联盟，可以说，三洋电机是3D显示技术的先行者。

1. 历年专利申请情况

截至2014年7月31日，三洋电机在全球范围内公开的裸眼3D显示技术的专利申请为210件。图20所示为三洋电机在全球范围内的裸眼3D显示技术专利申请的逐年分布趋势，从图中可见三洋电机在20世纪90年代就开始申请裸眼3D显示技术的专利，并在1995年达到专利申请数量的高峰，此后逐渐减少了专利申请，三洋电机在2000年以前的裸眼3D显示技术的专利申请量约占其总量的74%，近年来在几乎停止申请的情况下，申请量开始小幅上扬。

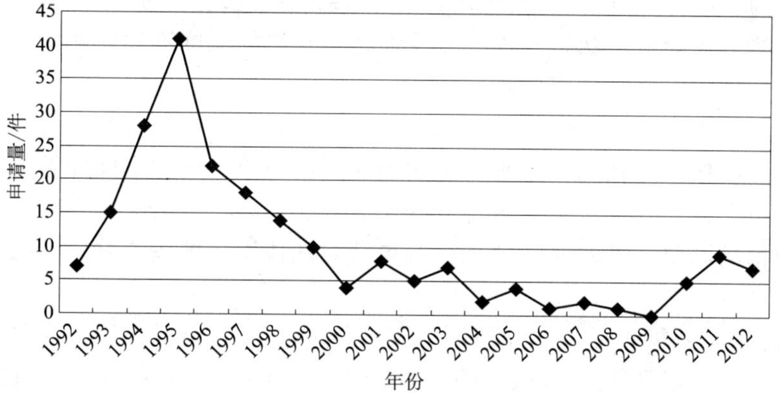

图 20　三洋电机在全球专利申请的逐年分布趋势

2. 技术领域分布

图 21 所示为三洋电机的裸眼 3D 显示技术在全球专利申请按技术领域的分布情况，从专利申请数量上看，三洋电机侧重于光壁障显示技术，同时也申请了较多的透镜显示技术的专利。

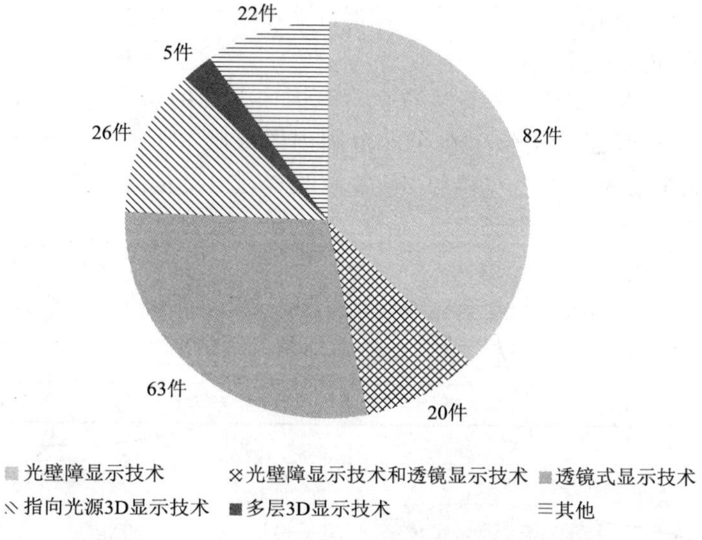

图 21　三洋电机专利申请在技术领域的数量分布

3. 重点专利分析

2000 年后，三洋电机申请有关裸眼 3D 显示技术的专利数量明显减少，研发重点在于继续扩大观看者可视范围，并且改善图像显示质量，提高显示分辨率等。近年来，三洋电机申请的专利中值得关注的有：

申请日为 2011 年 10 月 26 日的 CN103492929A，影像显示装置，透射区域的外缘中的长边侧形成为波形状，至少一个波形状包含波的宽度不同的两个单位波形，能抑制串扰量的增加，并减少摩尔纹。

申请日为 2012 年 6 月 20 日的 CN103621077A，本装置在水平方向上交替配置第一图像与第二图像，并在同一水平线上的第一图像与第二图像之间配置不是第一及第二图像的第三图像。能抑制由于观察者的位置及分离单元的结构所发生的交调失真，提高立体影像的画质，抑制电力消耗，减少针对立体影像的垂直分辨率的水平分辨率的劣化。

申请日为 2012 年 6 月 20 日的 CN103562775A，影像显示装置，通过适应间距调整机构根据面板变形调整各区域中的影像分离机构的间距量。能够抑制适视距离的变动。

（六）精工爱普生株式会社

精工爱普生株式会社（Seiko Epson Corporation，以下简称爱普生）具有以手表制造、打印机、投影机、电子元器件等精密仪器为代表的业务基础，其在裸眼 3D 技术上的研发主要用于打印机和投影机领域。2004 年，三洋电子（Sanyo Electric）和精工爱普生合资，开办了三洋爱普生映像器件有限公司，进军液晶市场。以下对爱普生的专利数据分析包括了三洋爱普生映像器件有限公司的相关专利。

1. 历年专利申请情况

截至 2014 年 7 月 31 日，爱普生在全球范围内公开的裸眼 3D 显示技术的专利申请为 273 件。图 22 所示为爱普生在全球范围内的裸眼 3D 显示技术专利申请的逐年分布趋势，从图中可见爱普生在裸眼 3D 领域的专利申请量高峰期主要分布在 2004～2008 年。

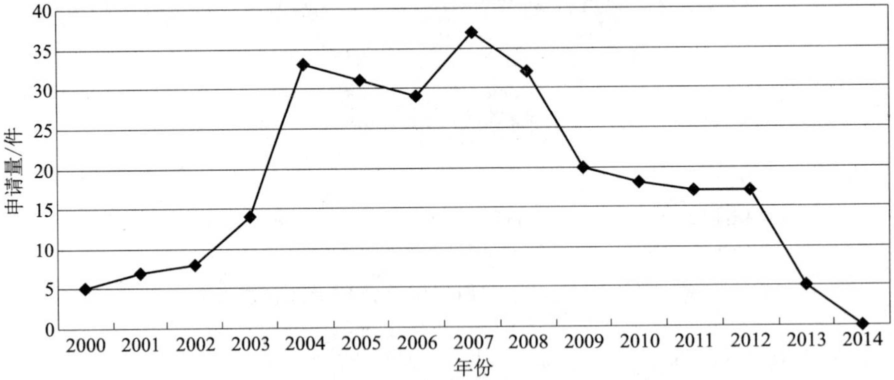

图 22　爱普生在全球专利申请的逐年分布趋势

2. 技术领域分布

在本文关注的四项技术领域中，爱普生的光壁障显示技术和透镜显示技术的专利申请占其裸眼3D显示技术专利申请总量的85%，特别是涉及光壁障显示技术和透镜显示技术的专利申请，分别有70件和129件。从专利申请数量上看，爱普生更侧重于透镜显示技术，因此专利申请数量较多。详细申请数量见图23。

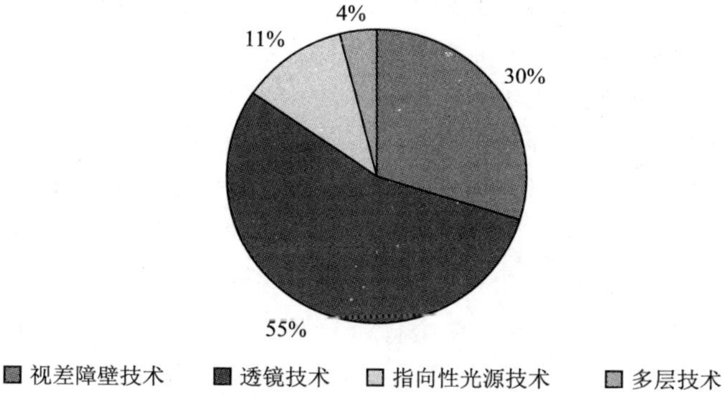

图23 爱普生专利申请在技术领域的数量分布

3. 重点专利分析

爱普生申请的专利中，透镜显示技术的占比很大，从观察角度、透光性等方面着手对显示装置进行了改进。例如：

2006年3月17日三洋爱普生映像元器件有限公司申请的CN1834728A提供一种使位于不同观察位置的观察者，可观看到不同的高清晰度图像而不会使观察者所观察的图像的亮度降低的图像显示装置。该发明所涉及的图像显示装置具备：显示面板，用来显示图像；背光源，用来将光线照射在显示面板；偏光控制液晶面板，用来将背光源所照射的光线分离成为具有第一偏光轴的光线、以及具有与第一偏光轴不同的第二偏光轴的光线；柱面镜，包含透镜部，该透镜部通过偏光控制液晶面板而以具有不同偏光轴的方式分离的光线，分别往预定的方向行进，且以朝与观察者左右眼的连接线实质上正交的方向延伸的方式形成。

2006年3月17日三洋爱普生映像元器件有限公司申请的CN1834729A提供一种图像显示装置，它具备：发光控制装置，使光源所照射的光线透射的透射部以及遮光用的遮光部，在与连接观察者的左右眼的第一方向交叉的第二方向延伸的方式设置，并且，可将透射部及遮光部的第一方向的长度加以改变；透镜，至少包含1个透镜部，该透镜部使来从光源的、经由发光控制装置的透射部而照射出的光线，往预定的方向行进，并且该透镜部在第二方向延伸而形成。

2006年3月17日三洋爱普生映像元器件有限公司申请的CN1841156A提供一种液晶显示装置，从而可以将在单一的显示用LCD上互异的两个显示图像供若干个观察者分别观看的双画面显示。该发明所涉及的液晶显示装置包括：背光用光源(BL)、由该光源的光线抽出直线偏光（linear polarization）的第一偏光板（11)、由分割成若干列的液晶层所构成且分别控制各列的光学相位差的偏光控制用 LCD（20）、沿着上述各行配置的微凸透镜（lenticular lens）（30）、分割成若干行且交替配置具备及未具备第一光学相位差的第一行（41）及第二行（42）的第一相位差板（retardation plate）（40）、显示用 LCD（50）、包夹该显示用 LCD 的第二偏光板（12）及第三偏光板（13）。

（七）日本松下电器产业株式会社

日本松下电器产业株式会社（Panasonic，以下简称松下）集家电、数码视听等多种产品的研发生产销售于一体，还拥有大量的专利申请，是典型的科技型和生产型并举的国际化大公司。

1. 历年专利申请情况

截至 2014 年 7 月 31 日，松下在全球范围内公开的裸眼 3D 显示技术的专利申请为 131 件。图 24 所示为松下在全球的专利申请的逐年分布趋势。由图可见松下在裸眼 3D 领域的专利申请量从 2004 年开始呈稳步上升趋势，至 2011 年达到峰值。

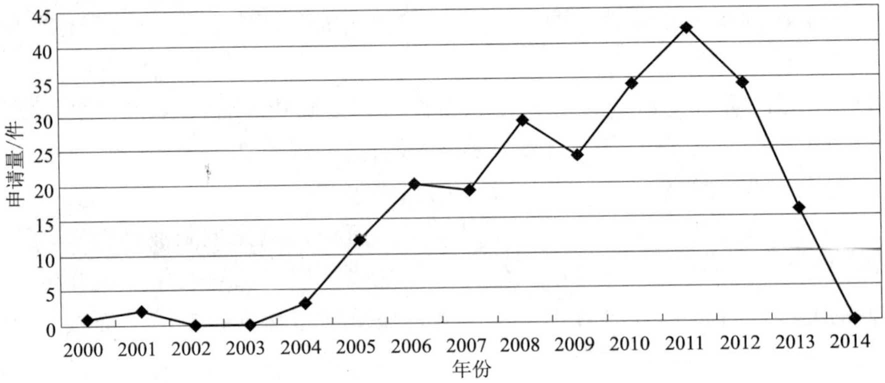

图 24　松下在全球的专利申请逐年分布趋势

2. 技术领域分布

在本文关注的四项技术领域中，松下的透镜技术的专利申请占其裸眼 3D 显示技术专利申请总量的 59%，有 77 件，数量较多。四项技术专利申请详见图 25。

3. 重点专利分析

通过对松下相关专利申请的分析，发现该公司的申请主要集中在视差障壁技术和透镜技术方面，涉及对视差障壁技术中的显示装置的物理结构的多种改进，包括：

2008 年 5 月 12 日申请的 CN101542357A 提供一种立体图像显示装置，具备：将视点不同的多个原图像合成而构成的合成图像（10）；透镜阵列（12）以及与透镜阵列相同间距的衍射元件阵列（11）。衍射元件阵列具有由第一材料构成的层（11a）和由第二材料构成的层（11b），包括由第一材料构成的层和由第二材料构成的层的界

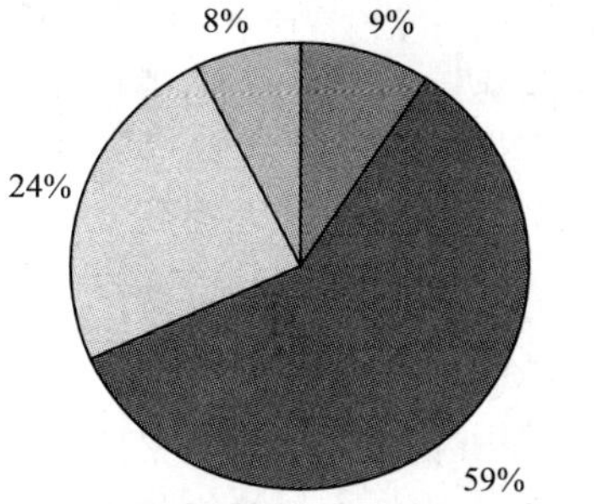

图25 松下专利申请在技术领域的数量分布

面上形成的台阶d的炫耀衍射光栅形状。在将第一材料的折射率及第二材料的折射率作为可视光区域的任意的波长λ的函数而分别用n1(λ)及n2(λ)显示时，台阶d与λ/|n1(λ)−n2(λ)|大致相同。由此，伴随着色像差的图像的颜色偏差较少，所以能够显示高析像度、视野角较大且明亮的图像。

2011年4月21日申请的CN102449534A提供立体影像显示装置、立体影像显示方法，在即使是3人以上的多个视听者同时视听的情况下也能够不发生逆视而观察立体影像的立体影像显示装置(100s)中，具备：二维显示部(100)，对各个视差图像选择像素序列，将该视差图像用所选择的上述像素序列显示；屏障形成部(101)，将光(101L)分离，以使得各个视差图像被提示在对应于该视差图像的规定位置；位置检测部(102)，检测观察者(114)的位置；视差配置控制部(103)，确定处于检测到的位置的观察者(114)的右眼所不在的位置(1134)，使预先设定的视差图像(1101)被提示在所确定的位置(1134)。能裸眼观察立体影像，在即使是3人以上的多个视听者同时视听的情况下也能不发生逆视。

2011年7月13日申请的CN102483521A显示装置，包括：随时间切换供左眼观看而制作的左帧图像和供右眼观看而制作的右帧图像，射出影像光使影像被立体感知的图像显示部；使来自该图像显示部的所述影像光偏转的光偏转部；以及控制该光偏转部，调整从所述光偏转部射出的所述影像光的偏转方向的控制部，其中，所述图像显示部改变每个区域的所述影像光的偏振特性，所述光偏转部根据所述偏振特性使所述影像光偏转，使所述左帧图像的所述影像光射入所述左眼，使所述右帧图像的所述影像光射入所述右眼。

2012年6月20日申请的CN103562775A提供影像显示装置，具备：影像显示机构(100)，将与立体视觉的视点数相应的多个视差图像合成并显示到显示面板(100a)的画面上；视差屏障(101)，对置于上述画面而配置，将显示在上述画面上的各视差图像光学地分离；适应间距调整机构(103)，根据每个区域的面板变形控制各区域的视差屏障（101）的间距量。能够抑制适视距离的变动，当从适视位置观看时能够在画面内减少难以融像的区域，能够在适视位置良好地融像。

2012 年 6 月 20 日申请的 CN103621077A 提供影像显示装置不依据观察者的位置及视差障壁的形状来抑制交调失真的发生，为提高立体影像的画质，将右眼用影像与左眼用影像在水平方向交替显示在显示器上，进而在右眼用影像与左眼用影像之间显示黑影像。而且，使用视差障壁，使观察者的右眼只观察右眼用影像，左眼只观察左眼用影像。该装置及方法能抑制由于观察者的位置及分离单元的结构所发生的交调失真，提高立体影像的画质，抑制电力消耗，减少针对立体影像的垂直分辨率的水平分辨率的劣化。

由上述重点专利可以看出，松下在 2011～2012 年申请了较多的针对视差障壁技术的裸眼 3D 专利，多是从图像性质和观察方式角度对左、右眼图像的交替显示呈现方式的改进，这些技术方案从一定程度上达到了提高亮度、扩大观看角度以及减少屏幕分辨率恶化的有益效果，改善了用户观看影像的质量。

（八）东芝

1. 历年专利申请情况

东芝公司自 2004 年起开始涉足裸眼 3D 显示技术方面的专利申请，申请数量在 2012 年达到最多。专利申请量逐年分布趋势如图 26 所示。

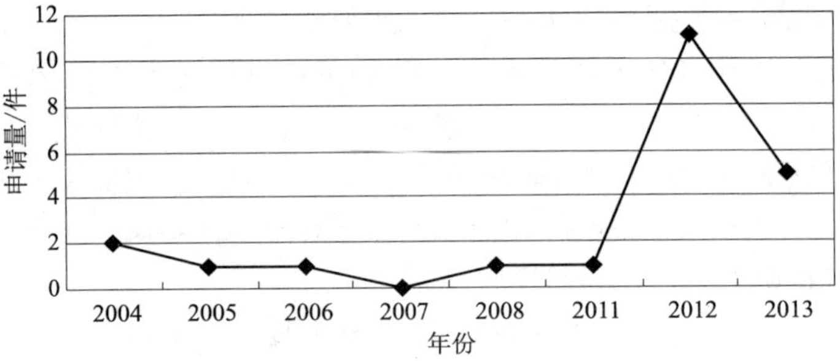

图 26　东芝专利申请的逐年分布趋势

2. 技术领域分布

东芝公司专门针对光壁障显示技术、透镜式显示技术、指向光源 3D 显示技术、多层 3D 显示技术四个热点技术的专利技术较少，其专利申请的研发重点及发展趋势的重点在于液晶机构的改进及图像校正。

3. 重点专利分析

(1) 校正视差图像

在立体图像显示装置中，在排列了多个像素的显示面板的前表面，设置用于控制来自各像素的光线的射出方向的光线控制部，显示相互具有视差的多个视差图像。如果出现幕布和显示器等显示区域自身能够弯曲、由于经年变化而面板和镜头的一部分变形或者剥离等情况，视听者观看的图像看起来不够立体，因此，需要对立体图像进行校正，能够使画面成为正常视觉区域。

申请日为2012年3月16日的CN103179411A提供一种能够使画面成为正常视觉区域的图像处理装置及方法以及图像显示装置，能够提供使画面成为正常视觉区域的图像。

申请日为2012年10月12日的CN103369332A通过使用表示将在视点位置观看的视差图像的第一视差信号与在所述视点位置处实际观看的且已经进行了用于校正光束变形的变形校正的视差图像的第二视差信号之间的差值的校正数据，进行将在视点位置处观看的视差图像的视差信号设置为第一视差信号的校正，进而可以使得屏幕成为正常观看区域。

(2) 根据观众位置进行视频显示

近年来，电视观众不使用特殊眼镜也能够用裸眼看到立体视频的立体视频显示装置（所谓的裸眼3D电视）正在普及。该立体视频显示装置显示视点不同的多个图像。并且，这些图像的光线通过视差障壁、双凸透镜等控制输出方向，并引导至观众的双眼。只要观众位置合适，观众就能以左眼和右眼看到不同视差图像，因此，能够立体地识别视频。但是在裸眼3D显示中，存在因观众的位置无法立体看到视频的问题。

申请日为2012年4月6日的CN102970566A提供一种能够根据观众的位置适当显示立体视频的视频处理装置以及视频处理方法，能够根据观众的位置适当地显示立体视频。

(3) 液晶结构的改进

在液晶光学设备中，通过利用液晶分子的双折射性，使折射率的分布根据电压的施加而改变。通过改变液晶光学元件的折射率的分布，立体图像显示设备在其中图像显示单元上所显示的图像如在图像显示单元上显示一样，入射到观察人的眼睛上的状态与其中图像显示单元上所显示的图像，如多幅视差图像一样，入射到观察人的眼睛上的状态之间切换。对液晶结构进行改进的目的主要是为液晶光学设备提供良好的光学特性。

申请日为2012年9月20日的CN103293781A提供的液晶光学设备和包含液晶光学单元的立体图像显示装置，实现了良好的光学特性。

申请日为2013年2月27日的申请CN103365026A提供的液晶透镜设备和图像显示设备，提高了三维图像立体显示效果，实现了立体图像显示设备中使用的液晶光学元件的良好光学特性。

(九) 超多维科技

超多维科技是中国专门从事立体影像设备的研发、生产与销售的高科技企业。超多维科技公司自行研发出适用于3D立体显示技术软硬件结合的产品系列“SuperD立体影像工作站”，成为全球裸眼3D显示技术领域中的领跑者。

1. 历年专利申请情况

截至2014年7月31日，超多维科技在全球范围内公开的裸眼3D显示技术的专利申请为121项。图27所示为超多维科技在全球范围内的裸眼3D显示技术专利申请的逐年分布趋势。超多维科技自2007年开始裸眼3D显示技术的专利申请，到2011年申请量达到峰值，近来申请数量逐渐下降。

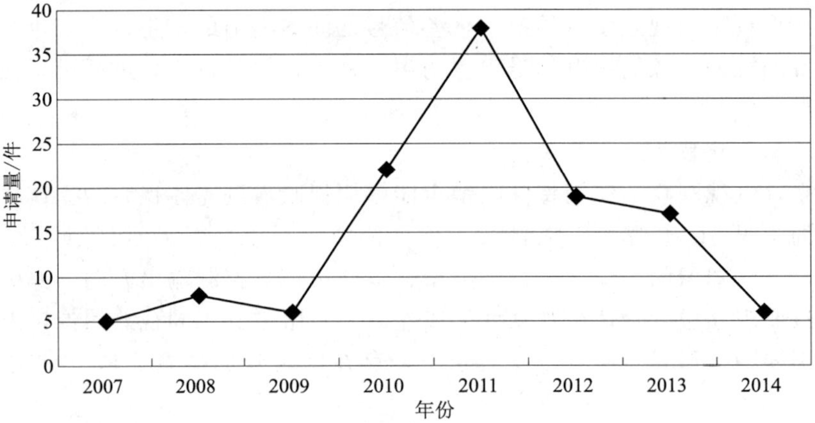

图27 超多维3D技术的专利申请逐年分布趋势

2. 技术领域分布

在本文关注的四项技术领域中，超多维科技主要在透镜显示技术和光壁障显示技术领域申请专利，相比技术较老的光壁障显示技术，超多维科技侧重于透镜显示技术。超多维的透镜显示技术的专利申请占其裸眼3D显示技术专利申请总量的56%，有68件（图28）。

3. 重点专利分析

（1）光屏障显示技术

申请日为2012年10月12日的CN102902003A，狭缝光栅包括若干个重复周期，每个重复周期包括若干个区域，所有区域内具有相同的光栅节距，相邻区域的遮光部分或透光部分之间的间距小于或等于区域内部透光部分或遮光部分的宽度，解决了摩尔波纹导致的立体显示效果差的问题。

申请日为2012年10月26日的CN102928986A，立体显示装置，其光栅阵列的参数满足：相邻成像单元的边界通过光栅阵列后的投影在与显示装置平行的平面连续排布，通过减少摩尔波纹，提高立体显示效果。

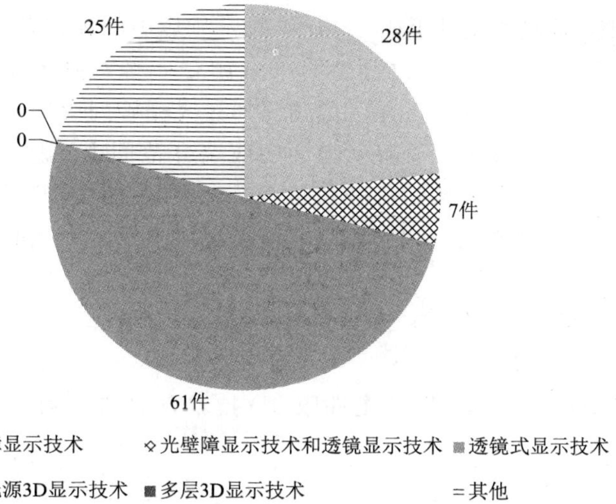

图 28 超多维专利申请在技术领域的数量分布

(2) 透镜显示技术

申请日为2012年3月16日的CN102608767A，裸眼立体显示装置，定向调光器包括对光线具有折射作用的多个调光单元，调光单元对一条光线折射后朝一个方向偏离原有光路，可以有效消除摩尔纹和颗粒感。

申请日为2012年7月9日的CN102736353A，液晶透镜的液晶层为聚合物分散液晶（PDLC），聚合物分散液晶具有液晶微粒大小梯度分布。能消除摩尔波纹并可以实现2D/3D的自由切换，还可以实现左、右眼图像分时切换，达到动态透镜效果，得到全高清的立体显示图像。

申请日为2012年11月23日的CN102967893A，透镜光栅相邻透镜单元沿排列方向相互重叠，透镜单元中重叠部分具有单一折射率，非重叠部分具有第一折射率和第二折射率，第一折射率与单一折射率相等，相邻非重叠部分对同一线偏振光呈现不同的折射率。通过增加了半个光栅周期，解决了现有立体显示装置分辨率减半的问题。

申请日为2013年8月30日的CN103472650A，3D显示装置的电极单元呈阵列分布，且位于同一行和/或同一列的相邻电极单元的宽度不等，或者相邻行的电极单元之间交错排列；液晶透镜设置于显示面板上，每一像素单元与一个电极单元对应，像素单元与对应的电极单元之间形成偏差。可以避免周期差拍问题，能够形成可消除摩尔纹的3D立体影像。

申请日为2012年1月18日的CN102572483A，该方法对立体图像的合成参数和可控分光器件的分光参数进行联合调整，将立体显示设备的适看距离调整到当前观看距离。实现立体显示设备的适看距离在更大范围内的调整，使裸眼立体显示设备具备更大的观看范围，有效控制串扰。

申请日为2012年5月30日的CN102681185A，像素面板上来自两幅或以上视图的显示单元交替排列；相邻显示单元的边界通过光栅阵列后的投影在水平方向上的最大宽度≤人眼内距离，相连两个显示单元的两端边界通过光栅阵列后的投影在水平方向上的最小宽度≥人眼外距离；优选包括观看者跟踪单元，控制单元根据观看者在水平方向上的移动量控制光栅阵列平移。能减弱黑矩阵及其串扰的影响，屏幕整体亮度较佳；能跟踪观看者的移动。

（十）浙江大学

1. 历年专利申请情况

浙江大学自2008年起开始涉足裸眼3D技术方面的专利申请，专利申请量逐年分布趋势如图29所示。

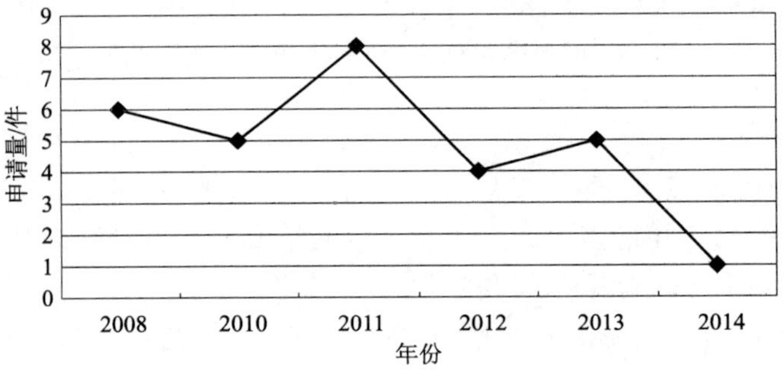

图29 浙江大学专利申请的逐年分布趋势

2. 技术领域分布

浙江大学致力于裸眼3D显示技术方面研究的少量专利申请涉及光壁障显示技术和多层3D显示技术，而没有专门涉及透镜式显示技术和指向光源3D显示技术的申请。其申请的重点在于真实空间三维技术。

（1）光壁障显示技术

申请日为2012年7月16日的CN101299006A提出了一种基于柱镜光栅LCD自由立体显示设备的通用光栅参数测量方法，具有普适性高、无须打印测试图片、测量精度高的优点；申请日为2008年6月19日的CN101304540A提出了一种基于柱镜光栅LCD自由立体显示设备的通用立体图像合成方法，其适用于具有任意线数LPI值和任意倾斜角α值的柱镜光栅。

分析近几年的专利申请可以发现，浙江大学在光壁障显示技术发面的发展趋势是简化光栅参数测量复杂度和适用性。

(2) 多层3D显示技术

浙江大学涉及多层3D显示技术的申请，其主要目的是提高3D显示的分辨率。

申请日为2012年8月8日的CN102809918A公开了一种基于多层液晶的投影式3D显示装置，其利用多层液晶显示面板像素信息的叠加，实现高分辨率3D显示；申请日为2012年5月31日的CN102692605A公开了一种基于多层液晶的投影式3D显示装置，其优势在于可以在保证系统紧凑结构的基础上通过多层液晶显示面板像素透过率的有效组合，从而增加信息量，实现显示空间分辨率和角度分辨率的大幅提升。

(3) 空间3D显示

申请日为2010年9月17日的CN101982806A涉及一种大尺寸空间3D影院放映光学系统及其方法，其可实现空间大场景的真实3D显示，使观察区不同位置的观察者均能裸眼观察到对应于这一视角的相应3D场景，使观察者感受到一种身临其境的感受；申请日为2008年4月18日的CN101281298A涉及一种实现全视场空间3D显示的屏幕装置，其可供多人360°环绕裸眼观看并能实现空间3D场景消隐。

五、发展趋势预测

通过上面对各重点申请人的专利申请情况的分析，我们首先对各申请人的发展趋势做出预测。

（一）三星电子株式会社

近年来，三星公司更侧重于透镜显示技术的专利申请，以及同时针对光壁障显示技术和透镜显示技术缺陷的专利申请。关于透镜显示技术的专利申请中，同样关注2D/3D显示的切换，提高显示分辨率，增加显示视点数量，提高图像显示质量等问题，技术改进点在于对透镜阵列的布置以及对显示屏的驱动控制。

三星公司早在2008年就开始以指向光源3D显示技术实现裸眼3D显示的技术研发，并不断提出相关技术专利申请。值得注意的是，三星公司还申请了多层3D显示技术的专利。可以预见三星公司会逐渐增加指向光源3D显示技术和多层3D显示技术的专利申请量，同时继续研发透镜显示技术以满足市场化的需要。

（二）普株式会社

夏普在技术研发上的精益求精，使得其生产的液晶屏幕占有很大的领先优势，得益于先进技术和材料的液晶屏幕在夏普的电视、手机等产品中的广泛应用，使得夏普在液晶电视生产厂商中成为领头羊，而运用了裸眼3D技术的手机更是很早便打入各国市场。近年来，夏普开始着力研发大尺寸、高清晰度的裸眼3D液晶电视，并在CES展会上展出了85in 8K杜比裸眼3D电视。可见其在裸眼3D显示装置方面的研究正适应市场需求朝着更大、更清晰、更舒适的方向前行。但是由于受到视差障壁技术本身亮度低、分辨率受限等缺点的制约，其裸眼3D屏幕尚存在较大的改进空间。

2006年前后，在夏普公司的裸眼3D显示技术的专利申请高峰期，夏普公司侧重于光壁障显示技术的专利申请，主要技术改进在于解决2D/3D显示之间的转换问题，优化由于光壁障的阻挡导致的串扰来增强图像显示质量，通过电压控制来减少观看立体图像的视觉疲劳，以及使显示视点数量更多而显示分辨率恶化更小等。

（三）索尼

SONY公司申请基于视差屏障技术实现裸眼3D显示的专利最多，主要体现在改善图像显示质量，提高3D显示分辨率，提高显示亮度，减小液晶屏障的响应时间，减少摩尔波纹等。SONY公司申请基于透镜式显示技术实现裸眼3D显示的专利次之，主要体现在应用可变透镜阵列时通过电压控制和电极布置实现良好的3D显示效果。SONY公司还申请了大量专利可同时应用于视差屏障显示技术和透镜式显示技术，主要体现在提高3D显示分辨率，降低功率消耗，抑制“逆视”现象控制视点显示，通过背光源控制提高图像质量，并考虑到在便携式电子设备上的应用，实现在横向和纵向显示裸眼3D图像且分辨率平衡等。为解决视差屏障显示技术和透镜式显示技术需要大量的组件和宽的布置空间的问题，SONY公司还申请了使用导光板和光源，使得导光板自身具有作为视差屏障的功能的一系列申请。基于目前公开的SONY公司申请的有关裸眼3D显示技术的专利，SONY公司主要申请方向仍然是相对成熟的视差屏障显示技术和透镜式显示技术，并通过不断解决这两种显示技术天然的缺陷，得到更高的显示亮度和更好的显示质量，同时也会着力指向光源3D显示技术相关专利的申请。考虑到裸眼3D显示技术的应用，SONY公司会继续关注便携式电子设备的裸眼3D显示，同时兼顾大屏幕电子消费产品的裸眼3D显示。

（四）飞利浦

飞利浦公司的裸眼3D显示技术的专利申请相对集中在2006年前后。这一时期飞利浦研发了双折射透镜的裸眼3D显示技术，并围绕这一技术申请了众多专利，侧重于2D/3D显示的切换，提高显示的亮度和对比度，改善图像显示质量等。近年来飞利浦公司申请关于裸眼3D显示技术的专利的脚步逐渐放缓，虽然涉及光壁障显示技术、指向光源3D显示技术和多层3D显示技术的专利申请，但是仍然以透镜显示技术为主。

（五）三洋电机

三洋电机致力于研发头部跟踪技术，很早就开发出了被称为分割转换格栅（shift barrier）方式的头部跟踪系统。该系统呈阶段性的发展，到1997年又开发出可在观看者移动时移动左右图像的技术，1999年开发出移动格栅的技术。通过这些举措，成功地在横向上使观看范围更加扩大。2001年发展了分割控制技术，在前后方向上也扩大了观看范围。除了使视差光栅移动之外，三洋电机还通过控制背照灯来扩大观看范围，即通过移动背照灯来追随观看者的位置，当需要供多人观看时，只需要根据观看者的数量来控制发光部即可。

为实现多视点显示解决观看范围狭窄的问题，三洋电机还研发了采用阶梯栅格结构来减轻清晰度变差的显示技术。通过光栅配置手段解决了在增加观看范围的同时分辨率下降的问题。

（六）精工爱普生株式会社

从爱普生申请的相关专利来看，其在透镜技术研究上已经取得了一定的进展。其对该项技术的改进主要集中在对透镜器件本身构造和性能的改进上，如光线照射角度、焦距的调节等。但是，由于使用透镜技术的裸眼3D显示屏幕的工艺与现有液晶显示屏幕的工艺不相容，透镜技术相比于视差障壁技术，不能在现有显示屏幕的基础上改进，因此，除了液晶透镜本身的改进外，其在应用到显示屏幕并进行量产和降低成本方面还具有较大的改进空间。

（七）松下电器产业株式会社

松下在家电行业多年的发展，积累了比较雄厚的科研力量，其在专利申请方面也一直紧跟科技发展和市场脚步。裸眼3D显示装置是未来显示装置的发展趋势，松下在这一技术上的投入也会持续跟进。其主要研究的视差障壁技术，受到亮度低、分辨率差等缺点的制约，因此尚存在较大的改进空间。

（八）东芝

东芝公司专利申请的研发重点及发展趋势的重点在于图像校正及对液晶机构的改进。其中图像校正主要包括视差校正和视域校正：视差校正的关注点在于避免由于显示器自身原因产生的幻视区域而造成的观看者不能在整个屏幕上观看立体图像；视域校正的关注点在于不受观众位置的影响，使任意观众位置所对应的区域设置能够立体地观看由显示单元所显示的多个图像。而液晶机构的改进主要关注点在于从液晶分子的双折射性入手，抑制向错的发生和向错的弯曲导致视差图像的串扰，而有效提高液晶光学元件的光学特性。

（九）超多维科技

超多维科技于2005年研制出基于光屏障显示技术的裸眼3D产品，于2007年研制出基于透镜显示技术的裸眼3D产品，2008至今着力完善基于透镜显示技术的裸眼3D产品，不断扩大其应用领域。超多维科技的技术创新点包括基于头部跟踪来切换观看区域，提供2D/3D可切换功能，以及增强立体显示效果等。

（十）浙江大学

浙江大学在光壁障显示技术方面的专利申请主要涉及光栅参数测量。现有的基于柱镜光栅LCD自由立体显示设备的光栅数测量方法一般适应于垂直光栅（即倾斜角α值为0），且只用来测量柱镜光栅的线数LPI值。此外，现有的测量方法一般需要先打印出测试图片，再在其上加装柱镜光进行观察匹配，具有过程复杂、精确度低、普适性差等缺点。分析近几年的专利申请可以发现，浙江大学在多层3D显示技术方面的专利发展趋势是提高裸眼3D显示效果，特别是提高显示分辨率。空间3D显示是一种能够在具有宽度、高度和深度的真实3D空间内进行图像信息再现的技术，可供多个观察者多角度裸眼观看，是目前的研究热点，也是浙江大学申请的主要侧重方向。

另外，我们对裸眼3D技术的发展也做出预测：关于光壁障显示技术，主要改进在于解决2D/3D显示之间的转换问题，优化由于光壁障的阻挡导致的串扰来增强图像显示质量，通过电压控制来减少观看立体图像的视觉疲劳，以及使显示视点数量更多而显示分辨率恶化更小等。而对于透镜显示技术，各研发企业主要关注2D/3D显示的切换，提高显示分辨率，增加显示视点数量，提高图像显示质量等问题，降低功率消耗，抑制“逆视”现象控制视点显示，通过背光源控制提高图像质量，并考虑到在便携式电子设备上的应用，实现在横向和纵向显示裸眼3D图像且分辨率平衡等，以及解决视差屏障显示技术和透镜式显示技术需要大量的组件和宽的布置空间的问题。此外，技术改进点在于对透镜阵列的布置以及对显示屏的驱动控制。可以预见，各研发企业会逐渐增加指向光源3D显示技术和多层3D显示技术的研发投入，同时继续研发透镜显示技术以满足市场化的需要。在考虑到裸眼3D显示技术的应用，则会继续关注便携式电子设备的裸眼3D显示，同时兼顾大屏幕电子消费产品的裸眼3D显示。

六、结束语

通过上述分析可知，裸眼3D技术作为一项前沿技术，由于其应用领域广泛，技术优势突出，因此发展迅猛。而目前主要的裸眼3D技术研发企业主要致力于光壁障显示技术和透镜显示技术的研发。主要是解决3D画面分辨率的下降，以及在特定位置才能够观看到完整的3D画面而在其他角度则会观看到重叠的模糊影像这类问题。随着这些问题的逐步解决，裸眼3D显示技术必将大量应用于3D便携电脑、3D手机、3D车载导航设备等各种电子设备中。因此，裸眼3D显示技术存在着巨大的市场潜力。

最后，由于此次对裸眼3D显示技术的分析是以检索获取的数据为基础，由于数据量有限，因此，不能覆盖全部相关专利申请。

参考文献

[1] 杨铁军．产业专利分析报告：第5册[M]．北京：知识产权出版社，2012.

[2] 欧阳俊林．裸眼3D显示技术研究[J]．计算机光盘软件与应用，2012（19）：86，87.

[3] 李萍，宋海彬．裸眼式3D电视离我们有多远？——裸眼式3D显示技术专利申请人及申请区域分布状态[J]．电视技术，2012（52）：12，13.

[4] 张兆阳，安平，张之江，等．二维和三维视频处理及立体显示技术[M]．北京：科学出版

社，2010.

［5］伯梅，桑永树．基于视差的裸眼3D显示技术的专利态势研究［J］．中国发明与专利，2012（10）：46－51.

［6］王鸣．裸眼3D显示技术［J］．中国传媒科技，2013（12）：110，111.

［7］李丽柏．3D技术原理及发展状况和前景［J］．无线互联科技，2013（11）：162，236.

［8］蒋路帆，郭娟．裸眼3D液晶透镜技术专利分析［J］．电视技术，2012（52）：14－16，29.

织物液体洗涤剂专利技术现状及其发展趋势

宫宝珉　郑红蕾❶　赵小凌　雷耀龙　陈伊诺
刘开建　李凤云　梁敬臣　董丽雯

（国家知识产权局专利局医药生物发明审查部）

一、引言

洗涤剂对于人类健康和卫生有着非常积极有效的作用，随着经济的快速发展和人们文明水平和健康意识的不断提高，洗涤剂产品的品种和形式越来越多，新产品不断涌现，其中液体洗涤剂就是新产品形式之一。顾名思义，液体洗涤剂是一种液体形式的洗涤剂，它既要有较好的去污力，又能在严寒的冬季和酷热的夏天始终保持透明、不分层、不混浊、不沉淀，并要具有一定的黏度。按液体洗涤剂的功能特点来分类，液体洗涤剂主要分为织物液体洗涤剂、家居清洁用品液体洗涤剂和个人洗护用品液体洗涤剂等几大类，如洗衣液、洗洁精、洁厕剂、洗发水、洗手液等。液体洗涤剂与传统粉状洗涤剂相比，具有溶解性好、低温洗涤性能好、使用方便、易于计量、节能环保、不产生粉尘、配方中用水替代大量的无机盐填充物、体系碱性低、配方灵活、制造工艺简单、设备投资少和加工成本低等优点。

以织物液体洗涤剂为例，欧睿咨询公司的数据显示，欧、美、日等发达国家和地区液体洗涤剂市场经过10余年的发展，2010年洗衣液在洗涤剂中的占有率在北美洲为83％，中西欧为47％，日本为60％。在中国，织物液体洗涤剂是在20世纪80年代才出现的新一代织物洗涤用品。近几年来，随着消费者洗涤习惯的改变以及消费群体年轻化的趋势，织物液体洗涤剂以其使用方便、易溶、香味好、柔软和护色等功能特性，开始赢得中国消费者的喜爱，并在中国洗涤剂市场得以快速发展。中国洗涤用品工业协会的统计数据显示，在中国织物用洗涤用品市场，目前洗衣液的市场占有份额已经在25％左右，而在美国，液体洗衣剂的比例已经超过洗衣剂总量的80％。因此，尽管近年来有关企业在织物液体洗涤剂市场进行扩张的步伐较快，我国织物液体洗涤剂仍具有巨大的发展潜力。[1]

---

❶ 郑红蕾等同于第一作者。

党的十八大报告提出，大力推进生态文明建设。强调重点做好四个方面的工作：一是要优化国土空间开发格局；二是要全面促进资源节约；三是要加大自然生态系统和环境保护力度；四是要加强生态文明建设。因此，我们要落实节约资源和保护环境的基本国策，建设能循环、可持续的国民经济体系和资源节约型、环境友好型社会。液体洗涤剂的制造和使用过程顺应了国家“节能减排”的可持续发展的需要。我国发展液体洗涤剂将成为洗涤用品行业结构调整和可持续发展的重要内容，液体洗涤产品的发展趋势是向着人体安全性和环境相容性方面转变，节能、节水、安全、环保型产品将得到较快发展。

目前，我国的洗涤用品液体化进程最明显的特征是洗衣液已得到了消费者的广泛认知，其市场地位已经逐步确立，并对洗衣粉的传统地位构成一定程度的挑战。然而，相对于发达国家而言，我国洗涤用品普遍存在活性物含量低、非有效成分含量高以及液体化、浓缩化产品比例低等问题，液体洗涤剂市场仍处于发展阶段。令人欣慰的是，国内几大知名品牌如蓝月亮、立白、绿伞、开米、纳爱斯等都已涉足织物液体洗涤剂产品领域，并与国外两大日化巨头宝洁、联合利华争抢市场。液体洗涤剂的技术竞争焦点一般在于配方上，而织物液体洗涤剂的配方通常包括表面活性剂、洗涤助洗剂（也称为助洗剂）和功能性添加剂，因此，寻找合适的表面活性剂和助洗剂以及解决原料之间的配伍问题仍是企业研发的重点。

本文将围绕织物液体洗涤剂的原料和配方等方面，对织物液体洗涤剂产品专利的申请量、年度分布、区域分布、技术分布等进行研究。以表面活性剂、洗涤助洗剂、功能性添加剂酶三个技术主题为核心，进行申请态势的横向动态分析，并通过全球申请人和中国主要申请人的申请概况、技术领域分布、代表性专利等进行纵向动态分析，提出织物液体洗涤剂技术发展趋势的预测和建议。

二、织物液体洗涤剂专利技术现状

（一）数据库的选择

为了能够准确、全面地反映织物液体洗涤剂领域的专利技术现状及其发展趋势，课题组在对现有专利数据库进行分析比较的基础上，选择了 CPRS 数据库和 DWPI 数据库。DWPI 数据库收录全面，使用该数据库进行专利分析，除可保证使用分类号进行检索的准确性外，还可避免专利分析过程中出现大量重复专利记录的弊端。

（二）检索策略和检索统计年限

在全部领域的检索中，由于分类号不能区分产品的剂型、洗涤对象等特征，因此，在检索过程中采用分类号与关键词相结合的方式进行。涉及洗涤剂的相关数据都分在 C11D 大组下；而在关键词方面，主要包括“衣、织物、清洗、洗涤、清洁、洁净、洗净、液体、液态、洗衣液、清洗液、洗涤液、液”等反映洗涤产品用途和剂型的关键词。为了能够全面、准确地反映织物液体洗涤剂领域专利技术的现状及其发展趋势，课题组所选择的织物液体洗涤剂的检索样本主要考虑上述分类号及关键词，检索范围是从数据库的最早收录日期至 2014 年 6 月 30 日的全部专利文献。

在关键技术分支的检索思路是，采用更下位的分类号：IPC 分类号 C11D 1/00、C11D 3/00、C11D 7/00 等（技术说明：C11D 1/00 表示“主要以表面活性化合物为基料的洗涤组合物，使用这些化合物作为洗涤剂”；C11D 3/00 表示“包含在 C11D1/00 组内之洗涤组合物的其他配料成分”；C11D 7/00 表示“主要以非表面活性化合物为基料的洗涤剂组合物”）。然后对于原始数据样本进行标引，得到织物液体洗涤剂中表面活性剂、助洗剂和酶制剂等重点技术的分析结果。

检索截止日期是 2014 年 6 月 30 日，CPRS 中检索到 980 件织物液体洗涤剂技术相关专利文献。在 DWPI 中检索到 3393 件织物液体洗涤剂技术相关专利文献。

需要说明的是，由于公开期限的问题，2013 年以后的专利申请不是最完整的数据。因为按照各国专利法的规定，专利申请文献的公开日或公告日会晚于其实际申请日。以中国专利数据库为例，发明专利申请通常自申请日（有优先权的按照优先权日算）起满 18 个月公布（要求提前公开除外）；PCT 国际专利申请可能自申请日起 30 个月甚至更长的时间才能进入国家阶段，导致与之对应的国家和地区的公布日期更晚。

（三）全球范围内织物液体洗涤剂专利申请情况

1. 织物液体洗涤剂全球申请量概况

世界范围内织物液体洗涤剂专利申请量分布如图 1 所示。根据图 1，可以将织物液体洗涤剂的发展过程分为三个阶段：1994 年之前的缓慢发展期、1995～2003 年的快速增长期和 2004～2013 年的平稳发展期（2012 年和 2014 年真实数据由于入库不完整还会有一定的增加）。

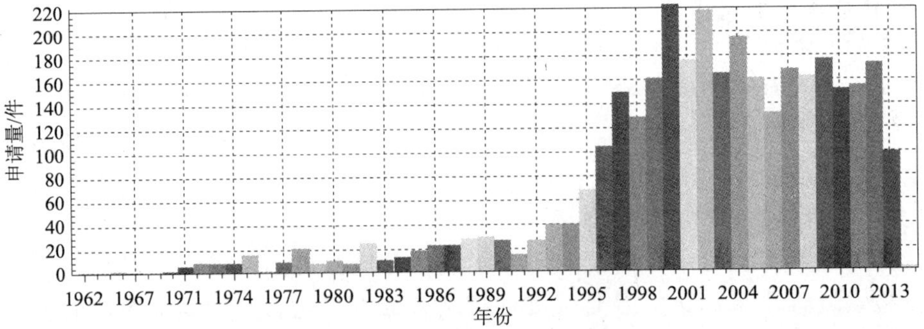

图 1 织物液体洗涤剂全球专利申请量逐年分布

2. 织物液体洗涤剂全球主要申请人排名

如图 2 所示，在总计 3933 件织物液体洗涤剂文献中，申请量排名前 2 位的申请人是荷兰联合利华公司（UNIL）和美国的宝洁公司（P&G），其申请量都在 800 件以上，排在第 3 位的日本花王（KAOS）和排在第 4 位的德国汉高（HENK）公司的申请量仅在 200 件左右。由于荷兰联合利华公司（UNIL）和美国的宝洁公司（P&G）产品进入中国市场频率高，因此应当充分分析其在国内遭遇专利侵权风险的可能性，深入研究这些企业的专利申请状况和专利布局策略。排名前十位的申请人中没有中国的企业，说明中国在织物液体洗涤剂领域还没有处于主导地位的申请人，中国企业要赶超世界领先企业任重而道远。

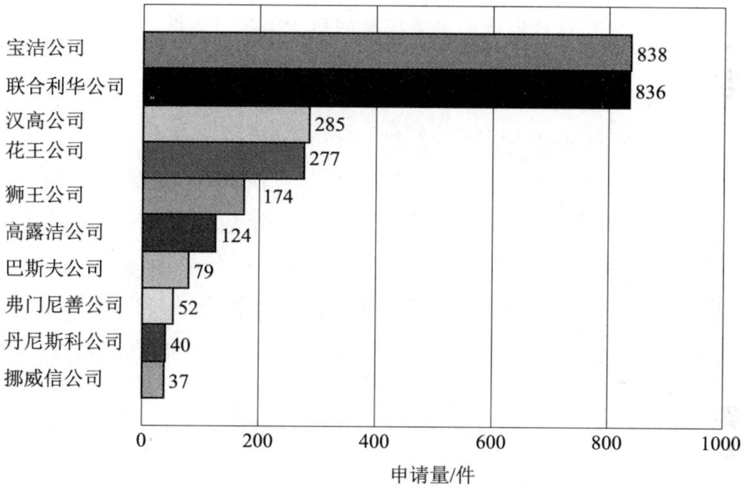

图 2 织物液体洗涤剂全球主要申请人排名

3. 织物液体洗涤剂全球专利目标国分布

如图 3 所示，在织物液体洗涤剂全球专利目标国排名上，美国以 3713 件专利申请居领先地位，PCT 国际专利申请（2992 件）、欧洲专利局（1940 件）、日本（1712 件）分别排在申请量的第二至第四位，排在第五至第十位的国家（地区）申请量梯度较为平均，说明在该领域技术公开性较好，很少存在技术秘密或涉及国家安全等方面而不宜公开的情形，同时从各地区申请量上也能客观地反映出各国市场对产品种类、性能的需求以及申请人对目标市场的近似性。分析上述数据有利于国内企业未来的专利布局和产品出口过程中的风险评估。

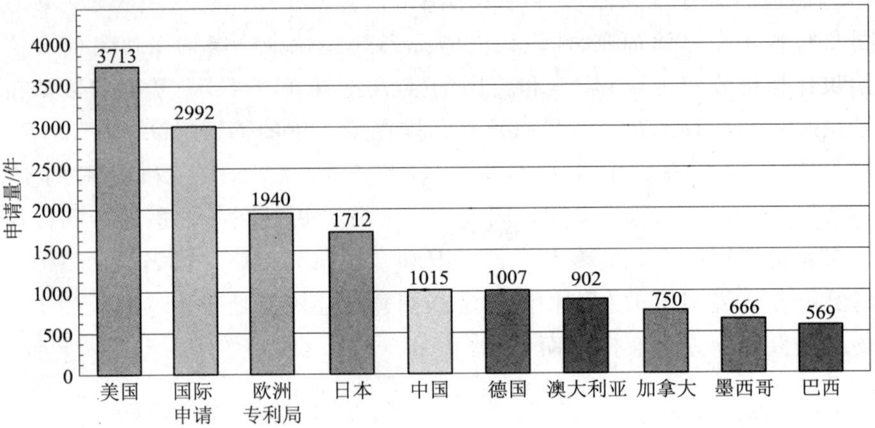

图 3　织物液体洗涤剂全球专利目标国家（地区）分布

（四）织物液体洗涤剂在中国专利申请分析

1. 织物液体洗涤剂在中国申请量概况

从图 4 可以看出，织物液体洗涤剂经历过两个快速增长期，分别出现在 1994～1997 年和 2010 年以后两个时间段，特别是从 2010 年以来，申请量从不足 50 件迅速增长，到 2012 年申请量首次突破 100 件（2013～2014 年由于公开时间的延迟，没有反映出继续快速增长的势头，但从不完全数据中也能看出 2013 年的申请量已突破 100 件，仍在申请量的高点），上述数据显示出织物液体洗涤剂正处于高速发展阶段。

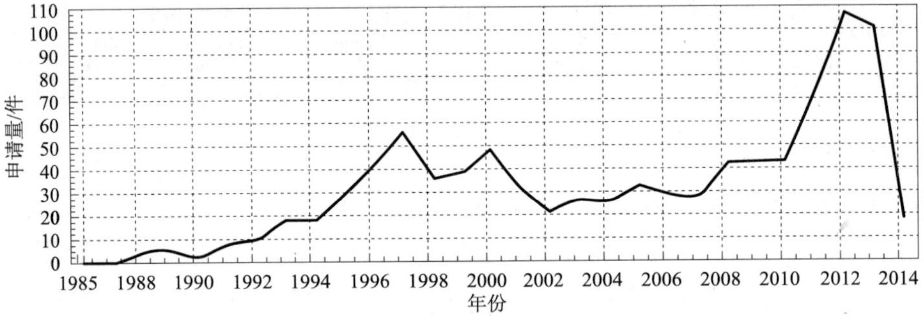

图 4　织物液体洗涤剂在中国专利申请量的逐年分布趋势

2. 织物液体洗涤剂在中国申请的国家分布

从图 5 可以看出，与在全球申请分布不同的是，在中国申请中，中国申请（493 件）在数量上占第 1 位，美国（323 件）和荷兰（96 件）专利申请数量分别占第 2 位和第 3 位，其他国家的申请量均不超过 20 件。这说明在我国织物液体洗涤剂大市场前景下，国内企业越来越重视在该领域的研发，为了占有更大的市场份额，越来越重视知识产权特别是专利权的保护。尽管中国申请数量占第1位，但我们应该清醒地认识到，数量仅代表一个方面，授权量、授权专利的实际保护效力以及对竞争对手的限制甚至威慑作用才是企业知识产权实力的更直接的体现。

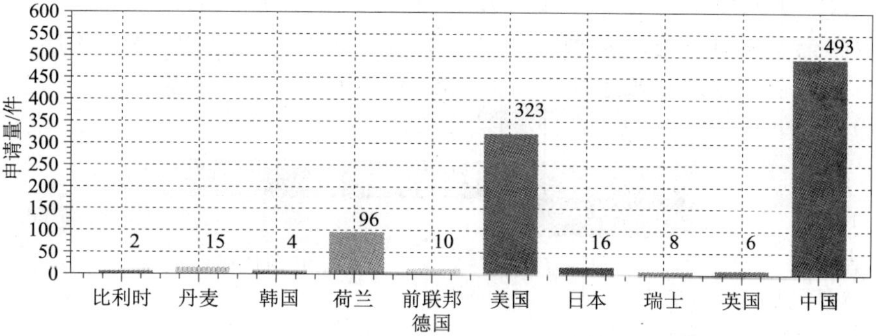

图5 织物液体洗涤剂在中国申请专利国家的分布

3. 织物液体洗涤剂在中国申请的国家授权率

尽管在中国申请量上我国处于第1位，但是通过国家授权率的对比不难发现，我国专利申请的授权率仅为24%，远低于排名前7位的其他国家专利申请的授权率。一方面这与我国织物液体洗涤剂起步晚，技术相对落后，难以在技术上实现较大突破有关，另一方面也与我国知识产权总体发展水平不高有关，专利撰写以及答复水平相对低下也在一定程度上导致申请难以获得专利权。综合图5中的申请量和图6中的授权率的数据，美国（CPRS中联合利华公司的部分申请属于美国）和荷兰在该领域的综合实力仍占主导地位。

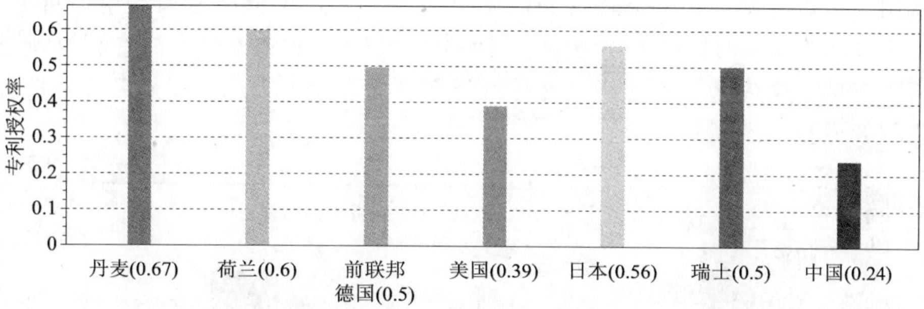

图6 织物液体洗涤剂在中国申请专利国家的授权率

4. 织物液体洗涤剂在中国申请人排名

从图7可以看出，在中国申请人排名中，宝洁公司（包括曾用名普罗格特——甘布尔公司）拥有专利265件，联合利华拥有专利94件，这两家公司的专利技术处于领先水平。通过综合分析图5和图7可以看出，宝洁公司和联合利华公司占了美国和荷兰申请的绝大多数。这说明即使在这些织物液体洗涤剂研究发达的国家，这两家公司也遥遥领先，专利申请多集中在这两家公司。与之形成鲜明对照的是，尽管中国申请有 493 件，多于美国和荷兰在中国申请量之和，但是在申请人排名中，即使在国内最领先的公司，其申请量也仅在 10 件左右，远低于宝洁和联合利华公司的申请量。同时，国内企业申请量也较均衡，立白、洛娃、绿伞等国内领先企业的申请量较接近，说明中国企业在该领域还处于弱势，没有任何一家公司能够与跨国公司相抗衡。

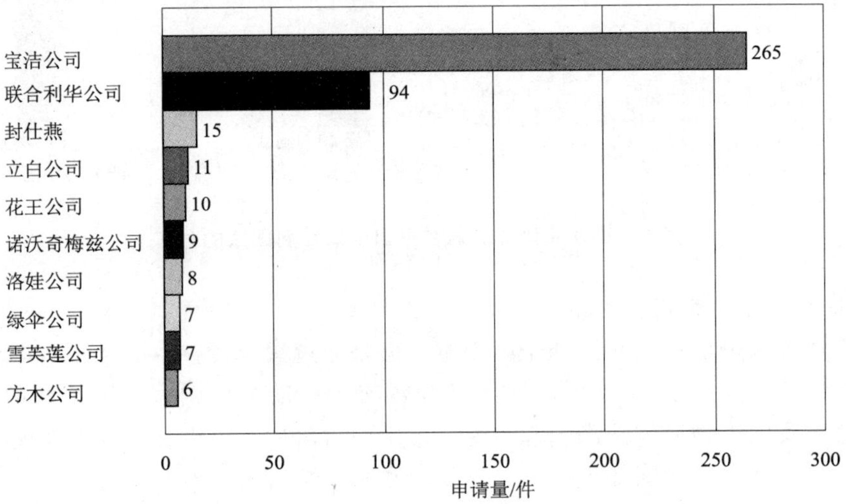

图 7　织物液体洗涤剂在中国专利申请人的申请量分布

5. 织物液体洗涤剂在中国申请 IPC 主分类号大组申请量

从图 8 可以看出，织物液体洗涤剂在中国申请 IPC 主分类号大组申请量分布中，主要以 C11D1/00 和 C11D3/00 为主，因而对这两个大组分类号下的专利申请进行深入分析，有助于国内企业把握织物液体洗涤剂领域发展的方向，了解各企业的优势所在，掌握领域技术发展的趋势。

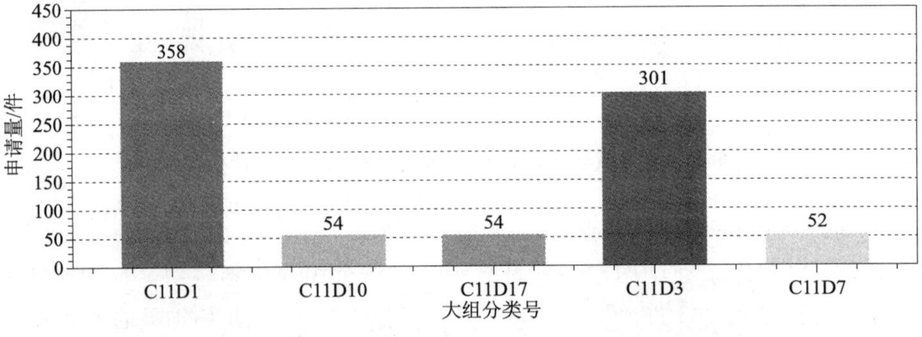

图 8　织物液体洗涤剂在中国申请 IPC 主分类号大组申请量

技术说明： C11D 1/00 表示主要以表面活性化合物为基料的洗涤组合物，使用这些化合物作为洗涤剂；C11D 3/00 表示包含在 C11D1/00 组内的洗涤组合物的其他配料成分；C11D 7/00 表示主要以非表面活性化合物为基料的洗涤剂组合物；C11D10/00 表示不包含在 C11D 1/00～C11D9/00 任意单独一个大组中的洗涤剂组合物；C11D17/00 表示由其形状或物理性能为特征的洗涤剂材料或皂剂。

三、织物液体洗涤剂关键技术的专利分析

（一）织物液体洗涤剂中涉及表面活性剂的专利申请分析

1. 织物液体洗涤剂中涉及表面活性剂的全球专利申请分析

（1）织物液体洗涤剂中涉及表面活性剂的全球专利申请量趋势分析

织物液体洗涤剂中涉及表面活性剂的全球专利逐年的申请量分布趋势，如图 9 所示。

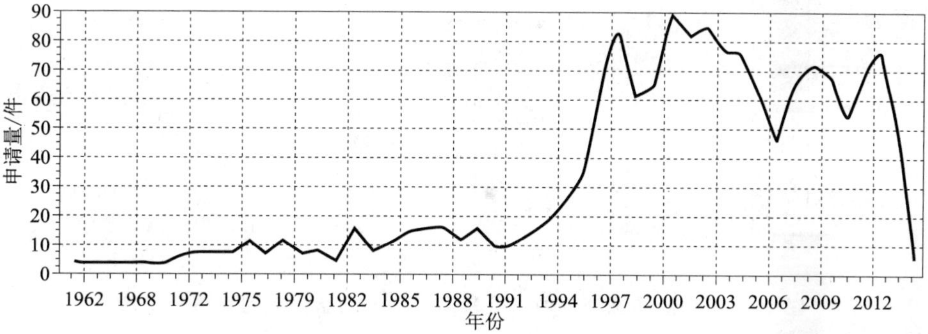

图 9 织物液体洗涤剂中涉及表面活性剂的全球专利逐年的申请量分布趋势

其发展可以分为以下几个阶段。

① 第一发展阶段：缓慢发展期（1962～1981 年）。

1962～1981 年，涉及该领域的专利申请量很少，处于低速发展期。这与当时的国际政治、经济环境、领域发展水平以及专利制度在全球的发展水平等因素有关。

② 第二发展阶段：平稳发展期（1982～1991 年）。

1982～1991 年，该领域专利申请量有小幅增长，但数量仍然很少。

③ 第三发展阶段：迅速增长期（1992～1997 年）。

1992～1997 年，织物液体洗涤剂中涉及表面活性剂的全球专利申请量快速增加，这与全球经济快速发展有关。同时随着石油产业与化工技术的高速发展，国际间经贸往来频繁，专利制度也随之快速向全球延伸发展有关。

④ 第四阶段：高速发展期（1998～2013 年）。

自 1998 年以来，织物液体洗涤剂产品不断推陈出新，维持了高速的发展水平。

表面活性剂是织物液体洗涤剂的基本组成物质，随着织物液体洗涤剂工业的发展，表面活性剂的产量和品种也得到了快速发展。

（2）织物液体洗涤剂中涉及表面活性剂的全球专利申请人分析

图 10 所示为织物液体洗涤剂中涉及表面活性剂的全球申请人排名，从图中可以看出，宝洁公司申请量为 393 件，联合利华公司的申请为 356 件，日本花王公司申请量为 192 件，日本狮王公司申请量为 121 件，高露洁棕榄公司的申请量为 95 件，德国汉高集团的申请量为 88 件。而我国申请人的申请量很少，这也说明在该领域我国与宝洁、联合利华、花王等公司发展较早、体系成熟相比仍有差距。

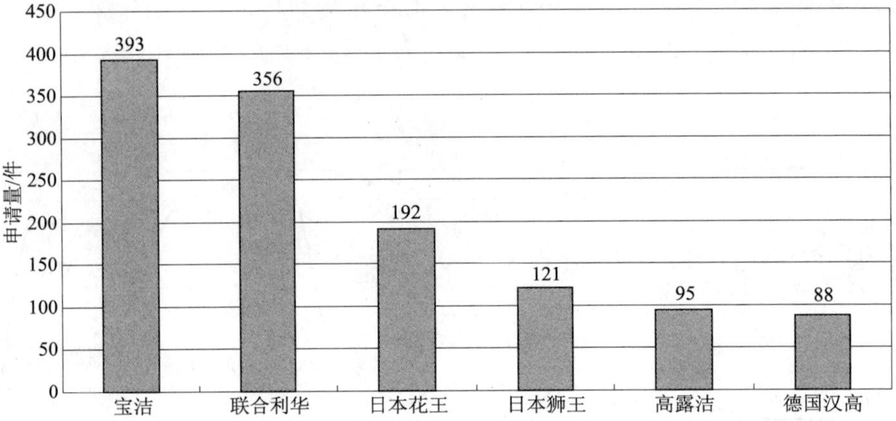

图 10　织物液体洗涤剂中涉及表面活性剂的全球专利申请人排名

2. 织物液体洗涤剂中涉及表面活性剂的在中国专利申请分析

（1）织物液体洗涤剂中涉及表面活性剂的在中国专利申请量趋势分析

1985～2014 年织物液体洗涤剂中涉及表面活性剂的在中国专利申请共 645 件，占织物液体洗涤剂的专利申请的 80％以上，可见表面活性剂是织物液体洗涤剂的根基。

织物液体洗涤剂中涉及表面活性剂的在中国年度专利申请量的分布趋势如图 11 所示。其发展共包括四个阶段。第一个阶段，1985～1993 年为缓慢发展阶段，申请量较少。第二阶段，1994～1997 年，申请量迅猛增长。第三阶段，1998～2010 年，申请量有所下降，但保持相对平稳。第四阶段，2011 年至今，申请量呈爆发式增长趋势。从上述各阶段来看，第二阶段为技术快速发展期，而在第三阶段的 10 多年中，表面活性剂技术发展迟滞。近年来随着人们生活水平提高以及环保意识的增强，环保、节能、高效的织物液体洗涤剂迅速崛起，成为第四阶段织物液体洗涤剂申请的主要目标。

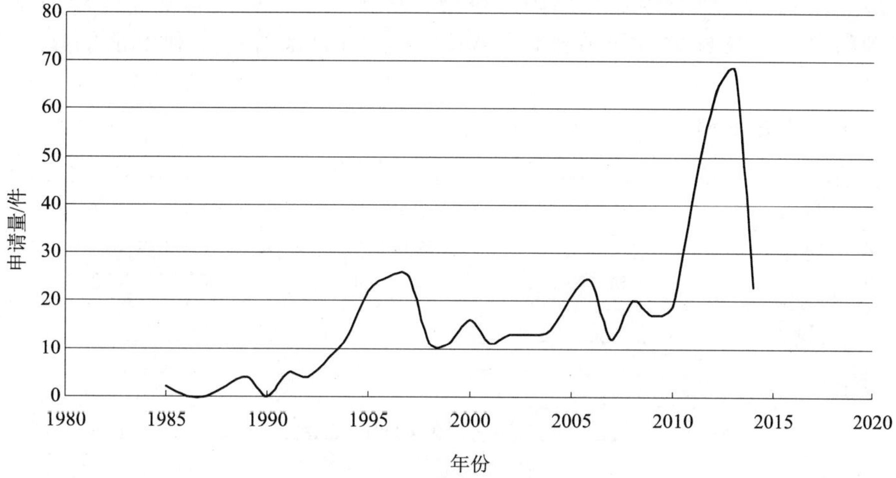

图 11 织物液体洗涤剂中涉及表面活性剂的在中国专利申请量的逐年分布趋势

(2) 织物液体洗涤剂中涉及表面活性剂的在中国专利申请人国家分析

织物液体洗涤剂中涉及表面活性剂的在中国专利申请国家排名如图 12 所示。排名前 2 位的分别是中国和美国，其中，中国申请人和美国申请人申请量分别为 290 件和 162 件，两者之和占总申请量的 85%。

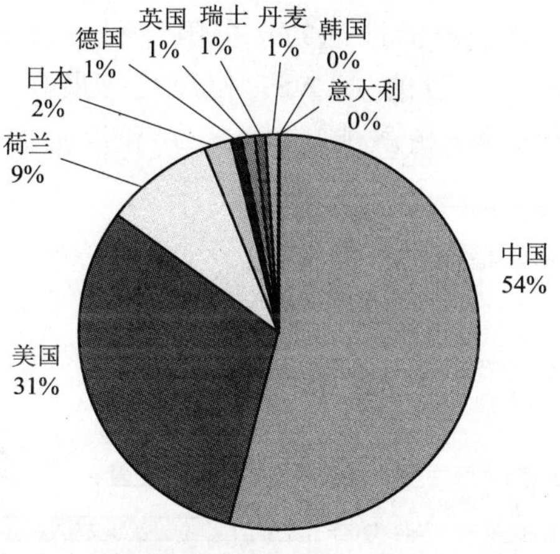

图 12 织物液体洗涤剂中涉及表面活性剂的在中国专利申请国家分布

(3) 织物液体洗涤剂中涉及表面活性剂的在中国专利申请人分析

图 13 所示为织物液体洗涤剂中涉及表面活性剂的在中国专利申请人排名，从图中可以看出申请量最高的是宝洁公司 145 件，其次分别是联合利华 46 件，封仕燕 15 件（个人申请），而其他申请人的申请量均不足 10 件。从申请人国家（地区）分布和

申请人排名的对比可以看出，虽然国内申请人申请了大量的织物液体洗涤剂专利，但是这些专利申请比较分散，而从国内申请的专利内容来看，专利申请的技术含量较低。因此，表面活性剂技术实际上由国外大公司（如宝洁和联合利华等）掌控，而中国在表面活性剂技术研发中处于落后阶段。

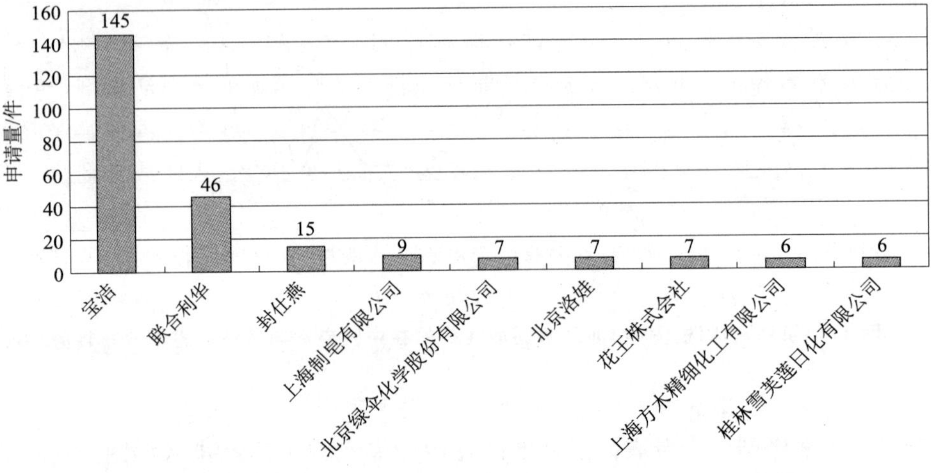

图 13　织物液体洗涤剂中涉及表面活性剂的在中国专利申请人排名

（4）织物液体洗涤剂中涉及表面活性剂的在中国专利申请中表面活性剂使用频率分析

织物液体洗涤剂中涉及表面活性剂的在中国专利申请中表面活性剂使用频率如图 14所示。其中直链烷基苯磺酸钠（LAS）使用频率最高，其次为脂肪醇聚氧乙烯醚（AEO）、脂肪醇聚氧乙烯醚硫酸酯盐（AES）和烷基糖苷（APG），它们分别出

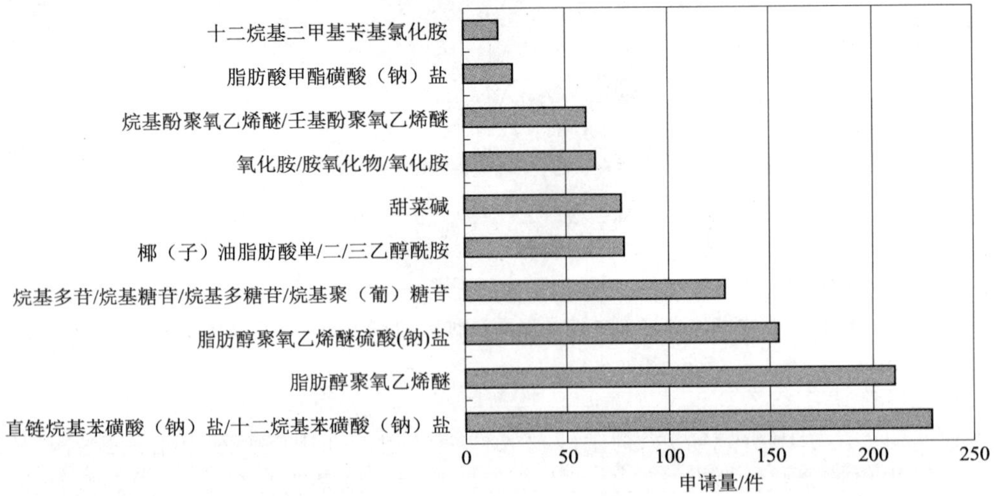

图 14　织物液体洗涤剂中涉及表面活性剂的在中国专利申请中表面活性剂使用频率

现了 229 次、211 次、154 次和 128 次。其中 LAS 的使用频率占总申请量将近 40%，而 LAS、AEO、AES 和 APG 的总体使用频率占申请量的 70%以上。可见，LAS、AEO、AES 和 APG 是织物液体洗涤剂最常用的表面活性剂。从各申请的技术内容来看，表面活性剂的使用一般都是多种复配使用，其中表面活性剂复配使用的申请占总申请量的 85%以上。

3. 织物液体洗涤剂中涉及表面活性剂的专利技术分析

织物液体洗涤剂的重要组成成分是能从织物上去除污垢的表面活性剂，它具有亲水、亲油的性质，能起到乳化、分散、增溶、洗涤、润湿、起泡、消泡、保湿等一系列作用。在织物液体洗涤剂中，常用的表面活性剂包括阴离子表面活性剂、非离子表面活性剂、两性表面活性剂和阳离子表面活性剂。

1958 年商品化重垢液体洗涤剂在美国市场出现，在 20 世纪 60 年代中期，所有洗涤用品中，生物降解性差的原料，例如带有四丙基侧链的烷基苯磺酸钠被直链烷基苯磺酸钠（LAS）代替。20 世纪 70 年代没有洗涤助洗剂的洗衣液配方，表面活性剂总含量为 35%～50%，大部分洗衣液配方是阴离子表面活性剂和非离子表面活性剂复配的体系，其中以阴离子表面活性剂为主。

在中国专利申请中，第一个涉及织物液体洗涤剂的是：申请人英国阿尔布赖特——威尔逊英国有限公司于 1985 年 4 月申请的申请号为 CN85103236A，发明名称为“液态洗涤剂组合物”的专利申请。该申请公开了一种洗衣用液态洗涤剂组合物，它主要含有水、电解质、活性组分，特别是含有助洗剂；包括空间填充的、类絮凝状的表面活性剂的聚集体，在表面活性剂中含有球晶，大量的、带有液态胶囊水溶液的其连续体。国内洗衣液的专利申请相对较晚，国内申请人蔡葵于 1991 年 9 月在申请 CN91106234.3 中，第一次申请了可用于织物的液体洗涤剂——“高效多用液体洗涤剂”，其配制组分包括脂肪醇硫酸钠、醇醚硫酸钠盐、烷基酚聚氧乙烯醚、烷基醇酰胺、食盐和水，不但适合于洗涤织物，还适合于洗涤餐具，亦可用于洗手、洗发等，这预示着国内织物液体洗涤剂开始起步。从 1997 年以后，表面活性剂的专利申请在国内得到了快速和持续的发展。

纵观液体洗涤剂的专利申请，可以发现，其中织物和家用液体洗涤剂采用阴离子和非离子表面活性剂的较多，个人洗护用品液体洗涤剂中采用两性表面活性剂的较多。相比之下，阳离子表面活性剂常用作调理剂和杀菌剂液体洗涤剂中。其中常用的阴离子表面活性剂有烷基苯磺酸（钠）盐（LAS）、*a*-烯烃磺酸盐（AOS）、烷基磺酸盐（AS）、脂肪醇聚氧乙烯醚硫酸酯盐（AES）、MES 脂肪酸甲酯磺酸（钠）盐。常用的非离子表面活性剂有脂肪醇聚氧乙烯醚（AEO）、烷基糖苷（APG）、脂肪酸甲酯乙氧基化物、脂肪酸烷醇酰胺。常用的两性表面活性剂有十二烷基甜菜碱、椰油酰胺丙基甜菜碱、氨基酸类表面活性剂。常用的阳离子表面活性剂有十六烷基三甲基氯化胺、十二烷基二甲基苄基氯化胺、十二烷基二甲氧基氧化胺等。并且洗衣液配方中经常以阴离子表面活性剂和非离子表面活性剂复配为特点，以液体洗涤剂浓缩化为热点。

最近几年，涉及液体洗涤剂的专利申请中，其使用的表面活性剂种类也越来越趋于多样化，绿色环保和天然可再生的表面活性剂成为首选考虑对象。天然可再生资源衍生的表面活性剂通常毒性较低，并且生物降解性好，对皮肤刺激性低，与传统石油基表面活性剂（如 LAS）相比，具有环保和安全的特性。植物原料如茶皂素、无患子提取物等作为绿色环保表面活性剂也开始成为关注点。因此，应用可再生资源衍生的绿色环保的表面活性剂符合绿色化、可持续发展的要求。

为了具体了解我国表面活性剂在织物液体洗涤剂领域的专利技术现状，从而为我国相关行业的技术研究提供思路，下面针对在中国专利申请中涉及主要表面活性剂如直链烷基苯磺酸钠（LAS）、脂肪酸甲酯磺酸盐（MES）、烷基糖苷（APG）的申请进行专利分析，其中含有这些表面活性剂的洗涤剂配方代表了织物液体洗涤剂的专利技术。

（1）直链烷基苯磺酸钠（LAS）

LAS 不仅是阴离子表面活性剂中最重要的品种，也是合成液体洗涤剂的主要活性成分，其中以直链十二烷基苯磺酸钠为典型代表，其特点是易被生物降解、稳定性好、去污力好、价格低，但抗硬水性不佳、刺激性大，常用于织物液体洗涤剂和餐具洗涤剂中。

在中国专利申请中，首次提到 LAS 的是中国科学院新疆化学研究所 1986 年 10 月申请的 CN86107040，其中公开了一种毛皮润湿剂。它由非离子表面活性剂聚氧乙烯壬基酚醚、烷基苯磺酸钠、聚氧乙烯聚丙烯丙二醇醚、丙二醇聚氧乙烯醚与水按一定比例混合而成，具有较好的脱脂洗涤作用。首次将 LAS 加入织物液体洗涤剂中的是上海锦华科技开发公司、唐山雅斯菲日用化工有限公司于 1993 年 3 月申请的 CN93101994.X，其中公开了一种乳浊悬浮型重垢液体洗涤剂及其配制方法，其原料组分包括由烷基苯磺酸钠、脂肪醇聚氧乙烯醚硫酸钠，脂肪酸钠皂，脂肪醇聚氧乙烯醚、脂肪酸烷基醇酰胺构成的表面活性剂，由氯化钠、硫酸钠、氢氧化钠构成的电解质，由碳酸钠、三聚磷酸钠、硅酸钠、合成沸石构成的助洗剂，由荧光增白剂等组成的有效添加剂和水，该洗涤剂为乳浊悬浮型液体，性能稳定，对重垢衣服洗涤效果佳。从 1997 年以后，LAS 在织物液体洗涤剂中的应用开始快速发展。

与 LAS 相关的重点专利申请列举如下：

① 宝洁公司申请了申请号为 CN99815272.2 的专利，其公开了一种含有表面活性剂体系的重垢型液体洗衣用洗涤剂组合物。该表面活性剂体系包括约占该表面活性剂质量的 0.1%～20%，优选为 0.5%～19%，更优选为 1%～18%的烷基苯磺酸盐表面活性剂，并且该表面活性剂体系的亲水指数 HI_C 为 8.0～9.2，优选为 8.2～9.1，更优选为 8.4～9.0，其中 $HI_C = \sum y$（表面活性体系中表面活性剂 y 的质量%）×

（HI_{Sy}），其中表面活性剂体系中各表面活性剂的 HI_{Sy} 按下式计算：HI_{Sy} =20×（表面活性剂组分 y 的亲水部分的相对分子质量）/（表面活性剂组分 y 的相对分子质量）。该发明的组合物中表面活性剂体系可靠而廉价，具有良好的洗涤优点。

② 高露洁——棕榄公司申请了申请号为 CN00811601.6 的专利，其公开了一种稳定的结构性液体洗衣用洗涤剂组合物。该组合物对于清除油污性织物是特别有效的。该洗涤剂组合物包含：a）约 10%～约 20%一种直链烷基苯磺酸盐阴离子型表面活性剂；b）约 0%～约 10%一种烷基醚硫酸酯盐阴离子型表面活性剂；c）约 5%～约 30%一种碱金属含磷助洗剂；d）约 2%～约 15%碳酸钠；该洗涤剂组合物中成分 c）和 d）的总量是至少约 10%；e）约 0.1%～约 5%一种有以下结构式的乙氧基化季胺盐阳离子型表面活性剂：式中 R_1 代表一个直链、支链或有取代的 C_8-C_{18} 烷基、烷芳基、芳基、链烯基或醚片段；R_2 代表一个含有 1～3 个碳原子的烷基基团或一个苄基基团；x 和 y 中每一个都是整数，可以独立地从 1～8 变化，且 $x+y$ 之和大于 2 而小于 9；X 代表一个水溶性阴离子；f）余量的水，所述结构性液体洗涤剂组合物没有非离子型表面活性剂，且其中成分 a）～e）中每一种的各自数量均选择得能提供一种结构稳定的液体组合物。

③ 江南大学申请了申请号为 CN201210106778.1 的专利，其公开了一种含有茶皂素的洗衣液，其特征是配方比例按质量份计：阴离子表面活性剂 6～31 份、非离子表面活性剂 12～43 份、茶皂素 0.5～6 份、荧光增白剂及助洗剂 0.06～1 份、去离子水 40～60 份；将阴离子表面活性剂及去离子水加入搅拌釜中，加热溶解，再加入非离子表面活性剂和茶皂素，搅拌直至其全部溶解，冷却，最后添加荧光增白剂及助洗剂，全部溶解后即制备得到含有茶皂素的洗衣液。该发明与现有技术相比，具有配方合理、去污效果显著、杀菌和消毒功能良好及所获产品具有绿色生态环保、安全无污染等特点。其中阴离子表面活性剂为烷基苯磺酸钠、脂肪酸钾皂和脂肪醇聚氧乙烯醚硫酸钠三种物质的混合物，非离子表面活性剂为烷基糖苷、脂肪醇聚氧乙烯醚两种物质的混合物。

④ 纳爱斯集团有限公司申请了申请号为 CN201310241798.4 的专利，其公开了一种不含溶剂的超浓缩洗衣液。其特征在于所述的洗衣液包括：脂肪酸 1～10 份；阴离子表面活性剂 1～50 份；非离子表面活性剂 1～50 份；碱 0.1～3 份；助剂 0.5～20 份；软化水 1～50 份。其中所述脂肪酸为饱和或不饱和的 C_{12}～C_{22} 的直链脂肪酸中的一种或一种以上的混合物；其中所述阴离子表面活性剂为 C_9～C_{15} 直链烷基苯磺酸钠、C_{10}～C_{16} 脂肪醇聚氧乙烯醚硫酸钠、C_{14-18} α-烯基磺酸钠或 C_{14}～C_{18} 脂肪酸甲酯磺酸钠中的一种或一种以上的混合物；其中所述非离子表面活性剂为 C_{12}～C_{14} 脂肪醇聚氧乙烯醚、C_8～C_{14} 支链醇聚氧乙烯醚、C_8～C_{14} 醇与环氧乙烷或环氧丙烷嵌段共聚物的缩合物、或 C_8～C_{14} 烷基糖苷中的一种或一种以上的混合物；其中所述碱为氢氧化钠或氢氧化钾中的一种或一种以上的混合物。该洗衣液由多种安全、温和、

易生物降解的表面活性剂复配而成，具有在高低温条件下稳定性好，即使在－5℃仍然为澄清透明液体，无浑浊、凝胶或结冻现象的特点，而且该洗衣液具有黏度低、易溶于水、使用方便、去污力强、易漂洗的特点。

⑤ 上海方木精细化工有限公司申请了申请号为CN201410049294.7的专利，其公开了一种低泡洗衣液。它由下述组分按质量分数组成：6%～10%十二烷基苯磺酸钠，6%～10%AES，1%～3%十二烷基二甲基氧化胺，0.5%～1.5%十二烷基糖苷，余量为水。该发明的低泡洗衣液具有较高的去污能力，可有效降低泡沫，容易漂洗，并有效抑螨灭螨。

(2) 脂肪酸甲酯磺酸盐（MES）

MES是近年来开发的一种以天然油脂为原料的阴离子表面活性剂，具有较高表面活性、刺激性小、易生物降解、与酶相容性好、抗硬水性好等特点，其缺点是低温稳定性不佳，会水解成二钠盐，影响稳定性和去污力，配方中需要加入其他合适的助洗剂。MES对油污有很强的增溶能力，是继LAS之后具有影响力的阴离子表面活性剂。

在中国专利申请中，首次提到MES表面活性剂的是德国的亨克尔两合股份公司于1991年7月在中国申请的申请号为CN91105045.0，发明名称为“制备洗涤和干洗活性颗粒的方法”的专利申请，其公开了含水的表面活性剂混合物，特别是洗涤活性的表面活性剂化合物如硫酸脂肪醇（FAS），尤其是硫酸硬脂醇（TAS）和/或C_{12}-C_{18}硫酸脂肪醇、脂族磺酸甲酯（MES）的单盐和相应的二盐，烷基甙化合物等的含水糊浆，通过洗涤活性有效物质的造粒，可以转变成储存稳定和浓缩的颗粒。

随后，成都蓝风（集团）股份有限公司于1993年1月申请了申请号为CN93110852.7，发明名称为“含脂肪酸甲酯磺酸钠的膏浆洗涤剂”的专利申请，其公开了含有脂肪酸甲酯磺酸钠（MES）的膏浆洗涤剂，采用MES，不用或少用烷基苯磺酸钠（LAS）等其他表面活性剂。在此前提下，MES同其他表面活性剂的用量比为任意比。膏体稳定、不分层、不析水、不结晶，MES来自天然植物油。同年2月，国内专利申请号为CN93110920.5的专利申请公开了表面活性成分以甲酯磺酸盐（MES）与皂粉组配形式而获得的固态的餐具洗涤剂。

然而首次将MES应用于织物液体洗涤剂中的中国申请，是国内申请人权力敏于2006年2月提交的申请号分别为CN200610042583.X和CN200610042584.4，发明名称分别为“织物生物消毒洗涤液”和“精细织物抗菌柔软洗涤液”两件专利申请，上述洗涤液中均含有MES。同年6月，浙江赞宇科技股份有限公司申请了CN200610057171.3，发明名称为“一种连续干燥脂肪酸甲酯磺酸盐的方法”的专利申请。9月，广州市浪奇实业股份有限公司申请了CN200610122522.4，发明名称为“一种表面活性剂的制备方法”的专利申请，公开了将片状MES经由冷冻干燥、破碎和过筛处理，其成功将MES应用到洗衣粉后配工艺中，解决了MES作为一种性能优异的新型表面活性剂却无法在我国洗衣粉得到应用的问题。这标志着中国国内对MES的应用和制备的研究开始进入研发阶段。

与MES相关的重点专利申请列举如下：

① 湖南丽臣实业有限责任公司申请的CN200810030842.6公开了一种洗衣机用液体洗衣液，其特征在于含有以下成分：a）一种或多种异构醇醚，其碳链长度为8～18，质量分数为5%～50%；b）烷基多糖苷，其碳链长度为8～18，质量分数为2%～30%；c）脂肪醇聚氧乙烯醚磺酸盐，其碳链长度为8～18，质量分数为5%～35%；d）烯基磺酸盐，其碳链长度为8～18，质量分数为5%～30%；e）脂肪酸甲酯磺酸盐，其碳链长度为8～18，其质量分数为2%～25%；f）去离子水，余量。该发明的洗衣液适用于工业或公共机构用隧道式洗衣机要求，且不含氮、磷等水体富营养化成分，也不含壬基酚等国际限用的环境荷尔蒙物质，容易生物降解，对环境友好。

② 中国日用化学工业研究院申请的CN201210040258.5公开了一种含脂肪酸甲酯磺酸钠的浓缩织物液体洗涤剂。其特征在于液体洗涤剂由脂肪酸甲酯磺酸钠，不含脂肪酸甲酯磺酸钠的阴离子表面活性剂、非离子表面活性剂、两性表面活性剂、洗涤助洗剂、水溶助长剂、抗再沉积剂、酶、荧光增白剂、香精、色素和水组成。各组分质量分数为：脂肪酸甲酯磺酸钠10%～30%，不含脂肪酸甲酯磺酸钠的阴离子表面活性剂5%～20%，非离子表面活性剂10%～20%，两性表面活性剂0.1%～2%，洗涤助洗剂1%～5%，水溶助长剂5%～15%，抗再沉积剂0.1%～0.5%，酶0%～0.6%，荧光增白剂0%～0.1%，香精0.01%～0.2%，色素0.01%～0.1%，余量为水；最终产品的pH控制在5～9。该发明具有生产成本低、脂肪酸甲酯磺酸钠含量高、室温下洗涤效果好、环境友好的优点。

③ 西安开米股份有限公司申请的CN200910023672.3公开了一种五倍超浓缩衣用液体洗涤剂，其特征在于包括以下质量份的原料：脂肪醇聚氧乙烯醚30～50份、脂肪酸甲酯磺酸钠10～25份、溶剂5～25份、酶制剂0.1～2.0份、增溶剂2～10份、凯松防腐剂0.1份、三乙醇胺1.0～5.0份、柠檬酸和香精少许，以及水1～17份。其为中性配方，不伤皮肤，不损伤织物；去污力强，可以去除多种污渍；无磷、无烷基苯磺酸钠，保护环境和人体健康；可用于低温洗涤，且具有优良的抗硬水性能，易洗、易漂、节能省水。

④ 天津博克尼科技发展有限公司申请的CN201210355473.4公开了一种低泡沫型液体洗衣剂。其特征在于是由阴离子表面活性剂脂肪酸甲脂磺酸钠（MES）、非离子表面活性剂椰油醇酰胺聚氧乙烯（20）醚、非离子表面活性剂多元醇聚醚（Mr-2000）、两性离子表面活性剂十二烷基磺酸甜菜碱、防腐络合剂柠檬酸钠、纯净水和香精组成。该发明的目的是提供一种低泡沫液体洗衣剂，与以往普通型洗衣液相比，清洁力强，低泡，节省水资源，非常适合洗衣机专用。该发明对织物有很好的柔软性

和抗静电效果、对人体皮肤无刺激性、非常低毒，洗后织物没有洗涤剂痕迹，而且外观呈无色透明低黏稠性液体，pH 为 7～8，有愉快香气。

（3）烷基糖苷（APG）

烷基糖苷是由天然脂肪醇和葡萄糖在酸性催化剂作用下合成的，是无毒可生物降解的非离子表面活性剂，具有性能温和、泡沫丰富、易漂洗、低残留和肤感清爽等特性，并能与其他阳离子、阴离子、两性离子及非离子表面活性剂复配，降低其他活性物的刺激性。APG 在产品安全性、温和性和抗菌性方面具有优势，顺应未来织物液体洗涤剂的发展方向，将替代石油基表面活性剂而成为主流表面活性剂。

在中国专利申请中，德国亨克尔两合股份公司首次涉及 APG 表面活性剂，其于 1990 年 8 月申请了申请号为 CN90106649.4，发明名称为“具有表面活性的烷基糖苷的粉状制剂”的专利申请，其中公开了一种含有 50%～65%（质量分数，下同）表面活性的烷基糖苷和 35%～95%惰性无机载体的具有表面活性的粉状制剂。其制备方法是，用工业生产的烷基糖苷粗产品与水和一种无机粒状载体（如硅酸，白垩或氯化钠）混合并干燥，优选的粉状制剂含有 20%～50%的烷基糖苷和 50%～80%的惰性无机载体，将表面活性剂烷基糖苷变成可以散装和流动的剂型，从而不存在储存和输送方面的问题。

随后，国内轻工业部日用化学工业科学研究所于 1992 年 4 月申请了申请号为 CN92102625.0，发明名称为“C_8-C_{18}烷基糖苷表面活性剂的制备方法”的专利申请，公开了采用单糖或可水解为单糖的化合物、脂肪醇为原料，经酸催化脱水醚化、醇交换反应，可制得基本性能和功能均佳的表面活性剂烷基糖苷。该制备方法操作简便，易于控制和工业化，没有“三废”排放和环境污染。

而在织物液体洗涤剂中首次应用 APG 的中国申请，是国内申请人常锋在 2006 年 5 月申请的申请号为 CN200610031707.4，发明名称为“一种可降解环保洗涤剂的配置方法”，公开了生物技术，以微生物共生菌为发酵菌，对淀粉植物油脚进行厌氧发酵后再加入柠檬酸、APG、二氧化硅、碳酸钠制成的可降解生态洗衣液，不仅洗涤效果好，而且排放物不污染水资源，净化保质水体生态环境。

随后，湖南丽臣实业有限责任公司申请了申请号为 CN200810030842.6A，发明名称为“一种洗衣机用液体洗衣液”，公开了由异构醇醚、烷基多糖苷、天然脂肪醇聚氧乙烯醚磺酸盐、烯基磺酸盐、脂肪酸甲酯磺酸盐复配而成，适用于工业或公共机构用隧道式洗衣机，容易生物降解，对环境友好。到 2011 年以后，国内开始了 APG 在洗衣液中的广泛应用。

与 APG 相关的重点专利申请列举如下：

① 广州青能健日用品有限公司申请了申请号为 CN201110403398.X 的专利，其公开了生物环保多功能特效洗衣液，含有以下质量份的组分：APG（烷基糖苷）为 30～50 份、椰子油 6501 为 15～20 份、碱性蛋白酶为 5～10 份、无患子皂乳为 5～15

份、苦参碱为1～5份、天然皂粉为5～10份、椰子油酰胺丙基氧化胺为5～10份、乙二胺四乙酸二钠为0.1～0.5份、助洗剂为5～10份、防腐剂为0.1～0.5份、香精为0.5～1份、柠檬酸适量，调节pH为6.5～7.5。该发明的洗衣液不含磷及苯、酚等对人体有害的有机物，安全、绿色环保，不会造成环境污染，能同时去除多种顽固污渍，使用后织物不褪色、颜色鲜艳、柔软，且能有效抗静电、防霉、防菌、防虫，适用于麻织品、羊毛、混纺、化纤、纯棉等各种物料的洗涤。且制备工艺简单，适合工业化生产，具有广阔的应用前景。

② 北京绿伞化学股份有限公司申请了申请号为CN201110453827.4的专利，其公开了一种纯植物型抗菌清洁剂。其特征在于：该清洁剂的原料中含有中药植物制剂、烷基糖苷、椰油基两性表面活性剂、多元醇、酸度调节剂、食品香精、去离子水；该清洁剂的各个原料的质量配比为：中药植物制剂为0.1%～5.0%，烷基糖苷为0.5%～10.0%椰油基两性表面活性剂为2.0%～5.0%，多元醇为1.0%～5.0%，酸度调节剂为0.01%～0.5%，食品香精为0.05%～0.2%，去离子水为74%～95%；该清洁剂的制备方法依次包括以下步骤：a）按照上述质量配比取所述的去离子水中的70%～85%，加入化料釜中，然后分别按照上述配比加入所述的烷基糖苷、椰油基两性表面活性剂、中药植物制剂和多元醇至完全溶解，得到混合液A；b）按照上述质量配比向所述的混合液A中加入所述的食品香精，再用所述的酸度调节剂调节pH至6.5～7.5，再加入剩余的所述的去离子水，得到所述的纯植物型抗菌清洁剂。该发明的原料采用纯植物制剂，使用性能温和，刺激性低，效能高；使用安全，可用于家庭居室、织物、厨具、健身用品、婴幼儿玩具等表面的杀菌。而且该发明的原料体系具有协同作用，稳定性好，水溶性好，易冲洗、低毒、无刺激，可应用于多种物体的表面。

③ 北京绿伞化学股份有限公司申请了申请号为CN201310154002.1的专利，其公开了一种阴阳离子表面活性剂复合型的消毒洗衣液。其特征在于：所述的洗衣液的原料中含有脂肪醇聚氧乙烯（9）醚羧酸钠5%～15%，脂肪醇聚氧乙烯醚1%～5%，烷基糖苷1%～5%，短支链型脂肪醇聚氧乙烯（8）醚1%～3%，聚六亚甲基双胍1%～3%，十二烷基二甲基苄基氯化胺0.5%～1%，双癸基二甲基氯化铵7%～10%，盐酸溶液0.01%～0.1%，香精0.2%，去离子水53%～80%。该发明的原料采用阴阳离子复合，通过特殊渗透促进剂作用，能有效作用于病菌，提高杀菌力，并能稳定地储存；产品的杀菌力达到卫生部2002年《消毒技术规范》要求；将杀菌和清洁功能融为一体，洗衣和杀菌同时完成。

④ 日本花王株式会社申请了申请号为CN2012101119001.9的专利，其公开了一种液体洗净剂组合物，其含有5%～20%的（A）烷基糖苷、10%～30%的（B）羟基羧酸型螯合剂和1%～10%的（C）聚羧酸型螯合剂，其中（A）/（B）的质量比为0.2～1，（B）/（C）的质量比为1～10。该液体洗净液对染污垢显示优异的洗净

能力，保存稳定性好。

（二）织物液体洗涤剂中涉及助洗剂的专利分析

1. 织物液体洗涤剂中涉及助洗剂的全球专利申请分析

（1）织物液体洗涤剂中涉及助洗剂的全球专利申请量趋势分析

1962～2012年全球公开织物液体洗涤剂中涉及助洗剂的专利申请共2935件，在所有液体洗涤剂的专利申请中，助洗剂的相关申请量占88.6%。可见，助洗剂在织物液体洗涤剂的专利申请中属于关键技术部分。织物液体洗涤剂中涉及助洗剂的全球专利申请量逐年分布趋势如图15所示。其发展可以分为以下三个阶段：第一个阶段，1962～1988年为缓慢发展阶段，从20世纪70年代末到20世纪80年代末虽然有一定的增长，但是增长速度相对迟缓。1990～2000年进入快速增长期，申请量增长幅度很大，在此阶段新技术和新原料的发展在织物液体洗涤剂中的广泛应用，大大提升了织物液体洗涤剂的功能。但2000～2012年，涉及助洗剂的全球专利申请量有所降低，说明助洗剂技术在20世纪末高速发展后又在近10年内进入了技术研发的瓶颈期。

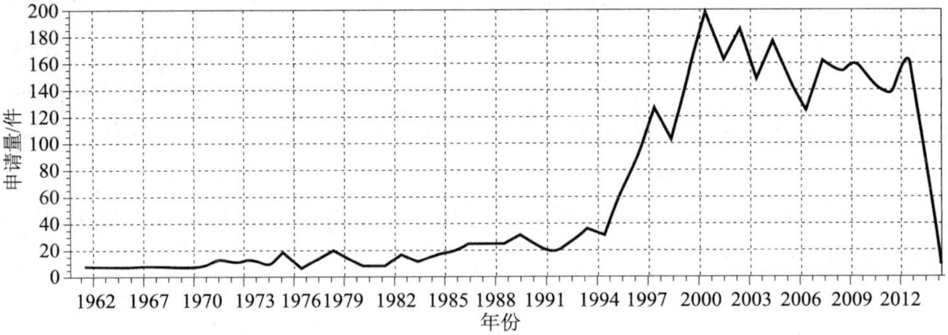

图15 织物液体洗涤剂中涉及助洗剂的全球专利申请量逐年分布趋势

（2）织物液体洗涤剂中涉及助洗剂的全球专利申请人分析

图16所示为织物液体洗涤剂中涉及助洗剂的全球申请人排名。由该图可以看出，申请量排名最前的是宝洁公司791件，其次分别是联合利华公司682件、日本花王公司242件、汉高公司216件、日本狮王公司130件以及高露洁公司114件。可见，美国助洗剂技术研发能力最强，其次为荷兰和日本，技术上宝洁和联合利华等国际大公司已经基本形成垄断，而中国在助洗剂技术研发中处于落后阶段。

2. 织物液体洗涤剂中涉及助洗剂的在中国专利申请分析

（1）织物液体洗涤剂中涉及助洗剂的在中国专利申请量趋势分析

1985～2014年织物液体洗涤剂中涉及助洗剂的在中国专利申请共307件。织物

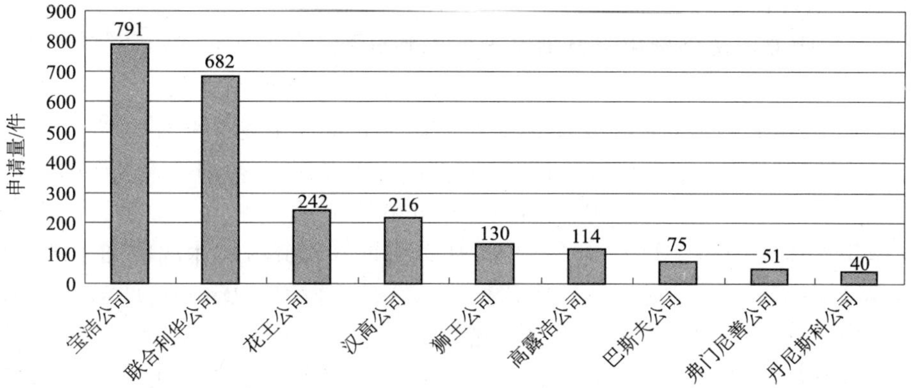

图 16 织物液体洗涤剂中涉及助洗剂的全球专利申请人排名

液体洗涤剂中涉及助洗剂的在中国专利申请量的发展趋势如图 17 所示。

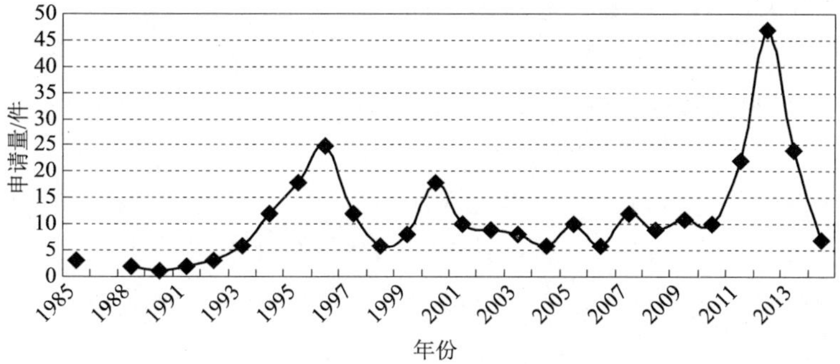

图 17 织物液体洗涤剂中涉及助洗剂的在中国专利申请量逐年分布趋势

其发展可以分为以下几个阶段。

① 第一发展阶段：缓慢发展期（1985～1993 年）。

在 1993 年前，织物液体洗涤剂中涉及助洗剂的在中国专利申请量共 17 件，其中 1986 年的申请量为零。这一阶段中国的织物液体洗涤剂的相关研发水平有限，自主知识产权意识薄弱，产品制造和研发基本处在学习和模仿阶段，而外国申请人掌握核心技术。

② 第二发展阶段：相对增长期（1994～1997 年）。

1994～1997 年织物液体洗涤剂中涉及助洗剂的在中国专利申请量有了相对的增长，申请量共 67 件，平均每年大约 17 件。这一阶段中，并未见中国日化企业对织物液体洗涤剂中涉及的助洗剂进行专利申请，申请人多为国外日化企业。表明这一阶段中国公司对于助洗剂的研发能力依然薄弱，而国外公司开始注意进入中国申请，抢占中国市场。

③ 第三发展阶段：减弱期（1998～2010 年）。

1998～2010 年，织物液体洗涤剂中涉及助洗剂的在中国专利申请量进入了减弱阶段，申请量共 123 件，平均每年大约 10 件，这与全球专利申请量大幅度降低的趋势一致，说明在助洗剂领域，其技术的突破在全球范围内都出现了瓶颈。

④ 第四发展阶段：迅速增长期（2011 年至今）。

2011～2014 年上半年，织物液体洗涤剂中涉及助洗剂的在中国专利申请量相对于全球织物液体洗涤剂专利申请量出现了逆势上扬的趋势。织物液体洗涤剂中涉及助洗剂的中国专利申请量迅速增加，申请量共 100 件。除 2014 年外，2010～2013 平均年申请量约 31 件，其中 2013 年达到了峰值 47 件。2013～2014 年由于公开时间的延迟问题，没有反映出继续快速增长的势头，但从不完全数据中也能看出 2013 年的申请量突破较大，仍在申请量的高点。说明我国对于助洗剂的研发水平进入了新的发展时期，中国企业开始自主创新和研发液体洗涤剂配方，并积极寻求新的助洗剂技术。由于国际经济的总体发展不景气，而中国的消费市场巨大，国外申请人更加注重中国市场，更加注重在中国的专利壁垒建设。

(2) 织物液体洗涤剂中涉及助洗剂的在中国专利申请人分析

图 18 所示为织物液体洗涤剂中涉及助洗剂的在中国申请人排名。从图中可以看出，在中国专利申请中，申请人主要是宝洁公司（包括曾用名普罗格特——甘布尔公司）和联合利华公司，申请量分别为 110 件和 15 件。自 2008 年起，开始有中国公司申请涉及助洗剂的液体洗涤剂专利，其中北京洛娃日化有限公司和上海制皂有限公司的申请量最高，分别为 5 件，其次为青岛海芬海洋生物科技有限公司、北京绿伞化学股份有限公司，分别为 3 件。

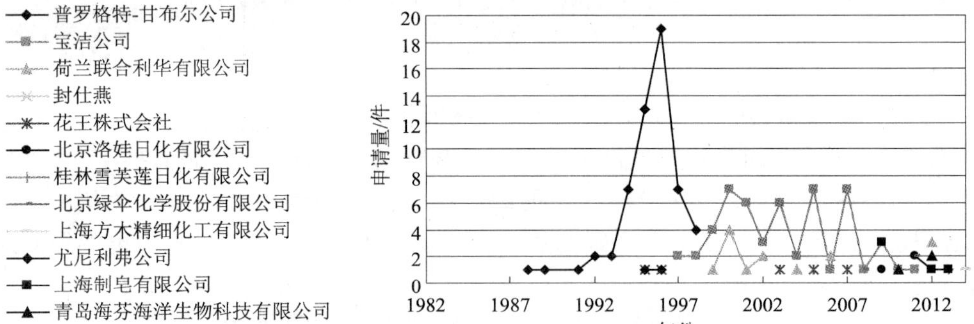

图 18 织物液体洗涤剂中涉及助洗剂的在中国专利申请人排名

在中国专利申请中，涉及的助洗剂种类主要有碳酸钠/硅酸盐（105 件）、磷酸盐（三聚磷酸钠 STPP/六偏磷酸钠 SHMP/焦磷酸四钠 TSPP）（78 件）、柠檬酸/柠檬酸盐（189 件）、乙二胺四乙酸四钠（EDTA）（90 件）、4A 沸石/P 型沸石（MAP）/X

型沸石/天然沸石/复合沸石（67 件）、偏硅酸钠（五水偏硅酸钠）（16 件）、聚丙烯酸钠 PAA-Na（29 件）、过碳酸钠/丙烯酸和马来酸共聚物（38 件）、对上述物质的结构改造以及上述物质的两种或多种组合物的配方。其中柠檬酸/柠檬酸盐的应用比例最大，在涉及助洗剂液体洗涤剂中约占 61.5%，其次分别为碳酸钠/层状硅酸盐约 34.2%，乙二胺四乙酸四钠（EDTA）约 29.3%，磷酸盐约 25.4%。可见，从环保的角度考虑，助洗剂无磷化是主要的发展趋势，但是替代磷的助洗剂的技术研究仍然需要进一步加强，磷酸盐助洗剂所占份额仍然很大。

另外，从专利申请的技术来看，除新的助洗剂配方外，申请人也注重其他助洗剂成分的开发和研究，如改性的硅氧烷、羧化物、聚羧化物、环胺基聚合物、甲基甘氨酸二乙酸、二亚乙基三胺五乙酸、羟乙基二膦酸、乙二胺二琥珀酸、沉淀二氧化硅、二亚乙基三胺五亚甲基膦酸钠、聚乙烯吡咯烷酮、纳米硅酸盐-丙烯酸共聚物复合无磷助洗剂等，以及开始考虑可生物降解材料的应用，如聚氨基酸（或其盐）和聚亚烷基二醇的混合物。

3. 织物液体洗涤剂中涉及助洗剂的专利技术分析

(1) 助洗剂简介

织物液体洗涤剂中除了含有表面活性剂之外，还含有大量的洗涤助洗剂，这些洗涤助洗剂与表面活性剂配合，起到增强洗涤效果的作用。由于洗涤去污过程是一个比较复杂的物理、化学过程，受到多种因素如水的硬度、洗涤剂组成、洗涤温度等的影响，其中水的硬度是影响洗涤性能的一个重要因素。水中所含钙、镁离子会与洗涤剂中的表面活性剂形成难溶性盐而降低洗涤剂的去污能力。所以，洗涤剂中除表面活性剂外，还需要有各种助洗剂，才能充分发挥表面活性剂的洗涤去污能力。洗涤助洗剂本身的去污能力较弱，但其具有提高表面活性剂活性，增加污垢的分散、乳化，防止污垢再沉积等作用。根据国际表面活性剂会议用语，洗涤助洗剂是指与去污相关的，能提高洗涤剂性能的辅助成分。综合来说，洗涤助洗剂主要具有三种功能：① 与水中的钙、镁离子进行螯合，降低水中钙、镁离子的浓度，从而降低水的硬度，提高表面活性剂的活性；② 在洗涤时使水的 pH 维持在一个合适的水平，具有碱缓冲能力，从而提高洗涤剂的去污能力；③ 增大污垢分散能力，防止污垢再沉积。因此，螯合能力、分散力、碱缓冲能力是衡量一种洗涤助洗剂性能优劣的主要指标。

(2) 助洗剂的发展历程

织物液体洗涤剂可以给消费者的日常生活带来很多便利，与粉体产品相比，液体产品更加容易溶解，特别是在低温情况下，在生产过程中的粉尘更少，计量容易而且准确。但是，从洗衣粉到洗衣液的转变，经历了技术上的变革和相应原料和配方技术的发展。

在织物液体洗涤剂发展的历程中，最初遇到的技术难题是：如何使配方体系中最大量的无机盐助洗剂稳定。在早期的研究中，对于制成加足量助洗剂的织物液体洗涤剂的稳定问题，主要有以下解决方法：① 表面活性剂在助洗剂水相溶液中呈乳浊液状；② 固体助洗剂在水溶液或表面活性剂乳浊液中呈悬浮状；③ 固体助洗剂在具有层状相表面活性剂基质的凝胶中呈悬浮状。

第一种解决方法涉及的专利主要有 US3235505A、US3346503A、US3351557、US3509059A、US3574122A、US3328309A 及 CA917031A。这些专利都涉及可溶于水的助洗剂的水溶液，其浓度应足以能盐析出表面活性剂（通常为一种液态非离子型的），而后者借助于各种乳化剂以胶体滴状分散在含水介质中。在此种情况下，该体系为纯净的乳浊液，一般含有相当低含量的助洗剂，并且价格高的可溶性助洗剂使得制造成本增高。

第二种解决方法涉及的专利主要有 GB855893A、GB948617A、GB943271A、GB1468181A、GB1506427、GB2028365A、EP38101A、AU522983A、US4018720A、US3232878A、USP3075922A 及 USP2920045A。这些专利中所叙述的组合物是不稳定的，或是对温度不稳定，或是对剪切力不稳定。这些专利中有两件专利相应实施例的工业化生产产品已在澳大利亚和欧洲市场上出现。特别是 AU522983A 的相应的组合物已获得工业化生产的成功。

第三种解决方法涉及的专利主要是 EP0086614A。所述的组合物呈现出一种层状、固体或液态结晶的表面活性剂基质。该组合物具有比某些用途中所希望的更高的黏度。

有几件专利中讲到一种乳浊液，其中助洗剂是在乳浊液中的分散相，而不是在悬浮液中的分散相。US4057506A 叙述了三聚磷酸钠的纯净乳浊液的制备，而 US4107067A 中叙述了相反的乳浊液，其中助洗剂的水溶液分散在液态结晶的表面活性剂体系中。

1958 年第一个重垢洗衣液的配方是用比三聚磷酸钠（简称 STPP）水溶性更好的焦磷酸钾作为无机助洗剂，同时以烷基苯磺酸钠和烷醇酰胺为表面活性剂的体系，这种体系可以允许 15%～20%的焦磷酸钾。但是在实际的洗涤浓度下，洗衣液的实际去污效果还是比洗衣粉的差。[2]

到了 20 世纪 60 年代中期，在相对静止的水体如湖泊中，藻类因为水体富营养而过度生长引起水体污染，引起了社会的关注，人们意识到在洗涤剂的配方中应尽量少用或者不用三聚磷酸钠。[2]

从 1970 年开始，美国有一些州强制命令限制洗涤剂中的磷酸盐含量。在最初的无磷配方中，磷酸盐被氮川三乙酸三钠（简称 NTA）代替，与磷酸盐相比，NTA 也是非常有效的助洗剂，可以有效地螯合洗涤溶液中的钙镁离子，但是在有关试验中发现 NTA 有致畸作用，1971 年年底这种助洗剂退出了市场。NTA 被具有环境友好型高的柠檬酸钠取代。[2]

20 世纪 70 年代，出现没有洗涤助洗剂的洗衣液配方，表面活性剂总含量为

35%～50%。80年代，在洗衣液技术领域出现了技术创新，特别是酶制剂在洗衣液中的应用，一开始是蛋白酶的应用，然后是淀粉酶的应用。1984年宝洁公司的“汰渍”洗衣液上市，洗衣液从此开始进入了快速发展的时期。[2]

从1990年开始至今，织物液体洗涤剂有了非常大的技术进展，大量专利申请得到授权。这些专利可以分成两大方面：一方面是用常规的方法改进洗衣液的去污性能，如新型表面活性剂体系、荧光增白剂和酶制剂；另一方面是在消费者能感知的，使用量很小但是能起到重要作用的添加剂的研究。

（3）助洗剂中涉及结构性液体的专利技术分析

一般来说，液体洗涤剂组合物可以分为各向同性液体和结构性液体两种。各向同性液体中所有组分均是溶解的，与结构性液体相反，在各向同性液体中没有结构存在。具体来说，通常含表面活性剂体系的有序化程度随表面活性剂和/或电解质浓度的增加而增加。在表面活性剂和/或电解质的浓度极低时，表面活性剂可以作为分子溶液存在，或作为球形胶束的溶液存在，这两种溶液都是各向同性的，即它们是无结构性的。由于另外的表面活性剂和/或电解质的加入，表面活性剂材料的结构可以形成。这种结构以不同形式存在，如双层结构。它们可以用不同术语被称为：棒状胶束、各向异性表面活性剂相、平面层状结构、层状微滴和液晶相等。

在结构性液体中，可使结构贡献出某些性质如消费者所喜欢的流动性质和/或混浊的外观。许多结构性液体也能悬浮粒状固体。结构性液体的实例有US4244840A、EP0160342A、EP0038101A和EP0140452A等。而且，EP301882A公开了具有稳定悬浮固体如20%沸石的结构性液体洗涤剂组合物。EP362916A公开了能够悬浮固体是组合物，且其中掺入高含量功能聚合物，以抑制织物软化黏土的作用。EP74134A公开了具有稳定悬浮固体的结构性液体洗涤剂组合物，其中记载，如果使用二甲苯磺酸钠或甲苯磺酸钠，可以得到合适的黏度和良好的稳定性，亚硫酸钠可用于具有高含量三磷酸钠（25%～26%）的组合物中。

1999年9月8日，荷兰联合利华有限公司申请了申请号为CN99811308.5的专利，其公开了一种稳定的结构性液体洗涤剂组合物，其特征为：① 该组合物自制备时间起21天后于25℃将产生小于10%（体积分数）的相分离；② 其黏度在剪切速率为21s～1h低于500mPa・s；③ 该组合物10mL在2.5L、25℃和4°FH水中溶解时，溶解时间，如在这里所测定的，小于120s；④ 如果该组合物含有减低黏度聚合物，则减低黏度聚合物不单由葡聚糖、葡聚糖硫酸盐或聚乙二醇组成；只要组合物含有10.4%十二烷基苯磺酸钠、6.7%的C_{12-13}的每1mol平均被7mol环氧乙烷烷氧基化的脂肪醇，4.6%氯化钠，则该组合物含有至少一种不单由重均相对分子质量为1200～8000的聚丙烯酸钠组成；该组合物基本不含抗絮凝聚合物和稳定悬浮固体。

上海白猫有限公司申请了申请号为CN00127490.2和CN00127489.9的专利，其中公开了一种成本低、性能良好、使用方便的液体洗涤剂及制造工艺。由于表面活性剂、无机助洗剂在水溶液之间存在一个很精细的结构（即液晶相结构），调整表面活性剂、无机助洗剂的种类和数量，使悬浮的固体颗粒与水和表面活性剂等形成一种多层包裹的小液滴，整个体系具有均匀分布的结构，这样使液体洗涤剂达到了液晶相稳定状态。另外，加入特殊的高分子分散剂，加强固体颗粒的分散，调整液体的黏度，改善流体的流平性，保证液体有良好的流动性，使液体洗涤剂的外观良好，稳定不分层。该发明的具体配方为：① 阴离子表面活性剂的质量分数为12%～16%；② 非离子表面活性剂质量分数为2%～5%；③ 三聚磷酸钠为10%～24%；④ 硅酸钠为2%～8%；⑤ 硅油为0.01～0.2%；⑥ 分散剂为0.05%～0.5%；⑦ 碳酸钠为1%～6%；⑧ 增稠剂，聚丙烯酸类为0.05%～0.8%；⑨ 增白剂为0.2%～0.3%；⑩ 余量水。

高露洁公司申请了申请号为CN96197656.X的专利，其公开了以层状表面活性剂液滴分散于含水电解质连续相中浓缩的、结构化液体洗涤剂组合物（CLDC），其含有：① 10%～45%的表面活性剂；② 至少一种洗涤剂助洗剂；③ 0.01%～5%的去絮凝聚合物组合物，它含有结构为P—QR的聚合物链，其中P代表亲水聚合物的聚合物链片段，QR代表疏水封端基团，其中R是含有约4～28个碳原子的有机疏水残基，且Q选自O、S、SO、SO_2、SiOR′R″、SiR′R″、CR′OH、CR′R″和CR′OR″，其中R′和R″分别是氢，具有1～4个碳原子的烷基或芳基；④ 水。

（4）典型助洗剂的专利技术分析

① 碳酸钠和硅酸钠。

碳酸钠和硅酸钠主要是用于洗衣粉中的常用助洗剂，但是，在实际的织物液体洗涤剂中也会少量使用。

图19所示为织物液体洗涤剂中涉及碳酸盐和硅酸盐的在中国专利申请量逐年分布趋势。从图中可以看出，总申请量为105件，在1993年以前，其申请量都在5件以下，从1994年开始，申请量开始迅速增长，到1996年达到峰值，之后开始迅速下降，并在2000年、2005年、2013年有小的波峰。在中国申请专利的重要的代表公司是宝洁公司、阿尔布里特和威尔森有限公司、诺维信公司、阿尔布赖特——威尔逊英国有限公司、上海锦华科技开发公司、唐山雅斯菲日用化工有限公司等。碳酸钠和硅酸钠的主要作用是：① 与水中的钙镁离子结合形成沉淀，降低水的硬度；② 使洗涤液保持在碱性条件下，更好地发挥表面活性剂的去污能力。但是，这两种助洗剂的缺点也很明显，比如生成的难溶性的沉淀会沉积在织物表面，特别使棉质织物纤维变硬；水溶液的pH较高会对织物纤维造成损害，同时在手洗的条件下对皮肤有害等。因此，在新的助洗剂（如含磷助洗剂）被应用和开发后，这两种产品被迅速取代，其申请量也显著下降。

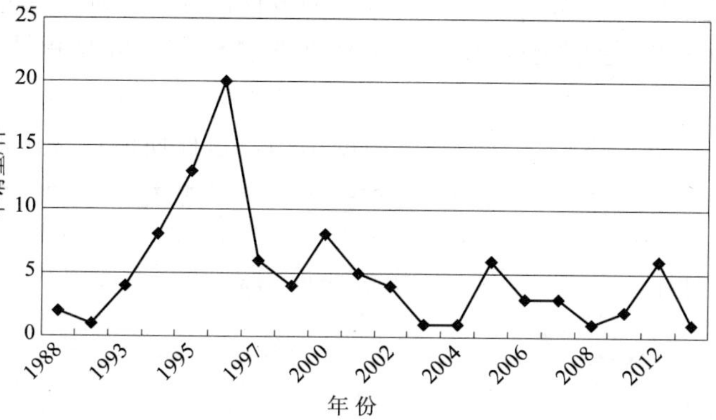

图 19 织物液体洗涤剂中涉及碳酸盐和硅酸盐的在中国专利申请量逐年分布趋势

② 聚合磷酸盐。

20 世纪 40 年代末期，人们发现在合成洗涤剂中加入磷酸盐的助洗效果比加入碳酸钠、硅酸钠的助洗效果更好。1958 年第一个重垢洗衣液的配方是用比 STPP 水溶性更好的焦磷酸钾作为无机助洗剂，同时以烷基苯磺酸钠和烷醇酰胺为表面活性剂的体系，这种体系可以允许 15%～20%的焦磷酸钾。[2]

使用过的磷酸盐有焦磷酸四钠（TSPP）$Na_4P_2O_7$、六偏磷酸钠（SHMP）$Na_6P_6O_{18}$、三聚磷酸钠（STPP）$Na_5P_3O_{10}$ 等。从保持溶液碱性、软化水的能力、结合 Ca^{2+}、Mg^{2+}、Fe^{2+} 的能力、吸湿性、悬浮性、防止对纤维的沉积作用、对含氧漂白剂的热稳定性、分散性、协同效应等方面来看，三聚磷酸钠的性能均优于碳酸钠和硅酸钠，同时三聚磷酸钠无毒、性质稳定、廉价，以它为助洗剂的洗涤剂洗涤效果良好。但是，在织物液体洗涤剂中，三聚磷酸钠不能足量地溶解在含水的组合物中。而且，由于盐析作用，增加溶解的助洗剂量趋向于降低可溶解的表面活性剂的量，反之亦然。人们已作了尝试，用焦磷酸钾助洗剂和活性组分的胺盐一起使用来替代钠盐，虽然它更易于溶解，但经济效益不佳。

图 20 所示为织物液体洗涤剂中涉及聚合磷酸盐的在中国专利申请量逐年分布趋势。从图中可以看出，磷酸盐助洗剂的使用，从 1985 年开始，迅速提升，申请量显著增高，在 1996 年达到峰值，随后迅速下降，并有小的波峰。这主要是因为人们对于磷在湖泊河流的富营养化作用提出了质疑，在洗涤剂组合物中使用磷酸盐也受到了政府的限制或禁止。

在中国申请专利的代表公司是阿尔布赖特——威尔逊英国有限公司和宝洁公司。典型专利是：1986 年 7 月 2 日阿尔布赖特——威尔逊英国有限公司申请的申请号为 CN85103236A 的专利，其公开了一种组合物，它含有电解质、活性组分以及水，它能够悬浮诸如助洗剂等固体而形成稳定的组合物，它兼具改进的洗涤性能并具有满意的流动性。

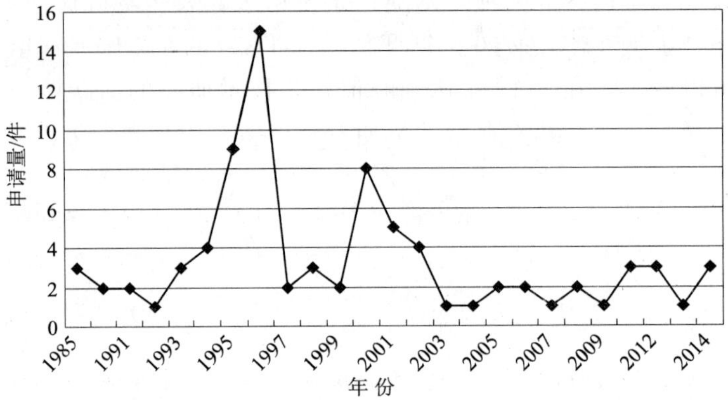

图 20　织物液体洗涤剂中涉及聚合磷酸盐的在中国专利申请量逐年分布趋势

③ 低分子有机羧酸盐。

低分子有机羧酸盐主要包括柠檬酸钠（NaCA）和乙二胺四乙酸四钠（EDTA）等。

柠檬酸钠是一种螯合型助洗剂，1973 年在日本首次使用。它的分子中有三个—COOH 和一个—OH，对 Ca^{2+}、Mg^{2+} 等离子有较强的螯合能力，对钙的螯合力为 0.2g/100g。柠檬酸钠易溶于水，对人体无害，对环境也友好，但是价格较贵，且与 LAS 的配伍性不如 STPP，通常只应用于高档洗涤剂中。在中国申请专利的代表是阿尔布赖特——威尔逊英国有限公司和宝洁公司。图 21 所示为织物液体洗涤剂中涉及柠檬酸钠的在中国专利申请量逐年分布趋势。从图中可以看出，其在 1996 年和 2012 年分别达到申请量峰值，说明在这两个阶段是技术研发的活跃期。

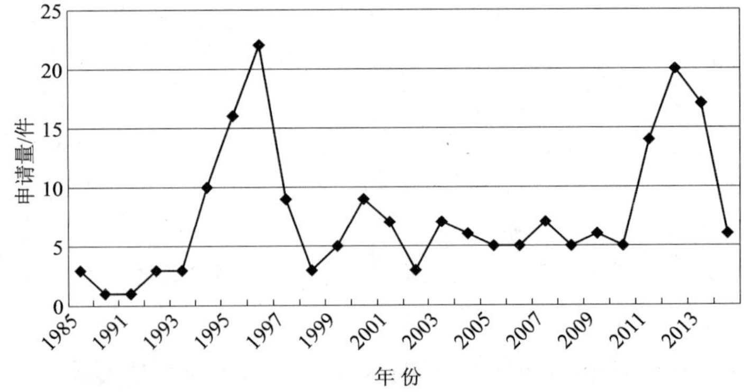

图 21　织物液体洗涤剂中涉及柠檬酸钠的在中国专利申请量逐年分布趋势

乙二胺四乙酸四钠（EDTA）具有对 pH 适应面宽、螯合金属离子的能力强等特点，对钙离子的螯合力为10.5g/100g，对镁离子的螯合力为6.4g/100g，其螯合钙离子能力是目前软水剂中最强的一种。其缺点是价格太高，生物降解性差。图22所示为织物液体洗涤剂中涉及乙二胺四乙酸四钠（EDTA）的在中国专利申请量逐年分布趋势。从图中可以看出，在2012年达到峰值，是技术研发的活跃期。在中国申请专利较多的代表公司是宝洁公司。典型的早期专利申请有山东金泰集团股份有限公司申请的申请号为CN94110539.3的专利，其公开了一种轻垢液体洗衣洗涤剂，包括：a）5%～20%的合成阴离子表面活性剂；b）1%～15%的具有洗涤和抗静电性质的表面活性剂；c）1%～5%的洗涤剂助洗剂；d）0.5%～5%的增稠剂；e）余量的水。该发明组合物含有1%～5%（最好为1%～3%）的洗涤剂助洗剂。对于织物液体洗涤剂，水在组合物所占比例较大，而自来水中钙镁离子含量较高，即水硬度较大（特别是采用地下水硬度更大），会与表面活性剂发生反应，形成钙盐和镁盐，它们水溶性差，长期存放会发生沉淀，因此选择洗涤助洗剂很重要。该发明采用苯磺酸钠作助洗剂，还选用乙二胺四乙酸二钠，它能与钙镁离子螯合成稳定结构，使组合物中沉淀消失或减少，增加透明度。

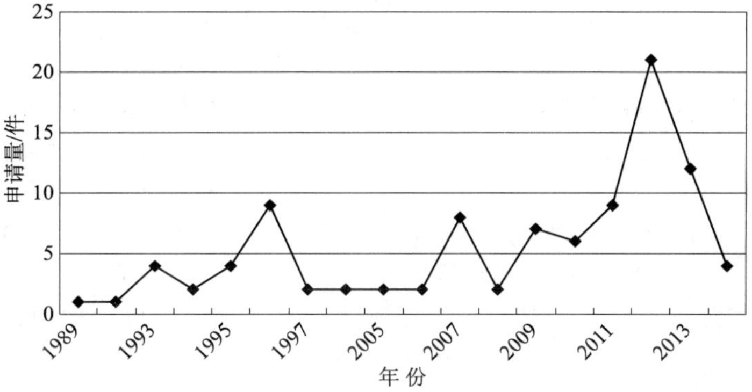

图22　织物液体洗涤剂中涉及乙二胺四乙酸四钠（EDTA）的在中国专利申请量逐年分布趋势

④ 沸石类助洗剂。

4A沸石是众多合成沸石中的一种，其是晶状铝硅酸盐，其分子式为：Na_{12}［AlO_2（SiO_2）］$_{12}$·$27H_2O$。其分子内呈网络结构，即由硅铝氧四面体单元形成的8个立方体和12个正四面体组成的α和β笼相连接的结构。在其网络结构中阳离子（Na^+）和水分子居于一定的晶穴位置上，它们具有较大的可移动性，在一定的条件下，能够进行离子交换和可逆脱水，此性质正是其用作洗涤助洗剂的缘由。4A沸石对Ca^{2+}的交换能力大于STPP对Ca^{2+}的螯合能力，同时还能与不溶污垢发生共沉淀作用，有助于去污。其组成与泥土相似，对环境无污染。4A沸石作为洗涤助洗剂也有一定的缺陷：对Ca^{2+}交换能力强，但交换速度慢，对Mg^{2+}交换能力差，与活性物质没有明显的协同作用，这会导致洗涤液中活性物质迅速与金属离子结合，生成沉淀而造成去污力下降；无分散能力，无法解决污垢的再沉积性及本身的沉淀性；水溶性差，在新型浓缩液体洗涤剂中的应用受到限制；pH 缓冲能力较差。因此 4A 沸石必须与 STPP 或其他助洗剂、活性剂复配才能达到理想的洗涤效果。另外，洗涤后排掉的 4A 沸石会在不同的地表形成新的堆积物，会造成水管堵塞等，对环境也有一定的影响。在中国申请专利的主要代表是阿尔布赖特——威尔逊英国有限公司和宝洁公司。图 23 所示为织物液体洗涤剂中涉及 4A 沸石的在中国专利申请量逐年分布趋势。从图中可以看出，在 1996 年，其在中国申请量最多。

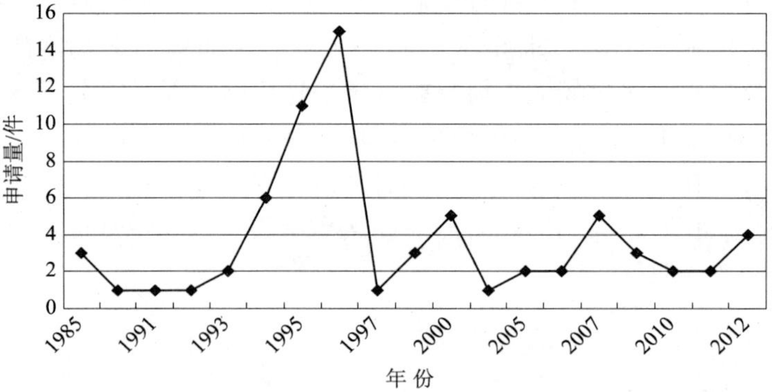

图 23　织物液体洗涤剂中涉及 4A 沸石的在中国专利申请量逐年分布趋势

⑤ 偏硅酸钠。

用于助洗剂的偏硅酸钠通常是五水偏硅酸钠（$Na_2O \cdot SiO_2 \cdot 5H_2O$），它是白色易流动的颗粒状产品，具有稳定的强碱性，易溶于水，无毒，无味，有很强的去油污和尘土能力。作为助洗剂，它对油脂有较强的润湿、乳化、皂化作用，能提高洗涤效率，特别适用于餐具、工业器具及家用品洗涤。其缺点是没有分散能力，也不能防止污垢的再沉积，抗硬水性较差，只能部分取代 STPP 生产低磷洗涤剂。在无磷洗涤剂中，偏硅酸钠需和具有良好分散性的高分子聚丙烯酸钠配合使用。在中国申请专利的主要代表是宝洁公司。

⑥ 聚合物类。

宝洁公司于 1965 年获得了聚丙烯酸钠（PAA-Na）的相关专利。聚丙烯酸钠是一种水溶性的高分子物质，无毒，被认为是有机洗涤助洗剂中最有发展前途的一类。其相对分子质量分布是影响助洗剂性能的决定因素，作为助洗剂的聚合物其相对分子质量分布为 5～8 万。聚丙烯酸钠有良好的分散污垢和防止污垢在织物上再沉积的能力，抗酸性能力也优于 STPP，对炭黑、二氧化锰、高岭土等污垢的去除效果好。在无磷洗涤剂中与 4A 沸石复配，可提高去污性能。其缺点是其成本较高，且去油污能力差，对 Ca^{2+}、Mg^{2+} 螯合能力较弱，聚丙烯酸钠的生物降解性能在目前仍未有定论。

为了解决丙烯酸均聚物对 Ca^{2+}、Mg^{2+} 螯合能力弱的缺点，人们开始研究在其分子链上共聚一些其他功能单体。目前研究最多的是丙烯酸——马来酸酐共聚物钠盐。其与 STPP 相比有以下特点：共聚物钠盐能有效地螯合 Ca^{2+}、Mg^{2+}。特别是在新型超浓缩液体洗涤剂中，STPP 和 4A 沸石等无法达到上述效果。在中国申请专利的主要代表是宝洁公司和联合利华有限公司。

1983 年 10 月 4 日授权的 Davies 等的 US4407722A 特别公开了作为防沉积剂的丙烯酸或取代的丙烯酸均聚物或共聚物、乙烯——马来酸酐共聚物、聚衣康酸、某些磷酸酯、二膦酸盐（如 1，1 -二膦酸 1 -羟基乙酯）和聚天冬氨酸的盐。

1984 年 12 月 25 日授权的 Spadini 等的 US4490217A 公开了在用非磷酸型助洗剂如沸石、碳酸钠和多元羧酸（如次氨基三乙酸、氧二丁二酸等）助洗的洗涤剂组合物中，使用聚乙二醇和丙烯酸酯聚合物的混合物来达到高水平去除黏土型污垢和防沉积性能。

1994 年 12 月 12 日，宝洁公司申请的申请号为 CN94194487.5 的专利，其公开一种含有改进的可生物降解黏土型去污剂/防沉积剂的液体洗衣剂。它是一种聚氨基酸（或其盐）和聚亚烷基二醇的混合物。当配成重垢液体洗衣剂时，聚氨基酸或其盐（称作 PAA）的黏土型去污性及防沉积性，由于同时存在有选自聚乙二醇（EG）、聚丙二醇（PG）和 EG/PG 共聚物的聚亚烷基二醇（PAG）而明显增强，其中 PAA/PAG 的质量比为 1∶1～1∶7。

⑦ 淀粉类。

三聚磷酸钠作为助洗剂造成的水源富营养化现象引起全球的关注，各国一直在积极寻找能取代三聚磷酸钠的助洗剂，例如 4A 沸石、层状硅酸钠、偏硅酸钠等，这些助洗剂有各自的优缺点，与三聚磷酸钠比较还不是理想的助洗剂。淀粉的来源广泛，价格低廉，可被生物降解，是一种可再生的工业原料。氧化淀粉是一种变性淀粉，在已有研究基础上发现氧化淀粉具有一定的助洗性能，有望作为助洗剂应用在洗涤剂领域。氧化淀粉能络合钙、镁等金属离子，使硬水软化并能吸附、分散、悬浮污垢的性能，开发其作为无磷洗涤助洗剂以代替 STPP，达到降低水中含磷量、预防水质富营养化的要求将是一件非常有意义的工作，已有以下研究进展。

氧化淀粉极易在自然环境中被微生物降解，其生物降解性高于其他高分子化合物。将其用作洗涤助洗剂，对环境友好，同时价格低廉，资源可再生，性能良好，因此可望成为 STPP 的理想替代品。但是淀粉具有结晶的颗粒结构，内部为非结晶区，外部为结晶区且非常牢固，对水及化学试剂有较强的抵抗能力。现有的氧化淀粉制备方法所制得的氧化淀粉氧化程度较低，溶解度弱，使其在洗涤助洗剂应用上受到一定限制。因此，如何根据产物的具体应用需要，选用适宜的方法对淀粉进行预处理，改变淀粉的颗粒结构以及减少淀粉结晶区，改善其化学反应性能，提高其溶解度及氧化效果，制得合乎洗涤需要的氧化产品是目前亟待解决的问题。广西大学申请了申请号为 CN201310318280.6 的专利，其公开了一种氧化淀粉基复合型洗涤助洗剂。其原料包括淀粉、氧化剂、助洗剂，且各原料按照淀粉、氧化剂、助洗剂的质量比为100g：5～15g：10～30g，经过同步的氧化反应和复配作用制备得到。

⑧ 醚化聚羧酸酯类。

1964年4月7日授权的Berg的US3128287A以及1972年1月18日授权的Lamberti等的US3635830A中公开了某些醚化羧酸酯（如氧化丁二酸氢酯），其在结合硬性离子（如钙）方面非常有效。因而这几种醚化羧酸酯可用作洗涤助洗剂，它们在提高含有这些助洗剂的洗涤剂产品的清洗效果方面与传统的磷型助洗剂一样有效。

1987年2月2日宝洁公司申请了申请号为CN87101761的专利，其公开了一种含醚化羧酸酯的助洗剂组合物，其包括：① 70%～99%的醚化羧酸酯多价螯合剂；② 1%～30%特定的分散/抗再沉积剂。它比传统的磷酸盐类原料如三磷酸钠有更好的助洗效果。该分散/抗再沉积剂可以包括特定类型的聚羧酸酯原料，如聚丙烯酸酯或丙烯酸酯/马来酸酯共聚物，或特定类型的乙氧基化胺化合物，如乙氧基化聚乙烯胺和乙氧基化聚乙烯亚胺，也可采用这些聚羧酸酯和乙氧基化胺的混合物作为分散/抗再沉积剂。特别是实施例Ⅲ，公开了具体的配方：供家庭洗涤用液体洗涤剂组合物组成：以质量分数（%）计算，含有C_{14}-C_{15}烷基多乙氧基（2.5）硫酸钾8.3；C_{12}-C_{14}烷基二甲胺氧化物3.3；甲苯磺酸钾5.0；乙醇胺2.3；TMS/TDS三乙醇胺盐，85/15 TMS/TDS 15.0；1，2-二羟基-3，5-二磺基苯的钾盐1.5；乙氧基化的四亚乙基戊胺1.5；聚丙烯酸钾1.5；水和其他杂物作为余量补足到100%，各成分加在一起不断混合以形成组合物。

（三）织物液体洗涤剂中涉及酶制剂的专利技术分析

1. 织物液体洗涤剂中涉及酶制剂的全球专利申请分析

（1）织物液体洗涤剂中涉及酶制剂的全球专利申请量趋势分析

1970～2014年织物液体洗涤剂中涉及酶制剂的全球专利申请量共535件，织物液体洗涤剂中涉及酶制剂的全球专利年度申请量逐年分布趋势如图24所示。从图中可以看出其发展包括三个阶段。

① 第一阶段：缓慢发展期（1995年以前）。1970～1995年共有47件申请，平均每年的申请量为1.8件，表明向液体洗涤剂加入酶制剂还不受人们的重视，而且加酶技术发展也很缓慢。

② 第二阶段：快速增长期（1996～2000年）。20世纪90年代美国织物洗涤剂的研发主要是液体洗涤剂和粉状洗涤剂的较量。随着消费者对使用更为方便的液体洗涤剂的逐步认可，世界主要的跨国公司也越来越重视液体洗涤剂的研发，表现在专利申请上，1996～2000年为加酶液体洗涤剂的快速增长期，平均每年的申请量为30件，其中2000年的申请量达到了最高的44件，表明随着科学技术的发展和环保意识的增强，洗涤剂工业除了积极开发各种高效温和的表面活性剂和助洗剂外，对生物催化剂酶在液体洗涤剂中的作用也开始重视，而且液体洗涤剂加酶技术也有了重大的突破。

③ 第三阶段：平稳发展期（2001～2012 年）。2001～2012 年为平稳发展阶段，这一阶段每年的申请量均在 19 件以上，表明液体洗涤剂中加酶技术已经比较成熟，洗涤剂领域有越来越多的公司致力于发展液体洗涤剂加酶技术。

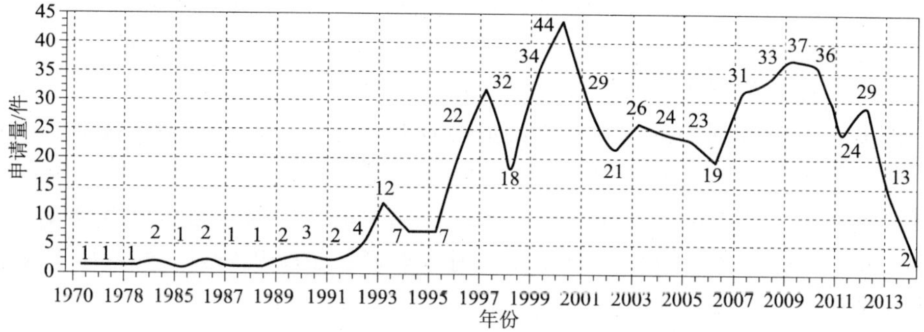

图 24 织物液体洗涤剂中涉及酶制剂的全球专利申请量逐年分布趋势

（2）织物液体洗涤剂中涉及酶制剂的全球专利申请人分析

图 25 所示为织物液体洗涤剂中涉及酶制剂的全球专利申请人排名。由该图可以看出，宝洁公司占有绝对的优势地位，其申请量占总申请量的一半，显示了宝洁公司在液体洗涤剂加酶技术上强大的研发实力。其次为丹尼斯科美国公司和诺维信公司，这三家公司的申请量占总申请量的 2/3 左右，与三家公司在酶制剂领域的地位相符。值得注意的是，全球主要的申请人中没有一家中国企业，说明中国对于液体洗涤剂加酶技术的研发能力很弱，在全球加酶液体洗涤剂的专利申请中处于绝对的弱势地位。

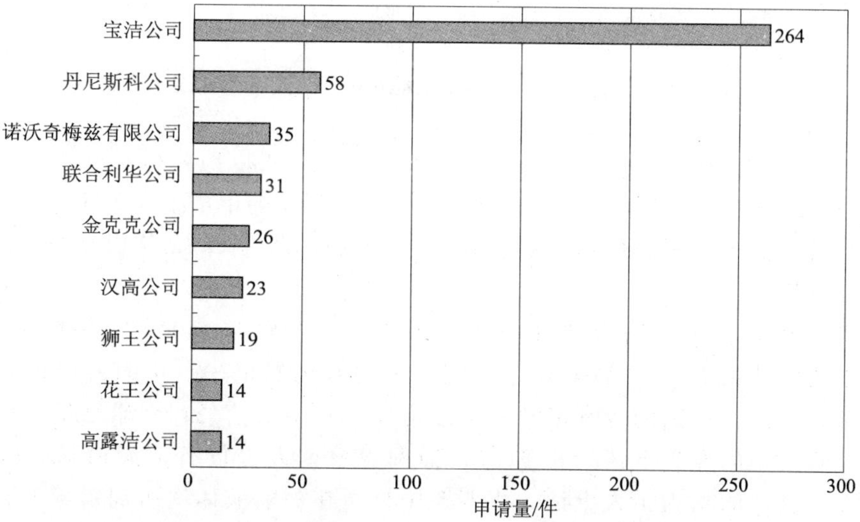

图 25 织物液体洗涤剂中涉及酶制剂的全球专利申请人排名

2. 织物液体洗涤剂中涉及酶制剂的在中国专利申请分析

(1) 织物液体洗涤剂中涉及酶制剂的在中国专利申请量趋势分析

加入液体洗涤剂中的酶有蛋白酶、淀粉酶、脂肪酶、纤维素酶，此外还有其他的酶。这些酶可以单独加入，但绝大部分情况是同时加入两种或两种以上的酶，以加强洗涤效力。因此对于液体洗涤剂中酶的种类尤其是蛋白酶、淀粉酶、脂肪酶、纤维素酶进行重点分析是尤为必要的。

织物液体洗涤剂中涉及酶制剂的在中国专利年度申请量的逐年分布趋势如图26所示。由于向液体洗涤剂中加入酶制剂主要是在美国兴起的。长期以来，洗衣粉一直占中国国内洗涤用品市场的主导地位，市场份额很高，而洗衣液的市场占有率很低，国内这方面的研究几乎是空白，因此导致国内申请人在涉及酶制剂的液体洗涤剂的专利申请量非常少，大部分加酶液体洗涤剂的专利申请是由跨国大公司（如宝洁公司、联合利华公司）所占有。因此，加酶液体洗涤剂在中国的年度专利申请量基本上和世界范围内专利申请的趋势是一致的，基本上也经历三个阶段。

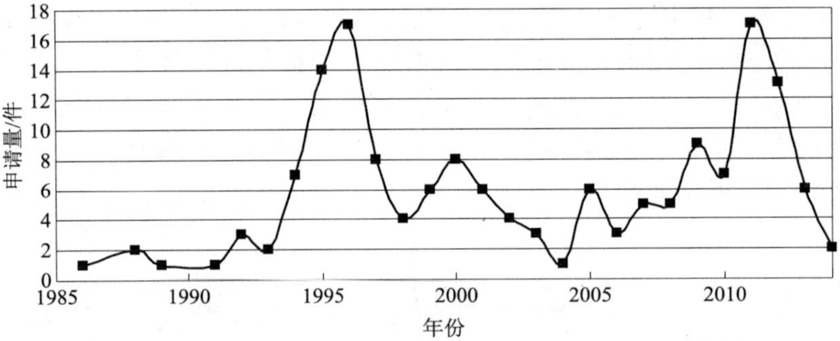

图26 织物液体洗涤剂中涉及酶制剂的在中国专利申请量逐年分布趋势

① 第一阶段：缓慢发展期（1993年以前）。1993年以前，织物液体洗涤剂中涉及酶制剂的在中国专利申请量均在3件以下，平均每年的申请量为1.3件，当时国内洗涤剂市场还没有加酶液体洗涤剂，加酶液体洗涤剂的专利申请均由宝洁公司和诺维信公司所拥有。

② 第二阶段：快速增长期（1994～2000年）。1994～2000年为快速增长期，平均每年的申请量为11.5件，但是国内的申请人仍然很少，跨国公司越来越重视中国市场，因此在中国的专利申请也随之增加，其中宝洁公司、诺维信公司以及金克国际有限公司的专利申请约占95%，而国内申请人也仅有上海白猫有限公司申请了2件，其他的均为个人申请，表明跨国公司在加酶液体洗涤剂领域占有绝对的优势地位。

③ 第三阶段：平稳发展期（2001～2012年）。2001～2012年为平稳发展阶段，

这一阶段每年的申请量平均为 9 件，虽然申请人的绝大部分仍然为跨国公司，但是越来越多的国内申请人也加入了这一行列，比如广州立白企业集团有限公司、北京绿伞化学股份有限公司、江南大学、湖南日用化学科学研究所有限公司等，表明液体洗涤剂中加酶技术已经比较成熟，国内众多企事业单位也致力于发展液体洗涤剂加酶技术。

(2) 织物液体洗涤剂中涉及酶制剂的在中国专利申请人分析

图 27 所示为织物液体洗涤剂中涉及酶制剂的在中国申请人排名。从图中可以看出，宝洁公司仍占绝对优势地位，其申请量（79 件）比排在第二至第九名的申请人的申请量总和（34 件）多出一倍多，与其在加酶液体洗涤剂领域的优势地位相适应，显示了宝洁公司在加酶液体洗涤剂领域中强大的研发实力。值得注意的是，广州立白企业集团有限公司（4 件）和北京绿伞化学股份有限公司（3 件）分别排在了在中国申请人第五位和第六位，这表明国内的企业也越来越重视加酶液体洗涤剂的专利申请，而且在这方面也有了一定的技术实力。

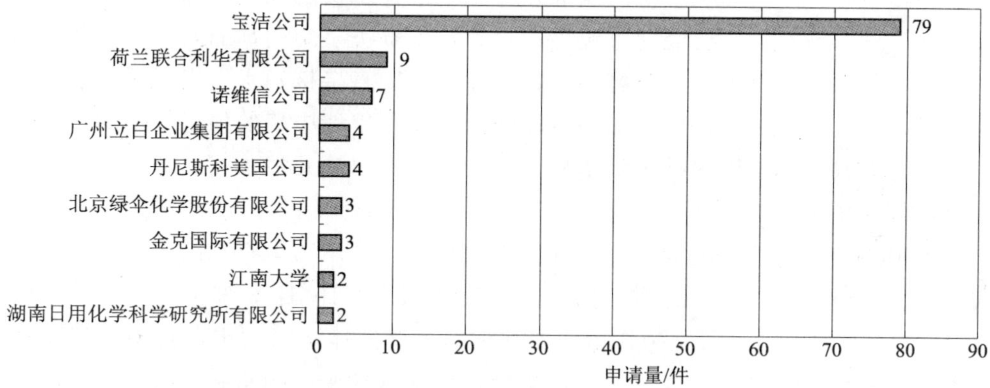

图 27 织物液体洗涤剂中涉及酶制剂的在中国申请人排名

(3) 织物液体洗涤剂中涉及酶制剂的在中国专利申请量分布

图 28 为织物液体洗涤剂中涉及酶制剂的在中国专利申请量分布图。从图中可以看出，在加酶液体洗涤剂专利申请中，添加蛋白酶的申请最多，其次是添加纤维素酶、淀粉酶、脂肪酶。这表明蛋白酶是在液体洗涤剂中最常用酶制剂，对其在液体洗涤剂中添加的研究最多也最深入；而由于洗涤需求的多样化，其他酶制剂也越来越多地添加到液体洗涤剂中。

3. 织物液体洗涤剂中涉及酶制剂的专利技术分析

加入液体洗涤剂中的酶包括蛋白酶、淀粉酶、脂肪酶、纤维素，此外还有其他的酶，比如过氧化物还原酶。酶，作为一种生物制剂，很容易受到温度、pH 和其他化

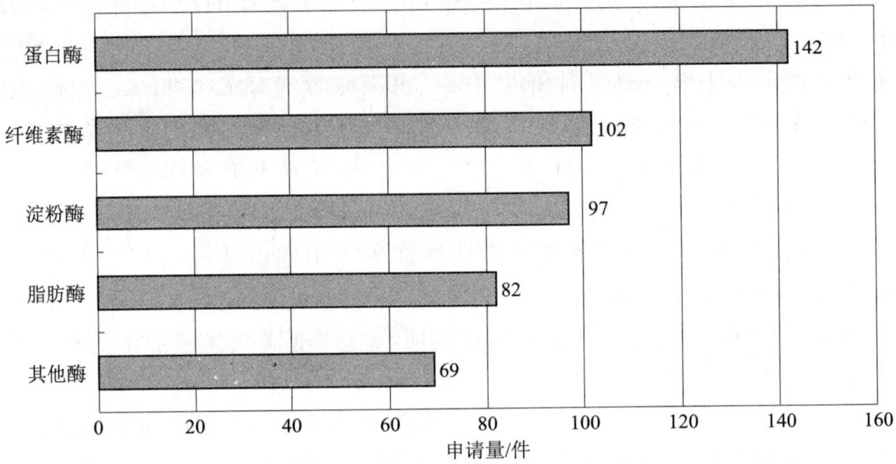

图 28　织物液体洗涤剂中涉及酶制剂的在中国专利申请量分布

学物质的影响而失活。如何解决酶制剂在配方中的稳定性问题成为加酶洗涤剂发展的关键。对于洗衣粉而言，已经通过包裹造粒等技术解决了酶制剂的问题。但是液体洗涤剂因配方体系中含有大量水，酶制剂分子在体系中直接接触水、表面活性剂以及其他助洗剂，很容易失活。因此对加酶液体洗涤剂专利申请中酶的稳定技术的分析十分必要。综合来看，目前国内外申请中稳定酶的技术有以下几种。

（1）酶包封技术

进入中国的第 1 件加酶液体洗涤剂专利申请是由阿尔布里特和威尔森有限公司与诺沃工业联合股票公司（诺维信公司）于 1988 年 10 月 8 日申请的申请号为 CN88108219.8 的专利，其中酶作为添加剂被加入该液体洗涤剂中，其中所述酶选自蛋白酶、脂肪酶、纤维素酶或脱羧酶，酶颗粒用水溶性密封剂密封或凝聚，水溶性密封剂为疏水性固体聚合物，其溶解于稀释后的洗涤溶液中，但不溶于液体洗涤剂组合物中。该密封剂为水溶性聚合物，选自聚乙烯吡咯烷酮、聚乙烯醇或树胶、碳水化合物比如淀粉或纤维素衍生物或蛋白质。洗涤剂中还含有一定浓度的电解质，以使表面活性剂形成能够稳定悬浮分散颗粒的结构并防止密封剂溶解。添加剂颗粒通过共沉淀用洗涤剂中的密封剂就地密封，即该水溶性密封剂在电解质中沉淀，在酶颗粒周围形成胶凝的或者黏稠的薄膜或者黏附的薄层。

（2）应用特殊酶或酶的稳定物质

宝洁公司于 1984 年 5 月 14 日申请的美国专利 US4537707A 提供了一种重垢液体洗涤剂，其中含有阴离子表面活性剂、脂肪酸、助洗剂、蛋白酶、硼酸、钙离子和甲酸盐。硼酸和甲酸盐的混合物提高了蛋白酶在组合物中的稳定性。

对于含有高含量阴离子表面活性剂和助洗剂的组合物，通过使用特殊的酶以及应用酶的稳定物质，从而给组合物提供了改善的性能和更好的稳定性。宝洁公司于1989年5月12日申请了申请号为CN 89104401.9的专利。该专利提供了一种含有阴离子和非离子表面活性剂、助洗剂和蛋白酶的重垢液态洗衣洗涤剂。它含有合成阴离子和乙氧基化非离子表面活性剂、洗涤助洗剂、特殊蛋白酶、酶稳定物系和水。该组合物在20℃的10%水溶液中的pH为7.0～9.0，临界胶束浓度约小于或等于200×10^{-6}，在35℃蒸馏水中在高于临界胶速浓度时其空气/水的界面张力约小于或等于32×10^{-5}N/cm。其中所述的特殊蛋白酶具有特殊的序列，含量为0.01%～5%，采用酶的稳定物系的含量为0.5%～15%，选自钙离子、硼酸、丙二醇和/或水溶性短链羧酸盐。该组合物是纯净的、均匀的、稳定的，并能提供良好的洗涤性能，特别是对酶敏感污斑的洗涤。

宝洁公司于2004年6月16日申请了申请号为CN200480015973.7的专利，其公开了包含与硼相容的阳离子沉积酶的液体衣物洗涤剂组合物。该组合物包含至少一种酶和包含硼的酶稳定体系，所述的含硼酶稳定体系包含硼酸或其盐。

宝洁公司于2006年4月12日申请了申请号为CN200680011762.5的专利，其公开了一种液体衣物洗涤剂组合物，所述组合物包含：5～20 000LU/g的第一洗涤脂肪酶，所述脂肪酶是具有氨基酸序列的多肽，所述序列与来源于Humicolalanuginosa菌株DSM1409的野生型脂肪酶具有至少90%的同一性，并且与所述野生型脂肪酶相比，所述第一洗涤脂肪酶包括在距E1或Q24915A范围内的电中性或带负电氨基酸被带正电的氨基酸取代；并且还可以包含：C末端的附加肽段；N末端的附加肽段；且满足下列限制：① 在所述野生型脂肪酶的E210位含有带负电的氨基酸；② 在对应于所述野生型脂肪酶90～101位的区域含有带负电的氨基酸；③ 在对应于所述野生型脂肪酶N94的位含有电中性或带负电的氨基酸；④ 在对应于所述野生型脂肪酶90～101位的区域具有负电荷或中性电荷；⑤ 它们的混合物。该第一脂肪酶与其他组分一起可提供改善的油脂和油污清洁功效，同时可提供稳定性可接受的液体洗涤剂组合物。

丹尼斯科美国公司于2007年7月6日申请的专利CN101484566A提供了在储存期间用于稳定氧化酶的方法和组合物。所述方法通过将氧化酶的可逆抑制剂添加至液体洗涤剂来稳定氧化酶。该氧化酶的可逆抑制剂为亚硫酸氢盐以及硫代硫酸盐和2-氨基-2甲基-1-丙醇。亚硫酸氢盐可为亚硫酸氢钠、焦亚硫酸钠、重亚硫酸钠。可逆抑制剂的使用还可以防止在液体洗涤剂储存期间过氧化物的过早产生，从而使得液体洗涤剂制剂包括氧化酶、它的底物以及它的可逆抑制剂当在衣物洗涤液中稀释液体洗涤剂时产生活性氧物质（过氧化物）。

丹尼斯科美国公司于2008年11月3日申请的系列专利CN200880114721.8、CN200880114770.1分别提供了杆菌物种TS-23菌株α-淀粉酶的变体以及地衣芽孢杆菌α-淀粉酶的变体，这两种淀粉酶的变体呈现提高的酶性能，包括提高的热稳定性、降低的钙依赖性、提高的洗涤/清洁性能和烘焙能力。

山西大学等于 2012 年 7 月 20 日申请了申请号为专利 CN201210251807.3 的专利，其提供了一种液体酶稳定化添加剂。该液体酶稳定化添加剂组分包括液体酶、醚类非离子型表面活性剂、线性或支链聚合物和表面活性剂，其中所述的液体酶是液体淀粉酶，液体蛋白酶，液体脂肪酶或液体纤维素酶。所述的醚类非离子型表面活性剂，是结构式 EOn-POm-EOn 或 PEOx-PPOy-PEOx 的聚醚类表面活性剂。所述的线性或支链聚合物，是冠醚、环糊精或环糊精衍生物；所述的表面活性剂，是 HLB 值为 9～22 的阴离子、非离子、阳离子和两性的任何表面活性剂中的一种或多种。与现有技术硼砂等传统酶稳定剂相比，更环保且易降解。该发明液体酶稳定剂可以用于含液体酶的任何组合物，特别适用于洗涤组合物、个人护理组合物、织物处理组合物等，能够使液体酶更好地发挥使用效力。

（3）蛋白酶抑制剂

含蛋白酶的液体洗涤剂通常所遇到的问题是组合物中的第二种酶被蛋白水解酶降解。蛋白水解酶破坏了产品中第二种酶的储藏稳定性和它们的洗涤效果。以下是对可逆蛋白酶活性抑制剂的技术分析。

APPLIED BIOCHEMISTS，INC 于 1984 年 9 月 19 日申请的美国专利 US4566985A，公开了一种液体加酶洗涤剂。该洗涤剂包含蛋白酶和至少一种其他酶。所述的其他酶为淀粉酶、纤维素酶、脂肪酶、胃蛋白酶和脲酶。为了抑制蛋白酶对溶液中其他酶的降解，该洗涤剂中包含有效量的苄脒盐酸盐，其可以抑制蛋白酶的降解作用。在应用时，该洗涤剂被水稀释，蛋白酶不再被抑制并且可以发挥作用。通过这样的手段可以获得一个稳定的液体洗涤剂，且能保持很长时间。

高露洁棕榄公司于 1987 年 9 月 2 日申请的美国专利 US4842769A，提供了一种稳定的含酶液体洗涤剂。所述的酶可以为单一酶或者为含有碱性蛋白酶和 α-淀粉酶的酶混合物。所述的稳定体系包括（基于洗涤剂组合物的质量）：① 1%～10%的甘油；② 1%～8%的硼化合物如硼酸、硼氧化物以及碱金属硼酸盐；③ 0.5%～8%的羧酸化合物如具有 1～8 个碳原子的单、二和/或聚羧酸及其水溶性盐。酶稳定体系中的三个成分在酶稳定方面具有协同作用。

联合利华公司于 1990 年 1 月 22 日申请的欧洲专利 EP0381262 揭示了在液体介质中的蛋白水解酶和脂肪分解酶的混合物。其中脂肪分解酶的稳定性是通过添加稳定剂体系来提高的，稳定性体系包括硼化合物比如四硼酸钠和可以和硼化合物反应的多羟基化合物（该化合物仅包括 C、H、O 原子以及至少两个羟基）比如山梨醇和 1，2-苯二醇，硼化合物为四硼酸钠。其中多羟基化合物对于硼化合物的第一结合常数至少为 500L/mole，第二结合常数至少为 $1000l^2/mole^2$。

宝洁公司于 1992 年 4 月 30 日申请的申请号为 CN92104294.9 的专利，提供了一种芳族试剂比如 2-羟基苄醇、2，6-二羟基苄醇、2-羟基苯甲酸、2，6-二羟基苯甲酸和硼酸或其衍生物形成的芳族硼酸酯，其中硼酸或其等当量的衍生物与芳族试剂的摩尔比为 20：1～1：20，所述芳族硼酸酯在组合物中的含量为 0.1%～20%。其可以在掺入该洗涤剂组合物之前形成，也可以在洗涤剂组合物生产过程中的任一阶段，或者简单地将硼酸和芳族试剂加入洗涤剂组合物中就地形成。该芳族硼酸酯在可逆地抑制蛋白酶方面是特别有效的。此外在稀释时，如在通常的洗涤条件下，蛋白酶不再被抑制并且可以发挥作用。在加入该芳族硼酸酯抑制剂的情况下，该液体洗涤剂组合物可以加入第二种酶如脂酶、淀粉酶、纤维素酶或其混合物，这些第二种酶不仅储藏稳定而且在洗涤时也一起发挥了很好的洗涤效果。

宝洁公司于 1992 年 12 月 4 日申请的申请号为 CN92115305.8 的专利，通过改变稳定剂的加入顺序，从而改进纤维素酶的稳定性。其方案为在制备含有阴离子或非离子表面活性剂、柠檬酸或其可溶于水的盐、蛋白水解酶、纤维素酶，以及 1，2-丙二醇与硼酸或其衍生物的混合物的洗衣用液体组合物时，在加入柠檬酸/盐之前，先将二醇和硼酸加入组合物中，这种加入顺序改进了在蛋白酶存在的情况下纤维素酶的稳定性。含硼酸二醇混合物是一种有效的蛋白酶抑制剂，其原理是硼酸和 1，2-丙二醇形成含硼酸/二醇络合物，它可以束缚在蛋白水解酶中的活性部位（丝氨酸）并且抑制它。即使有柠檬酸或它的盐存在也是一样。这样就使得蛋白酶对纤维素酶的降解减少到最低程度。特别是柠檬酸/柠檬酸盐不会由于时间原因而使含硼酸/二醇络合物对蛋白酶的抑制作用失效。在水中被稀释后，例如在一般的洗涤条件下，蛋白水解酶不再被抑制且可以起到把敏感的蛋白酶污点从纤维制品上除去的作用。

宝洁公司于 1994 年 6 月 8 日申请的申请号为 CN93118345.6 的专利，提供了持续稳定的有效的可逆蛋白酶抑制剂 β-氨基烷基硼酸或其酯，例如 β-氨基烷基硼酸或 β-氨基烷基硼酸酯或 β-*N*-肽基氨基烷基硼酸或 β-*N*-肽基氨基烷基硼酸酯，其可以可逆地抑制蛋白酶并且在产品储存过程中不失去其效力，因此可以保持液体洗涤剂中存在的第二种其他酶稳定性以及洗涤性能。所谓可逆地抑制是指对蛋白酶的抑制作用根据稀释度是可逆的，如在洗涤时其抑制作用就会消失。

宝洁公司于 1994 年 10 月 28 日申请的申请号为 CN94194025.X 的专利，提供了含有蛋白酶和至少一种附加酶的液体洗衣洗涤剂，其中，采用邻位取代的苯基硼酸保护所述附加酶，使其在储存期间不致被蛋白酶降解。

宝洁公司于 1997 年 9 月 19 日申请的申请号为 CN97199888.4 的专利，提供了含有蛋白酶和蛋白酶抑制剂的液体洗衣洗涤剂组合物，所述蛋白酶抑制剂选自蛋白质、肽和肽衍生物例如肽醛和肽三氟甲基酮，其中抑制剂与蛋白酶的摩尔比大于 1：1。在此情况下，该液体洗衣洗涤剂组合物还包括其他酶（脂肪酶、纤维素酶）和它们的混合物。

诺维信公司于 2009 年 3 月 26 日申请的申请号为 CN200980110696.0 的专利，发现肽醛或酮衍生物对在水性组合物如液体洗涤剂中稳定枯草杆菌蛋白酶类型的蛋白酶是特别有效的，其包括具有—OH 取代的苯丙氨酸醛作为 C 末端残基的肽化合物。

诺维信公司于 2009 年 11 月 11 日申请的申请号为 CN200980144821.X 的专利，提供了某些含有“双重 N-封端基团（如脲基（N—CO—N）、草酰胺（N—CO—CO—N）、硫脲基（N—CS—N）、二硫代草酰胺（N—CS—CS—N）或硫代草酰胺（N—CS—CO—N）基团）”的肽醛作为蛋白酶在液体酶配制物和液体洗涤剂组合物中的有效稳定剂，且作为第二酶在含有蛋白酶的液体组合物中的有效稳定剂。而且用水稀释所述酶配制物或洗涤剂组合物时，所述肽醛可从蛋白酶释放。该液体洗涤剂可用于织物。

诺维信公司于 2012 年 6 月 29 日申请的申请号为 CN201280033001.5 的专利，提供了一种无硼的液体洗涤剂组合物。包括：① 一种直链烷基苯磺酸盐（LAS）；② 一种枯草杆菌蛋白酶；③ 一种枯草杆菌蛋白酶抑制剂，它是一种肽醛或其亚硫酸氢盐加合物；④ 一种一价阳离子与具有 1～6 个碳的一价有机阴离子的盐；⑤ 至少 10% 的水；其中一种肽醛（或其亚硫酸氢盐加合物）与一种一价阳离子和一种一价有机阴离子的盐的组合对该枯草杆菌蛋白酶和/或该第二酶具有协同稳定作用。

四、织物液体洗涤剂技术发展趋势预测和建议

（一）织物液体洗涤剂技术发展趋势预测

1. 洗涤剂由传统洗衣粉形式向液体洗涤剂发展的趋势

普通粉状洗涤剂产品中有效物含量低，直接导致生产过程和流通环节以及消费环节中的无效能耗和物耗。液体洗涤剂具有制造过程节约能源和资源，使用方便，适用性强及综合性能优良，易溶解、无残留、温和、无刺激、不伤衣物和不伤手等优点。液体洗涤剂克服了传统洗涤剂的缺点，符合节能减排的要求，将成为洗涤剂工业发展的主要趋势。

2. 液体洗涤剂朝绿色、环保、对环境友好方向发展的趋势

环境问题日益成为各国政府和公众关注的焦点，例如水体富营养化引发的赤潮现象频繁发生，给渔业及其他水产业造成了严重损失，由此引发了一系列环境问题，因而备受关注。为遏制水域生态环境恶化的趋势，世界各国均出台了禁磷或限磷的相关法案，洗涤剂无磷化已是大势所趋。

3. 从单一功能的去污洗涤剂向多功能复合型洗涤剂发展的趋势

由于多功能型的洗涤产品在具备去污力的同时，还具备使产品柔顺、抗静电和除菌等其他多种功能，经过一次使用就达到多种技术效果，省时、省力、省电和省水，符合方便、快捷的社会发展趋势。

4. 液体洗涤剂从普通型朝浓缩型方向发展的趋势

浓缩液体洗涤剂具有节省包装材料、降低运输和生产成本和减少仓储空间、对环境友好、能耗低、提高消费者的生活质量、经济效益显著等优点。发展浓缩液体洗涤

剂有利于推动产业结构的调整，将成为洗涤剂行业发展的主要趋势。

（二）织物液体洗涤剂行业发展的建议

从本文前面的相关专利技术分析可以看出，我国在织物液体洗涤剂方面的专利技术与国外相比还存在很大的差距。鉴于此，提出以下建议作为参考。

1. 从节约能源、绿色环保的角度出发研发新产品

首先，节约资源和保护环境是我国的基本国策，我们要建设低投入、高产出，低消耗、少排放，能循环、可持续的国民经济体系。织物液体洗涤剂的制造过程和使用过程要符合政策的要求，要克服发展中存在的技术瓶颈和局限，努力研发绿色的织物液体洗涤剂产品。其次，世界石油资源和煤资源的快速消耗和供应的日益紧张，导致后续产品尤其是表面活性剂的价格快速上涨，给洗涤剂企业带来了巨大的成本压力。而天然可再生资源衍生的表面活性剂通常毒性较低，并且生物降解性好，对皮肤刺激性低。与传统化学合成的表面活性剂相比，具有环保和安全的特点。因此，开发和应用可再生资源衍生的、绿色环保的表面活性剂是洗涤剂行业可持续发展的趋势，也是洗涤剂行业急需考虑和进行技术研发的重点。

2. 合理利用专利技术，突破织物液体洗涤剂的关键技术

与其他类型的洗涤剂（如洗衣粉和肥皂等）相比，液体洗涤剂在配方技术上存在组分间相容性不好的技术问题。因受其外观特点及高低温稳定性限制，许多在粉状洗涤剂中应用的有效助洗剂，如三聚磷酸钠、4A 沸石、碳酸钠和硅酸钠等，在配方中与水、表面活性剂等成分不相容，使得其在液体洗涤剂中的应用受到限制。迄今为止，虽然三聚磷酸钠仍被公认为是最有效的洗涤助洗剂，但是对于洗涤剂行业来说，找到更为有效的无磷助洗剂非常重要。另外，加强酶制剂在洗涤剂中的应用研究，特别是促进加酶洗涤剂产品的发展，研究用生物酶取代部分化学品的技术也显得尤为重要。目前，美国宝洁公司、荷兰联合利华公司和丹麦诺维信公司等跨国企业在织物液体洗涤剂领域掌握主要的核心专利，而我国企业的专利技术产出相对较少。面对差距，我国企业急需掌握专利信息的检索和分析方法，快速提高专利信息情报分析的能力，利用已有的专利技术成果，寻找研发新技术、解决新问题的新思路和新办法，突破关键技术瓶颈，逐步实现织物液体洗涤剂领域核心技术的自主知识产权。

3. 继续加强“产-学-研”的联合模式，推进技术产业化

党的十八大明确提出要实施创新驱动战略，加快建设国家创新体系，着力构建以企业为主体、市场为导向、“产-学-研”相结合的技术创新体系。“产-学-研”是指产业、学校、科研机构等相互配合，发挥各自优势，形成强大的研究、开发、生产一体化的先进系统并在运行过程中体现出综合优势。“产-学-研”联合模式是指企业、科研院所和高等学校之间的合作，其以企业为技术需求方，以科研院所或高等学校为技术供给方，通过三者的有效联合促进技术创新所需的各种生产要素的有效组合，快速推进新技术的产业化。

4. 制定企业知识产权尤其是专利战略，增强企业的核心竞争力

专利战略是知识产权战略的重要组成部分。它是为获得与保持市场竞争优势，运用专利制度提供的专利保护手段和专利信息，谋求获得最佳经济效益的总体性战略。作为企业来说，需要提高自主创新能力，通过知识产权的创新和保护，推动新技术的发展，增强市场竞争力，实现可持续发展。

参考文献

[1] 徐清，郭京萍，吴文浩．如何提交液体洗涤剂的竞争力 [J]. 日用化学品科学，2013 (9): 1-3.

[2] 邱振名，张利萍．洗衣液配方技术的现状和发展趋势 [J]. 日用化学品科学，2010 (5): 15-16.

含有聚硅氧烷的洗护发专利技术现状及其发展趋势

郭亦欣　陶可鑫[1]　王荧　陈矛　韦轶　林瀚云　张祥瑞　孙镜沂

（国家知识产权局专利局医药生物发明审查部）

一、引言

20 世纪 30 年代中期，那时人们只能使用肥皂清洁头发，40 年代中期，市场上开始出现以表面活性剂为基质的浆状洗发用品，从 50 年代开始，液体洗发用品逐渐流行，这类洗发液被人们称为香波。随着人们生活水平的提高，人们对洗发液的要求不仅仅在于清洁头皮和头发上的污垢，还需要使头发易梳理，起到调理、护理、保持头发美观的作用，洗发用品逐渐成为人们重要的日常生活用品。1988 年二合一洗发液第一次进入中国，这种洗护二合一香波迅速成为洗发护发的主要用品。受环境污染、烫发染发等因素的影响，人们对头发护理更加重视，对香波性能的要求也日益多元化。2002 年之后，洗发产品功能开始细化，产品的种类和数量大幅增加，逐渐出现例如“去屑止痒”、“深层护发”、“锁色修复”等多种类型的产品，以满足不同发质、不同年龄段消费者的需求。

1863 年，法国化学家 C. Friedel 和 J. M. Craftes 成功合成出第一个 Si—C 键的有机硅化合物——四乙基硅烷，1872 年 Ladenburg 得到第一个硅氧烷高聚物，1940 年二甲基聚硅氧烷问世。20 世纪 40 年代后期硅氧烷工业化生产兴起，在随后的 25 年间该领域取得了迅速的扩展。50 年代，美国的 Dow Corning 公司推出第一个含硅产品以后，聚硅氧烷开始在化妆品领域占据了重要位置。聚硅氧烷是以-Si-O-Si-为主链，并在侧基上连接有机基团的聚合物，其具有良好的疏水性、稳定性，可以带来滑爽和柔软的感觉。由于其出色的使用性能和感官性能，聚硅氧烷的应用几乎遍及所有的洗护发技术。如今聚硅氧烷已经成为香波产品中必不可少的有效成分，用以改善头发的梳理性、触感、光泽等。同时，聚硅氧烷也存在不易乳化、乳液稳定性差、洗发时容易被水冲走、消泡、降低黏度等缺点，因而科技工作者着力研究如何改进聚硅氧烷的性能，以期获得克服上述缺陷的产品。随着科学研究的不断深入，洗护发领域逐步涌现出大量具备新功能的聚硅氧烷产品。

---

[1] 陶可鑫等同于第一作者。

聚硅氧烷产品的研发主要在以下几个方面。

1. 化学结构改性

聚硅氧烷及其衍生物的性质取决于其分子结构中硅氧烷链的长短以及与硅原子相连接的有机基团的性质、数量和分布状态。因此，对聚硅氧烷性能的改进最先通过对其化学结构的改变来实现。一般而言，聚硅氧烷的相对分子质量越大，黏度越大，通过接枝不同的取代基，能够获得不同的性能，例如聚醚硅氧烷的亲水性好、氨基硅氧烷具有更好的毛发调理性能，苯基硅氧烷的防水性好。合成方法包括硅氢键加成反应、缩合反应、离子聚合等。从聚合物的结构和性能出发，合成带有功能性官能团的有机聚硅氧烷是研究的一大重点，但目前已有的不同结构的聚硅氧烷品种众多，合成新硅氧烷的技术难度较大，科研成本大幅增加。

2. 分散乳化，制备稳定的乳液

由于聚硅氧烷的分散相对困难，直接添加的聚硅氧烷通常难以获得稳定的体系，也会产生降低香波发泡能力的不良影响，因此能够直接添加的聚硅氧烷预制乳液更加受到市场的欢迎。一般可通过表面活性剂、溶剂的选择和组合，或通过特定的制备工艺来获得稳定的聚硅氧烷乳液。

3. 复配

聚硅氧烷的种类众多，形态从液体、半固体到固体各不相同，在挥发性、黏度、亲水性、消泡性、沉积性、调理性等性能上都存在较大差异。将不同性能的聚硅氧烷复配，能够提高稳定性，获得更好的感官效果以及互补或增强的功效，例如将低黏度聚硅氧烷与高黏度聚硅氧烷复配更易于乳化，挥发性聚硅氧烷与非挥发性聚硅氧烷复配可获得更爽滑的调理性能。道康宁公司的 XIAMETER© MEM-1352 产品即为非离子型超大相对分子质量的聚硅氧烷和聚硅氧烷混合乳剂，它可以使洗发水具有强效护理功能，改善干湿梳理，使头发干爽柔顺，同时增加发根的光泽度和润滑性。

4. 微胶囊化

聚硅氧烷的微胶囊技术是将聚硅氧烷、成膜剂、乳化剂通过乳化、均质、聚合等工艺制成微胶囊，它是将聚硅氧烷包裹于囊壳中，该技术能够提高硅油的储存稳定性，使其功效更加持久，并且易于添加。使用香波时，其中的微胶囊在手指的按压下破裂，聚硅氧烷有效成分直接释放于头发中。聚硅氧烷微胶囊的应用开辟了聚硅氧烷使用更便捷的途径，将聚硅氧烷微胶囊添加于普通洗发香波中，在获得高档香波使用性能同时，还能够降低成本，简化生产工艺。

目前，中国的发用品市场几乎是跨国公司的天下，聚硅氧烷原料和产品专利大多掌握在外国企业手中，如道康宁、信越化学、欧莱雅、宝洁、联合利华、花王等。受成本逐渐增加、零售渠道模式快速转变的影响，日化企业的盈利空间正被压缩，只有注重品质、有较高竞争力的品牌才能发展下去。外资企业均致力于产品技术的创新，不断开发新的产品并申请专利，构建了自己的专利壁垒。随着我国在化妆产品实施全成分标识，国外公司的专利壁垒已经对中国的国内企业形成严重的威胁，国内企业生产的产品面临侵权诉讼风险增大。国内产品侵犯国外专利权的诉讼将随着竞争的进一步白热化而不可避免，如何应对是国内企业必须面对的问题。

本文旨在通过收集、整理、比较和分析含有聚硅氧烷的洗护发技术的专利申请数据，总结国内外发用硅氧烷专利技术的特点、现状和发展趋势，以期为我国含有聚硅氧烷的洗护发技术的研究人员和生产企业提供参考。

二、含有聚硅氧烷的洗护发技术专利技术现状

（一）统计方法和指标

1. 检索范围

德温特（WPI）数据库收录全面，可保证分类号检索的准确性，还可避免专利分析过程中出现大量重复专利记录的情况。为了能够准确、全面地反映含有聚硅氧烷的洗护发技术的专利技术现状及其发展趋势，课题组在对现有专利数据库进行分析比较的基础上，选择了德温特数据库进行检索，检索的截止日期为 2014 年 6 月 30 日。

2. 检索策略

在德温特数据库的检索中，由于涉及硅氧烷的分类号不能完全表达硅氧烷的所有结构，因此，检索过程中采用分类号结合关键词的方式。涉及洗护发技术的相关数据分布在 A61K7/06、A61K7/07、A61K7/075、A61K7/08、A61Q5/02、C11D 中；关键词方面，主要包括香波、毛发、角蛋白、清洗、清洁、洗涤、硅油、硅氧烷、有机硅、硅烷酯、硅烷、硅胶、硅弹性体等关键词。为进一步分析含有聚硅氧烷的洗护发技术的技术特点，后期采用人工标引关键指标的方法进行筛选，得到含有聚硅氧烷的洗护发技术中聚硅氧烷结构、用途等重点技术的分析结果。

3. 检索结果

截至 2014 年 6 月 30 日，CPRSABS 中检索到 806 件含有聚硅氧烷的洗护发技术的相关专利文献。在德温特数据库检索到 4265 件含有聚硅氧烷的洗护发技术的相关专利文献。通过手工标引，最终确定了 3045 件与含有聚硅氧烷的洗护发技术密切相关的专利文献作为研讨的样本基础。

（二）世界范围内含有聚硅氧烷的洗护发技术专利申请总体情况

1. 申请量概况

世界范围内含有聚硅氧烷的洗护发技术专利共有 3045 件，其申请量逐年分布趋势如图 1 所示。

由图 1 可见，1983 年以前，含有聚硅氧烷的洗护发技术专利申请量一直维持在较低水平，从 1983 年开始，申请量开始稳步上升，1990～1993 年出现了平台期，年均量在 60 件左右。1994 年出现一个短暂下滑后，从 1995 年开始申请量大幅上升，并呈高速增长势头，峰值出现在 2003 年，达到 233 件。2003 年后，含有聚硅氧烷的

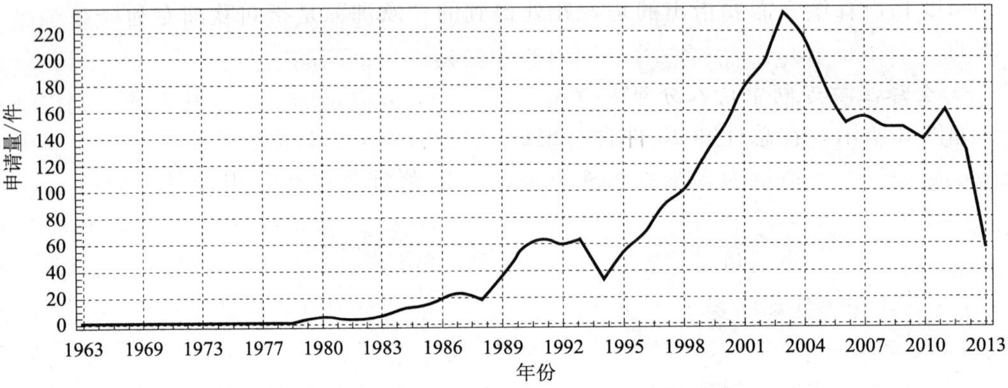

图 1　世界范围内含有聚硅氧烷的洗护发技术专利申请量逐年分布趋势

洗护发技术的申请量开始出现下降趋势，一部分原因在于 2003 年出现了不含有聚硅氧烷的洗护发组合物。含有聚硅氧烷的洗护发技术的申请量在 2006 年下降到 150 件，随后再次进入平台期，2011 年出现了申请量上扬的态势。由于发明专利申请满 18 个月公开的制度以及数据库数据更新相对滞后，2012 年后的统计数据不完整，不能作为发展态势分析的基础。

2. 申请人的国家和地区分布

申请人的国家（地区）的分布情况可以反映出各国在某一技术领域的技术发展状况。世界范围内含有聚硅氧烷的洗护发技术专利申请量按申请人所属国家（地区）的分布情况如图 2 所示。可以看出，日本和美国分别以 916 件和 885 件居领先地位，其申请量是排名第三位的 2 倍以上，是主要技术输出国；欧洲各国紧随其后，法国（423 件）、德国（308 件）、欧洲（173 件）、英国（139 件）分别排在第三位至第六

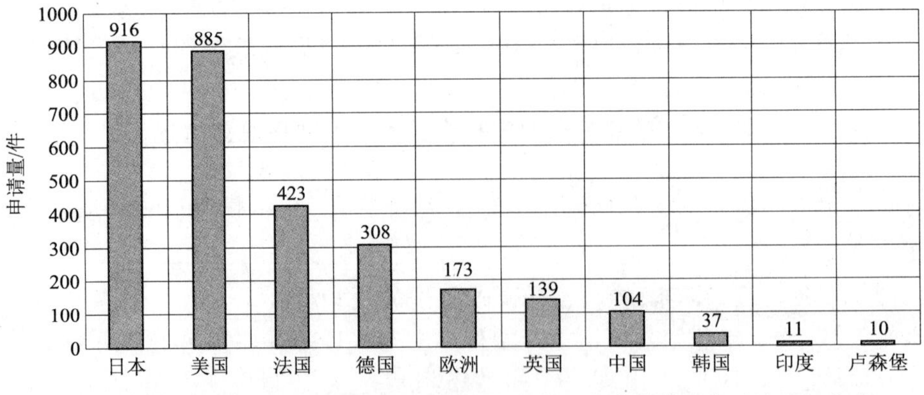

图 2　世界范围内含有聚硅氧烷的洗护发技术专利申请量的国家（地区）分布

位；中国以累计 104 件排名第七位；累计申请量排名第八位至第十位的国家分别为韩国、印度和卢森堡。需要指出的是，此处提到的“欧洲”是指向欧洲专利局首次提出申请的。

3. 全球主要专利申请人分布

如图 3 所示，在总计 3045 件含有聚硅氧烷的洗护发技术专利申请中，欧莱雅公司排名第一位，申请量为 511 件，充分体现了欧莱雅公司在发用产品领域的主导地位；排名第二位至第四位的分别为日本花王（KAOS）、宝洁公司（P&G）和联合利华公司（UNIL），申请量都在 200 件以上；排名第五位至第七位的分别为汉高、道康宁和狮王，申请量均在 100 件以上，排名第八位的资生堂，申请量接近 100 件；排名前十五位的还有佳丽宝、信越化学、通用、东芝有机硅、巴斯夫、高斯和国立大学法人东北大学。从图 3 可以看出，国外大型日化企业在聚硅氧烷的研发和应用上占有绝对的领先地位，中国在该领域的专利申请量处于比较低的水平，中国申请人要在这一领域赶超世界领先水平，任重而道远。

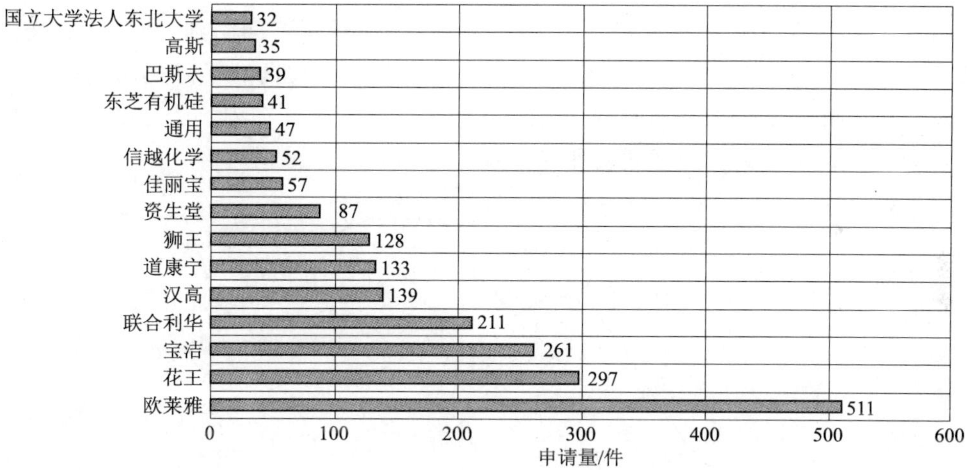

图 3　全球主要专利申请人分布

对排名前十位的专利申请人进行申请量逐年分布趋势分析，如图 4 所示。1990 年前后，花王公司申请了较多的含有聚硅氧烷的洗护发技术的专利，1992 年以后花王公司的申请量并没有出现增长的趋势，而欧莱雅公司、宝洁公司和联合利华公司在这一时期提交了较多的专利申请，欧莱雅公司一直保持了几乎最多的申请量，花王公司专利申请在 2000 年开始出现逐渐增多的趋势，这一时期其与宝洁和联合利华的申请量基本持平。

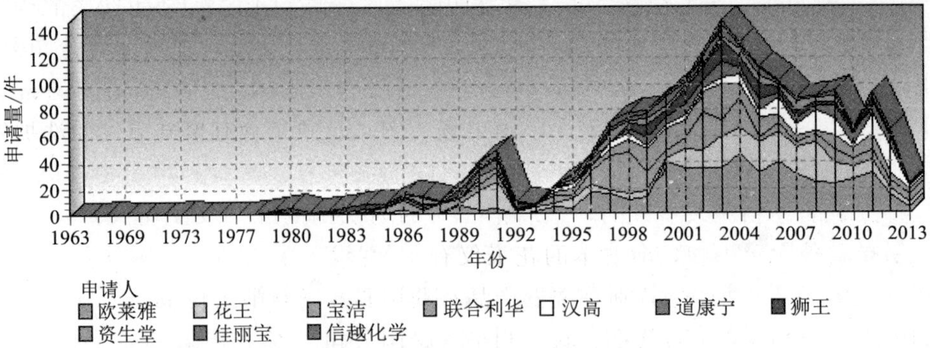

图 4　全球主要专利申请人的申请量逐年分布趋势

（三）我国含有聚硅氧烷的洗护发技术的专利申请总体情况

1. 申请量概况

从图 5 可以看出，我国的含有聚硅氧烷的洗护发技术的专利申请从 1996 年开始进入快速增长期，2002 年以后出现高位平台期，年均申请量在 55 件左右。2005 年开始申请量出现下降，2007 年下降到一个波谷后，申请量重新回归到 2002 年的高位水平增长，2009--2011 年继续形成高位平台期，2012 年后数据的下降是由于专利的公开以及入库需要一定时间从而导致一部分专利申请并未统计在内。上述数据显示出我国含有聚硅氧烷的洗护发技术仍处于活跃期。

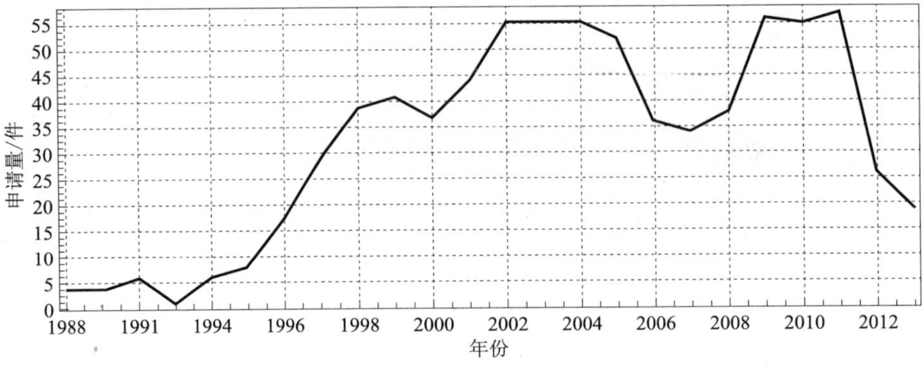

图 5　我国含有聚硅氧烷的洗护发技术专利的申请量逐年分布趋势

2. 在中国申请的国家（地区）分布及申请人排名

图 6 所示为在中国专利申请的国家（地区）分布情况。与世界范围内专利申请分布趋势不同的是，国外在中国专利申请中，美国的专利申请有 306 件，在数量上占第一位，近于排名第二位的法国（107 件）的 3 倍；日本的申请数量仅有 90 件，排在中国（103 件）之后，为第四位。结合本文此前对申请人国家（地区）分布的统计可

以看出，在美国申请人向全世界提出的专利申请（885 件）中，大约有 30%的申请进入了中国，而在日本申请人向全世界提出的专利申请（916 件）中，只有大约 10%的申请进入中国。从国家（地区）申请量的分布可以看出各国对于中国市场的布局情况。美国申请人较日本申请人更关注中国市场。图 7 反映了含有聚硅氧烷的洗护发技术在我国专利申请的申请人排名情况。排名第一位的为美国的宝洁公司（154 件），其有 50%以上的专利进入了中国，排名第二位的为法国的欧莱雅公司（125 件），有约 25%的专利进入了中国，而日本的花王仅有 47 件进入了中国，不到其专利总量的 16%。这些企业的发用产品特别是洗发产品在我国日化市场所占份额与专利申请份额情况保持一致，即宝洁、欧莱雅、联合利华等跨国公司占有了主要市场份额。

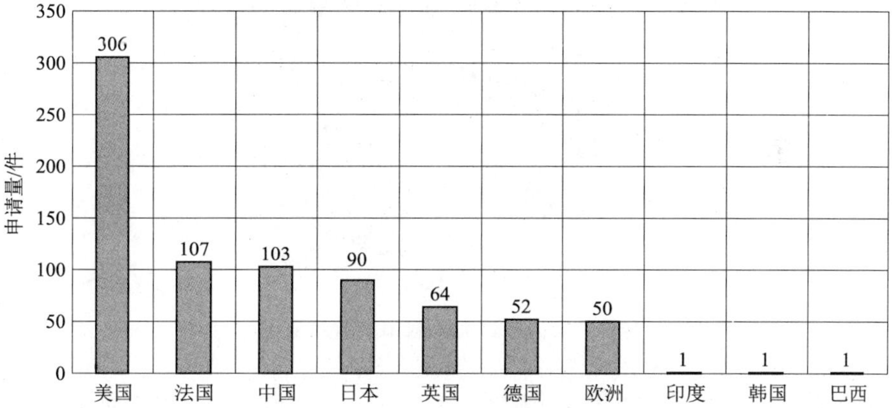

图 6　在中国专利申请量国家（地区）分布

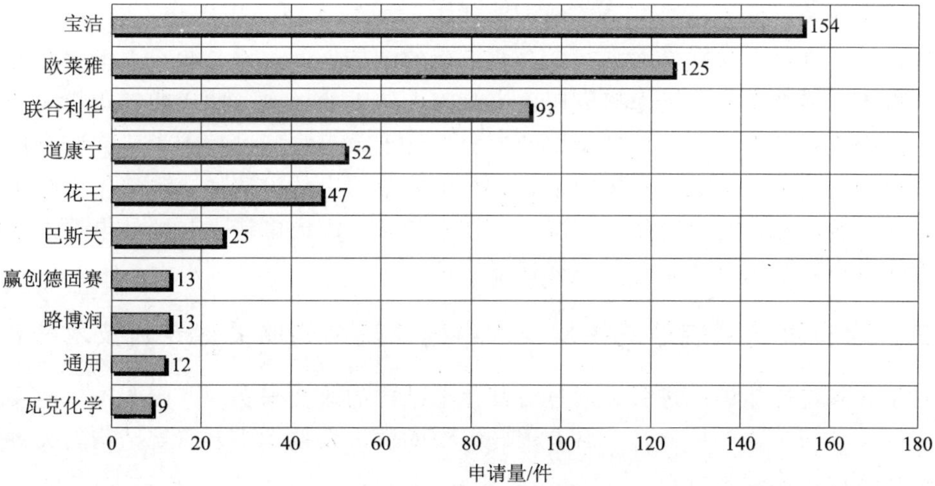

图 7　在中国专利申请人排名

3. 国内申请人专利申请省份分布及排名

图 8 反映了国内申请人专利申请的省份分布。其中广东占 32%，排名第一位。江苏、浙江、上海和山东分列第二至第五位，分别占 17%、9%、8%和 6%。省份分布与我国日化企业相对集中在长三角和珠三角区域相吻合。

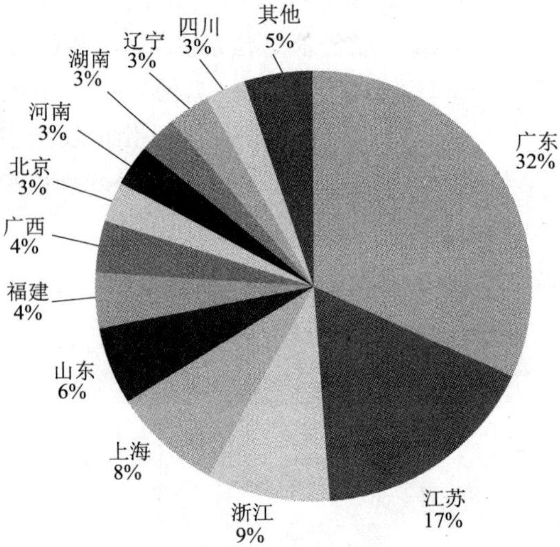

图 8 国内申请人专利申请省份分布

与国外的大型日化公司相比，国内申请人的申请量非常低。申请量最高的广州拉芳累计申请量仅为 7 件。中国申请人最早专利申请的申请年份为 1995 年，申请人为杭州东南化工有限公司。2010 年以后含有聚硅氧烷的洗护发技术的申请量开始有所增加。从图 9 的申请人排名上看，国内申请人主要是企业，如拉芳、纳爱斯、温雅、霸王等，它们都有在售洗发产品。排名前十位的申请人中也有一些个人申请及大学研究所的申请，还有企业与大学研究所作为共同申请人的申请，这说明近年我国的日化企业也开始重视并发展含有聚硅氧烷的洗护发技术，寻求通过与大学研究所合作来快速提升市场竞争力。当然，对国内申请人与国外申请人的申请量、申请年份分布进行对比，可以看出在含有聚硅氧烷的洗护发技术领域，国内申请人与国外申请人之间存在很大的差距，我国日化企业的发展任重道远。

三、含有聚硅氧烷的洗护发技术中硅氧烷结构的关键专利技术分析

对聚硅氧烷性能的改进最先通过对其化学结构的改变来实现，因此本文主要研究聚硅氧烷及其衍生物的性质，对含有聚硅氧烷的洗护发技术中硅氧烷结构的关键专利技术进行整理、比较和分析。

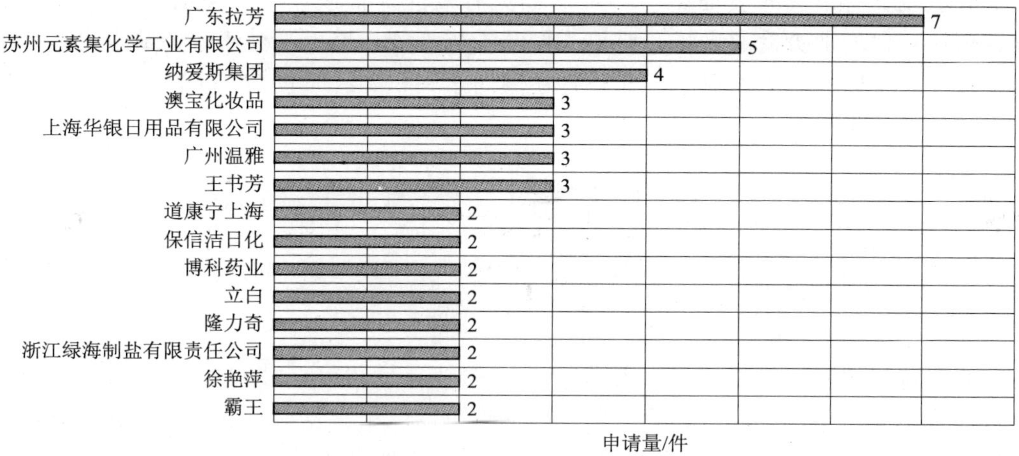

图 9 中国专利申请人排名

（一）聚硅氧烷改性的分类

目前，聚硅氧烷主要有以下几种类型：

（1）聚甲基硅氧烷，包括：直链聚二甲基硅氧烷和环甲基硅氧烷；

（2）氨基改性聚硅氧烷，包括：氨基聚硅氧烷、氨基聚硅氧烷弹性体、氨基聚醚硅氧烷、氨基烷基聚硅氧烷、氨基亚氨基烷基聚硅氧烷；

（3）烷基聚硅氧烷，包括：苯基聚硅氧烷、环甲基聚硅氧烷、聚二甲基聚硅氧烷；

（4）聚醇聚硅氧烷，包括：聚醇硅氧烷、烷基聚醇硅氧烷；

（5）聚醚聚硅氧烷；

（6）烯基聚硅氧烷，包括：烷烯基聚硅氧烷、烯基聚硅氧烷；

（7）羟基聚硅氧烷，包括：羟基聚硅氧烷、羟基聚醚硅氧烷；

（8）阳离子硅氧烷，包括：季铵化聚硅氧烷、丙烯酸改性聚硅氧烷；

（9）硅烷酯；

（10）含杂原子硅氧烷；

（11）聚硅氧烷端醇酯；

（12）其他硅氧烷等。

按照聚硅氧烷改性的种类采用人工标引关键指标的方法进行筛选，下文对具体种类的聚硅氧烷专利申请关键技术进行分析。

（二）聚甲基硅氧烷的专利技术

1. 聚甲基硅氧烷的主要结构及性质

聚甲基硅氧烷主要有两种结构，分别是直链聚二甲基硅氧烷和环甲基硅氧烷。聚甲基硅氧烷具有很低的表面张力，可形成更有效的保护膜，对头发有各种良好的效果，例如可以增加头发的光泽，使得头发易于梳理等，聚甲基硅氧烷的缺点主要是不溶于水，较难以分散于基质中。此外它还倾向于聚积，有时也会产生静电荷。

（1）直链聚二甲基硅氧烷

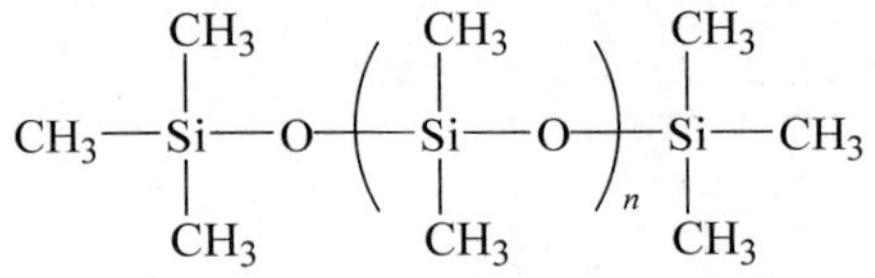

聚二甲基硅氧烷

直链聚二甲基硅氧烷产品种类很多。它的铺展性很好，使得物料易于在表面展开，形成薄膜。用于香波时，聚二甲基硅氧烷可以赋予头发特有的感觉。此外它还可以改善头发的梳理性，增加头发的光泽等。代表性的产品有国产 201 硅油，Dow Corning 的硅油系列等。

（2）环甲基硅氧烷

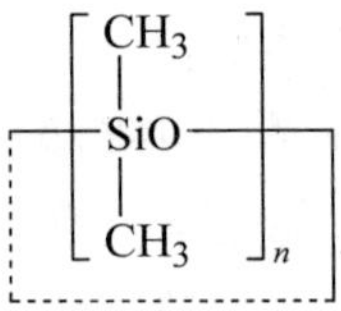

环甲基硅氧烷与直链（开链）聚二甲基硅氧烷不同，它具有挥发性，但是气化热低，在挥发时不会给皮肤造成凉湿的感觉，而是有干暖的感觉。它用于香波中，可改善毛发的手感、梳理性和光泽等。代表性的产品有 Dow corning 的 Silicone fluids 系列等。

2. 聚甲基硅氧烷专利分析

（1）申请量及申请人国家（地区）、申请年份分布

涉及含有聚甲基硅氧烷的洗护发技术专利申请共有 853 件，占整个含有聚硅氧烷的洗护发技术专利申请的 28%。其中，美国的申请量最多，有 259 件，占该类型硅氧烷专利申请的 33%，其次是日本，有 253 件，占该类型硅氧烷专利申请的 31%，申请量排名第三位的是法国，有 114 件，占该类型硅氧烷专利申请的 13%，其后分别是德国、英国、欧洲专利局、中国、韩国，分别为 63 件、50 件、46 件、32 件和 12 件。

1973 年，开始出现含有聚甲基硅氧烷的洗护发技术的专利申请，1985～1992 年出现第一个增长期，1993～2007 年申请量总体呈增长状态，出现第二个增长期，从 2008 年开始，申请量呈下滑趋势。专利申请在 2008 年之后整体呈下降趋势，这表明含有聚甲基硅氧烷的洗护发技术的研究已呈技术衰退趋势。特别是国外申请人的申请

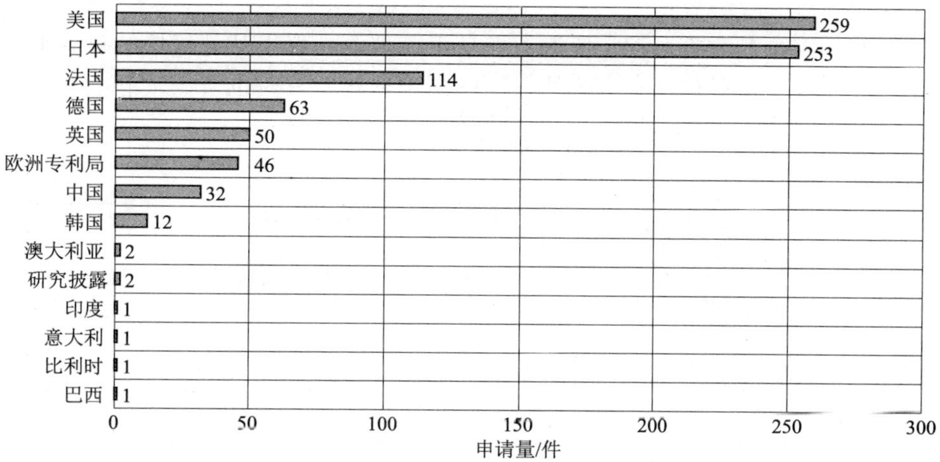

图 10　世界范围内含有聚甲基硅氧烷的洗护发技术中专利申请国家（地区）分布

量下降趋势明显，聚甲基硅氧烷的研究已不再是国外申请人关注的重点。

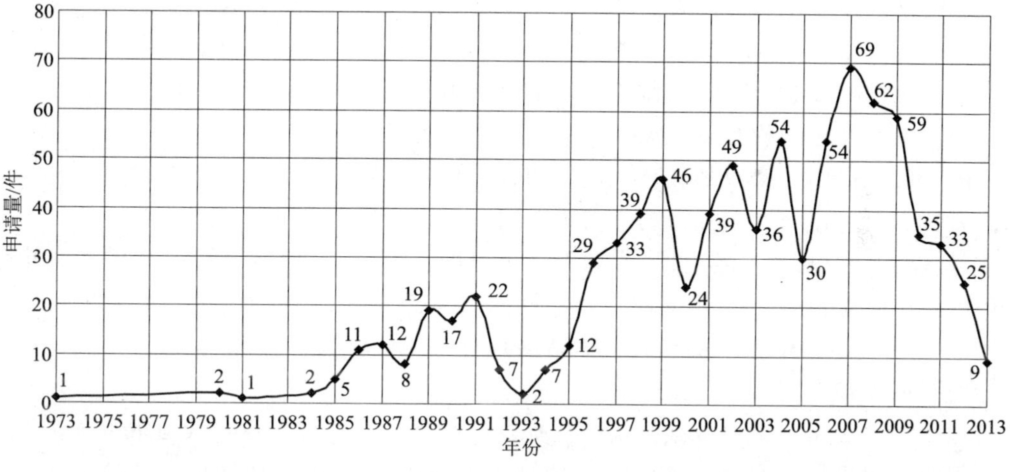

图 11　世界范围内含有聚甲基硅氧烷的洗护发技术专利申请逐年分布趋势

（2）申请人情况

在涉及聚甲基硅氧烷的洗护发技术专利申请中，约有 280 位申请人参与了这类专利申请，大多数日化企业都关注了聚甲基硅氧烷的洗护发技术的研究。其中申请量排名前十位申请人分别是欧莱雅（134 件）、宝洁（105 件）、花王（75 件）、联合利华（74 件）、道康宁（42 件）、汉高（29 件）、资生堂（24 件）、东芝有机硅（18 件）、信越化学（16 件），申请量排名前十位的申请人的申请量占该类申请总量的近 65%。

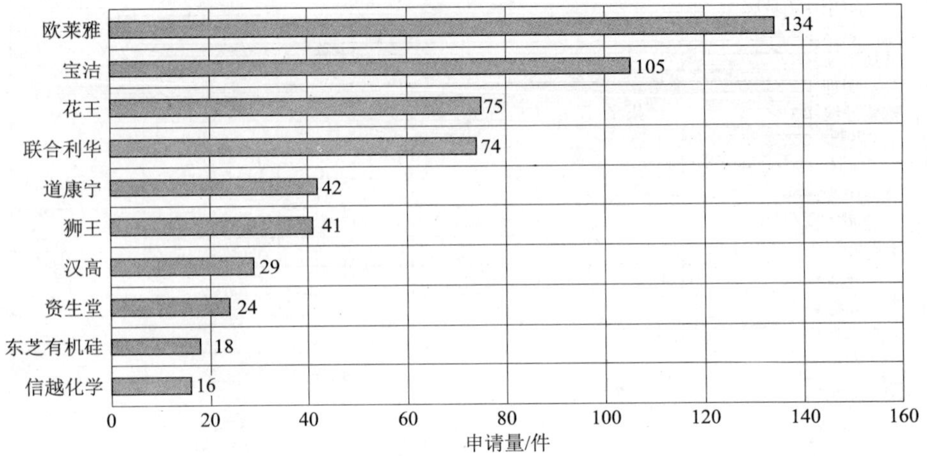

图 12　世界范围内含有聚甲基硅氧烷的洗护发技术专利主要申请人分布

含有聚甲基硅氧烷的洗护发技术的专利申请中，有 825 件申请属于企业申请，占该类专利申请量的近 97%，可见企业仍然是这类研究的主要力量，其中有 633 件专利申请由单一企业完成，占总量的 74%，而由两家、三家甚至是四家企业完成的专利申请量达到了 192 件，个人申请的申请量为 15 件，研究机构的申请量为 4 件，企业与研究机构、企业与大学合作的申请量分别为 5 件和 1 件。

（3）两种具体结构分布情况

前文已经提到，聚甲基硅氧烷包含两种结构，分别是直链聚二甲基硅氧烷和环甲基硅氧烷。在上述的 853 件专利申请中，明确指出聚甲基硅氧烷的结构为直链的二甲基硅氧烷的专利申请为 183 件，占该类申请量的 21%，有 11%（91 件）的专利申请为环甲基硅氧烷，由于专利申请中可能同时含有这两种结构的聚甲基硅氧烷，68%（579 件）专利申请中没有明确其具体结构是直链还是环状。

（4）使用用途

数据统计表明，聚甲基硅氧烷在洗护发产品中具有多种用途，其通常给洗护发产品带来以下效果：起泡性、光泽度、梳理性、附着牢固性、保湿、改善触感、透明度、降低刺激、顺滑、稳定性、抗紫外线、调理、柔软、定型、修复、抗静电、提高弹性、增加发体等。其中提及调理效果的专利申请量最多，达到 331 件，其次是顺滑效果，达到 83 件，排名第三的是梳理性，达到 68 件。另外，改善触感（65 件）、稳定性（43 件）、光泽度（38 件）等也是聚甲基硅氧烷的主要用途。在含有聚甲基硅氧烷的洗护发技术专利申请中，未公开用途的专利申请为 309 件，公开了一种用途的专利申请为 403 件，公开了两种用途的专利申请为 90 件，公开了三种用途的专利申请为 37 件，公开了四种用途的专利申请为 14 件。

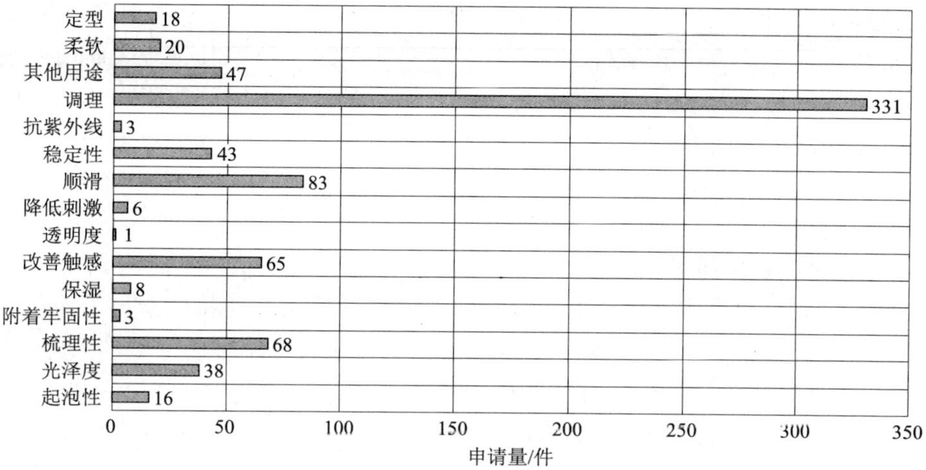

图 13 含有聚甲基硅氧烷的洗护发技术的使用用途分布

（5）重点发明专利

① 首次将聚甲基硅氧烷用于洗护发的专利技术，由联合利华于 1973 年在美国提出，申请号为 US19730428288，其中，将黏度为 1～2 500 000cst 的直链结构的聚二甲基硅氧烷用于香波中。在道康宁于 1981 年提出的申请号为 GB8111208A 的专利申请中，首次将环甲基硅氧烷用于香波中。

② 调理：由于聚甲基硅氧烷是具有很低的表面张力，可形成更有效的保护膜，因此在香波中，聚甲基硅氧烷通常会给毛发带来优异的调理效果，宝洁于 1986 年在申请号为 GB19860016577 的专利申请中提出了将聚甲基硅氧烷用于香波中以获得对毛发具有调理的效果，所述聚甲基硅氧烷具有 200 000～700 000 的相对分子质量和 5～600 000cst 的黏度。

③ 顺滑：1986 年，狮王在申请号为 JP13120086A 的专利申请中提出了将聚二甲基硅氧烷用于发用组合物中以获得良好的顺滑效果。该申请涉及一种新的组合物，包含阳离子表面活性剂、疏水性硅氧烷和多糖，所述疏水性硅氧烷包括聚甲基硅氧烷，特别是直链聚甲基硅氧烷，但是该申请并没有提供具体的含有聚甲基硅氧烷的香波配方。直到 1989 年，狮王才在申请号为 JP16841789A 的专利申请中明确提出了将聚二甲基硅氧烷用于香波中以获得良好的顺滑效果的用途，该专利申请特别指出，所述聚甲基硅氧烷中 15%～70%具有 0.05～10μm 粒径的颗粒。

④ 梳理性、改善触感、柔软：宝洁于 1985 年在申请号为 US19850694870 的专利申请中提出了将聚甲基硅氧烷用于香波中以获得良好的梳理性、改善触感和柔软的效果。该专利申请公开了一种香波组合物，其包含表面活性剂，分散的非水溶性非挥发性硅氧烷，黄原胶以及水等，其中所述硅氧烷选自道康宁提供的 DC200 以及通用提供的 SE-76。

⑤ 稳定性：宝洁于 1984 年在申请号为 US19840670189 的专利申请中提出了将聚甲基硅氧烷用于香波。该专利申请公开了一种香波组合物，其包含表面活性剂、分散的非水溶性非挥发性硅氧烷、乙二醇、脂肪酸烷基酰胺、脂肪酸脂肪醇酯、脂肪酸甘油酯、脂肪酸烷基酰胺酯或者烷基二甲基胺氧化物、水等，其中聚甲基硅氧烷包括 DC-200Fluid，DC-1248，DC-X28107 等。该申请指出通过其特定的组合物和制备方法获得了具有稳定性的硅氧烷洗去型组合物。

⑥ 光泽度：联合利华于 1973 年在申请号为 US19730428288 的专利申请中提出了将聚甲基硅氧烷用于香波中以获得良好的光泽度的效果，并特别指出了使用的聚二甲基硅氧烷黏度为 10 000cst。在一个具体实例中，包含 5%的聚甲基硅氧烷，3%阳离子纤维素，5%氯化钠，50%月桂基硫酸铵等组分。

⑦ 起泡性：联合利华于 1981 年在申请号为 US19810300078A 的专利申请中提出了将聚甲基硅氧烷用于香波中。众所周知，硅氧烷特别是饱和的硅氧烷如聚甲基硅氧烷具有一定的消泡的效果，而香波又需要有一定的发泡效果，因此将聚甲基硅氧烷运用到香波中会有一定的技术上的困难。在该专利申请中，提出将糖类物质（如羧甲基纤维素等）用于香波中能够提高香波的泡沫效果，从而改善由于硅氧烷成分造成的消泡问题。

⑧ 定型：资生堂于 1985 年在申请号为 JP285685A 的专利申请中提出了将特定的直链聚二甲基硅氧烷和环甲基硅氧烷用于香波以获得定型效果，但是没有提供具有定型效果的香波的配方。

⑨ 其他效果：宝洁于 1988 年提出的 EP88302821A 公开了聚甲基硅氧烷在香波中具有降低刺激的效果，其在 1991 年在申请号为 US19910681016 的专利申请中又公开了聚甲基硅氧烷在香波中具有提高附着牢固的效果；欧莱雅于 2002 年提出的 FR0215910A 专利申请公开了聚甲基硅氧烷在香波中具有抗紫外线的效果；由道康宁于 1989 年提交的 GB8905424A 专利申请中，解决了含有聚甲基硅氧烷的香波的透明度的问题。

（三）氨基聚硅氧烷的专利技术

1. 氨基聚硅氧烷的主要结构及性质

氨基聚硅氧烷在业界通常简称为氨基硅油，氨基聚硅氧烷是指侧链或者端基连有氨烃基的聚硅氧烷，其中氨烃基可分为伯胺、仲胺以及叔胺等。最常用的是氨丙基改性聚硅氧烷，氨丙基在聚硅氧烷的侧基或端基，其结构有以下两种：

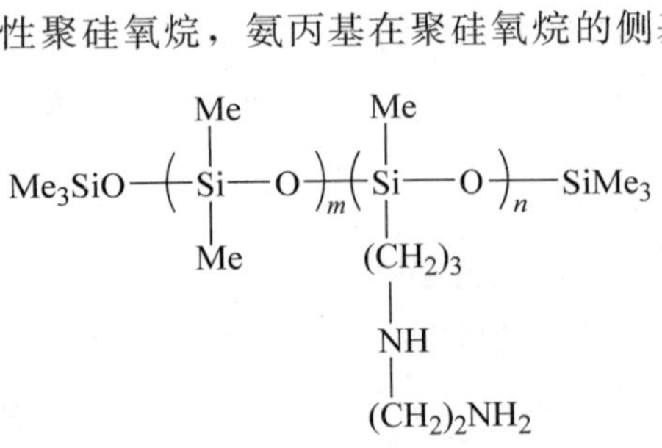

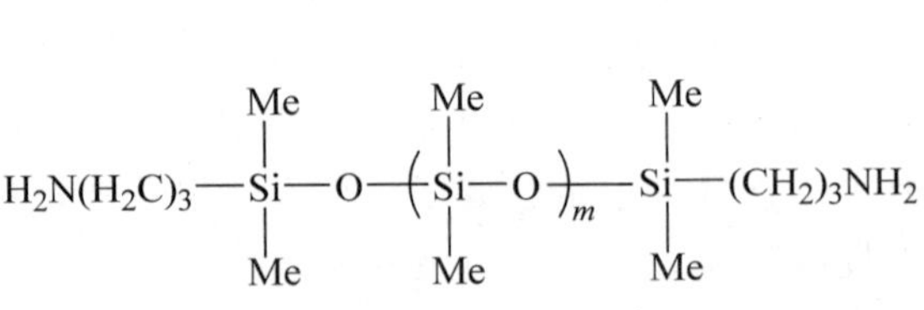

它们的合成步骤一般为：有机硅单体＋氨基官能团单体＋（其他活性基团单体）→催化调聚→成品。其中催化调聚是指单体之间在催化剂、引发剂存在下共聚、封端得到产物。不同的产品，对应的单体、催化剂、反应条件等各不相同。据此，氨基改性有机硅的主要制备方法可分为本体聚合法、乳液聚合法、催化平衡法和催化缩合法等。

氨基聚硅氧烷分子中的氨基极性很强，相溶性及吸附性较好，极易乳化，且它的反应活性高，表面张力低。它的这些特点使得氨基聚硅氧烷的应用非常广泛。可以作为衣物柔软剂、洗发香波、烫发剂、树脂改性剂、脱膜剂、抛光剂等，具有多种用途。在化妆品及护发香波中被广泛用作调理剂，氨基聚硅氧烷除具有一般硅油的表面张力小、无毒、无腐蚀等特性外，其表面张力低，侧链上氨基极性强且带正电荷，用于香波、护发素等护理用品中，能与带负电的头发表面相互作用，牢固吸附在头发表面，降低了头发间摩擦系数，赋予头发很好的平滑柔顺性及洗涤性；裸露在外的油性基团使得头发疏水、易吹干，能增加头发光泽和抗静电性能，还有改善和修复发质的功能。

基于氨基聚硅氧烷对洗护发技术的优异性能，宝洁、联合利华等公司均对氨基聚硅氧烷及含氨基聚硅氧烷的头发调理剂展开了研究，并提交了多项专利申请。同时，很多科研人员也在对氨基聚硅氧烷及含氨基聚硅氧烷的调理剂进行深入研究。

2. 氨基聚硅氧烷专利分析

(1) 申请量及申请人的国家（地区）、申请年代分布

涉及含有氨基聚硅氧烷的洗护发技术专利申请共有502件，占整个含有聚硅氧烷的洗护发技术专利申请的19%。其中，日本的申请量最多，有140件，占该类型硅氧烷专利申请的27.9%，其次为美国，共123件，占该类型硅氧烷专利申请的24.5%，申请量排名第三位的是法国，有82件，占该类型硅氧烷专利申请的16.3%，排名第四至第十位的国家（地区）分别为德国、欧洲专利局、英国、中国、韩国、卢森堡、印度，申请量分别为62件、37件、33件、14件、3件、3件、3件。

含有氨基聚硅氧烷的香波专利申请最早于1984年提出，整体呈现波动上行的趋势，特别是在2003年达到了44件的峰值，最后出现回落，保持在年申请量30件左右，如图14所示。

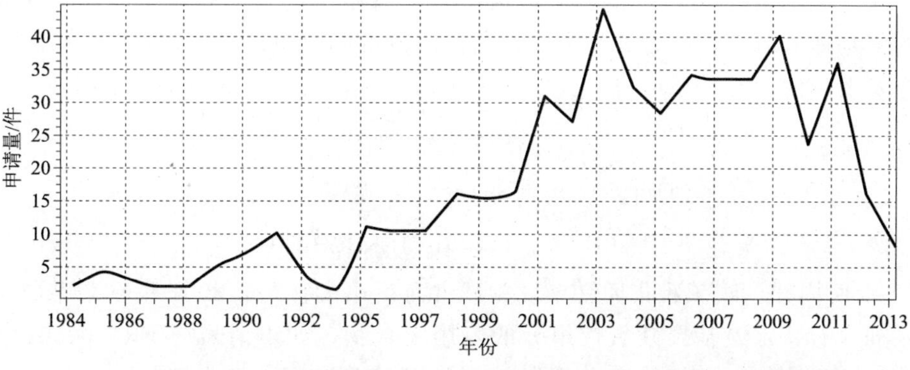

图14　世界范围内含有氨基聚硅氧烷的洗护发技术专利申请逐年分布趋势

（2）申请人情况

在含有氨基聚硅氧烷的香波的专利申请中，申请量排名前十位申请人分别是欧莱雅（102件）、联合利华（58件）、花王（50件）、宝洁（39件）、汉高（36件）、道康宁（27件）、狮王（21件）、资生堂（12件）、巴斯夫（11件）、佳丽宝（9件）。申请量排名前十位的申请人的申请量占该类申请总量高达72.7%，充分说明氨基聚硅氧烷的相关技术掌握在大型日化企业手中，其对于氨基聚硅氧烷的争夺态势均衡，需要进一步研究分析相关技术细节。

（3）具体结构分布情况

氨基聚硅氧烷主要分为侧链或端基带有胺基的聚硅氧烷，在涉及氨基聚硅氧烷结构的专利申请中，其中侧链氨基硅氧烷为40件，氨基封端的聚硅氧烷为45件，没有明确其结构为侧链或端基的氨基硅氧烷共417件，三种类型的申请量占比分别为8%、9%、83%。其中55件专利是与其他改性聚硅氧烷联用，联用主要集中在聚醚硅氧烷、烷基硅氧烷、羟基硅氧烷等。

（4）使用用途

数据统计表明，氨基聚硅氧烷为洗发用产品带来多种效果。其中涉及调理效果的专利申请量最多，达到162件，依次为顺滑（55件）、梳理性（49件）、改善触感（41件）、光泽度（32件）、柔软（21件）、稳定性（13件）、定型（13件）、起泡性（6件）、附着牢固性（5件）、保湿（5件）、降低刺激性（3件）、透明度（1件）。在这类专利申请中，未公开用途的专利申请为96件。

（5）重点发明专利

氨基聚硅氧烷表面张力低，侧链上氨基极性强且带正电荷，用于香波、护发素等护理用品中，能与带负电的头发表面相互作用，牢固吸附在头发表面，降低了头发间摩擦系数，赋予头发很好的平滑柔顺性及洗涤性；裸露在外的油性基团使得头发疏水、易吹干，能增加头发光泽和抗静电性能，还有改善和修复发质的功能。

① 首次将氨基聚硅氧烷用于香波的专利申请由道康宁公司于1984年在美国提出的申请号为US19840666849的专利申请。该申请在头发调理香波组合物中加入下式结构的氨基聚硅氧烷，该香波组合物在清洁头发的同时可以将调理性硅氧烷聚合物沉积在头发上，使用时易于清洗，头发易于快速干燥，同时增强了附着牢固性。

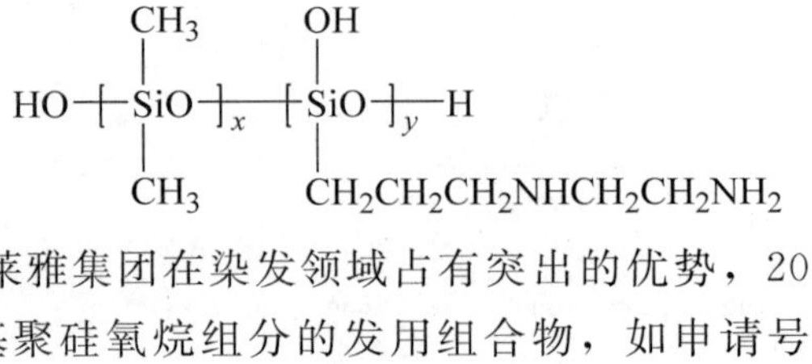

② 众所周知，欧莱雅集团在染发领域占有突出的优势，2001年欧莱雅公司申请了一系列含有特定氨基聚硅氧烷组分的发用组合物，如申请号为FR20010014481的专利申请，使用氨乙基亚氨基（C4—C8）烷基氨基硅酮。要求保护这些特定氨基聚

硅氧烷在用直接染料或氧化染料对角蛋白纤维进行染色方法的后处理中的用途，其主要用于改善染色后所述染色和/或纤维的品质对洗发的耐受力，这类聚硅氧烷的实例为 Dow Corning 公司的 DC2-8299©。

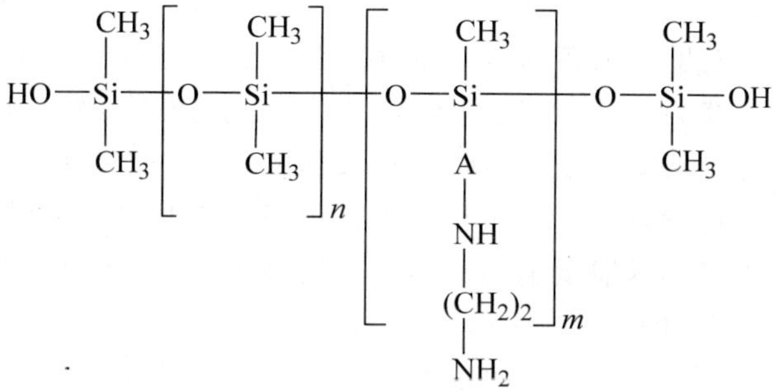

③ 中国申请大多体现具体的香波组方，如申请号为 CN201310295525 的中国发明专利申请，其要求保护一种温和柔软特效修护去屑的洗发露，其中含有以下质量分数的组分：20%～35%的两性离子表面活性剂；6%～15%的阴离子表面活性剂；3%～7%的非离子型表面活性剂；3%～8%的柔顺剂；0.5%～1.5%的邻苯二甲酰牛脂基胺；0.5%～1.0%的富脂剂；0.7%～1.6%的阳离子调理剂；0.6%～2.7%的营养剂；1.2%～3.7%的去屑止痒剂；将体系的质量分数补足到 100%的水。该申请的具体配方中指出含有 3%～8%的氨基聚二甲基硅氧烷、十八烷基三甲基氯化铵、聚季铵盐-6、聚二甲基硅氧烷、脂肪醇聚氧乙烯醚有机硅乳液中的混合物作为柔顺剂，柔顺剂对头发起到良好的柔软作用，能赋予头发柔软如丝绸般的质感。

（四）聚醚改性聚硅氧烷的专利技术

1. 聚醚改性聚硅氧烷的主要结构及性质

聚醚改性聚硅氧烷作为一种高分子型的表面活性剂引起广泛关注，在工业生产中被大量使用。它由性能差别很大的聚醚链段和聚硅氧烷链段通过化学键连接而成，亲水性的聚醚链段赋予了其良好的水溶性，疏水、疏液性的聚硅氧烷链段又赋予了它低表面张力，而且这类共聚物还具有生物相容性、良好的适应性和低的玻璃化温度，其表面活性是其他有机类表面活性剂无法比拟的。同传统表面活性剂一样，这类表面活性剂通常也可分为阴离子型、阳离子型和非离子型、两性型（表 1）。

表 1 聚醚改性硅氧烷类表面活性剂的分类

种 类	实 例	电 性
阳离子型	聚醚硅氧烷季铵化物	正电
阴离子型	聚醚硅氧烷磷酸脂盐	负电
非离子型	聚醚改性硅油	无
两性型	聚醚硅氧烷甜菜碱类	随 pH 而变化

聚醚改性硅氧烷类发展相当迅速，可以广泛应用于工业消泡剂、化妆品原料、塑料添加剂、织物整理剂、涂料添加剂等领域，是目前使用量最大的非反应性硅氧烷。

聚醚改性聚硅氧烷有 Si—O—C 型和 Si—C 型两种结构，前者多由烷氧基硅氧烷与羟基封端聚醚缩合而得，抗水解性差。后者含 Si—H 键的聚硅氧烷与含不饱和双键的聚醚发生硅氢加成反应，其水解稳定性好，是聚醚改性聚硅氧烷中的主要品种。

聚醚改性聚硅氧烷类产品易溶于醇类和水中，也易与个人护理用品的其他成分相配伍。少量添加此类产品就可以有效降低化妆品的表面张力，促进化妆品向肌肤或头发表面扩散。用于护肤霜类及乳液化妆品中，可增加皮肤滑爽细腻感，不油腻，无残留感。加入洗发香波中手感细腻柔软，使发丝滑爽光亮，易梳理。

2. 聚醚改性聚硅氧烷专利分析

（1）申请量及申请人的国家、申请量逐年分布趋势

含有聚醚改性聚硅氧烷的洗护发技术的专利申请共有 287 件，其中申请量排名前两位的是日本和美国，两者之和占了总申请量的 85%，中国申请人仅占 2%。1994 年，含有聚醚改性聚硅氧烷的洗护发技术的申请量进入快速增长期，这一时期在洗护发产品中使用聚醚改性硅氧烷越来越普遍，2003 年申请量达到峰值（图 15）。

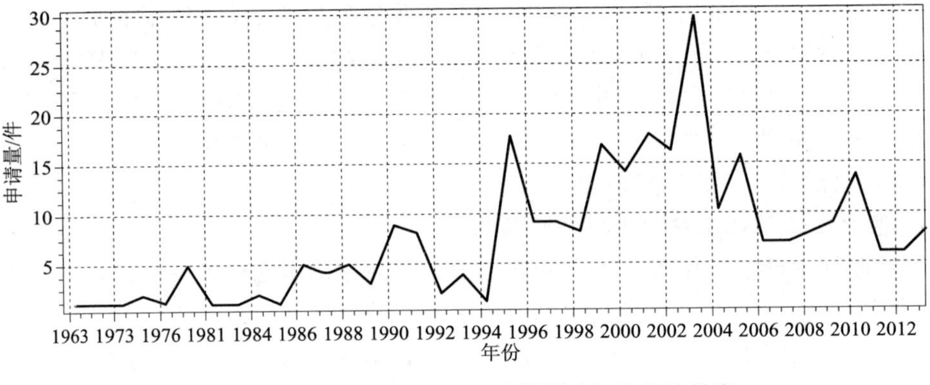

图 15 世界范围内含有聚醚改性聚硅氧烷的洗护发技术专利申请逐年分布趋势

（2）申请人情况

申请人方面呈现出多样化的特点，分析申请量在 2 件以上（含 2 件）的专利申请可以看出，申请量较多的申请人（图 16）为花王、道康宁、狮王、资生堂、欧莱雅和宝洁，六家公司合计占含有聚醚改性聚硅氧烷的洗护发技术申请量的 47%，其他申请人的申请量比较平均，没有明显优势，中国申请人的申请量很少，基本为 1～2 件。

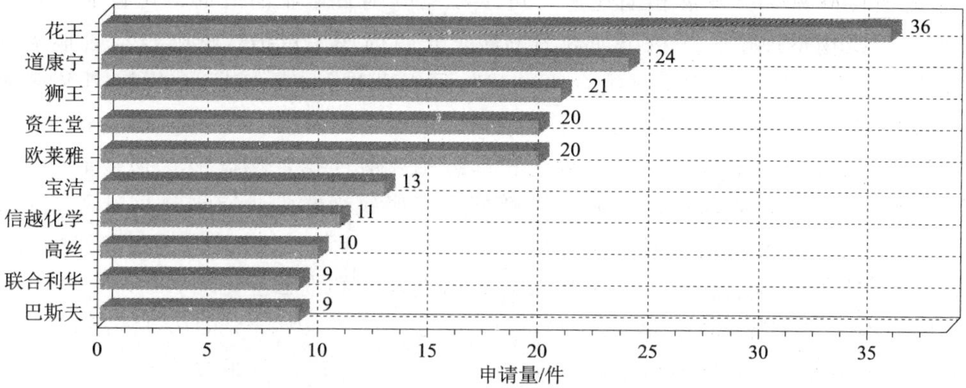

图 16　世界范围内含有聚醚改性聚硅氧烷的洗护发技术专利主要申请人分布

(3) 使用用途

在洗护发产品中使用聚醚改性的聚硅氧烷，使得产品具有良好的调理性，使用后头发更顺滑、易梳理、光泽度好、稳定性好。含有聚醚改性聚硅氧烷的洗护发技术的使用用途分布如图 17 所示。

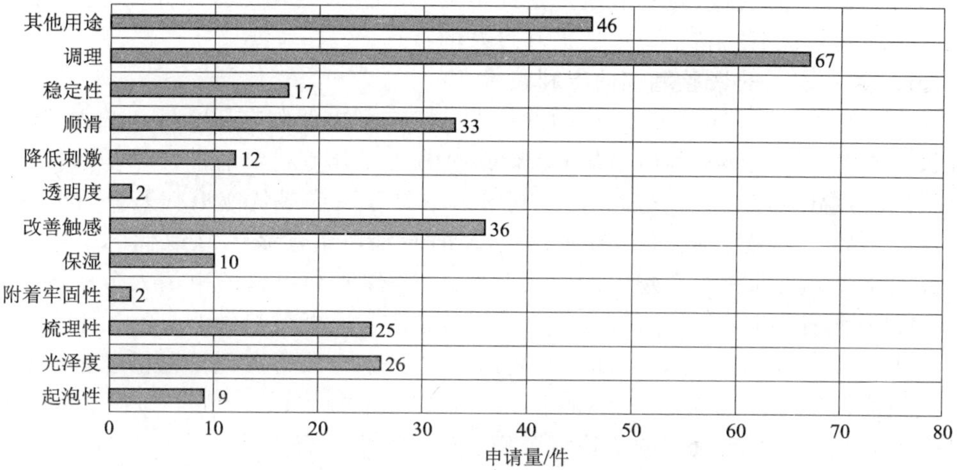

图 17　含有聚醚改性聚硅氧烷的洗护发技术的使用用途分布

(4) 重点发明专利

① 日本资生堂公司于 1998 年 3 月 24 日申请的 EP0875235 中，公开了用聚醚改性硅氧烷作为乳化剂制备的乳化毛发化妆品组合物。

② 法国欧莱雅公司于 2007 年 11 月 9 日申请的 DE200710039648 中提到，为了进一步提高赋予干燥后的头发干爽顺滑感、柔软性或赋予光泽性等毛发保护效果，优选添加硅氧烷，其中包括聚醚改性硅氧烷，可列举 SH3771M（Toray Dow Corning Silicone Co.，

Ltd 制）、SILSOFTA-843、SILSOFT SHINE（均为日本 Unicar（株）制）等。

③ 通用电气公司于 2001 年 10 月 31 日申请的 WO2001US45475，发明名称为“使用聚醚型硅氧烷共聚物网络组合物的化妆品组合物”，其中术语“网络”是指含有互连聚醚型硅氧烷共聚物链的三维延伸结构。聚醚型硅氧烷共聚物网络内容中的术语“聚醚”，其含义包括两个或多个环氧化物部分的反应产物，该反应产物中形成一个或多个醚连接，从而在硅氧烷链或硅氧烷部分之间形成交联。含有聚醚型硅氧烷共聚物网络组合物的香波可以给头发纤维提供丝般感觉，调理剂提供柔软、润滑的感觉，留在头发上的头发调理剂可减少头发飘拂并且增加发质和发量。

④ 道康宁公司于 2003 年 12 月 3 日申请的 WO2004050045，发明名称为“基于硅氧烷表面活性剂的极性有机油的泡囊和微乳液组合物”，该组合物可在各种个人护理应用中使用，其由硅氧烷表面活性剂、辅助表面活性剂、极性有机油和水组成。组分（A）是长链或相对高分子质量硅氧烷聚醚。

⑤ 日本资生堂公司于 1998 年 3 月 3 日申请的 WO1998JP00864 中提到，为了解决聚硅酮高分子不与表面活性剂或者有机改性黏土矿物质配合使用，单独作为乳化剂时，得到的油包水型乳化物在乳化稳定性上存在的问题，采用具有特定的聚氧亚烷含有率的、相对分子质量大的聚醚改性聚硅氧烷作为乳化剂，同时作为其稳定剂，配合水溶性高分子、无机盐或氨基酸盐，由此得到的油包水型乳化物具有赋予头发或者皮肤光泽、湿润并且不发黏、稳定性极其良好的特点。

（五）芳基取代的聚硅氧烷的专利技术

涉及含有芳基取代的聚硅氧烷的洗护发技术专利申请共有 190 件，约占整个含有聚硅氧烷的洗护发技术专利申请的 6%，其中的大部分专利申请中，芳基取代的硅氧烷是优选的聚硅氧烷之一，有 33 件专利申请中只涉及或最优选取代基中含有芳基的硅氧烷。例如，申请号为 US20010002709A 的专利申请涉及苯基取代的倍半硅氧烷在香波的化妆品或药物组合物中的应用。上述 33 件专利申请的申请人分别为：花王（10 件）、欧莱雅（5 件）、通用公司（4 件）、宝洁、道康宁和狮王（各 2 件）。

上述 33 件专利申请中，大部分的用途为硅氧烷的常用调理，包括改善触感、光泽、梳理性、顺滑、保湿等。例如花王公司的申请号为 EP07015479A 的专利申请，涉及含有芳基取代的硅氧烷的清洁组合物，相对于不含有芳基化硅氧烷的香波，使用含有芳基化硅氧烷的香波后头发具有更好的弹性、体积和更好的光泽。也有一些芳基取代的硅氧烷具有特殊的用途。例如道康宁公司的申请号为 US20050548775A 的专利申请，涉及一种蜡质硅氧烷，其中优选被芳基和 16 个碳原子以上的烷基取代的蜡质环状硅氧烷，所述蜡质硅氧烷能够实现活性成分，例如芳香剂的控制释放，这种活性成分和蜡质硅氧烷的组合能够用于香波的产品中。

（六）阳离子改性聚硅氧烷的专利技术

1. 阳离子改性聚硅氧烷的主要结构及性质

阳离子改性的聚硅氧烷除了具有良好的泡沫力外，对皮肤和头发都是温和的，能与眼睛接触，还能改善头发的干、湿梳理性、光泽和爽滑的触感。此外，阳离子改性的聚硅氧烷还具有很强的杀菌能力，使用的剂量极微，一般制成 10^{-7}%～0.1%稀溶液就能杀灭各种细菌。

在阳离子聚硅氧烷中，季铵盐改性的聚硅氧烷最为常见。这类物质由二甲基硅氧烷多元醇共聚物的氯乙酸酯与脂肪族酰胺二甲基反应而成，具有改善梳理性、抗静电、使头发柔软、用后无油腻感的功效。由于连接在硅氧烷链上的环氧乙烷含量及其分布的位置可调节，因此，可制得有不同溶解度的硅氧烷季铵盐系列产品，以适合不同的需要。季铵盐改性的硅氧烷容易配入各护理品，它不需要乳化、均质或用增稠剂，它们与各种离子型表面活性剂都相容。

除季铵盐改性的聚硅氧烷之外，还存在一些特殊结构的阳离子改性的硅氧烷，例如阳离子纤维素改性的聚硅氧烷、阳离子蛋白改性的聚硅氧烷、阳离子脂肪烷基改性的聚硅氧烷等，在本文中均归为“阳离子改性聚硅氧烷”中的“其他”类别。

2. 阳离子改性聚硅氧烷专利分析

(1) 申请量及申请人的国家（地区）、申请年份分布

涉及含有阳离子改性聚硅氧烷的洗护发技术专利申请共有 183 件，约占整个含有聚硅氧烷的洗护发技术专利申请的 6%。其中，德国的申请量最多，51 件，约占该类型专利申请的 28%；其次是美国，36 件，约占该类型专利申请的 20%；申请量排名第三位和第四位的分别是日本和欧洲专利局，分别为 25 和 24 件，分别占该类型专利申请的 14%和 13%，其后分别为法国、中国、英国、卢森堡、韩国。

涉及含有阳离子改性聚硅氧烷的洗护发技术的专利申请最早出现在 1977 年，由 Rorbert J. Morlino 向美国专利局提出，内容是关于将季铵盐改性的聚硅氧烷用于洗发产品中，以改善梳理性和毛发的触感。如图 18 显示，在 2000 年后，该类型的专利申请出现了较快的增长，在 2011 年达到峰值，年申请量为 25 件。

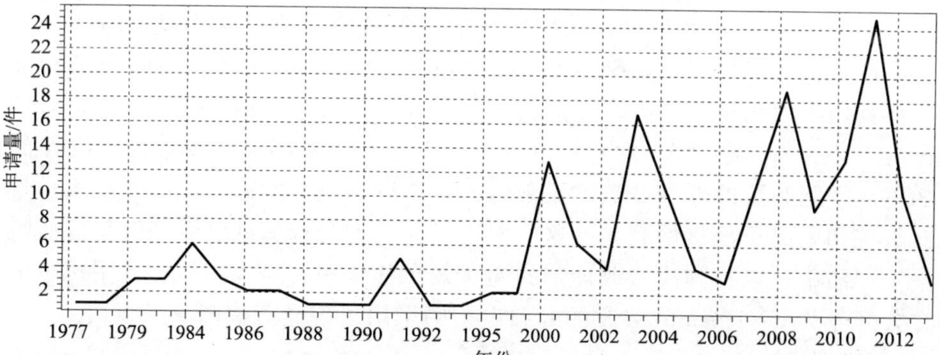

图 18 世界范围内含有阳离子改性的聚硅氧烷洗护发技术专利逐年分布趋势

（2）申请人情况

在涉及阳离子改性的聚硅氧烷的洗护发技术的专利申请中，申请量排名前十位申请人分别是汉高（29件）、欧莱雅（28件）、花王（24件）、联合利华（10件）、宝洁（10件）、道康宁（9件）、赢创德固赛（6件）、佳丽宝（5件）、通用（5件）、高施米特（3件）。申请量排名前十位的申请人的申请量约占该类申请总量的70%。全部申请中仅有4件为个人申请，其余179件的申请人均为企业，可见企业是该类研究的主要力量，其中有151件专利申请由单一企业完成，而多家企业共同完成的专利申请量达到了28件（图19）。

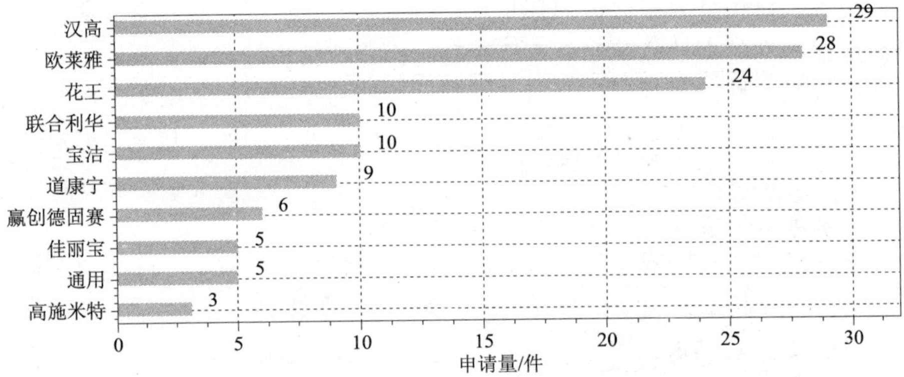

图19　世界范围内含有阳离子改性聚硅氧烷的洗护发技术专利主要申请人分布

（3）具体结构分布情况

在183件含有阳离子改性聚硅氧烷的洗护发技术的专利申请中，有147件申请中为季铵盐改性的聚硅氧烷，占该类申请的80%；而其他结构的阳离子改性硅氧烷共36件，占该类申请的20%，其中有的申请仅泛泛提到所述硅氧烷由阳离子改性，未指明阳离子基团的具体结构，而有的申请则公开了阳离子基团的具体结构。

其他结构的阳离子改性聚硅氧烷有：花王株式会社在公开号为JPH09100221A的专利申请中提出了在甲基硅氧烷侧链上加了氨基烷基季铵基团的阳离子改性硅氧烷，并将其用于发用组合物中，以达到改善梳理性、触感、调理的功效。联合利华在公开号为WO2004066972A1的专利申请中提出了几种不同结构的阳离子改性的硅氧烷，如阳离子脂肪烷改性的硅氧烷、阳离子聚二甲基改性的硅氧烷醇、阳离子烷基改性的硅氧烷和阳离子硅氧烷胶，将这些阳离子硅氧烷与羟基硅氧烷，烷基硅氧烷等联用于洗发产品中，以达到改善调理剂的递送效果的作用。泉州市新益日用化妆品有限公司在公开号为CN103385831A的专利申请中采用了聚硅氧烷阳离子蛋白。

（4）使用用途

统计结果表明，阳离子改性的聚硅氧烷在洗护发产品中用途广泛，其带来的效果有：起泡性、光泽度、梳理性、附着牢固性、保湿、改善触感、降低刺激、顺滑、稳定性、调理、增加毛发体积、柔软、定型、修复、提高弹性等。其中涉及调理效果的专利申请量最多（图 20），共有 55 件，其次是改善光泽度，达到 27 件，排名第三位的是改善触感和使毛发更顺滑，均为 19 件。另外，提高梳理性（18 件）、改善附着牢固性（16 件）、降低刺激性（10 件）、改善起泡性（17 件）也是阳离子改性的聚硅氧烷的主要用途。在这类专利申请中，未公开用途的专利申请为 47 件，占 26%；公开了一种用途的专利申请为 85 件，占 47%；公开了两种用途的专利申请为 21 件，占 11%；公开了三种用途的专利申请为 17 件，占 9%；公开了四种用途的专利申请为 7 件，占 4%；公开了五种用途的专利申请为 6 件，占 3%。

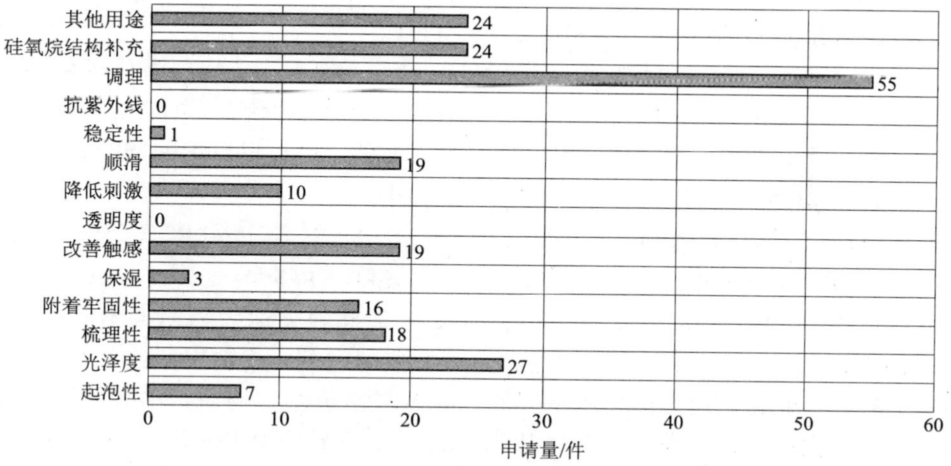

图 20　含有阳离子改性聚硅氧烷的洗护发技术的用途分布

（5）重点发明专利

① 季铵盐改性的硅氧烷。德国汉高在 2011 年申请了一系列将季铵盐改性的聚硅氧烷与氨基酸联用用于制备洗发产品的发明专利（申请号分别为 DE201110086631，DE201110086632，DE201110086633，DE201110086635，DE201110086636，DE201110086638，DE201110086924，DE201110087270），其功效在于改善毛发的光泽度和调理剂的附着牢固性。

② 阳离子改性的聚硅氧烷在调理毛发、改善触感、提高附着性等方面效果。涉及调理效果的专利申请量最多，共有 55 件，其中 40 件中阳离子硅氧烷的结构为季铵盐改性的硅氧烷，15 件为其他结构的阳离子硅氧烷。

强生公司在 1999 年向美国专利局提出了一件专利申请（申请号为 US19990321074），其涉及一种适用于清洗毛发或皮肤的产品。随后，以该主题向日本、欧洲、韩国、中国等多个国家和地区提出了专利申请。该专利制备了一种包含水溶性硅酮、阳离子调理剂和清洁剂的清洁组合物，其中水溶性硅酮可以采用季铵盐改性的硅氧烷，可以赋予产品良好的调理效果。

道康宁（上海）有限公司在2007年向中国专利局提出了一件专利申请（申请号为CN200710045929），其涉及一种包含具有季铵基团的弹性体聚硅氧烷的有机乳液，它通过以下方法得到：(i) 在其分子中具有氨基的聚有机硅氧烷；(ii) 在其分子中具有环氧基团或卤代醇基团的有机季铵化合物；(iii) 用于聚有机硅氧烷 (i) 的交联剂，在组分 (iv) 和 (v) 存在下进行反应，其中组分 (iv) 是在25℃温度时的黏度为1000～1 000 000mPa·s并具有与组分 (i)、(ii) 和 (iii) 不具有反应性的有机基团的聚二有机硅氧烷，而组分 (v) 是表面活性剂，并且所述组分 (i) ～ (iv) 分散在 (vi) 极性水相中。所制得的有机硅乳液可以用于洗发产品中，以提高产品的调理作用。该申请在2013年被中国专利局授予专利权。

③ 阳离子改性的聚硅氧烷的改善光泽度效果。赢创高施米特有限公司在2010年提出了一件PCT国际申请（申请号为WO2010EP70071），涉及一种新的含有季铵基的聚硅氧烷，其可以用于制备清洁毛发的产品，所述产品可以改善毛发的光泽度。所述聚硅氧烷的结构为：$M_a M'_{a1} M''_{a2} M''' M_{a3} D_b D'_{b1} D'_{b2} D'''_{b3} T_c T'_{c1} Q_d$，其中 $M=(R^1_3SiO_{1/2})$、$M'=(R^2R^1_2SiO_{1/2})$、$M''=(R^3R^1_2SiO_{1/2})$、$M'''=(R^4R^1_2SiO_{1/2})$、$D=(R^1_2SiO_{2/2})$、$D'=(R^2R^1SiO_{2/2})$、$D''=(R^3R^1SiO_{2/2})$、$D'''=(R^4R^1SiO_{2/2})$、$T=(R^5SiO_{3/2})$、$T'=(R^2SiO_{3/2})$、$Q=(SiO_{4/2})$，R^1＝彼此独立地为相同或不同的、含有1～30个碳原子的、直链或支化的、任选是芳香族的烃基，优选甲基或苯基，更特别是甲基；R^2＝彼此独立地为相同或不同的烷氧基或酰氧基，例如，甲氧基、乙氧基、正丙氧基或异丙氧基、乙酰氧基，更特别是乙氧基或异丙氧基；R^3＝彼此独立地为相同或不同的含有季铵官能团的有机基团；R^4＝彼此独立地为相同或不同的有机环氧基；R^5＝彼此独立地为相同或不同的基团R^1、R^3或R^4，优选R^1，更特别是甲基、苯基、十二烷基或十六烷基。

④ 阳离子改性聚硅氧烷的改善起泡性效果涉及改善起泡性的专利申请的申请人均来自日本，申请人为狮王、佳丽宝、资生堂和三洋化成株式会社。佳丽宝在1991年向日本专利局提出了一件涉及具有高起泡性的香波组合物（申请号为JP19910112512），组合物中主要包含甜菜碱改性的硅氧烷和季铵盐化合物，所获得香波能够带来良好的梳理性，光泽和弹性。

⑤ 阳离子改性聚硅氧烷的其他用途。高施米特于1987年向德国专利局提出了一件涉及具有抗静电功效的洗发组合物专利申请（申请号为DE19873705121），其中包含下式结构的季铵盐改性硅氧烷。

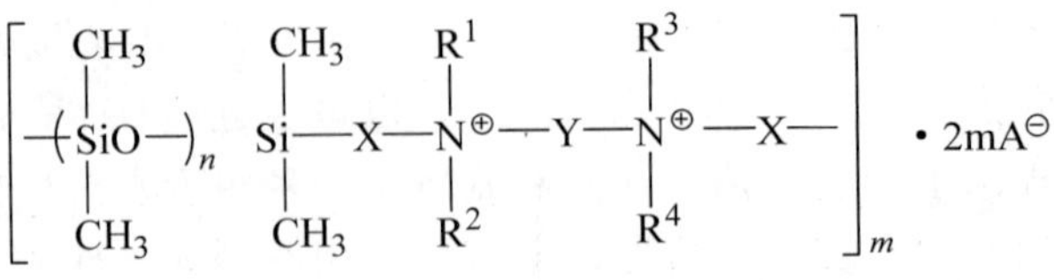

（七）羟基聚硅氧烷的专利技术

（1）申请量及申请人的国家（地区）、申请年份分布

涉及含有阳离子改性聚硅氧烷的洗护发技术专利申请共有179件，约占整个含有聚硅氧烷的洗护发技术专利申请的6%。其中，日本的申请量最多，有46件，占该类型硅氧烷专利申请的25.7%，排名第二位为美国，共40件，占该类型硅氧烷专利申请的22.3%，申请量排名第三位的是法国，有25件，占该类型硅氧烷专利申请的14%，排名第四至第九位的国家和地区分别为欧洲专利局、英国、德国、中国、卢森堡、韩国，申请量分别为23件、20件、19件、4件、1件、1件。

含羟基聚硅氧烷的香波专利申请最早于1980年申请，各年申请数量不多，在2000年后申请量有所增加，年均维持在10件左右。专利申请量逐年分布趋势见图21。

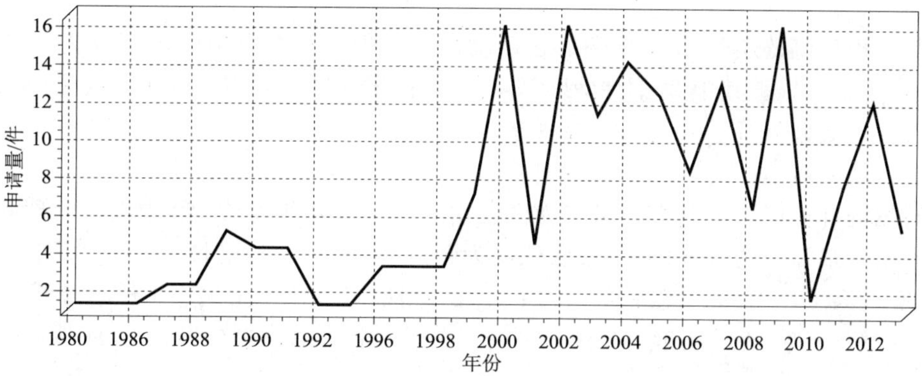

图21　世界范围内含有阳离子改性的聚硅氧烷洗护发技术专利申请量逐年分布趋势

（2）申请人情况

在含有羟基聚硅氧烷的洗护发技术的专利申请中，申请人主要集中在大型日化企业，其中申请量排名前十位的申请人（图22），分别是联合利华（42件）、欧莱雅（26件）、花王（15件）、宝洁（15件）、汉高（10件）、道康宁（9件）、狮王（5件）、东芝有机硅（5件）、日星（5件）、信越化学（4件）。申请量排名前十位的申请人的申请量占该类申请总量高达74.9%，说明羟基聚硅氧烷的相关技术掌握在大型日化企业手中，大型日化企业对于羟基聚硅氧烷的争夺态势均衡，需要进一步研究相关技术作出进一步分析。

（3）具体结构分布情况

羟基聚硅氧烷主要分为侧链或端基带有羟基的聚硅氧烷，在涉及羟基聚硅氧烷结构的专利申请中，其中侧链羟基硅氧烷为7件，羟基封端的聚硅氧烷为63件，没有

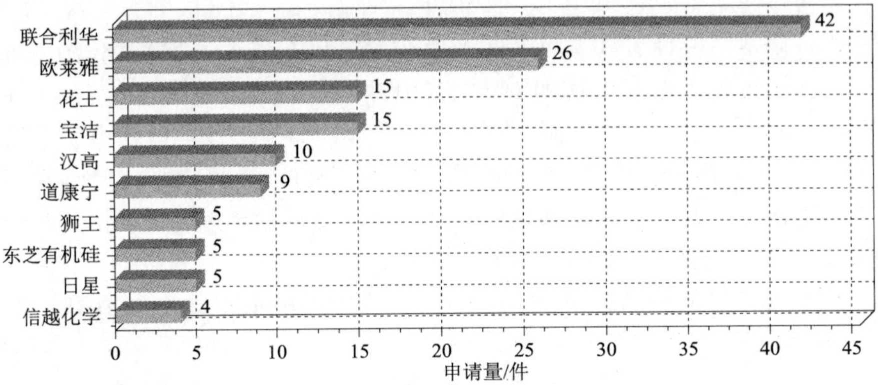

图 22　世界范围内含有羟基聚硅氧烷的洗护发技术专利的主要申请人分布

明确其结构为侧链还是端基的羟基硅氧烷共 109 件，三种类型的申请量占比分别为 4%、35%、61%。其中 20 件专利是与其他改性聚硅氧烷联用，联用主要集中在烷基硅氧烷、聚醚硅氧烷、硅烷酯、烷氧基硅氧烷。

（4）使用用途

数据统计表明，氨基聚硅氧烷为洗发用产品带来多种效果。其中涉及调理效果的专利申请量最多，达到 60 件，其次依次为顺滑（17 件）、梳理性（15 件）、改善触感（14 件）、柔软（8 件）、光泽度（7 件）、稳定性（5 件）、定型（3 件）、起泡性（3 件）、保湿（2 件）、透明度（1 件）。在这类专利申请中，未公开用途的专利申请为 44 件。

（5）重点发明专利

① 首次将羟基改性的硅氧烷用于护发素产品的专利申请是花王公司于 1980 年在日本提出的申请号为 GB19800034193 的专利申请，使用的羟基改性聚硅氧烷可以是：

$$HO(CH_2)\cdot R_7[(CH_3)_2SiO]_{x7}(CH_3)_2SiR_7—CH_2OH$$

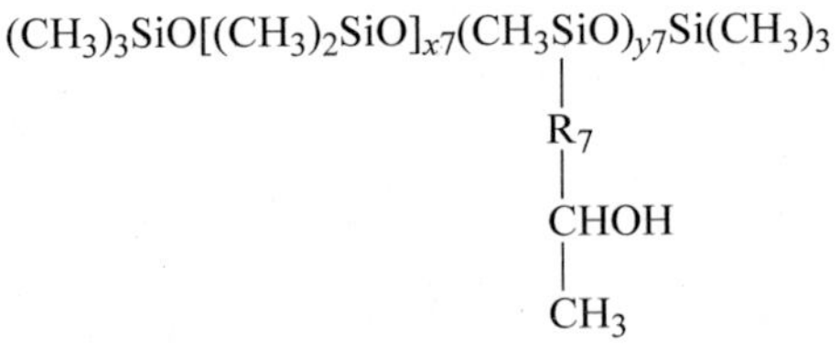

② 欧莱雅公司于 1991 年申请的 EP19910401276 中，在香波中使用了羟基改性的聚硅氧烷以获得好的起泡性、稳定性、柔软性。例如，其中公开了一种珠母般的凝胶香波，使用了如下所示的含γ-羟基丙基官能的聚二甲基硅氧烷。

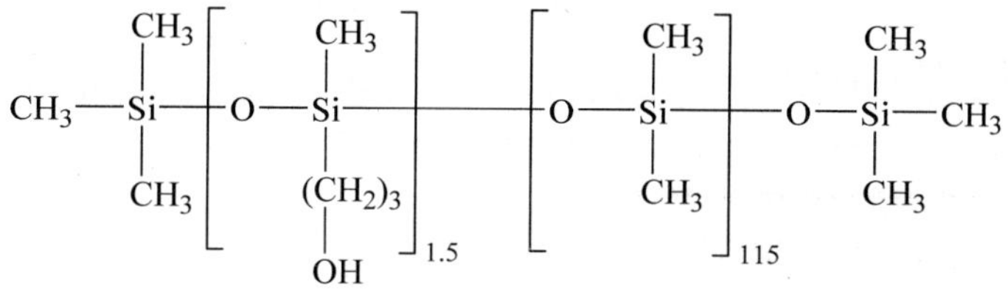

M_n=9000

③ 中国申请人最早的申请是由霸王（广州）有限公司于 2010 年提交的，申请号为 201010111857，发明名称为“一种男士专用的乌发固发洗发水的专利申请”，其中将制备好的香波基质主分中加入中药提取液，混合后搅拌均匀即制得男士专用的乌发固发洗发水；其配方包括以下质量份的组分：香波基质主分 75～85 份，中药提取液 15～25 份；中药提取液包括何首乌、女贞子、熟地、桑葚、桃仁提取液。其中使用了 LC-305 阳离子型二甲基羟基硅油乳液作为顺滑剂。

（八）烷基改性聚硅氧烷的专利技术

1. 烷基改性聚硅氧烷的主要结构及性质

化妆品、日用护理品领域常用的烷基改性聚硅氧烷是甲基长链烷基改性聚硅氧烷，其大约在 1965 年开始出现，根据附加于聚硅氧烷的烷基链长和附加率，可以得到从挥发性液体到蜡状物的不同性状的物质。目前常用商品的分子结构主要有两种形式：$Me_3SiO(MeRSiO)_nSiMe_3$ 和 $Me_3SiO(Me_2SiO)_m(MeRSiO)_nSiMe_3$，（R 为碳链长为 $C_{6\text{-}18}$ 的烷基）。通过改性，增加了聚硅氧烷与有机材料的亲和性，例如十八碳以上的烷基更加接近人体脂肪成分，亲和性好，铺展更均匀；增强了润滑性，改善了发用产品的梳理性和光泽性，例如八碳烷基以上长链烷基硅油的润滑性能达到最佳状态；在憎水性、防污性、防黏性、爽滑性、柔软性、抗辐射性等方面优于甲基聚硅氧烷。己基改性聚硅氧烷具有低黏度、低表面张力以及一定的挥发度，与大多数香料油有较好的相溶性，可用于香味的缓释。

为了赋予长链烷基聚硅氧烷某些特殊的性能，可以长链烷基聚硅氧烷和其他的诸如聚醚聚硅氧烷、氨基聚硅氧烷、环氧聚硅氧烷、三氟丙基聚硅氧烷等复配使用，或者制备共聚型改性聚硅氧烷，通过长链烷基和聚醚、氨基、环氧基、三氟丙基、苯基等一种或多种官能基的共同作用获得最终所需的特性。例如，引入苯基可提高热稳定性、与有机物的相容性、抗紫外线辐射效果和光泽性。复配的聚硅氧烷在使用效果方面不如共聚型聚硅氧烷的效果稳定、优越。

2. 烷基改性聚硅氧烷专利分析

（1）申请量及申请人国家、申请年代分布

涉及含烷基聚硅氧烷发用组合物的专利申请共有 143 件，其中涉及洗发香波的为 86 件。在这些申请中，美国（47 件）、日本（34 件）、法国（25 件）、德国（17 件）和英国（11 件）的申请总量占 93.7%。

如图 23 所示，烷基聚硅氧烷洗护发方面的专利申请在 2001～2008 年出现了两次高峰，之后相关研发逐渐减少。

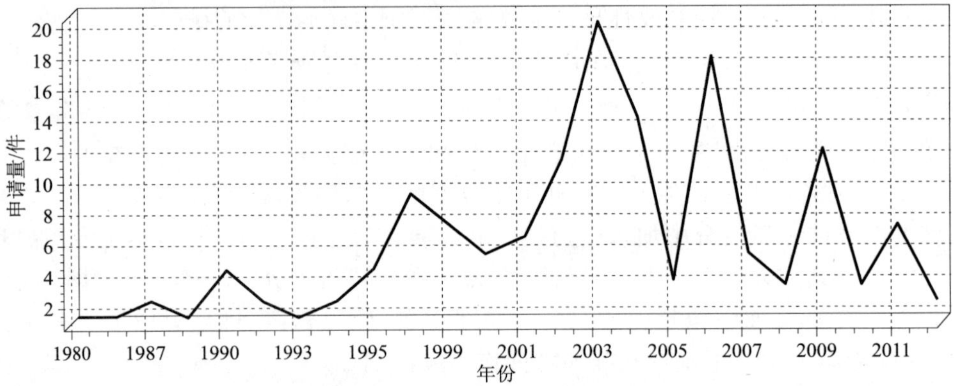

图 23　世界范围内含有烷基改性的聚硅氧烷洗护发技术专利申请量逐年分布趋势

（2）申请人情况

申请量排名前三位的分别是欧莱雅（31 件）、宝洁（20 件）、道康宁公司（13 件）、联合利华（9 件）、花王（9 件）和汉高（9 件）申请量相同，并列第四位。

欧莱雅的最早申请为 1999 年，从 2000 年起稳步增加，并在 2006 年达到第一个高峰（7 件），在五年之后的 2011 年迎来第二个高峰（6 件）。宝洁的最早申请为 1990 年，高峰出现在 1998 年（6 件）和 2002～2004 年（9 件）。道康宁公司的申请没有明显的波峰波谷。联合利华的首件申请虽然是在 1995 年，但是直至 2002 年才打破了在该领域的沉寂，并在 2009～2011 年提交了 4 件 PCT 申请。花王的申请高峰出现在 2005～2007 年（5 件），而汉高的申请主要集中在 2009 年（5 件）。

（3）重点发明专利

最早将烷基聚硅氧烷用于头发护理品的是花王公司（JP19800001112，公开日为 1980 年 1 月 9 日），其提供了一种护发素组合物，所使用的烷基聚硅氧烷为：

$$(CH_3)_3SiO[(CH_3)_2SiO]_{x_7}(\underset{\underset{R_9}{|}}{CH_3SiO})_{y_7}Si(CH_3)_3 \qquad (XI)$$

其中，R_9 为具有 10～16 个碳原子的烷基，x_7 为 100 和 y_7 为 50，获得了适度的头发柔软性和弹性，几乎没有黏腻感。

1990 年 12 月 7 日提交的 PCT 申请 WO9109586A，首次将烷基甲基聚硅氧烷 $R_2(CH_3)Si(OSi(CH_3)_2)_x(OSiR'CH_3)_yOSi(CH_3)R_2$ 作为发用调理剂，用于洗发香波，其中 R′优选 16～24 个碳原子的线性烷基，$x:y=(96:4)\sim(80:20)$，其用量为组合物质量的 0.1%～5%，能够提供类似聚二甲基硅氧烷的光泽、梳理性能和柔软感觉，同时头发包覆感和外观的油腻感更少，与聚二甲基硅氧烷油相比，还可以使得发体更为饱满，不易打结，不易蓬乱。在具体的实施例中，R 为甲基、R′为十八烷基。

随着技术的发展，烷基改性聚硅氧烷的发展重点转向了双官能、多官能改性。例如，EP0882766A2（公开日 1998 年 12 月 9 日，申请人为信越化学）公开了基于聚硅氧烷的成膜组合物，将其用于香波中获得了极好的柔软性、光泽和梳理性，其中含有线性改性有机聚硅氧烷：

$R^4-Si(R^1)_2-O-(Si(R^1)_2O)_k-(SiR^1R^2O)_m-(SiR^1R^3O)_n-Si(R^1)_2-R^4$，其氮含量不超过 1%，氟含量为 1%～50%，$R^1$ 为具有 1～20 个碳原子的烷基、环烷基或芳基并且 R^1 至少 90%为甲基，R^2 是氟取代的具有 1～15 个碳原子的烷基，R^3 是被氨基或季铵官能基末端取代的具有 2～6 个碳原子的业烷基。

未取代烷基改性的聚硅氧烷并未就此淡出，原因可能是多官能改性在合成技术上存在较大的困难。因此，对现有商品的应用再次进入了研究人员的视线。联合利华在 US2009010866A1（公开日为 2009 年 1 月 8 日）中指出 WO9109586A 的烷基聚硅氧烷有过度沉积在头发上的倾向，过度沉积会减少发量，这是很多使用者不希望的，而将烷基改性的聚硅氧烷乳化颗粒和非挥发性、非烷基改性聚硅氧烷的乳化的颗粒联合使用可以解决上述问题。之后，为了改进含有烷基改性聚硅氧烷的洗发剂的黏度性能，其在 WO2011120736（公开日为 2011 年 10 月 6 日）中公开了头发护理组合物，包含：① 清洁相，其包含作为盐并含有具有 8～14 个碳的烷基的清洁阴离子表面活性剂；② 整体不带电荷或为阴离子型的水性调理凝胶网络，所述凝胶网络包含：脂肪材料；凝胶网络阴离子表面活性剂，其包含具有 16～30 个碳的烷基；阳离子表面活性剂；以及③ 硅氧烷体系，其包含烷基改性硅氧烷的乳化粒子，其中所述烷基改性硅氧烷的特征在于具有通式（I）：$(CH_3)_3Si—O—[Si(CH_3)(R)O]_mO—[Si(CH_3)(R)O]_n-Si(CH_3)_3$，其中 m 值为 1～450，n 值为 1～3000，R 是具有 8～60 个碳原子的单价烷基，并在环境条件下为流体。

（九）硅烷酯的专利技术

1. 硅烷酯的主要结构及性质

硅烷酯也称为倍半硅烷，是分子式为 $[RSiO_{3/2}]_n$ 的含硅化合物，式中 R 代表氢原子或含碳基团。含碳基团可含有另一个倍半硅烷结构从而形成桥连型倍半硅氧烷结构，含碳基团也可以是芳基、饱和或不饱和烃基，并且可以含有例如氨基或环氧基等官能团。倍半硅氧烷部分所具有的三官能性可以使其构成低聚笼形结构、有序梯形结构、三维网状结构。多面体低聚倍半硅氧烷（POSS）是一种特殊的笼状结构倍半硅氧烷，常见的结构为：

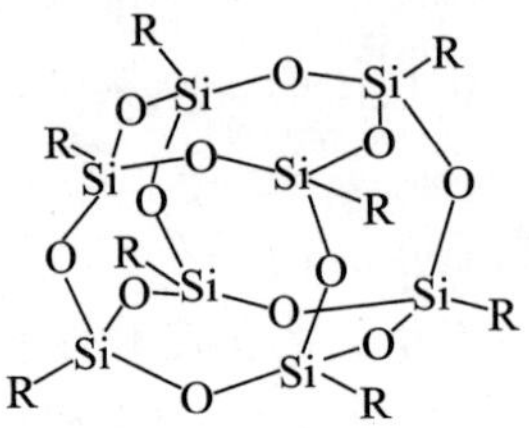

（a）

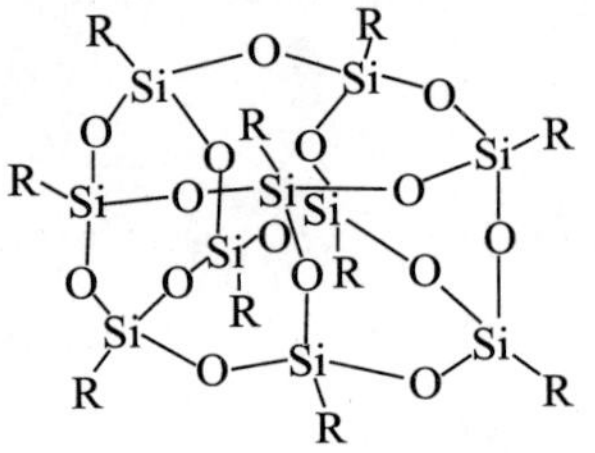

（b）

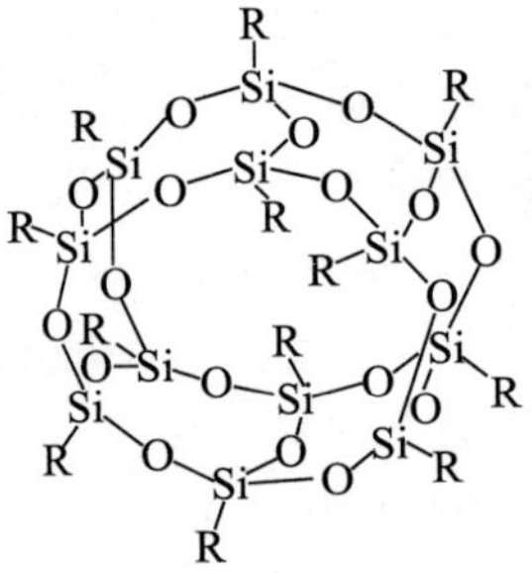

（c）

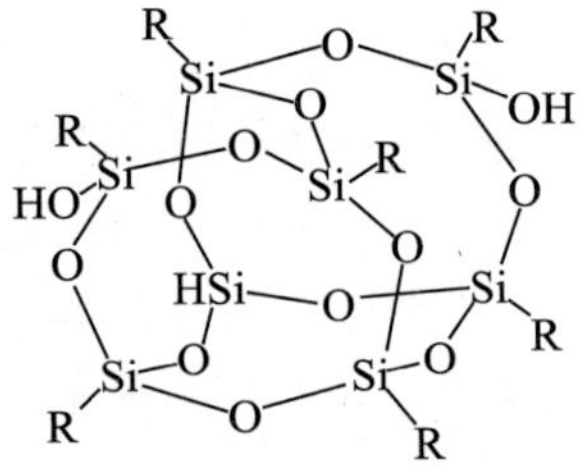

（d）

其中（a）、（b）、（c）为完全缩合的 n 分别为 8、10 和 12 的 POSS 化合物结构，（d）为不完全缩合的 POSS 化合物结构。POSS 具有有机/无机笼状结构，笼骨架由硅氧元素构成，硅氧元素比为 1∶1.5，笼的外部被有机取代基团 R 覆盖，这使得分子具有很好的聚合物相容性、生物相容性，并且能够通过反应活性的官能团与其他化合物进行聚合、接枝、嵌段等反应，获得特定的效果。POSS 化学制品不含有不稳定的有机成分，是无味且环境友好的制品。

2. 硅烷酯的专利分析

（1）申请量及申请人的国家（地区）、申请年份分布

涉及硅烷酯的专利申请共 82 件，其中美国（37 件）、法国（20 件）和日本（17 件）分列前三位。申请量年份分布见图 24。

（2）申请人情况

欧莱雅在此领域以 36 件申请排名首位，主要集中在 2005 年（5 件）、2006 年（11 件）和 2007 年（7 件）。在这 36 件申请中，与乳化相关的有 10 件。信越化学排名第二位（5 件），其中 4 件与乳化相关。资生堂排名第三位，其在 1997 年提交了三件涉及香波组合物的申请，以三件申请与之并列的还有道康宁和宝洁。

（3）使用用途

硅烷酯洗发香波中起调理作用，为头发提供顺滑的手感，良好的光泽和梳理性，同时也具有增黏作用。通过一些改性，可使其具有香味缓释等特定效果。

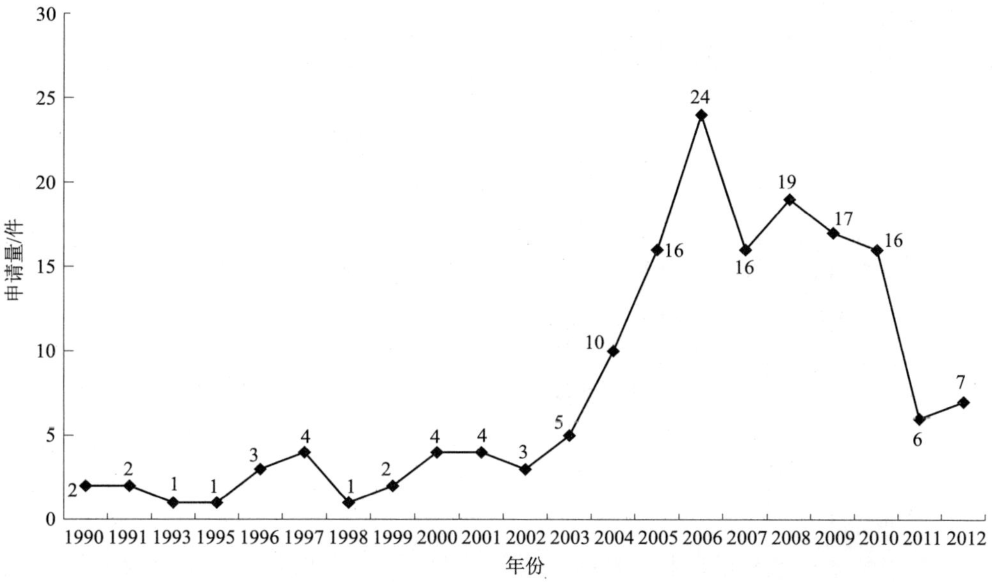

图 24　世界范围内含有硅烷酯洗护发技术专利申请逐年分布趋势

（4）重点发明专利

纯三甲基硅氧烷硅酸酯树脂的一个不可忽视的缺点是难以将其混入油水乳液体系的内相，另一个缺点是其形成的膜的脆性，其沉积在头发上形成的膜容易裂缝或剥落，从而破坏使用效果并且有碍美观。

WO0021494A1（公开日为2000年4月20日）公开了一种含有MQ树脂的的香波组合物，使用后，头发在光泽性、调理性、梳理性、发体饱满等方面得到了改善。该香波中还使用了用于稳定MQ树脂的稳定剂，例如① 碳链大于14的长链脂肪醇（例如PETROLITE C-7138，来自Petrolite Corporation，St. Louis，Missouri）；② 丙烯酸酯/硬脂-20甲基丙烯酸酯共聚物（例如ACULYN®22，来自Rohm & Haas，Philadelphia，Pennsylvania）、丙烯酸酯共聚物、丙烯酸酯/C_{10-30}烷基丙烯酸酯交联共聚物和③ *N*，*N*-二取代的酞氨酸及其铵盐（如STEPAN SAB-2和STEPAN TABLE-2，来自Stepan Company，Northfield，Illinois）以及②～③的混合物，获得了稳定的配方。

WO2013165482（公开日为2013年11月7日）提供的解决的方法是对MQ树脂进行“塑化”，即将其与二甲基聚硅氧烷树胶和挥发性溶剂在水相中预乳化，再作为非连续相加入到连续相中，即可获得长期稳定的水包油乳液，其内相为高浓度的塑化MQ型硅烷酯。

此外，也进行了一些对香波用硅烷酯的特殊改性。例如，被引用次数最多的专利申请WO0168037A2公开了下式结构的低聚的硅烷酯：

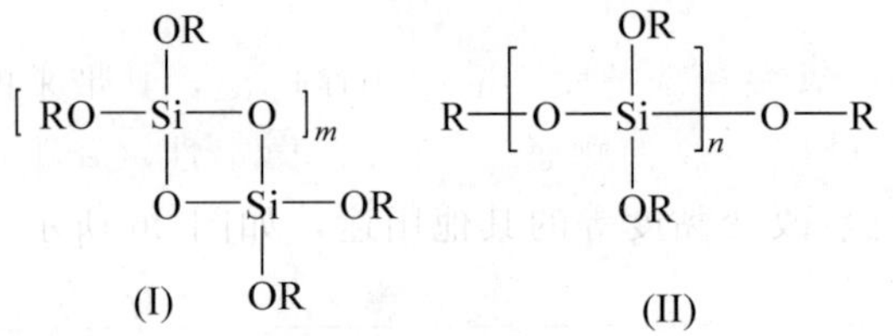

其中 R 可以选自 H、$C_{1\text{-}6}$烃基、香味醇基团等，m 为 1～20，n 为 2～100。该硅烷酯具有良好的水解稳定性，在香波中应用，可以使头发获得令人愉悦的持久芳香。

（十）烯基聚硅氧烷的专利技术

1. 烯基聚硅氧烷性质

烯基的硅氧烷结构众多，用途各异，可用于化妆品、涂料、橡胶等产品的制备中。

2. 烯基聚硅氧烷专利分析

（1）申请量及申请人的国家（地区）分布

包含烯基聚硅氧烷的洗护发技术的专利申请共有 73 件，约占整个含有聚硅氧烷的洗护发技术专利申请的 2%。其中，美国的申请量最多，有 21 件，约占该类型专利申请的 29%；其次是日本，有 20 件，约占该类型专利申请的 27%；申请量排名第三位和第四位的分别是法国和德国，分别为 13 件和 10 件，约占该类型专利申请的 18%和 14%，其后分别是在欧洲专利局、英国、印度和韩国提交的申请。

（2）申请人情况

在包含烯基聚硅氧烷的洗护发技术的专利申请中，申请量排名前五位的申请人分别是欧莱雅（16 件）、道康宁（12 件）、信越化学（8 件）、宝洁（6 件）、花王（5 件），申请量排名前十位的申请人的申请量占该类申请总量的约 63%（图 25）。在该类专利申请中，所有申请人均为企业，没有一件申请人来自个人，可见企业是该类研究的主要力量。

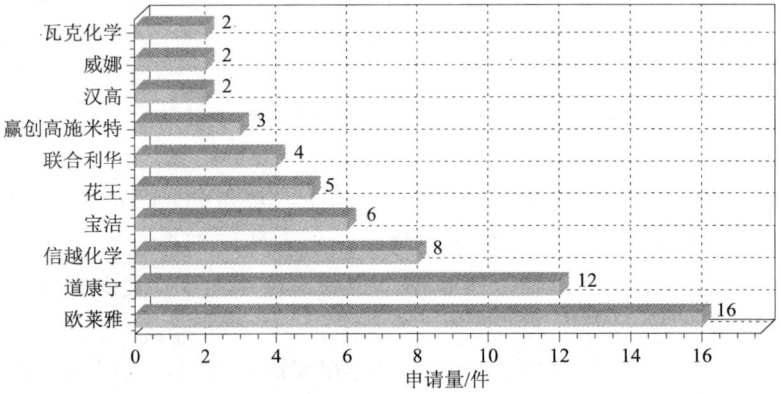

图 25 世界范围内含有烯基聚硅氧烷的洗护发技术专利主要申请人分布

(3) 使用用途

统计表明，烯基硅氧烷在洗护发产品中用途广泛，其带来的效果中较多的是：调理（17 件）、顺滑（12 件）、改善触感（9 件）、稳定性（7 件）、光泽度（7 件），还有 17 件中涉及如护色，改变黏度等的其他用途，如图 26 所示。

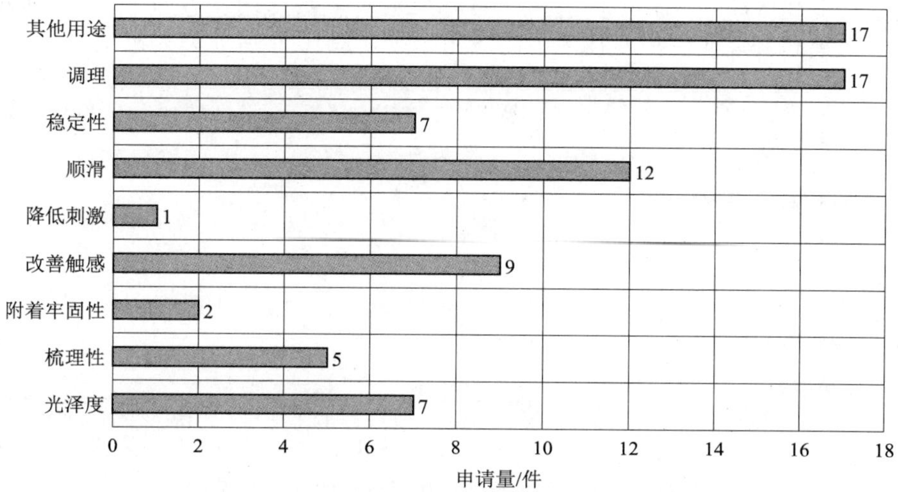

图 26　含有烯基聚硅氧烷的洗护发技术的用途分布

(4) 重点发明专利

① 第一件涉及包含烯基硅氧烷的洗发产品的专利申请由宝洁公司在 1985 年向美国专利局提交（申请号为 US19850694870），其公开了一种包含阴离子表面活性剂，硅氧烷和黄原胶的洗发产品，其中的硅氧烷起到调理毛发的作用，具体的可以采用乙烯基硅氧烷。

② 信越化学于 2011 年向日本专利局提交了一件涉及包含以下结构的烯基硅氧烷的化妆品组合物的专利申请（申请号为 JP2010049644），其中 Rf 为具有 1～10 个碳原子的全氟烷基或具有 3～10 个碳原子的全氟聚醚。所述组合物可用于洗发产品中，提供良好的保存稳定性，斥水性、斥油性优异，抑制产品的黏性。申请人随后还向欧洲、中国、美国、韩国提出了专利申请，并获得授权。

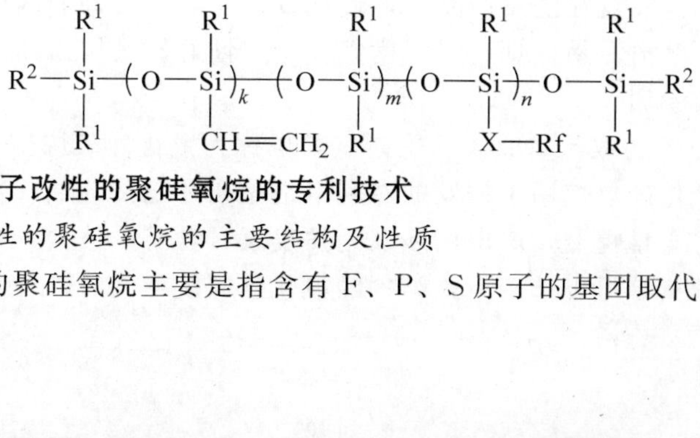

(十一) 杂原子改性的聚硅氧烷的专利技术

1. 杂原子改性的聚硅氧烷的主要结构及性质

杂原子改性的聚硅氧烷主要是指含有 F、P、S 原子的基团取代改性的聚硅氧烷，这类改性聚硅氧烷在洗护发产品中特别是在香波中应用并不常见。

2. 杂原子改性的聚硅氧烷专利分析

（1）申请量及申请人的国家（地区）分布

包含杂原子改性的聚硅氧烷的洗护发技术的专利申请共有 49 件，申请主要集中在美国、日本和法国，没有申请人在中国的申请。申请人国家分布如图 27 所示。该类型改性的聚硅氧烷在洗护发技术中的应用较少，2010 年后就陷入沉寂。

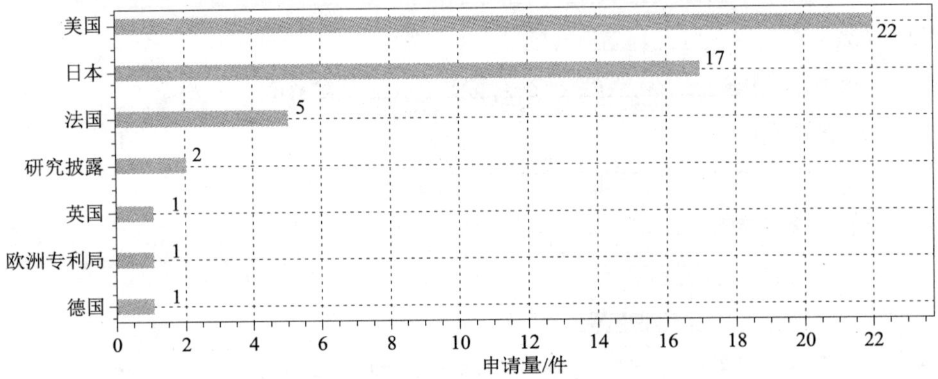

图 27　世界范围内含有杂原子改性的聚硅氧烷的洗护发技术专利主要申请人的分布

（2）申请人情况

申请量的前几位仍然是几家大型日化公司，申请量前五位的依次为欧莱雅、道康宁、宝洁、花王、信越化学，五家公司合计占总申请量的 57%。

（3）具体结构分布情况

其中，含氟原子的申请量最大，占总申请量的 62%。作为香波，丰富的泡沫会给使用者带来良好的洗发感觉。由于氟化硅氧烷的主链结构为柔顺的有机硅链，而侧链为性质稳定且表面张力极低的有机氟链，其更适合作为消泡剂，因此在香波中的应用较少。与 29 件涉及氟化聚硅氧烷的专利申请相比，含硫代基团和含磷基团的发用组合物申请更少，分别为 8 件和 7 件，还有 5 件为其他杂原子。

（4）使用用途

含有杂原子的硅氧烷在洗发产品中，使洗发产品具有良好的调理性，改善头发触感，使用后头发更顺滑、易梳理、光泽度好、稳定性好。其用途如图 28 所示。

（5）重点发明专利

①被含有 F 原子的取代基取代的聚硅氧烷也称为氟化硅氧烷。

最早涉及将氟化硅氧烷用于护发的专利申请是哥尔德施密特 2066659，由花王公司于 1981 年 7 月 15 日提交，该申请涉及是护发素，含有季铵盐、聚硅氧烷和聚乙二醇，其中聚甲基硅氧烷可以选用下式结构的氟化硅氧烷：

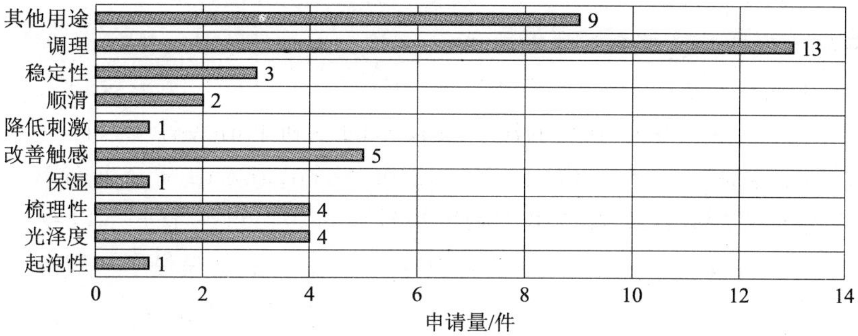

图 28　含有杂原子改性的聚硅氧烷的洗护发技术的使用用途分布

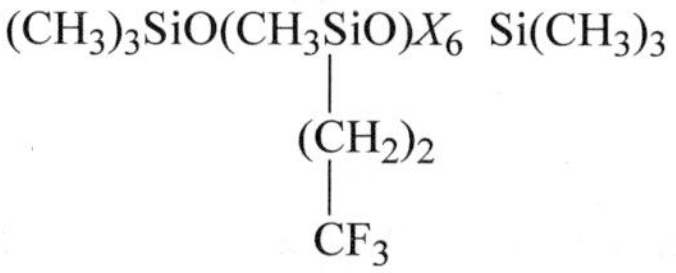

其中，X_6 为 1～400 的整数，优选 1～250。

② 1990 年 6 月 7 日，道康宁公司首次提出将聚三氟丙基甲基硅氧烷用于洗发香波的具体配方：332g 去离子水、15.45g 椰子脂肪酸二乙醇酰胺和 150.23g 30%十二烷基硫酸铵制成均匀透明的溶液。取 15.0g 所述溶液，加入 0.9g 聚三氟丙基甲基硅氧烷油的乳液，加入柠檬酸水溶液（20%）调节 pH 至 5.5，加入氯化铵 0.12g，得到最终的具有珍珠光泽的调理香波产品，黏度 2780cs。

③ 2005 年 2 月，日本高丝提出了一种调理洗发香波配方，含有具有三维交联结构的聚硅氧烷、聚三氟丙基甲基硅氧烷和阴离子和/或两性表面活性剂，获得了良好的起泡性、稳定性和调理性。

④ 首次涉及使用含 S 代官能团改性的聚硅氧烷的专利申请是道康宁公司于 1985 年 10 月 24 日提交的 US4744978，其要求保护一种含有阳离子有机聚合物和羧基官能化聚甲基硅氧烷的头发定型处理剂，其中的羧基官能化聚甲基硅氧烷如下：

$$QMe_2SiO\ (Me_2SiO)_x\ (MeRSiO)_ySiMe_2Q$$

其中，Me 为甲基，R 表示羧基官能基，选自羧基烷基硫代基和羧基羰基烷基硫代基等，Q 为甲基或 R，x 为 30～400，y 为 1～30。例如，羧基官能化聚甲基硅氧烷是含有约 3mol% $CH_3OOCCH_2SCH_2CH_2$（CH_3）SiO 单元、约 95mol%二甲基聚甲基硅氧烷单元和约 2mol%三甲基聚甲基硅氧烷单元。通过使用这样的含硫的羧基官能化聚甲基硅氧烷，使得头发发型的保持性好，不使头发感到不自然的黏腻，并且在使用后头发易于梳理，不会在梳理后产生剥离碎屑和毛絮。

⑤ 在 1990 年 2 月，道康宁公司在此基础上用乙二醇做了进一步的改性，使其既能够用于发用调理剂，也能够用于洗发香波：

$$QMe_2SiO(Me_2SiO)_x(MeRSiO)_y(MeR'SiO)_zSiMe_2Q$$

其中，R 例如是—CH_2CH_2SCOOH、—$CH_2CH(CH_3)SCH_2COOH$、—$CH_2CH(C_2H_5)SCH_2COOH$、—$CH_2CH_2SCH_2COOH$和—$(CH_2)_3SCOOH$，R′是乙二醇醚基团，具有式—$(CH_2)_3$—$O(CH_2CH_2O)_a$—R″—$(CH_2)_3$—$O(CH_2CH_2O)_a$—COR″。

进一步改性后的聚硅氧烷刺激性降低，颜色比氨基改性的聚硅氧烷浅。

⑥ 最早涉及将磷脂官能化的聚甲基硅氧烷用于香波产品的专利申请为WO9632436，于1996年10月17日公开，申请人摩那工业提供了一种新的含磷脂的聚硅氧烷：

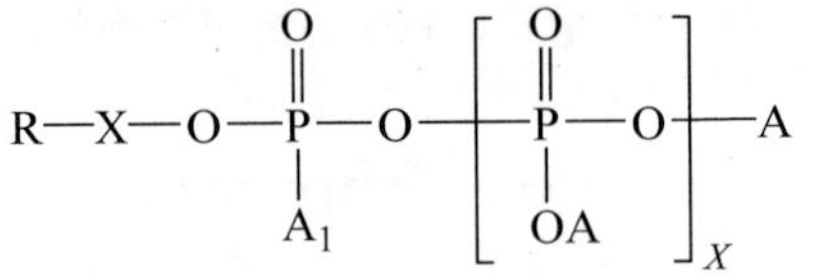

其中，A 选自 H、M 或 R—Y—；A_1 选自 H、OH、OM、或 R—Y—O—；M 是阳离子；Y 是取代的或未取代的亚烷基，任选被至多三个 O 间隔；x 是 0 或 1～5 的整数，R 是下式结构的季铵化的有机聚硅氧烷酰胺基氨基反应部分：

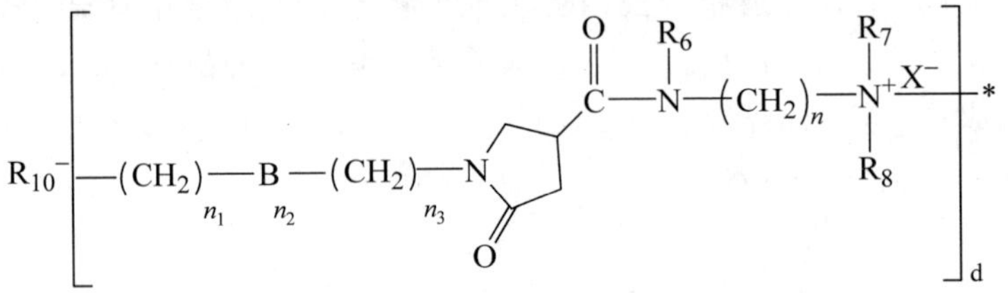

通过对聚硅氧烷进行上述磷脂化和季铵化，提供了非常好的水溶性、表面活性，包括高起泡性能，同时人体耐受性更好，其能够与阴离子香波复配形成稳定透明的产品。

（十二）聚硅氧烷端醇酯的专利技术

1. 聚硅氧烷端醇酯的主要结构及性质

聚硅氧烷端醇酯是由硅氧烷端基醇与酸反应获得的酯类物质，通常具有表面活性，可作为乳化剂、润湿剂、调理剂。

2. 聚硅氧烷端醇酯的专利分析

（1）申请量及申请人的国家（地区）、申请年份的分布

含有聚硅氧烷端醇酯的洗护发技术的专利申请共有30件，申请总量很小。因欧莱雅公司在2005～2007年提出了系列申请，申请量有所提升，其他各年申请量处于偏低水平。说明聚硅氧烷端醇酯还没有成为常用的聚硅氧烷材料，并不是各公司的重点研究。

（2）申请人情况

申请量最多的申请人为欧莱雅，共12件，占申请总量的40%。其他申请人包括

日本花王、德国汉高、日本高斯等，申请量相差不大。在此领域没有中国申请人。欧莱雅公司在聚硅氧烷端醇酯的利用上较为突出，但其只在美国、欧洲申请专利，并未在中国申请专利，因此，在聚硅氧烷端醇酯的专利技术的突破方面，中国申请人仍然有很大空间。

(3) 具体结构分布情况

含有聚硅氧烷端醇酯的洗护发技术的发用专利申请中，以聚硅氧烷端醇磷酸酯居多，其次为聚硅氧烷端醇脂肪酸酯和聚硅氧烷端醇硫酸酯。聚硅氧烷端醇酯的专利技术主要以硅氧烷磷酸酯与其他成分的复配为主。

(4) 使用用途

除调理效果之外，专利申请中提及的效果主要在于：对头发的附着牢固性（亲和性好）、保湿性和光泽度。

(5) 重点发明专利

① 第一件有关硅氧烷端醇酯的洗发产品专利是由日本日清制油株式会社于1990年在日本提交的申请号为：JP19900023706的专利申请，其公开了由醇改性硅酮和辛酸、壬酸、棕榈酸、硬脂酸等脂肪酸反应得到的酯化产物，并公开了该酯化产物在头发清洁用品等化妆品中的应用，记载了该硅氧烷脂肪醇酯具有高黏度，具有好的保湿、润滑和乳化性能。由欧莱雅于2005年在美国提交的申请号为US20050280057、US20050280058、US20050280371、US20050280372的系列专利申请，提出了由聚胺化合物和硅氧烷磷酸酯组合的产品，可用于防止头发卷缩，和防止染色头发在清洗过程中的掉色。

② 欧莱雅公司于2012年提交了两件专利申请，都是关于防止头发卷缩和防掉色、增加头发光泽，使用氨基封端的聚二甲基硅氧烷与硅氧烷磷酸酯、表面活性剂进行复配。

四、含有聚硅氧烷的洗护发技术的专利应用分析

数据统计表明，含有聚硅氧烷在洗护发产品中具有多种使用用途，其通常给洗护发产品带来以下效果：起泡性、光泽度、梳理性、附着牢固性、保湿、改善触感、透明度、降低刺激、顺滑、稳定性、抗紫外线、调理、柔软、定型、修复、抗静电、提高弹性、增加体积等。图29所示为各种改性聚硅氧烷与使用用途方面的对应关系。如图所示，聚硅氧烷在洗护发产品中的主要作用集中在调理、改善触感、梳理性、顺滑和光泽度方面。抗紫外线、定型、透明度属于特种需求。下面针对几个特殊应用领域进行具体分析。

（一）稳定性

聚硅氧烷具有改善触感、降低刺激、顺滑等多种功效，因洗护发产品属于多组分配方，要想发挥出聚硅氧烷的良好性能，首先要保证原料的稳定性，并且要保证其在

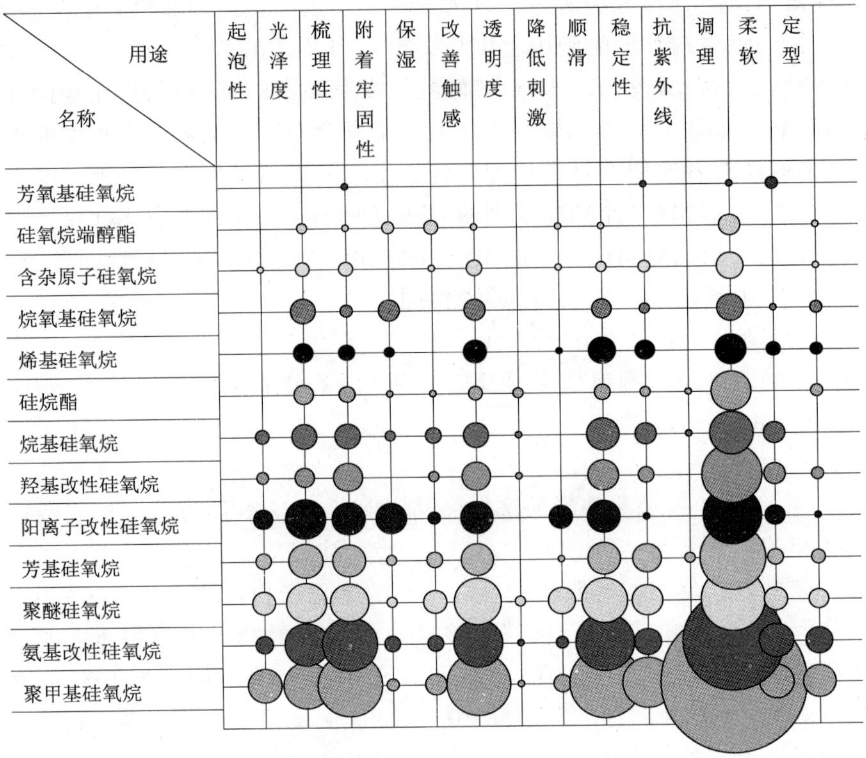

图 29　各种改性聚硅氧烷与使用用途的对应关系

组合物中仍能保持稳定的形态，发挥其自身的性能。根据统计，世界范围内具有稳定性的聚硅氧烷洗护发技术专利申请共有 116 件，其中欧莱雅公司以 13 件雄踞榜首，道康宁公司、狮王公司各 12 件紧随其后，宝洁公司以 9 件、花王公司以 5 件、信越化学、资生堂以 4 件分列第四至第七名。在具有稳定性的聚硅氧烷洗护发技术中提及最多的改性聚硅氧烷主要为聚甲基硅氧烷（43 件）、聚醚硅氧烷（17 件）、芳基硅氧烷（14 件）、氨基改性硅氧烷（13 件）、烷基硅氧烷（8 件）、烯基聚硅氧（7 件）、羟基改性聚硅氧烷（5 件）等。例如，狮王公司以公开号为 WO2009016905A 的专利申请公开了一种毛发清洗剂组合物，其含有在 25℃中的黏度为 500 万 mm^2/s 以上的二甲基聚硅氧烷。申请中指出现有技术在混合 25℃的运动黏度为 500 万 mm^2/s 以上的二甲基聚硅氧烷的高聚合二甲基聚硅氧烷时存在高温下二甲基聚硅氧烷分离的问题。为了获得稳定地分散二甲基聚硅氧烷技术，其在组合物中混合阴离子表面活性剂、两性表面活性剂、二甲基二烯丙基铵盐丙烯酰胺共聚物和硫酸铵，并选择特定的含量范围，从而使得在毛发清洗剂组合物中二甲基聚硅氧烷的分散稳定性提高，组合物显示出优异的高温保存稳定性。

（二）保湿

头发的主要化学成分是角蛋白，占头发的65%～95%，另外头发的重要成分是水，头发中的水含量是可变的，水分会随着外界湿度而变化，而其变化幅度会受头发损伤程度的影响。日常生活中，烫发、漂白、染发会对头发造成一定程度的损伤。因此，越来越多的消费者希望在日常护理的洗护发产品中增加保湿的功能。通过护发成分将头发中的水分含量提高到较高水平的方法有两个：一是在头发表面覆盖上一层保护膜，通过封闭原理来减缓头发中水分向外的渗透；二是使用可以和水分子有效结合的保湿剂，使得水分不易挥发。用于形成护发膜最常用的成分就是聚硅氧烷。通过统计分析，世界范围内涉及具有保湿功能的聚硅氧烷洗护发技术专利申请共有43件，其中日本的专利申请有27件，排名第一，花王公司申请达8件，东芝有机硅申请4件，资生堂公司申请3件，排在前三位。美国的专利申请达到12件，随后是德国、英国各两件。具有保湿功效的聚硅氧烷洗护发技术中使用最多的改性聚硅氧烷为聚醚硅氧烷（9件）、聚甲基硅氧烷（8件）、氨基改性硅氧烷（5件）、芳基硅氧烷（5件）、烷基硅氧烷（5件）、阳离子改性硅氧烷（3件）。头发保湿可以带来无毛躁、柔软等良好的效果。例如，申请号为US19860875434A的专利申请由高露洁于1986年在美国提出，该申请公开了聚甲基硅氧烷在香波中具有保湿的效果。由于硅氧烷具有极低的表面张力，可以均匀地在头发表面展开，形成一层薄薄的保护层，一定程度上可以防止头发中水分的挥发，成为最常见的保湿护发膜成分。

（三）抗紫外线

面对炎炎烈日，人们在脸上和身上涂抹防晒产品，然而头发的水分也会由于阳光照射逐渐流失。随着消费者需求的多元化及科学技术的进步，具有抗紫外线、防晒功能的发用产品不断被研发出来。通过统计分析，世界范围内涉及具有抗紫外线功能的聚硅氧烷洗护发技术专利申请共有16件，使得聚硅氧烷具备抗紫外线功能是通过将具有抗紫外线功能的基团对聚硅氧烷获得的，这些抗紫外线基团都是芳基衍生物。在涉及具有抗紫外线功能的聚硅氧烷洗护发技术的专利申请中，申请人为欧莱雅公司的有9件，帝斯曼公司有5件。下面针对重要申请人介绍其提交的专利申请。

1. 欧莱雅公司

欧莱雅公司于1989年首先提交了连接有抗紫外线、防晒基团的硅氧烷作为防晒剂用于香波的产品中。该专利申请号为EP89400815A，其中的具有防晒功能的硅氧烷包含3-苯亚甲基-莰酮取代基。其典型结构为：

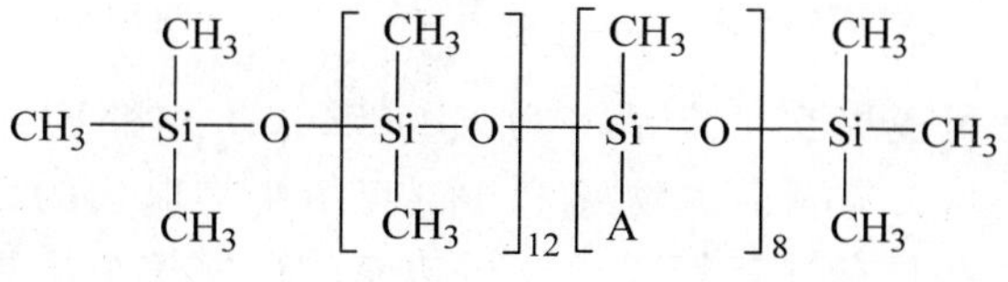

其中 A 为：

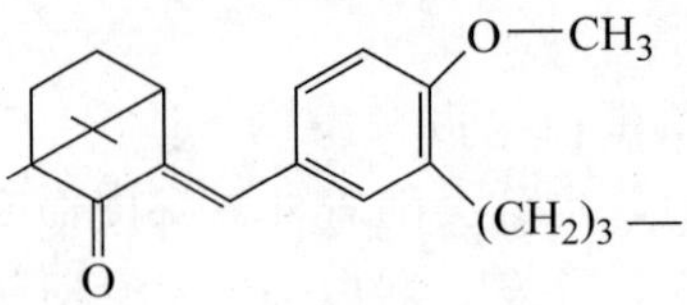

随后欧莱雅公司于 1990 年提交了申请号为 EP90400346A 的专利申请，其中具有紫外线过滤功能的聚硅氧烷包含苯并三唑取代基。其典型结构为：

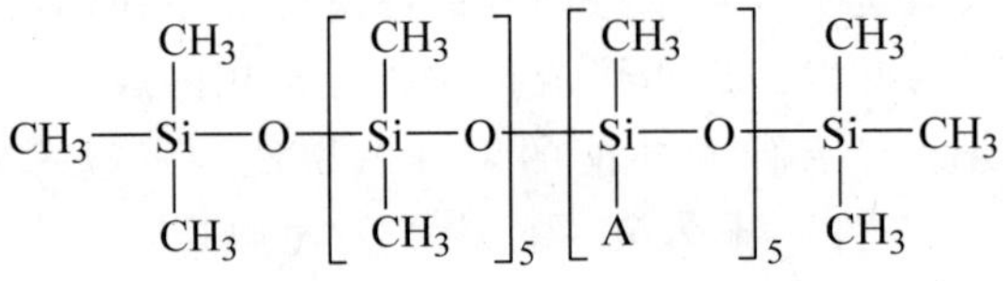

其中 A 为：

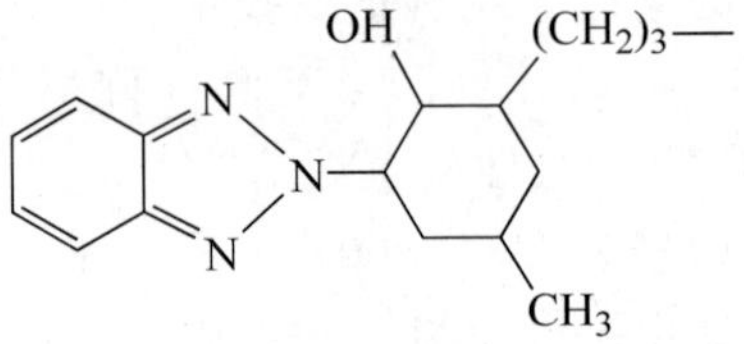

此外，欧莱雅公司还提交了申请号为 FR9110730A、EP98400113A 等的专利申请，其中公开了更多具有抗紫外线功能的聚硅氧烷结构，这些结构中大多还是以 3-苯亚甲基-莰酮衍生物或苯并三唑衍生物作为具有抗紫外线功能的取代基。

2. 帝斯曼公司

帝斯曼公司于 1996 年提交申请号为 EP19950116022A 的专利申请，其中涉及苯亚甲基丙二酸酯改性的聚甲基硅氧烷，指出其能够提供抗紫外线、防晒功能。其典型的结构为：

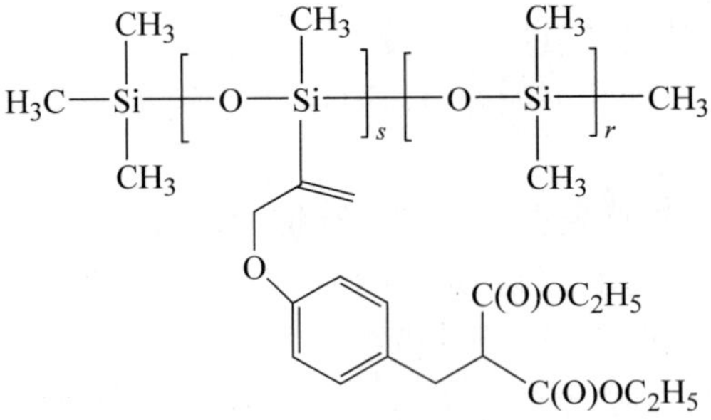

随后，帝斯曼公司还提交了申请号为 EP03746278A 和 EP03718801A 的专利申请，其中涉及氨基羟基二苯酮衍生物或苯并噁唑衍生物取代的有机硅氧烷衍生物作为 UV-A 滤光剂，这些具有抗紫外线、防晒功能的硅氧烷衍生物比其他防晒剂具有更好的脂溶性。其典型结构为：

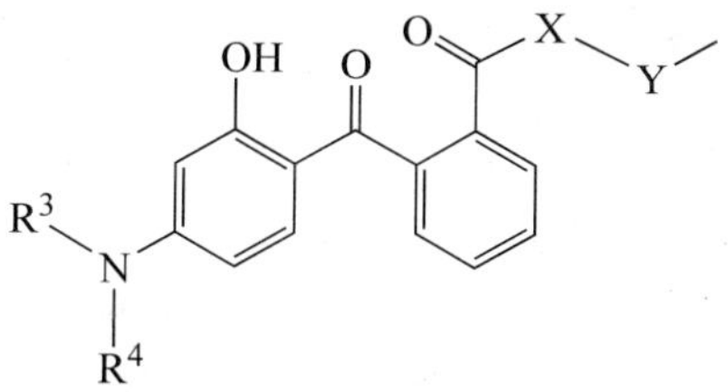

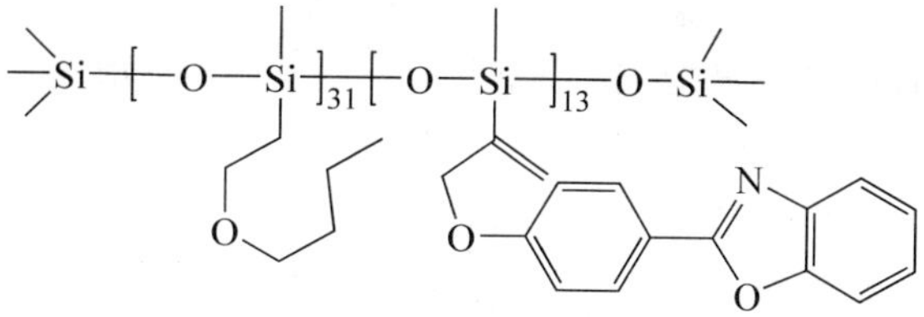

3. 其他申请

通用公司在 2004 年提交了两件专利申请，申请号为 US20040569725P 和 US20040842279，涉及用作 SPF 增强剂的硅树脂。

五、对含有聚硅氧烷的洗护发技术的发展趋势的展望

（一）已有聚硅氧烷品种的挖掘

从数据分析的结果来看，我国日化企业在聚硅氧烷的洗护发技术的研究方面仍较落后。对于已有聚硅氧烷品种在功能上的挖掘需要做大量的科研工作。下面对部分聚硅氧烷品种的发展趋势进行分析。

1. 聚硅氧烷中最常用的聚甲基硅氧烷类

首次发现其新用途的专利申请主要集中在 1980～1990 年，之后的专利申请中很少提出聚甲基硅氧烷的新用途，可见聚甲基硅氧烷的新用途研究挖掘潜力有限，开发新用途存在较大难度。要赋予这类聚硅氧烷更多的用途就需要通过具体配方、制备方法的改进及多种聚硅氧烷复配等方式来实现。

2. 阳离子改性的聚硅氧烷方面

总体来说，申请量仍处于增长趋势，这类技术的研究热度仍很旺盛。国内申请人对阳离子改性的聚硅氧烷的结构和产品配方的研究还处于劣势，与国外企业相比还存在较大的差距。聚硅氧烷季铵盐与一般的聚硅氧烷相比，其调理功能更加全面，具有品质温和、亲水性和配伍性好等优点。季铵盐的研究趋势是变换聚硅氧烷季铵盐的分子结构，例如变换分子的大小、形状、交联密度、引入新官能团等，设计合成出不同分子结构的聚硅氧烷季铵盐，发挥其优势，可以专注于具体配方的研究。

3. 聚醚改性有机硅季铵盐表面活性剂

这是一种阳离子表面活性剂，与阴离子表面活性剂的配伍性良好，用于香波体系中具有发泡性和柔顺性良好、抗静电、改善头发干梳理性等优点，是一种较理想的香波调理剂。为使聚醚硅氧烷表面活性剂具有更加完美的使用效果，利用氨基等功能官能团对聚醚改性硅氧烷进行再改性逐渐成为研究的热点。

4. 氟化聚硅氧烷的技术发展

一方面是将氟官能团与例如聚醚、季铵盐官能团联合对聚硅氧烷进行改性获得具

有新特性的聚合物，另一方面是选择不同聚合度的聚三氟烷基甲基硅氧烷与其他聚硅氧烷进行复配应用。

（二）新品种聚硅氧烷的研究

对于新结构的聚硅氧烷的研究仍将是开发含有聚硅氧烷的洗护发技术的研究重点。聚硅氧烷在日化领域有广泛的应用，将在护肤等产品中使用的聚硅氧烷移植应用于洗护发用产品中将成为一个突破点，例如将硅弹性体更多地从护肤品中延伸到洗护发领域。此外，聚硅氧烷的取代技术也比较成熟，国内也出现了比较多的硅氧烷原料企业，在现有技术上尝试不同的取代以获得新的硅氧烷，开发高性能聚硅氧烷，使其兼有调理性、保湿性、抗菌杀菌性、抗紫外线等特殊需求的研究将是今后研发的方向。

（三）复配使用聚硅氧烷的开发与应用

聚硅氧烷作为高分子的有机硅聚合物，其在取代基上的取代比较困难，存在研发成本比较高的问题。因此选取多种已有的聚硅氧烷进行复配，增强功能性的研究将成为各化妆品企业的研发重点。对硅氧烷产品的研发主要包括不同聚合物度、不同取代基的聚硅氧烷种类的选择，还可以包括如乳化技术、稳定技术、聚硅氧烷吸附技术以及聚硅氧烷与其他组分如清洁组分、调理组分协同作用的研究和开发。

（四）稳定的制备工艺的研究与开发

由于聚硅氧烷的分散相对困难，能够直接添加的聚硅氧烷预制乳液迎合了市场的需求。与国际大公司相比，国内公司的产品在数量和质量上还有一定差距，突出表现为稳定性不够，产品本身及各批次间的稳定性都存在一定欠缺。要获得性能稳定的聚硅氧烷原料，需要从工艺上严格控制，优化乳化工艺，合理选取乳化剂，充分考察乳液的颗粒大小、分布情况，可采取现代化的电镜扫描和 X 射线能谱技术结合感官评价，对各性能参数指标进行广泛的研究。还可通过表面活性剂、溶剂的选择和组合，或通过特定的制备工艺来获得稳定的硅氧烷乳液。

六、对含有聚硅氧烷的洗护发技术的建议

近年来尽管我国在含有聚硅氧烷的洗护发技术方面取得了一定的进步，但是国外企业依然占有巨大的优势。为此，笔者提出以下建议。

（一）调整研发重点

由本文中的数据分析可以看出，在已有的聚硅氧烷品种中，国内申请人对烯基聚硅氧烷、羟基改性聚硅氧烷等国内研究尚属空白或起步阶段，外国申请人向中国专利局提出的申请也不多，中国申请人还有进一步发展的空间。在聚硅氧烷的配方研究方面，可将重点放在乳化技术、稳定技术、聚硅氧烷吸附技术以及聚硅氧烷与其他组分如清洁组分、调理组分协同作用等方面。

（二）加强企业与科研机构的交流

现阶段，对含有聚硅氧烷的洗护发技术的研究主要集中在化妆品企业中，科研机构在这方面的研究较少。如果生产企业能够和科研机构加强交流与合作，借助科研机构的研究能力，结合企业自身的市场嗅觉和生产能力，各采所长，才能在含有聚硅氧烷的洗护发技术方面取得更大的发展。

七、结束语

含有聚硅氧烷的洗护发技术囊括了化学结构改性、复配技术、制备工艺改进等多方面内容，由于本文篇幅有限，仅从化学结构改性与使用用途着手，对国内外涉及含有聚硅氧烷的洗护发技术进行了统计分析。在此基础上，预测了含有聚硅氧烷的洗护发技术未来研究趋势。对我国含有聚硅氧烷的洗护发技术与产业化提出了建议，希望为该技术的研究与应用推广提供参考。

参考文献

[1] 翁文. 硅氧烷在化妆品上的应用 [J]. 广州化工，1994 (1)：18-23.

[2] 郦伟章. 硅氧烷发展现状 [J]. 日用化学品科学，2001 (6)：27-31.

[3] 张换换，刘浪浪，等. 氨基改性硅油的合成及其应用 [J]. 西部皮革，2009 (23)：29-32.

[4] 黄良仙，肖波，等. 聚硅氧烷季铵盐的合成及应用研究进展 [J]. 有机硅材料，2013 (1)：50-56.

[5] 陶可鑫，王荧. 发用产品硅氧烷调理剂专利技术现状及趋势 [J]. 中国化妆品，2009 (24)：80-87.

[6] 杨建中. 头发保湿的科学 [J]. 中国化妆品，2010 (8)：74-80.

[7] 朱淮军，等. 长链烷基改性硅油的合成及应用 [J]. 化工新型材料，2006 (8)：26-28.

[8] 黄良仙，等. 带功能基聚硅氧烷的制备及在日化产品中的应用 [J]. 日用化学品科学，2006 (6)：17-21.

[9] 林茵. 长链烷基硅油的研究 [D]. 中国知识资源总库——CNKI中国优秀硕士学位论文全文数据库，2004.

[10] 理查德·G. 琼斯，等. 含硅聚合物——合成与应用 [M]. 北京：化学工业出版社，2008.

PM2.5 防护口罩专利技术及其发展趋势

冯璐　沈琏❶　冯洁

（国家知识产权局专利局化学发明审查部）

一、引言

PM2.5（particulate matter 2.5）是指大气中直径小于或等于 2.5μm 的颗粒物。这种微小颗粒物可进入肺，因此称为可入肺颗粒物。PM2.5 可以进入肺泡，甚至血液，影响人类的呼吸系统、心血管甚至神经系统，对人体危害严重。空气中 PM2.5 浓度每增加 10μg/m^3，总的死亡风险就上升 4%，心肺病的死亡风险上升 6%，肺癌的死亡风险上升 8%[1]。

目前，由于工业污染、生活污染、汽车尾气排放，空气中飘浮大量的悬浮颗粒，近两年来人们看到北京、沈阳、郑州、武汉、重庆、上海就常常被雾霾笼罩，能见度大大降低，北京常常有能见度不足 500m，唐山等城市有时能见度不足 20m[2]。在 2014 年 2 月底，全国更是同时有 15%的面积同时被雾霾笼罩。

由于自然和人为所造成的 PM2.5 污染原因非常复杂，消除这些造成大气污染的根源，降低大气中污染的浓度是一个非常艰巨而漫长的任务。因此人们生活在被污染的大气中，如何进行自我保护是一件关系个人健康的大事。个人保护的有效措施之一就是佩戴具有 PM2.5 防护效果的口罩。截至 2013 年年底，中国 PM2.5 防护口罩的市场已达 20 亿元，预计未来 3～5 年内仍将保持快速增长。

（一）口罩的发展历史

世界上最先使用口罩的是中国。古时候，宫廷里的人为了防止粉尘和口气污染而使用丝巾遮盖口鼻，如《礼疏》载："掩口，恐气触人"，和《孟子·离娄》记："西子家不洁，则人掩鼻而过之"。用手或袖捂鼻子是很不卫生的，也不方便做其他事情。后来有人就用一块绢布来蒙口鼻。马可·波罗在他的《马可·波罗游记》一书中，记述他在中国 17 年的见闻，其中有一条："在元朝宫殿里，献食的人，皆用绢布蒙口鼻，俾其气息，不触饮食之物。"这样蒙口鼻的绢布，也就是原始的口罩。13 世纪初，口罩只出现在中国宫廷。侍者为防止气息传到皇帝的食物上使用了一种蚕丝与黄

❶ 沈琏等同于第一作者。

金线织成的巾做口罩。

19 世纪末，口罩开始应用于医护领域。德国病理学专家莱德奇开始建议医护人员使用纱布罩以防止细菌感染。

20 世纪初，口罩首次成为大众生活必备品。席卷全球的西班牙流感夺走了约 5000 万人的生命，普通人群被要求用口罩防御病毒。

20 世纪中后期，口罩的大规模使用次数明显频繁。

载入史册的历次大流感中口罩在预防和阻断病菌传播方面数度扮演重要角色。1897 年，德国人莱德奇介绍给大家一种用纱布包口鼻以防止细菌侵入的方法。以后，又有人做了一种六层纱布的口罩。可是，这种口罩一直要用手按住，极不方便。后来有人想出了用带子系在耳上，这就成了今天人们经常使用的口罩。1910 年，哈尔滨爆发鼠疫，时任北洋陆军医学院副监督伍连德医生发明了“伍式口罩”。2003 年，口罩的使用和普及达到新高潮，一场“非典”疫情几乎令口罩一度脱销，各大药店门前排着长长的队伍，人们竞相抢购口罩。2009 年，在继 2004 年的“禽流感”之后，“甲型 H1N1 病毒”让口罩大军再一次出现在全世界各大新闻媒体的镜头前。2013 年 PM2.5“空气危机”概念的出现，引发民众对空气污染问题的重视，使得口罩等防护用品在雾霾天气期间颇为畅销。

（二）口罩的评测标准

由于 PM2.5 颗粒小，市面上常见的活性炭口罩和医用口罩，都不能满足防护 PM2.5 的要求。能实现防护 PM2.5 的只有颗粒物防护口罩，而各国对颗粒物防护口罩的标准也各不相同。

1. 中国 GB 2626—2006 标准对颗粒物防护口罩的分类（表 1）[3]

表 1　中国 GB 2626—2006 标准对颗粒物防护口罩的分类

分类	过滤效率≥90%	过滤效率≥95%	过滤效率≥99.97%
KN 类	KN90	KN95	KN100
KP 类	KP90	KP95	KP100

注：KN 类适用于过滤非油性颗粒物；KP 类适用于过滤油性和非油性颗粒物。

非油性颗粒物：固体和非油性液体颗粒及微生物，如煤尘、水泥尘、酸雾、油漆雾等；油性颗粒物：油烟、油雾、沥青烟、焦炉烟、柴油机尾气中的颗粒物等。

2. 美国 NIOSH 标准对颗粒物防护口罩的分类（表 2）

表 2　美国 NIOSH 标准对颗粒物防护口罩的分类

分类	过滤效率≥95%	过滤效率≥99%	过滤效率≥99.97%
N 类	N95	N99	N100

续表

分类	过滤效率≥95%	过滤效率≥99%	过滤效率≥99.97%
P类	P95	P99	P100
R类	R95	R100	R100

注：N（non-oil）适用于过滤非油性颗粒物；R（oil Resistance）适用于过滤油性和非油性颗粒物，但用于油性颗粒物时限制使用时间不能超过8h；P（oil Protective）适用于过滤性和非油性颗粒物，用于油性颗粒物时限制使用时间参照制造商建议，美国3M公司建议不超过40h或30d，以提前到达者为准。

3. 欧洲EN标准对颗粒物防护口罩的分类（表3）[4]

表3 欧洲EN标准对颗粒物防护口罩的分类

分类	FFP1	FFP2	FFP3
过滤效率	≥80%	≥94%	≥99%

欧洲EN标准各类口罩均适合过滤油性和非油性颗粒物。

4. 适用于防护PM2.5的标准

雾霾的所有成分都属于非油性颗粒物，过滤效率越高的口罩防护性能越好，同时呼吸阻力也越大，KN95、N95以及FFP2的口罩是防护性和舒适性的最佳平衡，也是适合多数人的选择。

二、PM2.5防护口罩专利技术现状

（一）建立数据库

从上文对PM2.5防护口罩的介绍可以看出，防护PM2.5的核心在于口罩的防护过滤材质，实际使用时，口罩的气密性，也在很大程度上影响防护的效果，而口罩佩戴的舒适性，则决定了使用者佩戴口罩的感受，影响佩戴的意愿。本文试图从口罩的材质、气密性以及佩戴的舒适度三个方面（表4），对PM2.5防护口罩进行分析研究。

PM2.5是近年来才显露的环境问题，专利申请具有滞后性。PM2.5防护口罩也不是特定的口罩种类，没有专门的分类号，中国申请中近年来才有“PM2.5”字样，外国申请中几乎没有。本文从口罩的材料、结构和效果入手，在口罩专利申请中进行人工筛选，建立数据库。

通过检索词：口罩、面罩、呼吸器、过滤器、filter、mask、respirator。

IPC［ipc8］分类号：A41D13/11、A62B9/00、A62B9/02、A62B9/06、162B18/00、A62B23/00、A62B7/00、D04H1/46、D04H1/56、D04H1/54。

表 4 本文三项研究内容的检索关键词

技术效果	技术手段	关键词
防护性	过滤材质	驻极体、熔喷、过滤、静电、聚丙烯、electret、melt +、blow、filt? Mask，respirator、FFP2、FFP3、N95、N99、N100、KN95、KN100
气密性	鼻夹	鼻架、间隙、缝隙、气密、密闭、漏气、抗挤压、gas、seal、leak、nose、clip
舒适性	形状，系带，呼气阀	褶皱、折叠、定型、支撑、支承、贴合、热塑、挂耳、带、压、呼气阀、单项阀、folded、support、valve、moulding、thermoplastic、pressure

本文通过关键词、分类号等入口，对德温特世界专利索引数据库（WPI）、欧洲专利局专利文献数据库（EPODOC）和中国专利检索系统（CNPAT）中的专利文献进行检索，起止时间为1985～2014年，得到PM2.5防护口罩的样本数据库。

（二）PM2.5防护口罩的专利文献分析

1. 申请量分析

图1所示为世界范围内的专利申请量的逐年分布趋势。

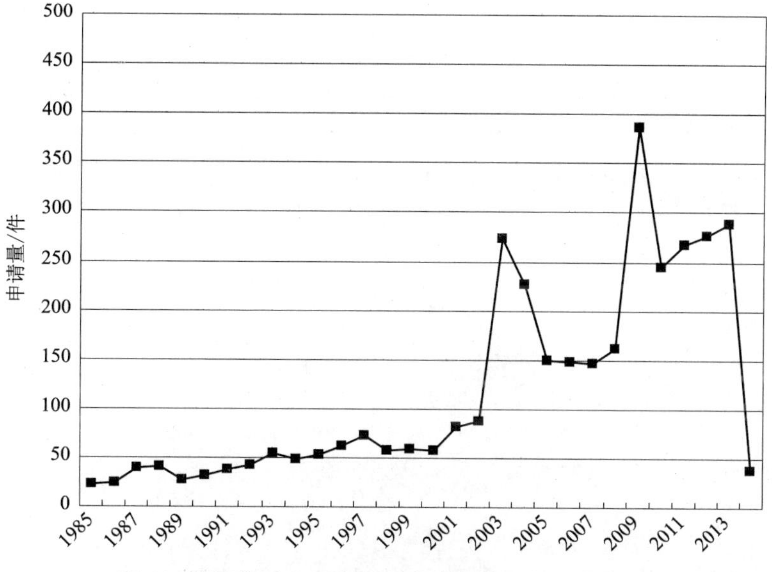

图 1 世界范围内口罩专利申请量的逐年分布趋势

从图1可以看出，专利申请总量呈逐年上升趋势，1985～2003年为技术起步初期。

2004～2010年，口罩专利申请总量大幅上升，技术进入良好的发展期，2004年和2010年申请量先后出现了两个峰值，这与世界卫生状况紧密相关。2003年甲型

SARS病毒在世界范围内蔓延，2009年甲型H1N1流感在墨西哥爆发并迅速在全球范围内蔓延，这段时间都极大地促进了人们对防护口罩的需求，促使该领域的研发和技术变革。2009年后口罩的研发进入平稳发展期，并逐渐有所下降，说明该领域的专利技术在经历上一轮的飞速发展后，人们减缓了对产品技术的需求。

2012年后，由于专利从申请到公开或公告还需要一定的审查周期，因此，许多专利还尚未处于公布状态，其并不能代表2012年后专利申请的实际数量。

2. 申请国家（地区）分析

专利申请人的国别体现了对一项专利技术进行专利申请活动的主体所在的国家（地区），能从一定程度上反映各国（地区）申请人的实力。申请公开号的国别反映了申请人在该国（地区）实施该专利技术的意愿，体现了申请人对该国（地区）的重视程度，优先权号的国别体现了对一项技术首次进行专利申请的国家（地区）。

通常，申请人倾向于最先在本国或与自己利益最密切相关的国家（地区）进行专利申请，基于这样的假设该数据能从一定程度上反映该国（地区）申请人的实力及在各国（地区）实施申请专利的意愿。

专利申请公开号国别分析。从图2可以看出，中国的专利申请差不多占据了整个专利申请的半壁江山；其次是美国、日本和欧洲。中国专利申请数量最多，这与在中国爆发的SARS病毒以及甲型H1N1流感密切相关，而口罩的技术门槛也不高，所以导致了中国专利申请的数量很多。中国人口众多，是世界上最大的市场，各个国家都要来中国抢占市场。

此外，大概有10%的专利申请是国际申请，这说明申请人愿意到多个国家（地区）寻求专利保护，体现了口罩的广泛使用性。

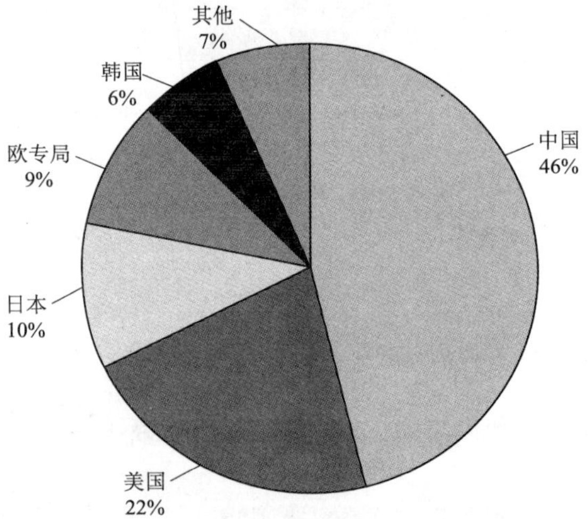

图2 世界范围内专利申请的公开号国别分析

优先权国别的比例和公开号类似，还是中国最多，美国次之。由此可见，中国是口罩专利申请最活跃的国家。

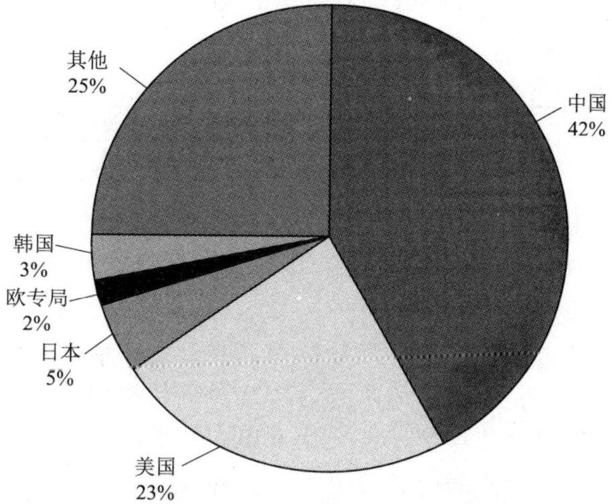

图 3 世界范围内专利申请的优先权国别分析

3. 申请技术分析

本文的研究内容从 PM2.5 防护口罩的效果出发，从口罩过滤的防护机理、口罩的气密性和舒适性方面对口罩进行分析。目前，市面上主流的防护机理是采用熔喷驻极体材料对微小颗粒物进行拦截；气密性主要研究鼻夹，鼻夹的存在使得口罩更好地与脸部贴合，形成良好密封；而舒适性主要研究口罩的系带和呼气阀。

从图 4 可以看出，关于口罩舒适性的改进是最多的。因为口罩的舒适性的改进最容易着手，也是最多改进点的，从口罩的系带，到口罩的形状，再到口罩是否折叠，处处可以着手；而气密性的改进相对较少，气密性的改进主要围绕口罩与脸部的贴

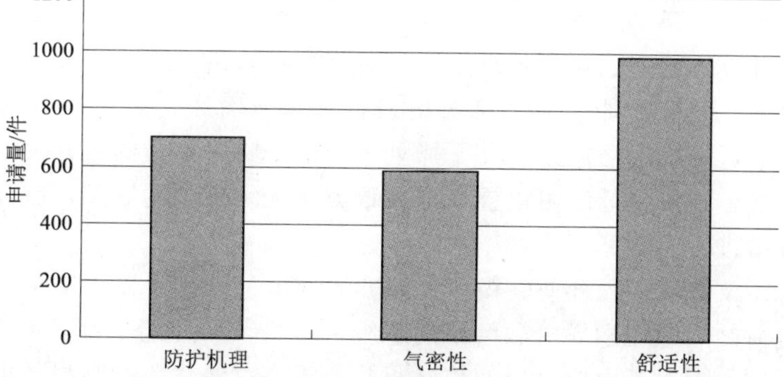

图 4 口罩专利申请的内容分析

合，而这个贴合主要取决于口罩与面部轮廓起伏最大的鼻部是否贴合，因此这一部分的改进大都是针对口罩与鼻部的贴合来进行的；而口罩防护机理的改进介于二者之间，这一部分是防护口罩技术含量最高的部分，但它的技术已经趋于成熟，目前的改进都是针对技术细节，使它的防护效果更加出色。

（三）重点专利技术分析

本文从口罩防护材料的熔喷技术以及口罩的气密性和舒适性三个方面，来对口罩进行技术分析。

1. 驻极体熔喷材料

目前，几乎所有的PM2.5口罩的防护机理都是采用静电滤棉技术，静电滤棉是一种驻极体过滤材料。

驻极体过滤材料利用静电效果对应颗粒物，尤其是微细颗粒物。利用滤料纤维本身带电，通过和电纤维（驻极体）的库仑力实现对颗粒物的捕获。在驻极体空气过滤材料中极化的纤维通常带有几百甚至上千伏电压，纤维间隙的电场可达几十兆伏每米甚至更高，当颗粒物经过过滤器时，静电力不仅能有效吸引带电粉尘，并且静电感应捕获极化的中性粒子。

熔喷非织造布（无纺布）是过滤驻极体的最佳材料，其生产工艺是将聚合物树脂原料经过挤压机加热成为熔融状态后，经过喷丝板喷出形成细度极细的纤维，通过两股高速空气流的拉伸，喷出的聚合物纤维落到收集器上形成纤维网，并可通过热压等定型技术制备口罩，以获得过滤、阻菌、吸附等性能。

让熔喷非织造布成为驻极体一般是采用静电充电法。各制造厂家采用的静电充电技术不尽相同。目前采用较多的是加偏压的高电流、低电压的电晕放电。在喷丝板与收集器之间安有两排加有偏压的电晕针，空气通道中的空气被电离，电荷在电场和空气动力作用下被埋入纤维中，形成驻极体。

近年来，驻极体材料的性能改进和在口罩中的应用一直是研究改进的热点。

（1）驻极体材料充电方面的改进

CN1378609A公开了一种用于对含有不导电的聚合物的纤维进行充电的方法和装置，将一种极性液体喷射到自由纤维上，接着将这些自由纤维收集起来以形成一缠结的非织造纤维网，该网可能含有一部分的极性液体。而后，对非织造网进行干燥处理。通过在非织造网成形之前以及在干燥处理之前，将有效量的极性液体施加到不导电的自由纤维之上，单根纤维可以被充电。该方法无须其他的处理，就可以在网制造的过程中对纤维进行充电。

CN1129963A公开了一种使驻极体过滤介质充电的方法。该方法是向一种能够具有大量俘获电荷的热塑性不导电微纤维的非织造基材，在一定压力下将水注或水滴流喷射上去，所用的喷射压力应足以使该基材具有提高过滤作用的驻极体电荷，然后对该基材进行干燥。

CN1212199C 公开了使用润湿液体和含水极性液体制造驻极体纤维网的方法和设备。与已知的充电荷方法的不同之处在于，在用含水极性液体饱和网之前先用润湿剂润湿。润湿步骤的好处在于它能够制成性能更好的过滤器，可以增大测得的纤维网电荷密度。

CN1238591C 公开了一种使用润湿液体和非水极性液体制造驻极体纤维网的方法和设备，含非导电纤维的网用非水极性液体润湿，网再被充分干燥，以制得驻极体纤维网。与已知充电方法相比，该发明方法的优点在于，非水液体的干燥所需能量比含水液体少。另外，许多用含水液体难以润湿的过滤器网可用非水液体直接润湿。

CN1188559C 公开了一种制造纤维驻极体材料的方法，提供一种非织造纤维网，其驻极体性能提高，当其用作面罩时，呼吸阻力、质量和体积下降，但不降低过滤效率。该发明涉及一种制造纤维驻极体材料的方法，它包括以下步骤：① 由非导电热塑性树脂和添加剂的混合物制成非导电热塑性纤维的纤维网，其中所述添加剂为（a）含至少一个全氟化部分的热稳定的有机化合物或低聚物，或（b）热稳定的有机三嗪化合物或低聚物，它除了三嗪基上氮原子外还含至少一个氮原子，或（c）它们的混合物；② 在足以提供提高驻极体电荷的过滤网的压力下将水射流或水滴流撞击到网上；③ 干燥该网。

（2）驻极体材料其他性能改进

为了提高驻极体织物的性能，一些国家和企业都对其进行工艺的改进。

CN1089546A 公开了一种改进的防微粒穿透的非织造材料，将至少一种含熔喷热塑性聚合物纤维的非织造纤维网加热到一定温度；施加张力使被加热的非织造纤维网颈缩；冷却被颈缩的非织造纤维网，得到的非织造纤维网多孔、透气且相对不透微粒和/或液体微滴。

CN1188559C 公开了一种制造纤维驻极体材料的方法，驻极体过滤介质及其应用，提供一种非织造纤维网，其驻极体性能提高。当其用作面罩时，呼吸阻力、质量和体积下降，但不降低过滤效率。该发明涉及一种制造纤维驻极体材料的方法，它包括以下步骤：① 由非导电热塑性树脂和添加剂的混合物制成非导电热塑性纤维的纤维网，其中所述添加剂为（a）含至少一个全氟化部分的热稳定的有机化合物或低聚物，或（b）热稳定的有机三嗪化合物或低聚物，它除了三嗪基上氮原子外还含至少一个氮原子，或（c）它们的混合物；② 在足以提供提高驻极体电荷的过滤网的压力下将水射流或水滴流撞击到网上；③ 干燥该网。

CN1711382A 公开了一种高强度高度均一的非织造层合材料及其制备方法，解决现有产品沿多个方向的材料抗张强度不一致，从而导致易被损伤或撕破的问题。非织造层合材料，其包含第一基本连续纤维的纤网层和第二基本连续纤维的纤网层，非织造层合材料沿在沿其平面内任何方向具有基本相等的抗张强度。非织造层合材料还可包含至少一个阻挡材料层，其被夹在和黏合在第一基本连续纤维的纤网层与第二基本连续纤维的纤网层之间。

CN101374583B 公开了一种驻极体和可用于驻极体的化合物，可以提高过滤性和热稳定性。驻极体过滤介质包含热塑性树脂和由式 Y2-A（R1）n-Y1 表示的化合物，其中 A 为苯、萘或蒽，Y1 和 Y2 各自独立地为 R2-R3，R2 为酯连接基团或酰胺连接基团，R3 为具有 10～22 个碳原子的烷基，R1 为 R2-R3，其中 R2 和 R3 各自独立地如以上所定义，并且当 A 为苯时，n 为 0～4，当 A 为萘时，n 为 0～6，以及当 A 为蒽时，n 为 0～8。

CN101443396 A 公开了一种具有高的氟饱和系数的驻极体制品，提供一种包含聚合物材料的驻极体制品，其中该聚合物材料带有被赋予的电荷，并且其 CF3 与 CF2 之比为至少 0.15，而且其氟饱和系数大于约 200。该驻极体制品可以是适合用作过滤介质的多孔的聚合物纤维网的形式。在较长时间暴露于高温下后仍能抵抗电荷的减少。

（3）驻极体材料在口罩中的应用

将驻极体熔喷无纺布应用在口罩上，就可以得到防护 PM2.5 的效果。1985 年申请的 CN85204985U“防氡子体防尘口罩”是我国最早的具有 PM2.5 防护效果的口罩，滤料采用京合纤 83-PP 型超细纤维过滤布，可以防护 0.001～0.05μm 以下的氡子体。之后，驻极体熔喷无纺布在口罩上得到进一步的应用，采用多层结构、多种纤维混合是发明的热点，并且口罩的密度、质量等参数也得到优化。

a. 多种材质混合、多层结构

CN2186150Y 公开了一种无纺布-活性炭复合叠层产品，制造一种新型高分子纤维与活性炭复合的产品，其中的活性炭粒不用胶与纤维黏合，保持盲微孔的畅通，使其过滤吸附两种性能兼优。在高分子纤维（无纺布）生产过程中的丝束热融状态下，利用空气负压作用，使活性炭微粒自动地与纤维丝束“焊合”在一起，在随后的冷却过程中经各类收集成毡装置制造出活性炭与高分子纤维均匀复合的蓬松柔软毡状物。由于炭微粒与纤维为“点状焊接”，因此丝毫不影响炭粒中盲微孔的吸附作用，而且炭粒分布极均；同时纤维网被炭微粒“支架”，通道更加曲折，容尘量大大提高，因此过滤、吸附性能经过这种复合均得到了明显改善。

CN1209178A 公开了一种高效呼吸罩织物，具有低压降（也即高渗透性）和高 NaCL 效率。该织物具有一占 50%～95%（质量分数）的由纤维构成的通气粘接驻极处理无纺微纤维第一网和一占 5%～50%的由纤维构成的驻极处理微纤维第二网，第一网中的纤维具有一 10～25μm 的平均直径，第一网具有一高于约 100CFM/SF 的 Frazier 渗透性、一为 0.015～0.15gms/cc 的密度和一 67～340gsm 的基重，第二网中的纤维具有一小于约 10μm 的平均直径。CN1253479 A 公开了一种包括纺粘/熔喷/纺粘层压件的面罩，具有透气过滤性，此面罩包括最外 SMS 层、中间驻极体熔喷层以及取纺粘层、湿法成网层或第二种 SMS 层压件形式的最内层。所述 SMS 层压件的基重为 0.7～1.25 盎司/码 2（osy）。所述熔喷层的基重为 0.1～0.15 盎司/码 2（osy）。

JP2007098356 A 公开了一种三层的口罩，第一层厚的空气沉降纤维层，第二层薄的空气沉降纤维层，第三层熔喷纤维层。

CN101432478 A 公开了一种无纺布层叠体及其制造方法，提供了一种伸缩性、柔软性、耐水性、耐起毛性、耐卷曲性优异，并且黏附感少的无纺布层叠体。该无纺布层叠体在一层以上的熔喷无纺布层的两面层叠有混纤纺粘无纺布层，该混纤纺粘无纺布层以 10%～90%：90%～10%的比例含有热塑性弹性体（A）的长纤维和（A）以外的热塑性树脂（B）的长纤维，其中（A）+（B）=100%（质量分数）。热塑性弹性体（A）可为热塑性聚氨酯系弹性体；热塑性树脂（B）的长纤维在制成纺粘无纺布时其最大点伸长率在 50%以上，优选可为聚烯烃。

CN102548439A 公开了一种口罩。目的在于不会使病毒等残留在口罩主体部的外表面上而能够发挥较强的抗菌作用和抗病毒作用，而且能够提高透气性、捕集性和生产率。口罩包括口罩主体部和自口罩主体部的两侧延伸的挂耳部，口罩主体部具有外层片材和中间层片材。外层片材由疏水性纤维构成。中间层片材以配置得比外层片材靠戴用者侧的方式层叠于外层片材，其包括：第一纤维层，其含有无机类抗菌剂，由聚烯烃纤维构成；第二纤维层，由具有比第一纤维层的纤维直径大的纤维直径的聚烯烃纤维构成。第一纤维层的纤维直径设定为 0.5～2.8μm，第一纤维层的无机类抗菌剂的粒径与纤维直径的比率设定为 0.1～6.0。

b. 驻极体材料参数的优化

除了多层结构外，在熔喷无纺布的质量等参数方面，也多有专利申请。

CN2794227Y 公开了一种新型口罩，所述的连接中部 4 由三层非织造布即面层、中层、内层复合而成，面层、内层为 16g/m^2 纺粘布，中层为 18g/m^2 熔喷布；其中，连接中部可以为 50g/m^2 的单层纺粘布；所述的耳部可以为氨纶空心带，由氨纶丝和棉纱制成。面层、内层为 25g/m^2 纺粘布，中层为 30～40g/m^2 熔喷布。

CN1907516B 公开了一种具有低压力损失和高捕集性的一次性使用口罩，该口罩本体的内外层与中间层的各接合面通过断续的处于该各接合面间的热融黏结剂进行接合，该黏结剂的附着量在内外层侧的各接合面比在中间层侧的各接合面多。中间层纤维为驻极体熔喷无纺布，内外层为点粘无纺布，中间层密度高。

CN102046242A 公开了一种口罩，高水平地兼具口罩透气性及口罩捕集性。其解决方案为，口罩本体部包括将由聚烯烃纤维构成的无纺织物片驻极化的第一纤维片及第二纤维片，第一纤维片构成为平均纤维直径为 0.5～3μm、单位面积质量为 1.5～5g/m^{2}的无纺织物片，第二纤维片构成为平均纤维直径及单位面积质量均超过第一纤维片的无纺织物片。

CN1565701A 公开了一种高效滤材及其制造方法及用其制作的医用防护口罩，由丙纶超微细纤维经驻极而成，所述超微细纤维的平均细度为 0.3μm 以下；所述材料的定量规格为60～80g/m²；所述超微细纤维的驻极量为0.15kW。与常规熔喷技术生产的纤维相比，细度可由2～10μm提高到0.3μm以下，解决现有熔喷工艺生产滤材无法达到对0.07μm微小的病毒具有良好的过滤效果的问题。

c. 多功能兼备

除了透气性、过滤性外，驻极体防护口罩也朝着多功能兼备的方向发展，如增氧。

CN202340874U公开了一种增氧型抑菌口罩的复合面料，其特点在于过滤效果好，能释放空气负离子，增氧，改善空气质量，具有抑菌、杀菌、除异味功能，还能吸附有害磁性微尘的口罩复合面料。它由三层材料复合而成，其底层为含有甲壳素功能的聚丙烯纺粘无纺布材料构成；面层为含有光触媒功能的二氧化钛的聚丙烯纺粘无纺布材料构成；其特点在于中间层，是将含有负离子功能的电气石和含有磁性功能锶铁氧体磁粉的聚丙烯材料，采用公知的熔喷无纺布制作工艺，制作成熔喷超细纤维过滤材料；所述的面料产品性能达到美国国家职业安全与健康研究院（NIOSH）的N95口罩滤材标准，其结构简单、制作方便，可节省大量的原材料，用其制作成的口罩适用于在公众场所、病菌比较集中的环境及流感爆发时的公众人群的佩戴。

CN102548439A提供一种口罩。目的在于不会使病毒等残留在口罩主体部的外表面上而能够发挥较强的抗菌作用和抗病毒作用，而且能够提高透气性、捕集性和生产率。口罩主体部具有外层片材和中间层片材。外层片材由疏水性纤维构成。中间层片材以配置得比外层片材靠戴用者侧的方式层叠于外层片材，其包括：第一纤维层，其含有无机类抗菌剂，由聚烯烃纤维构成；第二纤维层，由具有比第一纤维层的纤维直径大的纤维直径的聚烯烃纤维构成。第一纤维层的纤维直径设定为0.5～2.8μm，第一纤维层的无机类抗菌剂的粒径与纤维直径的比率设定为0.1～6.0。

（4）驻极体材料的设备

所有技术都需要通过制造才能实现最终产品，设备是制造的关键。CN102029433A公开了一种功能微粒改性熔喷非织造布的制备方法及制造设备。该发明涉及一种功能微粒改性熔喷非织造布的制备方法及制造设备，包括：① 功能微粒改性，先将功能微粒与占质量分数为2%～8%的偶联剂和1%～4%的分散剂一并放入超声波发生器中，进行超声波表面改性，超声波作用频率为20～48kHz，作用时间为20～40min，干燥后备用；② 制备熔喷非织造布，把功能微粒装入安装在螺杆挤出机高速热空气流管道上的储料斗中，将树脂切片在螺杆挤出机中按常规工艺熔融、挤出和在高速热空气流下拉伸，同时利用高速热空气流所产生的负压作用使所述功能微粒也进入高速热空气流中，并使其在模头喷嘴处均匀地黏附在热黏性熔喷纤维的表面，随后冷却成型，即可制成所述的功能微粒改性熔喷非织造布。所述的纤维在热熔状态下完成驻极，电荷可以直接驻入纤维中，并永久的保存在其内部，驻极后的熔喷过滤材料对0.1～0.3μm粒子进行过滤。该驻极后的熔喷过滤材料的过滤效率能够达到99.95%。

该性能指标不会因外界环境的变化而发生衰减；在制成口罩后，可以应用到各种领域，如工业、农业、医疗等，不用考虑佩戴人员所处的环境。

CN1156622C 公开了一种均匀的熔吹纤维质基料及其制造方法和装置，提供一种制造熔吹纤维质基料的装置，可减小毛边造成的基本质量变化，可减小因模具的不均匀性而造成的基本质量变化，基料用于其他加工前不需要修整或进一步处理。制造熔吹纤维质基料的装置包括：有圆柱形成形表面的收集器，成型表面可绕纵轴线转动并可平行于纵轴线移动，成型表面上的选定点可围绕和沿着纵轴线按螺旋形图案从收集器的第一端移动到第二端，螺旋形图案相对于纵轴线限定有螺旋角；能将熔吹纤维导向成形表面的源；分离器，其可使成形表面上的管状熔吹纤维质基料沿平行于螺旋角的方向分离，这样可将管状熔吹纤维质基料转化成非管状熔吹纤维质基料。

2. 气密性保证

气密性也是确保口罩防护效果的重要因素。人脸鼻子起伏最大，由于佩戴者的鼻子不同，为了使得口罩和脸部贴合良好，需要用鼻夹将口罩与脸部贴合紧密。因此，鼻夹也是研究的热点。

（1）鼻夹的形状

CN1443497A 公开了一种用来把口罩贴合在人的鼻子上的鼻夹。鼻夹包括一具有第一翼和第二翼以及一中段的非直线形条。分别在第一翼与中段之间、在中心的中段以及中段与第二翼之间设有第一、第二和第三拐折部。

CN101588733A 公开了一种使用预定鼻部泡沫形状的呼吸器，所述鼻部泡沫具有正面、背面，并且在面罩接触表面固定到所述面罩主体的内表面。所述鼻部泡沫还具有中部，以及对称地位于所述中部的相对侧面上的第一侧面接触部分和第二侧面接触部分。所述鼻部泡沫还具有在所述中部、所述第一和第二侧面接触部分上延伸的鼻部接触表面。所述鼻部接触表面相对于与纵向维度正交地穿过所述鼻部泡沫的平面以第一和第二角度倾斜。具有这种构造的鼻部泡沫不使用鼻夹就可以在佩戴者面部的鼻部区域提供紧密的贴合性，解决现有鼻部泡沫的形状不是特别适合人鼻部的各种表面轮廓，还需要结合鼻夹使用的问题。

CN101489629A 公开了一种使用预定弯曲鼻部泡沫的呼吸器，所述鼻部泡沫具有第一主表面和与第一主表面相对的第二主表面以及从所述第一主表面延伸到所述第二主表面的厚度。所述鼻部泡沫的第一主表面被固定到所述面罩主体的鼻部区域中的内表面，并且当将所述面罩主体放置在人的面部上时，所述鼻部泡沫的与第一主表面相对的第二主表面可用于与人的鼻部基本接触。所述鼻部泡沫的至少所述第一主表面具有预定的朝下凹入的弯曲。在放置到佩戴者的面部上之前，以这种方式预成形的鼻部泡沫很少有机会受到挤压或产生不必要的变形。

CN101820951A 公开了一种具有模制到面罩主体中的鼻夹的过滤式面罩呼吸器，鼻夹通过在其中被模制而被固定到塑性支承结构上。优点在于无须黏合或焊接步骤即可将鼻夹固定到面罩主体上。

CN101998873 A 公开了一种面罩鼻夹，所述鼻夹为树脂带形构件，所述构件具有易于变形的柔韧性以及可以在变形后保持形状的形状保持能力。所述鼻夹包括带形的夹子主体，所述夹子主体具有主表面、与主表面相对的背表面和在纵向上延伸的一对边缘；以及在所述夹子主体的所述主表面上形成的多个线性凹槽，各线性凹槽在与所述夹子主体的两个边缘相交的方向上延伸。所述多个线性凹槽包括以大致直角 α 与所述夹子主体的两个边缘相交的多个第一线性凹槽，以锐角 β 与两个边缘相交的多个第二线性凹槽，以及以锐角 γ 与两个边缘相交的多个第三线性凹槽。

CN101247858 A 公开了一种具有预载鼻夹的呼吸器，鼻夹具有预定形状，该形状包括第一和第二翼部。在佩戴面罩时，这些翼部向内在佩戴者鼻部的每一侧弹性施加力。该发明消除了佩戴者单独地调整鼻夹形状以适应佩戴者鼻子的需要。

CN103874528 A 公开了一种用于呼吸面罩的改进鼻夹，其中鼻夹能够发生自由形态变形并且跨越鼻梁部；并且鼻夹可包括网格或者可以是实心条形状但其材料沿其宽度变化。具有鼻夹的呼吸面罩呈现足够的柔顺性（以便与使用者的鼻区的复杂三维面部轮廓相吻合）和足够的形状保持能力（以便一旦被定形就保持有效密封）的优点。

（2）鼻夹的材质

CN101272827 A 公开了一种使用聚合物鼻夹的呼吸器，所述鼻夹固定到所述面罩主体上，所述面罩主体可以包括至少一个过滤介质层。所述延展性鼻夹包含半结晶聚合物材料，所述材料具有至少约 2.0 的积分衍射强度比。所述鼻夹可以变形为所需构造，使得长时间佩戴所述呼吸器时，所述面罩主体能够在人的鼻部上保持紧密贴合。因为所述鼻夹不需要含有金属，所以在达到其使用寿命时，整个所述呼吸器可以作为废弃物在焚化炉中容易地加以处理。

（3）鼻夹的制造

CN103568305 A 公开了一种鼻夹膜成型机，包括机架，所述机架上固定有下模，所述下模的上方设置有与所述下模相配合的上模，所述上模安装在升降机构上，所述升降机构的后方设置有放料装置，所述放料装置的下方设置有推料机构，所述推料机构将所述放料装置中的鼻夹膜材料推向所述下模。该发明设置有上模、下模、放料装置、推料机构及升降机构，通过它们之间的配合，机械化地完成鼻夹膜的贴合工作，提高了生产效率，降低了口罩的生产成本。

CN201722009U 公开了一种口罩鼻夹线送料机构。它由鼻夹线导向装置、鼻线送料装置，切断装置组成机构，由间歇传动装置组成机构，其中：间歇传动装置包括凸轮、主动轮、从动轮和链轮，由链轮与设备主传动连接，且凸轮处于低位，主动轮与从动轮脱开，凸轮处于高位连接从动轮和机构中的鼻线的鼻线导向装置、鼻线送料装置和切断装置，间歇传动装置凸轮由相互重叠的两部组成，角度可调节从而可调节送入鼻夹线长度。该实用新型的结构紧凑、机械故障少、噪声小；送料精确产品质量高；间歇机构凸轮由相互重叠的两部分组成，角度可调节从而可调节送入鼻夹线长度，调节简便。

CN202224839U 公开了一种口罩鼻夹自动焊接装置。它包括机架，所述机架上设置有供给鼻线的送料机构、切断鼻线的切线机构和焊接机构，所述焊接机构包括汽缸、导轨、滑动座，所述滑动座连接有超声波焊接装置，所述汽缸的伸缩端连接所述滑动座，所述滑动座与所述导轨滑动连接，所述超声波焊接装置的焊头设置有用于使鼻夹成型的凹槽，待加工的口罩放置在口罩座上，所述焊头与口罩座配合将鼻线挤压成鼻夹，然后将鼻夹与口罩焊接，结构科学，自动化程度高，该装置不仅降低了工人的劳动量，也提高了生产效率。

CN202226450U 公开了一种口罩鼻线贴合装置。它包括机架、刮胶装置，所述机架上设置有供给鼻线的送料机构、切断鼻线的切线机构、成型贴合机构，所述刮胶装置位于所述送料机构侧面；所述成型贴合机构包括汽缸、导轨、滑动座，所述滑动座连接有熔接头，所述汽缸的伸缩端连接所述滑动座，所述滑动座与所述导轨滑动连接，所述熔接头设置有用于使鼻夹成型的凹槽，待加工的口罩放置在口罩座上，所述熔接头与口罩座配合将鼻线挤压成鼻夹，然后将鼻夹与口罩贴合，结构科学，自动化程度高，不仅降低了工人的劳动量，也提高了生产效率。

CN203680794U 公开了一种鼻夹膜成型机。它包括机架，所述机架上固定有下模，所述下模的上方设置有与所述下模相配合的上模，所述上模安装在升降机构上，所述升降机构的后方设置有放料装置，所述放料装置的下方设置有推料机构，所述推料机构将所述放料装置中的鼻夹膜材料推向所述下模。设置有上模、下模、放料装置、推料机构及升降机构，通过它们之间的配合，机械化地完成鼻夹膜的贴合工作，提高了生产效率，降低了口罩的生产成本。

3. 舒适性

口罩佩戴的舒适性，直接关系到佩戴者的感受和佩戴的意愿。系带松紧影响耳朵和头部的受力，而呼气阀则能将呼出的气体直接排出，防止口罩内湿气淤积，提高呼气的舒适度，而口罩的形状决定了其内在的空间，也关系到佩戴者的使用感受。

(1) 系带

1) 系带的结构

(a) 系带本身。

CN101765444A 公开了具有带具的呼吸器及其制备和贴合方法，带具包括：第一紧固带固定机构，其被设置在面罩主体的第一侧面上；第二紧固带固定机构，其被设置在与第一侧面相对的面罩主体的第二侧面上；和紧固带，其附接到第一紧固带固定机构和第二紧固带固定机构中的一个，尤其是能提供即使佩戴防护头具也能轻松安装和移除的呼吸器，并且另外能够提供广泛的可调性范围，以用于以方便可靠的方式正确进行贴合。

CN1450866A 公开了一种过滤面罩，它包括固定地连接在多孔过滤罩体上以将头带组件可脱卸地连接到多孔过滤罩体上的头带固定件。头带组件可以枢转地与头带固定件连接，并且可以包括一根或者两根带子。一个包装组合包括多个有固定地连接在多孔过滤罩体上以可脱卸地将头带组件连接到多孔过滤罩体上的头带固定件的面罩。包装还可以包括一个或者更多个头带组件，该头带组件可脱卸地安装到罩体上，并可重复使用，而降低成本。

CN1213277A 公开了一种可系结到面罩坯上的多件式头带和系结头带的方法。所述多件式头带具有对应于沿着面罩坯表面或者沿着穿过系结部位的轴线测量的系结部位之间距离的整件长度，以有助于采用高速制造设备进行材料加工和系结。头带材料是沿着头带通路定位并系结在左右头带系结部位上。在头带材料上通常沿着头带通路延伸形成至少一条长度方向的刻痕线，由此所述的至少一条长度方向刻痕线形成一多件式的头带。所述面罩坯包括一种注塑的杯形面罩、一种平折叠面罩或者各种各样的其他面罩结构。

CN101396178A 公开了一种口罩耳挂部。耳挂部有若干纤维孔，孔的边缘部的至少一个部分比其他部分纤维密度高，这样耳挂部与耳部贴合良好，佩戴舒适。

（b）环扣。

CN101938922A 公开了一种具有可变形系带杆的扣环以及使用此类扣环的呼吸器和方法。该发明描述了一种扣环和具有此类扣环的呼吸器。所述扣环具有能够移动的系带杆，所述系带杆允许带子插入并且通过打开所述系带杆然后插入所述带子用所述扣环来固定。所述系带杆随后返回关闭位置并且支撑位于所述系带杆上的所述带子。通过使用活动铰链将所述系带杆连接到所述扣环主体，所述系带杆可以变形。所述系带杆可以分成为两个构件，每个构件均可能通过活动铰链可变形地连接到所述扣环主体。可以更容易地将带子固定到扣环上。

CN101854980A 公开了一种包括面罩主体和带具以及支承结构的过滤式面罩呼吸器。支承结构具有包括扣环的周边，扣环一体地接合到周边上。具有这种构造的面罩主体避免了将所述扣环和所述面罩主体支承结构分开制造，也避免了组装所述呼吸器的额外步骤。

US2009078268 A1 提供了一种带有弯曲带扣的头带，可提高带扣的适用性和舒适性。

2）系带的材质

CN1213276A 公开了一种由弹性渡河材料制成的头带，复合头带具有至少一个不连续的弹性芯子和至少一个固定于弹性芯子上的连续热塑表层。复合头带具有在活化状态下的第一弹性模量和在活化状态下较小的第二弹性模量。热塑表层在复合头带处于活化状态时形成一微观结构的永久变形表层。在一个实施例中，至少一个弹性芯子和至少一热塑表层在活化状态下是连续接触的。复合头带定位于头带通路上并且系结到左、右头带系结部位之一上。头带通路可以是与左、右头带系结部位相交的一条轴线，或者是大致符合面罩坯一个表面轮廓的一条路径。

CN1352532A 公开了一种过滤面罩。它包括：面罩体和系带。所述面罩体适合覆盖在穿戴者的口鼻上并包括含聚烯烃的纤维。所述系带包括弹性组分和热塑性纤维组分。所述热塑性纤维组分的熔点约为250℃或更低。它选自聚烯烃、取代的聚烯烃及其混合物，该系带通过热和压力附着在所述面罩体上可靠处。这可以提高所述面罩保持所述伸展的杯形构造的能力。

（2）呼气阀

CN1981895A 公开了一种单向阀，其中该阀包括一阀体，所述阀体包含一框架、穿过框架的一阀口以及从框架延伸出并至少部分地围绕该阀口的一阀座。该阀还包括一阀瓣，所述阀瓣具有附接至框架的第一部分和相邻的第二部分，第二部分可以从第二部分与阀座的至少一部分接触的第一位置自由移动到第二部分的至少一部分与阀座间隔开的第二位置，其中，阀瓣具有不均匀的厚度。在阀瓣的两侧之间可以有厚度变化，阀瓣的两端之间也可以有厚度变化。

CN1518650A 公开了一种呼吸器阀。它是一种单向阀，其中，所述阀包括：一阀体，该阀体包括一框架、一通过框架的阀开口以及一从框架延伸并至少部分地包围阀开口的阀座。该阀还包括一阀瓣，该阀瓣具有一附连在框架上的第一部分和一相邻的第二部分，该第二部分从第二部分与阀座的至少一部分相接触的第一位置自由移动到第二部分的至少一部分与阀座隔开的第二位置，其中，所述阀瓣具有一带轮廓的形状。带轮廓的外形可以沿着阀瓣的长度、在瓣与框架的附连点与瓣端部之间或者从瓣的一侧边缘到第二侧边缘。

CN1809401A 公开了一种呼气阀中具有弹性密封面的过滤面罩。它有面罩体和一种新型的呼气阀。面罩体至少适合戴在人的鼻部和口部上，佩戴该面罩时有助于限定内部气体空间。呼气阀使内部气体空间和外部气体空间之间可以进行流体交换。呼气阀具有阀座和阀瓣。阀座包括弹性密封面和阀孔，呼出空气可以通过阀孔离开内部气体空间。阀瓣安装在阀座上，当阀处于关闭位置时，阀瓣与弹性密封面接触，随着呼气，阀瓣能离开密封面，从而使呼出空气可以通过阀孔，最后进入外部气体空间。过滤面罩使用具有弹性密封面的呼气阀，可以使阀门在显著降低的压力下打开，因此可以提高佩戴者舒适性。

CN101330945A 公开了一种单向阀具有硬挺的非偏置柔性阀瓣的过滤面罩。该面罩包括：面罩主体，所述面罩主体适于贴合到至少佩戴者的鼻和嘴上，以在佩戴时形成内部气体空间；以及与所述内部气体空间流体连通的呼气阀。所述呼气阀包括：具有密封表面和孔的阀座，呼出的空气可以通过所述孔离开内部气体空间；以及装配到所述阀座上的柔性阀瓣，其装配方式使得当所述阀处于其关闭位置时，所述阀瓣与所述密封表面接触，并使得所述阀瓣在呼气时可以挠曲离开所述密封表面，以让呼出空气通过所述孔。所述阀瓣在处于其关闭位置时是非偏置的，并且显示具有0.0050或更小的悬臂弯曲率。

CN101878055A公开了一种具有单向阀的面罩。该发明公开了包括单向阀的面罩。所述单向阀使得由所述面罩和佩戴者限定的内部气体空间与所述面罩外的外部气体空间流体连通。所述单向阀包括一个或多个阀瓣，所述阀瓣设置在所述阀门的所述基座上形成的开口上方。每个所述阀瓣包括自由边缘和与所述自由边缘大致相对的铰链。

CN101980744A公开了一种过滤式面罩呼吸器。它有带具和面罩主体，其中所述面罩主体包括过滤结构和支承结构。呼气阀附接到所述面罩主体上，并包括与所述面罩主体成一整体的阀座。

CN101801464A公开了一种过滤式面罩呼吸器，可提供固体刚性结构的框架，可以不费力地将阀座牢固并适当地安装在该刚性结构上。或者，框架可以形成阀座基部的一部分。

CN1149113A公开了一种至少覆盖佩戴者鼻部和嘴部的过滤面具。包括一呼气阀。当佩戴者呼气时呼气阀响应增大的压力而打开，使呼出的空气从面罩里面迅速清除。一呼气过滤元件设置在呼出气流的几个部位中的一个位置上，以去除呼出空气中的污染物。面具的优点是，它通过使温暖的、湿润的、二氧化碳含量高的空气迅速经阀排出面罩内部使佩戴者感到舒适，并保护佩戴者免遭飞溅流体和污染的空气的污染，同时，保护其他人或物使之不暴露于呼出气流的污染物中。

CN1251774A公开了一种负压呼吸器。它具有整体分布的过滤器元件，并至少覆盖了佩戴者的鼻子和嘴。呼吸器包括呼气阀和覆盖呼气阀的冲击器元件。呼气阀具有阀膜和孔，以及响应当佩戴者呼气时产生的高压的开口，从而使呼出的空气在面罩内部快速净化。冲击器元件位于呼出气流中，从呼出气流中除去粒子和其他污染物。呼气阀和冲击器元件的Zn∶Dj之比约小于5。

CN100522288A公开了一种包括罩体和吸气阀的过滤性面罩。所述面罩在佩戴时至少能与佩戴者的口鼻密合，形成内部气体空间，呼气阀与内部气体空间连通。呼气阀包括一阀座，它具有密封面和出气嘴，呼出气流可通过出气嘴离开内部气体空间。弹性翻盖安装在阀座上，这样当阀门处于闭合位时，翻盖能与密封面接触，而在呼气过程中翻盖就从密封面上弹开，让呼出的气体通过出气嘴最终进入外部气体空间。弹性翻盖至少具有第一和第二并置层，其中至少有一层比另一层硬，或者弹性模量与另一层不同。可改善阀门性能和舒适性。

CN103228313A公开了一种呼吸器。所述呼吸器具有面罩主体、带具和呼气阀。所述带具和所述呼气阀均被固定到所述面罩主体。所述呼气阀包括阀底座和阀瓣，所述阀瓣具有被烧蚀的表面。通过使用烧蚀的阀瓣，可更好地形成阀瓣特性以实现所需的阀性能。通过使用烧蚀的阀瓣，可更好地形成阀瓣特性以实现所需的阀性能。所述阀瓣可成型为在任何取向下均保持关闭，但也在佩戴者呼出空气的最小力或压力下打开。具有这些质量的阀提供使佩戴人员更舒适的呼吸器，特别是对长时间佩戴呼吸器的工人更为有益。

CN103403414A 公开了一种阀，所述阀包括阀基座和阀瓣，所述阀瓣具有经过烧蚀的表面。通过使用烧蚀阀瓣，可以更好地形成所述阀瓣特性以实现所需阀性能。所述阀瓣被成形为不仅可在任何取向下保持闭合，而且可通过流体流的最小力或压力打开。阀所具有的上述品质使得阀可以更有效地工作，当使用由佩戴者为阀提供动力的一个呼吸面罩时，这可能是尤其有利的。

（四）重点申请人分析

根据申请量分析，并结合前期统计结果对上述防护口罩领域的申请量较大的申请人或在行业内比较知名的企业申请人分析如下（表 5）。

表 5　防护口罩领域专利申请人

申请人	申请量/件
美国 3M 公司	545
金伯利-克拉克环球有限公司	438
尤妮佳股份有限公司	94
上海大胜卫生用品制造有限公司	31
东华大学	20
中国人民解放军军事医学科学院卫生装备研究所	9
上海兴诺康纶纤维科技有限公司	9
山东大学	8

1. 美国 3M 公司

在防护口罩领域，3M 公司是行业巨头，其产品 N95 型口罩家喻户晓。该公司产品繁多，其中防护口罩、过滤器、呼吸器等产品在行业内占据全球领军位置。在全球的与口罩相关专利申请共 545 件，其中在中国或进入中国的申请共 135 件，包括发明申请专利申请 100 件，实用新型专利申请 2 件，外观设计专利 33 件。其相关申请涉及防护口罩的材料、熔喷技术、设备、过滤、外观等多方面。笔者根据行业对防护口罩的性能要求，以时间为轴，对 3M 公司的防护口罩专利技术进展进行分析，挑选其核心专利总结如下。

从图 5 可以看出，3M 公司对提升防护口罩各方面性能均作出一定贡献。

该公司对于驻极体熔喷技术在 1996 年就已经公开，然后对熔喷无纺布的充电性能进行改进；2002 年前后先后公开了含水极性液体和非水极性液体制造驻极体纤维

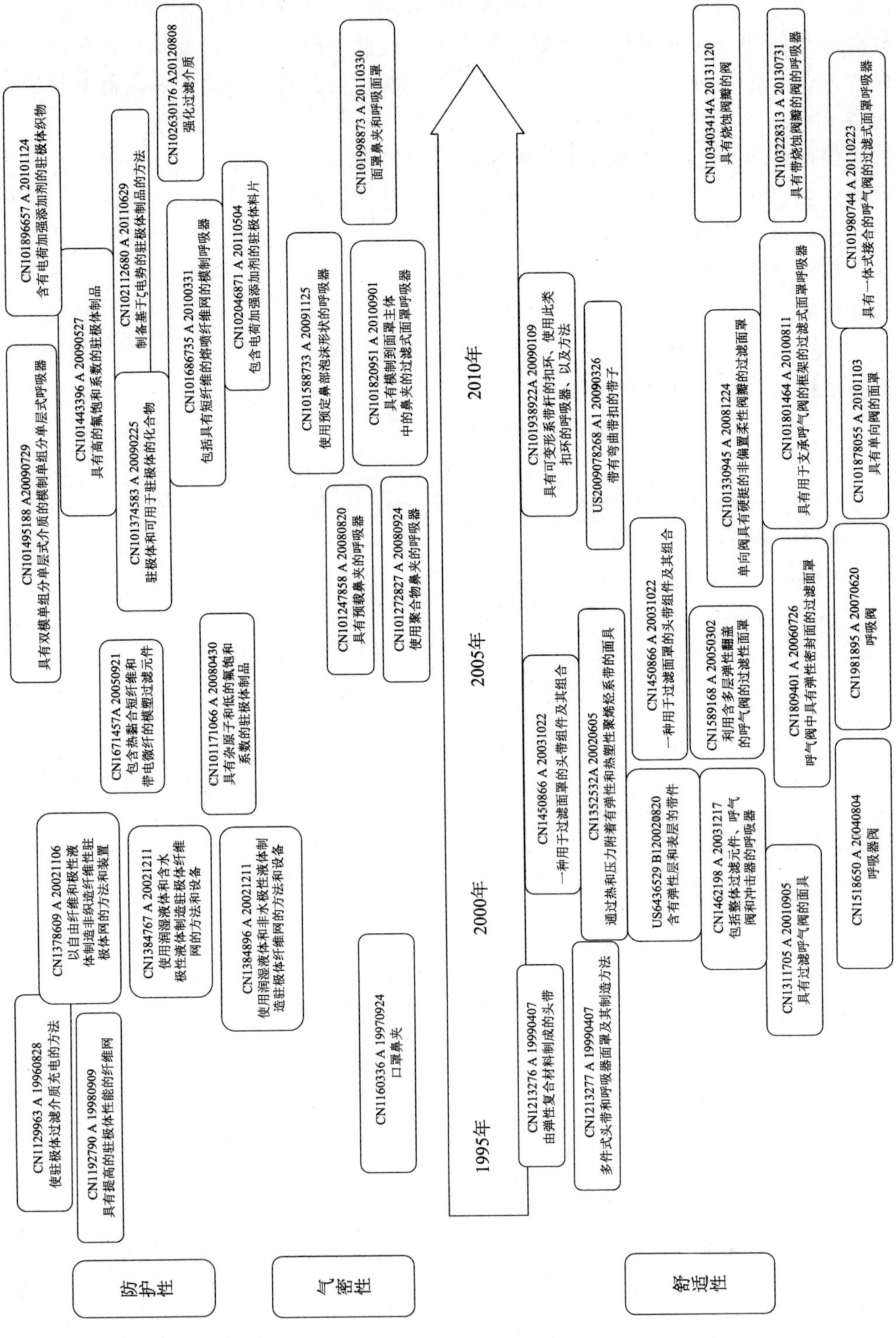

图5 3M公司防护口罩技术路线图

网的方法；在 2010 年前后又进入对熔喷无纺布性能改进的高峰；2009 年先后公开了高的氟饱和系数和低的氟饱和系数的驻极体制品，并对形成驻极体的化合物，以及增加驻极体电荷的添加剂作出研究，以增强驻极体的带电能力，进而提升防护效果；2012 年又公开了对过滤介质的研究。

关于鼻夹的发明，与其他技术相比，申请量较少。这是因为鼻夹比较简单，技术比较成熟，但 3M 公司还是对鼻夹的形状以及材质作出研究，提出聚合物鼻夹、预定形状的鼻夹，或是不使用鼻夹的技术方案，这些改进都是为了实现口罩与面部的紧密贴合性，增强气密性。

在舒适性方面，选取了头带和呼气阀进行技术梳理。3M 公司在 1999 年提出对头带材质的改进，而后一直对头带与面罩的连接方式作出改进；在 2009 年开始对头带的带扣进行改进，以增加佩戴的舒适性。3M 公司在 2001 年提出了带有呼气阀的面罩，而后提出了弹性阀盖和具有弹性密封面的呼气阀，以改进呼气阀的性能；在 2008 年以后对阀瓣进行研究；在 2013 年提出了具有烧蚀阀瓣的呼气阀，并从 2011 年起对呼气阀与口罩框架的连接方式作出改进，提出一体式接合等连接方式。

总的来说，在口罩领域，3M 公司在口罩各个方面的技术齐头并进，技术全面并且具有开创性，在技术上趋于向技术细节发展。

2. *尤妮佳股份有限公司*

尤妮佳股份有限公司是日本的护理用品公司，其提供的婴儿纸尿裤、苏菲卫生巾家喻户晓，口罩也有单独产品，其申请量在日本公司中居首位。申请内容涉及口罩材料、驻极体过滤材料、口罩结构的改进等，尤其对口罩主体驻极体过滤层的位置设置、耳挂部分的结构和材质的改进更为细致，注重防护性和舒适性的兼顾，也体现了日本企业“细微之处见真章”的风格。它的技术路线如图 6 所示。

从尤妮佳股份有限公司的技术路线图可以看出，它在耳挂部分的改进是最多的。在 1996 年就提出了用两种材料形成一体化的耳挂，在 2006 年提出用热粘接性且弹性伸缩性纤维无纺布制成耳挂，注重材料改进，以增强其弹性和使用舒适度。

除材料外，它还在 2008 年提出在耳挂部设置若干纤维孔，孔的边缘的至少一部分比其他部分纤维密度高，以增强弹性，用心之细致可见一斑。此后又在抑制耳挂松弛、防止耳挂在制造中变形、扭曲、错位等方面做文章，在细微之处改进耳挂，提高佩戴的舒适度和贴合度。

在防护性方面，它没有对驻极体熔喷材料本身性能的改进，而是注重性能的细微改进，比如 2006 年提出在口罩制造中不使用热熔黏合剂以免损害驻极体性能，2007 年提出在滤材的聚烯烃树脂中混入无机类抗菌剂，在聚烯烃纤维的表面露出许多，尤其可以有效抗菌，在 2009 年提出两层的过滤防护结构，并对每一层纤维的直径和质量作出限定，以得到更好的捕集性和过滤性。

尤妮佳公司没有呼气阀和鼻夹的设计，在气密性方面，它在 2005 年提出在口罩

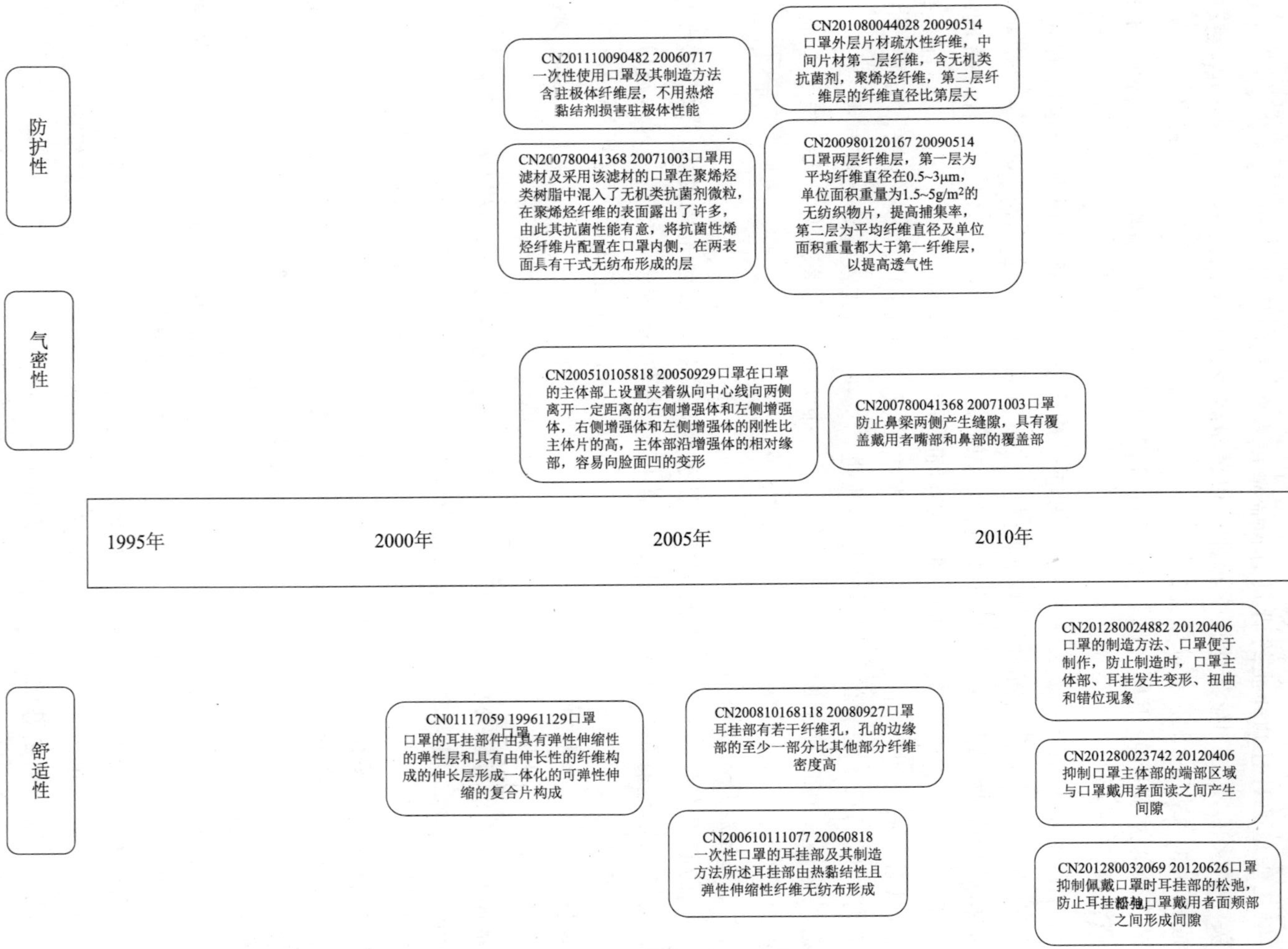
防护性
气密性
舒适性
1995年
2000年
2005年
2010年
CN201110090482 20060717 一次性使用口罩及其制造方法含驻极体纤维层，不用热熔黏结剂损害驻极体性能
CN200780041368 20071003口罩用滤材及采用该滤材的口罩在聚烯烃类树脂中混入了无机类抗菌剂微粒，在聚烯烃纤维的表面露出了许多，由此其抗菌性能有意，将抗菌性烯烃纤维片配置在口罩内侧，在两表面具有干式无纺布形成的层
CN201080044028 20090514 口罩外层片材疏水性纤维，中间片材第一层纤维，含无机类抗菌剂，聚烯烃纤维，第二层纤维层的纤维直径比第层大
CN200980120167 20090514 口罩两层纤维层，第一层为平均纤维直径在0.5~3μm，单位面积重量为1.5~5g/m²的无纺织物片，提高捕集率，第二层为平均纤维直径及单位面积重量都大于第一纤维层，以提高透气性
CN200510105818 20050929口罩在口罩的主体部上设置夹着纵向中心线向两侧离开一定距离的右侧增强体和左侧增强体，右侧增强体和左侧增强体的刚性比主体片的高，主体部沿增强体的相对缘部，容易向脸面凹的变形
CN200780041368 20071003口罩防止鼻梁两侧产生缝隙，具有覆盖戴用者嘴部和鼻部的覆盖部
CN01117059 19961129口罩口罩的耳挂部件由具有弹性伸缩性的弹性层和具有由伸长性的纤维构成的伸长层形成一体化的可弹性伸缩的复合片构成
CN200810168118 20080927口罩耳挂部有若干纤维孔，孔的边缘部的至少一部分比其他部分纤维密度高
CN200610111077 20060818 一次性口罩的耳挂部及其制造方法所述耳挂部由热黏结性且弹性伸缩性纤维无纺布形成
CN201280024882 20120406 口罩的制造方法、口罩便于制作，防止制造时，口罩主体部、耳挂发生变形、扭曲和错位现象
CN201280023742 20120406 抑制口罩主体部的端部区域与口罩戴用者面读之间产生间隙
CN201280032069 20120626口罩抑制佩戴口罩时耳挂部的松弛，防止耳挂部松弛口罩戴用者面颊部之间形成间隙

图6　尤妮佳技术路线图

的主体部上设置夹着纵向中心线向两侧离开一定距离的右侧增强体和左侧增强体，右侧增强体和左侧增强体的刚性比主体片的高，主体部沿增强体的相对缘部，容易向脸面凹的变形，以这样的结构实现面罩的气密性和与人脸的贴合，在 2007 年为防止鼻梁两侧产生缝隙，在口罩上设置具有覆盖戴用者嘴部和鼻部的覆盖部。

总的来说，尤妮佳公司对口罩的性能的改进是细微的，以使用者的体验感为发明目标，体现了日本企业一贯的文化导向。

3. 上海兴诺康纶纤维科技有限公司

上海兴诺康纶纤维科技有限公司是目前国内生产口罩的龙头企业。其产品是“绿盾”口罩。该公司口罩申请只有 8 件，申请时间都在 2012 年以后。有 1 件为材料改进的发明，即聚丙烯熔喷无纺滤材的制作工艺改进。其余均为实用新型，涉及口罩滤材层级的改进，大多为多种不同过滤材质的叠加。

与国外申请相比，国内申请涉及材料改进的少，而且比国外晚，对滤材的改进比较粗放，只是单纯的滤材叠加，试图以增加滤材的层数以及丰富滤材的种类来增加防护性能，与国内其他申请的发明构思类似，这也反映了国内口罩技术落后的现状。2014 年 8 月，市场上销售的绿盾口罩被勒令下架，其宣称的过滤率达 99%以上，而实测效率仅一成，涉嫌自设执行标准、夸大防霾效果等。这与其专利技术显示出的低创新度呈正相关。其具体专利如表 6 所示。

表 6　上海兴诺康纶纤维科技有限公司专利

申请号	申请日	发明名称	技术方案	技术效果
CN201220026313	2012-1-19	一种可有效过滤 PM2.5 的口罩滤片	口罩滤片为三层结构，分别为丙纶纺粘无纺布外层、丙纶熔喷无纺布中间层和丙纶纺粘无纺布内层；所述丙纶纺粘无纺布内层和丙纶熔喷无纺布中间层之间或丙纶纺粘无纺布外层和丙纶熔喷无纺布中间层之间还设置有一层活性炭层	有效过滤 PM2.5，并且透气性好，使用舒适，价格便宜
CN201220026054	2012-1-19	一种可有效过滤 PM2.5 的立体口罩	所述的口罩由口罩片部、位于口罩片部上方的压鼻部、位于口罩片部下方的收缩部以及系带组成，其特征在于，所述的口罩片部、压鼻部和收缩部包括三层结构，分别为由外层、由保暖棉构成的保暖层和由纺织面料构成的里层，在内层和保暖层之间设置有复合丙纶无纺布滤片，并在内层设置至少一个便于滤片填装或更换的插口	可有效过滤 PM2.5，并且透气性好，使用舒适，价格便宜

续表

申请号	申请日	发明名称	技术方案	技术效果
CN201220026313	2012-1-19	一种可有效过滤 PM2.5 的口罩滤片	所述的可有效过滤 PM2.5 的口罩滤片为三层结构，分别为丙纶纺粘无纺布外层、丙纶熔喷无纺布中间层和丙纶纺粘无纺布内层；所述丙纶纺粘无纺布内层和丙纶熔喷无纺布中间层之间或丙纶纺粘无纺布外层和丙纶熔喷无纺布中间层之间还设置有一层活性炭层	滤片可有效过滤 PM2.5，并且透气性好，使用舒适，价格便宜
CN201210316357	2012-12-26	一种抗菌聚丙烯熔喷无纺滤材及其制备方法	其原料为：熔喷聚丙烯切片 85～95 质量份、纳米电气石 1～5 质量份、纳米二氧化钛 1～3 质量份、纳米氧化锌 1～3 质量份、偶联剂 0.1～3 质量份、分散剂 0.1～2 质量份、抗氧化剂 0～0.5 质量份	通过对配方以及制备工艺的改进，制备得到的滤材的驻极体极性时间可达 5～6 年，抗菌性能高于现有技术
CN201320708574	2013-11-11	一种高效过滤 PM2.5 的口罩滤片	所述的口罩滤片的形状为四边中的至少一边为弧形或椭圆形的矩形，且弧形弦长的长度等于矩形的长或高的长度，或椭圆形的轴或与轴平行的弦的长度等于矩形的长或高的长度；所述口罩滤片具有丙纶纺粘无纺布的外层和丙纶纺粘无纺布的内层，外层和内层之间为丙纶熔喷无纺布中间层和/或活性炭中间层	口罩滤片由于过滤面积大、更贴近脸型，可提高过滤 PM2.5 的效率
CN201320891317	2013-12-31	一种防哈气口罩	包括口罩主体和挂环，在口罩主体顶部的内侧设置一个防哈气挡片，所述挡片的顶边与口罩的顶边全长固定连接，所述挡片的两侧与口罩主体的两个侧边固定连接，所述挡片的底边为游离边。戴眼镜的消费者使用时，可将挡片掀起，从而起到防哈气的作用。防哈气挡片上可活动的设置有一个口罩滤片，可进一步吸收呼出的水蒸气，从而增加防哈气的效果。该实用新型所采用的口罩滤片还采用可有效过滤 PM2.5 的材料，增强过滤 PM2.5 的效果	结构简单，易于生产，可同时适用于所有人群

续表

申请号	申请日	发明名称	技术方案	技术效果
CN201420129501	2014-3-21	一种带有呼气阀的立体口罩的组合套装	组合套装由2～20个带有用于安装呼吸阀的孔的立体口罩和1～5个呼吸阀组成，呼吸阀为单向呼吸阀，所述呼吸阀可拆卸的固定于立体口罩的孔上	呼吸阀可多次使用，降低了成本，节约了资源，减少了环境污染
CN201420169452	2014-4-9	一种可有效过滤PM2.5的立体口罩	由口罩片部、位于口罩片部上方的压鼻部、位于口罩片部下方的收缩部以及系带组成，口罩片部、压鼻部和收缩部为二层或三层结构，分别为由纺织面料构成的外层和里层，或由纺织面料构成的外层、由保暖棉或过滤衬构成的中间层和由纺织面料构成的里层，在内外层之间或内层和中间层之间设置有复合丙纶无纺布立体滤片，并在内层设置至少一个便于滤片填装或更换的插口	有效过滤PM2.5，并且服贴、不易移位

（五）小结

通过前文分析，做以下小结。

1. 从PM2.5口罩的发展态势分析中可以得出，我国几乎占据口罩申请的半壁江山，这与口罩技术门槛低、中国市场大、需求广密不可分，这是我国的优势。但从申请人来看，我国多数为个人申请，技术内容创新度难以保障，缺乏像美国3M这样的创新型公司进行连续技术开发。近年来高校、研究机构和公司申请增多，这与口罩市场竞争激烈、经济效益日益凸显密切相关。从技术内容来看，涉及口罩防护核心技术的材料和原理的申请较少，大多数技术内容还是以口罩结构的细节改进为主。而重要的防护材质和机理的专利多为国外申请，我国在核心专利上申请量很少。

2. 在全球范围内，不同申请人的专利申请也各有特点。以3M公司为代表的美国专利申请，多涉及技术核心、多材质和防护机理的申请，在结构上注重呼气阀、鼻夹和对口罩折叠外形、支撑结构的研究；以尤妮佳为代表的日本专利申请，在防护机理和材料上改进不多，更注重用户感受，在耳挂改进上申请最多，注重在细微之处做文章，给用户良好的使用感；中国在防护机理和材料上的创新更是寥寥，近年来随着高校、科研机构的加入，这方面的申请逐渐增多。

三、对 PM2.5 口罩领域专利技术今后发展趋势的预测

虽然口罩已有很长的历史，但是 PM2.5 口罩的大规模使用的时间却并不长，随着人们对环境的担忧，对自身健康的重视，口罩领域专利技术的研究会越来越多。据此可以预测未来 PM2.5 口罩将朝着以下方向发展。

（一）新的防护技术有待进一步研究

虽然驻极体熔喷无纺布防护已是比较成熟的技术，但新的防护技术仍在不断地研究，电磁防护技术、薄膜过滤技术都在不断地发展，虽然现在还都处于实验室阶段，没有大批量的生产，但一旦技术成型，对市场的冲击不容小觑。

（二）驻极体技术进一步完善

驻极体材料熔喷无纺布已经是比较成熟的技术，在未来的发展中，趋于技术细节的完善，如更易充电、电量保持时间更长等。

（三）多种功能协同发展

在满足防护性的同时，多种功能也兼而有之，使口罩从单纯的防护性产品向兼具保健功能的产品转变。比如增氧防护口罩，在防护的同时还有增氧效果，比如中药口罩，在防护的同时还有中药保健效果。在这方面，目前我国研究比较多。

（四）更舒适

因为舒适，才有佩戴的意愿。而防护性和舒适度是两个矛盾的特性，因此能在保持口罩高防护效果的情况下，使得口罩内部空间更大，湿气排出更顺畅，空气更干燥，与人脸贴合度更好，使用更方便，耳朵受力更柔缓等，就成为舒适度研究的方向。尤其是在防护机理比较成熟、新的防护技术尚未成型的情况下，用户的体验感就决定了产品的受欢迎度。而且无论今后防护技术如何更新，用户的舒适体验都是研发人员一直关注的焦点。

（五）制造技术有待研究

从本文研究的情况来看，研究多集中在 PM2.5 口罩上，对于其在制造过程中的工艺涉及较少。在口罩的材料、结构改进的同时，其生产制造必然也会出现相应的改进，从生产机器到生产工艺都有改进的空间，目前这方面还是空白。

四、对我国发展 PM2.5 防护口罩的建议

从本文的分析可以看出，目前 PM2.5 口罩的主要技术都掌握在美国、日本等国家手中，我国虽然相关专利申请数量高，但核心技术少，相关企业规模较小，发展也相对较慢，没有出现较大产能和专利申请量的企业，这与我国目前 PM2.5 防护口罩主要依赖国外厂家的现状相符。对我国企业而言，由于目前该领域的技术已经比较成熟，主要市场和技术都已经被几家国外大公司所垄断，生存空间较小，但为了改变对国外公司的依赖，提高我国的自主性和创新性，我们还必须加大科研力度，争取早日

在该领域占有一席之地。

我国企业在该领域的发展，可以重点从以下几个方面入手。

（一）加强防护机理的研究，加强产学研结合

目前，关于 PM2.5 防护口罩机理性的技术基本被外国公司垄断，而防护机理是防护的核心。我国口罩企业要生存发展，就必须掌握核心技术，在防护机理上有所突破。目前主流的驻极体熔喷技术已趋成熟，我国可以对其技术细节进一步完善。更重要的是，我国企业应该创新防护材质，加强对科研的投入和对理论的创新，一旦防护机理出现突破，形成自主知识产权的防护材料，必然带来产品的变革，应用上的新成就，就可以摆脱对国外产品的依赖，形成具有自主知识产权的产品。

在机理的研究方面，我国企业应加强与国内高校和研究机构的合作。在雾霾危机爆发的 2013 年后，国家必然会加大对相关技术的科研投入，各个大学也会抓住机会申报相应课题，口罩企业在做好自身研发的同时，可以与国内高校进行专利技术的转化和利用，将专利成果转化为产品投入市场。这样既利用了高校研究机构的科研成果，又将技术转化为生产力，促进社会的进步和发展。

（二）找准自己的研发重点，形成中国特色

虽然我国在防护材料等领域研究成果少，但是我国也有优势项目，那就是中药口罩，这是老祖宗留给我们的医药瑰宝。我国企业可以在口罩保健功能上做文章，开发与防护效果配合使用的功能，比如除异味、提神明目等功效，形成中国特色的口罩。

此外，口罩要防护效果好，有一个重要因素就是与面部的贴合要好，气密性要好。中国人骨骼小，面部平，与外国人面部脸型不一样，国外研发的口罩形状未必完全适合亚洲人的脸型，日本在口罩形状上做了很多研究，我国企业也可以在这方面进行开发创新，以制作出适合中国人脸型的口罩。

（三）加强制造工艺改进

无论是国外品牌还是国内品牌，中国都已成为“世界工厂”。目前，国外公司在制造工艺上的专利很少，我国可以利用生产这一优势，在制造工艺上进行工艺革新。东莞已经有企业申请了一系列与口罩制造机械相关的专利，已经走出了制造工艺技术创新的第一步。在积累了一定的专利量之后，就可以获得与国外大企业谈判的资本，进而通过“交叉许可”等手段进入该领域。

（四）增强企业的专利保护意识

从本文的分析可以看出，我国企业目前的专利保护意识还不强，专利申请科技含金量还不高，更是很少有企业在国外申请专利保护，专利保护意识明显落后于国外企业。而随着我国知识产权保护力度的不断增大，专利对企业的发展也越来越重要，特别是对于要走出国门的企业来说，其在国外申请专利保护也变得日益重要。但是目前企业申请专利大都还只是基于政策刺激的影响，大都没有专门的知识产权部门来根据自身特点制定专利战略，加大宣传力度，努力提高企业的知识产权意识。今后应尽快改变这种状况，使得企业的专利技术都能得到应有的保护。

五、结束语

PM2.5 防护口罩随着雾霾危机出现而进入公众的视线，也不过是近几年的事情。但在 2013 年年底，其市场价值已经达到 20 亿元。随着人们对自身健康的重视，环境问题的凸显，未来这个市场还会进一步扩大。但是目前我国的 PM2.5 防护口罩市场主要由国外大公司控制，我国企业相关产品的性能尚不能满足人们对 PM2.5 防护的需求。面对如此大的市场需求。我国企业必须要抓住发展的大好机遇，加快对 PM2.5 防护口罩的研发进程，努力开发出属于自己的新技术和新产品，尽快取得我国在该领域的优势地位。

参考文献

[1] 吴东仪，周岚，等．北京市 PM2.5 浓度变化特征与体育锻炼 [J]. 第二十三届全国高校田径科研论文报告会论文专辑，2013：21 - 23.

[2] 细颗粒物——PM2.5 对人体健康的危害 [J]. 河北环境科学，2012. 增刊：48 - 55.

[3] GB 626—2006，呼吸防护用品自吸过滤式防颗粒物呼吸器 [S].

[4] 石海鸥，等. 口罩的合理选择与应用 [J]. 中华医院感染学杂志，2004，14 (3)：358 -360.

液体肥料专利技术现状及其发展趋势

靖瑞　余爱丽❶　田瑞增

（国家知识产权局专利局化学发明审查部）

一、引言

肥料是农作物的粮食，在农业生产中起着重要的作用。目前，国际上肥料的发展趋势是高浓度、复合化、液体化、缓释化。常规化肥品种的发展趋势基本遵循世界化肥产业发展的主流趋势，即朝着高浓度和复合化方向迈进。随着科技的进步，现代集约化农业对化肥产业提出了新的要求，即肥料的缓释化和液体化。20 多年来，我国的新型肥料的研究与发展主要围绕着这两个方向进行[1]。

我国是世界上化肥生产和消费大国，但在生产和施用的化肥中，液体肥料所占比重相当小，绝大部分是固体肥料。在国际上，液体肥料在一些发达国家已经得到了较为普遍的应用，如美国的液体肥料占总肥料量的 38%；英国、澳大利亚、加拿大、德国、比利时、荷兰等国的液体肥料在整个化肥施用量中占有相当大的比例[2]。

我国面临的农业大形势是人多、地少、水缺，节水农业必然是可持续发展的必然要求，且随着农业科学技术的进步和农业产品结构的逐步调整，我国的农作物种植形式和施肥方式已开始出现多样化，过去的经验施肥和常规固体施肥将会逐步被平衡施肥、液体和固体施肥相互搭配的模式所取代[3]。发展优质高效农业促进了对液体肥料的消费需求，“水肥一体化”是现代农业发展的重要途径，液体肥料是一种典型的节能环保产品，其在未来中国肥料产业的市场潜力巨大。

本文通过梳理液体肥料相关的全球专利申请和中国专利申请现状，研究分析其技术发展趋势、专利布局特点以及重要的研发主体相关信息，并在上述分析研究的基础上，对液体肥料的下一步发展趋势提出合理预测，以期给我国液体肥料相关企业、科研单位等提供参考，进一步推动和促进我国农业和化肥工业的可持续发展。

（一）液体肥料的技术概述

液体肥料创始于美国，距今已有 200 多年历史。液体肥料又称流体肥料，是含有

❶ 余爱丽等同于第一作者。

一种或一种以上农作物所需要的营养元素的液体产品。按液体肥料的清亮透明和浑浊程度可将液体肥料分为清液肥料和悬浮肥料两大类[4]。清液肥料指的是营养元素作为溶质溶解于水中成为溶液、液相中不含分散固体微粒的液体肥料；悬浮肥料指的是营养元素借助于悬浮剂等助剂的作用悬浮于水中成为悬浮液、液相中分散有不溶性的固体微粒的液体肥料。按液体肥料所含养分的化学成分可将液体肥料分为液体氮肥、液体复合肥等。液体氮肥的有效物质含有铵态、硝态和酰胺态的氮，如液氨、氨水、氮溶液等；液体复混肥含有氮、磷、钾中 2 种或 3 种营养元素，此外还可以添加微量营养元素以及除草剂、杀虫剂、植物激素等非肥效组分[3]。

与固体肥料相比，液体肥料有以下优点：① 生产费用低。液体肥可降低成本30%～50%，化肥生产企业可以省去一部分生产固体肥料所必需的设备或工艺，有利于降低生产装置投资和维修费用，减少燃料和动力消耗。② 肥效高、养分易吸收。固体化肥一般只能被作物吸收 30%左右，而液体化肥则可被作物吸收 80%以上。液体肥料施入土壤后，营养成分可直达根系，无须再经长时间的化学变化过程，可以降低某些营养成分被土壤固定的数量。另外，液体肥料作为叶面肥直接喷施时，养分吸收比土壤施肥快，可以较快克服农作物养分缺乏症状，能使植物迅速从叶面部位吸收营养。③ 提高品质、增产增收。有研究表明，施用液态肥可使农作物增产 5%～15%，还可以提高农产品品质、提高作物抗病能力。④ 施用方便。液体肥料可以直接施入土壤，也可以作为粮食作物、果树、蔬菜、花卉的叶面肥直接喷施，还可与农药结合起来喷洒，而且各种营养元素分配均匀合理、便于机械化施用。⑤ 产品不存在吸湿和结块问题。⑥ 对植物伤害小。溶解稀释后易均匀分布在土壤中，不像固体肥料形成集中施肥，局部盐分高，不易冻伤根苗。⑦ 有利于环境保护。液体肥料在生产和运输过程中无粉尘、无烟雾，减少了因“三废”排放可能会对环境造成的污染[5~7]。

然而，液体肥料在生产、运输以及施用过程中也存在一定的局限性。例如，在生产阶段，需要专门设备，如计量罐、调配釜、沉降釜、灌装机等；在储存阶段，如遇气温变低会有结晶或沉没等现象；在运输过程中，相对于固体废料，运输成本较高，且需要专门的储存设备；在施肥阶段，固体肥料可以直接撒施，而液体肥料则需要配套的施肥设施。

（二）液体肥料的产业概述

国外对液体肥料的研究较早。1808 年英国的 Hemfri Greivi 首先提出了用无机盐溶液作为农作物的养料的概念。1840 年爱尔兰建立了第一座无机液体肥料工厂；1923 年美国加利福尼亚州的奥克兰 G-M 公司建成美国第一座液体肥料工厂，1953 年生产能力达 2.2 万 t。此后世界液体肥料的生产一直稳步上升。1960 年英国液体肥料生产能力达到 4.93 万 t，到 1970 年达到 14.5 万 t。美国液体肥料的发展比其他国家更为迅速，已拥有 2800 多家液体肥料工厂，年消耗液体肥料 1600 多万 t。促进美国液体肥料迅速发展的原因，主要在于美国有关液体肥料的生产、储存、输送和使用问题逐步得到了妥善的解决。美国已建成1.6万km长的耐压液氨管网体系，美国化肥公司可将液体肥料通过管道直接输送到农场并施入土壤中。目前，液体肥料在国外已得到了较为广泛的应用，如在美国，液体化肥占复合肥总量的15%以上；其他欧美国家也都在大量使用各种液体肥料。如今，在一些工业发达国家，液体肥料已被广泛用于蔬菜、花卉、果树和大田作物的灌溉施肥，以及用于园林景观绿化植物、高尔夫球场等领域。

我国对液体肥料的研究始于20世纪50年代，如今国内在液体化肥的生产已开始起步，应用方面也取得了一些进展，如对液体氮肥特别是液氨的直接施用，已被农业部列为推广试验项目，分别在新疆和北京等地进行试点示范。多年来，国内的一些化肥生产企业、科研单位也加强了对液体复合肥的研究，并相继开发和生产了含磷的基础液体肥、酸性液体复合肥、磷酸二氢钾复合肥、有机液体肥、添加有微量元素的液体复合肥、含氨基酸的液体肥料、含腐殖酸的液体肥料、含海藻酸的液体肥料等，但液体肥料的生产在我国的整个肥料的构成中只占很小比例。

二、液体肥料专利技术现状分析

（一）专利分析的样本构成

1. 数据库的选择及策略

本文中，对于在中国专利，主要采用中国专利文摘数据库（CNPAT）进行检索，并通过中国专利文摘深加工数据库（CNABS）和中国专利全文数据库（CNTXT）进行补充。对于全球专利，主要采用德温特世界专利索引数据库（WPI）进行检索，并通过欧洲专利局专利文献数据库（EPODOC）进行补充。专利数据的起始日期：中国专利文摘数据库的起始日期为1985～2014年6月，WPI数据库的起始时间为数据库最早收录文献开始至2014年6月。另外，本文中2012～2014年的专利申请未完全公开，为不完全统计。

本文研究的基本检索思路为：检索—验证—原因分析—再检索—再验证，直至达到预期目的。具体的检索方式为：采用关键词与分类号组合的方式进行检索，并通过关键词、分类号等进行系统去噪。

具体检索方法为：根据国际专利分类表，涉及液体肥料的专利申请主要集中在C05大类中，但是，上述分类号之中的专利申请并不全是涉及液体肥料，因此，为了保证数据统计分析上的全面性与准确性，在上述分类号的基础上，还选取了诸如“液体肥料”、“液体肥”、“液肥”、“流体肥料”、“营养液”、“叶面肥”、“叶肥”、“水溶性肥料”、“灌溉肥”、“冲施肥”、“液体氮肥”、“液体复合肥”等关键词来对中国专利数据库进行检索，通过对上述分类号和关键词的配合使用，确定了液体肥料的国内专利技术分析样本。另外，还选取了（liquid w fertili? er）、（liquid w manure）、（fluid w fertili? er)、(liquid w nitrogen w fertili? er)、(liquid w nitrogenous w fertili? er)、(fluid w nitrogen w fertili? er)、(suspension w fertili? er)、(leaf w fertili? er)、(foliar w fertili? er)、(foliage w fertili? er)、(irrigation w fertili? er)、(flush w fertili? er) 等关键词来对全球专利数据库进行检索，通过对上述分类号和关键词的配合使用，确定了液体肥料的全球专利技术分析样本。

2. 数据标引

在前期研究的基础上，并通过初步浏览检索结果，将检索结果按照表 1 所述技术分解进行标引。

表 1　液体肥料技术分解

一级技术分支	二级技术分支	三级技术分支
液体肥料产品	叶面肥	无机肥
		有机肥
		有机无机肥
		微生物肥
		无肥效组分❶
		其他
	营养液❷	无机肥
		有机肥
		有机无机肥
		微生物肥
		无肥效组分
		其他
	土壤肥料❸	无机肥
		有机肥
		有机无机肥
		微生物肥
		无肥效组分
		其他

❶ 无肥效组分是指含有无肥效组分的液体肥料，如含农药等。

❷ 营养液是指用于无土栽培、水培等的营养液。

❸ 土壤肥料是指当专利文献中未明确强调液体肥料的用途或施肥部位时，所述的液体肥料划分入土壤肥料。

续表

一级技术分支	二级技术分支	三级技术分支
液体肥料产品	注射液	无机肥
		有机肥
		有机无机肥
		微生物肥
		无肥效组分
		其他
	其他	
制肥方法		
施肥方法		

本文中最终标引得到液体肥料相关全球专利 2167 项，在中国专利 1444 件。

3. 相关术语说明

(1) 专利申请量统计中的“项”和“件”。项：在进行专利申请数量统计时，对于数据库中以一族（这里的“族”指的是同族专利中的“族”）数据的形式出现的一系列专利文献，计算为“1 项”。以“项”为单位进行的统计主要出现在外文数据的统计中。一般情况下，专利申请的项数对应于技术的数目。件：在进行专利申请数量统计时，例如为了分析申请人在不同国家、地区或组织所提出的专利申请的分布情况，将同族专利申请分开进行统计，所得到的结果对应于申请的件数。1 项专利申请可能对应于 1 件或多件专利申请。

(2) 全球专利申请：申请人在全球范围内的各国专利局的专利申请。

(3) 在中国专利申请：申请人向中国国家知识产权局递交的专利申请。

(4) 国别归属约定：国别根据专利首次申请的优先权国别予以确定，无优先权的专利申请以该项申请的最早申请国别确定。其中苏联、俄罗斯的数据分开统计；德国的数据包括前联邦德国、前民主德国；中国的数据不包含中国台湾地区公开的专利申请。

(5) 申请日期约定：依照最早优先权日确定每年的专利数量，无优先权日以申请日为准。

(6) 法律状态约定：“有效”指截至检索日，专利权处于有效状态；“失效”指截至检索日，专利权处于失效阶段，包括专利申请被撤回或视为撤回、专利申请被驳回且已生效、专利权人放弃专利权、专利权被无效、专利权届满等；“待审未决”指截至检索日尚未结案，此类专利申请可能未进入实质审查程序或者处于实质审查程序中，亦可能处于复审等其他法律程序中。

（7）数据完整性约定：在本次所采集的数据中，由于发明专利申请通常自申请日起 18 个月（要求提前公布的申请除外）才能被公布，实用新型专利申请在授权后才能获得公布，PCT 专利申请可能自申请日起 30 个月甚至更长时间之后才进入国家阶段，从而导致与之相对应的国家公布时间更晚等各种原因，导致 2012 年后提出的专利申请的统计数量不完全，低于实际的申请量。

（二）全球专利申请分析

对于全球专利申请的分析，主要是在德温特世界专利索引数据库（WPI）中进行检索，并通过欧洲专利局专利文献数据库（EPODOC）进行补充检索，然后进行统计得到。液体肥料相关全球专利申请共 2167 件。下面主要从技术构成、申请趋势、重点申请人、申请来源国、申请目的国等方面对全球专利申请概况进行分析。

1. 全球专利申请技术构成分析

液体肥料的专利申请的技术构成包括肥料产品、制肥方法、施肥方法和其他。由图 1 可见，申请量最大的为肥料产品，共 1701 件，占申请总量的 78%；其次为制肥方法，共 424 件，占申请总量的 20%；施肥方法相关专利申请量较小。可见，液体肥料的技术构成主要在于肥料产品和制肥方法，尤其是肥料产品占主导的地位。

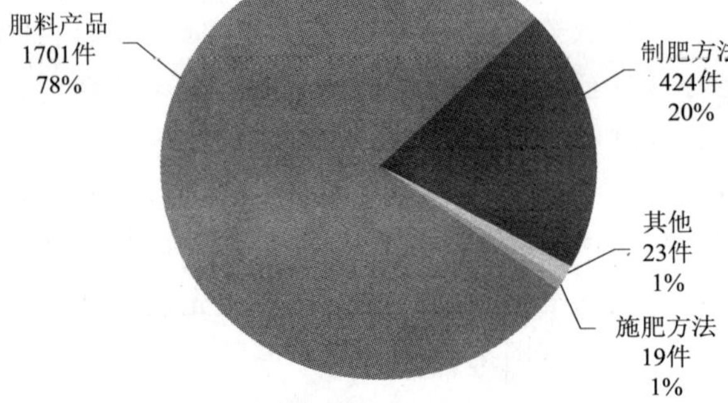

图 1 全球专利申请技术构成分析

2. 全球专利申请趋势分析

（1）全球专利申请量趋势分析

液体肥料全球专利申请量趋势如图 2 所示。全球第一篇液体肥料的申请出现在 1963 年，涉及无机土壤肥料。从图 2 中可以看出，液体肥料的发展可分为三个阶段：第一阶段为 1963～1999 年，全球液体肥料专利申请量在长达 37 年内维持一个低水平的稳定状态量，其每年申请总量不超过 30 件；第二阶段为 2000～2008 年，专利申请量进入较快增长阶段，每年申请总量为 30～62 件；第三阶段为 2008～2013 年，每年的申请量在 100 件以上，特别是在 2012 年开始每年申请总量达到 200 件以上，全球的专利申请呈快速增长势头。特别是第三阶段中，由于 2012 年之后的专利申请未完全公开，为不完全统计，因此 2012～2014 年的实际申请量应该还会高于图 2 中 2012～2014 年的数据。这些数据表明 2008～2013 年，液体肥料逐渐成为全球范围内肥料领域中的研发热点；且 2013 年的全球专利申请量与 2012 年相比仍然是快速增加，由此可以判断液体肥料目前仍然是一个研究热点，并且达到了一定发展水平。

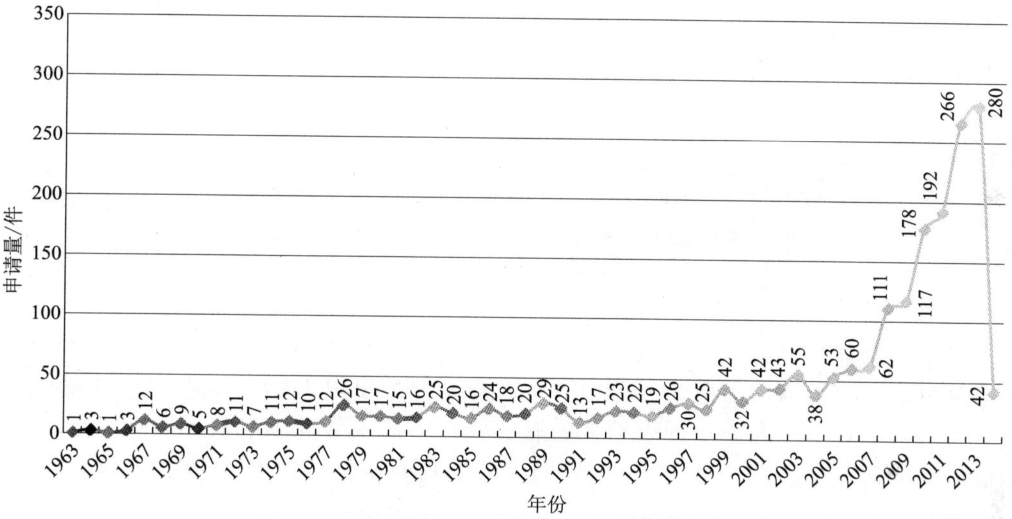

图 2 全球专利申请量趋势分析

(2) 全球专利申请技术趋势分析

液体肥料全球专利申请技术趋势如图 3 所示。总体来说，全球专利申请中，各项专利申请的申请量均为逐年递增的趋势，其中肥料产品和制肥方法趋势更加明显。具体来说，在肥料产品方面，20 世纪 70 年代以前仅 33 件专利申请，之后专利申请量逐步增加，到 20 世纪 90 年代达到 184 件；而进入 2000 年之后，申请量大幅度增加，其中 2000 年共 578 件，2011 年至今共 665 件；在 2001 年至今的肥料产品申请量占全球肥料产品申请总量的 73％，可见液体肥料的研发主要集中在 2001 年以后。在制肥方法方面，20 世纪 70 年代以前仅 6 件专利，而到 2000 年申请量达到了 165 件，其中 2001 年至今的制肥方法申请量占全球制肥方法申请总量的 64％，可见液体肥料制肥方法的研发同样主要集中在 2001 年以后。对于施肥方法及其他技术，所占的比例较小。

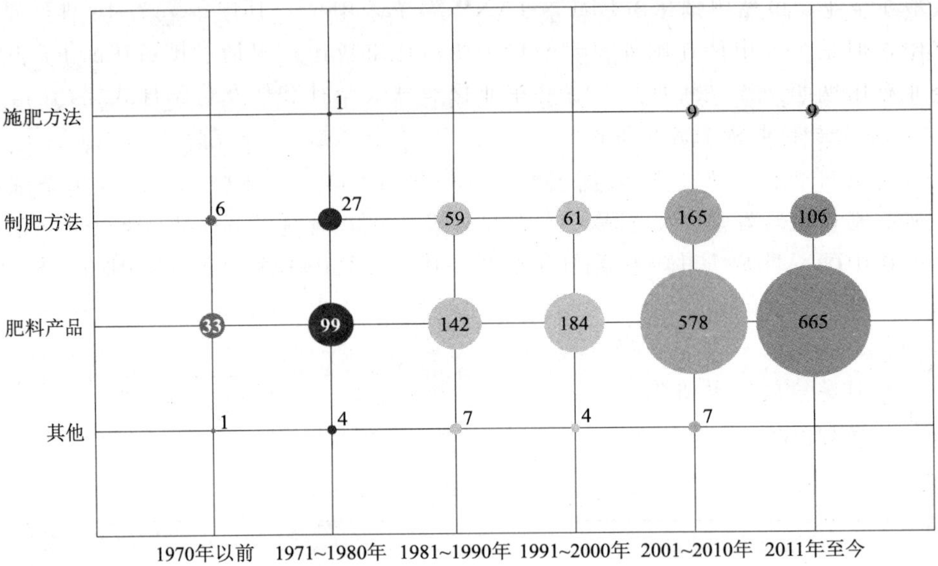

图 3　全球专利申请技术趋势分析（单位：件）

3. 全球专利申请人分析

液体肥料全球申请量排名前十位申请人分析如图 4 所示。该图显示出申请量排名前十位申请人的申请量情况。总体而言，液体肥料的申请人较为分散。申请量排名前十位申请人中，申请人为中国申请人的有 8 位，申请人为外国申请人的有 4 位。申请量最大的申请人是天津滨海国际花卉科技园区股份有限公司，申请量为 34 件。对于中国申请人，主要集中在企业和高校中；企业有天津滨海国际花卉科技园区股份有限公司、润禾泰华生物科技（北京）有限公司、上海绿乐生物科技有限公司；高校有天津职业技术师范大学、华南农业大学、中国农业大学、南京农业大学。对于国外申请人，主

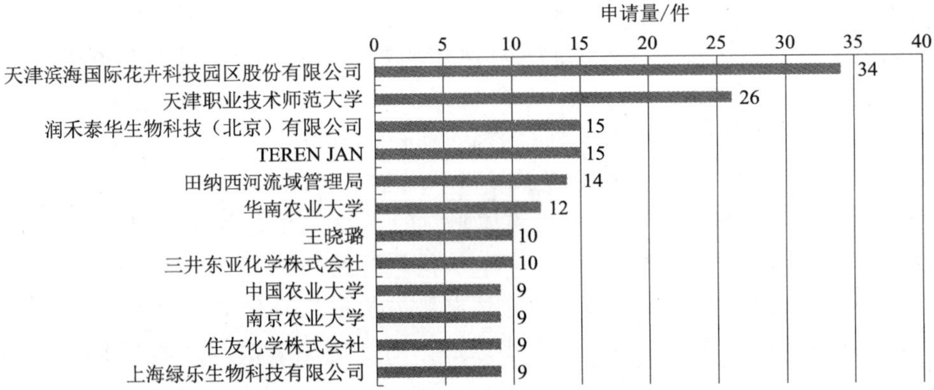

图 4　全球专利主要申请人申请量分析

要集中在企业；虽然申请人 TEREN JAN❶ 为个人申请，其申请量为 15 件，排名为第三位，但是个人申请在国外总申请量中所占比重较小；申请量排名在前十名中的国外企业有田纳西河流域管理局、三井东亚化学株式会社和住友化学株式会社。

4. 全球专利申请来源国分析

(1) 全球专利申请来源国总体分析

液体肥料全球专利申请来源国分布见表 2。由表 2 可知，全球专利申请来源国主要集中在中国、日本、韩国和美国等国家；其中专利申请来源国为中国的专利申请最多，有 1419 件，占总量的 65.5%；其次为日本 151 件、韩国 129 件、美国 107 件。其他国家如捷克斯洛伐克、德国、苏联、匈牙利、罗马尼亚等其他国家也均有一定量的申请，但是各自的申请总量均小于 100 件。可见，在全球液体肥料领域，中国专利申请占有绝对优势。

表 2 全球专利申请来源国分布

国家	申请量/件	占比/%
中国	1419	65.5
日本	151	7.0
韩国	129	6.0
美国	107	4.9
捷克斯洛伐克	59	2.7
德国	53	2.4
苏联	48	2.2
匈牙利	28	1.3
罗马尼亚	20	0.9
英国	19	0.9
巴西	19	0.9
法国	13	0.6
俄罗斯	11	0.5
其他	91	4.2

(2) 主要来源国全球专利申请趋势分析

申请量排名前六位来源国申请趋势如图 5 所示。从该图中可以看出，中国从 1986 年有第一件专利申请后，接着逐年开始增加，特别是在 2001 年以后呈快速增长势头，其申请量远远高于其他专利申请来源国。全球第一件专利申请来源国是美国，

❶ TEREN JAN 为捷克斯洛伐克个人。

其每年的申请量为 0～50 件，其中有些年份甚至申请量为 0。来源国为日本的最早专利申请出现在 1967 年，自 1971 年开始每年都有一定量的专利申请，每年的申请量也为 0～50 件。来源国为韩国的最早专利申请出现在 1995 年，自 1995 年开始每年都有一定量的专利申请，每年的申请量也为 0～50 件。来源国为捷克斯洛伐克的最早专利申请出现在 1969 年，1969～1993 年每年都有一定量的专利申请，在 1993 年之后就再没有专利申请。来源国为德国的最早专利申请出现在 1965 年，自此以后有断断续续的申请。由此可见，目前全球专利申请主要集中在中国、日本、韩国和美国。

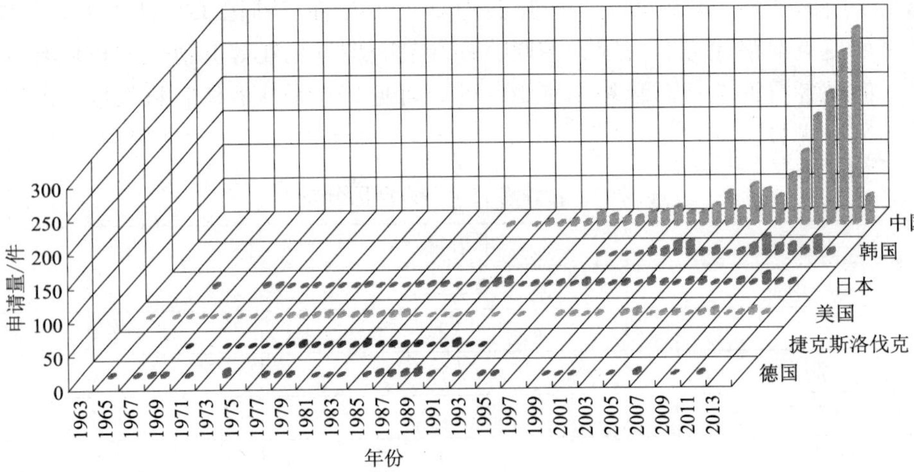

图 5　主要来源国全球专利申请趋势分析

（3）主要来源国全球专利申请技术构成分析

申请量排名前六位的来源国技术构成分析如图 6 所示。由图 6 可知，来源国不同，其技术构成有所不同。来源国为中国的技术分布主要集中在肥料产品，其所占比

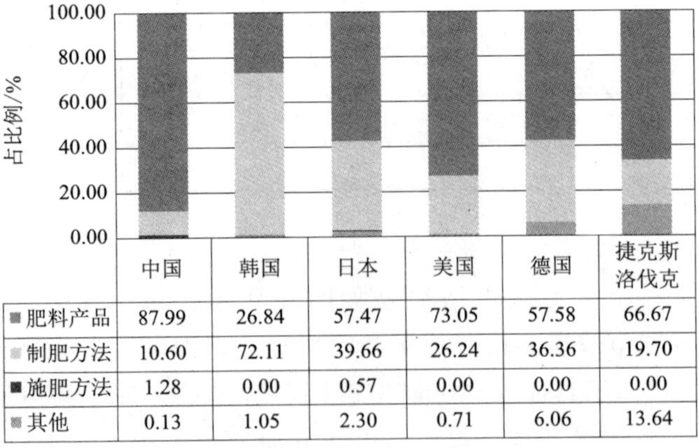

	中国	韩国	日本	美国	德国	捷克斯洛伐克
肥料产品	87.99	26.84	57.47	73.05	57.58	66.67
制肥方法	10.60	72.11	39.66	26.24	36.36	19.70
施肥方法	1.28	0.00	0.57	0.00	0.00	0.00
其他	0.13	1.05	2.30	0.71	6.06	13.64

图 6　主要来源国全球专利申请技术构成分析

例为87.99%；来源国为韩国的技术分布主要集中在制肥方法，其所占比例为72.11%；来源国为美国、捷克斯洛伐克、德国、日本的技术分布也主要集中在肥料产品，分别为73.05%、66.67%、57.58%、57.47%；它们所占比例均低于中国，但是都能占专利申请总量的一半以上。由此可见，在全球范围内，对液体肥料的研究都以肥料产品为研究核心。

5. 全球专利申请目的国家（地区）分析

(1) 全球专利申请目的国家（地区）总体分析

液体肥料全球专利申请目的国家（地区）分布见表3。由表3可知，全球专利申请目的国家（地区）同样主要集中在中国、日本、韩国和美国等国家；其中专利申请目的国为中国的专利申请最多，有1441件，占总量的55.3%；其次为日本173件、韩国136件、美国119件。其他国家如德国、捷克斯洛伐克、国际申请、欧洲等其他国家（地区）也均有一定量的申请量，但是各自的申请总量均小于100件。由此不难看出，中国是液体肥料专利布局的主要地区。

表3　全球专利申请目的国家（地区）分布

国家（地区）	申请量/件	占比/%
中国	1441	55.3
日本	173	6.6
韩国	136	5.2
美国	119	4.6
德国	82	3.1
捷克斯洛伐克	61	2.3
国际申请	60	2.3
欧洲	56	2.1
苏联	48	1.8
澳大利亚	46	1.8
其他	384	14.70

(2) 主要目的国家（地区）全球专利申请趋势分析

申请量排名前五位目的国家（地区）申请趋势如图7所示。从该图中可以看出，中国从1986年有第1件专利申请后，接着逐年开始增加，特别是在2001年以后呈快速增长势头，其申请量远远高于其他专利申请目的国家（地区）。目的国为日本、美国和德国的申请趋势类似，各自每年的申请量均为0～50件。目的国为韩国的最早专利申请出现在1995年，自1995年开始每年都有一定量的专利申请，每年的申请量也为 0～50 件。可见，目前全球专利申请的目的国家（地区）也主要集中在中国、日本、韩国和美国。

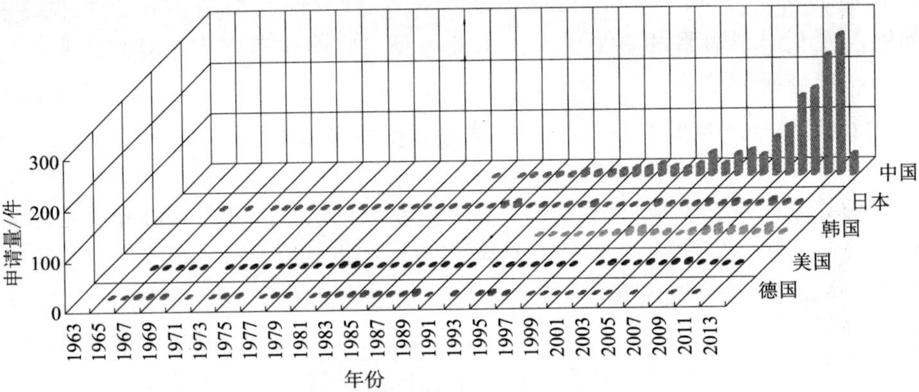

图 7　主要目的国全球专利申请趋势分析

（3）主要目的国家（地区）全球专利申请技术构成分析

排名前五位目的国家（地区）技术构成分析如图 8 所示。由图 8 可知，各目的国家（地区）专利申请的技术构成有所不同。目的国为中国的技术分布主要集中在肥料产品，其所占比例为 87.86%；来源国为韩国的技术分布主要集中在制肥方法，其所占比例为 67.65%；来源国为美国、德国、日本的技术分布也主要集中在肥料产品，分别为 79.83%、64.63%、62.43%；它们所占比例均低于中国，但是都能占专利申请总量的 50%以上。由此可见，在全球范围内，液体肥料的专利申请主要是涉及保护肥料产品的专利申请。

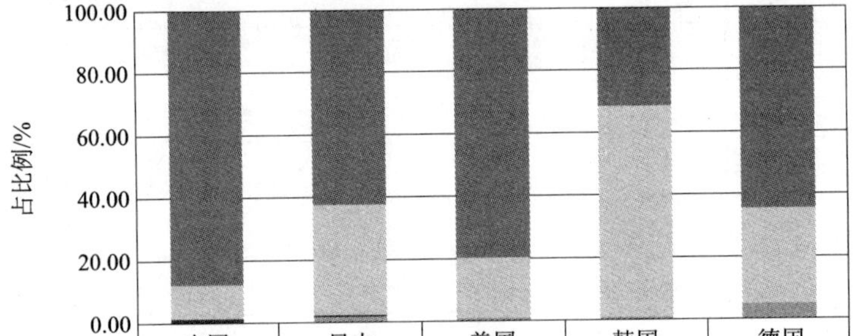

	中国	日本	美国	韩国	德国
肥料产品	87.86	62.43	79.83	31.62	64.63
制肥方法	10.76	35.26	19.33	67.65	30.49
施肥方法	1.25	0.58	0.00	0.00	0.00
其他	0.14	1.73	0.84	0.74	4.88

图 8　主要目的国全球专利申请技术构成分析

6. 小结

全球专利申请中，在技术主题和技术构成方面主要以肥料产品为研究的核心。在专利申请量方面，全球专利申请量逐年增加，尤其从 2008 年起进入快速增长阶段。在申请人方面，全球申请量排名前十位的申请人中，中国申请人占 2/3，主要是企业和高校；国外申请人占 1/3，主要是企业。在申请来源国和目的国方面，全球专利申请来源国和目的国主要集中在中国、日本、韩国和美国等国家，这其中不论是来源国还是目的国，中国的申请量均占有绝对优势；在各国技术分布上，除韩国主要集中在制肥方法外，其他各国的技术分布都主要集中在肥料产品上。总之，从专利申请来看，液体肥料技术领域中中国专利申请占绝对优势。

（三）在中国专利申请分析

对于在中国专利申请的分析，主要是采用中国专利文摘数据库（CNPAT）进行检索，并通过中国专利文摘深加工数据库（CNABS）和中国专利全文数据库（CNTXT）进行补充，然后进行统计得到。液体肥料在中国专利申请共 1444 件。下面主要从技术构成、申请趋势、重点申请人、申请来源国、法律状态等方面对在中国专利申请概况进行分析。

1. 在中国专利申请技术构成分析

液体肥料在中国专利申请的技术构成如图 9 所示。从图 9 中可以看出，在所有液体肥料专利申请中，肥料产品相关专利申请为 1267 件，占申请总量的 88%；其次为制肥方法，其申请量为 157 件，占申请总量的 11%；施肥方法等方面的专利申请量较小。可见，液体肥料在中国专利申请主要集中在肥料产品和制肥方法，尤其是肥料产品占主导的地位。

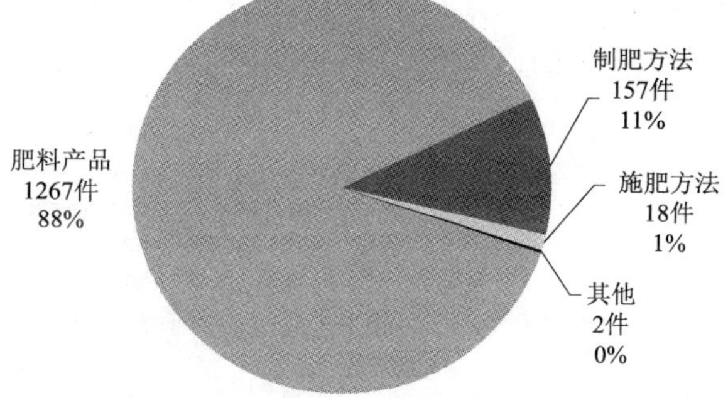

图 9 在中国专利申请技术构成分析

2. 在中国专利申请趋势分析

液体肥料在中国专利申请的申请量趋势如图 10 所示。从图 10 中可以看出，第一件液体肥料的在中国专利申请出现在 1986 年；该专利申请涉及西瓜微量元素营养液的配方及工艺，申请人为上海市农业科学院；1986～2007 年中国的液体肥料专利申请量在长达 20 年内维持一个低水平的稳定状态量；2008～2013 年在中国专利申请量进入快速增长阶段，以每年 20 件以上的速度增长。可见，2008～2013 年期间，液体肥料逐渐成为研发热点。另外，2013 年在中国专利申请量为 275 件，与 2012 年在中国专利申请 236 件相比仍然是快速增加，且 2013 年的数据是不完全统计，由此可以判断液体肥料仍然是目前肥料领域的一个研究热点，并且达到了一定技术水平。

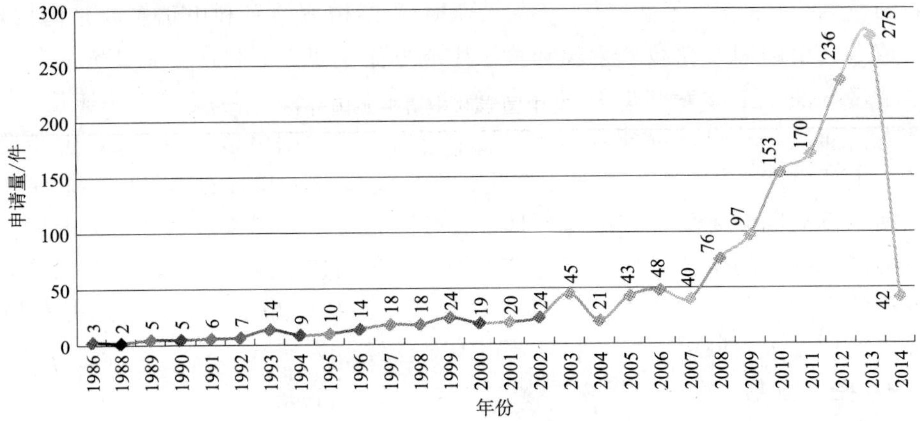

图 10　在中国专利申请趋势分析

3. 在中国专利申请人分析

液体肥料在中国专利申请量排名前十位申请人如图 11 所示。总体而言，在中国专利申请人较为分散，申请量最大的是天津滨海国际花卉科技园区股份有限公司，共 34 件。排名第二位的是天津职业技术师范大学，共 26 件，其在大专院校申请人中的申请量最多。在前十位申请人中，企业有 4 位，高校有 5 位，个人有 2 位；其中由于申请人的申请量相同，排名第六、七位申请人存在并列现象。由此可见，我国液体肥料的研发主体仍然是企业和高校，其中企业作为研发主体所占的比例逐渐在加大，这说明我国企业的研发能力逐渐在提高。

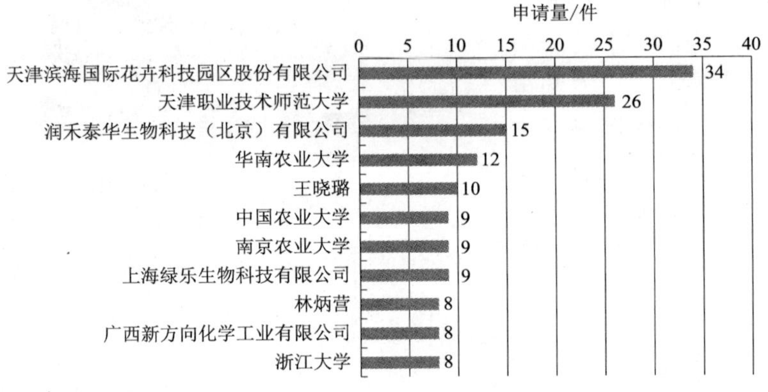

图 11　在中国专利申请人分析

4. 在中国专利申请来源国分析

(1) 在中国专利申请来源国总体分析

在中国专利申请来源国分布如表 4 所示。由表 4 可知，在中国专利申请来源国为中国的专利申请最多，有 1419 件，占总量的 98.27%；美国、日本、韩国、中国台湾、澳大利亚等国家和地区也均有申请，但是各自的申请总量都很少，其中以来源国为美国的专利申请最多，为9件。可见，液体肥料相关的专利申请主要是国内申请，国外申请人在中国的专利布局较少。

表4 在中国专利申请来源国分布

国家（地区）	申请量/件	占比/%
中国	1419	98.27
美国	9	0.62
日本	3	0.21
韩国	3	0.21
中国台湾地区	2	0.14
澳大利亚	2	0.14
南非	2	0.14
芬兰	1	0.07
印度	1	0.07
瑞士	1	0.07
保加利亚	1	0.07

（2）主要来源国在中国专利申请趋势分析

申请量排名前四位来源国申请趋势如图12所示。从该图可以看出，中国从1986年有第一件专利申请后，接着逐年开始增加，特别是在2001年以后呈快速增长势头，其申请量远远高于其他专利申请来源国。来源国为美国、韩国和日本在中国专利申请一直保持较低的申请量，而且申请的延续性较差。由此可见，一直以来，液体肥料在

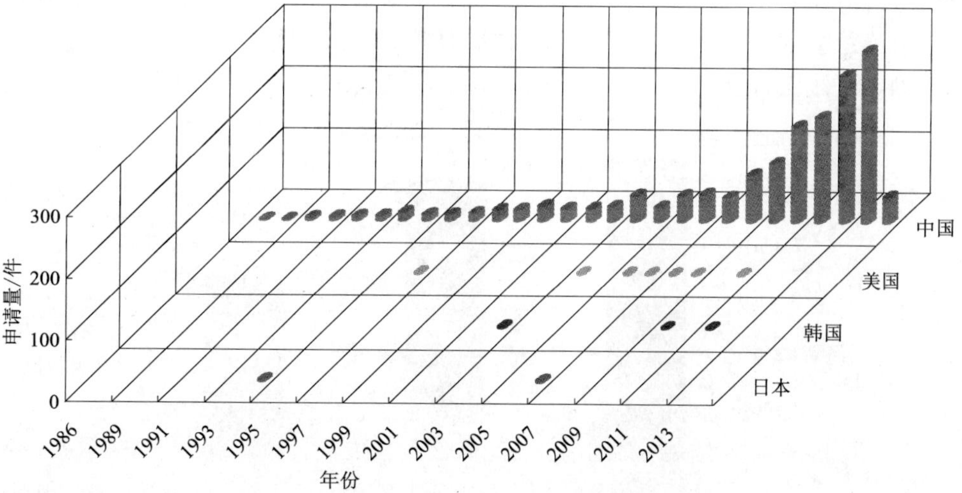

图12 主要来源国在中国专利申请趋势分析

中国专利申请主要以国内申请为主。

（3）主要来源国在中国专利申请技术构成分析

液体肥料在中国专利申请量排名前四位的来源国技术构成分析如图 13 所示。由图 13 可知，来源国为中国的技术分布主要集中在肥料产品上，其所占比例为 88.02%；来源国为美国、日本、韩国的技术分布也主要集中在肥料产品上，分别为 88.89%、66.67%、66.67%。由此可见，在中国专利申请中，对液体肥料的研究仍然是以肥料产品为研究核心。

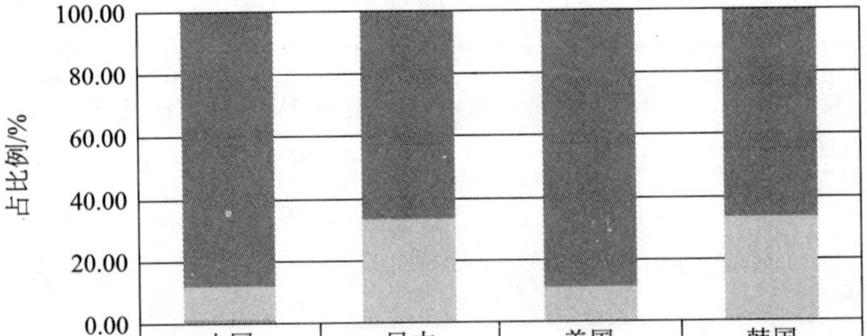

	中国	日本	美国	韩国
肥料产品	88.02	66.67	88.89	66.67
制肥方法	10.57	33.33	11.11	33.33
施肥方法	1.27	0.00	0.00	0.00
其他	0.14	0.00	0.00	0.00

图 13　主要来源国在中国专利申请技术构成分析

5. 在中国专利申请法律状态分析

截至检索日，在中国专利申请法律状态如图 14 所示。其中专利权处于有效状态的专利申请为 346 件，占申请总量的 23.9%；专利权处于失效状态的专利申请为 530 件，占申请总量的 36.7%；待审未决的专利申请为 568 件，占申请总量的 39.4%。由此可见，液体肥料专利申请的授权率不高。究其原因，主要有以下两点：① 在中

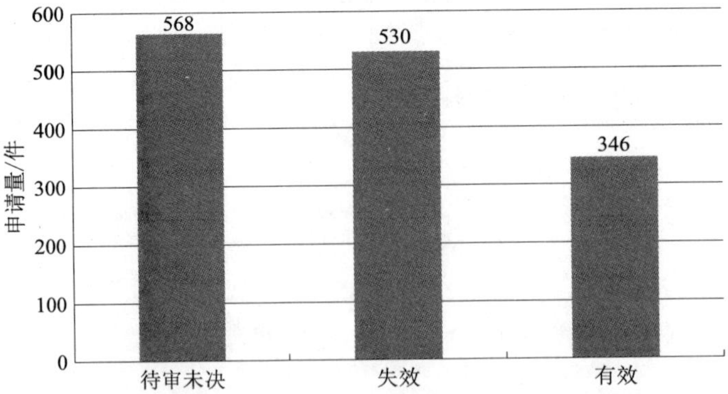

图 14　在中国专利申请法律状态分析

国专利申请中申请人为个人的申请所占比例大、专利申请的撰写质量参差不齐以及所属行业是传统行业等，造成在中国专利申请的授权率偏低。② 由于在中国专利申请在2012～2013 年的申请量较大，然而该时间段的专利申请部分处于待审未决状态，从而也影响了授权率。

6. 小结

在中国专利申请中，在技术主题方面，技术构成主要以肥料产品为研究的核心。在专利申请量方面，在中国专利申请量呈逐年增加趋势，从 2008 年起进入快速增长阶段。在申请人方面，在中国申请量排名前十位的申请人中，均为国内申请人，且企业和高校占主导地位，个人仅占较小比例。在申请来源国方面，在中国专利申请来源国主要集中在中国，美国、日本和韩国等国家也有极少量在中国专利申请，所占比例极低。也就是说，液体肥料在中国专利申请以国内申请为主；前四位来源国的技术分布都主要集中在肥料产品上。从在中国专利申请的法律状态来看，液体肥料专利申请的授权率不高。由此可见，在液体肥料在中国专利申请方面，中国专利申请占绝对优势。

三、液体肥料的重点技术分析

从以上分析不难看出，不论是在全球还是中国，液体肥料领域的专利申请大多集中在肥料产品方面，制肥方法以及施肥方法方面的专利申请量相对较少。因此，这里重点对肥料产品相关专利申请进行分析，所采用的数据样本是全球数据。

（一）液体肥料产品总体分析

1. 液体肥料产品技术构成分析

由于液体肥料的组成成分很多，目前还没有统一的分类方法。为了清晰地分析液体肥料，本文结合 IPC 分类号以及液体肥料的用途、组成成分、专利申请的特点等因素，将液体肥料产品分为叶面肥、营养液、土壤肥料、注射液以及其他五类。

液体肥料产品总体分析如图 15 所示。从图中可以看出，在所有涉及肥料产品的专利申请中，其中土壤肥料相关专利申请量最大，共计 843 件，占肥料产品的 49.6%，几乎占肥料产品的 50%；其次为叶面肥，共计 447 件，占肥料产品的 26.3%；营养液相关专利申请共计 400 件，占肥料产品

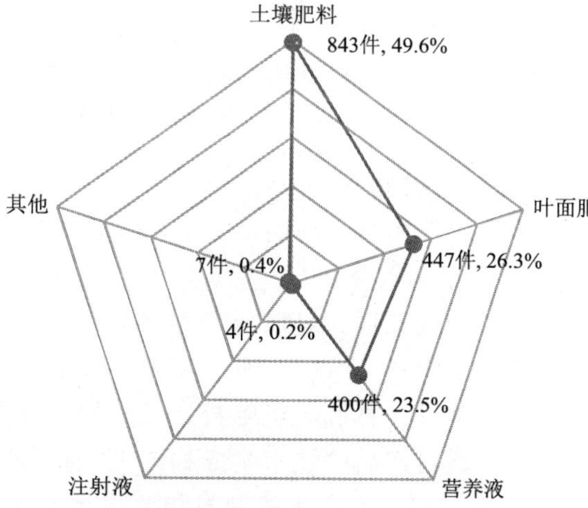

图 15 液体肥料产品总体分析

的23.5%；叶面肥和营养液各占肥料产品的1/4左右；最后，注射液及其他所占比例极小。可见，液体肥料产品主要集中在土壤肥料、叶面肥、营养液三大板块。

2. 液体肥料产品技术发展趋势分析

液体肥料产品的技术发展趋势如图16所示。从图16中可以看出，土壤肥料、叶面肥和营养液的申请量均是逐年增加；对于土壤肥料而言，自1963年开始，每年都有一定量的申请，在2008年以前每年的申请量保持着缓慢的增长，2008年以后开始快速发展，尤其在2011～2013年每年的专利申请量超过50件。对叶面肥和营养液而言，1990～2008年申请量维持在一个较低的水平，自2008年起，申请量开始缓慢增长，在2013年申请量达到峰值。可见，2012～2013年，土壤肥料、叶面肥和营养液的申请量均呈快速增长趋势。从侧面也说明，在液体肥料中，土壤肥料、叶面肥和营养液是研究的重点。

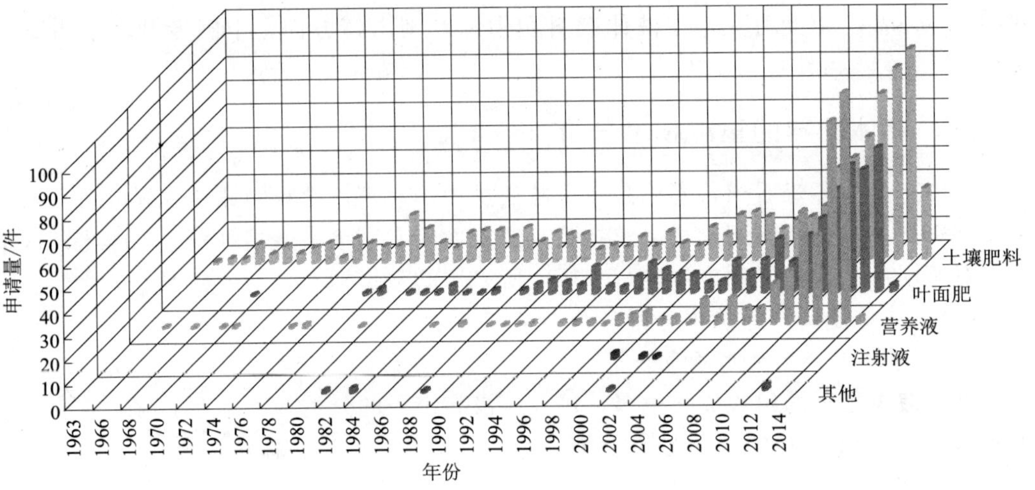

图16 液体肥料产品技术发展趋势

（二）土壤肥料

土壤肥料相关专利申请共计843件。

1. 技术构成分析

由于土壤肥料的组成成分很多，为了清晰地分析土壤肥料，本文结合IPC分类号以及土壤肥料的组成成分、专利申请的特点等因素，将土壤肥料产品分为无机肥料、有机肥料、有机无机肥料、微生物肥料、无肥效组分的肥料以及其他肥料六类。

土壤肥料产品的技术构成如图17所示。无机肥料相关申请共374件，占土壤肥料总量的45%；有机无机肥料相关申请共210件，占土壤肥料总量的25%；有机肥料相关申请共126件，占土壤肥料总量的15%；微生物肥料相关申请共62件，占土壤肥料总量的7%。由此可见，土壤肥料的技术构成主要在于无机肥料、有机无机肥料和有机肥料；其中无机肥料所占的比例最大。

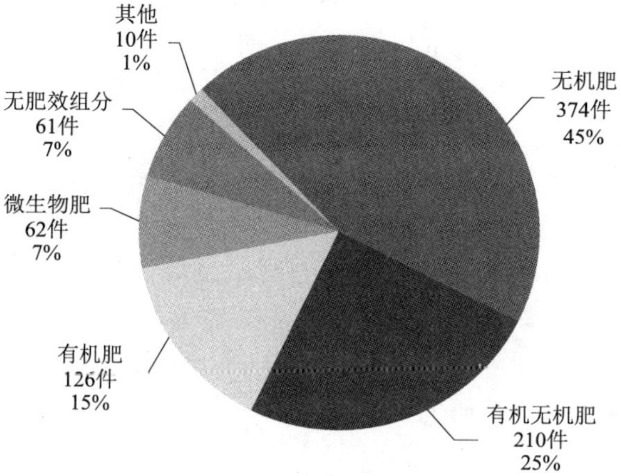

图17 土壤肥料技术构成分析

2. 专利申请趋势分析

土壤肥料申请量的趋势如图18所示。从图中可以看出，土壤肥料的发展可分为两个阶段：第一阶段为1963～2007年，全球液体肥料专利申请量在长达45年时间内维持一个低水平的稳定状态量，其每年申请总量不超过20件；第二阶段为2007～2013年，专利申请量进入较快增长阶段，每年申请总量在20件以上；特别是从2010年开始每年申请总量达到50件以上，呈快速增长势头。这些数据表明，一直以来对土壤肥料都有一定的研究，在2007年以后申请量大幅度增加，研发热度

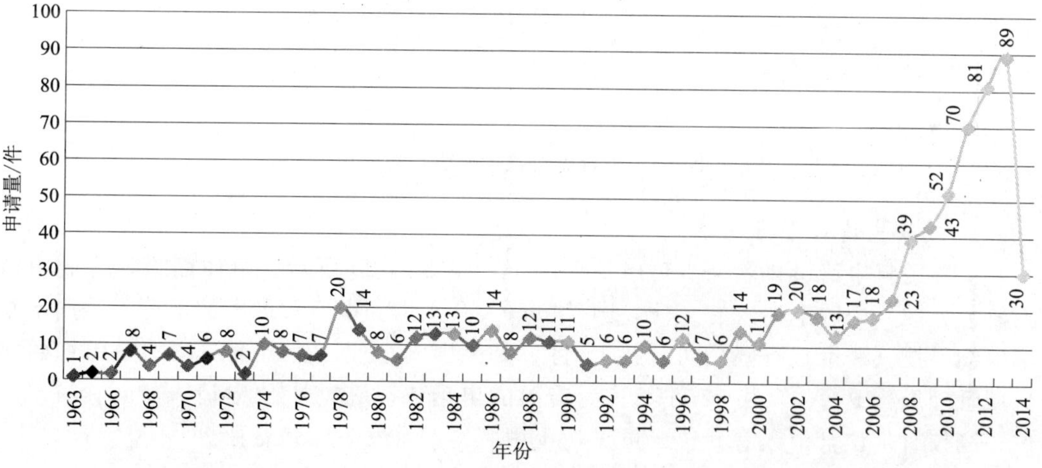

图18 土壤肥料申请趋势分析

逐渐增加。

3. 技术发展趋势分析

土壤肥料的技术发展趋势如图 19 所示。从图中可以看出，在 2000 年之前，无机肥占绝对优势，其他类型的申请量相对较小；而这之后，其他类型土壤肥料的申请量明显增加，这种趋势尤以近几年更加明显，目前基本实现了土壤肥料的全面发展。其中：无机肥，自 1963 年开始申请量逐年上升，到 1979 年开始缓慢下降，直到 2008 年又开始快速发展；有机无机肥，早期申请量很少，自 1992 年开始逐年缓慢增加，尤其从 2009 年开始申请量快速增长；有机肥，2000 年以前的申请量较少，从 2000 年开始每年均有一定量的申请量；微生物肥料，2002 年以前的申请量较少，从 2002 年开始每年均有一定量的申请量；无肥效肥料，一直以来申请量都较少，从 2011 年开始申请量有所增加。由此可见，在土壤肥料中，专利申请最主要的产品是无机肥，另外有机无机肥和有机肥也是研究的主要产品。

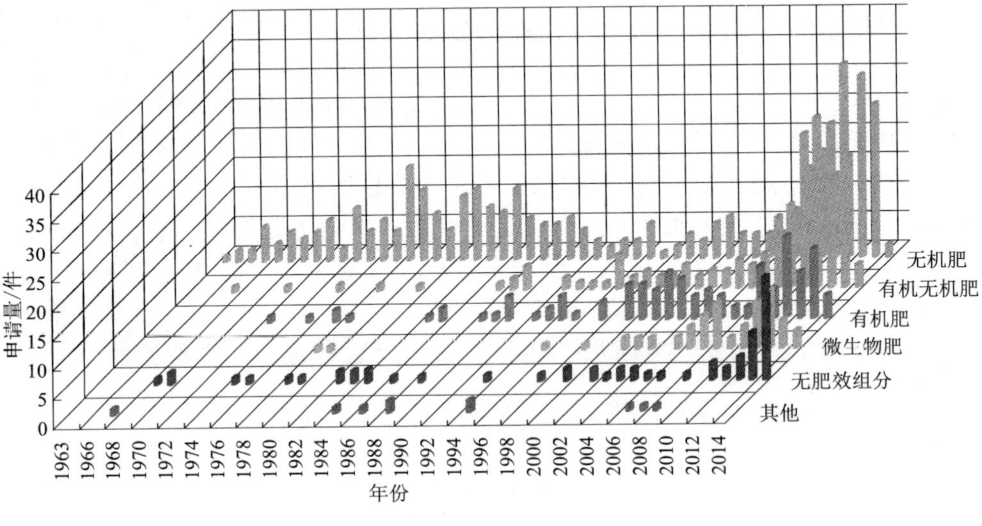

图 19　土壤肥料技术发展趋势分析

4. 重要申请人分析

土壤肥料申请量排名前十位申请人的申请量如图 20 所示。总体而言，专利申请人较为分散，中国申请人有 6 位，国外申请人有 4 位。申请量最大的申请人是润禾泰华生物科技（北京）有限公司，共 15 件，其为国内企业。排名第二位的是田纳西河流域管理局（TVA），共 12 件，其为美国的申请人。在前十位申请人中，企业有 6 位，高校有 1 位，个人有 3 位。可见，土壤肥料的研发主体是企业。

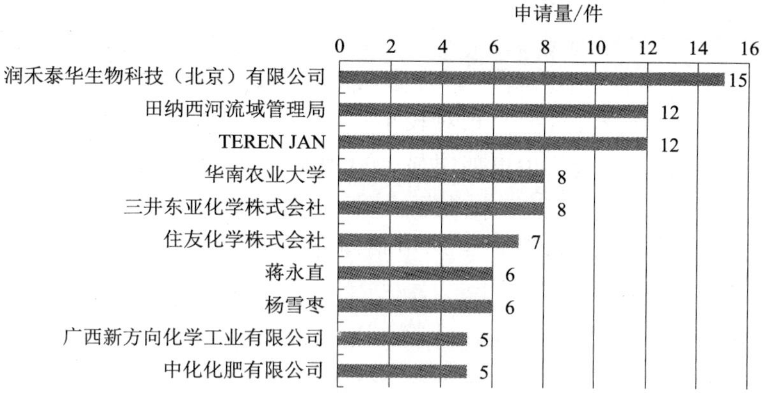

图 20　土壤肥料重要专利申请人分析

（三）叶面肥

叶面肥相关专利申请共计 447 项。

1. 技术构成分析

由于叶面肥的组分很多，为了清晰地分析叶面肥，本文结合 IPC 分类号以及叶面肥的组分、专利申请的特点等因素，将叶面肥产品分为无机肥料、有机肥料、有机无机肥料、微生物肥料以及无肥效组分的肥料五类。

叶面肥产品的技术构成分析如图 21 所示。从图中可以看出，无机肥料相关申请共 173 件，占叶面肥申请总量的 39%；有机无机肥相关申请共 110 件，占叶面肥申请总量的 24%；无肥效组分肥料相关申请共 88 件，占叶面肥申请总量的 20%；有机肥料相关申请共 55 件，占叶面肥申请总量的 12%；微生物肥相关申请共 21 件，占叶面肥申请总量的 7%。由此可见，土壤肥料的技术构成主要在于无机肥料、有机无机肥料和无肥效组分肥料；其中无机肥料所占的比例最大。

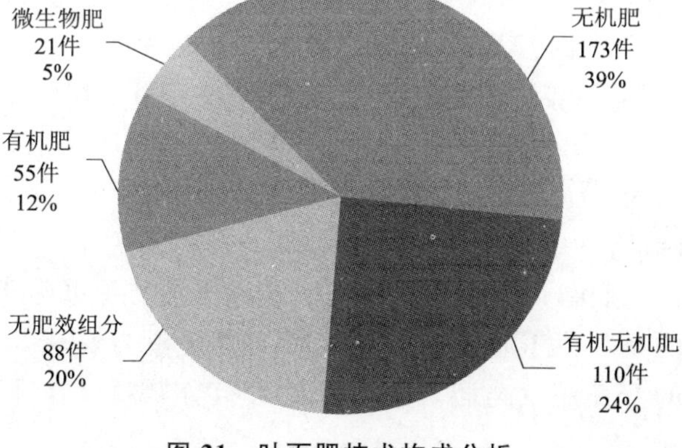

图 21　叶面肥技术构成分析

2. 申请趋势分析

叶面肥申请量的趋势如图 22 所示。从图中可以看出，叶面肥的发展可分为两个阶段：第一阶段为 1969～2008 年，全球液体肥料专利申请量在长达 40 年时间内维持一个低水平的稳定状态量，其每年申请总量不超过 23 件；第二阶段为 2009～2013 年，专利申请量进入较快增长阶段，每年申请总量在 30 件以上；特别是从 2011 年开始每年申请总量达到 50 件以上。总体而言，叶面肥的专利申请一直以来缓慢发展，近几年才有较快的增长。

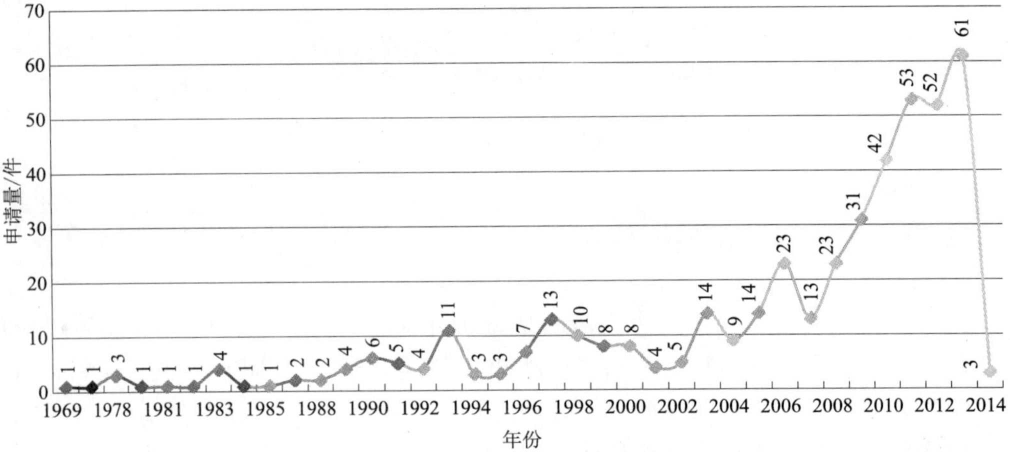

图 22 叶面肥申请量趋势分析

3. 技术发展趋势分析

叶面肥的技术发展趋势如图 23 所示。从图中可以看出，在 2004 年之前，无机肥以及无肥效组分肥料申请量较大，其他类型的申请量相对较小；而这之后，其他类型叶面肥例如有机肥、有机无机肥以及微生物肥的申请量明显增加，这种趋势尤以近几年更加明显，目前基本实现了叶面肥的全面发展。其中：无机肥，自 1969 年开始申请量维持在一个较低的水平，直到 2008 年又开始快速发展；有机无机肥，早期申请量很少，自 1997 年开始逐年缓慢增加，尤其从 2009 年开始申请量快速增长；无肥效肥料，一直以来申请量都较少，从 2008 年开始申请量有所增加；对于有机肥而言，2003 年以前的申请量较少，在 2004 年开始每年均有一定量的申请量；微生物肥料，从 2000 年开始才陆续有一定量的申请量。可见，在叶面肥中，专利申请最主要产品是无机肥和无肥效组分肥料；近年来有机肥、有机无机肥等也逐渐成为专利申请的主要产品。值得注意的是，由于叶面肥施用主要为喷施，与农药等的施用方法基本相同，因此含有农药的叶面肥（药肥，归为无肥效组分肥料）在叶面肥中占有一定的比例。

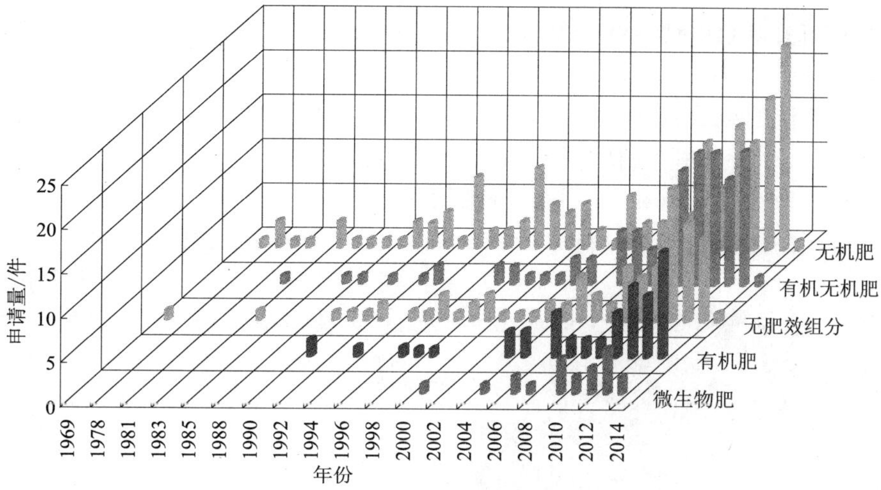

图 23 叶面肥技术发展趋势分析

4. 重要申请人分析

叶面肥申请量排名前十位申请人分析如图 24 所示。该图显示出申请量排名前十位申请人的申请量情况。申请量排名前十位的申请人均为中国申请人，并且申请人既包括高校和企业，也包括个人；申请人中企业有 3 位，高校和科研单位有 3 位，个人有 4 位。合肥工业大学的申请量最大，也仅为 7 件，其他申请人的申请量都比较小。总体而言，液体肥料的申请人分布较为分散，并且各申请人的申请量均较少。

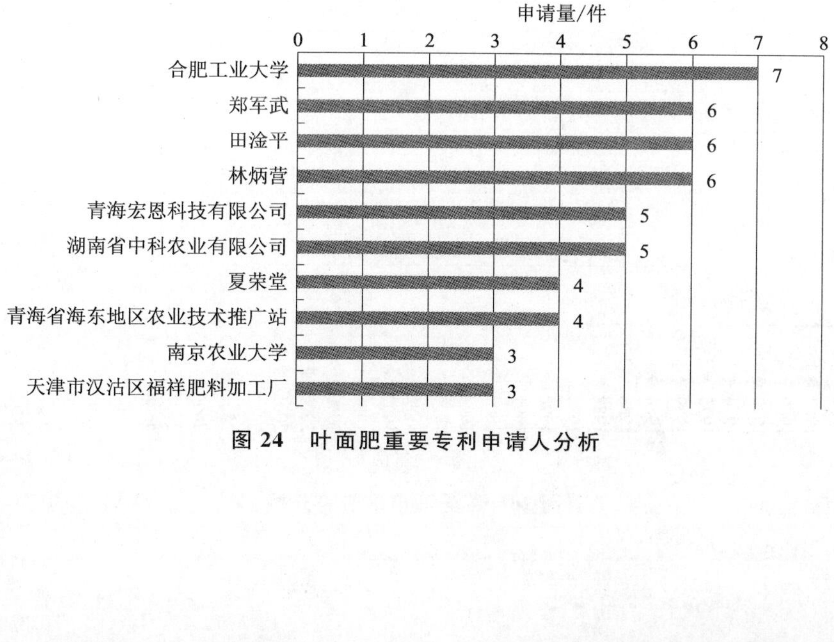

图 24 叶面肥重要专利申请人分析

（四）营养液

营养液相关专利申请共计 400 件。

1．技术构成分析

由于营养液的组分很多，为了清晰地分析营养液，本文结合 IPC 分类号以及土壤肥料的组分、专利申请的特点等因素，将营养液产品分为无机肥料、有机肥料、有机无机肥料、微生物肥料和无肥效组分的肥料五类。

营养液产品的技术构成分析如图 25 所示。无机肥料相关申请共 246 件，占营养液总量的 61%；有机无机肥料相关申请共 62 件，占营养液总量的 15%；无肥效组分肥料相关申请共 48 件，占营养液总量的 12%；有机肥料相关申请共 34 件，占营养液总量的 9%；微生物肥料相关申请共 10 件，占营养液总量的 3%。由此可见，营养液的技术构成主要在于无机肥料、有机无机肥料和无肥效组分肥料；其中无机肥料所占的比例最大。

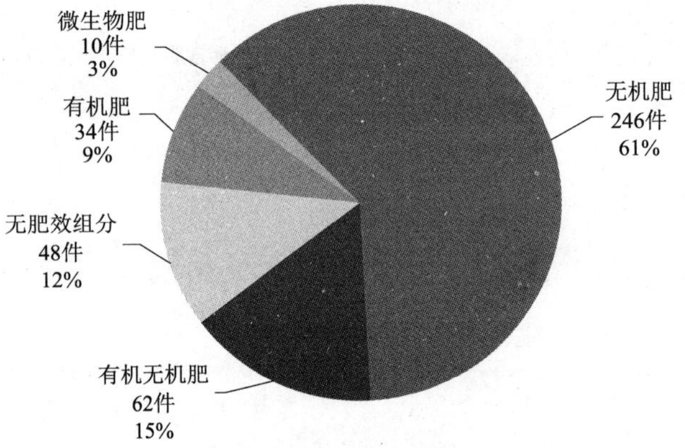

图 25 营养液技术构成分析

2．申请趋势分析

营养液申请量的趋势如图 26 所示。从图中可以看出，营养液的发展可分为两个阶段：第一阶段为 1964～2008 年，全球液体肥料专利申请量在长达 40 年时间内维持一个低水平的稳定状态量，其每年申请总量不超过 20 件；第二阶段为 2009～2013

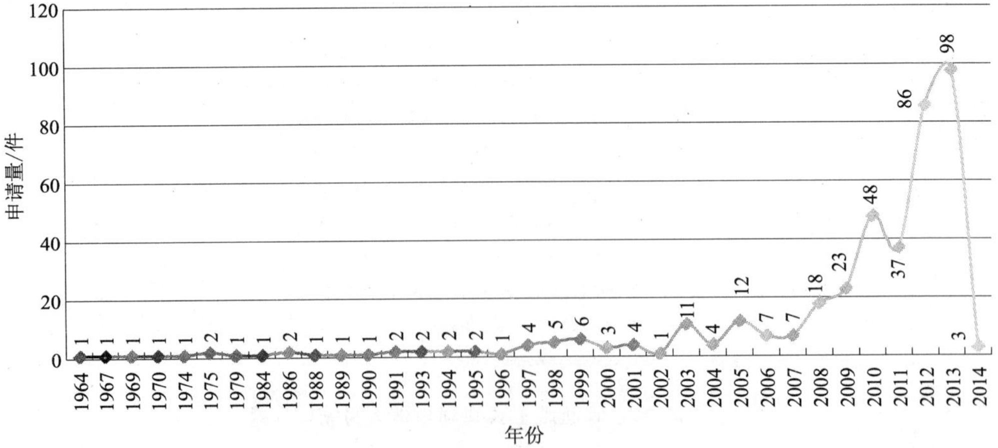

图 26 营养液申请趋势分析

年，专利申请量进入较快增长阶段，每年申请总量在 20 件以上；特别是从 2012 年开始，每年申请总量达到 80 件以上。总体而言，营养液的专利申请一直以来缓慢发展，近几年才有较快的增长。

3. 技术发展趋势分析

营养液的技术发展趋势如图 27 所示。从图中可以看出，在 2008 年之前，营养液相关专利申请均较小；而这之后，虽然各类型专利申请量均有所增加，但是这种趋势尤以无机肥更加明显，无机肥在营养液中占有绝对优势。其中：无机肥，从 1964 年开始申请量维持在一个较低的水平，直到 2008 年又开始快速发展；有机无机肥，早期申请量很少，从 1995 年开始逐年缓慢增加；无肥效肥料，一直以来申请量都较少，从 2006 年开始申请量有所增加；有机肥，2008 年以前的申请量较少，从 2008 年开始每年均有一定量的申请量；微生物肥料，从 2005 年开始才陆续有一定量的申请量。可见，在营养液中，专利申请最主要产品仍是无机肥；近年来有机无机肥和无肥效组分肥料也逐渐成为营养液的部分产品。

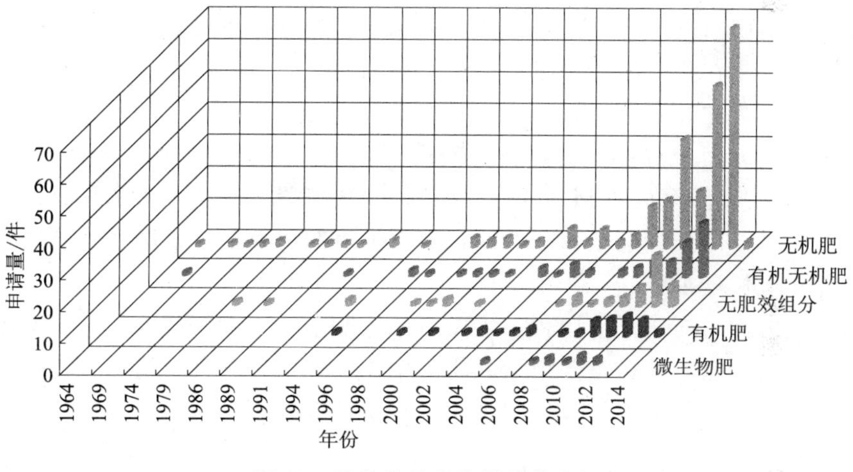

图 27 营养液技术发展趋势分析

4. 重要专利申请人分析

营养液申请量排名前十位专利申请人分析如图 28 所示。该图显示出申请量排名前十位申请人的申请量情况。申请量排名前十位的申请人均为中国申请人，并且申请人既包括高校和企业，也包括个人。申请人中企业有 3 位，高校有 4 位，个人有 3 位。总体而言，液体肥料的申请人较为分散。申请量最大的申请人是天津滨海国际花卉科技园区股份有限公司，申请量为 29 件；其他申请人的申请量都比较少。营养液的专利申请人，主要集中在企业和高校；其中企业包括沈阳信达信息科技有限公司、天津绿动植物营养技术开发有限公司；高校包括天津职业技术师范大学、中国农业大学、广西科技大学和北京林业大学。

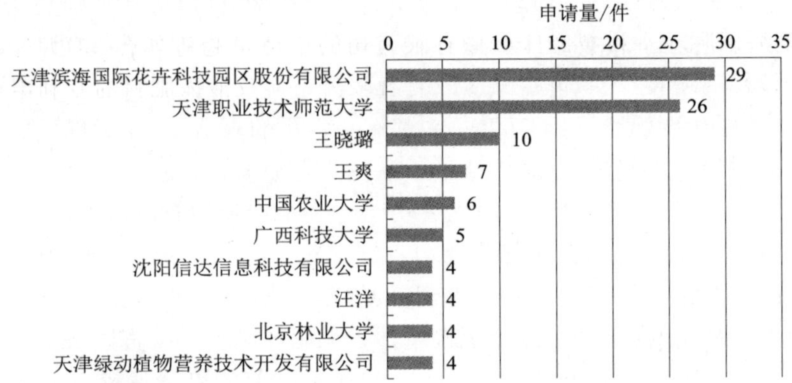

图 28　营养液重要专利申请人分析

（五）小结

在技术领域方面，土壤肥料、叶面肥和营养液的技术构成都主要集中在无机肥料。其中：土壤肥料技术主题主要分布在无机肥料、有机无机肥料和有机肥；叶面肥技术主题主要分布在无机肥料、有机无机肥料和无肥效组分肥料；营养液技术主题则主要以无机肥料为主。

在申请趋势方面，对于土壤肥料，其中无机肥从 1963 年开始申请量逐年上升，到 1979 年开始缓慢下降，直到 2008 年又开始快速发展；有机无机肥和有机肥的申请量逐年缓慢上升。对于叶面肥和营养液，其中无机肥、有机无机肥和无肥效组分肥料的申请量逐年缓慢增加。

在申请人方面，对于土壤肥料，重要申请人既包括中国申请人，又包括国外申请人；对于叶面肥和营养液，重要申请人均为中国申请人，并且申请人既包括高校和企业，又包括个人。总体而言，液体肥料的专利申请人较为分散。

四、液体肥料的重要申请人分析

从图 4 全球专利主要申请人申请量分析不难看出，在申请量排名前十位的申请人中，有国内企业、高校和个人申请，以及国外企业和个人申请。其中：

（1）国内企业：天津滨海国际花卉科技园区股份有限公司、润禾泰华生物科技（北京）有限公司；

（2）国内高校：天津职业技术师范大学、华南农业大学；

（3）国外申请人：TEREN JAN、田纳西河流域管理局、三井东亚化学株式会社。

（一）天津滨海国际花卉科技园区股份有限公司

天津滨海国际花卉科技园区股份有限公司成立于 1998 年，是一家主要从事花卉、生产研发的民营企业。

1. 申请量趋势分析

天津滨海国际花卉科技园区股份有限公司的申请量趋势如图 29 所示。从图中可以看出，天津滨海国际花卉科技园区股份有限公司涉及液体肥料的专利申请共 34 件，主要从 2008 年开始申请专利，其后每年都有一定量的申请。

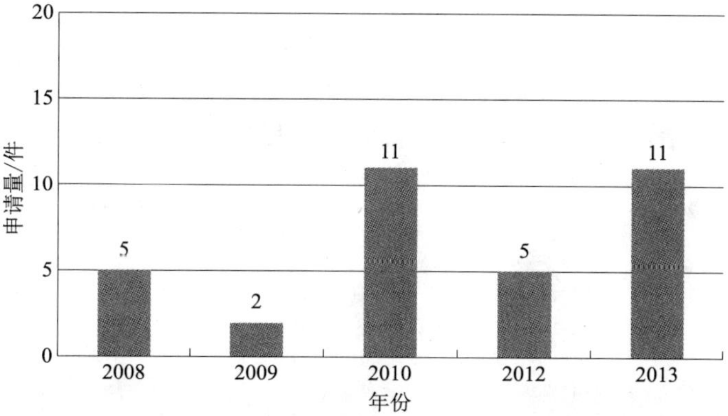

图 29 天津滨海国际花卉科技园区股份有限公司的申请量的逐年分布趋势

2. 研发重点分析

天津滨海国际花卉科技园区股份有限公司的研发重点分析如图 30 所示。从图中可以看出，该公司的液体肥料专利申请主要侧重于营养液，共计 29 件，占其申请总量的 85%。该公司从 2008 年 9 月 25 日开始提交专利申请，这一天提交了两份涉及营养液的专利申请，分别是安祖花营养液和天鹅绒竹芋营养液。随后申请人又陆续提交了一系列花卉营养液的专利申请。在这涉及营养液的 29 件专利申请中，其中 27 件涉及由多种营养元素所组成的无机营养液，其他 2 件为含无肥效组分的营养液。另外，该公司的其他申请还涉及叶面肥以及制肥、施肥方法等，如在 2013 年 12 月 6 日提交了一份专利申请，要求保护的是一种蔬菜叶面肥。

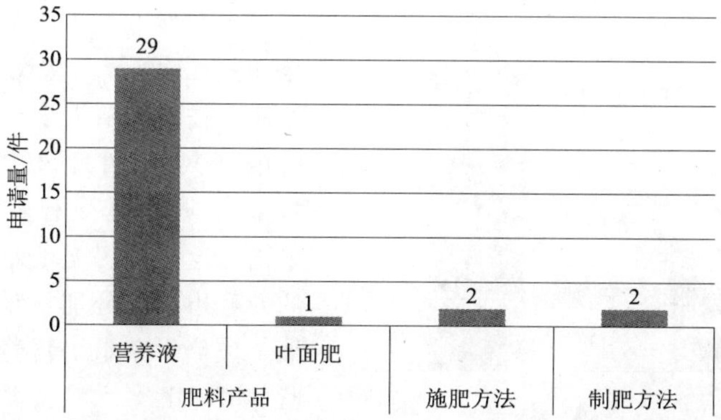

图 30 天津滨海国际花卉科技园区股份有限公司的研发重点分析

3. 区域布局分析

天津滨海国际花卉科技园区股份有限公司所有的液体肥料相关专利申请均为国内申请，未向其他国家或地区提交过专利申请。

4. 在中国专利法律状态分析

截至检索日，该公司的专利申请法律状态如图 31 所示。其中专利权处于有效状态的专利申请为 17 件，占申请总量的 50%；专利权处于失效状态的专利申请为 1 件，占申请总量的 2.9%；待审未决的专利申请为 16 件，占申请总量的 47.1%。可见，该公司专利申请的授权率比液体肥料的平均授权率略高。

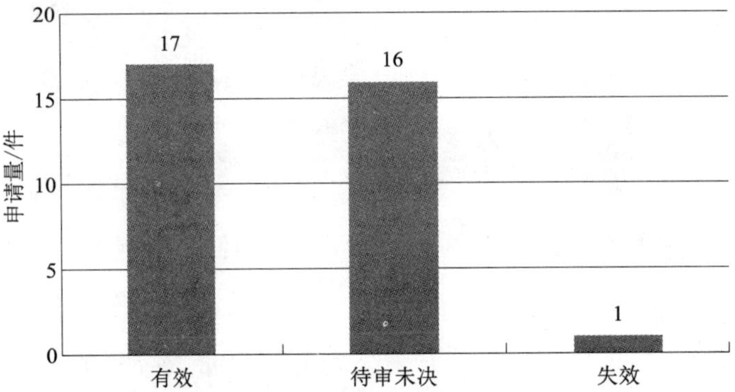

图 31 天津滨海国际花卉科技园区股份有限公司专利申请的法律状态

（二）润禾泰华生物科技（北京）有限公司

润禾泰华生物科技（北京）有限公司涉及液体肥料的专利申请共 15 件，均在 2014 年提交申请，且均为国内申请，未向其他国家或地区提交过专利申请，目前均为待审状态。其申请的技术主题均涉及含无肥效组分的土壤肥料（含农药的药肥）。

（三）天津职业技术师范大学

1. 申请量趋势分析

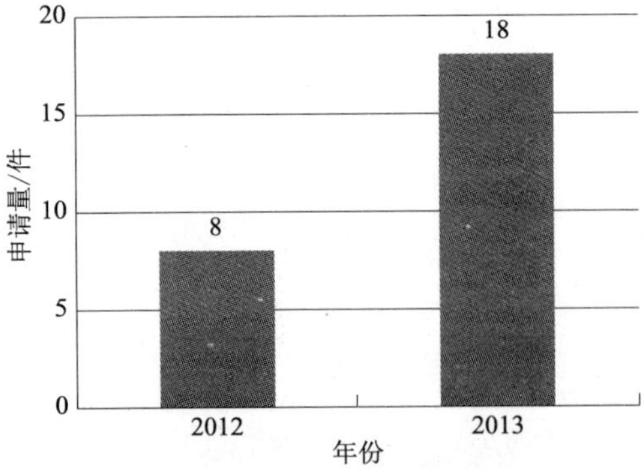

图 32 天津职业技术师范大学的申请量分布趋势

天津职业技术师范大学的申请量趋势如图 32 所示。从图中可以看出，天津职业技术师范大学涉及液体肥料的专利申请共 26 件。该大学从 2012 年 12 月 18 日开始提交有关液体肥料的专利申请，这一天提交了 8 份涉及液体肥料的专利申请，分别是北京快菜水培营养液、玻璃生菜水培营养液、金花菜水培营养液、荠菜水培营养液、青菜水培营养液、苋菜水培营养液、香菜水培营养液和油菜水培营养液。随后申请人又陆续提交了一系列的蔬菜、芦荟等水培营养液的专利申请。申请全部集中在2012～2013年。

2. 研发重点分析

天津职业技术师范大学液体肥料相关专利申请均与营养液相关，绝大部分涉及蔬菜水培的营养液，且所述的营养液均由多种营养元素所组成的无机复合（混）肥。

3. 区域布局分析

天津职业技术师范大学所有的液体肥料相关专利申请均为国内申请，未向其他国家或地区提交过专利申请。

4. 在中国专利法律状态分析

所有专利申请目前均处于待审状态。

（四）华南农业大学

华南农业大学涉及液体肥料的专利申请情况如表5所示。从表中可以看出，华南农业大学涉及液体肥料的专利申请共12件，均为国内申请，未向其他国家或地区提交过专利申请。申请年份主要集中在2008～2009年以及2012～2013年。从2008年7月1日开始提交有关液体肥料的专利申请，其申请的技术主题主要为土壤肥料。虽然叶面肥、营养液以及制肥方法等方面的申请较少，但有所涉及，因而可以说该申请人的专利申请所涉及的技术比较全面。目前专利权有效的专利有5件，待审状态有7件。

表5 华南农业大学的专利申请量 （单位：件）

申请年份	土壤肥料	叶面肥	营养液	制肥方法	总计
2008		2			2
2009	3				3
2012	1		1	1	3
2013	4				4
总计	8	2	1	1	12

（五）TEREN JAN

TEREN JAN的专利申请情况如表6所示。TEREN JAN为捷克斯洛伐克申请，其专利申请的时间跨度为1969～1993年，但年份申请量较小，申请量最大年份如1986年、1987年，也仅有3件。其专利申请的主题主要集中在土壤肥料，且多为无机土壤肥料。其专利申请的目的国主要为捷克斯洛伐克（包括解体之后的捷克和斯洛伐克），这其中有两项专利申请均进入匈牙利、德国和罗马尼亚。

表 6　TEREN JAN 的专利申请量　（单位：件）

申请年份	土壤肥料	制肥方法	其他	总计
1969	1			1
1976	1			1
1978		1		1
1982	1			1
1983	2			2
1984	1			1
1986	3			3
1987	2		1	3
1991	1			1
1993	1			1
总计	13	1	1	15

（六）田纳西河流域管理局

田纳西河流域管理局的专利申请情况如表 7 所示。田纳西河流域管理局（TVA）成立于 1933 年，是专门负责处理田纳西河谷事务的机构，具有自主的经营权。田纳西河流域管理局为美国申请人，其专利申请的时间跨度为 1972～1989 年，但年度申请量较小，申请量最大的年份也仅有 2 件。其专利申请的主题主要集中在土壤肥料，其中主要涉及无机土壤肥料，另外也有一部分涉及有机无机土壤肥料和含无肥效组分的肥料。此外，还有 2 件制肥方法相关专利申请。其专利申请的目的国均为其本国——美国。

表 7　田纳西河流域管理局的专利申请量　（单位：件）

申请年份	土壤肥料	制肥方法	总计
1972	1		1
1975	1		1
1976	2		2
1977	1	1	2
1978	2		2
1981	1		1
1982	1		1
1983		1	1
1986	1		1
1987	1		1
1989	1		1
总计	12	2	14

（七）三井东亚化学株式会社

三井东亚化学株式会社的专利申请情况如表 8 所示。三井东亚化学株式会社为日本申请人，其专利申请的时间跨度为 1975～1995 年，其专利申请的主题主要集中在土壤肥料，其中包括无机土壤肥料和有机土壤肥料。另外，有两项专利申请涉及制肥方法。其专利申请的目的国均为其本国——日本，其中有一项专利申请进入英国。

表 8 三井东亚化学株式会社的专利申请量 （单位：件）

申请年份	土壤肥料	制肥方法	总计
1975	1		1
1978	1		1
1985	3		3
1990	3	1	4
1995		1	1
总计	8	2	10

另外，需要说明的是，从专利数据分析来看，在上述液体肥料的重要申请人中并没有包括目前世界范围内一些大型的知名液体肥料公司，如：美国施可得（SCOTTS）公司、德国康朴公司（德国钾盐集团（K＋S Group）旗下的公司）、美国布兰特联合公司（BRANDT）、美国 PLANT-MARVEL 公司、以色列化工集团等，但是这些公司在液体肥料的生产和销售方面占有重要地位。本文也对这些公司的专利申请进行了检索分析，发现这些公司的专利申请量不多；其中美国施可得（SCOTTS）公司较多，虽然专利申请总量有 100 多件，但是涉及液体肥料的申请较少，其技术核心主要在于缓控释肥产品的包衣技术、配方 M-77 微量元素组合等。另外，美国布兰特联合公司（BRANDT）是美国第二大液体肥料生产商，其生产的微量元素液体肥料在美国销售量第一，但是其关于液体肥料的申请量也不多。国外知名液体肥料公司的申请量较少但销售量大的原因，可能在于以下三个方面：其一，存在技术保密的可能；其二，液体肥料属于传统行业，其配方可根据土壤环境、作物种类、气候等因素进行改进，其生产的关键主要在于注重储存、输送和施用等技术，这些方面是这些公司所关注的重点；其三，国外的农场较多，对液体肥料的需求量大，并且液体肥料容易施用，适合于机械化施肥，并能降低氮的挥发等。

五、主要结论

1. 液体肥料专利申请以产品为主，由传统品种逐渐向多元化发展

不论是全球还是中国，液体肥料的研发重点均主要集中在肥料产品上。从施肥方式来看，液体肥料产品由传统的以土壤肥料为主，逐渐朝土壤肥料、叶面肥、营养液等方向发展，新兴肥料的关注度和研发热度在逐年增加；从肥料成分上来看，由过去以无机肥占主导，逐渐向无机肥、有机肥、有机无机复混肥以及含无肥效组分的肥料等多元化发展。

2. 早期申请量低迷，近几年大幅度增加，其贡献主要来自中国申请人

液体肥料早期的专利申请量较小，例如在2005年前，每年申请量基本低于50件，但是近些年，申请量出现井喷式增长，如在2012年达到266件。这其中主要的增长来自中国申请人。例如，20世纪70年代至今，除中国之外的其他国家的年申请总量基本维持在15～30件，而中国的年申请量在早期（2005年以前）基本保持在30件以下，而之后出现了大幅度的增长，直至近两年的年申请量接近300件。究其原因，一方面，因为我国是农业大国，肥料的用量在不断增加，进而带动了研发不断跟进；另一方面，与我国近几年政府对技术创新的激励措施有密切关系。

3. 区域布局差异显著，中国专利布局明显更为积极

不论是申请的来源国，还是申请的目的国，中国的申请量均远远大于其他国家，甚至大于其他所有国家的总和。具体来说，在全球申请中，来自中国的专利申请为1419件，占全球申请总量的65.5%；进入中国的专利申请共1441件，占全球分布总量的55.3%。另外，在诸多中国申请中，绝大多数为国内申请，中国申请人累计向国外申请仅6件。由此可以看出，一方面，中国是液体肥料“专利战”的主战场，而参与者却大多为国内申请人；另一方面，中国向国外的专利布局并不积极，累计向国外申请专利仅为个位数。

4. 液体肥料技术集中度不高，难形成垄断

液体肥料专利申请较为分散，集中度不高，同时也未发现在专利申请方面占有绝对优势的申请人，例如在全球申请量最大申请人的专利申请量也仅34件，排名第二位的仅有26件。另外，在全球申请量排名前十位申请人中，中国申请人占2/3，主要是企业和高校；国外申请人占1/3，主要是企业；中国申请人数量明显多于外国申请人。

六、液体肥料技术发展趋势和建议

（一）液体肥料技术发展趋势

通过对液体肥料专利技术现状的分析，提出以下液体肥料的技术发展趋势。

首先，从以上对液体肥料专利信息的分析数据来看，液体肥料由早期的以土壤肥料为主、以叶面肥和营养液为辅，逐渐朝土壤肥料、叶面肥、营养液等方向发展。液体肥料的组分由过去以无机肥占主导，逐渐向无机肥、有机肥、有机无机肥以及含无肥效组分的肥料等多元化发展。预计未来，新兴肥料（如叶面肥、营养液）的关注度和研发热度会进一步增加，并且总体上液体肥料的发展趋势为由单一肥向复混肥发展、无机肥向有机无机肥发展。

叶面肥和营养液主要施用对象是蔬菜、花卉、草坪、景观植物等，这些植物均属于经济作物，良好的肥料能带来较好的经济效益，因而专利申请人对叶面肥、营养液的研发热度会进一步增加。复混肥又称多元肥料，相比于单一肥料，其具有养分齐全、配比合理、肥效好、适合于机械化施肥、节约劳动力等特点，考虑到不同的土壤类型、不同的作物种类及其生长期等因素，对复混肥中的组分和含量进行调整，使其养分全面、配比合理，适合于所施用的目标植物，因此液体复混肥是未来发展的趋势之一。另外，将有机废弃物（如秸秆、草炭、畜禽粪便、污泥）等经过微生物的发酵后再与无机肥、生物肥等混合制成有机无机液体肥料，既能向农作物提供多种无机养分，又能提供有机养分，还能起到增产增效、降低污染的作用，因而液体有机无机肥具有很好的发展前景。

其次，从以上液体肥料专利信息的分析数据来看，液体肥料还将向含无肥效组分的肥料发展。含无肥效组分的肥料主要是指含农药的液体肥料（又称药肥），是将"农药、肥料"合二为一，具有杀抑农作物病虫害或作物生长调节的一种或一种以上的功能，是一种能为农作物提供营养或同时具有提供养分和提高肥料及农药利用率的功能性肥料。根据农药和肥料的特征有机结合起来，把植物保护和植物营养合二为一，提高了产品自身价值。药肥一体化不仅能节省成本、节省操作时间，还能起到增产增收、相互增效等作用，其优势显而易见。目前国外的药肥合剂制造已经发展成为一个庞大的肥料分支。虽然国内药肥工业尚不完善，在产品稳定性、使用同步性及安全性上还存在一些不足，但是含农药的液体肥料在国内具有很好的发展空间，因而专利申请人或肥料企业未来将对含农药的液体肥料的研发热度进一步增强。含农药的液体肥料是目前最有发展潜力的药肥一体化产品，主要是将杀虫剂、杀菌剂和除草剂与水溶性好的肥料配合开发。未来含农药的液体肥料的技术含量会越来越高，配方也将更加精准，可以做到依据不同作物、不同时期的需肥规律来配置。

另外，从以上液体肥料专利信息的分析数据来看，我国液体肥料的研究主要集中在花卉、草坪、蔬菜等经济作物上，并且以液体专用肥为主，针对不同的植物种类、土壤等进行具体研究，给出具体的配方和制备方法。由于液体肥料的配方受土壤环境、作物种类、气候等因素的影响，因而液体专用肥料将是今后液体肥料发展所关注的一个重点方向。

最后，综观全球和在中国液体肥料专利申请，我国的液体肥料领域专利申请量要远远超过国外，国内的液体肥料创新活跃。虽然具有这样的优势，但是值得注意的是在液体肥料领域技术创新方面存在一定的问题。目前，在中国液体肥料专利申请主要关注的是液体肥料的配方。然而，评价液体肥料质量的优劣不仅要看肥料的组分，还需根据液体肥料的自身特点，关注液体肥料生产、储存过程中是否会出现一些问题，如结晶、分层、黏度增加流动性变差等，而这些生产、储存过程中的问题也属于液体肥料的主要技术问题，只有解决好这些问题，才能保证生产出优质高效的液体肥料。

（二）对我国液体肥料行业的建议

根据以上对液体肥料专利技术现状的分析，提出对我国液体肥料行业的建议。

首先，要加强知识产权的创新。从以上液体肥料专利信息的分析数据来看，近年来我国的肥料企业的申请量逐年增加，并且重要申请人中企业所占的比例加大，这说明我国的肥料企业逐渐开始重视技术创新。然而，企业是我国液体肥料生产和研发的主体，企业要在市场竞争中立于不败之地，就需不断地加大创新的力度，不断地开发出新产品和新技术，才能长久地巩固市场优势。

其次，要注重专利成果的转化。从以上液体肥料专利信息的分析数据来看，从申请总量上，我国液体肥料专利申请的主体申请人是个人、大学和科研院所，肥料企业作为申请人的申请量近年来才逐年增加。然而，由于个人、大学和科研院所将专利技术转化为产品的能力和资金有限，很难将技术创新投入到实际生产中，所以我国的个人、大学和科研院所只有与肥料企业紧密合作，才能将专利技术尽快转化为真正的生产力。也就是说，我国液体肥料领域的研发主体和应用主体要紧密结合，加强专利成果的转化。

另外，要解决好液体肥料的其他技术问题。虽然从以上专利信息的分析数据可以看出液体肥料的主要技术发展集中在成分、用途等方面，但是液体肥料领域是一个复杂的化学产品体系，它还存在一些其他的技术问题。具体来说，液体肥料的未来发展还需要解决液体肥料生产中的一些配套技术问题，如结晶、分层、包装等。解决这些技术问题需要肥料领域与其相关领域（如化学制剂业、化工机械业）相互配合，提供技术支撑，只有液体肥料的相关技术（如生产、储存、输送和使用）问题逐步得到妥善的解决，才能促进我国液体肥料产业的迅速发展和成熟。从这方面来讲我国的液体肥料还有较大的发展空间。

最后，要学习国外成功经验和成熟模式。从以上的专利信息的分析数据可以看出，国外的液体肥料比我国的液体肥料发展要早很多年，技术成熟。正是国外具有成熟的液体肥料生产、储存、配送和施用模式，才使得液体肥料在其农业生产中得以广泛应用。我国液体肥料想大规模发展，需借鉴国外的成功经验和成熟的模式，加大基础液体肥料的生产规模，降低生产成本，保证储存质量，建立配送体系，扩大机械化作业。

随着我国农业结构调整步伐加快、农业集约化和产业进程加快、施肥方式的多样化以及生产、销售、农化服务一体化，特别是灌溉技术的进一步推广（尤其是自动化施肥的推广），以及国家环保政策的进一步落实，我国的液体肥料必将进入一个快速发展的阶段，其具有广阔的发展前景。

参考文献

［1］张福锁，张卫峰，马文奇，等．中国化肥产业技术与展望［M］．北京：化学工业出版社，

2007：193.

［2］张承林．液体肥料的发展及有关技术问题［S］．南宁水溶肥论坛会议，2013.

［3］王云霞．液体肥料的应用现状与发展趋势［J］．化肥设计，2003，41（4）：10-14.

［4］王连祥．液体复混肥料生产技术初步探讨［J］．化肥工业，2008，5：33-36.

［5］黄燕，汪春，衣淑娟．液体肥料的应用现状与发展前景［J］．农机化研究，2006，2：198-200.

［6］国外液体肥料发展概况［J］．世界农业，1992，11：34-35.

［7］高养分液体复合肥料的生产工艺［J］．农村新技术，2008（10）：82—84.

生物传感器的技术发展研究

王晓媛　杨冀川[1]　黄斌

（国家知识产权局专利局光电技术发明审查部）

一、引言

国际理论和应用研究会将生物传感器定义为：由生物或者与生物相关的敏感元件和物理化学传感器相结合构成的小型分析仪器。生物传感器的发展由来已久，早在1962年，Clark和Lyons就在纽约自然科学学会的论文集中首次提出了“在化学电极的敏感膜中加入酶以实现对目标物质进行选择性分析”的设想。1967年Updike和Hicks把葡萄糖氧化酶固定化膜和氧电极组装在一起，制成了第一代生物传感器。随着克拉克Clark型氧电极的改进和固定化酶技术的发展，酶电极的研究出现了新的飞跃，20世纪70年代中期形成了包括酶传感器、免疫传感器及微生物传感器的领域。80年代在表面等离子体共振（SPR）技术的推动下出现了基于SPR技术的生物传感器。90年代，随着免疫学技术的成熟和换能器选择的多样化，生物传感器技术更加成熟，这一时期的传感器多使用抗体或受体蛋白作为分子识别组件，检测更趋向于“on-line/real-time”。20世纪90年代末至21世纪初期，由于人类基因组计划的执行，生物传感器技术随之进入飞跃式发展的阶段。

可见，生物传感器技术沿革与生物研究技术的发展密不可分，它与生物信息学、生物芯片、生物控制论、仿生学、生物计算机等学科一起，处于生命科学和信息科学的交叉领域，是21世纪介于信息科学和生物技术之间的新的增长点，在临床诊断、工业控制、食品和药物分析、环境保护、军事医学等方面均具有广泛的应用前景。我国从“八五”科技规划开始就将传感器技术作为国家级重点科技攻关项目，一直到国家“十二五”生物技术发展规划提出的12个发展重点中包括“合成生物学技术”、“生物芯片与生物影像技术”、“生物过程工程技术”、“生物安全关键技术”等4个方面都与生物传感器直接相关；日本也将传感器技术作为与超级计算机、海洋能源开发等并列的十大技术之一进行积极研究，早在20世纪80年代美国

---

[1] 杨冀川等同于第一作者。

科学家便认为世界已进入传感器时代。而且随着生物科学、信息科学和材料科学发展成果的推动，必将开辟生物传感器发展的新领域。

本文基于专利数据库（CNPAT，WPI）中关于生物传感器的检索结果，从生物传感器类型：基于不同的分类基准，如生物识别元件、信号转换元件、测量信号；生物传感器制备方法，着重新型材料的使用、信号转换元件设置；生物传感器用途：药物筛选、临床诊断、食品安全、军事医学、环境保护、发酵工程；新型生物传感器：仿生传感器、在体/植入检测生物传感器以及自驱动生物传感器等方面对专利技术现状进行分析。同时结合中外专利技术对比、行业格局、重点专利剖析，分析国内外生物传感器发展的现状和趋势，结合各大公司生物传感器技术的研究热点动向，为国内生物传感器的研究提供指导，促进我国自主生物传感器知识产权保护体系的建立。此外，也重点关注生物传感器在环境安全、食品安全、快速/无创诊断以及个性化医疗等领域的应用，展示其专利分布现状，为我国工业企业、科研院校提供借鉴。

二、生物传感器专利技术发展现状

（一）生物传感器专利技术分析样本构成

1. 检索范围

为了能全面、准确地反映疾病相关的生物标志物专利的现状及其发展趋势，本文以中国专利数据库（CNPAT）和德温特世界专利索引数据库（WPI）为专利文献数据来源。其中，CNPAT 收录了全部公开的中国专利文献；WPI 数据库收录全球 42 个国家或地区的专利文献的著录项目检索数据，并且引入了专利族的概念，将巴黎公约中定义的等同专利视为一个专利族，从而避免专利分析中出现大量重复专利的记录。

最终，截至 2014 年 7 月 18 日，在 CNPAT 数据库中得到 3466 篇专利文献，在 WPI 数据库中得到 17 942 篇专利文献。

2. 检索策略

生物传感器专利技术涉及材料科学、微电子学、仪表工艺、环境科学、物理、化学、生物医学、仿生学等多方面，覆盖范围广、关键词多并且表达多样化。因此，本研究不仅从生物传感器的基本表达：BIOSENSOR＋，BIO 1W SENSOR＋，SENSOR＋，ELECTROD＋着手，并采用分类号（G01N33，G01N27，G01N21，C12Q1，A61B5）结合关键词的基本检索策略进行检索，同时辅以生物传感器的识别分子种类及生物医疗检测领域常规检测对象（蛋白，肽，抗原，抗体，酶，微生物，细菌，病毒，葡萄糖，血糖，核酸，DNA，RNA，血，尿，体液，脑脊液，羊水，HCO3－）进行进一步扩展，以求尽可能准确地确定专利样本的构成。

3. 检索结果的说明

（1）结果的不确定性

由于发明专利在申请日之后18个月公开，因此，2013年后申请的部分专利在检索终止之日时尚未公开。由此造成本文按年度统计的申请量分布的分析中，2013年至检索终止日申请量的统计数据有可能不完全。

（2）关于欧洲专利和国际专利

本文检索得到的欧洲专利和国际专利分别是申请人向欧洲专利局或国际知识组织提交的专利申请。因此，下文专利分析会出现的欧洲专利和德国、英国等欧洲国家并存的情况，或国际专利与各国专利并存的情况。

4. 基础专利

本文中涉及的“基础专利”通过如下方式获得，利用Derwent Innovations Index数据库中“Cited Patent Search”检索的特点，使用合适的检索策略，对生物传感器专利相关技术进行检索，分析获得结果的被引频次，寻找可以代表其技术发展和起源的“基础专利”或“基本专利”，在高引用率代表重要专利的假设下，初步定义高引用频率专利群中时间顺序较早的为“基础专利”，即这些专利作为后续相关技术的源头。

（二）生物传感器专利技术发展特点

1. 全球生物传感器专利申请年份分布情况

与生物传感器技术发展相适应，分析WPI数据库中检索获得的17 942篇专利文献，其中最早与生物传感器相关的专利于1965年由贝克曼仪器公司（Beckman Instruments Inc）提出，该专利为NL6513963 A，涉及极谱法检测血糖浓度的方法和仪器，这与生物传感器的技术发展相吻合。如图1所示，20世纪70年代末期有关生物传感器的专利申请数量开始增加，80年代末期有了极大的提高，并且一直呈稳步增长态势。

20世纪90年代，随着免疫学技术的成熟和换能器选择的多样化，生物传感器技术更加成熟，这一时期的传感器多使用抗体或受体蛋白作为分子识别组件，检测更趋向于“on-line/real-time”，此类型传感器以Pharmacia Biosensor AB公司申请的专利WO9325909 A1为代表，其利用待测分子与受体蛋白识别组件的特异性结合实现对待测目标分子的实时快速检测。20世纪90年代末至21世纪初期，由于人类基因组计划的执行，生物传感器技术进入飞跃式发展的阶段，后基因组和蛋白组计划的执行也成为生物传感器技术发展的催化剂，2012年的专利申请数量达到1211件之多。截至本文检索日（2014年7月18日），2012年年底部分专利申请、2013年和2014年的大量专利申请尚未公开或入库，所以2013年和2014年的申请量比实际偏低。总体而言，图1反映了生物传感器专利申请萌芽—缓慢增长—迅速增长—趋向顶峰的整体发展脉络，这种整体发展趋势与生物传感器技术发展的时代特点是相吻合的。

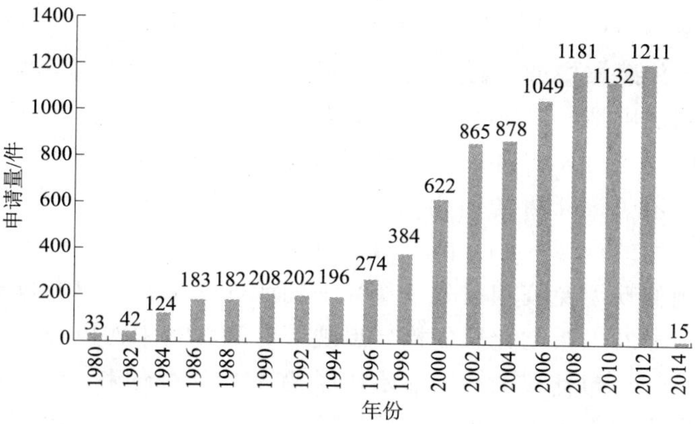

图1 全球生物传感器专利申请年代分布情况

2. 在中国生物传感器专利申请年份分布情况

我国生物传感器技术起步较晚，从图2中可以看出，直至20世纪90年代，生物传感器技术才逐步发展起来，并且在2000年后进入迅速发展时期，其整体发展趋势与全球发展走势基本一致，但数量和增长速度上差距较大，这种差距是否因技术的滞后所致还需要对专利技术进行进一步的细化研究。同样，由于尚未公开或尚未入库的原因，2013年以后的申请数量要比实际申请量偏低。

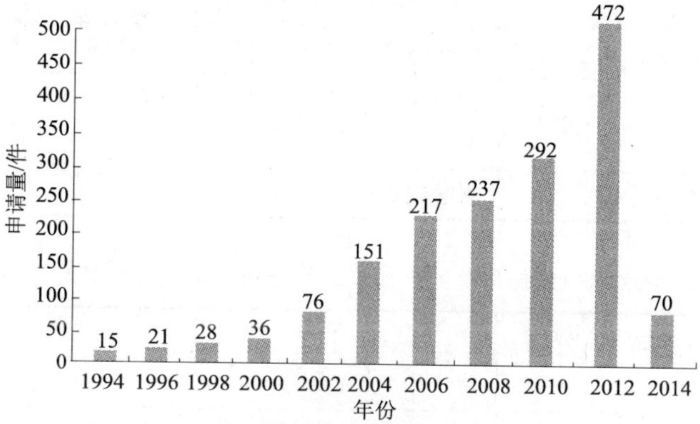

图2 在中国生物传感器专利申请年份分布情况

（三）生物传感器专利技术与相邻技术领域的关系

1. WPI数据库中生物传感器专利涉及的技术领域分布

在WPI数据库中按分类号大组对生物传感器专利涉及的技术领域分布进行了统计，从表1来看，首先，生物传感器专利申请涉及最多的分类大组为G01N33和G01N27，分别涉及生物物质的物理、化学分析和用电、电化学或磁的方法测试或分析材料，这两个大组基本上涵盖了生物传感器生物物质检测用途、生物识别元件，以及传感器物理结构构成特点。而作为生物传感器的另一重要用途——医学检测，位于第三位的分类大组 A61B 5 正体现了生物传感器在这方面的技术分布特点；其次，由于固定化酶技术在传感器中的广泛使用，与此相关的领域为 C12Q 1（包含酶或微生物的测定或检验方法）和 C12M 1（酶学或微生物学装置），此外，基于生物传感器检测的手段，也涉及 G01N 21 的分类领域。将表 1 中濒的数据进行小组统计（表 2），由表 2 可以看出，用于诊断目的的测量的分类号 A61B 5/00 居于首位，可见生物传感器在医疗诊断方面的应用广泛；位于第二位的 G01N 33/543（用不溶解的载体固定免疫化学物品）则体现了免疫相关分子作为识别元件在生物传感器领域的使用；位于第三位的 G01N 27/327（生物化学电极）反映了专利技术中对电极结构的关注；位于第四位的 C12Q 1/68（包括核酸）则显示出了由于核酸标记和杂交技术的极大发展，以生物基因探针作为识别元件的生物传感器的技术分布。通过上述分析，我们可以获知生物传感器专利技术的发展分布紧密围绕识别元件、电极结构、医学诊断应用展开。

表 1　WPI 数据库中生物传感器专利涉及的技术领域分布（大组）

排序	分类号（大组）	数量	分类号含义
1	G01N33	645	生物物质的物理、化学分析；包括生物特有的配体结合方法的测试；免疫学试验
2	G01N27	524	用电、电化学或磁的方法测试或分析材料
3	A61B 5	407	用于诊断目的的测量
4	C12Q 1	257	包含酶或微生物的测定或检验方法
5	G01N 21	231	利用光学手段，即利用红外光、可见光或紫外光来测试或分析材料
6	C12M 1	74	酶学或微生物学装置

表 2　WPI 数据库中疾病相关的生物标志物专利涉及的技术领域分布（小组）

排序	分类号（小组）	数量	分类号含义
1	A61B 5/00	263	用于诊断目的的测量
2	G01N 33/543	171	用不溶解的载体固定免疫化学物品
3	G01N 27/327	155	生物化学电极
4	C12Q 1/68	97	包括核酸
5	C12Q 1/00	90	包含酶或微生物的测定或检验方法，某组合物，这种组合物的制备方法
6	G01N 33/53	81	免疫测定法，生物特有的结合方法的测定；相应的生物物质
7	G01N 33/487	58	液态生物物质
8	G01N 27/00	52	用电、电化学或磁的方法测试或分析材料

2. CNPAT 数据库中生物传感器专利涉及的技术领域分布

由表 3 可见，CNPAT 数据库中生物传感器专利涉及的技术领域中，排在前两位的仍是 G01N 27 和 G01N 33 两个大组，仅是前后顺序有所改变，这种前后位置的变化可能与专利分类员分类倚重点不同造成的。分类号小组排序结果中（表 4），涉及医学诊断目的小组 A61B 5/145（测量体内血液特征）和 A61B 5/1455（用光学传感器，如分光光度血氧计）位于前列，可见生物传感器专利技术分布在医学诊断方面的比例。

表 3 CNPAT 数据库中生物传感器专利涉及的技术领域分布（大组）

排序	主分类号（大组）	数量	分类号含义
1	G01N 27	981	用电、电化学或磁的方法测试或分析材料
2	G01N 33	623	生物物质的物理、化学分析；包括生物特有的配体结合方法的测试；免疫学试验
3	A61B 5	510	用于诊断目的的测量
4	G01N 21	366	利用光学手段，即利用红外光、可见光或紫外光来测试或分析材料
5	C12Q 1	202	包含酶或微生物的测定或检验方法
6	C12M 1	34	酶学或微生物学装置

表 4 CNPAT 数据库中生物传感器专利涉及的技术领域分布（小组）

排序	主分类号（小组）	数量	分类号含义
1	G01N 27/327	293	生物化学电极
2	G01N 27/26	224	通过测量电化学变化；用电解或电泳法
3	A61B 5/145	127	测量体内血液特征
4	A61B 5/1455	108	用光学传感器，如分光光度血氧计
5	G01N 27/30	99	电极，如测试电极；半电池
6	G01N 21/64	85	荧光，磷光
7	G01N 33/543	82	用不溶解的载体固定免疫化学物品
8	C12Q 1/68	77	包括核酸
9	G01N 33/48	74	生物物质，如血、尿

（四）生物传感器专利技术在中国和国外的申请情况

1. WPI 数据库的统计分析

生物传感器专利在世界范围内的国别/地区分布和申请人状况的统计分析如下：

（1）生物传感器专利申请国别或地区分布状况

图 3 显示了基于公开号对全球生物传感器专利申请的国家和地区分布情况进行统计的结果。美国作为军事技术、航天技术、工业化发展强国，其生物传感器技术也毫无疑问的居于世界首位。紧随其后的是日本、中国和韩国三个亚洲国家，尤其是日本，其国内的一些资深电器制造商，如松下电器产业株式会社、日立制作所株式会社等在医疗领域的生物传感器研究方面具有突出的成果，相对上述国家而言，我国生物传感器主要还处于实验室研发阶段，在数量和技术上都有很大的差距，但值得注意的是中国台湾在生物传感器技术方面也有一定的发展，主要集中在医疗检测方面，而且多为公司申请，可见生物传感器技术具有一定的市场影响力。

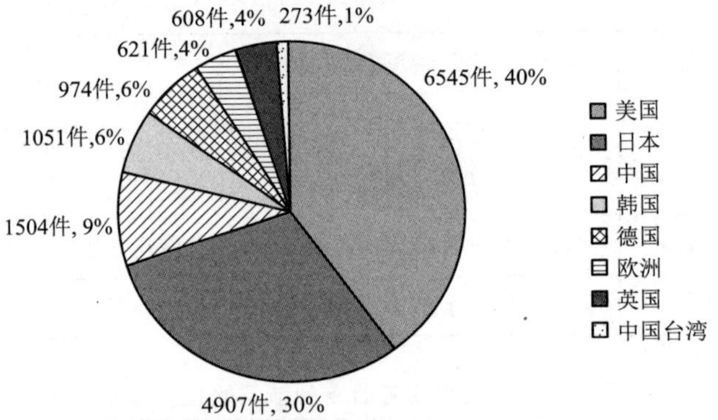

图 3　WPI 数据库中生物传感器专利申请国家和地区分布情况

（2）申请人类别分析

表 5 以公司代码作为标注，列出了申请量排名靠前的申请人及其所在国家，排名前二十六位的申请人中，日本申请人占了 14 位（53.84%），这些申请人均为大型公司，它们的产品范围覆盖较大，包括家用电器、医疗器械等，也许正是这种综合性的研发和生产能力，使日本的这些公司在生物传感器专利研发上占据前列。上榜的美国申请人中，大部分致力于糖尿病血糖监测、胰岛素泵的科研与开发，如著名的德克斯康公司、雅培糖尿病护理公司和拜耳医药保健有限公司等，这些公司的产品在全球血糖分析仪市场上占有较大的份额；而美国基因工程技术公司则利用其在基因研发上的优势，着力于以核酸作为识别元件的传感器研究。相对而言，我国申请人主要集中在高校和科研院所，专利研发主要集中在下游技术，如传感器电极表面修饰、生物标志物偶联改进、电子传递载体选择等方面，所研发的传感器主要在实验室使用。

表 5 WPI 数据库中生物传感器专利主要申请人申请量排序

排序	国家	公司代码	申请人名称	数量/件	平均专利年限/年
1	日本/JP	MATU	日本松下电器产业株式会社	460	12.7
2	日本/JP	FUJF	富士感光胶片公司	226	12.77
3	欧洲/EU	PHIG	荷商飞利浦公司	221	6.49
4	美国/US	DEXC-N	德克斯康公司	173	4.78
5	美国/US	ABBO	雅培糖尿病护理公司	154	4.29
6	日本/JP	HITA	日立制作所株式会社	124	19.96
7	日本/JP	CANO	佳能株式会社	108	6.19
8	日本/JP	NIIT	独立行政法人产业技术总合研究所	108	8.06
9	日本/JP	TTOC	东陶机械株式会社	107	16.5
10	美国/US	REGC	加利福尼亚大学	105	11.24
11	德国/DE	FARB	拜耳医药保健有限公司	101	5.6
12	美国/US	GETH	美国基因工程技术公司（健泰科生物技术公司）	94	14.76
13	日本/JP	NIDE	NEC 株式会社	91	19.71
14	日本/JP	TOKE	东芝株式会社	78	14.27
15	美国/US	HOFF	霍夫曼-拉罗奇有限公司（罗氏）	73	7.49
16	美国/US	MEDT	美敦力迷你迈德公司	71	5.49
17	日本/JP	NIPQ	大日本印刷有限公司	69	9.14
18	日本/JP	TERU	泰尔茂株式会社	68	19.07
19	日本/JP	MATU	松下电器产业株式会社	62	27.64
20	德国/DE	SIEI	西门子股份公司	60	13.49
21	日本/JP	FUIT	富士通株式会社	59	22.3
22	日本/JP	NIOD	NOK 株式会社	59	19.06
23	中国/CN	UYZH	浙江大学	53	4.94
24	日本/JP	SHIH	精工爱普生株式会社	51	6.88
25	韩国/KR	SMSU	三星电子有限技术公司	45	8.06
26	中国/CN	UJIN	济南大学	43	2.14

2. CNPAT 数据库的统计分析

（1）申请人国别或地区分布分析

图 4 中显示了 CNPAT 数据库中生物传感器专利国家和地区分布情况，其中，来自中国的申请人占了较大的份额，这与我国近年来在传感器技术方面的重视和促进密不可分，“八五”科技规划及“十二五”生物技术发展规划提出的 12 个发展重点中均包含了生物传感器技术。相对而言，美国、日本等传感器技术领先国家在中国的申请数量较少，可能与其专利地区布局有关。值得关注的是，中国台湾在生物传感器领域具有一定的发展规模，分析其相关的专利申请，多与医疗检测，如血糖监测、尿液检测等有关，且多为公司申请，可见生物传感器技术在市场转化应用中占据一定比例。

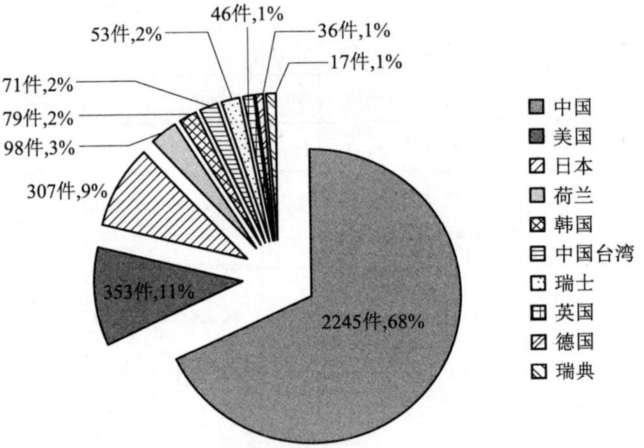

图 4　CNPAT 数据库中生物传感器专利申请国家和地区分布情况

（2）申请人类别分析

表 6 示出了 CNPAT 数据库中生物传感器专利主要申请人的申请量情况。申请数量位于前二十位的申请人中，中国申请人占据其中 15 位（75%），外国申请人占据 5 位（25%）。中国申请人占据数量上的优势，但从申请人类别上分析，中国申请人均来自高校和科研院所，而外国申请人全部为企业。这反映出生物传感器技术在我国科学研发活动较为活跃，但产业化程度不足，基本停留在纯科学研究层面上。从这一现象分析，我国生物传感器技术在产业化应用上并不具备先天优势。我国目前从研究机构到生产应用之间还缺乏技术转换和交流的桥梁。因此，虽然我们在专利申请人数量甚至专利申请量上占有优势，但这样的优势相对于国外申请人均为大产业集团、技术转化成熟的特点显然难以形成企业最终的产品技术优势。

表 6　CNPAT 数据库中生物传感器专利主要申请人申请量排序

排序	国家	申请人	数量/件
1	日本/JP	松下电器产业株式会社	127
2	荷兰/NL	皇家飞利浦电子股份有限公司	77
3	中国/CN	浙江大学	73
4	中国/CN	济南大学	61
5	德国/DE	拜耳健康护理有限责任公司	43
6	美国/US	霍夫曼-拉罗奇有限公司	36
7	中国/CN	上海交通大学	34
8	中国/CN	清华大学	34
9	中国/CN	中国科学院电子研究所	32
10	中国/CN	山东理工大学	31
11	中国/CN	天津大学	30
12	中国/CN	复旦大学	30
13	中国/CN	中国科学院长春应用化学研究所	29
14	中国/CN	江南大学	28
15	中国/CN	湖南大学	27
16	中国/CN	上海大学	27
17	美国/US	生命扫描有限公司	26
18	中国/CN	北京化工大学	26
19	日本/JP	爱科来株式会社	24
20	中国/CN	扬州大学	21

（五）生物传感器专利技术的世界市场分布及各国所占份额

为了能更加真实地反映出各国生物标志物专利在世界市场上的分布以及各国所占份额的情况，本文对“各国原创申请”和“各国 PCT 申请所占份额”做了进一步统计。其中“各国原创申请”能比较真实客观地体现出各国在生物标志物技术领域所具备的抢占市场的实力；而 PCT 申请的本质特点在一定程度上反映了申请人对他国专利市场的抢占意识和结果。

1. 各国原创申请统计分析

一般而言，优先权文献的国别体现出了专利申请的原创国家，为此，本文以优先权数据（PR 字段，未要求优先权的首次申请，WPI 中将其标引为自身的优先权文件）中的国别为入口对该领域的专利申请进行统计，得到了图 5 所示的主要国家和地区的专利申请原创数量。美国 38%的比例再次说明了其在该领域的创新实力；日本排名次席，这与其在传感器技术的领先地位，以及其所拥有实力雄厚的机械制造商，如日本松下电器产业株式会社、日立制作所株式会社相符。

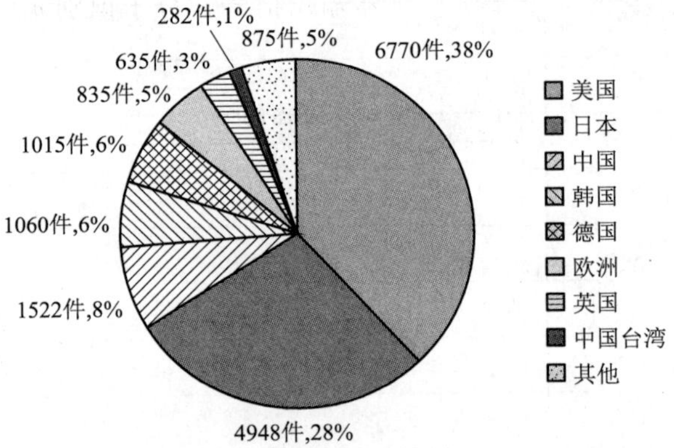

图 5　生物传感器专利申请原创数量比例

2. 各国 PCT 申请所占份额统计分析

基于申请号的统计结果显示，PCT 申请的份额占了该领域总申请量的 39.95%（共 7168 件）。本文对其申请人的国别进行进一步的统计。如图 6 所示，与专利申请原创数量的统计情况类似，美国仍然占据 54%的主要份额，表明其在传感器领域的国际市场主导作用；其次是日本；相对而言，中国在该领域的研究比较落后，专利研究大部分处于实验室检测阶段，产品大多依赖于发达国家过期专利技术，市场占有率低。

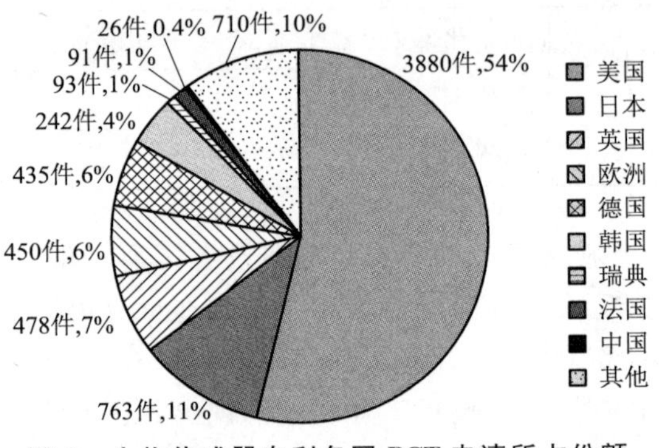

图 6　生物传感器专利各国 PCT 申请所占份额

三、重点技术和主要申请人分析

（一）生物传感器的分类分析

生物传感器是以生物学组件作为主要功能元件，能够感受规定的被测量并按照一定规律将其转换成可识别信号的器件或装置，一般由生物识别元件、转换元件及机械元件和电气元件构成。生物传感器同时又是一种知识密集、涉及多学科，诸如材料科学、微电子学、仪表工艺、环境科学、物理、化学、生物医学及仿生学等的综合性技术。生物传感器的应用领域十分广阔，品种繁多。依据不同研究角度，生物传感器的分类有很多方式，通常的分类基于传感器输出信号、分子识别元件上的敏感物质以及信号换能器，如表 7 所示。

表 7 生物传感器的分类

分类方式	分类依据		传感器名称
传感器输出信号	信号的产生方式	待测物与分子识别元件上敏感物质具有生物亲和作用	生物亲和型传感器
		被测物（底物）与分子识别元件上的敏感物质相互作用有产物生成，信号换能器将底物消耗或产物增加转变为输出信号	代谢型或催化型传感器
分子识别元件上的敏感物质	识别元件与靶分子的作用方式	酶与底物作用	酶传感器
		微生物代谢	微生物传感器
		组织代谢	组织传感器
		抗原抗体反应	免疫传感器
		核酸杂交	DNA 生物传感器
信号换能器	信号转换方式	电化学电极	电化学传感器
		压电晶体	压电晶体传感器
		离子敏感场效应晶体管	电位传感器
		热敏电阻	热敏电阻传感器
		光电器件	光纤传感器
		霍尔元件	生物化学磁传感器

然而，由于生物传感器涉及领域的庞杂，上述分类方式也必然存在交叉，在表 7 的分类结果中，由于前两种分类方式主要根据生物分子的性质划分，得到的结果不能充分体现生物传感器的多样性，所以我们选择了以换能器为标准的分类方式，基于传感器检测的基本原理，辅以分子识别元件的差异从声波生物传感器、生物化学磁传感器、光纤生物传感器、表面等离子体共振化学生物传感器和电化学生物传感器五方面对生物传感器专利申请进行分析，并对近些年来兴起的在体传感器、原位传感器与仿生传感器、自供能纳米传感器等技术进行重点剖析。主要类型的生物传感器专利申请分布见图 7。

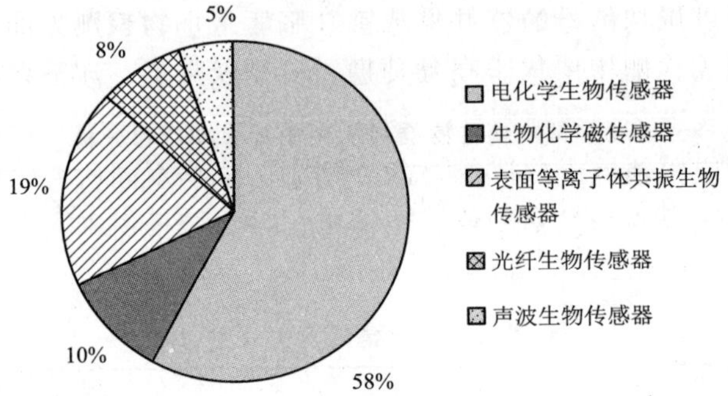

图7　主要类型生物传感器专利申请相对比例

1. 电化学生物传感器

将生物学原理应用于电化学分析可追溯至20世纪初，1906年Cremer用玻璃薄膜模拟生物膜，在研究中发现膜电势与溶液中的氢离子浓度有关，据此，Haber和Klemensiewicz制造出了最早的离子选择性电极—玻璃电极。1962年Clark在氧电极基础上提出了酶传感器的原理和设计这一设想，1967年由Updike研制出世界上第一支葡萄糖传感器，电化学传感器作为生物传感器的一个重要分支，在生物传感器领域的发展进程中起到了极大的推动作用。本文依据“分子识别元件上的敏感物质”将电化学生物传感器分为酶传感器、电化学微生物传感器、电化学组织传感器、电化学免疫传感器和电化学DNA传感器进行分析。

（1）酶传感器

酶传感器是由固定化酶与离子选择电极、气敏电极、氧化还原电极等电化学电极组合而成的生物传感器，即既有酶的分子识别和选择性催化功能，又有电化学电极响应快、操作简便的特点，能实现样品中特定化合物浓度的快速测定，而且样品需要量少。目前，酶传感器可用于糖类、醇类、有机酸、氨基酸、激素、三磷酸腺苷等成分的测定，酶传感器已发展成为生物传感器领域最具应用前景的方向之一。其工作原理如图8所示。表8中详细列举了现阶段酶传感器检测对象、基于的化学反应检测原理以及早期专利分布情况。

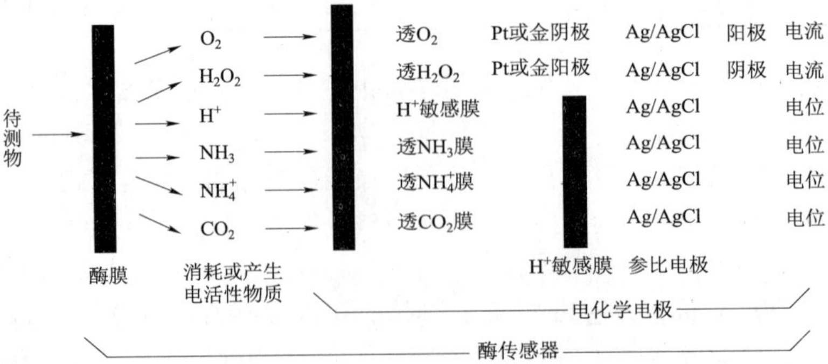

图8　酶传感器工作原理示意

酶传感器以其准确快速的特性和低成本在临床代谢物检测方面广泛使用，现阶段应用较多的临床相关检测主要集中在葡萄糖、乳糖及尿素、尿酸检测方面。

表 8　常规酶传感器检测对象及早期专利分析

测定对象	酶	酶促反应	最早专利	公开日	专利权人	题名（Derwent 标引）
葡萄糖	葡萄糖氧化酶 GOD	$C_6H_{12}O_6+O_2\xrightarrow{GOD}C_6H_{10}O_6+H_2O_2$	DE1932581A1	1970-1-22	INT BUSINESS MACHINES CORP	Determination of glucose content of biological fluids-such as blood of diabetics
	葡萄糖脱氢酶 GDH	D-葡萄糖$+NAD^+\xrightarrow{GDH}$D-葡萄糖酸内酯$+NADH+H^+$	JP 昭 5886099A	1983-5-23	TAKARA SHUZO CO LTD	Quantitative analysis for substrates of hydrogenase by reacting substrate with dehydrogenase oxidizing reduced NAD or NADP and measuring oxygen
乳酸	乳酸脱氢酶 LDH	乳酸$+NAD^+\xrightarrow{LDH}$丙酮酸酯$+NADH+H^+$	US4006061A	1977-2-1	MONSANTO CO	Lactate dehydrotenase determination using solution of lactate, NAD and electron-acceptor satd. With oxygen
	细胞色素 b2	乳酸$+2Fe(CN)_6^{3-}\xrightarrow{细胞色素 b2}$丙酮酸酯$+2Fe(CN)_6^{4-}+2H^+$	US4005002A	1977-1-25	HOFFMANNLA ROCHE	Concentration measurement of enzyme reaction substrates glucose and lactate in biological liquids e. g. from patients in shock
	乳酸氧化酶 LOD	乳酸$+O_2\xrightarrow{LOD}$丙酮酸酯$+H_2O_2$	JP 昭 5786040A	1982-5-28	OMRON TATEISI ELECTRONICS CO	Determining biochemical substance esp. lactic acid with electrode obtained by fixing enzyme membrane formed from lactate oxidase and high polymer porous film on electrode surface
	乳酸单氧化酶 LMO	乳酸$+O_2\xrightarrow{LMO}$乙酸$+CO_2+H_2O$	DD247285A1	1987-7-1	AKAD WISSENSCHAFTEN DDR	Enzyme electrode containing lactate-mono: oxygenase and -dehydrogenase for rapid sequential assay for lactate, pyruvate and alanine amino transferase

续表

测定对象	酶	酶促反应	最早专利	公开日	专利权人	题名（Derwent 标引）
丙酮酸	丙酮酸氧化酶 PyOD	$CH_3COCOOH+HPO_4^{2-}+O_2\xrightarrow{FyOD}CH_3COOPO_3^{2-}+CO_2+H_2O_2$	JP 昭 57120853A	1982-7-28	MATSUSHITA ELEC IND CO LTD	Highly sensitive enzyme electrode obtainded by fixing lactic dehydrogenase, nicotinamide di: nucleotide and pyruvate oxidase on electrical collector
乙醇	乙醇脱氢酶 ADH	$CH_3CH_2OH+NAD^+\xrightarrow{ADH}CH_3CHO+NADH+H^+$	JP 昭 5461984A	1979-5-18	KOGYO GIJUTSUIN	ELECTROCHEMICAL MEASURING METHOD OF ALCOHOL CONCENTRATIONS AND ELECTRODE USED FOR THE SAME
	乙醇氧化酶 AOD	$CH_3CH_2OH+O_2\xrightarrow{AOD}CH_3CHO+H_2O_2$	NL7700340A	1977-7-19	CHEMBRO HOLDINGS PT	Ethanol estimation in body fluids esp. blood using alcohol oxidase and measuring amt. of oxygen consumed
苯酚	酪氨酸酶	苯酚$+O_2\xrightarrow{\text{酪氨酸酶}}$苯醌$+H_2O$	JP 昭 61210939A	1986-9-19	MATSUSHITA ELECTRIC WORKS LTD	METHOD FOR MEASURING URIC ACID
单胺	单胺氧化酶	$RCH_2NH_2+O_2+H_2O\xrightarrow{\text{单胺氧化酶}}RCHO+H_2O_2+NH_3$	EP0184909A2	1986-6-18	GENETICS INT INC	BIOELECTROCHEMICAL ASSAY AND APPARATUS
胆固醇	胆固醇氧化酶 COD	胆固醇$+O_2\xrightarrow{COD}$4-胆烯酸$+H_2O_2$	US4040908A	1977-8-9	CHILDRENS HOSPITAL MEDICAL CENTER	Polarographic determination of cholesterol by measuring hydrogen peroxide formed with cholesterol oxidase
胆固醇酯	胆固醇酯酶 CHE	胆固醇酯$+H_2O\xrightarrow{CHE}$胆固醇$+RCOOH$	EP0230786A1	1987-8-5	GENETICS INT INC	Free or total cholesterol determination in blood using a dry strip sensor contamination a mediator which transfers electrons between the conducting surface and peroxidase

续表

测定对象	酶	酶促反应	最早专利	公开日	专利权人	题名（Derwent 标引）
尿酸	尿酸酶	尿酸 $+O_2+H_2O \xrightarrow{\text{尿酸酶}}$ 尿囊素 $+CO_2+H_2O_2$	JP 昭 5578242A	1980-6-12	MATSUSHITA ELECTRIC IND CO LTD	ENZYME ELECTRODE
抗坏血酸	抗坏血酸酶	抗坏血酸 $+\frac{1}{2}O_2 \xrightarrow{\text{抗坏血酸氧化酶}}$ 脱氢抗坏血酸 $+H_2O$	JP2004061496A	2004-2-26	MATSUSHITA ELECTRIC IND CO LTD	An enzymatic biosensor used for determining the quantity of glucose, cholesterol, lactic acid, fructose, sucrose, alcohol and/or ascorbic acid in samples e. g. blood and urine
D-异柠檬酸	异柠檬酸脱氢酶	D-异柠檬酸 $+NADP^+ \xrightarrow{\text{异柠檬酸脱氢酶}}$ α-酮戊二酸 $+NADPH+CO_2+H^+$	US5217594A	1993-6-8	ENZYME TECHNOLOGY RESEARCH GROUP INC	Bio-electrode for detecting low levels of lead or mercury—has layer of metal inhibited enzyme adsorbed in colloidal gold on conductive support
水杨酸	水杨酸羟化酶	水杨酸 $+NADPH+H^++O_2 \xrightarrow{\text{水杨酸羟化酶}}$ 儿茶酚 $+NADP^++CO_2+H_2O$	EP0202743A1	1986-11-26	GENETICS INTERNATIONAL INC	Electrochemical assay of salicylate with enzymatic conversion of salicylate to catechol then electrochemical measurement
草酸	草酸氧化酶	草酸 $+\frac{1}{2}O_2 \xrightarrow{\text{草酸氧化酶}} 2CO_2+H_2O$	WO9402585A1	1994-2-3	UNIVVICTORIA MANCHESTER	Sensor device for detecting components present in fluid samples comprises an unplasticised PVC membrane barrier between the detector and the sample to be analysed
L-氨基酸	L-氨基酸氧化酶	$RCHNH_2COOH+O_2+H_2O \xrightarrow{\text{L-氨基酸氧化酶}} RCOCOOH+NH_3+H_2O_2$	JP 昭 55148089A	1980-11-18	MATSUSHITA ELECTRIC IND CO LTD	ENZYMEEREDOX COMPOUND COMBINATION
脲	脲酶	$(NH_2)_2CO+H_2O \xrightarrow{\text{脲酶}} 2NH_4+CO_2$	US3776819A	1973-12-4	MONSANTO COMPANY	Electrode for measuring urea concentration especially in blood comprises cation sensitive electrode with urease coating

续表

测定对象	酶	酶促反应	最早专利	公开日	专利权人	题名（Derwent 标引）
赖氨酸	赖氨酸脱羧酶	$NH_2(CH_2)_4CHNH_2CO_2H \xrightarrow{\text{赖氨酸脱羧酶}} NH_2(CH_2)_5NH_2+CO_2$	EP0318452A1	1989-5-31	MONSANTO EUROPE SA	Immobilised enzymes for amino-acid assay in an electro sensor using latex of polymer particles having a negative surface charge and hydrophobic surface
L-谷氨酸	谷氨酸氧化酶	L-谷氨酸$+O_2+H_2O \xrightarrow{\text{谷氨酸氧化酶}}$ 酮戊二酸$+NH_3+H_2O_2$	DD257272A1	1988-6-8	AKAD WISSENSCHAFTEN DDR	Biosensor for measurement of L-glutamic acid (precursors) comprising enzyme glutamate oxidase fixed on surface of electrochemical sensor

1）血糖测定。

血液葡萄糖浓度是临床上诊断糖尿病的有效指标，同时也可作为糖尿病日常控制、代谢综合征进展预测的依据。葡萄糖氧化酶对β-D-葡萄糖具有高度专一的催化氧化作用。其主要的两种来源为黑曲霉菌（Aspergillus niger）和灰绿霉菌(Penicillium gluocum)，葡萄糖氧化酶分子质量为150～180kDa的二聚体，其结构包括580个氨基酸残基，FAD辅因子，6个*N*-乙酰氨基葡萄糖残基，3个甘露糖残基和152个溶剂分子、亚单元的解离可能只在变性条件下发生，并伴随着辅酶FAD的损失。辅酶在氧化还原酶中起重要作用。分子氧催化氧化葡萄糖产生葡萄糖酸内酯和过氧化氢，这个过程包括酶引起的葡萄糖氧化，辅酶黄素腺嘌呤二核苷酸（FAD）还原成$FADH_2$，然后辅酶被氧分子氧化（生物催化剂的再生）并产生过氧化氢，所以总反应通常表示为：β-D-glueose$+O_2+H_2O \longrightarrow$gluconic acid。

第一，传感器发展历程。

基于所涉及的电荷传递机理，电流型葡萄糖传感器通常分为三代。

第一代电流型葡萄糖酶生物传感器通过氧来传递电子，过氧化氢浓度的增加或氧浓度的降低都与葡萄糖浓度成正比，通过检测酶反应过程中氧的消耗和过氧化氢的产生，可以确定葡萄糖的含量。这一代传感器的酶电极基本上是膜电极，酶通过半透膜固定在电极表面附近，反应机理如下：β-D-glueose+GOD（AFD）$\longrightarrow$glueose-δ-lactone+GOD（$FADH_2$），GOD（$FADH_2$）$+O_2 \longrightarrow$GOD（FAD）$+H_2O_2$，$H_2O_2 \longrightarrow O_2+2H^++2e$，如表8中所示的基于葡萄糖氧化酶催化的酶促反应的早期专利DE1932581A1就是基于上述原理。早期传感器采用氧电极作为基础电极，试验中会有氧的干扰存在，在进样量较小的情况下，这种干扰可以忽略不计，但当进样量大于100μl、样品氧分压低于80%饱和度时，上述干扰变得不可忽视。为避免上述干扰，研究者采用过氧化氢电极作为基础电极，由于葡萄糖浓度与产生的过氧化氢的量有定量关系，不受血液中氧浓度变化的影响，而且酶电极输出电流与产生的过氧化氢的量成正比，测定开始时残余电流低，反应开始后响应灵敏度很高，与之相反，以氧电极作为基础电极是对葡萄糖的响应时一个电流不断降低的过程，起始电流大，随着氧的消耗，电流减小，两者相比较，过氧化氢电极作为基础电极不仅有效克服了氧干扰的问题，而且极大地提高了检测灵敏度。但第一代传感器具有背景电流大、响应特异性差、受环境中氧或过氧化氢干扰的缺点，限制了其在产业上的应用。

第二代电流型葡萄糖酶生物传感器以电子媒介体等替代作为电子受体的氧，这些电子媒介体能够从酶的氧化还原中心迅速传送电子到工作电极的表面，并往复传递电子加强了酶与电极间的直接电极传输，起到酶与电极间的电子开闭器作用，加速了电极反应，降低了环境干扰，有效克服了第一代电流型传感器的缺陷。常见的电子媒介体包括如二茂铁及其衍生物、醌、醌衍生物、紫尿酸盐。以二茂铁为电子媒介体的传感器反应原理如下：GOD（$FADH_2$）+ Fe^{3+}（Cp）$_2$ $\longrightarrow$ GOD（FAD）+ Fe^{2+}（Cp）$_2$⑥，Fe^{2+}（Cp）2 $\longrightarrow$ Fe^{3+}（Cp）$_2$，在上述反应中，二茂铁的氧化（即产生电信号的反应）可以在很低的电位下发生，一般不需要催化电极或贵金属电极的参与，在低电位条件下，其他可氧化化合物的干扰表小，而且氧与电信号的产生无关，传感器不依赖氧的浓度。早期二茂铁及其衍生物只是以包埋方式固定在酶膜中，性能极不稳定而且容易渗漏；但通过共价结合方式将二茂铁羧酸分子与GOD分子表面耦合，虽然有效解决了性能不稳定的问题，但严重影响了酶的活性。利用Derwent Innovations Index数据库中“Cited Patent Search”检索的特点，使用如下检索策略：{TS=（electrode or sensor）AND TS=ferrocene；时间跨度=所有年份；数据库=CDerwent，EDerwent，MDerwent}，对以二茂铁及其衍生物作为电子受体的专利进行分析，综合分析时间、发明内容和被引频次，将EP0078636A1（申请人：GENETICS INTERNATIONAL INC.，优先权日：19811023，公开日：19830511，被引频次：267）作为该类传感器技术的基础专利，其公开的传感器电极以碳作为核心，表面包覆二茂铁或二茂铁衍生物，在二茂铁层表面覆盖GOD或GDH酶层，该酶层被自组装胶层覆盖以保持或具有可透过葡萄糖分子的保留层。

第三代电流型葡萄糖酶生物传感器中酶与电极之间电子交换不经过动态媒介体参与，而直接进行酶与电极之间的电子传递，其电子交换的速率依赖于酶蛋白性质、电极材料和电极/电解质界面状态，只有一些分子质量相对较低的电子载体，如细胞色素C、细胞色素C5、铁氧化还原蛋白、黄素氧化还原蛋白等可在金属酶电极上观测到电子的直接传递。该类传感器电极上有葡萄糖氧化酶引起的葡萄糖氧化反应与氧浓度无关，反应原理如下：GOD（$FADH_2$）$\longrightarrow$ GOD（FAD）+ $2H^+$ + 2e。第三代传感器工作电势低，具有媒介体传感器的所有优点，而且其是典型的固体状态传感器，在制备过程中没有可溶或部分溶解的化合物，是该类传感器具有用于“*in vivo*”检测的天然优势。最常见的第三代传感器通常使用聚吡咯、四氰基喹啉并二甲烷和乙炔聚合物，通过恒电位或循环伏安法制备。较为经典的第三代葡萄糖传感器是先在电极表面形成有机导电物 TTF-TCNQ 晶体，然后在其上固定葡萄糖氧化酶，申请号为 EP0184909A 专利的实施例 9 详细地记载了该类传感器的制备过程，该申请被引频次 70，申请人也是 GENETICS INTERNATIONAL INC，可见 GENETICS 公司在专利布局上的层次性，以及其在传感器研究方面的前瞻性。近年来随着纳米技术的发展，金胶纳米颗粒、多孔二氧化硅、铂纳米管、碳纳米管等无机材料也应用到酶的固定技术中来，纳米材料的选择以及酶固定方法的研究成为该领域的热点；此外，鉴于酶蛋白的特性，目前只能获得少数酶的直接电化学，如何将其普遍用于多数酶也成为该领域发展的一个重要方向。

第二，酶固定化方式。

将酶包裹、吸附或连接到电极表面的过程称之为酶的固定化，是生物传感器制作的关键步骤。现阶段已发展使用的酶固定方法有多种，常见方法为：共价键结合法、交联法、溶胶凝胶包埋法、直接吸附法、层层组装法及纳米材料固定等。

交联法（cross-linking）：应用双功能试剂将生物材料键连到固体界面上，常用戊二醛作为交联试剂，通过醛基和蛋白质结构中氨基缩合反应形成交联，需加入惰性蛋白如 BSA 作为基质。例如，CN1373361A 公开的葡萄糖氧化酶血糖测定用电极就是在碳电极上制作电子传递媒介体 1-二茂铁基乙胺修饰层，然后在盛有戊二醛溶液的容器中通过熏蒸方式将含葡萄糖氧化酶的壳聚糖溶液固定在其上。

溶胶凝胶包埋法（sol-gel encapsulation）：是将金属醇盐、水等前驱物在混合状态下，经水解、缩聚等化学反应形成均质溶胶，再经蒸发干燥转变为凝胶。该方法不会对酶分子产生化学修饰，有效保持酶活性，可防止酶流式，包埋基质还可以提高酶分子的热稳定性。例如，中国科学院长春应用化学研究所在 1996 年提交的 CN1186115A 中就采用了凝胶包埋制备生物传感器的方法，该方法将酶溶于聚乙烯醇接枝 4-乙烯基吡啶的水溶液中，将混合溶液直接滴涂到电极表面，低温放置后，是聚乙烯醇接枝 4-乙烯基吡啶自身物理交联成胶并同时包埋酶，使酶黏附于电极表面。

层层组装法（Layer-by-layer assembly）：是在固体表面制备有组织的分子薄膜，分子间的组装主要基于正负电子之间的静电作用、氢键、配位键、共价键等分子键作用力，可实现对多层复合膜结构分子尺寸范围内的控制，有利于在电极表面构建功能化杂化膜。例如，霍夫曼·拉罗奇（罗氏）公司在 2004 年提出的申请 WO2006/058779A 中公开了葡萄糖电极表面氧传感层、酶层、扩散层、光学隔离层的构建。

第三，电子媒介体。

电子媒介体是指能将酶反应过程中产生的电子从酶反应中心转移到电极表面，从而使电极产生相应电流变化的分子导电体。本文就目前国内外常规使用的电子媒介体作一概述。

① 二茂铁及其衍生物。

二茂铁及其衍生物是酶生物传感器良好的电子媒介体。将二茂铁及其衍生物作为电子媒介体的技术在 1983 年公开的申请 EP0078636A1（申请人：GENETICS INTERNATIONAL INC.，优先权日：19811023，被引频次：267）中就有记载，传感器电极以碳作为核心，表面包覆二茂铁或二茂铁衍生物，在二茂铁层表面覆盖 GOD 或 GDH 酶层，该酶层被自组装胶层覆盖以保持或具有可透过葡萄糖分子的保留层。

② 有机染料。

常见的可用作电子媒介体的有机颜料包括甲苯胺蓝、甲酚固紫、亚甲基蓝、中性红、普鲁士蓝、孟加拉蓝、天青和劳氏紫等。CN1573324A 公开了电子转移介体为邻甲苯胺、联苯胺和普鲁士蓝的情况。

③ 四硫富瓦烯（TTF）。

以 TTF 为电子媒介体的酶电极具有灵敏度高、响应速度快、稳定性好以及固定化酶无毒的特点。CN1573324A 也公开了电子转移介体为四硫富瓦烯的情况。

④ 铁氰化钾。

铁氰化钾中的 $Fe(CN)_6^{3-}$ 具有较高的催化作用。自然的酶反应中，还原态的酶依靠氧分子转化为氧化态的酶，在底液中加入铁氰化钾一般加在底液中代氧作为电子媒介体，则可有效降低溶液中电活性物质的干扰，提高测定的选择性和灵敏度。

⑤ 金属单质粉末。

铂黑是通过电沉积方法形成的纳米铂金属层，具有良好的电催化能力和优越的生物兼容性，可提高生物传感器的灵敏度。常见的应用是在铂丝表面电化学沉积铂黑和 GOD，如 CN103743801A 所示，沉积在电极上的铂黑具有高度分散性和很高的表面积，对过氧化氢有较强的催化能力，同时对 GOD 也有很强的吸附能力，使制备的葡萄糖传感器具有很高的灵敏度和极快的电极响应。除铂外，铑、铱、钯等贵金属也可与 GOD 共沉积制备葡萄糖传感器。

⑥ 醌类。

苯醌是性能比较优良的电子媒介体，在公开号为 JP 特开平 6－3316A（NIKKISO CO LTD）的专利申请中，公开了传感器电极的修饰方法，其提供以亲水性酶和疏水性酸性还原媒介物，如醌组合修饰的导电性电极。

⑦ 高分子媒介体。

高分子媒介体主要包括变价过渡金属离子螯合型、氧化还原聚合物型、单体聚合型和包络型。例如，东芝电池株式会社提出的专利 JP 昭 60－95343A 公开的葡萄糖浓度检测装置中就采用半导体高分子化合物聚吡咯、聚乙炔等作为媒介体，检测精度有了飞跃式提高，而且葡萄糖浓度相应的电导率变化较少受到外界干扰，可获得稳定的检测结果。

2）乳酸测定。

乳酸是肌肉连续活动的代谢产物，其测定有利于基础代谢研究和运动生理研究。测定血液中的乳酸含量可鉴别乳酸中毒或其他酸中毒，测定脑脊液中的乳酸浓度则可区分病毒性脑膜炎和化脓性脑膜炎。适于制备传感器用于乳酸检测的酶包括：乳酸脱氢酶（LDH）、乳酸氧化酶（LOD，EC1.1.3.2）、细胞色素 b_2（$Cytb_2$）和乳酸单加氧酶（LMO）。

乳酸测定仪是迄今为止商业化较为成功的商品酶电极之一，瑞士 Hoffemanla Roche（罗氏）公司、日本 Omron 电子公司、美国 Monsanto 公司和德国 Akad Wissenschaften DDR 从 20 世纪 70 年代起就相继开发出产品，如表 8 所示。

3）尿素及尿酸测定。

血液中尿素浓度是评价肾功能的指标，临场用尿素氮（BUN）表示，尿酸基于的酶促反应为：$(NH_2)_2CO+H_2O \xrightarrow{脲酶} 2NH_3+CO_2$，产生的 NH_3 在水中进一步转化为铵根离子，使溶液的 pH 上升，可选择氨敏电极、二氧化碳电极或 pH 电极作为基础电极，尿素电极大多数为电位型电极，其响应值与尿素浓度的对数符合 Nernst 关系。

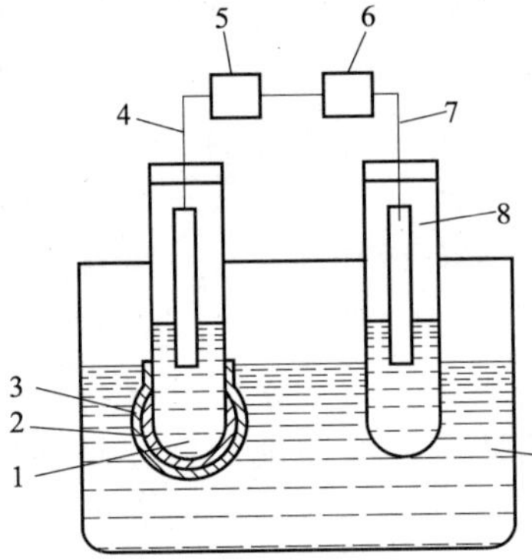

图 9 脲酶电极结构

1 为电极；2 为脲酶层；3 为膜材料；2 和3 构成包裹层；4、7 为导线；5 为静电计；6 为精密参考电压；8 为渗透甘汞电极；9 为待测液体

用于血液中尿素检测的酶电极的最早的专利申请 US3776819A 由孟山都公司（Monsanto Company）于 1969 年 12 月 22 日提出，其公开了一种带有脲酶层的离子敏感电极检测体液中尿素浓度的方法以及构建的酶电极结构，如图 9 所示，此装置克服了现有技术中检测尿素需对血液样本中其他成分进行分离的弊端，而且使用少量的酶即可实现检测，该专利被引频次为 6，可见其在尿素检测酶电极领域起到一定的基础作用。

随着技术的发展，检测用酶电极结构有了很大的改变，以 2014 年最新公开的专利申请 US2014/0069823A1（申请人：诺瓦生物医学公司 Nova Biomedical Corporation）为例，该申请公开了一种检测血液尿素的可抛式传感器，该传感器的层状主体具有液体样品吸收部位以及电连接末端，样品室与液体样品入口和气孔相连通，工作电极和参比电极位于样品室内，包含脲酶的试剂施加到工作电极上，上述结构的传感器可实现对少量液体样品的检测，而且用后可丢弃，避免了重复使用带来的检测误差。具体分层结构如图10所示，工作电极W上装载有脲酶试剂，参比电极R具有Ag/AgCl层，并且装载有媒介体铁氰化物；在其另外一个实施例中还通过在多个工作电极 W_i 上设置不同的试剂，实现对多种组分（尿素、尿素氮和肌酐）的同时检测。

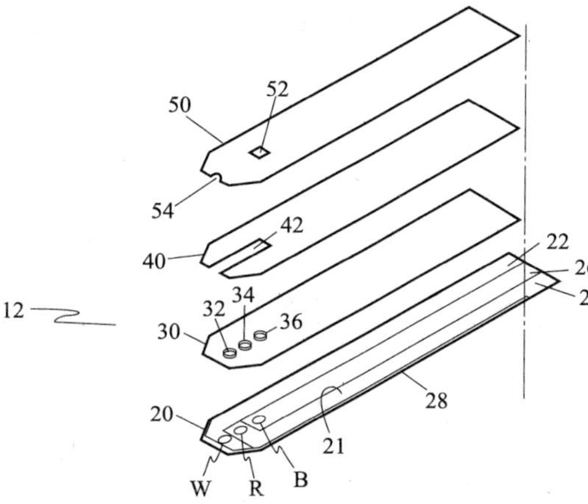

图10 传感器层状结构示意图

12为层状主体；20为基底层；21为导电层；22、24、26为导电路径；W为工作电极；R为参比电极；B为空白电极；30为试剂保持层；32、34、36为电极开口；40为流道形成层；42为U形切口；50为盖；54为样品吸入口；52为气孔

从US3776819A公开的结构体积较大、样品需求量多的酶传感器到现今US2014/0069823A1中公开体积小、样品需求量少、检测灵敏、可抛式传感器，单纯地从尿素检测方面就充分体现了传感器结构在这50多年来的飞速发展，从另一个侧面见证了快速化、小型化、微量检测、精确化的传感器发展方向。

（2）电化学微生物传感器

电化学微生物传感器由固定化微生物膜和换能器结合而成，常用的微生物有细菌、酵母菌、霉菌等。微生物的固定方法主要有吸附法、包埋法、共价交联法等，其中包埋法用得最多，载体有胶原、醋酸纤维素和聚丙烯酰胺凝胶等。固定时需采用温和的固定化条件，以便保持微生物生理功能保持不变。转换器可以是电化学电极或场效应晶体管等，其中以电化学电极为换能器的称为微生物电极。

电化学微生物传感器种类很多，可以按照不同的角度进行分类，根据测量信号的不同分为：电流型微生物传感器，换能器输出的是电流信号，根据氧化还原反应产生的电流值测定被测物，常用的信号转换器件有氧电极、过氧化氢电极及燃料电池型电极等；电位型微生物传感器，换能器输出的是电位信号，电位值的大小与被测物的活动有关，两者呈能斯特响应，常用电极为各种离子选择电极、CO_2气敏电极、氨气气敏电极等。根据微生物与底物作用原理的不同，电化学微生物传感器又可分为以下两类：呼吸机能型微生物传感器和代谢机能型微生物传感器。呼吸机能性微生物传感器是基于微生物在同化样品中有机物的同时，微生物细胞的呼吸活性有所提高，依据反应中氧的消耗或二氧化碳的生成来检测被微生物同化的有机物的浓度。代谢机能型微生物传感器的原理是微生物使有机物分解而产生各种代谢产物，这些代谢产物含有电活性物质；其基本原理如图 11 所示。

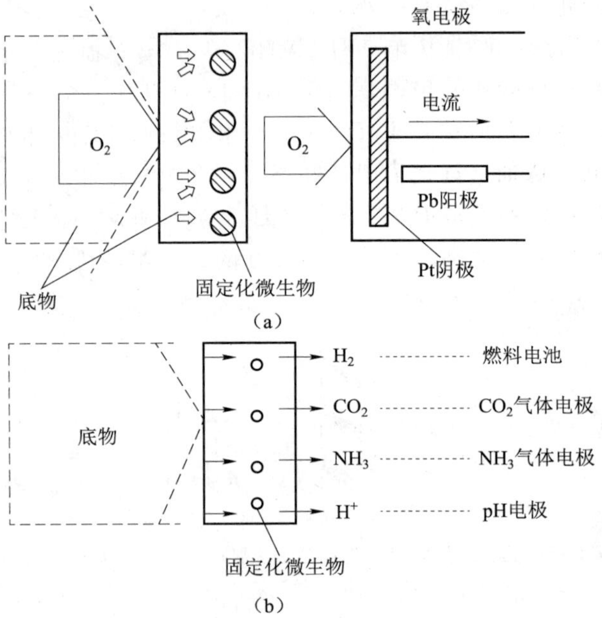

图 11　电化学微生物传感器工作原理

（a）呼吸机能型微生物传感器；（b）代谢机能型微生物传感器

电化学微生物传感器的应用范围十分广泛，主要应用于食品与发酵工业、环境检测等领域，典型的应用是环境分析中生化需氧量 BOD 的测定。BOD 是有机污染处理中最广泛使用的检测指标之一，常规方法的测定时间长，需 5 天，而且操作复杂。为实现 BOD 的快速检测，研究人员将污水处理常用的丝孢酵母（*Trichosporon cutaneum*）吸附固定在多孔性醋酸纤维素膜上，与氧电极构成微生物传感器，将其插入含有有机物质的试样液中，测得稳定的电流值；再插入不含有有机物的试样液中得到另一个值。此两电流值之差和废水的 BOD 值成正比。根据该原理制备的传感器已经产业化，用于废水中 BOD 监测。例如，US2010/0175821A1（申请人：University of Central Florida Research Foudation，INC.）公开了一种用于标准 BOD 检测的可抛式微传感器，该传感器将微流路与微生物修饰电极组合，微生物菌株 *Trichosporon cutaneum* 固定在传感器电极上，通过不同样品中微生物菌株的呼吸活动，计算获得样品中的 BOD 值。

（3）电化学组织传感器

生物组织传感器以活的动植物细胞切片作为分子识别元件，并与相应的信号转化元件构成生物组织传感器，其中以电化学电极为转化器的称为电化学组织传感器（组织电极）。组织电极的酶存在于活体组织中，活性高，稳定性大，电极寿命较其他代谢型生物电极长，且酶广泛易得，制作简单。但相对于酶电极则存在选择性差，动植物材料不易保存的问题。

美国 Rechnitz 实验室于 1979 年 3 月 29 日发表了第一篇关于组织切片（牛肝组织）用于生物敏感膜电极的研究报告，同年 6 月 18 日其作者 Garry A. Rechnitz 作为发明人提交了专利申请 US4216065A，公开了利用组织切片作为生物敏感电极实现对液体中氨基酸的检测，特别是首次采用牛肝切片作为电极的组织层，利用牛肝组织中特有的精氨酸酶催化精氨酸生成尿素，然后在上清液中脲酶的催化下最终生成氨，通过电势的变化测定精氨酸的浓度。该专利中公开的生物组织传感器的结构和检测示意图如图 12 所示。

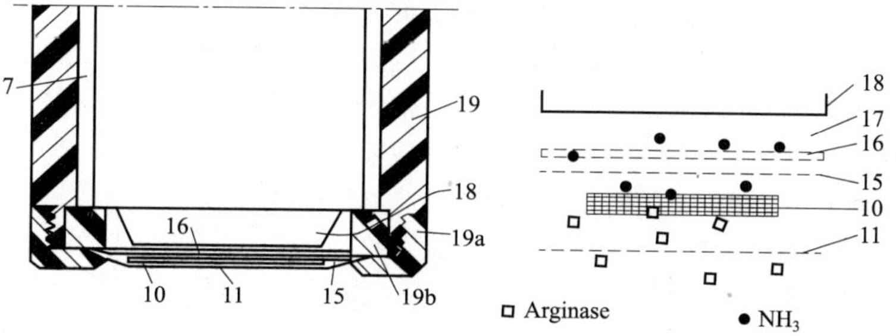

图 12 使用牛肝切片的生物敏感电极及其工作原理

10 为组织薄层；11 为单丝尼龙网；15 为保护膜；16 为气透膜；17 为电解液；18 为 pH 敏感玻璃膜；19 为聚合管体；19a 为螺纹帽；19b 为底杯

作为生物组织传感器的重要构成部件，组织切片必须符合新鲜、酶活性高的条件，这就给传感器的构建带来一定困难，因为获取的新鲜组织在切取部分用于传感器制备后，剩余的部分由于保存问题往往被废弃，造成极大的浪费。针对上述问题，日本财团法人上田科学纤维振兴会提出的申请 JP2002-233361A 中公开了可用于生物传感器的肝脏组织切片的凝胶培养方法，其在一定程度上改善了组织切片获取保存的问题，但这些技术上的改进远远不能满足人们对生物传感器快速、灵敏的要求，特别是组织所提供酶的有限性很大程度上阻碍了该类传感器的推广应用，使该类传感器局限于实验室阶段。

(4) 电化学免疫传感器

电化学传感器是基于抗原抗体反应的，可进行特异性定量或半定量分析的自给式集成器件，抗原/抗体是分子识别元件，且与电化学传感元件直接接触，通过传感元件将某种或者某类化学物质浓度信号转变为相应的电信号。电化学传感器的分类方式有多种，按照免疫分析过程中是否使用标记物分为：非标记型的免疫传感器和标记型免疫传感器；按照测量信号可分为：电位型、电流型和电容型等。在实际应用中主要基于测量信号对该类传感器进行分类研究。

1）电位型免疫传感器。

电位型传感器兴起于 20 世纪 70 年代，其结合了酶免疫分析的高灵敏度和离子选择电极、气敏电极等的高选择性，可直接或间接检测各种抗原、抗体。根据不同的传感器原理可分为基于膜电位测量和基于离子电极电位测量两种类型。基于膜电位测量的电化学免疫传感器，其原理是先通过聚氯乙烯膜把抗体固定在金属电极上，然后用相应的抗原与之特异性结合，造成抗体膜中的离子迁移率发生变化，从而使电极上的膜电位发生相应性改变，膜电位的变化值与待测物浓度之间存在着对数关系，根据膜电位变化值即可测出待测物浓度。而基于离子电极电位测量的传感器是先将抗体共价结合于离子载体，然后固定在电极表面膜内，当样品中的抗原选择性地与固定抗体结合时，膜内离子载体性质发生变化而导致电极上电位的变化，从而测定抗原浓度。图 13（a）和图 13（b）显示了基于膜电位测量的免疫电极的工作原理。由于电位测量式免疫传感器存在的信噪比低的缺点，而且信号相应对 pH 和离子强度等条件依赖性过高，影响了其在产业上的应用，相关专利较少。

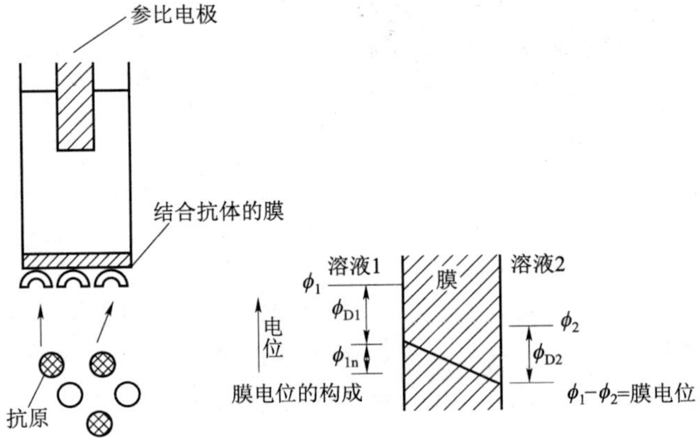

（a）

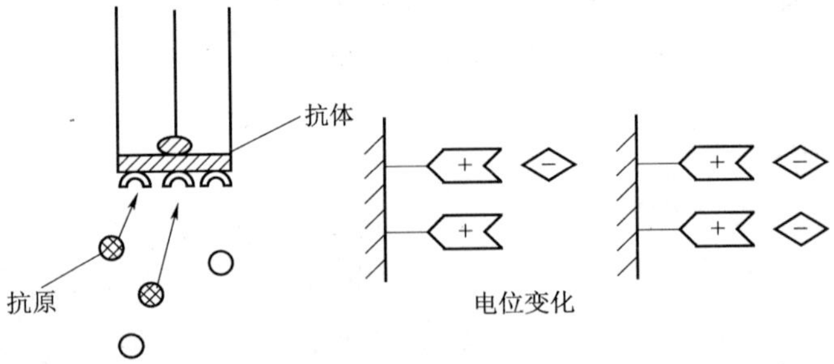

（b）

图 13　基于膜电位和离子电位测量的免疫电极

（a）基于膜电位测量的免疫电极；（b）基于离子电位测量的免疫电极

2）电容型免疫传感器。

电化学电容型免疫传感器是一种高灵敏非标记型免疫传感技术。当金属电极与电解质溶液接触，在电极/溶液的界面存在双电层。电极/溶液的界面电容能灵敏反映界面物理化学性质的变化，当极性低的物质吸附到电极表面上时，界面电容降低。蛋白质分子是一类分子质量大，极性小的生物大分子，当它吸附到电极表面时，会显著地降低电极/溶液界面电容。该类传感器就是基于将抗体固定在电极表面，当抗原抗体在电极表面形成复合物时，界面电容相应地降低，据此检测抗原的量。通过 WPI 数据库和 CNPAT 数据库的检索发现，由于生物传感器领域分类的交叉性，单纯基于电容改变实现免疫检测的传感器申请数量较少，较为典型的电容型免疫传感器如 CN1417577A 公开了一种能同时检测多种生物指标的电容型传感器，其由绝缘基质和固定在绝缘基质上并经过化学修饰的具有多个金属电极的微电极排列组成，化学修饰是在金属电极上依次形成绝缘层、交联剂层和生物膜，生物膜上固定有抗原、抗体和酶大分子。进行检测时施加已知不同浓度的与电极上生物大分子特异性结合的物质的混合液，通过电容器实时检测各电极上的电容值，根据电容变化率与时间的关系绘制标准曲线；将待测液体如反应容器，获得待测液体中各物质的电容变化率，根据标准曲线计算得到各物质浓度。

3）电流型免疫传感器。

电流型免疫传感器的检测原理主要包括竞争法和夹心法两类。竞争法是用酶标抗原与样品中的抗原竞争结合氧电极上的抗体，催化氧化还原反应，产生电活性物质而引起电流变化，从而测定样品中的抗原浓度；夹心法则是在样品中的抗原与氧电极上的抗体结合后，再加入酶标抗体与样品中的抗原结合，形成夹心结构，催化氧化还原反应，产生电流值变化。其工作原理如图 14 所示。

现阶段的电化学免疫传感器大部分属于该类型。例如，在生物扫描有限公司 2003 年 10 月 8 日提交的专利申请 CN1447117 中就公开了这样一种电流型免疫传感器，该传感器包括反应腔，具有固定抗体、探针-报道抗原（假抗原）复合物；检测腔，具有试样入口和连接反应腔的通道及其试剂层（酶底物）；探测器，可探测反应腔是否处于充满状态。当试样填充到反应腔时，与抗体结合的假抗原-酶探针接触到试样，使假抗原-探针的一小部分与抗体分离进入试样中，如果试样中存在抗原，该抗原比假抗原-酶探针能更牢固的与抗体结合而最终置换出假抗原-酶探针，因此，与固定抗体结合的每个抗原都会将一个假抗原-酶探针置换到溶液中，检测腔内布置有至少两个电极，每个电极至少有一部分与试样接触，免疫反应结束后，检测腔内充满已反应试样，试剂溶解到试样中，试剂中组分与酶作用产生还原介质，该还原介质在检测腔中被充当阳极的电极用电化学方法氧化产生电流，该电流随时间的变化率与反应试样中酶的存在及酶的数量有关，间接反映出待测液体中抗原的含量。

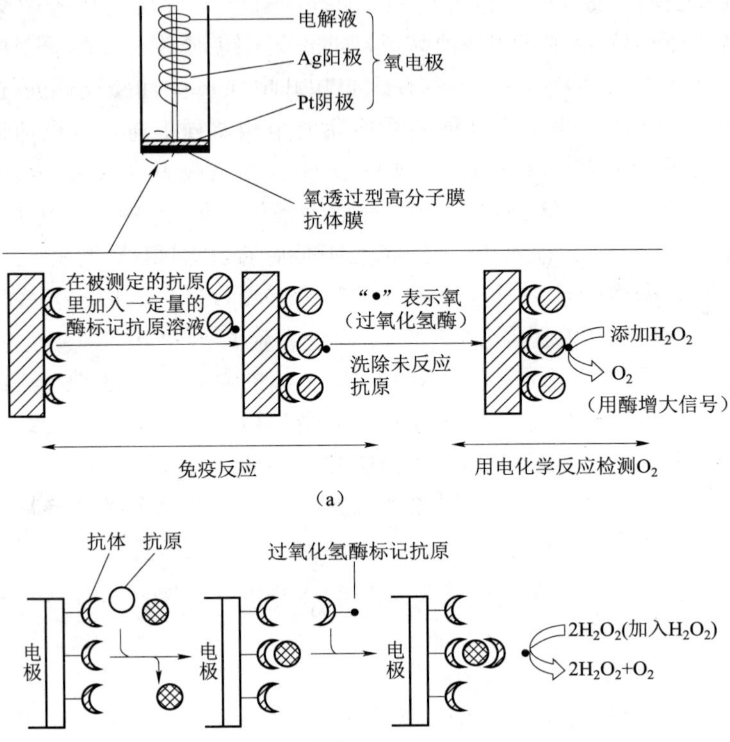

图 14 电流型免疫传感器工作原理

（a）竞争法；（b）夹心法

（5）电化学 DNA 传感器

DNA 的电化学研究工作始于 20 世纪 60 年代，早期的工作主要集中在 DNA 的基本电化学行为研究。70 年代利用各种极谱电化学方法，研究 DNA 变性和 DNA 双螺旋结构的多形性，但这些测定方法容易受介质条件的限制及高浓度蛋白质和多糖的干扰，不能对特定碱基序列的 DNA 进行识别测定。之后的研究发现乙啶锑的碳糊修饰电极的伏安响应和光谱电化学响应与 DNA 的存在与否有关，并且在电极上乙啶锑与 DNA 的相互作用可通过电化学控制来调节，该项研究成为电化学 DNA 传感器的早期雏形。现今，电化学 DNA 传感器已经成为一种全新、高效的 DNA 检测技术，不仅具有分子识别功能，而且还可实现基因分离纯化，在分子生物学研究和生物医学工程领域具有很大的实际应用价值。

1）电化学 DNA 传感器检测原理。

电化学 DNA 传感器是由一个支持 DNA 探针的电极和检测用电活性杂交指示剂构成，DNA 探针是单链 DNA（ssDNA）片段，长度从十几到上千个核苷酸不等，其与靶序列互补。一般多采用人工合成的短的寡聚脱氧核苷酸作为 DNA 探针，将探针分子修饰到电极表面构成DNA修饰电极。由于ssDNA与其互补链杂交的高度序列选择性，使得这种ssDNA修饰电极具有极强的分子识别功能。在适当的温度、pH、离子强度下，电极表面的DNA探针分子能与靶序列选择性杂交，形成双链DNA，从而导致电极表面结构的改变，这种杂交前后的结构差异，通过一电活性分子（即杂交指示剂）来识别，达到检测靶序列或特定基因的目的。杂交指示剂是一类能与ssDNA和dsDNA以不同方式相互作用的电活性化合物，主要表现在其与ssDNA和dsDNA选择性结合能力上有差别，这种差别体现在DNA修饰电极上其表现为富集程度不同，导致电流相应不一样，而且，由于杂交过程没有共价键的形成，是可逆的，固定在电极上的ssDNA可经受杂化、再生循环。电化学DNA传感器的基本原理如图15所示。

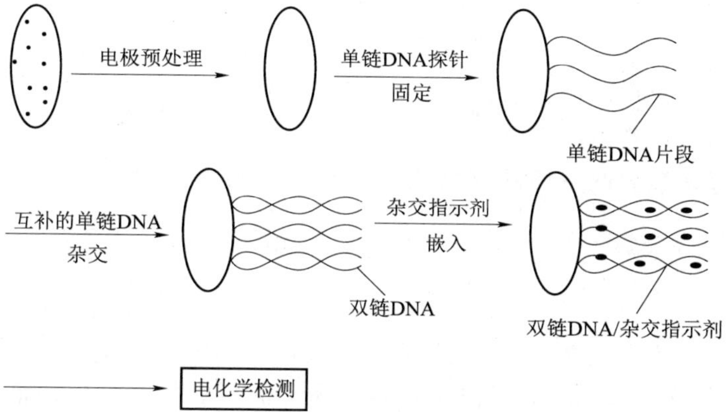

图15 电化学DNA传感器工作原理

2）DNA在固体电极上的固定。

电化学DNA传感器常用的固定电极包括金电极、玻碳电极、碳糊电极、裂解石墨电极和定向裂解石墨电极等。DNA在固定电极上的固定化方法主要有吸附结合法、共价键结合法和自主装膜法等。其中，吸附结合法是将碳糊电极放到含DNA探针分子的乙酸缓冲液中在一定电位下活化电极，然后在控制点以下吸附富集探针分子，最后用磷酸盐缓冲液冲洗，该方法简单、灵活但稳定性较差；共价键结合法是先对电极进行活化预处理，以引入活性键和基团，然后进行表面的有机合成，通过共价键合反应把探针分子修饰到电极表面，该方法修饰层稳定，易进行分子杂交，但固定的DNA量有限，响应信号小；自组装膜法即在固体表面自然形成高度有序的单分子层膜的方法，在DNA技术中，一般是利用带巯基的化合物，在金电极表面形成自组装单分子膜来固定DNA。但由于—SH修饰的DNA不容易合成，且需要分离提纯，操作烦琐，同时巯基化合物在结合DNA后体积大幅度增加，在金电极表面自组装比较困难，为此，可先在金电极表面进行—SH化合物自组装，得到自组装单分子层，再在自组装单分子层上共价键合或吸附固定 DNA，实现 DNA 在金电极表面的修饰。该方法获得的 DNA 修饰电极表面结构高度有序，稳定性好，有利于杂交反应进行。

3）电化学 DNA 传感器中的标志物。

第一，电化学活性的杂交指示剂。

杂交指示剂可选择性地与 dsDNA 结合的同时保持其电活性，在电极上发生氧化还原反应，产生可测量的信号。杂交指示剂和 DNA 的结合方式有 3 种基本模式：指示剂与 DNA 分子的带负电荷的脱氧核糖-磷酸骨架之间通过静电作用而相互结合，即静电结合；指示剂分子依靠碱基的疏水作用在沟面与 DNA 分子相互作用而结合，即面式结合；指示剂分子依靠氢键、范德华力和堆积作用插入 DNA 分子双螺旋的碱基对之间，即插入作用。杂交指示剂应具备对 dsDNA 比对 ssDNA 具有更高的选择结合能力，插入指示剂对 dsDNA 的选择性结合可通过电流的响应而间接地被测量。

杂交指示剂主要有两种类型，一类为过渡金属配合物，如平面多吡啶配体；另一类是带刚性大平面芳香环化合物，如道诺霉素抗癌药物、盐酸阿霉素、米托蒽醌等。

第二，寡聚核苷酸上修饰电化学活性的官能团。

合成带有电化学活性基团的寡聚核苷酸与电极表面的靶基因选择性进行杂交反应，在电极表面形成带有电活性官能团的杂交分子，通过测定电信号可以识别和测定 DNA 分子。

第三，酶。

在 DNA 分子上标记酶作为识别物，当标记了酶的 ssDNA 与电极表面互补 ssDNA 发生杂交反应时，酶分子修饰在该电极表面，借助于该酶的催化功能，通过测定反应生成物的变化量间接测定 DNA。

4）电化学 DNA 传感器的应用。

电化学 DNA 传感器主要应用于细菌、病毒感染性疾病的诊断；基因诊断；药物分析，特别是核酸药物的分析，DNA 结合药物的检测及新型药物分子的设计；DNA 损伤研究，如利用 DNA 鸟嘌呤的阴电极信号改变来检测辐射损伤，也可用于筛选引起 DNA 损伤的化学试剂。

（6）电化学 DNA 传感器典型专利分析

较为典型的专利申请是由日本筑波联络研究所株式会社提出的 JP 特开 2004-264068A，该申请公开了一种核酸生物传感器芯片，其将检出表面用链酶亲和素处理，从而将生物素化核酸分子固定，用于 DNA-DNA 间、DNA-RNA 间、DNA-蛋白质间相互作用的测定。在图 16（该专利图 3）所显示的实施例中，生物传感器芯片 100 的检测表面 21 上检测用物质 D 与待测目标物质 T 相互反应，检测表面 21 设置在固定用基板 2 上，固定用基板 2 和对应基板 3c 之间形成反应区域 4，反应区域 4 设置相应的电极对 9，当检测表面 21 表面固定化检测用物质 D 与待测目标物质 T 香花作用形成反应物 R 时，电子供体 1 处得到的电子 e^- 被检测到，从而反应监测表面 21 上的作用状态。图 16 显示了生物传感器芯片 100 的结构及检测原理，该申请还公开了这种传感器可用于基因变异分析、SNPs 分析、制药、临床诊断、药理动力学、法医学分析等方面。

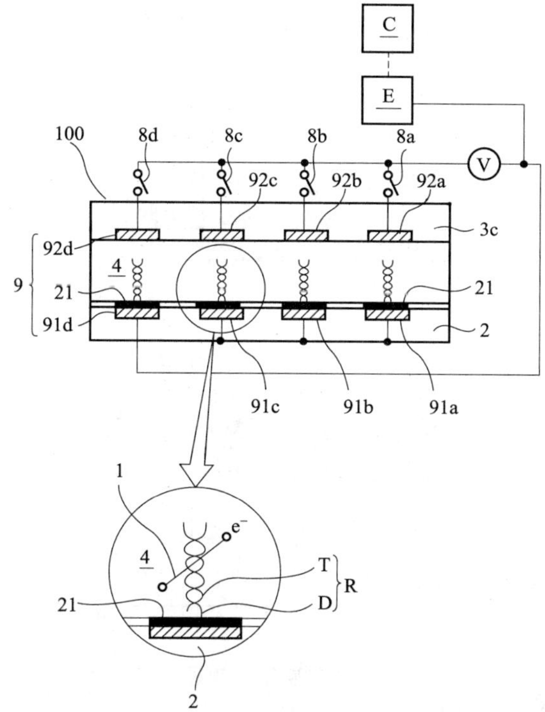

图 16 生物传感器芯片的结构示意图

100 为生物传感器芯片；1 电子供体；2 为固定用基板；3a、3b、3c 为对向基板；4 为反应区域；5 为电极；6 为对向电极；7 为电源；8 为开关；9 为对向电极；21 为检出表面；C 为解析部；E 为电流检测器；D 为检测用物质；T 为待测目标物质；R 为反应生成物

2. 生物化学磁传感器

目前广泛应用的磁传感器有霍尔传感器、线圈感应式传感器和磁致伸缩传感器等。磁传感器在生物化学领域中应用较多的主要是基于磁致伸缩效应的磁弹性传感器、巨磁阻传感器等。GMR 传感器检测过程如图 17 所示。首先，在传感器表面生成用于特定检测的生物探针［（图 17（a）］，再使检测试液流过传感器表面，试液中特定的目标分子将被探针捕获［（图 17（b）］；然后加入免疫磁性微球，免疫磁性微球与目标分子发生作用完成标记［（图 17（c）］。此时，需要采用垂直于传感器表面的外加梯度磁场将未参与标记的多余免疫磁性微球分离，这样可以减小检测时的背景噪声，从而提高检测的精确度。然后，再用外加的交变磁场将磁标记磁化，磁化的磁标记产生的附加交变磁场引起传感器磁电阻的变化，通过读取磁电阻的变化可以判定待检试液中是否有目标分子，并根据磁电阻变化的幅度可以判断待

检试液中目标分子的浓度等情况。

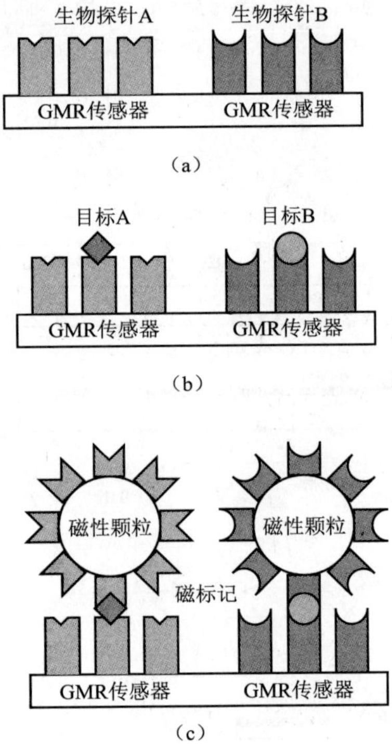

图 17　GMR 传感器检测过程示意图

(a) 生成生物探针；(b) 探针捕获目标分子；(c) 完成标记

通常采用惠斯登交流电桥作为检出结构，检测系统如图 18 所示。系统由 GMR 检测电桥、驱动部分和检测部分组成。

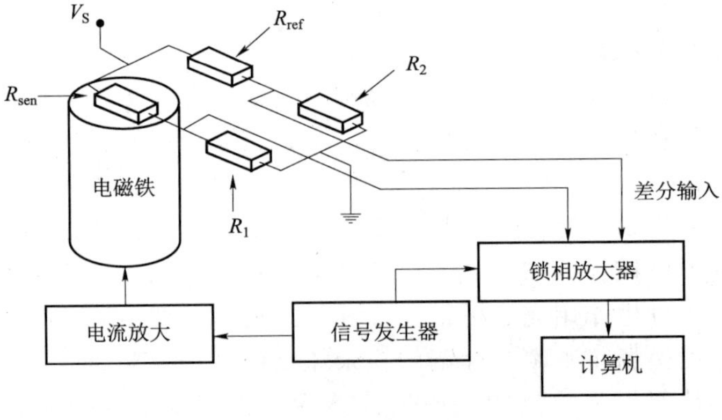

图 18　生物化学磁传感器检测系统示意图

近年来，皇家飞利浦电子股份有限公司申请了多篇相关的专利，如WO2007072243A公开了一种用于磁化学传感器的传感器元件，其包括第一凝胶样材料、特别是可膨胀性水凝胶如聚丙烯酰胺，以及颗粒形式的磁性第二材料、特别是磁铁矿（Fe_3O_4）纳米颗粒，所述第二材料与分析物如葡萄糖的受体一起包埋在所述第一材料中。GMR元件来检测由于与所述分析物的相互作用而引起的磁场的变化。所述传感器元件的应用包括生物传感器、DNA测试装置和高通量筛选。

3. 光纤生物传感器

光纤生物传感器通常有两种制作模式，即光极模式和消逝波模式。敏感膜固定在光纤芯的顶部或其光线能够覆盖的范围，这种构造方法称为光极模式；如果将光纤的覆层去掉，充分暴露出光纤芯，在暴露的表面上进行化学反应或生物反应，就构成了光纤传感器的消逝波模式。两种模式的原理都是光纤的全反射。将酶、辅酶、抗原、抗体、核酸、DNA、动植物组织或动植物细胞、微生物等的敏感膜安装在光纤、平面波导面或毛细管波导面上，对样品中的待测物质进行选择性的分子识别，再转换成各种光信息，如紫外光、可见光及红外光的吸收和反射，荧光、磷光、化学发光和生物发光、拉曼散射等信号输出。

目前，光纤生物传感器已成功地应用于生产过程和化学反应的自动控制，炸药和化学战争制剂的遥测分析；新型环境自动监测网络的建立；生命科学和临床化学中蛋白质、酶、核酸、DNA及其他生物大分子和生物活性物质分析、生物活体成分分析和生物免疫分析等。

US2005113658A公开了一种光纤生物传感器，其结构如图19所示，如用于检测样品中的葡萄糖，包括具有近端和远端的顶端部分，具有近端和远端的光纤，以及接近顶端部分设置的光学传感元件，传感元件包括葡萄糖半乳糖结合蛋白（GGBP），GGBP与葡萄糖结合，至少一受体组与GGBP相关联，当结合蛋白结合至葡萄糖时，引起受体组的发光发生变化，其中传感元件置于聚合物基质上，聚合物基质具有能够与光纤表面的氨基反应的活性基团，从而附着到光纤的远端。

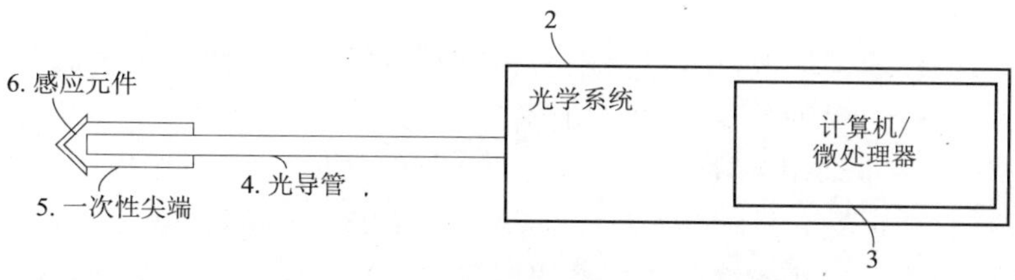

图19 光纤生物传感器组成示意图

4. 表面等离子共振化学生物传感器

表面等离子体波应用于生物学领域的核心在于利用金属与非金属界面的特性变化，尤其是表面折射率的改变导致入射光共振角的变化来适时检测化学反应、分子相互作用等。

由于 SPR 技术具有能实时监测反应动态过程、分析样品不需要纯化、生物样品无需标记、灵敏度高、无背景干扰等特点，在生物科学领域应用中取得了长足进展，目前已成功研制出各种类型的 SPR 免疫传感器。SPR 生物传感装置通常由 SPR 检测器，传感器芯片和缓冲液、样品、试剂连续流过的流动池组成，可以实时检测与固定化配体特异结合的分析物。

WO9005303A1 公开了一种用于 SPR 生物传感器的传感表面。所述传感表面包括自由电子金属如 Cu、Ag、Al 或 Au 的薄膜，膜的表面涂敷紧密组装的有机分子的单分子层。所述传感器可用于测定吸附到传感表面的蛋白质的量等。

5. 声波生物传感器

声波生物传感器是以压电声波元件为换能器，通过生物作用选择性获取目标信息进行生物分析的装置，其信息感受元件可以是酶、微生物、抗原或抗体、核酸、细胞或生物组织等。在传感膜中所进行的生物作用可分成两类：一类进行的是基于酶的催化反应，传感器可重复使用，但检测灵敏度较低；另一类是基于生物分子之间的专一性结合，如抗原与抗体的结合，核酸探针与其互补核酸分子的配对等。该类反应亲和力高，反应不可逆，传感器不易恢复，但检测灵敏度高。

构造声波生物传感器的关键步骤是将生物活性物质修饰（固定）到传感器的表面。表面修饰通常有两种方法，一种是先将传感器进行预处理，形成一层含活性基团的膜，然后通过化学键合或物理吸附，将生物活性物质连接到传感器上；另一种是先将生物活性物质与含活性基团的载体交联或混合，然后修饰到传感器上。典型的声波生物传感器有声波酶传感器、声波免疫传感器、生物基因探针等。

US6486588B2 公开了一种植入人或动物体内的声波生物传感器，包括用于测量生理状况并产生代表生理状况的信号的传感元件，还包括用于激励传感元件的压电式换能器。该声波生物传感器可以用于监测患者的生理状况。

6. 新兴生物传感器类型

(1) 在体或植入传感器

随着微加工技术、纳米技术以及生物相容性材料技术的进一步发展，生物传感器不断微型化，这就为生物传感器的“在体”应用提供了基础。在 CNPAT 数据库和 WPI 数据库中进一步采用关键词“植入”、“在体”、“体内”“*implant*＋”，“*in vivo*”对该类型传感器进行检索，CNPAT 数据库中获得 283 篇专利，WPI 中获得 728 篇专利，此类生物传感器主要着重于葡萄糖浓度的在体检测，这与临床治疗中对糖尿病患者血糖连续监测的需求密切相关。早在 1975 年就有 International Biophysics Corporation 公司提出了一种可在体检测的传感器，该传感器可检测血液、细胞和体液样品中通常存在的待分析物。在使用时，传感器可经过常规的消毒技术，以导管形式插入静脉、动脉或组织间隙中进行检测。图 20 显示了该类传感器的结构，其中 10

为电导体，12 为 Teflon 涂层，14 为球状交联疏水高分子凝胶层。

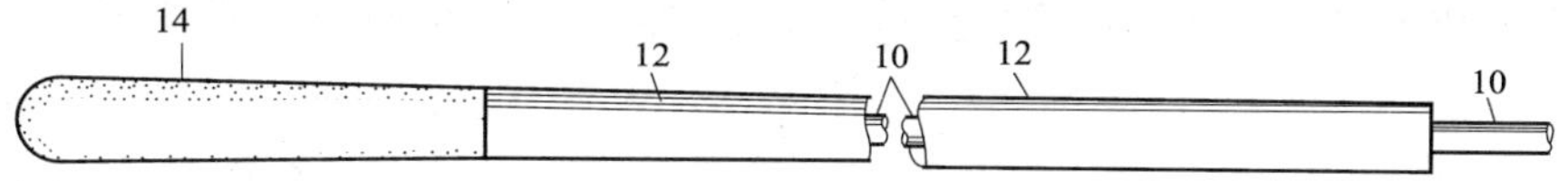

图 20　早期在体传感器示意图

此后，经过 30 多年的努力研究，已经有三种葡萄糖传感器产品获得 FDA 认证进入市场，分别是 GCMS（Guardian Continuous Monitoring System），基于微创电化学传感器；GW2B（Glucowatch 2 Biographer），基于透析体液及体外电化学传感器；Freestyle Navigator Continuous Blood Monitor，基于微创电化学传感器。然而，由于葡萄糖传感器存在在体检测信号逐步降低最终失效的问题，使其还不能广泛的应用于临床，归根到底主要是由于下述原因导致：传感器上生物污垢沉积以及人体对传感器的炎症反应导致葡萄糖不能有效扩散到传感器；传感器周围关键分析物在产生和消耗上的比例失调。而导致上述原因的根源在于葡萄糖传感器材料的生物相容性，为提高生物相容性，最有效的办法就是在传感器的外面包覆一层具有生物相容性的膜，这层膜不仅可以透过葡萄糖、氧气等分析物，而且可以减弱细胞粘附、蛋白沉积、包囊形成。可使用的膜材料包括，修饰后聚氯乙烯膜（PVC）、聚四氟乙烯膜（PTFE）、Nafion 膜、醋酸纤维素膜、聚亚胺酯混合藻酸盐膜。然而这些膜在提高了传感器的生物相容性的同时，也减少了分析物的浓度。减少生物污垢的主要方法是在传感器最外层包被一层可以抑制蛋白质黏附的膜，可使用水凝胶、仿生流体系统、表面活性剂、自然的提取材料等。减轻炎症反应可以在材料表面引入可以释放一氧化氮（NO）的试剂，NO 是众所周知的血小板粘附和激活的抑制剂，并且具有阻止平滑肌细胞增生的功能，这样能大大增进传感器生物相容性。也可利用内皮细胞生长因子 vEGF 在传感器周围生成新的血管，增加传感器周围的氧气含量，然而应用 vEGF 有致癌的危险。

很多专利关注于外层膜的生物相容性研究，如专利申请 US2009/0112075A1 就公开了一种选择性渗透外膜，其可选择性允许分析物葡萄糖扩散，但阻止大分子如肽、蛋白或其他中间分子，如乳酸、多糖的扩散，并具有良好的生物相容特性，该膜可用于分析物传感器，其具有纳米多孔基底和生物相容性外膜，在多孔基底上包括一系列多聚物链，多聚物链共价结合在多孔基底表面选择性形成所谓的“多聚物刷”，该多聚物刷限制了纳米多孔基底的有效孔径，提供了分析物对膜的选择性扩散功能。在其一个实施例中，基底为纳米氧化铝，多聚物链为 PEGMA，其形成的外膜如图 21 中所示，而且试验证实该结构组成的外膜对受体具有较低的异物排斥反应特点，在体移植 10 天后，传感器周边形成的纤维包裹较少，而且周边组织血供良好。

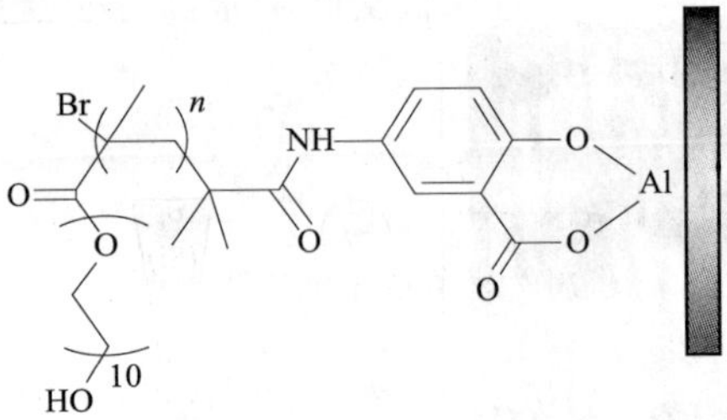

图 21 外膜分子结构示意图

可见改善植入式传感器整体性能的关键是植入式传感器的生物相容性设计，特别是外层膜的设计，如何将新兴的材料仿生技术应用到膜的制备工艺中，不断改进其生物相容特性成为在体传感器研究的热点，也是未来传感器研究的发展趋势之一。

（2）自供能纳米传感器

现今，纳米技术已经广泛应用于材料、机械、电子、生物、医药等诸多领域。现阶段关于纳米技术的研究主要集中于高灵敏度、高性能的纳米器件的研发，对纳米尺度电源供应技术的研究较少；然而，应用于国防、生物检测等方面的传感器对小尺度、高效能能源系统的需求日益迫切，特别是内置于生物体的无线传感器，这些传感器的电源都直接或间接来源于电池，电池的体积以及使用寿命都极大地限制了这些内置传感器的应用，如何使这些传感器能够从生物体内自动获取能量，并将其用于检测供能，不仅可以有效缩小传感器体积，而且可以延长传感器寿命，促进其实用化进程。

从 2005 年开始，美国佐治亚理工学院的王中林教授带领的研究团队致力于将机械能转化为电能的持续性自驱动能源的开发，于 2006 年该团队在原子显微镜下研制出将机械能转化为电能的纳米发电机，利用垂直生长于基底的氧化锌纳米线的压电效应，将原子力显微镜输入的机械能转化为电能，同时利用原子力显微镜的导电探针向外界输电，实现了纳米尺度的发电功能，在其发表的文章“Towards self-powered nanosystems: for nanogenerators to nanopiezotronics”中详细记载了上述过程，如图 22 所示。

2007 年，王中林团队研制了压电驱动的湿度传感器。在 CNPAT 中检索到该研究团队的 97 件专利申请，在 WPI 数据库中仅检索到 10 篇 PCT 申请，这些申请中仅有中国专利同族，没有进入其他国家。进一步分析，王中林教授与华中科技大学、国家纳米科学研究中心以及纳米新能源（唐山）有限责任公司都有广泛的合作关系，其专利申请主要着重于纳米摩擦发电机方面，也涉及基于该纳米发电系统的湿度、压力、温度传感器的研究（图 23）虽然在本文检索的日期为止，尚未检索到关于纳米能源系统在生物传感器构造中的应用的公开专利申请，但在该研究小组发表的另一篇文章“Nanopiezotronics”中明确地指明了该应用方向，可见纳米能源系统与生物传感器结合的新型传感装置指日可待，这种传感器能源供应系统的变革，必将极大地促进在体传感器检测技术的发展。

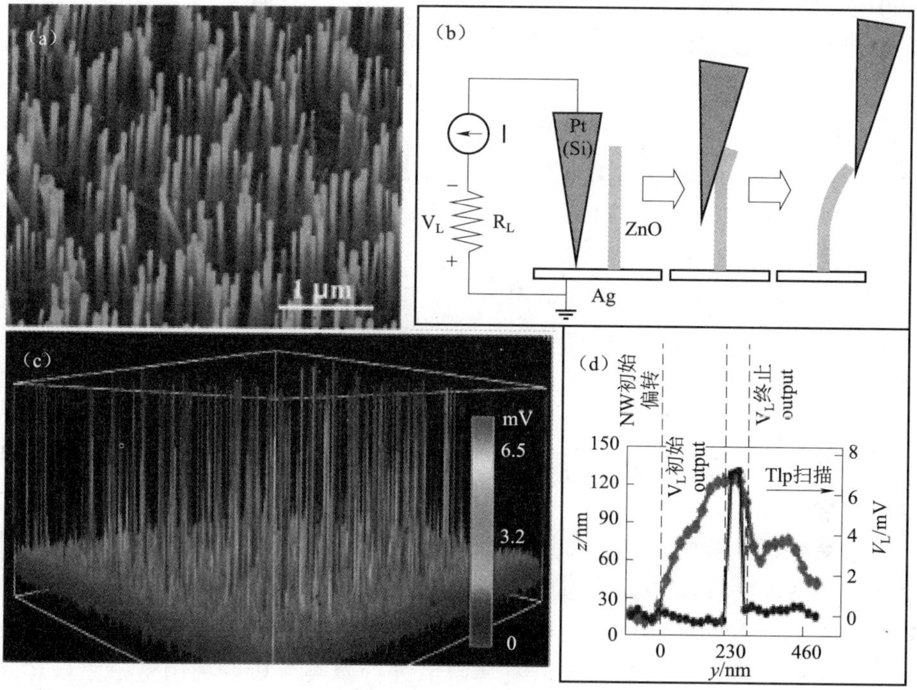

图 22

(a) 原子力显微镜下，GaN/sapphire 基底上生长的氧化锌纳米线扫描图；(b) 导电 AFM 探针触发下的压电纳米线产生电能；(c) 当 AFM 探针扫描纳米线阵列时电压输出图像；(d) 单次扫描获得的 AFM 拓扑图（图 d 中波幅较高和较为平缓的线所示）和相应产生的电压（图 d 中波幅陡峭的线所示）的交叠图

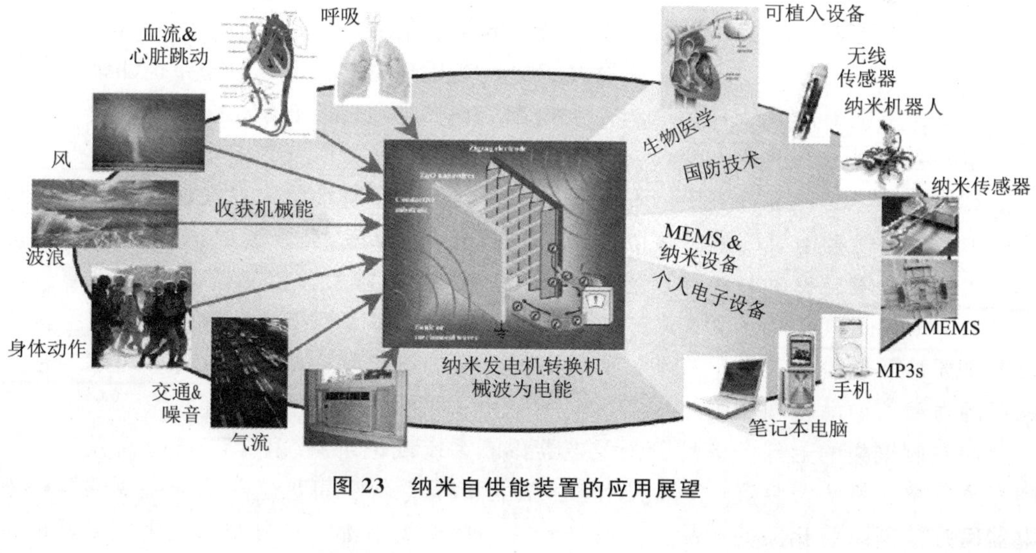

图 23　纳米自供能装置的应用展望

（二）主要申请人分析

1. 专利地图概述（基于德温特手工代码的共现法）

专利地图是专利分析的可视化工具，通过对专利情报进行分析加工，并将分析结果用各种直观的图表表达，使复杂多样的专利情报利于理解。目前很多专利地图都利用了 IPC 进行构建，但是由于 IPC 分类较为粗放，不能很好地体现专利技术的细节，因而在进行聚类分析构建专利地图时往往体现不出较为清晰的边界，因此，提出了基于德温特手工代码的专利地图构建法。

德温特手工代码是由德温特的标引人员分配给专利的，用于标识发明具体的技术创新点及其应用的专有代码。德温特手工代码相对于 IPC 的优势在于：① 德温特手工代码更加准确、规范，利于检索。这一代码的构建与德温特对于所有专利的摘要都会进行规范化的改写、加工相联系；② 对于一篇专利德温特加工人员给出的手工代码非常全面，往往比 IPC 代码多得多，几乎可以涵盖所涉及的各个方面，这样情况下做出的聚类分析结果更加清晰。

一项专利申请涉及的可标引特征涉及各个方面，如果我们自行人工提取关键词很难全面反映申请人的技术特点，因此，我们在此处使用了基于德温特手工代码的专利地图分析法，利用由德温特加工人员标引出的关键词，根据表 6 列举的主要申请人情况，选择了一些有代表性的申请人，对其申请进行聚类分析，利用这一手段体现他们各自的技术特点或研发重点。所选择的公司包括：申请量最高的日本松下电器产业株式会社，以生物技术研究为主的美国基因工程技术公司（健泰科生物技术公司），以材料研究为优势的富士感光胶体公司以及与传感器领域相距较远但申请量较大的东陶机械株式会社。

2. 松下电器产业株式会社

松下电器产业株式会社（以下简称松下电器）在生物传感器领域的专利申请量位居首位，足以证明其在这一领域的强大实力，专利地图中各聚类的分布也印证了这一特点。从松下电器产业株式会社的专利地图（图 24）可以清楚的看到，松下电器的专利主要分构成左右两个大的聚类，其中左侧的聚类又可以分为上下两部分。

具体来说，右侧部分突出的 S05-C01 代表利用电学特性研究血液样品的装置，中部的 J04-B01 代表化工领域一般的分析方法或设备，最热点区域中 A12 相关的部分分别代表用于测试诊断、电学传感器、实验室用装置以及免疫酶学装置的多聚体材料，B04 相关的内容则涉及氧化还原酶类、其他多聚体大分子的应用。可见这一部分聚类主要涉及的是涉及酶学或新材料应用的血液的电化学检测方向，这些技术与松下电器的血糖仪产品密切相关。

而左侧聚类的上部 S05 部分涉及电器诊断系统或记录系统，B11 部分涉及医药学的安全系统、算法及装置，T01 部分涉及医疗信息系统。可见这一部分主要涉及松下电器医疗诊断系统相关的产品。相对来看，左侧聚类下部热点分布的代码较多，但主

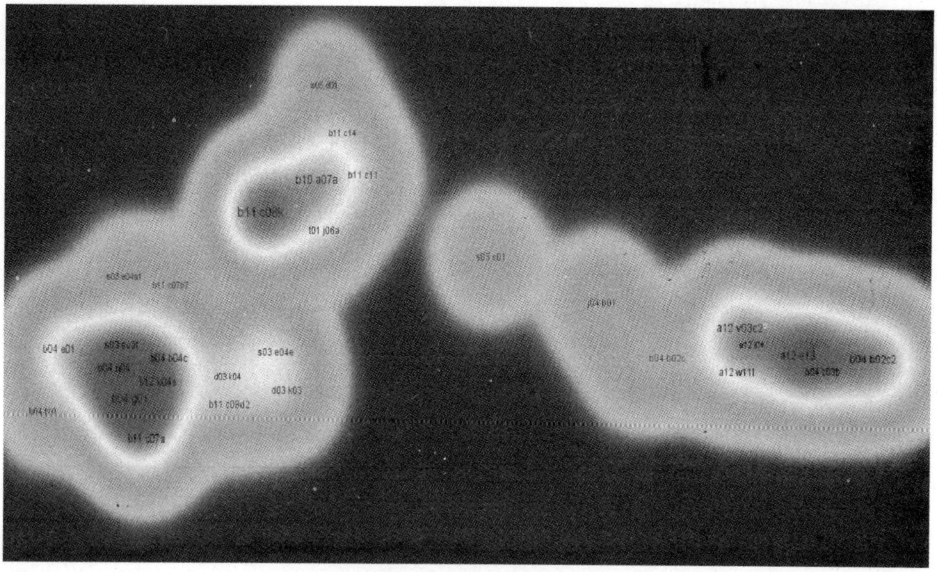

图 24　松下电器产业株式会社的专利地图

要的 S03 部分涉及化学发光检测系统、光电诊断系统、免疫学诊断系统，B11 部分涉及医药学的比色装置、色谱装置、免疫检测装置，D03 部分涉及对于食品的检测，B04 部分涉及核酸、细菌、特定抗体、其他蛋白质的检测。可见这一热点区域涉及了松下电器的多种检测设备。

综合专利地图显示的内容，可以看出松下电器除血糖仪外，其诊断系统、具体的检测装置均与生物传感器的研究密切结合，从生物传感器的材料研究到信息化应用均有涉及；结合松下电器在业内的表现及产品类型，可以认为其具有很强的技术转化能力，掌握的生物传感器技术可以较多的应用于产品之中。

3. 基因工程技术公司

基因工程技术公司（以下简称基因公司）是全球生物技术的创始者，目前最有实力的生物技术企业，是一家以科学创新的研究导向公司，以科学研发为主，致力于生物技术药物的开发，主要方向涉及肿瘤学、免疫学、组织生长与修复、神经科学与感染性疾病，其专利地图如图 25 所示。

从专利地图（图 25）上可以清楚地体现出其与松下电器这类注重产品的企业技术侧重点的不同。

基因公司生物传感器相关的专利生成了 3 个聚类，左侧的聚类中 B14 相关的部分主要涉及肿瘤相关的抗增殖抑制剂、心血管激动剂、反转录病毒及基因疗法的应用，B11 部分涉及医药品的发酵过程；中部聚类部分中 B11、B14 部分涉及肿瘤拮抗剂、激动剂、CNS 相关药物、类风湿性关节炎药物、生理变化的模型研究、蛋白质

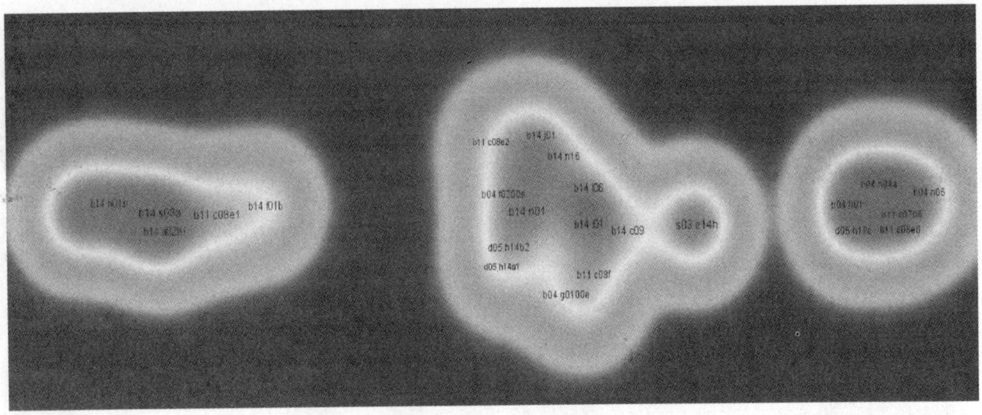

图 25　基因工程技术公司的专利地图

或基因分型研究，D05 相关部分涉及重组细胞或微生物的应用；右侧聚类中 B11 部分涉及放射性标记或生物芯片的应用，B04 部分涉及细胞生产影响因子、全蛋白序列、糖蛋白的研究，D05 部分涉及融合蛋白的研究。

可见基因公司生物传感器相关技术与生物技术基础性研究密切结合，主要体现在对于各种药物的筛选，生物技术药品的生产上。与松下电器的多种检测产品不同，基因公司的生物传感器体现了较强的“靶向性”，多有具体针对的疾病或药品筛选过程，体现了典型的生物技术公司的特点。也正是这一特点决定了这些专利多属于基础性的专利，向产品的转化存在较多的困难，但是一旦有部分实现转化，其产生的利益将是巨大的。

4. 富士感光胶体公司

富士感光胶体公司（以下简称富士公司）以生产感光材料起家，目前除了传统的影像领域，其产品已经延展到包括印刷系统、医疗系统、液晶材料、记录媒体等领域。可以说，富士公司既不属于传统的医药或医疗器械企业，也并非生物技术优势企业，其专利地图如图 26 所示。

结合专利地图（图 26）可以看出，与前述两家公司可以形成界限清晰的聚类不同，富士公司在生物传感器相关的研究热点很多，这也是其申请量巨大的原因，但并没有形成界限明显的聚类。比较有特点之处在于，其地图中部 S03 相关的部分代表光电检测设备、化学发光或生物荧光设备、利用光折射的检测设备等，右侧 B05 相关部分代表了无机金属材料的应用，而与诊断过程、药物检测、免疫学检测、核酸及抗体应用相关的 B04、B11、B12 部分分布于地图各处，这说明富士公司与生物传感器相关的专利仍以其传统的在光学及感光材料的优势技术为基础，研究方向都是目前常见的应用方向，基本可以体现出申请覆盖面宽，但核心专利有限的特点，其可能不是技术的引领者，但在特定的领域，如新材料，具有一定的优势，并且可能已经针对常见的应用方向设计了防御性的专利。

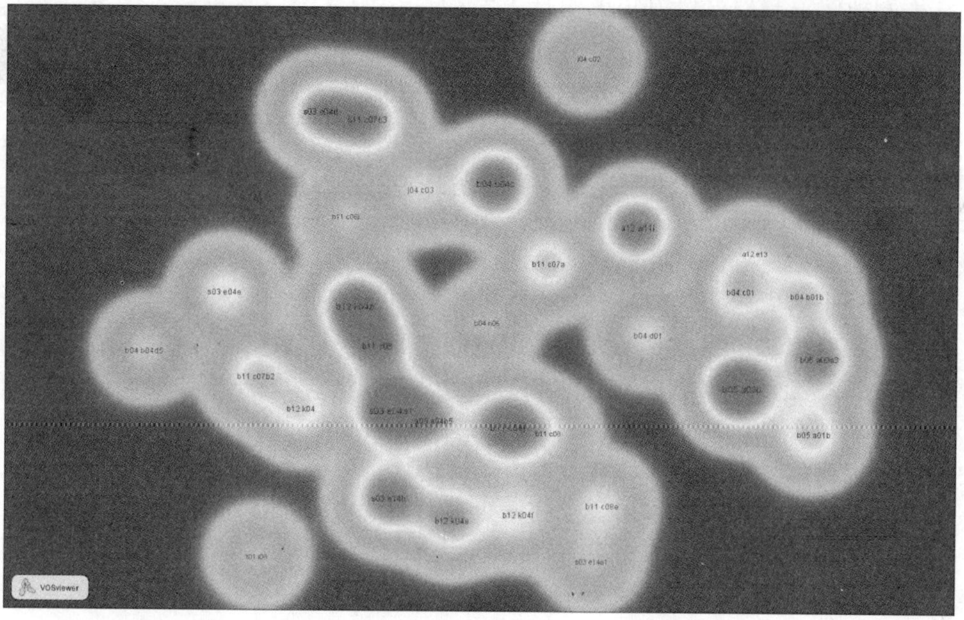

图 26 富士感光胶体公司的专利地图

5. 东陶机械株式会社

东陶机械株式会社（以下简称东陶机械）是世界闻名的卫浴产品生产企业，其专利地图如图 27 所示。本报告在进行重点申请人分析时意外发现其申请量竟然高居第九位，而显然卫浴领域与生物传感器相距甚远，那么东陶机械在生物传感器领域的技术有何特点呢？

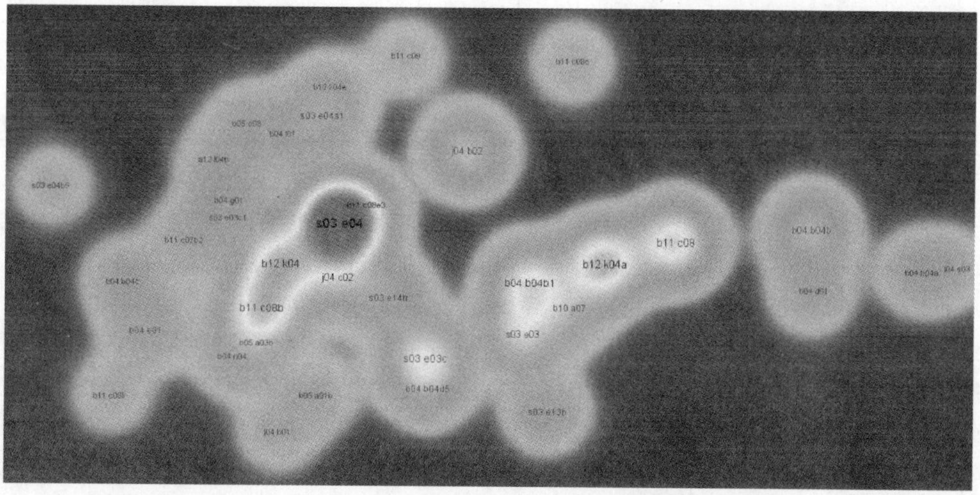

图 27 东陶机械株式会社的专利地图

从专利地图上我们可以看出，整体上东陶机械的技术分布也没有非常清晰的聚类，说明其也没有特别核心的研究方向。但还是体现出几个明显的特点：① 右侧热点中 B04-B04B1 及 B04-B04B 分别代表对于尿和排泄物的研究，上下突出的 B11-C08C 和 S03-E13B 代表取样方法以及收集液体样品特别是流动样品的装置，中间比较明显的 J04-B02 代表芯片实验室。这说明大致上右侧的聚类体现了东陶机械对于特定样品及取样方式的研究较为深入，这显然与其卫浴产品是相适应的。② 左侧聚类中技术细节较多，但总体来看主要涉及光学或电学检测设备及材料，以及酶、抗体、其他生物大分子的应用，这一聚类与生物传感器的研究特点相应。

所以可以合理的预测，东陶机械属于一个典型的下游专利持有者，其注重生物传感器的应用，并没有将重点放在生物传感器产品竞争的“主战场”——医药诊断领域，而是将其与自身产品紧密结合。可以想象，东陶机械生物传感器相关的产品也许就是一只可以监测尿糖的马桶，在不考虑其创造性高度的情况下，这其实是生物传感器发展的一个方向，也符合未来医疗健康管理发展的方向，是值得思考的。在本文最后一部分，我们还将讨论这一现象。

6. 国内主要申请人申请情况分析

从本文前述表 6 中可以看到，我国生物传感器专利申请量较大的申请人中本国申请人以高等院校、科研机构为主，难觅生产企业的踪迹，在检索结果分析过程中也没有发现高校-企业的联合申请，这反映出目前这一领域我国基础研究与生产应用脱节的现状非常严重。

进一步申请内容进行分析，排名居于前列的浙江大学和济南大学，专利申请主要集中在 2000 年之后，其专利申请涉及新材料应用、新检测用途以及传感器结构改进等多方面，申请技术点较分散，没有形成自己的技术发展体系；而我国在生物传感器领域起步较早的一些科研机构，如中国科学院微生物所、中国科学院上海生化所、上海冶金所、中国科学院武汉病毒所、华东理工大学等，申请量却较少，这些早期起步的科研院所并没有作为技术发展的根基，这个现象值得我们分析和思考。

同时，我们在 CNPAT 的检索结果中对业内公认的在生物传感器领域具有优势的国内企业的申请数量单独进行了查询，将其各自拥有的发明专利申请数量列举在表 9 中。对照表 6 中的数据可见，相对于松下电器、飞利浦电子、拜耳等跨国公司在中国拥有的几十甚至上百件申请而言，国内企业在专利申请的数量上就与之存在显著的差异。而专利申请数量的不足使我们很难对各企业的技术特点作出分析，这也恰恰体现了我国国内企业虽然占领了一定的市场份额，但技术优势并不明显。对于有远见的企业以及需要把握行业发展的政府管理部门，应该正视这一现象的存在，提高知识产权运用能力，在降低自身知识产权风险，保证企业生存的前提下，加快对技术的开发，尽快确立具有自身特色的竞争优势。

表 9　国内主要生物传感器生产企业发明专利申请量

企业名称	优势领域	发明专利申请数量/件
三诺生物传感器股份有限公司	血糖仪	11
迈瑞医疗国际有限公司	医疗器械	8
珠海福尼亚医疗设备有限公司	胰岛素泵	8
北京怡成生物电子技术有限公司	血糖仪，电化学快速检测仪器	6
江苏鱼跃医疗设备股份有限公司	血糖仪	3
上海新立医疗器械有限公司	血糖仪	2
斯坎生物传感技术有限公司	微电极设计、丝网印刷	1

四、生物传感器专利技术发展分析及趋势预测

从本文前述的内容可以看出，生物传感器是一个多学科交叉的领域而且种类繁多，所以涉及的技术也很繁杂，基于这样的情况，我们很难从“生物传感器”这样一个宽泛的概念出发分析其技术发展趋势或者做出政策建议。但是，结合在研究过程中对不同类型传感器产品技术的分析以及不同申请人特点的分析，我们发现了生物传感器技术在其下游的具体产品发展或技术研发中出现的有趣现象，并分析如下，希望能够通过对这些具体的产品或申请人技术特点的分析见微知著，为生物传感器技术发展趋势及产业政策制订提供一定的参考。

1. 血糖仪的发展历程带来的启示

目前一般认为血糖仪发展到现在可以分为五代产品，其中前三代产品主要以基于生物酶的比色反应为基础。第一代产品是水洗式血糖仪，其真正商业化的产品 Dextrometer 是由 Ames 公司于 1979 年推出的，售价为人民币 3200 元。其使用过程非常烦琐，在试纸上滴加血样后需要等 1min 后用水冲洗以去除红细胞，再将试纸插入机器以读取结果。1980 年，Ames 公司推出了第二代血糖仪，与第一代产品的主要区别为病人无须再冲洗试纸，只需要在反应后将试纸上的血细胞轻轻擦去就可以读数了。虽然第二代血糖仪体积变小而且比较方便病人使用，但是仍然需要采集大约 10～15 μl 的血样，并需要大约 1min 反应时间才能得到结果。第三代血糖仪是不需擦血的比色法血糖仪，操作进一步简化。

在 1986 年，Medisense 公司开发了第一台电化学法血糖仪——ExactechPen 在美国获准上市。随后，电化学法技术取代了原先的比色法技术成为这个领域的主流，血糖仪进入了第四代产品时期。从第四代产品开始，由于采用了电化学法技术的血糖仪体积更小，更方便使用且反应时间更短，成本下降，血糖仪开始了由医用向家用及便

携式检测普及的阶段，市场迅速增长。2001年由TheraSense公司专利（WO9835225 A1）之库仑电量法所开发生产的Freestyle（利舒坦）血糖仪技术质量更进一步迈入新的纪元。利舒坦是第一台微量血糖仪，多部位进行采血，仅需0.3μl血样量，标志着第五代自我血糖检测系统的诞生。

从血糖仪的发展历程可以看出，其在保证检测准确的前提下，不断进行着仪器小型化和易用性的改进，也就是在这个产业发展之初，几大产业巨头就不断地在进行着产品家用化的战略。而当产品发展到第四代其小型化程度、易用性都已经发展的相当成熟，并且市场也已培养成熟的情况下，新一代的产品开始着眼于改进用户体验，降低使用过程中的痛苦程度。

其实生物传感器由于敏感元件来自生物分子，而生物分子本身的特点决定了其高度的敏感性和特异性识别能力，正如血糖仪所使用的生物酶分子，其用量不需要很多的情况下就能够实现高效的识别过程，这就使得生物传感器具有小型化的天然优势。所以对于类型众多的生物传感器，如同血糖仪的发展一样走向小型化、便携化、家庭化的应用应该是今后一段时期仍然可以研究的重点方向。即使不在健康管理领域，如现阶段人们越来越重视家居空气质量，而目前家居用空气质量监测器还非常少，已经开发的产品多是工业用产品，如果能够将这一类设备小型化、家用化未尝不能开辟新的市场。

此外，我国血糖仪产品市场的变化历程也清晰地体现了专利制度对市场带来的影响。在2000年之前，我国的血糖仪市场基本被强生、雅培和罗氏三大公司垄断，2000年之后才陆续出现了三诺、九安、鱼跃、怡成等国产品牌的血糖仪。这个时间点恰恰是第四代电化学法血糖仪一些早期专利保护期终止的时间，经过10多年的发展，截至2012年国产血糖仪大概占据了国内20%左右的市场份额。

这说明，一方面在我国企业缺乏技术储备、专利储备的情况下，相关产品的生产受到非常大的制约，同时研发力量不强导致自己没有创新性较强的基础专利，因此只能“受制于人”，在技术优势企业的专利保护期终止后才大举进入这一领域，造成市场落后非常多。但同时，另一方面经过10多年的发展，我国自主产品的市场占有率达到20%左右，结合2012年25亿元的市场价值，国产品牌大约占据了5亿元的市场价值，这无疑也证明了后期产品定位、市场营销的重要性。这一方面国外大公司也有反面的例子，如我们之前在生物传感器领域重点申请人分析中涉及的松下电器。松下电器的专利地图中血糖仪相关专利形成很大的一个热点，但现在市场上除日本本土外很少能见到松下电器血糖仪的身影，事实上松下电器也已经几乎放弃了血糖仪业务，这一现状基本上是由于松下电器的市场策略失误造成的。

所以，上述情况也提示我国企业，要打好技术和市场这两张牌，尤其在技术已经落后的情况下，产品定位、市场营销等就更显的重要。当然，这仅是无奈之举，如果自身没有核心技术，就必须要注意防止可能的知识产权纠纷，所以对于企业而言技术的创新仍然是最核心的竞争力。

再把上述情况放大到整个生物传感器领域，也是类似的状况。从之前的重点申请人分析我们可以看到我国的申请人以高校、科研单位为主，没有生产企业出现。这显示了我国生物传感器领域研发与生产之间严重的"断裂"现象，不了解市场的高校很难确定出符合市场需求的研究方向，而没有技术储备的企业又难以创造更高的利润。而从生物传感器本质出发，其并不具备靶向性药物研究那样的基础性，无须考虑市场环境，而是一种可以直接应用的产品，所以我国这种研究机构与生产企业严重脱节的情况亟须改善，应该尽快建立优势高校与优势企业的合作机制，争取具有更多的核心专利。而对于已经形成了专利壁垒的方向，应当建立更为通畅的信息沟通机制和协调机制，从政府的专利管理机构到社会上的知识产权服务机构最终到生产企业，形成完整的信息链和协调机制；一方面关注相关方向核心专利的法律状态，以便在这些专利失效后国内企业能够及时跟进进入市场，另一方面关注专利本身的技术特点，帮助企业寻找创新点或应规避的风险点。

2. 东陶机械株式会社带来的启示

本文之前在进行重点申请人分析时意外发现东陶机械株式会社在生物传感器领域的申请量竟然高居第九位，而卫浴领域与生物传感器相距甚远，通过对其相关专利的简单分析，我们认为东陶机械的申请属于意料之外但在情理之中，也不失为我国相关产业的发展做出了很好的示例。

我们简单列举了一些东陶机械的申请（表 10），从中可以看出，从 20 世纪 80 年代起东陶机械就已经开始在马桶中设置尿液检测的传感器，用以检测尿糖、激素或其他分子以反映人体健康状况，从专利申请的标题上看应该是传感器技术与卫生洁具的简单叠加；而从 90 年代起，申请开始细化，涉及表面材料的改进，局部装置如加热系统，取样系统等的改进。

表 10　东陶机械株式会社部分代表性专利

申请号	申请日	发明名称
JP19830006126	1983-01-17	Lavatory appts. for determining body health— has detecting sensors which contact urine or faeces and display unit showing body health
JP19830011032	1983-01-25	Device for determining the health of a person in a lavatory— has sensor for detecting BOD, enzymes etc. in excreta or urine
JP19870209968	1987-08-24	Closet with urine data analysis device— comprises urine reservoir with cover having test paper which contacts urine and sensor to analyse urine components

续表

申请号	申请日	发明名称
JP19880204211	1988-08-17	Urine testing closet—consisting of sensor part, washing device and timer for regulating washing of sensor
JP19880204212	1988-08-17	Urine testing closet—having automatic washer device to wash urine reservoir, preventing mixing of urine samples
JP19910354637	1991-12-18	Bio-sensor having no intermediate layer—includes detection layer carrying bio-substance for detection and contg. noble metal, e. g. silver, gold or palladium
JP19920087827	1992-03-10	Biosensor, preventing inaccurate measurement due to temp. difference between sample solns. —has set of electrodes including working electrode having recognising layer for supporting the living tissue, and temp. maintaining device
JP19920090108	1992-03-17	Urine testing stool to measure salt concn. and indicate salt intake—has urine reservoir, ion sensor to detect sodium and/or chlorine ion, computer to calculated salt intake etc.
JP19960100718	1996-03-15	Surface plasmon resonance sensor for urine and blood analysis—has thin semiconductor film formed over thin metal film which emits evanescent wave
JP19980254563	1998-08-25	Sensor for biogenic substance analyzer and urine component analyzer, has piezo electric element with conductive substance layer, uniform layer and mixed layer
JP20010279591	2001-09-14	Urinal has controller which sets open time of water supply valve in water supply path, based on urine concentration sensor output, after urinal usage completion judgment
JP20020067747	2002-03-13	Biosensor for analyzing biocatalyst, has mixed layer made of cellulose derivative, substance including ion exchange resin group material and polymeric material including aldehyde, amino carboxyl or epoxy group as functional group

续表

申请号	申请日	发明名称
JP20070037181	2007-02-16	To-be-tested substance detection method e. g. for DNA, involves impregnating sample solution into pad containing electrolyte, clamped between working electrode coated with sensitizing dye and counter electrode
JP20080252110	2008-09-30	Micturition volume recording apparatus attached with western style toilet bowl, calculates micturition volume based on urine flow rate and urination time of test subject, and stores calculated information in storage medium
JP20100248505	2010-11-05	Measuring apparatus and method for detecting DNA with high precision comprises several light sources that irradiate light, ammeter that measures current produced by sensitizing dye and moving mechanism that moves light along extension line

东陶机械在生物传感器领域的技术特点无疑提示我们：生物传感器的应用范围绝不仅局限于医疗设备，生物传感器应用的参与者也绝不仅限于传统的医疗、生物技术巨头，由下游应用出发，发现新的应用方向仍然不失为在核心技术不占优势的情况下确立自身特定领域竞争优势的途径。我国生物传感器相关企业应该打开思路，寻求跨行业的合作机会，寻找新的应用创新点；当然，由于企业本身的专业性，跨领域跨行业寻找创新机会存在一定的困难，此时政府机构应该凸显出自己信息服务中心和管理协调的作用，建立“大产业观”，帮助企业牵线搭桥，促进创新发展。

举个例子，东陶机械几乎所有的申请都在卫浴用品上，那么与之类似的厨卫用品是否也能成为新的应用点？可不可以开发一种实时检测农药残留，反映蔬菜是否洗净的洗菜池？政府机构是否有能力有机制将厨卫设备的生产企业和专注于生物传感器的优势企业、高校协调在一起？

3. 苹果及小米公司带来的启示

现阶段我们的时代是一个互联网的时代，更确切地说是由传统互联网向移动互联网变革的时代。本文在进行之初也并没有意识到互联网产品会对生物传感器技术带来何种影响，但是在研究进行过程中课题组注意到一些来自互联网的报道，下文是摘引的部分内容。

报道1：“据悉，新一代iOS8系统自带的健康管理软件Healthbook的设计将与现在的Passbook类似。Healthbook将与预计在2014年下半年发布的iWatch协同，对用户的血液检查、心跳频率、水分补给、血压、活动、营养摄取、血糖值、睡眠时间、呼吸频率等与健康有关的信息进行统一管理。iWatch 则将搭载多种生物体传感器，收集诸多人体信息并与 Healthbook 保持同步。”

报道 2：“大智慧阿思达克通讯社 5 月 30 日讯，美国专利商标局周四公布苹果提交的生物传感器专利，该发明的目的是利用生物测定学，在减少用户互动的情况下，更快更精确地确认人类存在。”（该专利公开号为 US20140150091A1）

报道 3：“9 月 18 日晚间，九安医疗公告，将通过股权架构调整和人员业务剥离的方式，将旗下的 iHealth 全球业务调整至新设的独立实体。小米公司将向该公司投资 2500 万美元，占 20%的股权，增资后总股本 10%将作为库存股，用于股权激励，九安医疗将占股 70%。公告显示，小米公司将在两年内不得再投资九安医疗的公司竞争者。据了解，iHealth 是九安医疗旗下一个智能健康品牌，目前主要产品为可穿戴的便携式血压、血糖测量设备，包括智能血压计和智能测量腕表等。”

上述报道无疑清楚地显示了生物传感器与互联网接轨的步伐，同时我们又一次深刻认识到了国际化大公司触觉的敏锐，但是也很庆幸我们国内的企业这次并没有落后太多。具体分析上述报道的内容可以看出，一方面生物传感器的应用已经延伸到移动设备领域，而便携式的健康设备将是未来的一大热点，这一领域近几年刚刚兴起，国外企业的专利布局尚不完善，我国企业应当把握住这一机会，积极尝试可能推动生物传感器应用的其他方向。另一方面，国内企业实力仍然不够强大，在苹果公司一家完成的事情，国内企业需要多家联合才能做到，但这种联合显然是我国企业在目前的技术实力下最为有利的选择；更重要的是，这样的结合是商业模式的变化，是产品领域的创新，考验的是企业家的眼界，这就要求国内优势企业间有充分的了解和沟通，建立相关的交流协调机制，不仅在行业内部，行业之间也要有适当的“智慧碰撞”措施。此外，更应该看到便携式健康设备背后是基于互联网、大数据、云生态的整个数据产业，而在当今时代不能与互联网接轨的产品注定不是有生命力的产品，所以便携式健康设备构成了生物传感器与互联网结合的一个界面，那么下一个界面将出现在何处？这是值得企业和政府部门共同思考的。

同时，从上述三个小节中我们可以看到，无论是血糖仪产品还是东陶机械、苹果公司等期望开发的产品，还是集中在健康检测领域，这与生物传感器的发展历程是分不开的。但是生物传感器绝不仅是健康检测专用，对于环境监测，如 BOD 检测，生物传感器的创新显然没有健康领域这么活跃，这种现象的出现当然与环境领域生物传感器的敏感元件如酶的成本偏高，家用市场并不活跃等有关。但这同样是我国企业的机会所在，不能总跟在国际巨头之后搞研发，应该尝试新的研发方向，何况环境监测目前也不是非常冷门的领域，未来一段时间后极有可能是可以与健康产品比肩的一大研究热门。

五、生物传感器发展政策建议及结束语

结合之前对于生物传感器发展趋势的预测，我们提出以下四点建议。

（1）从产业分工角度看，让高校做好技术专家，政府做好信息管家，企业做好市场尖兵，三者形成如图 28 所示的协调关系。尤其是在我国国内企业技术实力较弱，研究与生产严重脱节的现状下，政府部门要做好信息服务和政策服务，作为沟通企业和研究机构的桥梁，为企业和高校、企业和企业间建立顺畅的沟通、交流机制，促进研究成果向产品的转化。

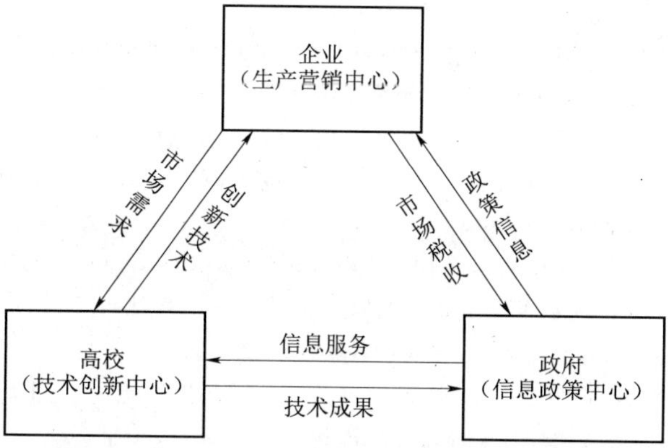

图 28　政府、企业及高校在技术创新中的关系

（2）从技术本身的特点看，生物传感器领域是一个多学科交叉领域，政府作为行业宏观管理的中心，要加强信息分析工作，使政府具有更宽广的视野，这样才能够帮助企业具有更宽的“眼界”，建立跨行业的交流、创新平台，激发企业的创造潜力，开发生物传感器应用的新领域。尤其是可以在与健康、环境、食品安全等相关的传统领域寻找新的应用结合点，如家居用品和环境监测、健康监测的结合。

（3）从产业发展的趋势看，政府和企业尤其要把握现阶段传统传感器产品与互联网结合的趋势，特别加强互联网企业与生产企业的互动。政府在政策上要帮助企业破除行业间的壁垒，促进强强联合，针对产品与互联网的结合调整对传统产品的注册、管理办法，促进传统传感器产品与互联网的融合。例如，可以关注传感器产品与互联网融合的健康信息管理、环境信息管理，传感器产品与互联网的大数据采集的结合，基于互联网大数据分析的健康终端、环境终端、智能家居产品。

（4）从知识产权运用角度看，企业自身要加强自身的商业“触觉”，增强知识产权运用与规避风险的能力，充分利用国外企业专利保护期终止后的时期，加强市场运作，争取在市场上的话语权。对于我国企业没有优势的核心技术，如电极制造、酶产品开发，要紧盯国际巨头的核心专利，以市场的话语权争取技术谈判的主动；对于我

国企业脚步相对较快的领域，如纳米材料开发、互联网与传感器的融合产品要注意技术保护和市场开发的同步，充分将本土化的技术优势转变为市场优势。

生物传感器领域是一个发展了近 40 年的领域，但其技术创新仍然没有停止，具有生命力的新产品不断涌现，从大型化走向迷你化，从医院工厂进入社区家庭，从独立检测融入互联网的云分析。我国企业要赶上国际巨头的脚步仍然要走很长的一段路，但我们应看清自身的特点，把握住在应用创新、市场培育中的优势，将中国自主的生物传感器产品发扬光大。

参考文献

[1] Clark L C, Lyons C. Electrode systems for continuous monitoring in cardiovascular surgery [J]. Annals of The New Yorkacademy of sciences, 1962: 102, 29 - 45.

[2] Updike S. J, Hicks G P. The enzyme electrode [J]. Nature, 1967, 214 (5092): 986 - 988.

[3] Zhong Linwang. Towards self-powered nanosystems: for nanogenerators to nanopiezotronics [J]. Advanced Functional Materials, 2008 (18): 3553 - 3567.

[4] WANG Z. L. Nanopiezotronics [J]. Advanced Meterials, 2007, 19 (6): 889 - 892.

[5] 姚守拙．化学与生物传感器 [M]. 北京：化学工业出版社，2006.

[6] 鞠熀先．生物分析化学 [M]. 北京：科学出版社，2007.

[7] 赵娜．九安医疗结盟小米，移动医疗兴起“圈地运动” [DB/OL]. 2014. http: //tech. 163. com/14/0923/04/A6Q6VL6T000915BF. html.

[8] 牛丽娜．苹果公布 iOS8 功能动画：iWatch 搭载多种生物传感器 [DB/OL]. 2014, http: //www. techweb. com. cn/it/2014—04—29/2031796. shtml.

[9] 娄本峰．苹果发布生物传感器专利 [DB/OL]. 2014, http: //money. 163. com/14/0530/07/9TFQDAH700253B0H. html.

数码相机防抖专利技术现状及其发展趋势

聂泽锋　刘经凤[1]　刘伟

（国家知识产权局专利局光电技术发明审查部）

一、引言

（一）数码相机防抖技术概述

数码相机的防抖技术是伴随着数码相机的发展而产生的。随着数码相机的像素越来越高，功能越来越强大，经过一段时间逐步取代了胶片相机。在我们的生活中，几乎离不开数码照相。数码照相不仅用于照相机，还普遍应用于各种电子产品，如手机、笔记本电脑、平板电脑等。随着图像传感器制作技术的提高，图像传感器的像素越来越高，尺寸越来越大，给数码相机成像质量的提高提供了有利的条件。但是，并不意味着图像传感器的像素提高了就一定能获得高质量的图像，其中在照相时的抖动就是影响图像质量的重要因素之一。

在使用数码相机时，如果保持不稳或者拍摄的对象是运动物体时，很容易出现图像模糊的问题。造成这种现象的原因在于，数码相机通过 CCD/CMOS 等感光器件的光电转换实现照片的拍摄，而光电转换总是需要一定的时间，在这个过程中若出现振动或拍摄对象移动造成光线异常位移，所拍摄出的图像就会非常模糊。而且越是长焦端、曝光时间越长，模糊程度越高。目前数码相机的镜头都具有较大的变焦能力，当使用中、远距离的焦距拍摄时，对画面的稳定性要求更高。而大多数数码相机的使用者都是以手持方式进行拍摄，难免会因拍摄者的握持不稳定而引起画面的晃动，所以数码相机的防抖技术是继高像素技术之后的又一重大技术。

数码相机的防抖技术主要可分为光学防抖和电子防抖两大类，而光学防抖又分为光学镜片组移动防抖和图像传感器移动防抖，光学镜片组移动防抖简称镜头防抖，图像传感器移动防抖又称为 CCD 防抖或机身防抖。镜头防抖就是在镜头中设置专门的防抖补偿镜片组，根据相机的抖动方向和程度，补偿镜片组相应地调整位置和角度，使光路保持稳定。镜头防抖是在成像过程中通过光路偏移来校正抖动量，图像在存储

---

[1] 刘经凤等同于第一作者。

到相机之前就已经稳定，在取景器中看到的也是稳定的图像。其缺点是必须提供特定的防抖镜头。目前多数数码相机生产企业采用镜头防抖技术，如佳能株式会社、索尼株式会社、奥林巴斯映像株式会社、HOYA株式会社等。机身防抖的原理与镜头防抖的原理相同，只不过是把原本在镜头上的防抖装置移到图像传感器上。其优点是能够用于所有系统的镜头上，不用拘泥于特定的镜头。其缺点是在取景时看不到处理后的效果，只是拍摄后得到防抖补偿。而电子防抖与光学防抖的原理不同，其通过对图像数据进行操作或处理来实现。它通常是用传感器检测抖动量，在图像采样时根据这些抖动量作相应补偿，从而计算出比较清晰的图像。电子防抖不需要太大的体积，相对光学防抖更加省电，成本更低。但需要以牺牲像素为代价。如果要得到像素高的图像，需要提供大面积的图像传感器。目前，采用电子防抖技术的主要有松下电器产业株式会社、索尼株式会社、奥林巴斯映像株式会社、三星电子株式会社等。

镜头防抖是应用最早的防抖技术，也是目前使用最普遍、最成熟的防抖技术，无论是单反镜头、小型相机还是手机，都可以采用该技术。用在单反镜头时，驱动支撑结构复杂，控制精确；用在小型相机或手机上时，驱动支撑结构简单，节省空间。而且，镜头防抖在防抖专利申请中占主导地位。

上述的防抖技术是在存在抖动的情况下通过光学或图像处理的方式补偿或消除抖动的技术，也是本文所要重点分析的技术。除此之外，还有一种防抖技术，就是尽量避免发生抖动的防抖技术。例如，提高快门速度和感光度来缩短曝光时间；采用红外控制或面部表情等非接触方式触动快门以避免触动快门带来的抖动等，本文将这类防抖技术归属于其他防抖技术。

（二）国内外产业现状

防抖技术是一项较新的技术，其技术发展历史较短，相关专利申请从20世纪90年代开始逐渐增多，从向中国申请的专利来看，主要集中于2000年之后。

数码相机防抖技术的专利申请人主要集中在日本的多家公司，如佳能株式会社、索尼株式会社、奥林巴斯映像株式会社、松下电器产业株式会社、HOYA株式会社、三洋电机株式会社等。另外，还有韩国的三星公司。佳能与数码相机防抖技术相关的申请几乎都属于镜头防抖技术，涉及镜头的移动结构和检测控制电路。索尼、奥林巴斯公司的申请主要涉及机身防抖和电子防抖技术。松下的申请主要涉及电子防抖和镜头防抖的电路控制优化方面。HOYA主要涉及镜头防抖技术。三洋株式会社的申请主要涉及光学防抖的控制优化方面，镜头防抖和机身防抖都可以。三星电子株式会社的申请主要涉及镜头防抖的结构优化和电子防抖技术。中国的申请相对较少，主要申请人有鸿富锦精密工业（深圳）有限公司等，还有台湾的亚洲光学股份有限公司、华晶科技股份有限公司等。

（三）课题的意义

虽然我国纯粹生产数码相机的企业不多，但有很多相关企业，如生产手机的企业，目前的手机几乎都配备数码相机，随着人们对手机拍摄图像质量的要求提高，在手机中的相机也逐步应用防抖技术。通过对数码相机防抖技术的专利申请数据进行统计、对技术内容进行分析，从而对我国相关行业（如手机行业）今后的研发提供参考。

二、本文研究内容和方法

（一）本文研究内容

本文主要针对的是数码相机中的防抖技术，具体来说，即如何防止、减缓或校正用户在手持数码相机或具有数码相机单元的手机等便携式电子设备拍照时的手抖动的相关技术。

（二）本文研究方法

本文以中国专利数据库中的相关专利文献为研究对象，以中国专利技术开发公司的专利信息分析系统为研究工具，对数码相机防抖技术的发展状态，申请主要国家和主要申请人及关键技术等逐一进行分析，从而找出数码相机防抖技术领域内的国内外差距，以便为国内相关企业和研究机构等提供参考。

（三）分类号和关键词的确定

目前，数码相机防抖技术在国际专利分类 IPC 中并无专门对应的分类号，更无进一步的技术细分，经过前期的统计分析发现，相关专利文献主要集中在 G03B5/00 和 H04N5/232 下。

相关的关键词主要有抖、振、震、晃、模糊、稳定等。

（四）数据库的确定

为了方便且无误地将检索的数据结果导入专利信息分析系统进行分析，最终确定采用 CPRS 中国专利文献检索系统，对应数据库为中国专利数据库。

（五）研究样本的获得

首先，采用分类号结合关键词的检索策略，获得原始数据 1315 件，时间大约截至 2014 年 5 月；然后，通过大概浏览各专利文献的摘要去除其中的噪声，获得研究样本 817 件。

（六）技术细分的确定

经过前期的统计分析发现，相关专利文献以移动光学镜片组或图像传感器进行相应补偿的光学防抖方式为主，通过图像处理等进行校正的电子防抖方式为次，还有少量文献是关于其他防抖方式，如提高快门速度和感光度来缩短曝光时间、采用非接触方式触动快门来避免按压快门带来的抖动等。同时参考日本 F-Term 分类 2K005 中的技术细分，最终确定进一步将光学防抖方式相关的专利文献细分为控制优化、结构优化、光学设计三方面。

三、总体状况分析

从国家和地区来看，作为研究样本的 817 件专利文献中，各个国家和地区申请人所申请的件数、所占比例分布情况如图 1 所示，绝大多数都是日本申请人的申请，其次才是中国申请人的申请。

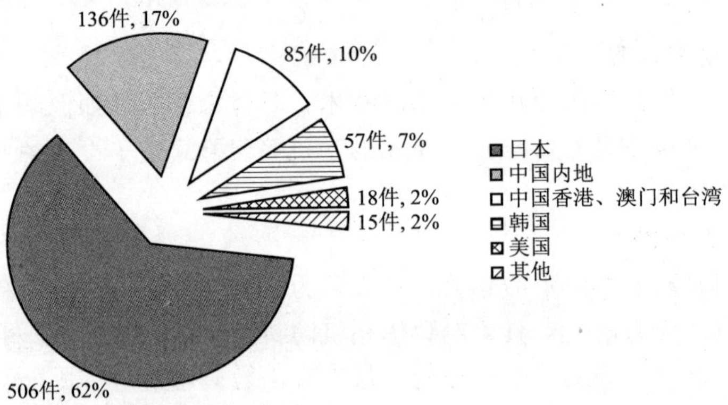

图 1　数码相机防抖领域内按国家（地区）划分的申请分布情况

从时间上来看，每年的申请件数如图 2 所示，从 2004 年起逐步增加，于 2008 年超过了百件，其后稍有下降后再上升，到 2012 年再次超过百件。这与近年来数码相机在手机等便携式电子设备内的大量应用的趋势一致，符合用户不断提高的成像质量需求。

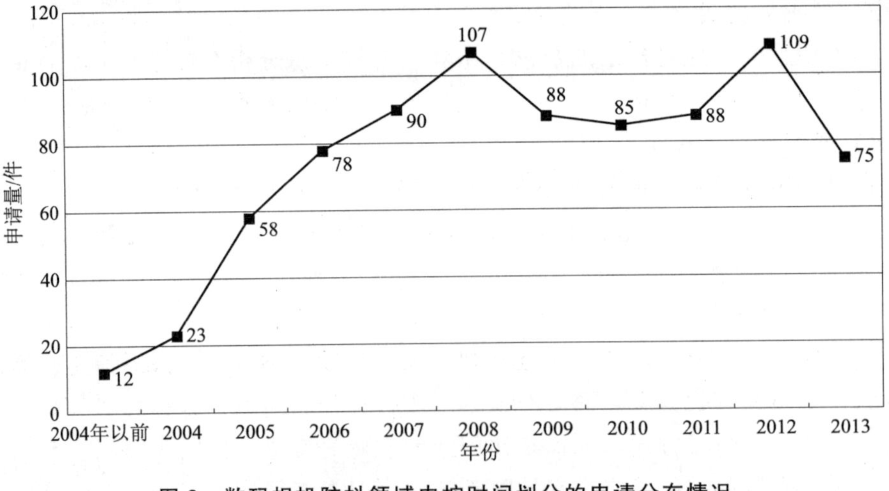

图 2　数码相机防抖领域内按时间划分的申请分布情况

其中，经过统计发现，日本申请人主要有佳能株式会社、索尼株式会社、奥林巴斯映像株式会社、松下电器产业株式会社、HOYA株式会社、三洋电机株式会社、索尼公司、三洋半导体株式会社、富士能株式会社、日本电产三协株式会社、株式会社尼康、富士胶片株式会社、卡西欧计算机株式会社、株式会社腾龙、奥林巴斯株式会社等；韩国申请人主要有三星电子株式会社、三星电机株式会社等；中国内地申请人主要有鸿富锦精密工业（深圳）有限公司、鸿海精密工业股份有限公司、广东欧珀移动通信有限公司、佛山华永科技有限公司等；中国台湾申请人主要有华晶科技股份有限公司、亚洲光学股份有限公司等，这些申请人的具体申请分布情况如图3所示。

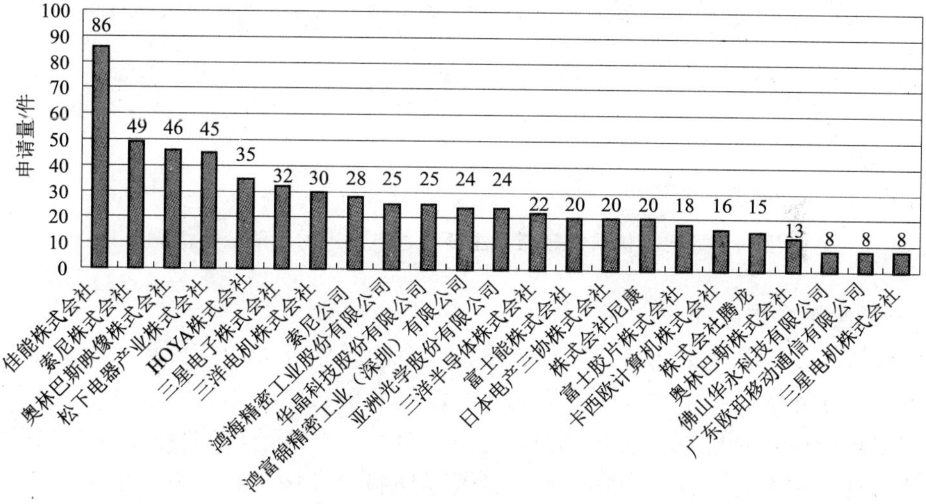

图3 数码相机防抖领域内主要申请人的申请分布情况

对这些申请人的总件数进行统计，发现有617件，其中彼此间的共同申请重复次数为53次，即实际总件数为564件，所占比例约为69.0%。由此可见，通过分析这些主要申请人，是可以大体把握数码相机防抖技术的发展状况和趋势的。

四、日本主要申请人分析

日本主要申请人有15家，按数量大小分别为佳能株式会社、索尼株式会社、奥林巴斯映像株式会社、松下电器产业株式会社、HOYA株式会社、三洋电机株式会社、索尼公司、三洋半导体株式会社、富士能株式会社、日本电产三协株式会社、株式会社尼康、富士胶片株式会社、卡西欧计算机株式会社、株式会社腾龙、奥林巴斯株式会社等，总件数计463件，其中彼此间的共同申请重复次数为29次，即实际总件数为434件。考虑申请人间的相关性后，具体的分布情况如图4所示，其中，株式会社腾龙15件中含2件与索尼株式会社的共同申请，富士能株式会社20件中含1件与三洋电机株式会社、三洋半导体株式会社的共同申请。

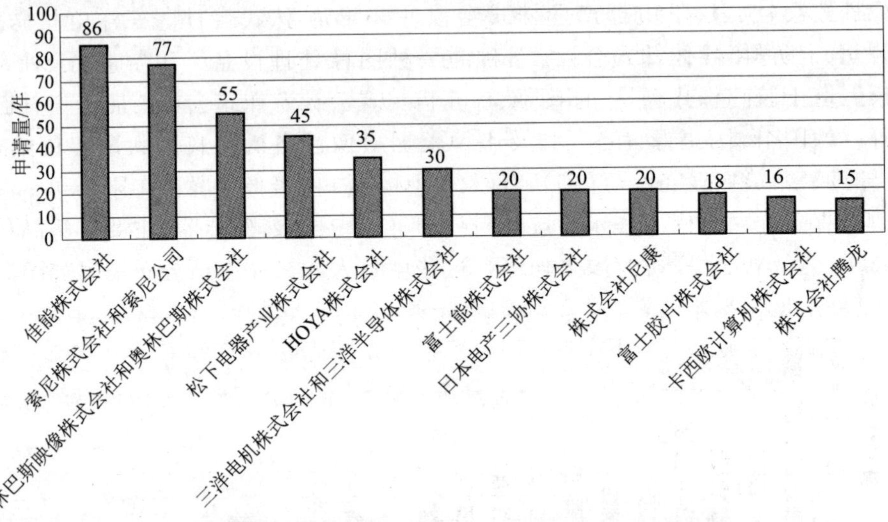

图 4　数码相机防抖领域内主要日本申请人的申请分布情况

（一）佳能株式会社

佳能株式会社关于数码相机防抖技术的专利申请情况如图 5 所示，主要是光学防抖技术，而在光学防抖中基本上都是移动光学镜头的技术，而且大部分都涉及可互换镜头的照相机的抖动校正。在统计的 86 件申请中，涉及光学防抖技术的有 77 件，涉及电子防抖技术的有 9 件。而移动镜头的光学防抖申请中，技术方案中主要涉及校正镜头移动结构的申请占 20 件，主要涉及控制电路的申请占 57 件。从申请日期来分析，大体集中在2008～2013 年。从法律状态来分析，获得授权的案件 47 件，没有获得授权的案件 39 件，其中 2011 年之后的申请大多数出于未审结状态。

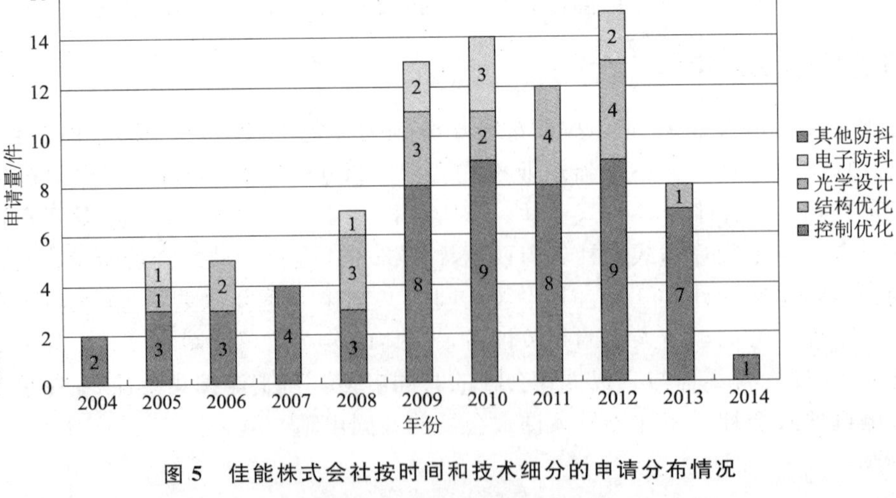

图 5　佳能株式会社按时间和技术细分的申请分布情况

1. 首先是不同技术方面的关键申请，其中以申请号表示

（1）电子防抖。200580031078 名称为一种图像处理设备，用于进行多个图像的合成并获取具有适当曝光的图像，可以以区域为单位合成最合适的图像。200910177491 名称为摄像设备，涉及一种根据摄像设备的手抖动状况提供给合适的倾斜向导显示的摄像设备。200910178083 名称为一种摄像装置及其控制方法，因镜头上的尘土在图像上造成阴影，通过检测单元检测到图像传感器的抖动量，控制在图像传感器的整个画面上的图像裁剪位置，因而消除阴影。201010567359 名称为一种图像处理装置及图像处理方法，其根据曝光条件和抖动信息，获得权重值，生成用来校正图像模糊的滤波器。201010620999 名称为摄像设备及其控制方法，通过移动图像读取区域来消除确定的图像之间的位置偏移，校正剩余的低频振动，从而提高累积时间期间内的振动校正能力。

（2）光学防抖的透镜移动结构：200510109233 名称为伸缩式镜筒和图像传感器装置，其中模糊校正单元在垂直于光轴的平面上驱动第一透镜，以消除图像传感装置的振动，使具有模糊校正功能的镜头小型化。200810004589 名称为光学图像稳定器和光学装置，光学稳定器即使在施加大的振动、高频振动或大的外力时，能够防止校正透镜绕着光轴旋转并且能够降低摩擦阻力而导向校正透镜，其中通过滚珠来降低摩擦阻力。200880012879 名称为一种光学图像稳定器和光学设备，校正透镜通过磁体和线圈来驱动，磁体和线圈的驱动结构紧凑，从而整个光学图像稳定器的尺寸更小；校正透镜采用弹簧悬挂式结构，对一定程度的大颤动具有图像稳定效果。200880125046 名称为光学装置和设置有该光学装置的摄像设备，同样是通过磁体和线圈来驱动校正透镜，保持校正透镜的透镜保持件由三个球体支撑，并在三个球体外侧连接三个弹簧，由此使透镜保持件在垂直于光轴的平面内移动。200910002532 名称为光学图像稳定器和光学装置，在光学图像稳定器中包括在未执行图像稳定操作时限制校正透镜移动的锁定机构，此申请提供能够将锁定机构稳定保持在锁定位置和锁定释放位置而同时减少电力消耗。201210311255 名称为变焦镜筒和具有该变焦镜筒的摄像设备，该变焦镜筒具有图像抖动校正机构和光圈机构，另外，还有限制机构，限制机构能够限制透镜保持件沿垂直于光轴的方向的最大移动量，从而在镜头受到振动或冲击时，能够防止光圈机构的光圈叶片与透镜组之间产生碰撞。201310470198 名称为图像抖动校正设备及设置有该设备的光学机器和摄像设备，该申请涉及防止扭曲和马达效率降低的图像抖动校正设备，该图像抖动校正设备的两个驱动单元独立操作，对于第一移动构件和第二移动构件而言，一个移动构件移动时，另一个移动构件不移动，能够避免扭曲和马达效率降低，并且增加可动构件的移动量。

（3）光学防抖的控制：200410078794 名称为具有像抖动补偿功能的光学仪器，该申请的抖动补偿控制器根据光学系统的焦距信息和物距信心变更积分处理中的积分常数，从而控制摇摄状态下抖动量的大小。200710005754 名称为具有图像稳定功能

的照相机，该申请用于校正可互换镜头的照相机的抖动，具有不同类型快门的照相机机体与可互换镜头组合，根据快门的类型确定是否要将快门抖动分量加入传感器检测的分量中，选择所确定的分量。从而避免快门抖动分量引起的错误校正。200910151974 名称为图像稳定控制设备和照相机，该申请在校正转动抖动的同时校正平行抖动，用多个抖动量检测装置和提取装置检测信息和提取信号，从而驱动校正单元。使照相机在微距拍摄情况下，可以得到清晰的图像。201110325002 名称为光学装置、图像拍摄装置以及光学装置的控制方法，该申请涉及执行平行抖动的图像抖动校正，减小与设备倍率陡变相关联的图像稳定性控制，控制单元利用变焦镜头和聚焦镜头的位置信息计算控制图像稳定性的摄像倍率，并计算图像抖动校正量，从而在摄像倍率增大的方向上抑制用于控制图像稳定性的摄像倍率的增大。

2. 几个典型案例分析其中以申请号表示，括注为名称

（1）200910151974（图像稳定控制设备和照相机）

技术特点分析：该申请涉及可互换镜头照相机的抖动校正。全面介绍了抖动的原因和抖动校正模块和控制方法。如图 6 所示，技术方案的特点在于，同时校正转动抖动和平行抖动，在镜头 CPU 内执行算术运算来实现 HPF 处理和积分，其中考虑了变焦和调焦信息，从而具有高可操作性并且能够高精度地校正由于平行振动而发生的图像抖动。

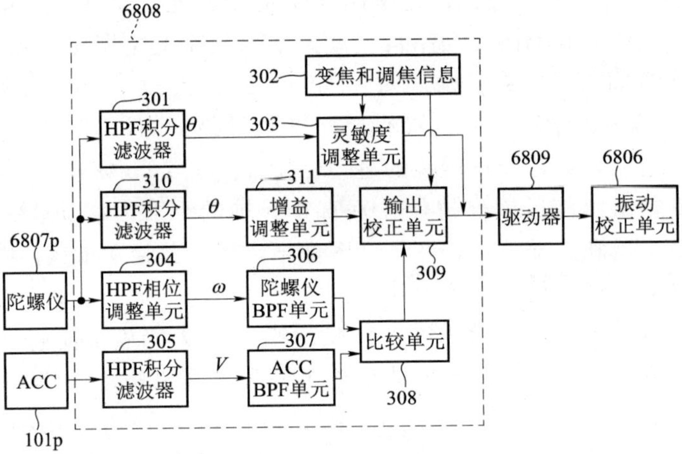

图 6　申请号 200910151974 的图像稳定控制设备框图

该申请的系列申请有：201210192016（抖动补偿设备及其控制方法、摄像设备及其控制方法）；201210228059（抖动补偿控制设备和方法、光学装置以及摄像设备）；201210228221（抖动补偿控制设备及方法、光学装置和摄像设备）。

（2）200880012879（光学图像稳定器和光学设备）

技术特点分析：该申请涉及校正透镜的移动结构改进，使结构小型化，具有更好的图像稳定效果。如图 7 所示，技术方案的特点在于，对两个线圈使用一个共同的磁

体构成了沿特定方向和与该特定方向相反的方向驱动第一可移动部和第二可移动部的一个紧凑的致动器，因而能够减小整个图像稳定器的尺寸。

该申请的系列申请有：200880125046（光学装置和设置有该光学装置的摄像设备）。

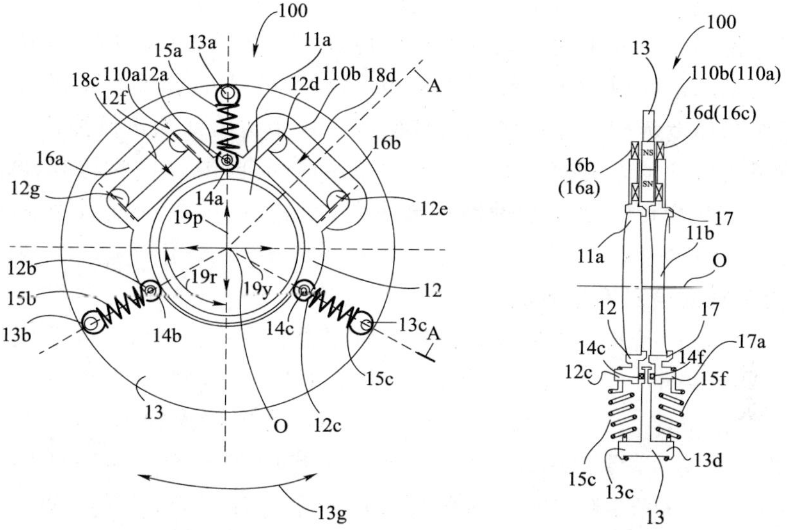

图 7 申请号 200880012879 的光学图像稳定器的主视图、剖视图

（3）201210340245（图像稳定设备及其控制方法和摄像设备及其控制方法）

技术特点分析：该申请能在减小透镜驱动行程的同时对更大的颤动提供图像稳定效果，并能减小焦点移位。参考图 8，技术方案的特点在于，在摄像设备进行拍摄时的快门速度快于第一预定值的情况下，控制部件将校正构件的可移动范围设置为窄于

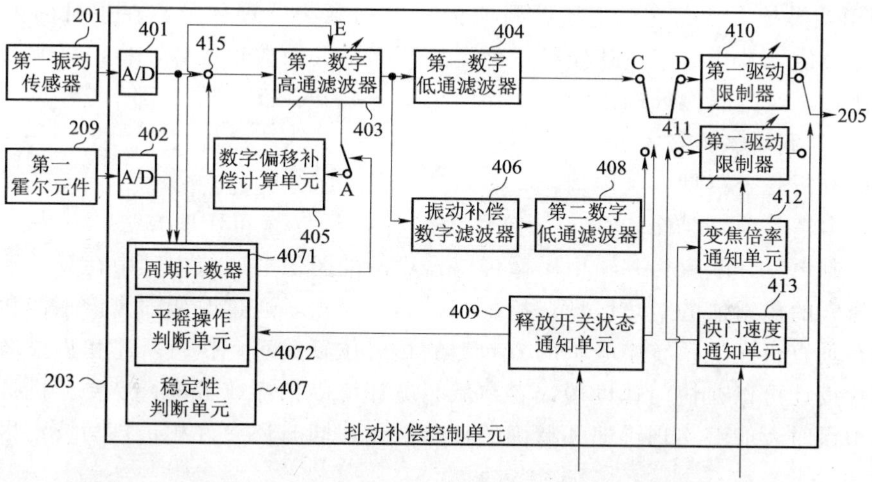

图 8 申请号 201210340245 的抖动补偿控制单元的功能结构框图

在摄像设备进行拍摄时的快门速度慢于第一预定值的情况下的可移动范围，或者在摄像设备进行拍摄时的快门速度慢于第一预定值并且快于比第一预定值慢的第二预定值的情况下，控制部件将校正构件的可移动范围设置为宽于在摄像设备进行拍摄时的快门速度快于第一预定值或者慢于第二预定值的情况下的可移动范围。

该申请考虑到释放开关的状态、摄像设备是否稳定或者快门速度来适当地控制抖动补偿透镜的驱动范围以及平摇控制的有效/无效。特别是在实际拍摄时的抖动补偿控制中，在快门速度等于或慢于第一预定值或者快于比第一预定值慢的第二预定值的情况下，重视防抖性能，并且将抖动补偿透镜的驱动范围设置为与其他情况相比变宽。因此，可以在防止抖动补偿透镜在最大驱动位置处停留的同时抑制图像质量的劣化。

（二）索尼株式会社和索尼公司

在数码相机防抖领域，索尼株式会社和索尼公司在中国的专利申请情况如图 9 所示，有 77 件，在数量上仅次于佳能株式会社，其中，以索尼株式会社作为申请人的集中在 2003～2009 年，有 49 件，而以索尼公司作为申请人的分布于 2003 年之前以及 2009 年之后，有 28 件。从时间上来说，主要集中在 2006～2010 年以及 2013 年；从技术方面来说，以光学防抖的结构优化方面为主，有 30 件，其次是电子防抖和光学防抖的控制优化两方面，分别有 23 件、17 件，再次是其他防抖方面有 4 件，光学防抖的光学设计方面则有 3 件；从时间和技术两者结合来说，前期着重于电子防抖方面，近年来着重于光学防抖的结构优化和控制优化两方面。

索尼主要采用移动 CCD 防抖和电子防抖图像处理技术。首先，移动 CCD 防抖方面，利用抖动量的抖动检测传感器或角速度传感器检测光学元件的抖动量，并与预存的抖动值加以比较，当出现偏差时，实现抖动校正，在全部的 77 件国内申请中，有 19 件利用该类技术。其次，电子防抖方面，采用预测处理部分，在相机内预存预定像素的像素值以及相应于所述模糊量种类的预测系数的数学运算，将拍摄的图像与预定值相比较，经过图像处理以产生去除了模糊的输出图像，在全部的 77 件国内申请中，有 11 件利用该类技术。

下面分析几个典型专利申请：

（1）申请号为 201310412174，名称为一种处理装置和处理方法。其中，相机抖动校正控制单元，配置为基于由图像传感器输出的图像的区域中其中在对焦控制中使用相差像素的像素值的对焦区域，控制相机抖动校正，通过改变图像传感器和光学系统之间在垂直于光学系统中光轴的方向上的相对位置关系，执行所述相机抖动校正。

这种设计可以在快门速度慢或者在低亮度环境中拍摄或者执行易受相机抖动影响的远摄拍摄时，能够实现迅速和精确的自动对焦，同时还允许相机抖动校正尽可能起作用。

（2）申请号为 200810168218，名称为一种光学元件模块和图像拾取装置。包括

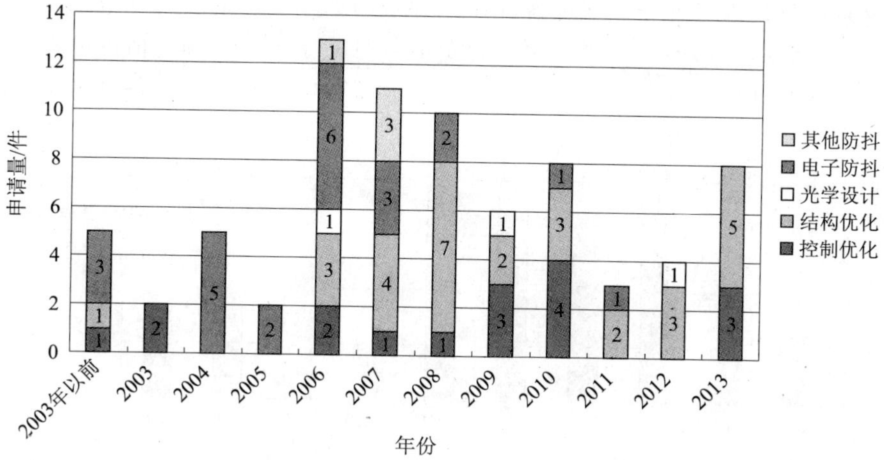

图 9 索尼株式会社和索尼公司按时间和技术细分的专利申请分布情况

光学元件和多个致动器元件，每个致动器元件都具有长窄板形状的离子导电高分子膜以及配置在离子导电高分子膜两侧的电极，并通过在电极之间施加电压来使整个致动器元件在厚度方向上弯曲，并且多个致动器元件的厚度方向是光学元件的光轴方向，在与光学元件的光轴垂直的平面上在光学元件的光轴周围以相等的间隔配置多个致动器元件。电极是通过在树脂中扩散碳粒子所形成的导电膜。在 XY 平面的一个方向上光学元件插入到这两个致动器元件之间，另外两个致动器元件相对于光轴以相互点对称的关系进行配置，其中，在与 X 方向正交的方向上光学元件插入到另外两个致动器元件之间。

该光学元件模块采用高分子致动器，使驱动结构简单而且小型化。

（三）奥林巴斯映像株式会社和奥林巴斯株式会社

奥林巴斯映像株式会社和奥林巴斯株式会社在数码相机防抖领域内的专利申请共有 55 件，其中以奥林巴斯映像株式会社作为申请人的有 42 件，以奥林巴斯株式会社作为申请人的有 9 件，以两者作为共同申请人的有 4 件。

如图 10 所示，从时间上来说，大体起自 2004 年，集中在 2006～2009 年以及 2011～2013 年，2011～2013 年的申请量相对较少；从技术方面来说，以光学防抖的控制优化方面为主，有 21 件，其次是电子防抖和光学防抖的结构优化两方面，分别有 15 件、14 件，再次是其他防抖方面有 5 件；从时间和技术两者结合来说，2006～2009 年以光学防抖的控制优化和电子防抖两方面为主，从 2008 年起以光学防抖的结构优化和控制优化两方面为主，而电子防抖方面则减少到仅有 3 件。

下面分析一些典型申请：

（1）申请号为 200710169647，名称为一种可进行实时浏览显示的照相机及其控制方法。本申请解决由于起因于相机抖动的图像模糊而产生的难以捕捉目标及给对焦

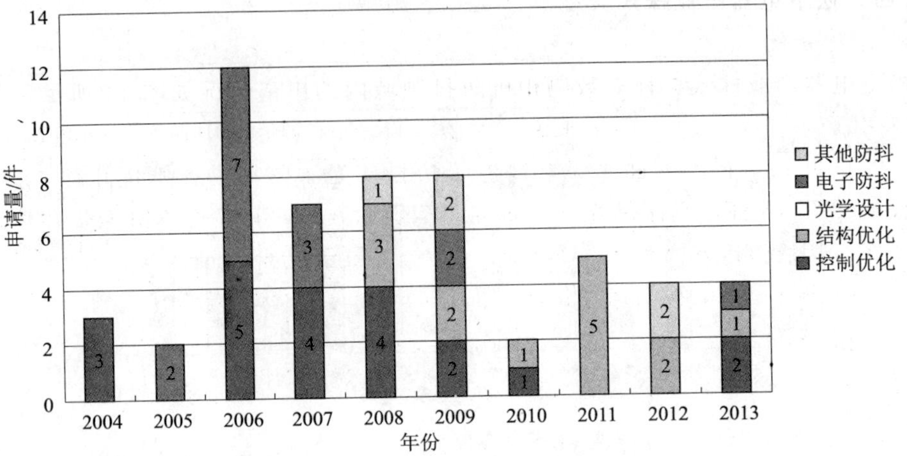

图 10　奥林巴斯映像株式会社和奥林巴斯株式会社按时间和技术细节的专利申请分布情况

精度带来不良影响的问题。

其中，该照相机包括：设定部，其可以切换设定进行上述动态图像显示的模式和不进行上述动态图像显示的模式；第一焦点调节部，其进行从上述被摄体像信号中获取对比度信号，使摄影镜头移动到使该对比度信号的值为最大的位置的对比度自动对焦动作；第二焦点调节部，其进行检测上述摄影镜头的焦点偏移量，根据该焦点偏移量把上述摄影镜头引导到对焦位置的相位差自动对焦动作；模糊校正部，其包括振动传感器和移动机构，其中上述振动传感器检测施加给上述照相机的振动，上述移动机构根据上述振动传感器的输出使上述摄像元件在与光轴垂直的面上移动，以便降低因上述振动产生的图像模糊；以及控制部，在进行上述动态图像显示的模式下，该控制部响应释放按钮的按下一半操作，使上述第一焦点调节部动作，在不进行上述动态图像显示的模式下，该控制部响应释放按钮的按下一半操作，使上述第二焦点调节部动作，控制部在进行上述动态图像显示的模式下，使上述模糊校正部与上述第一焦点调节部的动作连动而动作。

（2）申请号为 200910141652，名称为一种成像设备和成像方法，能够用符合认为必要的图像质量的精度来有效地校正照相机抖动。该成像方法包括以下步骤：设置与多帧图像的质量有关的参数；基于所述参数和成像镜头的焦距来计算曝光时间以便使得多帧图像的照相机抖动量小于允许值；基于曝光时间控制成像装置的曝光以使得能够连续地拍摄多帧图像；计算多帧图像中的每一个的照相机抖动量；以及基于照相机抖动量以相应方式对多帧图像数据进行相加以便实现由多帧图像数据中的每一个显示的多帧图像的相同部分的重叠。

（四）松下电器产业株式会社

1. 总体分析

松下电器产业株式会社在数码相机防抖领域内的申请情况如图 11 所示，其中有 35 件采用 PCT 申请。从时间上来说，大体起自 2004 年，集中在 2006～2007 年以及 2010～2011 年；从技术方面来说，以电子防抖和光学防抖的控制优化两方面为主，分别有 20 件、15 件，其次是光学防抖的结构优化方面，有 7 件，再次是光学设计方面有 2 件，其他防抖方面有 1 件；从时间和技术两者结合来说，2006～2007 年着重于光学防抖的控制优化和结构优化两方面，而 2010～2011 年着重于电子防抖方面。

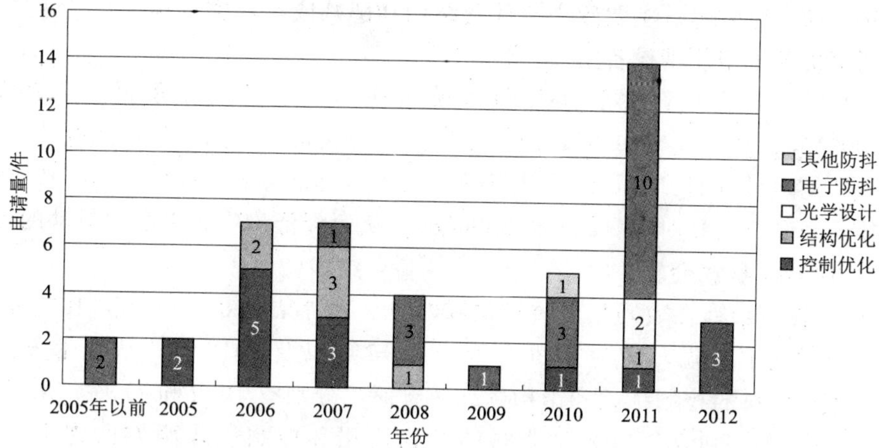

图 11　松下电器产业株式会社按时间和技术细分的专利申请分布情况

2. 技术特点分析

下面结合以申请号表示的典型申请从不同技术方面分析松下电器产业株式会社在数码相机防抖领域内的技术特点。

（1）电子防抖方面：主要涉及在预定曝光周期期间拍摄多个图像并对于多个图像的每个校正振动运动从而获得一个具有高 S/N 的静态图像（200480022335），抖动校正轨迹如点扩散函数等的计算（200480042142、200780001128、201080001422、201180001729、201180002102），模糊信息更新结合校正程度的评价值进行模糊校正（201180002374），根据拍摄时的曝光时间或基于光学系统的变焦倍率等给图像的模糊程度带来影响的信息来改变模糊内核的尺寸（201180024954、201180025062）等方案，主要致力于实现静止图像的防抖、小型化和低成本、校正精度的提高、计算量和存储量的降低等。

（2）控制优化方面：主要涉及对于可互换镜头抖动校正执行与否/启动时刻的调节（200680023009、200680040851、201110009398、201210066416、201210066582），根据输出的运动信息在成像装置曝光期间主要使光学图像模糊补偿部工作而在非曝光期间主要使电子图像模糊补偿部工作（200680028439）、能通过容易的运算算法使通带中的相位特性最佳的复合低频截止滤波器（201010194133）、振动型惯性力检测传感器的供电部在通常状态下向驱动部及检测部供电而在节电状态下向驱动部及检测部中的任一个供电且不向驱动部及检测部中的另一个供电（200680038006）等，主要致力于校正的高效性和稳定性、省电、方便用户等。

（3）结构优化方面：主要涉及采用双压电晶片作为驱动部件（200680007904），纵摇方向上的电磁促动器和偏摇方向上的电磁促动器夹着光轴在纵摇方向上设置于大致对置的位置（200680046190），位置检测传感器、平板线圈及磁铁的高效配置（200710005460），用于直进和旋转的结构及驱动部配置（200710008029、200880021238、201110341010）等方案；主要致力于简化结构和削减成本，实现小型化、薄型化，便于搭载到手机等小型便携设备上。

（4）光学设计方面：主要涉及包含模糊补偿子透镜的变焦透镜系统的设计（201180003156、201180009808）；致力于小型化及获得良好的成像性能等。

（5）其他防抖方面：主要涉及基于操作状态判定结果如释放按钮的半按有无和检测出的抖动来调节曝光时间（201010239608），从而降低摄影时引起像抖动的可能性。

（五）HOYA 株式会社

HOYA 株式会社在数码相机防抖领域内的申请情况如图 12 所示，其中有部分实用新型。从时间上来说，集中在 2005 年、2007 年以及 2012 年；从技术方面来说，主要涉及光学防抖的控制优化和结构优化两方面，分别有 18 件和 17 件；从时间和技术两者结合来说，2005 年以光学防抖的结构优化和控制优化两方面为主，2006～2008 年仅涉及光学防抖的控制优化方面，2012 年起以光学防抖的结构优化为主。近年来，HOYA 株式会社在光学防抖的结构优化方面的突出特点在于对图像稳定可插入/可移出光学元件相关结构的各种改进，致力于实现小型化和低负载高精度的驱动。

下面是一个典型申请案例分析。

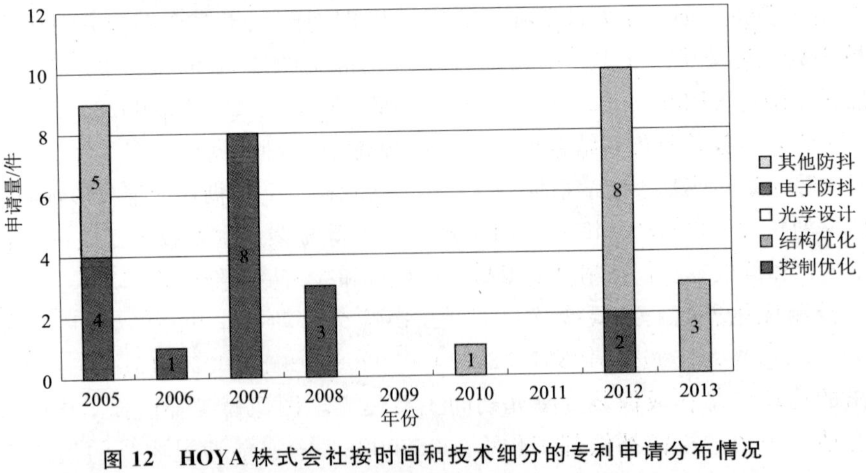

图 12　HOYA 株式会社按时间和技术细分的专利申请分布情况

申请号为200710180987，名称为一种角速度检测装置，可以校正由角速度传感器的不期望的倾斜角度引起的输出误差。如图13所示其中包括：用于检测绕第二方向的轴的运动的第一角速度传感器，第二方向垂直于第一方向和照相光学系统的光轴，第一方向垂直于所述光轴，用于检测绕第一方向的轴的运动的第二角速度传感器，控制第一和第二角速度传感器的控制器，控制器根据来自第一角速度传感器的输出信号和来自第二角速度传感器的输出信号执行防抖操作，并执行防抖操作中的第一角度误差校正处理操作和第二角度误差校正处理操作，在所述第二角度误差校正处理操作中，通过使用第一校正系数来校正由第二角速度传感器的倾斜角度引起的输出误差，第一校正系数是第二振幅和第一振幅的比值，在第一角度误差校正处理操作中，通过使用第二校正系数来校正由第一角速度传感器的倾斜角度引起的输出误差，第二校正系数是第三振幅和第四振幅的比值。第一振幅是当防抖装置处于绕第二方向的轴的第一运动中、而不处于绕第一方向的轴的第二运动中时，来自第一角速度传感器的

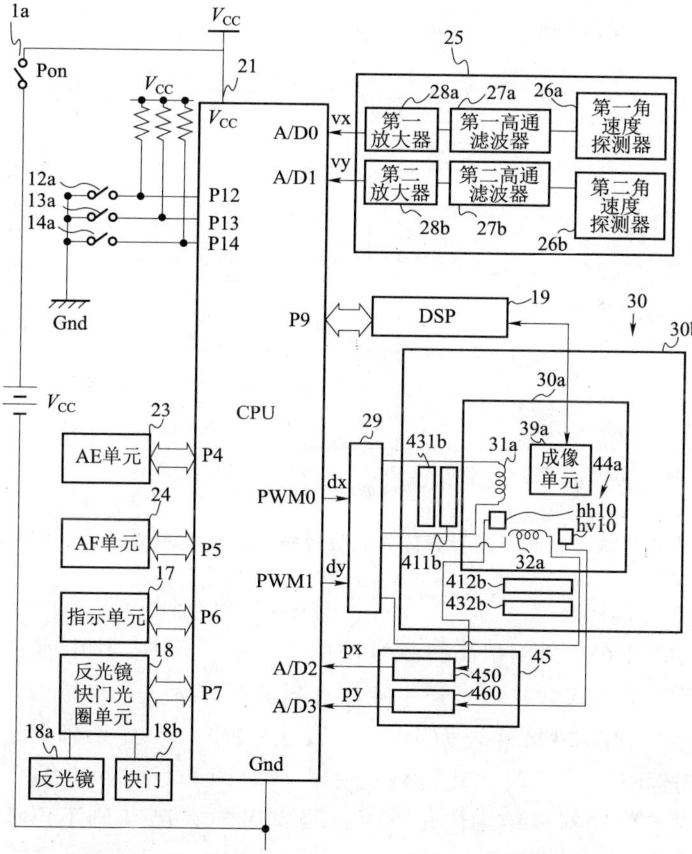

图 13　申请号 200710180987 的照相装置的电路结构图

输出值的振幅；第二振幅是当防抖装置处于所述第一运动中而不处于所述第二运动中时，来自第二角速度传感器的输出值的振幅；第三振幅是当所述防抖装置处于第二运动中而不处于所述第一运动中时，来自第一角速度传感器的输出值的振幅；第四振幅是当防抖装置处于所述第二运动中而不处于第一运动中时，来自第二角速度传感器的输出值的振幅。

（六）其他主要申请人

1. 三洋电机株式会社和三洋半导体株式会社

三洋电机株式会社在数码相机防抖领域内的申请有 30 件，其中有 21 件是以三洋电机株式会社和三洋半导体株式会社作为共同申请人，有 1 件是以三洋电机株式会社、三洋半导体株式会社和富士能株式会社作为共同申请人。如图 14 所示，从时间上来说，大体起自 2004 年，主要集中在 2008 年，而 2004～2006 年以及 2009～1010 年有少量申请；从技术方面来说，主要以光学防抖的控制优化方面为主，其次是电子防抖方面；从时间和技术两者结合来说，2004～2006 年全部涉及电子防抖方面，而 2008 年起以光学防抖的控制优化方面为主。

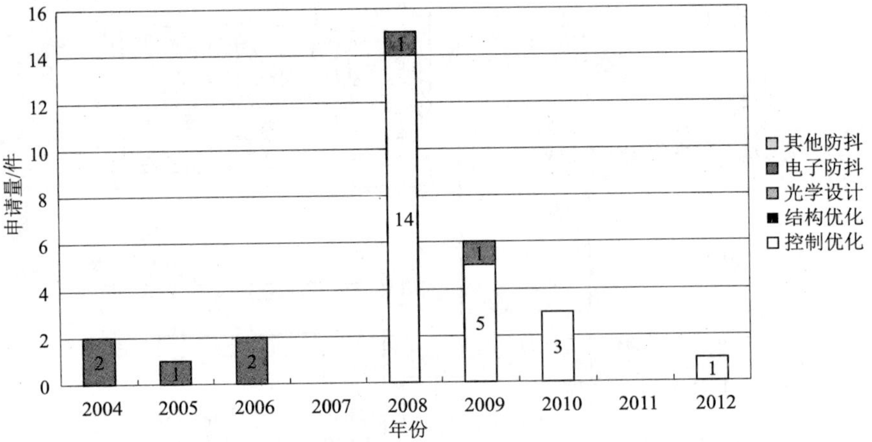

图 14　三洋电机株式会社和三洋半导体株式会社按时间和技术细分的专利申请分布情况

2. 富士能株式会社

富士能株式会社在数码相机防抖领域内的申请有 20 件，其中有 1 件是以富士能株式会社和三洋电机株式会社、三洋半导体株式会社作为共同申请人。如图 15 所示，从时间上来说，集中在 2008 年，而 2007 年以及 2009～2010 年有少量申请；从技术方面来说，以光学防抖的结构优化方面为主；从时间和技术两者结合来说，2007～2008 年全部涉及光学防抖的结构优化方面，而 2009～2010 年则不再涉及光学防抖的结构优化方面，而是稍有涉及光学防抖的控制优化和光学设计两方面；主要致力于实现小型化和稳定化。

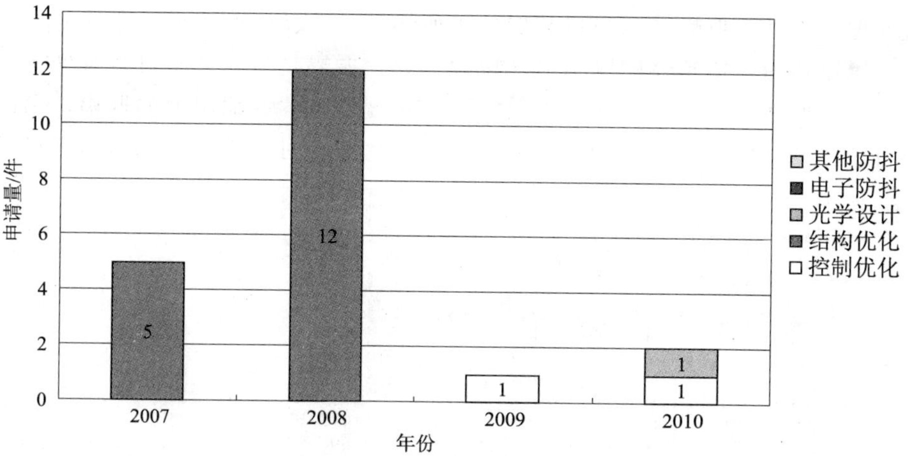

图 15 富士能株式会社按时间和技术细分的专利申请分布情况

3. 日本电产三协株式会社

日本电产三协株式会社在数码相机防抖领域内的申请情况如图 16 所示。从时间上来说，起步较晚，大体起自 2009 年，集中在 2009 年以及 2011～2012 年；从技术方面来说，主要涉及光学防抖的结构优化方面，其次是光学防抖的控制优化；从时间和技术两者结合来说，2009 年起一直以光学防抖的结构优化为主；主要致力于小型化和耐冲击性。

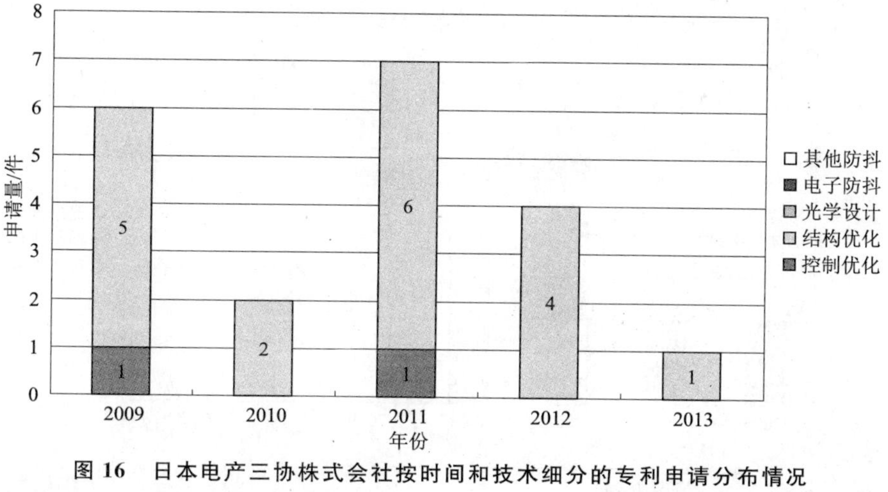

图 16 日本电产三协株式会社按时间和技术细分的专利申请分布情况

4. 株式会社尼康

株式会社尼康在数码相机防抖领域内的申请情况如图 17 所示。从时间上来说，大体起自 2003 年，每年都有少量申请，2006～2009 年稍多；从技术方案来说，主要涉及光学防抖的结构优化和控制优化两方面，分别由 9 件、6 件，其次是光学防抖的光学设计有 3 件，而电子防抖和其他防抖两方面则各有 1 件；主要致力于实现小型化和高精度。

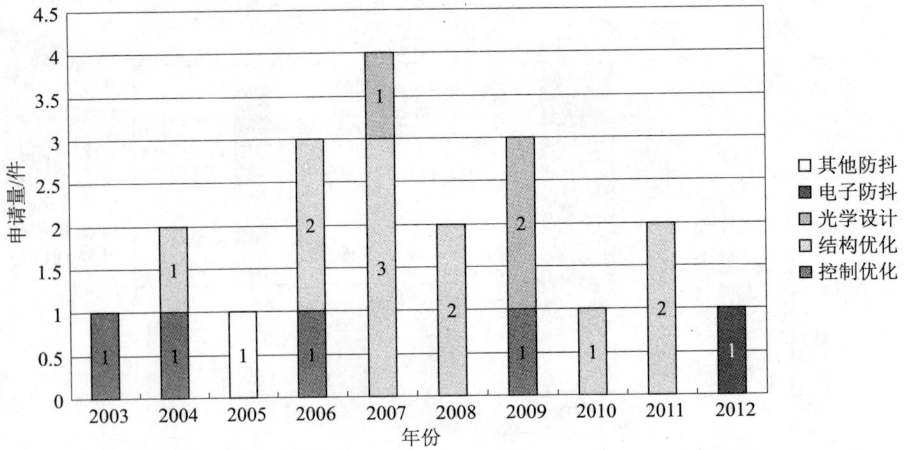

图 17　株式会社尼康按时间和技术细分的专利申请分布情况

5. 富士胶片株式会社

富士胶片株式会社在数码相机防抖领域内的申请情况如图 18 所示。从时间上来说，起步稍晚，大体起自 2006 年，在 2008 年起有少量增加；从技术方面来说，主要涉及光学防抖的结构优化和控制优化以及电子防抖三方面，分别由 6 件、5 件、4 件，其次是其他防抖方面有 2 件，光学防抖的光学设计方面有 1 件；主要致力于实现高精度和耐冲击。

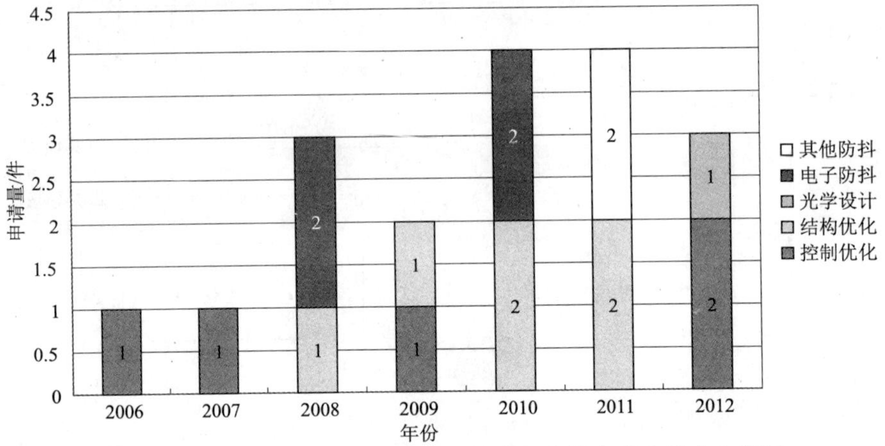

图 18　富士胶片株式会社按时间和技术细分的专利申请分布情况

6. 卡西欧计算机株式会社

卡西欧计算机株式会社在数码相机防抖领域内的申请情况如图 19 所示。从时间上来说，大体起自 2005 年，每年都有少量申请；从技术方面来说，主要涉及电子防抖方面，有 7 件，其次是光学防抖的控制优化和其他防抖两方面，分别有 5 件、4 件；从时间和技术两者结合来说，较长时间着重于电子防抖和光学防抖的控制优化两方面。

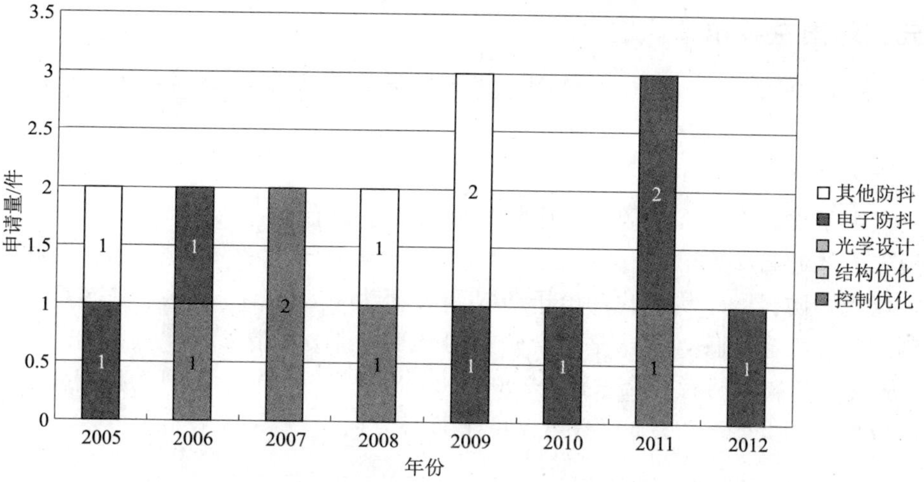

图 19　卡西欧计算机株式会社按时间和技术细分的专利申请分布情况

7. 株式会社腾龙

株式会社腾龙在数码相机防抖领域内的申请有 15 件，其中有 2 件是以株式会社腾龙和索尼株式会社作为共同申请人，有 1 件是以株式会社腾龙和腾龙光学（佛山）有限公司作为共同申请人。如图 20 所示，从时间上来说，起步稍晚，大体起自 2007 年，集中在 2012 年，其余每年有少量申请；从技术方面来说，主要涉及光学防抖的结构优化方面，其次是光学防抖的光学设计方面有 4 件，光学防抖的控制优化方面有 1 件；从时间和技术两者结合来说，一直着重于光学防抖的结构优化方面；主要致力于实现小型化、高精度、大口径变焦镜头等。

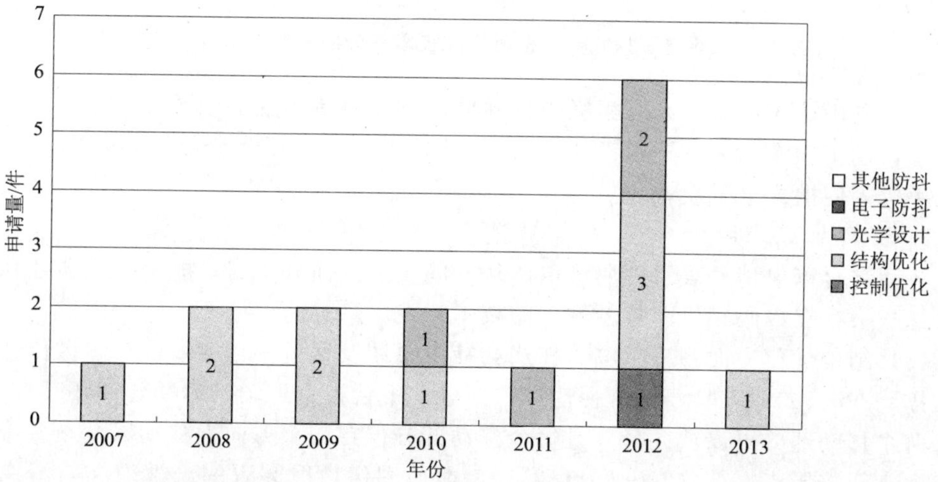

图 20　株式会社腾龙按时间和技术细分的专利申请分布情况

五、韩国主要申请人分析

韩国在数码相机防抖领域内的主要申请人有三星电子株式会社、三星电机株式会社。

1. 总体分析

三星电子株式会社在数码相机防抖领域内的申请有 32 件。如图 21 所示，从时间上来说，大体起自 2005 年，集中在 2007～2008 年以及 2010～2011 年；从技术方面来说，以光学防抖的结构优化和电子防抖两方面为主，各有 11 件，其次是光学防抖的控制优化方面有 7 件，再次是光学防抖的光学设计方面有 2 件，其他防抖方面则有 1 件；从时间和技术两者结合来说，2007～2008 年着重于光学防抖的控制优化和结构优化两方面，而 2010～2011 年着重于电子防抖方面。

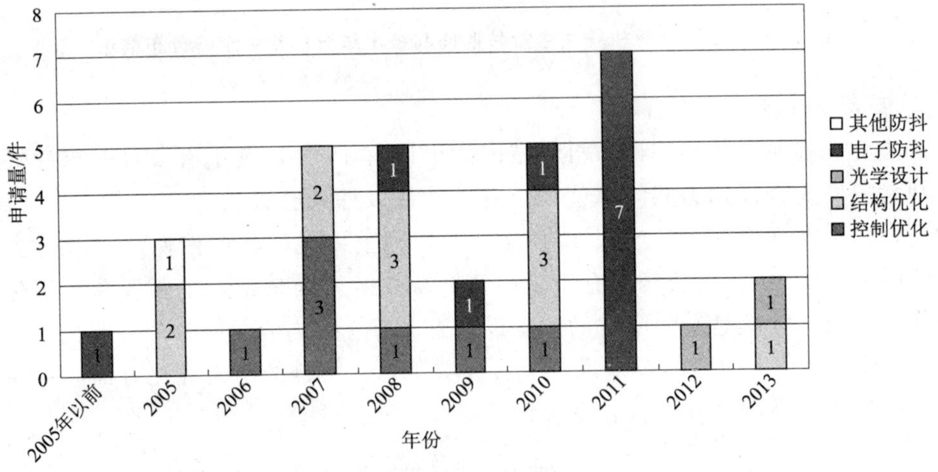

图 21　三星电子株式会社按时间和技术细分的专利申请分布情况

三星电机株式会社在数码相机防抖领域内的申请有 8 件，如图 22 所示，从时间上来说，起步较晚，大体开始于 2009 年；从技术方面来说，全部涉及结构优化，适用于手机等便携式电子设备。

2. 技术特点分析

下面结合以申请号表示的典型申请从不同技术方面分析三星电子株式会社和三星电机株式会社在数码相机防抖领域内的技术特点。

（1）结构优化方面：三星电子株式会社主要涉及通过多个接线框对图像传感器进行支撑（200510067754），通过弹性加压部分使平台稳定运动（200810124998），支撑部和两个移动部分可以彼此分离且每个移动部分仅在一个方向上移动以及布置按压构件朝向支架按压支撑部（200880118251），能使图像拾取装置的光学中心与图像稳定装置的机械中心之间偏差最小化的四个定位部分和四个止动件的设置

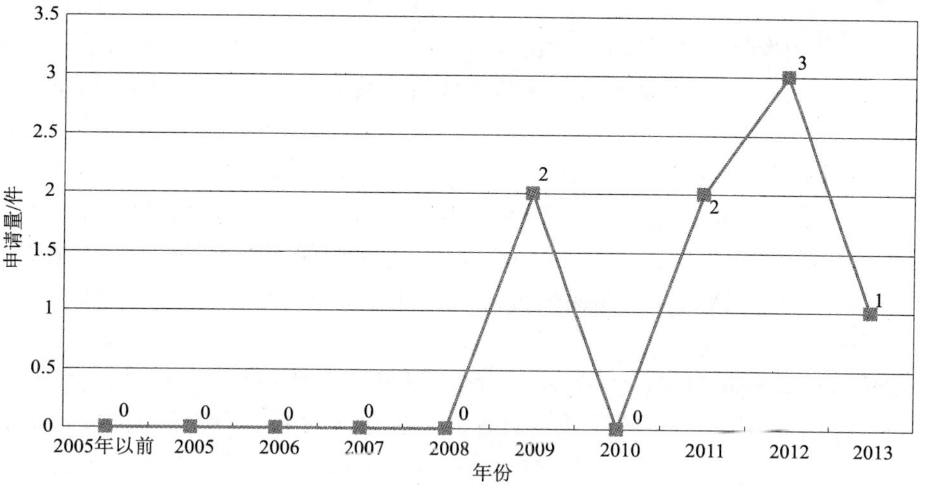

图 22 三星电机株式会社按时间划分的专利申请分布情况

(201010162595)，通过包括弹性构件的位置固定构件使光学图像稳定功能开启时执行校正操作而在关闭时执行定心操作（201010530725）等方案；三星电机株式会社主要涉及将补偿致动器安装在镜头单元旁边并且配置悬挂部件（200980144695），对补偿手抖动用的吊线的改进（201110177224、201210054266），将阻尼构件设在壳体和透镜单元之间（201210049978），霍尔传感器相对驱动单元的磁体和线圈的配置（201210256971）等方案；都是致力于结构简化、小型化、低功率、稳定性改进等。下面详述其中的两个典型申请案例。

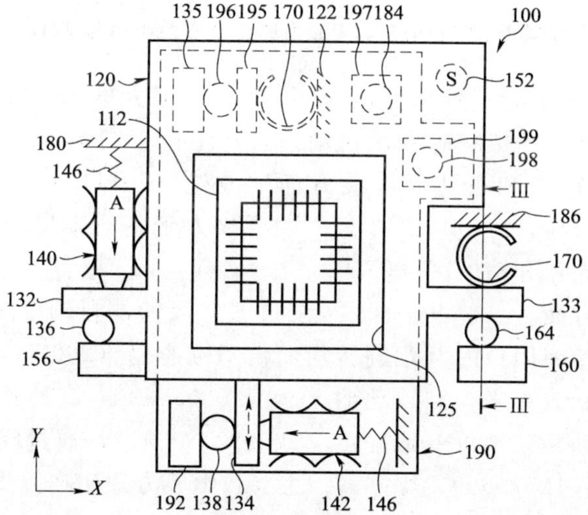

图 23 申请号 200810124998 的图像抖动校正装置的俯视图

200810124998（三星电子株式会社申请）：如图 23 所示，图像拾取装置平台（190，120）使图像拾取装置（112）在与图像拾取面基本平行的方向上运动；驱动力产生部分（140），通过将摩擦驱动力施加给图像拾取装置平台的操作部分来对图像拾取装置平台进行驱动；导向部分（160，164，135，196），与图像拾取装置平台接触，并限制其运动方向；第一弹性加压部分（146），对驱动力产生部分弹性地加压，使其与图像拾取装置平台的操作部分接触；第二弹性加压部分（170），在与第一弹性加压部分对驱动力产生部分弹性地加压的方向基本相同的方向上对图像拾取装置平台弹性地加压，使其与导向部分接触。结果，可以使平台稳定运动，不会被弯曲，能以高精度防止图像抖动。

201110177224 和 201210054266（三星电机株式会社申请）：如图 24 所示，两者均是对补偿手抖动用的吊线的改进，前者通过在吊线（150）的任意位置处形成弯曲部（153）或借助于板簧（155）使吊线与光学单元相结合而防止吊线由于外界冲击而产生的变形，后者通过在吊线（150）的线体（150a）中形成变形缓冲器（153）以在对线体施加外部冲击时允许线体接收冲击力。

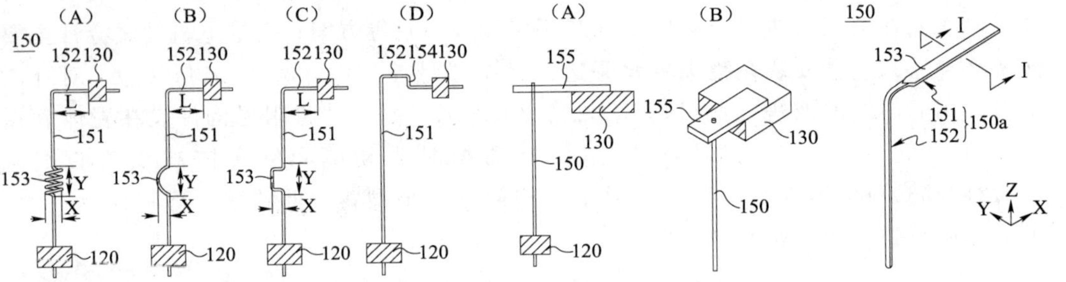

图 24　左、中为申请号 201110177224 的吊线以及右为申请号 201210054266 的吊线

（2）电子防抖方面：三星电子株式会社主要涉及长短时间曝光图像的合成（200910007543），基于拍摄状态和手抖动信息产生校正图像（201010567019），用于数字图像稳定的特征点和自适应滤波方面的改进（201110436828、201110436846、201110436850、201110439171）等方案；主要致力于高清晰度、高效率、自适应滤波、计算开销或存储器开销的减少等。

（3）控制优化方面：三星电子株式会社主要涉及检测抖动以区分全景拍摄中手抖动引起的无意识旋转和用户的有意旋转从而使对准容易（200710084741），使用多速率比例积分微分控制方案来控制致动器（200710303562），高通滤波器和低通滤波器的截止频率根据抖动频率被可变地确定（200910130695），通过阈值限定抖动纠正控制信号的产生（201010579629）等方案；主要致力于方便用户，提高校正效果和准确性，适于在便携移动装置中使用等。

（4）光学设计方面：三星电子株式会社主要涉及包括执行手抖动校正的透镜的变

焦镜头的参数设计（201210432349、201310175042），致力于小尺寸及性能优化等。

（5）其他防抖方面：三星电子株式会社主要涉及将连接至移动通信终端的耳机或无线头戴耳机中的呼叫连接和终止键用作快门键，而不用传统移动通信终端中设置的快门键，从而避免了晃动的发生。

六、中国内地主要申请人分析

中国内地在数码相机防抖领域内的主要申请人有鸿海精密工业股份有限公司、鸿富锦精密工业（深圳）有限公司、佛山华永科技有限公司、广东欧珀移动通信有限公司。

（一）鸿海精密工业股份有限公司和鸿富锦精密工业（深圳）有限公司

在数码相机防抖领域内，鸿富锦精密工业（深圳）有限公司和鸿海精密工业股份有限公司作为共同申请人有 24 件，还有 1 件申请是鸿海精密工业股份有限公司与佛山普立华科技有限公司作为共同申请人，它们的申请主要用于小型相机或手机上的照相模块的防抖。如图 25 所示，在 25 件专利申请中，光学防抖 19 件，电子防抖 3 件，其他防抖 3 件。在光学防抖的 19 件中，18 件是镜头防抖，1 件是移动 CCD 进行防抖。在光学防抖的 19 件中，5 件是电路控制改进，14 件是驱动结构改进。在驱动结构改进的申请中，基本上是采用电磁驱动镜头移动的方式，也有采用改变反射镜角度来改变光路的方式，结构相对比较简单。

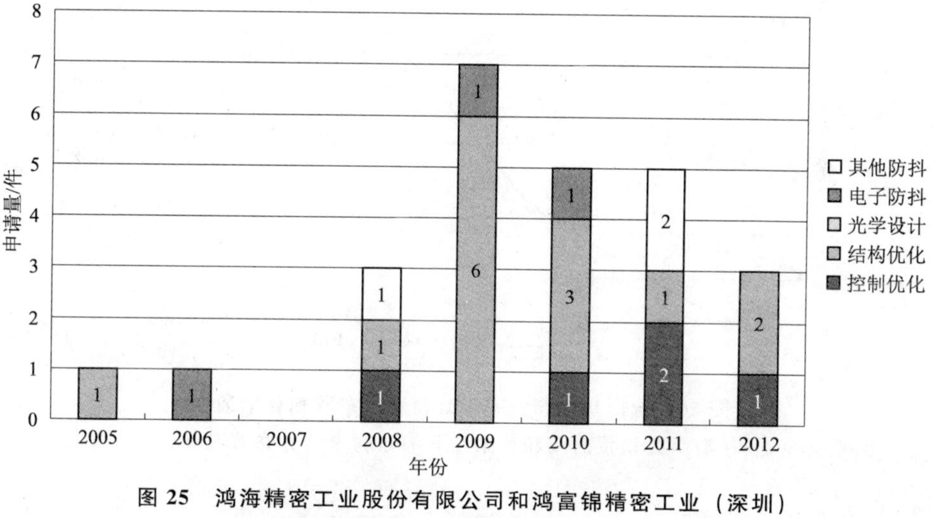

图 25　鸿海精密工业股份有限公司和鸿富锦精密工业（深圳）有限公司按时间和技术细分的专利申请分布情况

下面详述两个典型申请案例。

（1）200510034241 具防手震装置的照相装置，该装置包括镜头、镜头座、防手震装置及影像侦测组件，防手震装置、镜头及影像侦测组件相对应地安装在镜头座内。防手震装置包括面镜装置及面镜驱动装置，面镜装置可活动地支承在镜头座内，面镜驱动装置根据手震动程度驱动面镜相对于镜头运动。该防手震装置仅包括面镜装置及设置在面镜装置上的面镜驱动装置，即可达到防手震目的，结构简单。

（2）201010576803 相机模组，其包括具有第一收容空间的固定组件、收容于该第一收容空间内的可动组件、支点元件、设于该固定组件的内壁的磁位移感测元件及磁性驱动组件。该支点元件位于该固定组件与该可动组件之间，且部分收容于该固定组件，部分收容于该可动组件。该磁位移感测元件用于感测该可动组件的抖动。该磁性驱动组件根据该磁位移感测元件所感测到的该可动组件的抖动量来驱动该可动组件以该支点元件为支点相对该固定组件旋转，以补偿该可动组件的抖动。

（二）佛山华永科技有限公司和广东欧珀移动通信有限公司

1. 总体分析

佛山华永科技有限公司和广东欧珀移动通信有限公司在数码相机防抖领域内的申请各有 8 件，如图 26 所示，从时间上来说，起步都较晚，前者大体起自 2011 年，后者大体起自 2012 年；从技术方面来说，前者全部涉及光学防抖的结构优化方面，后者全部涉及其他防抖方面。

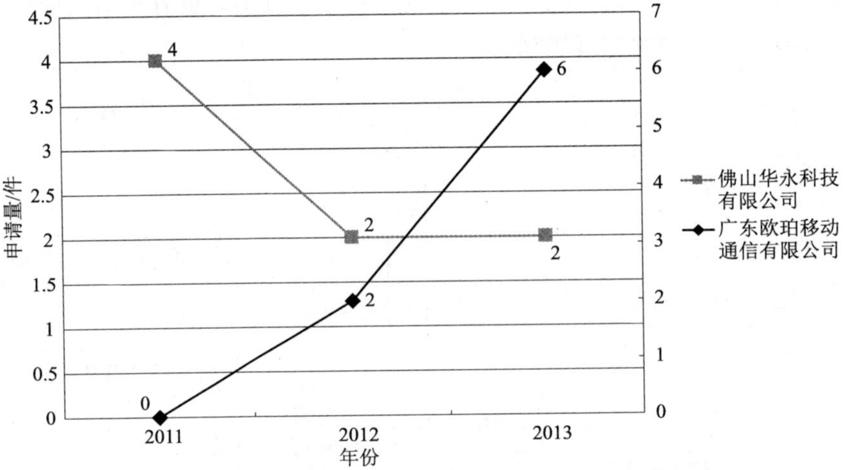

图 26 佛山华永科技有限公司和广东欧珀移动通信有限公司按时间和技术细分的专利申请分布情况

2. 技术特点分析

具体来说，佛山华永科技有限公司关于光学防抖方式的结构优化，申请的都是实用新型，主要设计采用单层结构设计并通过 V 形槽结合滚珠或导杆进行驱动（201120202399、201120202465、201120202477、201120202481、201220247989、201220248009），将滚珠安装在补正板的上下表面并使补正板只在 *XY* 平面上运动

(201320475471)，补正板将防抖线圈与防抖磁石布置在产品四个角落（201320475474）等方案，主要是致力于移动精度的提高、装置的薄型化、省电等。

而广东欧珀移动通信有限公司在其他防抖方面的申请主要涉及通过自动对焦和抖动识别、或定时触发、或连续拍摄、或眼睛焦点移动、或脸部表情识别、或手势识别来自动进行拍摄（201210309489、201310067024、201310099954、201310122756、201310132600、201310154828），从而避免拍摄时抖动发生，主要致力于提高易操作性。

七、中国香港、澳门、台湾主要申请人分析

中国香港、澳门和台湾在数码相机防抖领域内的主要申请人有华晶科技股份有限公司、亚洲光学股份有限公司，分别为25件、24件。

1. 总体分析

华晶科技股份有限公司在数码相机防抖领域内的申请情况如图27所示，从时间上来说，大体起自2005年，集中在2007～2008年以及2010～2011年；从技术方面来说，以其他防抖方面为主，有10件，其次是电子防抖方面，有6件，再次是控制优化和结构优化两方面，分别有5件、4件；从时间和技术两者结合来说，2007～2008年着重于其他防抖和电子防抖两方面，而2010～2011年开始着重于控制优化和结构优化两方面。

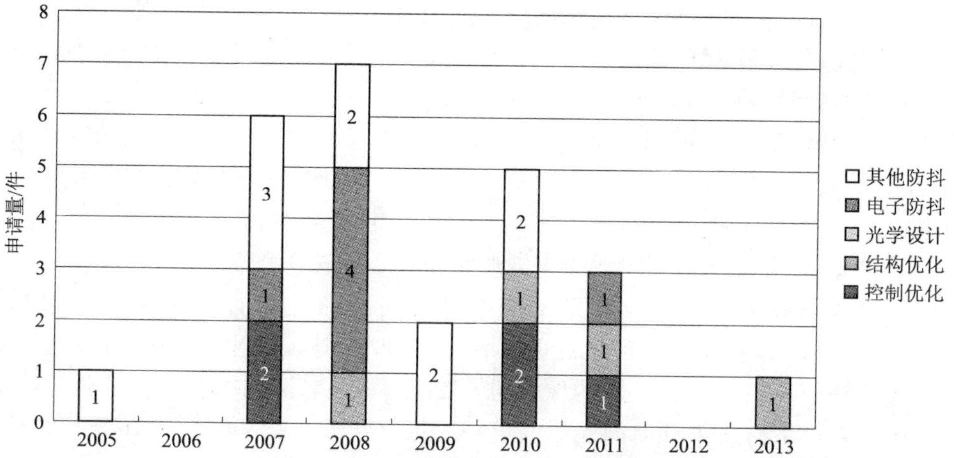

图27 华晶科技股份有限公司按时间和技术细分的专利申请分布情况

亚洲光学股份有限公司在数码相机防抖领域内的申请情况如图28所示，从时间上来说，大体起自2005年，集中在2008年以及2011年；从技术方面来说，绝大部分都是移动图像传感器进行补偿的光学防抖方式，具体来说，以结构优化方面为主，

有 15 件，其次是控制优化方面，有 7 件，再次是其他防抖方面，有 2 件；从时间和技术两者结合来说，2008 年着重于控制优化和结构优化两方面，而 2011 年则仅着重于结构优化方面。

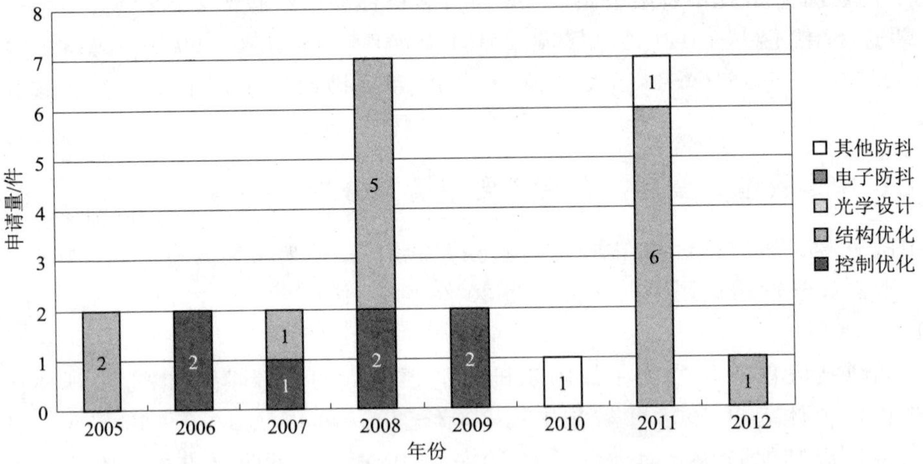

图 28　亚洲光学股份有限公司按时间和技术细分的专利申请分布情况

2. 技术特点分析

下面结合以申请号表示的典型申请从不同技术方面分析华晶科技股份有限公司和亚洲光学股份有限公司在数码相机防抖领域内的技术特点。

(一) 华晶科技股份有限公司

(1) 其他防抖方面。主要涉及基于振动量大小/稳定状态提示拍摄者相关信息或者动态调整/辅助设定拍摄参数（200710166570、200720147219、200720306298、200810004203、200910133964、201010280573），无须按压快门键而仅利用拍摄者脸部图像的变化完成拍摄（200810145355），根据拍摄者的操作特性调整安全快门（201010004063）等方案；主要致力于方便拍摄者以及改善图像质量。

(2) 电子防抖方面。主要涉及不同曝光时间影像之间的合成（200710165247、200810005914），基于从连续且相近的图像中提取相似区域来对模糊图像进行修补（200810095691），根据相同影像的像素进行亮度调整（200810130735），依据有开闪光灯的第二影像来修正未开启闪光灯的第一影像（200810133096）等方案；主要致力于有效抑制影像模糊。

(3) 控制优化方面。主要涉及侦测脉搏值启动手震抑制程序（200710165248），预先建立查找表并根据震动值及亮度值查找对应的补偿模式与设定参数（200710187321），利用不同震动补偿进行双重补偿（201010568849），将防振所需电路整合至摄像装置原有的中央处理器或整合成驱动芯片（201110057959）等方案；主要致力于克服补偿极限、减少光学防振模块的体积和成本等。

(4) 结构优化方面。主要涉及将防手振模组配置于主板上而非与镜头整合(201110263503),通过压电元件的位移达到镜头防震的功效(201320305964)等方案;主要致力于使结构简单紧凑、成本低。

(二) 亚洲光学股份有限公司

(1) 结构优化方面。主要涉及利用电磁阀的抵接柱/水平方向的夹持使影像感测单元补正时可自由运动而非补正时固定(200510109272、200810135835),采用将线圈印刷于电路板的设计(200810166075),通过限定线圈的宽度、磁石的宽度以及移动的最大距离之间的关系使线圈与磁石相对移动的过程中线圈磁通量保持在最大值(200810128926),利用磁石与基座、电路板与移动平台间的供微调的间隙来完成防手振影像感测模块的调校(200810185888)、稳定器灵敏度的提高(201110069457、201110221260)、防手振定位结构(201110390400、201210018077)、第一及第二感测元件配置于移动平台的同一区块以便仅配置单一磁性组件即可感测两个方向的位移量(201110441727)等方案,主要致力于提高成像品质、缩小体积、提高运动的精确性或灵敏度、简化结构、节省成本等。

(2) 控制优化方面。主要涉及对于位置感测器侦测出的数据进行微分或是同时对于角速度感测器侦测出的数据进行微分与位置感测器侦测出的数据进行二次微分(200610140211),在既定时间内(感光组件下载数据时)关掉防手振功能而在既定时间后自动重启防手振功能(200810174404),依据参考倍率、参考增益值以及目前倍校准回转信号的增益值而非固定增益值(200910001480)等方案,主要致力于提高稳定性、减少耗电量、改善影像品质等。

(3) 其他防抖方面。主要涉及通过手指先按压快门键接着相对于快门键自然放松的方式撷取影像以避免手指按压造成的振动(201010517968),于群筒上一体成型缓冲部以达成吸震(201110371777)等方案。

八、发展趋势总结和建议

通过前面对国外和国内主要申请人在数码相机防抖领域的相关专利文献的统计分析可以看出,日本对数码相机防抖技术的研发投入很大,多家日本企业在该领域内具有技术垄断地位,主流技术目前已经比较成熟。反观我国,虽然专利申请数量有了显著提高,但是包括内地及香港、澳门和台湾,仅有少量企业如亚洲光学股份有限公司、华晶科技股份有限公司、鸿富锦精密工业(深圳)有限公司及鸿海精密工业股份有限公司等形成了一定规模和技术积累,在光学防抖的控制优化和结构优化两方面有了一定申请量;而更多企业如佛山华永科技有限公司、广东欧珀移动通信有限公司、北京中星微电子有限公司、英华达电子有限公司、扬名光学股份有限公司等都没有优势技术,在数码相机防抖的光学防抖和电子防抖方面涉及不多,有相当比例涉及其他防抖技术。

另一方面，从前面的统计分析还可以看出，前一时期，无论是移动光学镜片组防抖、移动图像传感器防抖还是电子防抖，这些防抖大都应用于单反相机和各种小型照相机。随着数码相机防抖技术的成熟，逐步应用于手机等便携式电子设备中的照相机，而由于手机等便携式电子设备的空间有限，相应地防抖主要集中在驱动装置的小型化，这些小型化的驱动装置有压电元件、音圈电机、高分子致动器等。目前大多数数码相机的防抖还是针对按压快门产生的抖动，近些年，为了防止按压快门的抖动产生，出现了避免按压快门的技术，主要是采用非接触的方式控制快门，从而彻底避免产生按压快门的抖动。这些非接触式控制快门的技术主要采用遥控、手势、动作、表情等来控制快门。

鉴于数码相机防抖领域内的技术现状，我们给出以下建议。

（一）加大对现有技术的研究，充分利用现有专利信息资源

目前，照相机的制造设备、方法及原材料等相关领域的核心技术专利绝大多数被日本垄断，国内企业较难申请该领域的核心专利，因此，应当加大对现有专利技术的研究和拓展，充分利用现有专利信息资源，一方面可以申请目前相关领域的外围专利，从外围寻求国外专利壁垒的突破口，另一方面，企业在研究开发现有技术的同时，可以从自身生产实践中遇到的问题出发，积极探索解决问题的途径，在现有技术的基础上进行尝试性的改进，并对技术改进点进行相关的专利申请。

（二）加强产学研结合，增强企业合作，增强整机厂商设计开发能力

通过之前的分析可知，数码相机防抖领域的国内申请人主要集中在企业，而高校等科研机构在该领域的申请量非常少。一方面原因在于，科研机构对该领域的技术创新热情不高，另一方面也说明国内企业与科研机构的合作交流比较少，科研机构未能及时了解企业的需求和发展目标。为了突破日本企业在数码相机防抖领域的技术垄断，国内企业应当加强与科研机构的技术合作，利用科研机构的科研实力，结合企业自身发展需求，达到产学研结合，进行专业研发。

数码相机整机产业如同我国其他电子整机产业一样，需要经历市场-制造-研发这一产业发展过程。首先是委托加工，贴牌组装，创品牌，占市场；其次是初步打开市场后，建设批量生产线，进一步降低成本和提高产品质量；再次是形成规模后，自主设计开发易用、可靠的整机产品。我国自主品牌的数码相机整机厂商包括方正、联想、紫光、海欧等，但目前这些厂商主要采用 OEM 方式给国际知名品牌生产或贴自己品牌进口全套部件组装，绝大部分产品设计方案由外商提供。由于整机生产与配套零部件供应联系紧密，在产品设计阶段就需密切协作，因此，目前的整机生产模式限制了整机厂商选用国产零部件产品，不利于数码相机产业链形成。因此，国内各企业间应当增强相互合作，在照相领域的各个产业环节实现整合，从而提高整个行业的竞争力。

（三）着力发掘新的技术增长点，提前进行专利布局，加强关键配套件产业发展

现在各大相关日本企业具有垄断性的技术优势，国内企业如果仅仅着眼于对现有技术的改造和改进，难免会受制于国外企业的技术壁垒。因此，国内企业应当加大对新技术的研究力度，增加对开创性技术的研发投入，发掘新的技术突破口，并且围绕核心技术，提前进行专利布局。

首先，要重视对现有技术的改进创新并加强知识产权保护，掌握足够的改进技术，原专利申请人将不得不与这些先进的改进技术进行交叉许可，实现专利共享，从而可能使得自身进入产业链效益高端的上游领域，提升自身进一步做大做强的技术实力。其次，对相对不成熟的技术方向，要敢于投入力量发展，如目前主流防抖技术主要集中在光学防抖和电子防抖等方面，但基于CMOS的成像技术和防抖技术在整个成像领域内仍然比较薄弱，国内企业应当对该类发展较为薄弱的技术进行重点开发。数码相机产业发展应继续重点支持关键及核心技术和产品，包括镜头、CMOS传感、压缩、处理和控制芯片等。

（四）培养适合企业的专利人才

技术的竞争是高新技术企业之间的竞争核心，而在竞争中取得优势乃至胜利的关键是知己知彼，因此具有独特"嗅觉"的复合型专利人才对企业越来越重要。适合企业的专利人才应当在搜集相关领域的专利情报的基础上，通过对现有技术的分析总结，结合企业自身的技术状况，找到技术的突破口，更应当在取得科研成果后，对已经研发出的技术方案合理地界定出其专利的保护范围。因此，培养精通技术与相关法律的复合型专利人才是今后企业人力资源工作的重要方向之一。

（五）重视专利申请管理，建立专利分析和预警制度

企业在加强研发的同时应当重视自身的专利申请管理工作，制定与企业发展相适应的专利管理制度，采取适当的措施来激励和调动企业员工发明创造的积极性，并且提高技术性更高的发明专利申请的比例。此外，还应建立专利分析和预警制度，增强对专利信息的利用，掌握相关领域的技术动态协调整合现有资源来寻求关键技术的突破，避免重复劳动和专利风险，进一步提高专利技术的延续性。

（六）拓宽研发领域，发展手机等便携式电子设备上的数码相机防抖技术

数码相机在手机等便携式电子设备上的应用已经非常广泛，使用手机等便携式电子设备拍照已经成为主流趋势，相应地对其成像质量也提出了更高的要求，这给众多国内相机及手机企业的发展提供了契机。我国国内相关企业可以利用这一契机，重点研发这一方面的数码相机防抖技术，在发展自身的同时抓住更多的用户。

垃圾焚烧技术专利状况分析

顾晓燕　段晓宁[1]　李凯　倪建民　杨斐

（国家知识产权局专利局材料工程发明审查部）

一、引言

随着城市规模扩大，人口增加，“垃圾围城”已经成为我国各大中城市面临的难题，2013年，我国设市城市生活垃圾清运量高达1.73亿t。垃圾处理是一项复杂的课题，当前，现代化城市垃圾处理主要有三种方法：卫生填埋、高温堆肥与焚烧。

填埋法能大批量地处理垃圾，方法简便，投入较少，曾是处理城市垃圾的主要措施，但是，直接填埋带来巨大的土地资源浪费，同时垃圾填埋处理也会产生比较严重的环境问题，最主要是恶臭、排放甲烷气和垃圾渗滤液的问题，会对地下水、地表水和土壤产生严重的污染。

高温堆肥法是将生活垃圾变成腐殖土状有机肥料，其存在减量程度低、费用高等缺陷。

垃圾焚烧是一种将垃圾作为固体燃料在焚烧炉内进行氧化分解反应的高温热处理技术，垃圾焚烧后减重可达到80%～90%，减容90%，焚烧后的固体和气体经过有效处理，减少了原生垃圾对土壤、地下水的污染，通过对燃烧后的烟气进行净化后，达到环保部门要求的标准再排放，减少了对周边空气的污染，污染和资源浪费相对直接填埋以及高温堆肥是极小的；垃圾焚烧产生的蒸汽可用于发电、供热，实现废弃资源的回收。因而焚烧法已经成为当前发达国家垃圾处理的主要方式。发达国家的垃圾焚烧技术已经日趋成熟。而我国的垃圾焚烧研究则起步较晚，目前，我国垃圾主要处理方式是填埋约占80%，焚烧占15%。

2012年以来，国务院先后发布了《关于完善垃圾焚烧发电价格政策的通知》和《“十二五”全国城镇生活垃圾无害化处理设施建设规划》等，根据“十二五”规划目标，到2015年，计划我国生活垃圾焚烧处理设施能力达到无害化处理总能力的35%以上，东部地区选用焚烧技术达到48%。

---

[1] 段晓宁等同于第一作者。

并且为推进污染减排，保障人民群众的健康，2014 年新修订的我国垃圾焚烧排放标准与欧盟标准接近，这对我国垃圾焚烧技术的进一步提高提出了更高的要求。

垃圾焚烧技术中的实施设备——垃圾焚烧炉有多种类型，一般分为：机械炉排炉、回转窑、CAO（Controlled Air Oxidation）、流化床、两段炉、两室炉、直流电弧炉、等离子电弧炉、RDF（Refuse Derived Fuel）、悬浮炉，等等。另外，近年来，欧洲和日本开发并建造了相当一部分热解或气化熔融炉。而实际的运用中，有以下四种主流炉型：炉排型焚烧炉、流化床焚烧炉、回转窑焚烧炉和热解气化焚烧炉。由于垃圾焚烧设施价格昂贵，且焚烧炉的关键部件生产技术难度较高，因此我国目前尚未掌握相应核心技术，垃圾焚烧设备基本靠引进国外产品。但是，我国的垃圾与国外相比，从热值、成分等燃烧特性来说，差异较大，因此大规模引进国外的垃圾焚烧设施无论从经济还是从技术上来说，都存在问题。因此发展适合中国垃圾燃烧特性的垃圾焚烧技术极为重要。

为此，本文以垃圾焚烧技术中的上述四种炉型为分析对象，通过统计分析垃圾焚烧技术领域的专利申请总量、申请年代分布、申请国家和地区分布、全球申请人等数据，尽可能全面反映出垃圾焚烧的专利技术发展过程和发展趋势，为行业人士和相关企业提供借鉴，为下一步的技术研发提供参考意见。

二、垃圾焚烧技术专利技术现状

（一）分析样本的获得

1. 数据库的选择

本文仅针对专利数据库进行检索，鉴于欧洲专利数据库（EPODOC）的记录总量庞大，而且分类体系多的优势，以及德温特专利数据库（WPI）具有人工撰写摘要的优势，因此全球文献的检索选择了上述两个数据库进行检索，欧洲专利数据库（EPODOC）的检索结果转库到德温特专利数据库（WPI）中导出。中文数据采用中国专利数据库（CNPAT）进行检索，所有分析都基于上述数据库检索得到的结果。

2. 检索的时间范围

本文检索结果始于欧洲专利数据库（EPODOC）和德温特专利数据库（WPI）最早收录的文献，止于 2014 年 5 月 10 日公开的专利文献；对中国专利数据库（CNPAT）的检索始于中国专利数据库最早收录的文献，止于 2014 年 5 月 10 日公开的专利文献，因此已经提交专利申请但尚未公开的专利文献不包含在检索结果中。

3. 检索策略

采用分类号辅助关键词的检索方式。

（1）检索分类号的确定。本文分析的主题是垃圾焚烧技术，该技术领域在国际专利分类号中（IPC 第 8 版）明确为 F23G，由于 F23G1/00 是“焚化人或动物尸体的焚化炉”，而本报告所提到的“垃圾”仅限于工业生产垃圾和民用生活垃圾，而不包括“人或动物的尸体”，因此，F23G1/00 被排除在外，检索中使用了 F23G5 和 F23G7。另外，针对分析中需要的“炉排焚烧炉”，还使用了“炉排”的分类号 F23H。

（2）检索关键词的确定。针对检索技术主题，在欧洲专利数据库（EPODOC）中使用了如下关键词：WASTE，RUBBISH，TRASH，GARBAGE，COMBUST???，BURN???，INCINERAT???。

针对四种焚烧炉型，分别采用了如下关键词：GRATE?，STOKER?，FLUID，FLUIDIZED，ROTAT +，OSCILLAT +，ROTARY，DRUM，KILN?，PYROLISING，PYROLYZATION，PYROLYSIS，PYROGENIC，DECOMPOS???，GASIFYING，GASIFY，GASIFIED。

在中国专利数据库（CNPAT）中使用了如下关键词：焚烧，燃烧，垃圾，废物，废弃物，废料，流化床，热解，裂化，气化，CAO，分解，蒸馏，干馏，尾气，排气，排放，废气，回转炉，回转窑，滚筒，转筒，炉排，链条。

4. 检索结果

各数据库的具体检索结果见表 1。

表 1　各数据库中检索结果统计

数据库	EPODOC 和 WPI	CNPAT
数据量/件	79 246	6592

（二）全球申请情况分析

1. 全球专利申请量的年代分布趋势

图 1 展示了全球垃圾焚烧专利申请量按年份分布的统计图。

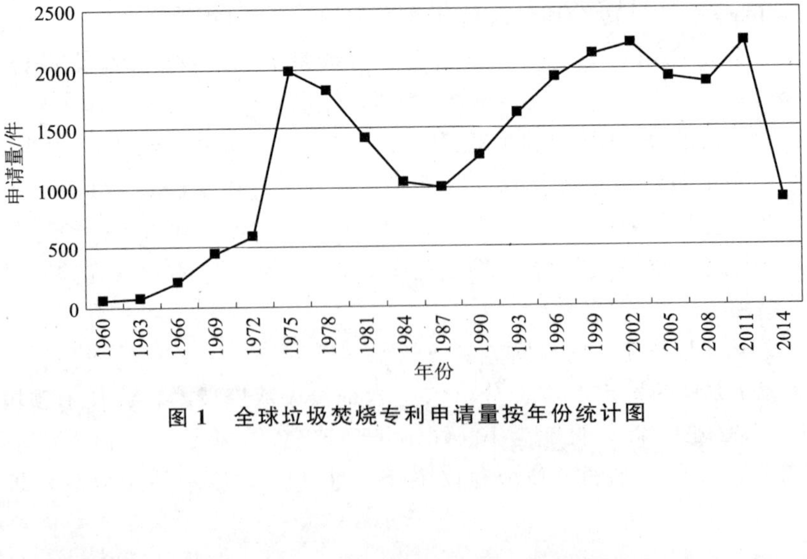

图 1　全球垃圾焚烧专利申请量按年份统计图

从图 1 可以看出，全球垃圾焚烧申请量可以大致分为以下五个阶段：

第一阶段（1960～1977 年）是整体急速增长阶段，在 1975 年左右达到一个高峰，可见垃圾焚烧技术在 20 世纪 70 年代被广泛关注，人们对环保的追求有极高的热情。

第二阶段（1978～1988 年）是申请量急速下滑阶段，经过了急速增长阶段后，垃圾焚烧技术的发展变得缓慢，但总体年申请量仍高于 1000 件。

第三阶段（1989～2003 年）是申请量稳步上升期，到 1998 年以后，每年的申请量都超过 2000 件。

第四阶段（2004～2009 年）是申请量缓慢下滑期。

第五阶段（2010～2013 年）又是申请量快速增长期。

由于受到未公开文献的影响，2013 年以后是巨幅下跌态势，但该趋势不能作为申请量的真实趋势。

整体来看，全球垃圾焚烧领域的申请量是波动上升趋势，但在 20 世纪 70 年代就出现了第一个专利申请量高峰，可见早在 40 年前，该领域就被广为关注，多年来该技术领域一直非常活跃，人们对垃圾处理的技术一直在不断探索。

2. 全球申请国家或地区分布

图 2 展示了按照国家或地区的申请量份额统计图。

如图 2 所示，垃圾焚烧领域专利申请量最多的是日本，共有 27 887 件，占申请总量的 34%；其次是美国，有 8489 件，占申请总量的 11%；中国（含台湾和香港），有 7705 件，占申请总量的 10%；依次排名在后的是德国、韩国、欧洲专利局、世界知识产权组织和法国的申请。可见，日本在垃圾焚烧领域的专利申请量占绝对优势，说明日本最重视垃圾的处理，在垃圾焚烧领域所做的研究工作最多，对该领域的知识产权最重视。中国排在第三位也是难能可贵的，因为中国自 1985 年以后才出现自己的专利申请，较日本和美国要晚得多。

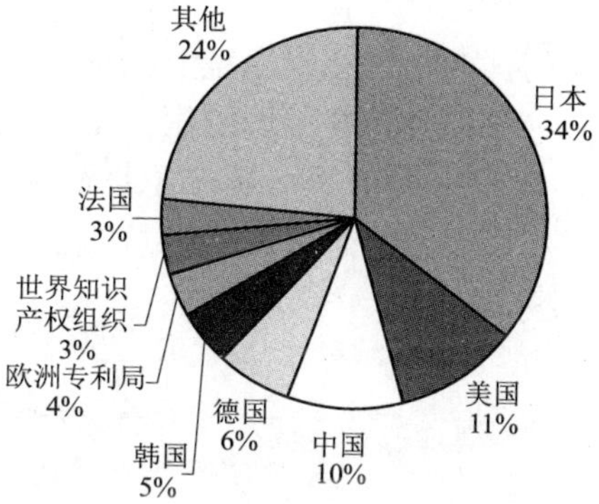

图 2 全球申请量国家或地区分布图

3. 全球专利申请优先权分布

专利申请数量不能表明本国在该领域的创造能力，也不能作为衡量该技术领域的研发实力和技术实力，但是专利申请的优先权数据却可以反映出一个国家或地区的专利原创状况，而专利原创状况是该技术领域受关注程度的一个表现，为了了解全球各国家或地区对垃圾焚烧领域的关注度，通过对全球垃圾焚烧领域专利申请的优先权进行统计，得到如图 3 所示的优先权所属国家或地区分布图。

从图 3 可以看出，日本是垃圾焚烧领域专利申请优先权所占比例最高的国家，为

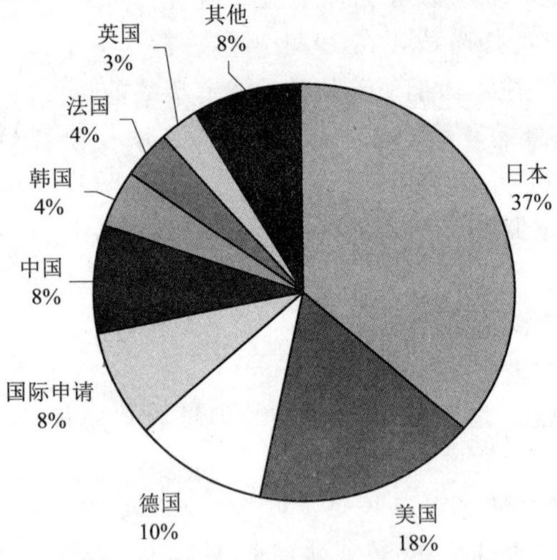

图 3　全球优先权按国家或地区分布图

37%，美国次之，为 18%，德国居第三位，为 10%。值得注意的是，申请量占第三位的中国，优先权所占比例仅为 8%，说明我国在专利原创方面还有很大差距，对该领域关注程度亦较低，而日本、美国和德国是对垃圾焚烧领域技术关注度最高的三个国家。

4. 全球主要国家或地区的专利申请趋势分析

图 4 是申请量排名居前五位的国家在 1985～2014 年申请量的分布图，鉴于已经申请但尚未公开的文献存在的原因，仍然忽略 2013～2014 年各国申请量都大幅下跌的趋势。可以看出，在 2007 年以前，日本的申请量都是五国中最高的，在 1999 年以前，日本的申请量一直呈波动上升趋势，而 2001 年后，申请量呈逐年下降趋势。美国和德国的申请量相对较平稳，每年的申请量一直处于 200 件以下。中国和韩国在 1997 年以前申请量很低，1997 年后，韩国和中国在申请量上都呈上升趋势，韩国除了在 2001 年有过一个申请量小高峰外，总体类似美国和德国，呈平稳态势。而中国在 2006～2013 年申请量大幅增长，2007 年以后更是每年都位居世界第一位，可以说，中国近年的申请量趋势很大程度上左右了全球申请量趋势，这与中国政府鼓励发明创造和鼓励专利申请密切相关。

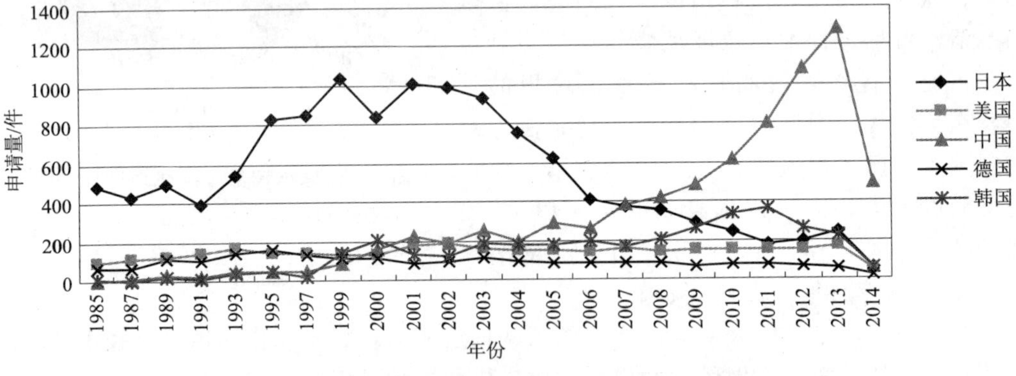

图 4　全球主要国家或地区申请量年份趋势图

5. 申请人分布情况分析

(1) 申请人的排名情况

图 5 显示了全球主要申请人的申请量排名情况。从图 5 可以看出，在全球排名前

十位的申请人中，除排名第七位的德国 SIEMENS AG 和排名第十位的美国 COMBUSTION ENG 外，其他申请人均为日本的公司或者与日本合资的公司，其中排在首位的是三菱重工有限公司，总申请量达到 1210 件。可见，日本在垃圾焚烧领域具有绝对领先优势，中国作为申请量排名第三位的申请大国，却没有排名能进前十位的申请人，说明我国在垃圾焚烧领域的申请人比较分散，没有形成大的专门的技术研发团队，在垃圾焚烧领域还完全无法和国外申请人，特别是日本的大公司比肩。

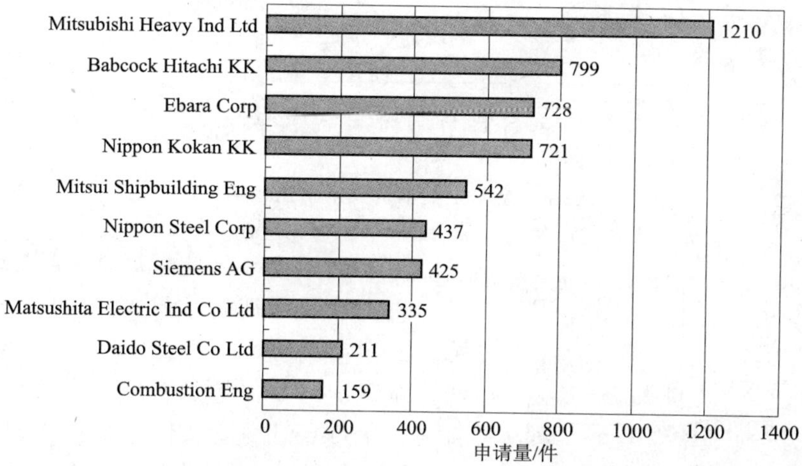

图 5 全球申请人申请量排名

(2) 主要申请人的专利申请状况

图 6 显示了全球申请量排名靠前的五位申请人的申请趋势，在 1985～2013 年，五位申请人基本上都遵循申请量逐年增长，到一个顶峰后又逐年回落的趋势。排名第一位的三菱重工有限公司在 2003 年的申请量为 107 件，达到该公司年申请量的顶峰，其后，申请量逐年大幅下滑，说明该公司在垃圾焚烧领域的技术上进展缓慢。而 Babcock Hitachi KK 公司在 2004 年达到申请量顶峰 51 件，Ebara Corp 公司在 2003 年达到申请量顶峰 70 件，Nippon Kokan KK 公司在 1999 年达到申请量顶峰 71 件，Mitsui Shipbuilding Eng 公司在 2001 年达到申请量顶峰 24 件。Nippon Kokan KK 公司自 2005 年没有涉及垃圾焚烧领域的申请，说明该公司已经不再对垃圾焚烧领域进行专利布局。

6. 四种基本垃圾焚烧炉型申请量的分布

垃圾焚烧炉应用较为广泛的有四种炉型：炉排炉，流化床炉，回转窑炉，热解气化炉。图 7 显示了上述四种炉型的申请量分布情况。由图 7 可以看出，使用相对最多的是流化床炉，其后依次是炉排炉、热解气化炉和回转窑炉。

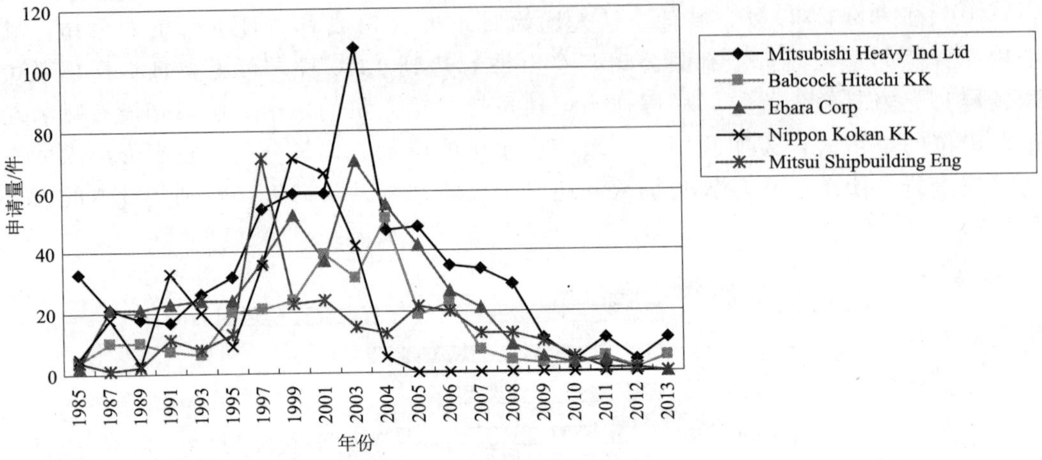

图 6　全球主要申请人申请量趋势

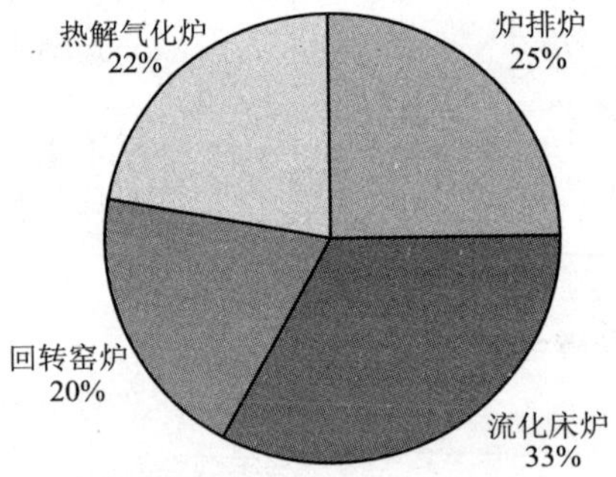

图 7　全球四种主要炉型申请量分布

7. 四种基本垃圾焚烧炉型申请量的分布

图 8 显示了四种主要炉型的申请量趋势，可以看出，流化床炉在 1972～2002 年的 30 年间，申请量比其他炉型都要高，说明该炉型一直是关注热点。尽管实际应用中炉排炉所占比重最大，但在专利申请量上，其并不占优，原因与炉排炉技术比较成熟很难有突破有关。热解气化炉在 1998 年以前申请量都是最低的，而 1998 年后，该炉型成为关注热点，这与热解法烟气中氮氧化物（NO_x）含量低有关，而对氮氧化物的排放控制是环保的基本要求，可见这体现了垃圾焚烧领域对尾气排放越来越重视。回转窑炉因为其自身技术上的局限性，受关注度一直不高。

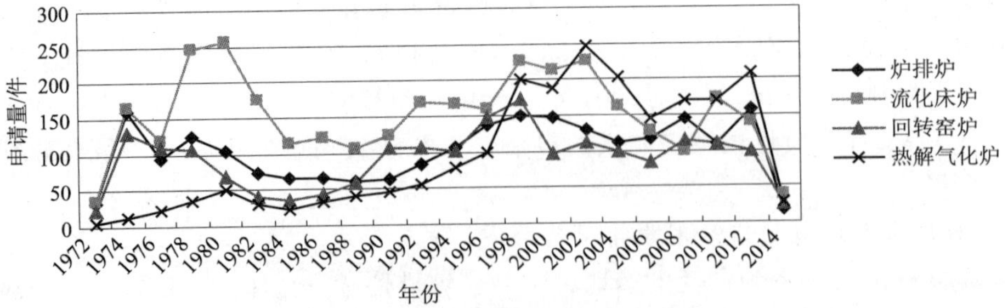

图 8　全球四种主要炉型申请量趋势图

（三）国内申请情况分析

1. 国内申请的申请量趋势

由图 9 可以看出，从 1995 年开始，垃圾焚烧领域的中国专利申请量一直处于稳步增长的状态，尤其是 2005 之后进入了快速增长的时期。

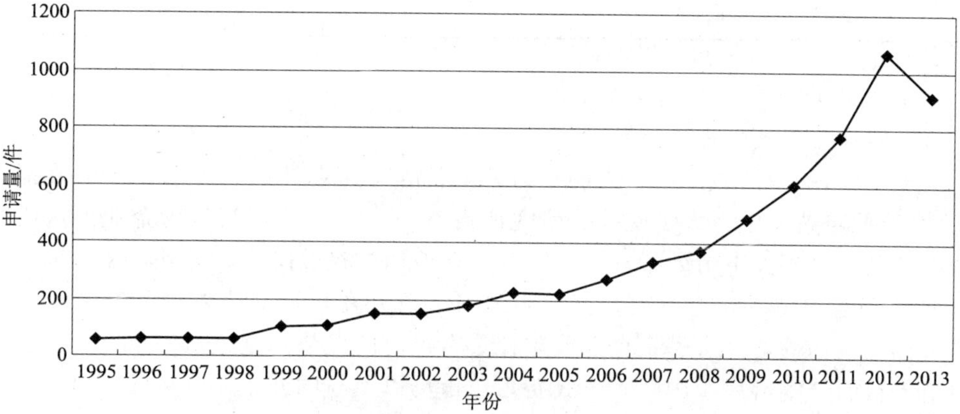

图 9　国内垃圾焚烧专利申请量按年份统计图

2. 国内申请的国别或地区分析

对于垃圾焚烧的中国专利申请，其中中国申请人占据了绝大多数，而对所有中国之外的国家或地区申请人在中国的专利申请进行分析，发现来自日本的申请量最多，占 35%；其次为中国台湾和美国，分别占 28%和 16%，德国申请人的申请量占 9%，韩国申请人和英国申请人的申请量分别占 7%和 5%，具体如图 10 所示。而各个国家具体的申请量及排名见表 2。可见，日本、中国台湾和欧洲这些在垃圾焚烧领域实力比较强劲的国家或地区非常重视中国市场，积极在中国进行专利申请。

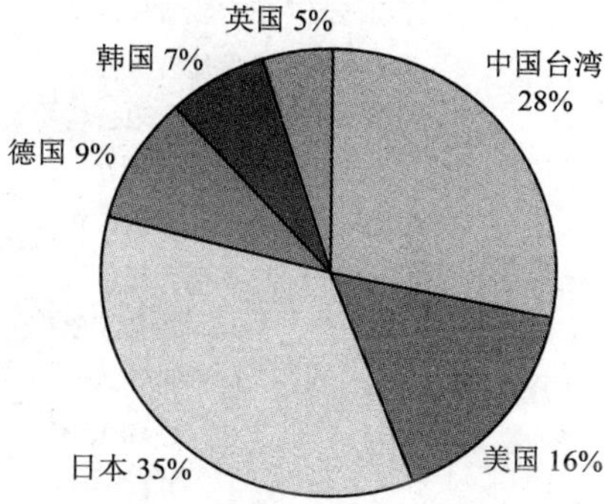

图 10　中国以外的国家或地区在中国的专利申请分布

表 2　国内申请的中国以外国家和地区申请量及排名

国家或地区	国内申请量/件	排名
日本	267	1
中国台湾	208	2
美国	122	3

续表

国家或地区	国内申请量/件	排名
德国	66	4
韩国	53	5
英国	39	6

3. 国内申请人分布

(1) 国内申请人的排名情况

图 11 显示了国内主要申请人的申请量排名情况。从图 11 中可以看出，在国内排名前 10 位的申请人中，大学院校、研究所占有一半的席位，其他为企业。这说明目前国内垃圾焚烧相关申请处于理论研究和工业应用的过渡阶段。另外，还可以看到前 10 位的申请人申请量相差不大，这说明国内申请人在垃圾焚烧领域研究、开发和生产水平都比较均衡，没有哪个企业或院校具有绝对的优势。这也从一个方面反映出国内申请人目前技术落后于国际，不具备占领市场以及与国外企业匹敌的实力。

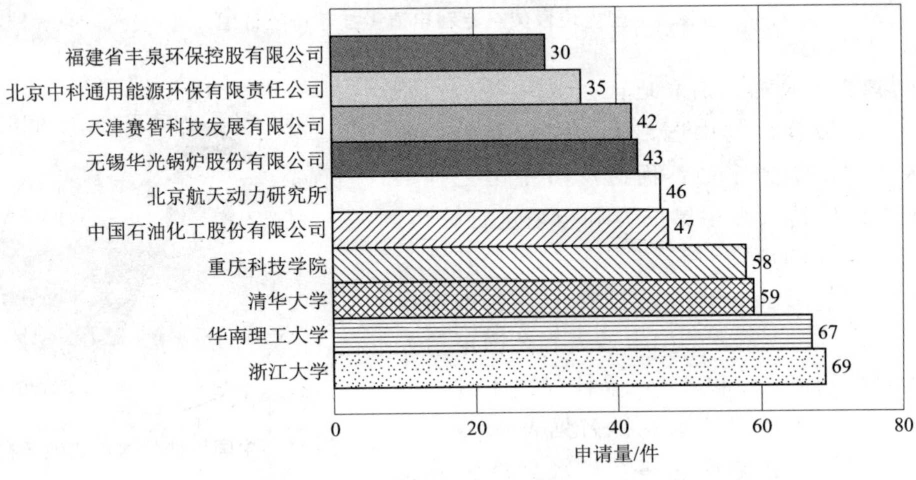

图 11 国内申请人申请量排名图

(2) 主要申请人的专利申请状况

图 12 显示了国内申请人申请量排名前五位的申请人的申请趋势，在 2004～2013 年间，除了重庆科技学院之外的四位申请人基本上都呈波动增长的趋势，即总体呈增长趋势，但中间有申请量回落的波动，而重庆科技学院的申请量是在 2007 年达到最顶峰，随后回落，直到 2010 年才稍有增长，这与其公司投入的研究资金和精力，以及市场需求和政府引导政策有关。

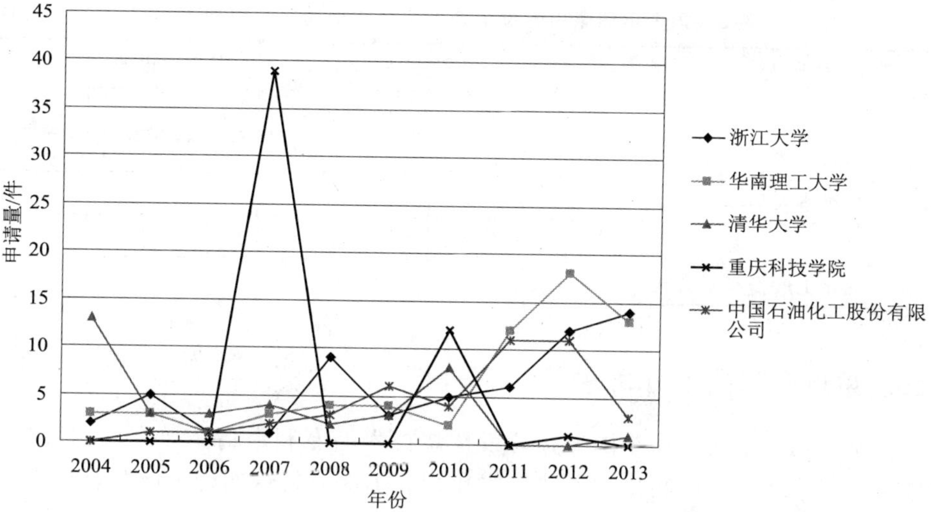

图 12 国内申请量前五位申请人的申请量趋势图

（3）主要技术分支的申请量分布

垃圾焚烧领域国内的主要技术与国际的相同也是分为炉排炉，流化床炉，回转窑炉以及热解气化炉，这四个技术分支的申请量分布如图 13 所示。

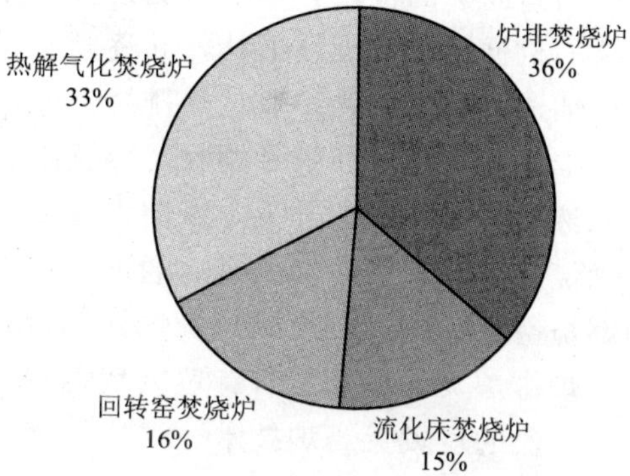

图 13 国内四种主要炉型申请量分布

从图 13 中可以看出，国内申请的主要垃圾焚烧技术集中于炉排焚烧炉和热解气化焚烧炉，这两个技术分支的申请量大约都是回转窑焚烧炉或流化床焚烧炉的两倍。由此可见，国内的垃圾焚烧技术研究重点在于热解气化焚烧炉和炉排焚烧炉的改进，这与全球炉型分布不完全一致，这主要是由政策引导不同、垃圾类型不同而导致的。例如，由于发达国家的垃圾热值远高于国内的垃圾热值，因此，流化床焚烧炉在国外的应用就远大于国内。这也从一个方面说明了，垃圾分类对于垃圾焚烧的技术起着重要的作用，国内垃圾分类技术不完善的现状，对于垃圾焚烧技术的研发存在一定的阻碍。

我们再通过表 3 来看一下国内申请量排名前五位的申请人在这四个技术分支中的申请分布状况。由表 3 可以看出，重庆科技学院是炉排焚烧炉的申请大户，浙江大学重点研究的是流化床焚烧炉，同时浙江大学和清华大学还申请了部分回转窑焚烧炉，而排名前 5 的申请人在热解气化焚烧炉方面的专利申请量都较少，这说明热解气化焚烧炉不是国内的企业和科研院校研究的重点。

表 3 国内申请量前 5 位申请人四个炉型的申请量分布 （单位：件）

申请人	炉排炉	流化床炉	热解气化炉	回转窑炉
浙江大学	4	32	17	2
华南理工大学	29	0	7	2
清华大学	10	17	14	4
重庆科技学院	51	0	0	0
中国石油化工股份有限公司	2	0	1	1

三、重点专利技术分析

如上所述无论是国内还是国外，垃圾焚烧技术的专利申请主要在于四种焚烧炉，即炉排炉，流化床炉，回转窑炉和热解气化炉。下面分析这四种不同焚烧技术的重点专利技术。

1. 炉排焚烧炉

（1）技术介绍

炉排焚烧炉焚烧生活垃圾的主要工艺流程是：由起重机将堆栈发酵的生活垃圾送至进料斗，生活垃圾经溜槽下落到给料器平台，然后在给料小车的往复推动下落到炉膛内倾斜向下的机械炉排上（炉排分为干燥区、燃烧区、燃尽区）；生活垃圾在炉排持续的机械运动下缓慢下移，并逐渐干燥和燃烧；燃烧后的烟气进入炉膛上方的余热锅炉烟道，燃烬后的炉渣从炉排尾部落入水封的除渣设备中，冷却后经往复运动的推头体推出到焚烧炉外的专用收集装置中。给料平台下方横向设置多个收集和转运垃圾渗滤液的收集斗；炉排下方纵向设置多个灰斗（一次风室），用以收集炉排漏渣和作为燃烧空气（一次风）的进入通道。炉排上方设置了特殊的炉膛形式，并布置有合理的燃烧空气系统（二次风），确保生活垃圾的稳定燃烧和完全燃烧。

炉排炉焚烧技术是所有垃圾焚烧技术中应用最广泛、技术最成熟的一种，因此是世界主流的垃圾焚烧炉技术。炉排炉焚烧技术的优点在于运行稳定、适应性广，绝大部分固体垃圾不需要任何预处理，垃圾焚烧过程中不需要添加辅助燃料，燃烧稳定和完全，飞灰量少，炉渣热灼减率低，且可长时间的持续运行，因此其应用量占全世界垃圾焚烧市场总量的 80%。

（2）技术现状

20 世纪 70 年代初英国在伦敦的 Edmonton 建立了当时世界上最大的垃圾焚烧厂，全部五台锅炉均采用炉排炉的形式。法国现有的垃圾焚烧炉中炉排炉占了多数，仅在巴黎附近的 ISSY 厂，便有马丁炉四台，每台炉处理能力为 450t/ d。我国在 20 世纪 80 年代中后期建成的国内第一个垃圾发电站——深圳市环卫综合处理厂采用的也是马丁炉。1998 年建成的珠海垃圾发电站，也采用炉排炉，焚烧炉、余热锅炉由国内生产，炉排由美国引进[1]。

国外炉排焚烧技术的代表包括：德国马丁公司开发的经典马丁炉 SITY2000；比利时西格斯公司（Seghers）根据垃圾在炉排上的不同形态对炉排进行了优化组合的配置；Babcock 公司推出 DBA 平行流燃烧技术；丹麦 SIMI 公司的焚烧炉采用与烟气、炉料运动方向相反的流动方式，炉排按长度分段；日本的三菱-马丁炉属于逆推炉排，将活动炉排片与固定炉排片以行为单位交错布置；日本造船公司的炉排技术属于顺排炉，排炉排片为纵向分布，固定炉排列与活动炉排列交错布置，每列炉排片由多块相互搭接的炉排片构成；田熊公司的炉排属于顺推炉排，固定炉排片与活动炉排片以行为单位交错布置，活动炉排片随着液压带动的驱动梁做往复顺推运动。

国内研究炉排焚烧技术的代表为重庆科技学院、清华大学和无锡华光锅炉股份有限公司，它们的研究重点在于炉排炉的整体结构改进。

（3）重点专利技术分析

从国内外炉排焚烧炉技术上申请的专利来看，早期的专利申请主要集中在炉排结构的改进，因为炉排对焚烧有至关重要的作用，而后期由于对环境保护的意识越来越强烈，炉排焚烧炉的专利申请逐渐趋向于减少有害气体产生，包括对送风装置的改进、对燃烧的控制等。

德国马丁公司开发的一种用于焚烧的炉排（DE19622423C1）——经典的马丁炉炉排形式，将炉排排列成屋顶瓦片的形式，即炉排之间部分重叠。另外一个专利申请 DE19622424A 也涉及一种炉排，该炉排内具备多个流体流路，流路具有多个平行的流体供给部和导出部，流路横向于炉排的纵向。Babcock 公司研发的一种燃烧控制装置（JP2009198053A），具有持续测量排气的装置，基于测量的排气温度持续控制排气中的重金属含量。比利时 Seghers 公司开发的一种炉排焚烧炉（DE60309301T），其二次风系统的喷嘴队列被分段，每段能够喷射不同流量的空气。德国马丁公司开发的一种炉排焚烧炉（DE4027908A1）通过在特定阶段提供高含氧的空气而减少有害气体的排放。日本三菱重工业株式会社开发的一种炉排燃烧炉（CN101484753A）通过测定排气温度来控制一次燃烧，通过测定氧浓度控制二次燃烧，从而控制排气中的有害气体。

国内方面在 CN1375656A 的专利申请中，其研发的生活垃圾焚烧炉的炉排分成衔接处有落差的前段和后端，且炉排片包含的固定片和活动片；CN2352829Y 中的挑推式往复炉排将定炉排按一定的仰角挂在炉排梁上，两个定炉排之间设有动炉排，动炉排的挑推断面超出定炉排，CN201621712U 采用大块蜂窝炉排片，防止炉排片被垃圾卡住，同时蜂窝状给风使热风布置均匀可实现快速干燥；CN2407244Y 中的炉排为半滚筒阶梯式。2005 年之后的专利申请除了针对炉排的改进以外，主要还包括复合炉排的设计以及低二噁英炉排炉的设计，如 CN101101119A 中的分段驱动复合式炉排焚烧炉保障了垃圾持续、均匀进入，同时有利于垃圾的燃烧完全；CN2937842Y 申请了一种组合式垃圾焚烧装置，可通过调整炉排宽度和炉排的组数方便地组合成不同垃圾处理量；CN101929679A 中的炉排为一种头部凸台横向，前后错位布置的形状，解决了传统炉排横向整齐布置导致垃圾容易结块的技术问题；CN202056889U 中采用旋转水冷炉排组使垃圾在焚烧的过程中充分搅拌，同时配合带有叶片和切刀的炉条组加强燃烧过程中对垃圾的搅拌、切碎及干燥；CN101476732B 采用摇动式顺推机械炉排，同时在燃烧炉排上还安装了切割搅拌机；CN102954473A 的专利申请改进了送风装置，采用四层吹风组件，形成多次分级燃烧，引导烟气曲线上升，延长烟气在上升过程中在炉内的停留时间，促进完全燃烧，进而控制二噁英的排放。另外，CN203454151U 中还涉及了一种垃圾微波预处理装置，利用微波对进入炉排炉焚烧前的垃圾进行预处理从而减少垃圾的含水量。

2. 流化床焚烧炉

(1) 技术介绍

流化床焚烧炉不设运动炉体和炉排。流化床底设空气分布板，使用石英砂作为热载体。垃圾均匀定量地加入砂子流态化床中，进行热解气化和部分燃烧随后被燃烬，不燃物和焚烧残渣随砂子一起通过炉底的排渣口进入筛分机分离出大颗粒不燃物排出炉外。流化床垃圾焚烧炉优点：适用性广，可燃烧劣质燃料；可使可燃垃圾与空气充分接触，燃烧速度快，而且燃烧完全；过剩空气系数低，且 NO_x 的生成量少；流化床内无转动的机械设备，故制造简单，造价较低。流化床垃圾焚烧炉不足之处在于：对入炉垃圾的尺寸要求较为严格；空气鼓入压力高，焚烧炉本体阻力大，动力消耗相对较高；焚烧导致烟气粉尘含量高，烟气净化系统负荷增大，除尘的费用随之提高；需要掺加燃煤等辅助燃烧等。因此，焚烧炉运行可靠性相对较低。

(2) 技术现状

德国研究者认为采用流化床燃烧方式的垃圾焚烧炉烟气中二噁英仅为炉排燃烧方式的 30%左右。鉴于流化床焚烧垃圾技术的高效燃烧性和低污染性，从 20 世纪 80 年代开始，流化床焚烧技术逐渐在日本和北美洲、欧洲的一些发达国家得到应用，但现在还未完全占据市场。在欧洲，流化床技术的代表是由英国 Kraerner Enviropower AB 公司开发成功的焚烧技术，另外，Babcock 公司也是流化床燃烧技术的主要研发企业。日本在垃圾流化床焚烧技术方面处于世界领先地位，其技术代表企业是三菱公司、日本荏原公司（Ebara Corp）和石川岛播磨公司（IHI）。

我国在流化床垃圾焚烧方面的研究始于 20 世纪 80 年代，以浙江大学、中国科学院及清华大学等单位为代表，主要采用煤与垃圾流化床混烧的技术方案[2]，例如，浙江大学热能工程研究所的“异重流化床焚烧技术”。

(3) 重点专利技术分析

流化床技术应用的主要阻碍在于其需要使用煤等辅助燃料，这些燃料的燃烧对于环境影响较大，因此，国外流化床焚烧炉专利申请的一个集中点就在于减少辅助燃料的流化床焚烧炉专利申请。例如，Babcock Hitachi KK 公司开发的一种流化床焚烧炉（JP2005134034A）减少了辅助燃料的使用，同时可维持稳定的气化熔解，它通过中央处理装置基于提供的燃烧量计算燃烧需要的空气量、燃料内的理论空气量和预计流化空气量。空气流量单元基于计算单元的计算结果调节供应到熔解炉内的燃烧空气量，通过对燃烧空气供应量的控制促进完全燃烧的实现。国内的浙江大学开发的异重度流化床焚烧技术（CN2419490Y），在炉膛四周设有二次进风口，炉膛出口设有炉内分离器，布风装置后部设有排渣口和冷渣分选及冷却装置，冷渣分选装置上方接床料回送管，它也适用于燃烧高水分、低热值的垃圾。另外，浙江大学的专利申请CN101776271A 还开发了一种适于低热值废弃物处置的流化床焚烧装置。

流化床焚烧技术得以发展的一个原因在于其对作为燃料的垃圾的适应性广，因此国外的专利申请的另一个重点在于开发适用于各种燃料的焚烧炉。例如，日本三菱重工业株式会社开发的一种流化床焚烧炉及其运行方法（CN1273629A），适于燃烧高含水率的垃圾，提高上部空间的热容量，能消除因负荷变化或垃圾性状的变化而引起局部温度异常及时间性温度差异，还可在包括流动砂层面下的气泡区和浓缩层的流化层深部进行燃烧，并以在热容量大的砂层内的燃烧为主。Babcock Hitachi KK 开发的一种多燃料焚烧设备（JP2003222307A），对于未燃尽的含硫燃料在低卡路里燃料燃烧器上方做进一步燃烧。

与炉排焚烧炉相似的是，控制二噁英等有害气体排放也是流化床焚烧炉专利申请的一个集中领域。例如，日本荏原公司开发的一种流化床焚化炉（CN1068642A），使未燃烧气体与氧迅速、安全地发生反应，使未燃烧气体在没有与氧进行反应时不可能被排出，因而使得流化床炉的未燃烧气体量降到最低程度。另外，由国内申请人清华大学在 CN1350142A 中开发了一种控制垃圾焚烧二噁英和重金属生产的系统。

为了更好地利用流化燃烧技术，提高流化技术在垃圾焚烧领域的焚烧效率，还产生了流化技术与炉排燃烧技术结合的相关技术。例如，CN101532667B 开发了一种旋转流化炉排焚烧炉，实现了多层悬浮流态化燃烧，提高燃烧效率的同时抑制了有害气体的产生。CN102913916A 开发了一种活动炉排干燥床与循环流化床锅炉结合的复合焚烧设备，采用机械炉排干燥垃圾后再进入循环流化床进行焚烧，提高了垃圾的干燥及燃烧效率。

另外，流化床焚烧炉的专利申请还包括对于热回收系统的改进和防止燃料黏附在炉子表面。例如，Babcock Hitachi KK 公司开发的一种流化床焚烧炉（JP2006003016A），炉体内设有分隔板，将炉体划分为上部焚烧室和下部热回收室，提高了热回收效率。Ebara Corp 公司开发的一种流化床焚烧炉包括一种热回收装置（JP2004901920A），其从一次和二次空气的混合气体热解可燃垃圾的过程中回收热量，同时由于一次空气和二次空气中含有大尺寸和小尺寸的颗粒，炉子的加热表面被抛光，防止了燃料颗粒黏附在炉子表面。

而国内的专利申请还包括了对炉子小型化的开发。例如，清华大学的

CN1786565A 的卧式循环流化床燃烧设备降低了炉子的高度，节省了钢耗。

3. 回转窑焚烧炉

(1) 技术介绍

回转窑焚烧系统是从应用于水泥工业中的回转煅烧窑发展而来的。回转窑焚烧系统包括废物进料系统、回转窑、二燃室、卸料装置和空气污染控制装置等。进料系统将废弃物送入回转窑燃烧区，回转窑内壁可采用耐火砖砌筑，也可采用管式水冷壁。回转窑通常向卸料方向倾斜，通过炉体整体转动以保证垃圾混合均匀，并沿倾斜方向向出料端移动。回转窑直径和长度可根据容积热负荷和废物焚烧时在炉膛所需停留时间确定。垃圾通过炉本体滚筒连续、缓慢转动，然后靠自重落下。由于垃圾在筒内翻滚，可与空气得到充分接触，经过着火、燃烧和燃烬三个阶段进行较完全的燃烧。通过炉旋转速度控制垃圾前进速度，使得垃圾在炉内的前进过程中完成干燥、燃烧以及灰冷却过程。当垃圾到达末端，只剩余灰和灰渣，进入卸料装置，然后被送往垃圾填埋场，由此体积大幅缩减，也更加安全。炉后设有二燃室，滚筒中排出的烟气，进入二燃室。燃烬室内送入二次风，烟气中的可燃成分可在此得到充分燃烧。经二燃室后，气体进入空气污染控制系统，最后被排出。

与常见的马丁炉相比，回转窑不需要价格昂贵的炉排，燃烧装置设备费用低，电耗与其他燃烧方式相比也较少，但焚烧低热值、高水分的垃圾时有一定的难度，且回转炉处理量小。因此通常很少用于生活垃圾的焚烧。

回转焚烧炉因为旋转能使垃圾得到充分的翻动，能强化传热和燃烧，从而垃圾在炉内停留时间少，因而具有比其他类型焚烧炉更广泛的物料适应性，能广泛应用于销毁工业废物和焚烧复杂的干、湿混合垃圾，如污泥，尤其主要应用于焚烧成分复杂、有毒有害的危险废弃物和医疗垃圾。

(2) 技术现状

回转窑焚烧炉系统在国外焚烧危险废物已有 50 年的历史，技术日趋成熟，形成了完善的技术和管理体系。在美国，占总量近 1/3 的危险废物是经回转窑焚烧处理后，再进行填埋处置。在回转窑焚烧系统设计和制造方面，荷兰的 Andersen 公司，瑞典的 Voranor 公司，日本的月岛机械株式会社等均掌握了世界先进技术。

回转窑焚烧炉与机械炉排炉相比，存在大块垃圾不易燃尽，难以使垃圾焚烧炉渣灼减率降低到国标规定值的问题，德国 Coburg 生活垃圾发电厂采取了富氧燃烧技术，在焚烧炉中配置了烟气循环系统，采用空气和纯氧混合后燃烧，能降低排烟量，减少污染物。国内学者还考虑在富氧燃烧技术中，为改善气体在二次燃烧区域的燃烧混合，应进行富氧烧嘴设计和炉型优化，以使焚烧的烟气排放达到规定标准。还考虑对窑出料端二燃室底部刮板出渣机改造成塔式回转炉箅，底部增加三次风用来冷却炉渣，炉渣在塔式回转炉箅燃尽，该结构能降低热灼减率[3]。

日本水泥产业在处置废弃物技术上有着先进的经验，国内一些水泥工业和研究机构也在进一步研究生态水泥的开发，还采用回转式的焚烧炉与水泥窑协同处置生活垃圾，城市垃圾送入低速回转的回转窑内，经过3天的发酵有机物可以完全分解，废气排出，经过处理后进入窑尾预热器系统，可燃成分作为生产水泥的替代燃料，用焚烧后的灰渣作为水泥原料。这种方法的优点在于垃圾收集后经过发酵处理便可作为水泥的补充原料和燃料而入窑煅烧成水泥熟料。水泥窑焚烧废弃物的热回收率（70%）远高于一般垃圾发电的热回收率（20%），这对减少垃圾处理作出了贡献。

日本等发达国家还将高温空气燃烧技术应用到回转焚烧炉中，高温空气燃烧技术是通过特殊的空气预热装置，使得入炉空气温度提高，从而改变火焰结构，使炉温提高、炉温均匀、能源消耗减少。在回转窑中增加空气预热器，能增强燃烧稳定性，减少二噁英等污染物的排放。

国内在回转窑焚烧炉技术方面的研究以浙江大学、清华大学等为代表，研究重点在于窑内传热、燃烧和流动的改进上。

（3）重点专利技术分析

同方环境股份有限公司在CN101469866A的专利申请中，回转窑和二燃室框架采用碳钢材料，回转窑的耐火材料选用铬刚玉耐磨可塑料，二燃室的耐火材料选用耐磨浇注料，有效避免回转窑焚烧炉炉墙塌落和钢体烧圈现象。

清华大学在CN101285577A的专利申请中，回转窑内采用气控缺氧燃烧，回转窑和二燃室过渡段设置了叶轮形状的缩径湍流结构，进料系统采用液压机构，实现了减少辅助燃料消耗和污染物排放，以及自动安全给料。

浙江大学在CN101275743A的专利申请的三段焚烧炉中，一燃室采用回转窑结构，流化冷渣装置和三次燃烧室为圆柱结构，增加了三燃室，进行三段焚烧，强化燃烧，延长炉渣和烟气停留时间。

浙江大学在CN102221211A的专利申请中，设置了飞灰回送管路，将飞灰送回到熔渣式回转窑的窑头，与危险废弃物中的重金属等有害成分进行直接熔融包裹重构，相对于石灰稳定化、药剂稳定化、水洗煅烧等飞灰处置技术，能减少飞灰的处置成本。

日本三菱公司在JP2011207682A的专利申请中，在回转窑的主轴线上，设置将可燃性废弃物吹至与主轴线成θ夹角方向的辅助燃烧器，并限定夹角大小和吹出空气的速度，使燃烧更充分。

日本住友重机械株式会社在JP2009257669A的专利申请中，在回转窑壁上，均匀设置凸起，凸起中有向炉内喷出含氧空气的管道，含氧空气与被搅拌的垃圾充分接触，能提高燃烧的效率。

上海博士高环保设备工程有限公司在CN102901105A的专利申请中，在回转窑体内，设置顶端弯折状耙齿的扬料板，工作时，多个扬料板以居中、左偏和右偏不同角度搭配设置，阻止垃圾直线下滑，使其强行翻转充分接触空气。

4. 热解气化炉

（1）技术介绍

与直接焚烧方法（炉排、回转窑、流化床）不同的是，热解是指在无氧或缺氧气氛下，利用高温使固体废物有机成分发生裂解，从而脱出挥发性物质并形成固体焦炭的过程，气化则是指反应物在还原性气氛下与气化剂发生反应，生成以可燃气为主的气体的热转化。

热解过程通常包括以下步骤：干燥、热解、气化和燃烧。垃圾热解气化焚烧炉，通常主要包括进料系统、气化炉体、布风系统、出渣系统、空气供给系统、燃料供给系统和自控系统等部分。垃圾由进料系统送入预热系统烘干，经过烘干的垃圾被送入热解气化炉体进行焚烧。在热解气化炉体中，送入小于理论空气量的空气，垃圾废物中长链的有机化合物成分在缺氧环境中迅速裂解成可燃气体。灰渣和不能热分解的物体（如金属、玻璃等）经过出渣系统排出炉外。产生的可燃烟气进入二燃室，与过量空气充分混合后，在超过1000℃的高温下经过2s的充分燃烧，使烟气中有毒有害物质的分子结构被彻底分解，然后排出。这些高温气体可以通过余热锅炉等回收热量，之后采用石灰碱液净化后达标排放。

垃圾热解炉炉型结构简单，维护较容易，动力消耗低；热解法烟气中 NO_x、HCl等有害物质含量相对较低。垃圾不用分选就可以充分地分解和燃烧，但是热解焚烧法对于水分超过40%的垃圾，在不投油助燃时则不能稳定燃烧。设备处理能力较小，单台处理能力一般为150t/d以下，只适合于中小城市垃圾处理的需求。我国垃圾中往往存在大量空气和水分，因此热解炉生活垃圾的焚烧中应用较少，更多地适用于高热值的医疗垃圾的焚烧处理。

热解气化处置方法相较于直接燃烧而言，由于在缺氧或无氧状态下进行，从原理上减少了二噁英的生成，同时减少空气中有毒物质的排放，将重金属固化并有效回收利用；而且整个垃圾处理系统不需要进行垃圾分选，适合我国目前的国情，因此发展热解气化技术是实现城市垃圾无害化处理的重要途径。

（2）技术现状

20世纪80年代，为了适应各国越来越严格的环保要求，热解技术作为可减少二次废弃物（如灰渣、烟气、有害气体等）的生成、可持续发展的新型垃圾处理技术应运而生。

欧洲、北美洲的发达国家鼓励采用热解气化技术。加拿大瑞威环保公司是世界上技术领先的垃圾热解炉制造商，我国目前垃圾发电厂中的热解焚烧炉大部分来自该公司，其开发的CAPS两阶段控气型垃圾热解气化炉，包括两个燃烧室，垃圾在第一燃烧室进行燃烧和分解，所产生的气体在第二燃烧室被彻底燃烧，燃烧过程所产生的灰渣收集后制成灰渣砖、肥料和道路路基材料等产品。该公司开发的TOPS垃圾热解炉，适宜于燃烧高热值（9000kJ/kg）的垃圾。

荷兰 Anderson 公司采用的热解焚烧炉主要由热解室和二燃室两部分组成，并包括自动给料系统、自动推灰系统等，固体废弃物经破碎机破碎后进入密闭的垃圾存储箱，再由电动推料装置推入焚烧炉，在热解室，废弃物通过缺氧、中温燃烧（800～900℃）转化为固体残渣和烟气，产生的烟气在高温（900～1100℃），烟气停留时间大于 3s，过氧的条件下在二燃室得到充分燃烧，减少烟气量。

韩国在热解气化技术方面发展迅速。韩国的 Kentec-Opas 公司在 2000 年与挪威 Organic-Power 公司共同开发了适合亚洲垃圾特点（热值低、含水高）的热解气化技术，一燃室充满了惰性气体，并在一燃室底部配置了一系列喷嘴，从底部吹送高压空气，充分渗透到团块垃圾内部使其充分热解；一燃室工艺温度较低（400～700℃），从而相应提高了炉子的寿命。大部分的有害物质已经在热解气化过程分解，再经过二燃室（1000℃）高温分解，再经过净化尾气处理系统处理[4]。

国内学者对热解气化技术的研究重点在于热解反应的影响因素和热解特性的改善，例如，清华大学对管式电阻炉热解试验台在医疗废物热解进行了模拟研究；浙江大学着重于固定床生活垃圾的气化特性研究；魏敦崧等利用改进后的上吸式固定床对垃圾、谷壳等进行了气化试验，研究了炉温、原料特性、燃料层厚度对生物质气化的影响；天津大学开发了固定床热解反应器、外热式固定床热解气化炉等。

（3）重点专利技术分析

从 20 世纪 90 年代初的热解气化技术方面的专利主要在于炉型的整体结构，重点考虑防止二噁英和有毒物质的生成以及燃烧效率等方面，有代表性的如清华大学和同方股份有限公司共同申请的 CN1350142A，考虑了炉前、炉中和炉后三个环节控制二噁英和重金属的生成与扩散，所以可达到烟气净化彻底的效果。广州能源研究所的 CN1360171A 专利申请中，在热解焚烧炉的热解室和气相燃烧室之间设有锥形缩颈，在锥形缩颈下部设有助燃燃烧器，外周围是环形风室，在锥形缩颈的下侧壁上设有若干排位置相互交叉的喷风管将环形风室的风引入缩颈的内腔，使得炉内燃烧更强烈更完全。广州能源研究所的 CN2589824Y 的专利申请中，公开了一种典型的立式两段炉。Recycling Solutions Technology 公司的 US6932002B2 的专利申请公开了一种双回路双热解焚烧炉，利用双循环回路来烘干、预热、热解焚烧处理垃圾的方法，其中的外循环回路是指常规焚烧至烟气排出的回路；内循环回路是指烘干用的高温烟气由主炉体的二燃室上方进料口进入回转窑，对垃圾进行烘干预热和部分热解后成为低温烟气再进入汽水分离器，经脱水处理后又在二次风机引风下进入主炉体的二燃室中继续充分燃烧。上海金州环保公司的 CN201028530U 公开了一种利用离心结构充分搅拌的焚烧炉。韩国 Kentec 公司的 KR100550311B 专利中，在进料系统和一燃室中采用三角形转向挡板控制进料和空气方向，加强燃烧。衢州市广源生活垃圾液化技术研究所的 CN103254939B 专利中，采用等离子体垃圾生物质气化装置，把生活垃圾或生物质在气化炉内气化为富氢合成气，消除二噁英污染，同时，产生的富氢合成气可作为生产甲醇或二甲醚的原料气。中国石油大学（华东）的 CN102936518A 专利中，通过其生活垃圾耦合流化床分级热解气化工艺，不仅能消除二噁英同时还得到了高含甲烷的燃气。东昕旺环保科技发展有限公司的 CN103672908A 中，其主燃室与二燃室为水平复式同轴结构，能增强烟气在高温状态的停留时间，减少二噁英类污染物的生成。

一部分固体废弃物处理机构还从炉型设计、点火燃烧方式、温度测控及高温烟气处理等方面提出了一些医疗废弃物处理的热解炉专利申请如 CN102519047A、CN201662068U 等。

国内的一些专利申请还包括了对气化炉结构的改进，如 CN101101121B 开发了炉体的加料系统的水平密封装置；CN203273909U 的一种炉渣排出装置等。

四、技术发展趋势预测和建议

对于垃圾焚烧技术，虽然从 1960 年至今专利申请量有起有落，但是由于人类的环保意识在不断增强，鉴于垃圾焚烧自身在环境保护方面独有的优势，全球对于垃圾焚烧技术的关注从未消失，而且从 2009 年开始至今全球对于垃圾焚烧技术的专利申请量进入一个新的快速增长期，因此，今后相当长的一段时间内，垃圾焚烧技术相对于其他垃圾处理技术而言，仍然具有更广阔的发展空间。鉴于不同类型的焚烧炉要求的垃圾热值不同、生产技术的难易不同、废气排放对环境影响的不同，不同的焚烧炉在不同国家和地区的研发、应用、市场占有程度各不相同，针对我国特有的国情，垃圾焚烧炉又将有什么样的发展前景呢？

1. *炉排焚烧炉*

炉排焚烧技术作为最成熟的焚烧技术，将在今后相当长的一段时间内，仍然会在我国占据大部分的市场。虽然国内不少企业均做过重要的贡献，但是目前我国投产的炉排焚烧炉大部分依靠进口。究其原因还是在于对于炉排炉的主要核心技术——炉排结构，我国不具有自主知识产权，其主要的专利技术还是集中于欧洲的国家和日本。因此，我国今后想要在炉排焚烧技术方面所有建树，将必须着重于炉排焚烧炉中主要结构——炉排的新技术的研发和生产，同时也要注重炉排整体结构的改进。而且，由于国外的炉排焚烧炉技术成熟度已经很高，想到打开这道关口需要国内的企业投入更多的精力。此外，也可以着手从增强垃圾预处理能力、优化送风系统、组织多级燃烧、采用复合炉排增强炉排辅助功能以促进完全燃烧等方面改善现有炉排焚烧装置，提高垃圾的焚烧效率，同时减少二噁英等有害气体的生成。

2. *流化床焚烧炉*

不管是国外还是国内，流化床焚烧炉的专利申请量在四种炉型中所占比例都较大，因此虽然流化床焚烧技术尚未完全占领市场，但其今后的发展空间将是最大的。流化床的专利申请量占优的主要原因仍归结于流化床垃圾焚烧具有的燃烧效率高，适用的垃圾范围广，尾部排放更易达标等优点。我国垃圾相对于发达国家而言存在着垃圾热值较低的问题，而这种情况刚好适于流化床焚烧技术。因此，流化床垃圾焚烧技术在我国有着更为广阔的应用前景，从而将成为我国今后垃圾焚烧技术的关注焦点。但是流化床焚烧炉的主要缺点在于其需要加入辅助燃料，辅助燃料的加入与环境保护是格格不入的，国外主要的企业已涉足对于少辅助燃料甚至无辅助燃料的流化床焚烧技术的研发，并已经进行有了初步的成效。因此，我国流化床焚烧炉今后的发展重点将在于少辅助燃料或无辅助燃料焚烧炉的研究和开发，加快步伐攻克该技术难关，以赶上世界的脚步。此外，增强垃圾在进入流化床前的干燥等预处理能力、更好地组织流化床的一次、二次配风、实现合理高效的送风控制、更好地组织炉内燃烧等都是增强流化床垃圾焚烧能力提高其焚烧效率的重要方向。

3. 回转窑焚烧炉

我国目前的垃圾热值低、水分高的特点，限制了回转窑焚烧炉在生活垃圾处理方面的应用，回转窑焚烧炉类的专利申请主要集中在危险废弃物处理和医疗垃圾处理方面。由于危险废弃物和医疗垃圾对人群的高危性，随着国家对危险废弃物的鉴别程序指导以及技术评价体系的重视和完善，危险废物的处置技术与资源化将被作为固体废物污染防治领域的优先主题，加强危险焚烧预处理技术、危险废物等离子处置技术、防止二噁英污染控制技术；医疗废物非焚烧技术等都将成为垃圾焚烧技术的一个重要分支。回转窑焚烧炉亟待解决的技术问题主要有以下四个。

1）焚烧的污染物排放标准高，回转窑在高温焚烧中，低熔点玻璃易于结成大块熔渣，附着于窑体内壁，如不能及时清除，对窑头和窑尾产生影响，严重导致焚烧系统无法运行。

2）回转窑内流动、传热、燃烧等的分析和监控。

3）回转窑内压力在短时间内迅速增高，易于造成设备损坏，使有害烟气物质外泄漏。

4）结焦问题。

从本文的专利统计分析来看，国内专利的申请主要集中在回转窑的燃烧效率改进等，上述问题尚未有更多的研究成果。

4. 热解气化焚烧炉

热解气化技术正在日益关注和重视。我国的热解气化技术的研究主要集中于浙江大学、清华大学等高校科研机构，研究重点主要是垃圾热解转化的基本机理、动力学和化学过程。国内的专利申请也着重于热值高的医疗垃圾处理方面的应用、炉的整体结构的改善和附加设备的改进上，对于气化炉、烟气处理等关键设备主要还是靠国外设备和技术引进，然而尚没有着眼于适合我国垃圾特性的符合我国国情的热解炉的开发。

热解气化技术因其能防止二噁英的生成，今后必将成为主流炉型，在世界范围内均有广阔的应用前景，建议的研究方向是适应低热值的热解气化技术、减少污染物排放，等离子气化技术、尾气的净化处理、余热利用、安全防爆和排放检测等技术。

五、其他建议

然而，垃圾焚烧技术虽然是垃圾处理体系中的重要环节，却不是独立存在的。垃圾焚烧技术的发展与很多其他因素相互依存，如垃圾焚烧环节前的垃圾分类系统、垃圾焚烧环节中的运行管理，以及排放物的检测等。

垃圾焚烧技术的关键，在于控制二噁英的形成。从原理上来说，有机物在氯原子和金属存在的情况下焚烧，是生成二噁英的主要原因。控制二噁英主要是通过高温分解的方法，也即垃圾需要在850℃左右在炉膛停留时间达到2s，或者1000℃左右停留1s，或是1200℃停留几微秒，就可以完全分解二噁英。

而目前我国的国情是：

(1) 垃圾分类制度不完善，垃圾热值低。

我国垃圾热值低，可燃质少，且垃圾品质不稳定。我国的生活垃圾中，包含大量含水量高的垃圾如厨余垃圾，以及橡胶制品和塑料等，其中厨余垃圾的比例高达40%～60%，这些垃圾都没有进行分类，一股脑地进行焚烧，其结果是导致焚烧炉炉温下降，不能够完全燃烧，而且盐分中的氯元素会产生较多的二噁英和其他有害气体。

(2) 垃圾焚烧技术和管理均有待进一步提高。

发达国际能够广泛应用垃圾焚烧技术，除了其投资力度大、垃圾热值高的原因之外，主要依赖于成熟先进的焚烧工艺和设备。我国尚未掌握垃圾焚烧的核心技术，主要设备均靠引进。造成我国的垃圾焚烧成本是国外的数倍。目前我国虽然进行了一些国产化的焚烧炉，但性能与国外存在较大差距。焚烧技术达不到标准，以及垃圾热值低，更难以抑制二噁英的生成。此外，垃圾焚烧厂为了控制成本，工程质量无法得到保障，不能保证在理想工况条件下运行，不能做到真正的清洁环保。

(3) 企业知识产权保护意识薄弱，创新动力不足。

(4) 理论研究多，实际应用少。

因此今后我国在垃圾焚烧技术发展方面的着重点应放在以下几个方面：

(1) 切实完善垃圾分类制度、做好垃圾焚烧的预处理。

焚烧的垃圾的类型对于垃圾焚烧炉的燃烧效率、进而对于焚烧炉排放的气体有着重要影响。如果在焚烧前对垃圾进行预处理时先对其进行分类筛选，把热值高的垃圾集中处理，那么垃圾焚烧效率将对相应提高、从而其排放的气体也将更加环保。因此，垃圾分类制度的完善将进一步助推我国企业的垃圾焚烧技术的研发。

(2) 严格规范垃圾焚烧厂的建设和运行管理。

以发达国家垃圾焚烧的技术成熟度来看，二噁英排放问题并非无法控制。其关键在于应建立完善和有效的管理机制和监督机制，监督和规范垃圾焚烧厂的建设和运行管理，促使其严格遵守运行管理规程，促进重视社会环境和公众利益。

(3) 合理利用现有专利技术、积极实现自主知识产权。

目前，垃圾焚烧的核心专利技术仍然掌握在欧洲和日本的几大企业手中，如Babcock公司、三菱、德国马丁公司。比利时Seghers公司等。我国目前投入生产的垃圾焚烧厂的焚烧设备也主要依赖于进口。但是，想要在垃圾焚烧炉的市场中占有一席之地，必须拥有自主的知识产权。相关国内企业应该不断增强自身在专利分析、专利产出、专利运用方面的能力，从而一方面避免重复研究、浪费资金，另一方面可以在已有的专利成果的基础上，寻找解决技术问题的新突破口，逐步实现垃圾焚烧技术的自主知识产权化。

(4) 加强企业知识产权保护意识、增强企业知识产权创新动力。

从我国垃圾焚烧专利排名前五位的申请人申请量来看，垃圾焚烧企业的知识产权保护意识不强，其主要深层原因还是在于我国整体知识产权保护意识的薄弱。因此，我国应加大知识产权宣传力度、帮助企业建立内部完善的知识产权制度，以提升企业的知识产权保护意识。另外，国内企业还应该设立知识产权奖励制度，以不断提高企业内部的创新动力。

(5) 加强产学研联盟、整合多方资源。

从我国专利申请人的排名可以看出，我们垃圾焚烧技术的“产学研”的布局做的还不到位，企业参与的专利申请量较少，大学和研究机构参与的申请量较多。因此，今后应该鼓励国内企业加大研发力度，提高企业专利申请量，努力使得“产学研”的比例达到符合产业发展的黄金比例。另外，还要注重“产学研”相互之间的合作，充分整合利用来自社会各个方面的资源优势，促进垃圾焚烧技术的快速发展。

参考文献

[1] 岳峻峰，等．城市生活垃圾炉排炉焚烧的应用与发展前景 [J]. 能源研究与利用，2001 (5)：32-35.

[2] 陈俊．流化床垃圾焚烧锅炉研发回顾与展望 [J]. 工业锅炉，2012 (6)：1-4.

[3] 杨倩．降低回转窑焚烧垃圾炉渣热灼减率的几种方法 [J]. 轻工科技，2012 (7)：107-108.

[4] 叶传泽．模块式城市废弃物热解气化装置的应用 [J]. 环境卫生工程，2004 (增刊)：7-9.

太阳能热泵专利技术现状及其发展趋势

张旭　刘怀涛[1]　巩建华　李玉红　郝荣荣

（国家知识产权局专利局材料工程发明审查部）

一、引言

太阳能是太阳内部连续不断的核聚变反应过程产生的能量。太阳是由氢、氦和重元素组成的，由于处在高温高压下，大量的氢和氦质子在剧烈地运动并撞击着其他元素的原子核，使这些元素的核发生破坏和改变，在碳原子的帮助下，发生氢变为氦的核聚变反应。每一克氢变为氦时，质量损失 0.0072g。根据质能互换定律，可释放出能量 6.48×10^{8} kJ。太阳每秒钟将 657×10^{6} t 的氢核聚变反应生成 653×10^{6} t 的氦，质量亏损 100 万 t，则每秒连续释放能量 360×10^{21} kJ。该能量以电磁波形式向四面八方传播，以 3×10^{8} m/s 的速度穿越太空，到达地球大气层上界只有全部辐射能的 22 亿分之一，即 163.6×10^{12} kJ。太阳辐射由太阳到地球大气层约需 8 min，经过穿透大气层时的衰减，最后到达地球表面的功率为 85×10^{12} kW。这相当于全世界发电量的几十万倍。单从数量上看，太阳能是非常巨大的清洁能源，而且根据目前太阳产生的核能速率计算，氢的储量足够维持上百亿年，而地球的寿命约为几十亿年，从这个意义上讲，太阳能是用之不竭的能源[1]。20 世纪 70 年代以来，“能源危机”在客观上使人们认识到常规能源面临枯竭的时代终将到来。而且由于大量燃烧矿物能源，造成了全球性的环境污染和生态破坏，对人类的生存和发展构成威胁。在这样的背景下，世界上许多国家加强了清洁能源技术的开发，掀起了开发利用太阳能及其他可再生能源的热潮。太阳能的热利用是除了太阳能发电以外另一项重要的利用形式。

热泵是一种能从自然界中的水、空气、土壤等低温热源中吸收低品位热能，在消耗少量电能的基础上，提供高品位热能供人们使用的热力装置。热泵的理论起源于 19 世纪的法国科学家萨迪·卡诺（Sadi Karnot），1824 年卡诺首次提出“卡诺循环”理论，被普遍认为是现代热泵技术的起源。1850 年英国科学家开尔文（Kclvin）发明了一种当时称为“热量倍增器”的装置，被认为是第一个正式的热泵系统。此后各

---

[1] 刘怀涛等同于第一作者。

个国家的科学家和工程师对热泵进行了大量的研究。1912 年在瑞士苏黎世成功安装了一套以河水作为热源的热泵系统用于供暖，这被认为是世界上第一套水源热泵系统。20 世纪四五十年代热泵进入早期发展阶段，开始进入市场。

热泵行业在我国的发展晚于国外。从 1978 年开始，中国制冷学会、中国建筑学会逐渐在学术会议上开设了有关热泵的专项研讨，热泵技术开始在国内获得关注。1997 年中国科技部与美国能源部正式签署《中美能源效率及可再生能源合作议定书》，双方政府从国家最高层面对热泵技术进行扶持和引导，促使热泵行业在我国从 2000 年前后开始真正起步。2005 年以后，随着《可再生能源法》、《节约能源法》、《可再生能源中长期发展规划》、《民用建筑节能管理条例》等法律法规的颁布和修订实施，财政部和建设部共同发出了《关于推进可再生能源在建筑中应用的实施意见》，热泵技术进入迅速发展期。以地源热泵为例，据不完全统计，我国从事地源热泵相关设备产品制造、工程设计与施工、系统集成与调试管理维护的相关企业已经达到 280 余家，全国工程数量已经达到 5000 余个，截至 2011 年年底，我国地源热泵总应用面积已经突破 2.4 亿 m^2。世界银行 2006 年发表的《中国地源热泵技术市场调查与发展分析》显示，在我国参与地源热泵的开发和应用的注册资本在一亿元以上的企业已经占到了 25%。热泵热水器行业的发展也相当迅速。除了专业的热泵生产企业以外，很多太阳能行业、家电行业的企业向热泵热水器行业投入了大量资金，使得热泵企业的数量快速扩张。据相关数据显示，目前国内生产热泵热水器的厂家数量在 1950 家左右，空气能热泵热水器生产企业多达 300 余家。正是在这样的背景下，对太阳能技术和热泵技术的结合方面的专利技术现状及其发展趋势开展研究是有重要现实意义的。市场已经引导太阳能行业的企业和热泵生产企业走向了融合，通过对太阳能技术和热泵技术的结合方面的专利技术现状及其发展趋势进行研究，可以为相关企业的技术融合和创新提供依据，避免重复研究和重复申请专利，同时也可以发现技术研究热点，为相关企业确定研发方向、制定市场策略提供数据参考。

热泵系统的工作原理与制冷系统是一致的。和制冷系统一样，热泵系统一般包括四个基本组成部分：蒸发器、压缩机、冷凝器和膨胀阀。这四个基本组成部分通过制冷剂管道连接成循环系统。液态制冷剂在蒸发器中蒸发（吸收低温热源的热量，如吸收冬季室外环境中的低温空气的热量）变成蒸汽，进入压缩机压缩，提高压力，高温高压的制冷剂蒸汽进入冷凝器冷凝（由气态变为液态，向供暖房间或者待加热的水释放大量热量），然后进入膨胀阀节流，降低到蒸发压力，进入蒸发器再次蒸发，完成制冷剂的一个循环周期[2,3]。

按照使用的热源的不同可以将热泵分为空气源热泵、水源热泵、地源热泵和双源热泵。

空气源热泵是以空气作为热源的热泵系统，即蒸发器从空气中抽取热量，利用制冷剂的循环在冷凝器中释放热量，给冷水加热以提供生活热水或者供暖热水；或给室内空气加热以直接供暖或干燥物料。目前传统热泵空调器已经占到家用空调器销量的40%～50%，应用范围还在继续扩大。但是传统空气源热泵对作为热源的空气的温度有比较严格的要求，随着室外温度的降低其效率迅速衰减，在气温低于－7℃时热泵的制热量已经基本不能满足用户需求，在气温低于－15℃时其能效比降低到1.5以下，运行成本迅速升高，已经不能与市政燃煤取暖的成本抗衡。

水源热泵是以地球表面浅层水源作为热源的热泵系统，如地下水、河流和湖泊。冬季蒸发器从水源中取热，由制冷剂将热量传递给用户使用，夏季热泵可以将热量由用户传递给水源，实现为用户供冷。水源热泵克服了空气源热泵受气温的限制的问题，但是以地下水、河流和湖泊作为热源的热泵受到自然条件的制约，而且由于蒸发器等换热部件与水直接接触，需要采取水处理和防腐措施。以深井水作为热源的热泵存在井水回灌困难、破坏地下水生态资源等环境问题。

地源热泵又称土壤源热泵，是以土壤为热源的热泵系统。通常采用地埋管作为换热器直接与土壤进行热量交换，冬季地埋管从土壤中取热供用户使用，夏季将热量传递给大地以为用户供冷。地源热泵造价高，而且可能污染土壤。

双源热泵采用两种热源，配合系统内部阀门的切换实现从不同的热源取热，克服了单一热源的局限性，但是系统往往变得复杂，推高了成本[4,5]。

考虑到太阳能本身的能流密度低，受昼夜、季节以及天气状况的影响大等特点，同时综合考虑热泵能够将低品位热能（如太阳能、工业废热等）转化为高品位热能的特点，太阳能与热泵的结合具有先天的优越性。通过将太阳能光热技术与热泵技术有机结合，大大降低了集热器工作温度，并提高了热泵的蒸发温度，因而具有较高的集热器效率和热泵性能系数，而且结构紧凑、适用性强、技术经济性能较好[6]。国家标准GB/T 23889—2009“家用空气源热泵辅助型太阳能热水系统技术条件”已于2009年6月1日发布，2010年1月1日实施。

除了直接以太阳能集热器作为热泵热源以外，近年还出现了太阳能光伏热泵，将热泵系统和太阳能光伏发电系统结合，一方面提高热泵效率，另一方面降低电池板温度，提高电池板的发电效率。

从全球目前的发展趋势来看，节能和环保已经成为了人类社会共同的追求目标，太阳能与热泵技术结合具有非常广阔的前景。国内多家企业、高校、研究机构已经对太阳能热泵技术进行了大量的研究，并围绕系统、运行控制方法、工质等申请了大量的专利。

纵观热泵技术在我国的发展历程，各级政府的各种形式和各个层次的财政补贴为热泵技术的市场推广做出了示范和导向作用。政府对热泵技术非常重视，多次将热泵写入《“十二五”节能环保产业发展规划》、《关于促进地热能开发利用的指导意见》等政策条文中。从中央到地方，针对热泵行业的财政补贴力度非常大。从2006年开始，建设部、财政部多次补贴可再生能源建筑应用示范项目。其中《第三批可再生能源建筑示范项目》共有26个省份的130个项目上榜，其中有90个项目涉及土壤源热泵、淡水源热泵、海水源热泵、污水源热泵技术项目。2012年6月1日，国务院下发《高效节能热泵热水器惠民工程推广实施细则（简稿）》，细化了高效节能空气源热泵热水器推广财政补贴标准。空气源热泵热水器首次入围节能产品惠民工程范畴并获得最高补贴额度，每台可享受300～600元不等的补贴。除了中央政府层面的财政补贴之外，各级地方政府也有不同形式的资金支持政策。北京市发改委2013年12月18日制定了《关于北京市进一步促进地热能开发及热泵系统利用的实施意见》，对于新建的再生水（污水）、余热和土壤源热泵供暖项目，对热源和一次管网给予30%的资金补助；新建深层地热供暖项目，对热源和一次管网给予50%的资金支持；既有燃煤、燃油供暖锅炉实施热泵系统改造项目，对热泵系统给予50%的资金支持。同时意见中还明确落实价格和税收政策，采用热泵系统的供暖企业参照清洁能源锅炉供暖价格收取采暖费，符合要求的热泵项目可以享受相关税收优惠政策，进口自用设备免征关税。除了直接的资金支持，北京市还从简化审批程序、完善标准体系等行政服务体系上为热泵企业提供便利。而且北京市此次《意见》并未规定热泵类型，这意味着整个热泵行业都能够获得高额财政补贴。

热泵作为新兴产业，其生产和市场推广存在着一定的复杂性，业界普遍认为现有政策在支持热泵发展的功能上仍有可完善的空间。我国针对热泵行业的财政补贴从早些年主要面向研发机构，到近年主要补给项目方（如建筑开发商），再到现在开始转向终端消费者，这一转变过程表明政府一直在寻求促进热泵行业健康发展的最佳激励政策。

作为新兴产业，热泵行业自身还存在着市场准入混乱、节能技术参差不齐的问题。受到政府财政补贴政策的刺激，热泵行业内出现了一大批不知名企业，有些连自己的工厂和生产线都没有，有些企业直接采取“贴牌”的方式，造成热泵市场的混乱，产品同质化也越来越严重。这也为政府甄别财政补贴的对象提高了难度。在国家发改委2012年正式公布的“节能产品惠民工程高效节能空气源热泵热水器推广目录”中，共有31家企业入选，而参与申请的企业多达300余家，竞争非常激烈，甄别难度也非常大。在入选的31家企业中，专业制造生产空气源热泵的企业占一部分，空调冰箱等家电或者热水器行业的龙头企业占了多数。没有入选的企业也传出过质疑的声音。因此，从整个行业健康发展的角度上讲，如何使真正需要扶持的企业获得资金补贴是政府需要特别关注的课题。从这个意义上讲，本文的研究内容具有现实的意义。本文希望通过对太阳能热泵技术进行专利数据分析，了解相关技术领域专利申请的分布情况，统计国内外主要申请人的专利申请量，分析技术热点，从技术的角度为政府制定扶持政策提供数据参考信息。

二、太阳能热泵专利技术现状

（一）太阳能热泵专利技术分析样本构成

1. 数据库的选择

本文采用的检索系统为欧洲专利局 EPOQUE 检索系统和中国专利检索系统（CPRS）；选择的检索数据库为德温特世界专利索引数据库（World Patent Index，WPI）和中国专利数据库（China Patent Application，CNPAT）。

WPI 数据库的数据包括全球 42 个国家或地区的专利文献的著录项目，用词规范，并且引入了专利族的概念，将巴黎公约中定义的等同专利视为一个专利族，避免了因同族专利的大量重复而影响最终的统计结果。CNPAT 数据库是中国专利局自行开发的中国专利数据库，收录了全部公开的中国专利文献。选择德温特世界专利索引数据库和中国专利数据库作为检索样本，能够从总体上反映世界范围内和中国范围内专利技术的发展现状和趋势。

2. 检索策略

本文中统计的专利数据均为 2014 年 5 月 1 日之前公开的专利申请。需要指出的是，由于 2012 年和 2013 年的部分专利申请尚未公开，因此在本文的部分分析中，将这两年的专利申请排除在外。

为了获得研究所需要的专利分析样本，本文以 IPC 分类号结合关键词为主要检索手段进行检索。

本文涉及的技术领域侧重于热泵技术与太阳能技术的结合，检索选择的 IPC 分类号（《国际专利分类表》第 8 版）主要包括：F25B 30，F24D 3，F24D 5，F24D 11，F24D 15，F24D 17，F24H 4，F24J 2 和 F26B 。

相关的关键词有：热泵，太阳能，热源，热水，集热器，蓄热，蓄能，贮热，储热，储能，蒸发器，冷凝器，节流，膨胀阀，毛细管，四通阀，光伏，电源，供暖，供热等；相关的英文关键词有：heat pump，solar，hot water，energy，storage，silicon，battery，collector，expansion，power，evaporator，compressor，dry，dehumidifier，air，condition，photovoltaic 等。

3. 检索结果

在 WPI 数据库中共检索到 3641 件专利文献。

在 CNPAT 数据库中共检索到 2082 件专利文献。

（二）世界范围内太阳能热泵专利申请的基本情况

截至 2014 年 6 月 1 日，从 WPI 数据库中检索到与太阳能热泵技术相关的专利文献 3641 篇，下面对这些文献进行统计分析。

1. 专利技术发展趋势分析

为了研究太阳能热泵技术的发展趋势，课题组对检索到的专利文献按时间序列进行统计，得到如图1所示的趋势变化图。

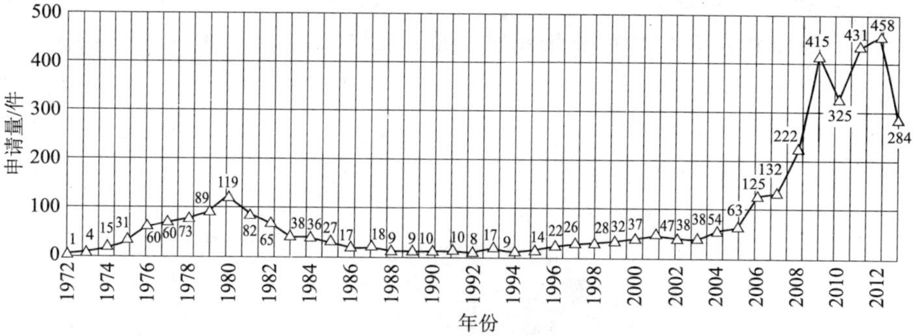

图1 全球太阳能热泵技术相关专利申请趋势变化图

如图1所示，世界范围内涉及太阳能与热泵技术结合的专利申请最早从1972年就已经开始。具体来看，1972～1975年太阳能热泵技术处于技术萌芽期，专利申请量逐年缓慢增长，增幅较为明显，总体数量较低。从1976年开始，太阳能热泵技术进入快速增长期，1980年专利申请量达到第一个峰值，为119件。进一步分析可以明显看出，1980年以前涉及太阳能与热泵技术结合的专利申请主要集中在美国、德国等西方国家，中国没有申请，亚洲国家包括日本在这一时期都基本没有申请。这与热泵技术本身的起源和发展过程是吻合的，表明亚洲国家在太阳能热泵技术方面的研究晚于西方国家。从1981年开始，太阳能热泵技术方面的专利申请量开始回落，持续到2004年，可以认为这一时期为太阳能热泵的低迷发展期，在西方，由于价格昂贵，可靠性不够稳定等原因，热泵一度饱受诟病，发展速度放缓，而且技术方面难有大的突破。与此同时，中国尚未大量投入人力物力研究热泵技术，不过这一时期日本的申请量逐渐增加。从2005年开始，太阳能热泵技术专利申请进入另一个高速发展期，2006年突破100件申请以后，至今一直维持在百件以上，2009～2013年虽然略有波动，申请量都保持在200件以上，2012年达到第二个峰值，为458件。这一时期值得注意的是中国的申请量迅速增加，占了总申请量的很大一部分。以2012年为例，在总数458件专利申请中，中国的专利申请为352件。需要说明的是，2012～2013年的部分专利申请尚未公开，因此这两年的申请量数据不够完整，在趋势分析中2012～2013年的数据仅供参考，不代表趋势变化。

2. 国家和地区分析

为了研究太阳能热泵技术专利申请的区域分布情况，对检索到的太阳能热泵技术专利申请数据按照国家或地区进行了统计，以分析各个国家和地区在太阳能热泵技术领域的活跃程度。

图2显示了各个国家和地区关于太阳能热泵技术的专利申请的数量。可以看出，申请量最多的是中国，有1613件，占申请总量的48.57%；其次是德国，有621件，

占申请总量的18.7％；日本、美国和法国的申请量也都在100件以上。如图2所示，中国在太阳能热泵方面的专利申请数量已经处于领先水平，结合前面的趋势分析，中国的申请量从2000年前后开始快速增长，近十年间一直处于高速发展阶段。这表明我国在太阳能热泵方面的技术研究非常活跃，对太阳能热泵技术的知识产权保护也相当重视。

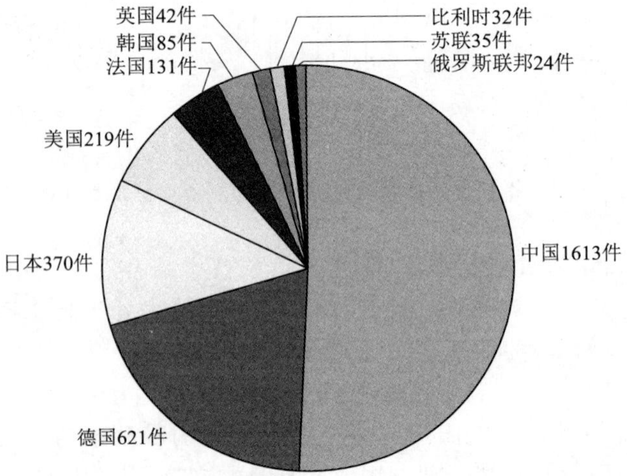

图2　全球太阳能热泵技术相关专利申请国家和地区分布

图3显示了在太阳能热泵方面的专利申请量居前五位的中国、德国、日本、美国和法国的申请量随时间的变化，可以看出，中国从2005年开始大幅增长，在2012年达到顶峰。日本在2009年申请量突破100件，中国和日本的申请量都是从2000年开始逐渐升高，日本比中国起步略早。与此不同的是，德国、美国和法国的申请量都在20世纪七八十年代处于高位。

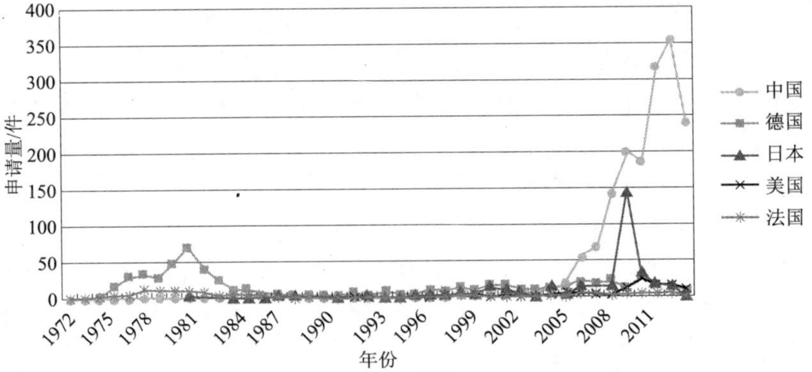

图3　申请量居前五位的国家的申请量随时间的变化图

3. 申请人分析

在 WPI 数据库中检索到与太阳能热泵技术相关的专利文献 3641 篇，通过统计 PA 字段，按照申请数量降序排列，得到前二十名申请人及其专利申请量，如图 4 所示。

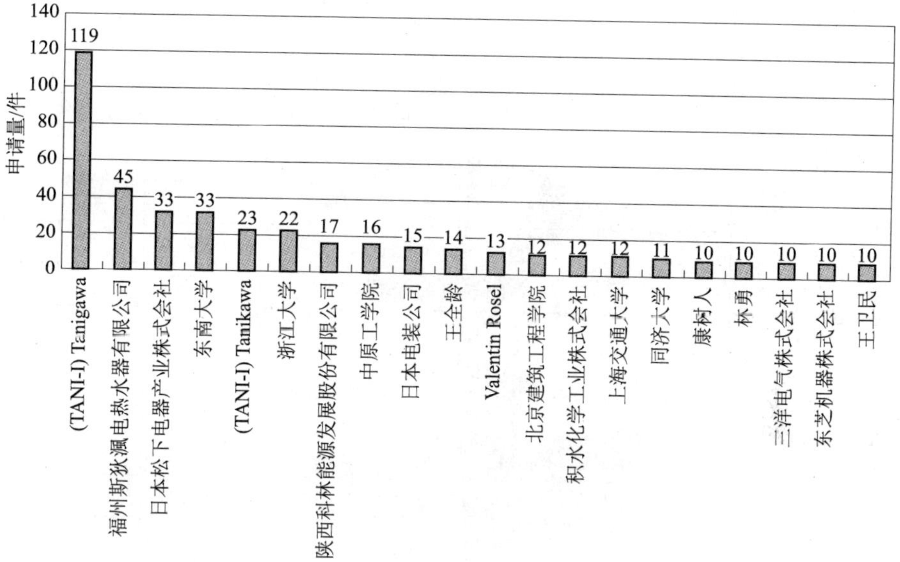

图 4 全球主要申请人的申请量统计

如表 1 所示，在申请量居前二十名的申请人中，中国有 12 家，日本有 7 家，德国有 1 家。唯一一个单家申请量超过 100 件的申请人来自日本，表明在日本存在一定程度的技术集中，来自日本的一位申请人手中掌握了大量的有关太阳能热泵技术的专利申请。而在我国，申请量最大的福州斯狄渢电热水器有限公司也仅有 45 件，其他申请人手中掌握着相对较少的专利申请，申请人数量众多，相对比较分散。而且我国申请人的类型呈现的一大特点是个人申请数量众多，在申请量排名前 20 的申请人中，来自我国的个人申请人占到了 4 席，其申请数量与部分公司和大学院校基本相当。另外，从总体上来看，太阳能热泵技术的专利申请也呈现出相对分散的特点。申请量排名前二十的申请人的申请总量为 447 件，仅占总申请量 3641 件的 12.28%，大量专利申请分散在 2000 多名不同类型的申请人手中。

表 1 主要申请人的申请量排名（前 20 名）

序号	国家	主要申请人	申请量/件
1	日本	(TANI-I) Tanigawa H (TANI-I) Tanigawa K	119
2	中国	福州斯狄渢电热水器有限公司	45

续表

序号	国家	主要申请人	申请量/件
3	日本	日本松下电器产业株式会社	33
4	中国	东南大学	33
5	日本	(TANI-I) Tanikawa H (TANI-I) Tanikawa K	23
6	中国	浙江大学	22
7	中国	陕西科林能源发展股份有限公司	17
8	中国	中原工学院	16
9	日本	日本电装公司	15
10	中国	王全龄	14
11	德国	Valentin Rosel	13
12	中国	北京建筑工程学院	12
13	日本	积水化学工业株式会社	12
14	中国	上海交通大学	12
15	中国	同济大学	11
16	中国	康树人	10
17	中国	林勇	10
18	日本	三洋电气株式会社	10
19	日本	东芝机器株式会社	10
20	中国	王卫民	10

图 5 显示了全球太阳能热泵技术相关专利申请人类型分布情况，可以看出，公司和企业的申请量为 1580 件，占申请总数的 43.86%，个人申请为 1564 件，占申请总数的 43.42%，大学的申请量为 301 件，占申请总数的 8.36%，研究机构的申请量为 129 件，占申请总数的 3.58%。其他公司与公司、个人与公司、大学与公司以及个人与研究机构的联合申请数量较少。由此可见，公司和个人是太阳能热泵技术领域中专利申请的主要力量，这反映出相对于大学院校以及研究机构侧重于技术理论的专利申请，更偏向于实际应用的公司和个人在太阳能热泵技术领域内表现将相当活跃，从申请数量上来看，创新能力也较强。

（三）中国太阳能热泵专利技术专利申请的情况分析

通过在 CNPAT 数据库中检索，得到与太阳能热泵技术相关的专利文献 2082 篇，下面对这些文献进行统计分析。

1. 申请量趋势分析

图 6 是我国太阳能热泵技术领域相关专利申请趋势变化图，可以看出我国最早的

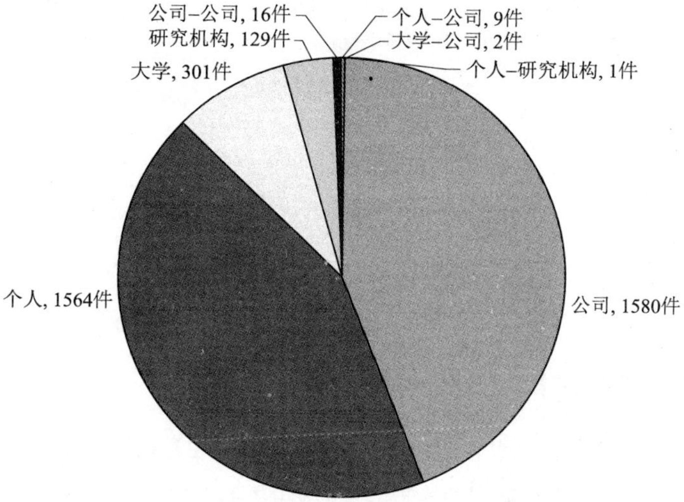

图5　全球太阳能热泵技术相关专利申请人类型分布

一篇关于太阳能热泵技术的专利申请出现在1988年，这与我国的热泵技术的发展历程是吻合的，在20世纪80年代我国对热泵技术还处于理论研讨阶段，比西方国家的起步要晚。在1988～2000年这十几年的时间里，每年的申请量都在个位数，表明我国这一时期的太阳能热泵技术发展缓慢，专利申请活跃度非常低。2001年申请量突破10件，此后直到2012年我国太阳能热泵技术专利申请量持续增长，表明这一阶段太阳能热泵技术在我国进入一个新的发展阶段。尤其是2008年以后，每年的专利申请量都在150件以上，2012年达到峰值，为409件。

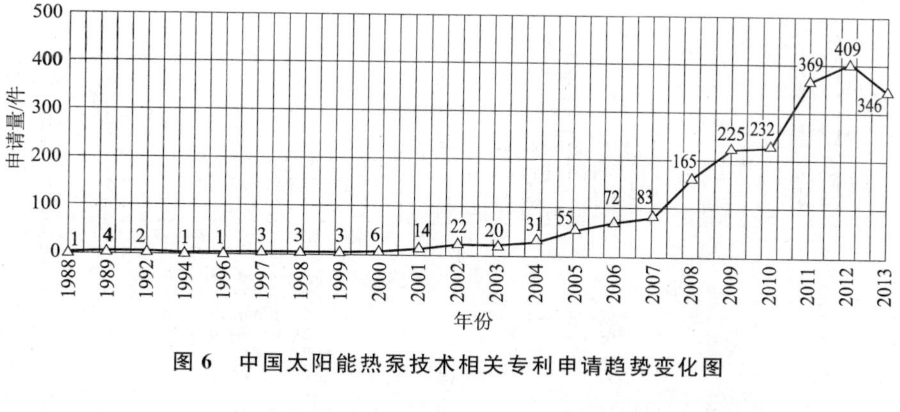

图6　中国太阳能热泵技术相关专利申请趋势变化图

2. 国内申请（包括港澳台）按照省（自治区、直辖市）分布情况

图7表示国内申请（包括港澳台）按照省（自治区、直辖市）分布情况，可以看出，国内各省份在太阳能热泵技术方面的专利申请量分布非常不均衡。申请量最多的

省份是江苏，紧随其后的有北京、广东、上海、山东，这五个省（直辖市）的申请总量占到总申请量的37.46%。

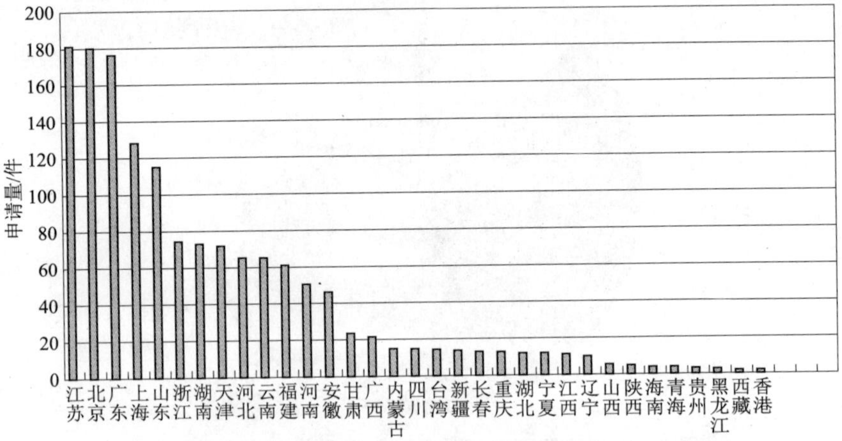

图7　国内申请（含港澳台）按照省（自治区、直辖市）分布情况

3. 申请人分析

(1) 申请人排名统计

图8显示了国内主要申请人的申请量，可以看出，福州斯狄沨电热水器有限公司和东南大学在申请量方面的优势较为明显，这一结果与WPI数据库中检索的数据基本一致，在全球主要申请人关于太阳能热泵技术的专利申请量的排名中，福州斯狄沨电热水器有限公司和东南大学也处于前列。

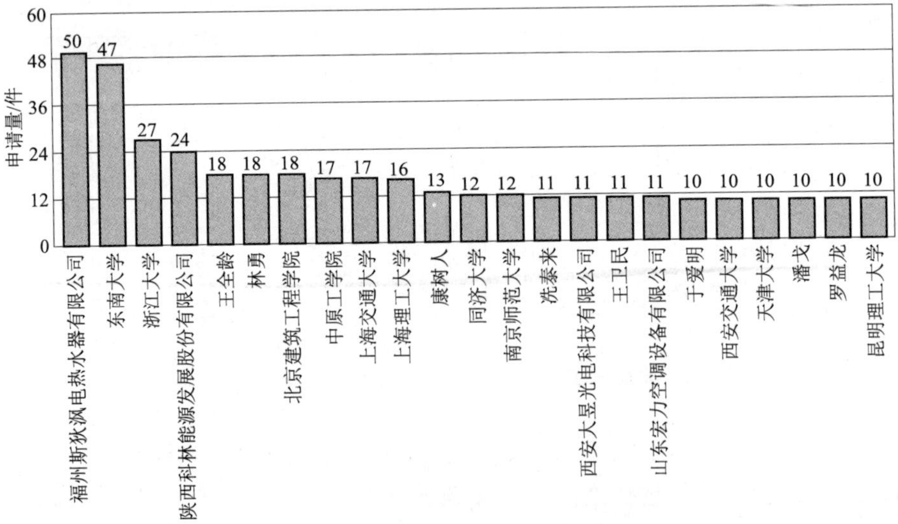

图8　国内主要申请人的申请量统计

图 9 是三位主要申请人福州斯狄渢电热水器有限公司、王全龄和上海交通大学的申请量随时间的变化图，可以看出，福州斯狄渢电热水器有限公司在热泵太阳能技术领域活跃的时间只有 2011 年、2012 年、2013 年这三年时间，在其全部的 50 件专利申请中，在 2011 年申请的有 27 件，2012 年申请的有 3 件，2013 年申请的有 20 件。申请人王全龄从 1999 年就陆续开始申请了太阳能热泵方面的专利，上海交通大学则始于 2004 年。

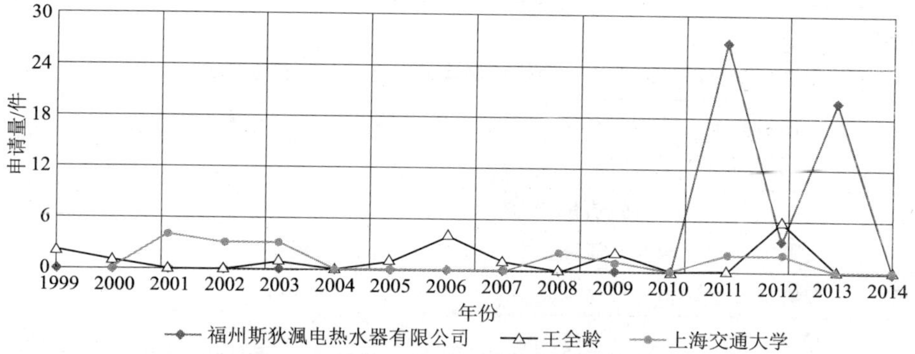

图 9 主要申请人的申请量随时间变化图

(2) 主要申请人的技术分布统计

图 10 表示部分主要申请人的技术分布情况，可以看出，东南大学在 F25B（热泵系统）、F24D（住宅热水供应系统）、F24J（太阳能热量利用）、F24F（空调）、F24H（热水器）等领域都有专利申请，其中尤其是在 F25B（热泵系统）和 F24J（太阳能热量利用）领域的申请量较大。福州斯狄渢电热水器有限公司的专利申请主要集中在 F24D（住宅热水供应系统）领域。陕西科林能源发展股份有限公司的专利申请侧重于 F24J（太阳能热量利用）、F24D（住宅热水供应系统）和 F25B（热泵系统）。浙江大学的专利申请集中在 F25B（热泵系统）和 F24H（热水器）领域。这表明不同的申请人在技术领域方面关注的侧重点并不相同。关于不同技术领域的相关专利的更详细的分析将在后面的热点技术专利分析部分进一步阐述。

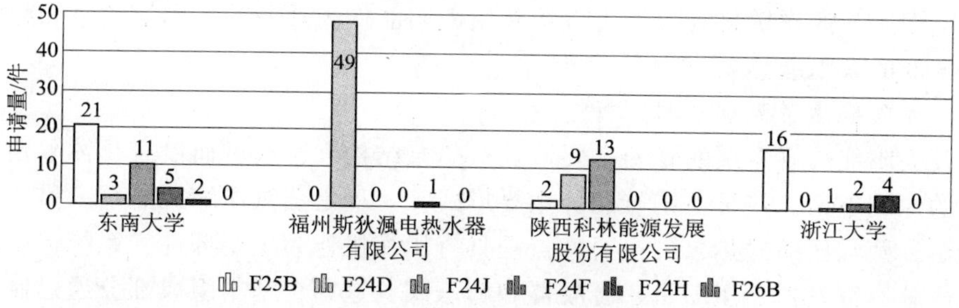

图 10 部分主要申请人的技术分布

4. 热点技术专利分析

（1）总体分析

表2是专利申请按技术的分布情况，可以看出，太阳能热泵专利申请主要集中在F25B、F24D、F24J、F24F和F24H，这些领域是太阳能热泵技术的研究热点领域，市场前景也最受关注。

表2　按技术的分布

分类号	分类号的含义	数量/件
F25B	制冷机、制冷设备或系统；加热或制冷的联合系统；热泵系统	503
F24D	住宅供热系统或区域供热系统，如集中供热系统；住宅热水供应系统；其所用的部件或构件	398
F24J	不包含在其他类目中的热量产生和利用	397
F24F	空气调节；空气增湿；通风；空气流作为屏蔽的应用	162
F24H	一般有热发生装置的流体加热器，如水或空气的加热器	156
F26B	干燥	66
C02F	水、废水、污水或污泥的处理	54
H02N	其他类目不包含的电机	20
F03G	弹力、重力、惯性或类似的发动机；不包含在其他类目中的机械动力产生装置或机构，或不包含在其他类目中的能源利用	17
A24B	吸烟或嚼烟的制造或制备；烟草；鼻烟	16
F28D	不包含在其他小类中的热交换设备，其中热交换介质不直接接触的；一般储热装置或设备	15

本文主要按照太阳能热泵的结构和应用对太阳能热泵的专利申请进行分类，主要涉及太阳能热泵系统、利用太阳能热泵的流体加热器、采用太阳能热泵的热水集中供暖系统、涉及蓄热的太阳能热泵和用于干燥的太阳能热泵，重点研究和分析与以上分类相关的专利申请。同时以太阳能的具体利用方式作为辅助分类依据，按照太阳能在热泵系统中所起的作用将其分类为直接利用太阳能作为热源的太阳能热泵和将太阳能转化为电能的太阳能热泵。

（2）太阳能热泵系统专利分析

涉及太阳能热泵系统的专利主要涉及对热泵结构进行改进而没有具体限定热泵应用方向的专利申请。热泵系统有两种主要形式：一种是蒸汽压缩式热泵；另一种是吸收式热泵。蒸汽压缩式热泵的主要特点是具有压缩机作为主要部件。系统包括四个基本组成部分：蒸发器、压缩机、冷凝器和膨胀阀。这四个基本组成部分通过制冷剂管道连接成循环系统。液态制冷剂在蒸发器中蒸发（吸收低温热源的热量，如吸收冬季室外环境中的低温空气的热量）变成蒸汽，进入压缩机压缩，提高压力，高温高压的制冷剂蒸汽进入冷凝器冷凝（由气态变为液态，向供暖房间或者待加热的水释放大量热量），然后进入膨胀阀节流，降低到蒸发压力，进入蒸发器再次蒸发，完成制冷剂的一个循环周期。

吸收式热泵是由吸收器、发生器、冷凝器、蒸发器、节流阀、溶液泵、溶液阀、溶液热交换器这八大部件组成封闭环路，封闭环路内充以工质对。吸收式热泵的基本工作过程是这样的：高温热能加热发生器中的工质对溶液，产生高温高压的循环工质蒸汽，进入冷凝器；在冷凝器中循环工质凝结放热变为高温高压的循环工质液体，进入节流阀；经节流阀后变为低温低压的循环工质饱和气与饱和液的混合物，进入蒸发器；在蒸发器中循环工质吸收低温热源的热量变为蒸汽，进入吸收器；在吸收器中循环工质蒸汽被工质对溶液吸收，吸收了循环工质蒸汽的工质对稀溶液经热交换器升温后被不断“泵送”到发生器，同时产生了循环工质蒸汽的发生器中的浓溶液经热交换器降温后被不断放入吸收器，维持发生器和吸收器中的液位、浓度和温度的稳定，实现吸收式热泵的连续运转[7]。

吸收式热泵的主要优点是：运动部件少，噪声低，运转磨损小，但制造费用比压缩式热泵昂贵一些。不足之处是吸收式热泵的供热系数在冷凝温度和蒸发温度的差值增大时，其变化幅度比压缩式热泵的供热系数小。因此，在环境温度下降或用户需要热温度提高时，吸收式热泵的供热量变化不如压缩式热泵那样敏感。

吸收式热泵又可以分为第一类吸收式热泵和第二类吸收式热泵。第一类吸收式热泵也称增热型热泵，是利用少量的高温热源（如蒸汽、高温热水、可燃性气体燃烧热等）为驱动热源，产生大量的中温有用热能。即利用高温热能驱动，把低温热源的热能提高到中温，从而提高了热能的利用效率。第一类吸收式热泵的性能系数大于 1，一般为 1.5～2.5。

第一类溴化锂吸收式热泵机组以高温热源（蒸汽、高温热水、燃油、燃气）为驱动热源，溴化锂溶液为吸收剂，水为制冷剂，回收利用低温热源（如废热水）的热能，制取所需要的工艺或采暖用高温热媒（热水），实现从低温向高温输送热能的设备。热泵由发生器、冷凝器、蒸发器、吸收器和热交换器等主要部件及抽气装置，屏蔽泵（溶液泵和冷剂泵）等辅助部分组成。抽气装置抽除了热泵内的不凝性气体，并保持热泵内一直处于高真空状态。

第二类溴化锂吸收式热泵机组也是回收利用低温热源（如废热水）的热能，制取所需要的工艺或采暖用高温热媒（热水），实现从低温向高温输送热能的设备。它以低温热源（废热水）为驱动热源，在采用低温冷却水的条件下，制取比低温热源温度高的热媒（热水）。它与第一类溴化锂吸收式热泵机组的区别在于，它不需要更高温度的热源来驱动，但需要较低温度的冷却水。第二类热泵也是由发生器、冷凝器、蒸发器、吸收器和热交换器等主要部件及抽气装置、屏蔽泵（溶液泵和冷却泵）等辅助部分组成。

抽气装置抽除了热泵内的空气等不凝性气体，并保持热泵内一直处于高真空状态。第二类溴化锂吸收式热泵机组是将蒸发器、吸收器、发生器和冷凝器各分为完全隔开的两个，驱动热源（废热水）、热媒（热水）和冷却水分别顺序流经分隔成两个的各部件，使各部件分别均形成一个高温段和一个低温段。高温段的发生器、蒸发器分别与高温段的冷凝器、吸收器对应，利用高温段的驱动热源温度较高的优势，尽量提高热媒出口温度；低温段的发生器、蒸发器则分别与低温段的冷凝器、吸收器对应，充分利用低温段冷却水和热媒温度较低的优势，尽量利用温度已降低的驱动热源的热量，使驱动热源（废热水）温度降得更低，从而回收利用更多的驱动热源（废热水）热量[8]。

图 11 显示了与太阳能热泵系统相关的专利申请的申请量的趋势变化。可以看出，涉及太阳能热泵系统的专利申请从 1997 年开始，从 1997～2008 年的 12 年间，除了 1998 年和 1999 年没有申请以外，整体趋势是呈稳步上升的，并且在 2006 年开始增长速度明显加快，特别是 2008 年达到峰值。2008 年以后增长速度有所放缓，但整体上来看，每年的申请数量也高于 2007 年以前的水平。

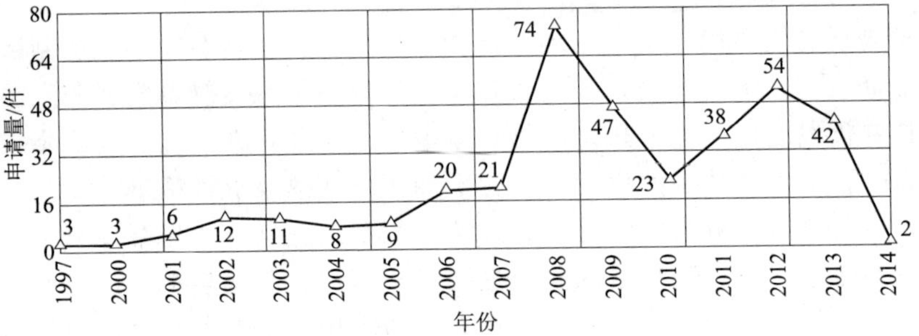

图 11　太阳能热泵系统相关的专利申请趋势

如图 12 所示，国内各省份在太阳能热泵系统方面申请量最多的省份是北京，紧随其后的有上海、河北、江苏、河南，这五个省（直辖市）的申请总量占到总申请量的 33.78%。

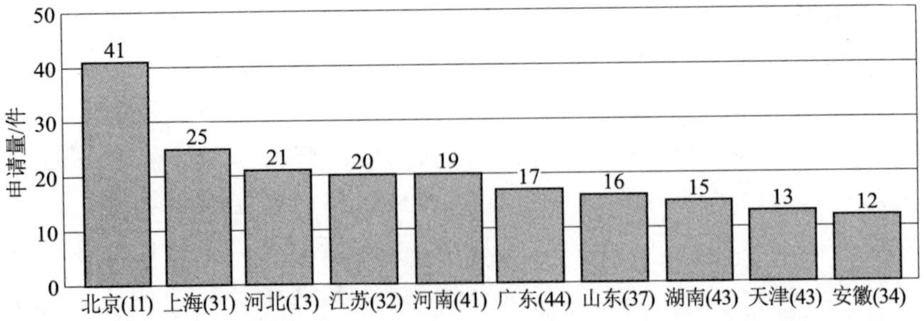

图 12　太阳能热泵系统相关的专利申请地区分布情况

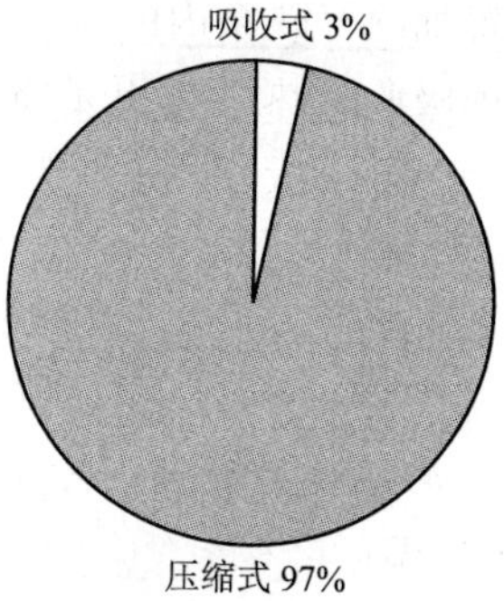

图 13 太阳能热泵系统相关的专利申请的技术领域分布情况

图 13 显示了太阳能热泵系统相关的专利申请的技术领域分布情况。如图 13 所示，国内关于太阳能热泵系统的专利申请主要集中在压缩式热泵，涉及吸收式热泵的专利申请非常少，只占 3%。

表 3 列出了太阳能热泵系统的主要申请人的申请量。由表 3 可以看出，处于前五位的申请人是东南大学、中原工学院、浙江大学和王全龄、同济大学。前五名中四名都是大学院校，这表明大学院校在太阳能热泵系统方面占据优势。而王全龄是秦皇岛昌浦集团的董事长，可以认为属于企业申请而非个人申请。表 3 显示的主要申请人中，国内的企业申请并不多，除了王全龄的秦皇岛昌浦集团以外，只有福州斯狄沨电热水器有限公司、大连葆光节能空调设备厂、山东宏力空调设备有限公司、宁夏银晨太阳能科技有限公司 4 家，申请数量也都不大。这表明国内的企业在太阳能热泵系统方面的活跃程度不算高。

表 3 太阳能热泵系统主要申请人的申请量统计

排序	申请人	申请量/件
1	东南大学	19
2	中原工学院	14
3	浙江大学	9
4	王全龄	8
5	同济大学	6
6	施国梁	6
7	上海交通大学	6
8	刘秋克	6
9	福州斯狄沨电热水器有限公司	6
10	上海理工大学	5
11	于奎明	4
12	天津大学	4
13	罗志荣	4
14	大连葆光节能空调设备厂	4
15	张茂勇	3
16	曾智勇	3

续表

排序	申请人	申请量/件
17	云南师范大学	3
18	谢丹平	3
19	王世亮	3
20	山东宏力空调设备有限公司	3
21	清华大学	3
22	钱伟民	3
23	宁夏银晨太阳能科技有限公司	3
24	崔发元	3
25	北京建筑工程学院	3

东南大学在太阳能热泵系统方面的专利活跃程度非常高，不仅申请数量多，授权率也很高，达到了95%。也就是说在东南大学申请的19件专利申请中，有18件最终获得了授权。

CN1580668A是申请人东南大学于2004年5月19日向国家知识产权局申请的一件发明专利申请，该申请于2009年8月5日获得了授权。该发明公开了一种太阳能与空气复合热源的储能型热泵装置，是一种太阳能和空气复合热源的储能型热泵，涉及太阳能利用以及热泵制造，该加热装置由压缩机、冷凝器、储液器、热力膨胀阀、辐射对流复合储能型换热器、水泵、水箱所组成，其中，压缩机的吸气口与的辐射对流复合储能型换热器出口相连，压缩机的排气口与冷凝器的制冷剂入口相连，冷凝器的制冷剂出口与热力膨胀阀连接，热力膨胀阀的另一端连接辐射对流复合储能型换热器的入口；冷凝器的水入口与出口与水箱的连接，水箱设有热水出口和冷水的进口。辐射对流复合储能型换热器为夹层结构，在循环管与吸热外壳之间还设有储能介质。

东南大学在2006年6月16日向国家知识产权局申请了一件实用新型专利申请CN200940974，该申请于2007年8月29日获得了授权。该实用新型涉及太阳能光伏发电技术、热泵技术，目的在于使太阳能光伏组件获取更高的光电转换效率的同时，通过热泵装置有效地利用太阳辐射能进行建筑物供暖、供热水等热量需求，实现太阳能光电光热多梯度的高效利用。该一体化装置的太阳能光伏/集热板的正面为光伏电池，太阳能光伏/集热板上设有蒸发盘管，压缩机的吸气口与太阳能光伏/集热板内蒸发盘管的制冷剂出口相连，压缩机的排气口与冷凝器的制冷剂入口相连，冷凝器的制冷剂出口经储液器与热力膨胀阀连接，热力膨胀阀的另一端连接太阳能光伏/集热板中蒸发盘管的制冷剂入口；冷凝器的水入口和出口分别与水箱连接。

上述东南大学的两件专利申请实际上代表了两种不同的太阳能利用思路。虽然同样是将太阳能技术与热泵技术相结合，CN1580668A是直接利用太阳能的热量，用来作为热泵系统的热源，直接加热热水；而 CN200940974 则是通过光伏发电技术将太阳能转化为电能，同时在利用热泵使太阳能光伏组件获取更高的光电转换效率的同时，通过热泵装置有效地利用太阳辐射能进行建筑物供暖、供热水等热量需求，实现太阳能光电光热多梯度的高效利用。

中原工学院的 CN101126561A 公开了一种空气-太阳能双热源同步复合式热泵装置，它包括太阳能集热、蓄热部分和气-液双热源同步复合式太阳能热泵部分，其中太阳能集热、蓄热部分包括太阳能集热器，蓄热水箱，生活水箱及换热盘管，第一循环水泵，第二循环水泵及连接管路、阀门组成；复合式太阳能热泵部分包括压缩机、翅片套管复合式换热器、用户侧换热器、第一毛细管、第二毛细管、单向阀、四通换向阀、连接管路及阀门等组成；所述换热器包括外套管、穿装在外套管中的内套管，以及与外套管外壁相结合的翅片；内套管外壁与外套管内壁之间的环型空间构成一种介质通道，内套管的管腔构成另一种介质通道，外套管外壁与翅片之间构成第三种介质通道。

浙江大学的 CN1828184A 公开了一种太阳能辅助多功能热泵系统。它具有相连接的空调器模块和复合热水器模块，空调器模块具有依次连接的压缩机、四通阀、室内换热器、第一节流元件、盘管换热器、第二节流元件、室外换热器，第一节流元件与第二节流元件之间连接有复合热水器模块，复合热水器模块具有密闭承压保温水箱，太阳能集热器，盘管换热器，以及第二电磁阀。复合热水器模块既能起到热泵热水器储水罐的作用，又能在冬季起到利用太阳能作辅助蒸发器的作用。该发明目的在于提供一种能灵活合理地利用太阳能、大大提高热泵制热效率的多功能热泵系统。它能很好地实现房间空调器和热水器的多种功能，提供 50～90℃的热水，冬季运行能有效提高系统的稳定性。

美国高级技术材料公司的 CN101688705A 涉及用于太阳能式吸附制冷系统的部件及其制造方法，描述了一种吸附结构，该吸附结构包括由吸附材料形成的至少一个吸附构件和至少一个多孔构件，该多孔构件设置成吸附构件的一部分接触，以允许气体进出吸附构件的所述部分。这种吸附结构有益地用于吸附型制冷系统。还描述了一种用于制造吸附材料的方法，在该方法中提供具有第一密度的第一聚合材料和具有第二密度的第二聚合材料，并且在该方法中第二聚合材料与第一聚合材料接触而形成结构。该结构经热解形成多孔吸附材料，该多孔吸附材料包括对应第一聚合材料的第一区域和对应第二聚合材料的第二区域，其中第一区域与第二区域在微孔尺寸和微孔分布中至少一项上不同。

瑞典克莱美特韦尔公司的 CN102753907A 涉及具有集成的化学热泵的太阳能板，包括管，其通常设计为包含用于在太阳能板与外部环境之间的热交换的热承载介质。管设置成使得其可被太阳光线加热。太阳能板包括化学热泵，其由密封的一体管构成，具有反应器部分、蒸发器/冷凝器部分和二者之间的通道。一体管的包括化学热泵的反应器部分的部分定位成与第一管热传导接触，从而一体管的具有反应器部分的部分得到加热。一体管可被真空容器型的绝热部分包围，其包括在外壁和内壁之间的抽空空间。内壁可在其朝外的表面包含辐射接收部分，适于将太阳辐射转化为热，其与第一区域和第一管热传导接触。

（3）利用太阳能热泵的流体加热器专利分析

涉及利用太阳能热泵的流体加热器的专利主要包括液体加热器和气体加热器。其中液体加热器主要是指热泵热水器。

图 14 显示了利用太阳能热泵的流体加热器的专利申请的申请量的趋势变化，可以看出，涉及利用太阳能热泵的流体加热器的专利申请从 1992 年开始，1993～1997 年没有申请，从 1998～2009 年的 12 年间，整体趋势是呈稳步上升的，在 2009 年达到峰值。2009 年以后申请量略有降低，但整体上来看，每年的申请数量仍然高于 2008 年以前的水平。

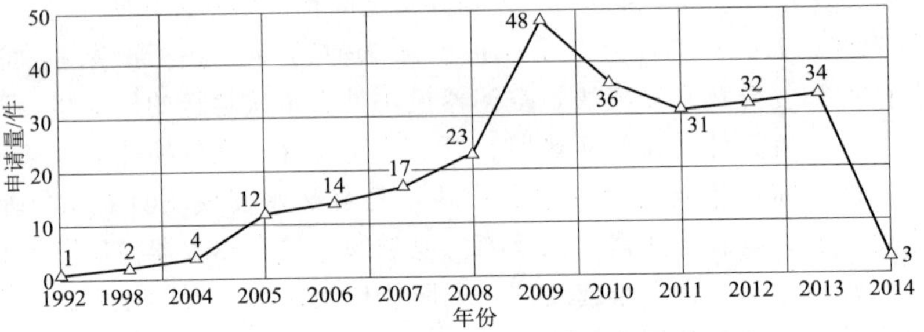

图 14　利用太阳能热泵的流体加热器的专利申请趋势

图 15 显示了利用太阳能热泵的流体加热器的专利申请的地区分布情况，可以看出，国内各省份在太阳能热泵系统方面申请量最多的省份是广东，紧随其后的有江苏、浙江、北京、上海，这五个省（直辖市）的申请总量占到总申请量的 48.2%。

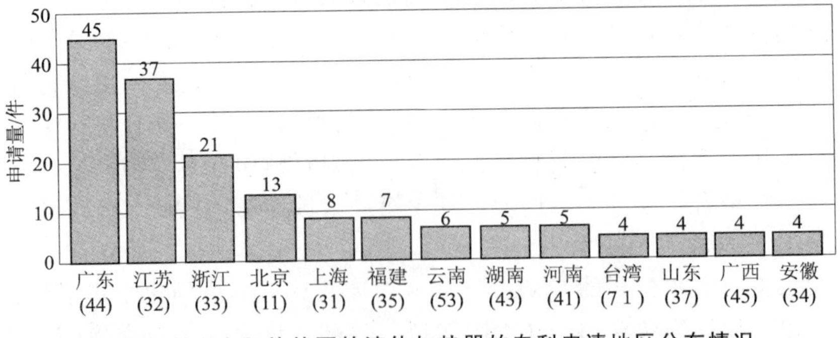

图 15　利用太阳能热泵的流体加热器的专利申请地区分布情况

表 4 显示了利用太阳能热泵的流体加热器的专利申请的技术领域分布情况，可以看出，国内关于利用太阳能热泵的流体加热器的专利申请主要集中在液体加热器，涉

及气体加热器的专利申请非常少，只占0.39%。

表4　利用太阳能热泵的流体加热器的专利申请的技术分布

类型	申请量/件	百分比/%
液体加热器	256	99.61
气体加热器	1	0.39

表5列出了利用太阳能热泵的流体加热器的主要申请人的申请量。由表5可以看出，处于前四位的申请人是东南大学、王卫民、广东美的电器股份有限公司和浙江大学。值得注意的是利用太阳能热泵的流体加热器的专利申请的一大特点是异常分散，检索到的257件专利申请分散在209名不同的申请人手中，平均起来每名申请人仅持有1.2件专利申请。大量申请人仅持有1件。这表明在利用太阳能热泵的流体加热器这一领域活跃着很多申请人，但是缺少掌握大量专利技术的领军人物或龙头企业。

表5　利用太阳能热泵的流体加热器主要申请人的申请量统计

排序	申请人	数量/件
1	东南大学	7
2	王卫民	7
3	广东美的电器股份有限公司	5
4	浙江大学	5
5	高秀明	4
6	西安大昱光电科技有限公司	4
7	许志治	4
8	福州斯狄沨电热水器有限公司	3
9	广东长菱空调冷气机制造有限公司	3
10	广东美的暖通设备有限公司	3
11	广州西奥多冷热设备有限公司	3
12	麻庆亮	3
13	美的集团股份有限公司	3
14	莫少民	3

东南大学的CN101498513A申请日为2009年2月27日，授权日为2010年7月7日，该发明涉及一种一体化平板太阳能热泵热水装置，将平板式太阳能热水器与热泵热水系统结合为一体，其中，一体化平板式太阳能集热器的冷凝剂管的出端通过第一止回阀接压缩机的进端，压缩机的出端接套管冷凝器的冷凝剂管的进端，套管冷凝器的冷凝剂管的出端通过电磁阀、电子膨胀阀接三通阀的进端；三通阀的出端分两

路，其中一路接一体化平板式太阳能集热器的冷凝剂管的进端，另一路接室外空气源蒸发器的进端，室外空气源蒸发器的出端通过第二止回阀接在第一止回阀与压缩机的进端之间；一体化平板式太阳能集热器的水回路与第一水箱连通，套管冷凝器的水回路与第二水箱连通。

广东美的电器股份有限公司的 CN 101338942A 公开了一种太阳能复合热泵热水器，包括压缩机、储液罐、四通阀、第一电磁阀、太阳能复合集/换热器、电子膨胀阀、第二电磁阀、冷媒泵、热水箱，其中四通阀的第一接口与压缩机连接，四通阀的第二接口与储液罐连接，且压缩机与储液罐串接，四通阀的第三接口与太阳能复合集/换热器的一端连接及与第一电磁阀的一端连接，四通阀的第四接口与热水箱连接及与第一电磁阀的另一端连接，太阳能复合集/换热器的另一端与电子膨胀阀的一端连接，电子膨胀阀的另一端通过由第二电磁阀及冷媒泵组成的并联电路与热水箱连接。该发明将太阳能和空气源热泵系统巧妙结合，可以实现 4 种运行模式，达到节能环保的目的，是一种可大大降低用户的使用成本，且方便实用的太阳能复合热泵热水器。

江苏双志新能源有限公司的CN203323423U是唯一一篇涉及利用太阳能热泵的气体加热器的专利申请，该实用新型公开了一种光能冷媒加热体，由加热筒体、密封端盖、加热器连接管、回油毛细管、冷媒出汽管和冷媒进汽管组成，加热筒体通过加热器连接管连接到光能集热器；回油毛细管连接在加热筒的输出端与冷媒出汽管连接，冷媒出汽管连接热泵回汽管；由热泵回汽管再连接冷媒进汽管回到热筒体内。该实用新型安装在光能集热器的连接管，通过与加热器连接管，以自然对流将光热量吸收，冷媒吸热后通过冷媒出汽管导入回气缩机，从而起到增加系统制热量，提高制热效率的作用。

（4）采用太阳能热泵的热水集中供暖系统专利分析

图 16 显示了利用太阳能热泵的热水集中供暖系统的专利申请的申请量的趋势变化，可以看出，涉及利用太阳能热泵的热水集中供暖系统的专利申请从 2000 年开始，2000～2003 年每年有一件申请，2004 年没有申请，从 2005～2012 年的 8 年间，总体趋势是上升的，在 2012 年达到峰值。

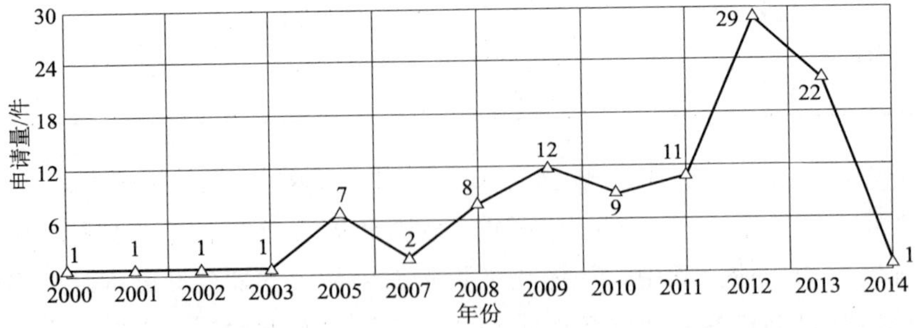

图 16　利用太阳能热泵的热水集中供暖系统的专利申请趋势

图 17 显示了利用太阳能热泵的热水集中供暖系统的专利申请的地区分布情况。由图 17 可以看出，国内各省份在太阳能热泵系统方面申请量最多的省份是北京，紧随其后的有广东、福建、上海和山东，这五个省（直辖市）的申请总量占到总申请量的 44.8%。

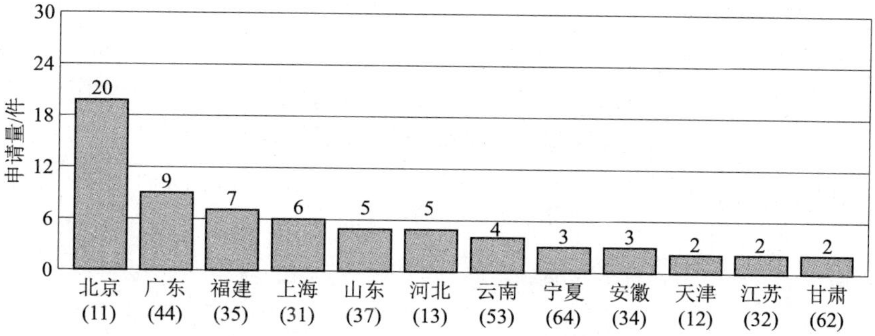

图 17　利用太阳能热泵的热水集中供暖系统的专利申请地区分布情况

表 6 列出了利用太阳能热泵的热水集中供暖系统的主要申请人的申请量，由表 6 可以看出，处于前五位的申请人是北京建筑工程学院、福州斯狄沨电热水器有限公司、大连葆光节能空调设备厂、西安交通大学和康树人。与利用太阳能热泵的流体加热器类似，利用太阳能热泵的热水集中供暖系统的专利申请也是异常分散，检索到的 105 件专利申请分散在 86 名不同的申请人手中，平均每名申请人仅持有 1.2 件专利申请。大量申请人仅持有 1 件。这也表明在利用太阳能热泵的热水集中供暖系统这一领域活跃着很多申请人，但是缺少掌握大量专利技术的领军人物或龙头企业。

表 6　利用太阳能热泵的热水集中供暖系统主要申请人的申请量统计

排序	申请人	数量/件
1	北京建筑工程学院	8
2	福州斯狄沨电热水器有限公司	7
3	大连葆光节能空调设备厂	4
4	西安交通大学	3
5	康栋人	3
6	淄博桑瑞斯新能源工业有限公司	2
7	中国水电顾问集团昆明勘测设计研究院	2
8	吴金顺	2

续表

排序	申请人	数量/件
9	陕西盛田胭源服务有限公司	2
10	陕西科林能源发展股份有限公司	2
11	清华大学	2
12	潘戀	2
13	宁夏银星能源光伏发电设备制造有限公司	2
14	黄永伟	2
15	华北科技学院	2
16	杜保泽	2
17	东莞市永淦节能科技有限公司	″
18	大连众瑞供热工程有限公司	2
19	北京圣兆科技开发有限公司	2
20	安徽中家映锐科技有限公司	2

大连葆光节能空调设备厂的CN10299717A涉及一种余热回收式分布式能源与太阳能海水源热泵耦合系统，整个耦合系统包括：余热一次回收子系统，余热二次回收子系统，太阳能海水源热泵子系统；天然气燃烧后一部分能量经过余热一次回收后，通过吸收式热泵直接向供热末端供热。剩余的烟气尾气分别由余热一次回收子系统和余热二次回收子系统进行回收，回收后的能量输送到热水蓄水池中，太阳能和海水能源中的热量也输送到热水蓄水池中，热水蓄水池连接水源热泵，燃气机燃烧天然气后带动发电机驱动水源热泵，最后向终端用户传热。天然气燃烧后余热的利用解决了太阳能和海水能源的不稳定性问题，如黑天时太阳能的不足，冬季海水温度过低的不足，提高了能源利用的效率。

西安交通大学的CN102506450A公开了一种背压式热电联产与太阳能发电联合制热系统及其调度方法，用户采用热水散热器和热泵耗电两种方式供热，其中的热水来源于热电联产机组，电力由热电联产机组与太阳能发电机组联合提例，通过综合调度控制装置在检测一段时间的供能和用户的耗能情况后，对未来一段时间做出预测；然后在此基础上进行调度，在保证满足电力供给和热能供给的条件下，减少供暖出力热水流量，由消耗电力供热来补偿，耗电供热既可以补偿热水供暖的不足，也可以增加电力低谷时段的负荷；这样根据太阳能发电、热电联产综合起来，将太阳能发电的波动性调整热电联产的出力和用户耗电负荷情况的变化，以相等的检测周期和调节周期，从而实现太阳能发电等效的在用户侧的平滑出力。

福州斯狄沨电热水器有限公司的CN203177286U公开了一种光板太阳能、空气源及燃气互补使用的供热供暖系统，包括保温水箱总成、供暖环路总成、光板太阳能总成、空气源热泵总成、燃气壁挂炉总成、控制器总成；所述保温水箱总成包括水箱内胆，水箱内胆下部和上部分别设有进水管和出水管，水箱内胆内部于进水管和出水管之间从上到下依次设置有太阳能盘管、供暖盘管、燃气壁挂炉盘管、燃气盘管和空气源盘管；所述太阳能盘管连接所述光板太阳能总成，所述供暖盘管连接所述供暖环路总成，所述燃气壁挂炉盘管连接所述燃气壁挂炉总成，所述空气源盘管连接空气源热泵总成；所述光板太阳能总成、燃气壁挂炉总成、供暖环路总成和空气源热泵总成均电连接所述控制器总成。该系统在一组热源机组发生故障时，不会影响正常的供暖供热需求；该混合加热系统互补使用，可以降低空气源热泵的运行负荷，延长机组的使用寿命，并且采取分段加热的方式，可以提高能源的利用率及机组的能效。

(5) 涉及蓄热的太阳能热泵专利分析

图18显示了涉及蓄热的太阳能热泵的专利申请的申请量的趋势变化。可以看出，涉及蓄热的太阳能热泵的专利申请从1989年开始，1989～2000年申请量非常少，这一阶段基本处于萌芽期；从2001年开始申请量开始缓慢增加，直到2003年申请量每年都维持在个位数，处于缓慢增长期；2004年申请量突破10件，不过直到2007年申请量的增长速度平缓，从2008年开始申请量迅速增加，进入快速增长期，在2011年达到第一个峰值，2012年略有回落，2013年达到第二个峰值。这表明从2008年至今我国的申请人在涉及蓄热的太阳能热泵领域保持着较高的活跃度。从申请量的绝度数值上看，2008年以后每年都维持在50件以上，2011～2013年更是维持在100件以上，表明涉及蓄热的太阳能热泵是业内重点关注的研究热点。

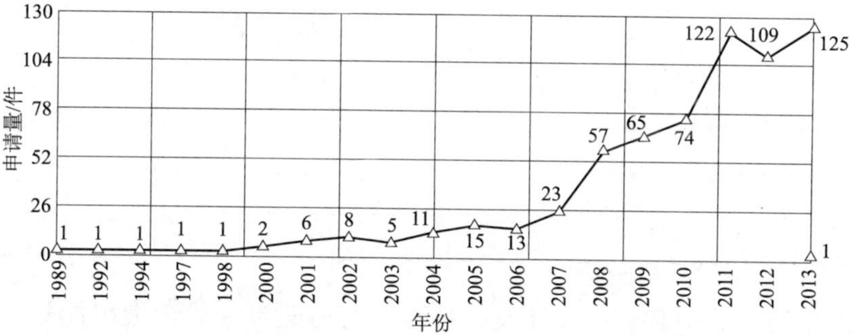

图18 涉及蓄热的太阳能热泵的专利申请趋势

图19显示了涉及蓄热的太阳能热泵的专利申请的地区分布情况，可以看出，国内各省份在涉及蓄热的太阳能热泵方面申请量最多的省份是北京，紧随其后的有上海、江苏、山东和天津，这五个省（直辖市）的申请总量占到总申请量的36.6%。

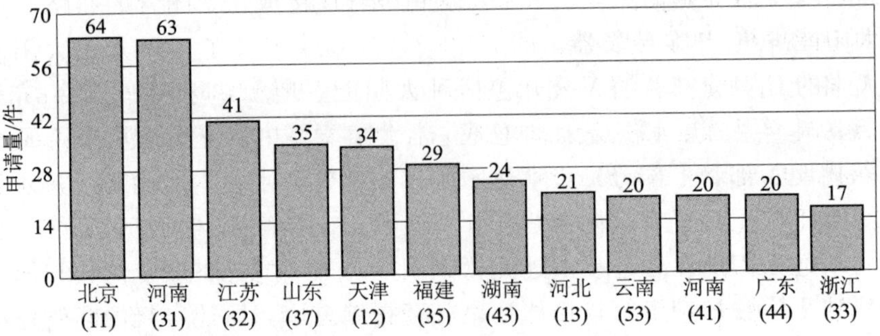

图 19　涉及蓄热的太阳能热泵的专利申请地区分布情况

表 7 列出了涉及蓄热的太阳能热泵的主要申请人的申请量，可以看出，处于前四位的申请人是福州斯狄沨电热水器有限公司、东南大学、中原工学院和同济大学。涉及蓄热的太阳能热泵同样具有比较分散的特点，检索到的 648 件专利申请分散在 376 名不同的申请人手中，平均起来每名申请人仅持有 1.72 件专利申请。

表 7　涉及蓄热的太阳能热泵的主要申请人的申请量统计

排序	申请人	数量/件
1	福州斯狄沨电热水器有限公司	27
2	东南大学	19
3	中原工学院	11
4	同济大学	10
5	山东宏力空调设备有限公司	9
6	南京师范大学	9
7	浙江大学	8
8	上海交通大学	8
9	潘戈	8
10	天津大学	7
11	施国梁	7
12	罗益龙	7

东南大学的 CN101169297A 涉及一种集热蓄能蒸发一体化太阳能热泵装置，集太阳能集热器、蓄能容器以及热泵系统的蒸发器于一体，在减少传统蓄能型太阳能热泵系统多级中间换热的热损失及制造成本基础上，加快太阳能集热器集热效率、增强热泵系统蒸发管内制冷剂与蓄能介质间的换热效率，从而保证整个蓄能型太阳能热泵装置的高效与稳定运行。该装置包括压缩机、水冷冷凝器、热力膨胀阀、蒸发器、水泵、水箱，其中压缩机、水冷冷凝器的冷媒管、热力膨胀阀、蒸发器串联连接成一个

闭合的回路，水冷冷凝器水冷管、水泵、水箱串联连接成一个闭合的回路，其中，蒸发器采用太阳能集热/热泵蒸发器。

同济大学的CN101738001A公开了一种太阳能、地源热泵和水蓄冷的复合能量系统，包括空调、生活热水供应设备、还包括太阳能集热装置，蓄热水箱单元，蓄冷水箱单元，地源热泵系统的其中一种或几种（以下简称主机），地埋管热交换器，辅助加热装置、循环水泵、第一电动三通阀、第二电动三通阀、第一电动两通阀、第二电动两通阀，通过循环水泵与空调连通，通过辅助加热装置与生活热水供应设备连通。该装置充分利用太阳能、地热能、生物质能等可再生能源，将地源热泵空调系统、太阳能热水系统与水蓄冷系统巧妙结合，构成了生活热水系统、地源热泵和水蓄冷空调系统等相结合的综合化的能源系统，同时与建筑整体充分融合，最大可能地减小了占地和投资，使系统的能效和经济性大为提高。

上海交通大学的CN1515850A公开了一种直膨式太阳能热泵空调及热水系统，将直膨式太阳能热泵与冰蓄冷空调有机结合起来，主要由太阳能集热/蒸发器、压缩机、冷凝器、电子膨胀阀、四通换向阀、蓄热水箱、热水箱、空调末端装置以及系统控制部件等组成。太阳能集热/蒸发器采用无盖板、底部保温、表面喷涂太阳光谱吸收性材料的平板型集热器，夏季作为夜间辐射散热器兼热泵的冷凝器。蓄能装置采用闭式承压蓄热水箱，内置高效换热设备，冬季蓄热，夏季蓄冰。该系统集冬季采暖、夏季空调及全年生活热水供应等多种功能于一体，具有适用性好、设备利用率高、节能效果显著、寿命长、技术经济性能较好等优点。

（6）用于干燥的太阳能热泵的专利分析

干燥是热泵的一个很重要的应用领域。

图20显示了用于干燥的太阳能热泵的专利申请的申请量的趋势变化。可以看出，用于干燥的太阳能热泵的专利申请从1988年开始，1988～2007年申请量非常少，这一阶段基本处于萌芽期；从2008年开始申请量开始逐渐增加，直到2012年申请量达到峰值，2013年略有回落。这表明从2008年开始我国的申请人在用于干燥的太阳能热泵领域加大了研发力度。

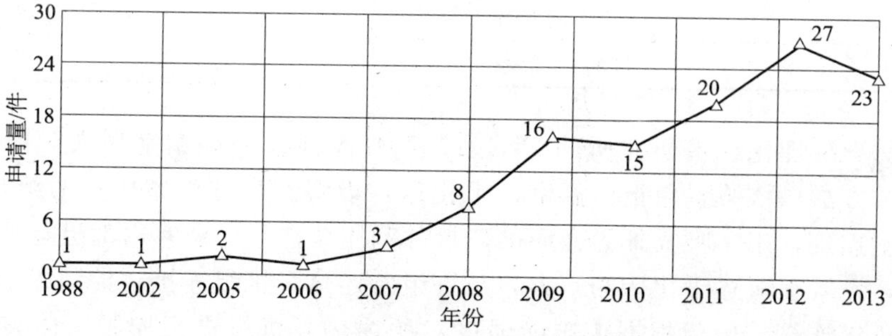

图20　用于干燥的太阳能热泵的专利申请趋势

图 21 显示了用于干燥的太阳能热泵的专利申请的地区分布情况，可以看出，国内各省份在用于干燥的太阳能热泵方面申请量最多的省份是江苏，紧随其后的有河南、北京、湖南和广东，这五个省（直辖市）的申请总量占到总申请量的 36.4%。

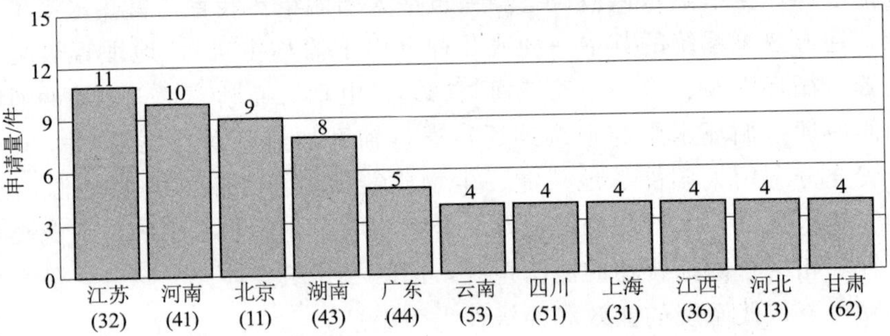

图 21　用于干燥的太阳能热泵的专利申请地区分布情况

表 8 列出了用于干燥的太阳能热泵的主要申请人的申请量，可以看出，处于前四位的申请人是中国科学院理化技术研究所、王明根、李万红和邓州丰奇集团肥业有限公司。用于干燥的太阳能热泵同样具有比较分散的特点，检索到的 118 件专利申请分散在 89 名不同的申请人手中，平均起来每名申请人仅持有 1.33 件专利申请。

表 8　用于干燥的太阳能热泵的主要申请人的申请量统计

排序	申请人	数量/件
1	中国科学院理化技术研究所	5
2	王明根	4
3	李万红	4
4	邓州丰奇集团肥业有限公司	4
5	中国科学院广州能源研究所	3
6	南京师范大学	3
7	湖南省浏阳市择明热工器材有限公司	3
8	福建农林大学	3
9	曹黎	3

中国科学院理化技术研究所的 CN102767941A 涉及一种温室型太阳能热泵联合干燥装置及方法，该装置包括：温室；干化床，设置在所述温室中；两组热泵机组，与所述温室连接，用于吸收外界介质的热量并利用该热量对温室内部进行加热；地面辐射机构，设置在所述干化床的下方，与一组所述热泵机组连接；控制中心，与两组所述热泵机组连接，用于根据太阳能强度对所述热泵机组进行控制。该装置能够节能、高效地利用太阳能和污水的热量对温室中的物料进行加热干燥。

西安交通大学的CN101363683A公开了一种太阳能热泵干燥系统，包括太阳能热水系统、金属氢化物热泵系统、空气干燥系统三部分耦合而成。太阳能热水系统采用强制循环的热水系统，将从太阳能集热器收集的热量作为金属氢化物热泵系统循环的驱动能量，利用金属氢化物热泵吸、放氢时产生的热量和冷量作为空气加热器和空气冷却器的热源和冷源。干燥室空气通过轴流风机加压后分别经过空气冷却器析出水分、通过空气加热器加热到指定温度，而后送回空气干燥室完成干燥过程。系统同时利用了太阳能和氢能的优势，具有清洁、高效、节能、除湿率高、适用的干燥温度范围广、可实现干燥温度的准确控制及可与其他太阳能热利用装置耦合使用等特点。

江西省农业机械研究所的CN202267339U公开了一种直膨式太阳能热泵与太阳能组合的干燥装置，由风路循环回路与太阳能热泵回路构成，风路循环回路与太阳能热泵回路耦合连接，其中，太阳能热泵回路通过循环管路铜管并联连接直膨式太阳能蒸发器。该干燥装置集太阳能与直膨式太阳能热泵于一体，使被干燥物品的品质好、色泽好、产品等级高。在干燥过程中所处的不同阶段实现不同的干燥方式，两种干燥方式交替进行，干燥过程精确控制。

三、对太阳能热泵专利技术发展趋势的展望及建议

（一）太阳能热泵专利技术的主要特点和发展趋势

基于以上各部分的专利技术分析数据，可知太阳能热泵技术方面的专利申请具有以下五个方面的特点和发展趋势。

1. 总体申请量保持持续上升趋势

无论是从世界范围内还是从中国范围内看，关于太阳能热泵技术的专利申请数量近年来一直持续增长。从世界范围内看，虽然在1981～2004年关于太阳能热泵技术的专利申请经历过一次申请量下滑，发展速度放缓，但是随着中国、日本、韩国等亚洲国家对太阳能热泵技术的重视，以及受到全球能源形势的严峻现状的刺激，各国申请人均加大了对太阳能热泵技术的研发力度，这保证了关于太阳能热泵技术的专利申请数量在很长的一段时间里保持持续上升趋势。从中国范围内看，2001年以来我国太阳能热泵技术专利申请量一直保持持续增长的趋势，尤其是2008年以后，每年的专利申请量都在150件以上。

2. 中国申请人在申请量上已经具备了优势

经分析发现，来自中国的太阳能热泵技术相关专利申请已经占到了申请总量的48.57%，在申请数量上我国已经具备了较大的优势。这与我国政府在政策上对热泵技术的扶持和引导密不可分。在可观的财政补贴和巨大的市场需求刺激下，我国的申请人在太阳能热泵方面的技术研究非常活跃，对太阳能热泵技术的知识产权保护也相当重视。

3. 大学院校的专利申请在数量上占据优势

在我国太阳能热泵技术的专利申请中，大学院校的申请量占据明显优势。通常来说，大学院校在理论研究方面实力相对雄厚，但是大学院校的专利容易停留在纯科研的层面，真正走向实施的少，产业化不足。公司和企业由于直接生产产品，其专利申请往往更贴近实际应用，由知识产权直接转化为生产力的比率更高。我国企业和公司的申请量较少表明我国的太阳能热泵技术产业化和市场化方面还有不足。

4. 缺少掌握大量专利技术的领军人物或龙头企业

虽然我国关于太阳能热泵技术的专利总的申请量较大，但是每个申请人个体占有的专利申请数量并不多，大量申请人只拥有一件专利申请。这一方面表明我国有一大批从业人员活跃在太阳能热泵领域且具有较高的研发热情，另一方面说明我国还没有在太阳能热泵技术方面占据专利垄断地位的龙头企业。这对于有志于在太阳能热泵技术领域有所作为的公司企业来说是一个很好的机遇。如果能够适时地加大研发力度，抓住机遇完成专利布局，对于企业今后在太阳能热泵的发展会产生重要的促进作用。

5. 吸收式热泵、采用太阳能热泵的供暖系统、干燥系统方面的专利申请量较少

数据表明涉及太阳能利用的吸收式热泵、采用太阳能热泵的热水集中供暖系统和用于干燥的太阳能热泵相关的专利申请只占总申请量的很少一部分。考虑到建筑节能已经成为我国全社会节能的重点领域之一，而采暖的能耗又占了总的建筑能耗的很大比例，采用太阳能热泵的热水集中供暖系统具有很大的市场潜力。而干燥是热泵的一个很重要的应用领域。无论是早期的木材干燥还是近年来的食品加工、茶叶烘干、烟叶烘干、蔬菜脱水、陶瓷烘焙、药材及生物制品的干燥、污泥处理、化工原料及肥料的干燥，都是一个巨大的耗能过程。如何在降低能耗的同时减小干燥过程对热敏性物料例如食品和生物物料的色泽、营养、风味和组织产生不良影响，对热泵的性能提出了新的挑战。对于一些特殊的物料比如火药、炸药的干燥，国家在安全规范中明确规定，不允许采用明火干燥方式，只能采用热泵干燥。考虑到我国目前烟花制作、爆破施工具有非常广泛的市场需求，加大太阳能热泵在干燥领域的研发力度可以作为业内今后发展的一个重要方向[9]。而吸收式热泵利用溶液在一定条件下能析出低沸点组分的蒸汽，在另一条件下又能强烈吸收低沸点组分的蒸汽这一特性完成制冷循环，靠消耗热能作为补偿实现制冷制热，非常适合于热泵干燥这类蒸发温度高的应用对象。与压缩式热泵相比，吸收式热泵方面的专利数量很少，发展空间大，为有志于在热泵领域有所作为的申请人提供了良好的机遇。

（二）对我国太阳能热泵专利技术发展的几点建议

1. 加强大学院校与公司企业的合作

从申请数量上看，目前大学院校走在了前列，已经具备了一定的基础。加强大学院校与公司企业的合作，一方面可以避免公司企业在基础研发方面走弯路，另一方面有利于避免科研和生产脱节，促进专利技术直接向生产力的转化。

2. 提高专利技术挖掘能力

目前在热泵行业内存在一种误区，认为热泵技术从产生以来已经经过了100多年的发展，其基础理论已经趋于完善，想要继续创新已经非常困难，不太可能产生具有重大价值的专利技术。这种错误认识对于整个热泵行业的发展都是非常不利的。破除这种认识的误区，需要提高整个行业的专利挖掘能力，尽可能地挖掘出有价值的技术创新成果，使其获得恰当的专利保护，防止财富流失。除了基于具体的技术攻关项目或者产品开发项目所进行的研发项目型专利挖掘以外，还可以针对特定的专利或专利申请，从专利角度、竞争策略或者技术改进、升级等方面进行专利改进型专利挖掘，这种专利挖掘既可以针对自己的专利，也可以是他人的专利，其关注点要集中在对技术或产品具有较大影响的重要专利上。

3. 学习借鉴国外成功的发展模式，行业内逐步完成技术整合

目前我国的太阳能热泵技术在专利方面呈现出大量申请人各自为战的局面，散兵游勇式的发展模式不利于整个行业市场竞争力的提升。国外企业通过交叉许可、公司并购等手段实现技术整合、攻克技术壁垒的成功经验值得国内申请人借鉴。希望国内申请人能够抓住机遇，加大研发力度，合理布局，发展出多家掌握一大批核心专利技术的领军人物或龙头企业。

4. 充分利用专利信息资源，避免研发力量的重复投入

专利信息是指以专利文献作为主要内容或以专利文献为依据，经分解、加工、标引、统计、分析、整合和转化等信息化手段处理，并通过各种信息化方式传播而形成的与专利有关的各种信息的总称。调查显示，专利信息的有效利用平均为企业节省60%的研发时间，节省40%的研发成本，还为企业有效减少了侵权风险。考虑到我国目前针对太阳能热泵技术的专利申请量巨大，申请人相对分散，个人申请数量众多的实际特点，充分利用专利信息资源所包含的技术信息和法律信息具有突出的战略意义，有利于避免研发力量的重复投入，也有利于发现技术研究热点和专利布局的空白环节。

5. 适当考虑在利用太阳能的吸收式热泵、采用太阳能热泵的供暖系统、干燥系统方面进行专利布局

从申请数量上来看，涉及利用太阳能的吸收式热泵、采用太阳能热泵的供暖系统、干燥系统方面的专利申请不多，在这些领域应该还有技术改进的空间，为有志于在热泵领域有所作为的申请人提供了良好的机遇。我国的相关从业人员和企业可以从这些领域入手，仔细分析已有的专利文献，有针对性地对现有技术进行改进，突破技术壁垒，积极进行外围专利布局。

四、结束语

由于太阳能本身的能流密度低、受昼夜、季节以及天气状况的影响大，而热泵能

够将低品位热能（如太阳能、工业废热等）转化为高品位热能，太阳能与热泵的结合具有先天的优势。本文通以 CNPAT、WPI 中相关的太阳能热泵技术专利申请为样本，对太阳能热泵专利技术的现状进行了分析，总结了太阳能热泵专利技术的主要特点和发展趋势，希望能够为该行业今后的发展提供参考信息和参考依据。

参考文献

[1] 施玉川，李新德．太阳能应用［M］．西安：陕西科学技术出版社，2001：19-24.

[2] 郁永章．热泵原理与应用［M］．北京：机械工业出版社，1993：1-13.

[3] 美国 ASHRAE 学会．地源热泵工程技术指南［M］．北京：中国建筑工业出版社，2001.

[4] 蒋能照．空调用热泵技术及应用［M］．北京：机械工业出版社，1997.

[5] 高田秋一．大型热泵与排热回收［M］．北京：烃加工出版社，1986.

[6] 王君一，徐任学．太阳能利用技术［M］．北京：金盾出版社，2008.

[7] 钟理．新型吸收式热泵循环理论及实验的研究［D］．广州：华南理工大学，1990.

[8] 撒卫华，薛学营．溴化锂第一类吸收式热泵的原理及应用［C］．中国建筑学会建筑热能动力分会第十七届学术交流大会暨第八届理事会第一次全会论文集，2011：317-319.

[9] 张绪坤，胡文伟，张进疆，等，国内外热泵干燥的现状与展望［J］．江西科学，2009，27（4）：629-633.

双离合变速器专利技术现状及其发展趋势

袁泉　贺博[1]　王晓宁　郑慧莹　刘杨洋　陈佶

（国家知识产权局专利局实用新型审查部）

一、引言

双离合变速器（dual clutch transmission，DCT）是一种介于手动变速器与传统自动变速器之间的一种半自动型变速器，其利用两组离合器，分别负责驱动两组挡位齿轮系，以在双数挡位或单数挡位之间进行转换，从而使换挡的速度大大提升，并能实现较高的传动效率，更紧凑的结构形状，以及更为经济的制造成本。

（一）双离合变速器发展历史沿革

双离合变速箱的设计构想是由法国人阿道夫·凯格雷斯（Adolphe Kégresse）于第二次世界大战前提出，但直至20世纪80年代，得益于自动控制技术和微电子技术的发展，才由英国人哈里·韦伯斯特（Harry Webster）设计出了可实用的产品。此后，大众汽车于2003年在其高尔夫高性能版车型R32上搭载了双离合变速器，从而成为最早在民用量产车市场投放双离合变速器的厂家。双离合变速器在大规模应用后，其传动效率高、动力响应性好、结构简单紧凑等优点获得了厂商和消费者的认可，同时，其自身结构所具有的一些缺陷也逐渐暴露出来，特别是大众汽车的DSG变速器因出现动力中断和过热保护而被勒令召回之后，其他厂商的DCT变速器产品也先后在产品可靠性和耐用度方面暴露出一些问题。

最近几年来，相关厂商从结构革新、控制逻辑优化、摩擦材料改进、提高零部件性能等多个方面针对DCT变速器的缺陷展开了技术研发，逐步解决了DCT变速器存在的耐用可靠性问题，使得此类变速器的装车数量和适用范围获得了稳步的提高，一些原先对DCT变速器的发展持观望态度的汽车厂商也转变态度，开发了各自的DCT变速器产品，如菲亚特公司、捷豹路虎公司、现代—起亚集团、宝马汽车公司等就纷纷在各自的产品上采用了DCT变速器。

目前，在双离合变速器领域，呈现为“群雄逐鹿，百花齐放”的研发态势，国内外各大汽车企业以及研究机构都在积极地验证和完善双离合变速器的各种技术，且在

---

[1] 贺博等同于第一作者。

双离合变速器领域已展开专利布局。

（二）课题研究目的和内容

本文对双离合变速器技术行业进行分析，将双离合变速器关键技术加以科学划分（如双离合变速器的控制技术，双离合变速器的变速机构设计，干湿式双离合变速器等），并且将涉及上述技术的专利数据按照申请人、申请时间加以统计分析；并进行关键技术的分类标引，深入挖掘技术趋势和脉络；得出 DCT 行业专利的发展历程、关键技术的专利分析报告，进而可以对双离合变速器的技术发展趋势做出预测，为我国汽车变速器企业的技术发展和专利布局提供建议和参考。

（三）数据检索和处理

本文中文专利数据检索于 S 系统的 CPRSABS 文摘数据库（中文）和 CNTXT 全文数据库，外文专利数据检索于 EPOQUE 系统的 WPI（外文）数据库，数据采集时间截至 2014 年 6 月 30 日。需特别说明的是，由于发明专利通常在申请日起 18 个月公开，以及公开后数据整理入库也需要一定时间，因此本报告中仅 2012 年年底前的数据为全面数据，但为了尽可能地反映专利申请状况，本报告中同样包括 2012～2014 年的数据，以提供一定的参考。

专利分析检索的目标在于查全和查准。本课题组采取了“检＋索”的策略，进行了查全检索，然后进行降噪处理，降噪采用关键词：双离合，变速箱，齿轮箱，dual clutch，double clutch，dct，dsg；分类号：F16，B60。

初步检索后发现外文文献量在 6000 项左右，中文数据库文献量为 2500 件左右，经过初始检索策略的制定，检索式的编写以及几个回合反复调试与手动抽样检测，最终确定中文专利 2332 项，全球专利共为 5240 项。

查全方法：本课题在申请量靠前的申请人中，每个地区分别选取 1 名申请人，以申请人为检索入口进行检索，然后去除本课题已得到的降噪结果数据，对剩余数据进行人工核实，进而进一步提取关键词和分类号，达到数据的全面性。

数据标引：即对最终的数据结果按照课题分析的需求进行标记。本文首先按照关键技术的分支进行数据初步标记，然后对重点申请人进行关键技术和技术功效的细致标记。

二、双离合变速器技术专利申请现状

（一）专利申请状况分析

1. 全球情况

综合 WPI 和 CPRSABS 数据库中有关双离合变速器的数据，与双离合变速器相关的全球专利申请为 5240 件（以下涉及申请量单位均为项，即同族专利为一项）。

全球申请量变化趋势如图 1 所示，可以将双离合变速器的全球申请发展划分为三个时期。

（1）1932～1979 年的平稳发展期，在这一阶段，全球每年申请量维持在个位数。

（2）1980～2002 年的稳定增长期，在这一阶段，得益于汽车技术的发展，双离合变速器首先在赛车领域进入了人们的视野，在整个 20 世纪 80 年代，双离合变速器的申请量在 20 项上下波动；进入 21 世纪，申请量逐渐增加到近 100 件/年。

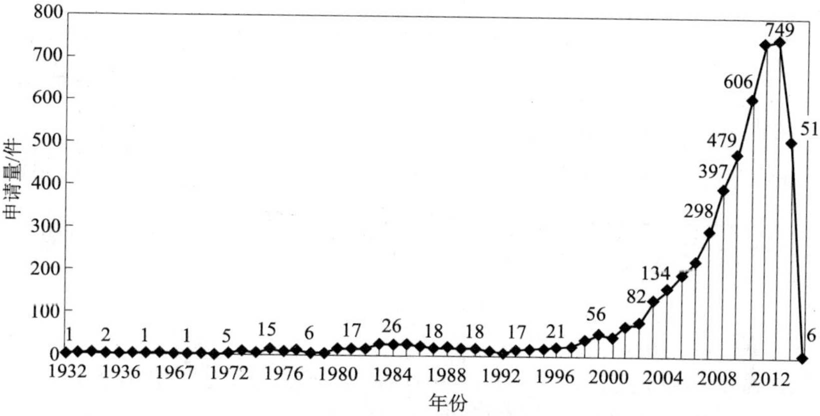

图 1　全球申请趋势图

（3）2003 年至今的高速发展期，2003 年，大众首先将双离合变速器应用于高尔夫车款，标志着双离合变速器进入民用汽车领域，而随着家用轿车的普及以及汽车技术的进一步发展，以往困扰双离合变速器发展的问题，如电液控制、起步控制和冷却问题等得到了一定程度的解决；各大汽车变速器生产厂家均大力研发双离合变速器技术，涉及双离合变速器的专利申请量从 2003 年的 134 件急速增长到了 2011 年的 600 多件，并且在 2011 年后始终维持在高位（注意：由于数据统计截至 2014 年 6 月，因此 2013 年部分申请仍未公开，造成 2013 年申请量呈下降的趋势）。

2. 中国情况

结合 WPI 以及 CPRSABS 数据库的检索结果，以向中国国家知识产权局专利局提交并公布的，涉及双离合变速器的全部专利申请为研究对象进行统计与分析。

本次检索截止日设定为 2014 年 6 月 30 日，涉及双离合变速器的中国专利申请共 2332 件。双离合变速器在中国专利年申请量变化趋势如图 2 所示，可以看出，在双离合变速器领域，我国从 1999 年起才有专利申请，而在 2000 年以后的专利发展趋势上，我国与全球发展趋势保持一致，并且专利总数量在全球专利数量中占比达到 43%；这主要是由于各大汽车厂商对中国市场的重视，以大众汽车为例，自 2009 年大众汽车在中国销量首次超过德国本土以后，截至 2014 年，大众在中国销量已占全球销量的一半以上；在蓬勃的汽车市场支撑下，我国具有较高的专利申请量也就不足为奇了。

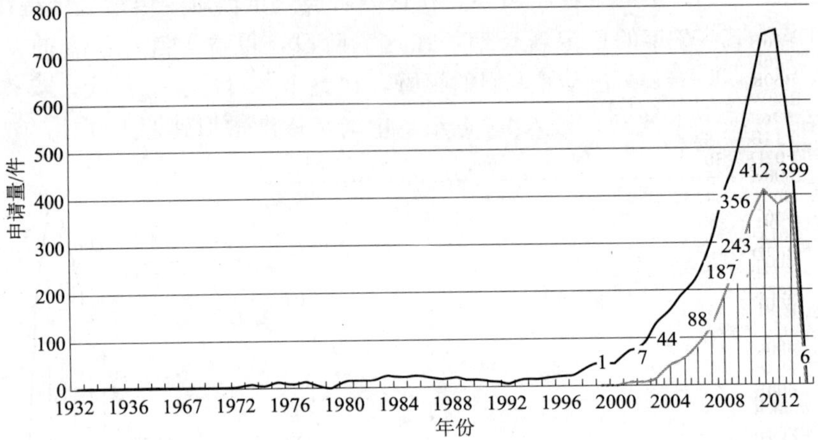

图 2 中国专利申请趋势图

图 3 为中国专利申请国家分布图，可以看出，在中国专利申请中，还是以国内申请为主（此处数据包含实用新型专利申请），德国、美国、日本、韩国分列第二至第五位，其中，日本、美国、德国三国与其他国家相比，在数量上呈现出绝对领先的优势，这主要是因为世界主要的变速器研发机构均在上述几个国家，如德国的舍弗勒和采埃孚，美国的通用和福特，日本与韩国的本田、丰田公司和现代，上述几个国家也是世界汽车工业的领先者。

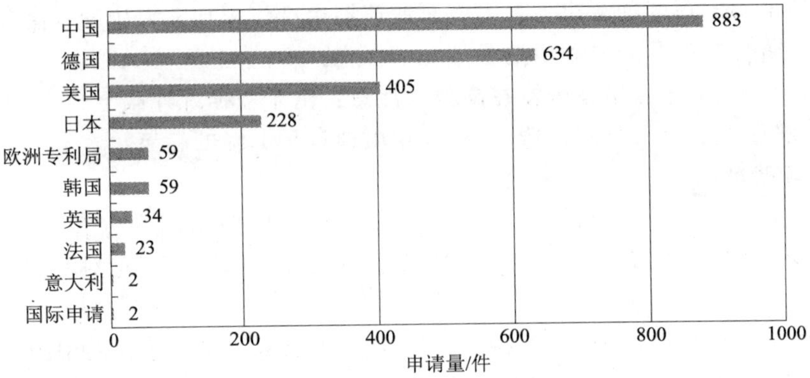

图 3 中国专利申请国家分布图

（二）技术主题分析

如图 4 和图 5 所示，无论在全球范围还是中国范围内，双离合变速器专利申请主要集中在双离合变速器结构方面的设计（F16H、F16D）和 DCT 的控制、应用等方面的设计（B60K、B60W）。

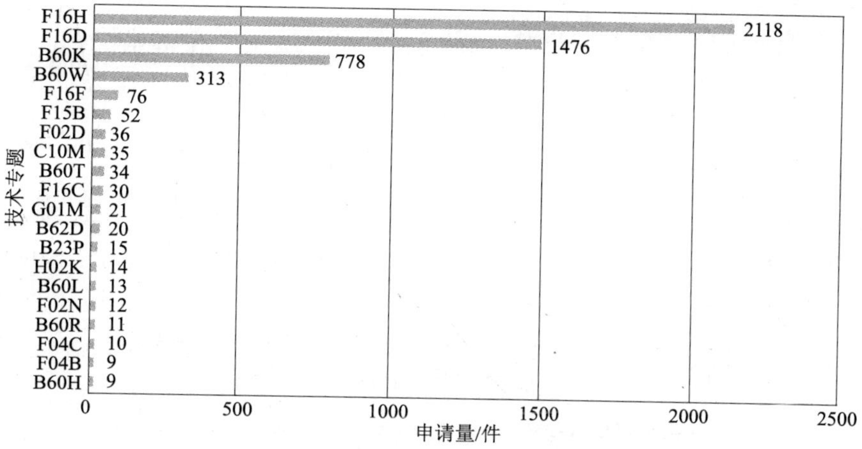

图 4　全球专利技术主题分类分步图

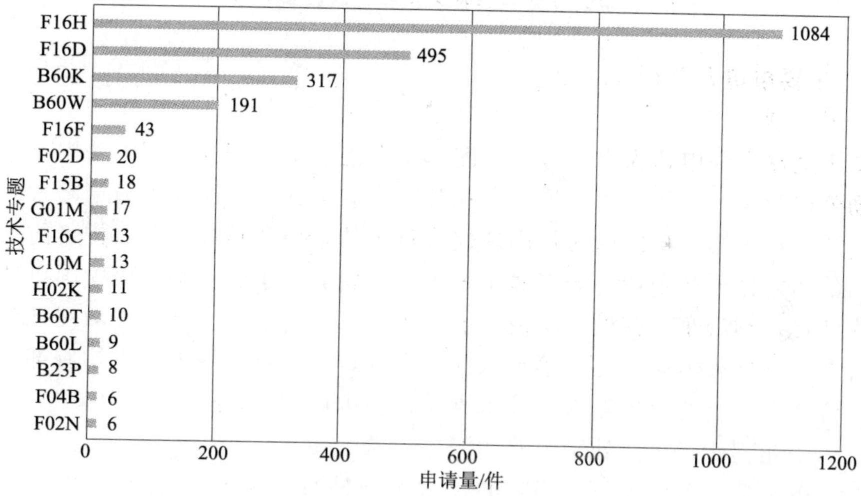

图 5　中国专利技术主题分布图（小类）

从图 6 所示的中国专利主要技术主题发展趋势可以看出，传动装置技术领域（F16H）的申请量呈逐年上升趋势，而离合器技术领域（F16D）在 2011 年前呈逐年上升趋势，但自 2011 年后有所下降；车辆控制系统（B60W）则在 2007 年的增长后呈稳步增长态势；车辆动力传动装置布置安装（B60K）同样在 2007 年起有明显增长趋势，然后在 2010 年呈明显的下滑趋势。可见，上述四个主要技术主题在中国的专利发展态势各不相同，在接下来的篇幅里本文将进一步分析造成上述发展态势的具体原因，进而梳理双离合变速器技术在中国的发展趋势。

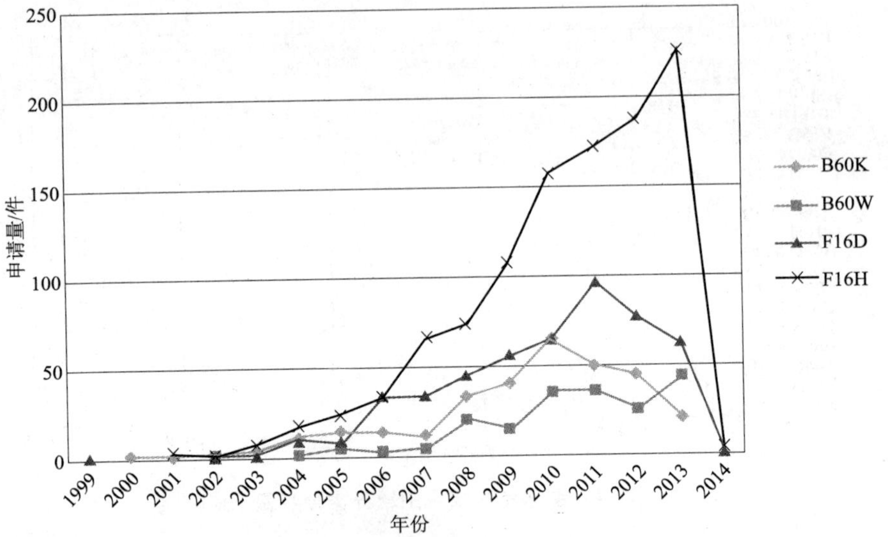

图 6　中国专利主要技术主题发展趋势（小类）

（三）主要申请人分析

1. 全球情况

如图 7 全球主要申请人申请量分布图，排名前三的分别为：德国采埃孚公司，德国舍弗勒公司和美国通用汽车，德国卢克公司排名第四，其实际上与德国舍弗勒为集团公司形式。排名第二集团的为韩国现代，日本的丰田公司和本田。排名前十的均为世界著名的离合器生产企业，分别属于德国、美国、日本和韩国，而中国申请人排名最高的为浙江吉利汽车。在世界申请量前二十位，仅有浙江吉利、安徽江淮汽车和一汽进入排名，分别排名第十七、第十八和第十九位，并且中国申请人均有部分实用新型专利，说明在双离合变速器这一技术领域，国内申请人取得了一些成绩，但与国外的传统汽车企业相比，仍然处于绝对的弱势位置。

图 8 为申请量排名前十位申请人的技术主题分布（小类），可以看出，除舍弗勒公司和卢克公司的申请以离合器技术领域（F16D）为主外，其余申请人的专利主要集中在传动装置技术领域（F16H）；在韩国现代和日本丰田公司的专利申请中，车辆动力传动装置布置安装（B60K）则占有了相当比重，可见韩国现代和日本丰田公司侧重于对混合动力技术和传动装置布置结构方面的研究。

2. 中国情况

图 9 和图 10 分别为中国专利申请国外申请人排名以及国内申请人的排名，可以看出，在中国专利申请中，虽然仍然是国外申请人专利占优势，但是国内的浙江吉利及安徽江淮汽车等汽车企业，已经在申请量上超越了国外的福特、本田、丰田公司等汽车企业，可见国内汽车企业的知识产权意识越来越强。同时，我们注意到在国内排名

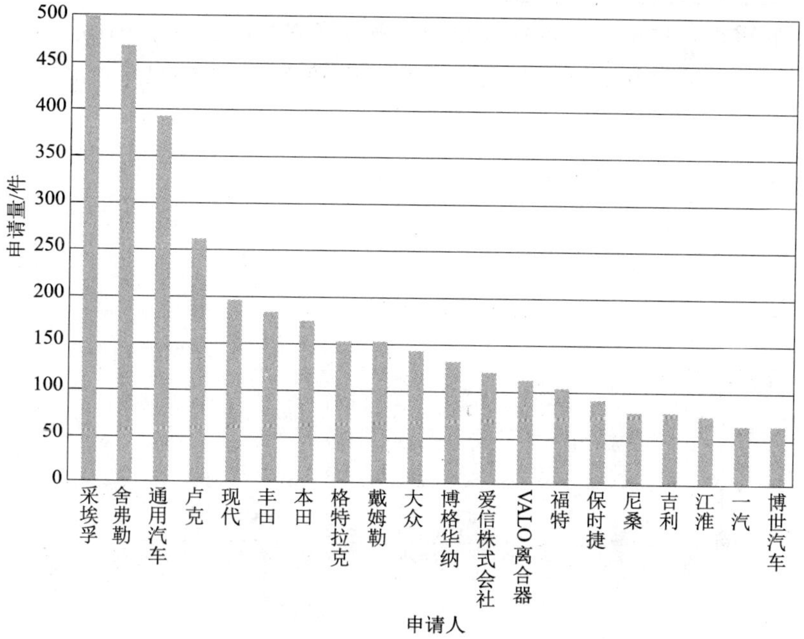

图 7　全球主要申请人专利数量分布图

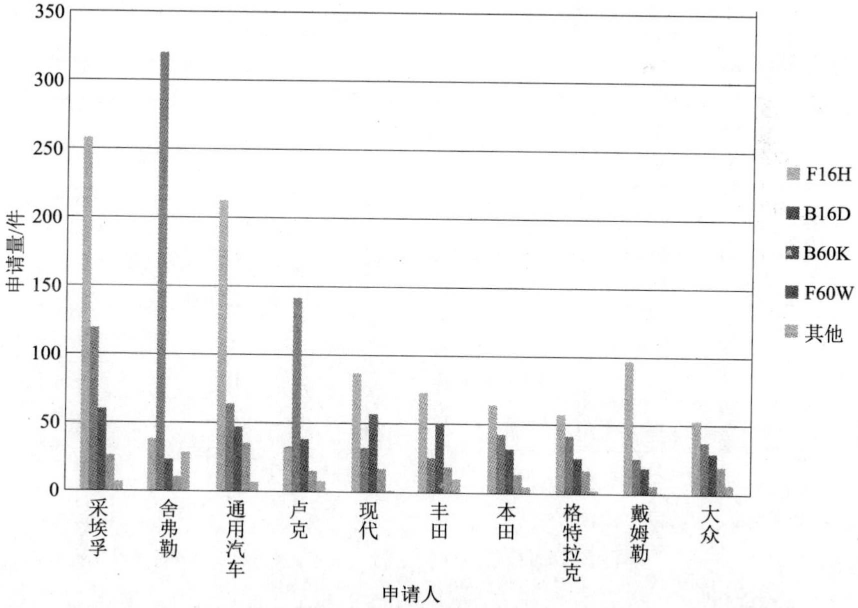

图 8　全球主要申请人技术主题分布

前十的申请人中，有两所高等院校吉林大学和河南科技大学，显示出高校对于双离合变速器技术的重视，这也是国内在该领域专利申请的特点之一。国内企业应加强与高校的技术合作，推动科研创新成果向市场产品的转化。

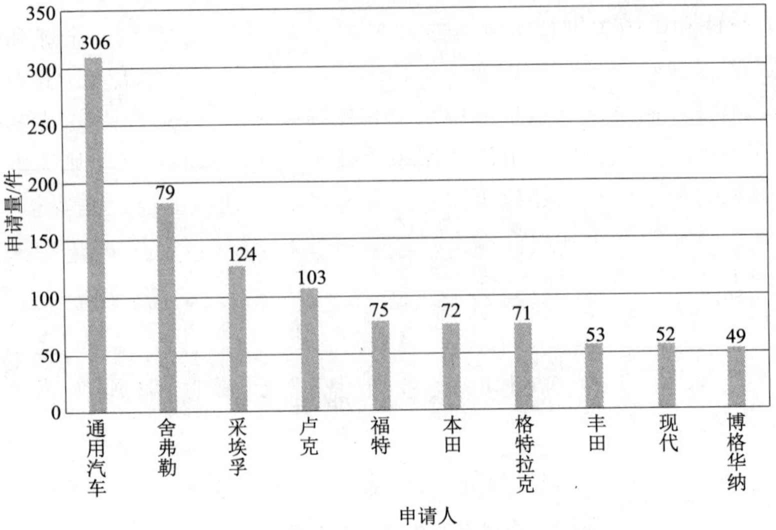

图 9　中国专利申请中国外申请人排名

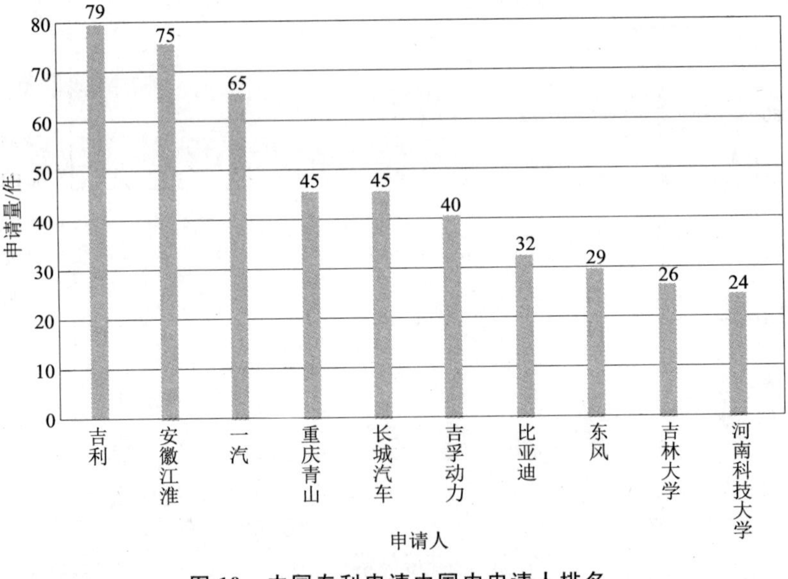

图 10　中国专利申请中国内申请人排名

德国采埃孚、舍弗勒和卢克以及美国通用汽车无论在全球的申请还是在中国的专利申请中，均占据了重要地位，上述三个申请人的专利数量远远超过了其他申请人。

三、关键技术领域分析

图 11 为全球和中国关键技术领域的分布图。从图中可以看出，全球和中国的专利申请，在双离合变速箱领域，均以变速箱技术领域的专利申请量最多。相对地，在全球专利申请中，电液控制系统（包括液压系统和控制系统等）技术领域的专利申请量居于第二位，而在中国专利申请中，电液控制系统技术领域的专利申请量则为五个关键技术领域中申请量相对最小的。上述分析说明，对双离合变速器的研究主要集中在变速箱、电液控制系统、新能源汽车和离合器方向；而相对于全球的趋势，在中国范围内，对电液控制系统的申请量较小，说明国内在此方向仍存在较大的专利空间。

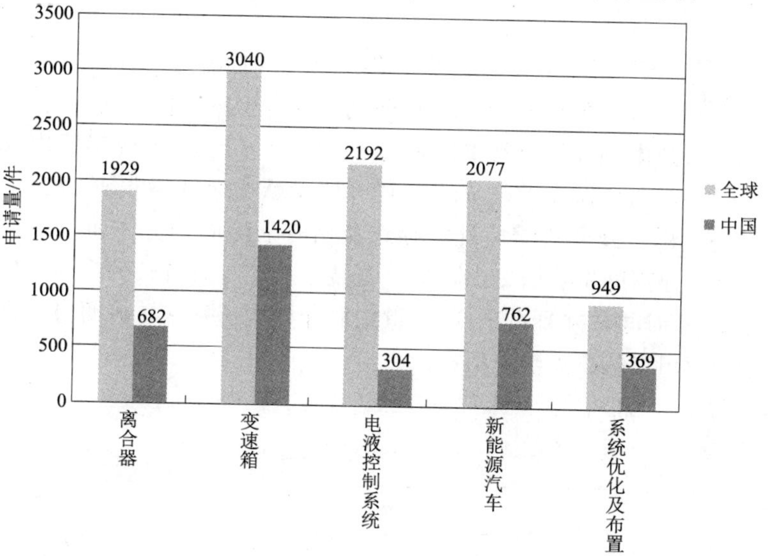

图 11　全球和中国关键技术领域分布图

（一）离合器

双离合器有干式和湿式两种结构，二者的主要区别是散热方式的不同，湿式双离合器片置于液压油腔中，通过液压油实现冷却；干式双离合器通过风冷方式散热，因此决定了二者在离合性能和结构上具有显著的区别。

离合器技术部分主要包括：离合器整体结构、离合器片、同步装置、离合器零附件和离合器控制五个部分。本节针对离合器技术的五个重点技术分类，从申请情况、申请人情况、发展趋势等多个角度进行深入分析。

1. 全球情况

离合器技术专利申请的 IPC 分类号集中在离合器结构及其零附件（F16D）、离合

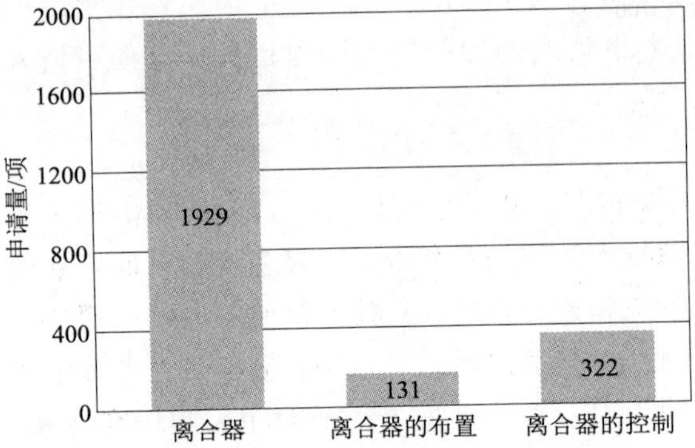

图 12　离合器技术领域分布图

器的布置（B60K17/02）和离合器的联合控制（B60W10/02）中。如图 12 所示，离合器技术领域中，全球共有专利申请 2184 件，由于部分专利涉及多个技术分支，因此，在图 12 中三个技术分支的专利申请量总和大于离合器技术领域的专利申请量（在本文中，各技术分支申请量总和均大于其所属技术领域的专利申请量，下文不再赘述），离合器技术领域的主要专利申请均集中在离合器的结构及其零附件（F16D）中。

如图 13 离合器技术领域全球专利发展趋势图可以看出，离合器技术领域的专利申请量自 1936～1998 年相对发展平稳，仅在个别年份有少量增长。随着汽车市场的发展，1998 年起，离合器技术领域的专利申请量发展加速，并且在 2007 年后进入剧烈增长时期，2007～2011 年，离合器技术领域的专利申请量从 122 件增长到 283 件，2012 年和 2013 年的部分专利由于公开的滞后性，导致数据有下降的趋势。通过上述分析，可以看出，在双离合变速器的发展历史上，离合器技术领域具有较长的生命跨度，其技术发展经历了将近 80 年时间，并且在进入 21 世纪后开始飞速发展，说明对离合器技术的研究始终是各个企业研究的重点热点所在。

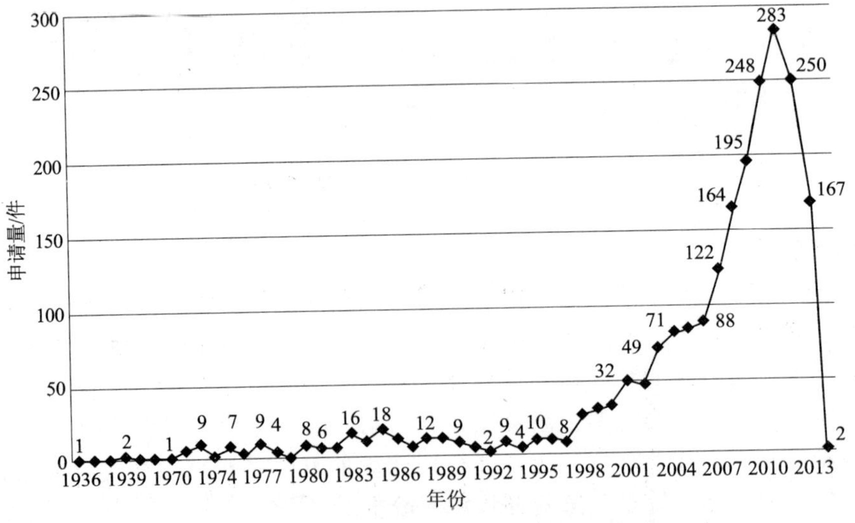

图 13　离合器技术领域全球专利发展趋势图

2. 中国情况

如图 14 中国离合器技术领域分布图所示，离合器技术领域中，中国共有专利申请 826 件，技术分支存在交叉，故申请总量小于各分支之和，可见，离合器技术领域的主要专利申请均集中在离合器的结构及其零附件（F16D）中，并且三个技术分支的比例基本与全球申请量一致。在国内申请中，发明申请的比例占总量的 90%左右。

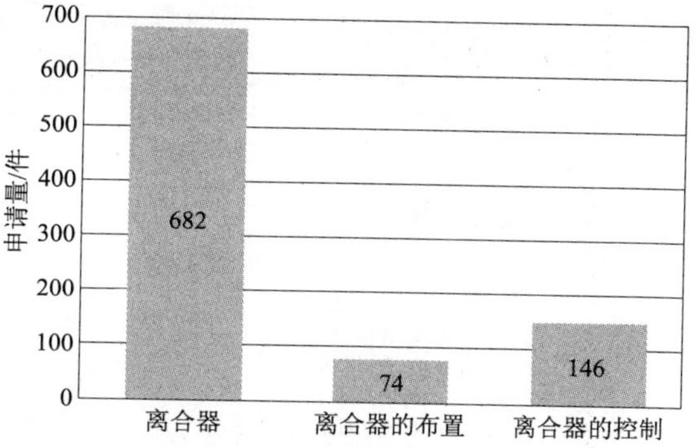

图 14　中国离合器技术领域分布图

从图 15 中国离合器领域发展趋势可以看出，中国在 1999 年出现离合器技术领域的专利申请，在最初的几年，申请量始终维持在个位数，直至 2004 年，申请量开始飞速增长，之后的趋势与全球申请量趋势保持一致。同时，结合图 16 离合器领域国内申请人排名（申请量在 10 件以上）可以看出，离合器技术领域中，国内以舍弗勒申请量最多，其次是通用汽车和卢克，由于舍弗勒和卢克属于同一集团，因此，其申请量占有绝对优势，而国内的申请人，如吉利、吉林大学、东风汽车和比亚迪等，在申请量上已经占有了一席之地，可见随着汽车工业的发展，国内企业开始重视离合器领域的专利布局，不过也应该认识到国内企业在专利布局上距离世界领先企业还有很大的差距。

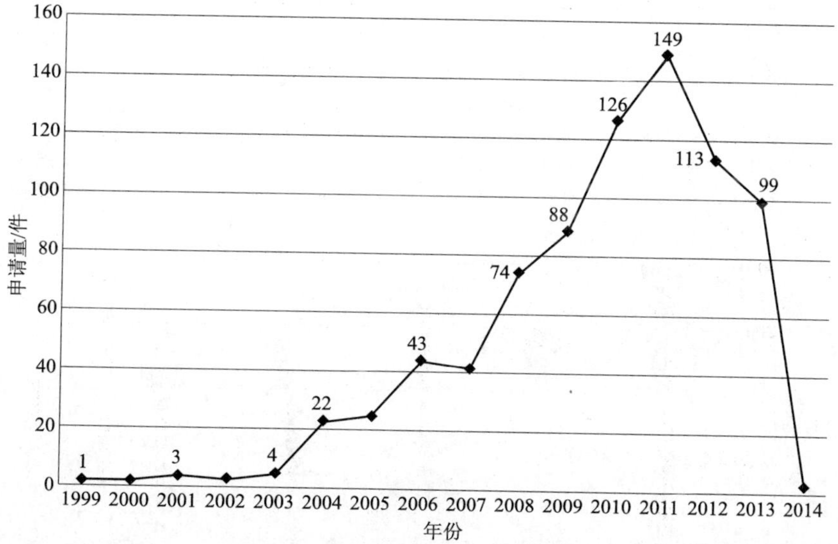

图 15　中国离合器领域发展趋势

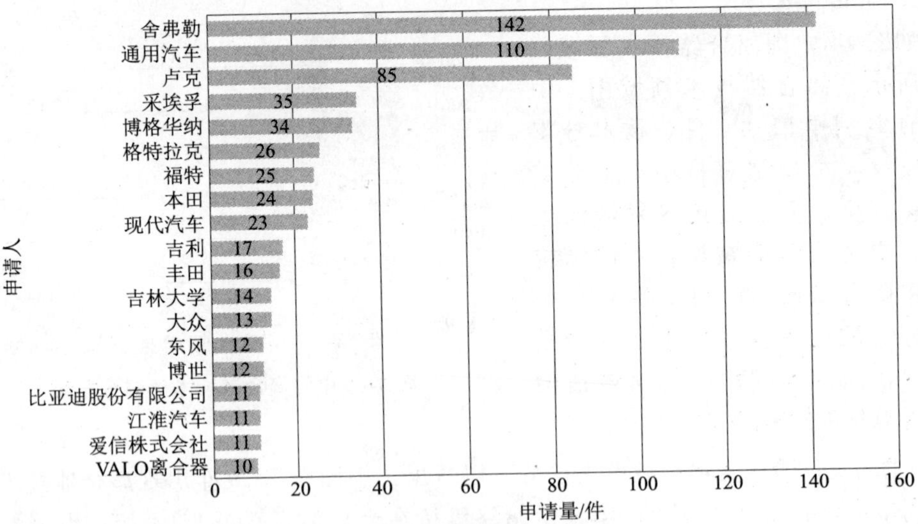

图 16　离合器领域国内申请人排名

3. 主要技术分支分析

离合器技术领域部分主要包括如下五个关键技术分支：离合器整体结构、离合器片、同步装置、离合器零附件和离合器控制。从图 17 离合器技术领域各技术分支分布图可以看出，在全球申请和中国申请中，对离合器整体结构的研究占主要地位。而为使双离合器的性能最优最大化，目前离合器控制也是研究的热点。

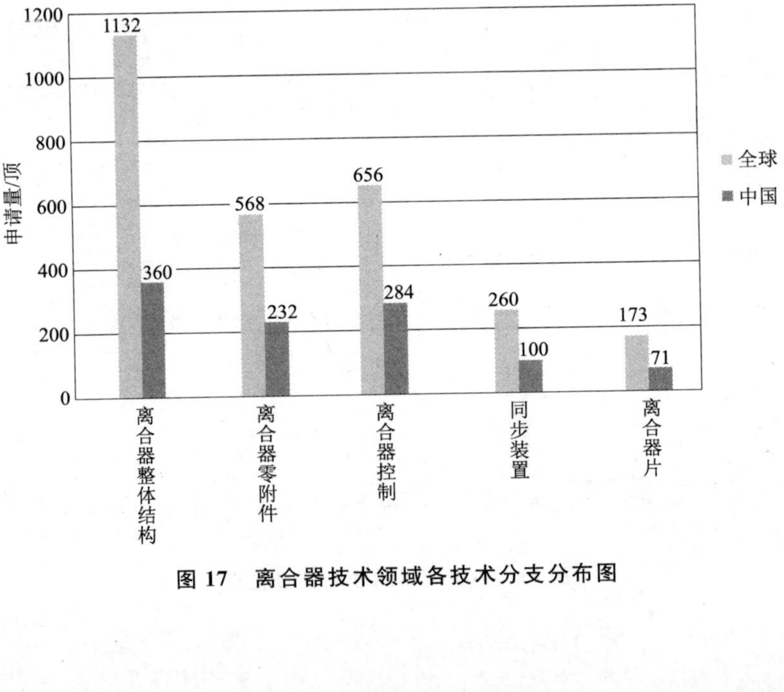

图 17　离合器技术领域各技术分支分布图

（1）离合器整体结构

如图 18 所示离合器整体结构趋势分析图所示，在离合器整体结构这一技术分支下，国内专利申请首先在时间上远远晚于全球范围内的专利申请；其次，从图 18 中还可以看出，在国内申请的申请人分布上，国内申请人在 2004 年首次提出离合器整体结构的专利申请，同样晚于外国申请人的 1999 年，并且二者在数量上也有很大的区别，国内申请人自 2004 年起，总申请量为 60 件（32 件实用新型），同期，国外申请人申请量达到 300 件。可以看出，作为离合器技术领域中最重要的技术分支，国内申请人在申请数量和质量上均不占优势。

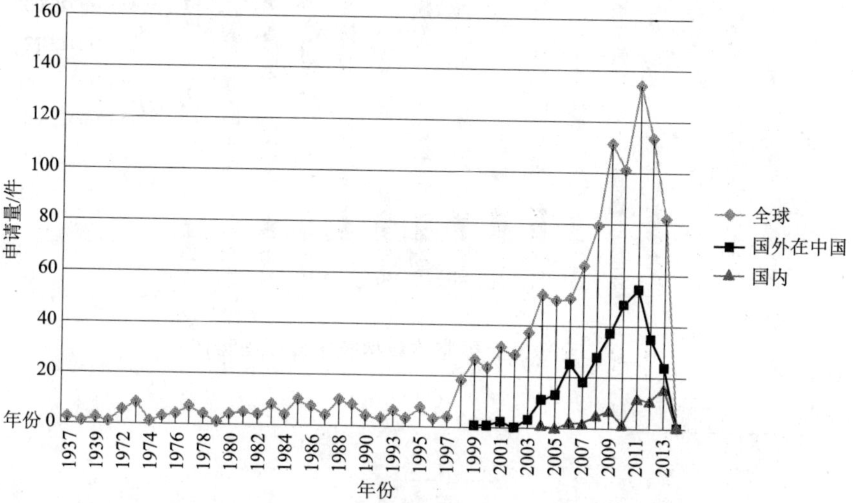

图 18　离合器整体结构趋势分析图

结合图 18 离合器整体结构趋势分析图，可知在离合器整体结构技术领域中，申请量自 1998 年起开始明显增长。以 1998 年为数据分析起点，分析 1998 年至今全球离合器整体结构的技术分布趋势，如图 19 所示，可以看出，在 2007 年以前，关于多轴机械驱动离合器的专利申请占比较多，而进入 2008 年后，该技术领域的申请量明显下降；与之相对应的是流体驱动离合器的申请量在 2008 年后逐年上升，带有不与离合元件转动驱动件的流体驱动器（F16D25/08）和电动离合器（F16D28/00）也有明显上升趋势，说明近年来在离合器整体结构上，研究在逐渐多样化，并且逐渐向一些新兴的技术方向倾斜。

对中国离合器整体结构分布趋势的分析以 2004 年为起始年份，如图 20 所示，可以看出，在中国的专利申请中，多轴机械驱动离合器的申请量自 2006 年后总体呈下降趋势，而流体驱动离合器呈缓慢上升趋势，与全球趋势不同的是，在中国，流体驱动离合器的申请量自 2007 年起一直排名第一。值得注意的是，2012 年后，机械驱动离合器专利申请有上升趋势（F16D21/00），而流体驱动离合器技术细分下，摩擦表面离合器以及带流体驱动件的申请均明显下降。

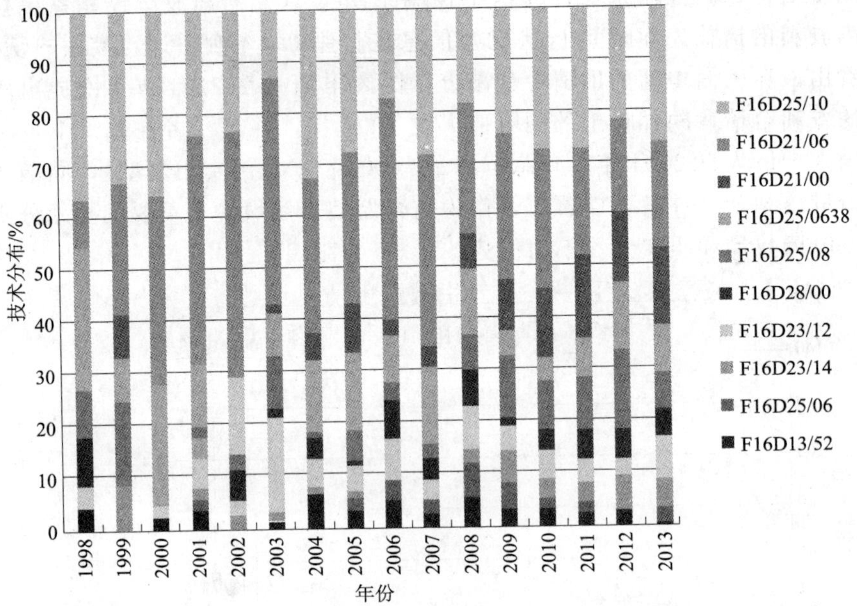

图 19　全球离合器整体结构技术分布趋势图

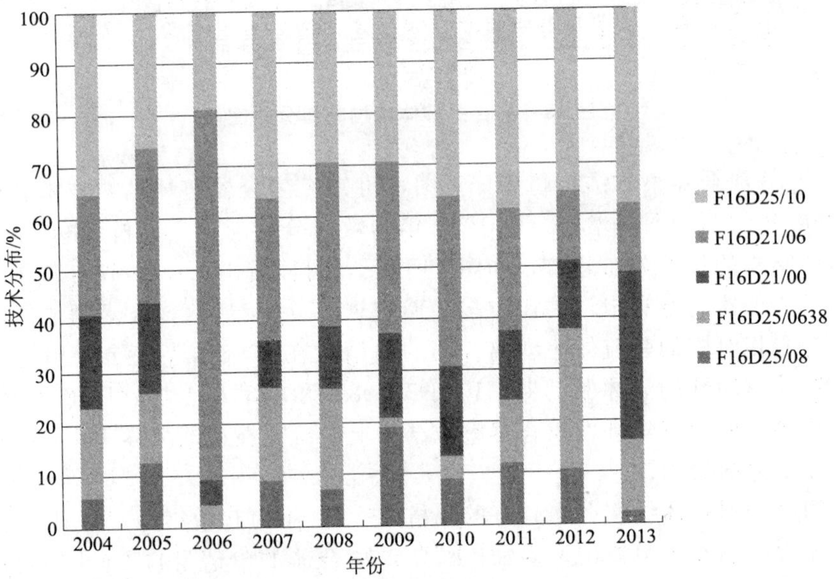

图 20　中国离合器整体结构技术分布趋势图

(2) 离合器控制

双离合变速器的控制系统分为电子控制系统（TCU）和液压控制系统，前者主要根据驾驶员的操作、车辆运行状况等信息进行判断，最后负责 DCT 的正常运行；后者主要由液压控制单元、油液冷却部分以及液压泵三者构成，主要根据前者反馈的信息来操作离合器和换挡机构的运行[8]。

如图 21 所示，在离合器整体结构这一技术分支下，与离合器整体结构技术分支类似，国内申请人在 2004 年首次提出离合器整体结构的专利申请，同样晚于外国申请人的 1999 年，并且二者在数量上也有很大的区别，国内申请人自 2004 年起，总申请量为 42 件（8 件实用新型专利），同期，国外申请人申请量达到 242 件。可以看出，作为离合器技术领域中最重要的技术分支，国内申请人在申请数量和质量上均不占优势。

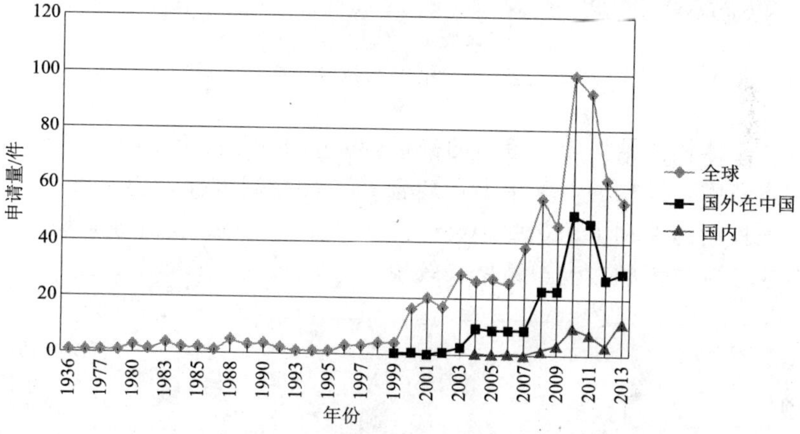

图 21 离合器控制趋势分析图

在离合器控制技术分支下，国外申请人在国内首先提出的申请为 CN1287598A，是日本本田公司提出的对离合器角速度进行控制以降低变速冲击或变速颤动的变速箱系统；而国内申请人首先提出的专利为 CN1560494A，是由吉林大学提出的具有双离合系统的液力变矩器发明专利，其对双离合器和液力变矩器进行联合控制以将机械变速器改造为自动变速器。

结合图 21 可知，在离合器控制技术领域中，申请量自 2000 年起开始明显增长。以 1999 年为数据分析起点，分析 1999～2013 年全球离合器控制的技术分布趋势，如图 22 所示，可以看出，离合器控制技术最初集中在对离合器以及其他车体系统的联合控制和电液控制系统技术细分下，2000 年离合器控制专利申请量从每年 4 件增长至 20 件，主要是由于离合器的液压控制技术专利的增长。从 2000～2013 年，离合器控制技术所涉及技术方向逐渐增多，但主要还是集中在离合器以及其他车体系统的联合控制、电液控制系统以及液体压力控制三个研究方向上；同时，从图 22 中可以看出，近年来，离合器外部控制技术细分的专利增长较快。

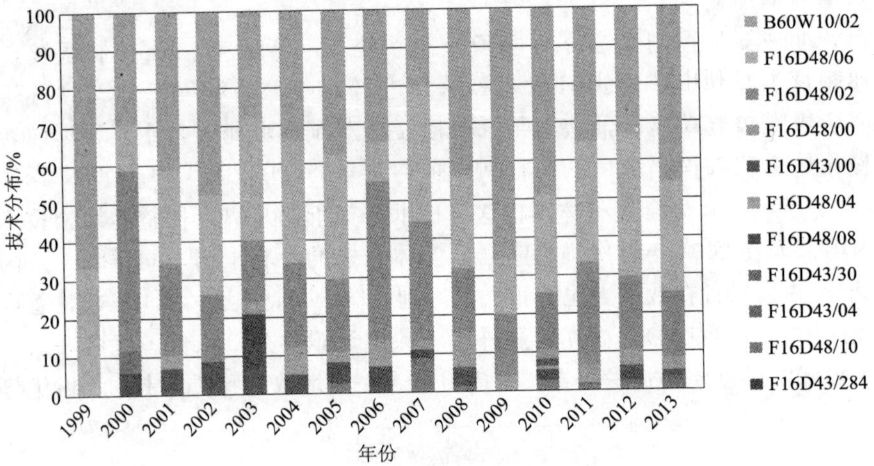

图 22　全球离合器控制技术分布趋势图

对中国离合器整体结构分布趋势的分析以 2002 年为起始年份，如图 23 所示，在中国的专利申请中，最初的专利集中在离合器联合控制方面，直至 2004 年才出现关于离合器电液控制的专利申请，并始终保持在较高的比例。近年来，防止不安全离合器接合的电液控制技术的专利申请增长较快。

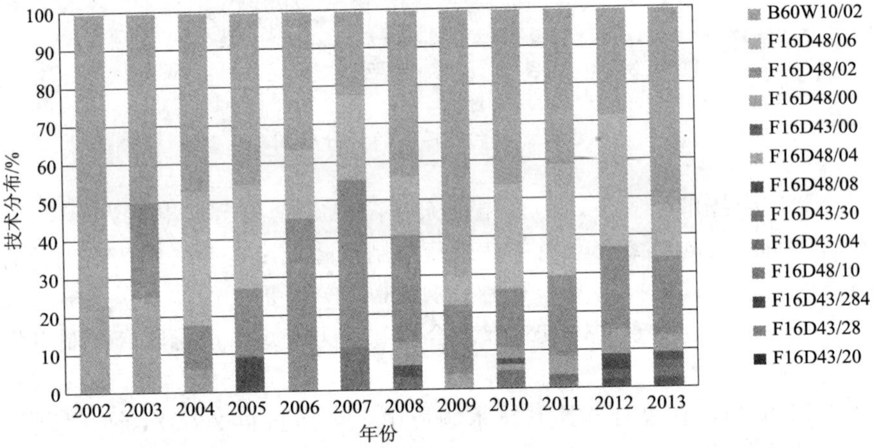

图 23　中国离合器整体结构技术分布趋势图

（二）变速箱

变速箱主要包括行星齿轮系和轴，其主要作用包括：① 改变传动比，扩大驱动轮转矩和转速的变化范围，以适应经常变化的行驶条件，同时使发动机在有利（功率较高而油耗较低）的工况下工作；② 在发动机旋转方向不变的情况下，使汽车能倒退行驶；③ 利用空挡，中断动力传递，使发动机能够启动、变速，并便于变速器换挡或进行动力输出。

1. 全球情况

变速箱技术专利申请的 IPC 分类号集中在传动结构（F16H）、传动装置的布置（B60K17）和传动装置联合控制（B60W10），以及轴承和轴（F16C）中。如图 24 所示，离合器技术领域中，全球共有专利申请 3195 件，由于部分专利涉及多个技术分支，因此，在图 24 中四个技术分支的专利申请量总和大于变速箱技术领域的专利申请量，变速箱技术领域主要专利申请均集中在传动装置（F16H）中。

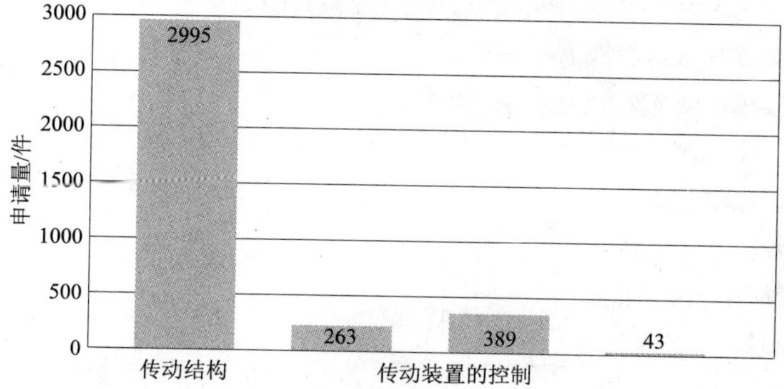

图 24　变速箱技术领域分布图

从图 25 可以看出，1939～2000 年，申请量相对平稳发展，仅在个别年份有少量增长。2000 年起，变速箱技术领域的专利申请量持续迅速增长，从 22 件增长到 474 件，2012 年和 2013 年的部分专利由于公开的滞后性，导致数据有下降的趋势。通过上述分析可以看出，在双离合变速器的发展历史上，变速箱技术领域具有较长的生命跨度，其技术发展经历了将近 80 年时间，并且在进入 21 世纪后开始飞速发展，说明对变速箱技术的研究始终是各个企业研究的重点热点所在。

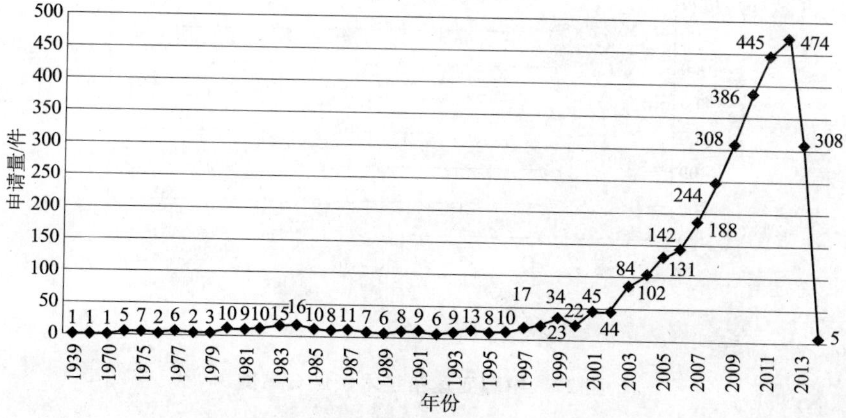

图 25　变速箱技术领域全球专利发展趋势图

如图 26 所示，在变速箱技术领域，德国专利申请量排名第一，然而其优势并不如在离合器领域大，中国作为世界汽车最大的新兴市场，专利申请量排名第二，之后是美国、日本和欧洲，可以看出，在变速箱技术领域，中国的申请量仅低于德国。一方面进一步证明了中国汽车市场在世界范围内占有举足轻重的地位；另一方面，也说明在变速箱技术领域，国内的专利竞争比较强烈。

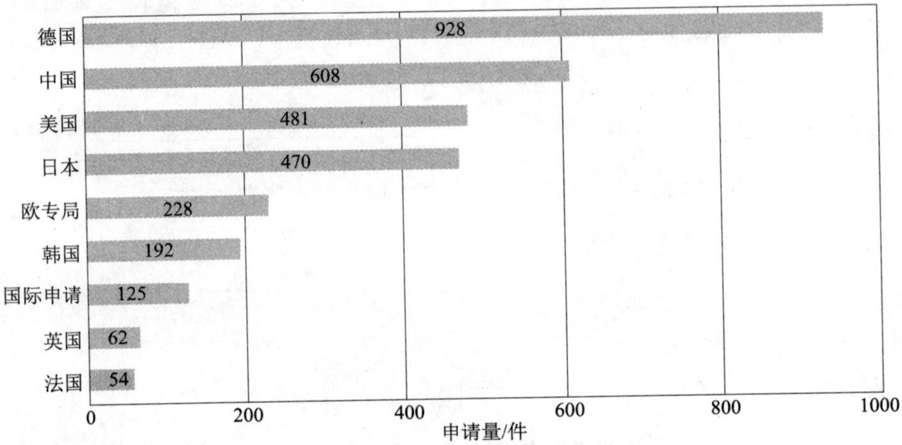

图 26　变速箱技术领域全球申请区域分布

2. 中国情况

如图 27 所示，离合器技术领域中四个技术分支的比例基本与全球申请量一致。在国内申请中，发明为 1211 件，其中发明 PCT 为 311 件，发明申请的比例占总量的 80%左右。

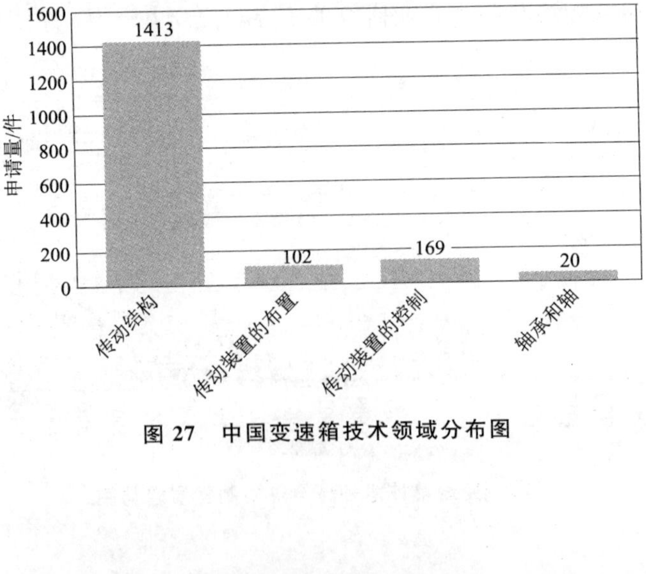

图 27　中国变速箱技术领域分布图

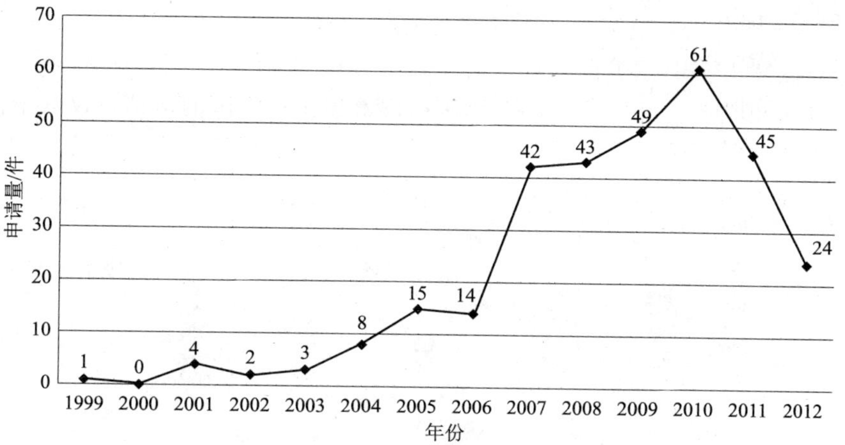

图 28　中国变速箱领域发展趋势

如图 28 可以看出，中国在 1999 年出现关于变速箱的专利申请，直至 2004 年，申请量开始飞速增长，之后的趋势与全球申请量趋势保持一致。同时，结合图 29 变速箱领域国内申请人排名可以看出，变速器技术领域中，国内以采埃孚申请量最多，并且在申请量上占有绝对优势，其次是丰田公司和舍弗勒，而在排名前列，并没有国内申请人出现。通过上述分析，说明在变速箱技术领域，国内申请人还没有形成有效的专利布局，在这一领域，采埃孚占有绝对优势，其他企业的申请量基本相当。

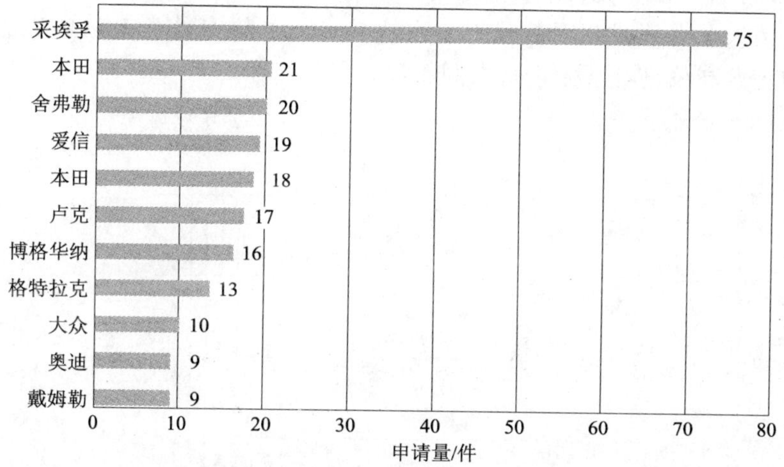

图 29　变速箱领域国内申请人排名

3. 主要技术分支分析

从图 30 变速箱技术领域各技术分支分布图可以看出，在全球申请和中国申请中，对变速箱控制技术的研究占主导地位，中国专利申请中关于变速箱零附件的申请占较大比例。

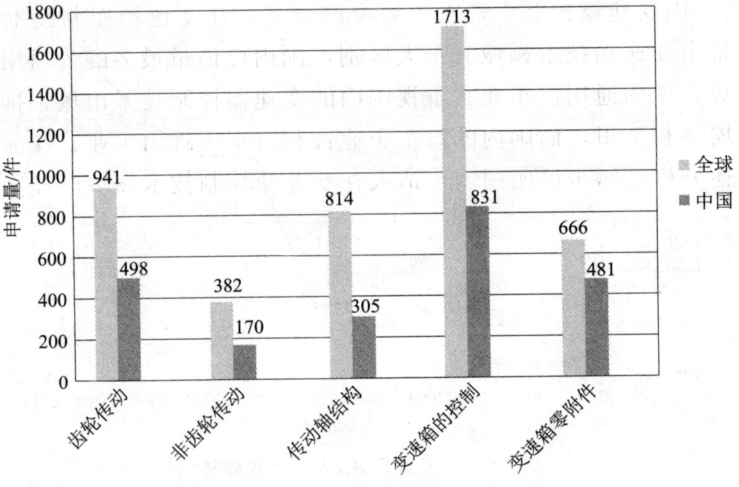

图 30　变速箱技术领域各技术分支分布图

4. 变速箱控制技术

如图 31 所示，在变速箱控制这一技术分支下，首先，国内专利申请在时间上远远晚于全球范围内的专利申请；其次，从图中还可以看出，在国内申请的申请人分布上，国内申请人在 2001 年首次提出变速箱控制技术的专利申请，稍晚于外国申请人的 1999 年，并且二者在数量上也有很大的区别，国内申请人自 2004 年起，总申请量为 268 件（100 件实用新型专利），同期，国外申请人申请量达到 563 件。可以看出，虽然国内申请人在申请量相对数量上不占优势，但在绝对数量上已经形成一定的规模，即国内企业高校已经开始进行专利布局。

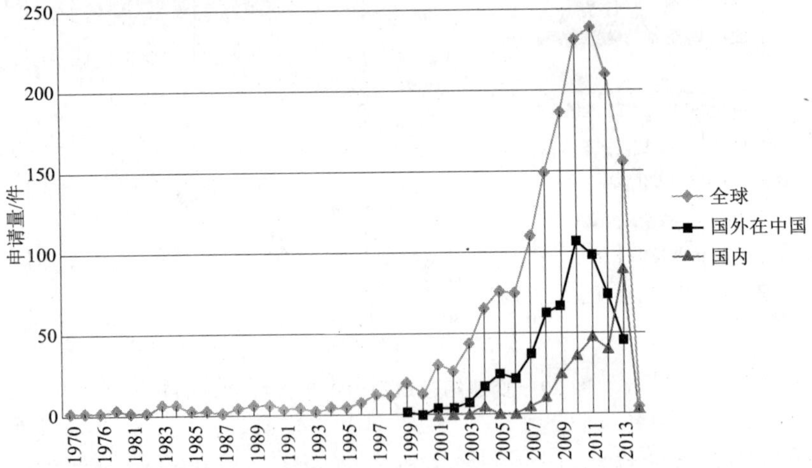

图 31　变速箱趋势分析图

从图 32 中国变速箱控制申请人排名可以看出，在变速箱控制技术领域，申请人排名情况与整个变速箱技术领域有很大区别，国内申请量最多的为通用汽车，并且占有绝对的优势，说明通用汽车非常重视国内的变速器控制技术市场，排名第二、第三的分别为采埃孚和本田，而国内的汽车企业吉利、重庆青山工业、江淮汽车均进入排名前十。上述分析进一步说明国内申请人在变速箱控制技术领域已经占有一席之地。

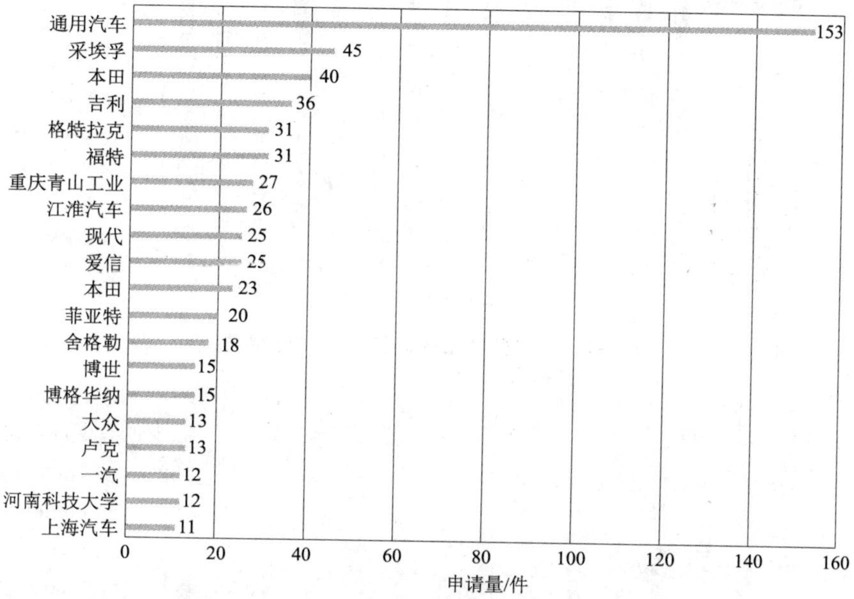

图 32　中国变速箱控制申请人排名

结合图 31 变速箱趋势分析可知，在变速箱技术领域中，申请量自 1998 年起开始明显增长。以 1998 年为数据分析起点，分析 1998～2013 年全球变速箱的技术分布趋势，从图 33 全球变速箱控制技术分布趋势图可以看出，具有平稳速比变速的控制技术（F16H61/04）所占比例有逐年缓慢下降趋势，取而代之的是采用离合器进行输入选择控制的分级传动控制装置和以所用信号为特点的控制技术（F16H61/02）自 2001 年起逐年增长，同时可以看出，变速器控制技术主要集中于靠控制变速或换向传动装置内的功能而传送旋转运动技术领域（F16H61）。整体上，变速箱控制技术发展向精细控制及联合控制方向倾斜。

对中国离合器整体结构分布趋势的分析以 2004 年为起始年份，如图 34 所示，可以看出，在中国的专利申请中，中国变速箱控制技术的第一件专利申请是关于液压马达控制变速箱；整体的发展也呈多样化趋势，而具有平稳速比变速的控制技术（F16H61/04）所占比例没有明显下降趋势，相应地，采用离合器进行输入选择控制的分级传动控制装置和以所用信号为特点的控制技术（F16H61/02）自 2001 年起逐年增长，并且，在中国的申请中，联合控制技术占据比例较低。

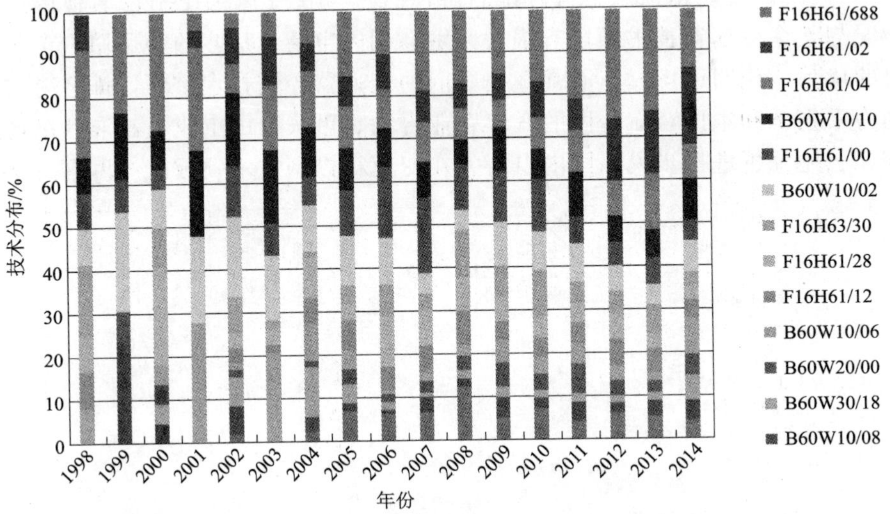

图 33 全球变速箱控制技术分布趋势图

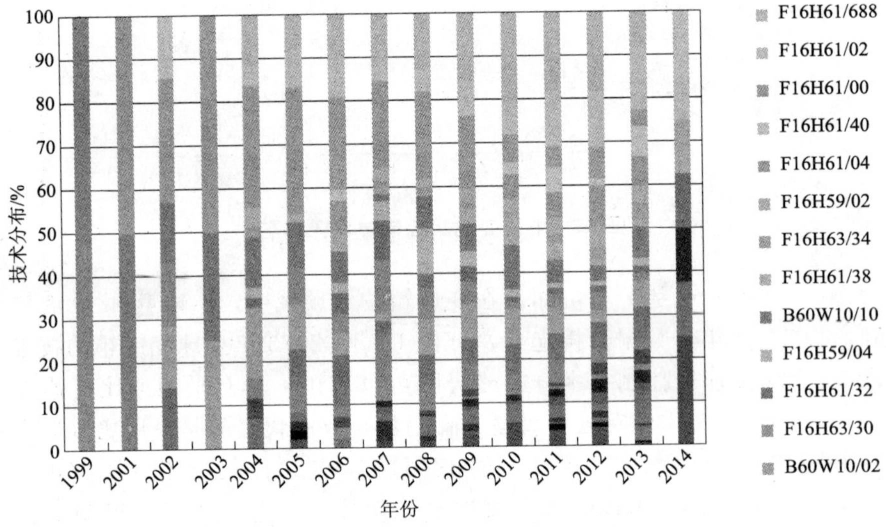

图 34 中国变速箱控制技术分布趋势图

（三）新能源汽车

将混合动力总成与双离合变速器相结合，主要目的是克服目前混合动力系统结构复杂、制造成本高、体积大，或不具备纯电动模式，或能量回馈效率低的缺点，提供一种串并联混联式混合动力系统，使其结构简单、布置紧凑、制造成本低，具有良好的整车动力性、燃油经济性和低排放的特点。为了增强混合动力系统的通用性和平台化，混合动力系统总成化成为混合动力系统结构形式的发展趋势。

混合动力汽车动力系统的结构形式有串联式、并联式和混联式，具体的结构形式有多种变型。非常具有代表性的是日本丰田公司汽车公司的 Prius THS 混合动力系统及其 THS2 混合动力系统、日本本田公司的 IMA 混合动力系统、通用汽车公司的 EP 混合动力系统及其 AHS2 混合动力系统。

1. 整体情况

新能源汽车技术专利申请的 IPC 分类号集中在混合动力（B60K6）及其控制（B60W20）、电动车辆（B60L）和电机设置（H02K、B60K1）中。如图 35 新能源汽车技术领域分布所示，离合器技术领域中，全球共有专利申请 560 件（由于部分专利涉及多个技术领域，因此，图 35 中四项之和大于 560），可以看出，新能源汽车领域还是以混合动力汽车为主。

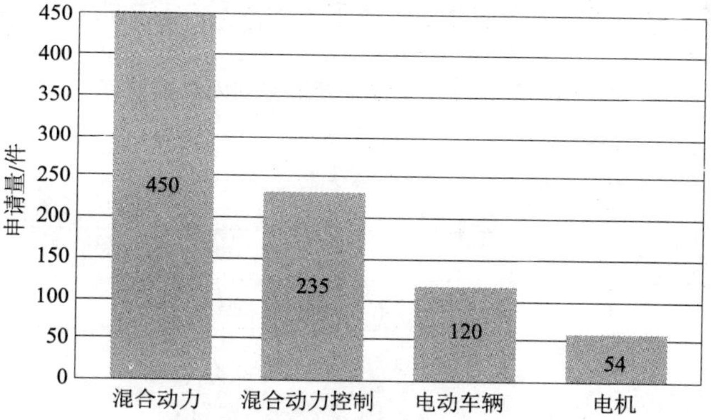

图 35 新能源汽车技术领域分布图

新能源汽车由于其技术的先进性，所涉及的专利并不多，因此，本节在进行分析时，将全球情况和国内情况合并进行分析统计，以便更加直观地得出其技术趋势脉络。从图 36 可以看出，全球范围内，将双离合变速器与新能源汽车结合的专利诞生于 1984 年，同样，直至 2000 年左右才开始迅速增长；而国外申请人在中国的第一件新能源汽车专利亦诞生于 2001 年，国内申请人则在 2005 年才提出此领域的专利申请。新能源汽车技术虽然起步较晚，但其专利申请增长趋势很快，伴随着人们对环境保护的重视，相信新能源汽车将会持续高速发展。

如图 37 所示，在新能源汽车技术领域，全球范围内申请量最多的企业为日本丰田公司，其次为德国采埃孚，与其他技术领域不同的是，在新能源汽车领域，日本和韩国企业占据了重要地位，日本的丰田公司和本田及韩国的现代占据了前 5 位中的三席。中国的一汽、比亚迪、吉利和长城汽车也具有一定的申请量；而在中国，则是福特具有最多的申请量，其次为日本的丰田公司和本田，而国内申请人一汽和比亚迪都具有较多的申请量，可见，在新能源汽车领域，国内申请人已经占据了较为重要的地位。

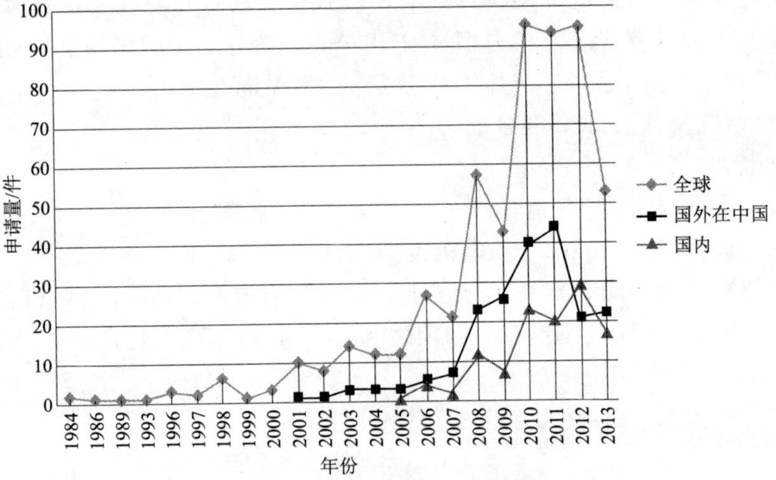

图 36　新能源汽车技术领域专利发展趋势图

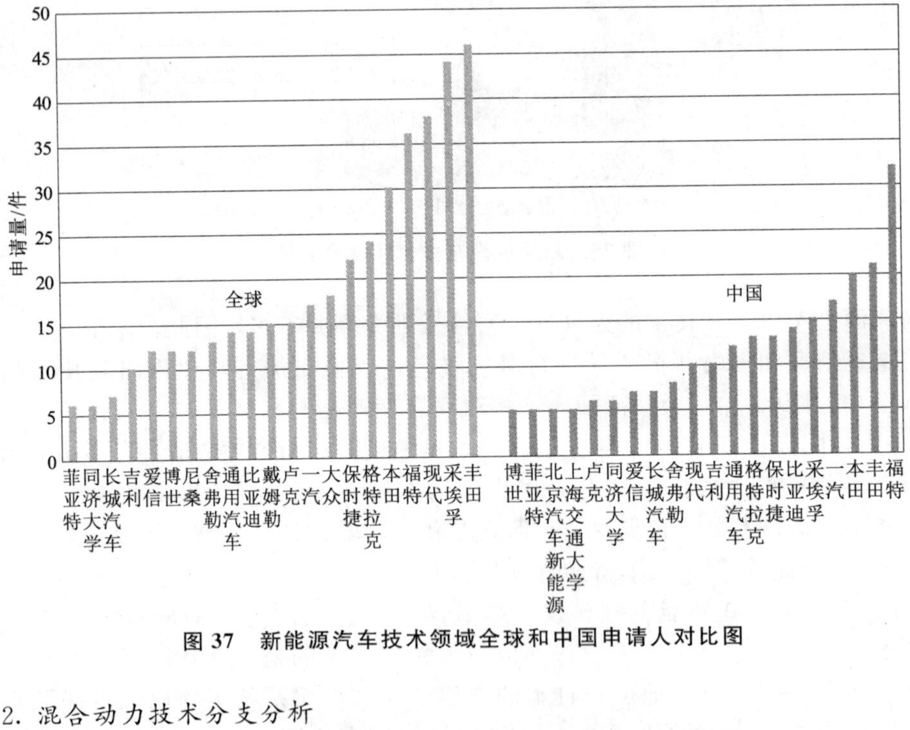

图 37　新能源汽车技术领域全球和中国申请人对比图

2. 混合动力技术分支分析

如图 38 所示，混合动力汽车专利始于 1984 年，而直到 1996 年才出现关于混合动力汽车控制方面的专利申请，之后，混合动力控制的申请量始终低于混合动力汽车，并且二者的发展趋势高度重合。

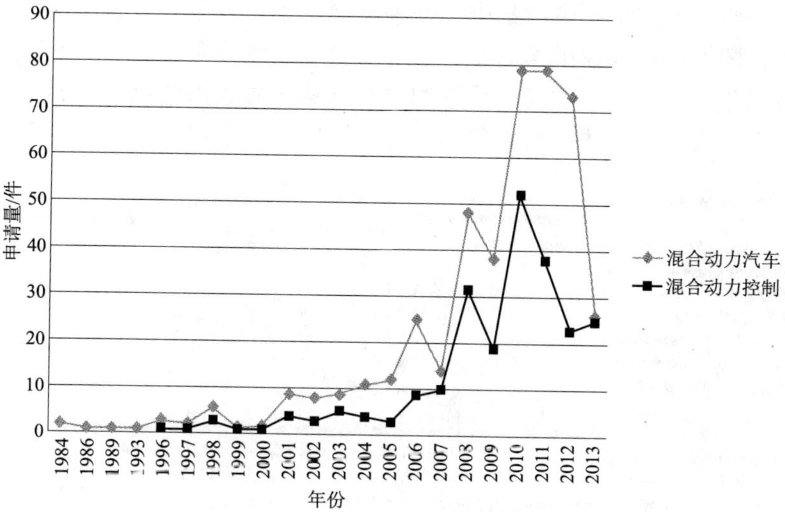

图 38 混合动力趋势分析图

对混合动力汽车的具体技术进行分析，如图 39 所示，在混合动力汽车技术分支下，占申请量最多的是并列型混合动力汽车（B60K6/48），其次分别为有级变速传动混合动力汽车（B60K6/547）以及以传动装置为特征的混合动力汽车。即在混合动力汽车领域，最受关注的技术是关于混合动力汽车结构的布置和混合动力汽车传动装置的设置。

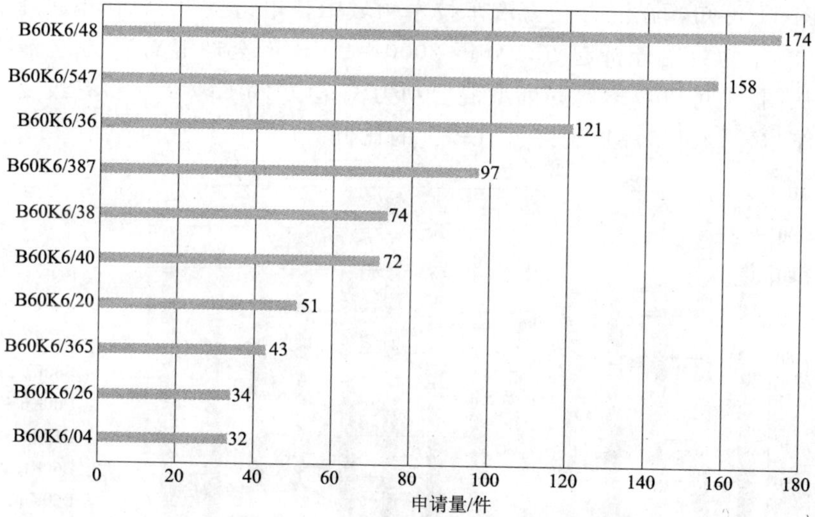

图 39 全球混合动力汽车技术领域细分布图

如图 40 所示，国外在中国和国内申请人在混合动力汽车领域，具有不同的研究方向，国内申请人主要的专利申请集中于以动力离合器和传动装置为特征的混合动力汽车，而国外申请人的专利申请集中于并列型混合动力汽车和有级变速传动混合动力汽车。可见，国外申请人在中国的专利布局与全球专利分布相一致，并且国外申请人的专利布局涵盖了混动汽车的动力系统和整车结构布置，因此比较合理，国内企业应当加强对混合动力汽车整体结构布置的研究，同时要注意避让已存在的专利壁垒。

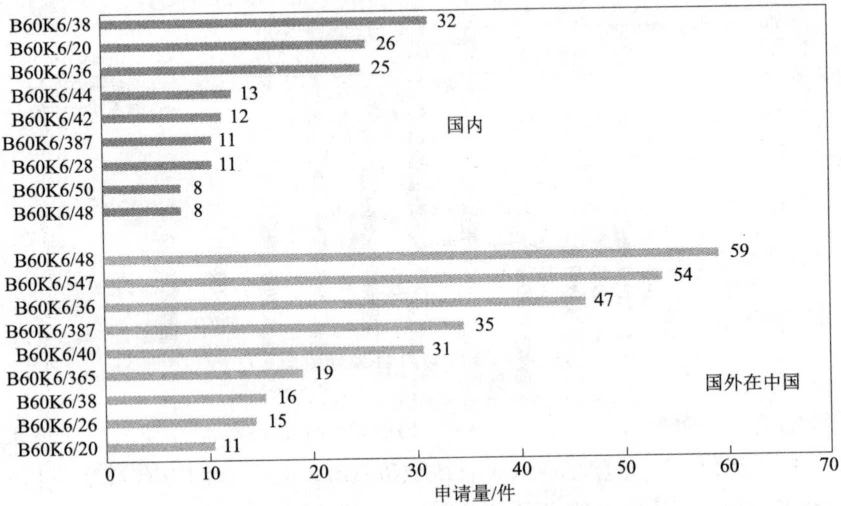

图 40　中国混合动力汽车技术领域细分布图

结合图 41 可知，在混合动力汽车技术领域中，申请量自 2000 年起开始明显增长。以 2000 年为数据分析起点，分析 2000～2013 年全球混合动力汽车的技术分布趋势，从图 41 可以看出，并列型混合动力汽车（B60K6/48）和有级变速传动混合动力汽车（B60K6/547）始终占有较大的比例。

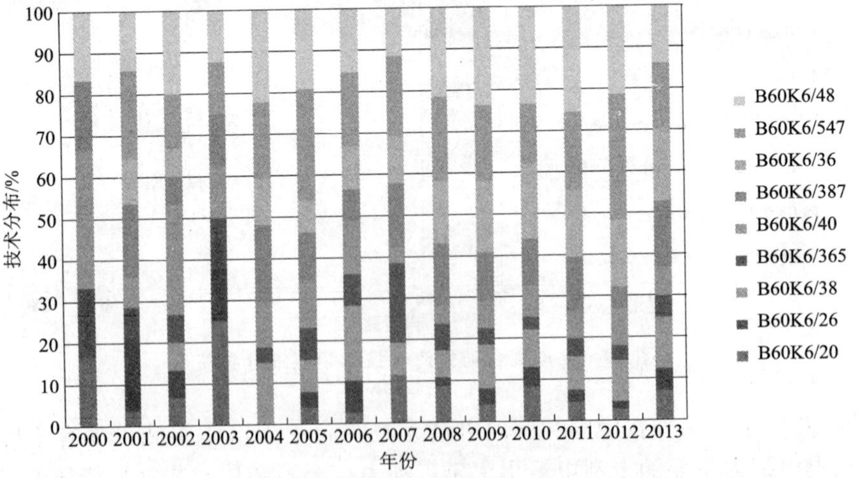

图 41　全球混合动力汽车技术分布趋势图

如图 42 中国混合动力汽车技术分布趋势所示，可以看出，在中国的专利申请中，近几年来，专利申请主要集中在混合动力汽车的电能储存技术（B60K6/38）和传动装置布置（B60K6/36）。

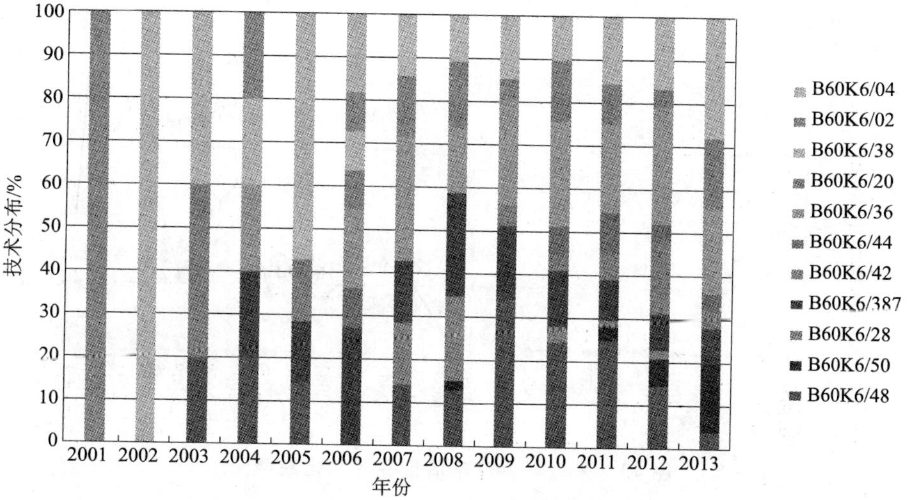

图 42　中国混合动力汽车技术分布趋势图

双离合变速器中，离合器技术和变速箱技术的技术生命跨度长，经过多年的研究和发展，其专利申请量虽然在不断增长，然而新技术出现的几率较小，技术的发展已经进入成熟期。相对而言，在新能源汽车领域，虽然其技术跨度短，但由于其绿色特性，能满足政策需求，后续可发展预期好，国内企业应当在这个领域做好专利布局的准备。

四、关键申请人以及技术分析

双离合变速器的专利申请集中在德国采埃孚、舍弗勒和卢克，以及美国通用汽车等关键申请人中，而中国申请人在数量和质量上均与国外申请人有比较大的差距，在此，对双离合变速器领域影响较大的公司以及国内对该领域进行研究的主要公司及机构进行分析。

（一）采埃孚

1. 全球情况

采埃孚公司在世界范围内共有双离合变速器技术领域专利 502 件，其全球专利申请发展趋势如图 43 所示。采埃孚公司自 1972 年起开始涉足双离合变速器的研究，从 2000 年开始快速增长，其中在 2009 年有一次明显的申请量下降趋势，之后又呈急速增长状态。这说明随着电液控制以及机械制造工业的不断发展，双离合变速器技术发展迅速，而采埃孚作为世界范围内重要的变速器研发制造企业，其对双离合变速器技术领域的投入也是十分重视的。

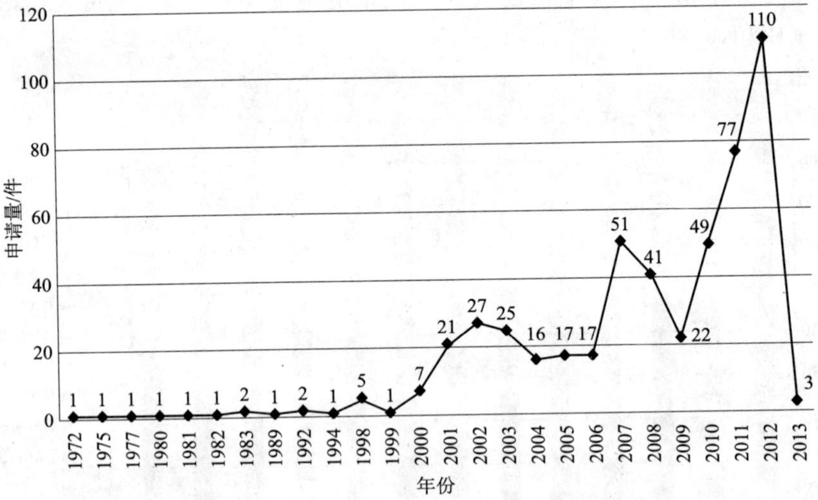

图 43　采埃孚全球申请量发展变化趋势图

从图 44 采埃孚全球专利申请的技术领域分布（小类）可以看出，采埃孚公司在双离合变速器技术领域的申请大部分集中在车辆传动装置（F16H）、传送旋转运动的联轴器分类号、离合器和制动器（F16D），以及在车辆动力装置或传动装置的布置或安装（B60K），不同类型或不同功能的车辆子系统的联合控制（B60W）中也有大量申请。而在其他比如弹簧、减震器（F16F）、一般流体工作系统（F15B）中也有少量申请，可以看出，采埃孚公司的申请主要集中在双离合变速器的整体结构以及控制方面，在双离合变速器的相关零附件领域则较少。

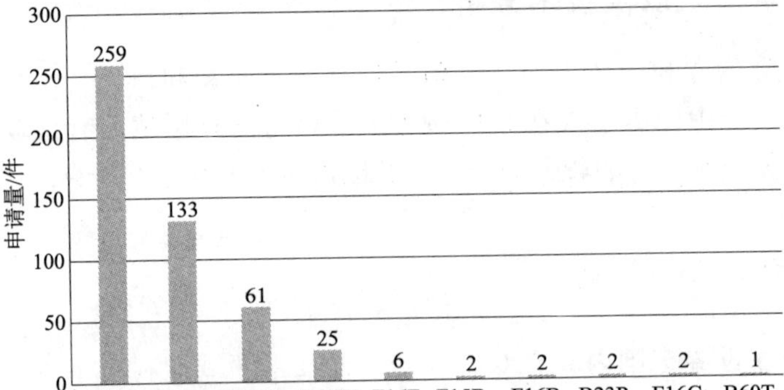

图 44　采埃孚全球专利申请技术领域分布图（小类）

同时，如图 45 所示，采埃孚早期（2000 年以前）的专利申请主要是对湿式双离合变速器即流体驱动离合器（F16D25）和齿轮箱结构（F16H3）的研究；而对双离合变速器本体结构的研究，如摩擦离合器（F16D13）和包括多个驱动离合器的系统（F16D21），则主要集中在2000～2010年，在2010年后，这两个技术领域的专利有明显的下降；与此相对地，共用两个动力装置的布置安装（B60K6）和靠控制变速或换向传动装置内的功能而传送旋转运动（F16H61）则在2010年后有明显的上升趋势。这说明，随着汽车技术的发展，采埃孚公司在双离合变速器技术领域的研究逐渐侧重于对汽车控制和双离合变速器在新型汽车领域的研究。

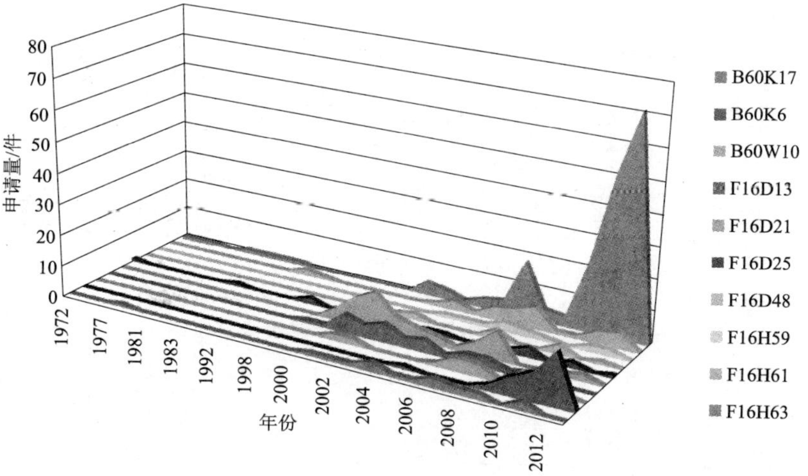

图45　采埃孚全球专利申请趋势图（IPC大组）

2. 中国情况

如图46所示，采埃孚公司自2003年开始在中国申请专利。其第一件中国专利是一种换挡装置以及具有该换挡装置的汽车变速器（CN1711436A）。在2007年和2010年，采埃孚公司在中国专利申请量有明显的增长波峰，而在2010年之后，其专利申请量有明显下降。这主要与采埃孚公司在中国的企业布局有关，在2008年，采埃孚公司开始了与北汽福田的长期战略合作，并将其变速器引入欧马可品牌卡车。而在双离合变速器上，2009年，保时捷PDK湿式双离合器变速箱由德国采埃孚提供。

图47为采埃孚中国专利申请的IPC分类小类分布。采埃孚公司申请仍然以车辆传动装置（F16H），传送旋转运动的联轴器、离合器和制动器（F16D），以及在车辆动力装置或传动装置的布置或安装（B60K），不同类型或不同功能的车辆子系统的联合控制（B60W）为主。与全球专利申请技术领域分布图45相比，可以看出，在F16F分类，即弹簧、减震装置的技术领域（其中包含了对系统中震动的抑制），采埃孚公司的6项专利申请均在中国公开，这与中国的国内行车环境以及市场需求密切相关。

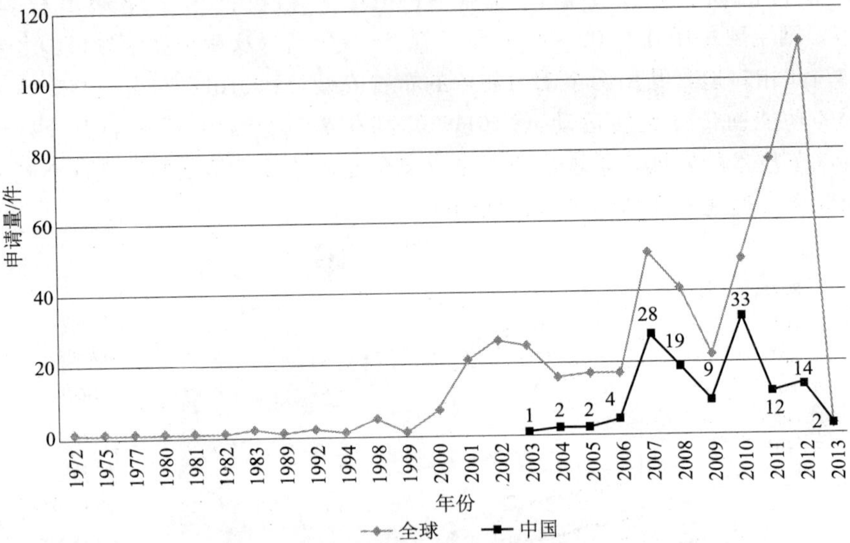

图 46 采埃孚中国申请量和全球趋势对比图

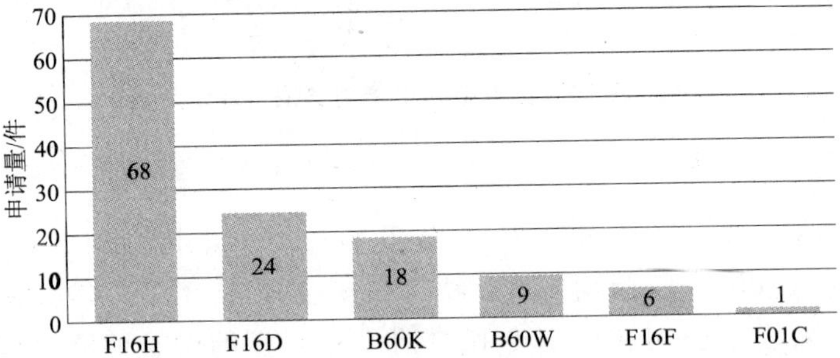

图 47 采埃孚公司中国专利分类号分布图

3. 核心技术分析

如图 48 所示，采埃孚最重视的是提高双离合变速器的可靠性、经济性和动力性，在此基础上，采用的技术手段主要是对齿轮箱结构和换挡控制系统的改进，而采用优化与车辆其他系统组合的技术手段主要是为了提高双离合变速器的车辆适应性以提高经济性和动力性，如现在的双离合变速器模块化技术。

随着科技的发展，人们对汽车操控性的需求也在逐渐提高。1981 年采埃孚提出了六速双离合变速器齿轮箱的专利（DE3152696A），30 多年来，汽车技术不断发展，2010 年，采埃孚已提出了八速双离合变速器齿轮箱的专利（US2010257952A），如图 49 所示，八速双离合器变速器包括：一个第一和一个第二离合器，所述两个离合器的输入侧与一个驱动轴连接，并且所述两个离合器的输出侧分别与彼此同轴设置的一个第一和一个第二变速器

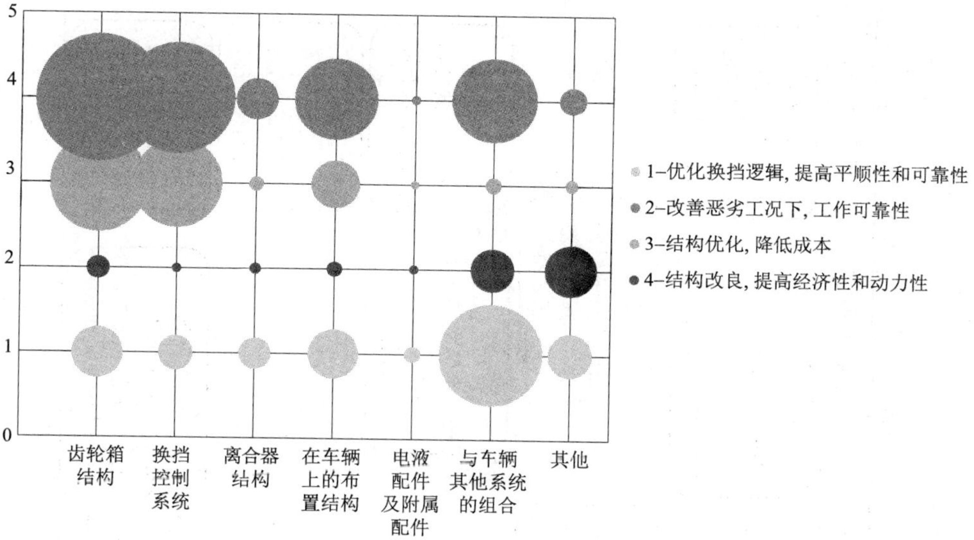

图 48　采埃孚专利技术功效矩阵图

输入轴中的一个连接；设置最多六个齿轮平面，其中，设置至少两个双齿轮平面，并且在每个双齿轮平面中第一和第二中间轴的各一个空套齿轮配设于所述第一和第二变速器输入轴之一的一个固定齿轮，其中，在每个双齿轮平面中至少一个空套齿轮能用于至少两个挡位，使得至少一个迂回挡在配设于第二输出齿轮的在第二中间轴上的耦联装置打开时能接通。其利用空套齿轮和耦联装置的设置，实现了多挡位和较小的结构空间，并且具有较好的经济性。

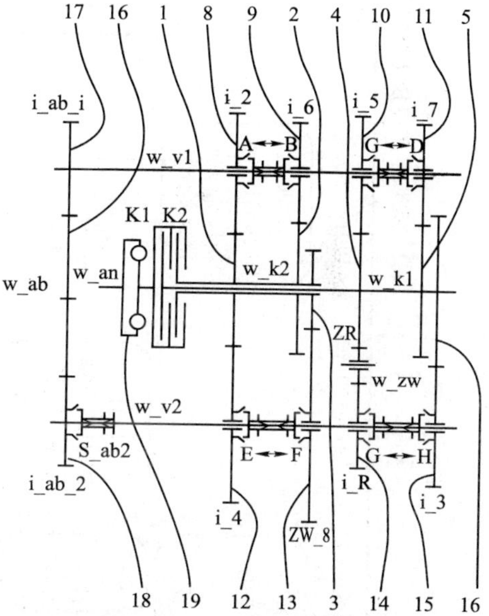

图 49　采埃孚八速双离合齿轮箱

现代汽车工业的发展目标是高舒适性、高经济性和高动力性。并且，伴随着现代人生活方式的多样性，使车辆适应不同的路况也显得尤为重要。采埃孚在 2005 年提出了优化双离合混合动力汽车起步状况的专利 WO2006029878；随后，在 2009 年提出了防止汽车溜车，提高行驶安全的双离合混合动力汽车专利 CN102209657。表 1 所示为采埃孚在各个技术分支中比较有代表性的专利申请。

表1　采埃孚重点技术路线表

重要专利	1972～1980年	1981～1990年	1991～2000年	2001～2005年	2004～2009年	2010～2013年
离合器结构	1972 DE2215922B 湿式双离合中活塞的设置		1998 DE19831951A 结构紧凑部件少离合器		2007 EP1916457A 离合器液压控制阀结构	2013 CN103307133A 离合器壳体改进以降低成本
齿轮箱布置	1975 GB1541178A 三轴双离合齿轮箱布置	1981 DE3152696A 六速离合器齿轮箱		2004 US7287442B 七速离合器齿轮箱	2010 US2010257952A 八速离合器齿轮箱	
离合器附件	1980 DE2941935A1 液力变矩器以及双离合器的布置				2008 WO2009050078A 空套齿轮布置节约空间	2012 WO2012168024A 减震组件的布置
离合器控制系统		1989 DE4017961A 离合器电子阀控制系统	1994 DE4405806A 电液控制阀系统	2003 CN1711436A 同步器控制拨叉避免出错		2013 CN102758913A 电液控制阀先导控制阀系统
混合动力				2002 DE10231492A 混合动力 2005 WO2006029878 混合动力中电机起步	2009 CN102209657 多级变速混合动力汽车，防止滑车	2013 CN103415411A 设置从动齿轮减少轴向长度

（二）舍弗勒以及卢克

卢克是舍弗勒集团公司的成员，因此，在统计双离合变速器专利申请量时，将卢克和舍弗勒放在一起统计分析。舍弗勒（含卢克）较早开始研发双离合变速器，最早的双离合变速器专利申请在1975年提出。1975～2002年，该公司在双离合变速器方面处在基础研发阶段，相关专利申请属于基础专利，申请量也较少，基本为个位数。在2002～2005年，该公司双离合专利申请开始增长，但是也是低数量的增长，申请量年均在20件以下，处在技术萌发期。2005～2013年，其双离合变速器专利申请量大幅增长，处于技术成长期。舍弗勒（含卢克）2001年在中国开始申请双离合变速器专利，其增长趋势与其国外申请相同，只是数量较少，年平均在20～30件（图50）。

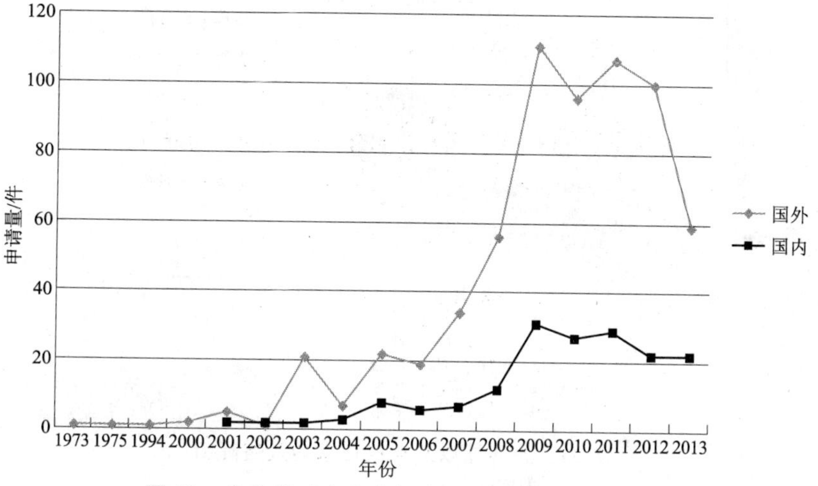

图50 舍弗勒（含卢克）专利申请量年代分布图

图51为舍弗勒以及卢克的技术功效矩阵图，从该矩阵图中可以发现，舍弗勒（含卢克）在变速器控制系统（含控制方法）、变速器结构和双离合变速器零部件上研发力度较大，其相应专利申请也较多，主要解决的技术问题在于缩小变速器体积、增强可靠性、降低成本这三个方面。

图52是舍弗勒以及卢克的主要技术路线图，从中可以看出，舍弗勒和卢克是比较早进入双离合变速器领域的，在2000年前后相关专利申请量开始大幅增长。其进入中国的申请不多，其技术发展主要涉及三方面：第一是双离合器结构发展，主要是提高双离合器的可靠性、降低成本和缩小体积，如核心专利DE102009059942；第二是双离合变速器的控制方法，主要是提高换挡的平顺性、可靠性，以及降低油耗进行改进，如核心专利DE102011085129；第三是双离合变速器的零部件的改进，主要是提高变速器的可靠性、降低成本，如核心专利DE112012003321。从专利申请量和技术脉络图上可以看出，在双离合器结构和变速器控制方法上，舍弗勒和卢克是同时进行研发的。后期舍弗勒和卢克又着重对变速器和双离合器的零部件进行了研发，主要是针对轴承、促动器

等关键部件进行了研发。从上述技术发展趋势看，双离合器变速器已经在技术上成熟，进入细化完善阶段。

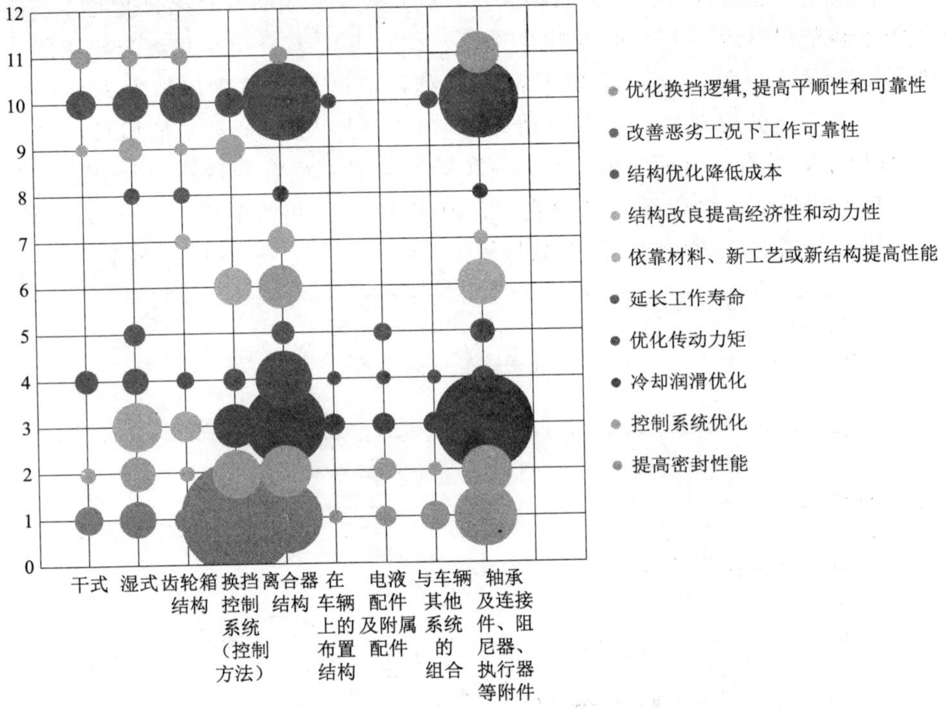

图 51　舍弗勒以及卢克技术功效矩阵图

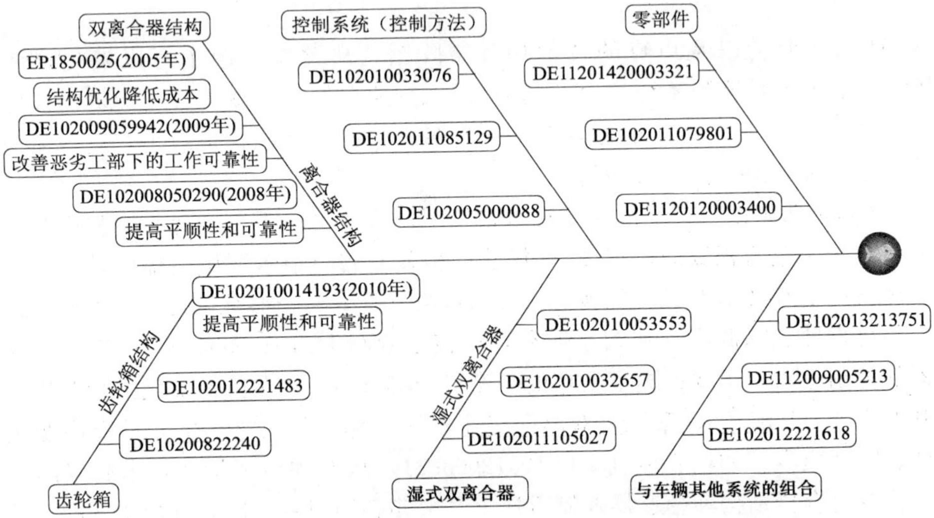

图 52　舍弗勒以及卢克主要技术路线图

（三）通用汽车

1．全球情况

通用汽车是全球较大的汽车厂商，也是较早起步研究双离合变速器的厂家之一。通用汽车公司在双离合变速器方面的专利共计 398 件，从图 53 可以看出，通用汽车公司从 1974 年起步研究双离合变速器，2003 年达到第一次专利申请峰值，然后有所回落，到 2007 年专利申请量有明显回升，发展迅猛，2010 年通用汽车公司在双离合变速器的结构上取得重大突破，发明了具有结构紧凑、响应速度快和平滑性好的多级变速器，同年其专利申请量创历史新高，全球年专利申请量达到 121 件。2011～2013 年，通用汽车公司在双离合变速器方面的专利申请量呈平稳发展态势。可见，通用汽车公司一直致力于双离合变速器的开发研究，其研究进展取决于核心技术的发展和某一领域的技术突破。

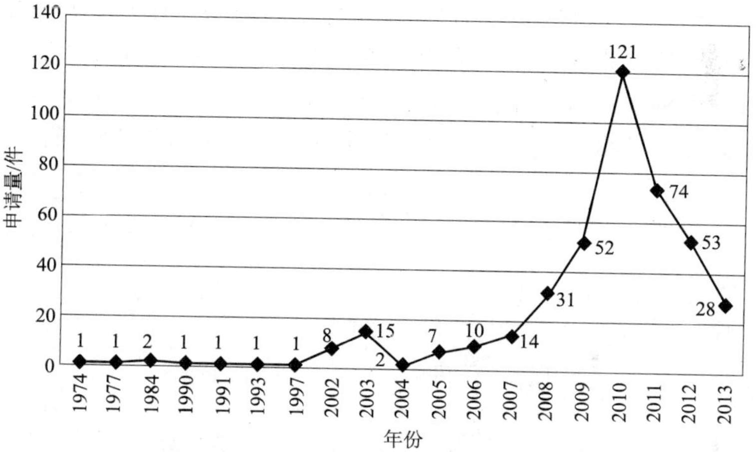

图 53　通用汽车公司全球专利申请量发展趋势变化图

从图 54 通用汽车公司全球专利申请的技术领域中可以看出。其专利申请大部分集中在车辆传动装置（F16H），传送旋转运动的联轴器、离合器和制动器（F16D），以及不同类型或不同功能的车辆子系统的联合控制（B60W）和在车辆动力装置或传动装置的布置或安装（B60K）领域。在流体压力执行机构（F15B）中也有大量申请。而在其他比如电路（B60Q）、车体布置（B62）、发动机（F02）领域中也有少量申请。另外，通用汽车公司在双离合变速器的仿真实验平台领域也有少量申请。可以看出，通用汽车公司的申请主要集中在双离合变速器的整体结构以及控制方面，在双离合变速器的相关零附件领域则较少。

2．中国情况

如图 55 通用汽车公司专利中国申请量和全球趋势所示，通用汽车公司自 2004 年开始在中国进行专利申请，其第一件中国专利是“用于多模式混合驱动的切换禁止控

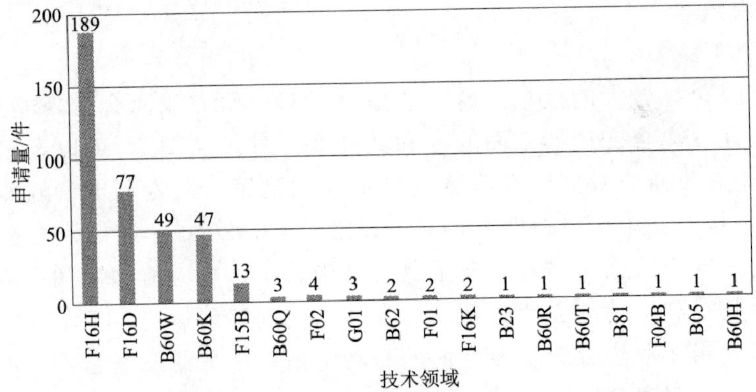

图 54　通用汽车公司全球专利申请的技术领域图

制”（CN1654858）。从 2005 年通用汽车公司在中国的第一件专利申请开始申请量逐年递增，并且增长速度很快。到 2009 年，更是达到了专利申请的高潮，2010 年一年的申请量超过之前的申请量总和。到了 2011 年，通用汽车公司在中国的专利申请量开始出现平稳回落。这也与通用汽车公司在全球的专利申请趋势相同。

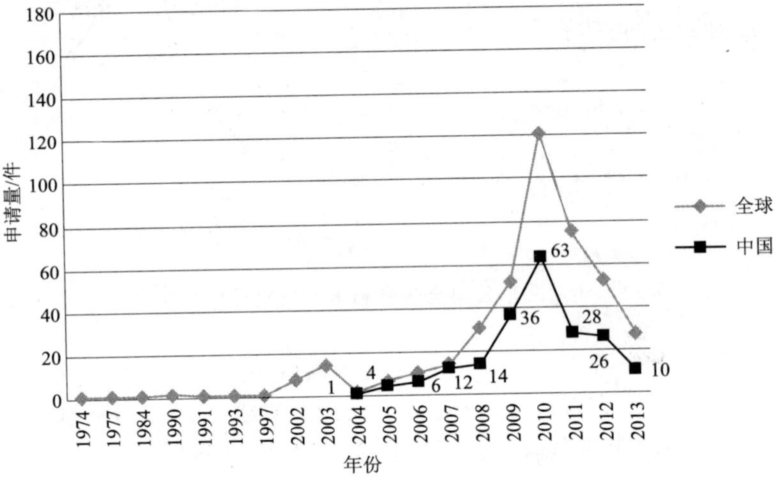

图 55　通用汽车公司专利中国申请量和全球趋势图

图 56 为通用汽车公司中国专利申请的 IPC 分类小类分布。通用汽车公司的专利申请仍然以车辆传动装置（F16H），传送旋转运动的联轴器、离合器和制动器（F16D），以及不同类型或不同功能的车辆子系统的联合控制（B60W）和在车辆动力装置或传动装置的布置或安装（B60K）为主。与全球专利申请技术领域分布图 56 相比，可以看出，通用汽车公司在中国的专利申请所涉及技术领域的分布与全球专利申请基本呈一致的趋势。

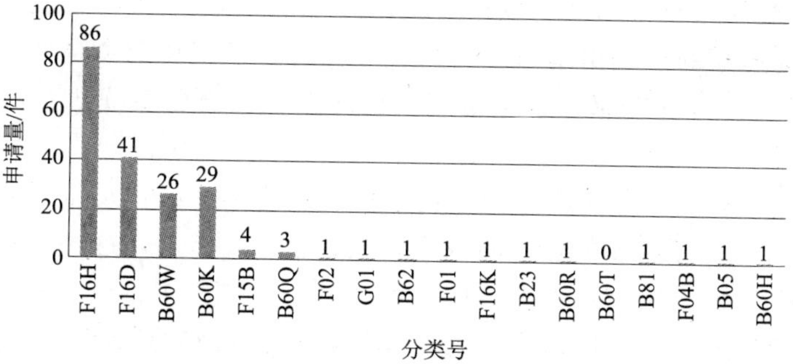

图 56 通用汽车公司中国专利申请的IPC分类号分布（小类）图

3. 核心技术分析

在双离合变速器技术领域，申请人所关注的主要是动力总成输出的平顺度、换挡时机和换挡过程的平顺性、动力衔接是否稳定、换挡逻辑是否丰富以及在实现功能的同时减小尺寸，节约成本。为达到上述目的，通用汽车公司主要采用如下技术手段：针对齿轮箱结构、离合器结构、换挡控制系统结构进行改进，或者对离合器的电液配件进行改进，以及采取合理的离合器布置方式或优化离合器与车辆其他部件的结合。

如图57所示，为通用汽车公司在双离合变速器领域的技术功效矩阵图，从图中可以看出，通用汽车公司在双离合变速器的结构上有很多改良，最重视的是通过齿轮箱的结构和内部布置提高效率和经济性。

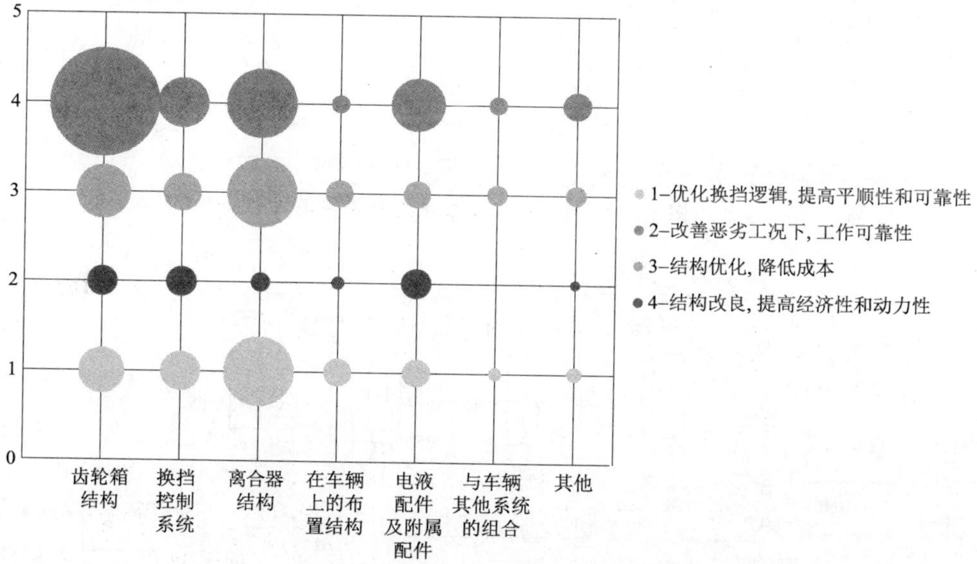

图 57 通用汽车公司双离合器领域技术功效矩阵图

结合图 58 通用汽车公司技术发展路线图可以看出，自 1974 年通用汽车公司第一次提出双离合变速器的专利申请（US3951010）后，一直在双离合变速器的研究和发展上投入着大量精力，在 2003 年通用汽车公司提出公开号为 EP1435477A2 的申请，在申请中用行星齿轮取代主副轴齿轮的结构（图 59），并不断完善，US2008134820A1 提出了一种新的变速器结构，包含多个副传动轴、共面的行星齿轮组和多个转矩传动装置的改善总成的双离合变速器（图 60），这种同一平面的齿轮传递设计与双面齿轮传递相比减少了传递长度，并且提高了灵活性。由于同步器起到变换挡位时进行预先选择实现接近变速比的作用，这种结构的双离合变速器效率的高低很大程度上依赖于同步器，US2009031836A1 公开了一种带有选择的同步器促动系统（图 61），进行了专利的完善。2010 年，US2010323843A1 公开了具有八种速度，包括四个行星齿轮组和多个扭矩传递装置的变速器（图 62），在空间结构、效率、响应性和平滑性方面都取得了重大突破，实现了在输入部件和输出部件之间建立至少八个前进速度比和至少一个倒挡速度比，这也是 2010 年通用汽车公司专利申请量大幅增长的一个重要原因。2011 年之后，通用汽车公司的双离合变速器技术平稳发展创新，提出了具有九个前进速度比的多级变速器申请。

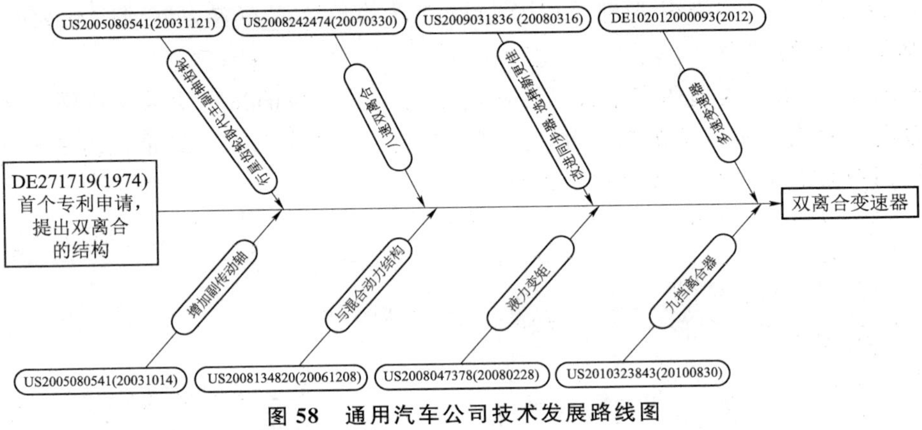

图 58　通用汽车公司技术发展路线图

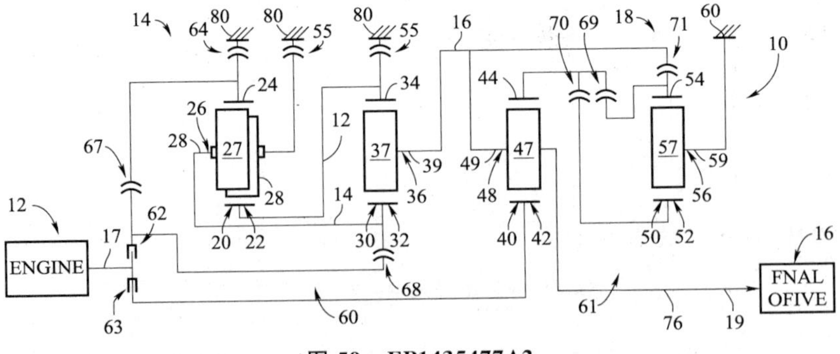

图 59　EP1435477A2

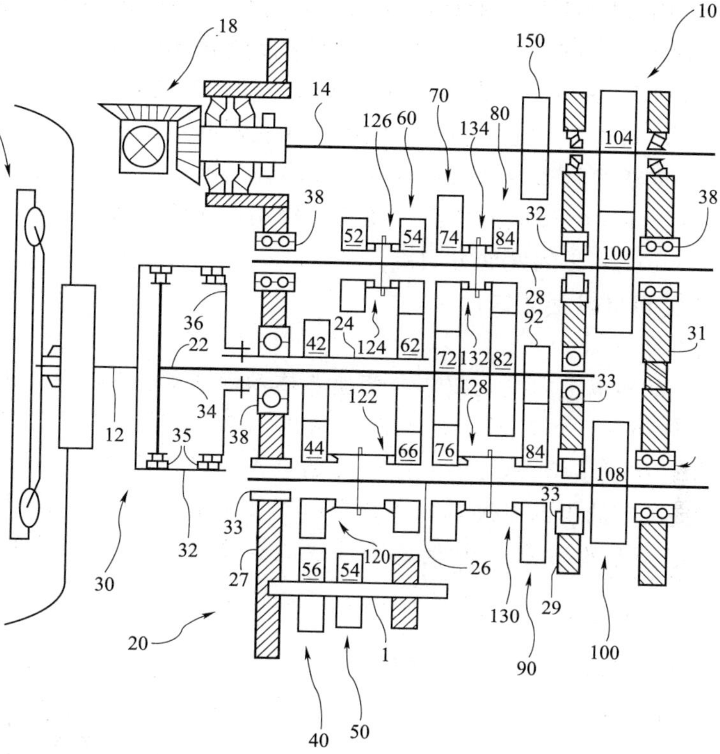

图 60　US2008134820A1

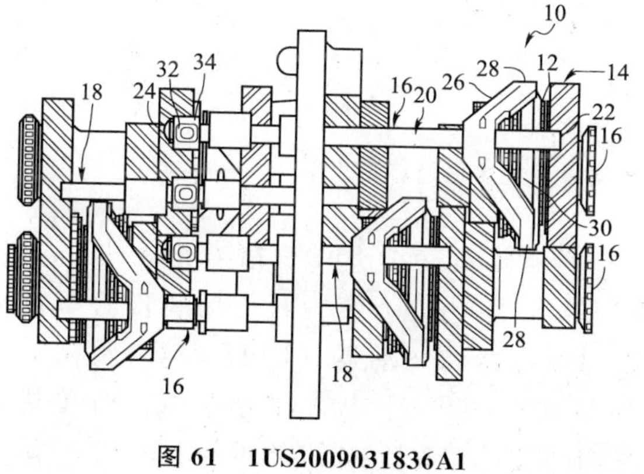

图 61　1US2009031836A1

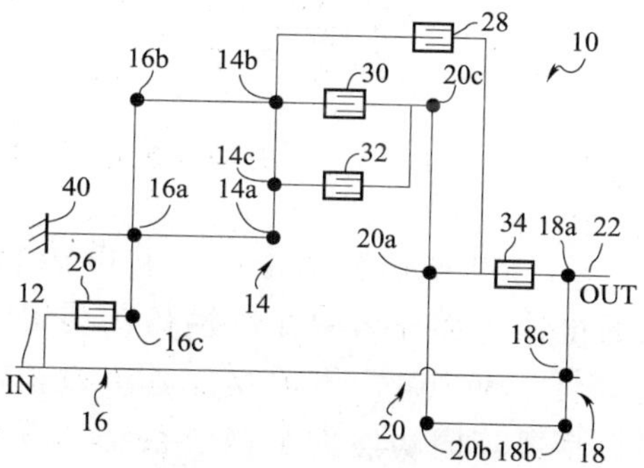

图 62　US2010323843A1

2014 年通用汽车公司研发了新的车型，将涡轮增压发动机与双离合变速器结合。并为 DCG7 速双离合变速箱开发了 PowerPack 控制单元，PowerPack 控制单元将电子电路安装在变速箱的外面，从而隔绝了变速箱油的反应对控制电路板和电脑的影响。在离合器方面，DCG 采用的摩擦材料，具有较好的摩擦系数稳定性和耐磨性，变速箱油的配方也进行了优化。DCG7 速双离合变速箱使用了专利离合器驱动系统——同轴从动缸（CSC），取代传统杠杆或齿轮驱动装置，在降噪同时提高稳定性和耐久性。可见，双离合变速器的广泛应用对变速器的组成部件及车体配套使用、控制单元都提供了创新发展动力。双离合变速器本体转换过程时间的缩短，结构的紧凑以及减震、降噪、平滑等性能的提高，及其与控制单元的连接和车辆其他系统的装配都是通用汽车公司进一步的发展方向。

（四）丰田公司（包括爱信）

1. 全球情况

丰田公司在世界范围内共有双离合变速器技术领域专利 308 件，其全球专利申请发展趋势如图 63 所示。可以看出，丰田公司自 1974 年开始涉足双离合变速器的研究，从 1996 年开始逐步增长，到 2006 年开始进入快速增长状态。这说明随着电液控制以及机械制造工业的不断发展，双离合变速器技术发展迅速，而丰田公司作为世界范围内重要的变速器研发制造企业，其对双离合变速器技术领域的研发是十分重视的。

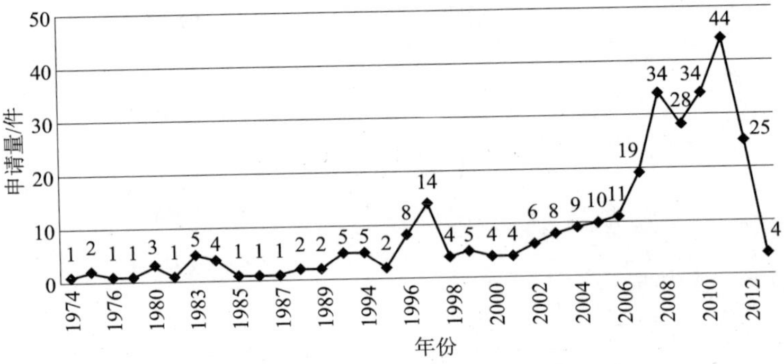

图 63 丰田公司全球申请量发展变化趋势图

从图 64 丰田公司全球专利申请的技术领域分布（小类）可以看出，丰田公司的申请大部分集中在车辆传动装置（F16H），车辆动力装置或传动装置的布置或安装（B60K），传送旋转运动的联轴器、离合器和制动器（F16D），以及在不同类型或不同功能的车辆子系统的联合控制（B60W）中也有部分申请。而在其他比如燃烧发动机的控制（F02D），车辆制动控制系统或其部件（B60T），弹簧、减震器、减震装置（F16F）中也有少量申请，可以看出，丰田公司的申请主要集中在双离合变速器的整体结构以及控制方面，在双离合变速器的相关零附件领域则较少。

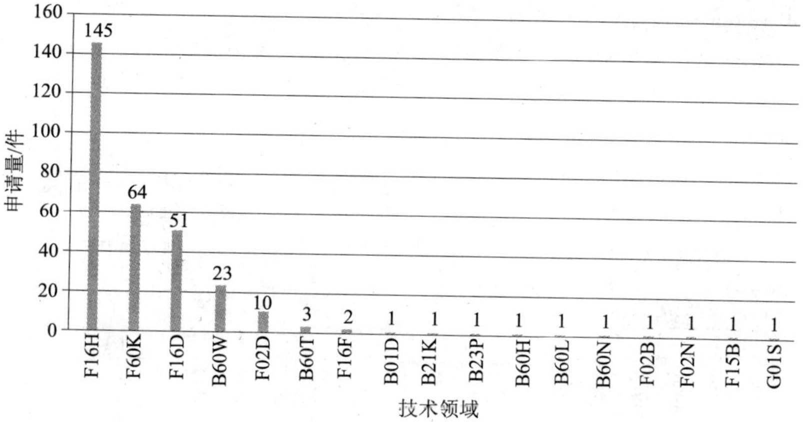

图 64　丰田公司全球专利申请技术领域分布图（小类）

从图 65 可以看出，丰田公司早期（2000 年以前）的专利申请主要是对双离合变速器控制的研究。2000 年后，在进一步加强对双离合变速器控制的研究基础上，重点加强了双离合变速器与混合动力汽车的结合（B60K6）的研究，同时，加强了离合器齿轮箱和离合器本体结构等方面的研究。这说明，随着汽车技术的发展，丰田公司在双离合变速器技术领域的研究主要侧重于对汽车控制和双离合变速器在新型汽车领域的研究方面。

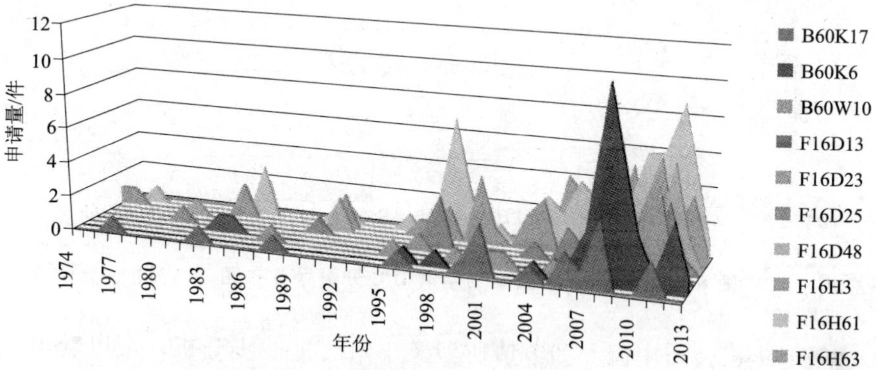

图 65　丰田公司全球专利申请趋势图（IPC 大组）

2. 中国情况

丰田公司中国专利申请量和全球趋势对比如图 66 所示。丰田公司自 2003 年起开始在中国申请专利，其第一件中国专利是自动变速器的油压控制装置（CN1470784A）。从图 66 中可以看出，丰田公司在中国专利申请量基本与全球趋势保持一致。

图 67 为丰田公司中国专利申请的 IPC 分类小类分布。可以看出在 IPC 分类的小

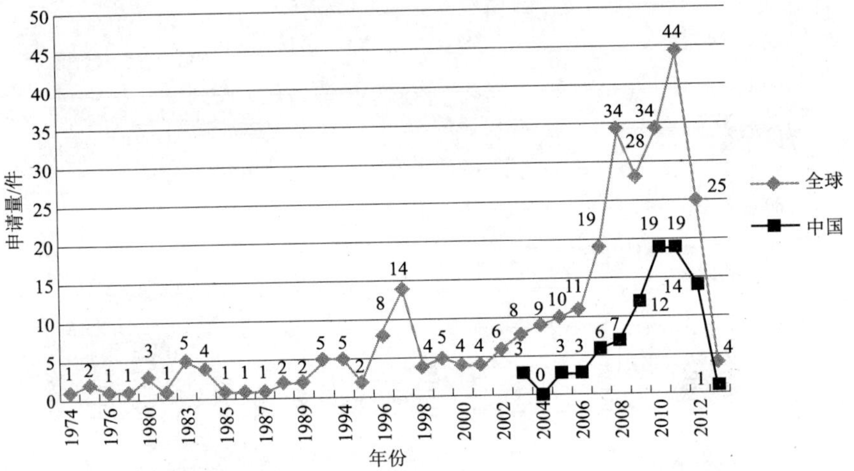

图 66　丰田公司中国专利申请量和全球趋势对比图

类分布中，丰田公司申请仍然以车辆传动装置（F16H），车辆动力装置或传动装置的布置或安装（B60K），以及不同类型或不同功能的车辆子系统的联合控制（B60W），传送旋转运动的联轴器、离合器和制动器（F16D）为主。

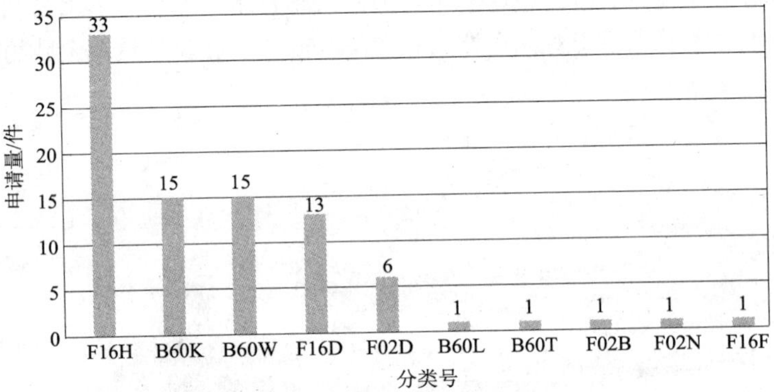

图 67　丰田公司中国专利申请 IPC 分类号分布图（小类）

图 68 是对丰田公司中国专利申请所涉及小组的进一步分析，可以看出，丰田公司中国专利申请所涉及技术领域的分布与全球专利申请基本呈一致的趋势，主要涉及双离合变速器的控制及双离合变速器在新型汽车领域的应用方面。

3．核心技术分析

在双离合变速器技术领域，申请人所关注的主要是提高其换挡的稳定性，增加其在恶劣工况下的可靠性、减低成本和提高动力性。结合双离合变速器的结构，为达到上述目的，申请人主要会采用如下技术手段：针对齿轮箱结构、离合器结构、换挡控制系统结构进行改进，或者对离合器的电液配件进行改进，以及采取合理的离合器布置方式或优化离合器与车辆其他部件的结合。

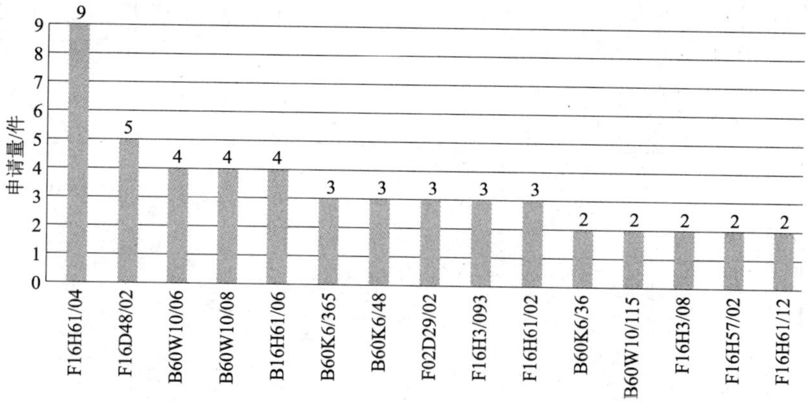

图 68　丰田公司中国专利申请 IPC 分类号分布图（小组）

图 69 为丰田公司在双离合变速器领域的技术功效矩阵图，从图中可以看出，丰田公司最重视的是提高双离合变速器的可靠性以及提高经济性和动力性，在此基础上，采用的技术手段主要是对齿轮箱结构和换挡控制系统的改进，而采用优化与车辆其他系统组合的技术手段主要是为了提高双离合变速器的车辆适应性以提高经济性和动力性，例如，双离合变速器在混合动力汽车上的应用等。

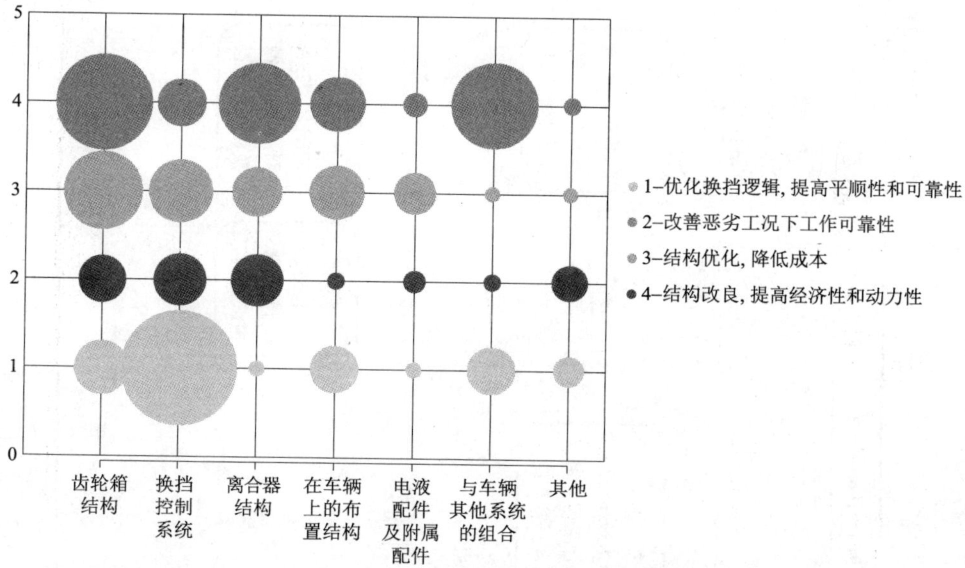

图 69　丰田公司专利技术功效矩阵图

丰田公司自 1974 年开始申请双离合变速器相关专利以来，其在双离合变速器领域的专利申请量逐年上升，在其 40 年的发展过程中，一些专利具有代表性，表 2 所示为丰田公司在各个技术分支中比较有代表性的专利申请。

表2　丰田公司重点技术路线表

重要专利	1974～1980年	1981～1990年	1991～2000年	2001～2005年	2004～2009年	2010～2013年
离合器结构			1997 JPH1151081A 离合器活塞结构		2006 CN1945042A 双离合变速器摩擦接合装置	2011 CN102562844A 离合器结构抑制震荡提高可靠性
齿轮箱布置	1974 US3946622A 三行星齿轮组双离合三刹车结构		1995 JPH08320054A 双离合变速器变速齿轮设计	2001 JP2003120764A 齿轮箱设计，减少尺寸和重量		2010 US2010319486A1 倒挡齿轮和头挡齿轮布置，加强润滑
离合器附件					2008 JP2009281570A 双离合器操作装置，驱动套管	
离合器控制系统		1984 US4616531A 自动变速器电液控制	1997 JPH1182729A 双离合变速器换档控制装置		2005 EP1619421A2 变速器换挡操作装置	2012 CN102966725A 双离合变速器控制的计算单元
混合动力					2008 JP2010120433A 混合动力启动系统	2012 JP2014061784A 混合动力五速控制装置

（五）国内主要申请人分析

随着双离合变速器应用的升温及技术的发展，国内各大汽车企业也逐步加入该领域的研究中来，申请量自2000年之后逐年增加，其中，以浙江吉利、安徽江淮、长城汽车、重庆青山等为代表的中国企业，以吉林大学、同济大学为代表的高校开始申请大量的中国专利。

对于国内申请的专利进行统计分析可以发现，在双离合变速器技术领域，前几年，国内申请人普遍最关注的是如何增大传动比范围，使各挡速比更加合理，以取得更好的动力性以及经济性指标，吉利、江淮、长城、重庆青山、吉孚动力等企业在此领域都有较多的专利申请，主要采用的手段是改进齿轮箱的布置，缩短轴距。同时，随着混合动力汽车领域技术的发展，双离合变速器的优势也凸显出来，国内各个企业也非常关注DCT在混合动力汽车上的应用，近10年的专利申请量稳步增加，代表企业有比亚迪、吉利、长城、同济大学等。而近年来，随着DCT在民用汽车中量产化应用过程中显现出来的如起步控制、低速换挡控制、冷却等技术方面的不足，也促使各大变速器生产商在近几年更加重视DCT电液控制、起步控制、换挡平顺性等方面的研究，代表企业主要有吉利、江淮、上海汽车、吉林大学等。总的来说，前期国内申请人申请研发的重点主要在缩小轴距、结构改良及DCT在混合动力汽车领域的应用上，而对于起步、爬坡时换挡控制及可靠性方面的研发在近几年虽然逐渐增加，但是目前仍少于齿轮箱构造改进方面的专利申请数量。经过十余年的发展，国内企业在双离合变速器领域可谓百家争鸣，研发出各自有代表性的专利技术，表3为国内主要汽车企业在双离合变速器技术领域的主要专利申请。

1. 浙江吉利控股集团有限公司

浙江吉利控股集团及下属企业在中国申请了79件关于双离合变速器的专利申请（不包括至今尚未公开的专利申请），如图70所示，其中，2006年、2007年各两项，从2009年开始进入上升阶段，申请量增加较快，吉利公司的79件专利申请中，发明专利申请有51件，占总申请量的61%，这51件发明专利申请中已授权的有15件，由于大部分申请集中在2009年之后，因此相当一部分仍处于未决申请的法律状态。吉利公司的专利申请分布非常集中，其中大部分集中在车辆传动装置（F16H），传送旋转运动的联轴器、离合器和制动器（F16D）和车辆动力装置或传动装置的布置或安装（B60K）中。对该公司的专利申请进行深度挖掘，可以得到如图71的专利技术功效矩阵图，从图71可以看出吉利公司的研发重点主要在以下几个方面。

表3 国内申请人重点专利分布表

重要专利	2004～2006年	2007～2008年	2009年	2010年	2011年	2012年	2013年
离合器结构		CN101196218A 吉林大学2007 干式离合器				CN201487145A 长城2012改变 主轮毂设计	CN103277428A 江淮2013湿式 离合器预冲压
齿轮箱布置			CN101713459A 吉利2009共用主动齿轮，缩小轴长 CN101713448A 吉利2009七挡齿轮变速箱	CN101975251A 江淮2010取消 倒挡轴和惰齿轮		CN102555788A 长城2010整体式 结构，加工简单	CN103148175A 吉利2013减少 两层传动副， 缩小轴长
离合器附件	CN1560496A 吉林大学2004 具有DCT的 液力变矩器			CN101988569A 吉利2010双质量 液力变矩器， 降低共振			CN203162010U 江淮2013增加 副箱，扩大传动 比范围
离合器控制系统			CN101532565A 同济大学2007 湿式双离合器电 控单元	CN101922545A 上海汽车2005 换挡方法优化	CN102230533A 江淮汽车2011 液压控制， 元件少		
混合动力	CN1876421A 吉利2006 混合动力	CN101149095A 同济大学2006 混合动力驱动 装置		CN102259583A 比亚迪2010 结构简单	CN102155590A 吉利2011 磁粉式 减小冲击		CN103291860A 同济大学2013功 率分流式自动变 速器

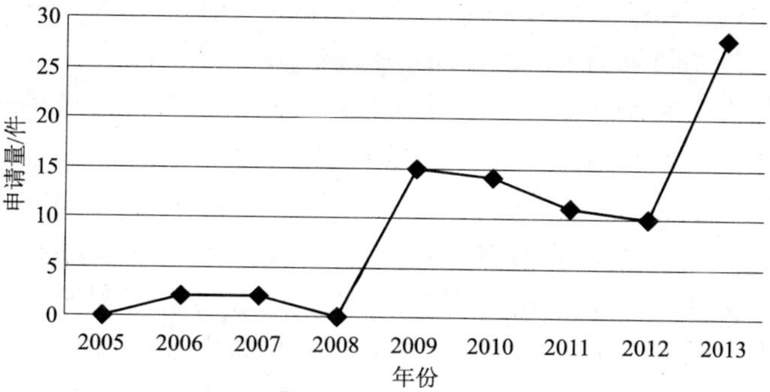

图 70　吉利专利申请逐年变化图

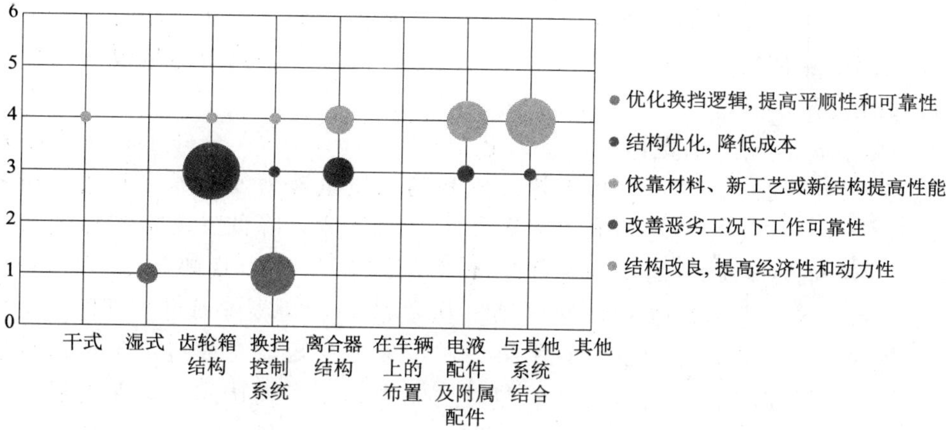

图 71　吉利专利技术功效矩阵图

第一是对齿轮箱结构的改进以实现优化结构，降低成本。CN101713448A 公开了一种双离合器式自动变速器，采用平行双输出轴式结构，整个变速箱的长度变短，更加紧凑，使各挡速比更加合理，能够取得更好的动力性以及经济性指标。CN101713459A 公开了一种双离合器式自动变速器，通过共用主动齿轮，使齿轮传动组的布置方式变成平行布置方式，缩短了变速器的整个长度尺寸，在与普通五挡、六挡变速器相同外形尺寸的前提下可设置八个挡位，使传动比范围变大，提高了整车的动力性、经济性。CN101907150A 公开了一种无倒挡轴双离合器式自动变速器，省去一个倒挡轴，并在输入二轴上增加了一个七挡齿轮，简化双离合变速器的齿轮布置结构，减少变速器的整体重量。CN103148175A 公开了一种汽车双离合器自动变速器，其结构上只有连接齿轮与主减速齿圈之间传动副层和四个主动齿轮与对应前进挡位齿轮之间的传动副层，缩短了齿轮传动部分的轴向布置尺寸，提高了自动变速器的可搭载性能。

第二是双离合变速器在混合动力汽车领域的应用。CN1876421A 公开了一种混合动力车的动力传动装置，其具有三套离合副，两套离合副的从动片与变速箱的两个输入轴驱动连接，第三套离合副的从动片与发动机的输出轴驱动连接，整套传动装置完全是机械传动，传动效率高、转矩容量大、成本低，换挡品质好，并且可以降低混合动力系统对发动机和电动机的要求。CN103552461A 公开了一种基于双离合器自动变速器的混合动力系统及车辆，其发动机相对于双离合器自动变速器横向设置，驱动电机相对于双离合器自动变速器竖向设置，从而能尽可能地减小发动机机舱的轴向长度，并且由于双离合器自动变速器在动力传递过程中无动力中断，从而使该混合动力系统的车辆既有优越的换挡舒适性，又具有较高的传动效率和较小的油耗。CN103448528A 公开了一种混合动力耦合装置，其发动机到半轴之间为两级减速，并且有两挡不同的传动比可供选择，因此能够满足车辆在爬坡时需要的大传动比，也能满足车辆在平地快速行驶时所需的小传动比，从而能够使得发动机始终工作在最优工作曲线上，减少能量浪费，提高发动机经济性能。

第三是双离合变速器电液配件的改进。CN101988569A 公开了一种汽车双质量液力变矩器，通过在第一质量飞轮总成和第二质量液力变矩器之间通过扭转减震器的连接，将传统的飞轮和液力变矩器结合为一体，降低发动机与传动系之间的共震转速。在车辆起步的低速阶段，利用第二质量液力变矩器总成的变矩作用，提高变速器输入扭矩能力；利用第二质量液力变矩器总成中 ATF 传动的优势，使车辆在起步柔和无冲击；利用第二质量液力变矩器总成扭矩与转速自适应特点，提高车辆在坑洼凹凸不平路面的通过能力。在车辆达到一定速度后，通过第二质量液力变矩器活塞与盖总成的闭锁功能，将液力传动变为机械传动，满足车辆对经济性的要求，由扭转减震器和 ATF 传动油共同作用，降低发动机扭转震动对传动系的影响。将扭转减震器设置在第二质量液力变矩器外面，降低了变速器输入轴的转动惯量，从而减小变速器在换挡过程中的各挡齿轮的冲击，提高传动齿轮的使用寿命。

2. 安徽江淮汽车股份有限公司

江淮汽车在中国申请了 75 件关于双离合变速器的专利（不包括至今尚未公开的专利申请），从图 72 可以看出，江淮汽车自 2010 年开始申请便进入上升阶段，申请量增加较快，江淮的 70 件专利申请中，发明专利申请有 30 件，占总申请量的 43%，这 30 件发明专利申请中已授权的有 7 件。由于全部申请集中在 2010 年之后，因此相当一部分仍处于未决申请的法律状态。江淮汽车的专利申请主要集中在车辆传动装置（F16H），传送旋转运动的联轴器、离合器和制动器（F16D）当中。对该公司的专利申请进行深度挖掘，可以得到如图 73 的专利技术功效矩阵图，从图 73 可以看出江淮汽车的研发重点主要在以下几个方面。

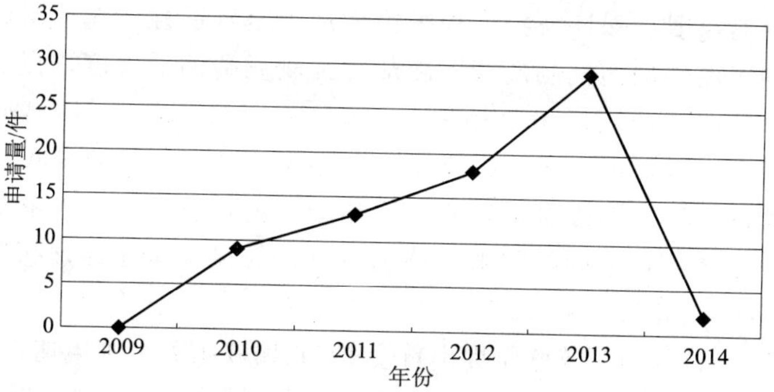

图 72 江淮汽车专利申请逐年变化图

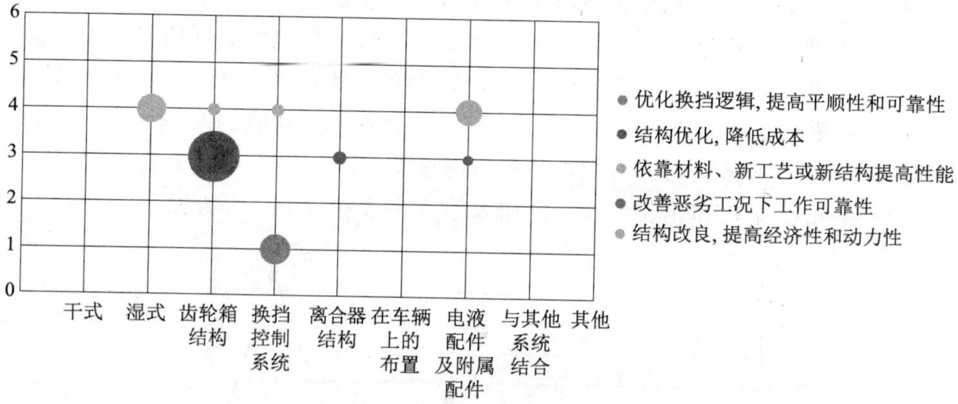

图 73 江淮汽车专利技术功效矩阵图

第一是双离合变速器传动装置的结构改良。CN101975251A 公开了一种双离合变速器传动装置，其共用四挡、六挡主动齿轮，二挡、倒挡主动齿轮，缩短轴向长度，对前横置乘用车布置非常有利；将二挡从动齿轮同时作为倒挡中间惰齿轮使用，取消了倒挡轴和额外的倒挡惰齿轮，减少了零部件数量和加工步骤，降低了成本，将一挡和倒挡分开布置在不同的离合器上，提高了离合器的使用寿命，改善了双离合器变速器起步性能和安全。CN202545708U 公开了一种纵置双离合自动变速器传动装置，多个挡位共用齿轮，如一挡、二挡、倒挡共用一、二挡从动齿轮，三挡、四挡、倒挡二共用三、四挡从动齿轮，五挡、六挡、倒挡三共用五、六挡从动齿轮，使得轴向长度更短，齿轮数量更少、整机结构简化、成本低廉，有利于车辆发动机仓的布置并降低油耗，减轻热害，并且可实现七个前进挡和三个倒挡的动力传动，有利于车辆动力性和经济性最大限度地发挥，同时多倒挡可满足特殊车辆的要求。

第二是双离合变速器液压控制系统的改进。CN102230533A 公开了一种用于双离合器自动变速箱的液压控制系统，在选换挡时所需要同时动作的电磁阀数量少，控制简单，采用直接电磁阀控制系统响应速度快；在换挡执行器控制采用压力流量双重控制，调节接合分离速度，保证换挡过程平稳增加乘坐舒适性；充分考虑不同工况下变速箱热平衡问题，更准确地控制离合器冷却和齿轮润滑油液温度，提高了变速箱工作效率、降低乘车的燃油消耗。

第三是湿式双离合器的改进。CN103277428A 公开了一种湿式双离合器自动变速箱及其预充压控制方法，在离合器正式传递扭矩以前，预先对离合器进行预充油，以消除离合器油腔及摩擦片之间的间隙，使离合器能够迅速满足传递扭矩的条件。

3. 长城汽车股份有限公司

长城汽车股份有限公司 2009 年提出首个 DCT 领域相关专利申请至 2014 年 6 月 30 日共提出 45 件专利申请（不包括至今尚未公开的专利申请），也属于近几年发展较快的企业。从图 74 可以看出近几年长城汽车在双离合变速器领域的专利申请趋势。长城汽车自 2009 年首次提出申请，一直保持较快的增长速度，2012 年申请量有所回落，但 2013 年迅速增长。长城汽车专利申请大部分集中在车辆传动装置（F16H）、车辆动力装置或传动装置的布置或安装（B60K）和不同类型或不同功能的车辆子系统的联合控制（B60W）当中。对该公司的专利申请进行深度挖掘，可以得到如图 75 的专利技术功效矩阵图，从图 75 可以得出长城汽车的研发重点主要在以下三个方面。

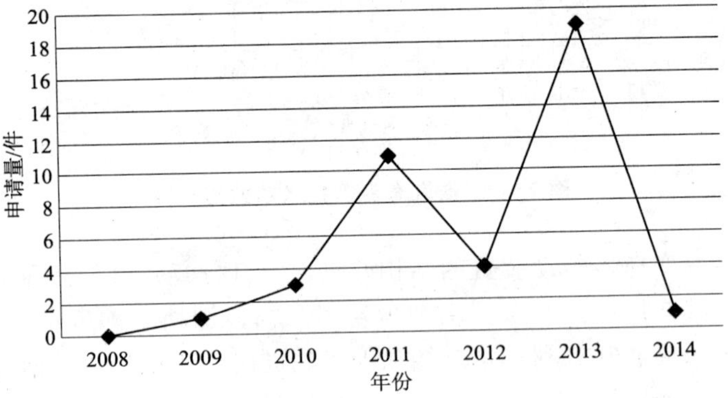

图 74　长城汽车双离合变速器专利申请逐年变化图

第一是对齿轮箱结构的改进以实现优化结构，降低成本。CN201487145U 公开了一种汽车自动变速器，采用嵌套式双输入轴结构，两个输入轴占一个输入轴的位置，两个挡位共用同一主动轮，在保证双离合器自动变速器功能的同时，使整个装置的体积大大缩小，为整车布置节约了很大空间，降低了变速器的成本。CN102352913A 公开了一种多挡位纵置双离合变速器，采用四轴式布置结构，各挡的实现需要 1～2 个同步器共同参与完成，在不增加啮合齿轮副的前提下，实现了更多挡位传递以及更加广的传动比范围，最高可实现八个前进挡和两个倒挡；通过齿轮各挡共用和四个同步器交替作用实现多挡传递，减少了齿轮和同步器数量，布局更加紧凑，节约成本，满足整车轻量化要求。CN102555788A 公开了一种双离合器结构，将双离合器主轮毂设

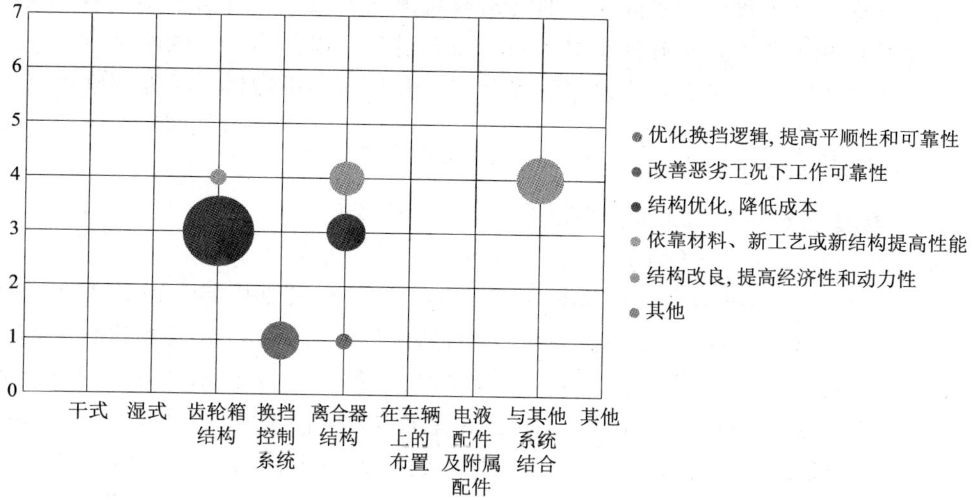

图 75 长城汽车专利技术功效矩阵图

计为整体式结构，减少了主轮毂的机加工过程和部件数量，降低成本；并且两个环形槽沿主轮毂端面径向排列，不仅在内、外离合器工作时，杜绝了由于液压油在两旋转油槽间泄漏给离合器操控带来的不良影响，使离合器的反应更迅速，而且缩小了双离合器的轴向长度，有利于整车的空间布置。

第二是双离合变速器在混合动力汽车领域的应用。CN201849307U 公开了一种汽车混合动力系统，它以 DCT 变速器为基础，将双离合器分为两个独立的离合器，分别由发动机、电动/发电机来驱动，以来实现行驶过程中换挡动力不中断。该方案将 DCT 变速器的结构进行简化，将传统意义上的一挡、倒挡去掉，缩短轴向尺寸，用电动/发电机驱动来实现整车的起步和倒挡。在车辆行驶过程中，通过两个电动/发电机和发动机的交替作用实现串联、并联、混联以及制动能量回收等，从而达到了减少排放的目的。CN103204056A 公开了一种混合动力驱动总成，其调速电机通过第二离合器与内燃机相连、并通过第三离合器与行星齿轮系相连，通过第二离合器连接调速电机与内燃机、通过第三离合器断开调速电机与行星齿轮系，这样内燃机可以驱动调速电机发电，再由调速电机所发出的电能带动驱动电机，使驱动电机带动行星齿轮系。使内燃机工作在其最佳转速范围内，以提高其燃油经济性。其中在交通拥挤的工况下内燃机驱动调速电机所发出的电能较多时，除为驱动电机供电外，其余电能可以用来为蓄电池组充电，从而实现边行车边充电，在混合动力汽车的蓄电池组亏电时实现增程续航；在高速巡航工况下内燃机驱动调速电机所发出的电能不足时，可以使用蓄电池组为驱动电机补充供电。

第三是起步控制方面的改进。CN103287422A 公开了一种车辆坡路起步的控制方法、控制装置及车辆，在车辆坡路起步时能够根据车轮反转的转速计算车辆的下滑力从而控制车辆制动，并在驾驶员踩下油门踏板时根据油门开度逐渐减小车辆的制动压力以使车辆平顺起步，能够有效地避免因驾驶人员的误操作导致车辆的失控，不需额外操作，减少驾驶员的主观判断误差，提高车辆起步时的平顺性，保证驾驶安全。

五、双离合变速器技术发展趋势预测和建议

（一）DCT变速器技术生命周期分析

如图76，通过对双离合变速器专利申请的数量、专利申请人数量与时间的关系进行分析。从1975～2000年，双离合变速器处于技术萌芽期，专利申请人和专利申请数量都较少；从2000～2005年，双离合变速器处于技术成长期，专利申请人和专利申请数量开始增长；从2005年至今，双离合变速器处于技术成熟期，专利申请人数量增长趋缓，专利申请数量在2012年还出现了下跌，同时实用新型专利比例增多。通过分析，我们可以发现双离合变速器的相关技术并没有进入衰退期，从其变化率上看，该技术仍处在成熟期的早期，未来几年，双离合变速器的相关技术仍有很好的产业前景。

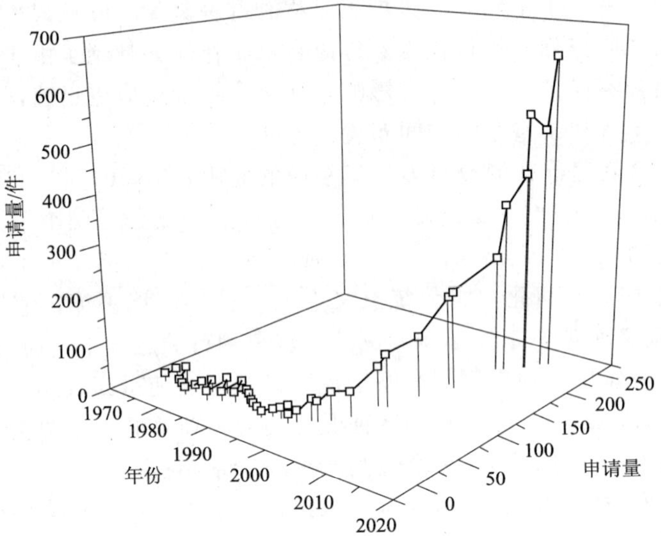

图76　双离合变速器专利技术发展周期示意图

（二）DCT变速器发展趋势预测以及建议

根据上文对DCT变速器技术生命周期的分析，可对未来此领域的技术发展趋势进行总体性的判断。

在经过了二次兴起时的技术狂热期和因可靠性缺陷而带来的挫折期之后，DCT变速器目前已经进入了相对理性的成熟增长期，双离合变速器已逐步成为一种常规的变速比传动结构形式，前文的专利状况分析也从侧面反映出了这样的事实。根据已作

出的专利分析，不难看出 DCT 变速器在未来的发展趋势将是“扬长避短”，即进一步发挥 DCT 变速器在传动效率、动力响应性、结构成本与使用成本方面的优势，并逐步消除其在耐用性、可靠性、适用范围等方面的缺陷。具体而言，未来的发展趋势将主要包含如下几方面的内容。

1. *以提高可靠性和耐用度为核心的技术完善*

在城市拥堵路段的频繁起步或低速蠕动爬行的使用条件下，DCT 变速器的结构特点决定了其存在着很大的热负荷，对离合器和作动机构都提出了很高的性能要求。对目前广泛装车使用的双离合变速器而言，无论采用的是湿式离合器还是干式离合器，其相对较差的耐用可靠性是迫切需要解决的问题，在实际应用中出现的高故障率迫使相关厂商必须针对 DCT 变速器的性能、结构特点开展全方位的技术改良。

从舍弗勒（含 LUK）和伯格华纳的专利申请状况技术脉络图可清楚地看到这一点，作为干、湿两种类型 DCT 变速器的主力研制厂商，二者都将改善恶劣工况下工作可靠性作为其中的一个研发重点，并产生出了相当量的专利申请，且解决这一技术目标的途径也较为相似：优化变速器的换挡控制系统及控制逻辑、改进 DCT 变速器的双离合器结构、改进变速器动作执行部件、加强变速器的热负荷管理等。

可以预计，在未来的一段时间内，依据常规手段来改善 DCT 变速器在恶劣工况下的可靠耐用性仍将是研发的重点，各厂商将通过优化起步控制逻辑、改良摩擦片材料、改善变速器热负荷管理、改进变速器作动执行元件来逐步消除故障隐患，其中，针对起步—爬行工况对换挡控制逻辑进行优化将继续成为研发工作的焦点。此外，改进变速器作动执行元件也是一种简单有效的解决措施，预计各大厂商会逐步增大此方面的研发力度。

2. *性能增强以发挥优势*

DCT 变速器具有传动效率高、结构简单紧凑、动力响应性好的突出特点，各大厂商和研发机构在未来将继续发挥这一优势，以增强 DCT 变速器的性能。未来的研发方向将是提供更细密的挡位、更快的换挡速度、更紧凑的结构、更大的扭矩范围。例如，US2010323843 等专利文件所揭示的 DCT 变速器已具有八个，甚至十个前进挡，从而可实现更密的速比间隔，进一步降低动力冲击，提高燃油效率。CN202545708U 所公开的双离合变速器采用了齿轮对共用的结构形式，由于多个挡位共用齿轮对组，使得变速器的齿轮数更少、轴向尺寸更为紧凑、重量和体积都大为降低。US2008134820 所公开的 DCT 变速器则通过增设副传动轴而显著地减小了变速箱的重量和尺寸，并提高了传动效率。在提高换挡速度方面也产生出了许多专利技术，例如，CN102758913A 公开了一种用于双离合变速器的操作装置，该技术方案通过向换挡切换装置施加先导控制压力，提高了动作执行的响应速度和准确性。此外，如专利文件 EP1916457 A 所揭示的那样，通过对液压控制系统进行改进，提高 DCT 变速器中作动机构的工作压力，以增大变速器的功率载荷和扭矩载荷。

可以预计，随着DCT变速器逐渐成为主流的乘用车用变速器形式之一，各汽车厂商和配套厂商将继续保持研发力度，不断增强DCT变速器的性能，以发挥其优势。

3. 技术路线的丰富与验证

由于DCT变速器目前的快速发展属于二次兴起，其原始主干专利已进入公有技术领域，故目前在DCT领域呈现出“群雄逐鹿、百家争鸣”的态势，各厂商的产品表现出互不相同的技术特点，许多技术路线尚未经过市场检验和工程检验，可以预计未来的一个发展重点将是DCT变速器技术路线的丰富和验证。此外，随着电动汽车等新能源车辆以及混合动力汽车的兴起，结构紧凑、换挡敏捷的DCT变速器有了更为丰富的应用形式，而电力驱动技术的进步也为DCT变速器解决其固有缺陷提供了新的思路。例如，专利文件JP2010089537 A中公开了一种带有DCT变速器的弱混动方案，其将DCT变速器与一台驱动电机形成并联结构，当车辆处于频繁起步或低速爬行工况时，双离合器脱离传动系，由电机对车辆进行驱动，而当车速达到正常行驶条件时，双离合机构介入，电机在将内燃机启动后，停机脱开。这样的技术方案既解决了DCT变速器的缺点，也实现了混合动力车辆低燃油消耗的优点。另外，尽管DCT变速器与传统AT变速器的显著区别就在于用双离合机构取代液力变矩器、用平行套装轴齿轮系取代行星齿轮系，但从专利文献所反映出的技术动向来看，出现了兼取二者优点的混合型系统。例如，专利文件EP1435477公开了一种采用行星齿轮系的双离合变速器，虽然这样的方案在结构成本与复杂性方面做出了一定的牺牲，但能进一步缩小变速器的体积尺寸，并很好地利用了行星齿轮机构换挡柔和无冲击的优点，且进一步提高了动作执行的响应性。此外，多家汽车厂商均提出了将液力变矩器与DCT变速器进行结合的专利技术，在这样的方案中，当处于DCT变速器应对不佳的低速、频繁起步、高转速差、大扭矩工况时，液力变矩器介入工作，而当车辆处于巡航、加速、自然减速状态时，液力变矩器的泵轮与涡轮壳体锁止，其变为刚性的联轴器。这样的解决方案除了增大了结构成本之外，几乎保持了DCT变速器的全部优点，并很好地解决了其固有的缺陷，基本上实现了“扬长避短”的效果。事实上，本田公司已将该专利方案付诸实践，并推向市场。

可以预计，在未来一段时间内，围绕着DCT变速器的基本原理，很有可能继续涌现出新的结构形式或应用形式，并反映在专利申请中，且不能排除这些技术路线在未来成为主流形式的可能性。

4. 应用范围的拓展

DCT变速器传统的应用场合是轻型或小型乘用车辆，这是受其扭矩容量不高的特点所决定的。但从目前趋势来看，DCT变速器的适用范围在逐渐增大，现实中已出现了采用双离合变速器的商用车辆，而搭载有DCT变速器的摩托车则在多年之前就已出现，类似方案的专利申请仍然在不断出现。此外，在需要大扭矩、高转速差的

SUV 和越野车型上，也逐渐出现了 DCT 变速器的身影，DCT 变速器紧凑的结构为桥间及轴间差速器的布置带来了好处。此外，DCT 变速器较高的传动效率和较紧凑的结构特点，也使其易于安装在需要设置可变速比的电动车辆上。

总之，得益于 DCT 变速器性能与结构的不断完善，其获得了更多用户的认可，应用范围在逐渐增大。

六、总结

双离合变速器技术在汽车变速器领域中占有重要的地位，并且随着科技的发展，其优势将具有更广阔的发挥余地。本文在国内外涉及双离合变速器的专利进行统计分析、对其发展趋势进行了介绍，并对关键技术领域以及关键申请人的专利布局进行了重点剖析。在此基础上，分析了双离合变速器未来的发展趋势，并为我国在此领域的发展提出一定的建议，为双离合变速器技术领域的企业发展和政府决策提供一定的参考。

参考文献

[1] Powertrain-transmissions：Shift in power to the gearbox（PDF）. AMS（UnofficialBMW.com）. 2003. September/October [31 October 2009].

[2] 王聪. 基于发动机负扭矩的双离合器自动变速器换挡控制 [D]. 重庆：重庆大学，2013.

[3] 王红波. DCT 发展及展望 [J]. 上海汽车，2008（1）：36－39.

[4] 康海涛. 双离合器式自动变速器的研究. 长春：吉林大学，2004.

[5] 颜志鹏. 双离合器式自动变速器控制系统软件开发 [D]. 重庆：重庆大学，2009.

[6] 张毅. 潘可耕，等. 离合器及机械变速 [M]. 北京：化学工业出版社，2005.

[7] 魏玉. 浅析双离合自动变速器的发展 [J]. 哈尔滨职业技术学院学报，2013（4）：120－122.

[8] 徐晶晶. 湿式双离合变速器系统开发 [J]. 现代零部件，2014（3）：32－35.

[9] 詹道勇. 混合动力车用双离合控制系统 [D]. 苏州：江苏大学，2007.

[10] 上海交通大学. 串并联混联式混合动力系统. CN1857941A，2006.